ÉLÉMENTS D'HISTOIRE DES SCIENCES

sous la direction de
Michel Serres

Bernadette Bensaude-Vincent, Catherine Goldstein,
Françoise Micheau, Isabelle Stengers,
Michel Authier, Paul Benoit, Geof Bowker, Jean-Marc Drouin,
Bruno Latour, Pierre Lévy et James Ritter.

ÉLÉMENTS D'HISTOIRE DES SCIENCES

Publié avec le concours de la Fondation des Treilles

Bordas
Cultures

Collaborateurs

Responsable d'édition	Sophie Bancquart
Édition	François Besson
Recherche iconographique	Marie-Hélène Reichlen Christine Varin
Fabrication	Sandrine Allain
Conception graphique	Maxence Scherf
Couverture	Régine Ducournau
Cartes et schémas	Gilles Alkan
Traductions	Bernard Barondeau Catherine Goldstein
Index	Bruno Latour
Corrections	René Kastner Raymond Leroi Jean Rauch

ISBN 2-04-018467-8
Dépôt légal 1er tirage: 1er trimestre 1989

Achevé d'imprimer en décembre 1989
par Aubin Imprimeur, Poitiers

...sans doute nous ne saurons jamais
d'où nous vint le Savoir,
parmi beaucoup de sources possibles:
voir, entendre ou observer;
parler, plaider, contredire;
contrefaire, imiter, désirer, haïr, aimer;
avoir peur et se défendre,
hasarder, prendre des risques, des paris,
vivre et travailler ensemble ou séparés,
vouloir dominer par possession ou maîtrise;
apaiser la douleur, soigner les maladies
ou tuer par meurtre et guerre;
s'étonner devant la mort,
prier jusqu'à l'extase;
fabriquer avec ses mains,
aménager la Terre ou détruire...

... et nous nous inquiétons d'ignorer
vers lesquels de ces actes, de ces verbes, de ces états
ou vers quels autres buts, inconnus,
il se hâte, maintenant, sans le savoir...

Sommaire

Comment expliquer l'écoulement large et difficile d'une histoire ?

(Fleuve Amour ; URSS. Ph. © Agence Tass.)

Préface qui invite le lecteur à ne pas négliger de la lire pour entrer dans l'intention des auteurs et comprendre l'agencement de ce livre.

Michel Serres

L'histoire des sciences connaît aujourd'hui, à l'étranger comme en France, un développement considérable et suscite un intérêt croissant. Cela tient sans nul doute à ce que, vivant dans un monde à dominante scientifique et technique, nous nous interrogeons de plus en plus sur sa formation et sur son récent avènement, parfois même sur sa légitimité. Or ni les fluctuations politiques ou militaires ni même l'économie, seules, ne suffisent à expliquer comment nos manières de vivre contemporaines ont fini par s'installer : il y faut une *histoire des sciences et des techniques.*

Or, par un étonnant paradoxe, elle ne bénéficie encore dans notre pays ni d'un enseignement ni d'un cursus comparables à ceux des disciplines usuelles : on ne la trouve que dispersée au hasard des bonnes volontés. Nous apprenons le plus souvent notre histoire sans celle des sciences, la philosophie privée de tout raisonnement savant, les belles-lettres splendidement isolées de leur voisinage scientifique, et, inversement, les diverses disciplines arrachées du terreau de leur histoire, comme si elles tombaient du ciel : en somme tout notre apprentissage demeure étranger au monde réel dans lequel nous vivons et qui, malaisément, mélange technique et société, nos traditions folles ou sages avec les nouveautés utiles ou inquiétantes. Nous commençons à peine à projeter une jurisprudence et un droit en rapport avec les conquêtes de la chimie et de la biologie.

Le livre qu'on va lire voudrait contribuer à résoudre la crise culturelle dans laquelle nous nous débattons et qui a pour cause, entre autres, cette étrangeté, ce divorce entre deux mondes, qui se changent parfois en hostilité ou en adoration, toutes deux intempestives.
Il voudrait aussi favoriser l'institution d'un enseignement ordinaire de la discipline, dans le secondaire comme dans le supérieur.

Il s'adresse donc à un public très large :
— à l'honnête homme, d'abord, qui s'interroge sur son environnement et à qui nul ne dit jamais à quel point la dominante scientifique et technique, dont il expérimente à tout moment la puissance, fut une composante active de son passé. Ce qui passe aujourd'hui pour de grandes nouveautés date parfois de

deux millénaires et ce qui paraît irrationnel prépara souvent le triomphe de la raison : dès que cette perspective se redresse, le monde contemporain prend de la profondeur ; il en devient familier ;
— aux enseignants, aux étudiants de toutes disciplines qui aimeraient donner à leurs exposés ou à leurs études spécialisés un cadre plus large et un voisinage connexe ;
— aux historiens, aux philosophes, aux littéraires, aux juristes, aux spécialistes des sciences humaines ou sociales, à qui manque quelquefois un complément de culture scientifique ;
— aux scientifiques eux-mêmes intéressés par le passé de leur spécialité qui court si vite, parfois, qu'on répute désuet ce qui date de vingt ans : sous cette histoire découpée en segments si brefs, oublieuse, existe-t-il un flux continu ou des vues à plus large horizon ? Où et comment lire, et comprendre dans leur propre langue, les prédécesseurs des chercheurs ?

De même que, parfois, on s'étonne de trouver les mêmes gestes ou de semblables manières chez quelqu'un distant de soi à des centaines de kilomètres, ainsi que sa différence d'avec son voisin, de même le lecteur jouira de découvrir dans le croissant fertile, voici plus de deux mille ans, des pratiques toutes proches, quoique étranges, de son quotidien, ou, au contraire, les distances infinies qui le séparent de la génération précédente. Ainsi l'histoire des sciences ouvre nos idées closes sur nos disciplines et sur notre temps : elle fonde assurément une culture. Le divorce entre deux mondes et deux cultures ne date sans doute que d'hier alors que nous l'imaginions millénaire et sans retour.

L'histoire des sciences réunit, quand elle le peut et dans les bons cas, plusieurs groupes de personnes : des savants, authentiques spécialistes de diverses disciplines ; des historiens, naturellement, adonnés à certaines périodes ; venus des sciences sociales ou humaines, des sociologues, ethnologues ou anthropologues, même des psychologues, passionnés par la question de l'invention ; enfin des philosophes éduqués par leur métier à de pareilles rencontres. Cette liste, ouverte, se complète heureusement par la présence d'ingénieurs, virtuoses des techniques, de médecins, praticiens des organismes singuliers, d'économistes, d'enseignants, de juristes et de journalistes, ces derniers voués à propager ou divulguer le savoir. Tous conspirent à une discipline qui cherche son unité. Que ces réunions aient lieu ou non, en effet, leurs participants, au moins virtuels, exposent l'histoire des sciences à un éclatement brillant et regrettable. On cherche parfois vainement le lien qui rassemblerait un algébriste passionné de reconstruire en grec l'enseignement de Platon ou un naturaliste herborisant sur les traces des grands voyageurs courant le monde à l'âge des Lumières et ceux-ci avec un expert en politique des sciences. Le livre qu'on va lire a pour but, entre autres, d'amener ces fragments à se prêter leur concours.

Comment donc fut-il écrit ? Et d'abord par qui ? Par un tel collectif disparate : entre ses auteurs, on trouvera donc un physicien théorique converti aux hiéroglyphes et aux tablettes cunéiformes, un mathématicien venu au grec et à l'italien, une chimiste philosophe et une philosophe chimiste, un historien du Moyen Age versé dans la technologie, un naturaliste inversement versé dans la théologie du Moyen Age, une chercheuse en théorie des nombres attentive à l'histoire des mathématiques hors de l'Occident, un ingénieur géologue et physicien de la Terre, un sociologue positif et pourtant théoricien, un spécialiste de la communication et des ordinateurs et ainsi de suite : français, américain, australien... Chacun porta sa pierre à l'édifice avec le souci, souvent, d'y ajouter aussi du ciment. De quelle manière ?

D'abord et grâce à la générosité de Mme Annette Gruner-Schlumberger, le groupe, reçu par elle, a vécu ensemble plusieurs semaines : pour mettre en place son programme et en critiquer l'exécution. Une fois rédigé, chaque texte a été lu

par tous, épluché, discuté par tous; placé sur la sellette, chacun s'est soumis volontiers au feu dur et vif des questions de tous. Et il a rédigé à nouveau son écrit en tenant compte de ces demandes d'éclaircissement. Autrement dit, tel texte concernant les mathématiques ou la géologie a été jugé par une dizaine de personnes issues d'horizons tout différents, non spécialistes, et réciproquement.
Deuxièmement, et en présence de tous, chacun a exposé, comme enseignant, son texte, devant un auditoire d'étudiants dont le niveau global peut être évalué à la deuxième année après le baccalauréat. Vers la fin des cours, les étudiants ont émis leurs critiques, parfois dures, souvent pertinentes. Les textes, alors, ont été récrits, pour tenir compte de ces remarques; et réexposés l'année suivante à l'auditoire de la promotion qui succédait, pour, à nouveau, tester leur clarté.
Dans sa vie et son travail, écrit et oral, le groupe a donc tenu à expérimenter les dispersions inévitables qui caractérisent la discipline et a loyalement cherché à les réduire. De même, il a voulu éprouver la transparence de son œuvre pour en faciliter la communication. Bien entendu, les tensions n'ont pas manqué entre ceux qui croient à la science, ceux qui croient en l'histoire, ceux qui ne font confiance ni à l'une ni à l'autre et ceux enfin qui en accordent un peu aux deux. Et si la compétence ni la bonne volonté ou même l'amitié ne suffisent à donner de la cohérence à un savoir que des camarades partagent, y contribua pourtant dans notre cas la conviction commune que l'histoire des sciences commence à bâtir la culture de notre temps parce qu'elle plonge le savoir positif, ossature et moteur de notre monde, dans le tissu vivant et collectif de l'aventure humaine.

Mais la tension majeure du groupe et de son livre vint, on s'en doute, moins du disparate des spécialités que de l'idée globale que chacun de nous se faisait de la discipline. De là vient l'une des vraies originalités du livre qu'on va lire: chaque chapitre rédigé ne se contente pas de relater ce qui se passa pour telle matière dans tel intervalle de temps, par exemple, l'évolution de la chimie au siècle passé ou de la géométrie pendant l'antiquité grecque, mais expose précisément une thèse parmi toutes celles que défendent les historiens des sciences. Ainsi le lecteur ne sera pas soumis à une école de pensée en achetant et consultant un livre tout entier livré à une seule tendance non avouée, mais pourra choisir parmi l'éventail ouvert de celles qui lui sont loyalement proposées.

Avant de projeter ou d'écrire ce livre et, à plus forte raison, au seuil de sa publication, nous n'avons pas cessé de nous poser la question de principe: comment concevoir et rédiger l'histoire des sciences? Faut-il en reconnaître une ou plusieurs? Comment les présenter?
Première solution et option usuelle: exposer l'ensemble des sciences et leur évolution pendant le cours global de l'histoire. Commencer aux Chinois ou aux Babyloniens, à Stonehenge même, construction sans écriture, et finir au dernier prix Nobel en déroulant le long des âges l'encyclopédie totale des sciences exactes, expérimentales et sociales connues, munies de leurs techniques, de la numération ou de l'astronomie primitive aux raffinements ultimes des sciences même humaines du jour, et plongées dans les conditions et circonstances historiques courantes. A supposer que nous ayons ajouté un tel manuel aux guides et introductions, déjà nombreux sur le marché, qui prétendent étaler derrière une vitre lisse un savoir transparent dans un temps dominé, nous n'aurions pas commencé de répondre à la question. Dans un livre de ce genre, on trouve, certes, quelques énoncés de science, parfois même un peu d'histoire, mais pas encore d'histoire des sciences.
Il convient de parler d'elle comme d'une discipline autonome, avec ses partages et ses spécialités, qui hésite entre plusieurs styles, que ses problèmes spécifiques ont souvent bouleversée, dont les méthodes divergent, dont les écoles s'opposent.

Elle ne fait pas l'office d'une glace transparente. Parce que les objets dont elle s'occupe abondent en information, il lui arrive de mettre en question ou en doute l'histoire ordinaire et les idées habituelles qu'on peut se faire des sciences elles-mêmes.

Car il existe une histoire des sciences spontanée, comme aurait dit Auguste Comte : telle que la pratiqueraient une histoire trop peu avertie des sciences et des sciences très mal instruites d'histoire. Et justement, cette progression sans accident du savoir intégral dans un temps global, homogène et isotrope, caractérise cette spontanéité irréfléchie. A y regarder de près, mille complications apparaissent : entre la carte à grande échelle d'une côte découpée par l'érosion des roches et le parcours du randonneur sur les cailloux du terrain, on passe d'une courbe continue à des sauts chaotiques et aveugles, qui explorent et bricolent, comme le font souvent les chercheurs. De même, nulle science ne reste unique, reconnaissable et cohérente, même à moyen terme, le long d'une durée qui, elle-même, bifurque et fluctue. La raison dans l'histoire savante ressemble donc à une naïveté.

Cette spontanéité suppose vraies mille choses encore : qu'il suffit de relater la série des solutions à des problèmes et des expériences pour des inventions ; de tracer les portraits des génies qui signèrent les découvertes ; de reconnaître dans le passé les traces d'embryons ou de rêves, semences ou fondements des réalisations contemporaines ; de marquer fortement les coupures ou révolutions qui datent la naissance irréversible d'une science ou les moments forts de ses transformations ; de décrire les querelles, débats, polémiques dont le feu alimenterait le moteur de l'avancée intelligente ; ou, inversement, d'accrocher le chapitre des sciences au livre courant de l'histoire ; de définir le cadre social, institutionnel, économique, culturel et politique des contenus savants... Elle suppose surtout ce mouvement rétrograde du vrai qui projette dans le passé les connaissances d'aujourd'hui de sorte que l'histoire devient une préparation irrésistible et quasi programmée au savoir du jour. A dire vrai, rien de plus difficile que d'imaginer un temps, libre et fluctuant, non complètement déterminé, où les savants qui cherchent ne savent pas encore vraiment tout à fait ce qu'ils cherchent tout en le sachant aveuglément.

Au fond cette spontanéité a une double racine : la béate admiration, religieuse à la lettre, quoique parfois justifiée, envers tout ce qui se dit savant et qui, par là, demeure intouchable, et une symétrique adoration pour l'histoire. Même s'ils se prétendent athées ou libérés, nos contemporains sacrifient volontiers à ces deux autels ou s'inclinent devant cette double hiérarchie. Nul ne peut mettre en question le sérieux, la raison, les acquis, le travail des sciences ni de l'histoire sans se voir aussitôt accusé de quitter le rationnel. Voilà deux tabous de notre temps. Par conséquent, l'histoire des sciences spontanée se réduit souvent à une histoire sainte ou plutôt sacralisée : les génies s'y conduisent comme des prophètes, les coupures comme des révélations, les polémiques ou débats excluent les hérétiques, les colloques miment les conciles, la science s'incarne peu à peu dans le temps comme jadis l'esprit.

Or les auteurs de ce livre appartiennent à une génération formée à la science sans se raidir dans le scientisme et qui, ayant vécu ses problèmes en même temps que sa montée en puissance, pratique à son égard une estime paisible et certain agnosticisme sans ressentiment. Pour eux, elle ne figure ni le bien absolu ni le mal radical, ni le diable ni le Bon Dieu, elle reste, ni plus ni moins, une connaissance et une puissance, un moyen. De même l'histoire reste une discipline parmi d'autres et non un dogme ni un enfer. Par conséquent, l'histoire des sciences commence, comme autrefois la lecture des textes sacrés, par une critique. Elle demande un effort courageux pour faire descendre les deux instances, les deux statues du socle épistémologique où les juchèrent des thuriféraires.

Il ne restera plus grand-chose de ses idées reçues dans l'esprit du lecteur quand il aura fini de lire.

Il s'agit donc d'un vrai livre d'histoire des sciences, qui a tenu à être plus complet sur elle, envisagée comme une discipline autonome avec ses choix, ses intentions, ses partages, son style propre et ses méthodes, que sur l'exposé faussement transparent de l'encyclopédie complète des sciences au cours global de toute l'histoire.

Loin de dessiner une suite alignée d'acquis continus et croissants ou une même séquence de soudaines coupures, découvertes, inventions ou révolutions précipitant dans l'oubli un passé tout à coup révolu, l'histoire des sciences court et fluctue sur un réseau multiple et complexe de chemins qui se chevauchent et s'entrecroisent en des nœuds, sommets ou carrefours, échangeurs où bifurquent deux ou plusieurs voies. Une multiplicité de temps différents, de disciplines diverses, d'idées de la science, de groupes, d'institutions, de capitaux, d'hommes en accord ou en conflit, de machines et d'objets, de prévisions et de hasards imprévus composent ensemble un tissu fluctuant qui figure de façon fidèle l'histoire multiple des sciences.
Rien de plus simple et facile que cette apparente complexité : qu'on s'imagine une sorte de carte routière dessinant les voies diverses qui traversent un pays : petits chemins et routes majeures y connectent de cent façons villages ou métropoles, et conduisent jusqu'aux terres inconnues. Attention : n'oublions pas de changer de carte, de temps en temps, pour nous mettre à jour, parce que des chantiers partout en activité améliorent, transforment, bouleversent le réseau et le pays et peuvent rendre désuet le routier d'hier. On n'ira plus demain d'ici à là par les mêmes moyens. On peut même superposer diverses cartes, d'échelles différentes, de voies routières, ferroviaires, fluviales, maritimes, aériennes, téléphoniques, électroniques, de celles par où les satellites volent, etc., pour avoir le choix du transport et du temps qu'on y consacre, selon ses moyens, ses buts et ce qu'on veut transporter.
Quand on compare entre elles les cartes de ce jeu que nous gardons dans un tiroir et que nous avons tous dans l'esprit, on voit bien que le plus important, ce qui demeure stable dans presque toutes et qui les fait se ressembler, ce sont les pôles ou les sommets, les nœuds de leurs réseaux, les échangeurs ou passages quasi obligés des voies, souvent sites de villes très anciennement fondées. Les capitales se construisent autour d'une cathédrale ou d'une place de l'Étoile où convergent et divergent quelques routes qui vont bientôt multiplement bifurquer, comprennent, en outre, sept gares et quatre aéroports, plusieurs kilomètres de quais le long d'une voie d'eau, émettent des traits d'ondes en mille directions... traitent donc des ensembles de passages. Dans aucune carte, le détail des cheminements routier, maritime, aérien... n'a beaucoup d'importance : il s'y trouve même rarement décrit. Le livre qu'on va lire dessine exactement ce genre de carte.
Traduction : alors que les sciences s'étagent, s'effeuillent, séparées ou mélangées, en mille disciplines, et qu'elles changent sans cesse et fluctuent, produisant des temps différents, souvent imprévisibles dans leur avancée, ce qui reste relativement invariant dans leur histoire fulgurante et troublée, sont les lieux de convergence et de bifurcation où se posent les problèmes et où se prennent ou ne se prennent pas les décisions. Quels problèmes ? Quelles décisions ? Voici les nœuds ou sommets de ces divers réseaux, carrefours assez stables, voilà donc les chapitres du livre.

D'où la science vient-elle ? Où et quand est-elle née ? En Grèce, en Égypte, dès la plus haute Antiquité ? Première question ouverte, celle de l'émergence, donc premier chapitre du livre, daté de Babylone, en l'an moins 1800. Doit-on penser une ou plusieurs origines ? Première bifurcation : la discussion importe, elle a opposé, depuis plusieurs siècles, des générations d'historiens et de savants, dont la plupart tenaient en faveur des Grecs. Nous avons changé cette décision-là, en y apportant cent nuances, avec la lecture directe des sources. Oui, que le lecteur

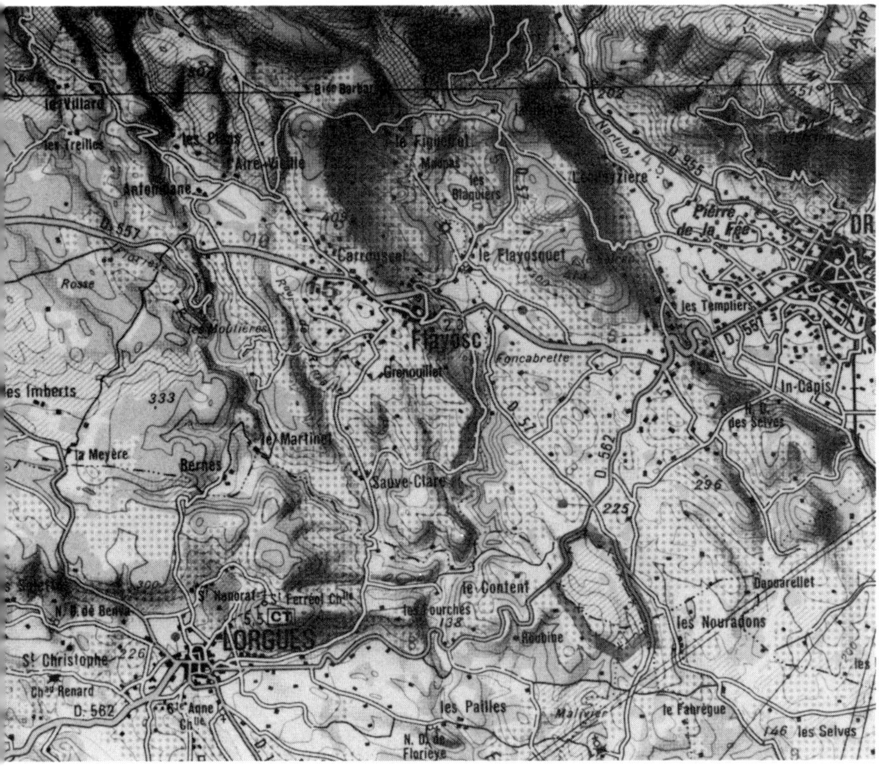

Réseau routier.

Modèles pour comprendre l'écoulement de l'histoire et l'œuvre du temps.

(Réseau routier: détail de la carte IGN Toulon-Nice au 1/100 000ᵉ, n° 68. Ph. © IGN-Paris 1986, autorisation n° 88 0315 / Photeb.
Réseau de neurones: in L. Nilsson et J.-P. Escande, l'Homme de plus près, *Paris, Pauvert, 1976. Ph. © Lennart Nilsson.*
Réseau fluctuant à lits multiples: fleuve en Alaska, USA. Ph. © Georg Gerster / Rapho.
Réseau d'autoroutes et de rues: échangeur de Los Angeles, USA. Ph. © PPP-IPS / Photeb.
Circuit imprimé: détail de microplaquette MST à 12 points de contacts ou billes. Ph. © IBM / Arch. Photeb.)

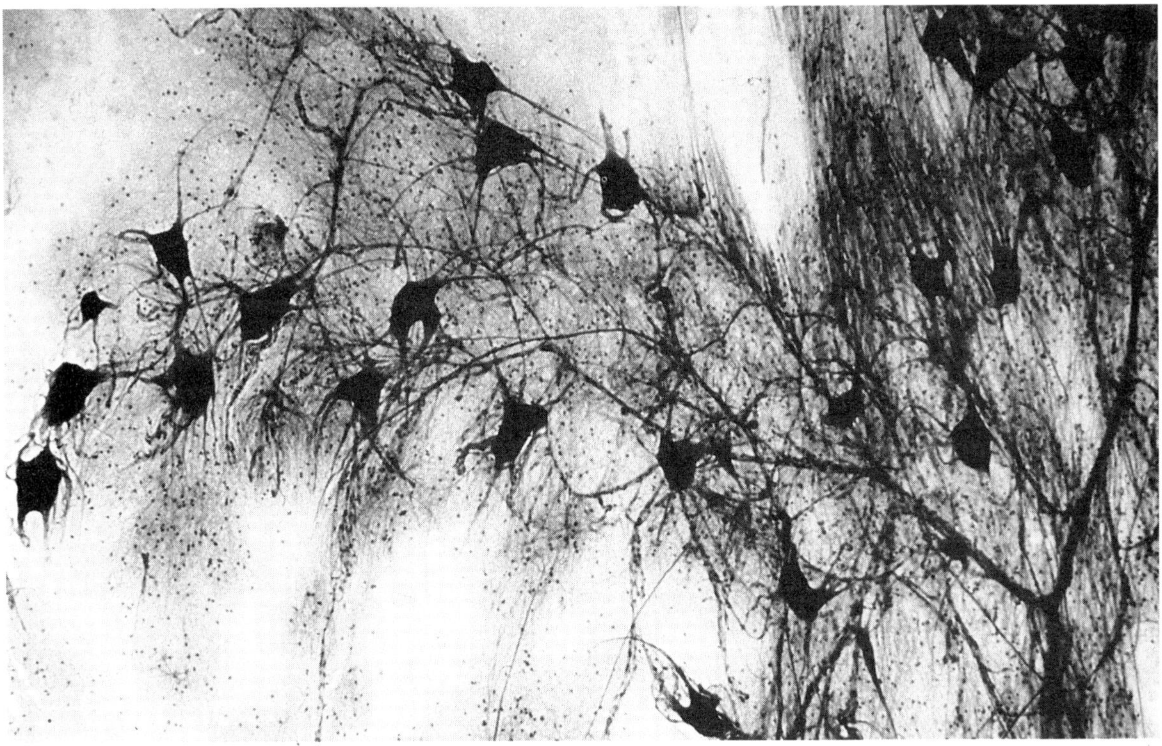

Réseau de neurones.

Réseau fluctuant à lits multiples.

Réseau d'autoroutes et de rues.

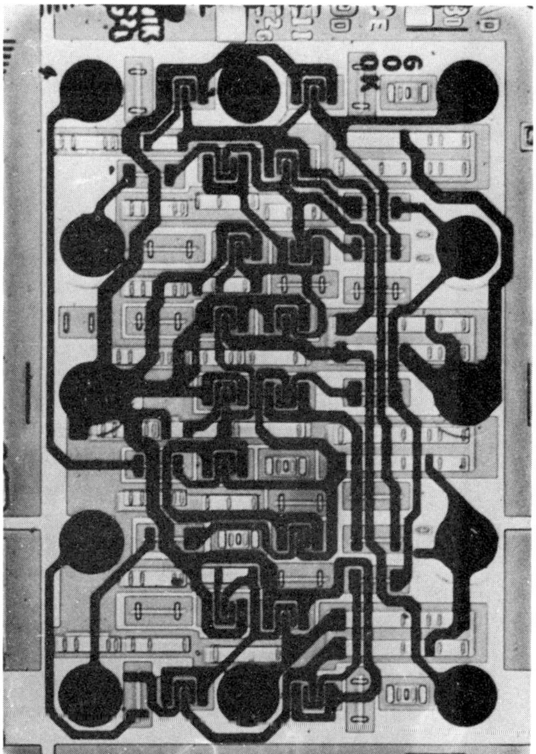

Circuit imprimé.

s'étonne: au moment de commencer, au lieu de la source même, pourquoi dessiner un carrefour? Pour la raison susdite, certes, intérieure à la Méditerranée ou au croissant fertile: Hellènes ou Égyptiens? mais aussi pour dire, le plus honnêtement du monde, que nous prenons à gauche, du côté occidental, en choisissant de négliger, à droite, l'histoire d'Orient, autrement dit les sciences telles qu'elles se développèrent, surtout en Chine. Cela ne tient à aucun jugement de valeur: mais il y faudrait un tout autre traité. Enfin: avez-vous vu la source d'un quelconque ruisseau, qui ne forme pas, déjà, un confluent?

Mais il faut préciser ce qui apparut: avec l'astronomie et la médecine, les mathématiques, certes. Mais pourquoi ce pluriel? Y en a-t-il une ou plusieurs? Deuxième question ouverte, deuxième bifurcation, deuxième chapitre du livre, où on lira l'histoire comparée des algorithmes écrits en hiéroglyphes sur papyrus et en cunéiforme sur tablettes d'argile. D'où l'on conclut à plusieurs origines et à plusieurs sciences, relativement aux cultures où elles naissent.

Mais il faut encore préciser quel type d'abstraction. La Grèce, à juste titre, se vante d'inventer la science pure et la démonstration. Comment? Y a-t-il une ou deux mathématiques grecques? Troisième bifurcation et troisième chapitre du livre où l'on voit comment la géométrie, en terre hellène, se tire des algorithmes plus anciens, mais aussi, à nos yeux, plus nouveaux.

Mis à part quelques scribes anonymes, le légendaire Thalès et le studieux Euclide, manquent encore les portraits dans un livre d'une discipline qui, traditionnellement, les aima: voici donc Archimède, prince des génies, tel que le dessinent Plutarque et Polybe. Quelle science pratiqua-t-il? Pure, assurément, cependant appliquée au jugement d'un platonicien exigeant, mais surtout marquée par la proximité du tyran de sa ville et par les machines de guerre qui la défendirent. Quatrième bifurcation, d'une importance tragique déjà et toujours actuellement: depuis quand, comment, pourquoi la science la plus pure collabore-t-elle à la mort et à la destruction, ou, inversement, à la sauvegarde des populations attaquées? Choix crucial proposé au savant et à son historien: savoir ou pouvoir, contemplation détachée ou violence déchaînée? Le problème déontologique, on le voit, ne date pas d'hier: guerre ou paix dans le monde des sciences?

De même que les cartes ne précisent pas le détail du routier maritime qui va de Bordeaux à Montevideo ou à Boston mais donnent le dessin de ces ports où le trafic diverge et converge, de même ce livre traite des problèmes et laisse le lecteur choisir la voie qu'il veut dans la chronologie qu'il trouvera en fin d'ouvrage. Des routes rapides, lentes, courtes ou interminables connectent les carrefours, c'est-à-dire les doutes, les hésitations, les grandes interrogations de l'histoire des sciences, ses vrais Éléments.

De même, une fois les mathématiques mises sur le chemin dont Edmund Husserl disait qu'il ne peut plus être manqué, peut-on dire que sur le très long terme un seul concept garde le même sens? S'agit-il toujours de la même forme ou de la même définition? Sommes-nous, par la géométrie, en communication directe avec le passé le plus lointain? Nous connaissons mal les dieux et les déesses grecs, mais le théorème de Pythagore? Brille-t-il, stable, depuis plus de deux mille ans, seul exemple de pérennité? Cinquième bifurcation, nouveau chapitre: soit donc, par exemple, la grande figure du cercle; peut-on décider s'il s'agit de la même idée tout au long de plusieurs millénaires? Oui? Non?

Babyloniens, Grecs ou Égyptiens, nous nous référons depuis si longtemps à de tels héritages que nous avons fini par les unifier. Nous savions que nous les avions pendant longtemps perdus et qu'ils nous étaient revenus par les traditions et cultures de langue arabe : ne doit-on juger celles-ci que comme des intermédiaires ? Existe-t-il une science arabe ? En fait, nous avions perdu notre parent, mais quand nous l'avons retrouvé, nous en avons retrouvé deux. Comment décrire avec justice l'originalité du second, aussi proche de nous et de nos usages de pensée que le premier ? Sixième bifurcation et nouveau confluent d'une rivière chargée d'un autre affluent. Croisement d'une importance majeure puisque l'histoire de la Méditerranée, terrain, si j'ose dire, originaire des sciences, ne cesse de fluctuer entre les influences sémites et les indo-européennes : nos savoirs les recueillent toutes deux. Ainsi l'histoire des sciences grossit de certains apports et se déleste d'autres, parfois, comme de bras oubliés. Il suffit de se placer aux confluents où les choses se décident pour comprendre mieux.

Toutes les cartes comportent un index — toujours le même, ou à peu près, quelles que soient la carte et sa date — des villes et des sites, des carrefours du réseau. Ce livre établit exactement l'index des cartes. Il en a fixé les sommets ou les échangeurs, il décrit les problèmes fréquents, les hésitations, les grandes interrogations de l'histoire des sciences, ses bifurcations, encore un coup, ses Éléments. Pour ce qui concerne les voies, le lecteur, répétons-le, est invité à les choisir, à loisir, dans la chronologie. Ainsi, on le verra, les voyageurs naturalistes, à l'âge des Lumières, chercheront et trouveront, dispersées dans l'espace, les espèces que Darwin alignera, plus tard, dans le temps. Nous avons distribué ou classé les grands problèmes dans un espace de représentation qui, de même, reconstituera quelque jour la temporalité propre à l'histoire des sciences.

Sommes-nous si sûrs de notre idée globale de la science qu'elle ne change jamais ? Qu'en est-il d'elle, essentiellement ? Bifurcation fort imprévue : nos prédécesseurs, dans nos propres chaires, chargés d'un similaire enseignement, appelèrent de ce nom une discipline qu'ils tenaient pour reine et que l'ère des Lumières nous fit, au contraire, nommer ignorance et obscurité. Toutes les voies suivies jusqu'ici se retournent selon qu'on accepte ou refuse ce type de décision. A nouveau donc : qu'est-ce qu'une science ? Quand, à Paris, à Oxford et ailleurs, l'Université médiévale enseignait la théologie sous ce titre excellent, l'arithmétique et l'algèbre, ignorées de tous et méprisées des doctes, se pratiquaient, dans la rue et dans les foires, sous celui d'algorisme, pour les bilans, les échanges et les marchandises. A la question : qu'est-ce que la science, l'histoire, parfois, répond par une autre question : où se trouve-t-elle ? Sur les places ou dans les classes ? Et dans quelle langue se dit-elle ? Qui pérore jargon, qui parle vulgairement ? Que dit-on de nouveau dans ces différents idiomes ? Voilà deux nouvelles bifurcations, la septième et la huitième.

Lesdites décisions ainsi dessinées sur le schéma d'une carte sont prises ou non par une instance jouant souvent le rôle d'un tribunal. Seul un tel prétoire tranche. Les Écoles grecques, les conciles d'Église, les colloques universitaires fonctionnent ainsi de semblable façon et s'arrogent le monopole de la définition des mots, du savoir et de la vérité. Ce sont des tribunaux et ils détiennent le pouvoir critique : puissance capitale en histoire des sciences. Ici les aiguillages se dessinent et se décident.

Lorsqu'un tribunal ou quelque instance acquittent ou condamnent telle partie comparue ou citée devant eux, deux choses fondamentales changent : le temps et la vérité. Une allégation possible, probable, sujette à débat, soudain tranchée, devient vraie ou fausse : du coup, existent, bien découpés, le moment où les jurés ont statué, où la sentence tombe, donc un avant et l'aval. Le greffe enregistre. Qu'est-ce que l'histoire des sciences ? Le temps, humain ou social, d'une classe de vérités dûment enregistrées. Certains diront : le temps du vrai, universellement parlant. Mais comment ce vrai peut-il apparaître, se transformer, s'évanouir, laisser sa place à un autre ?

Réponse universelle : au moyen de tribunaux. Les sociétés humaines n'ont pas inventé beaucoup d'autres moyens que de telles instances pour se fixer, pour

construire leur histoire, leur environnement propre et leur culture singulière. Dès leur apparition, les sciences les subissent, les combattent, les adoptent, les changent, les utilisent, les dominent. Elles deviennent elles-mêmes des instances où l'on tranche.
L'histoire des sciences décrit à son tour et pour elle-même ces instances, les subit, les combat, s'y adapte et les adopte, les change, s'en sert, finira par les dominer. Tribunal elle-même, elle révise sans cesse, en les prescrivant, les arrêts prononcés par les sciences.
De nouveau, notre question : comment rédiger ou présenter une histoire des sciences ? Réponse : en organisant une critique, en instaurant des tribunaux. Les bifurcations resteraient fixes sans la mobilité des aiguillages.
Dans la deuxième préface à la *Critique de la raison pure*, Emmanuel Kant met en scène Thalès, Stahl, Torricelli et Galilée, inventeurs ou héros fondateurs, en géométrie, chimie ou mécanique, de vérités premières telles que le temps ou l'histoire en sont formés : des révolutions successives s'accomplissent en cascades où les savoirs incertains empruntent tour à tour le chemin de la science : la mathématique commence, puis la physique, etc. Ainsi Copernic, en changeant le fixe et le mobile, fonde l'astronomie scientifique. Toute l'histoire des sciences soudain met en place une vision magnifique induite par l'âge des Lumières et induisant toutes nos idées reçues, mais surtout déduite du fait que le même Kant instaure une critique et fonde un tribunal de la raison. Dès que l'instance est fondée, apparaissent un temps et une vérité, un temps du vrai, un avant et son aval, une histoire des sciences. Le philosophe imite à merveille le geste intérieur à chaque discipline et nous croit assez naïfs pour nous faire découvrir comme un fait ce qu'il produit comme un juge. L'histoire des sciences n'est ainsi, ne se raconte ainsi, que du point de vue de cette Raison universelle qui constitue le tribunal que nous avons formé inconsciemment depuis des siècles et d'où nous prononçons nos arrêts.
Ce livre, critique et construit par bifurcations, reste sans cesse attentif à cette continuelle fonction d'aiguillage remplie par certains tribunaux, et, sans relâche, rouvre les dossiers des causes entendues et pratique mille révisions. Les décisions, en science, ne sont jamais, heureusement, définitives : ce pourquoi le réseau, instable, fluctue. Le temps de l'intelligence et de son pouvoir place Thalès ou Stahl ou d'autres tantôt d'un côté, tantôt de l'autre, sur la balance...

Prenons pour premier exemple « Les affaires Galilée ». Ce chapitre, sur ce point, symbolise et modélise notre effort : en effet, il ne décrit ni ne raconte encore un coup le procès désormais célèbre, mais le relate plusieurs fois et, si j'ose dire, à plusieurs voix ; on y entend non seulement la cause de la liberté de pensée, celle des faits têtus contre l'écriture, celle, même, de l'Église, car ne brille pas si clairement qu'on le croit l'évidence des expériences, mais encore, plus spécialement, les débats d'une science nouvelle contre le savoir traditionnel, ceux de la physique mathématique, de la mécanique rationnelle... plus l'inquiétude même de l'auteur qui avoue venir à l'affaire Galilée par l'écart qui sépare le second principe de la thermodynamique et l'égalité entre la cause et l'effet telle que l'exige la mécanique classique. Combien de procès, nombreux et compliqués, s'agitent à l'intérieur d'une telle affaire, combien d'acteurs, d'enjeux, d'historiens s'y impliquent dès l'origine, et jusqu'à aujourd'hui, voilà son intérêt profond et non point de prendre parti pour tel ou tel acteur, ce qui reviendrait à répéter indéfiniment le procès, alors qu'il vaut mieux le comprendre. L'auteur de ce texte y a écrit les histoires de l'histoire, en croisant le temps, externe, des causes et affrontements et celui, interne, des choses et des équations. Sur cette neuvième bifurcation se branchent cent aiguillages possibles et mobiles.

Même croisement dans le chapitre sur Lavoisier qui figure à la quinzième place, mais que je cite ici par commodité, symbole encore et modèle parfait de notre effort: la Révolution française, politique, s'y mêle à la révolution chimique, de même que, dans l'affaire Galilée, se mêlaient procès religieux, idéologique et strictement savant. Fermier général sous l'Ancien Régime, Lavoisier déploie dans cette charge les mêmes talents que dans la recherche savante; condamné à mort, il devient victime de ses adversaires politiques tout autant que de ses collègues jaloux; au total, il gère, par contrôle assidu et méticuleux, ses mesures et pesées, dans la science comme dans la société, mais aussi dans l'histoire dont il contrôle l'avenir, le présent et le passé, en se les appropriant: les balances dont il use décident, comme un tribunal objectif, des vérités chimiques et du temps de la chimie. D'où l'on voit que les divers procès dont il est question dans ce livre traitent à la fois des causes et des choses, c'est-à-dire des rapports de forces entre diverses parties en conflit et de la nature en elle-même: on peut même tirer de là une définition satisfaisante de la science, comme l'instance humaine où les causes et les choses sont tellement voisines parfois qu'elles se recouvrent et donc où les procès décident au plus près voisinage du collectif et de l'objectif. On sait que le mot chose a pour étymologie le mot cause: l'histoire qui fait sortir le premier du second se confond sans doute avec l'histoire des sciences. Le langage scientifique, miracle, fait que se superposent presque parfaitement le performatif des procès avec l'objectif des expériences.

Dixième figure de la bifurcation, quand elle annule l'un de ses bras: l'histoire millénaire, grecque, arabe, latine, moderne du problème de la réfraction, par exemple, tombe dans la trappe ouverte par le doute de Descartes, qui prétend tout inventer alors que, simplement, il ne cite personne: opération qui deviendra classique dans les sciences ou la philosophie et que pratiqueront quelques voleurs de génie. Rien avant moi qu'ignorance et oubli des questions fondamentales, enfin je vins pour renouer avec la pensée, la découverte et l'invention: après moi, la science — ou la philosophie. L'ego cartésien sort assurément grandi de ce coup publicitaire, mais déontologiquement amoindri. Un aiguillage engage l'aval de l'histoire vers la postérité de l'aiguilleur en laissant aux oubliettes ses prédécesseurs. Décision judiciaire en certaine façon mais assez complexe ou équilibrée: un tribunal politique tue Lavoisier mais son tribunal scientifique décide la mort historique des autres chimistes, qui ne s'opposèrent point à sa condamnation; une instance religieuse condamne Galilée mais, victime, il condamne ses juges en même temps que ses prédécesseurs. Qui donc décide et de quoi, qui tranche du temps et de la vérité? Voilà comment l'histoire des sciences révise continuellement les procès en instaurant une sorte de tribunal mobile, laissant ouvertes les décisions, indécises les bifurcations.

Qu'est-ce que la science? Où se trouve-t-elle? Et maintenant: qui la fait? Qui en décide, certes, mais aussi qui l'invente? Onzième bifurcation, nouveaux aiguillages: à l'âge classique, des amateurs éclairés, riches, disposant de loisirs, jouent aux nombres, non loin des salons, comme d'autres à la roulette. Un siècle plus tard, de savants professeurs, dans les universités d'Allemagne, reprennent la même discipline et en font une théorie, profonde, quasi métaphysique. L'académie fait système de ce dont les nobles, vacants, firent leur délassement. Comment se transforment les sciences quand changent ceux qui la font? Les théorèmes passent du défi par lettres au manuel de classe ou au traité qui fait référence. Tout change à ce carrefour, même l'idée de sérieux ou de fondamental. La ville et la robe, «*Town or gown*», disent les Anglais, le salon ou la chaire: à chacun une vérité, même pour les nombres.

Faut-il croire que passant un seuil les idées changent? Oui ou non? Oui et non. Newton découvre l'attraction universelle, évidente dans la grandeur des astres, mais se perd en sa recherche dans le détail des réactions chimiques. L'affinité fit rire mais a fécondé la quête de la force qui repousse ou attire certains corps par rapport à d'autres. Comment une idée qui paraît périmée a-t-elle pu pousser à la découverte de la plus grande explication du monde qui ait jamais paru dans l'histoire? Ce qui paraît aujourd'hui sans enjeu en déplaçait hier d'énormes; mais attention, en déplacera peut-être demain de gigantesques, à nouveau. Hier la chimie falsifiait la physique, aujourd'hui elle paraît en faire partie. Mais demain? Qui nous assure que le savoir qui seulement s'apprend ne comprendra jamais la science qui, elle, se comprend? La douzième bifurcation reste ouverte et l'aiguillage instable. Le tribunal tantôt décide ici et tantôt là, selon des contraintes aujourd'hui oubliées: causes et choses s'échangent et changent.

Autre exemple: nul ne pense le temps, depuis un siècle, sans référence à Darwin. Tout évolue, les astres, les choses, le monde et même l'histoire et même l'histoire des sciences, sur le modèle des espèces. Gigantesque et treizième coupure? Oui et non et plutôt non. Car au siècle qui précéda le voyage de Darwin sur le *Beagle* vers les Galapagos, mille et un explorateurs firent le *devisement* du monde et collectèrent les espèces pour les reconnaître, pour les nommer: il suffira de les aligner, de placer autrement le plan de la classification. Rien ne prépare mieux au temps que l'espace. Rien ne prépare mieux à l'évolution qu'une suite de bifurcations sur les espèces: rien ne prépare mieux à l'histoire des sciences qu'une série d'aiguillages critiques sur les problèmes et les décisions. Par les exemples mêmes des problèmes, nous touchons peu à peu au problème même de l'histoire des sciences.

Mais nul ne pense le temps des sciences depuis deux siècles, aussi bien, sans référence à ce qui se fit, sans que cela se vît, pendant la Révolution française où les savants tout uniment prirent le pouvoir. Un astronome à la mairie de Paris, l'inventeur de la topologie à la pointe du Comité de salut public, les doctes occupent les palais avant le peuple et à sa place, avant qu'un géomètre, pourtant mineur, accédât au titre d'Empereur. La noblesse et le clergé s'effondrent, la société ne vit plus sur les mêmes partages ni les mêmes fonctions, les savants forment enfin une classe ou un genre, remplacent les clercs et construisent une nouvelle Église. L'histoire des sciences devient souvent, depuis ce quatorzième échangeur, la nouvelle histoire d'un nouveau mais ancien clergé. Mais celui-là oubliera celui-ci, en s'adonnant aux mêmes gestes que lui.

Oubli ou mémoire, encore la même ou une autre bifurcation, la dix-septième en ce livre. Souvent la science en pointe comme on dit retrouve avec éclat un prédécesseur dont elle dit avec emphase qu'il était ou resté ou tombé dans l'obscurité. Vrai, faux? Les deux, en général. Les délaissés ne sont pas ceux qu'on pense et ceux qu'on retrouve furent rarement perdus. Mendel ne peut passer pour cet inconnu. Un tribunal peut restituer aussi de fausses injustices.

Qui oublie? Qui se souvient? Pas seulement les hommes ou les institutions. Mais aussi les choses, mais surtout les théories. Les fils des pois marquent leurs parents avec ou sur leurs organes, le système d'Euclide organise la mémoire des œuvres anciennes de la géométrie; ainsi Mendeleïev: sa table projette l'histoire passée de la chimie. Programme-t-elle l'avenir ou résume-t-elle ce qui la précède? Les deux, mais plutôt le second bras de notre dix-neuvième bifurcation. Nous ne l'apprenons ni ne l'admirons pour les mêmes raisons que celles qui la construisirent, quasi de soi. Les sciences diverses montrent partout de telles tables où s'inscrit la mémoire, sources denses pour l'histoire des sciences. A mesure que le livre s'avance, chaque chapitre modélise mieux toute la discipline comme si, à l'imitation de la science elle-même, il capitalisait sa propre expérience.

La Terre, encore, les roches se souviennent, comme la science et l'histoire des sciences. Les textes mythiques les disaient jeunes de 4004 ans, depuis le lundi

Devisement: mot de Jacques Cartier pour la visite ou l'exploration des terres et des mers.

matin à 9 heures précises, où Dieu la créa d'un mot. Bifurcation subite, la seizième, là: Lyell juge la Terre éternelle, vieille comme les chemins. S'engage alors la querelle séculaire de la synchronisation des temps: celui du ciel, des astres, des choses, des hommes, du monde et de son histoire. Nous entrons là aussi en géologie comme en histoire des sciences puisque nous ne savons pas encore synchroniser les temps des sciences diverses depuis les diverses naissances et pendant les rythmes différents des inventions, ruptures, oublis, bref, de nos cent bifurcations ou aiguillages ou des arrêts devant autant de tribunaux.

Pourquoi? En raison des conflits. Toujours les causes. Mettez des causes en regard et regardez comment les choses suivent ou se transforment avec elles, ou inversement. Pasteur combat Pouchet avec les microbes, qui se mettent à combattre eux-mêmes la génération spontanée aux côtés de Pasteur. Bifurcation la plus profonde peut-être, qui dépasse de beaucoup la querelle, interne à l'histoire des sciences, des contenus internes, exclusivement savants, et des conditions externes, exclusivement sociales, puisque, loin de les distinguer, elle les noue et les mêle. Ce chapitre, canonique, symbolise encore et modélise, sur ce point, notre effort en ce qu'il montre comment la science met en scène, elle aussi, des tribunaux, mais dans une telle transparence rationnelle que les enjeux brûlants y sont dissimulés. Les luttes des hommes et des institutions disparaissent dans un vase à col recourbé. Ici, dans l'assemblée que Pasteur a convoquée à la Sorbonne pour en décider une bonne fois sur l'hétérogénie de son adversaire, les causes deviennent des choses et les choses deviennent des causes, comme nos langues latines le veulent depuis leur origine. Bifurcation éminemment moderne et cependant stable depuis que nos langages font sens. Les microbes de Pasteur se conduisent, toutes choses égales d'ailleurs, comme les atomes de Joliot, à la veille de la dernière guerre mondiale, où l'atomiste se conduit, toutes causes par ailleurs égales, comme le biologiste: on fondera un Commissariat à l'énergie atomique comme on a construit un Institut Pasteur, et la microphysique existe autant que la microbiologie. L'auteur des deux textes, aux dix-huitième et vingt et unième places, noue ensemble de manière si serrée les conflits et les intérêts, ce qu'on appelle en général les circonstances, que ce nœud lui-même, de plus en plus dense, que ce carrefour ou échangeur se met à ressembler, d'une manière étrangement convaincante, aux choses elles-mêmes que la science expérimentale interroge et considère. La carte routière, par bifurcations et mobiles aiguillages, relevait les œuvres des hommes et des groupes: chemins tracés, voies édifiées par de complexes chantiers: mais ces routes suivent aussi les talwegs du relief, et, peu à peu, ces atlas deviennent ceux du monde. Convergent soudain le donné des choses et nos constructions.

Mais derechef quelle science, quels savants, qui, où, quand? D'abord: *combien*? Voici longtemps que nous comptons plus de savants dans l'industrie que partout ailleurs. L'histoire des sciences rêverait tout haut si elle en restait aux universités ou aux institutions officiellement adonnées à la recherche. La bifurcation des sciences et de la société se noue dans les mille techniques mises au point dans les compagnies à haut niveau de sophistication et à riche valeur ajoutée. Nouveau et vingtième confluent par où affluent non seulement des hommes et des capitaux, mais encore des besoins, le marché, toute l'économie contemporaine et ses fluctuations encore plus labiles et mobiles que celles du réseau depuis le début dessiné. Ici le savoir s'adapte en temps réel, ainsi que le savoir-faire, aux à-coups imprévus de la conjoncture et de la demande. Les rapports de la carte et du monde réel s'affinent.

Pas de science sans technique, sans machines, surtout de celles que Jacques-Louis Lions appela outils universels, pour ce qu'elles ont de l'outil l'efficace et de l'universel la scientificité: les ordinateurs. Tout le monde croit et a mille raisons de croire que ceux qui les inventèrent depuis Leibniz et Pascal, jusqu'à Turing et von Neumann, les avaient dans l'esprit tout armées avant de les

Détruire, circuler, construire.

*(*L'Empire des gares, *acrylique sur toile de Dominique Appia, œuvre réalisée pour l'exposition* le Temps des gares, *en 1979, au CCI, départ. du Centre nat. d'art et de culture Georges Pompidou; coll. particulière. Ph. Luc Joubert © Arch. Photeb © by SPADEM 1989.)*

construire dans leurs principes, matériels et logiciels. Non. Qui recherche ne sait pas, tâtonne, bricole, hésite, garde ses propres choix ouverts. Non, il ne construit pas, trente ans avant sa réalisation, le calculateur d'après-demain, parce qu'il ne le prévoit pas, comme nous, qui le connaissons et l'utilisons désormais, pourrions induire qu'il le prévoyait. En réalité, *il mime, comme tous les acteurs, individuels ou collectifs, matériels et intellectuels, de ce livre, ses bifurcations et son réseau fluctuant.* Il aboutit, oui, quasi miraculeusement à un résultat qu'il ne prévoyait pas bien, que pourtant il cherchait, le prévoyant donc obscurément.

Si le lecteur accepte cette ouverture, cette quête, cette ignorance, au fond, des savants authentiques qui cherchent, donc qui savent sans savoir, il comprendra l'arrivée inopinée sur le marché de ces machines prévues, mais imprévisibles, comme il saisira soudain l'intégralité de ce livre-carte, de ce livre-réseau, de ce livre-index, stable et fluctuant, organisé mais ouvert, construit exactement pour mimer ce que furent dans les faits, l'histoire, les histoires des sciences, mêlant leurs résultats et leurs inventeurs, leurs héritages, affluents et confluents, les querelles dures entre leurs groupes de pression, de multiples et superbes paysages, choses du monde et causes des hommes mêlées jusqu'à l'indécision, leurs décisions temporairement définitives, leurs oublis et leurs souvenirs changeants ou trompeurs, leur organisation institutionnelle, leur détermination rationnelle stricte et leur enthousiasmante improbabilité : nos errances passionnantes sur ces cartes.

Pour rendre sensible la fluctuation des passages aux carrefours, ouverts ou fermés, obligeant ou à gauche ou à droite ou invitant indifféremment dans les deux sens, j'ai suivi, d'abord par commodité, le fil usuel du temps, mais je l'ai aussi parfois un peu ployé, à dessein : comme on vient peut-être de s'en étonner, les nombres ordinaux n'apparaissent pas toujours selon leur ordre, celui du livre, dans cette préface. C'est qu'au moment du décalage, le propos développait une autre pensée, celle de la mémoire et de l'oubli ; ou, comme aurait dit Bergson, le mouvement rétrograde du vrai : il faut avoir passé, dit-il, la Révolution française pour que la prise de la Bastille, qui l'ouvre, en quelque manière, prenne un quelconque sens ou existe même dans l'histoire ; au moment précis où cela se passe, cette histoire manque au rendez-vous. On croit que le vrai descend le flux du temps : il le remonte aussi bien. D'où la boucle dans l'ordre des chiffres.

Plus généralement, cela veut dire que ce livre aurait pu suivre une ordonnance différente. Un classement thématique, par exemple, aurait sans doute étalé plus largement l'éventail ouvert des options et des thèses et mieux distribué leurs tensions. Car l'histoire des sciences rencontre ici son historien et ses parchemins du Moyen Age, son archéologue, ses tablettes et ses papyrus, ses sociologues et leurs institutions, ses philosophes et leurs concepts, ses anthropologues... mais à tout prendre, l'ordre enfin choisi s'imposa pour sa fidélité aux choses elles-mêmes : on dirait que la carte descend lentement sur Terre et se fond avec ce qu'elle veut représenter. Chevelure d'un bassin fluvial mobile à confluents et lits multiples, où les flux, comme à l'aventure, se heurtent à des obstacles, barrages, arrêts ou gels, s'accélèrent en des couloirs ou passages et par les débâcles, sans compter les turbulences, courantes mais assez stables, et les contre-courants qui rebroussent le cours, les pertes et les bras délaissés... peut-on imaginer meilleur modèle de mélange et de *percolation*, pour comprendre l'écoulement de l'histoire — et l'œuvre du temps ?

Les Treilles, 1985-1988.

Percolation : description statistique de systèmes constitués d'un grand nombre d'objets qui peuvent être reliés entre eux. En un tel système, la communication à distance s'établit ou ne s'établit pas.

Babylone – 1800

JAMES RITTER

Où l'on découvrira les déroutantes pratiques d'une raison babylonienne en cheminant sur ses sentiers divinatoires, médicaux et mathématiques.

Ninive, 18 avril 672 av. J.-C.

Esarhaddon le grand roi, le roi puissant, le roi du Tout, le roi du pays d'Assyrie, a des soucis. Depuis quelque temps, sa santé est défaillante, mais il souhaite à tout prix éviter l'amère lutte successorale qui a marqué depuis des générations l'Assyrie et sa maison royale. Il a donc décidé de diviser le royaume entre deux de ses fils. L'un, Assurbanipal, lui succédera à la tête de l'Empire assyrien, l'autre, Šamaš-šumu-ukin, héritera du trône, récemment acquis, de Babylonie. Pour que ce plan soit mené à bien, il est crucial d'en informer les hauts fonctionnaires et les dignitaires de l'Empire et de leur faire prêter un serment de loyauté aux deux princes héritiers, aussitôt que possible. C'est le chef des scribes royaux, Ištar-šum-ereš, qui est chargé du projet.
Le 18 avril, celui-ci écrit au roi pour lui rendre compte des arrangements pris pour la prestation de serment d'une classe des fonctionnaires, les *ummânū*, les « experts ».

« Au roi, mon seigneur, ton serviteur, Ištar-šum-ereš :
« Bonne santé au roi, mon seigneur ! Puissent les dieux Nabû et Marduk bénir le roi, mon seigneur !
« Les *tupšarrū*, les *bārû*, les *āšipū*, les *asû* et les *dagilm-iṣṣūrē*, vivant dans le palais et habitant la cité (de Ninive) entreront dans le pacte le 16ᵉ de Nisannu.
« Ils prêteront serment demain. »

Ce ne sont pas les rois et les princes héritiers qui retiendront notre attention dans ce chapitre, mais plutôt la petite liste des experts. Qui étaient-ils ? Quel était leur rôle dans la société mésopotamienne ? Ils étaient clairement importants aux yeux d'Esarhaddon et, tout aussi clairement, ils formaient un groupe particulier qui requérait un jour spécifique pour le serment. Nous allons donc partir à leur découverte, grâce aux indices fournis par les tablettes d'argile que nous a laissées cette civilisation, qui se développa et fleurit entre le Tigre et l'Euphrate.
Pour savoir quand et où ils apparaissent comme groupe professionnel, il nous faut quitter Ninive à l'apogée de l'Empire assyrien et retourner au premier moment où ils entrent ensemble dans l'histoire — plus de mille ans auparavant et plus au sud, dans le pays de Babylonie. C'est à l'époque que les assyriologues appellent période « paléobabylonienne », pendant les quatre cents premières années du IIᵉ millénaire, que nous pouvons commencer à suivre le développement d'un domaine d'étude et de pratique que les Mésopotamiens eux-mêmes ont perçu, semble-t-il, comme unifié et privilégié en un certain sens. Nos preuves en sont indirectes et éparses, mais suffisamment abondantes pourtant pour que leur rapiècement dessine les grandes lignes d'un domaine intellectuel particulier, peut-être le premier d'une espèce que nous serions tentés d'appeler « rationnelle ».

Avertissements au lecteur :
— Signes diacritiques et leur prononciation dans la transcription de noms et de mots akkadiens, en usage chez les assyriologues :
ḫ : « ch » allemand (*achtung*) ;
š : « ch » français (chat) ;
ṣ : « ts » anglais (*bits*) ;
ṭ : « t » emphatique ;
g est toujours dur comme « gare » et *u* se prononce « ou ».
— Signes de ponctuation utilisés dans la transcription des textes originaux :
( ) : mot rajouté pour une meilleure compréhension du texte ;
[ ] : lacune du texte ;
‹ › : mot oublié par le scribe ;
... : mot inconnu ;
...... : ensemble de mots inconnus.

Le Code de Ḫammurapi *(à gauche). Le bas-relief de cette stèle de plus de deux mètres de hauteur représente le roi Ḫammurapi en adoration devant le dieu-soleil Šamaš, dieu de justice. L'époque de ce fondateur d'un grand empire, au début du* XVIIIᵉ *siècle av. J.-C., était particulièrement brillante dans toute une série de domaines intellectuels dont la jurisprudence. Cette collection de plus de deux cents lois est, d'un certain point de vue, un exemple typique des « tables » communes à toutes ces disciplines.*
(S^{b} 8, époque paléobabylonienne, Babylone (?) ; musée du Louvre, Paris. Ph. © Lauros-Giraudon/Photeb.)

Ah, au fait ! Assurbanipal et son frère devinrent effectivement rois, et, au moins en partie, nous devons nous en réjouir car le premier des deux passa beaucoup de temps à rassembler l'une des plus grandes et des plus complètes bibliothèques du monde antique. En fait, c'est précisément la découverte par l'archéologue anglais Austin Henry Layard, au milieu du XIXe siècle, des restes de cette bibliothèque dans les ruines de Ninive, qui conduisit à la naissance de l'assyriologie moderne. Parmi les milliers de documents se trouvait aussi, en dehors de la lettre de Ištar-šum-ereš, un hymne en forme d'autopanégyrique sur Assurbanipal lui-même, et ses prétentions à être un intellectuel de même niveau que les *ummânū* de sa cour ou de celle de son père :

« Marduk, sage parmi les dieux, m'a dispensé une vaste intelligence et une compréhension sage ;
« Nabû, le scribe de l'Univers, m'a donné en présent les préceptes de sa sagesse ;
« Ninurta et Nergal ont muni mon corps d'une force héroïque et d'une puissance inégalée ;
« Les exploits du sage Adapa, je les ai appris, la sagesse cachée, l'art du scribe tout entier ;
« Je sais interpréter les présages du Ciel et de la Terre, je participe au conseil des Sages ;
« Je sais discuter "Si le foie est le miroir du ciel" avec d'habiles devins ;
« Je sais trouver les inverses difficiles et les produits qui ne sont pas d'accès aisé (?) ;
« Je sais lire les textes compliqués, où le sumérien est obscur, l'akkadien difficile à interpréter ;
« Je sais déchiffrer les inscriptions sur pierre qui datent d'avant le Déluge... »

Babylone, 1800 av. J.-C.

Portrait présumé du roi Ḫammurapi. (Époque paléobabylonienne ; musée du Louvre, Paris. Ph. M. Chuzeville © Arch. Photeb.)

Au cours de la première moitié du IIe millénaire, à la période paléo-babylonienne, le monde est assez différent de celui que nous venons de quitter. Le grand Empire fondé par les rois de la troisième dynastie d'Ur, qui parlaient (ou du moins écrivaient) en sumérien, maintient son emprise sur l'imagination des Mésopotamiens, plus de deux cents ans après sa disparition, après qu'il fut balayé par des vagues de peuples sémitiques venus de l'ouest pour s'installer dans la région.
Mais cette immigration apporta une vitalité nouvelle sur les rives du Tigre et de l'Euphrate et, lorsque nos sources écrites redeviennent plus abondantes, une nouvelle symbiose s'est faite. De nombreuses cités-États, comme celles qui ont prédominé pendant la plus grande partie du IIIe millénaire, sont à nouveau en place. Mais cette fois, la langue akkadienne prévaut, le sumérien a été relégué au rang d'un langage liturgique et érudit, réservé à un petit groupe, un peu comme le latin dans l'Occident médiéval. Les différentes cités-États rivalisent pour le pouvoir ; Larsa gagne parfois, et en d'autres occasions Isin. Mais ce qui n'était jusqu'alors qu'un petit village, Babylone, sera le grand vainqueur de ces États-combattants, sous une dynastie sémite venue de l'ouest, fondée lors des grandes migrations du XXe siècle av. J.-C.
L'accession au trône de Hammurapi vers 1800 av. J.-C. correspond à la constitution d'un nouvel État centralisé, à une échelle inconnue jusqu'alors, même pendant les empires devenus légendaires du IIIe millénaire. La Babylonie représente une immense région pacifiée de l'Anatolie au nord jusqu'au golfe arabo-persique au sud et de la Syrie à l'ouest jusqu'à l'Élam à l'est.
Une telle unification à plusieurs niveaux, à la fois politique, linguistique, culturelle, exige la mise en place d'un nouveau réseau commercial et militaire ; c'est à ce moment que nous trouvons les premières références systématiques aux différents groupes de savants et d'experts dans les textes dont nous disposons. Bien qu'il y ait des raisons de croire que ces groupes aient

commencé à se former pendant la période d'Ur III, c'est seulement dans la riche documentation que nous ont laissée Ḫammurapi et ses contemporains que nous pouvons vraiment étudier la nature et le rôle de nos protagonistes. Pour les découvrir davantage, nous allons voir ce que nous pouvons déceler de leurs activités professionnelles dans les lettres des archives royales paléobabyloniennes qui nous sont parvenues.

Les professionnels

Prenons donc les experts mentionnés dans la lettre d'Ištar-šum-ereš (dans l'ordre inverse de leur apparition) et cherchons leurs équivalents, s'ils existent, dans l'Empire de Ḫammurapi et de ses contemporains.
Les derniers nommés, les *dagil-iṣṣūrē*, ou « observateurs d'oiseaux », sont les plus faciles à traiter. C'étaient des spécialistes qui prédisaient le futur à partir du comportement des oiseaux et il n'y a aucun témoignage de leur existence antérieur à la période néo-assyrienne. Il s'agissait d'un nouveau domaine de compétence qui, tout comme l'astrologie d'ailleurs, ne fut fondé qu'au Ier millénaire : cela montre au passage que de nouvelles spécialités ont continué à apparaître tout au long de l'histoire mésopotamienne. A l'époque de Ḫammurapi, ce domaine particulier est encore à venir et nous le laisserons donc de côté.
Les *asû* et les *wāšipū* (forme paléobabylonienne de *āšipū*) étaient appelés soit séparément, soit ensemble, en cas de maladie ou de blessure. Ils se partagent ce que nous appelons la « médecine » et, si les assyriologues modernes ont tendance à traduire par « médecins » les premiers et par « exorcistes » les seconds, la manière dont les Babyloniens eux-mêmes envisageaient leurs différences n'est pas du tout claire pour nous. Voici, par exemple, datant de la période qui suit la chute de Babylone (1595 av. J.-C.), lorsque les envahisseurs kassites avaient rebaptisé le pays Kar-Dunyaš, une lettre écrite par le roi des Hittites à son allié, le roi kassite de Babylonie :

« Un message de Ḫattušili, le grand roi, le roi du pays de Ḫatti, ton frère : à Kadašman-Enlil, le grand roi, le roi de Kar-Dunyaš, mon frère :
« Je vais bien, mon palais, mon épouse, mes enfants, mes soldats, mes chevaux, mes chariots, tout dans mon pays en fait va vraiment bien ! Puisse tout aller bien pour toi, puissent ton palais, tes épouses, tes enfants, tes soldats, tes chevaux, tes chariots, et tout dans ton pays, aller bien......
« Et j'ai autre chose à dire à mon frère. En ce qui concerne l'*asû(m)* que mon frère a expédié ici : les gens l'ont accepté et il a réussi des guérisons, mais une maladie l'a abattu. Je me suis donné beaucoup de peine pour lui et j'ai pris des extispiscines pour lui, mais quand son temps est venu, il est mort. Maintenant un de mes messagers va emmener les serviteurs de l'*asû(m)* (à Babylone) et mon frère pourra les questionner et ils lui raconteront les guérisons que l'*asû(m)* réalisait souvent. Je n'aurais jamais pensé à retenir l'*asû(m)*, puisque, quand ils reçurent pendant le règne de mon frère Muwatalli, un *asû(m)* et un *āšipu(m)* (de Babylone) et qu'ils les retinrent, je fus le premier à me disputer avec lui : "Pourquoi veux-tu les retenir ?", lui disant que ce n'est pas notre coutume de retenir (ces personnes). Et maintenant, j'aurais retenu ton *asû(m)* ? Des précédents experts qu'ils ont reçus ici, seul l'*āšipu(m)* est mort. ... La femme qu'il a épousée était de ma propre famille et il était considéré... mais s'il avait dit : "Je veux partir pour mon pays natal", il aurait bien sûr pu s'en aller. ... Aurais-je retenu un illustre *asû(m)* de Marduk ? »

Extispiscines : divination par l'examen des entrailles d'animaux sacrifiés.

Le rapprochement des deux professions, l'importance que leur accorde le roi lui-même, tout cela est répété dans de nombreux documents datés de la période post-paléobabylonienne et, sans aucun doute, c'était tout aussi vrai pour notre période. Néanmoins, nous sommes beaucoup moins bien informés sur les activités du *wāšipum* en Babylonie que sur celles de son confrère, l'*asûm*. Et

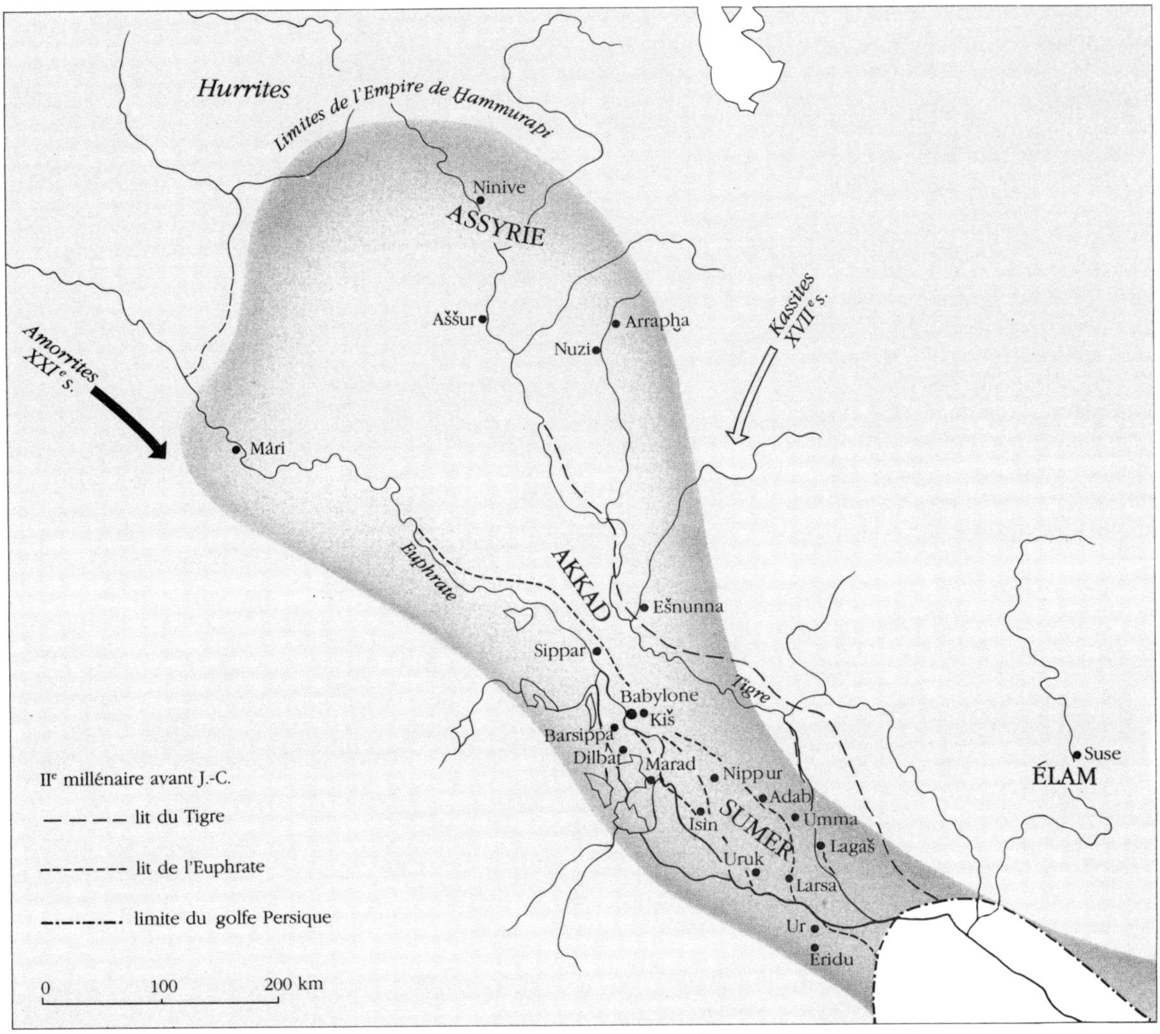

La Mésopotamie à l'époque de Ḫammurapi.

même pour ce dernier, c'est principalement du royaume de Mâri que nous tirons la plus riche documentation, glanée dans les lettres des archives royales du palais saccagé par Ḫammurapi vers 1760 av. J.-C.

L'*asûm* était maître en son art, grâce à sa connaissance des remèdes qui formaient sa pharmacopée. Il était donc important, au moins pour le patient, que toute connaissance dans ce domaine soit partagée aussi largement que possible, comme en témoigne cette lettre d'Išme-Dagan, roi d'Assyrie, à son frère Yasmaḫ-Addu, à l'époque vice-roi de Mâri :

« A Yasmaḫ-Addu dis ceci : ainsi parle Išme-Dagan, ton frère :
« Les médicaments avec lesquels ton *asûm* m'a traité sont excellents.
« Si quelque maladie suinte, aussitôt ce médicament la maîtrise. Or ça, maintenant, je t'envoie Samsi-Addu-tukulti, l'*asûm*, pour qu'il se mette rapidement au courant de ce médicament, puis, renvoie-le-moi. »

Mais il y a plus à dire. Une amélioration de la pharmacopée doit être mesurée empiriquement ; que la mise à l'épreuve de nouveaux remèdes exige un contrôle sur l'environnement qu'on teste était un fait bien compris à l'époque qui nous intéresse. Peu après la lettre que nous venons de mentionner, alors que le trône de Mâri avait été repris aux Assyriens par une dynastie locale, sous le règne de Zimri-Lim, un haut fonctionnaire, Dariš-libur, écrivait à son souverain :

« A mon seigneur dis ceci : ainsi parle Dariš-libur, ton serviteur :
« Au sujet des médicaments à employer contre la "fièvre de sécheresse", remède de l'*asûm* de Mardaman et de l'*asûm* du bureau d'administration, ... m'a écrit en ces termes : "Ces médicaments qui viennent de ..., je les ai scellés de mon sceau".
« Puis, avec leurs médicaments, j'ai dépêché ces *asû* et Lagamal-abum chez mon seigneur." (Or) mon seigneur a déjà essayé le médicament contre la "fièvre de sécheresse" (qui est) de l'*asûm* du bureau d'administration. Moi-même j'ai essayé le médicament contre la "fièvre de sécheresse" (qui est) de l'*asûm* de Mardaman, et il est excellent. Avec Ḫammi-šagiš je l'ai parfaitement éprouvé, et il est excellent. ... l'a bu, et il est excellent. Maintenant, peut-être que les ... voudront mélanger ces médicaments pour en boire. Qu'ils essaient ces médicaments séparément de sorte que mon seigneur boive celui qu'il y a lieu de boire ! »

Le roi gardait le pouvoir d'attacher l'*asûm* au palais ou à une autre résidence ; à Mâri, cela pouvait être, par exemple, une classe spéciale de cités appelées *pattum*, comme dans cette lettre d'un fonctionnaire local, Yawi-ilâ au roi Zimri-Lim :

« A mon seigneur dis ceci : ainsi parle Yawi-ilâ, ton serviteur :
...... [Autre affaire. C'est dans une ville *pattum* de mon seigneur que je réside et l'*asûm* est mort... .]
« Que mon seigneur ne retienne pas un *asûm* qui vienne s'établir dans la "maison" ici, dans ta ville, et qu'il guérisse tes serviteurs... »

Nous avons déjà vu, dans la lettre adressée par Ḫattušili à Kadašman-Enlil que, confronté à la maladie de son médecin babylonien, le roi hittite avait pris (ou fait prendre) une extispiscine. Cela relève exactement du domaine du *bārûm*, mot traduit souvent par « devin ». L'extispiscine était l'une des techniques reconnues de « divination », prédisant l'avenir : elle cohabitait avec l'observation des formes prises par de l'huile versée dans de l'eau ou l'examen des directions de la fumée produite par un brûleur à encens. Une fois encore, le *wāšipum* faisait ici son apparition : il était celui qu'on appelait lorsqu'il fallait détourner un présage défavorable.
Le roi paléobabylonien avait le même pouvoir sur le *bārûm* que sur l'*asûm*. Bien qu'il s'agît surtout d'une affaire royale, d'autres citoyens, en particulier ceux qui habitaient les cités *pattum*, pouvaient recourir à leurs services : pendant la domination assyrienne, Išme-Dagan écrit une fois encore à son frère, à Mâri :

« A Yasmaḫ-Addu dis ceci : ainsi parle Išme-Dagan, ton frère :
« Au sujet de Naram-Sin, le *bārûm*, au sujet duquel tu m'as écrit. Au district de Šitullum le roi est maître, et tu sais que ce district est une *pattum*... . Maintenant, que le roi envoie un *bārûm* à la ville de Šitullum... . La ville de Šitullum est une *pattum*. Une *pattum* sans *bārûm* n'existe pas... »

La tâche principale du *bārûm* était de prédire l'avenir dans les questions militaires. Un devin était attaché à chaque armée et aucune bataille n'était engagée sans que les augures aient été consultés. De Babylone cette fois, voici un aide-mémoire d'un fonctionnaire à son subordonné en temps de troubles :

« A Belšunu : ainsi parle Qurduša :
« Puisse le dieu Šamaš te garder en bonne santé !
« Comme tu l'as certainement entendu, la campagne est dans le désordre et l'ennemi y rôde. J'ai expédié des lettres à Ibni-Marduk, à Warad — ... et à

toi-même. Prends un agneau du troupeau pour le *bārûm* et obtiens un présage à propos du bétail et des troupeaux (pour savoir) s'ils doivent se rapprocher de moi ; s'il ne doit y avoir aucune attaque de l'ennemi, ni aucune attaque par des voleurs, le bétail doit venir là où je suis — sinon, mène-le dans la ville de Kiš de sorte que l'ennemi ne puisse y toucher.
« De plus, emporte toute l'orge disponible à Kiš et écris-moi un rapport complet. »

Le monde de la divination, et même de la divination militaire, avait aussi ses spécialisations, comme le prouve ce reproche de Zimri-Lim à son épouse, la reine Šibtu que nous voyons souvent consulter les *bārû*, mais qui était aussi, semble-t-il, une *bāriatum* elle-même :

La *bāriatum* est le féminin de *bārûm*.

« A Šibtu dis ceci, ainsi parle ton seigneur :
« ... Au sujet de ce que tu m'as écrit en ces termes :
"Je suis spécialisée (?) dans la divination des batailles."
« Voilà ce que tu m'as écrit. Tu es (donc) spécialisée (?) dans la divination des batailles (mais) pourquoi n'es-tu pas spécialisée (?) dans la divination de la prise de ville ? Et (pourquoi) ne m'as-tu pas écrit (plutôt) en ces termes :
"Cette ville sera prise" ou bien "Cette ville ne sera pas prise" ? »

Que le peuple mésopotamien fît clairement la distinction entre les activités (sérieuses) des experts et les enthousiasmes (plus douteux) des prêtres et des femmes apparaît à travers les nombreuses lettres écrites par un membre de la seconde catégorie pour rapporter un rêve, une inspiration ou une possession divines et accompagnées d'un message au roi. Ces informations étaient soigneusement communiquées dans l'attente que la question soit étudiée plus à fond par un *bārûm*, pour en vérifier le bien-fondé. Voici Šibatum, peut-être une fille de Zimri-Lim, écrivant à ce dernier avec des nouvelles d'un rêve qu'on lui a rapporté :

« A mon seigneur dis ceci : ainsi parle Šibatum, ta servante :
« ...... Et au sujet de..., dans le rêve, un fonctionnaire s'était levé pour déclarer ceci :
"Que la fille... Tagidnate soit appelée".
« Voilà ce qu'il m'a dit. Maintenant, que mon seigneur fasse enquêter un *bārûm* et si ce rêve était (vraiment) vu, que mon seigneur fasse chercher (?) cette fillette et qu'elle soit appelée. »

Les rêves sont donc une excellente chose, mais si vous voulez savoir si l'information était (vraiment) « vue », mieux vaut faire appel à un expert authentique !

La première catégorie mentionnée dans la lettre d'Ištar-šum-ereš, celle des *ṭupšarrū*, est paradoxalement la plus délicate à identifier. Le mot signifie simplement « scribe », mais ce qu'il est censé recouvrir exactement ici n'est pas clair. Par exemple, lorsque la lettre fut écrite, le terme *ṭupšarrum* était souvent utilisé comme abréviation pour *ṭupšar enūma Anu Ellil* — « scribe du livre *Enūma Anu Ellil* » —, c'est-à-dire, astrologue. Or l'astrologie, bien que florissante dans l'Empire néo-assyrien, était une nouvelle venue dans le monde mésopotamien, ne prenant son autonomie que pendant le Iᵉʳ millénaire : lorsque Asqudum, chef *bārûm* de Mâri à l'époque paléobabylonienne, observait une éclipse, sa première pensée était de réaliser une extispiscine pour savoir ce que cet événement de mauvais augure pouvait bien signifier au juste. A ce compte, le *ṭupšarrum*, tout comme le *dagil-iṣṣūrē*, aurait dû être absent du monde paléobabylonien.
D'un autre côté, *ṭupšarrum*, à toutes les époques, a aussi un sens littéral, celui d'une personne instruite pour des besoins professionnels, capable de lire, d'écrire et — peut-être tout spécialement ici — de mener à bien des calculs. Il

n'y a aucun mot en akkadien pour « mathématicien » bien que, comme nous le verrons, les scribes aient été entraînés à l'arithmétique, et il est donc possible que les scribes auxquels fait référence Ištar-šum-ereš soient exactement ceux-là.
Maintenant que nous avons eu un aperçu de la pratique quotidienne de ces experts à l'époque paléobabylonienne, nous pouvons examiner le moment de leur formation, lorsqu'ils devinrent des *ṭupšarrū*, pendant leur apprentissage scolaire. Cela nous aidera à étoffer la maigre information que nous avons pu glaner dans les correspondances officielles entre puissants qui sont parvenues jusqu'à nous.

Éducation

« Une maison avec des fondations comme le ciel,
« Une maison qui, comme un bol-*pisan*, a été recouverte de lin,
« Une maison qui, comme une oie, repose sur une base (solide).
« On y entre les yeux fermés,
« On en sort les yeux ouverts.
« Solution : l'école. »

Cette énigme est elle-même un exercice scolaire faisant partie du cours obligatoire de langue sumérienne qui formait la base du cursus paléobabylonien. Si cette description sent un peu l'autopanégyrique, il n'en demeure pas moins que l'éducation était, tout comme maintenant, la pierre angulaire dans la fabrication d'une intelligentsia au service du pouvoir.
Mais sur quoi exactement les yeux de l'apprenti-scribe étaient-ils ouverts ? La question du contenu des cours de la « Maison des tablettes » (*eduba* en sumérien ou *bīt-ṭuppī* en akkadien) n'est pas facile. Nous avons en fait trois sources d'information :
— Les tablettes d'exercices des étudiants eux-mêmes, les plus facilement identifiables étant les tablettes de forme lenticulaire utilisées par l'écolier débutant. Constituées souvent d'exercices d'écriture des signes cunéiformes et de tables d'arithmétique simples (multiplications, inverses, etc.), ainsi que de quelques compositions littéraires élémentaires en sumérien, elles représentent proprement l'ABC (ou plutôt le *tu-ta-ti*) du cursus scolaire.
— Les hymnes royaux. Nous en avons vu un exemple tardif dans l'hymne d'Assurbanipal. Ceux en usage à l'époque paléobabylonienne furent copiés et recopiés en tant qu'exercices scolaires dans les écoles et donnent des informations sur les sujets étudiés par le roi (et sans doute par les autres !) lorsqu'il était à l'école (cf. hymne de Šulgi, p. 41).
— Enfin, les textes dits de l'*eduba* qui sont les plus révélateurs. Ce sont en réalité des exercices littéraires en sumérien d'un niveau plus avancé, présentés sous forme d'un dialogue entre deux étudiants ou entre un étudiant et son maître (ou son père) :

Exercice d'écriture d'un écolier. Ces tablettes lenticulaires portent souvent, comme ici, deux lignes écrites par le maître (en haut) puis copiées par le jeune apprenti-scribe (en bas). Ceci est un exercice de sumérien élémentaire et se lit na Enlil-na-na.
(AO 26 350, époque paléobabylonienne ; musée du Louvre, Paris. Ph. © Réunion des Musées nationaux/Photeb.)

« Le bilan que je passe à l'école a été établi (ainsi) : mes jours de vacances sont trois par mois, les différentes fêtes sont trois jours par mois, avec ça ce sont vingt-quatre jours par mois que je passe à l'école ; le temps n'est pas long.
« En un seul jour le maître a donné quatre fois ma section.
« Le compte (de jours faits), ma connaissance de l'art de l'écriture ne disparaîtra pas, désormais je peux m'appliquer aux tablettes, aux multiplications et aux bilans.
« L'art de l'écriture, le placement des lignes, éviter les coupures...
« Mon maître a corrigé les belles paroles.
« On doit se réjouir de la compagnie (des camarades) !
« Je connais parfaitement mon art d'écriture, j'ai de la facilité pour tout.
« Mon maître me montre un signe, j'en ajoute plus de mémoire.
« Après avoir été à l'école jusqu'au temps prévu, je suis à la hauteur du sumérien, de l'art de l'écriture, du contenu des tablettes, du calcul des bilans.

« Je peux parler le sumérien !......
« Je veux écrire des tablettes : la tablette (des mesures) de 1 *gur* d'orge jusqu'à 600 *gur*, la tablette (des poids) de 1 sicle jusqu'à 20 mines d'argent, avec les contrats de mariage que l'on peut m'apporter, les contrats de société, je peux choisir les poids contrôlés d'un talent, la vente de maisons, de champs, d'esclaves, les cautions en argent, les contrats de louage de champs, les contrats de culture de palmeraies, ..., même les tablettes des contrats d'adoption ; je sais écrire tout cela. »

On notera ici, à part l'accent mis sur le bon style sumérien, la constellation des sujets mentionnés à la fin : métrologie, contrats légaux et calculs économiques.
En rassemblant les indices obtenus à partir de la pratique professionnelle et des sujets étudiés à l'école paléobabylonienne, nous pouvons dresser une liste (provisoire) de trois sujets parmi ceux qui semblent avoir joué un rôle privilégié dans la vie intellectuelle babylonienne : *divination, médecine* et *mathématiques*.
Mais l'information contenue dans les documents que nous avons regardés jusqu'à présent ne suffit pas à dresser un tableau vraiment clair des relations entre ces domaines. Pour aller plus loin, nous devons regarder les textes scolaires et les manuels des praticiens eux-mêmes. Ils ont en commun de nombreuses similarités formelles dans leur structure grammaticale et leur organisation interne, qui les distinguent d'autres textes, littéraires ou religieux par exemple, et ils fournissent tous les témoignages que nous pouvons maintenant recueillir sur la manière dont les Babyloniens eux-mêmes voyaient ces domaines.
Cela ne veut d'ailleurs pas dire que d'autres disciplines ne pourraient également être incluses ici à bon droit : les textes de *jurisprudence*, par exemple, semblent avoir partagé beaucoup de ressemblances formelles avec ceux que nous allons décrire et, à partir d'une période plus récente, l'*astrologie* devrait être ajoutée à notre liste.

En examinant ce matériel, nous devrons nous garder de la tendance naturelle à lire dans ces textes notre propre jugement sur leur contenu. Car, quelle que soit sur eux l'appréciation babylonienne, nous pouvons au moins être pratiquement certains qu'elle ne coïncide pas avec la nôtre ! Il n'existe pas en Mésopotamie de textes « philosophiques » pour nous expliciter les manières de penser des Babyloniens. La vraisemblance de notre hypothèse, selon laquelle ces sujets formaient un domaine de réflexion d'un type particulier pour les scribes et les fonctionnaires de l'époque de Ḫammurapi, devra donc reposer principalement sur l'évidence de relations internes, formelles, dans les textes mésopotamiens eux-mêmes.

Divination

Pour les Babyloniens, les dieux pouvaient écrire et écrivaient effectivement les assignations du futur sur toutes sortes de matériaux, grâce à toutes sortes de signes : marques de naissance sur la peau, conformation des organes des animaux sacrificiels, formes de la fumée d'encens, etc. C'était, nous l'avons dit, le domaine du *bārûm* — littéralement « voyant » — qui était entraîné à interpréter ces signes en fonction des problèmes que lui présentaient ses clients. Cet « art du *bārûm* », que les assyriologues modernes appellent « divination », est une composante frappante de la pensée babylonienne à travers toute son histoire : la seule période paléobabylonienne nous a laissé plus de cent textes de cette nature. Voici la première partie d'un de ceux traitant des formes de l'huile mélangée par le *bārûm* à l'eau et de leur signification pour la personne, privée ou publique, qui l'a consulté :

1. « Si l'huile, je l'ai versée sur l'eau et l'huile est descendue et (puis) est remontée et a entouré son eau :
pour la campagne (militaire) : apparition de calamité ;
pour le malade : main de la divinité, la main est lourde.
2. « Si l'huile s'est divisée en deux parties :
pour la campagne : les deux camps marcheront l'un contre l'autre ;
je (le) fais pour le malade : il mourra.
3. « Si du milieu de l'huile 1 goutte est sortie vers l'est et s'est arrêtée :
je (le) fais pour la campagne : je remporterai du butin ;
pour le malade : il guérira.
4. « Si du milieu de l'huile 2 gouttes sont sorties et l'une était grosse et l'autre petite :
la femme de l'homme accouchera d'un garçon ;
pour le malade : il guérira.
5. « Si l'huile s'est dispersée et a rempli la coupe :
le malade mourra ;
pour la campagne : on vaincra l'armée.
6. « Si l'huile s'est dispersée vers l'est et 3 (!) gouttes (en) sont sorties :
Šamaš demandera de l'homme un disque solaire pour sa vie.
7. « Si l'huile s'est dispersée vers l'est et 4 gouttes (en) sont sorties :
une vieille (dette d') argent à Šimaš pèse sur l'homme.
8. « Si l'huile s'est dispersée vers l'est et 5 gouttes (en) sont sorties :
une vieille (dette d') argent à Sîn pèse sur l'homme.
9. « Si l'huile s'est dispersée vers l'est et 6 gouttes (en) sont sorties :
situation du conseilleur de Dingir-maḫ pour...
10. « Si l'huile est descendue et (puis) est remontée dans la direction de ma cuisse :
prise de Dingir-maḫ.
11. « Si l'huile était verte :
prise de Išḫara.
12. « Si l'huile a formé une bulle dans la direction de ma cuisse :
situation du dieu-personnel de l'homme.
13. « Si l'huile est sortie à droite et à gauche :
situation de Sîn et de Šamaš.
14. « Si l'huile s'est dispersée vers l'est et 7 gouttes (en) sont sorties :
situation de Kubu pour...
15. « Si l'huile s'est dispersée vers l'est et 2 gouttes vers la droite et 2 gouttes vers la gauche (en) sont sorties :
situation de la divinité jumelle.
16. « Si l'huile, ses 2 ramifications étaient cassées à droite et à gauche :
la femme de l'homme s'en ira.
17. « Si l'huile, sa bulle était déchirée vers l'est :
le malade mourra.
18. « Si l'huile s'est divisée en 2 parties :
le malade mourra ;
pour la campagne : l'armée ne reviendra pas.
19. « Si l'huile s'est fractionnée vers l'est :
le malade mourra.
20. « Si l'huile a saisi le côté droit de la coupe :
le malade guérira.
21. « Si l'huile a saisi le côté gauche de la coupe :
le malade mourra.
22. « Si l'huile était rouge :
il pleuvra.
23. « Si l'huile a formé une ... vers la droite :
le malade guérira ;
pour la campagne : mon armée vaincra l'ennemi.

Maquette de foie. L'une des trente-deux maquettes de foie en terre cuite trouvées dans le palais de Mâri et servant, probablement, dans l'enseignement de la partie centrale de l'art du bārûm *qu'était l'hépatoscopie. Une conformation particulière de l'organe d'un animal sacrifié est illustrée par le modèle et le début du présage qui y est écrit : « Si un prince est sorti vers la plaine ou la montagne ». (AO 19 837, époque paléobabylonienne, Mâri ; musée du Louvre, Paris. Ph. © Réunion des Musées nationaux/Photeb.)*

24. « Si l'huile a formé une ... vers la gauche :
le malade mourra ;
pour les armes : le dieu de l'ennemi vaincra l'armée.
25. « Si l'huile a produit de l'écume :
le malade mourra.
26. « Si l'huile s'est divisée en 4 parties :
mon ennemi démantèlera les forteresses de mon armée.
27. « Si l'huile a laissé échapper une goutte vers l'est et puis celle-ci s'est attachée au bord de l'huile :
pour le malade : il guérira ;
pour la campagne : je vaincrai l'ennemi.
28. « Si l'huile est devenue un film :
le malade mourra ;
(mais si l'huile) s'est contractée au moment de mon deuxième versement :
même s'il est très malade, il restera en vie.
29. « Si l'huile a entraîné avec elle son eau :
l'anathème de l'au-delà saisira l'homme.
30. « Si l'huile, au moment de son deuxième versement, a libéré son eau :
l'anathème de l'au-delà ‹ne› saisira ‹pas› l'homme.
31. « Si l'huile s'est étendue et a formé une étoile au centre de son eau :
prise de Šamaš. »

Il y a plusieurs choses à remarquer ici. D'abord, le texte est, du point de vue de sa forme, très rigide : presque tous les articles commencent par une phrase standard « Si l'huile... », suivie de la description d'une configuration possible de l'huile dans l'eau. La formulation du début de chaque inscription est si fixe qu'elle est préservée même au prix d'une entorse de la structure grammaticale du reste de la phrase, comme par exemple les présages n°s 16 et 17. Notons que cette partie est toujours écrite au temps passé, elle expose un état de fait, présente une situation donnée. A son tour, elle est suivie d'une description du futur, introduite normalement par « pour la campagne (militaire) » ou par « pour le malade », lorsque, comme ici, la signification de la forme de l'huile est fournie pour deux types différents d'enquête soit que le roi, ou le fonctionnaire du palais, veuille savoir l'issue d'une des perpétuelles batailles, soit qu'un individu s'inquiète du pronostic de sa maladie.

En second lieu, le texte est *systématique* à plusieurs niveaux différents, par exemple dans l'ordre suivi pour la présentation des présages 3, 4, 6, 7, 8, 9 et 14 où il est question d'huile se dispersant vers l'est en laissant échapper un nombre croissant de gouttelettes, de une à sept. Si cette série est interrompue par les présages 5, puis 10 à 13, cet écart à l'ordre strict ne fait que mieux mettre en valeur le haut degré d'organisation présent ailleurs. Nous pouvons aussi deviner une structure dans la liaison établie entre la configuration de l'huile et les événements à venir ; 20 : « Si l'huile a saisi le côté droit de la coupe, le malade guérira » ; 21 : « Si (...) le côté gauche, le malade mourra » ; le côté droit est positif, le côté gauche négatif (cf. aussi 23 et 24). Ou considérez 29 et 30 : si l'huile « a entraîné (...) son eau, l'anathème de l'au-delà saisira l'homme », mais si, au contraire, l'huile « a libéré son eau, l'anathème de l'au-delà ‹ne› saisira ‹pas› l'homme » ; on joue ici sur une liaison entre la capture ou la libération de l'eau et les sorts futurs attachés au patient.
Le *bārûm* était supposé tout aussi habile à interpréter le sens augural de l'apparence générale ou des actions de son client. Bien que, contrairement aux textes sur l'huile, il ne s'agisse pas dans ce cas d'une forme « provoquée » de présages — il n'y a aucun procédé spécial, aucune action à accomplir autre que l'observation d'un « phénomène naturel » —, la nature et l'arrangement des présages montrent les mêmes tendances que dans le texte étudié précédemment. Voici un extrait d'un de ces documents :

1. « Si un homme ne reconnaît pas un autre homme lorsqu'il le regarde :
cet homme est livré aux mains de la mort.
2. « Si un homme reconnaît un autre homme à (une distance comprise entre) une coudée et 30 *nindan* :
son dieu personnel sera toujours avec cet homme.
3. « Si un homme ne peut focaliser son regard, lorsqu'il regarde :
l'esprit de cet homme est dérangé.
4. « Si un homme, ses yeux restent fixes à chaque fois qu'il regarde :
une confusion de l'esprit lui sera infligée.
5. « Si un homme, sa manière de regarder est oblique :
il mourra de constriction.
6. « Si un homme, sa manière de regarder est droite :
son dieu sera toujours avec lui pour sa chance ; il vivra dans la vérité.
7. « Si un homme, il cligne de l'œil droit quand il regarde :
il vivra dans la peine.
8. « Si un homme, il cligne de l'œil gauche quand il regarde :
il vivra dans la vertu.
9. « Si un homme, il cligne des deux yeux :
son crâne a été heurté ; exactement comme son crâne sera son esprit.
10. « Si un homme, ses sourcils couvrent ses yeux :
sa nourriture lui est donnée par les dieux.
11. « Si un homme, ses sourcils n'existent pas :
à cet homme n'est pas même donné ... .
12. « Si un homme, sa chevelure est rouge comme de la laine teinte :
cet homme vivra sans la paix de l'esprit.
13. « Si un homme, sa chevelure est noire comme la cendre :
à cet homme, son dieu donnera de la nourriture à manger.
14. « Si un homme, sa chevelure a une tache blanche et qu'elle affecte la forme d'une flamme :
cet homme vivra en bonne santé.
15. « Si un homme, sa peau a des taches blanches et est constellée de ... :
cet homme est rejeté par son dieu et rejeté par l'humanité. »

Nous notons ici le même souci de couvrir tous les cas, d'épuiser l'étendue du possible. Les présages n°s 7 à 9, par exemple, montrent les différentes conséquences d'un tic à l'œil selon que c'est le droit (mauvais), le gauche (bon) — ce qui est le contraire du présage 21, p. 25 —, ou les deux qui sont atteints. De même pour la couleur des cheveux (présages n°s 12 à 15), le rouge étant mauvais, le noir bon, le blanc dépendant des détails spécifiques.
Les autres textes de présage sont toujours de même nature, quels que soient le sujet ou le genre de pronostics indiqués.

Le but de cette systématicité — qui sera à l'œuvre dans tous les textes de tous les domaines que nous regarderons — est de couvrir tout le domaine du possible par une *grille d'exemples typiques*, un procédé qui permet à l'étudiant (et plus tard au *bārûm* praticien) de placer dans ce cadre tout nouveau problème, tout nouveau signe augural, et d'en déchiffrer le sens. L'approche babylonienne de la généralisation n'était pas comme la nôtre de découvrir et d'énoncer une règle dans laquelle englober chaque cas, mais d'*interpoler* à partir de modèles de résultats connus. Voyons comment cette méthode est applicable en médecine et en mathématiques.

Médecine

Bien que nous n'ayons pas une énorme quantité de documents dans le domaine de la médecine pour la période paléobabylonienne — il ne nous reste qu'une poignée de textes médicaux pour cette époque —, elle est suffisante pour en montrer la *structure formelle*, surtout si l'on compare ces textes avec ceux datant d'époques postérieures.

Empreinte du sceau-cylindre d'un médecin. Ces sceaux-cylindres, déroulés sur les tablettes d'argile fraîche, servaient de « signature » à leurs propriétaires. Celui-ci, orné d'un sphinx, porte gravée la légende suivante : « Par la parole de Sîn et Marduk, les dieux ses seigneurs, que celui qui imprime ce (sceau) soit rassasié à vie. Sceau de Makkur-Marduk, asû, *fils de Sîn-ašarēd,* asû. » *(AO 4 485, époque kassite ou néobabylonienne (?) ; musée du Louvre, Paris. Ph. © Réunion des Musées nationaux/Photeb.)*

Un de ces textes paléobabyloniens, bien que dans un assez mauvais état de conservation, présente pourtant un intérêt considérable ; nous n'en donnons ici que les deux articles les plus lisibles :

1. « Si un malade, son regard est craintif plus qu'au temps de sa santé et son visage paraît frais :
ce malade ne guérira pas.
2. « Si un malade, ses mains et ses pieds lui font mal (lit "le mangent"), et il n'arrête point de crier et crier, et son corps n'est point chaud :
(c'est) "la main de sorcellerie". »

La ressemblance avec les textes de divination que nous venons de voir est frappante. Chaque article, là encore, comporte deux parties, la première commençant invariablement par « Si un malade... » et continuant avec la description de l'état des choses, sous forme ici d'une suite de symptômes de type médical ; la seconde partie est un pronostic soit direct (n° 1), soit à travers l'identification de la maladie (n° 2) — dans ce cas particulier, cela revient d'ailleurs au même : la maladie mentionnée est, nous le savons par d'autres sources, mortelle. La classification de ce texte comme « médical », plutôt que « divinatoire », par exemple, est moderne ; on se rendra mieux compte des difficultés d'une telle classification en le rapprochant du dernier texte étudié dans la partie précédente : c'est ici bien plus notre idée de ce qui est acceptable comme chaîne causale qu'une distinction claire dans la présentation ou le contenu qui sous-tend cette division.
Cet unique exemple fragmentaire ne nous permet pas de juger du degré de systématisation atteint dans la période paléobabylonienne. Mais nous pouvons au moins étudier ce que fut son développement dans le bref extrait suivant de la version finale (néo-assyrienne) « canonique » — elle occupe quarante tablettes consécutives et fut un des joyaux de la bibliothèque d'Assurbanipal :

« Si sa fesse droite est rouge : [......]
« Si sa fesse gauche est rouge : il [traînera] sa maladie.
« Si ses fesses sont rouges : [il n'y a pas de] "coup".
« Si sa fesse droite est jaune : sa maladie changera.

« Si sa fesse gauche est jaune; sa maladie sera pénible.
« Si ses fesses sont jaunes: il sera anxieux.
« Si sa fesse droite est noire: sa maladie sera pénible.
« Si sa fesse gauche est noire: il sera anxieux.
« Si ses fesses sont noires: [......]
« Si sa fesse droite est mâchurée: il traînera, puis mourra.
[Si sa fesse gauche est mâchurée: ......]
« Si ses fesses sont mâchurées: il mourra.
[Si sa fesse droite est sombre: ......]
« Si sa fesse gauche est sombre: sa maladie changera.
[Si ses fesses sont sombres: ......]
« Si sa fesse droite est enflammée: sa maladie changera.
[Si sa fesse gauche est enflammée: ......]
« Si ses fesses sont enflammées: sa maladie changera.
[Si sa fesse droite est affaissée: ......]
« Si sa fesse gauche est affaissée: sa maladie sera longue.
« Si ses fesses sont affaissées: il sera anxieux.
« Si sa fesse droite est saillante: sa maladie changera.
« Si sa fesse gauche est saillante: sa maladie sera pénible.
« Si ses fesses sont saillantes: il sera anxieux.
« Si sa fesse droite est relâchée: sa maladie changera.
« Si sa fesse gauche est relâchée: sa maladie sera source d'anxiété (?).
« Si ses fesses sont relâchées: il mourra.
« Si ses fesses sont en bon état: il guérira.
« Si ses fesses sont mâchurées au point qu'il ne puisse quitter l'endroit où il se trouve, ni émettre d'eau: il a été "frappé" par-derrière; il mourra. »

Le type de structure apparent ici est répété dans tout le texte pour chaque partie du corps, du crâne à la cheville. Le désir de placer chaque symptôme possible pour chaque partie du corps possible conduit donc à cette grille gigantesque et universelle, où les symptômes sont d'ailleurs multipliés parfois de façon irréaliste, voire impossible. Ce parcours de toute la gamme des couleurs de fesses (rouge, jaune, noir), de leur position (saillante ou relâchée), etc., et l'intégration du lieu de l'affection (selon que la fesse gauche, droite, ou les deux, sont atteintes) pour aboutir à des pronostics différenciés, remplissent un double objectif: non seulement fournir au praticien un filet à mailles assez fines pour que s'y capture par interpolation tout symptôme réellement observé mais, de plus, engendrer un niveau implicite de généralité par la manière systématique dans laquelle opère le déploiement de toutes ces permutations. Toutes choses égales par ailleurs, une atteinte à la fesse droite est moins sérieuse qu'à la gauche, le jaune est une couleur moins préoccupante que le rouge, tandis que le noir est assez dangereux, etc. Comme pour la divination, le général et l'abstrait ne sont pas dits, mais montrés, et de la même manière.
Mais le domaine médical offre aussi une *nouvelle* sorte de textes, que la divination ne fournit apparemment pas — au moins pas dans les textes paléobabyloniens que nous possédons. Nous disposons de trois textes de cette sorte pour notre période; voici une traduction de la face du mieux préservé d'entre eux:

Pour les assyriologues, la *face* et le revers d'une tablette correspondent respectivement au recto et au verso.

1. « Si un homme est ensorcelé:
...... le rein d'un agneau qui n'a pas encore mangé de l'herbe (et) de l'*erninum* tu sécheras, il mangera et il guérira.
2. « Si un homme est malade de jaunisse:
tu tremperas de la racine de réglisse dans du lait, tu laisseras reposer la nuit sous les étoiles, tu mélangeras dans de l'huile, tu lui donneras à boire et il guérira.

3. « Si un homme, sa dent lui fait mal (lit. "a un ver") :
tu pileras de la plante "excrément de marin" ;
si sa dent de droite est malade, tu verseras sur sa dent de gauche et il guérira :
si sa dent de gauche est malade, tu verseras sur sa dent de droite et il guérira.
4. « Si un homme est couvert d'une éruption :
de la farine de malt peu à peu dans l'huile tu mélangeras, tu appliqueras et il guérira ;
s'il n'est toujours pas guéri, tu appliqueras de la *ṣimtum* chaude et il guérira ;
s'il n'est toujours pas guéri, tu appliqueras le résidu chaud et il guérira.
5. « Si un homme, un scorpion l'a piqué :
tu appliqueras les excréments d'un bœuf et il guérira.
6. « Si un homme, ses yeux sont malades :
tu écraseras de l'anémone (?), tu appliqueras et il guérira.
7. « Si un homme a la « fièvre de sécheresse » :
[...] de la cendre, de la farine-*isqūqum*, de la plante-*ammaštakal* [...] (et) une vieille brique, dans l'huile de sésame tu mélangeras, il boira et il guérira. »

Il s'agit vraiment d'une nouvelle catégorie de textes : bien sûr, il est encore question ici de maladies, de leur traitement et de pronostics. Comme toujours, chaque article commence par une forme grammaticale très rigide — « Si un homme... » — suivie d'une description des symptômes ou du nom de la maladie elle-même si la cause est connue (« piqûre de scorpion »). En revanche, ce qui suit est nouveau, et adressé directement au praticien : pour cette raison, la forme utilisée est la deuxième personne du singulier du temps inaccompli (traduit selon le contexte par un présent ou un futur) ; cette partie dit à l'expert comment traiter la maladie, autrement dit, donne la solution du problème posé. Dans les textes médicaux, cette « solution » consiste généralement en une suite de directives à suivre, incluant la préparation et l'application des remèdes et des simples, c'est-à-dire ce que nous pourrions appeler une « prescription ». La conclusion invariable est un pronostic.
Comme auparavant, le texte vise à être systématique. L'exhaustivité de la présentation comme substitut à sa généralité est clairement illustrée, par exemple dans le troisième article : « Si sa dent de droite est malade, tu verseras sur sa dent de gauche... et si sa dent de gauche est malade, tu verseras sur sa dent de droite... » pour exprimer ce que nous dirions plus volontiers : « Appliquer au côté opposé de la dent malade. »
Mais nous chercherions vainement dans ce texte, ou dans les autres de la même période, une systématique par maladie. Est-ce un reflet exact du développement de la médecine paléobabylonienne ou un simple « hasard de la bêche » ? Je pencherais personnellement pour la seconde explication et croirais volontiers que nous n'avons affaire ici qu'à des sélections, extraits, compilations. Pour les périodes succédant à la nôtre, à côté de textes explicitement intitulés « extraits », nous trouvons effectivement des documents offrant un ordre rigoureux et systématique de symptômes et de maladies, comme en témoigne ce fragment caractéristique, plus jeune seulement de quelque deux cents ans (j'ai supprimé les dernières prescriptions pour mieux mettre en évidence la structure de l'organisation) :

1. « Si un homme souffre d'un "coup" sur la joue :
tu pétriras (8 médicaments) dans du... et de la bière forte, tu bouilliras dans une petite casserole de cuivre, tu étaleras sur un bandage et tu banderas sa bouche.
2. « Si un homme est malade d'un "coup" sur le milieu, de sorte qu'il ne sait plus marcher... :

tu sécheras, broyeras, filtreras... (4 médicaments), tu (les) mélangeras dans une petite casserole de cuivre, tu étaleras sur une peau, tu banderas et laisseras pendant trois jours...
3. « Si un homme souffre d'un "coup de mort" : ......
4. « Si un homme est malade d'un "coup" sur le côté : ......
5. « Si un homme est malade d'un "coup" sur le pied : ...... »

L'introduction de cette seconde sorte de textes, dont les deux derniers documents étudiés sont typiques, distincte de celle étudiée auparavant, nécessite une terminologie appropriée. J'appellerai les textes du premier type des *tables* et ceux du second des *textes de procédure*. L'existence de ces deux catégories et les relations entre elles sont, en un sens, au cœur de notre argument selon lequel il existait en Mésopotamie une approche spécifique de certains domaines privilégiés par les Babyloniens.

Mathématiques

Nous connaissons plusieurs centaines de textes mathématiques paléobabyloniens et ils se divisent assez nettement entre nos deux catégories. La première, et de loin la plus importante quantitativement, est constituée des tables de multiplication, d'inverses, de carrés, de racines carrées, etc. Les textes de procédure, quant à eux (il y en a environ une centaine), exposent un problème mathématique, ainsi que, dans la plupart des cas, sa solution. C'est parmi ces derniers textes que nous choisissons notre premier exemple.
C'est un texte paléobabylonien qui était constitué, lorsqu'il était complet, de vingt-quatre problèmes séparés sur la tablette par des lignes à la règle. Voici le premier de ces problèmes :

« J'ai additionné la surface et mon côté de carré : 45.
« Tu poseras 1, la *wāṣitum*. Tu fractionneras la moitié de 1 (: 30). Tu multiplieras 30 et 30 (: 15). Tu ajouteras 15 à 45 : 1. 1 (en) est la racine carrée. Tu soustrairas le 30, que tu as multiplié, de 1 (: 30).
« 30 est le côté de carré. »

Wāṣitum : mot dont le sens est actuellement sujet à controverses.

L'objet du problème est simple : il faut trouver le côté d'un carré dont on donne la somme de la surface et d'un côté (tous les problèmes sur la tablette sont des variations sur ce thème).
Le problème est divisé en deux parties que séparent tout autant leur grammaire que leur contenu. La présentation du problème est exprimée à la première personne du singulier et au passé (« J'ai additionné... »), tandis que la solution elle-même est donnée à la seconde personne du singulier et au temps inaccompli. C'est pourquoi nous identifions ces textes de problèmes à des textes de procédure.
Pour voir plus clairement la structure de cette procédure, réécrivons-la sous la forme schématique suivante (tout en gardant à l'esprit qu'il s'agit d'une représentation moderne) :

Numéro d'étape	Calcul
1	1
2	$\frac{1}{2}(1) = 0;30$
3	$0;30 \times 0;30 = 0;15$
4	$0;15 + 0;45 = 1$
5	$\sqrt{1} = 1$
6	$1 - 0;30 = 0;30$

Il y apparaît donc un ordre linéaire, où chaque étape est constituée d'une opération utilisant comme matériau de base les résultats des opérations précédentes et (ou) les données de départ; c'est ce que nous appelons aujourd'hui un *algorithme*. Ainsi, partant de 1 (étape *1*), nous devons le diviser en deux (étape *2*), multiplier le résultat par lui-même (étape *3*), ajouter ce résultat à la donnée initiale (étape *4*), extraire la racine carrée du résultat (étape *5*) et, enfin, soustraire de ce résultat celui obtenu à l'étape 2 (étape *6*).
Ce n'est pas le lieu adéquat pour entrer dans une longue discussion sur les détails techniques des mathématiques babyloniennes — par exemple, le fait que tous les nombres sont exprimés dans la base « soixante », ce qui explique les valeurs apparemment bizarres (mais tout à fait correctes) des résultats de chaque opération (le lecteur intéressé est renvoyé p. 52 pour des explications supplémentaires). Je dirai seulement ici que chaque opération était elle-même effectuée en se référant à des *tables* appropriées : par exemple, la multiplication de l'étape *3* était exécutée en utilisant une table de multiplication (ou de carrés) et la racine carrée de l'étape *4*, évidente dans ce cas particulier, requérait en principe une table de racines carrées (cf. p. 36).
Mais la spécificité des mathématiques a permis aux Babyloniens de pousser le développement des procédures au-delà de ce qui était fait pour le domaine médical. Comment l'étudiant babylonien était-il supposé mettre en œuvre la connaissance acquise en apprenant à résoudre ce problème particulier lorsqu'il était confronté à un nouveau problème ? Tout allait bien, en principe, lorsqu'il lui était proposé un problème de même nature avec une simple modification des valeurs numériques; mais supposons que lui soit donnée la différence et non la somme de la surface du carré et de son côté. En fait, cette variante fait justement l'objet du problème suivant sur notre tablette (à partir de maintenant, le texte sera divisé en étapes, numérotées, de la procédure) :

« J'ai soustrait mon côté de carré de la surface : 14 30.
1 « Tu poseras 1, la *wāṣitum*.
2 « Tu fractionneras la moitié de 1 (: 30).
3 « Tu multiplieras 30 et 30 (: 15).
4 « Tu ajouteras 15 à 14 30: 14 30 15.
5 « 29 30 (en) est la racine carrée.
6' « Tu ajouteras le 30, que tu as mutiplié, à 29 30 (: 30).
30 est le côté de carré. »

Notons que des étapes *1* à *5*, les deux textes sont identiques dans leur forme (mais pas, bien sûr, dans les valeurs numériques utilisées). L'étape 6 est remplacée dans le deuxième problème par une étape *6'* où intervient une somme et non une différence. En termes modernes, nous dirions que les étapes *1* à *5* forment un *sous-algorithme* commun aux deux problèmes alors que les étapes 6 et 6' distinguent les problèmes posés (somme ou différence de la superficie et d'un côté donnée au départ).
Tournons-nous maintenant vers le troisième problème de la tablette :

« J'ai soustrait le tiers de la surface et puis j'ai ajouté le tiers du côté de carré à la surface : 20.
1 « Tu poseras 1, la *wāṣitum*.
2 « Tu (en) soustrairas le tiers de 1, la *wāṣitum*, (soit) 20 (: 40).
3 « Tu multiplieras 40 par 20 : tu inscriras 13 20.
4 « Tu fractionneras la moitié de 20... : (10).
5 « Tu multiplieras 10 et 10 (: 1 40).
6 « Tu ajouteras 1 40 à 13 20 : 15.
7 « 30 (en) est la racine carrée.
8 « Tu soustrairas le 10, que tu as multiplié, de 30 : 20.
9 « Son quarantième (: 1 30).
10 « Tu multiplieras 1 30 par 20 (: 30).
« 30 est le côté de carré. »

Tablette de problèmes mathématiques (à droite). Un exemple de la classe des textes de procédure en mathématiques. Cette tablette est gravée sur deux colonnes des deux côtés et porte une série de vingt-quatre problèmes, séparés par des lignes horizontales. Chaque problème se divise en deux parties; une présentation et un algorithme de solution. Le contenu de la tablette est donné en p. 31-34). (BM 13 901, époque paléobabylonienne, Larsa (?); The British Museum, Londres. Ph. © du musée/Arch. Photeb.)

Cela revient à donner la somme des deux tiers de la surface et du tiers du côté d'un carré. La procédure de la solution consiste en une partie (étapes *1* à *3*) qui a pour effet de changer l'échelle du problème, le transformant alors en un problème du même type que le premier étudié. De fait, les étapes *4* à *8* sont identifiables comme l'algorithme explicité dans ce premier problème pour obtenir le côté d'un carré dont on connaît la somme de la surface et d'un côté. La solution pour le problème transformé ayant ainsi été trouvée, la dernière partie (étapes *9* et *10*) est consacrée à la reconversion à l'échelle originale, fournissant ainsi la réponse au problème de départ. En résumé, la procédure de base (avec ses deux variantes) donnée dans les deux premiers problèmes est le fondement à partir duquel on peut résoudre des problèmes qui pourraient apparaître superficiellement plus compliqués. L'étudiant a appris à *interpoler* par l'*incorporation* de ces sous-algorithmes, par l'intermédiaire d'un changement d'échelle approprié. Cette approche est répétée dans la suite de la tablette, les problèmes décrivant toute une gamme de possibilités à partir d'un carré, puis de deux et de trois avec des relations spécifiques entre eux.
La richesse du texte pourra être perçue grâce à cette simple liste des premières lignes de chacun des problèmes traités (et conservés en état !) dans le reste de la tablette :

I «J'ai additionné la surface et mon côté : 45......
II «J'ai soustrait mon côté de la surface : 14 30......
III «J'ai soustrait le tiers de la surface, puis j'ai ajouté le tiers du côté à la surface : 20......
......
IX «J'ai additionné la surface des mes deux carrés : 21 40.
«Un côté était supérieur à l'autre côté de 10......
X «J'ai additionné la surface de mes deux côtés : 21 15.
«Un côté était inférieur à l'autre côté d'un septième......
XI «J'ai additionné la surface de mes deux carrés : 28 15.
«Un côté était supérieur à l'autre côté d'un septième......
XII «J'ai additionné la surface de mes deux carrés : 21 40.
«J'ai multiplié mes côtés : 10......
XIII «J'ai additionné la surface de mes deux carrés : 28 20.
«Un côté était le quart de l'autre côté......
XIV «J'ai additionné la surface de mes deux carrés : 25 25.
«Un côté était les deux tiers de l'autre côté et 5 *nindan*......
......
XVI «J'ai soustrait un tiers du côté de la surface : 5......
XVII «J'ai additionné la surface de mes trois carrés : 10 12 45.
«Un côté était le septième de l'autre côté......
XVIII «J'ai additionné la surface de mes trois carrés : 23 20.
«Un côté était supérieur à l'autre côté de 10......
XIX «J'ai carré mes côtés, puis j'ai additionné la surface.
«Autant qu'un côté excédait l'autre côté, je l'ai carré.
«Je l'ai ajouté à la surface : 23 20.
«J'ai additionné les côtés : 50......
......
XXIII «J'ai additionné les quatre côtés et la surface : 41 40.
XXIV «J'ai additionné la surface de mes trois carrés : 29 10.
«Un côté était les deux tiers d'un côté et 5 *nindan*.
(L'autre côté était) la moitié d'un côté et 2 30 *nindan*...... »

Pour la définition de l'unité de longueur *nindan*, le lecteur se reportera en p. 52.

L'arrangement systématique est visible au premier coup d'œil. Après une section traitant un seul carré (*I-VIII* ?), en suit une concernant deux carrés (*IX-XIV*), puis trois (*XVII-XVIII*). L'inconséquence apparente que constitue l'article *XVI* dont la place « naturelle » aurait dû être antérieure s'explique justement par le type de procédure utilisé dans sa solution, procédure qui le

relie plutôt à un problème traitant un autre nombre de carrés (un autre exemple est l'article *XXIII* qui utilise un algorithme de résolution assez différent de ceux de la première partie).
Bien sûr, tous les textes de procédure mathématiques ne sont pas arrangés de manière aussi systématique. Beaucoup d'entre eux ne contiennent d'ailleurs qu'un unique problème ou, même si les tablettes contiennent plusieurs problèmes, les exemples couvrent des sujets différents. Mais, même dans ce dernier cas, les sous-groupes de problèmes suivent souvent le même modèle de présentation que le texte que nous avons regardé.
Nous constatons ici, une fois de plus, la différence entre notre approche et l'approche babylonienne. Là où nous résolvons des questions, particulièrement mathématiques, en créant d'abord une règle générale et en la spécialisant ensuite à différents cas particuliers, les Mésopotamiens pouvaient atteindre le même résultat en construisant une grille d'exemples typiques et en interpolant ensuite pour résoudre de nouveaux problèmes.
Les calculs nécessités par les procédures étaient généralement effectués par un recours aux tables. Celles-ci étaient aussi arrangées systématiquement comme le montre l'exemple suivant d'une table de multiplication :

«	30	fois 1	30
«		fois 2	1
«		fois 3	1 30
«		fois 4	2
«		fois 5	2 30
«		fois 6	3
«		fois 7	3 30
«		fois 8	4
«		fois 9	4 30
«		fois 10	5
«		fois 11	5 30
«		fois 12	6
«		fois 13	6 30
«		fois 14	7
«		fois 15	7 30
«		fois 16	8
«		fois 17	8 30
«		fois 18	9
«		fois 19	9 30
«		fois 20	10
«		fois 30	15
«		fois 40	20
«		fois 50	25 »

Même là où la systématisation aurait dû être moins évidente, par exemple, dans les tables où sont consignées les *igigubbû*, ces constantes associées à différents problèmes, l'ordre de présentation sur la tablette se faisait selon le sujet en question — surfaces, volumes de tas d'argile, de briques, de terre, murs, silos, etc. (pour un exemple de ce type, le lecteur peut se reporter p. 54).
Nous voyons donc que le monde mathématique paléobabylonien était constitué lui aussi de tables et de procédures. Ces dernières interpellaient directement l'étudiant (ou le scribe) et lui indiquaient comment suivre un algorithme particulier. Chaque étape de cet algorithme faisait implicitement référence à une table où il pouvait trouver les valeurs numériques effectives dont il avait besoin pour sa réalisation. Les textes de procédure eux-mêmes étaient ordonnés d'une façon systématique, cette disposition tenant le rôle dévolu par nous à des formules ou à des règles générales. En fait, cette systématisation, à

Table de racines carrées. Cette tablette porte, dans des colonnes parfaitement alignées typiques d'une table, d'abord un nombre N puis sa racine:
« 1: 1 est la racine
« 4: 2 est la racine
« 9: 3 est la racine », etc.
C'est clairement une tablette scolaire; le revers porte un exercice littéraire.
(CBS 14 233, époque paléobabylonienne, Nippur; University Museum, Philadelphie. Ph. © du musée/Arch. Photeb.)

la fois des tables et des textes de procédure, servait la même fin: celle de fournir une grille grâce à laquelle saisir et comprendre le monde mathématique, au moins dans un sens opératoire.
Dans une telle méthode, plus complète et exhaustive est la grille, plus général et efficace en est l'usage.

La plupart des sociétés privilégient un domaine cognitif dans lequel elles ordonnent et classifient le monde alentour; ce choix est fonction du temps et de l'espace. Malheureusement pour nous, les Babyloniens n'ont laissé aucune introduction explicite à leur propre conception de ce domaine; la pensée réflexive, consciente d'elle-même, ne faisait pas partie de leur culture écrite. A défaut, nous avons donc été contraints de reconstruire leur vision des choses, d'abord à partir de la pratique sociale, puis de façon plus détaillée à partir de la structure formelle des textes relatifs aux disciplines qui constituaient potentiellement ce domaine.
Nous en avons déduit, en particulier, qu'il était structuré, dans la Mésopotamie paléobabylonienne, par deux sortes de textes identifiables par leurs particularités stylistiques et grammaticales, et, parfois, par leur organisation spatiale: *des textes de procédure* qui enseignaient à l'utilisateur les moyens de résoudre un problème donné; *des tables* auxquelles les premiers se référaient, à titre d'index ou pour effectuer des calculs, par exemple.
Les deux types de textes trouvaient leur efficacité dans la création d'une grille recouvrant de façon « exhaustive » la partie correspondante du monde. Un problème donné pouvait être localisé, au moins en théorie, dans le réseau soit directement, soit par interpolation. L'étendue et le raffinement croissants de ces textes au cours du temps sont d'ailleurs des indicateurs du degré de compréhension et de maîtrise des compilations systématiques atteint par les Babyloniens.
Armés de cette analyse, nous pourrions étudier d'autres textes: l'astrologie est, nous l'avons déjà dit auparavant, un bon candidat. Mais même si le sujet traité n'est pas de ceux que la plupart des assyriologues associeraient aux disciplines que nous avons regardées, une telle analyse peut s'avérer fructueuse. Ce n'est

pas une coïncidence si les « codes » de lois mésopotamiens que nous possédons et, en particulier, le très long *Code de Ḫammurapi* (cf. p. 16), ont tous les caractéristiques des tables. Les lois commencent par une ouverture standard : « Si un homme...... », écrite au passé, et s'achèvent par une « prescription » — ici un châtiment — au temps inaccompli. Le *Code* tout entier est divisé en sections par sujets : faux témoignages, vols, blessures corporelles, etc. Chacun d'eux est analysé au moyen d'un système de coordonnées dont les paramètres sont la classe sociale, le sexe, l'âge et la gravité du dommage. La filiation directe avec les tables de divination et de médecine saute aux yeux.

Mais cette catégorie de documents n'est pas extensible à l'infini et la majeure partie des textes cunéiformes ne se prêterait pas à une telle analyse. Ni la poésie mythologique, d'une part, ni les textes économiques, de l'autre, ne sont structurés de cette manière.

Organisation et classification : cela, plus que leur contenu effectif, nous a servi de pierre angulaire pour sélectionner les disciplines à étudier. Ce faisant, nous avons cherché à éviter les mots « rationnel » ou « scientifique », afin d'éviter du même coup de mesurer leurs qualités par rapport à notre propre compréhension. Il n'est pourtant aucunement question de faire ici une profession de foi relativiste, selon laquelle toute structuration du monde par une culture donnée serait équivalente à toute autre : nous n'avons pas cherché à comprendre une étape du développement de telle ou telle science, ni à en peser l'efficience, les bornes, la validité, les acquis. Plutôt, nous avons voulu décrire et caractériser des *pratiques* de la raison babylonienne, en montrer la cohérence et souligner que l'exercice même de la connaissance n'échappe pas aux questions historiques. Les Babyloniens du IIe millénaire n'ont pas fait les mêmes choix que nous — leurs critères n'étaient pas les mêmes —, mais leurs choix, comme les nôtres, sont une partie de l'histoire, la leur *et* la nôtre.

Ce chapitre a été traduit de l'anglais par Catherine Goldstein.

Chacun sa vérité : les mathématiques en Égypte et en Mésopotamie

JAMES RITTER

Où l'écolier égyptien et l'écolier babylonien
comparent leurs devoirs
et découvrent pourquoi les mathématiques s'écrivent au pluriel.

Les mathématiques jouissent d'une renommée ambivalente auprès des historiens des sciences.

Pour certains, c'est une rivière : un flot courant de progrès graduels, cumulatifs, chaque individu, génération, civilisation, ajoutant son ruisseau au même grand fleuve. Bien sûr, les contraintes du pays où passe la rivière, moraines de l'ignorance, escarpements socio-politiques, peuvent momentanément dévier ou même stopper son flux. Mais bientôt se réaffirment la force et l'élan internes du domaine, et la grande rivière peut recommencer à couler.

Pour d'autres, cependant, les mathématiques sont exclusivement l'œuvre des grands hommes, de ces brillants génies qui, par leur originalité insondable et la profondeur de leur pensée, ont créé à leur image ce que de moindres artisans ne feront plus que développer. Ce sont les choix de ces rares élus qui ont façonné la topographie du domaine, ces sommets de conquête, ces plaines à l'abandon...

Dans les deux cas, l'étude des *origines* du domaine n'a pas grande allure ; pour le premier groupe, ce qui n'est encore qu'un minuscule ruisselet ne peut guère offrir d'informations prospectives sur la nature du vaste fleuve tumultueux qu'il deviendra ; pour le second, les génies inconnus, non enregistrés, qui ont créé la discipline ont vécu bien trop tôt pour témoigner valablement de leur travail. Et voici pourquoi les rares historiens qui scrutent les traces les plus précoces des mathématiques sont en général considérés par leurs collègues comme des spécimens exotiques, se contentant de balbutiements puérils depuis longtemps dépassés, oubliés à juste titre des mathématiciens en exercice et de ceux qui les étudient.

Une telle position est bien sûr trompeuse : il y a quelque chose à apprendre d'un examen attentif des commencements ; les mathématiques elles-mêmes peuvent être éclairées par ce regard sur leurs sources. Et un tel regard montrera que les deux attitudes caricaturées plus haut manquent toutes deux l'essentiel : si une dynamique interne au domaine est responsable — en partie seulement d'ailleurs — du développement des mathématiques, c'est très concrètement qu'elle opère, les techniques retenues suscitant de nouveaux problèmes plutôt

Scribes d'Égypte et d'Assyrie. Avec le développement des premières civilisations centralisées dans les vallées du Nil et de l'Euphrate-Tigre, l'écriture devint essentielle pour la production et la distribution des biens ; le rôle des scribes y était primordial. En haut, un scribe égyptien fait les comptes d'un domaine funéraire ; en bas, deux scribes enregistrent le butin militaire d'un roi assyrien, l'un en akkadien sur une tablette d'argile, l'autre en araméen sur une feuille. (En haut, tombe de Akhet-Hotep, Ancien Empire, Saqqara ; musée du Louvre, Paris. Ph. Hubert Josse © Arch. Photeb. En bas, relevé d'une peinture murale aujourd'hui disparue, AO 25 067R, époque néo-assyrienne, Til Barsip ; musée du Louvre, Paris. Ph. © Réunion des musées nat. / Photeb.)

que le contraire. Et si les choix faits par les mathématiciens contribuent, bien sûr, à l'orientation de leur discipline, il ne s'agit nullement d'un choix individuel, « libre », mais de problématiques collectives historiquement déterminées.

C'est justement pour comprendre tout cela que nous allons étudier de plus près les premiers témoignages directs dont nous disposions d'une activité mathématique, celles de la Mésopotamie et de l'Égypte antiques.

Lire, écrire, compter...

Les mathématiques et l'écriture entretiennent, c'est récemment devenu clair, une relation symbiotique. Elles sont nées en même temps et leurs destinées ont toujours été étroitement liées, même si la seconde s'est, dans une large mesure, libérée des contraintes imposées par les premières. Nous sommes si habitués à envisager les systèmes modernes d'écriture comme des réflexions du langage *parlé* qu'il peut être salutaire de rappeler qu'il n'en fut pas le cas au commencement.

Pour qu'une société développe une mathématique qui aille au-delà du simple calcul, un support matériel d'une sorte ou d'une autre est nécessaire. Sans écriture, les limitations de la mémoire humaine restreignent le degré de sophistication numérique qui peut être atteint. Ce point est bien connu depuis longtemps.

Ce que nous avons appris plus récemment, cependant, c'est que l'inverse aussi

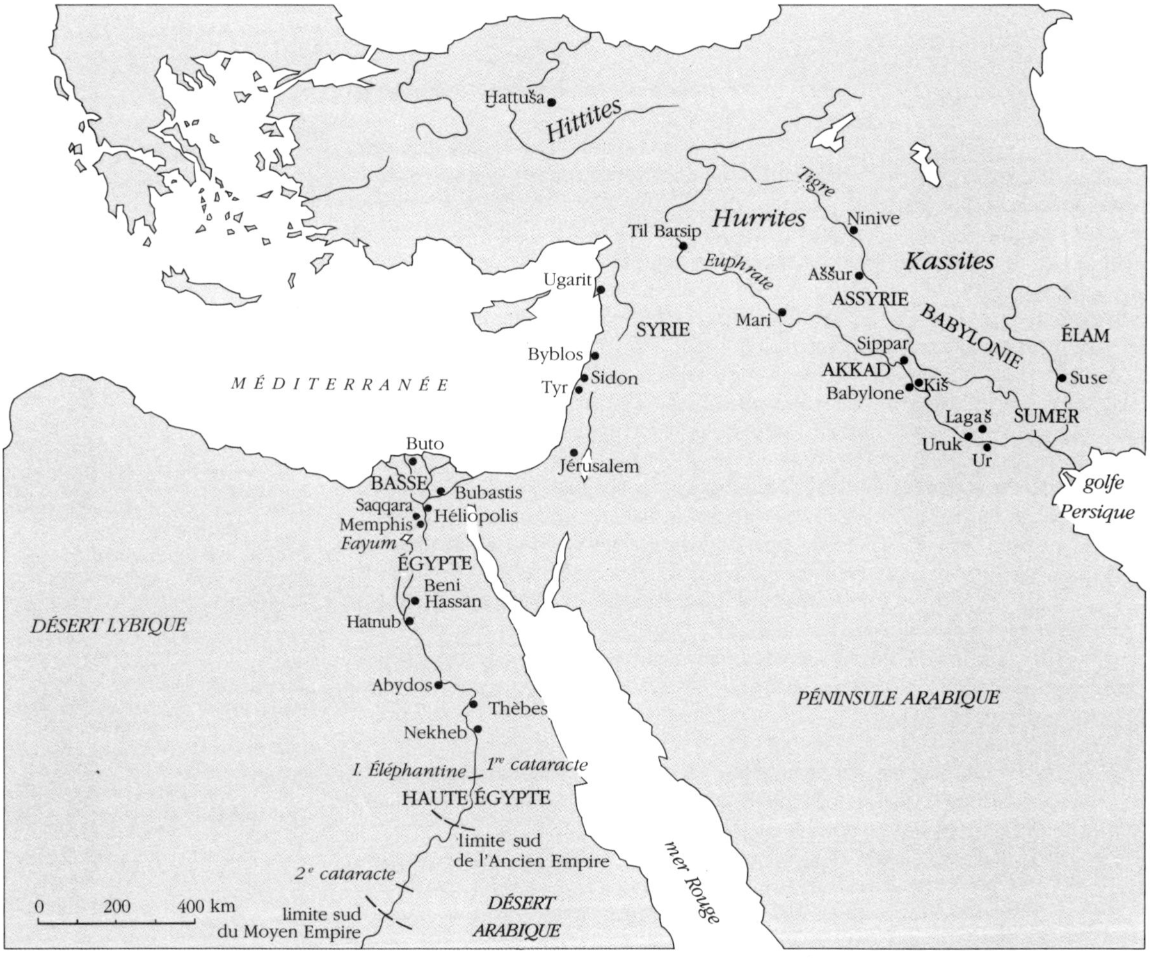

L'Égypte et le Proche-Orient au IIe millénaire av. J.-C.

millénaire av. J.-C.), le nombre de chiffres fournis par ces tables d'inverses ou de racines se soit considérablement accru, la manipulation des inverses était toujours considérée comme une source de difficultés pour le scribe, tant l'apprenti que le professionnel.

Un premier bilan

Quelles sont les *différences* apparues dans les techniques qu'ont développées les civilisations égyptienne et babylonienne ?

Dans le traitement du même problème, par exemple, le calcul du volume d'un cylindre (cf. textes p. 43), les *opérations* utilisées sont différentes. Le cœur du problème consiste à déterminer la surface de la base : les Égyptiens utilisent un algorithme revenant à carrer une quantité de $1/9$ moindre que le diamètre de la section ; les Babyloniens, quant à eux, commencent par calculer la circonférence de cette section, puis multiplient son carré par la constante $1/12$. Il y a donc déjà des différences considérables au simple niveau des opérations utilisées.

Mais c'est autour des *techniques* qu'apparaît la distinction la plus sérieuse. Là où les Égyptiens utilisent les techniques fondamentales de doublement, décuplement, leurs réciproques, et ce que nous avons appelé inversion et deux tiers, les Babyloniens font appel à des tables de produits, d'inverses, de racines. Même lorsque l'opération est identique, une multiplication, par exemple, les méthodes par lesquelles elle est effectuée peuvent différer complètement. Et, ce qui est plus important encore pour notre propos, cette différence de techniques a une portée considérable dans ses conséquences à la fois pédagogiques et conceptuelles.

Puisque, pour chaque technique, il existe des calculs faciles et compliqués, tout choix d'une technique conduit implicitement à décider quelle sorte de calculs sera difficile à effectuer. Autrement dit, les calculs ne sont pas *intrinsèquement* faciles ou non, ils ne le sont que par rapport au choix d'une technique.

Dans le cas de l'Égypte, nous avons vu que les techniques utilisées conduisent rapidement à des nombres fractionnaires, c'est-à-dire à des quantièmes. Comme nous l'avons aussi remarqué, le dédoublement d'un quantième conduit simplement à un autre quantième $[1/N \rightarrow 1/(2N)]$, ainsi que le doublement d'un quantième pair $[1/N \rightarrow 1/(N/2)]$; en revanche, le doublement d'un quantième impair n'est pas du tout facile, pas plus, dans ce contexte, que le calcul des deux tiers d'un nombre. Enfin, l'addition des fractions est une difficulté centrale. Rappelons que la manière de résoudre ces problèmes est de construire des *tables*, de façon à n'effectuer les calculs difficiles qu'une fois pour toutes, et de s'y reporter ensuite pour y copier le résultat nécessaire.

Pour les Babyloniens, en revanche, la conversion immédiate en sexagésimaux permet d'éviter ces obstacles. Mais d'autres problèmes du coup surgissent ! L'usage des sexagésimaux n'est utile que lorsque le nombre en question a une expression finie. Cela signifie que les techniques d'inversion ou d'extraction de racines posent des problèmes parce qu'ils risquent de transformer des sexagésimaux finis (par exemple, des entiers) en d'autres nombres qui ne le sont plus. C'est donc à cet endroit que l'usage de tables prend son plein sens. Des tables de multiplication — opération qui ne soulève pourtant pas de difficultés techniques comparables à celles que nous avons signalées — facilitent le travail dans un monde à base « soixante » (où les multiplications élémentaires vont de 2 fois 2 à... 59 fois 59 !) ; mais les tables d'inverses y sont plus qu'une commodité : elles sont absolument nécessaires pour que les techniques en vigueur puissent être un tant soit peu efficientes dans la résolution des problèmes pratiques.

En résumé, l'apparition inévitable de régions du savoir pour lesquelles un choix fixé de techniques créait des *problèmes spécifiques* a donné naissance, dans les deux civilisations indépendamment, à des collections de résultats sous une forme tabulaire. Mais la simple existence de ces tables dans certains domaines fournit aussi un espace privilégié de réflexion sur la nature des résultats ainsi catalogués. Régularités, modèles, relations y apparaissent plus clairement et semblent s'imposer d'eux-mêmes aux yeux de l'utilisateur. Les techniques cessent de n'être que des outils utiles pour résoudre des problèmes venant de l'« extérieur », par exemple, ceux posés par les besoins productifs de la société concernée. De l'étude des tables, sous-jacente à la mise en œuvre de ces techniques, de nouveaux problèmes commencent à surgir : provenant cette fois de l'« intérieur » de la pratique mathématique elle-même, ces problèmes marquent un nouveau niveau d'autonomie et d'abstraction dans les mathématiques. Bien entendu, ce n'est probablement pas la seule source pour une telle autonomisation : on peut supposer, par exemple, que des besoins pédagogiques, l'entraînement dans l'utilisation des différentes techniques, coupés de plus en plus de la « pratique » quotidienne, sont à l'origine de beaucoup de problèmes. Mais, là encore, c'est le développement des techniques qui engendre l'évolution dynamique de la discipline.

Un pas de plus... du côté de l'Égypte

Nous avons vu que certains calculs, liés aux techniques du doublement des quantièmes impairs et à la recherche des deux tiers d'une fraction, causèrent des problèmes aux Égyptiens qui, dans ces cas précis, avaient eu recours à des *tables*. Voici le texte voisin de la table des « deux tiers » sur le papyrus Rhind (cf. p. 50) :

« Faire 2/3 d'une fraction.
« Si l'on te dit "Que sont les 2/3 de 1/5 ?" :
« Tu feras ses 2 fois et ses 6 fois. Ce sont ses 2/3.
« Vois, c'est ce qu'on fait de la même sorte pour toute fraction qui se présente. »

Ce petit texte est unique parmi tous les problèmes mathématiques égyptiens que nous connaissons. Comme beaucoup d'autres pourtant, il commence par annoncer ce qu'il traite : le calcul des deux tiers d'une fraction. Suit, comme de coutume, l'exemple particulier qui sera étudié : 2/3 de 1/5. Mais ce qui vient alors n'est pas ordinaire. Le texte dit : « Tu feras ses 2 fois et ses 6 fois » ; autrement dit, l'étudiant est invité à multiplier le dénominateur du quantième de départ par 2, puis indépendamment par 6. Les deux quantièmes formés, additionnés (c'est-à-dire ici juxtaposés), seront ses « deux tiers ». Nous dirions aujourd'hui : $2/3 \times 1/N = 1/(2N) + 1/(6N)$. Le cas concret de 1/5 a, au passage, complètement disparu ! Ce que nous avons à la place, c'est donc une règle générale. La réelle difficulté qu'éprouve un Égyptien à écrire une telle règle est visible dans la maladresse de la formulation, dans l'introduction même d'un exemple numérique qui, en fait, n'intervient pas. La phrase finale : « Vois, c'est ce qu'on fait de même pour toute fraction qui se présente » est la conclusion ordinaire des procédures mathématiques (ou médicales !) : elle sert en principe à indiquer que le même algorithme pourrait être utilisé pour n'importe quel autre exemple numérique ; mais elle paraît ici bien superflue, puisque la procédure est déjà écrite sous une forme très générale ! Tout cela tend à prouver que, s'il était clairement possible pour un Égyptien d'exprimer ce niveau de généralité, cela constituait quand même une nouveauté relativement inconfortable à manipuler. La tentative un peu dérisoire pour coincer cette nouvelle idée dans le vieux moule des algorithmes numériques montre justement à quel point c'était difficile. En fait, cet exemple reste isolé parmi les textes que nous possédons ; même beaucoup plus tard, dans les ouvrages mathématiques des périodes hellénistiques et romaines, l'expérience ne fut que très rarement répétée.
Mais pourquoi cette tentative? Et pourquoi à cet endroit? J'ai déjà mentionné que le problème se trouvait juste après une petite table de « fractions de fractions », parmi lesquelles une majorité de cas où sont calculés les deux tiers d'un quantième: à côté du cas facile de 1/2, nous trouvons 2/3 de 1/3, de 1/6,

de $^1/_9$ et de $^1/_7$. Que cette table ait été recopiée ou calculée ne nous concerne pas : les techniques égyptiennes rendaient ces tables nécessaires, puisque le calcul des deux tiers est l'un des noyaux durs des mathématiques d'Égypte. Ne peut-on concevoir que la construction et surtout l'usage constant de ces tables aient mis en évidence des régularités dans leur formation ? Et que ces observations aient pu tenter de s'exprimer dans le langage des mathématiques algorithmiques ? Autrement dit, la « zone de difficulté » des mathématiques égyptiennes a fourni, par la mise au point adjacente de tables, à la fois la possibilité et la motivation pour des avances *conceptuelles* dont témoigne par exemple ce texte.

Un pas de plus... du côté de la Babylonie

La détermination des inverses est l'une des « zones de difficulté » majeures des Babyloniens. La construction de tables d'inverses est justement à l'origine de réflexions et de travaux ultérieurs sur ce sujet. Voici, par exemple, une tablette paléobabylonienne suivie de sa réécriture symbolique :

« L'*igibûm* était supérieur à l'*igûm* de 7. Quels sont l'*igûm* et l'*igibûm* ? Toi ; le 7, par lequel l'*igibûm* était supérieur à l'*igûm*, fractionne en deux : 3 30.
« Multiplie 3 30 fois 3 30 : 12 15.
« A 12 15, auquel c'est monté pour toi, ajoute 1 [...] : 1 12 15.
« Quelle est la racine de 1 12 15 ? 8 30.
« Inscris 8 30 et 8 30, son égal.
« Retranche 3 30, la *takiltum*, de l'un, ajoute (-la) à l'autre. Le premier est 12, le second est 5.
« L'*igibûm* est 12, l'*igûm* est 5. »

Texte babylonien	Numéro d'étape	Calcul	Technique
« L'*igibûm* était supérieur à l'*igûm* de 7. Quels sont l'*igûm* et l'*igibûm* ?			
« Toi ; le 7, par lequel l'*igibûm* était supérieur à l'*igûm*, fractionne en deux : 3 30.	*1*	$(^1/_2 \times)\ 7 = 3.30$	dédoublement
« Multiplie 3 30 fois 3 30 : 12 15.	*2*	$3;30 \times 3;30 = 12;15$	multiplication
« A 12 15, auquel c'est monté pour toi, ajoute 1 [...] : 1 12 15.	*3*	$12;15 + 1.0 = 1.12;15$	addition
« Quelle est la racine de 1 12 15 ? 8 30.	*4*	$\sqrt{1.12;15} = 8;30$	racine carrée
« Inscris 8 30 et 8 30, son égal.	*5*	8;30 8;30	branchement
« Retranche 3 30, la *takiltum*, de l'un, ajoute (-la) à l'autre. Le premier est 12, le second est 5.	6 et 7	$8;30 - 3;30 = 5$ $8;30 + 3;30 = 12$	soustraction addition
« L'*igibûm* est 12, l'*igûm* est 5. »			

L'algorithme nous propose quelques *opérations* qui ne nous sont pas encore familières : le *dédoublement* dans l'étape *1* ; la *racine carrée* dans l'étape *4* et tout particulièrement la *bifurcation* au niveau des étapes *5* à *7* : cette dernière, qui opère au niveau structurel de l'algorithme, permet d'utiliser la même donnée à deux étapes différentes et est d'un usage fréquent dans les algorithmes babyloniens — cela pour nous convaincre encore, si besoin était, du degré de sophistication algorithmique atteint ! Mais notre propos essentiel n'est cependant pas là.

Les données paraissent à première vue incomplètes : nous avons à trouver deux nombres appelés *igûm* et *igibûm*, dont nous connaissons seulement la différence, 7. En fait, la désignation même des nombres fournit un renseignement supplémentaire : l'*igûm* et l'*igibûm* sont les noms des deux colonnes dans une table d'inverses : autrement dit, nous savons, tout comme l'étudiant babylonien, que le produit de nos deux nombres est 1. En fait, le problème tout entier paraît issu directement de l'observation d'une table : tout indique cette source, le vocabulaire, la donnée implicite du produit : la question est basée sur les relations apparentes qui existent dans une table d'inverses.
Or ce type de problème, sous un déguisement ou un autre, devait avoir un brillant avenir en Mésopotamie. La recherche de nombres dont le produit et la somme (ou la différence) sont donnés est un classique de l'éducation mathématique babylonienne. Il arrive souvent que la question soit posée en termes d'aire de carrés à laquelle est ajouté, ou soustrait, un côté (un certain nombre d'exemples est donné p. 34). L'interprétation habituelle parmi les historiens des mathématiques est que de tels problèmes témoignent d'une algèbre naissante : il est certainement vrai qu'ajouter des surfaces à des longueurs, par exemple, indique le chemin d'un nouveau niveau d'abstraction pour les nombres et témoigne qu'ils se libèrent de leur uniforme dimensionnel. Mais cela met surtout en évidence l'importance des techniques, développées *a priori* pour traiter un problème spécifique, dans l'invention de nouvelles routes à explorer et, plus particulièrement ici, le pouvoir de suggestion qu'a eu l'organisation tabulaire.

Plusieurs des conclusions que nous pouvons tirer de cette discussion sur les mathématiques antiques pourraient être de quelque portée pour les mathématiques en général. L'avantage de regarder les époques les plus primitives d'une science est que souvent la combinaison de l'éloignement historique et culturel nous débarrasse de certains de nos préjugés, en particulier de celui selon lequel la science *doit* être fondée d'après ce qu'elle *est maintenant*. Les problèmes traités peuvent paraître à nos yeux élémentaires et leur étude moins gratifiante que la reconstruction hypothétique du mode de fabrication des tables utilisées. Mais pas plus qu'en mathématiques, il n'y a de voie royale en histoire des sciences ; et si, par exemple, une portion importante de l'activité mathématique était concentrée autour de la lecture et de la consultation des tables, il est primordial d'étudier en détail les incidences de ce type de travail sur le développement du domaine. Je voudrais simplement suggérer quelques pistes pour aborder une réflexion sur ces thèmes :

— Il n'y a aucune « nécessité interne » dans la manière dont un problème mathématique donné est résolu. Les techniques de résolution sont liées à la culture où elles naissent et différentes cultures résoudront le « même » problème par des chemins différents, bien que les résultats finals puissent, bien sûr, être semblables. Cela ne veut pas dire d'ailleurs qu'il n'existe pas de problèmes communs à plusieurs civilisations.

— Il n'y a pas non plus de « ligne droite » conduisant inévitablement des problèmes « pratiques » aux problèmes abstraits. Différentes techniques peuvent suggérer différentes directions à explorer et celles-ci, en retour, peuvent présenter divers niveaux et d'autres sortes de problèmes et d'approches plus éloignés des besoins productifs immédiats de la société. Nos exemples tirés de l'ancienne Égypte et de Babylone indiquent aussi l'importance, à cet égard, des exercices d'entraînement et des techniques d'apprentissage.

— Enfin, le développement des mathématiques à leur commencement met en évidence la nécessité d'une analyse plus fine du rapport entre les besoins matériels d'une société et la nature de la recherche mathématique, « s'engendrant librement ». Si les mathématiques antiques ne furent jamais « simplement » pratiques et empiriques, il est peut-être tout aussi vrai que les mathématiques contemporaines ne sont pas « purement » abstraites et spéculatives. Si les techniques servent d'intermédiaires aux avances du domaine, ne doit-on pas penser que tout problème mathématique surgissant dans une société donnée est, en fin de compte, lié aux techniques que cette même société a forgées ? Et, en retour, que les mathématiciens, tout comme les sociétés, ne peuvent se poser que des questions pour lesquelles une réponse, au moins potentielle, existe ?

Ce chapitre a été traduit de l'anglais par Catherine Goldstein.

Gnomon : les débuts de la géométrie en Grèce

MICHEL SERRES

La géométrie grecque émerge, peut-être,
de l'astronomie et des algorithmes courants dans le croissant fertile.

La dissémination des ports, d'Apollonie sur la mer Noire à Cyrène l'Africaine ou de Pergé en Asie Mineure à la Sicile ou l'Italie, s'élargit autant que se concentrent les producteurs de connaissances en écoles rivales. La société enseignante et savante mime dès sa naissance la société tout court. Des villes-États se dispersent et s'affrontent sur les rives de la mer : de même la petite cité athénienne de l'Académie, par exemple, sous la direction de Platon, livre des batailles acharnées contre dix sophistes, Hippias, Protagoras ou autres, et conclut des alliances temporaires avec des étrangers de Crotone, Cnide, Locres, Élée : Pythagore, Eudoxe, Timée, Parménide, Théodore de Cyrène.

De l'Empire grec

Jamais la grécité ne parvint à l'unité, ni quand fleurirent les hégémonies d'Athènes, Thèbes, Sparte ni même quand les grandes puissances des quatre points cardinaux, Mèdes et Perses, Macédoniens, Carthaginois ou Romains les menacèrent de destruction. Nulle ligue ne dura longtemps parce que les Grecs, rivaux inépuisables aux rivages de la mer, se bornèrent, tel Alcibiade, à rêver un Empire unitaire. Les cités ou roitelets se détestaient aussi vaillamment que les philosophes. Cependant le littoral s'hellénise, les bords des trois continents Asie, Afrique, Europe, parlent grec. Mais la langue commune du commerce nautique meurt, comme les hégémonies brèves, les écoles, les petits dieux, comme ce que nous nommons l'économie. Rien ne restera de rien. Cet effondrement se nomme Antiquité.
Or en moins de quatre siècles, de Thalès de Milet à Euclide d'Alexandrie et qu'ils le veuillent ou non, les penseurs grecs, rivaux de villes et d'écoles, d'économie et de religion, acharnés à se contredire, fils de la terre contre amis des formes ou penseurs du mouvant contre éternitaires, ont, ensemble, construit, de façon foudroyante et inattendue, un Empire invisible et unique dont la grandeur sans décadence perdure jusqu'à nous, un bâtiment sans autre exemple dans l'histoire où ils nous amènent encore, à plus de deux millénaires de distance, à travailler selon les mêmes gestes qu'eux et sans l'abandonner sous le prétexte de la confusion de nos langues et même si nos haines croissent. L'humanité a-t-elle jamais formé un accord équivalent ? Cette réussite s'appelle les mathématiques.

Les pyramides d'Égypte et leur traînée d'ombre.
(Vue d'avion des pyramides de Gizeh. Ph. © Étienne Sved.)

Espace

En une région fort restreinte se concentrent Samos, où Pythagore naquit, le Milet de Thalès et l'Éphèse d'Héraclite, sans parler de Pathmos, île où saint Jean l'Évangéliste se retira plus tard : source de l'arithmétique, de la géométrie et de la physique, soit trois définitions du logos, nombre, rapport ou invariant, sans compter celle du Verbe.

A élargir peu à peu le cercle, on rencontre les autres lieux producteurs de mathématiques ou de mathématiciens, l'île de Chios et tout le littoral d'Asie Mineure, de Cnide à Cyzique. Sur les mêmes lieux, on raconte que furent inventés l'écriture alphabétique, l'argent et la monnaie, la métallurgie du fer ; et, un peu plus au sud, apparut le monothéisme.

Si l'on agrandit encore l'espace, la Méditerranée orientale dont voici la carte, Ionie, Égypte, Grèce, Italie, sans parler de la Palestine, dessine l'intersection de l'Afrique, de l'Asie et de l'Europe, lieu de villes maritimes subissant dans le dos la poussée de grands Empires, égyptien, mède et perse, bientôt romain et se retrouvant dans les échanges sur l'eau. De cette crevasse physique et humaine en activité depuis l'aurore des temps, ont émergé la science, nos religions, l'histoire et le gros des traditions dont nous avons vécu juqu'à ce jour.
On s'y bat violemment aujourd'hui encore.

Temps

La période la plus active va de la fin du VIIe siècle à celle du IIIe et un peu plus avant, soit plus de trois cents ans, durée qui équivaut à celle qui nous sépare de Descartes. Pendant les siècles qui suivent, Hipparque, Ptolémée ou Diophante inventent la trigonométrie, un modèle classique du monde et la première algèbre, mais le mouvement se ralentit beaucoup vers l'achèvement du millénaire qui s'écoule entre Thalès et Proclus.

Pour les résultats qui précèdent et préparent Euclide, les sources directes manquent et nous reconstruisons les choses à partir des textes de Platon ou d'Aristote, des *Éléments* et d'auteurs encore postérieurs, commentateurs ou autres, sauf rarissimes fragments. Nos seuls témoins parlent donc à une distance parfois aussi grande que celle qui nous éloigne de la Renaissance. D'où la fragilité de nos reconstructions.

Sauf exceptions, les producteurs se groupent en Écoles. Ressemblaient-elles à des centres de recherche et d'enseignement, à des sectes philosophiques, des communautés religieuses, ordres, confréries, à des groupes de pression, partis politiques, clubs ou gangs ? Nous l'ignorons. Mais n'importe quel collectif ressemble peu ou prou à tout cela, mis ensemble, même aujourd'hui.

Les écoles

Fin du VIIe siècle av. J.-C.

1. Physiciens de Milet : Thalès, Anaximandre, Anaximène. *Nature comme objet de science.*

2. Pythagoriciens de Crotone : Pythagore de Samos. *Nombres ; duplication du carré ; arithmétique, science fondamentale.*

Fin VIe-Ve siècle av. J.-C.

3. École d'Élée : Xénophane de Colophon, Parménide, Zénon, Mélissos. *Unité.*

Milieu du Ve siècle av. J.-C.

4. École de Chios : Œnopide, Hippocrate. *Quadrature du cercle ; duplication du cube ; trisection de l'angle ; premiers éléments.*

Ve siècle av. J.-C.

5. Sophistes et Mégariques : Hippias d'Élis, Euclide de Mégare. *Quadratrice.*

V^e et IVe siècle av. J.-C.

6. Atomistes d'Abdère : Leucippe, Démocrite. *Premier algorithme infinitésimal.*

IVe siècle av. J.-C.

7. École d'Athènes : Platon, Speusippe. *Polyèdres.*
Rattachés : Théodore de Cyrène, Théétète. *Irrationnelles.*

8. Écoles de Cyzique : Eudoxe de Cnide (Égypte, Tarente). *Arithmétique ; sections coniques.*

9. Péripatéticiens : Aristote, Autolycos de Pitané, Eudème. *Encyclopédie ; histoire.*

Fin du IVe siècle av. J.-C.

10. École d'Alexandrie : Euclide. *Éléments.*

IIIe siècle av. J.-C.

Archimède de Syracuse (287-212) : *spirale ; grands nombres.*
Ératosthène de Cyrène (276-195) : *géodésie ; nombres premiers.*
Apollonius de Pergé (262-180) : *sections coniques.*

IIe siècle av. J.-C.

Hipparque d'Alexandrie : *trigonométrie.*

Ier et IIe siècle apr. J.-C.

Ptolémée d'Alexandrie (90-168) : *système du monde.*

Fin du IIIe siècle apr. J.-C.

Pappus d'Alexandrie : *géométrie.*

IVe siècle apr. J.-C.

Diophante d'Alexandrie : *arithmétique et « algèbre ».*

Ve siècle apr. J.-C.

École d'Athènes fermée par Proclus (412-485) : *commentateur.*

Tradition

L'histoire telle qu'elle s'écrit aujourd'hui interdit de parler, comme Ernest Renan le fit, de miracle, pour l'origine de la géométrie en terre grecque. Les scientifiques de ce jour admettent l'existence d'événements rarissimes dans certaines disciplines, les historiens, au contraire, n'en rencontrent plus dans la leur et n'y trouvent que des lois. Comme si le temps monotone avait changé de camp. Pourtant, la naissance de l'espace abstrait constitue un événement très inattendu même pour ceux qui savent ce qui se passa dans les calculs d'Égypte ou de Mésopotamie ; cependant la construction de cet Empire grec auquel nous demeurons soumis peut passer pour encore plus improbable : à preuve qu'elle ne figure, malgré sa réalité tangible et vivante, dans aucun livre d'histoire.
Nous avons tous refait durant notre enfance le voyage de Samos à Milet, du calcul des entiers au cas d'égalité des triangles et de Milet à Chios ou Abdère, vers la mesure du cercle ou du cône et du cylindre et, si nous avons poursuivi, notre odyssée nous a conduits vers tous les ports de la carte, en reprenant par le commencement le temps de construction de ces objets idéaux transparents. Existe-t-il désormais une seule école dans le monde qui néglige d'apprendre aux enfants les mêmes éléments dans un même langage ? Mathématique en grec ancien veut dire : ce qu'on enseigne ou qu'on apprend ; où et quand ne l'enseigne-t-on pas ? Iraniens, Espagnols, Français, Anglais, Tamouls, nous avons tous parlé grec en disant parallélogramme, logarithme et topologie. Cette langue en ce système vit encore et nous unit. Rien ne reste de ces villes, ni de Cyrène ni de Pergé, rien ne demeure de ces écoles, ni d'Élée ni de Crotone, ni temple, ni arme, ni échange, ni atelier de production, mais la liste qui court des entiers aux sections coniques n'a pas pris une ride, même si parfois nous n'entendons pas sous les vocables de nombre ou de diagonale les mêmes choses que les anciens Grecs. Qui se moqua mieux de l'histoire et de ses fluctuations que le petit collectif qui, si vite, établit cette rubrique, unique dans le temps et résistant à son usure ? Qui méprisa mieux les batailles que ce groupe d'irréconciliables ennemis forgeant une langue commune, la seule qui sache arrêter les conflits et qui n'ait jamais besoin de traduction ? Tous les culturalismes du monde ne peuvent rien à cette communauté ou à l'universalité de cet enseignement. Nous sommes coupés de l'Antiquité par tous les chemins possibles ; par les mathématiques, elle demeure notre contemporaine. Sans aucune étrangeté, puisque nous ne pouvons commettre aucun contresens sur elle.

Dur et doux

Thalès vint-il au pied des pyramides pour évaluer les conditions de la longue durée ? Que faut-il faire pour demeurer ? La guerre, le jeu mortel du plus fort, la tyrannie, les échanges, l'esclavage, les outils, la production, tout s'arrête et s'efface à quelque moment. Le plus fort n'est jamais assez fort pour avoir toujours le temps. La gigantesque masse de pierres se délite ou se recouvre de sable sous les vents et pourtant la tombe de Chéops maximisait toutes les données, stratégie, puissance et capital, religion, armement et fortune. Le volume, dont Bonaparte calcula que les moellons pourraient entourer la France d'une muraille haute et continue, n'accède pourtant point à la dimension du temps. Quel empire y parviendra ? A l'époque de Thalès, le vieux pharaon était doublement mort, presque oublié. Le plus dur ne dure pas.
De même que d'autres cultures jouèrent, pour durer, non le vainqueur mais la victime, ainsi Thalès inverse le jeu du plus dur : seul perdure le plus doux. Toutes les matières et puissances s'usent, qu'adviendra-t-il de la forme pure ? De l'image la plus évanouie, la moins concrète, la plus légère, la moins dicible possible ? Dont l'écriture n'a aucune importance, dont même la trace peut se perdre sans dommage pour le sens, dont la mémoire même peut passer ou mourir sans inconvénient pour l'histoire ? Dessinez-la faussement, il n'importe.

Les pyramides de Gizeh.
(Ph. © M. Serrailler/Rapho.)

Ne la dessinez pas, ne l'écrivez même pas, qu'importe encore. Plus : détruisez sources ou témoignages, supprimez les monuments, brûlez manuscrits partiels ou bibliothèques entières, effacez presque entièrement la période où cette forme a vu le jour, elle demeure contre toute annulation, invariante dès lors qu'elle entra dans la rigueur, présente dans nos oublis. Même son concept branle sans gros dommage : nous n'entendons plus semblable raison ni la même similitude, cependant rien ne change notablement. Qu'il reste de la pyramide un déplacement dans l'espace des homothéties, théorème aussi fugace et doux qu'un rayon de Soleil muni de ses ombres et elle remplit enfin la dimension du temps.

En rapportant l'ombre du tombeau à celle d'un poteau de référence ou à la sienne propre, Thalès énonce l'invariance d'une même forme par variation de taille. Son théorème comporte donc la progression ou réduction infinies de la dimension dans la conservation d'un même rapport. Du colossal, la pyramide, au médiocre, piquet ou corps, et ainsi autant qu'on voudra, vers le petit, le théorème dit un logos ou rapport identique, l'invariance d'une même forme du modèle géant au modèle réduit, et réciproquement : quel mépris, soudain, de la hauteur et de la force, quelle estime de la petitesse, quel effacement de toute échelle ou hiérarchie, désormais dérisoire puisque chaque stade répète le même logos ou rapport sans aucun changement !

Thalès démontre l'extraordinaire faiblesse du matériel le plus lourd jamais appareillé, ainsi que la toute-puissance, par rapport au temps qui passe, d'un certain logiciel : du logos lui-même à condition de le redéfinir, non plus comme parole ou dire, mais, en l'allégeant, comme rapport pareil ; encore plus doux parce que les termes s'équilibrent, s'effacent l'un par l'autre de sorte qu'il ne

Diogène Laërce :

« Hiéronyme dit que Thalès mesura les pyramides d'après leur ombre, ayant observé le temps où notre propre ombre est égale à notre hauteur. »

Plutarque :

« La hauteur d'une pyramide est rapportée à la longueur de son ombre exactement comme la hauteur de n'importe quel objet vertical mesurable est rapportée à la longueur de son ombre à un même moment de la journée. »

demeure que leur pure et simple relation. Des restes maximaux du pouvoir maximal de l'histoire optimalement conservés, Thalès tire la douceur ou légèreté minimales. Même la mesure s'oublie dans le nouveau logos de la similitude où un rapport entre petits en égale un autre entre grands. Miracle : de moyens presque nuls naît le plus long des empires possibles qui se moque de l'histoire sans connaître la décadence. Nous commençons à peine à estimer pareille économie, corne d'abondance qui fournit infiniment à partir de presque rien.

Soleil et Terre

Toute l'aventure commença-t-elle par l'astronomie ? Comment observait-on, dans l'Antiquité ?
L'aiguille du cadran solaire ou gnomon projette des ombres sur le sol ou le plan de lecture, selon les positions, au cours de l'année, des astres et du Soleil. Depuis Anaximandre, dit-on, les physiciens grecs savent reconnaître sur ces projections quelques événements du ciel. La lumière venue d'en haut écrit sur la terre ou la page un dessin dont l'allure imite, représente les formes et les places réelles de l'Univers, par l'intermédiaire de la pointe du stylet.
Comme nul, en ces temps, n'avait vraiment besoin d'horloge et que les heures variaient beaucoup, puisque les jours d'été ou d'hiver, quelles que soient leur longueur ou leur brièveté, invariablement se divisaient en douze, le cadran solaire servait peu à dire l'heure, de sorte que la montre ne l'a pas du tout remplacé, mais, en tant qu'instrument de recherche scientifique, montrait un modèle du monde, donnant la longueur de l'ombre à midi aux jours le plus long et le plus court et donc indiquant équinoxe, solstices et latitude du lieu, par exemple : plus observatoire, donc, qu'horloge. Nous ne savons pas vraiment pourquoi l'axe ou l'essieu se nomme gnomon, mais nous n'ignorons pas que ce mot désigne ce qui comprend, décide, juge, interprète ou distingue, règle qui permet de connaître. La construction du cadran solaire met en scène l'ombre et la lumière naturelles interceptées par cette règle, appareil de connaissance.
D'après un lieu d'Hérodote fréquemment cité, il semble que les Grecs héritèrent des Babyloniens le gnomon et la division du jour en douze parts : qui dira ce que la numération sexagésimale de ces derniers doit à leur division de l'année en trois cent soixante jours et qui dira l'inverse ? Bref, chaque angle ou segment de trente degrés divise le ciel en zones que la langue grecque nomme ζῴδιον (*zôdion*), de ζῷον (*zôon*), animal, et ὁδός (*odos*), voie, c'est-à-dire figurine de bête ou de tout autre être vivant ; l'adjectif correspondant désigne l'orbite, la route, le chemin zodiaque. En retour le substantif dit les signes du zodiaque. Le ciel se peuple de formes vives, point par point.
Remonter des ombres à la lumière qui les induit et de celle-ci à sa source unique, voilà une leçon de Platon, quand il parle de la connaissance. Il ne s'agit pas d'image poétique, mais du geste quotidien des astronomes, exactement de leur méthode qui induit mille renseignements de la longueur et de la position de la trace ou marque obscure. Ils savaient construire dans cette optique une règle aussi précise que le style qui écrit. Le noir de l'encre sur la page blanche reflète la vieille ombre venue du Soleil par l'aiguille du gnomon. Cette pointe écrit toute seule sur le marbre ou sur le sable comme si le monde se connaissait soi-même.
Qui sait, qui connaît ? Jamais l'Antiquité ne posa ces deux questions. Où placer la tête ou l'œil, parmi cet observatoire ? Dans la plage d'ombre, à la source lumineuse, à la place de la pointe du cadran ? Voilà des problèmes modernes. Par exemple, l'usage de la lunette astronomique suppose qu'on ait inventé le sujet, qui va se placer du bon côté de la visée, contemplant, observant, calculant, ordonnant les planètes : il n'existe pas en langue grecque ancienne. En ce temps-là, le monde tel quel s'emplit de connaissance comme on dit que les cieux chantent la gloire de Dieu. Pour cette culture, le gnomon connaît :

Gnomon: aiguille ou axe du cadran solaire.
(Ier siècle apr. J.-C., Égypte; Deutsches Museum, Munich. Ph. © du musée/Photeb.)

discerne, distingue, intercepte la lumière du Soleil, laisse des traces sur le sable comme s'il écrivait sur la page blanche, oui, comprend. Parmi l'espace extérieur et ses événements clairs ou noirs siègent la connaissance et le corps entier; la vie, le destin et le groupe sont plongés dans l'étendue ou dans le monde dont ils ne se distinguent pas. Celui-ci s'applique sur lui-même, se réfléchit dans le cadran et nous participons à cet événement ni plus ni moins qu'un piquet, puisque, debout, nous faisons aussi de l'ombre, ou que, scribes assis, le style à la main, nous laissons aussi des traces. La modernité commence quand cet espace mondial réel passe pour une scène et que cette scène, maîtrisée par un régisseur, se retourne comme un doigt de gant ou un schéma d'optique simple et plonge dans l'utopie d'un sujet connaissant, intérieur, intime. Ce trou noir absorbe le monde. Mais avant cette absorption, le monde comme tel reste le siège du connaître. Nous ne pouvons plus comprendre cette phrase, nous qui, de plus, détruisons ce que nous connaissons.

Remonter des ombres à la lumière et des images reproduites ou projetées à leur modèle, voilà les leçons communes à l'astronomie grecque et à la théorie platonicienne de la connaissance. Que l'outil qui permet cette opération s'appelle, dans la première, un gnomon, voilà qui nous aide à placer hardiment hors de nous le centre actif du savoir.

De plus, le firmament se peuple de formes vives, les signes du zodiaque. Si la lumière vient du Soleil, même quand il disparaît pendant la nuit, qui donc porte sur le dos des statues, en bois ou en pierre, de bêtes, sur le chemin haut placé du zodiaque, pour qu'elles se projettent, immenses, sur la paroi sombre du ciel ? La caverne platonicienne décrit le monde lui-même. Nous ne saurons jamais si Platon a perçu d'abord sur la voûte étoilée au-dessus de sa tête l'Ours ou le Chien, avant de concevoir dans sa philosophie le ciel intelligible des formes précédant ou conditionnant l'intelligence des choses du monde, mais nous voyons assurément que les apparences des constellations se réduisent à des ensembles de points. Nul n'a jamais vraiment vu ici ou là Balance ou Bélier mais tout simplement un simplexe : jamais une image continue et floue, mais des clous juxtaposés. Comme si les modèles célestes restaient fidèles à la théorie des pythagoriciens pour lesquels toutes choses sont nombres. Mais d'où sortent ces statues qui font des ombres scintillantes sur le ciel noir ?

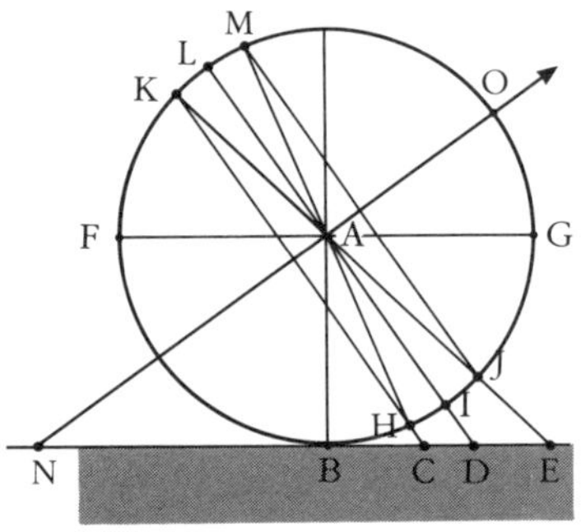

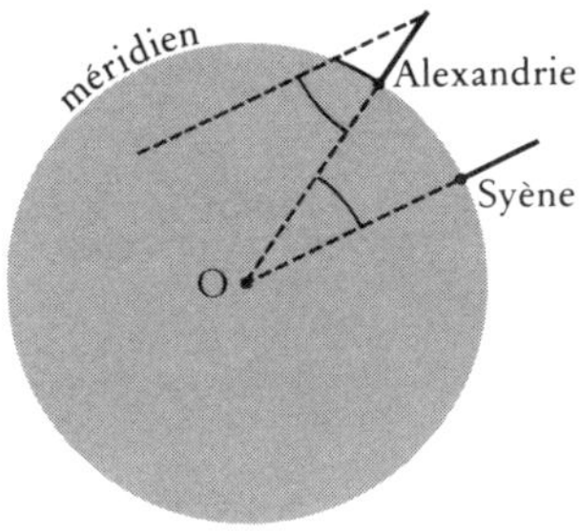

πόλος ou *polos*: portion de sphère creuse dans la concavité de laquelle se projette l'ombre du gnomon.

Le profil de l'Univers

Le gnomon ou cadran solaire sert moins à dire l'heure, dont tout le monde se moque depuis l'Antiquité jusqu'à nos grands-parents, qu'à construire un modèle géométrique de l'Univers: observatoire à la fois et schéma cosmographique du monde.

AB figure le style du gnomon, BC mesure l'ombre que fait le Soleil à midi au solstice d'été, BE celle du solstice d'hiver, BD l'ombre équinoxiale. Les droites et le cercle se dessinent alors sur le méridien et le définissent, la ligne FG représente l'horizon et le point A la Terre flottant au centre de la sphère du monde. Dès lors, les deux lignes MJ et KH suivent les tropiques et LI l'équateur, comme NO perpendiculaire à celui-ci, l'axe du monde. L'angle ENO égal à BAD donne exactement la latitude du lieu et l'angle DAE, égal à DAC, l'inclinaison de l'écliptique, estimée à 24°, c'est-à-dire au segment circulaire intercepté par le côté du pentédécagone régulier.

L'ensemble de ces informations, découvertes successivement d'Anaximandre à Vitruve (architecte romain du Ier siècle av. J.-C.) et de Pythéas de Marseille (navigateur et géographe grec du IVe siècle av. J.-C.) jusqu'à Ptolémée en passant par Hipparque, remonte pour une grande part à une très haute Antiquité. Thalès écrivit deux livres sur les équinoxes et les solstices; Œnopide a sans doute donné l'estimation à 24° de l'inclinaison de l'écliptique. Il faut lire le schéma comme un profil du monde tel que les savants grecs le concevaient, mais aussi comme une somme de l'histoire de leur science: chaque génération depuis le Ve siècle en a tiré au moins une ligne.

Pour donner une idée plus exacte des performances que les Grecs tiraient du gnomon, voici comment calcule Ératosthène (276-195 av. J.-C.). Il en pose un à Syène en Égypte non loin de la première cataracte du Nil, ville située sur le tropique du Cancer.
En ce lieu, il ne fait pas d'ombre à midi le jour du solstice d'été. Le même jour à la même heure, Ératosthène mesure l'angle que fait le Soleil avec un second gnomon posé dans la ville d'Alexandrie qu'il pensait située sur le même méridien. Les deux angles alternes-internes sur la figure sont égaux; or celui qu'il a mesuré vaut la cinquantième partie d'un cercle; il suffit donc de multiplier par cinquante la distance d'Alexandrie à Syène pour obtenir la longueur entière du méridien terrestre. Résultat grandiose obtenu avec des moyens minimaux. Pour améliorer la mesure, Ératosthène estime l'ombre du gnomon non point projetée sur un plan, mais sur une sphère ou peut-être le πόλος (*polos*) dont parle Hérodote dans le lieu déjà cité.

Machine et mémoire

Nous avons du mal à traduire le mot gnomon parce qu'il vibre d'harmoniques autour de la chose qu'il désigne et que la connaissance scintille à la pointe de son axe.
Littéralement, il signifie, sous une forme apparemment active: qui discerne, qui règle, mais désigne toujours un objet. Dans son commentaire à la deuxième définition du second livre d'Euclide, Thomas L. Heath le décrit comme «*a thing enabling something to be known, observed or verified*», une chose permettant à quelque chose d'être connu, observé ou vérifié. Le voisinage de ces deux choses ou leur répétition a du sens: elles ont rapport entre elles, toutes seules. En cette chose ou par elle, au lieu qu'elle occupe, le monde montre la connaissance.
Comme l'axe du cadran se dressait perpendiculaire à son plan, l'expression «à la manière du gnomon» exprimait chez les Grecs, à une période archaïque, l'angle droit ou le fil à plomb. Du coup, nous pourrions presque le traduire par règle ou équerre, d'autant qu'Euclide, au lieu indiqué, appelle gnomon les aires des parallélogrammes complémentaires d'un parallélogramme donné, de sorte que leur addition ou soustraction les laissent ensemble semblables entre eux. Ainsi, une équerre montre deux rectangles ou deux carrés complémentaires d'un carré ou rectangle donné: le mot français lui-même semble signifier l'extraction du carré ou cadran.
Encore un coup, comment décrire le gnomon? Comme un objet, une tige dont le placement convenable donne des résultats étonnants, latitude, solstice, équinoxe. Qu'il fournit automatiquement. Cela veut dire qu'il marche tout seul, sans aucune intervention humaine, comme un automate, sans sujet moteur: connaissance machinale, puisqu'elle intercepte un mouvement, celui

Gnomon

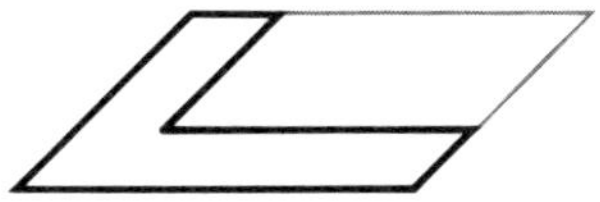

Cas du parallélogramme

Cas du rectangle

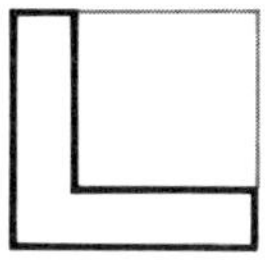

Cas du carré

du Soleil. Préférons ici machine à instrument, tant, pour nous, l'outil fait référence au sujet qui l'utilise ou à l'action volontaire et finalisée pour laquelle celui-ci l'a conçu et fabriqué. Au contraire, l'activité mentale que désigne le mot gnomon, en grec, se réfère ici à la machine, à un objet. Le gnomon réalise l'une des premières connaissances automatiques de l'histoire, la première machinerie unissant du matériel à des logiciels. Le rôle du sujet, sa fonction connaissante ou pensante, n'ont rien de commun ici, avec ceux qu'ils prendront dans ce que nous nommons jusqu'à aujourd'hui, la connaissance scientifique.

Le calcul des latitudes d'après l'ombre du Soleil aux solstices et aux équinoxes, première liaison mathématique entre l'astronomie et la géographie, donna lieu, d'autre part, à l'établissement, par Ptolémée ou avant par Hipparque, de ce que l'Antiquité appela des tables de cordes : longues listes des rapports entre la mesure des côtés de triangles rectangles et celle de leurs angles, où on peut lire la naissante trigonométrie. Voici la mémoire, voilà le gnomon : à la machine correspond la table, à la connaissance automatique s'associe la mnémotechnie. De même, dans la science des Babyloniens, coexistent les procédures automatiques de calcul et les tables de mesures. Autrement dit et plus généralement, une pensée algorithmique montre toujours deux composantes, l'une qu'on peut dire machinale et l'autre qu'on doit appeler mnémonique. Capitalisation ou récapitulation des résultats des procédures machinales ou conditions de leur reconduction. L'automate et les tables ou les dictionnaires. Matériel et logiciels.

Anthyphérésie ou algorithme d'Euclide (procédure)

PGCD. Soit deux nombres 20 et 12. A diviser le premier par le second, il reste 8 ; si on divise 12 par 8, il reste 4 et si, de nouveau, on divise 8 par 4, l'opération, tombant juste, ne laisse pas de reste. On dit alors que 4 divise à la fois 20 et 12 au titre de leur plus grand commun diviseur.

Pour le trouver, on a divisé l'un par l'autre les deux nombres et le second par le reste de leur division, ensuite celui-ci par le second reste, le troisième par le second et ainsi de suite jusqu'à ne plus trouver aucun reste. On appelle PGCD le dernier nombre de la suite.

Euclide. *Éléments*.

L'*anthyphérésie* consiste en une soustraction qui retranche la plus petite de deux grandeurs de la plus grande et confronte la plus petite avec le reste et ainsi de suite.

« VII, 1 : deux nombres inégaux étant proposés, le plus petit étant toujours retranché du plus grand, si le reste ne mesure celui qui est avant lui que lorsqu'on aura pris l'unité, les nombres proposés seront premiers entre eux. »

« X, 2 : étant donné deux grandeurs inégales et la plus petite étant retranchée de la plus grande, si le reste ne mesure jamais le reste précédent, ces deux grandeurs seront incommensurables. »

Musique (table ou machine)

Arpad Szabo décrit dans *les Débuts des mathématiques grecques* la *Sectio canonis* attribuée à Euclide.

La corde entière est partagée pour produire la quarte ou la quinte. On retranche alors le petit segment du grand. On retranche le reste du petit segment. On pouvait opérer cette soustraction deux fois pour la quinte et trois fois pour la quarte ($2/3$ et $3/4$). Ainsi après avoir retranché le plus petit segment du plus grand, on retranchait le reste du plus petit jusqu'à disparition finale de tout reste.

Voilà, selon lui, l'origine de l'algorithme d'Euclide.

Une autre raison ?

Toute la connaissance annoncée par le mot gnomon et accumulée autour de sa tige, tout ce savoir objectal et tabulaire, se distinguent fortement de ceux que nous groupons classiquement autour de la démonstration ou de la déduction, pour les mathématiques, et de l'expérience, en ce qui concerne la physique, selon les critères de rigueur et d'exactitude, ainsi qu'autour du sujet, personnel ou collectif. Il y a là un autre logos, une épistémé différente, bref, une autre raison que nous aimerions nommer algorithmique. La pensée algorithmique, efficace et présente chez les Égyptiens et les Babyloniens, coexiste en Grèce ancienne avec la nouvelle géométrie, quoique dissimulée sous sa transparence; ainsi cachée par la mathématique officielle, hellène de tradition, elle va perdurer, féconde, pendant de nombreux siècles, avant d'acquérir, de nos jours, un statut parallèle à celui de la première.

Une astronomie sans œil

Un entendement formé aux sciences modernes s'étonne de ce qu'il ait pu exister si anciennement une astronomie sans vue ni regard comme la contemporaine. Si le cadran solaire ne fonctionna presque jamais comme une horloge, si nous devons plutôt le voir comme un observatoire, ce mot même, anachronique et mal choisi, nous tromperait. Le gnomon précède aussi peu le théodolite que le cadran ne pressent la montre. Car l'astronome grec n'observe pas comme le firent les âges classique et moderne où les coupoles se construisent autour des lunettes et des télescopes. L'acte de voir n'y a pas le même lieu et ne prend pas la même place dans celui de connaître.

Nous avons l'habitude d'interpréter la connaissance comme un doublet de sensation et de formalités abstraites et les philosophes répètent volontiers comme des perroquets qu'il n'y a rien dans l'entendement qui n'ait d'abord été dans les sens. Cela suppose un sujet, puis un corps et tout un entraînement qui aiguise la sensation au moyen d'un matériel raffiné. Ici et en ces temps, le gnomon et le plan de projection reçoivent seuls l'information, non l'œil. Le récepteur objectif, axe et marques, laissera sa place au corps sensible, mais l'occupe d'abord. Lorsqu'ils relatent l'histoire de Thalès venu au pied des pyramides pour en mesurer la hauteur, les historiens ou doxographes grecs confondent significativement l'ombre d'un piquet quelconque et celle d'un corps: qu'il s'agisse du bâtiment formidable, du bâton ou de celui dont nous pensions qu'il observait, qu'importe, chacun à sa manière, pierre, bois ou chair, assure le rôle canonique du gnomon, la fonction de discerner, objective. Science sans sujet, science qui se passe du sensible ou qui ne passe pas par lui. Mettez un bâton à sa place et rien ne changera, construisez un tombeau de pierre au lieu où il se décompose, cadavre, et le savoir demeure, invariant.

Qu'on puisse voir là de la lumière, des ombres et leur partage, toute une scène sensorielle, qui en doutera, mais rien ne transite d'elle à travers un sujet, porteur de facultés, filtrée ou non par une théorie ou aboutissant à sa construction. Dans le diagramme du Soleil, à la source claire, des rayons, de l'essieu et de l'écriture au sol, il n'y a pas de place pour l'œil, ni de site qu'on puisse nommer point de vue. Et cependant la théorie s'y montre. La mesure exacte ou approximative, rigoureuse parfois, la réduction abstraite, le passage savant du volume au plan méridien et de celui-ci à la ligne et de celle-ci au point, le modèle géomètre du monde se dessinent là sans qu'ici interviennent des organes, des fonctions ni des facultés. Le monde se donne à voir au monde qui le voit: voilà le sens du mot théorie. Mieux: une chose — le gnomon — intervient dans le monde pour que celui-ci puisse lire sur soi-même l'écriture qu'il trace sur soi. Poche ou pli de connaissance.

Au sens littéral, le gnomon est intelligent puisqu'il met ensemble des situations choisies entre mille autres et donc discerne et comprend. Récepteur passif, il voit la lumière, actif, il écrit sur la page la lisière d'ombre, théorique, il montre le modèle du ciel. Pour que nous accédions de nouveau, nous autres contemporains de nouveau avertis d'elle, à cette science automatique, oui, à cette intelligence artificielle, nous devons oublier les préjugés philosophiques de l'intermède moderne: l'homme au centre du monde, à la place du gnomon, le sujet au milieu de la connaissance, son récepteur et son moteur universels, plus la reconstruction imaginaire en son intimité noire où nul jamais n'entra, sauf quelques philosophes transcendantaux munis d'un mythique rameau d'or, de cette même scène d'ombre et de lumière qu'ils reproduisirent à partir d'un œil réel vers le filtre d'un légendaire entendement. Au fond rien de plus facile que de laisser cette faculté compliquée pour lire simplement ce que le Soleil écrit sur le sol.

Le gnomon n'est pas un outil au sens d'un bâton tenu par un singe qui ainsi prolonge sa mainmise ni au sens d'une loupe qui grossit l'objectif et augmente les performances de l'œil. L'artifice ne se réfère pas au sujet, orienté par lui, mais il demeure objet parmi les objets, entre le Soleil et le sol eux-mêmes, chose rendue intelligente par sa place en un lieu singulier du monde qui passe par elle pour se réfléchir sur soi. Par le gnomon l'Univers pense αὐτὸ καθ'αὑτό (*auto kath'auto*), se connaît lui-même par lui-même.

L'idéalité mathématique naissante jamais ne se référa en Grèce à un sujet pensant ni ne se pensa par un idéalisme. Au contraire, la pensée la plus prégnante resta le réalisme. Or le réalisme des idéalités, savoir la forme chose ou la chose forme, se montre au pied du gnomon dans la scène où les choses voient les choses. Le point, la ligne, l'angle, la surface, le cercle, le triangle, le carré... naissent là comme formes idéales dans la ténèbre et la clarté, au milieu des choses mêmes, dans le monde tel quel, réels comme les rayons de lumière, les franges d'ombre, mais surtout leurs bords communs.

Tables ou listes canoniques

Que se correspondent des tables de nombres et un instrument d'observation d'où on les tire ou sur lequel on les retrouve, un historien des sciences ne peut s'en étonner, habitué, en quelque manière, qu'une science commence en cet état: par exemple, la lunette astronomique indique mille positions d'autant d'astres et un registre les recueille. Bien venue, mais tardive, une théorie compréhensive rend désuet cet état: ainsi, les lois de Kepler et de Newton effacent en une phrase ce fatras puisqu'à partir d'elle n'importe qui retrouve à l'instant, comme application numérique, tel détail local.

Un espoir identique mobilise les chimistes du siècle dernier que leur matériel amène expérimentalement à dresser des tables de corps dont ils se prennent à rêver, comme des astronomes, qu'une loi générale les gomme en les comprenant d'un coup. Cette coexistence de listes, tables ou rubriques, et d'un appareillage, simple ou compliqué, nous paraît caractériser une ère préthéorique, où l'observation l'emporterait sur les lois, dans l'attente de l'induction à venir.

Quand nous voyons coexister, dans l'Antiquité, les tables de cordes qui donnent les valeurs d'un arc ou d'un angle à partir des mesures des côtés d'un triangle et cet instrument d'observation que les Grecs appelaient gnomon, nous conservons dans l'esprit le schéma historique induit par l'arrivée de Newton ou de Kepler parmi les tables alphonsines ou tolédanes recueillant la position des astres. Nous percevons alors la figure d'un savoir expérimental qui associe un instrument et des tables de nombres dans l'attente d'une théorie dont la puissance unitaire rend désuets le premier en même temps que les secondes. Par ce schéma, nous comprenons la situation antique et elle s'y plie évidemment. Voici le gnomon: il précède le télescope; voilà les tables de cordes: elles ressemblent aux tables tolédanes. L'ensemble constitue une préastronomie prémoderne en attente de la théorie trigonométrique.

Tables alphonsines ou tolédanes: entreprises sur l'ordre d'Alphonse X le Sage (1221-1284), roi de Castille et de León, elles furent exécutées par un groupe d'astronomes, sous la direction d'Isaac ben Saïd, achevées en 1252 et imprimées continûment jusqu'au XVIe siècle.

Or nous venons de contracter une nouvelle habitude en voyant coexister une machine et sa mémoire, un instrument automatique et des programmes. Même schéma, d'une certaine manière, mais tout autre cependant puisque nous n'attendons pas une loi théorique dont la compréhension globale annulerait d'un trait de plume nos logiciels et leur rapport au matériel. Il s'agit d'une manière de savoir authentique et originale et non d'un présavoir ou d'un état précédant le savoir, il s'agit d'une connaissance et non de son fonctionnement incomplet. L'astronomie grecque fournit plutôt un exemple du deuxième modèle qu'un paradigme du premier.

Géométrie

Parvenu au pied des pyramides, Thalès, mais qu'importe son nom, démontre la similitude des triangles formés, le premier par Chéops et son ombre, mais qu'importe le tombeau choisi parmi les trois semblables et le nom du pharaon qui gît ici, le second par un piquet planté là et sa noire moitié. Une légende cite ce bâton alors qu'une autre désigne l'ombre portée par le géomètre debout. Que préférer, du corps ou du pieu ? Les angles sont égaux et les côtés proportionnels. La même raison fait se répondre la pyramide et les deux éléments érigés, raison identique mais dicible en trois énoncés.

Premièrement, ou plutôt, en fin de compte, elle définit l'homothétie, à la lettre, une même façon d'être là, de se poser, ou mieux, un espace de transports, déplacements avec ou sans rotations. Voilà l'énoncé de science rigoureuse, lisible désormais en cette histoire qui relate les mesures de Thalès au cours de son voyage.

Deuxièmement, ou plutôt moyennement, elle exprime ce fait patent que chacune de ces fiches droites, normales sur l'horizon, peut passer pour un gnomon : le moment de midi rapporté par l'une des légendes marque la fonction principale du cadran solaire de fixer le méridien et, sur lui, les solstices et les équinoxes, moments solennels où l'ombre s'allonge vers ses extrema. Thalès, dit-on, avait écrit deux livres sur eux. Pour accomplir cette fonction, la pyramide équivaut ici à l'essieu ou au bâton fiché là qui équivaut à son tour à ce passant immobile, figé dans la contemplation de la lumière apicale : tous des gnomons. Et le tombeau porte un puits funéraire qui vise l'absence d'étoile qui, dans le ciel, marque le nord. Cet énoncé moyen disant la ressemblance ou la similitude ou mieux l'homothétie au sens littéral de tout ce qui peut servir de tige ou d'axe à un tel observatoire, il faut l'appeler historique, parce qu'il raconte l'astronomie des Ioniens et leurs premiers modèles du monde, ainsi que ce qui s'ensuit géométriquement. Sans doute, l'équivalence des gnomons de hauteur variable entraîne l'homothétie des triangles associés pour un même monde stable, selon l'énoncé de géométrie canonique, sans doute les droites de celle-ci viennent des rayons solaires de ceux-là ou de leurs bords aveugles d'ombre, et les cercles des orbites et les points sans dimension des marques impalpables aux solstices ou aux équinoxes : le miracle grec tombe et descend du ciel, la vieille question de l'origine de la géométrie se résout en ce passage lumineux et noir des astres à cet axe, dont le nom dit qu'il connaît.

Apex : point du ciel vers lequel semble s'avancer le Soleil.

Mais troisièmement ou plutôt d'abord et archaïquement, la méditation anthropologique lentement conduite dans *Statues* rend cohérente et pensable, sans le firmament et avant la géométrie, une similitude fondamentale entre le tombeau et sa momie de pharaon, le corps vivant érigé, mi-obscur et mi-clair, et le piquet planté en ce site défini. Marquages par la mort et par ce qui en sort, du lieu singulier, de l'être-là, repères par la fiche et l'hermès qui se dresse aux limites, voici trois statues, au sens que ce livre a donné à ce mot, trois bornes exactement homothétiques, c'est-à-dire mêmement posées-là, momies, corps vivant, cairn, obélisque ou menhir, staff ou stock, assumant la même fonction de désigner un gisement, sépulture, habitat ou frontière — oh ! miracle ! de tracer bientôt, grâce au Soleil, de ce lieu l'exacte latitude. Cet énoncé dépasse l'histoire et fonde l'énoncé de science, car il dit la même chose dans une autre langue. L'énoncé moyen d'astronomie dit la même chose dans la même langue, métrique, exacte, précise, quasi formelle et la géométrie s'y trouve déjà née, comme embryonnaire. Mais le troisième ou premier, le plus enfoui et originel, découvrant trois statues en ces trois corps apparemment dissemblables, fait

Similitude : comparer le mot grec ἐπιστὴμη, la science, et le mot de sa famille : ἐπίστημα qui signifie le cippe funéraire, planté verticalement sur la tombe.

voir la rigoureuse homothétie au sens littéral de ces trois témoins locaux et mortuaires, de ces trois marqueurs de gisement, et la dit dans une langue primordiale si pleine d'ombres que tout notre effort de pensée depuis l'origine de la géométrie n'a pas suffi à la retrouver, retraduire ou déchiffrer, derrière la lumière des théorèmes. Or cette clarté aveuglante sort de cette obscurité comme les statues ressuscitent de la terre, de cette terre première et fondamentale que répète sans le savoir depuis plus de deux millénaires le mot géométrie. Le sol bouleversé par la crue du Nil revient de même au chaos et aux premières ténèbres d'où la mesure le rend à la clarté. Celles-là n'empêchent pas celle-ci d'apparaître, mais toujours la lumière interdit qu'on voie jamais l'obscurité. La géométrie rayonne tant qu'elle nous éblouit et donc cache sa matrice noire.
Oui, elle tombe et descend du ciel, par l'histoire aisée de l'astronomie, chute et cathode simple et facile ; mais elle monte de la terre, anabase et procession, sort du tombeau, de la caverne où danse l'ombre des statues, ressuscite d'entre les morts. Toujours prêtes à rire et à éclater en moqueries plaisantes, les paysannes thraces de la fable savent que l'observateur des astres tombe dans le puits : nous apprenons par elles que la place de Thalès cède sous ses pas comme une sape. Oui, la géométrie porte justement le nom de sa mère la terre sur laquelle ce qui tombe du ciel se mesure. Jalonnée à l'aide du gnomon, elle demeure à l'ombre comme un fondement, comme une fondation creusée sous la science ; ci repose la momie, en des entrailles noires où se fiche le piquet d'où monte le savoir. Ἐπιστήμη, ἐπίστημα (cf. p. 74).
L'énoncé géométrique se développe dans le temps, nouveau, moderne, du savoir scientifique ; l'énoncé astronomique se relate dans le temps de l'histoire des sciences qui naît avant le début de la géométrie ; l'énoncé statuaire se dit dans le temps de l'anthropologie ou celui des fondations qui supporte les deux autres.

Cathode : en grec et littéralement, chemin qui va de haut en bas, descente.

Anabase : en grec et littéralement, mouvement de bas en haut, ascension. Mot consacré par une expédition militaire célèbre de Cyrus le Jeune, racontée par Xénophon.

Artifices

Euclide appelle gnomon ce complément coudé d'un carré que les charpentiers nomment communément une équerre, mot de métier qui décrit à merveille l'extraction d'un carré au beau milieu de son angle droit en creux (cf. p. 71). Que celui-ci quitte la normale et s'infléchisse vers l'aigu ou l'obtus, le parallélogramme intérieur reste semblable à l'extérieur, obtenu en ajoutant au premier le gnomon : bande ou couronne autour d'une forme qui ainsi se reproduit autant qu'on veut.
On comprendra l'arithmétique géométrique des pythagoriciens lorsqu'on saura qu'ils appelaient gnomon le complément exprimé en nombres impairs des nombres carrés successifs. Loin d'écrire comme nous cette situation :

$$1^2+3=2^2$$
$$2^2+5=3^2$$
$$3^2+7=4^2$$
$$\ldots$$
$$n^2+(2n+1)=(n+1)^2$$
$$\ldots$$

ils la dessinaient comme on le voit ci-contre et comme un simplexe ou des étoiles dans le ciel.
Cela reproduit, sans différence notable, la définition d'Euclide : les nombres impairs font l'équerre autour du carré intérieur et reproduisent avec lui, indéfiniment, un carré extérieur évidemment semblable au premier. Avec des schémas où l'angle droit fléchit, on peut ainsi produire des nombres triangulaires, pentagonaux... en général polygonaux. Théon de Smyrne les appelle nombres gnomoniques. Nous accédons par ces procédures à des dispositions qui annoncent le triangle de Pascal.
Axe du cadran solaire, le gnomon devient une équerre : instrument ou artefact dans les deux cas. Le premier dessine sur le sable quelques stations du Soleil

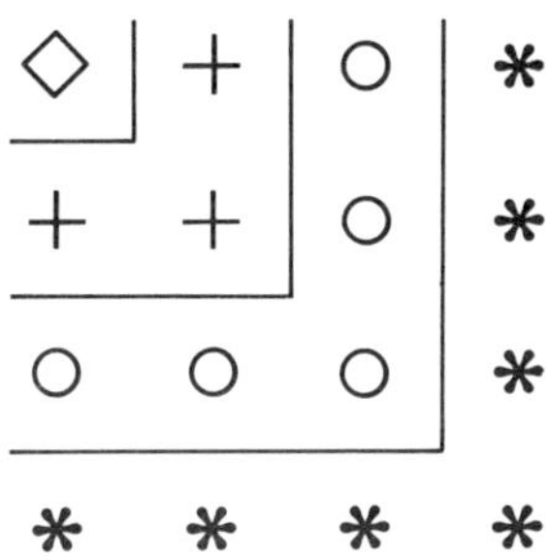

Chaque signe semblable, disposé en forme coudée, compte les nombres impairs qu'il faut ajouter successivement pour construire un nouveau carré. On retrouve sur les nombres les bandes d'équerre. Comparer avec la page 84.

1
1 1
1 2 1
1 3 3 1
1 4 6 4 1
1 5 10 10 5 1
etc...

Triangle de Pascal.

alors qu'une règle, ainsi nommée du latin *rectus*, angle droit ou ligne droite, comme l'équerre, peut les décrire sur une page. On définira la géométrie comme science qui ne se permet que la règle et le compas. Que penser du statut, de la place et de la fonction de ces artefacts dans un savoir parfaitement pur ? Deuxièmement, équerre ou gnomon, bandes latérales coudées, formes complémentaires à deux côtés, agrandissent ou réduisent, reproduisent à loisir carré ou parallélogramme, en laissant sauve la similitude. On peut retourner l'histoire de Thalès dans les deux sens : le gnomon solaire lui fait découvrir l'homothétie ou bien par l'homothétie, la croissance gnomonique fait passer du piquet, modèle réduit, à la pyramide géante. Enfin, le gnomon aligne des suites de nombres. Comment le définir sinon comme une loi de série ? Ajoutez un impair, faites la somme des impairs, vous obtiendrez les carrés successifs. Ou bien : juxtaposez la bande complémentaire, le parallélogramme semblable apparaîtra. Le gnomon se définit comme une loi de construction, comme la règle d'une suite ou son engendrement. Règle automatique, marchant toute seule, inscrivant la chaîne à loisir ou chaque chaînon sans que nous intervenions. Cette opération se passe de sujet actif ou pensant, de même que l'axe de l'essieu écrit sur le sol en notre absence.

Tout le monde reconnaît deux sortes d'artefacts : ceux qui ne dépendent pas de nous et ceux qui en dépendent. Les premiers seuls fonctionnent sans trêve ou, mieux, ne cessent jamais d'être des artefacts. Exemples : le mur et le toit nous protègent toujours, même quand nous dormons, mais quand nous laissons la bêche et la plume, elles dorment, inutiles et anéanties ; intelligentes exclusive-

Euclide. Éléments, *livre I, proposition 47. Le théorème de Pythagore.*
(Manuscrit grec 2 344, XIIe siècle; Bibl. nat., Paris. Ph. © Arch. Photeb.)

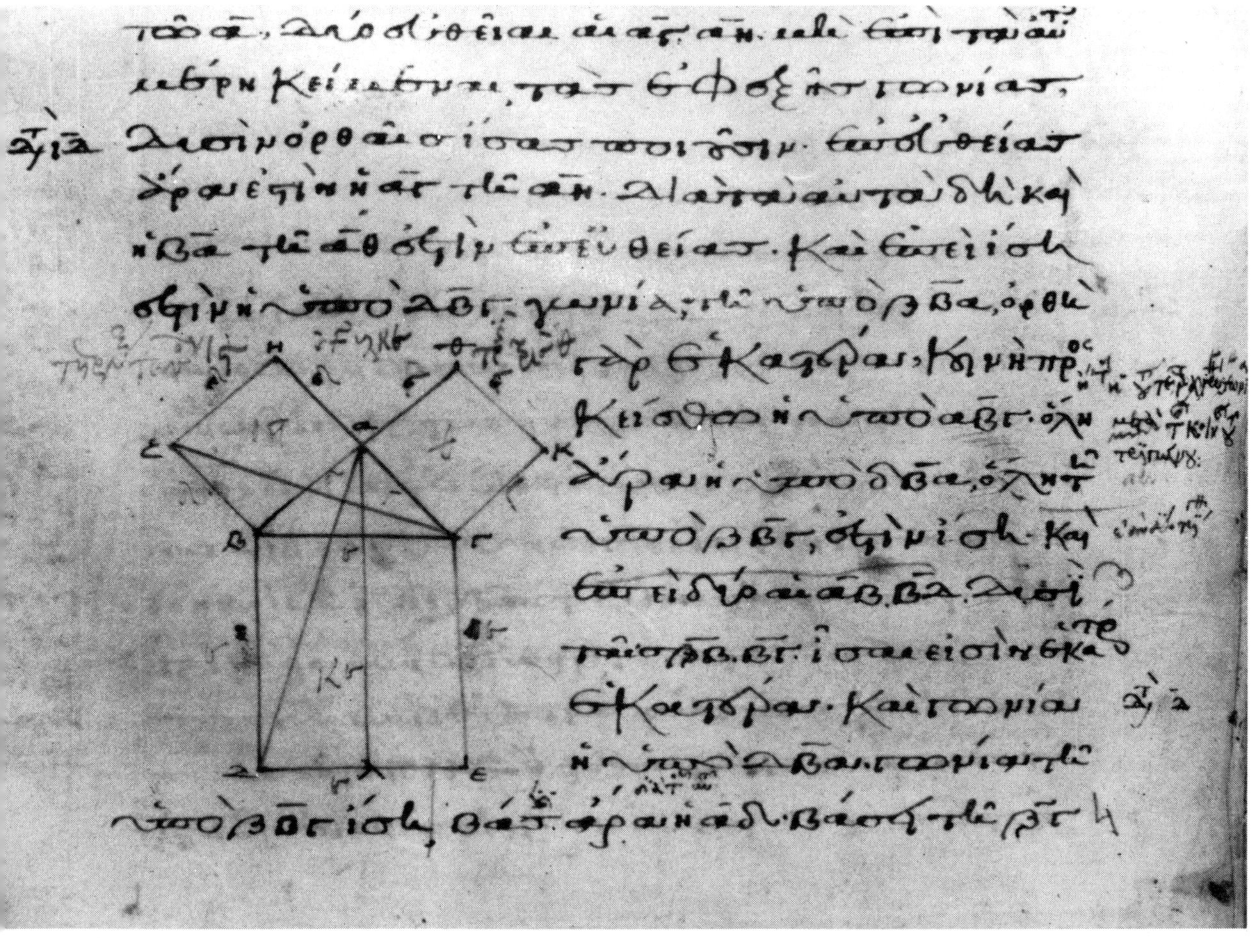

ment à nos heures extatiques. Au fond, les vrais outils ne dépendent pas de nous, les autres se reposent trop souvent pour avoir droit authentiquement à ce titre. Appeler donc d'un nom identique, exprimant la connaissance, trois automatismes, celui du piquet dressé vers le Soleil, celui de l'équerre ou de la bande latérale qu'on ajoute ou retranche et celui de l'opération dont le retour itéré construit des séries de nombres, nous ramène à l'intelligence artificielle. Dont nous voyons les avatars, le devenir en ces trois états : d'abord chose, pieu ou axe, outil spéculatif, ensuite règle propre à reproduire à loisir droites, angles, polygones idéaux, extraits ou, mieux, abstraits de cette règle, enfin opération formelle sur des nombres, règle automatique, algorithme.

Extatique : au sens étymologique, caractérise un état hors du repos.

Perpendiculaire et automate

Selon le gnomon, disaient les Anciens : cela voulait dire verticalement. Nous traduisons : perpendiculairement, car ce mot, dans nos langues et pratiques, se réfère au fil à plomb, ce cordeau que les Grecs appelaient στάθμη (*stathmè*). Ici, l'appareillage du maçon se dit d'un mot dont la racine désigne la stabilité, l'équilibre, comme celle du mot épistémè, la science elle-même. En cet objet, cet artefact, se réunissent, pour une cohérence et un concours admirables, l'origine statique de la géométrie que j'avais retrouvée en relisant les *Définitions* d'Euclide (cf. p. 93), dans le *Passage du Nord-Ouest*, et sa fondation statuaire : l'épistémologie et l'anthropologie, la linguistique et l'histoire. Non plus seulement la terre et le ciel, mais le savoir et la chose. Ténèbres et clarté, les énoncés les plus idéaux, abstraits ou formels et les plus charnellement humains conspirent à merveille en ce simple et facile fil à plomb. Stable pour la mécanique, masse ou pierre lourde et dense, statue droite pointée vers la terre basse, règle fine qui dessine sur le parement une ligne presque parfaite pourvu qu'on la teigne de couleur liquide (elle écrit donc comme le gnomon), cette chose jamais ne trompe et marche automatiquement.
Selon le fil à plomb : perpendiculairement. Soit à repenser ou soupeser ce dernier adverbe que nous employons à l'étourdie. Quoi ? Le gnomon, vertical, signifie à la fois intelligence et artefact ? Mais la perpendiculaire aussi. Certes, elle pend comme le cordeau du maçon et pèse de même que son plomb, jouit bien sûr de la plus grande pente tout autant que l'attache des plateaux d'une balance, suspendue comme un pendule : mais elle pense. Le verbe penser ne connaît pas d'autre origine que peser, pendre ou pente. Que nous nous évertuions à tisser le lien du sens propre et dur au sens figuré, très doux, par l'évaluation ou l'estime, la décision sur la pesette concernant la teneur en or d'une pièce ou d'un lingot, voire l'inquiétude proche de la crainte ou de l'attente, la référence reste la balance, le pendule, toujours le fil à plomb ou stathmè : oui, la perpendiculaire pense, ou plutôt, le gnomon entretient avec la connaissance le même lien ou rapport, la même raison que la perpendiculaire avec la pensée. L'intelligence artificielle ne date pas d'hier. Dès l'origine de la science, il existe des choses, ou des états de choses que l'histoire de nos langues associe aux activités mentales, comme si ces artefacts, gnomon, fil à plomb, règle ou compas, équerre, passaient pour les sujets de la pensée.
Cela ne revient pas à redire la théorie pragmatiste de l'origine des sciences pures d'après laquelle la pratique précède constamment le savoir, les choses construites de main d'homme détenant ou contenant le secret des spéculations abstraites à venir, comme si la suite et le système des théorèmes déployaient, mimaient, sublimaient, réordonnaient une histoire préalable et obscure d'actes et de gestes : des faits, avant le droit ; des ancêtres, adroits mais grossiers, faisaient sans savoir. Nous ne falsifierons ni ne vérifierons jamais ces jugements sur le passé, faux et vrai à loisir comme toute loi de l'histoire, le malheur ayant poussé à fonder l'éducation sur un arbitraire pareil. Rien ne prouvera ni n'infirmera jamais le pragmatisme, théorie de professeurs qui croient qu'inventer consiste à recopier excellement un texte écrit par des mains

calleuses ou que la découverte se réduit à l'interprétation. Non, la théorie ne se ramène point toujours à l'explication de ce qu'implique le travail manuel. Oui parfois, souvent non. Mille manipulations n'amènent à la rigueur que celui qui l'a déjà trouvée. Mais qu'importe. De profonds linguistes prétendent que le mot populaire « baratin » émane aussi de la pratique ou du verbe grec correspondant à notre verbe faire, puisque le discours favori des intellectuels consiste à exalter l'action, dont ils se gardent, au détriment de l'abstraction, dont ils ne se séparent jamais. Le comble du baratin consiste à parler de faire alors qu'on disserte seulement. Bref.

Comparer *baratin* et πράττειν, agir, travailler, d'où vient notre pratique.

Que nos langues donc nous ramènent, pour la connaissance, à des artefacts aussi primitifs et simples que le fil à plomb ou le gnomon indique seulement que le sujet humain de la pensée date d'une époque récente : l'intelligence artificielle est plus ancienne que l'intelligence tout court, conçue comme une faculté de l'esprit, elle-même se réduisant, le mot l'indique expressément, à une possibilité de faire. Le *je pense* a trois cents ans alors que le gnomon dit qu'il connaît depuis plus de trois millénaires. Et je trouve plus difficile de concevoir une instance virtuelle, interne à l'individu, condition transcendantale des opérations intellectuelles, que de voir le cordeau ou l'axe du cadran écrire automatiquement.

Nous employons ce dernier adverbe à l'étourdie. Pour nous, un automatisme s'accomplit sans que la volonté ou l'intention y participe. Or toute la famille dont ce mot fait partie se réfère à une racine indo-européenne — *men* — où, au contraire, se retrouve l'activité mentale : véhément, dément, commentaire, mention, mensonge, mémoire, monument, monstre, démonstration, montre, monnaie se rangent dans le sous-ensemble latin issu de la racine, alors que les mots anamnèse, manie et automate appartiennent au cousinage grec. Nous disons avec un mot d'entendement une chose dont nous voudrions qu'elle en fût dépourvue. Il suffit, dans la famille, de rapprocher quelques parents pour obtenir de beaux effets de sens. Exemple : comme une montre, l'automate commente ou démontre grâce à sa mémoire et mime monstrueusement les actes mentaux ; voici une phrase qui semble méditer ou décider sur les questions en apparence hardies que nous posons à propos de l'intelligence artificielle alors qu'elle se réduit, aux yeux et à l'oreille de l'artisan de la langue, à la répétition monotone de la même unité de sens, à une sorte de tautologie ou plutôt de redondance. Le cadran solaire lui doit sans doute sa comparaison avec nos montres. Il y a beau temps que nos langues savent que les automates pensent, au moins le disaient-elles avant même que les Grecs, Arabes et modernes ou classiques montassent des statues mobiles, pour l'ornement ou le tourment des contemporains.

En somme, l'automate entretient avec l'activité mentale la même relation que le gnomon avec la connaissance, que la perpendiculaire ou le pendule avec la pensée ou que le stathmè, fil à plomb, avec l'épistémè, la statue stable avec l'épistémologie. Science droite, pensée, connaissance, mémoire, actes mentaux, démence ou manie... la philosophie que nous avons apprise nous induit à les distribuer, comme des facultés, fonctionnant bien ou mal, autour d'un sujet transcendantal, case par case ou en couronne, mais la langue qui écrit ou parle cette philosophie depuis quelques millénaires les ramène à leurs lieux d'origine, l'essieu du cadran solaire, l'équerre, le cordeau et la balance... comme si elle décrivait une intelligence objectale. S'il existe une règle pour la direction de l'esprit, ou plusieurs, et si la langue note quelque redondance encore entre l'orientation que cet esprit doit suivre et la chose qui l'indique, puisque règle et direction répètent le latin *rectus* qui signifie la ligne droite, alors le sujet, en tierce position, ne fait qu'imiter une forme objective. L'esprit, premièrement, réside-t-il déjà en celle-ci ? Et pourquoi résister au plaisir raffiné de dégager l'étymologie, fort scientifique, de poêle : mot issu du latin *balnea pensilia*, bains suspendus. Que faire en un poêle, sinon dire que je pense ?

Les philosophies qui aujourd'hui s'enseignent dans les classes d'où les leçons

Gnomon signifie aussi l'équerre et la perpendiculaire.
(Stèle décorant le tombeau d'un ingénieur romain présentant les instruments de son métier : fil à plomb, compas, équerre, niveau et règle, Ier siècle apr. J.-C. ; Museo Capitolino, Rome. Ph. G. Vasari © Photeb.)

de choses ont disparu, plaçant le sujet dans le langage, pour que seuls ceux qui pérorent acquièrent un statut noble, s'arrêtent, timides, à mi-chemin de ce retour vers les objets du monde, puisque le langage habite en nous, bouche, gorge et gestes du corps, et hors de nous, dans les bibliothèques et sémaphores, bandes sonores et récepteurs radio : interne-externe, artificiel et naturel, sans qu'on puisse décider. Le sujet, là, hésite entre un quasi-sujet, de la culture collective à l'inconscient personnel, et un quasi-objet, des livres aux codes : mais que signifie une phrase pareille où un mot, sujet, glisse et ne peut pas se poser entre son propre sens et son contresens ?

Construit par nous qui nous trouvons construits par lui, collectivement et dans le temps d'une histoire longue, usité par nous, individuellement et dans les groupes, le langage, exercé dans l'usage quotidien ou l'expérience rare et stylisée, nous apprend immédiatement qu'il se comporte comme un artefact qui pense. Son artisan souvent se trouve conduit par lui. En d'autres termes, il fait partie de l'intelligence artificielle, comme la monnaie.

Matière et forme

Gnomon vertical, équerre coudée, règle, compas, perpendiculaire, pendule affectent une forme constante : droite verticale, ou horizontale dans le cas de la balance, normale ou ronde, selon. Forme signifie aussi bien contour, figure, bords, définition et détermination au sens littéral que principe d'organisation de l'objet. L'angle droit décrit aussi bien l'apparence de l'équerre que son squelette constitutif, sa construction. Ainsi la forme peut passer pour phénomène et pour essence, l'aspect ou la réalité. Que pierre, marbre, fer ou bronze entrent dans l'axe ou le cadran au titre de matière première, qu'importe, pourvu qu'il se dresse normalement au plain du sol. L'information qu'il montre ou donne correspond à sa forme et varie avec elle. Selon celle-ci, la première s'altère. La connaissance gît dans la forme. Le langage, à nouveau, assimile forme et information. Dans la première gît la seconde.

Les techniques de jadis informaient la matière : le tourneur modelait la terre glaise pour tirer l'urne du cercle et de ses mains tangentielles ; ainsi d'un tas de pierre le maçon élevait la maison sur le plan de l'architecte et le forgeron violentait deux fois le métal pacifique, au feu et par le marteau. L'industrie ajouta un supplément de plans à l'artisanat, mais dans les mêmes voies. Nous avons changé tout cela. Nos techniques, aujourd'hui, tendent plutôt à explorer ou reconnaître d'abord les formes fines et complexes éparses dans les choses du monde et à choisir l'une d'entre elles ou à en mêler plusieurs quand elles correspondent à nos desseins et aux contraintes de la fabrication envisagée :

elles les précèdent même quelquefois. Certes, nous montons encore des horloges en métal, comme autrefois, mais tel cristal, telle molécule, voire tel atome ou isotope, font maintenant de meilleures montres, automatiques et fidèles, et tel autre cristal fonctionne comme soupape ou semi-conducteur. Les formes tout informées gisent dans les choses elles-mêmes où il suffit de les recueillir; ainsi nos œuvres inversent les anciens procédés où l'information ne venait que de nos mains habiles ou de l'entendement expert. L'idéalisme, narcisse, ne trouvait dans le monde que sa propre image qu'il y imprimait à grands frais de travail. La science et la technique réduisaient le réel à leurs représentations. Or la terre meuble et glaise, la pierre avant l'appareil, le métal dans sa gangue, en eux-mêmes et par eux-mêmes cristallins, recèlent mille artefacts comme en une corne d'abondance que les mains et les volontés anciennes ignoraient en la bouchant. Notre intelligence, notre entreprise un peu sotte, violente, grossière, avaient fermé la porte du trésor, alors que le monde cache mille fois plus de merveilles que nos décisions. Le sens, la direction, le projet du travail se retournent. En ce dimanche des techniques, nous reconnaissons d'abord que l'Univers a déjà beaucoup forgé: voici la fontaine de l'information.

Il n'y a pas de matière dans l'Univers. Autrement, les sciences physiques auraient fini par rencontrer des limites dans leur avancée ou leur histoire, bornes prévues et posées par la méta-physique matérialiste. Or celle-ci s'évanouit à mesure que progressent les premières qui ne cessent de relever des formes sans rencontrer jamais une matière qu'elles ne nomment pas, pour ne reconnaître que la masse. La matière n'existe pas, on ne trouve que des formes, comme les atomes, et jusqu'à la plus petite particule, avec ou sans masse, des formes sans nombre, plus leur mélange, chaotique ou ordonné, système ou noise qui agite et secoue comme dans un panier leur innombrable multiplicité. Il n'y a que de l'information dont le stock énorme dans le monde, sans doute exprimable par un très grand nombre, mathématiquement fini mais physiquement infini, laisse la science dans une histoire ouverte. Même le poids code un champ de forces, même n'importe quel agrégat, colloïde ou organisme surcode encore un sous-ensemble de formes codées. Seuls le mélange et le désordre, noise, chaos, donnent l'illusion de la matière.

Dès lors, l'intelligence est immanente et, sans doute, coextensive à l'Univers. Le monde donne un énorme stock de formes. La nôtre ne fait pas exception dans un entourage noir qui attendrait passivement que nous l'informions. Il existe une immense intelligence objective dont l'artificielle et la subjective constituent des sous-ensembles petits. Connaître pour nous consiste à nous mettre dans une forme analogue à celle que nous connaissons. L'objet que nous construisons, nous le forgeons de façon analogue à certaines choses du monde, définitivement nos pilotes. Intelligent, le gnomon intercepte le flux descendant du Soleil et tous deux, tout seuls, dessinent sur la terre, d'où sort cette statue dressée, l'information objective et partielle de l'ombre qui parle en partie de la forme globale du monde.

La géométrie sommeillait sous la terre ou rêvait dans l'éclat du Soleil: le gnomon des anciens Grecs ou des Babyloniens l'a peu à peu réveillée le long des formes singulières communes à l'ombre et à la lumière.

Ménon

« MÉNON: C'est cela, Socrate! Mais qu'entends-tu par cette assertion, que nous n'apprenons pas et que ce que nous appelons apprendre, c'est se ressouvenir? Peux-tu m'enseigner comment cela se fait qu'il en soit ainsi? SOCRATE: Ménon, je te disais tout à l'heure que tu es un mauvais drôle: voilà qu'à présent tu me demandes si je suis à même de donner un "enseignement", moi qui dis qu'il n'y a pas d'enseignement, mais un ressouvenir; ton intention évidente est de me mettre sans délai dans mon langage en contradiction visible avec moi-même. MÉNON: Non, par Zeus! ce n'est pas cela que je visais; en parlant ainsi, c'est plutôt l'usage que j'ai suivi. Mais, si tu es à même, de quelque façon, je dirai de me "montrer" qu'il en est comme tu dis, montre-le! SOCRATE: Ce n'est pas chose aisée pourtant; mais, à cause de toi, je consens néanmoins à y mettre tout mon zèle. Eh bien! fais-moi le plaisir de faire venir quelqu'un de ta nombreuse suite, rien qu'un, celui de tes gens que tu voudras, afin que sur lui je te fasse la démonstration. MÉNON: Parfait! Avance ici, toi! SOCRATE: Est-ce un Grec et parle-t-il grec? MÉNON: Oui, j'en suis parfaitement certain: il est né dans ma maison. SOCRATE: Dès lors, fais bien attention à l'impression qu'il pourra te donner: celle de se ressouvenir ou bien celle d'apprendre de moi. MÉNON: Eh bien! j'y ferai attention! SOCRATE: Dis-moi, mon garçon, tu sais qu'un espace carré est fait comme ceci? LE SERVITEUR: Oui, bien sûr! SOCRATE: Or un espace carré n'est-il pas un espace dans lequel sont toutes égales entre elles les lignes que voici et qui sont quatre? LE SERVITEUR: Hé oui! absolument. SOCRATE: En cet espace, les lignes qui le traversent par son milieu ne sont-elles pas égales aussi? LE SERVITEUR: Oui. SOCRATE: Mais alors un espace de ce genre ne doit-il pas pouvoir être plus grand aussi bien que plus petit? LE SERVITEUR: Hé oui! absolument. SOCRATE: Or supposons que ce côté-ci soit long de deux pieds, celui-là de deux pieds aussi, de combien de pieds devra être l'espace entier? Procède à l'examen de la façon que voici: supposons que, par ici, la longueur du côté soit de deux pieds et, par là, d'un pied seulement; l'espace ne serait-il pas, alors, d'une fois deux pieds? LE SERVITEUR: Oui. SOCRATE: Or, puisque, par ici aussi, le côté est de deux pieds, est-ce que cela ne fait pas deux fois deux? LE SERVITEUR: C'est ce que cela fait. SOCRATE: Cela fait donc un espace de deux fois deux pieds? LE SERVITEUR: Oui. SOCRATE: Combien est-ce, deux fois deux pieds? Fais le calcul et réponds. LE SERVITEUR: Quatre pieds, Socrate.

« SOCRATE: Mais ne pourrait-il y avoir un autre espace qui serait le double de celui-ci, pareil à lui d'autre part, ayant, exactement comme celui-ci, toutes ses lignes égales? LE SERVITEUR: Oui. SOCRATE: Or de combien de pieds sera-t-il? LE SERVITEUR: De huit pieds. SOCRATE: Voyons un peu! Essaie de me dire quelle sera la grandeur de chacune des lignes de ce nouvel espace. Chaque ligne de celui-ci est effectivement de deux pieds; que sera, à son tour, chaque ligne de celui-là, qui est double? LE SERVITEUR: Il est bien clair, Socrate, qu'elle sera double. SOCRATE: Tu le vois, Ménon, de cette façon, n'est-ce-pas, je ne lui enseigne rien, mais tout ce que je fais, c'est de le questionner. A cette heure, le garçon se figure savoir quelle est la ligne en partant de laquelle se construira l'espace de huit pieds: n'est-ce pas ton avis qu'il le croit? MÉNON: Ma foi, oui! SOCRATE: Et le sait-il? MÉNON: Certes non! SOCRATE: Et il se figure même que cet espace se construit en partant de la ligne double de la précédente. MÉNON: Oui. SOCRATE: Donne-toi donc le spectacle de son ressouvenir progressif, ce qui est la façon dont on doit se ressouvenir. Dis-moi, mon garçon, d'après toi, c'est en partant de la ligne double que se construit l'espace double? Voici de quelle sorte est l'espace dont je parle: qu'il ne soit pas long dans ce sens, court dans cet autre, mais égal dans tous les sens, exactement comme celui-ci, double cependant de lui et d'une aire de huit pieds. Eh bien! vois si c'est encore ton avis qu'il doive se construire en partant de la ligne double. LE SERVITEUR: C'est mon avis. SOCRATE: Or, supposé qu'à partir de ce point, nous prolongions cette ligne-ci par une ligne de même grandeur, il en résulte, n'est-ce pas, cette ligne-là, qui est le double de la première? LE SERVITEUR: Oui. SOCRATE: Alors, selon toi, c'est en partant de cette ligne, et quand il y en aura quatre de même grandeur, qu'existera l'espace de huit pieds? LE SERVITEUR: Oui. SOCRATE: Traçons donc quatre lignes égales, en partant de celle-là, ne serait-ce pas là l'espace que tu assures être un espace de huit pieds? LE SERVITEUR: Hé! absolument. SOCRATE: Mais est-ce que dans cet espace il n'y a pas les quatre espaces que voici, dont chacun est égal à celui que nous avons dit être de quatre pieds? LE SERVITEUR: Oui. SOCRATE: Mais combien fait son aire? N'est-elle pas quatre fois aussi grande? LE SERVITEUR:

Comment ne le serait-elle pas ? SOCRATE : Et l'espace qui est quatre fois aussi grand est-il un espace double ? LE SERVITEUR : Non, par Zeus ! SOCRATE : Mais, dis-moi, de combien de fois est-il plus grand ? LE SERVITEUR : Il est quatre fois plus grand. SOCRATE : Alors, mon garçon, l'espace qui se construit en partant de la ligne double n'est pas un espace double, mais un espace quadruple. LE SERVITEUR : Tu dis vrai ! SOCRATE : Car quatre fois quatre font seize, n'est-ce pas ? LE SERVITEUR : Oui.

« SOCRATE : Or quelle est la ligne en partant de laquelle se construit un espace de huit pieds ? Ce n'est pas celle en partant de laquelle se construit un espace quadruple. LE SERVITEUR : D'accord. SOCRATE : Mais un espace de quatre pieds n'est-il pas celui qui se construit en partant de la ligne qui est moitié de celle-ci ? LE SERVITEUR : Oui. SOCRATE : Eh bien ! l'espace de huit pieds n'est-il pas double de celui de quatre, tandis qu'il est moitié de celui de seize ? LE SERVITEUR : Oui. SOCRATE : Ne le trouverons-nous pas en partant d'une ligne plus grande que celle qui est de cette longueur-là, mais moins grande que celle qui est de cette longueur-ci ? N'est-ce pas ton avis ? LE SERVITEUR : C'est bien aussi mon avis. SOCRATE : Parfait ! réponds en effet ce qui est ton avis. En outre, dis-moi, cette ligne-ci n'était-elle pas de deux pieds et celle-là de quatre ? LE SERVITEUR : Oui. SOCRATE : Il faut donc que la ligne de l'espace de huit pieds soit plus grande que celle-ci, qui est de deux pieds, mais plus petite que celle de quatre pieds. LE SERVITEUR : Il le faut. SOCRATE : Essaie donc de me dire quelle grandeur elle a d'après toi. LE SERVITEUR : Elle a trois pieds. SOCRATE : Or, si elle est exactement de trois pieds, alors en prélevant la moitié de celle-ci, n'obtiendrons-nous pas une ligne de trois pieds ? Car ici, c'est deux pieds que nous avons, là c'est un seul, et, en partant d'ici, c'est deux pieds ici et un pied là. Et voilà construit cet espace dont tu parles. LE SERVITEUR : Oui. SOCRATE : Or s'il y a trois pieds dans ce sens et trois pieds dans cet autre, n'arrive-t-on pas, pour l'espace entier, à trois fois trois pieds ? LE SERVITEUR : Évidemment. SOCRATE : Et trois fois trois pieds, combient cela fait-il de pieds ? LE SERVITEUR : Neuf pieds. SOCRATE : Et de combien de pieds fallait-il que fût l'espace double ? LE SERVITEUR : De huit. SOCRATE : Ce n'est donc pas non plus encore en partant de la ligne de trois pieds que se construit l'espace de huit. LE SERVITEUR : Certes non ! SOCRATE : Eh bien ! en partant de quelle ligne ? Essaie de nous répondre avec exactitude. Et, si tu ne veux pas dire le nombre, fais-nous voir cependant en partant de laquelle. LE SERVITEUR : Mais, par Zeus! pour mon compte, je n'en sais rien !

« SOCRATE : De ton côté, Ménon, ne réfléchis-tu pas jusqu'à quel point, sur la route du ressouvenir, ce garçon est déjà parvenu ? que, pour commencer, il ne savait pas quelle peut bien être la ligne de l'espace de huit pieds, tout de même que maintenant encore il ne le sait pas davantage ? Quoi qu'il en soit, alors il la croyait connaître et il répondait avec confiance, en homme qui sait, et il ne se jugeait pas embarrassé ; tandis qu'à présent il se juge désormais embarrassé, et, tout ainsi qu'il ne sait pas, il ne croit pas non plus qu'il sait ! MÉNON : Tu dis vrai. SOCRATE : Mais, par rapport à la chose qu'il ne savait pas, n'est-il pas à présent dans une meilleure situation ? MÉNON : C'est aussi mon avis. SOCRATE : Or, est-ce que, en faisant qu'il soit embarrassé, en le plongeant dans la torpeur à la manière de la torpille, lui avons-nous causé quelque dommage ? MÉNON : Non, ce n'est pas mon avis ! SOCRATE : A tout le moins, avons-nous fait, semble-t-il bien, œuvre utile par rapport à la découverte de la solution : maintenant qu'il sait qu'il ne sait pas, il aura sans doute du plaisir à chercher, tandis qu'autrefois, fût-ce devant beaucoup de monde, fût-ce en mainte occasion, il se serait, en toute aisance, imaginé bien dire sur la question de l'espace double, en déclarant que celui-ci doit avoir pour côté la ligne qui est double en longueur. MÉNON : Vraisemblablement, c'est ce qu'il aurait fait ! SOCRATE : Or te figures-tu qu'il eût entrepris de chercher à découvrir ou à apprendre ce qu'il s'imaginait savoir et qu'il ne savait pas, auparavant d'en être venu à l'état de malaise où il se trouve après avoir jugé qu'il ne savait pas, et avant d'avoir éprouvé l'envie de savoir ? MÉNON : Non, Socrate, je ne le pense pas ! SOCRATE : Il a donc eu du profit à ressentir cette torpeur ? MÉNON : Il me le semble. SOCRATE : Considère maintenant ce qu'en conséquence de cet embarras il va découvrir, cherchant en commun avec moi, qui ne ferai rien d'autre que de le questionner sans lui rien enseigner. Aie l'œil sur moi, au cas où il t'arriverait de me trouver en train de lui donner un enseignement ou une explication, au lieu de le questionner sur ce qu'il pense !

« Dis-moi donc, mon garçon, n'avons-nous pas là l'espace de quatre pieds ? Tu te rends compte ? LE SERVITEUR : Mais oui. SOCRATE : Or ne pourrions-nous lui en adjoindre un second, celui-ci, qui est égal ? LE SERVITEUR : Oui. SOCRATE : Puis un troisième, celui-ci, égal à chacun des deux autres ? LE SERVITEUR : Oui. SOCRATE : Mais ne devrions-nous pas, en outre, combler l'espace que voici, dans le coin ? LE SERVITEUR : Hé ! absolument. SOCRATE : Or, est-ce que quatre espaces égaux ne seraient pas ainsi constitués, que voici ? LE SERVITEUR : Oui. SOCRATE : Mais quoi ? L'espace ainsi déterminé, combien de fois est-il plus grand que le premier ? LE SERVITEUR : Il est quatre fois plus grand. SOCRATE : Or, c'est un espace double que nous avions à réaliser, ne t'en souviens-tu pas ? LE SERVITEUR : Hé ! absolument. SOCRATE : Mais n'y a-t-il pas là cette ligne qui, d'un coin à l'autre coin, coupe en deux chacun de ces espaces ? LE SERVITEUR : Oui. SOCRATE : Ne voilà-t-il donc pas quatre lignes égales, circonscrivant l'espace que voici ? LE SERVITEUR : Les voilà. SOCRATE : Observe maintenant : quelle est la grandeur de cet espace ? LE SERVITEUR : Je ne me rends pas compte ! SOCRATE : Étant donné ces quatre espaces, est-ce que chacune des lignes n'a pas retranché une moitié à l'intérieur de chacun d'eux ? Oui, n'est-ce pas ? LE SERVITEUR : Oui. SOCRATE : Or, l'espace circonscrit, combien contient-il de telles moitiés ? LE SERVITEUR : Quatre. SOCRATE : Et combien, l'espace que voici ? LE SERVITEUR : Deux. SOCRATE : Or, qu'est-ce que quatre par rapport à deux ? LE SERVITEUR : C'est le double. SOCRATE : Alors, de combien de pieds est cet espace-ci ? LE SERVITEUR : Il est de huit pieds. SOCRATE : En partant de quelle ligne se construit-il ? LE SERVITEUR : En partant de celle-ci. SOCRATE : N'est-ce pas à partir de celle qui va d'un coin à l'autre du carré ? LE SERVITEUR : Oui. SOCRATE : Cette ligne, les savants l'appellent "diagonale". Par conséquent, si son nom est "diagonale", alors, serviteur de Ménon, ce serait en partant de la diagonale que se construit l'espace double. LE SERVITEUR : Hé oui ! absolument, Socrate. »

Que l'esclave mis en scène dans le *Ménon* de Platon témoigne d'un monde oublié dont il se souvient devant nous, par un exercice de réminiscence, il faut le croire et penser aussi que Socrate et Platon rappellent à bon escient les rythmes inspirés des poètes qui les ramènent à ces temps perdus. Mais il faut de plus décrire en précision ces mondes et ces temps qui réapparaissent dans le cours de la démonstration.

A la page 81 b-c du *Ménon*, Socrate cite un fragment de Pindare sur l'âme renaissante. Pindare (518-438 av. J.-C.), auteur d'odes, *Olympiques*, *Pythiques*, etc.

Quand les historiens des sciences reviennent sur le problème ici traité de la duplication du carré, ils recherchent, en ce lieu du *Ménon* et sur la figure, des traces ou témoins de la géométrie grecque au ve siècle, aujourd'hui oubliée de tous sinon d'eux, parce qu'on n'en a conservé que de rares fragments, dont celui-ci. Reconstruire le schéma et démontrer le rapport du côté à la diagonale permet de reconstituer savoir perdu et passé révolu : travail de réminiscence. Or l'histoire des sciences fait généralement aussi peu référence à la théorie en faveur de laquelle Socrate appelle un ignorant et suscite pour lui ce problème que l'histoire de la philosophie traitant de la réminiscence fait référence à la duplication du carré lui-même. Et si d'aventure les deux mémoires s'identifiaient ? Socrate et l'esclave s'adonnent-ils au même effort que le nôtre, tendus vers la reprise d'un savoir oublié ? Quels rapports peut-on définir de la science à la mémoire ?

Dupliquer : non point copier pour obtenir un double, mais construire une même forme de surface double.

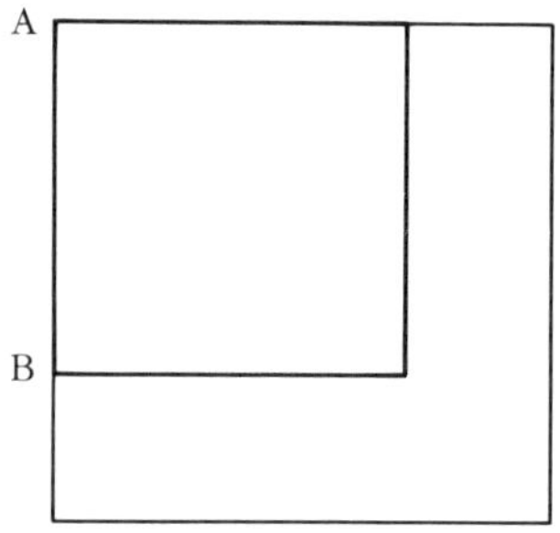

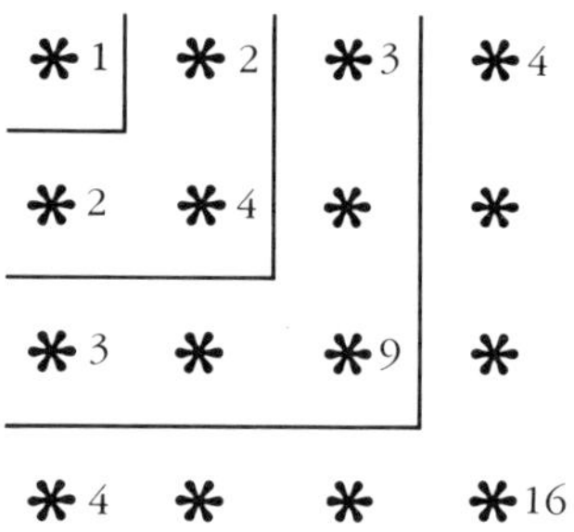

Soit un carré dont nous cherchons à doubler la surface : combien de pieds mesurera le côté du nouveau carré ? Quelle que soit la réponse, nous avons à prolonger les deux côtés de l'ancien. Nous retrouvons le gnomon, la vieille forme de l'équerre coudée dont le vide fait voir le carré de départ et dont l'appareillage réalise en bois ou fer le supplément qu'on lui ajoute. Dupliquer la superficie donnée consiste à construire l'équerre : voici le problème du gnomon. Peut-on le résoudre ainsi ? Au moins le petit esclave commence, avec Socrate, à le figurer en cette façon : il ne fait aucun doute qu'il se trompe en raison d'un tel dessin, puisque la solution vraie commence quand il l'abandonne. Son erreur vient donc de ce qu'il pose d'abord cette question du gnomon. Il faut appeler ainsi, dit Héron d'Alexandrie, tout ce qui, ajouté à un nombre ou à une figure, donne un tout semblable à ce à quoi il a été ajouté. La duplication fournit un cas particulier trivial d'une telle similitude.

Or l'erreur a lieu deux fois et deux fois par excès. Pourquoi ? Parti d'un côté AB de deux pieds, donc d'une surface de quatre, l'esclave prolonge le premier du double, lui accorde quatre pieds, tombe sur une superficie de seize, alors que l'on en demandait huit, le double de quatre. Il revient alors en arrière et choisit un côté de trois pieds pour un carré de neuf. Ces tirs trop longs s'expliquent à nouveau par le problème du gnomon. Ce mot signifie l'équerre mais aussi, redisons-le, la table pythagoricienne qui exhibe les carrés parfaits, les nombres impairs et la suite des entiers : les premiers sur la diagonale, les derniers sur les côtés. Les impairs font le gnomon, sur l'équerre qui reste.

Or le jeune ignorant saute de deux à quatre et redescend de quatre vers trois : il suit donc les côtés du carré en nombres entiers au sens de l'algèbre géométrique des anciens pythagoriciens. Autrement dit, le gnomon encore le précède.

Réminiscences

Il se souvient. Il se souvient d'abord des tentatives de définition dans le dialogue : il a dû l'écouter, caché dans quelque recoin. Rappelons, en effet, que l'exercice parallèle à la définition de la vertu consista en celle de la figure et qu'on se mit d'accord de refuser d'abord les deux premiers résultats : la figure n'est ni la forme ni la couleur ; mais qu'on accepta de dire qu'elle est la limite où se termine un solide. La ligne fait le bord de la figure comme celle-ci fait celui d'un corps. Donc l'esclave se trompe parce qu'il suit le bord, celui du carré dessiné par Socrate et celui du schéma numéral. Mais de la ligne à l'aire comme d'elle au volume, c'est-à-dire de la limite à la variété qu'elle entoure ou définit, la conséquence ne vaut pas. L'esclave se trompe parce qu'il se souvient de la définition par le bord. Mémoire immédiate.

Il se souvient, deuxièmement, de l'état où se trouvait la géométrie grecque avant la découverte de la diagonale, d'un monde oublié. De l'algèbre géométrique, des vieux pythagoriciens, du règne des nombres entiers. Le monde mathématique de Platon, Théodore, Théétète, Eudoxe s'est totalement coupé de celui-là. En ce temps-là, on faisait confiance au gnomon, chargé de connaître. La nouvelle école a perdu cette connaissance-là, devenue méprisable et bonne à tout prendre pour des esclaves. Et le jeune homme la sait, la dit, la représente. Il connaît le tableau du gnomon. Vraiment ? Nous témoignons, nous qui entendons et lisons le dialogue, à deux millénaires de distance, qu'il sait sa table de multiplication, puisque, sans hésiter, il répond quatre à la question combien font deux fois deux ? et qu'il confirme aisément que quatre fois quatre font seize et que trois fois trois font neuf. Mais pour Socrate et son école, ce savoir tabulaire et numéral revient à l'ignorance. Connaître ses nombres équivaut à ne connaître rien. Mais nous lisons que l'esclave récite sa table. Qu'est-ce vraiment qu'une table, sinon une mémoire ? La plus facile à retrouver. L'esclave suit la table et le tableau et le gnomon : il se souvient. Il se rappelle un savoir que le platonisme cache et méprise. Autrement dit, derrière la géométrie, celle précisément qui détermine un carré double par la diagonale du carré simple de départ, se cachent dans l'oubli l'arithmétique et l'algèbre géométrique dont celui qu'on méprise se souvient. Du coup, il témoigne par son corps, sa langue et surtout son état, du rang dans lequel l'ancienne science tombe : dans l'ordre de l'ignorance et de la servitude, dans le camp du concret par rapport à l'abstrait. Le philosophe se réserve le métalangage dans lequel se définit ce rapport nouveau du pur et du concret et donc désormais peut juger à son aise du savoir et de son histoire en les faisant tous deux commencer par lui.

Mais Socrate se souvient aussi quand il dit qu'il ne sait pas. Il reste vrai qu'il ne sait pas. Il doute et cherche. Et questionne. Et surtout coupe en éléments et morceaux les grandes phrases rhapsodiques et les pans d'encyclopédie. Fantassin, piéton, il veut marcher pas à pas. D'abord ceci, ensuite cela. Mettons d'abord ceci hors de conteste avant de passer à cela qu'on examinera de la même manière. Coupons en deux, procédons par dichotomies. Socrate ne sait que ces procédures, méthode ou cheminement prudent et circonspect. Mais prenons encore au sérieux la théorie divine qu'il vient d'emprunter à Pindare : et s'il se souvenait, lui aussi, d'un antique savoir ? Socrate se souvient des procédures pas à pas de la pensée algorithmique et il la représente par son personnage et son état d'homme qui parle et qui n'écrit pas. Depuis la nuit des temps dans le croissant fertile, la division par deux, privilégiée, permet de calculer de tête plus aisément. Le petit esclave et Socrate marchent ensemble et vont le même amble vers le monde disparu dont ils sont les prosopopées ; le vieux maître causeur interroge l'ignorant qui ne sait ni lire ni écrire, selon les antiques et exactes procédures que celui-ci n'ignore pas, sans jamais quitter des yeux le chaînon précédent lorsqu'il passe au chaînon suivant et en revenant tout de suite en arrière s'il arrive qu'il en saute un — retournant donc à la case trois après le brusque écart de deux à quatre.

Algorithme : contrairement aux apparences, le mot ne vient pas du grec mais de l'arabe et signifie : suite finie d'opérations élémentaires pour un schéma de calcul ou la résolution d'un problème.

Le jeu ne se joue point à deux, mais à trois : non pas Socrate, Ménon et l'esclave puisque les deux derniers se substituent l'un à l'autre, mais Platon, Socrate et l'ignorant. La Paidéia, éducation et histoire, passe par trois états : le philosophe-roi, le soldat-piéton et l'homme de ménage ou travailleur des champs, selon l'antique partage. Platon pense dans l'univers de la géométrie, espace pur, métrique rigoureuse, irrationalité maîtrisée : voici venue la diagonale, l'alogos allié au logos et mélangé avec lui, voici venu le Royal Tisserand dont le portrait clôt *le Politique* ; l'esclave, quant à lui, compte de tête les nombres entiers dans l'algorithme traditionnel, logistique méprisable des marchands et producteurs, pendant que Socrate, raisonnant toujours dans l'ancien état, sans écrire, découvre le nouveau monde du carré portant la diagonale en sautoir. Il fait le lien entre les deux règnes ; comme un messager.

Platon hante nos pensées dont nous ne pouvons pas nous défaire ou plutôt nous habitons celles qu'il conçut alors que le petit esclave n'a pas quitté les anciens pythagoriciens liés encore aux tables babyloniennes ; Socrate ne sait rien, comme l'enfant, et n'écrit pas, comme l'esclave ; ils gardent tous deux l'ancienne mode dont par eux Platon et nous nous souvenons, antique moment plongé dans les méthodes orales et les procédures pas à pas, mais accèdent soudain, émerveillés, se tenant par la main, à un nouveau monde abstrait.

La pensée algorithmique s'engloutit dans l'oubli et ne constitue plus, par ses comptines, que la préhistoire de la science. Le jeune esclave se souvient du gnomon et de ses lois tabulaires parce qu'il fonctionne comme une mémoire, comme la table de multiplication. La pensée algorithmique, artificialisable, se réduisait sans doute à de telles mémoires. Ne disons pas : intelligence artificielle, mais plutôt : mémoire artificielle. Autrefois, souvenons-nous-en, le savoir se réduisait peut-être au souvenir. Mais la géométrie nouvelle en révèle les lacunes : on ne trouve aucun nombre sur le gnomon, entre 3 et 4 sur les côtés ni entre 4, 9 et 16 le long de la diagonale. La géométrie complète ses ratés, annule un savoir lié au souvenir. Elle invente un autre monde qui pullule entre les nombres et dont on perd vite le compte. Fin temporaire de la lutte qui oppose l'abstraction et la mémoire, toutes deux considérées comme économies de pensée: ici la première gagne là où la seconde fuit. Mais si celle-ci est écrasée dans la bataille grecque, elle continue la guerre cependant, du côté des Arabes au Moyen Age, chez les plus grands mathématiciens classiques, comme Pascal et Leibniz, architectes d'algorithmes plus que de géométries, enfin dans l'ère contemporaine: nous venons d'apprendre à économiser la pensée, donc à gagner, sur les deux tableaux: celui où brille encore la lumière du soleil platonicien, la mathématique pure, mais aussi celui où le souvenir s'est asservi la vitesse même de cette lumière. Des esclaves objectifs travaillent au sein des ordinateurs: tout l'ancien dialogue suit des procédures aisées à inscrire sur des logiciels.

Mesure et position

La conduite de la discussion a bifurqué soudain de l'arithmétique à la géométrie: si tu préfères ne pas faire de calculs, montre donc! Socrate triche, à l'évidence. Il a demandé la longueur du côté. L'esclave, loyal, répond quatre ou trois pieds. On requiert de lui une mesure, il donne une quantité. Mais quand vient la diagonale comme côté du carré doublé, on ne parle plus que de qualité: sur quelle ligne le carré de surface double se construit-il? Sur celle-ci. Interrogatifs et démonstratifs ont désormais quitté la quantification pour qualifier ce qu'on montre. Nul ne demande au demandeur: quelle longueur? Il questionne l'ignorant sur un contenu à propos duquel personne, en retour, ne l'inquiète. Il a bien trouvé le côté mais ne l'a pas mesuré. Socrate triche: il sait qu'il ne trouvera pas l'exacte longueur.
Les deux erreurs par excès avaient eu lieu en mesurant le côté du carré au moyen de nombres entiers: l'esclave compte quatre et trouve seize, revient à trois et aboutit à neuf. Premier essai sur le pair, et deuxième par l'impair, deux tirs trop longs. Le nombre cherché ne sera donc ni ce pair ni cet impair.

Torpeur et narcose

Impasse, embarras, le dialogue s'arrête et Socrate, en intermède, rappelle à Ménon sa comparaison de la torpille. La métaphore exprime la contradiction et le trouble où se trouve à cet endroit l'interlocuteur du philosophe. Mais nous-mêmes ne comprenons rien avant de nous souvenir de l'origine de la torpille: ce poisson ainsi se nomme parce qu'il nous plonge non dans la stupeur mais dans la torpeur. A le toucher, chacun s'évanouit. Paraît s'endormir. Mais à nouveau nous ne comprenons rien si par-delà l'origine latine nous ne nous souvenons pas que la torpille porte, en grec, le nom de νάρκη (*narkè*), qui l'apparente à la narcose et à nos narcotiques. Voilà une étrange pharmacie. Le choc issu du contact avec la bête nous paraît aujourd'hui électrochimique. Nous clarifions cette expérience au moyen de plusieurs sciences, électrostatique, biochimie, neurologie, tout un éventail raffiné déployé. Or notre pharmacie des narcotiques nous ramène à la torpille comme si la langue, par son histoire, avait suivi le même chemin que la science elle-même qui, depuis au moins deux siècles, accumule les expériences autour de ce poisson étonnant. Comme s'il y avait deux histoires des sciences, parallèles: celle qui raconte les manipulations de la physiologie et celle qui se souvient de la torpille latine et de la narcose grecque, du sommeil narcotique et de la torpeur étrange où nous plonge la décharge. Nous comprenons par notre science quelque chose qui touche à l'électricité, que Platon connaît mal, mais Platon nomme une bête de sorte que nous comprenons quelque chose qui touche à notre chimie, à notre pharmacie, mais aussi à la sienne. La torpille endort comme un narcotique. Narcisse enfin se fascine jusqu'à s'endormir, dans l'enfermement total en soi, devant son image que lui renvoient les eaux lisses d'une source. Narcisse-narcose porte le nom du poisson, ou porte en lui cette bête, et se foudroie lui-même comme un pharmakon totalement solitaire sans société ni environnement. La narcose entretient avec l'individu seul le même rapport que l'archaïque victime que les Grecs nommaient pharmaceutique avec le collectif. Au jeu de s'auto-connaître, les je vont-ils tuer le moi comme une foule déchaînée met à mort le pharmakon ? Connais-toi toi-même ! Foudroie-toi, sujet narcissique de la pensée ! Philosophie du sujet, cette drogue suicidaire...

Φάρμακον : drogue salutaire ou malfaisante.

Φαρμακός : empoisonneur, sorcier, victime d'un sacrifice.

Notre savoir développé en une série, électricité, chimie, pharmacie, neurologie, psychopathologie se ferme, quand on remonte son histoire, comme on plie un éventail, et notre langue seule, transmise, nous relie au passé comme une ligne noire. Les savants contemporains se montrent fiers, à juste titre et volontiers, d'avoir découvert une origine biochimique à la commotion électrique. Certes. Mais la langue le savait déjà, depuis longtemps. Parfois l'histoire des sciences ne requiert qu'une certaine mémoire. La mémoire artificielle de la langue.

Pair et impair : la démonstration apagogique, par l'absurde

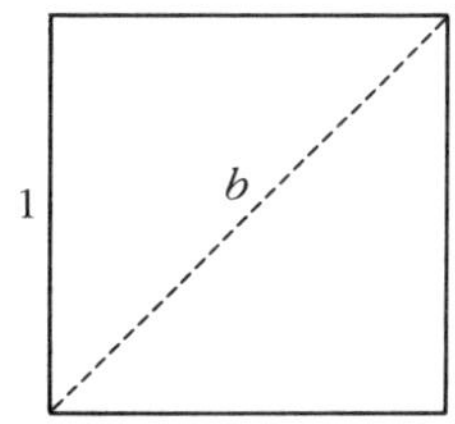

Soit un carré de côté 1 et b sa diagonale. Par le théorème de Pythagore, nous savons que $b^2=1^2+1^2=2$ d'où $b=\sqrt{2}$. Puisque $1^2=1$ et $2^2=4$, b vaut entre 1 et 2. Écrivons cette valeur m/n en supposant cette « fraction » réduite à sa plus simple expression. Donc : $\sqrt{2}=m/n$ d'où nous tirons : $m^2=2n^2$. Alors m^2 est pair : donc m aussi. Première conséquence : *n est impair.*

Or un carré pair est divisible par 4, c'est le cas de m^2 ; donc $2n^2$ est aussi divisible par quatre. Alors, n^2 est pair et : *n est pair.*

Par conséquent n est impair et pair, chose impossible. $\sqrt{2}$ ne peut donc se mettre sous la forme m/n. On appela, dès l'Antiquité, cette première démonstration par l'absurde : apagogique.

Elle met en échec l'arithmétique pythagoricienne primitive qui n'admettait que les entiers ou à la rigueur que les rationnels. Tout à coup, l'espace montre des longueurs que le calcul ne comprend plus. Si tu ne peux calculer, montre donc : cette parole de Socrate, plus habile ou profonde qu'il ne paraît, indique exactement la bifurcation.

La démonstration apagogique montre que les nombres rendent impossible ce que l'espace, bien évidemment, rend possible.

La démonstration de Socrate, dans le *Ménon*, dit que l'espace rend possible ce que les nombres rendent impossible.

Et elles passent toutes deux par le pair et l'impair.

Le dialogue se souvient de la démonstration apagogique et la remonte, si j'ose dire, dans l'autre sens. Et la torpille foudroie par la contradiction ou l'absurdité. Apagogique signifie conduit hors du droit chemin, dévié ou séduit. J'ai bien parlé de bifurcation. Séduit : fasciné par la torpeur.

Or le gnomon se dessine par nombres entiers, impairs et pairs : le petit esclave les a suivis. Montre, maintenant, ne compte plus, montre la diagonale ! La voici : elle passe par 1, 4, 9, 16... par les nombres que nous appelons désormais carrés parfaits. Allons, montre donc la diagonale côté d'un carré d'une aire de huit pieds ! Elle manque. Non montrable, indémontrable.

Le gnomon ne connaît que les carrés parfaits. Science parfaite du logos, ignorant les irrationnels ; science archaïque et très imparfaite du logos parfait : la mathématique dans son authenticité démonstrative naît par conséquent hors du logos, lorsqu'elle s'écarte de lui et peut mesurer rigoureusement cet écart. La science commence hors du langage. Le gnomon donc ne connaît pas tout. On peut demander ou inventer des connaissances inconnues de cette mémoire qui porte le nom de cela qui connaît. Voilà le coup de foudre issue de la torpille. Qu'il existe des connaissances hors du gnomon autorise qu'on cherche ce qu'on ne connaît pas — ce que la connaissance même ne connaît pas.

Torpillage du gnomon, torpillage des vieilles pratiques, de leur mémoire, du compte par l'espace, du logos par l'alogos, du dicible par l'indicible, du langage par la science, torpillage de l'artifice, de la mémoire langagière et artificielle, de la pensée algorithmique.
Autrefois juge, essayeur, pierre de touche, le gnomon ne décide ni ne connaît plus ; ignorant comme un enfant esclave, deux fois sot. Délivrance ! Il existe des connaissances hors de la mémoire.
Il n'y a pas de démonstration avant les Grecs, avant la démonstration apagogique, avant la géométrie, avant l'irrationnel. Certes. Il n'y a que du compte. Si tu préfères ne pas faire de calculs, montre donc ! Voilà une phrase d'origine. Montre, tu démontreras ! Inventer la géométrie et la démonstration consiste à remplir les lacunes du gnomon, celles de la connaissance, de l'intelligence artificielle, de la pensée algorithmique. Celle-ci ne démontre pas. Elle comptait seulement.

Émergence des figures idéales

Aussi fidèle et raffinée que se présente la reconstruction par algorithmes de la mathématique grecque en ses commencements, il reste qu'elle se distingue de cette entreprise par la géométrie des lignes et des solides, l'espace abstrait ou les objets idéaux, une sorte d'autre monde infiniment retiré.
La pensée ou la pratique algorithmique rend compte de la théorie des nombres, de la mesure, des pensées variables et profondes sur les rationnels et les irrationnels issus de la duplication du carré ou de celle du cube, mais suppose, là, cube ou carré, côtés sans épaisseur et solides rigoureux, transparents ou parfaits, inexistants avant l'aube grecque. Il faut maintenant comprendre l'émergence de ces idéalités.
Elle peut cependant aller plus loin que l'arithmétique, formellement parlant, car ses procédures pas à pas témoignent avec constance de la sécurité voulue et contrôlée de ses démarches. Elle ne va pas n'importe où, et ne passe point par n'importe quelles étapes. On peut donc imaginer une méthode, au sens étymologique de chemin dessiné, qui étende son processus à des règles plus complexes ou plus générales qui permettraient d'avancer ce qui serait prévu dans un programme donné au préalable et seulement ce qu'on y trouverait à l'exclusion de toute autre chose. La procédure algorithmique présenterait alors un premier échantillon naïf de ce que deviendrait par la suite une démonstration en forme. Du procès pas à pas vers l'interdiction de ne faire aucun pas non prévu à l'avance, la distance ne paraît pas infranchissable. Autrement dit, la théorie et la pratique de la démonstration supposent un algorithme. Celui-ci prépare dans l'histoire celle-là.

Zénon d'Élée

Les paradoxes de Zénon : parti d'un point pour accéder à un autre, le voyageur ou le mobile doit passer d'abord par le milieu du segment qui les sépare, ensuite par le milieu du segment qui reste, et ainsi infiniment. Donc il n'arrive jamais au but.

Une fois encore j'imagine que l'école éléate a dû contribuer de manière décisive à combler le fossé qui paraît séparer la recette de la rigueur et l'espace usuel de l'étendue idéale où les nouveaux objets manifestent leur apparition.
Les paradoxes de Zénon laissent oublier leur mise en scène au profit de leur mise en forme. Et s'ils nous conduisaient infiniment de l'une vers l'autre ? La flèche qui vole d'arc en cible ou Achille dont la coûrse s'évertue à rattraper la tortue, comme fait le lièvre dans la fable d'Ésope, l'une et l'autre sans espoir de succès, empruntent chacun une voie, autrement dit une méthode. Observez avec quelle précision se mettent en place tous les éléments d'un algorithme : chemin ou méthode pour atteindre un but, finalité pratique et simple d'un dispositif, mesure exacte du segment parcouru, décomposition du processus en éléments, procédure pas à pas, c'est bien le cas de le dire, répétition qui reprend, dans la figure et la forme, scène et nombre, le même geste à faire après le même geste fait, dérivation très probable à partir d'une fable. Observez encore certain mime de l'anthyphérèse, de la soustraction algorithmique alternative, issue de la tradition, et qui enlève ici la moitié du tout, ensuite la

moitié du reste, puis encore la moitié du reste, et ainsi de suite, comme si Achille ou la flèche opéraient la soustraction en se mouvant. Observez enfin, dans l'autre sens du temps, combien l'algorithme infinitésimal encore à naître, ou du côté d'Abdère dans un siècle ou à l'âge classique passé deux millénaires, innovera peu par rapport à ces procédures. Toute la mise en scène donc, la forme au départ, révèlent une pensée algorithmique.

Achille court ou marche, la flèche part et vole, toute la recette échoue. Ni le coureur champion ni la pointe sagittale ne parviennent à leur but. Pour la première fois, un procédé sûr de son résultat, une bonne recette de mesure, s'enrayent, en vertu même de leur parfait fonctionnement et sur un exemple lumineux et excellent. La répétition n'engendre que la répétition, le pas à pas piétine sans arrêt possible. On rira du héros du courage, dérisoire image de la bête couarde, la vitesse ne leur servant plus de rien. De manière canonique, Zénon met à mort la métrologie traditionnelle: l'algorithme millénaire du croissant fertile s'éteint à Élée.

Le parcours de la flèche ou d'Achille ne tend plus au but prescrit, mais bifurque, soudain pris par une finalité très nouvelle. Courant, volant, les deux vecteurs s'enlisent dans la fondrière étroite mais abyssale du segment, liés à l'algorithme collant, mais ensemble tendus vers un point unique à la limite de tous les points effectivement parcourus ou possibles, filtré par toutes les stations dépassées. Cela signifie qu'on élimine ou soustrait les lieux par où on passe ou peut passer, disqualifie ceux où l'on arrive ou peut arriver, discrédite tous ceux où l'on reste ou habite, au profit du seul vers où l'on va sans y atteindre. On entend déjà les accents platoniciens. La procédure, simple au bout de tous les comptes, discriminant ce point de tous les autres, divise le segment par une seule dichotomie, en somme: tous les points et un seul. D'un côté, on peut voir et toucher, fouler aux pieds des lieux concrets, actuellement ou virtuellement, y demeurer, y accéder, y passer, en partir, le monde ou le chemin de ces lieux-là restant ouvert à la course ou au vol; de l'autre, un point émerge, intangible, indépassable, inaccessible, qu'Achille ne verra jamais, que la pointe de la flèche ne percera pas, que nul n'habitera. Il émerge de la mer immense des autres. Le monde mesurable autant qu'on veut, par approximation et même exactitude, avoisine immédiatement un autre monde infiniment lointain, sans dimension puisque la métrique s'épuise à l'atteindre: trou absent sur le dessin. Tracez donc sur l'arène la trajectoire du héros ou le vol du vecteur, vous ne marquerez point sur leur orbite le lieu vers lequel tous se hâtent: nul ne peut l'écrire ni le dessiner. Si vous le piquez sur la feuille ou le sable, Achille ou la pointe y passèrent, ce ne peut être lui. Vous tenez en main le style, autrement dit le dard lui-même, le trait qui vole avec lequel vous écrivez sur la page, et il ne peut inscrire le point après lequel il court toujours. La science naissait hors du langage, elle naît hors de l'écriture. Voici le premier lieu intelligible, atopique, au bout de ce court chemin égal au plus long chemin possible. L'abstraction géométrique devient la limite de la somme infinie des soustractions algorithmiques.

Voici quelqu'un, là, de tel aspect ou de tel âge, bien vivant et individué, aux cent signes caractéristiques; pour le penser, dit Platon, il faut concevoir dans un autre monde tout à fait séparé de celui-ci, une idée d'homme ou l'homme idéal. Celui-là participe de celui-ci. Comment les concevoir tous deux, le théorique et le concret ensemble, répond Aristote, sans former l'idée abstraite d'un troisième, à laquelle ils participeront? Et comment, de nouveau, concevoir les trois, l'homme de ce monde-ci, celui de la première théorie et le second de la seconde, sans un quatrième qui... cet argument à l'infini, dit du troisième homme, bien loin de critiquer ou de détruire le lieu abstrait intelligible des idées ou des formes, contribue à le décrire et le fonder, de même que la mise en scène de Zénon conduit infiniment de la représentation concrète ou de la recette métrique au voisinage, à la limite de l'idéalité non représentable et qu'on ne peut dessiner ni écrire, soustraite jusqu'à l'épuisement à toute

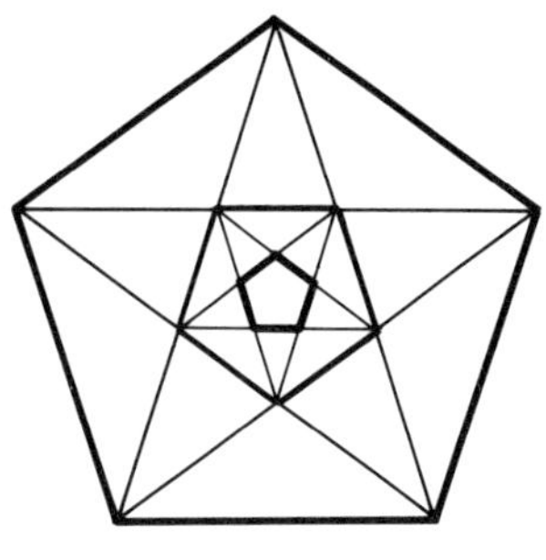

Le tracé des diagonales du pentagone restitue un pentagone dont les diagonales, indéfiniment, font apparaître un autre pentagone.

appréhension : des points visités ou visitables au but invisible et inaccessible. L'abstrait gît au fond de cet abîme, infiniment lointain, mais infiniment voisin.
Voici, bien vivant, le jeune esclave ignorant qui, sous la torpille de Socrate, démontre la duplication du carré en construisant la diagonale irrationnelle. Platon prétend qu'il se souvient d'un monde oublié puisqu'il sait sans avoir appris. Sans qu'Aristote intervienne, nous remettons en scène l'autre esclave de l'autre monde en train de calculer l'aire d'un autre carré, scène qui à son tour porte en abîme, dans son carré repris, une implication infinie de diagonales, de côtés ou de Socrate empoisonnants. Nous venons de nous rappeler, en l'inventant, l'ensemble des questions et des problèmes, mathématiques et philosophiques, entrant dans la classe du troisième homme. Interminablement, sur une figure qui se déplie ou s'emboîte sans cesse, de mondes en mondes fuyant vers l'amont et d'oublis recommencés en souvenirs manquants, un jeune esclave renaissant de son ignorance, calcule, compte, redouble une longueur puis en soustrait une part, incapable d'arriver tout seul à la diagonale qu'on peut et ne peut tracer, présente là mais irrationnelle. L'esclave pense algorithmiquement, le maître n'oublie pas la géométrie.
La définition de l'abstrait géométrique, modèle de l'abstrait théorique requis par Platon pour penser ou exister ou percevoir, émerge d'une méthode ou voie infinie sur laquelle Achille et la flèche nous précèdent et nous guident, laissant indéfiniment derrière eux les algorithmes enrayés.

Généralisation

Le raisonnement de Zénon se répète : avant d'arriver au but, il doit passer par le milieu du segment, mais auparavant franchir le quart et encore avant accéder au huitième, et ainsi indéfiniment, de sorte qu'Achille ne peut commencer. Le point initial revêt donc le même statut que le terminal. Le paradoxe, par les mêmes processus pas à pas, touche au point milieu puis à n'importe quel point : alors tout segment devient idéal.
Il faut appeler paradoxe l'ensemble de ces démonstrations parce que les éléments qui s'en dégagent s'éloignent beaucoup de l'opinion commune.

Soit un carré de côté 1 et sa diagonale $\sqrt{2}$.

Si on les soustrait l'un de l'autre, il vient : $\sqrt{2}-1$.

Et si on recommence la soustraction, il vient : $1-(\sqrt{2}-1)$.

Or le rapport de la diagonale au côté $\dfrac{\sqrt{2}}{1}$

est égal au rapport entre les deux restes $\dfrac{1-(\sqrt{2}-1)}{\sqrt{2}-1}$.

Ce qu'on vérifie en multipliant les moyens et les extrêmes.

Donc tout recommence à l'infini.

Cherchons la valeur de $\sqrt{2}$ comparé à l'unité.

$\sqrt{2} = 1 + (\sqrt{2}-1)$,

$\sqrt{2} = 1 + \dfrac{1}{\sqrt{2}+1}$.

Il suffit de remplacer $\sqrt{2}$ par sa propre valeur :

$$\sqrt{2} = 1 + \cfrac{1}{1+\cfrac{1}{\sqrt{2}+1}+1} = 1 + \cfrac{1}{2+\cfrac{1}{\sqrt{2}+1}},$$

$$\sqrt{2} = 1 + \cfrac{1}{2+\cfrac{1}{1+\cfrac{1}{\sqrt{2}+1}+1}} = 1 + \cfrac{1}{2+\cfrac{1}{2+\cfrac{1}{\sqrt{2}+1}}},$$

et ainsi de suite :

$$\sqrt{2} = 1 + \cfrac{1}{2+\cfrac{1}{2+\cfrac{1}{2+\cfrac{1}{2\,\ldots}}}}$$

Théodore ? Théétète ?

Luca Signorelli. Empédocle. *Le corps du philosophe semble émerger des quatre Éléments, ses racines. (Fresque de la chapelle de la Vierge de S. Brizio; Duomo, Orvieto. Ph. © Anderson-Giraudon/Photeb.)*

Éléments

Le terme *Éléments*, qui traduit en latin et dans nos langues modernes le titre usité par Euclide et sans doute avant lui par Hippocrate de Chios, a pour origine les lettres L, M, N de même que l'alphabet récite, épèle les premières lettres grecques: alpha, bêta et que le solfège chante les notes: sol, fa; car le titre authentique Στοιχεῖα (*Stoicheia*) signifie bien les lettres, comprises justement comme éléments de la syllabe ou du mot.

Mais aussi bien que ces éléments de langue écrite, il veut dire ceux du monde, eau, terre, à la manière d'Empédocle qui use, là, du terme rhizome: racine, origine radicale des choses; éléments de l'Univers, astres, planètes; de la grammaire, noms, verbes; de la logique, de la rhétorique, de la géométrie... Dans cette liste ou dans ce tableau, il ne paraît pas qu'une discipline ait cherché la suprématie: ni la langue ni les sciences ne l'emportent sur les choses, les

Ρίζα: racine.
Ρίζωμα: ce qui est enraciné; racines, fondement, élément.

objets eux-mêmes n'y précèdent pas leurs signes. Le ciel nocturne étale un ensemble de points; les atomes, éléments ponctuels des choses, sont souvent présentés comme des lettres ou des chiffres, inanalysables et à combiner. De plus, Proclus comme Aristote disent des éléments de la géométrie qu'ils en constituent la matière comme commencent par eux ceux qui l'enseignent ou l'apprennent: fondements ou rudiments, selon. Il ne semble donc pas que les Anciens aient cherché ou pensé des éléments absolument derniers ou premiers: il y en a partout, en des tables locales.

Le verbe correspondant, στείχω (*steichô*), désigne l'acte d'avancer en rang, comme une armée en ligne de bataille, de sorte que le nom correspond à la ligne, la colonne, la rangée. De cette famille, le français n'a retenu que certains mots techniques: le distique, groupe double de vers alignés l'un sous l'autre ou couple d'un hexamètre et d'un pentamètre; la stichomythie, dialogue de tragédie où les interlocuteurs se répondent vers pour vers et comme pied à pied. La prosodie, qui use de ces termes, compte par syllabes brèves et longues, dactyles, trochées, anapestes, avec des points et des traits, comme l'alphabet Morse. Atome, élément: point, trait. De nouveau, qu'est-ce qu'un élément? Cette marque, cette trace, le tiret, le trait, en général la note, au sens où Leibniz usait de ces mots. Et au pluriel: un ensemble de ces notes. Ensemble généralement groupé en une table ou un tableau de points et de traits, en lignes et colonnes, bien rangés. Que je sache, les *Éléments* de la géométrie consistent aussi en points et traits que nous devons apprendre comment tracer.

Prosodie: ensemble de règles relatives à la quantité de voyelles qui régissent la composition des vers, notamment dans les poésies grecque et latine.

Aujourd'hui comme hier, nous voyons partout rassemblés en de semblables tables: les lettres des alphabets, les chiffres en toutes bases, des axiomes, les corps simples, les planètes, les taches du ciel, les forces et corpuscules, les fonctions de vérité, les acides aminés... Notre mémoire les garde si aisément qu'elles constituent, par elles-mêmes, des mémoires: objectives, artificielles, formelles. Exactement dans le même sens que les vieilles tables de la loi. Que désigne, au total, le terme éléments? Une table, ouverte à toutes les tables concevables; la mémoire, en général: ce à quoi un savoir se réfère constamment. Ainsi les *Éléments* d'Euclide construisent un système au sens logique ordinaire, déduit et fondé, mais aussi font une mémoire au triple sens de l'histoire — d'où les commentaires — de l'automate et des algorithmes.

Or un sens unique se détache, remarquable, de cette aire de sens si cohérente: στοιχεῖον (*stoichéion*) signifie l'aiguille qui marque l'ombre sur le cadran solaire; le gnomon, peut-être, mais surtout la trace locale qui note l'heure. Cette heure, que l'étymologie populaire associe à l'horizon, entendu comme limite, marque ou trait d'un bord extrême, se voit ici à la frontière de l'obscur et du clair. Merveille de profondeur, le temps se définit comme le bord commun à l'ombre et à la lumière. Voici l'onglet, le tiret de bronze ou d'or qui garde le souvenir d'un instant fugitif; voici la suite de ces traces stabilisées, gamme d'éléments le long de la ligne soustylaire, épelant tour à tour le jour le plus long et le jour le plus court, la nuit médiane, les solstices et les équinoxes, l'inclinaison de l'écliptique, l'axe du monde et la latitude du lieu... gamme ou table d'éléments pour le plan de l'Univers: encore une mémoire artificielle sculptée sur le cadran, éléments de cosmologie autour du gnomon et marqués par lui. Sur l'aire sémantique du terme élément, on devine là une trace d'origine. Parmi les traits sur la table, épars ou ordonnés, on croit lire soudain qui les a tirés ou tracés. Comme si, en ce nouveau cadran, se découvraient une lumière, une ombre, une date.

Statique

A-t-on plus écrit, au cours des siècles, que sur les livres d'Euclide, et surtout sur ses commencements, *Définitions, Postulats et Axiomes*, éléments des *Éléments*? Presque autant que sur la Bible et parfois en de semblables termes: d'histoire et de logique. Et de même qu'il arrive qu'un commentaire de la Bible devienne à son tour une Bible, de même il arriva qu'un commentaire des *Éléments* de géométrie devînt une géométrie. Ou une logique.

Une description du même ordre que la précédente, analysant le sens des mots usités, m'avait conduit jadis à dire que sous l'énoncé des idéalités pures et formelles, enregistrées sous la rubrique *Définitions*, gisait un soubassement statique. Les termes grecs que nous traduisons par plan et trapèze signifient d'abord ou la table ou ce qui est de plain-pied. De même les verbes indiquent le repos ou l'équilibre. Tout se passe alors comme si la liste bien définie géométriquement construisait en secret des stabilités de plus en plus complexes à partir des plus simples, la toupie tourbillonnante sur un pied, en fin de rubrique, à partir du point le plus bas, au début. Les repos s'inquiètent ou se rompent par des inclinaisons successives pour retrouver, à mesure, des équilibres de plus en plus raffinés. Comme si les prolégomènes d'une mécanique se cachaient sous les préalables de la géométrie Et cet espace de statique rejoignait le vocable grec d'ἐπιστήμη (*épistémé*) qui, signifiant la science, garde encore en lui la trace d'une invariance stable.

Le mot *inquiétude* (*quies*, repos) signifie étymologiquement un écart à l'équilibre.

Sur cette origine, je persiste et signe, d'autant que, depuis, les analyses de *Statues* ont relayé puis renforcé ce fondement positif par une fondation anthropologique, exprimant des contenus voisins dans une tout autre langue. L'*épistémé* engendra la statique alors qu'elle venait des statues. Ici je tisse les deux livres précédents et montre que l'histoire des sciences suit normalement de l'anthropologie des sciences. On pouvait s'attendre à un tel passage. Les *Statues* sortent de terre, lentement, les *Définitions* aussi et la géométrie, en somme : on comprend enfin son nom.

Qui trace la marque élémentaire, qui écrit le trait ? Le Soleil sur la terre, chose écrivant sur une chose ; ou bien : le gnomon, debout comme une statue sortie de terre, sur le cadran solaire, artefact traçant sur un artefact. Les *Éléments*, par leur titre, semblent avouer une origine astronomique ; les *Définitions*, ensuite, par leurs verbes et leurs noms, permettent qu'on devine une racine statique — je dirais plutôt maintenant un socle statuaire.

Le gnomon ou équerre se décompose en règle et compas

Quoique les Anciens n'en disent rien, les *Postulats* permettent de tracer les *Éléments* de la géométrie, à la lettre ses traits, par la règle et le compas : la ligne droite, finie ou indéfinie, le cercle, les parallèles, l'angle droit. Pour ce dernier, l'équerre disparaît puisqu'il suffit d'inscrire, au moyen des deux outils classiques, un triangle rectangle en un demi-cercle. Anciennement appelée gnomon, l'équerre se dissocie donc en deux composants, propres à tirer des traits ou éléments : la règle et le compas, qui portent en eux et conservent invariablement dans une forme en bois, bronze ou marbre, la possibilité, la capacité de construire ou de tracer les tirets, traces, marques, points, lignes courtes ou courbes, éléments réels et intellectuels de la géométrie.

Définitions et *Postulats* construisent la table ou le tableau des éléments ou traits, dans le sens formel, langagier, pur ou abstrait de ces termes, sens dans lequel ils sont depuis lors compris. Mais le compas et la règle (ou leur somme le gnomon) en font voir la table concrète. Puisqu'ils permettent de les construire, tirer ou mener, ils contiennent ou impliquent en quelque façon une infinité de droites, cercles, points, angles droits, parallèles et figures possibles : ils constituent vraiment la mémoire dans laquelle ils s'enveloppent et d'où l'on peut à loisir les extraire, les abstraire. Abstraire : tirer un trait de ladite table. Le trait abstrait sans dimension autre que la sienne propre s'extrait de la règle en bois ou en marbre, se tire d'elle, en tous sens : comment dire autrement que cet élément y était compris ? Pourquoi la théorie de l'abstraction déploie-t-elle ses fastes dans un espace imaginaire séparant les sens, grossiers, de l'entendement pur ? Que viennent faire ici sensations et facultés de l'âme alors qu'il s'agit simplement de tirer des traits au moyen d'une règle ou d'un canon, d'une forme rigide, alors qu'on en peut mener sans cesse de cette mémoire artificielle comme d'une corne d'abondance jamais en défaut ? Oui, le verbe abstraire a ce sens vraiment élémentaire.

On s'étonne encore de l'interprétation de ces choses par les âmes et les corps. Qui écrit, en effet ? Le gnomon, debout comme une statue. Autrement dit : l'élément. Qu'est-ce qu'il écrit ? Des traits, lignes, points ou cercles, c'est-à-dire des éléments. Où se trouvent ces éléments ? Dans la règle et le compas ou dans leur résultante, l'équerre, c'est-à-dire le gnomon, autrement dit l'élément. L'élément écrit des éléments, abstraits des éléments. Voilà le commencement. Les sujets comme les objets de la discipline hantent l'intelligence ou la mémoire artificielle d'où ils s'abstraient.

Présent dans le titre comme aiguille du cadran, dans les *Définitions* comme statue en équilibre, l'artefact ne nous quitte pas, hante les *Postulats* et les rend possibles. La géométrie d'Euclide comme système ou développement d'une série de théorèmes à partir de commencements préposés peut ainsi passer pour un automate. Et cela ne veut pas dire que ses performances restent finies.

Égalité, communauté

Que penser, maintenant, pour former une communauté ? L'égalité. Que nul ne l'emporte sur aucun et que les échanges se compensent. Attention : « Tu oublies que l'égalité géométrique règne, toute-puissante, parmi les dieux comme parmi les hommes. Tu penses qu'il faut s'efforcer de l'emporter sur tous les autres : parce que tu négliges la géométrie », tonne Socrate contre Gorgias, jeune cadre dynamique, frais sorti des familles et des Écoles, loup assoiffé de pouvoir sanglant, vaniteux, concurrentiel, et lui montre la surprenante équivalence entre la géométrie et l'égalité. Pas de science sans le signe égale. Pas de connaissance sans cette invariance. Or cette notion et cette opération équivalent aussi et encore à l'ordre, à la justice, à l'harmonie, au lien social. L'égalité conditionne la communauté. Ceux qui optent en faveur de l'invariance votent pour l'ordre social.

Le terme *Axiomes* traduit donc le plus mal possible l'authentique titre d'Euclide : Κοιναὶ ἔννοιαι (*Notions communes*), sous lequel on traite de l'égalité. Il faut croire aveuglément à un sujet individuel de la pensée pour imaginer qu'il s'agit là de notions que chacun porte ou détient de naissance, génétiquement, de manière innée, de droit ou par miracle. Il ne faut pas grande expérience humaine ou sociale pour apprendre, tout au contraire, que l'égalité, dans la comparaison, le rôle ou l'échange, est la chose du monde la moins partagée : en ce sens, la moins commune. Si d'aventure vous la rencontrez, criez à la sainteté. L'homme, hélas, ne peut penser qu'il est un homme pour l'homme et ne sait agir selon cette vérité. Peut-être même ne doit-on parler d'homme en général que dans cette phrase.

Cela dit, l'égalité s'impose si on veut fonder une communauté. Elle ne vient pas de chacun, mais de ce projet. Commun, dès lors, ne signifie point le dénominateur usuel ou courant, mais ce qui caractérise le public. L'ensemble des descriptions ou implications de l'égalité, ses attributs, opérations ou propriétés, constituent des notions indispensables à l'établissement de ladite communauté. D'où le titre de *Notions communes*. Pour comprendre cette koiné, il faut prendre congé du sujet individuel de la pensée pour penser un sujet collectif. Qui, en particulier, constitue et fonde la communauté scientifique, celle qui développe la science normale ou élémentaire en déduisant et démontrant à partir de ces commencements, et se développe par là même.

Premiers principes

Au total, les commencements d'Euclide impliquent leur propre anthropologie. Le titre lui-même ramène le gnomon, ainsi que les traits que tracent le Soleil et l'axe sur la terre première qu'évoque la géométrie ; de cette terre se lèvent, par successives inclinaisons, les équilibres ou repos d'une statique fine décrite par les *Définitions*, statues sorties du sol, debout comme l'axe : l'épistémé commence ; les *Postulats* décrivent à quoi sert le gnomon, l'équerre disparue au profit de la règle et du compas, et comment il fonctionne ; ils désignent ainsi qui trace les traits ou lignes ou plutôt en quels objets ces lignes ou traits s'impliquent et d'où ils s'extraient ou s'abstraient : objets artificiels pour la mémoire des éléments et leur intelligence ; le langage même nous amène à dire abstraits les traits tirés ou construits à partir de ces artefacts comme s'ils s'extrayaient d'eux ; enfin les *Notions communes* décrivent les conditions dans la pensée de l'établissement d'une communauté, ce tout dont chacun, plus petit qu'elle, ne constitue qu'une part. Au bilan, voilà de l'objectif et du collectif, en l'absence de tout sujet dans le sens moderne.

Il y a du transcendantal dans les commencements d'Euclide qui renvoient aux commencements de la géométrie ou qui les expriment et reprennent, il y a du conditionnel, là, du fondamental, exactement de l'élémentaire. Mais ils ne gisent ni dans le subjectif, ni dans l'*a priori*, ni dans le formel ou le pur, aux sens de Descartes et de Kant. Ils résident dans le monde, Soleil, Terre, dans l'artificiel, axe, table, compas, règle, statue, enfin dans la communauté, dans l'intersubjectivité mal nommée donc mal conçue à partir du sujet individuel. Si le transcendantal n'ajoute qu'une abstraction vide et stérile aux idéalités constructives de la géométrie ou des fondations subjectives à ses fondements formels, rien ne le différencie d'une fable, d'un conte, d'un ornement cosmétique. Si et quand il existe, savoir lorsque les conditions qu'il dégage, plus que nécessaires deviennent suffisantes, il rencontre l'anthropologie : la genèse des *Éléments* se repère alors réellement dans les choses du monde et la culture sociétaire.

Les conditions spéciales des sciences — épistémologiques — gisent dans les conditions générales de la connaissance — gnoséologiques — gisant elles-mêmes dans les rapports anthropologiques, obscurs et méconnus jusqu'à aujourd'hui, entre le collectif et les objets du monde, la culture et la nature. Le groupe en tant que groupe rejoint-il les choses mêmes ? Si oui, comment ?

Épistémologie : théorie particulière de la connaissance scientifique.

Gnoséologie : théorie générale de la connaissance en général.

Notre tradition philosophique dicte que seul le sujet individuel ou perçoit ou pense et constitue l'objectif. De son côté, le collectif ne construit que soi-même : nos relations n'ont pour objet que nos relations. Nous vivons d'autant plus loin du monde que nous nous occupons les uns des autres. Cette partition qui donne au solitaire le rôle héroïque de la rencontre avec les choses dans le silence de la communication répond sans doute à l'expérience usuelle et tragique des faits humains massifs de l'histoire, mais ne répond aucunement à la réelle nouveauté de l'exercice scientifique par rapport à ces faits-là. Le contrôle et le consensus de la communauté que définit cet exercice constituent le sujet de la science. Elle pense collectivement. Le sujet de cette pensée ne devient individuel qu'en de rarissimes moments de crise : quand le groupe menacé recueille un exclu en faisant semblant de croire qu'il l'a envoyé en éclaireur alors qu'il l'avait expulsé.

On peut tenir pour une curiosité historique le fait paradoxal qu'aux dates exactes où la science commence à se constituer en groupe, sinon encore en profession, adonnés aux choses mêmes, à la nature, à la physique, apparaisse une philosophie du sujet individuel connaissant, comme si celle-ci soulignait l'exception en ignorant superbement ce qui devenait la loi commune ou le règlement de la communauté. Pourtant, seul le tribunal de l'assemblée savante, seule l'Église des experts se contrôlant les uns les autres, décident si la Terre tourne et non le héros isolé. Car si seul ce sujet le pensait, la Terre ne tournerait pas ou il n'y aurait pas de science. Tout se passe comme si l'affaire Galilée avait amené au contresens les philosophes de la connaissance, comme si un mythe fondateur de l'histoire ou de l'hagiographie des sciences les avait poussés à oublier que la science pense comme une assemblée, comme un tribunal et une

Église et fonctionne comme eux, de sorte qu'en fait l'histoire des sciences évolue, dans le détail comme dans les lois d'ensemble, comme une reprise de l'histoire des religions. Celles-ci avancent par les hérétiques, celles-là par les inventeurs, assez régulièrement expulsés. Rien de paradoxal dans cette comparaison : la religion donne le premier exemple d'un sujet collectif pensant un objet qui transcende les relations de la communauté.

Dans la science, en effet, le groupe égalitaire des experts se reconnaissant les uns les autres constitue le sujet de la connaissance, comme si cette connaissance avait pour condition opératoire la reconnaissance réciproque des individus ainsi égalisés ; la science pense comme telle et offre, d'autre part, des garanties qu'elle pense des objets du monde transcendant ses relations. Voilà l'exception, qui, assurément, ne concerne pas l'individu mais le collectif. Car le collectif en général se conduit comme si ses relations lui suffisaient, comme s'il n'y avait pas de monde. Il n'a pas d'objet extérieur à sa fermeture. L'ensemble de ses relations constitue sa définition et la redéfinition de chaque relation constitue la nourriture dont il vit, sa reprise et sa relève. L'idéalisme qui assure que le monde équivaut à nos représentations convient à certaines maladies mentales graves et à toutes les sociétés sans exception, dont les relations se projettent sur le milieu. Les sociologues ont raison de prétendre que les groupes ne connaissent que leurs propres lois : ainsi font les hordes d'animaux et les animaux politiques, petites marionnettes qui ne se démènent que par les ficelles qui les relient entre eux. Le mouvement de l'une exprime ou somme sous un certain angle qui la définit les agitations de son environnement social. Cette boîte à musique ne requiert ni ressort ni programme puisque chaque mouvement, résultat de la somme, revient aussitôt à la somme comme cause d'un prochain mouvement. Rien n'excède les ficelles et le sociologue a toujours raison d'exiger une autonomie de sa science puisque l'ensemble se ferme sur soi et s'autoproduit. Cela produit en tout quelques fluctuations temporelles auxquelles parfois on donne le nom d'histoire.

Transcendant : hors du monde et sans rapport avec lui.

Il apparaît, soudain, en deux millénaires, dans ce temps hasardeux et monotone, un collège paradoxal qui se donne et pense quelque objet du monde existant indépendamment des réseaux, fils et nœuds, qui assujettissent les hommes entre eux, comme s'il les transcendait. Un Dieu transcendant accompagne, sans s'en occuper, le chaos, le monde et les atomes, dans le texte de Lucrèce, quand commence la physique. Rien de paradoxal en cette double affirmation : le Dieu absent, indifférent aux relations des hommes, a le même statut que le nuage des atomes, en ce sens que leurs agissements de solitaire ou de pluralité restent éternellement indépendants de ce qui fait courir les peuples. L'objet naturel prend la place de Dieu, peut même coexister avec lui en la même place, l'essentiel demeurant de bien comprendre cette place. Les savants croient en l'existence du monde extérieur comme le religieux croit en Dieu : aucun des deux ne peut le démontrer, mais ne peut exercer ni sa foi ni sa science sans ce fondement. Dans l'affaire Galilée, tout l'enjeu réside en cette place même. Un tribunal ne siège que pour dicter sa loi et ne parle que performativement, donc pour lui, cette place n'existe pas : il y a des causes, non des choses. Qu'au milieu quelqu'un se lève et témoigne que la Terre tourne et il n'y a toujours pas de science car il arrive tous les jours que dans un groupe quelqu'un se conduise anormalement. Mais une Église rassemblée a déjà préparé cette place. Seul un tribunal religieux pouvait, en cette occasion, hésiter. Condamner mais rendre possible. Quelqu'un en son sein se lève et témoigne que la Terre tourne et les juristes réagissent comme en présence d'un enthousiaste qui crie son intuition mystique. Certes, il n'y a toujours pas de science, mais s'ouvre une possibilité, existe une chance que, malgré leurs prétentions, les participants à l'assemblée se convertissent à la révolution astronomique, habitués à débattre de raisons réelles, de raisons de Présence Réelle sans aucun rapport avec leurs propres relations. Un tribunal ordinaire manque d'une telle place et ne peut céder, fermé sur les causes ; religieux, il ne cède pas, mais peut céder, mais cédera, ouvert sur cette place. Il existe tout à coup des choses et pas seulement des causes. La religion se ferme sur ce qui relie les hommes mais s'ouvre sur l'expérience directe de Dieu : en elle s'affrontent les doctes et les mystiques. L'affaire Galilée continue cette lutte canonique. Mais elle donne l'idée de créer une commission d'experts chargés des choses elles-mêmes, un autre tribunal auprès de l'ancien tribunal : voici la science, qui ne parle pas performativement et en qui se perpétue le même débat. Au total, il existe un ou des objets pour nous, pour le collectif, pour cette société dont la loi d'airain, usuellement, oblige à se conduire comme s'ils n'existaient pas. La science forme un groupe réaliste, paradoxal, dans la communauté ordinairement idéaliste. Par ce savoir, nous, ensemble, avons rapport à une chose dont les lois n'ont aucun rapport avec nos rapports. Aucune philosophie, à ce jour, que je sache, ne nous permet de penser un tel événement puisque la tradition nous dicte qu'il n'existe d'objet de connaissance que pour un sujet individuel et que le collectif ne peut connaître objectivement puisqu'il n'a d'objet que ses relations. Certes la philosophie qui permettrait de le penser, difficile, exigerait de penser cette place transcendante où coexistent Dieu et les objets du monde, l'expérience mystique et l'expérimentation.

On ne peut tenir pour une curiosité historique le fait tragique et fatal qu'aux dates où s'annonce la mort de Dieu, le monde objectif abaisse ses barrières, ôte ses obstacles, allège la cruelle et vieille nécessité, commence à perdre ses batailles face à nos techniques agressives et triomphantes, se retire, humilié, derrière nos représentations, bref, entre en agonie. La bombe tonne la mort du monde. Un demi-siècle à peine après la mort de Dieu. Les deux transcendances quittent la même place à peu près en même temps. Nous voici obligés d'écrire une philosophie de l'agonie de l'objectivité transcendantale.

Fondements

Les mathématiques fondent la physique : assertion large et vague, puisqu'elles fondent, aussi bien, toutes les sciences. En ce sens trivial, on veut dire que la physique ne devient une science que si elle se dit en langue mathématique. Soit. Mais un fondement va plus profond.

A lire élémentairement les commencements des mathématiques, débuts dans l'histoire et préliminaires pour le système, à lire ainsi les éléments des *Éléments* d'Euclide, on découvre un monde englouti dont on a perdu mémoire : un Soleil et une Terre, l'ombre et la lumière, la marque du temps dans l'espace ; des choses lourdes et pesantes, sortant de terre lentement comme des statues ressuscitées d'entre les morts ; des artefacts, canons, règles ou cordeaux, mémoires objectives impliquant les éléments ou traits qu'on tire d'elles ou que l'on abstrait ; les conditions de constitution d'une communauté, d'un consensus : l'accord sur la vérité ne saurait advenir sans l'égalité. Au total un monde et un groupe.

Voilà les conditions ou fondements de la science : il existe un nous transcendantal qui a pour objet une Terre transcendantale. Voilà les fondements de la connaissance scientifique en général, abstraite ou concrète. Aussi concrète que le sont le monde et les choses. Ainsi cette géométrie fonde la physique parce qu'elle est une physique, parce que le monde est sa condition transcendantale, ainsi que l'objet, tel quel ou fabriqué. Ainsi elle fonde aussi bien la technique puisqu'elle est une technique. Mais, de l'autre côté, aussi abstraite qu'on le voudra puisque productrice d'abstraction. La géométrie pure naît du canon, de la règle ou du compas, comme les géométries, plus abstraites encore et plus pures, sortiront plus tard de la géométrie d'Euclide et de ses commencements. L'abstraction fait un chemin continu qui ressemble tout simplement, ici, à l'histoire. La première se tire de l'artifice et la deuxième de ce qui en vient et ainsi de suite, en éventail qu'on déplie doucement.

Transcendantal : qui se rapporte aux conditions *a priori* de la connaissance.

Physique

Pourquoi les Grecs, cependant, n'ont pas inventé la physique mathématique? On répond parfois : en raison de la présence des esclaves. Qui aliène des bras se passe d'outils et se contente de contempler. Tout beau. Croit-on qu'à la Renaissance, où cette même physique émergea, les serfs avaient disparu d'Italie, de Hollande et de France, pense-t-on que la machine à vapeur et la thermodynamique aient paru au siècle dernier quand l'exploitation des hommes par ceux qui ne se croient pas leurs semblables cessa?

Les Grecs auraient hésité devant la loi physique parce que de petits dieux tenaient campagne dans l'espace, chacun dans son département: quand une hamadryade garde chaque arbre, qu'une nymphe par fontaine veille à l'expansion des eaux, quand la mer pullule de sirènes et les prés de faunes, mille singularités s'opposent au passage de la règle générale. Il faut attendre le Dieu unique pour que l'étendue se vide soudain et que nulle localité n'obstrue l'Univers homogène. Un Être au-delà des étants, voici un universel lisse qui rend possibles les sciences naturelles et les techniques. La transparence et l'unicité suppriment toute singularité. L'alliance, enfin, d'une formule avec des phénomènes expérimentables suppose qu'on ait admis le dogme de l'incarnation. Les conditions de type religieux ou métaphysique peuvent paraître plus décisives que les raisons économiques et sociales.

Thales Milesius.
(Thalès de Milet, gravure, 1616; Bibl. nat., Paris. Ph. © Giraudon/Arch. Photeb.)

Mais surtout les Grecs n'ont pas inventé la physique en raison des sciences humaines. Car les sciences humaines précèdent les sciences physiques. Antérieures dans le temps et conditions des secondes, les premières les empêchent d'apparaître. Ce conflit, hors des facultés, hante nos premiers savoirs. Nous nous occupons de nos propres rapports bien avant de nous préoccuper du monde. L'humanité, d'abord sociologue, eut besoin de toute son histoire avant de se faire physicienne. Inversement, l'histoire est ce rattrapage lent du monde.

Nous avons si longtemps interprété les religions et les mythologies en termes de sciences naturelles, contresens imposé par notre modernité, que nous croyons encore fermement que nos ancêtres avaient d'abord peur de la foudre, des météores ou de la nuit, de la stérilité des jachères. Non, ils craignaient autrui et le groupe, leurs ennemis. Toutes les mythologies et les religions sont des sciences humaines d'exquise manière, infiniment plus précises, efficaces et sensées que ce que nous appelons de ce nom aujourd'hui. Pour arriver au monde puis à la physique, il fallait d'abord traverser cet écran-là, tissé par les collectifs eux-mêmes.

Les nombres, d'abord, codent les impôts, le commerce ou les salaires: nul problème de mesure connu dans tout le croissant fertile ne s'adresse à la nature, comme si les corps ne tombaient pas, encore. Tous, au contraire, quantifient ce qui passe par nos relations. Même l'évaluation par les harpédonaptes des champs cultivables, dont la crue du Nil a effacé ou renversé les bornes, cherche à clore les contentieux entre voisins par la force de l'État et à rétablir dans son intégrité le cadastre, soit l'assiette de la taxe. Cette géométrie première ne mesure pas n'importe quelle terre, mais balance plutôt l'avoir et le doit, et ses erreurs constantes d'approximation vont toujours dans le même sens: l'intérêt du pharaon ou du plus fort.

Une chose étrange pleine d'eau, voilà l'inauguration de Thalès: les physiciens ioniens découvrent des objets — l'air, le feu, la terre — totalement indépendants de nos rapports de volonté ou de puissance, des choses sans causes humaines. Il existe un monde hors des sociétés closes, où les choses naissent, du feu, de l'eau ou des atomes, sans règle ni loi imposée par un roi ou un dieu. On ne connaît pas de divinité pour la pesanteur. Quand le logos devient une proportion, il annule, par l'effet de son rapport, un peu comme une fraction se réduit à sa plus simple expression, les bouches qui le disent et les ordres qui l'imposent, de sorte que se conservent seulement les relations du monde au monde et celles de la chose à soi-même. Le logos nouveau devient la relation entre deux anciens logoi ou énoncés. Il existe des objets dont l'apparition et la naissance ne dépendent pas de nous et qui se développent tout seuls en rapport avec d'autres objets du monde. Le logos rationnel qui répète deux fois, en grec et en latin, la proportion ou le rapport, parle sans bouche humaine comme une loi hors la loi, à partir de cette transcendance. Chez ces physiciens du premier âge, ce qu'on prend pour une affirmation volontaire d'athéisme et qui en reste une, au demeurant, consiste certes à sortir des religions et de la mythologie, mais en tant qu'elles expriment et consacrent des rapports sociaux. Le monde apparaît, naît, a lieu, va, hors la cité, sans elle : peut-on supporter, dans la polis antique, un tel apolitisme ? Non. Il faudra pour l'assumer, une autre transcendance, savoir une religion qui pousse à sortir du sacré, des contraintes écrasantes de la société.

Le pharaon Chéops, divin, tout-puissant, représentant le corps social, fait bâtir sa pyramide pierre à pierre par le peuple et Thalès la mesure sans que la proportion découverte tienne compte en aucune façon du roi, de son ordre, de sa tombe ni de ce rapport politique de l'un au multiple. Le logos-proportion chasse le logos-discours, il existe une loi ou un ordre qui ne connaît pas ou que ne connaît pas l'ordre ou la loi sociale, et le pharaon meurt une nouvelle fois. Reste le polyèdre vide, une forme transparente.

Le malheur voulut et veut encore que ce logos insupportable aux rois, aux sociétés, au langage, se rapatriât dans les bouches et les volontés de puissance, irrésistiblement : retour à l'archaïsme presque inévitable que les Grecs ont vu ou subi comme nous le subissons. Le logos-proportion revient dans le discours et dans la clôture sociale : irrationnel ou rationnel, il ordonne le tissage du *Politique*, éduque les gardiens de la *République* et Socrate écrase Calliclès, dans le *Gorgias*, par l'égalité géométrique toute-puissante parmi les dieux et les hommes. Il redevient de la mathématique pour sciences humaines. Malgré ou par l'effort du *Timée*, l'invention inaugurale d'un objet-monde indépendant de nous s'effondre à nouveau dans le collectif. La politique, les sciences humaines, les mythes ensemble et tout uniment ont empêché d'éclore la physique mathématique.

« Les savants, Calliclès, affirment que le ciel et la Terre, les dieux et les hommes sont liés ensemble par l'amitié, le respect de l'ordre, la modération et la justice et pour cette raison ils appellent l'Univers l'ordre des choses, camarade, non le désordre ni le dérèglement. Tu n'y fais pas attention, je crois, malgré toute ta science, et tu oublies que l'égalité géométrique règne, toute-puissante parmi les dieux comme parmi les hommes. Tu penses qu'il faut s'efforcer de l'emporter sur tous les autres : parce que tu négliges la géométrie. » (Platon, *Gorgias*.)

Αρχιμηδης ο γεωμετρης

Archimède : le canon du savant

MICHEL AUTHIER

Où l'on verra que l'histoire des sciences ne date pas d'hier, qu'elle fut parfois l'occasion de récits édifiants ; et comment Plutarque s'y prend pour faire d'un mathématicien, physicien, technicien illustre, l'idéal chenu du savant.

Moscou, 1980. L'enfant chéri de la physique nucléaire soviétique, prix Nobel de la paix, après avoir lutté pour une réduction de ces armements qu'il a contribué à mettre au point, est déchu de ses fonctions et de ses honneurs, pour être assigné à résidence. Sakharov est aujourd'hui réhabilité.

Washington, 1954. Le « père » de la victoire atomique des États-Unis sur le Japon, après s'être beaucoup dépensé pour que cessent les recherches sur ces armes dont il fut, de 1943 à 1945, le premier concepteur, accusé de connivence avec le communisme, est relevé de la présidence de la Commission consultative à l'énergie atomique pour être renvoyé à son enseignement. Oppenheimer est aujourd'hui réhabilité.

Paris, 1950. Le prix Nobel de chimie, responsable de la première expérience de radioactivité artificielle qui permettra la conception et la fabrication des armes atomiques, après s'être opposé à cette utilisation de l'atome, est démis de ses fonctions de haut-commissaire à l'Énergie atomique. Frédéric Joliot-Curie est aujourd'hui réhabilité.

Faut-il croire, que, indépendamment des pays, des régimes, les rapports des scientifiques et du pouvoir sont toujours difficiles ? Cette logique qui, de l'ambition scientifique, conduit à la répression politique, à travers les arcanes du succès, de la culpabilité et des résistances partisanes est-elle bien nouvelle ? Nous allons essayer de retrouver le récit canonique qui fonde le rapport de la science et du pouvoir.

On raconte que mille trois cents ans avant notre ère, un Athénien rusé, contemporain d'Égée, vint se mettre au service de Minos, roi de Crète. En inventant un simulacre monstrueux, il permit à la reine Pasiphaé de concevoir avec le taureau sacré une chimère : le Minotaure, symbole du pouvoir de Cnossos sur les autres cités de la région. L'horreur était telle que le roi exigea de l'« apprenti sorcier » Dédale une forteresse pour contrôler cette abomination, ce fut le Labyrinthe. Horrifié par l'extermination de jeunes Athéniens à laquelle servait sa création, Dédale fournit à Thésée, par le biais d'Ariane, le secret de la défense et le monstre fut tué. Minos enferma alors le traître dans son piège... Et la suite du mythe expose, jusqu'à épuisement, les diverses figures de la fuite, de la poursuite et des règlements de comptes entre le savant et le monarque.

« Archimède géomètre » : chaque époque conçoit le « génie » à sa convenance. Le mathématicien grec est oublié. La ressemblance avec un Léonard inventeur est soulignée par les activités représentées, et plus encore par la physionomie ; qu'on se souvienne des autoportraits du grand peintre vieillissant.
(Gravure anonyme, XVIe siècle ; Bibl. nat., Paris. Ph. © Bibl. nat. / Photeb.)

Trois siècles plus tard, Palamède, le père des nombres, selon la légende, déjouera par la ruse la folie simulée d'Ulysse, l'obligeant ainsi à partir pour la guerre de Troie. Il finira broyé dans un procès pour trahison, par ceux-là mêmes qui lui devaient la victoire, pour avoir entraîné dans leur camp le roi d'Ithaque.

En 510 av. J.-C., Pythagore aide, grâce à son génie, sa ville d'adoption, Crotone, à écraser sa rivale Sybaris... Il sera banni, victime de son succès.

On le voit, il n'y a pas de mythe heureux du rapport de la science et du pouvoir. Et pourtant, malgré tant et tant d'échecs, la croyance en une harmonie demeure, alors que chaque génération voit la raison d'État sacrifier certains savants qui l'ont servie. La réhabilitation vient généralement; faut-il donc voir sous ce « sacrifice » l'apothéose d'une carrière scientifique, grâce à laquelle le savant n'est plus une gloire de la science, mais une gloire de l'humanité ? Quel est donc le modèle d'une telle passion ?

Un savant exemplaire

Dans son calendrier pour l'avancement du genre humain, annexe du catéchisme positiviste, Auguste Comte donne au quatrième mois consacré au culte de la science antique le nom d'Archimède (287-212 av. J.-C. ; cf. p. 356). Pour les sciences exactes c'est le seul à qui un tel honneur échoira. Ainsi traité à l'égal d'un Homère, d'un Moïse, d'un César, le grand savant syracusain surpasse dans l'estime du philosophe positiviste Newton, Kepler, Galilée et tous les autres.

Dans sa célèbre pensée sur les trois ordres, Pascal ne met en scène que deux personnages: Archimède et Jésus-Christ; celui-là apparaît dans l'ordre de l'esprit de la même manière que celui-ci dans l'ordre de la charité. Peu de savants ont été aussi vénérés. Honneur insigne ! une de ses découvertes a été mise en poème. En effet, l'exécrable :

« Que j'aime à faire apprendre un nombre utile aux sages.
Immortel Archimède artiste, ingénieur... »

donne avec le nombre de lettres de chaque mot les chiffres de l'écriture décimale du nombre π (que = 3, j = 1, aime = 4, etc.). Par ce moyen mnémotechnique le pédagogue a non seulement fixé un résultat mathématique, mais aussi le nom de celui qui le premier donna le moyen d'approcher la mesure du cercle. Dans un petit traité, probablement incomplet, *la Mesure du cercle,* Archimède expose et démontre trois propositions importantes, chacune de manière spécifique, pour l'histoire des sciences :

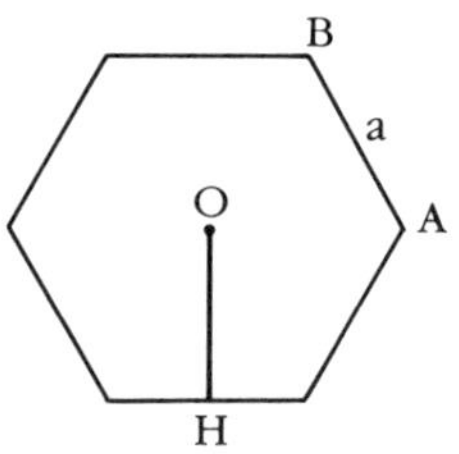

Première proposition : « Tout cercle est équivalent à un triangle dont la hauteur et la base sont le rayon et la circonférence du cercle. »

L'aire S d'un polygone régulier est égale à 1/2 OH.P, où OH et P sont respectivement la hauteur et le périmètre du polygone régulier.

En effet, $S = n \times \text{aire (OAB)} = n \times 1/2\ (OH \times a) = 1/2\ OH\ (n \times a) = 1/2\ OH \times P$

Soit P_I, P_E, P et S_I, S_E, S, respectivement les périmètres et les aires des polygones interne, externe, et du cercle.

On a évidemment: $S_I < S < S_E$ et $P_I < P < P_E$;
de plus, $Oh < R = OH$, donc $1/2\ Oh \times P_I < 1/2\ R \times P < OH \times P_E$.
D'après le premier paragraphe: $1/2\ Oh \times P_I = S_I$ et $1/2\ OH \times P_E = S_E$

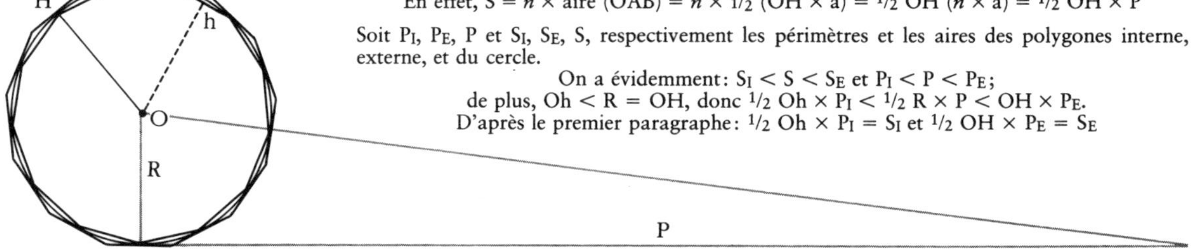

Donc, si les aires du cercle et du triangle de hauteur R et de base P étaient différentes, leur écart existerait toujours entre S_I et S_E, ce qui est absurde puisqu'en multipliant le nombre de côtés des polygones, l'écart de leur aire peut être rendu aussi petit que l'on veut (d'après Euclide, XII, 2).

Pour nous qui, depuis l'enfance, avons été formés à utiliser les formules liées au cercle, cette proposition peut apparaître comme tautologique. Comme de plus la démonstration en est simple, beaucoup d'historiens des sciences passent dessus sans en remarquer l'aspect réellement nouveau. La science de l'époque n'avait pas attendu le travail d'Archimède pour proposer des protocoles permettant de calculer l'aire et la circonférence d'un cercle. Les Égyptiens comme les Babyloniens proposaient déjà les algorithmes de calcul efficaces (cf. p. 39-61).

Les œuvres d'Archimède:

De la sphère et du cylindre, livres I et II; *De la mesure du cercle*; *Des conoïdes et des sphéroïdes*; *Des spirales*; *De l'équilibre des plans,* livres I et II; *l'Arénaire*; *De la quadrature de la parabole*; *Des corps flottants,* livres I et II; *le Stomachion*; *De la méthode relative aux théorèmes mécaniques*; *les Lemmes*; *le Problème des bœufs.*

Ce qu'Archimède énonce implicitement ici, c'est la parenté entre les problèmes de quadrature et de rectification du cercle (c'est-à-dire la découverte d'un carré ayant même aire qu'un disque donné, et celle d'un segment ayant même longueur que le périmètre d'un cercle). Ce qui veut dire pour nous (méfions-nous des anachronismes !) que les constantes permettant de calculer l'aire et la circonférence d'un cercle sont liées au même nombre (appelé π depuis le XVIIe s.). Il poursuivra ce travail dans le traité *De la méthode* où il écrit : « Du moment que tout cercle est équivalent à un triangle ayant pour base la circonférence et pour hauteur le rayon, toute sphère est équivalente à un cône ayant pour base la surface et pour hauteur le rayon de la sphère. » Il fait ainsi implicitement la preuve que la mesure des circonférences règle celle des aires des cercles, des aires et des volumes des sphères.

Deuxième proposition : « Le rapport du cercle au carré circonscrit est proche de celui de 11 à 14. » Ce résultat peut sembler banal, mais il faut le comprendre dans son époque lorsque les calculs d'aire du cercle se ramenaient à ceux d'un carré. C'est ce que faisaient les Égyptiens, les Babyloniens et les Grecs avant lui. A ceux-là Archimède donne une réponse de même style, dont il démontre la vérité ainsi que la meilleure précision. Si nous sous-estimons souvent cette proposition, c'est qu'elle ne s'adresse pas à nous, mais à tous ceux qui ont précédé le Syracusain, et sur lesquels il vient de prendre le pas.

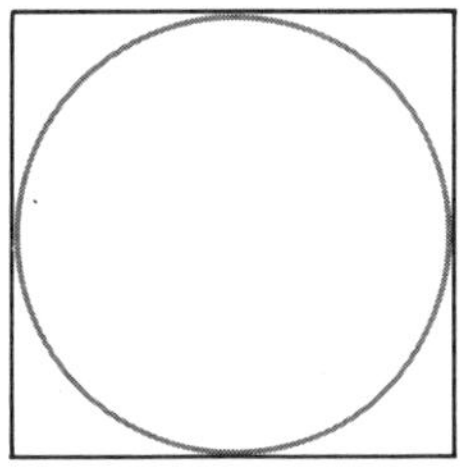

Si le carré vaut 14 alors le cercle vaut à peu près 11 ; pour établir ce résultat, Archimède utilise son calcul de la circonférence, ce qui renforce l'idée d'une réduction de la quadrature à la rectification.

Troisième proposition : « Le périmètre de tout cercle est égal au triple du diamètre augmenté d'un segment compris entre les dix soixante et onzièmes et le septième du diamètre. » Ici Archimède force l'admiration de tous par une série de calculs qui étonnent encore aujourd'hui ceux qui connaissent le système d'écriture des nombres chez les Grecs. Ce résultat a donné dans nos écoles le fameux 22/7 comme valeur approchée de π au 2500e. A son propos, le mathématicien français du XVe siècle, Nicholas Chuquet, aurait dit : « C'est chose qui ne se peut prouver par aucune démonstration » ; c'est dire le génie d'Archimède. Sa technique d'approximation de la circonférence consiste à compresser le cercle entre deux polygones dont le nombre de côtés pourra être augmenté autant qu'il le faudra pour atteindre la précision voulue. Cette technique était encore utilisée au XVIIe siècle.
En réduisant à un seul et même problème ceux de la cubature de la sphère, de la quadrature du disque et de la rectification du cercle ; en imposant contre les algorithmes antérieurs son calcul de l'aire du disque ; en créant une méthode d'approximation inépuisable, Archimède s'inscrit comme le maître présent, passé et à venir, de la figure-symbole de la géométrie. Pourtant cette performance, qui suffirait à la gloire des plus grands, passe généralement inaperçue dans les récits des historiens : Polybe, Tite-Live, Cicéron, Silius Italicus, Plutarque et tant d'autres qui ont écrit sur le mathématicien.
Ainsi ces écrivains qui ont nourri tous les meilleurs esprits des XVIe, XVIIe, XVIIIe et même XIXe siècles et qui donc ont formé le terreau culturel dans lequel a poussé la science occidentale, n'ont pas cherché à donner d'Archimède une image fidèle. Il s'agira donc de montrer, en suivant en particulier le texte de Plutarque, comment s'est dessinée dans ces récits d'histoire grecque et romaine, non pas l'image fidèle d'un homme, mais plutôt la figure canonique du savant.

Un historien illustre

« L'histoire des grands hommes est comme un miroir que je regarde pour tâcher en quelque mesure de régler ma vie et de la conformer à l'image de leurs vertus », écrit Plutarque dans *la Vie de Timoléon.* Né vers l'an 50 de notre ère, à Chéronée, il y meurt près de quatre-vingts ans plus tard. Issu d'une illustre famille de la ville, Plutarque y revint définitivement, après quelques voyages de jeunesse à Rome. Il voulait, selon ses propres mots, que l'estime et la faveur qui s'attachaient à son nom rejaillissent sur sa ville et ses compatriotes. Auteur prolifique, il écrivit de nombreuses vies — dites parallèles, car un Grec y est toujours comparé à un Romain —, de longs traités moraux et des essais variés.

Plutarque montre par ce qu'il fait et dans ce qu'il écrit un souci constant d'exemplarité comme fondement nécessaire des liens des hommes entre eux. Ses connaissances historiques, philosophiques et scientifiques sont mises au service de cette morale. Élève d'un maître platonicien, il est persuadé de l'absolue réalité du monde des idées et de sa primauté sur celui des choses. Fort de cette opinion, on peut comprendre que, dans un monde dominé par le pragmatisme et organisé par le juridictionnel, Plutarque se soit réfugié loin du centre de la puissance de la *Pax Romana.*

Sans être lui-même un savant, il semble bien qu'il ait une vaste culture scientifique non dénuée d'originalité, en témoigne son très étonnant petit traité, *De la figure qui apparaît à la face de la Lune,* où décrivant certaines théories cosmologiques il expose, par exemple, des conceptions sur l'attraction universelle et la théorie des marées qui en découlerait.

Sources de sujets dramatiques et de pensées chez Montaigne, Montesquieu, Rousseau, Shakespeare, et bien d'autres, ses œuvres seront, selon le mot de l'historien des mathématiques, Jean-Étienne Montucla, « dans toutes les mains ». Il est donc possible d'affirmer que nombreux furent les scientifiques des âges baroque et classique qui découvrirent, en lisant la vie du général Marcellus écrite par Plutarque, la dizaine de pages qu'il consacre à Archimède. En 1654, le père Taquet constatait, à propos du savant, que « ceux qui le louent sont plus nombreux que ceux qui le lisent, et ceux qui l'admirent plus nombreux que ceux qui le comprennent ». Il soulignait ainsi que la gloire d'Archimède débordait largement le cercle étroit des savants. En suivant pas à pas le récit de Plutarque, on comprendra comment un mathématicien d'exception a pu devenir la figure canonique du « savant génial ».

Syracuse et le reste du monde

Dans le courant du VIIIe siècle, des Doriens de Corinthe vinrent s'installer à quelques encablures de la côte ionienne de la Sicile, dans une île d'un demi-kilomètre carré. Ils la nommèrent Ortygie, ancien nom de Délos, la plaçant ainsi sous la protection d'Apollon et d'Artémis. L'île fut rattachée à la Sicile. Et la richesse vint des plaines fertiles et du commerce. Dès le Ve siècle av. J.-C., sous l'empire des tyrans Hiéron Ier et Gélon, la ville, considérablement étendue, était une des plus riches cités de la Grèce, comptant plusieurs centaines de milliers d'habitants.

Pendant trois siècles, le plus souvent totalement libre de sa destinée, elle va prendre part à tous les grands conflits du bassin méditerranéen. Étrusques, Mèdes, Phéniciens, Carthaginois, Athéniens, Lacédémoniens, Macédoniens, Romains, tous, de près ou de loin, rallièrent ou combattirent Syracuse. Les alliances et les sièges se succédaient, les royautés, les tyrannies alternaient avec les démocraties. Malgré tout la ville était sans cesse plus opulente, se couvrait de temples et de monuments où s'entassaient les œuvres d'art. Les mécènes attiraient vers eux les plus grands esprits de l'Antiquité. Des pythagoriciens fuyant le sud de la Péninsule italique s'y réfugièrent. Platon vint y désespérer de ses rêves de république. Des artistes, des savants y apportèrent leurs talents, contribuant largement au rayonnement et à la prospérité de la cité.

Grâce à sa puissance, Syracuse contrôlait une grande partie des plaines de

Ce plan montre bien les proportions de la ville de Syracuse, remarquables pour l'époque (le pas romain valait 1,47 m et le stade ici utilisé 177,60 m) ; il fait aussi comprendre comment la situation topographique en faisait une ville au port très protégé et aux escarpements faciles à défendre.
(Veterum syracusarum typus, *gravure anonyme ; Bibl. nat., Paris. Ph. © Bibl. nat. / Photeb.)*

Sicile dont la fertilité est restée légendaire. Le blé y poussait abondamment et les bœufs paissaient en quantité. « Mesure-moi, ami, le nombre des bœufs d'Hélios qui paissaient dans les plaines de l'île Thrinacienne, la Sicile [...] », écrit Archimède au début du curieux *Problème des bœufs*. Dans celui-ci, il expose, sous la forme d'un poème, une énigme qui devait permettre à Ératosthène (bibliothécaire-géographe d'Alexandrie, calculateur du diamètre de la Terre et correspondant d'Archimède) de tester ses capacités en mathématique. « Quand tu auras trouvé [...] sache qu'on te jugera arrivé à la perfection dans cette science. » S'il faut en croire l'étude d'un mathématicien du siècle dernier, l'écriture décimale de la solution occuperait six cents pages couvertes de chiffres. C'est dire, en manière de plaisanterie, la richesse de la campagne sicilienne ; mais c'est aussi l'occasion de souligner une fois de plus la fabuleuse capacité de calculateur d'Archimède, à moins que, n'ayant su résoudre intégralement son problème, il l'ait proposé, comme il avait l'habitude de le faire, pour les questions difficiles, à un des rares mathématiciens capables de l'aider. Ils étaient peu nombreux à l'époque et il les avait presque tous connus dans sa jeunesse lors d'un séjour à Alexandrie qui, avec sa célèbre bibliothèque, son musée et ses savants prestigieux, était le centre scientifique où convergèrent les pensées grecque, égyptienne, babylonienne et juive.
A la lecture des lettres d'Archimède qui ouvrent plusieurs de ses traités, nous

découvrons le petit monde des mathématiciens du IIIe siècle av. J.-C. où, malgré les milliers de kilomètres, se maintenaient des échanges scientifiques. N'oublions pas ce qu'il faut de stabilité et de fiabilité dans les échanges maritimes pour confier à la mer les légers rouleaux du savoir. On mesure là combien, même à l'époque, le travail mathématique du Syracusain devait à la puissance de sa patrie. Les myriades de myriades de bœufs, inscrites sur les papyrus, traversent les mers en toute sécurité grâce aux milliers d'artisans, de guerriers, de paysans qui se sont nourris de ceux, bien réels, qui paissaient dans les plaines thrinaciennes. Plutarque nous montrera l'effort d'Archimède et des forces légères de son esprit pour rendre aux masses lourdes du monde le tribut qu'il leur devait.

Au moment où commence le récit, Syracuse est en crise. Le roi Hiéron II, après avoir gouverné pendant cinquante-quatre ans, est mort depuis un an, devancé par son fils Gélon qui l'avait secondé. Après une alliance désastreuse avec Carthage au début de la première guerre punique, les Syracusains, en 263 av. J.-C., s'étaient alliés à Rome, établissant une paix de près d'un demi-siècle. Quarante-sept ans plus tard, le petit-fils de Hiéron II, Hiéronymus, passe alliance avec Carthage dont les armées conduites par Hannibal viennent d'envahir toute l'Italie ; c'est la deuxième guerre punique.

Quelques mois plus tard, l'assassinat du jeune souverain laisse le royaume sans roi, en guerre contre l'ancien allié et allié à l'ancien ennemi. Le désordre politique est à son comble, et Plutarque ouvre le récit du siège de Syracuse, sur une ville sans tête politique. Elle a pour se défendre les forteresses construites tout à l'entour, au fil des siècles et décennies passés ; mais aussi ces étonnantes machines de guerre qui, exportées dès le IVe siècle av. J.-C. aux quatre coins de la Méditerranée vers Carthage, Rome, Athènes, Rhodes, ont fait une part de la fortune de la ville. Pour contrôler cette puissance un seul homme : Archimède. Le savant est au pied du mur, la crise est maximale, de quoi est-il capable ? C'est le problème que va se poser Plutarque.

En face des Syracusains, la puissance romaine, énorme, bien armée, entraînée. Elle vient d'écraser les villes voisines et selon le mot de Virgile, à sa tête « Marcellus s'avance, fier de ses dépouilles opimes. Ah ! comme ce vainqueur dépasse de la terre tous les héros ! » Ainsi, malgré la foule des citadins, les multitudes de guerriers, les machines terrifiantes, les forteresses imprenables, les trirèmes et les pentères par dizaines, la situation est pour Plutarque d'une simplicité toute canonique. Dans ce combat entre la dernière grande cité libre de la Grèce et la puissance romaine, le plus grand des militaires est face au plus grand des savants. Que va-t-il se passer ?

Dépouilles opimes : à Rome, dépouilles qui revenaient à un général ayant tué de sa main un général ennemi.
Trirème, pentère : navires de guerre respectivement à trois et cinq rangées de rames superposées.

Le siège de Syracuse

Bien évidemment la réponse est dans l'ordre des idées et non pas dans celui des rapports guerriers entre les hommes. Dans cette étude le réel, c'est le texte de Plutarque, c'est lui qui organise l'imaginaire dont nous recherchons le fondement, il ne s'agit donc pas de recréer une hypothétique vérité historique. Je vais donc essayer de montrer comment l'auteur a construit son récit. Comment l'usage qu'il a fait de ses connaissances philosophiques et scientifiques lui permet de tracer l'image qu'il souhaite des rapports entre la science pure et les forces matérielles. Comment en pondérant les divers épisodes de l'histoire, les multiples facettes de la production d'Archimède, il a pu, par torsions, renforcements, affaiblissements, mettre au point ce que l'on appellera le canon du savant.

Fort distrayant, le récit de Plutarque alterne les épisodes les plus spectaculaires, et les digressions pleines de sens sur le développement des sciences et sur les productions d'Archimède. Le commentaire qui suit découpera ce texte selon ses temps forts, et nous donnera à l'occasion les informations qui aideront à en extirper l'implicite. Les principales œuvres et découvertes d'Archimède seront présentées au fil des allusions de Plutarque.

Où l'on doit se convaincre que l'histoire des sciences est un préalable à celle des batailles

L'attitude de Plutarque est des plus étonnantes : alors que sur la mer Marcellus dirige ses soixante pentères vers le petit port voisin des remparts de l'Achradine et que, par la terre, l'énorme armée romaine approche des fortifications des Épipoles, son seul commentaire est : « Tout cela ne comptait guère pour Archimède et toutes ses machines. » Puis quittant la bataille, il ouvre une longue digression.

Partant du contexte militaire, Plutarque va, par étapes successives, s'élever jusqu'à la sphère dans laquelle il situe son héros. Il affirme tout d'abord que les inventions militaires n'ont pas d'importance pour le savant, qu'elles ne sont que des récréations pour rendre sensibles des notions abstraites. « Ce grand homme ne considérait pas ses propres inventions comme des ouvrages sérieux. Il les regardait comme de simples jeux de géométrie, qu'il n'avait exécutés que pour céder aux instances de Hiéron [...]. Celui-ci avait engagé Archimède de détourner l'essor de son âme, des choses intelligibles vers les corporelles, et de rendre ses raisonnements sensibles au vulgaire [...]. »

Pourtant la séparation n'est pas aussi simple. Même au cœur de ce monde abstrait se posait un problème essentiel aux mathématiques que certaines machines étaient capables de résoudre. Mais l'excellence de la géométrie prônée par Platon interdisait leur utilisation, sans doute parce que le matériel ne peut être un moyen d'accéder aux lois transcendantes des mathématiques. « Platon s'indigne et leur (à Archytas et Eudoxe qui les utilisèrent) reprocha énergiquement de perdre et de ruiner l'excellence de la géométrie, qui désertait avec eux les notions abstraites et intelligibles pour passer aux objets sensibles, et revenait à l'utilisation d'éléments matériels, qui demandent un long et grossier travail manuel [...]. C'est ainsi que la mécanique déchue fut séparée de la géométrie ; et, longtemps méprisée par la philosophie, elle devint un des arts militaires. » Voilà énoncé probablement pour la première fois dans un texte d'histoire la trop fameuse séparation, science « pure », abstraite, intelligible et « technique » sensible, instrumentale, grossière. C'est le premier cri d'un conflit qui accompagnera le développement de la science occidentale. Condamnée ainsi, la mécanique tombait dans le domaine du génie militaire. En soulignant ce problème, Plutarque passe en quelques lignes du fracas des batailles à la musique des sphères. Son projet est de nous persuader que celui qui entend celle-ci dominera celui-là. Les idées dominent le monde !

Suivons son discours quasi épistémologique. Premièrement, les inventions techniques ne sont que des applications de la géométrie. La théorie domine la pratique, l'abstrait le concret, l'artiste l'ingénieur. Si le savant doit se mêler des objets matériels, ce n'est que par obligeance vis-à-vis du monarque et par souci d'éduquer la foule. Le savant doit respecter son ancrage social ; remarquons au passage son statut exceptionnel : c'est le monarque qui l'engage dans ces pratiques, « l'abaissant » aux trivialités mécaniques.

Archimède n'est d'ailleurs pas le premier à aborder ces problèmes techniques. Archytas, pendant dix ans stratège de Tarente au IVe siècle av. J.-C. et son élève Eudoxe, astronome et mathématicien, inventeur de méthodes utilisées par Archimède, s'y sont déjà appliqués. « Cette mécanique si fameuse et si vantée, Eudoxus et Archytas en sont les inventeurs. Ils voulaient orner la géométrie d'une certaine grâce, et appuyer, sur des exemples sensibles et matériels, des problèmes qu'il était difficile de résoudre par le raisonnement et la démonstration géométrique. »

« Tel est le problème des deux moyennes proportionnelles, à la solution duquel le raisonnement ne suffit pas, et qui est le principe nécessaire de beaucoup de figures, (pour le résoudre Archytas et Eudoxe) ont recouru tous deux à des moyens mécaniques, et ils ont composé des mésolabes ajustés selon des lignes courbes ou des sections coniques. »

Ici Plutarque dévoile ses connaissances mathématiques. Il s'agit en effet d'un des trois grands problèmes de la mathématique grecque, les deux autres étant : la quadrature du cercle (nous avons vu comment Archimède s'en est occupé) et la trisection de l'angle (qu'il a essayé de résoudre à la huitième proposition de son livre *les Lemmes* si l'on en admet l'authenticité). Le troisième grand problème qui nous intéresse est une généralisation de celui de la duplication du cube, cas particulier des problèmes sur l'accroissement des volumes.
Une légende raconte que les habitants de Délos durent solliciter l'avis des mathématiciens sur ces questions, car l'oracle du temple d'Apollon (un des dieux tutélaires de Syracuse) les avaient enjoints de doubler le volume de l'autel. Dans son commentaire sur les œuvres d'Archimède, Eutocius, un mathématicien du VIe siècle apr. J.-C., cite une lettre adressée au roi d'Égypte Ptolémée, écrite par Ératosthène. Après avoir rappelé la légende, et rapidement exposé les tentatives des mathématiciens, le géographe plaide pour l'utilité de sa propre découverte, un certain type de mésolabe, en affirmant : « Mon invention peut être utile aussi à ceux qui voudront augmenter la taille des catapultes et des balistes, car tout doit être augmenté en proportion si nous voulons que le jet soit augmenté à proportion. Ce qui n'est pas réalisable sans l'invention des moyennes. »

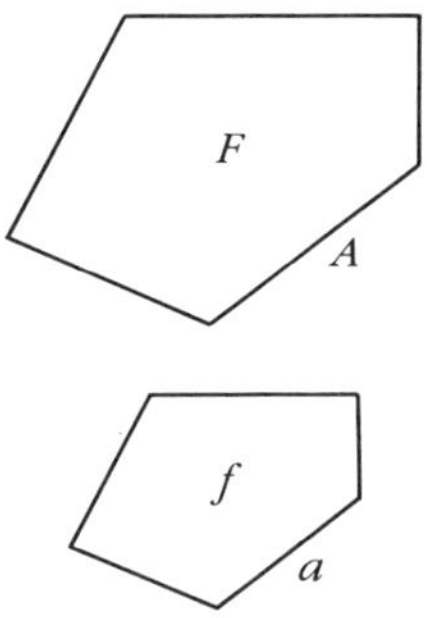

Le mésolabe

Rappelons qu'une figure *F* aura une aire double d'une figure *f* si chaque côté *A* égale la diagonale d'un carré de côté *a*. Il n'existe pas pour les volumes un procédé d'une telle simplicité. Certains Grecs comme Érathostène utilisèrent pour doubler les volumes une machine appelée *mésolabe*.
Soit donc à faire croître le côté *a* d'un volume pour obtenir le côté d'un volume double semblable.
— Prendre trois plaquettes rectangulaires de longueur 2*a* où sont tracées trois diagonales.

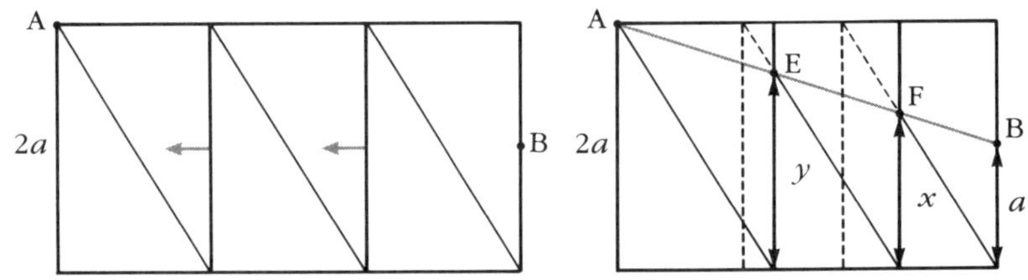

— Faire glisser celle du milieu sous celle de gauche et celle de droite sous celle du milieu de telle façon que les points A, E, F et B soient alignés. On obtient alors les propositions :

$$\frac{2a}{y} = \frac{y}{x} = \frac{x}{a}\text{, donc } y^2 = 2ax \text{ et } x^2 = ay\text{;}$$

$$\text{donc } x^4 = a^2y^2 = a^2(2ax) = 2a^3x\text{; en conséquence } x^3 = 2a^3.$$

Le volume engendré par *x* est bien double de celui engendré par *a*.

Les allusions au mésolabe, aux lignes courbes et aux sections montrent combien Plutarque était au fait des solutions les plus subtiles. Mais il ne souligne pas la portée militaire de la découverte mathématique alors que Syracuse avait aussi son temple d'Apollon, ses balistes et ses catapultes, et qu'il ne pouvait ignorer les études d'Archimède sur le problème de la double moyenne. En effet, dans son traité *De la sphère et du cylindre,* le mathématicien suppose le problème résolu lorsqu'il s'agit pour lui de construire un cône ou un cylindre une fois et demie plus grand qu'un cône ou un cylindre donnés.
Archimède a-t-il eu besoin de ces connaissances pour les machines de guerre ? Plutarque ne nous donne pas de réponse, car pour lui le savant de Syracuse doit être du bon côté de la séparation imposée par Platon. En attendant, voilà Archimède blanchi, sa science ne dérive pas de l'armement, c'est, par la volonté

du prince, l'armement qui dérive du savoir. Le savant n'y est pour rien et pour mieux le démontrer Plutarque, quittant le registre épistémologique, va nous faire un petit exposé de « sociologie des sciences ».

Où l'on verra comment, dès le IIIe siècle av. J.-C., le savant devait en imposer au roi

« Or un jour Einstein écrivait au président Roosevelt... » Est-ce vraiment un lapsus ? Soulignons tout de même l'honnêteté du Plutarque « sociologue » qui, après avoir affirmé que le roi était venu chercher Archimède, avoue quand même la tentative d'approche de celui-ci, et sa vantardise inouïe : « Or un jour Archimède écrivit au roi, son parent et ami [...]. Il déclara qu'il était capable, s'il y avait une autre terre de soulever celle-là en passant dans l'autre. » Tout d'abord, soulignons la parfaite connaissance qu'a Plutarque de son personnage (peut-être connaissait-il la biographie d'Archimède, aujourd'hui perdue, mais encore lisible au IVe siècle, d'un certain Héraclide). Sous l'allusion du roi « parent et ami » et sous celle de cette terre qu'il peut soulever, il y a la figure de Phidias, le père d'Archimède, qui était, dit-on, parent de la famille royale et astronome attaché au palais. C'est justement dans un traité où il est question d'astronomie, *l'Arénaire*, qu'Archimède fait allusion aux travaux de son père.

Arénaire : d'arène, sable.

Dans ce curieux petit livre, Archimède s'adressant au fils du roi Hiéron II, le roi Gélon, attaque l'idée de l'infini et se propose d'évaluer le nombre de grains de sable (d'où le nom de l'ouvrage) qu'il faudrait pour remplir une sphère grande comme l'Univers. Pour résoudre la difficulté il doit en surmonter deux. Premièrement, donner les dimensions de l'Univers. Il présente à cette occasion les connaissances astronomiques de son époque, en particulier le système héliocentrique d'Aristarque, et décrit un dispositif expérimental permettant d'évaluer le diamètre du Soleil. Deuxièmement, créer le moyen d'exprimer le nombre colossal qu'il recherche. Rappelons à ce propos que l'écriture grecque des nombres ne permettait d'exprimer que des nombres inférieurs à la myriade de myriades (100 000 000). Le système qu'il propose dépassera largement son objet.

Système héliocentrique d'Aristarque (v. 290 av. J.-C.) : dans ce système, la Terre tourne sur elle-même en décrivant une orbite circulaire autour du Soleil. Premier grand astronome de l'école d'Alexandrie, Aristarque de Samos est, avec dix-sept siècles d'avance, le précurseur de Copernic.

Ayant satisfait le roi-fils en évaluant l'Univers avec des grains de sable, c'est-à-dire le plus grand avec le plus petit, Archimède recommence avec le roi-père en proposant que le plus léger ébranle le plus lourd, qu'un seul homme remue cette terre, qu'une petite force déplace une grande masse, qu'à lui seul il meuve un bateau déposé sur le sable ! Ce rapprochement n'est pas nouveau, à la fin du premier siècle de notre ère, l'historien de la deuxième guerre punique, Silius Italicus, écrivait : « Il a compté les grains de sable de la terre, lui qui par les mains d'une femme savait mettre une galère à flot. »

Assistons à l'exploit : « Il fit tirer à terre, au prix de grands efforts d'une nombreuse main-d'œuvre, un navire de transport à trois mâts de la marine royale ; il y fit monter un grand nombre d'hommes, en plus de la cargaison habituelle, et, assis à distance, sans peine, d'un geste tranquille de la main, il actionna une machine à plusieurs poulies, de façon à ramener vers lui le navire en le faisant glisser sans à-coups, comme s'il courait sur la mer. » Selon d'autres historiens il mit « simplement » à flot un énorme bateau construit sur les chantiers de Syracuse pour le roi Ptolémée. Mais quel qu'il fût, l'exploit fut tel que, d'après Proclus — commentateur d'Euclide du Ve siècle apr. J.-C. —, « à partir de ce moment Archimède pouvait être cru sur tout ce qu'il put avancer ».

Dans le récit, ce qui semble compter, c'est la simplicité de la situation. La galère (image du monde que reprendra Galilée dans ses dialogues) est pleine à craquer, seuls semblent rester sur la plage Archimède et, sans doute, le roi qui observe, à moins qu'il ne participe lui-même à la manœuvre comme l'affirme Proclus.

Si l'on en croit l'historien de la philosophie Émile Bréhier « le platonisme de Plutarque est lié à une réaction très forte en faveur des traditions grecques en même temps qu'à une critique violente des grands dogmatismes post-aristotéliciens » et, dans la situation qui nous intéresse, il nous faut suivre l'historien de la science grecque, Charles Mugler, traducteur d'Archimède, lorsqu'il voit dans l'expérience du port de Syracuse un dispositif permettant d'en finir de façon spectaculaire avec un des fondements de la mécanique d'Aristote.

Il ne s'agit donc pas uniquement de politique scientifique, permettant au savant d'intéresser le roi à ses activités. Plus finement, nous percevons là l'inextricable enchevêtrement des problèmes théoriques et sociaux que la science doit résoudre. Soyons plus précis. Dans sa physique, Aristote affirme que la vitesse d'un objet est proportionnelle au rapport entre la force exercée et la résistance au mouvement. Il faudra, selon l'histoire communément admise, attendre Galilée pour que l'erreur soit dénoncée (que des mécaniciens médiévaux aient devancé le Pisan dans cette voie n'est pas notre propos). Pour Aristote lui-même cette loi souffrait une exception. C'était l'objet de sa deuxième loi de la mécanique : « Si la force était faible et la résistance grande alors la vitesse était nulle », l'ébranlement ne pouvait se faire. On mesure mieux maintenant la stupéfaction du roi.

Cette thèse d'Aristote était universellement admise, et ce, d'autant mieux, qu'elle semble correspondre au sens commun ; qui croirait spontanément de nos jours que la force d'un seul enfant puisse ébranler un poids lourd à l'arrêt ? C'est pourtant bien de cela qu'il s'agit. A une époque où la science d'Aristote s'étayait du « sens commun », la tentative d'Archimède ne pouvait passer que pour une folie. C'est pourquoi sa réussite balaya tous les doutes, imposant la « puissance de la science », puisqu'il n'était pas fou lui seul était sage. Ce fut selon le texte de Plutarque le grand succès d'Archimède. Et à l'instar de ce qui se passera vingt-deux siècles plus tard à Los Alamos (cf. p. 515), « le roi engagea Archimède à construire en vue de toute espèce de siège des machines soit pour la défense, soit pour l'attaque. Hiéron n'eut pas à s'en servir lui-même ». Beau plaidoyer pour une politique de dissuasion !

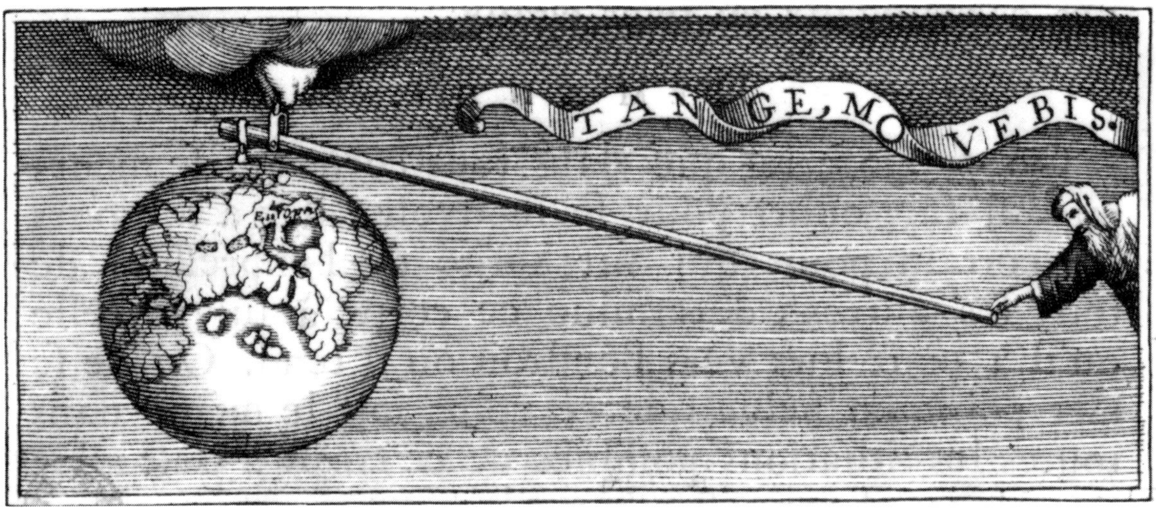

« Touche et tu la bougeras ! » En cette fin d'un XVIIe *siècle qui a connu le retentissant* « Eppur, si muove ! » *de Galilée, cette gravure illustre parfaitement la fonction d'un « point fixe » absolu. Le monde et le savant sont aux deux extrémités de la règle de raison soutenue par la main de Dieu.*
(Gravure anonyme in P. Varignon, frontispice du Projet d'une nouvelle mécanique, *1687 ; Bibl. nat., Paris. Ph. © Bibl. nat. / Photeb.)*

Il est peut-être temps de soulever un coin du voile dissimulant les fondements de la puissance d'Archimède. Évidemment la mécanique des leviers dont il s'est fait le théoricien dans le livre *De l'équilibre des figures planes* confirme la possibilité de déplacer des masses énormes à l'aide de poutres, de poulies fixes ou mobiles, de vis sans fin. Mais la Terre n'est pas vraiment une simple figure de géométrie. Bien sûr un nouveau système de numération permet d'écrire les nombres de *l'Arénaire* et ceux du *Problème des bœufs* mais quelle dimension du réel faut-il occulter pour que toutes ces possibilités théoriques deviennent crédibles ? Au XVIIIe siècle, Adam Ferguson, philosophe écossais de l'école du « sens commun », prenant au pied de la lettre la « promesse » d'Archimède : « Donnez-moi un point fixe et je soulèverai la Terre », calcula le temps que mettrait un homme contrebalançant la Terre au bout d'un levier et se déplacant à la vitesse d'un boulet de canon pour déplacer la Terre d'un pouce. Le résultat tomba : 44 963 540 000 000 ans ! Tout devenait clair, et l'historien Montucla l'avait entrevu à la même époque : pour profiter de la surpuissance que semblent offrir les théories d'Archimède il faut du temps, beaucoup de temps, temps dont ni le mathématicien ni son hagiographe ne nous parlent. Dans l'effet spectaculaire que produit l'occultation de la dimension temporelle, disparaît la grandeur qui s'échange réellement contre celle des grandes masses, des grandes quantités. Plus généralement, c'est cette dissimulation qui fonde la puissance de l'abstraction et, sans elle, la mécanique d'Aristote s'imposerait encore.

Le dispositif que nous rapporte Plutarque fait d'Archimède un illusionniste. C'est le rôle que doit assumer le savant pour en imposer au pouvoir. Voilà bien une mise en scène inattendue de ces rapports du spirituel et du temporel, que Platon, un siècle plus tôt dans la même ville, auprès des tyrans Denys et Dion, avait tenté de maîtriser. On sait l'échec survenu ! (cf. *Lettre VII* de Platon). Archimède, lui, ne connut pas l'échec. Pour Plutarque, la science a de ces évidences contre lesquelles nul ne dispute. La défense de la ville fut confiée au savant. Il faut à ce propos quelques rectifications historiques. Plutarque ne pouvait ignorer Hérodote, c'est donc sciemment qu'il ne dit rien des fortifications commencées sous Hiéron Ier ; il connaissait de même son Thucydide, pourquoi alors n'avoir rien dit des défenses organisées pendant le siège de Syracuse lors des guerres du Péloponnèse ? Pour exhausser son héros, l'illustre historien fait silence sur tous les efforts de défense précédents, ainsi que sur la traditionnelle production d'armement. D'autres historiens, comme Diodore de Sicile, antérieur à Plutarque, s'étaient pourtant étendus sur les armes de ces siècles. Les élépoles, par exemple, qui, comme leur nom l'indique, servaient à prendre les villes, pouvaient être de gigantesques tours roulantes de 25 m de côté sur 50 m de hauteur et devaient être déplacées par près de 3 000 hommes. Le même auteur raconte que, au siège de Rhodes, Démétrius, un siècle avant Hiéron II, employa 30 000 ingénieurs et ouvriers à la fabrication des machines nécessaires. Malgré l'exagération possible, cela souligne l'importance considérable de l'industrie de l'armement à l'époque, et lorsque l'on connaît celle de Syracuse, on comprend les raisons qui poussèrent Archimède à s'assurer la confiance royale.

Thucydide (v. 460-v. 395 av. J.-C.) : historien grec, auteur de l'*Histoire de la guerre du Péloponnèse*.

Même si le propos de Plutarque n'est pas là, on le situe mieux en soulignant ce qu'il ne nous dit pas. Imaginons un moment que le savant ait pu apporter de très réelles innovations à la technique militaire. Elles auront assuré pendant un temps la sécurité de la ville, puis, exportation aidant, pourquoi ne pas voir dans les machines que les Romains font avancer les « sœurs » de celles qu'Archimède conçut ? Cela renforcerait encore plus sa gloire, puisque dans cette dramatique situation Syracuse pouvait au moins se prévaloir d'avoir « encore l'inventeur des machines ».

Déséquilibre de la terreur

Ayant situé son personnage, Plutarque revient à la bataille. En bon moraliste, il met en avant l'état mental des troupes en présence. Aucune blessure, aucune mort n'est décrite, et les désastres corporels sont toujours sous-entendus. Par contre, les remarques sur la peur sont fréquentes : « Syracuse, frappée de stupeur, demeura muette d'épouvante [...]. Les Romains, tellement effrayés, se mettaient à fuir en criant [...]. Marcellus fit sonner les trompettes ce qui

Polémologie: science de la guerre.

provoqua une fuite et une terreur éperdues [...]. » Ainsi, sous les jets de pierres et les traits foudroyants, ce qui s'échange réellement, ce sont la terreur, la frayeur, la stupeur, l'épouvante... L'important pour Plutarque, c'est ce qui se passe dans le psychisme des combattants.

Pour l'instant, la situation des Syracusains, attaqués des deux côtés en même temps, n'est guère brillante. La suite montrera comment la puissance des machines d'Archimède pousse la peur à changer de camp.

Jusqu'à présent, l'esprit maîtrisait la matière ; Plutarque nous montre désormais la spécificité des batailles, où la matière en acte sous ses modes les plus violents bouleverse l'ordre des esprits. L'état de guerre doit donc être compris comme le symétrique de celui qui nous a été décrit plus haut. L'écart entre le monde des idées et celui des choses est toujours aussi net, c'est la maîtrise de l'un sur l'autre qui a été inversée.

La bataille commence : nous voici plongés dans un monde totalement mécanique. Archimède, en grand horloger, met en jeu ses appareils, et jusqu'à la retraite des Romains, il n'y aura plus aucun acteur. La terrifiante machinerie est décrite comme totalement autonome, elle suit la logique propre de ses fonctions destructrices sans que quiconque intervienne. C'est bien ce qui s'appelle en polémologie la fatale logique de l'engrenage. A n'en pas douter, le système d'Archimède est globalement une machine infernale. En lisant les descriptions de Tite-Live ou de Polybe, on comprend mieux l'originalité de celle de l'historien de Chéronée. Chez lui, les machines agissent d'elles-mêmes, alors que chez les deux autres, les hommes, en particulier Archimède et Marcellus, restent les acteurs responsables.

Cela souligne combien le projet de notre auteur n'était qu'accessoirement historique. Ainsi décrit, ce monde des seules machines permet de mieux mettre en relief celui des seules idées. Et la variété des mécanismes nous laisse entrevoir la complexité des techniques de l'époque et l'aisance d'Archimède.

La bataille commence : « Archimède fit agir ses machines. Aussitôt l'infanterie fut assaillie d'une grêle de traits de toute espèce, de pierres énormes [...] », ce sont les troupes d'Appius qui attaquent au nord sous les remparts des Épipoles. Un déluge de pierres et de traits règle rapidement la situation. Pour le combat naval la description s'affine. La flotte est venue attaquer la ville sous les murs de l'Achradine, quartier résidentiel et somptueux, où habitait Archimède, si l'on en croit Polybe et Tite-Live (la carte de la p. 105 permet de mieux resituer la bataille).

Il faut imaginer les bateaux au plus près des murailles, on conçoit mieux alors la chute des poutres et surtout le travail de ces espèces de mains de fer dont Tite-Live nous a laissé une description très précise : « On utilisa un levier placé en travers du mur : il laissait tomber sur la proue un grappin de fer attaché à une chaîne solide et quand le bras à l'intérieur du rempart, entraîné par un lourd contrepoids de plomb, touchait le sol, le grappin tenait suspendue en l'air la proue du navire qui se dressait sur sa poupe ; on faisait alors basculer brusquement le bras à l'extérieur du rempart et le navire retombait dans l'eau au grand affolement des matelots. » En plus de sa précision, ce passage souligne l'importance des hommes dans la manipulation des armes, alors qu'il n'en est rien dans celui de Plutarque : « Quant à la flotte, tantôt c'étaient des poutres qui apparaissaient tout à coup en haut des murailles, et qui s'abaissaient sur les vaisseaux [...]. Tantôt c'étaient des mains de fer ou des becs de grue qui les enlevaient [...] et qui, par un mouvement de réaction, les faisaient tourner sur eux-mêmes [...]. A chaque instant, on voyait quelque vaisseau enlevé, planant au-dessus de la mer : spectacle à faire frémir. »

Le récit de Tite-Live qui affine en le reprenant celui de Polybe fait clairement apparaître la technique du levier dont nous avons déjà parlé. Par ce moyen, non seulement Archimède était capable de faire bouger les navires, mais si l'on en croit Plutarque, il lui était même possible de les faire voler. Remarquons à l'occasion que ces « poutres énormes » qui s'abattaient sur les navires pouvaient fort bien être celles qui avaient servi de levier pour les soulever. Au XVIe siècle, le mécanicien Simon Stevin, reprenant les études d'Archimède sur les leviers, produira une théorie sur l'équilibre des poutres.

Différents types de leviers (ci-dessus et à gauche) utilisés lors de sièges. (Armes et machines de guerre, *gravure in C. Cantu,* Storia universale, *1838-1846; Bibl. nat., Paris. Ph. © Arch. Photeb.)*

Récréation mathématique

Nous touchons avec le levier au dispositif technique qui, en instaurant l'équivalence du rapport des forces et celui des longueurs, illustre parfaitement la notion centrale de proportion autour de laquelle s'est développée la mathématique grecque. Il n'est alors pas étonnant de voir le plus grand des mathématiciens de l'Antiquité tenter la maîtrise de ce concept fondamental dans les situations extrêmes. Situation de l'infiniment grand des mondes à ébranler, situation de l'infiniment spectaculaire des monarques à impressionner, situation de l'infiniment chaotique des batailles à gagner, situation de l'infiniment petit des mathématiques les plus subtiles. Oui, à n'en pas douter, c'est bien le même homme qui fait chavirer les navires et qui mesure l'aire d'un segment de parabole.

Ce rapprochement entre la mécanique et la mathématique est fait par Archimède lui-même dans un traité, *De la méthode relative aux propositions mécaniques*, où il évalue l'aire d'un segment de parabole. Il écrit à son ami Ératosthène : « J'ai jugé à propos de te décrire les propriétés caractéristiques d'une méthode qui te permettra d'aborder certaines propositions mathématiques par le biais de la mécanique. »

La méthode en question vaut d'être décrite, et une petite plongée dans l'univers mathématique du défenseur de Syracuse nous aidera certainement à le comprendre mieux. Rappelons qu'une parabole est une courbe géométrique obtenue par l'intersection d'un cône droit avec un plan (cf. p. 145), c'est ce qu'on appelle une section conique comme celles auxquelles il est fait allusion plus haut dans le texte de Plutarque à propos du problème des doubles moyennes proportionnelles. De nos jours la parabole est plus connue comme étant la trajectoire d'un objet lancé puis retombant sur terre.

Ce que nous montre cette « exploration » (cf. p. 114-115), c'est la diversité des registres utilisés : théories des coniques alors à ses débuts, théories des rapports et des proportions, fin du fin des mathématiques grecques, théories des leviers et des centres d'équilibre.

Et pourtant Archimède conclut : « La proposition qui précède n'est certes pas démontrée par ce que nous venons de dire, mais elle donne une idée que la conclusion est vraie. » C'est pour cette raison qu'il qualifie sa méthode d'exploratoire, et présentera dans son traité *De la quadrature de la parabole* deux démonstrations qu'il juge authentiquement mathématiques.

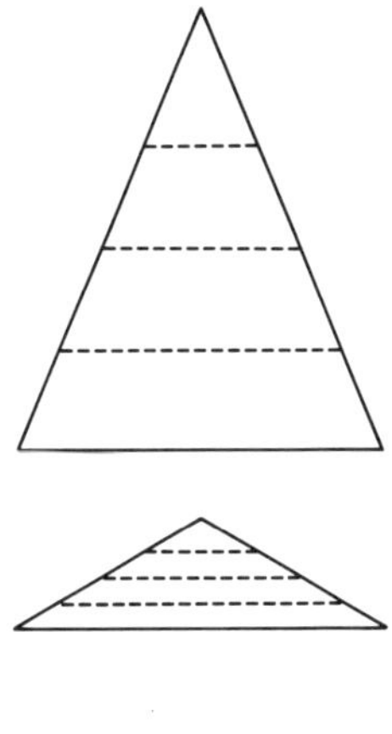

Pour comprendre les dangers sous-jacents à « la méthode » qui consiste à identifier une surface à la somme des segments qui la composent, constatons que deux triangles de mêmes bases sont constitués chacun d'une infinité de segments parallèles à la base, égaux à ceux de l'autre, sans qu'ils aient la même aire. On touche là au paradoxe de la divisibilité à l'infini dénoncé par Zénon (cf. p. 88). De plus, derrière le vocabulaire des poids, leviers, équilibre, centre de gravité, transparaissent les méthodes expérimentales qui permettaient, à l'aide de plaques matérielles, de se faire une idée du résultat. Ainsi, le type d'arguments utilisés dans *la Méthode* montre comment le modèle de la balance est le fond de la pensée d'Archimède. En présentant une « méthode qui permet d'aborder certaines propositions mathématiques par le biais de la mécanique », il expose une double rupture avec l'orthodoxie mathématique, d'abord en réintroduisant une dimension matérielle dans les identités, ensuite en jouant avec le tabou de la divisibilité à l'infini. À ce titre, *la Méthode* est le modèle réduit du rapport d'Archimède au monde quand il accepte d'incarner l'essence des mathématiques dans des machines et d'évaluer la finitude du cosmos grâce au plus petit élément.

La méthode d'Archimède appliquée
à l'aire de la parabole

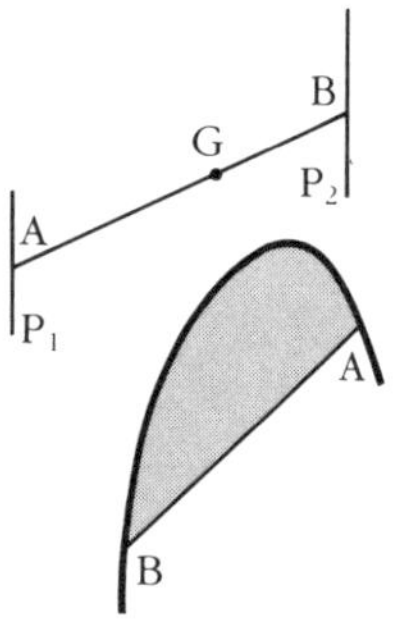

L'idée d'Archimède, praticien de la mécanique, est de considérer l'égalité entre deux rapports $\frac{a}{b} = \frac{c}{d}$ comme analogue de l'état d'équilibre d'un levier soumis à deux poids P_1 et P_2 tel que :

← $$\frac{GB}{GA} = \frac{P_2}{P_1}.$$

Voulant évaluer une section de parabole AB, il lui faut trouver une figure où une telle proportion existe.

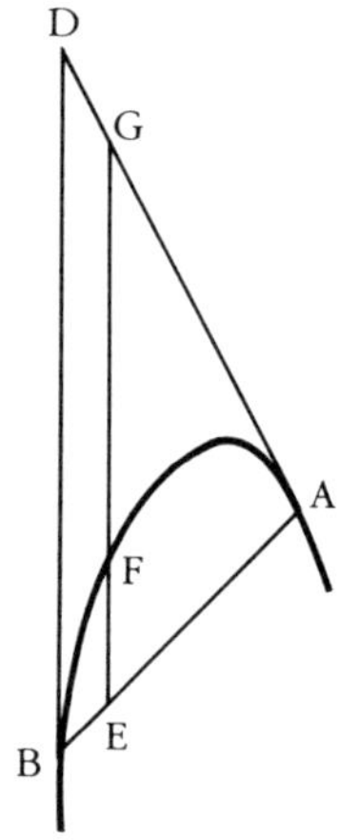

Il trouve cette proportion dans la figure géométrique ci-contre où AD est tangent à la parabole AB, et où BD est parallèle à l'axe. En prenant EFG parallèle à BD les propriétés spécifiques de la parabole lui permettent de démontrer :

$$\frac{BE}{BA} = \frac{EF}{EG} \ (1).$$ →

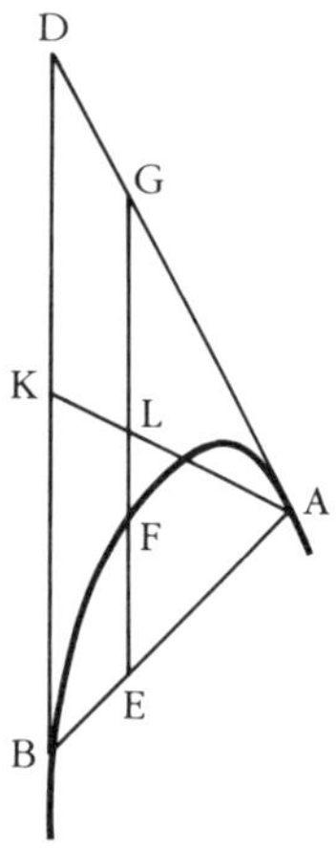

L'esprit de « la méthode » consiste à considérer (1) comme une égalité entre un rapport de longueur $\frac{BE}{BA}$ et un rapport de poids $\frac{EF}{EG}$ tous les segments possibles EF et EG composent respectivement la section de parabole et le triangle ABD.
Poussant au bout son analogie, Archimède va construire un levier abstrait dont l'équilibre réalisera l'égalité (1). C'est la transformation du problème de géométrie en problème mécanique.

Comme les milieux des segments EG sont tous situés sur la médiane AK, le « poids » EG est donc suspendu en son centre de gravité L au bout du bras de levier KL.
De plus, BD et EG sont parallèles,

$$\text{donc } \frac{BE}{BA} = \frac{KL}{KA} (2),$$

← $$\text{donc } \frac{KL}{KA} = \frac{EF}{EG} (1').$$

Atomisme : théorie cosmologique apparue au Ve siècle av. J.-C. (Leucippe, Démocrite) et développée par Épicure (IVe siècle av. J.-C.), qui considère que l'Univers est constitué par un assemblage d'atomes discontinus, infiniment durs, inaltérables et éternels.

Cette exploration et les commentaires qu'elle inspire à Archimède laissent entrevoir sa position personnelle dans le conflit atomiste-élémentariste qui traversa la pensée grecque. Son allusion directe à Démocrite à qui, dit-il dans *la Méthode*, on doit attribuer une part notable en mathématique, à cause d'intuitions éclairantes, comme par exemple la manière de calculer le volume d'un cône. Sa cosmologie sous-jacente au problème de l'*Arénaire* donnant la mesure du monde à partir du plus petit grain de matière : le sable. Son étude systématique du jeu du *stomachion* dans lequel un ensemble de pièces aux formes géométriques élémentaires permettent par combinaisons d'obtenir une multitude de figures. Tout cela peut confirmer l'intérêt qu'il pouvait porter aux théories atomistes. Dernier argument, *a posteriori* il est vrai, Michel Serres a montré que l'on retrouve gisant sous le *De Natura Rerum* de l'atomiste Lucrèce le corpus mathématique d'Archimède.
Mais, le plus étonnant, c'est que dans la pratique scientifique d'Archimède les

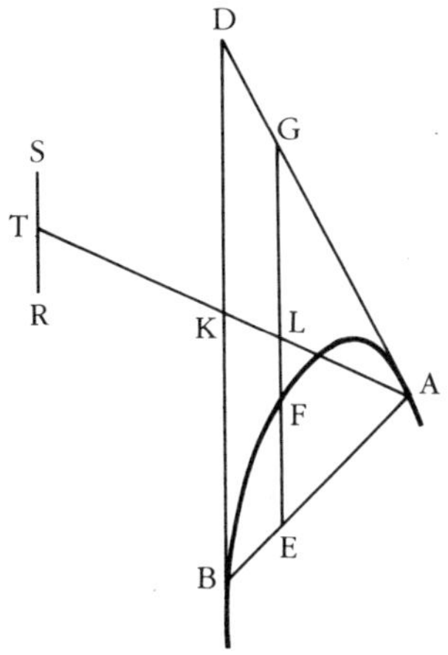

Comme KL est le bras de levier qui soutient EG, il faudra un bras de longueur KA pour soutenir EF. C'est pourquoi Archimède construit, dans le prolongement de KL, un segment KT = KA (3) au bout duquel il place le poids RS = EF (4) de telle façon que T soit le milieu de RS, c'est-à-dire son centre de gravité.

⟵

À l'aide des égalités précédentes, il se déduit :

$$\frac{RS}{EG} = \frac{KL}{KT}, \qquad \longrightarrow$$

c'est-à-dire l'équilibre autour de K du système poids-levier.
En conséquence, tous les segments composant le triangle équilibrent en restant à leur place tous ceux de la parabole transportés en T. K est toujours le centre de gravité.

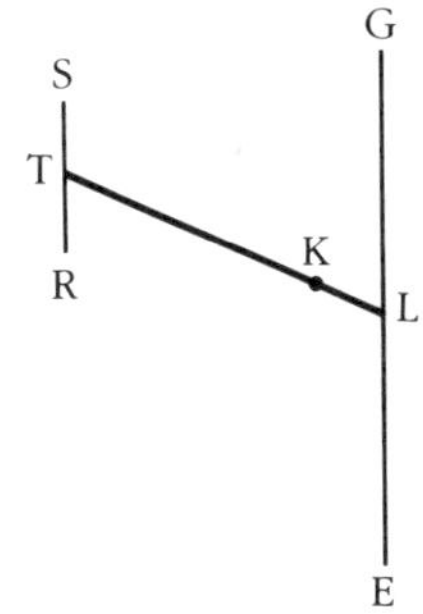

K est donc le centre de gravité du système triangle et parabole (sous forme des segments la composant transportés en T).
De plus X, tel que $KX = \frac{1}{3} KA$, est centre de gravité du triangle (cf. traité *De l'équilibre des figures planes)* donc $\frac{KX}{KT} = \frac{1}{3}$.
Dans le même traité, Archimède montre que le rapport des poids est inverse de celui des distances entre les centres de gravité particuliers (X et T) et le centre général (K), donc :

$$\longleftarrow \qquad \frac{\text{parabole}}{\text{triangle}} = \frac{KX}{KT} = \frac{1}{3}.$$

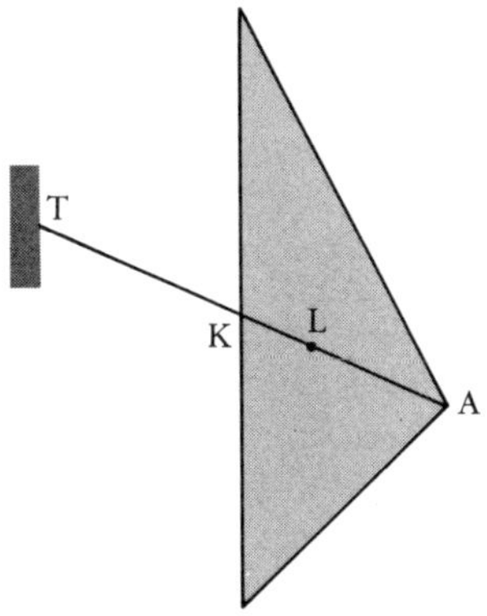

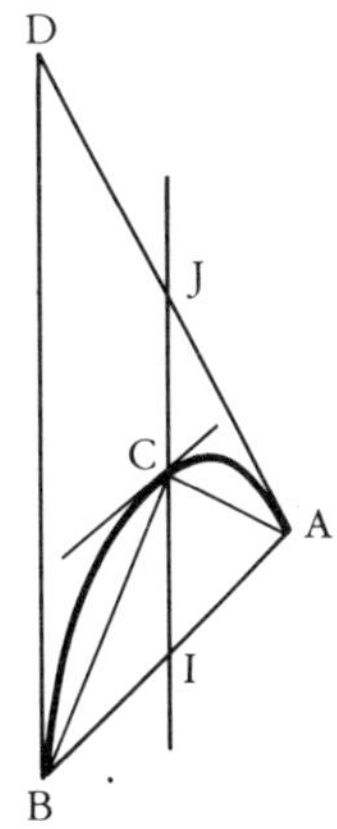

Nous venons de voir comment Archimède trouve que la section de parabole vaut un tiers du triangle ABD. En fait, il exprime son résultat en disant qu'elle vaut les quatre tiers du triangle ABC (le plus grand contenu dans la section). Cela est dû aux propriétés de la parabole qui permettent de montrer que I et C sont milieu de AB et IJ, donc que ABC vaut 1/4 de ABD ; ce qui termine la démonstration. ⟶

deux théories ne s'opposent pas. L'atomisme posséderait une qualité exploratoire permettant « d'aborder certaines propositions » que n'aurait pas l'élémentarisme qui, par contre, serait le fondement philosophique des vérités mathématiques prouvées par la démonstration euclidienne.
Il est difficile de clore cette digression sur la parabole sans faire allusion aux fameux miroirs ardents grâce auxquels Archimède aurait incendié les bateaux de Marcellus. Surtout quand on sait que la forme parabolique est celle qui concentre le mieux les rayons du Soleil. Le fait que Plutarque n'en parle pas suffirait à n'en rien dire. Ajoutons tout de même que ni Polybe ni Tite-Live n'y font allusion ; le thème apparaîtra beaucoup plus tard, chez Diocles et les historiens byzantins. Tout lecteur de Descartes sait qu'il les tenait pour improbables. Il est vrai qu'il ne connaissait pas les travaux optiques d'Archimède. Les chercheurs ont récemment confirmé que *la Catioptrique,* œuvre jusqu'ici attribuée à Euclide, devait être inspirée du Syracusain.

Élémentarisme : théorie cosmologique apparue au VIe siècle av. J.-C., qui considère que le principe des choses est le fait d'un élément : l'Eau (thalès, Anaximandre), l'Air (Anaximène), le Feu (Héraclite), ou la combinaison de plusieurs d'entre eux, Terre-Eau-Air-Feu (Empédocle, Aristote).

Après Descartes, le père jésuite Kircher et Buffon firent des expériences laissant entrevoir la possibilité technique d'incendier à distance les bateaux de Marcellus. Pour en finir avec le feu, signalons que certains auteurs de la Renaissance ont même soutenu l'hypothèse que ces incendies, dont l'existence n'est pas confirmée, seraient le fait d'engins d'artillerie. Cela ferait d'Archimède l'inventeur de la poudre et du canon! On ne prête vraiment qu'aux riches!

La machine de Marcellus défaite?

Face à toutes les machines que comptait Syracuse, Plutarque ne nous parle que d'une seule machine romaine. Il ne nous dit pas d'où elle provient, mais il écrit qu'elle fut dressée par Marcellus « sur une grande plate-forme faite de huit vaisseaux ». Que signifie donc cette unique sambuque dans le texte de Plutarque? Pour le comprendre, il faut remonter aux sources de l'historien. Nous avons déjà vu ce que Diodore de Sicile disait des machines. Quant à Tite-Live, il écrit à propos de celles, nombreuses, que les Romains construisaient « au prix d'énormes efforts » : plusieurs couples de pentères, « collées flanc à flanc, étaient manœuvrées comme un seul navire, sur lesquelles étaient placées des tours à étages et d'autres machines pour battre les murs ».

Où l'on peut juger de la liberté qu'ont pris les illustrateurs pour représenter les machines de l'Antiquité; il n'y a qu'à lire la description de Polybe et comparer!
(Figure de la sambuce employée par Marcellus au siège de Siracuse, *gravure de A. Humblot, XVIIIe siècle; Bibl. nat., Paris. Ph. © Bibl. nat. / Photeb.)*

Polybe, généralement concis, a laissé une description détaillée d'une sambuque : « [...] avançaient (sur la mer) huit autres pentères dépourvues de rames sur un côté, les unes à tribord, les autres à babord, et attachées deux à deux par les côtés démunis. Mues par les rameurs assis sur les côtés, elles amenaient à portée de la muraille de ces engins qu'on appelle « sambuques » et qui sont conçus comme suit: on construit d'abord des échelles [...] d'une longueur calculée pour atteindre le sommet de la muraille; on les munit de rampes, de panneaux protecteurs [...] couchées sur le pont des navires, elles dépassent de beaucoup l'extrémité des proues; des poulies avec des câbles sont en outre fixées en haut des mâts des bateaux. Puis quand approche le moment de se servir de ces passerelles, des hommes postés sur la poupe les hissent à l'aide des câbles attachés à leurs extrémités et courant sur les poulies. D'autres, postés sur la proue, assurent la stabilité des passerelles en les soutenant avec des étais [...] une fois dressées, elles restent solidement maintenues grâce aux câbles partant des navires. » (Ce qui les fait ressembler à ces harpes triangulaires grecques que l'on nomme sambuques.)

Peut-on, à la lecture de ce large extrait, ne pas voir que les techniques décrites dérivent d'inventions communément attribuées à Archimède? Comment s'étonner alors de la facilité avec laquelle les machines d'Archimède parviendront, d'après Plutarque, à éliminer l'unique sambuque de Marcellus? Tout se passe comme si deux générations d'armes différentes s'affrontaient. Quant à la précision des tirs, quasi miraculeuse chez Plutarque, Polybe, toujours soucieux d'exactitude, donne des explications qui trouvent en nous un certain écho: « Archimède mettait en action des balistes et des catapultes très puissantes et de fort calibre [...]. Lorsque le tir de celles-ci commençait à porter trop loin, il en utilisait d'autres, de plus en plus petites et choisies à chaque fois en fonction de la distance [...]. »

La superbe puissance des Romains avait tout d'abord effrayé les Syracusains. Devant la science d'Archimède, la flotte et les troupes romaines durent se replier. Courageux, ils revinrent la nuit en tâchant d'attaquer au plus près, pour échapper aux tirs à longue portée. « Mais Archimède avait tout prévu! » Aussi habile de près qu'il l'avait été de loin, il avait mis au point des machines à tirs rapprochés, les « scorpions », autrement appelés *manubalista,* qui permettaient un tir à répétition.

Une dernière fois il faut souligner que ces petits engins étaient, en quelque sorte, les modèles réduits des plus gros. Pour le platonicien Plutarque la loi des proportions ne souffrait aucune exception. Celui qui en connaissait les secrets dominait les situations les plus variées. Tout au long des combats les machines ont écrasé, criblé, bousculé les Romains s'approchant de plus en plus, et nous avons vu les proportions se réduire sans cesse. Comment s'étonner alors que, au dernier stade du combat, la forme ultime de la défense d'Archimède soit devenue comme une « main invisible qui faisait pleuvoir mille maux sur les Romains : on eût dit un combat contre les dieux ».

Le moraliste peut conclure : même dans le plus effroyable chaos matériel, dans le plus grand désordre des batailles, celui qui tient la vérité est un dieu contre son ennemi. Passant par tous les degrés de l'horreur, la situation arrivant à son dénouement s'est retournée, la terreur a changé de camp. Les Romains sont dominés par la peur, leur esprit s'affole du moindre brin de corde, le combat n'est plus possible. Il faut que Marcellus renouvelle sa stratégie et trouve un nouveau terrain de manœuvre.

En écrivant qu'après avoir installé le siège de Syracuse Marcellus remporte d'écrasantes victoires à Mégare et près d'Aciles, Plutarque prouve que la valeur du général n'est pas en cause et démontre par là même qu'Archimède, seul, pose un problème spécifique. Mais faut-il le croire lorsque l'on sait que durant toutes les guerres qui précédèrent, et elles furent nombreuses, Syracuse resta quasiment imprenable ?

Tout au long du récit les machines se sont réduites jusqu'à devenir invisibles. Cet allégement progressif du matériel laisse présager de la part de Plutarque un changement de registre entrevu dans l'allusion au combat contre les dieux. Le terrain change donc et passe, à l'occasion de la défaite romaine, d'un monde matériel à un univers logiciel. Marcellus, rescapé du danger, est le premier à donner le ton : quittant le combat, il dépose ses armes, et se saisit de la parole pour « engueuler » ses ouvriers, ses ingénieurs. C'est, bien sûr, le degré zéro de l'information, mais quoi qu'il en soit, nous voilà bel et bien sorti de la bataille, pour entrer, par le point le plus bas, dans la querelle des idées.

Combat d'idées

Il était bien difficile, après de telles épreuves, que Marcellus ne parle pas un peu. C'est tout au moins ce qu'imagine Plutarque puisque aucun auteur avant lui ne s'est préoccupé d'expliquer la genèse de la nouvelle stratégie du général. Or donc Marcellus vaincu, « raillant ses ouvriers et ingénieurs », parle : « Ne cesserons-nous pas de guerroyer contre ce géant Briaré, qui se sert de mes vaisseaux comme de gobelets pour puiser l'eau de la mer, qui a éliminé de façon ignominieuse notre sambuque en la frappant de plein fouet comme après-boire [...]. » Dans une note de sa traduction, Flacelière explique l'allusion cachée sous ces « gobelets » et cet « après-boire ». Il faut savoir que les Grecs, après avoir bien bu, jouaient parfois au « cottabe ». C'était un jeu qui consistait à lancer à la volée le contenu d'une coupe de vin à la surface d'une grande vasque remplie d'eau sur laquelle flottaient des coupelles de terre figurant des bateaux, à seule fin d'en faire couler le plus possible...

Les raisons qui poussent Plutarque à mettre de tels propos dans la bouche du vaincu sont claires. N'ayant pu réussir à dominer la « dure réalité », Marcellus va tenter de la maîtriser en s'en faisant une image abstraite. Le jeu étant la figure classique du passage des rapports concrets aux rapports idéaux, c'est par le biais de cette image aquatique, probablement très commune à son époque, qu'il imagine le général se repliant sur ses pensées.

Ce faisant, Marcellus se situe dans la même sphère que son ennemi dont il perçoit enfin la fonction exacte à Syracuse. « Toute la population de Syracuse était le corps, et Archimède seul était l'âme [...]. » C'est la métaphore classique dans l'imaginaire social romain de la tête et des membres. Elle est à la base de nombreux discours sur la légitimité du pouvoir. Comprenant la dépendance extrême de la cité vis-à-vis de son « sauveur », dépendance exagérée par le fait que les armes non archimédiennes ne sont pas utilisées — « toutes les autres

armes se reposaient» — le général romain se doit de trouver le point faible de son unique adversaire.
J'ai désigné plus haut le point aveugle qui fonde le pouvoir exorbitant de la théorie sur le monde. C'est par cette dimension occultée que Marcellus réinvestit la situation; «Marcellus renonça à tous les combats, à tous les assauts, et résolut d'attendre du temps l'issue de siège.» Comment s'étonner de cette stratégie? Le temps n'est-il pas le «non-dit» d'Archimède? Et ses «nécessités» ne justifient-elles pas la suprématie du politique sur le savant et le philosophe?
Marcellus quitte donc la bataille, pour l'établissement d'un siège de longue durée; sur ce point tous les historiens s'accordent. Profitant du silence des armes, Plutarque trace un portrait du vainqueur.

Le portrait du savant

L'homme qui, tant de fois, a sauvé Syracuse va devenir par la magie de ce récit la figure canonique de tous les mathématiciens à venir. Passant d'un extrême à l'autre, l'auteur, après avoir décrit un combat de machines dans lequel les acteurs humains étaient quasiment absents, s'élève désormais vers les hautes sphères de «l'intelligence surhumaine et presque divine» d'où sont exclus la plupart des hommes.
En donnant un statut surhumain au monde dans lequel évolue Archimède, l'historien-philosophe renforce ses convictions platoniciennes. Il donne aux idées une indépendance et une autonomie par rapport au monde des choses, alors que la surpuissance du savant prouve la domination de celles-là sur celui-ci.
Ainsi le notable de Chéronée, qui a renoncé aux honneurs de l'Empire, profite de son récit du siège de Syracuse pour fixer les termes du combat entre la Grèce et Rome, entre la pensée et la puissance. Dans cette perspective, il faut comprendre Syracuse comme une métaphore figurant le spirituel, maîtrisant les contingences matérielles, insensible aux agressions du monde, distribuant par contre avec efficacité, les effets matérialisés de ses vérités intelligibles.
La thèse est simple: les forces de l'esprit peuvent se matérialiser et agir sur le monde. Confiné dans sa petite ville grecque où, quatre siècles plus tôt, Philippe de Macédoine anéantit les derniers espoirs d'autonomie politique de la Grèce continentale, Plutarque ne désarme toujours pas et défend, stylet à la main, la domination de la pensée grecque sur l'imperium romain. C'est ce combat qui engendre l'archétype du savant occidental.
Tous les poncifs sont présents dans ces quelques lignes. D'abord le mépris pour «tout art qui sert aux besoins de la vie», souligné par l'attitude d'Archimède qui «oubliant le boire, le manger, le soin du corps», vante l'ataraxie vis-à-vis des contingences matérielles. Comment ne pas penser ici à toutes les légendes, plus ou moins fondées, colportées par les hagiographies? Untel aurait travaillé trois jours de suite sans se lever de son fauteuil, tels autres oubliaient de s'habiller, ne portaient jamais de chaussettes, écrivaient sur la carrosserie d'une diligence des solutions qui partaient en voyage, abandonnaient parmi des feuilles couvertes de formules des reliefs de repas jamais consommés... Un gros livre n'épuiserait pas toutes ces anecdotes pour psychologues, elles ont d'une certaine manière fixé bien des comportements de scientifiques. En lisant par exemple l'ouvrage de Bell intitulé: *les Grands Mathématiciens,* on découvre, délayée sur plus de cinq cents pages, répétée tout au long de l'histoire, transposée dans vingt pays, figée sur cent visages, la figure du mathématicien de Syracuse fixée par Plutarque. Il semblerait que, dans une perspective abyssale, chaque savant de la cohorte apporte son trait particulier à la peinture du modèle, celui-ci la distraction, celui-là l'ataraxie, tels autres la puissance de concentration, de persuasion, de clairvoyance, d'autres encore, la joie face à la découverte, la réputation du génie, de l'insolente facilité, la persévérance dans

la difficulté, l'espièglerie des devinettes... il n'est pas jusqu'au visage presque divin d'un Léonard vieillissant, d'éléments qui ne soient présents dans le tableau peint par Plutarque. A croire qu'en détaillant son idole, Plutarque ait jeté, à travers les siècles, les fragments du héros sur les faces des savants à venir. Dans le portrait, la volonté du moraliste apparaît clairement. Il faut rendre nécessaire et irrésistible la spiritualisation du monde, imposer l'esprit au sommet de la hiérarchie des valeurs. Puis en rejetant les besoins de la vie, en faisant l'éloge de la beauté, définir un domaine où la science démonstrative sera un summum. Sur cet ultime piédestal reposera l'excellence absolue, Archimède et son œuvre mathématique.

« Telle était la grandeur d'âme d'Archimède, la profondeur de son génie, le trésor inépuisable de sa science, qu'il ne voulût laisser aucun écrit sur les choses qui ont fait sa célébrité, et qui l'ont fait regarder comme doué d'une intelligence surhumaine et presque divine. La construction des machines, tout l'art qui sert aux besoins de la vie n'étaient pour lui que choses sans noblesse et vils métiers. Il mit toute son application à l'étude des objets dont la beauté et l'excellence ne sont mêlées d'aucune nécessité et avec lesquels on ne peut en comparer nul autre : science où la démonstration rivalise avec le sujet, celui-ci fournissant grandeur et beauté, celle-là exactitude et puissance naturelle. »

Soucieux de persuader son lecteur, Plutarque s'interroge sur les raisons qui expliqueraient cette fabuleuse réussite : « Les uns attribuent ce résultat au génie d'Archimède, les autres à un excès de labeur. » Telle est l'alternative proposée ; c'est toujours celle qui s'impose communément, et la réponse hugolienne « 5 p. 100 de génie, 95 p. 100 de labeur » n'a pas clos le débat. *A contrario,* il ne fait aucune allusion aux facilités résultant du voisinage amical du pouvoir, de l'éducation due au père astronome, des voyages en Égypte, des conditions de vie et de travail du grand savant. Avait-il une femme, des enfants, des amis, des domestiques, des esclaves, des assistants, des locaux ? Nous n'en saurons jamais rien.

L'eau coule de droite à gauche; faisant tourner la vis en poussant les aubes G, E *et* C *immergées, l'eau pénètre par la gueule* L. *Prisonnière de la vis, elle la remonte, étant constamment attirée par le point bas et sans cesse changeant à chaque tour, elle sortira par* K *lorsque cette gueule sera orientée à droite. (Gravure in J. Cardan,* De Subtilitate, *1560; Bibl. nat., Paris. Ph. © Bibl. nat. / Photeb.)*

Pour renforcer son alternative génie/travail en faveur du premier terme, Plutarque utilise un procédé dont le succès ne se démentira jamais dans les ouvrages d'histoire des sciences : « Cherchez la démonstration, vous ne la trouverez pas tout seul ! »

C'est d'une terrible efficacité : si le lecteur ne veut pas passer pour un imbécile, il est bien obligé d'accorder à Archimède ce petit plus qu'on appelle le génie. Plutarque s'éloigne ici de son maître Platon qui dans *le Ménon* présente un esclave retrouvant un savoir oublié, aiguillonné par les seules questions de Socrate (cf. p. 80). Le travail du génie est bien loin de l'anamnèse platonicienne ; ici, recherche d'un souvenir enfoui, là, création, invention.

Ce procédé impliquant de force le lecteur dans le mythe du génie est à l'origine de certains rapports difficiles entre la science et la société. Ce jeu qui consiste à plonger un quidam dans un problème autrefois résolu, en occultant toutes les circonstances de sa résolution, a, dans le pire des cas, traumatisé des générations entières d'individus en les forçant à faire acte d'allégeance par-dessus le gouffre des siècles, ou bien les a conduits à ce mépris « littéraire » vis-à-vis d'une science dont ils se sentaient expulsés.

Mais le plus violent de l'argumentation de Plutarque est à venir : « Dès que vous l'aurez apprise (la solution), vous penserez que vous auriez pu la trouver seul, tellement est unie et simple la démonstration. » Voici une de ces désastreuses « idées reçues » que les mathématiques doivent traîner avec elles. De tout temps, des mathématiciens parmi les meilleurs (Pascal, Leibniz, Chuquet...), des spécialistes parmi les plus compétents (Ver Eecke, Itard, Mugler...), étudiant Archimède, ont reconnu l'extrême difficulté de ses œuvres. C'est pourtant la version lénifiante de Plutarque qui s'imposera. Et les mathématiques apparaîtront en conséquence comme l'archétype de la connaissance limpide, le paradis des vérités cristallines. Ceux qui ne verront pas derrière les démonstrations de leurs pédagogues la clarté aveuglante de l'évidence s'excluront d'eux-mêmes du royaume, erreront dans la forêt obscure, loin des lumières de l'esprit. On le voit, ces quelques lignes, lues et relues pendant des siècles par les pédagogues et leurs élèves, ont forgé un idéal qui a canalisé vers la science la plus grande part des énergies intellectuelles. Quel grand savant des siècles passés n'a pas reconnu en Archimède la figure emblématique de l'excellence ?

Poursuivant son travail de propagandiste, l'historien nous montre qu'une telle gloire doit permettre d'échapper aux soucis bassement matériels, ceux de la nourriture et de la propreté, et d'atteindre l'ataraxie. A découvrir le savant « traçant des figures dans la cendre ou sur son corps frotté d'huile », on saisit les racines de ce préjugé qui assure que les mathématiques n'auraient pas besoin de crédits pour être faites, et que selon l'expression consacrée elles exigeraient tout juste « du papier et du crayon ». Ainsi, lorsqu'au début de cette étude Archimède écrivait au roi, c'était pour lui proposer des services matériels. Maintenant qu'il s'agit de l'excellence, c'est-à-dire de mathématiques, il n'est plus question de supplique et l'autonomie du savant est totale.

Portrait d'un chercheur dans son laboratoire ! « Archimède, premier inventeur de la correspondance entre le poids et le volume par l'expérience de l'eau. » (Gravure in W. H. Ryff: [...] der arkitektur, *1547, Bibl. nat., Paris. Ph. © Bibl. nat. / Photeb.)*

Comment alors ne pas s'étonner que dans cette hagiographie du savant libre de toute contrainte, la seule pression externe à laquelle il soit soumis soit liée au bain. « Entraîné malgré lui au bain », écrit l'auteur. Il ne s'agit pas là d'une plaisanterie. Deux siècles plus tôt Vitruve avait écrit : « Un jour qu'Archimède se mettait au bain... » Qu'est-ce que Plutarque laisse sous-entendre en ne reprenant pas les termes de ce prédécesseur, en dépossédant Archimède de sa volonté de se laver, en passant sous silence l'épisode dont Vitruve parle ?

Rappelons que c'est aussi « malgré lui » qu'Archimède fut conduit à s'occuper des problèmes matériels qui se posaient à la royauté. Si Plutarque pousse le savant dans son bain c'est qu'il ne peut faire autrement, qu'il y a là un épisode fondamental qui ne peut être passé sous silence. Il faut donc au moins une allusion, même si elle ne grandit pas le héros. Revenons donc à Vitruve : « Un jour qu'Archimède se mettait au bain, il s'aperçut par hasard qu'à mesure qu'il s'enfonçait dans le bain l'eau s'en allait par-dessus bord. Cette observation lui fit découvrir la raison de ce qu'il cherchait et, sans tarder davantage, la joie le transporta tellement qu'il sortit du bain et, courant tout nu à sa maison, il se mit à crier qu'il avait trouvé ce qu'il cherchait, en disant en grec : Eurêka ! Eurêka ! » (C'est-à-dire : j'ai trouvé ! j'ai trouvé !) On retrouve ici la joie originelle, la transe béate, qui possède certains savants après la découverte ; la perte de l'esprit semble être alors la qualité dominante de ceux qui en ont trop eu. Mais finalement, qu'allait-il donc faire dans cette baignoire ?

Le roi avait commandé une tiare et soupçonnait sans pouvoir le prouver qu'une part d'or avait été remplacée par de l'argent. Il fit appeler Archimède pour résoudre le problème, fort simple si on connaît le poids et le volume de la tiare. Nous avons assez dit que le savant syracusain était le maître des balances. Cependant la forme compliquée de la couronne rendait son volume difficile à déterminer. Il fallait inventer une méthode. Le bain est le dispositif de cette découverte.

La masse et la capacité d'un volume d'eau étant équivalentes, le bain devient pour ainsi dire une balance à évaluer les volumes. En effet la quantité d'eau déplacée (celle qui sort de la baignoire) égale le volume de l'objet introduit. Il est traditionnellement acquis que cette évaluation du volume d'un solide par celui d'un liquide est à la base du traité *Des corps flottants* dans lequel Archimède se préoccupe de statique des fluides, et des conditions de flottabilité de certains solides. Il gagnera là une réputation universelle, en démontrant que la surface de tout liquide a la même courbure que celle de la Terre, en énonçant le fameux principe qui porte toujours son nom.

Après avoir imposé son ascendant sur les nombres qui règlent l'Univers, sur les solides qui, par leur pesanteur, imposent le réel, le savant gouverne aux liquides dont il découvre les lois dans son bain. On comprend mieux la confiance d'Archimède dans les navires qui transportaient ses messages

scientifiques au-delà des mers, par-delà les siècles. Mais l'intérêt le plus profond de l'épisode de la tiare n'est probablement pas là.
Nulle part dans son texte, Plutarque ne fait allusion au problème financier et pourtant on découvrira, au moment du sac de la ville, la colossale richesse de la cité. La détermination d'un alliage est, dès l'origine des sociétés marchandes, un problème fiduciaire. Syracuse avait sa propre monnaie; et même si pratiquement la méthode d'Archimède est inutilisable, elle reste la théorie la plus sûre permettant d'authentifier un alliage. L'épisode doit être relu selon cette perspective.
Le rapport du solide au liquide est la source première de la richesse de Syracuse. Ville de roc face à la mer, envoyant sur l'onde ses solides navires, elle coule son or et son argent pour fondre sa monnaie. L'épisode de la tiare nous dit ceci : la tiare du roi et Archimède, symboles de la puissance et de l'esprit, sont plongés l'un et l'autre dans le liquide. Alors le premier des Grecs qui ait pensé une dioptrique se voit au-dessus de l'eau qui déborde, découvre une tiare qui coule, écrasée de surcroît par la réfraction des rayons lumineux (cf. p. 251-273) ; et comprend...

Dioptrique : science de la réfraction.

Comprend qu'il est le seul à contrôler l'ensemble des pouvoirs car lui seul sait la fausseté de la tiare et, avec cela, la faible authenticité de l'éclat du monarque. Il a définitivement tous les pouvoirs en main. La royauté a pu crouler, les troupes romaines s'agglutiner autour des remparts, le meilleur général tenter les stratégies les plus subtiles : « Il était invincible et sa cité avec lui, autant qu'il était en son pouvoir. »

Falsification du pouvoir d'Archimède

Impuissant face à celui qui, détenant l'esprit, contrôle l'espace et la matière, Marcellus, pour jouer sur le temps, organise le blocus et part vers d'autres conquêtes. « Le temps passait », écrit Plutarque. Plus de deux ans en fait. Il faut s'arrêter un instant devant cette ellipse laconique : « Le temps passait [...]. »
Et pourtant quelle affaire ! Quelle formidable organisation de la part des Romains que de bloquer pendant plus de deux ans une ville de près de 500 000 habitants, cernée d'une enceinte, longue si l'on en croit le géographe grec Strabon d'environ 180 stades, soit plus de 30 km. Combien d'hommes a-t-il fallu mobiliser ? Et quelle intendance a-t-il fallu développer ? On mesure, dans le silence de l'historien grec, sa volonté d'ignorer l'originalité profonde de la République romaine, celle de l'invention d'une forme de dispositifs permettant de pérenniser, aussi longtemps qu'il est nécessaire, le contrôle d'un espace, d'une situation, de résister à l'usure du temps, à l'accroissement du désordre. Plutarque passe sur l'institution et le gel du siège de Syracuse, épisode caractéristique du génie romain, car rien ne doit faire ombre à la prédominance de l'esprit grec.
Masse, logistique, discipline, rien de cela ne doit compter, pour Plutarque, dans les causes de la chute de Syracuse. L'esprit contrôlant la matière, il faut, pour que les Romains l'emportent, définir d'autres dimensions que celles des choses où, grâce au savoir, l'omnipotence d'Archimède est totale. Toute la finesse du philosophe va consister à nous les faire voir en occultant si nécessaire certains événements.
Les trois causes de la défaite de la ville sont les trois ennemis que la science se donnera tout au long de son développement :
— Le temps qui, changeant les situations, ébranlant les stabilités, décomposant les objets, multipliant les singularités et transformant les problèmes, empêche la science de faire apparaître ses mobiles immuables. C'est l'ennemi constitutif. Au point que la science, telle que la communauté scientifique la pense, ne naîtra vraiment que lors de l'invention du temps linéaire, immuable, indifférent, vidé de toutes ses turbulences, héritier à n'en pas douter de l'institution romaine.

— Le faux, le mensonge, traîtrise qui bouleverse la perception du monde des choses et les cohérences internes. C'est l'ennemi normatif, parce qu'il égalise tous les énoncés et interdit par là même la distinction entre les propositions, l'authentification des pratiques et la sécession des territoires du savoir.
— La religion superstitieuse qui plonge les hommes dans un système sans raison admet des vérités non fondées par l'esprit, met en cause la puissance de la science à maîtriser le monde. C'est l'ennemi institutionnel qui, se réclamant d'une autre prophétie globalisante, concurrence celle qu'a la science d'être l'esprit même de l'évolution humaine.
Plutarque va faire de ces trois forces (temps, faux, religion) les alliés de Marcellus, membre du collège augurial romain et fondateur de temple. Le *temps* étant passé, pendant une fête en l'honneur d'*Artémis,* la ville fut investie, livrée par *trahison.* Ainsi la déesse tutélaire a trahi les assiégés pris par ces deux autres ennemis de l'esprit : la boisson et les divertissements. Est-il bien étonnant que la déesse des Forêts, la déesse chasseresse, sœur obscure d'Apollon, dieu de la Lumière et de la Vérité, se soit mise « au service » de Rome, cette ville née des bois ? Ainsi la fin tragique de Syracuse déborde le simple écroulement d'un royaume. Les Romains prirent, d'abord, les deux quartiers qui se nomment Néa et Tyché. C'est dire que les Syracusains perdaient, tout ensemble, la nouveauté et la fortune.
Avec cette chute, Plutarque met en scène une défaite formidable, celle de la Grèce devant Rome et, plus profondément encore, celle de l'esprit de la Grèce devant la puissance romaine ; c'est donc, dans un ultime effort d'abstraction, la défaite de l'esprit incarné devant la puissance instituée. De surcroît Marcellus est présenté comme le premier Romain qui ait compris la nécessité de sauver l'héritage grec. On comprend mieux alors que le général, voyant « tout autour de lui la grandeur et la richesse de la ville, pleura beaucoup, affligé à la pensée de ce qui allait arriver... Ce fut malgré lui et parce qu'il y fut contraint qu'il consentit à laisser l'armée s'approprier les richesses et les esclaves ». Nous savons pour l'avoir déjà vu ce que ce « malgré lui » veut dire, il est toujours la marque de la pesanteur des nécessités matérielles devant la volonté de l'esprit.
Cette image de Marcellus, Plutarque la crée de toutes pièces pour ce passage. Car dans la comparaison qui suit les vies parallèles de Pélopidas et de Marcellus, l'auteur avoue que le sac de Syracuse et la sauvagerie qu'il impliqua furent une accusation que les Romains portèrent contre le général. Cette contradiction à quelques pages d'intervalle est une preuve supplémentaire que le passage sur le siège de Syracuse n'est qu'accessoirement un récit historique.
En faisant du vainqueur le plus Grec des Romains ; en décrivant la défaite comme le fait d'un traître parmi un demi-million de sujets, l'historien des idées impose la logique de la fatalité qui est au plus profond de la pensée grecque. Syracuse perd malgré tout, et de façon absurde, parce que c'était inéluctable. Fille des dieux de Délos, Syracuse a perdu car la déesse de la nuit a trahi et que le dieu solaire n'a rien fait (ainsi s'explique peut-être, dans le mythe de Plutarque, l'absence de l'épisode des miroirs ardents).
La chute de « la plus grande cité de la Grèce », pour laquelle Platon conçut sa République, était inscrite dès sa fondation. Cette vérité dont nous convainc Plutarque n'a évidemment rien d'historique. Elle tente par contre de résoudre le problème fondamental de l'institution des vérités de l'esprit dans le monde. Si l'on considère l'univers borné de l'Empire romain dans lequel vivait l'homme de Chéronée on ne peut s'étonner du pessimisme qu'il manifeste. « La cité de l'esprit » ne peut être durablement de ce monde, d'elle-même elle s'effondrera, trahie par ce qui l'a fondée. Ce regret amer accompagnera le développement de la science occidentale, fille raisonnable d'une synthèse entre l'esprit grec et l'institution romaine. Il n'y a pas durablement d'institution heureuse de la science.

Les morts du héros

« Les soldats se déchaînèrent pour piller la ville [...]. L'armée s'appropria les richesses et les esclaves [...]. Le trésor royal revint à l'État romain [...]. » Au milieu de la joie immense, laissant voir sa sympathie et sa compassion pour les vaincus, Marcellus voulait Archimède. En ce jour inoubliable de sa gloire, son désir ne fut pas exaucé.
Les morts multiples sont le privilège des plus grands héros. Combien de récits de la mort d'Ulysse, d'Énée, de Romulus ! Entre les disparitions, les apothéoses, les meurtres collectifs, on ne sait quelle mort choisir. Pour sa part, le décès du savant de Syracuse n'en finit pas d'être raconté selon de multiples tableaux. Il semblerait que la variété des récits éternise la mort, donnant à l'esprit le temps de se libérer. Plutarque nous raconte :

La mort

« Il se trouva qu'Archimède était seul chez lui et réfléchissait à une figure de géométrie, l'esprit et les yeux absorbés [...]. Il ne s'était pas aperçu de la prise de la ville. Soudain un soldat se présenta et lui ordonna de le suivre près de Marcellus. Il ne voulut pas partir avant d'avoir résolu son problème [...]. Le soldat, irrité, tira son épée et le tua [...]. »
L'invraisemblance du récit, ville énorme prise le temps d'une réflexion géométrique, ne doit pas nous en détourner. Cette petite scène souligne en quelques mots l'abîme qui sépare le monde subtil de l'esprit et celui, vulgaire, des armes. L'esprit est ailleurs, c'est le fond de la thèse de Plutarque. Notre projet de relever dans ce texte les poncifs qui accompagnent l'image que l'on se fait des mathématiques doit nous pousser à remarquer que l'un d'eux est manifestement absent. On affirme communément que la bonne mathématique est le fait des jeunes génies, cette idée probablement produite par le XIXe siècle romantique est absente de ce texte. Archimède meurt vieux, il travaille toujours, et les lettres qui accompagnent ses traités accréditent la thèse d'une production scientifique continue. Retenons finalement dans cette première mort le détachement extrême du savant. La description mécanique de la mort, conséquence malheureuse mais inévitable de la situation.

La mort d'Archimède.
(Copie probable d'une mosaïque antique, XVIIIe siècle ; Städtische galerie Liebighaus, Francfort. Ph. du musée © Arch. Photeb.)

L'exécution

« D'autres disent que le Romain, armé d'une épée, se présenta dans l'intention de le tuer sur-le-champ, qu'Archimède en le voyant le pria, le conjura d'attendre un instant, afin de ne pas laisser sa recherche inachevée et insuffisamment approfondie, et que le soldat, sans égard pour sa demande, l'égorgea. »
Le pathétique de cette description est frappant. Il n'y a aucune illusion à se faire, il s'agit là de l'exécution de celui qui, par ses inventions, a retardé la prise de la ville, tuant tant de Romains. On comprend mieux pourquoi le soldat se précipite pour le tuer. Quelle terrifiante riposte le savant n'est-il pas en train d'inventer ? Par ailleurs, l'humanité de la description est touchante. Archimède apparaît pour la première fois comme un être humain, bien sûr passionné par sa science, mais bien vivant, ce que souligne l'égorgement final. Un instant nous avons entrevu l'homme sous le savant. Tout s'efface...

Le meurtre

« Selon une troisième version, Archimède portait à Marcellus dans une boîte ses instruments de cosmographie, cadrans solaires, sphères, équerres, permettant de représenter aux yeux la grandeur du Soleil. Des soldats le rencontrèrent ; ils crurent qu'il portait de l'or et le tuèrent. »
Le réalisme social de cette scène étonne. On ne retrouve cette version chez aucun autre historien, alors que les deux précédentes apparaissent implicitement chez Tite-Live ou Maxime Valère. Il nous faudrait plusieurs pages pour en extirper tous les sous-entendus. Les instruments cosmographiques, par exemple, ne sont pas cités au hasard, chacun d'eux a une place dans l'œuvre d'Archimède.
Entre autres choses, parmi ces sphères, pourrait se trouver celle dont nous parle Cicéron dans *les Tusculanes* : « Une sphère qui représente le cours de la Lune, du Soleil, des cinq planètes, et par un seul mouvement orbiculaire, règle les divers mouvements [...]. La sphère d'Archimède est l'ouvrage d'un esprit divin. » Marcellus se serait approprié cette sphère, ancêtre des planétariums et des automates. En effet, Cicéron nous affirme dans *la République* l'avoir vue chez un ami d'un descendant de Marcellus : « J'avoue qu'au premier coup d'œil elle ne me parut pas extraordinaire [...]. Mais, plus tard, je ne pus m'empêcher de juger qu'il y avait eu dans ce Sicilien un génie d'une portée à laquelle la nature humaine ne paraissait pas capable d'atteindre... On voyait le Soleil disparaître et peu à peu la Lune venir plonger dans l'ombre de la Terre [...]. »
Résistons au charme des longues descriptions de Cicéron et revenons à notre texte.
L'Archimède qui meurt dans cette troisième version est incontestablement proche de celui que nous avons suivi tout au long du récit. Avec lui s'achève la construction de ce canon du savant que Plutarque s'est appliqué à mettre au point tout au long de son récit. Ayant compris que le pouvoir et la richesse ne sont plus dans Syracuse, le savant a fait ses bagages et emporte ses secrets. A l'instar de ces savants allemands qui, vingt-deux siècles plus tard, quitteront leur pays en ruine pour rejoindre les vainqueurs, Archimède cherche à passer dans le camp de Marcellus. Plutarque ne s'en indigne pas, il semble nous dire déjà que la science n'a pour patrie que celle des vainqueurs et de la richesse. La mort du savant est un accident typique, conséquence de l'incompréhension des ignorants, irresponsables, car ils ne savent pas ce qu'ils font.
Ne soyons pas dupes de la rhétorique de l'historien, ces trois morts ne sont distinctes qu'en apparence. Elles présentent, prises ensemble, le drame tout entier, visible dans ce triptyque où, sur chaque tableau, se lit l'esprit qui s'échappe devant l'incompréhension, le corps victimaire égorgé par la vengeance et le savant transfuge perdu par la bêtise de ses nouveaux alliés. La composition de ces perspectives multiples fonde les trois figures en une seule

personne,; la trinité de l'esprit, du corps et de l'individu social s'unifie pour instaurer « le canon du savant », hypostasier le savant canonique. Devant cet accomplissement toutes les parties peuvent s'effacer. L'homme, son intelligence et son œuvre se confondent dans cette nouvelle espèce d'homme.

Sur le pas de sa porte, tandis que le soir tombe, un vieillard gratte la poussière. Il pense... Absorbé et muet, sa tête est encore pleine de la fureur et de la gloire qu'ont produites ses machines. Dans les lignes, les cercles et les courbes dont il honore le sol, il recherche l'oubli en raturant la terre. La déesse a trahi, le royaume est tombé, la ville est détruite, la science a goûté l'âcreté de la puissance... Il lui faut pourtant perpétuer son ouvrage, effacer son outrage, inaugurer pour toujours sa « pratique » de la pensée...
Alors, au crépuscule, le bourreau s'avança, l'homme tendit la tête « et le sang d'Archimède confondit l'ouvrage de sa science ».

« Marcellus en fut vivement affligé ; il repoussa, comme sacrilège, le meurtrier [...] fit chercher et traita honorablement les parents de la victime [...]. » C'est probablement lui qui ordonna la sépulture. Le savant « avait prié ses amis et ses parents de placer sur son tombeau, après sa mort, un cylindre renfermant une sphère et, pour inscription, le rapport du solide contenant au solide contenu ». Marcellus fit ce qu'il fallait, inaugurant ainsi une belle série d'épitaphes géométriques. Plus tard, on grava sur la tombe de Gauss un polygone à dix-sept côtés, et sur celle de Jacques Bernoulli, une spirale d'Archimède qu'il avait voulue logarithmique. Le mathématicien allemand avait choisi ce souvenir de jeunesse, fruit de ses recherches arithmétiques, résultat inaugurant des rapports profonds entre l'algèbre et la géométrie ; le Suisse avait privilégié le symbole d'une renaissance malgré les transformations ; que voulait signifier l'emblème du tombeau d'Archimède ?
Écoutons-le une dernière fois dans le livre I du traité *De la sphère et du cylindre*. Après trente-quatre propositions longues et difficiles, un simple corollaire : « Il est clair que tout cylindre, ayant comme base le grand cercle de la sphère, vaut une fois et demie cette sphère ; et que son aire, les bases comprises, vaut une fois et demie l'aire de cette sphère. » Suit une démonstration de quelques lignes tirant les conséquences des quatre-vingts pages précédentes. Ainsi le résultat vers lequel converge tout ce travail est qualifié de corollaire. Cette litote ne doit pas nous abuser, c'est une coquetterie fort mathématicienne que de traiter comme simple conséquent le résultat de recherches acharnées.
Il est difficile de reconstituer ce qui pouvait fasciner Archimède dans cette proposition, prenons le risque d'essayer. Il y a au premier chef la simplicité même du rapport, étonnante à première vue, surtout lorsque l'on songe au rapport transcendant entre la sphère et son cube circonscrit. Ensuite, il y a sans doute que ce résultat, déjà entrevu grâce à *la Méthode* dont nous avons parlé plus haut, permet de réduire le problème de la cubature de la sphère à celui de la quadrature de son grand cercle, la base du cylindre. Pour finir, le plus étonnant est peut-être cette constatation infiniment improbable que le rapport des volumes et le rapport des aires de deux solides soient égaux. Il y a là un équilibre si subtil que seule la raison mathématique peut nous en persuader. Voilà certaines raisons pour nous persuader de la force du résultat.
Quant à la figure elle-même, c'est le réceptable complet de l'œuvre d'Archimède. Explorée dans le traité de *la Méthode* qui utilise en abondance le concept de levier, elle est étudiée selon l'orthodoxie euclidienne dans un autre livre où sont établis les rapports entre toutes les figures possibles (cônes, troncs de cône, sphères, cylindres, segments de sphère, de cercle) et le cercle. Cette figure est une mémoire où s'inscrit de façon implicite tout le formulaire, découvert par

Archimède, concernant le calcul des volumes, des aires et des longueurs à l'aide d'une unité, incommensurable avec l'unité carrée, le cercle de rayon 1. Ce cercle unité dont on peut dire qu'il est la forme archimédienne de notre nombre π.

Nous n'en finirons pas de sortir de ce chapeau le souvenir des œuvres d'Archimède : conoïdes, sphéroïdes, paraboloïdes (dont les volumes, les centres de gravité sont découverts dans les livres *De la méthode* et *Des conoïdes et sphéroïdes)* apparaîtront sortant de leurs matrices : le cône, la sphère et le cylindre. Et puis, nous pourrions, par un mouvement tournoyant et ascensionnel, dégager avec délicatesse la fameuse vis qui, inclinée et trempant dans l'eau, devient selon le mot de Montucla « une machine singulière, dans laquelle la propension même du poids à tomber semble être employée à faire monter ». Merveille technique dont la trace sur le cylindre est celle d'une hélice.

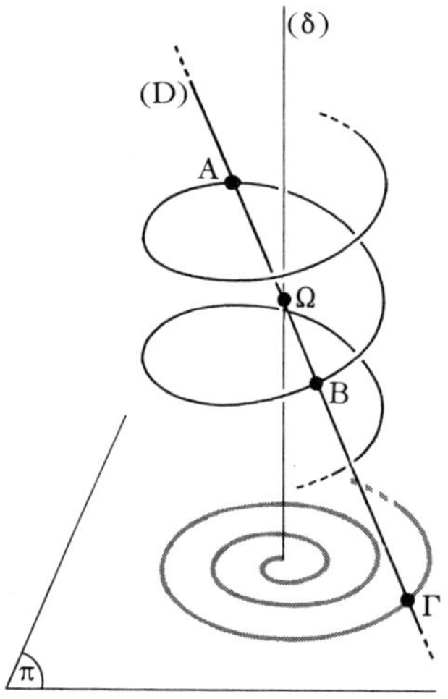

En examinant de près ce dernier objet, nous pourrions remarquer que toutes les droites (D), s'appuyant en deux points A et B de l'hélice et coupant en Ω l'axe (δ) de celle-ci, traverseront en Γ un plan Π perpendiculaire à cet axe pour y tracer une spirale d'Archimède. Cette parenté de construction entre la vis, héritée des Égyptiens, et la spirale pourrait faire de celle-ci l'objet d'étude théorique de celle-là. Sur la spirale, Archimède établit certaines de ses plus belles démonstrations : première recherche sur la tangente à une courbe différente du cercle, aire de chaque enroulement, réductible, une fois de plus, aux aires circulaires.

Mais arrêtons-là l'inépuisable théorie des œuvres archimédiennes et laissons les herbes et les ronces envahir le tombeau érigé par ce général romain qui devait si mal comprendre les mathématiques et qui en avait pourtant subi les plus mortelles conséquences.

Deux siècles ont passé. Un biographe, un architecte, quelques historiens se sont souvenus de celui qui défendit la métropole sicilienne. Comme une onde s'affaiblit en s'étendant, la renommée diffusa dans le bassin méditerranéen s'estompant en son point d'origine. L'homme tombé dans la poussière sous le coup du soldat fut oublié de ses concitoyens. « Un fouillis de ronces et de buissons entourait et masquait le tombeau », nous dit Cicéron au livre V des *Tusculanes* dans lequel il prétend avoir retrouvé la sépulture du savant. « Un jour que je fouillais du regard tout le terrain situé aux abords de la porte d'Agrigente [...] voilà que mes yeux tombent sur une petite colonne qui émergeait des buissons : elle était surmontée d'une sphère et d'un cylindre [...]. On envoie là des gens armés de faux pour nettoyer et dégager l'emplacement [...]. L'inscription était reconnaissable ».

Ainsi, malgré le temps, l'effacement n'a pas été total et « l'emblème » d'Archimède a permis au rhéteur de retrouver le tombeau. Grâce à cela il se permet de conclure : « Ainsi la cité de la Grèce la plus célèbre et même, à un moment, la plus savante aurait ignoré le monument du plus génial de ses fils si un enfant d'Arpinum (Cicéron) ne le lui avait fait connaître. » Il faut sans doute comprendre ce terme de monument dans son sens le plus large, et retourner la feinte modestie de Cicéron, en faisant du tombeau la métonymie de l'œuvre monumentale du Syracusain. Le passage dans lequel s'inscrivent ces quelques lignes confirme cette hypothèse puisqu'on voit Cicéron anticiper de manière particulière sur Plutarque, en vantant le bonheur des hommes d'esprit comparé à celui des tyrans.

Au-delà de la mort, le récit de Cicéron nous fait voir encore une fois le schéma fondamental de la pensée d'Archimède, celui de l'effet du minimum sur le maximum ; près du tombeau, nous assistons à une « adaptation socio-historique » d'une expérience d'Archimède : à lui seul un simple habitant d'Arpinum est responsable de la découverte du monument de l'immense génie. C'est, à n'en pas douter, la véritable résurrection de celui qui, un soir de défaite, tomba dans la poussière le compas à la main. Cicéron, alors qu'il compare le bonheur éphémère d'un tyran comme Denys à celui impérissable d'un génie comme Platon nous a déjà prévenus. Commençant le récit de sa découverte à Syracuse il écrit : *Ex cadem urbe humilem homunculum a puluere et radio excitabe, qui multis annis post fuit, Archimedem.* Ce qui pourrait se traduire par : « De cette même ville, je ferai se lever de la poussière et du bâton (le compas du géomètre), un humble mortel : Archimède, qui fut de nombreuses années après (Denys). » Nous sommes prévenus, le lecteur va assister, subjugué par la puissance incantatrice cicéronienne, à une véritable palingénésie, où Archimède ressuscitera de son cercle de poussière brandissant l'instrument emblématique du savoir. Ainsi le Chéronien devra partager avec l'Arpinien le mérite d'avoir « excité » de l'oubli et des cendres, celui qui, grâce à leurs récits légendaires et dorés, deviendra des siècles plus tard, le parangon des savants.

Deux mille trois cents ans ont passé. En ce jour de 1988, un humble historien est venu respirer dans son poudroiement de lumière l'air léger qui connut il y a si longtemps la chute de la cité et la mort du savant. Devant lui la mer s'estompe vers le ciel, colorant d'azur la coque crayeuse de la presqu'île d'Ortygie. Autour, les mouches vrombissent sur les reliefs de la décharge qui domine la ville, par endroits un socle de pierre résiste à l'onde déferlante du détritus. A quelques pas, le rêveur perçoit une forme régulière, bloc de marbre blanc bravant la saleté. Il s'approche, s'abaisse pour le toucher, sent son cœur se réchauffer au contact lisse et froid.
La colonne est couchée sur le sol dégagé, au sommet, l'emblème est toujours visible : sphère et cylindre de pierre. Agrippant chacun des deux symboles, il veut redresser la colonne. Usé par les siècles de pluie, les décennies de gaz, et les années de pourriture, le marbre cède au pied de la sphère. Le boulet lui reste dans la main... Stupéfait par l'accident il le dépose sans y penser dans la gueule du cylindre de pierre, alors l'éclair jaillit et l'évidence s'impose...
Le soir commence à tomber, les pensées de l'historien se sont faites plus précises, quelque chose se retourne dans la belle image proposée par Plutarque. L'étrangeté est-elle si forte entre le savant et le pouvoir, la science et la guerre ? Archimède n'a-t-il pas voulu, lui-même, être enfoui sous ce symbole de puissance ? Et puis ce général construisant ce monument à la gloire des seules mathématiques, est-ce vraiment crédible ? Tout à ses réflexions l'homme caresse la pierre... A la base de la colonne, partie qui autrefois adhérait au piédestal, la main sent des défauts régulièrement espacés qui rendent probable la présence d'une inscription lapidaire.
Impatient, insouciant, exalté, il s'allonge dans l'immondice. L'œil du paléographe a déjà deviné le nom de Marcellus comme une signature, plus haut une phrase latine se dissimule en partie sous des résidus de mortier... Reprenant dans la profondeur de la nuit le long travail du lapicide, l'homme dévoile une à une les lettres. Quand tout sera fini, ses doigts auront pu déjà lire...

« *Qui tollis peccata scientiae* »

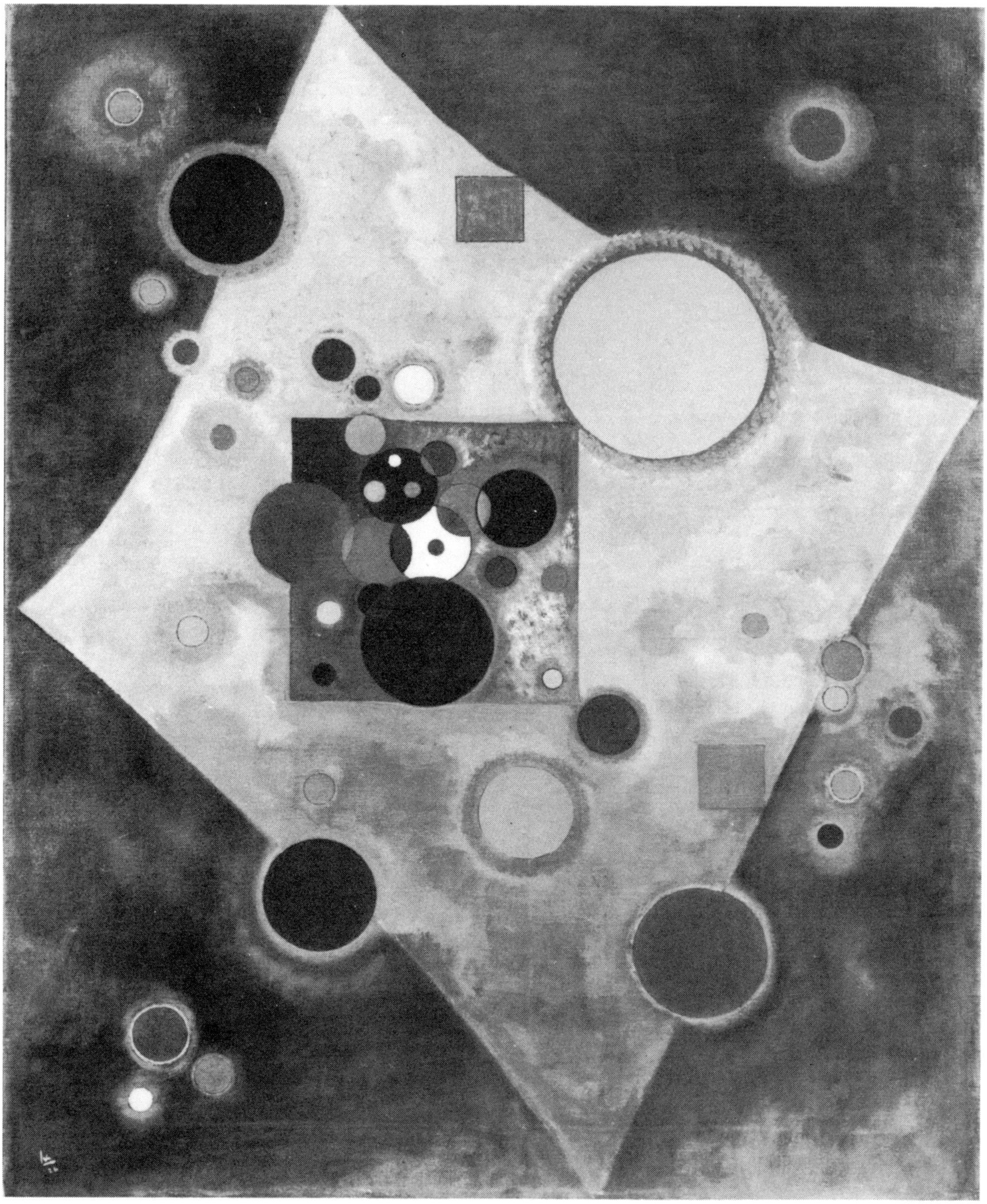

L'un est l'autre : pour une histoire du cercle

CATHERINE GOLDSTEIN

Certains problèmes ou sujets mathématiques sont si anciens qu'ils nous paraissent naturels.
Ici l'on verra que la conception du cercle, comme toute création humaine, dépend en fait étroitement de son contexte historique et culturel.

« Il semble que nous soyons dans un cercle vicieux et que l'homme soit condamné à ne pouvoir rien connaître. » (Claude Bernard)

Au commencement était le cercle. Partout. Accroché dans le ciel les nuits de pleine Lune ; supportant les chariots puis les voitures ; entourant de pierre les villes ; décorant les vases dont la trace sur le sable le dessinerait encore. Pensez à lui, fermez les yeux, ouvrez-les, cherchez-le : vous le découvrirez jusque dans les « o » de cette page. Dans votre tête sans doute, guirlande ordinaire des cours de mathématiques.

Depuis quatre mille ans. Immuable.

Il y a vingt-trois siècles, le mathématicien Euclide en proposait dans les *Éléments* la définition suivante : « Un cercle est une figure plane délimitée par une ligne — celle appelée circonférence — vers laquelle, à partir d'un point parmi ceux placés à l'intérieur de la figure, toutes les droites qui la rencontrent, sont — jusqu'à la circonférence du cercle — égales entre elles. Le point est appelé centre du cercle. » A cette définition répond presque mot pour mot celle des dictionnaires modernes comme le *Petit Robert* :

« Cercle : surface plane délimitée par une courbe (circonférence) dont tous les points sont à égale distance du centre. »

Présent bien avant l'écriture, éternellement identique à lui-même, le cercle serait donc un de ces objets hors de l'histoire auxquels les mathématiques, pourvoyeuses, nous a-t-on appris, de vérités éternelles, ont accordé leur prédilection. Astronomes, philosophes, architectes, mystiques, arpenteurs, géographes ou poètes l'auraient étudié, mesuré, décrit, en auraient nourri leurs fantasmes et alimenté leurs polémiques, y auraient puisé leur inspiration ou abrité leurs résultats sans en altérer radicalement la sereine image. Unique et reconnaissable figure roulant dans le temps et l'espace, « le » cercle ne se laisserait héberger par des disciplines et des cultures diverses que pour qu'elles illuminent quelques-unes de ses propriétés auparavant cachées ou lui imaginent d'inédites utilisations.

Le cercle n'a cessé d'inspirer peintres et poètes. Ligne ou espace du tableau même, seul ou en constellation, comme dans cet Accent en rose *de 1926, il occupe une place essentielle dans l'œuvre de Kandinsky, cachant sous sa trompeuse simplicité des implications complexes. La même complexité marque jusqu'à son histoire mathématique... (Musée nat. d'Art moderne, centre Georges-Pompidou, Paris. Ph. © Lauros/Giraudon/Photeb, © by ADAGP, 1989.)*

Et s'il n'en était rien ? Si le cercle, effilochant le tissu du monde et du temps, y perdait son identité, y coinçait ses rondeurs ? Si le reconnaître même, parfois, devenait difficile ? S'il nous apparaissait en fin de compte multiple, éparpillé, descendance d'une longue lignée dont les parentés complexes doivent se déchiffrer patiemment ? Si les regards humains, à chaque instant, ne le

A contempler Saturne, douterait-on que le cercle ne soit un objet absolument naturel ? Et pourtant... (Ph. © Pierre Guérin, observatoire du pic du Midi/Arch. Photeb.)

dévoilaient pas, mais le (re)créaient ? Cherchant à capter ce qu'il y a de commun à tout ce que nous appelons « jeu », le philosophe Ludwig Wittgenstein compare la manière de rassembler des choses si différentes sous un même nom au filage, où l'on tord des fibres les unes sur les autres : « [...] et la force du fil ne vient pas de ce qu'une des fibres court sur toute sa longueur, mais de ce que beaucoup s'entremêlent. »

Démêler toutes les fibres de ce fil si solide que nous appelons « cercle » serait, bien sûr, impossible : aussi bien n'est-il pas question d'en épuiser toutes les apparitions, mais de comprendre quelques-uns des débats houleux que sa définition standard dissimule et de faire resurgir les objets qu'elle nivelle. D'éclairer, si possible, quelques enchevêtrements de fils, quelques métamorphoses. Certaines absences sont flagrantes : les érudits chinois ont étudié le cercle pendant plus de deux mille ans, il n'en sera pas fait mention ; la propriété du cercle d'englober la plus grande surface possible pour un périmètre donné est débattue, raffinée, généralisée, depuis l'Antiquité jusqu'à nos jours, je n'en parlerai pas. D'autres omissions sont moins criantes, peut-être, mais elles sont innombrables, et, bien sûr, arbitraires : dans ces contrées si fertiles, si civilisées, il n'y a pas d'oasis inévitables, mais des étapes dont le choix est laissé au désir du guide. Plusieurs civilisations, hors du pourtour méditerranéen — en Mésopotamie, en Asie du Sud ou de l'Est, par exemple —, ont élaboré et développé, à une échelle importante, des outils et des problématiques scientifiques : c'est une roue indienne que j'ai choisie pour commencer notre périple.

Où l'on apprivoise quelques cercles

De l'Inde à l'Égypte, 2000-100 av. J.-C.

Mantra : vers, ou phrase, crédité de propriétés magiques ou religieuses ; hymne védique.

« Voilà ce qu'il faut savoir : celui qui a des rivaux doit construire un foyer d'autel en forme de roue de chariot. »

Entre le VIIIe et le IVe siècle avant notre ère sont compilés en Inde les *Śulvasūtra*, les *Traités du Cordeau*, qui, dans le cadre du rituel védique, codifient les règles de construction et d'orientation des autels (*vēdi*) et des foyers (*agni*) destinés aux sacrifices : tout comme pour la prononciation des *mantra*, l'efficacité du rituel repose sur l'exacte observance de ces règles ; les traités nouent et développent donc, entre autres, des techniques que nous baptiserions architecturales, géométriques ou calculatoires selon le cas. La figure de base pour construire ces édifices, faits de briques de taille fixée, est un quadrilatère, en principe un carré, à partir duquel sont reproduites les formes et les proportions précises exigées par le culte, selon l'objectif recherché : « Voilà ce qu'il faut savoir :

« Celui qui a le désir du ciel doit construire un *agni* en forme de faucon. Il a des ailes courbées et une queue déployée [...].

« Celui qui a des rivaux doit construire un *agni* en forme de roue de chariot. »

Suivent alors les détails de la fabrication à partir des briques de base, au prix d'assez longs calculs fractionnaires. L'instrument fondamental est le cordeau (*śulva* ou *rajju*) fait de chanvre ou de bambou : tracerait-il des cercles ? Et de quelle sorte ?

La réponse est moins immédiate qu'on pourrait le croire. Plusieurs versions de ces textes nous ont été transmises (dont les principales sont celles d'Apastamba, de Baudhāyana, de Kātyāyana et de Manu), accompagnées souvent de commentaires plus récents : rédigées en vers sanskrits sous une forme parfois elliptique, dans un contexte de transmission orale où les techniques de mémorisation sont essentielles, elles laissent coexister plusieurs synonymes selon les exigences de la métrique : ainsi *vṛtta, maṇḍala* (qui représente plus généralement une figure), *parimaṇḍala* (figure en rond), *rathacakracit* (roue de chariot) servent à désigner des choses rondes. D'autre part, à titre auxiliaire dans des constructions, sont aussi tracées des lignes circulaires que ne désignent parfois aucun nom spécifique, mais qu'indique un verbe (« tracer en rond ») : ces lignes peuvent être plus ou moins complètes et un pieu et une corde (ou un morceau de bambou) font office de compas. Voici, par exemple, la construction du carré de 1 *puruṣa* (la mesure de base), chez Apastamba : « On mesure (l'*agni*) à la mesure d'un homme (celui qui effectue le sacrifice). On mesure avec une tige de bambou. Voilà ce qu'il faut savoir. A un intervalle tel que le sacrifiant les bras levés, on fait deux trous dans un bambou et un troisième au milieu. Ayant placé le bambou le long de la *pṛṣṭhyā* (ligne est-ouest de l'autel) à l'ouest des trous des poteaux sacrificiels, et ayant placé des pieux dans les trous ;

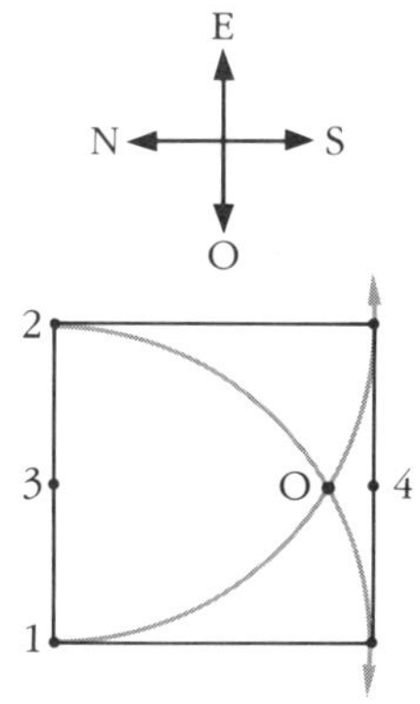

Après l'avoir libéré à l'ouest, il faut tracer en rond à partir de l'extrémité (1) vers le sud-est ; le libérant à l'est et le fixant à l'ouest, il faut tracer en rond de l'extrémité (2) vers le sud-ouest ;
Libérant le bambou, fixant le trou terminal du bambou sur le pieu médian (3), plaçant le bambou au sud du point d'intersection des lignes (O), on fixe un pieu dans le trou à l'extrémité (4) ;
En y fixant le trou médian du bambou et en ajustant les autres sur l'extrémité des lignes, des pieux sont enfoncés dans les trous.
C'est le carré de 1 *puruṣa.* »
Il s'agit, on le voit, de la description minutieuse d'une procédure opératoire, d'une manipulation, et la meilleure manière de s'en imprégner et de comprendre le texte est peut-être de se munir de pieux et d'une tige de bambou (ou d'épingles et d'une allumette !) pour refaire *à la main* la construction proposée. Celle-ci sert à la fabrication d'autres édifices : les textes expliquent donc comment convertir ce carré en d'autres figures, et réciproquement, tout en conservant la même surface imposée par le rite. « Si tu veux éliminer tes rivaux, tu dois construire un *rathacakracit* » : la question du pourquoi, en particulier la signification religieuse ou concrète de la roue, s'enterre dans les textes védiques ; la question du comment qui nous retiendra ici reçoit plusieurs réponses : voici celle d'Apastamba :
« Si l'on veut transformer un carré en un cercle, on tend (une corde) du milieu (du carré) à un coin ; on tourne autour du côté, on trace un cercle avec un tiers restant, cela donne le cercle nécessaire, autant a été donné qu'il est parti.

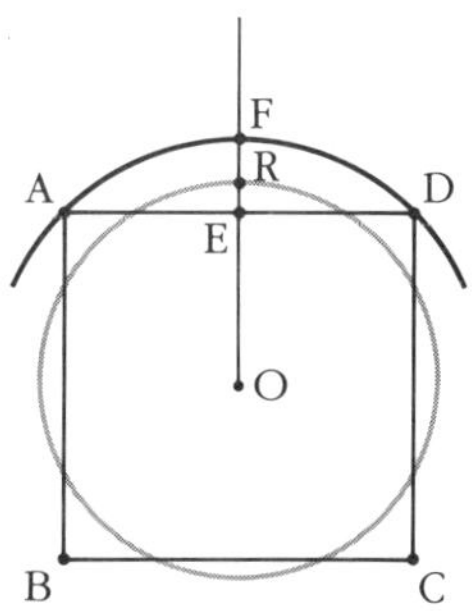

Si l'on veut transformer un cercle en carré, on divise le diamètre en quinze parties, on enlève deux ; treize restent. Cela donne le carré nécessaire. »
Grâce aux commentaires postérieurs qui contiennent d'ailleurs parfois des justifications des constructions proposées, on peut élucider les démarches que le texte suggère :la seconde consiste à fabriquer un carré dont le côté aura pour longueur les treize quinzièmes du diamètre du cercle de départ ; la première peut être illustrée par le schéma ci-contre (OR est le rayon du cercle cherché et FR les deux tiers de FE).
Il est remarquable que ces conversions ne soient réciproques ni dans leur type de procédure ni dans leurs résultats : le cercle obtenu en effectuant par la première construction la conversion d'un carré, lui-même fabriqué par la seconde à partir d'un cercle, diffère sensiblement de ce dernier (c'est-à-dire plus que la précision des autres calculs du texte ne le laisserait prévoir). Une autre version, celle de Baudhāyana, propose une procédure de conversion plus compliquée qui pourrait répondre davantage à notre désir de conversions réciproques, mais les origines mathématiques, religieuses, technologiques de ces préférences ne sont pas du tout claires. Leur discussion, pourtant, n'est pas qu'un ergotage stérile : il est montré ailleurs dans ce livre (cf. p. 39-61) comment deux civilisations contemporaines entre elles, et bien antérieures à l'Inde védique, celle de Mésopotamie, celle d'Égypte, se sont intéressées en leur temps à notre figure favorite : les ronds tracés sur le papyrus Rhind, ceux gravés sur les tablettes d'argile babyloniennes ne font qu'illustrer les procédures qui s'y rapportent, et, pas plus que dans l'Inde des *Śulvasūtra*, n'ouvrent des chemins à une exploration théorique du cercle pour lui-même : dans les trois cas, les intérêts sont ailleurs. Mais déjà, des différences sont apparues : la question fondamentale à laquelle répondent les textes du Proche-Orient est

Dans la cosmographie jaïna, le monde médian, le madhyaloka, a la forme d'un disque sur lequel se déploie une série d'anneaux concentriques représentant alternativement des océans et des continents. Ce bas-relief du temple de Ramakpur datant du XVIIe siècle montre le Nandiśvaradvīpa, continent de liesse, avec ses cinquante-deux sanctuaires. (Ph. © J.-L. Nou.)

celle du calcul de la surface du cercle; directement à partir de son diamètre pour les Égyptiens; par l'intermédiaire du calcul du périmètre pour les Babyloniens — le calcul explicite du périmètre d'un cercle ne figure d'ailleurs pas dans le petit nombre de papyrus égyptiens qui nous sont parvenus. Le texte d'Apastamba, quant à lui, ne s'occupe que de reconstruire, en conservant la même surface, c'est-à-dire concrètement les mêmes briques de base, un cercle à partir d'un carré: nous pouvons, bien sûr, en déduire des calculs potentiels de la surface d'un cercle de diamètre donné, les deux procédures d'Apastamba fournissant deux valeurs différentes; mais il est surtout important de remarquer que cette question ne paraît pas intéresser les utilisateurs des *Śulvasūtra*. Ainsi, le traitement du cercle, si discret qu'il soit, donne des renseignements sur l'importance relative des préoccupations qui peuvent lui être liées, prescription exigeante de l'architecture rituelle ou calculs économiques relatifs à la construction d'un puits. S'il est peu probable, compte tenu des témoignages architecturaux ou religieux dont nous disposons, que des textes semblables aux *Śulvasūtra* aient pu être composés en Mésopotamie, en revanche, on croirait volontiers que des calculs de surface ont été effectués dans l'Inde védique; rien n'est moins clair qu'un lien direct avec ceux qu'on pourrait déduire des *Śulvasūtra*. En 325 av. J.-C., Alexandre le Grand tente de conquérir l'Inde: c'est l'époque où les contacts avec la science grecque deviennent courants, contacts comme toujours très sélectifs. Mais l'influence védique a déjà diminué et, avec elle, l'importance des constructions rituelles; la religion jaïna, née en même temps que le bouddhisme au VIe siècle av. J.-C., développe une cosmographie basée sur le cercle, puisque le Soleil et la Lune y sont supposés tourner sur des cercles concentriques dans des plans parallèles à la Terre, ayant le mont Méru comme centre. La mensuration du cercle devient alors une part essentielle de la littérature mathématique jaïna en liaison avec la sphère religioastronomique, entre le IIe siècle avant et le IIe siècle après notre ère; s'il n'y a pas de raisons de supposer que les *Śulvasūtra* et leur contenu aient été inconnus à cette période, c'est ailleurs pourtant, par exemple dans l'influence de l'astronomie babylonienne tardive, transmise par l'intermédiaire grec et accueillie avec d'autant plus d'empressement que ses préoccupations semblaient plus proches, qu'il faut chercher des explications au changement du style: les procédures purement calculatoires remplacent massivement les manipulations géométriques et la scrupuleuse précision est abandonnée, les besoins explicites de la connaissance des mouvements célestes semblant, ô paradoxe pour nous ! moins exigeants de ce point de vue que les nécessités rituelles.

Des formules, énoncées sous forme rhétorique, donnent des relations parfois approximatives entre corde, arc, distance au centre, diamètre, ainsi que l'expression de la surface d'un cercle comme le produit de son périmètre par le quart de son diamètre; le périmètre lui-même est calculé comme le produit du diamètre par $\sqrt{10}$: des allusions sont faites à d'autres traditions utilisant 3 au lieu de $\sqrt{10}$. Que cette valeur de 3 provienne d'une transcription en chiffres indiens de la valeur babylonienne ou d'une tradition métrologique antérieure proprement indienne, il est remarquable que ne soient pas mentionnées les valeurs, plus précises que 3, que notre regard trop savant pourrait faire surgir des *Śulvasūtra* (cf. La métrologie du cercle p. 134).

Prudence, donc, toujours, en avançant sur ces terrains où nos connaissances modernes, même celles qui nous paraissent les plus *naturelles*, lissent dangereusement les démarches distinctes, escamotent les divergences ou les réduisent à des simples variantes, voire à des aveuglements. Trois civilisations différentes (quatre, si l'on distingue les cultures védique et jaïna) construisent des objets ronds, qui ne portent pas toujours un nom spécifique, qui n'interviennent pas dans les mêmes contextes, ne sont pas soumis au même traitement et ne produisent pas des calculs identiques. De ces textes émergent déjà une foule de thèmes dont notre quête *du* cercle tressera les brins: questions métrologiques liées au calcul de sa surface et de son périmètre, où se greffera bientôt celle, lancinante, de la quadrature; questions morphologiques, concernant son aspect naïf (Sous quelles formes graphiques, verbales, se présente le cercle ?) ou ses métamorphoses (A quelles autres figures le cercle est-il comparé ? Lesquelles sont comparées à lui ? A quelles procédures techniques ces conversions font-elles appel, dans quel contexte culturel s'inscrivent-elles ?) ; questions plus larges encore de son habitat (Dans quelles sortes de textes est-il étudié et pourquoi ? Dans quelles classifications s'insère-t-il ?). La section suivante donnera d'autres réponses à certaines de ces questions. De nouvelles, aussi, surgiront, que notre curiosité, décapée par la fréquentation de textes plus exotiques, va poser à celui que notre éducation a figé en archétype de toute mathématique: les *Éléments* d'Euclide.

Où l'on définit un cercle

D'Athènes à Alexandrie, Ve siècle av. J.-C. - IIe siècle apr. J.-C.

Pourquoi Euclide, encore ? Pour une grande part, parce qu'il n'y a guère de choix: nous n'avons à notre disposition aucun texte complet antérieur, même si les philosophes du IVe siècle av. J.-C., Platon et Aristote entre autres, ainsi que les commentateurs plus tardifs comme Proclus ou Simplicius, font état de mathématiciens en Grèce dès le VIe siècle av. J.-C. et d'une tradition d'*Éléments* présentés sous forme déductive et autonome dès le Ve siècle av. J.-C. ; il ne subsiste d'eux que des fragments et des allusions dont il est souvent difficile d'évaluer la fiabilité. L'autre raison, liée peut-être à la précédente, est la renommée du texte euclidien jusqu'à nos jours et son impact historique, à la fois comme modèle formel et comme réservoir de connaissances de base et de problèmes. Que nous dit-il donc du cercle, ce (collectif de ?) mathématicien (s ?) qui travaillait sans doute à Alexandrie, au début de l'époque hellénistique, vers 300 av. J.-C. ?

La métrologie du cercle

Quelques méthodes et résultats pour le calcul de la surface d'un cercle dans plusieurs civilisations. A titre indicatif ont été inclus (texte en italique) des résultats de nature non métrologique, mais pertinents pour notre propos.

Origine	Problème	Procédure et résultat (modernisés)	Commentaire
Papyrus Rhind, Égypte, début du IIe millénaire av. J.-C.	calcul d'un champ rond.	[diamètre − $1/9$ (diamètre)]^2.	procédure exclusivement numérique; pas de nom spécifique pour un cercle; pas de calcul de la circonférence.
Tablette paléobabylonienne, Mésopotamie, début du IIe millénaire av. J.-C.	calcul de surfaces rondes.	(on triple le diamètre)^2 × $1/12$.	procédure exclusivement numérique; passage par calcul de la circonférence; le « $1/12$ » est identifié comme constante du cercle.
Śulvasūtra *d'Apastamba, Inde, Ier millénaire av. J.-C.*	*conversion d'un cercle en carré;* *conversion d'un carré en cercle.*		*La surface du carré obtenu vaut environ 3,004 fois le carré du demi-diamètre du cercle;* *la surface du cercle obtenu vaut environ 3,088 fois le carré de son demi-diamètre.*
Jyotiṣkaraṇḍaka, texte jaïna, Inde, IIe siècle av. J.-C. – IIe siècle apr. J.-C.	formules sur le cercle.	circonférence: $\sqrt{10\,(\text{diamètre})^2}$.	d'autres formules coexistent.
Aryabhaṭa, Inde, VIe siècle apr. J.-C.	circonférence d'un cercle.	la valeur approchée de la circonférence pour un diamètre de 20 000 est 62 832.	le rapport est donc 3,1416 (!); la surface se calcule comme dans les textes jaïna; méthode d'approximation par les polygones.

Le Livre I commence par vingt-trois définitions, celle du cercle, la quinzième, vient après celles du point, de la ligne, de la ligne droite, de la surface et des angles; les définitions suivantes lui sont liées:

« [...] 15. Un cercle est une figure plane délimitée par une ligne — celle appelée circonférence — vers laquelle, à partir d'un point parmi ceux placés à l'intérieur de la figure, toutes les droites qui la rencontrent — jusqu'à la circonférence du cercle — sont égales entre elles.

16. Le point est appelé le centre du cercle.

17. Un diamètre du cercle est n'importe quelle droite menée par le centre et limitée sur chacune de ses parties par la circonférence du cercle et qui coupe en deux le cercle.

18. Un demi-cercle est la figure délimitée par le diamètre et par la circonférence découpée par lui. Le centre du demi-cercle est le même que celui du cercle. »

Viennent ensuite les définitions des figures rectilignes (limitées par des droites), des différents triangles et quadrilatères, enfin celles des parallèles. Puis, distinguées nettement des définitions, cinq *demandes* (ou *postulats* à condition de ne pas accorder à ce mot une technicité anachronique) et des *notions communes*; une seule des *demandes* nous concerne, celle qui autorise l'utilisa-

Origine	Problème	Procédure et résultat (modernisés)	Commentaire
Neuf chapitres de l'art mathématique, Chine Ier siècle apr. J.-C. (?)	mesure de champs.	surface du cercle: $^{1}/_{2}$ (circonférence) $\times$ $^{1}/_{2}$ (diamètre); ou: $^{3}/_{4}$ (diamètre)^2 (*); ou encore: $^{11}/_{12}$ (circonférence)^2.	de nombreux commentaires postérieurs (dont celui de Lui Hui au IIIe siècle apr. J.-C.) donnent des justifications et des valeurs plus précises, souvent à l'aide des polygones; au Ve siècle apr. J.-C., Zu Chongzhi donne un rapport de 3,141592614 pour (*).
Euclide, *Alexandrie, 300 av. J.-C.*	*le rapport des surfaces des cercles au carré de leurs diamètres est constant.*		*bien sûr, pas de valeurs numériques.*
la Mesure du cercle, Archimède, Alexandrie, IIIe siècle av. J.-C.	mesure du cercle.	la surface est égale à celle d'un triangle, dont la base est le demi-diamètre et la hauteur, la circonférence; le rapport de la circonférence au diamètre est compris entre 3 + $^{1}/_{7}$ et 3 + $^{10}/_{71}$.	premières démonstrations attestées sur ces points; méthode d'approximation par des polygones.
François Viète, France, XVIe siècle	calcul du rapport de la surface d'un cercle au carré du demi-diamètre.	valeur approchée à 9 décimales exactes: 3,141592653.	la numérotation décimale est disponible; polygone à 393 216 côtés (la méthode donnant une série infinie du texte est moins efficace).
Ludolph Van Ceulen, Allemagne, XVIe siècle.	calcul du rapport de la surface d'un cercle au carré du demi-diamètre.	valeur approchée à 35 décimales exactes.	un des records de la méthode des polygones!
A partir du XVIIIe siècle.	surface d'un cercle.	surface du cercle: $S = \pi R^2$.	la valeur de π est déterminée par des méthodes analytiques; on connaît aujourd'hui plusieurs milliers de décimales!

teur des *Éléments* à construire des cercles de rayon et de centre quelconque: « Il est demandé [...] de tracer un cercle à partir de tout centre et au moyen de tout intervalle. »

Le cercle n'intervient pas avant le troisième Livre dans les énoncés des propositions: Euclide s'intéresse d'abord aux figures rectilignes et à leur quadrature, c'est-à-dire ici aux moyens de construire géométriquement un carré égal (en surface) à la figure donnée. Il est, en revanche, question de cercles à l'intérieur de certaines démonstrations. A titre d'exemple, voici la première proposition du Livre I:

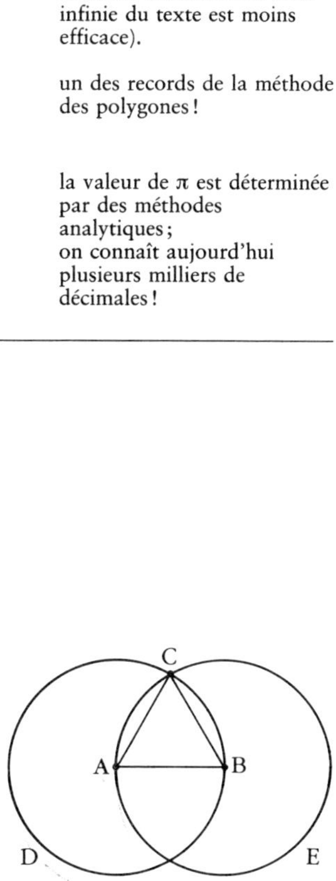

« Sur la droite limitée donnée, construire un triangle équilatéral.
Soit AB la droite limitée donnée; il faut alors que sur la droite AB soit construit un triangle équilatéral. D'une part, avec le centre en A, d'autre part, au moyen de l'intervalle AB, que soit construit le cercle BCD et ensuite avec, d'une part, le centre en B et, d'autre part, au moyen de l'intervalle BA, que soit construit le cercle ACE et que, à partir du point où les cercles s'entrecoupent, les droites CA, CB soient menées jusqu'aux points A, B. Et puisque le point A est le centre du cercle CDB, AC est égal à AB; ensuite puisque le point B est le centre du cercle CAE, BC est égal à BA. Il a été aussi montré que CA est égal à AB; donc chacun des CA, CB sont égaux à AB; les égaux eux-mêmes sont aussi égaux

l'un l'autre ; et donc CA est égal à CB ; donc les trois CA, AB, BC sont égaux entre eux.
Donc le triangle ABC est équilatéral et a été construit sur la droite limitée donnée AB.
Donc sur la droite limitée donnée un triangle équilatéral a été construit. Ce qu'il fallait faire. »
Cette construction intervient plus tard pour tracer une perpendiculaire à une droite en un point, donc pour fabriquer un carré de côté donné (propositions 11 et 46) : même si le triangle équilatéral n'apparaît pas explicitement dans les *Śulvasūtra*, l'analogie des constructions incite à une comparaison entre les deux textes : mêmes types de questions, mêmes contraintes, puisque les *demandes* n'autorisent à tracer que des droites et des cercles, donc à n'employer que « règles et compas », dirions-nous, bambou, corde et pieu, dirait Apastamba.
Où pourtant, mieux qu'en ce tout début des *Éléments*, pourrait se lire l'abîme culturel qui sépare Apastamba d'Euclide ? Le sacrificateur indien, bras tendu pour prendre la mesure de l'autel qu'il construira, nous désigne chez Euclide une disparition, celle du monde extérieur au texte. Les papyrus égyptiens, les tablettes d'argile babyloniennes, si peu prolixes, évoquent souvent des grains, des puits et des villes, ordonnent, devant un interlocuteur qu'ils désignent, la procédure qu'il devra suivre ; pour artificiels que soient ces détails concrets, tout autant que les baignoires en fuite perpétuelle d'une ancienne pédagogie, ils engagent élève et maître autour d'un quotidien : lisons de plus près comment il est ici évacué.
La première différence, rien moins qu'innocente, concerne le mot *cercle* : il est employé systématiquement, y compris dans les constructions auxiliaires comme celle décrite ci-dessus, où le sanskrit aurait pu se contenter d'un verbe. Or, chez Euclide, un cercle est une figure *plane* et non une simple ligne ; il est nécessaire de tracer la figure complète avant de l'utiliser (la comparaison des dessins p. 131, en haut et p. 135 est, à cet égard, éclairante). Plus encore, bambous, pieux, compas même, ont tous disparu avec l'image qu'ils traçaient : le postulat qui affirme qu'on sait et peut dessiner un cercle ne dit pas avec quoi. Quant à la forme verbale, elle ignore les égarements éventuels des étudiants, elle ignore même complètement qu'il y a des étudiants : qui trace le cercle ?
Les constructions occupent une place importante dans les *Éléments*. Comme toutes les propositions, elles sont accompagnées, autre différence importante avec les *Śulvasūtra*, par des démonstrations chargées de les cautionner *a posteriori*. Devant qui ? Le mathématicien grec idéal n'est pas si isolé ni si contemplatif qu'on aurait pu le croire : il s'agite, construit, se justifie... Ce n'est donc pas par miracle ou par une exigence interne au cercle lui-même qu'un développement, prétendu naturel, aurait enfin abstrait de sa gangue matérielle, que l'univers concret, quotidien, disparaît : il est volontairement tenu à distance, bloqué dans des définitions qui le décrivent, fixé à des endroits précis (les *demandes*) et dans des formes qui canalisent ses ambiguïtés et précisent sa pratique. Le cercle euclidien naît de cet effort qui condense en une figure jusqu'à l'outil qui jusqu'alors le traçait. Ce qui, dans ce procès, relève d'une conception du système éducatif et des mathématiques, de la présence d'un milieu professionnel, d'un tempérament particulier ou des coups de semonce des philosophes, est un autre sujet dont j'ai seulement voulu évoquer l'articulation avec le nôtre (cf. p. 275-295).
Dans la suite des *Éléments*, le cercle apparaît comme objet d'étude pour lui-même : le Livre III étudie ses propriétés intrinsèques (construction du centre, comparaison d'angles interceptant le même arc), le Livre IV les questions d'inscription et de circonscription des figures rectilignes, essentiellement des polygones réguliers (dont celle du pentadécagone). Quelques propositions relatives au cercle s'éparpillent dans les autres Livres, par exemple dans ceux consacrés aux rapports ou aux surfaces :

« [...] XII, 1 : les surfaces des polygones semblables inscrits sont comme les carrés des diamètres des cercles circonscrits [...] ;
« XII, 2 : les surfaces des cercles sont comme le carré des diamètres [...] »

Si la définition du cercle précède celle des figures rectilignes, son étude vient donc après : sont explicitées alors ses relations avec la droite et lui-même d'abord (angles, intersections de droites et de cercles), puis avec les figures polygonales classées par ordre croissant du nombre de côtés. Nous retrouvons ainsi trace dans ces classifications de la duplicité de sa définition et de son statut, le même mot désignant la ligne auxiliaire associée à la droite dans toutes les constructions, et la figure plane reléguée à la suite des autres dont les propriétés servent à démontrer les siennes par la méthode d'exhaustion : on approche un cercle par des polygones inscrits et/ou circonscrits à un nombre croissant de côtés comme dans la démonstration de la proposition XII, 2 (cf. aussi p. 102).

A ce propos, si Euclide inscrit dans un cercle un carré (IV, 6), circonscrit un carré à un cercle (IV, 7), dans un carré inscrit un cercle (IV, 8), à un carré circonscrit un cercle (IV, 9), il n'est jamais question chez lui de *carrer* un cercle, c'est-à-dire de construire un carré égal (en surface) à un cercle donné, comme il le fait pour les figures rectilignes. Cela n'aurait pour lui comme sens que de le construire « à la règle et au compas », avec droites et cercles, et nous savons aujourd'hui que c'est impossible. Il est intéressant de noter que des outils rudimentaires à peu près identiques, bambou ou règle, corde et pieu ou compas, interviennent, indépendamment peut-on supposer en l'absence de toute évidence du contraire, dans des civilisations très différentes et qu'ils y laissent des traces aussi durables. Les raisons pour lesquelles Euclide se

Didon, affirme la légende, construisit Carthage dans l'emplacement circulaire délimité par une peau de bœuf découpée en lanières. Mythique ou réel, le plan rond fut courant dans l'urbanisme oriental. Ici Darabgird (Darab-la-ronde), cité sassanide ou parthe de l'Iran. (Ph. © Georg Gerster/Rapho.)

restreint à des constructions ne faisant intervenir que des droites et des cercles ne sont pas claires : référence respectueuse à leur usage ancien et prestigieux, en astronomie par exemple, désir de prouver qu'il était possible de ramener tout mouvement à une composition de deux d'entre eux, considérés comme constitutifs à l'époque, le mouvement rectiligne et le mouvement circulaire, ou encore simple méfiance face à l'imprécision théorique et technologique des autres instruments, beaucoup d'explications en ont été proposées, sans que l'état actuel de la documentation permette vraiment de trancher. Mais, par son impact normatif, le texte euclidien va en fixer l'obligation pour des siècles ou au moins attirer sur ses exigences l'attention de ses successeurs. Les *Éléments* apparaissent ici pleinement dans leur aspect didactique qui expose, réorganise, voire peaufine un savoir rodé, sans forcément rendre justice à d'autres recherches actives. Les tentatives de quadratures rapportées par Aristote, le succès du mathématicien Hippocrate de Chios à carrer des lunules, c'est-à-dire des portions d'espace comprises entre deux cercles, les utilisations d'autres instruments que la règle et le compas, donc d'autres courbes que la droite et le cercle, comme la spirale, plusieurs indications témoignent de l'acharnement et de l'imagination pourtant déployés pour résoudre la question. Elle ne concernait pas seulement les mathématiciens.

Dans *les Oiseaux*, représentée en 414 av. J.-C., Aristophane lui-même met en scène notre sujet favori :

MÉTON : « Si bien qu'appliquant ici mon bâton flexible, et là mon compas — tu comprends ? »

PEISTHETAIROS : « Non. »

MÉTON : « Avec le bâton droit, je mesure de sorte que le cercle puisse devenir un carré pour toi. »

Doit-on y voir un frappant témoignage de la popularité ancienne de la quadrature du cercle ? Il est plus plausible que les moqueries visaient de récents projets architecturaux : plan rond ou arrondi des temps anciens contre plan quadrilatère des cités hellènes, cet enjeu concret nouant à notre propos une fibre urbanistique n'est-il pas encore plus instructif pour nous ?

Méton lâche au passage un mot que nous avions presque oublié : *mesure*. A défaut de carrer géométriquement un cercle, ne peut-on du moins mesurer sa surface en Grèce ? Archimède, dans *la Mesure du cercle*, propose une réponse d'autant plus intéressante qu'elle entrelace plusieurs fibres essentielles à mon propos. Voici ce qu'en dit Eutocius d'Ascalon, auteur d'un *Commentaire sur des traités d'Archimède* au ve siècle apr. J.-C. : « Archimède veut démontrer à quelle aire rectiligne est équivalent le cercle, problème que depuis longtemps les philosophes célèbres antérieurs à Archimède avaient cherché à résoudre... » Archimède montre en effet (cf. p. 102) que tout cercle est équivalent à un triangle rectangle dans lequel un des côtés de l'angle droit est égal au demi-diamètre du cercle et la base est égale au périmètre du cercle : le résultat s'inscrit dans la plus pure tradition euclidienne et utilise d'ailleurs la proposition XII, 2 sur la surface du cercle ; il s'agit en fait de la première preuve attestée d'une liaison entre demi-diamètre, périmètre et surface d'un cercle. Pourtant, cela ne résout pas la question de la quadrature, puisqu'il n'existe pas de construction, avec cercles et droites seulement, de la base du triangle, c'est-à-dire d'un segment rectiligne égal au périmètre du cercle. Le même courant euclidien inciterait peut-être Archimède à inscrire le cercle dans une figure rectiligne, eût-elle 96 côtés, comme il le fait ensuite. Mais il n'y a pas de calcul explicite dans les *Éléments* : or Archimède montre que le rapport du diamètre du cercle au périmètre du polygone de 96 côtés est supérieur au rapport de 4673 $^1/_2$ à 14 688 (en chiffres modernes) : pour qui a vu comment les Grecs écrivaient leurs nombres et calculaient, c'est un travail impressionnant ; il repose sur des approximations fractionnaires de certaines racines, par exemple sur la valeur approchée 265/153 de $\sqrt{3}$, rapport du côté d'un dodécagone inscrit dans un cercle au rayon de ce cercle ; on procède ensuite par

dédoublements successifs. Archimède en déduit aussi que la surface d'un cercle au carré de son diamètre est dans le rapport approché de 11 à 14. Trace d'un autre courant, logistique, le plus répandu peut-être, car enfin il fallait bien vivre, donc mesurer des distances et construire des puits, et Eutocius d'ajouter: « Ce livre est nécessaire pour les besoins de la vie puisqu'il démontre que la circonférence du cercle est égale au triple du diamètre augmenté d'un segment compris entre dix soixante et onzièmes et un septième du diamètre. »
Problèmes chers aux philosophes ou besoins de la vie, pas plus chez Archimède que chez Aristophane, la ligne de démarcation n'est stricte. Et même lorsque Platon souhaite la tracer, est-ce pour témoigner d'une spécialisation effective ou d'un modèle à suivre? Nous n'avons que des bribes remodelées par les commentaires de la tradition logistique avant l'époque archimédienne et il n'est pas facile de savoir auquel de ces courants (sinon aux deux?) des Archytas ou des Thalès appartenaient. C'est seulement à partir de l'époque hellénistique que des traces plus précises apparaissent dans des manuels scolaires ou des textes pratiques... Les plus sophistiqués s'appuient sur ou s'accompagnent de résultats théoriques du type archimédien: Héron d'Alexandrie (Ier siècle apr. J.-C.) a composé par exemple, à côté de *Définitions* sur le modèle euclidien, des traités de *Pneumatiques* et de mensuration dont les *Métriques* où se mêlent, à propos du calcul des aires, des démonstrations par voie géométrique et des approximations numériques: pour le cercle, il utilise les résultats d'Archimède. Comme Ptolémée au IIe siècle apr. J.-C. calculant dans sa *Syntaxe mathématique* (connue comme l'*Almageste* dans le monde médiéval) les cordes des sections circulaires, les astronomes ont aussi largement représenté une tradition mixte où le cercle occupe une place importante: dans la complexe théorie des épicycles élaborée et mise au point par les Alexandrins, d'Apollonius à Ptolémée, les planètes décrivent des orbites circulaires autour de points se mouvant eux-mêmes circulairement autour de la Terre. De cet exemple, et de celui, évoqué plus haut, de la cosmologie jaïna, il ne faudrait pas déduire hâtivement un lien nécessaire entre cercle et ciel: l'astronomie babylonienne, qui a fait de très précises observations, ne les a pas organisées en un schéma géométrique et le cercle n'y figure pas.
Mais il a envahi le paysage grec: métaphore pour l'éternité ou le Monde chez les philosophes, forme des corps célestes dans les théories cosmologiques, voire principe fondateur du levier et de la balance dans des *Mécaniques* du IIIe ou IIe siècle av. J.-C., longtemps attribuées à tort à Aristote, le cercle, mot ou image, ligne ou surface que la volonté euclidienne avait assimilés, objet inévitable de toute une culture, unit d'innombrables pistes: « Et la force du fil ne vient pas de ce qu'une des fibres court sur toute sa longueur, mais de ce que beaucoup s'entremêlent. »

Où l'on suit de plus modestes filaments

L'Europe médiévale, Ve-XVe siècle

Nous sommes en 1484. Un bachelier en médecine, devenu *maître d'algorisme* à Lyon, écrit « un petit traictié de la pratique de géométrie contenant la manière de mesurer toutes choses ». Saut de mille ans, saut à travers tout le bassin méditerranéen et au-delà, du delta du Nil aux bords du Rhône. Dans ce que nous découvrirons, il faudra déterminer la part de l'élaboration locale, indépendante, comme dans les cas déjà entrevus de l'Égypte et de la Mésopotamie, et la part de la transmission, voire du patient recopiage.
Les Romains n'ont guère manifesté d'intérêt pour les mathématiciens grecs: les traces de l'héritage latin sont à chercher avant tout dans les traités des agrimenseurs; des compilations comme l'*Ars Gromatica* (de *groma*, l'arpentage) rassemblent les résultats grecs les plus utiles, des exemples numériques accompagnant l'expression rhétorique des relations à connaître: la surface du cercle y vaut les 11/14es du carré de son diamètre, comme dans les textes héroniens. Du fil euclidien à proprement parler, l'Europe médiévale ne reçoit d'abord que des lambeaux, peut-être des traductions par Boèce au Ve siècle de

Une autre vision médiévale du cercle:

« Le cercle est la figure parfaite de l'unité et de la simplicité. Déjà on a montré plus haut que le triangle est un cercle; ainsi la trinité est-elle unité. Mais cette unité est infinie, comme le cercle infini. » (Nicolas de Cues.)

Dieu est-il géomètre? Architecte suprême, le Christ redessine ici au compas la sphère, jusque-là informe, du monde.
(L'Architecte de l'Univers, *miniature extraite d'un* Ancien Testament, *milieu du* XIIIe *siècle, France; Österreichische Nationalbibliothek, Vienne. Ph. © Österreichische Nationalbibliothek/Arch. Photeb.)*

Écolâtre: directeur de l'école épiscopale.

certains Livres des *Éléments*, quelques allusions dans les textes des Pères de l'Église et des commentateurs d'Aristote. Elle n'est guère préparée à en accueillir plus: alors même que l'éducation, surtout classique, se répand peu à peu, et que l'on enseigne sérieusement l'arithmétique, la géométrie reste, quant à elle, ignorée: un exemple du XIe siècle, analysé par l'historien Paul Tannery, illustre bien la situation.

Un écolâtre de Liège, Francon, a eu connaissance du problème de la quadrature du cercle par un traité de logique; pour lui, l'expression utilisée par les agrimenseurs et rappelée plus haut donne une formule exacte: or il est facile de construire un *rectangle* ayant pour surface les 11/14es du carré du diamètre d'un cercle. Toute la question se ramène donc pour lui à transformer ce rectangle en un carré et il s'y escrime longuement... Quant à la « formule des agrimenseurs », il imagine, et il est loin d'être le seul, qu'elle provient d'un découpage minutieux d'un morceau de parchemin! Comme cet exemple le souligne, les problèmes posés par les mathématiciens grecs ne sont aucunement naturels: ils ne prennent sens que dans la culture implicite qui leur a donné naissance. Des échanges épistolaires médiévaux, proposant d'autres expressions pour la surface du cercle, montrent d'ailleurs que les résultats des ouvrages techniques ne sont pas connus de tous les lettrés ou, au moins, que les raisons théoriques de leur validité ne sont pas si aisément appréciées.

La situation va changer quand, à cette fibre latine, d'autres vont venir se greffer: la piste du cercle, quittée à Alexandrie, a traversé le monde islamique dans le sillage des ouvrages héroniens et des tables de Ptolémée: des secousses de cette traversée, les détails seront trouvés ailleurs (cf. p. 151-175). Il faut en retenir, pour notre propos, que c'est au confluent des textes grecs, indiens et arabes que se fixe et se précise la trigonométrie. Le traité d'Euclide joue son rôle de fournisseur de vérités géométriques dont s'enrichissent l'astronomie, l'optique, la métrologie. Apparaissent aussi des traces plus précises d'un public consommateur de ces travaux mathématiques : à côté de *Commentaires sur Euclide*, Abu al-Wafa écrit, au IXe siècle, un traité *Sur ce qui est nécessaire des constructions géométriques pour les artisans*. Peu à peu, à mesure que les contacts commerciaux et scientifiques se développent, que les ouvrages grecs ou arabes sont traduits en latin, ces travaux sont assimilés par l'Occident. De ces cercles en voyage, l'un des plus représentatifs est peut-être l'astrolabe (cf. p. 163), à la fois instrument de mesure et système de projection stéréographique, utilisé dans le calcul des mouvements célestes et construit par des scientifiques arabes à partir de descriptions ptoléméennes. Son usage, et celui d'autres instruments de ce type, se répand en Europe en même temps que sont assimilés les travaux astronomiques antérieurs ; des traités enseignent le fonctionnement de ces appareils et incluent les résultats géométriques nécessaires pour le comprendre : timidement, puis de plus en plus fréquemment, les démonstrations réapparaissent : *Practica geometriae* de Léonard de Pise (Fibonacci) vers 1220, *Traité du planisphère* de Jordanus Nemorarius (au XIIIe siècle), *Practica geometriae* de Dominicus de Clavasio en 1346, et bien d'autres, jalonnent ce chemin, donnent un souffle nouveau à une tradition. En 1484, un bachelier en médecine, devenu *maître d'algorisme* à Lyon, écrit lui aussi une géométrie pratique : il se nomme Nicolas Chuquet ; si son ouvrage n'a pas été le plus influent, il est tout à fait représentatif de cette fin du XVe siècle.

La *trigonométrie* permet de déterminer les rapports des côtés d'un triangle comme fonctions de ses angles et réciproquement. Ces fonctions (sinus, cosinus, tangente...) sont dites trigonométriques ou circulaires.

« Cy commence ung petit traictié de la pratique de geometrie contenant la maniere de mesurer toutes choses ; desquelles aulcunes sont mesurees par une dimension, aulcunes par deux dimensions, et les aultres par troys [...].

La ligne droicte se peut mesurer en deux manieres : l'une naturellement par toyses ou par pyez, ou par aultre mesure, l'une apres l'aultre ; l'aultre maniere de mesurer icelle si est par le quadrant ou par le doz de l'astrolabe comme apert cy apres ou traictié de altimetrie. La ligne circulaire se mesure ainsi qu'il sera tantost dit en la mensuracion des superficies circulaires. Les aultres lignes courbes se reduisent tant que l'on peult a la ligne droicte ou a la ligne circulaire. »

Le ton, dès le début, est donc donné : ce n'est pas en latin, mais en français, que Chuquet écrit, ce n'est pas pour les clercs de l'Université, mais pour les marchands dont la formation mathématique est fondée sur le calcul et la pratique de l'abaque. D'où le titre qui précède la première partie de l'ouvrage : *Comment la science des nombres se peult appliquer aux mesures de geometrie*, d'où le style qui l'inspire, d'où le savoureux mélange de considérations théoriques et de descriptions techniques.

Dans la section sur la *mensuration des superficies*, le cercle est présenté avant les figures rectilignes, classement peu fréquent dans les « Pratiques de géométrie » médiévales qui retiennent souvent l'ordre croissant du nombre de côtés, avec le cercle à la fin. Chez Euclide, la place du cercle trahissait sa double fonction, outil-ligne et objet d'étude-surface. Cette distinction ne vaut plus ici, où Chuquet utilise librement ligne et même compas ; l'ordre adopté semble plutôt traduire le respect et la connaissance d'une tradition qu'un besoin interne du texte : le maître de calcul dévoile le bachelier ? A peine.

« Pour (les superficies circulaires) mesurer, on doit scavoir que en ung cercle y a trois termes, c'est assavoir centre, circonférence et dyametre ; centre, c'est le point moyen egalement distant de toutes pars de la circonference ; circonference, c'est la ligne circulaire qui enclost en soy les extremites de la figure circulaire ; dyametre, c'est une ligne droicte passant par le centre, divisant le cercle en deux parties egales. »

Le tout est accompagné d'un dessin explicatif ; il s'agit moins ici de définir un cercle que de rappeler des mots techniques utiles.

« Pour mesurer et scavoir reduire au vray quarré toutes figures circulaires selon qu'il nous est baillé des anciens, ils en sont plusieurs manieres dont l'une est comme suit : multiplie la circonference en soy, et de la multiplication prens les 7/88, et sera fait ; exemple : posons que la circonference soit 22 pyez ; multiplie donc 22 par 22, monte la multiplication 484, que doiz encore multiplier par 7, et puis partir par 88, et l'on trouvera 38 pyez quarrez et 1/2, et tant contient icelle figure. »

Ce qui est donc proposé ici est le calcul de la surface du cercle à partir de sa circonférence ; les *aultres manieres* mentionnées sont le calcul à partir du diamètre, à partir de la circonférence et du diamètre, à partir de la moitié de la circonférence et de la moitié du diamètre. A chaque fois, la présentation est identique, une règle générale s'assortit d'un exemple, traditionnellement 7 pour le diamètre et 22 pour la circonférence, qui simplifie le calcul numérique. J'ai déjà tracé quelques-uns des chemins qui ont importé en Europe, en gommant souvent ses subtilités théoriques, ce fonds *baillé des anciens*, dont le seul aspect métrologique est retenu ici. Et Chuquet d'ajouter : « Touteffois l'on doit entendre que toutes ces rigles cy devant mises de la figure circulaire sont conjecturelles et fort prochaines de vérité ; d'icelles ont usé les anciens, et encore usent les modernes par deffaut de meilleurs rigles, pourtant que la quadrature du cercle est science qui n'est pas trouvée. »

« Deffaut de meilleures rigles ? » Depuis l'adoption de l'écriture décimale des nombres, la science islamique et ceux qui l'ont fréquentée, comme Fibonacci, ont amélioré le calcul d'Archimède en utilisant son approche avec des polygones à un nombre croissant de côtés ; mais la communication est encore incertaine, la tradition métrologique n'a pas, peut-être, intégré ces calculs compliqués. Surtout, il faut garder à l'esprit que le public visé a une meilleure connaissance de l'arithmétique que des démonstrations *more geometrico* qui ne devaient guère impressionner, ni convaincre les marchands lyonnais... En revanche, se manifestent d'immenses progrès calculatoires, les racines carrées ou cubiques sont manipulées sans explication particulière et les calculs fractionnaires sont multipliés à loisir, comme pour éprouver la virtuosité mentale de celui qui les effectue. L'exercice ludique où l'astuce et la rapidité priment double alors le résultat utile au *masson* et au *terraillon*. Mais la science des nombres ne se manifeste pas qu'à travers ces déguisements, elle aide aussi à relire des problèmes aussi classiques que celui de l'inscription des figures rectilignes dans un cercle : la construction « à la règle et au compas », avec droites et cercles, marque de la géométrie grecque, a disparu ; Chuquet se donne *a priori* une figure dont les côtés par exemple sont de longueur connue et cherche *numériquement* le diamètre du cercle où elle peut s'inscrire ; pour ce faire, il choisit une ligne particulière comme ligne inconnue à déterminer et transcrit toutes les relations géométriques de la figure en fonction de cette ligne sous forme algébrique, plus particulièrement sous la forme algébrique qu'il a lui-même mise au point dans son *Triparty en la science des nombres* (1484).

Inscription d'un pentagone régulier dans un cercle par Nicolas Chuquet (1484)

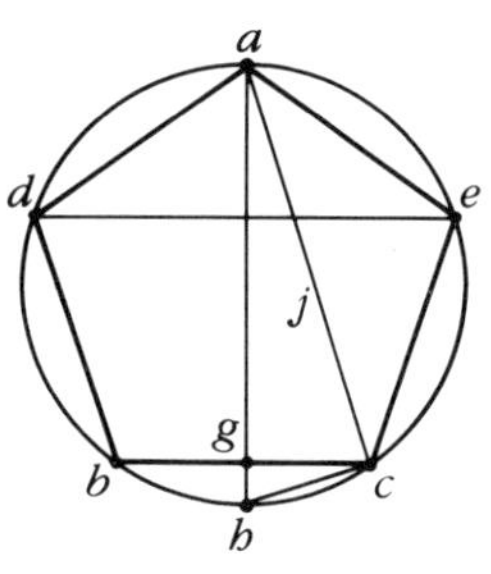

On veut inscrire dans un cercle un pentagone régulier de côté $ae = 4$: quel doit être le diamètre du cercle ?

Chuquet calcule d'abord de par : $de \times bc + db \times ce = dc \times be = de^2$;
si de est posé x (1^1 dans la notation de Chuquet), on a $4x + 16 = x^2$
($4^1 \bar{p}\ 16 = 1^2$), soit $x = 2 + \sqrt{20}$.
On calcule ensuite ag, car $ag^2 = ac^2 - gc^2$, d'où $ag = \sqrt{20 + \sqrt{320}}$;
puis gh par $gh \times ag = bg \times gc$, et hc par $hc^2 = gh^2 + gc^2$.
Finalement le diamètre ah est donné par $ah^2 = ac^2 + ch^2$, soit $ah = \sqrt{32 + \sqrt{204 + 4/5}}$.

On remarquera le mélange des calculs algébriques et des résultats géométriques, théorème de « Pythagore » ou relation de « Ptolémée » entre côtés et diamètres d'un quadrilatère inscrit dans un cercle.

Le cercle, donc, en cette fin du XVe siècle, paraît s'être stabilisé : la pratique, métrologique, architecturale, astronomique, y a absorbé les vérités euclidiennes comme des propriétés opératoires. Mais une autre démarche, algébrique, née dans le monde arabe et transmise à l'Occident, où le terrain y est bien plus favorable qu'à la tradition euclidienne, commence à renouveler les vieux thèmes : il ne s'agit encore que de regarder les mêmes objets avec un œil neuf. Pourtant les cercles de Chuquet, qu'ils stylisent un ouvrage de maçonnerie ou servent de prétexte à un jeu calculatoire, n'ordonnent plus l'espace...

Du jeu à l'enjeu

XVIe-XVIIe siècle

Les traductions des œuvres grecques et arabes, cependant, continuent à déferler sur l'Occident : accompagnées de commentaires, complétées, voire reconstituées hypothétiquement à partir de bribes d'informations laissées par les anciens compilateurs, elles mettent l'héritage de l'Antiquité à la disposition d'un public de plus en plus instruit, de mieux en mieux organisé, avec ses réseaux de correspondants, ses échanges de livres et ses séances de discussion (cf. p. 279). C'est dans cet environnement neuf qu'il nous faut suivre les traces du cercle. Pour établir le rapport de la surface d'un cercle au carré de son diamètre, ou pour le calculer, les Alexandrins approchaient le cercle par des polygones en un nombre de côtés suffisant pour que la surface restante soit plus petite que toute surface donnée à l'avance : ils déduisaient alors des propriétés des surfaces rectilignes délimitées par les polygones les propriétés du cercle. J'ai déjà mentionné que les calculs avaient pu être améliorés pendant la période médiévale grâce aux progrès de la numération décimale. Dans le siècle qui suit, la recherche de la précision métrologique semble s'effacer peu à peu devant la pure prouesse, que certains ont baptisé « la course aux décimales » : 15 décimales pour Adrien Romain (1561-1615), 35 pour Ludolph Van Ceulen en 1609, est-il encore question des « besoins de la vie ? »
L'engouement calculatoire accompagne et illumine l'abandon progressif des précautions euclidiennes : la démonstration de la proposition XII, 2 des *Éléments* utilise un lourd raisonnement pour ramener l'étude du cercle à celle des figures polygonales : en 1615, Johannes Kepler assimile simplement le cercle « à une figure polygonale à un nombre infini de côtés » et sa surface à une infinité de triangles. Dans ses *Dialogues sur deux nouvelles sciences*, Galilée, réexaminant des questions classiques sur le roulement simultané de deux cercles concentriques, étudie d'abord le cas des hexagones concentriques, puis de polygones, puisque, dit-il, « les cercles (sont) des polygones à une infinité de côtés. » Bien sûr, Euclide, traitant la figure-cercle après toutes les autres, témoigne implicitement d'une vision proche : mais l'explicite, lui, était tout différent, s'efforçait de gommer toute extrapolation hâtive. Appuyé sur les commodités du calcul algébrique, le passage du fini à l'infini ne dérange guère en cette fin de Renaissance ; une longue liste de travaux exprime l'aire du cercle à l'aide d'un nombre infini de termes.

L'expression de l'aire d'un cercle de rayon 1 par François Viète (1593)

L'aire du triangle OAB est le produit des longueurs OH × HA, donc l'aire du polygone à n côtés est $n \sin\alpha \cos\alpha$, de même l'aire du polygone à $2n$ côtés est $2n \sin\alpha/2 \cos\alpha/2$. On utilise des formules de duplication des lignes circulaires

$$\sin\alpha = 2\sin\alpha/2\cos\alpha/2 \text{ et } \cos\alpha = 2\cos^2\alpha/2 - 1,$$

le rapport des aires des polygones à n et $2n$ côtés est donc $\cos\alpha$. En réitérant le procédé, on trouve que le rapport de l'aire du polygone à n côtés à l'aire du cercle (polygone à une infinité de côtés) est $\cos\alpha \cos\alpha/2 \cos\alpha/4 \cos\alpha/8$... Viète choisit un carré (donc $n = 4$ et $\alpha = \pi/8$) de surface 2 pour commencer son calcul et affirme donc que le rapport de 2 à la surface du cercle de rayon 1 est :

$$\sqrt{\frac{1}{2} + \frac{1}{2}\sqrt{\frac{1}{2} + \frac{1}{2}\sqrt{\frac{1}{2} + \frac{1}{2}\sqrt{\dots}}}}, \text{ puisque } \cos\frac{\pi}{4} = \sqrt{\frac{1}{2}}.$$

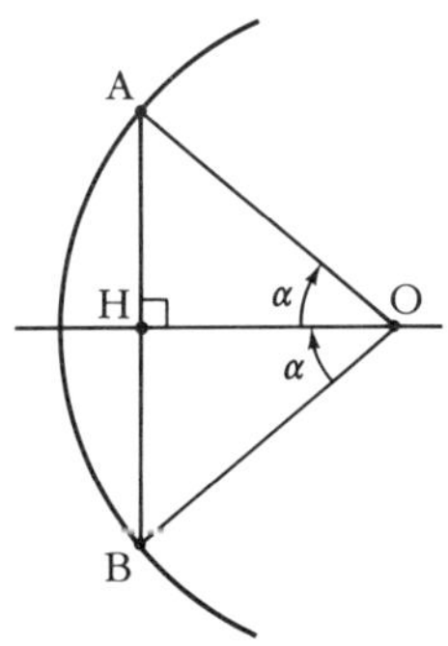

Au cours des décennies suivantes, de multiples développements de ce genre sont obtenus par différentes méthodes, dont l'origine est de moins en moins géométrique: elles ne fournissent pas toutes, loin de là, des décimales plus nombreuses et plus rapidement gagnées que dans l'approche archimédienne. Un autre désir est à l'œuvre désormais que le pur exploit numérique, qui s'agrippe peut-être aux mêmes sources, travaille peut-être les mêmes problèmes, mais recherche d'autres fins: François Viète, par exemple, prétend retrouver les méthodes réelles de la découverte, l'*analyse* des problèmes que la méthode d'exposition euclidienne, synthétique, aurait effacées; dans le sillage de tels travaux, une branche des mathématiques s'élabore, l'analyse, dotée d'un outil privilégié, l'algèbre, face à la géométrie auréolée encore de son prestige classique, mais de plus en plus discuté. L'héritage grec, convoqué aux conditions propres de l'époque, sera révisé et soumis à la *raison des nombres*.

« Tous les problèmes de Géométrie se peuvent facilement réduire à tels termes, qu'il n'est besoin, par après, que de connoistre la longueur de quelques lignes droites pour les construire.

« Et comme toute l'arithmétique n'est composée que de quatre ou cinq opérations qui sont l'Addition, la Soustraction, la Multiplication, la Division, et l'Extraction de racines qu'on peut prendre pour une espèce de Division; ainsi n'a-t-on autre chose à faire en Geometrie, touchant les lignes qu'on cherche, pour les préparer à estre connues, que de leur en adiouter d'autres, ou en oster; ou bien, en ayant une que je nommeray l'unité pour la rapporter d'autant mieux aux nombres, et qui peut ordinairement estre prise a discrétion, puis en ayant encore deux autres, en trouver une quatriesme, qui soit a l'une de ces deux ce que l'autre est a l'unité, ce qui est la même que la Multiplication. Et je ne craindray pas d'introduire ces termes d'Arithmétique en la Geometrie, affin de me rendre plus intelligible [...].

« Mais souvent on n'a pas besoin de tracer ainsi ces lignes sur le papier et il suffit de les désigner par quelques lettres, chacune par une seule. Comme pour adiouter la ligne BD à GH, ie nomme l'une *a* et l'autre *b* et ecris $a + b$ [...]. »

La géométrie qui accompagne le *Discours de la méthode* de Descartes n'est donc pas tant novatrice dans ses méthodes que dans leur systématisation...

« Quels sont les problesmes plans.

« Si (une question) peut estre resolue par la Geometrie ordinaire, c'est a dire en ne se servant que de lignes droites et circulaires tracees sur une superficie plane, lorsque la derniere Equation aura este entierement demelee, il n'y restera tout au plus qu'un carré inconnu egal a ce qui se produit de l'addition, ou soustraction, de la racine multipliée par quelque quantité connue, et de quelque autre quantité aussi connue [...] par exemple: $zz = az + bb$. »

Premier temps: toute construction à la règle et au compas (mais Descartes, qui a lu ses classiques, dit « avec lignes droites et circulaires ») ne fournit au plus qu'une équation du second degré; un point pourra être construit au moyen de la *géométrie ordinaire* par une cascade d'équations de ce type et il s'agit désormais d'étudier les équations elles-mêmes.

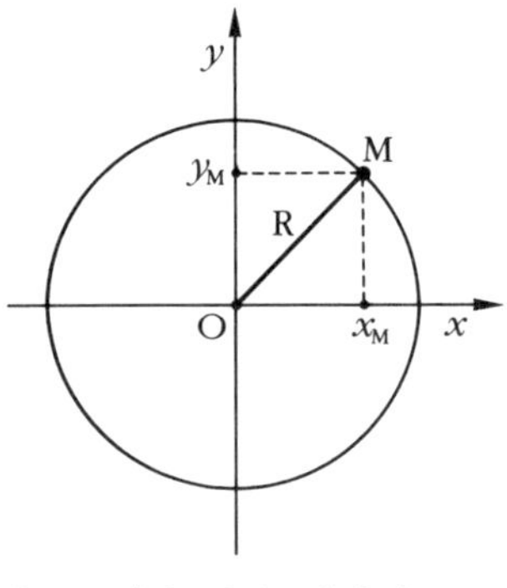

A cause de la relation de Pythagore, $x_M^2 + y_M^2 = R^2$ *quand* M *parcourt le cercle de centre* O *et de rayon* R.

« La façon de distinguer toutes les lignes courbes en certains genres [...].

« Pour comprendre ensemble toutes (les lignes courbes) qui sont en la nature, et les distinguer par ordre en certains genres, je ne scache rien de meilleur que de dire que tous les points de celles qu'on peut nommer Géométriques, c'est a dire qui tombent sous quelque mesure précise et exacte, ont necessairement quelque rapport à tous les points d'une ligne droite, qui peut estre exprimé par quelque equation, en tous par une mesme. Et que, lorsque cette quantité ne monte que jusques au rectangle de deux quantités indeterminees, ou bien au quarré d'une mesme, la ligne courbe est du premier et du plus simple genre, dans lequel il n'y a que le cercle, la parabole, l'hyperbole et l'ellipse qui soient comprises. »

Deuxième temps : la courbe elle-même peut être tout entière décrite par une équation du second degré pour le cercle. Le support géométrique disparaissant, c'est à partir de cette équation que seront définitivement décrites et calculées les propriétés de la courbe. Le cercle, ici, n'est que la ligne circulaire : j'avais souligné l'effort des *Éléments* pour ne mentionner, au contraire, que le cercle-surface ; l'outil algébrique et ceux qui s'en servent donnent la prééminence à ce qu'il peut atteindre, donc à la ligne repérable par une équation. D'autre part, cette forme même découpe d'autres catégories que l'étude géométrique. Proclus distinguait dans sa classification les lignes planes (droites et circonférences de cercles) des lignes solides (les coniques, obtenues en coupant un cône par un plan) : la classification algébrique rapproche, elle, le cercle des coniques, dont les équations sont du même *genre*.

Le cercle-surface plane est un polygone à une infinité de côtés, le cercle-ligne est une équation, la tension qui unifiait la définition euclidienne ne s'exerce plus, même si l'habitude laisse subsister le même mot. Au dénouement de ces fibres, à leur renouement ailleurs, répondent ou correspondent d'autres relâchements : métrologie et calculs, déjà, avaient pu se disjoindre ; après beaucoup d'efforts pour faire coïncider ses modèles théoriques aux très précises observations astronomiques de Tycho Brahé, Kepler affirme que la trajectoire d'une planète suit une ellipse : le cercle ne régit plus le ciel ; Galilée, étudiant la chute des corps, la décrit à l'aide de paraboles : la ligne circulaire n'est plus l'alternative à la ligne droite, obligatoire en dernier recours pour rendre compte d'un mouvement non rectiligne. Mais surtout le cercle, dessin géométrique dont l'œil éduqué déchiffrait encore partout les traces, est, dans un processus parallèle, expulsé du regard.

Où notre regard nous trompe

XVIe-XVIIe siècle

A la Renaissance, de nombreux travaux ont été consacrés à la perspective. Elle est vue au début comme une dégradation d'une forme en une autre dont il faut préciser les règles, cruciales à la fois pour la peinture et la cartographie, dont les voyages et les expéditions rendent la maîtrise plus nécessaire : les traités d'arithmétique marchande ont leur contrepartie dans les œuvres de Philippo Brunelleschi, Piero della Francesca, Leon Battista Alberti, Albrecht Dürer ou Leonardo da Vinci. Dans le *Traité d'optique* d'Euclide, un cercle vu de côté « a des diamètres inégaux », il n'est pas question de l'identifier à une ellipse : comme les peintres nous l'ont appris, le savoir que nous avons, bien souvent, reconstruit ce que nous voyons, fabrique nos rapprochements et notre intuition. La nécessité de représenter trois dimensions sur deux est évoquée fréquemment au début des traités et peu à peu, au XVIIe siècle, l'*œil*, le point de projection s'intègre au plan du dessin.

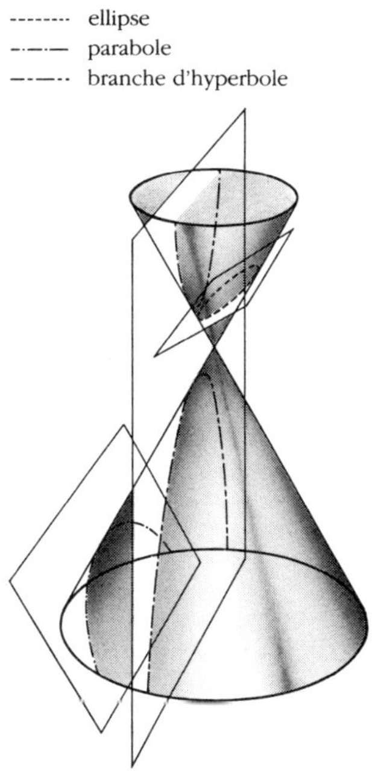

En 1639, Girard Desargues, architecte familier des traités grecs (en particulier des *Sections coniques* d'Apollonius) et des réunions scientifiques, fait tirer à cinquante exemplaires un livre qui s'inscrit dans son projet de donner une méthode universelle pour unifier les techniques graphiques : le *Brouillon project d'une atteinte aux événements d'une rencontre du cône avec un plan...* Les termes techniques nécessaires sont exprimés par des métaphores florales, peut-être dans une tentative concertée pour épurer le langage mathématique de ses imprécisions, mais ce style déconcertant et la diffusion réduite n'en favorisent pas la réception par le milieu des praticiens ; les travaux de Desargues ne suscitent d'intérêt que parmi les mathématiciens comme Pascal et Philippe de La Hire, et chez le graveur Abraham Bosse, qui s'est chargé de défendre les idées du maître. La plus fondamentale est que les sections coniques (baptisées « coupes de rouleau »), « formées des façons dont on coupe un cône circulaire, doivent participer des propriétés du cercle ». Il ne s'agira plus d'étudier la manière dont les choses se transforment par projection, mais, au contraire, de dégager les propriétés qui resteront invariantes ; toutes les coniques se réduisant au cercle par une projection convenable, l'étude séparée de chaque type de conique pourra être remplacée par une théorie générale qui déduira des propriétés du seul cercle, souvent plus faciles à établir, leurs analogues sur chaque conique. Est-ce rendre au cercle un pouvoir d'unification qu'il ne possédait plus ? Pas tout à fait. L'accent, ici, est déplacé du désir de caractériser une figure avec ses particularités vers celui de saisir parmi ses traits ceux qui sont communs à une classe plus grande d'objets qu'il sera ainsi possible d'atteindre et de comprendre : le fil principal n'est plus le cercle, mais ce qui, du cercle, fait un générateur de toutes les coniques.

Une métaphore scientifique :

« Ainsi tu seras à moi, qui dois Comme l'autre branche (du compas), courir obliquement, C'est toi, mon point fixe, qui rendras mon cercle parfait et me feras revenir là d'où je suis parti » (John Donne, XVIIe siècle).

C'est par ses transformations, par ses ombres que le cercle qu'on dessine intéresse surtout. Ce qui importe plus est qu'on ait pu faire bouger jusqu'aux représentations mentales qui fixaient nos regards sur les choses : un cercle, vu de profil, sera désormais une ellipse, pas un cercle déformé. Qui du géographe, du peintre, de l'astronome ou du mathématicien a préparé la route ? Il n'est pas facile d'en décider, le mouvement s'amplifiant des succès qu'il rencontre : le cercle est une conique et il faut résister pour ne pas croire qu'il l'a toujours été. Évoquer les fibres perdues et retrouvées de notre enquête peut aider à nous convaincre qu'il n'y a rien d'inéluctable ou de naturel dans ces rapprochements ; mais il est sans doute plus frappant encore de rappeler les résistances de ceux mêmes dont, en filigrane, j'ai évoqué la contribution dans ce changement de point de vue : Kepler erra longtemps à la recherche d'*ovales* et non d'ellipses en remplacement des cercles pour rendre compte des mouvements des astres ; Galilée, quant à lui, continua d'adopter les trajectoires circulaires dans ses travaux cosmologiques...

Où l'on perd quelques fils

XVIIIe siècle

Le *calcul différentiel* étudie les variations locales, infiniment petites, des fonctions. Le *calcul intégral* se charge, au contraire, de retrouver des fonctions à partir de leurs variations locales.
Une *série* (infinie) est une suite de nombres ou d'expressions mathématiques dont on considère la somme. Une fonction est développable en série (ou analytique) si on peut l'écrire comme somme (infinie) de puissances de la variable comme la fonction sinus :

$$\sin x = x - \frac{x^3}{2 \times 3} + \frac{x^5}{2 \times 3 \times 4 \times 5} - \frac{x^7}{2\times3\times4\times5\times6\times7} + \cdots$$

En mathématiques, le succès, orchestré par les cartésiens, du point de vue analytico-algébrique conduit à l'élimination progressive des dessins, puisqu'il s'agit de fonder l'efficacité sur la précision et la sûreté mécanique des calculs. Les questions liées à la quadrature changent alors, une fois de plus, d'aspect : dès lors que les courbes sont classées par le type de leur équation, l'emploi restrictif de la règle et du compas pour les conversions de cercle en carré n'a plus guère de sens ; les techniques nouvelles du calcul différentiel et intégral permettent de *carrer*, c'est-à-dire maintenant de calculer des surfaces encloses par diverses courbes à partir de leur équation. L'historien Jean Étienne Montucla, écrivant en 1754 l'*Histoire des recherches sur la quadrature du cercle*, résume sans doute l'opinion courante : « Sur quel motif, en effet, regardons-nous le cercle comme plus simple que les autres figures ? (Ce n'est) qu'une espèce particulière d'ellipse [...]. L'égalité des diamètres n'influe en rien sur les rapports de ses ordonnées aux abscisses, sur celui des polygones inscrits ou circonscrits qui le limitent. Les courbes où ces rapports sont plus simples, comme la parabole, quoique moins régulières à nos yeux, sont quarrables... » L'intérêt se porte donc sur la détermination de ce rapport de la surface d'un cercle au carré de son rayon qui est aussi celui de la circonférence au diamètre : à cette époque enfin, il reçoit un nom, $\pi = 3{,}14159...$ Face à nos millénaires d'aventures du cercle, le nombre le plus fameux de l'histoire des maths est donc un enfant ; son calcul quitte mon récit pour suivre d'autres fils autonomes, sa détermination se liant davantage aux séries infinies des fonctions cosinus, sinus, tangente, et plus récemment encore au développement des ordinateurs. La métrologie retiendra une formule $S = \pi R^2$ et plus de décimales pour π qu'elle n'en pourra jamais utiliser ! Mais ses propriétés le rattachent un moment à notre route : en 1766, le mathématicien Jean Henri Lambert montre que π n'est pas un nombre rationnel. De nombreuses solutions (fausses) continuent d'être proposées pour la quadrature du cercle, mais en 1775 l'Académie des sciences décide de ne plus les examiner : une profession s'est créée, qui normalise les activités scientifiques, identifie les problèmes qu'elle reconnaît pour siens et les méthodes valides pour les aborder : ce qu'on cherche à prouver désormais, c'est l'impossibilité de la quadrature « à la règle et au

compas», ou plutôt l'impossibilité d'atteindre π comme solution d'une suite d'équations de degré au plus 2. Et c'est bien plus la résolution de ces équations ou les propriétés de leurs solutions qui passionnent les spécialistes. Ce n'est qu'en 1882 que Ferdinand von Lindemann, reprenant des travaux de Charles Hermite, prouvera que π n'est solution d'aucune équation algébrique : la quête de l'impossible quadrature prendra fin en l'absence ou presque de la figure du cercle...
Presque, car les techniques qui s'élaborent, calcul différentiel ou développements infinis, ont du mal à gérer les problèmes que leur foisonnement presque anarchique et leurs triomphes initiaux ont fait proliférer : les solutions des équations sont-elles vraiment des nombres ? Ces séries infinies ont-elles un sens ? La géométrie traditionnelle offre tout au long du XVIIIe siècle un dérangeant modèle de vérité assurée. En 1798, est publié le livre de Lorenzo Mascheroni, *La Géométrie du compas,* « celle qui, par le moyen du compas seul, et sans le secours de la règle, détermine la position des points ». L'auteur y mentionne qu'il a voulu retourner aux sources de la géométrie pour voir s'il n'était pas possible de les simplifier encore et qu'il y a été encouragé par des travaux contemporains d'astronomie pour laquelle le compas, plus précis, est un auxiliaire précieux. Jusqu'à la fin du XIXe siècle et au-delà, des centaines d'articles accumulent encore sur le cercle des résultats nouveaux : les branches et les domaines en constitution, écoles diverses, points de vue et objectifs distincts, s'en réapproprient des extraits selon leurs besoins, ou le façonnent à leur image. Objet courant du savoir, enseigné dans les écoles, il garde un rôle de test, fournit des modèles ou des contre-exemples facilement disponibles, ou demeure présent en mathématiques par la survivance de problèmes qui lui sont liés et qui ne trouveront une solution qu'ultérieurement, lorsqu'ils seront immergés dans d'autres courants, entremêlés à d'autres brins, comme c'est le cas pour la quadrature. Deux exemples, parmi tant d'autres, expliciteront mon propos.

Ronde encore, cette Maison des gardes agricoles *imaginée par Claude Nicolas Ledoux, architecte du Roi qui devait devenir l'incarnation de l'architecte révolutionnaire.*
(Gravure de Van Maille, fin du XVIIIe siècle ; Bibl. nat. Paris. Ph. © Bibl. nat./Photeb.)

Où l'on éparpille quelques cercles

XIXe siècle

Le premier exemple est tiré des *Recherches arithmétiques* que Carl Friedrich Gauss publie en 1801, sur les nombres entiers et les équations à coefficients entiers ; y est inclus un chapitre sur « les équations qui déterminent les divisions du cercle ». Gauss commence par souligner l'importance des fonctions circulaires dans toutes les branches des mathématiques, puis s'intéresse au vieux problème de l'inscription dans le cercle des polygones réguliers, « à la règle et au compas ». Euclide avait traité déjà le cas du pentadécagone, mais l'inscription du polygone à 17 côtés résiste aux chercheurs jusqu'au XIXe siècle. Gauss précise en ces termes le problème : « [...] nous désignons par P la circonférence du cercle, ou quatre angles droits... Nous bornerons nos recherches au cas où l'on doit diviser le cercle en un nombre premier impair de côtés. » Inscrire un polygone régulier à p côtés, c'est répartir p points régulièrement sur la circonférence, donc diviser P en p parties ; c'est aussi diviser l'angle au centre (de 360° soit *quatre droits*) en p parties : les sommets du polygone correspondent aux angles P/p, $2P/p$,... $(p-1)P/p$ dont Gauss exprime alors les fonctions circulaires. Il montre qu'elles vérifient des équations de degré $p-1$ qu'il étudie en détail. Si $p-1$ n'est divisible que par 2 et ses puissances, les solutions pourront être obtenues par une cascade d'équations du second degré, donc être construites géométriquement « à la règle et au compas » : c'est le cas du polygone à 17 côtés, puisque $17 - 1 = 16 = 2 \times 2 \times 2 \times 2$, mais pas celui du polygone à 19 côtés, puisque $19 - 1 = 18 = 2 \times 3 \times 3$.

La démarche est exemplaire : un problème classique est exprimé et résolu en termes algébriques et la définition du cercle *(quatre droits)* n'en retient que la portion qui sera pertinente pour le calcul. L'apparition effective du cercle ne se fait que sous la forme des fonctions circulaires. De plus, dans l'étude même des équations, l'accent est mis sur les relations entre les différentes solutions,

relations transparentes géométriquement (les sommets d'un polygone régulier s'échangent par rotation), mais transcrites ici sous une forme algébrique. L'enjeu, lui aussi, est exemplaire: c'est par la résolution de ce problème que Gauss devient célèbre; un fil ténu seul le retient encore au cercle. La puissance de la méthode de résolution vient d'une théorie générale qui est née ailleurs.
Le deuxième exemple que j'ai choisi est celui de Gaspard Monge. Chargé d'introduire la géométrie descriptive dans les programmes de l'École normale de l'an III, il doit fixer les bases théoriques des procédés graphiques utiles dans la coupe des pierres, la perspective, les relevés de fortifications, bref, réaliser le vieux rêve de Desargues. Mais le public de Monge ne se compose pas de praticiens réticents ou d'amis convaincus: il y a maintenant des étudiants à former, d'où la possibilité de leur imprimer comme *naturelle*, à son tour, une autre manière d'aborder les sujets. En 1822, le géomètre Jean-Victor Poncelet publie un *Traité des propriétés projectives des figures*, qui s'inspire des cours de Monge et de Lazare Carnot, et généralise les idées de Desargues: il met en évidence les propriétés qui « restent indestructibles par l'effet de la projection » ; ainsi seront distinguées soigneusement les propriétés métriques liées à la distance et aux angles qui ne sont pas conservées par projection et les propriétés projectives qui le sont: dans le passage par projection d'un cercle à un conique, l'égalité du rayon, propriété métrique, n'est pas conservée. Mais Jean Poncelet veut aussi affranchir la géométrie pure des restrictions que lui impose l'étude de différents cas de figure; l'enjeu est de lui offrir la puissance unificatrice dont a su se doter l'analyse: du point de vue de leur équation, cercles et ellipses sont assimilables; mais si des ellipses générales peuvent se couper en quatre points, deux cercles ne peuvent avoir que deux points d'intersection au plus. Desargues s'était déjà heurté à des problèmes analogues: pour traiter uniformément les différents types de projection (centrale et parallèle), il avait introduit le « point à l'infini » où se rencontrent des droites parallèles — une projection parallèlement à une direction donnée peut ainsi être considérée comme une projection centrale dont le centre est rejeté à l'infini. De la même manière, Poncelet introduit les « points cycliques », points fictifs où sont censés se rencontrer tous les cercles du plan; deux cercles se couperont en ces deux points en plus de leurs points d'intersection habituels. Le cercle de Poncelet, obéissant à d'autres enjeux, accueille d'autres points que le cercle euclidien.

Le pavillon du repos est conçu comme une symbiose dynamique de la forme architecturale et du jardin. Intégrant le monde extérieur à notre imagination, le cercle ne continue-t-il pas d'ouvrir à la création nos espaces humains? (Pavillon de repos, XVIe siècle, jardin de l'Humble administrateur, Suzhou, Chine. Ph. © B. Jeannel.)

Pour parfaire le travail, il reste à le dépouiller de toute référence à des notions métriques: que faire du cercle? Que la question se pose montre qu'il n'est pas encore concevable de faire de la géométrie sans ses objets familiers, fussent-ils déformés ou modifiés par rapport au corpus euclidien: mais c'est le domaine qui commande à l'objet sa forme acceptable. Il faut montrer l'efficience d'une approche, et la radicaliser, donc donner au cercle une définition sans distance, ni mesure de longueur: par elle sera exprimée facilement la relation qui le lie projectivement aux coniques.
Ballotté dans les courants des mathématiques du XIXe siècle, le cercle serait-il encore partout? C'est plutôt qu'il n'est nulle part: il sert à qui le veut et comme on le veut: les fibres qui le formaient, relâchées, se tissent à d'autres fils et ne s'entremêlent plus si étroitement ensemble. Nous avons mesuré la fragilité de sa position dans le dernier endroit où il reste un objet crucial, sinon organisateur, la géométrie pure. En 1872, le mathématicien Félix Klein définit pour elle un nouveau programme, lors de son admission à l'université d'Erlangen. Les exemples évoqués plus haut soulignaient le rôle croissant des transformations dans les mathématiques, de celles qui échangent les racines d'une équation à celles qui conservent ou non les propriétés métriques. Pour Klein, ce sont les transformations qui définissent la géométrie: « Faisons abstraction de la figure matérielle qui, du point de vue mathématique, n'est pas essentielle », dit-il, « les propriétés géométriques sont caractérisées par leur invariance relativement aux transformations. » Si l'on admet plus de transfor-

Transformation: passage d'une figure ou d'une expression mathématique en une autre. Une projection, une symétrie, une permutation sont des exemples de transformation.

mations, une partie seulement des propriétés seront conservées : si l'on admet des projections, les propriétés métriques devront être abandonnées. Et réciproquement : si l'on impose aux transformations de fixer les points cycliques définis plus haut, elles conserveront automatiquement les propriétés métriques et distingueront les cercles des autres coniques ; les figures sont désormais classées selon les transformations qui les échangent ou les conservent. Un des avatars les plus spectaculaires de ce point de vue est l'échange de droites et de cercles par inversion : mieux encore, on construit au XIXe siècle des systèmes articulés qui convertissent en tracé d'une droite le tracé d'un cercle : impossibilité de la quadrature du cercle à la règle et au compas, transformation d'un mouvement circulaire en un mouvement rectiligne, le XIXe siècle a obtenu du cercle bien d'autres réponses que les Alexandrins.

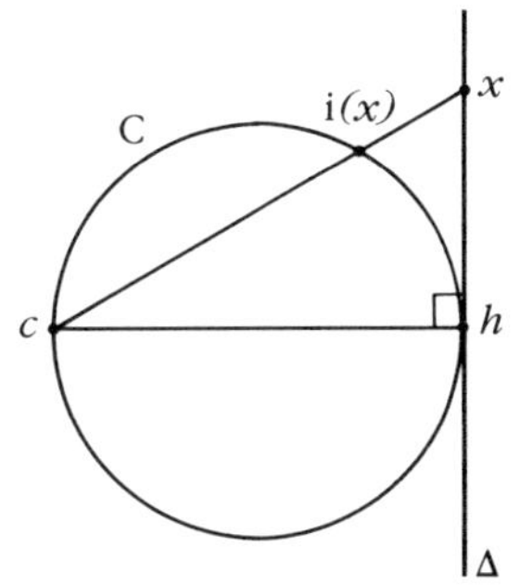

La transformation x → i(x) fait passer de la droite △ au cercle C. Le point h est son propre transformé.

Loupe ou astrolabe, ellipse ou droite, le cercle n'a donc pas la transparence inerte d'un objet naturel : c'est aux prêtres, aux mathématiciens, aux peintres qu'il a fallu emprunter le regard ou le mot qui l'a créé. Il peut sembler commode de réunir en une entité univoque les fils hétérogènes, partiellement enchevêtrés, dont nous avons exploré quelques déchirures, quelques entrelacs : mais il n'y a rien de commun parfois entre les réalités redécouvertes par ces définitions multiples, et même contradictoires parce qu'issues de fibres distinctes, qu'architectes, poètes ou géomètres ont filées. Celle qui, sans épuiser toutes les images de cercles, a, vaille que vaille, suivi notre route, abrite désormais bien plus que la précise trace d'un archaïque mirage.

Quelques images modernes du cercle

Le cercle-équation est l'ensemble des solutions de $x^2 + y^2 = R^2$ avec un choix convenable de coordonnées. Si $R = 0$, on n'obtient plus qu'un point ; si on n'autorise que les x et y entiers, on obtient plusieurs cas différents selon les valeurs de R. Et si on étend les nombres possibles jusqu'aux nombres complexes $a + b\sqrt{-1}$ (cf. p. 288), il n'y a pas de différence entre $x^2 + y^2 = R^2$ et $x^2 - y^2 = x^2 + (\sqrt{-1}\,y)^2 = R^2$: parmi les *cercles* figurent aussi les *hyperboles*.

En topologie, on ne s'intéresse aux objets qu'à déformation continue près : un cercle-surface, un disque est identique de ce point de vue à n'importe quelle surface plate *sans trous*. Le cercle-ligne est identique à une ligne fermée de n'importe quelle forme.

On peut observer que le cercle a un rayon de courbure constant : il partage cette propriété avec la droite et l'hélice.

Un des modèles de géométrie non euclidienne est la sphère : dans ce modèle, les *droites*, au sens de *géodésiques* (plus court chemin d'un point à un autre), sont les cercles passant par les deux pôles.

Quand David Hilbert publie ses *Fondements de la géométrie* vers 1900, il déclare qu'il ne définira pas *droite* ou *point* ; ce sera ce qu'on voudra à condition que soient vérifiées des règles gérant leurs rapports réciproques qu'il énonce soigneusement, comme « Toute *droite* contient au moins deux *points* ». Un *cercle* y est encore l'ensemble des points tels que les segments tracés d'eux à une extrémité fixe soient égaux (Hilbert dit « congruents ») : mais à deux mille ans de distance, c'est dans les trous et les absences des définitions euclidiennes qu'il faut déchiffrer celles de Hilbert : *égal, couper*, qu'Euclide ne définissait pas, le seront désormais. A l'insistance mise sur la description des choses, point, ligne ou surface, répond, héritière du « Programme d'Erlangen », l'insistance mise sur les relations entre elles, *être situé, être égal, contenir*. La notion de distance, en particulier, doit être précisée : le cercle, alors *ensemble des points à égale distance d'un centre*, ne sera plus que ce qu'elle lui permet d'être, exactement, rond ou carré s'il lui plaît, arbre ou pire...

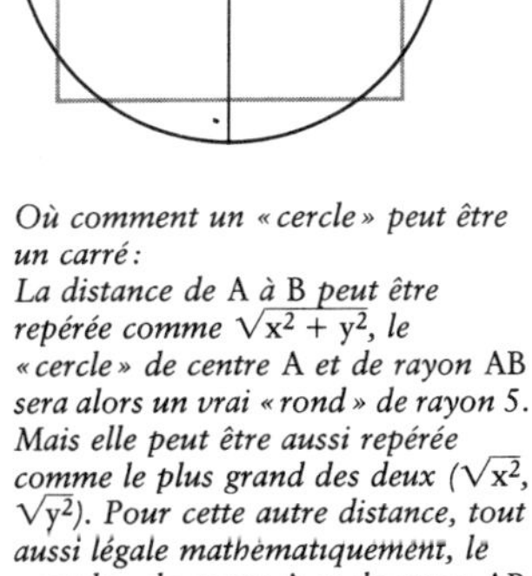

Où comment un « cercle » peut être un carré :
La distance de A à B peut être repérée comme $\sqrt{x^2 + y^2}$, le « cercle » de centre A et de rayon AB sera alors un vrai « rond » de rayon 5. Mais elle peut être aussi repérée comme le plus grand des deux ($\sqrt{x^2}$, $\sqrt{y^2}$). Pour cette autre distance, tout aussi légale mathématiquement, le « cercle » de centre A et de rayon AB sera alors carré.

L'auteur tient à remercier particulièrement Guy Mazars,
Edwige Regenwetter et Bernard Vitrac pour leur aide précieuse.

كتاب الفاضل جالينوس في فرق الطب للمتعلمين

نقل أبي زيد حنين بن إسحاق المتطبب

غرض هذا الكتاب تعريف غاية الطب وما يلتمس به في الجملة ٥
غاية الطبيب المشهور [illegible] كبرائه [illegible] والطريق [illegible]
[illegible] ما وضعت من أصحاب هذه الطرق وتبيين أن الوقوف
[illegible] في تعلم الطب عظيم العناية [illegible] ٥ ٥ ٥

[illegible] هذه [illegible] وذكر [illegible] والطرق
[illegible] الطرق السالكة لتتبع وتبين [illegible]

منفعة هذا الكتاب [illegible] للإنسان [illegible]
ما يقصد من الشفاء بالعلاجات [illegible] المحمودة الصحيحة

في ملك [illegible] بختيشوع

الطب [illegible] العلم [illegible] علم الأشياء الطبيعية وعلم الأشياء الخارجة عن الطبيعة فعلم الأشياء الطبيعية ينقسم إلى علم الأسطقسات والمزاج والأخلاط
والأعضاء والقوى والأفعال والأرواح وعلم الأشياء الخارجة عن الطبيعة ينقسم إلى علم الأمراض والأسباب والعلامات والأسطقسات أربعة النار والهواء والماء
والأرض فالنار حارة يابسة والهواء حار رطب والماء بارد رطب والأرض باردة يابسة والأمزجة تسعة واحد معتدل وثمانية خارجة عن الاعتدال أربعة
بسيطة وهي الحار والبارد والرطب واليابس وأربعة مركبة وهي الحار اليابس والحار الرطب والبارد اليابس والبارد الرطب والأخلاط أربعة وهي
الدم والبلغم والمرة الصفراء والمرة السوداء فالدم حار رطب وينقسم إلى الطبيعي [illegible] وإلى الغليظ [illegible] والبلغم
بارد رطب وينقسم إلى الطبيعي وهو [illegible] والخارج عن الطبع وينقسم إلى الحلو والمالح [illegible] والصفراء حارة يابسة وتنقسم
إلى الطبيعية [illegible] والخارجة عن الطبع [illegible] والسوداء باردة يابسة
وتنقسم إلى الطبيعية [illegible] والخارجة عن الطبع [illegible] والأعضاء تنقسم إلى الرئيسة وهي الدماغ والقلب
والكبد والأنثيين وإلى الخادمة للرئيسة وهي خادم الدماغ العصب وخادم القلب الشرايين وخادم الكبد العروق [illegible]
وتنقسم على وجه آخر إلى المتشابهة والآلية فالمتشابهة كاللحم والعظم والغضروف والآلية كالرجل واليد وغيرها والقوى [illegible] الطبيعية
ومسكنها الكبد والحيوانية ومسكنها القلب والنفسانية ومسكنها الدماغ والطبيعية تنقسم إلى الخادمة والمخدومة [illegible]

L'intermédiaire arabe ?

PAUL BENOIT et FRANÇOISE MICHEAU

Où l'on verra que dans l'émergence de la science européenne, les dix siècles du Moyen Age arabe et latin ont une place essentielle, bien que trop longtemps niée.
Où l'on décrira les cheminements de la science grecque vers le monde occidental par l'intermédiaire arabe.
Où l'on s'interrogera sur l'apport spécifique de la science arabe.

Le 29 mars 1883, Ernest Renan affirmait, dans une conférence donnée à la Sorbonne sur le thème « l'Islamisme et la Science » :
« Tel est ce grand ensemble philosophique, que l'on a coutume d'appeler arabe, parce qu'il est écrit en arabe, mais qui est en réalité gréco-sassanide. Il serait plus exact de dire grec ; car l'élément vraiment fécond de tout cela venait de la Grèce. [...] La Grèce était la source unique du savoir et de la droite pensée... »

Il y a un siècle, Renan, au sommet de sa gloire et de son autorité, résolvait ainsi le problème des origines, plus exactement des influences et des filiations qui ont permis l'émergence d'une science européenne dont découle la science, mondiale, actuelle. Tout viendrait de la Grèce, l'Arabe n'aurait été qu'un intermédiaire. La brutalité des propos de Renan pourrait être rangée dans le florilège de l'antisémitisme si les mêmes thèmes ne transparaissaient pas, en des termes plus voilés, dans le discours d'historiens des sciences plus proches de nous et dont certains affirment bien haut leur antiracisme. Une telle position tient non seulement à l'eurocentrisme culturel des historiens occidentaux, mais aussi à la conviction très forte, chez la plupart d'entre eux, qu'il n'existe qu'une seule science, la science classique, vraie et positive. Bien qu'actuellement contesté, notamment par des historiens des sciences extra-européennes, ce point de vue reste encore admis par beaucoup. Résiste-t-il à l'épreuve des faits historiques ?

Refuser de reprendre sans discussion l'affirmation de Renan conduit à poser toute une série de questions concernant les origines de la science européenne. Nous avons une vue relativement cohérente de l'histoire des sciences de Galilée, voire de Copernic, à nos jours. Des évolutions, des filiations, des ruptures apparaissent. Retrouver les liens existant entre la science classique et la science de la fin du Moyen Age est maintenant possible même si, dans ce domaine, des travaux considérables s'imposent encore. Reste à déterminer les facteurs qui ont permis à l'Europe chrétienne de constituer, entre les XIIIe et XVe siècles, sa propre science. Parmi ces facteurs : l'assimilation d'un héritage antique. Mais par quelles voies cet héritage grec est-il parvenu à l'Occident ? A quel moment ? Sous quelle forme ? N'a-t-il pas subi des modifications lors de ce transfert ? Cet héritage grec est-il le seul dont ait bénéficié la science européenne à sa naissance ?

Galien traduit au IXe siècle et lu par Avicenne : l'intermédiaire arabe ? Sur cette page de titre d'un manuscrit arabe (a gauche), on peut lire à la première ligne, « Livre de l'éminent Galien sur les sectes médicales à l'usage des étudiants », *à la deuxième ligne,* « Traduction d'Abu Zayd Hunayn ibn Ishaq le médecin » *et à droite,* « (Entré en) possession de l'humble Husayn ibn Abd Allah ibn Sina (Avicenne) le médecin en l'an 407 *(1016).* » *(Manuscrit arabe 2 859, fol. 1 ; Bibl. nat., Paris. Ph. © Bibl. nat./Photeb.)*

Tenter de répondre à ces questions, c'est fournir des données pour traiter un sujet historique localisé dans le temps et dans l'espace : l'émergence d'une science européenne ; mais c'est aussi aborder un problème plus général, celui des transferts de savoir scientifique.

Toutes ces interrogations ne recevront ici que des réponses limitées, insuffisantes, qui laisseront le lecteur sur sa soif de savoir. Les incertitudes seront plus nombreuses ici qu'ailleurs dans ce livre. Car l'histoire des sciences est d'abord histoire, elle se fonde sur une érudition, sur l'établissement des textes et des faits, sur une chronologie. Dans notre domaine, ces bases manquent. Faute de documents, peut-être, mais aussi faute de chercheurs, historiens et linguistes. Des manuscrits reposent dans les bibliothèques et les fonds d'archives du Proche et du Moyen-Orient et de l'Inde, d'Europe occidentale et des États-Unis, mais les moyens d'y accéder font défaut. Langue, formation, contraintes politiques, absence ou faiblesse des financements s'ajoutent au peu d'intérêt pour l'histoire des sciences de trop de spécialistes de l'Orient ancien. Un exemple, le syriaque : la littérature théologique et hagiographique, les chroniques ont fait l'objet de traductions et d'études, les textes scientifiques restent ignorés. Tous ces facteurs se conjugent qui nuisent à l'élaboration de l'histoire des transferts de la culture scientifique au Moyen Age. L'histoire que nous présentons est une histoire provisoire.

Où en est la science grecque au Ve siècle ?

Au moment où s'effondre l'Empire romain d'Occident, au Ve siècle apr. J.-C., où en est la science grecque ? Parler de science grecque pour cette époque est hasardeux. De Thalès et des Milésiens des VIIe et VIe siècles av. J.-C. à Diophante d'Alexandrie, qui vécut probablement au IVe siècle apr. J.-C., il n'y a pas loin d'un millénaire. Science aux multiples aspects, la science grecque s'est épanouie dans des contextes très différents. Née dans la cité jalouse de son indépendance, elle se développe au sein d'empires dont une grande partie de la population n'est pas grecque ; apparue sous un polythéisme peu encombrant, elle connaît, dans ses derniers siècles, des monothéismes à vocation totalitaire. En 529, l'empereur Justinien ferme les écoles d'Athènes pour cause de paganisme. Pourtant la science grecque, présente encore une certaine unité. Unité de langue avant tout, car le grec s'est répandu au-delà de l'Hellade et de l'Asie Mineure et véhicule une tradition dont les œuvres sont respectées : Aristote et Euclide, Ptolémée et Hippocrate.

En Occident, dès avant la chute de l'Empire, la connaissance scientifique régresse. Avec l'affaiblissement des pouvoirs, le déclin des villes et le repli sur les campagnes, les écoles se ferment, la culture classique s'amoindrit, l'usage du grec se perd. Le christianisme ne rejette pourtant pas la science grecque de manière systématique, mais il en limite l'emploi. Saint Augustin, dont la pensée a marqué plus que toute autre le Moyen Age avant le XIIIe siècle, insiste sur le fait que, pour accéder à la science chrétienne, c'est-à-dire à la compréhension de la parole divine, il est nécessaire de posséder une formation de base, celle que reçoivent les fils de l'aristocratie du Bas-Empire romain et que donne le rhéteur. Le traité de Martianus Capella, *les Noces de Mercure et du Soleil*, repris tout au long du Moyen Age, décrit cet enseignement. Il porte sur les arts libéraux qui se divisent en *trivium* et *quadrivium*. Le *trivium*, propédeutique à l'art de lire et d'interpréter correctement les textes, se compose de la grammaire, de la rhétorique et de la logique alors que le *quadrivium*, à l'allure plus scientifique, comprend l'arithmétique, la géométrie, la musique et l'astronomie. Les termes ne doivent pas tromper. L'arithmétique n'est pas une pratique du calcul, comme on l'entend dans les écoles actuelles, mais une arithmétique spéculative, portant sur les nombres et leur nature, le pair et l'impair pour débuter. Rien d'instrumental non plus à la musique, science des harmonies. Boèce donne, au début du VIe siècle, une vue de ce qui peut alors rester de science à Rome. Né dans la haute aristocratie romaine, il occupe des fonctions de premier plan près du roi ostrogoth d'Italie Théodoric Ier. Boèce connaît encore le grec, il traduit les *Catégories* et le *De interpretatione* d'Aristote. Il a laissé aussi une arithmétique et une géométrie qui montrent qu'Euclide et Ptolémée n'avaient pas totalement été oubliés, mais l'ensemble reste à un niveau très élémentaire. Toute limitée qu'elle soit, l'œuvre de Boèce est essentielle, elle constitue jusqu'au XIIe siècle le principal moyen d'accès à la science grecque. Les vestiges conservés sont misérables par rapport à l'ampleur de l'édifice, ils n'en sont pas moins, pour les hommes du Moyen Age, le témoignage de l'existence d'une vraie science possédée par les Anciens. Cassiodore, disciple de Boèce, reprend les œuvres de son prédécesseur et consacre la division des arts libéraux dans les *Institutiones* qu'il écrit pour les moines du monastère qu'il avait fondé. Les *Étymologies* de l'évêque de Séville, Isidore (560-636), rassemblent, sous couvert de philologie, des connaissances de toutes sortes, scientifiques en particulier. Médiocre à nos yeux, cette compilation a connu un grand succès tout au long des premiers siècles du Moyen Age.

La vie scientifique de l'Occident au temps des invasions barbares se réduit donc à très peu. L'essentiel de l'héritage antique a sombré dans l'oubli, sorti de la mémoire de populations incapables de le comprendre. Les traductions de Boèce demeurent sans lendemain, mais elles seront copiées et recopiées durant tout le Moyen Age. Le déclin de la science va de pair avec celui de la cité. L'Occident connaît à cette époque une mutation profonde. Émerge alors un monde rural, où la culture s'installe dans les monastères, culture littéraire et religieuse, non plus culture scientifique. Le Haut Moyen Age n'a pas besoin de savants.

L'Empire romain disparu en Occident se maintient en Orient. Monde encore urbanisé où perdure l'État, monde où la langue grecque, devenue officielle, est parlée par les élites urbaines, monde où les écoles subsistent : tout le distingue de l'Occident. Mais, face au grec, d'autres langues, en particulier le syriaque, langue sémitique, deviennent des langues de culture. Le grec reste cependant connu de tous les savants. Car, malgré les lacunes des sources et les insuffisances de la recherche, on aperçoit une certaine activité scientifique. Au IVe siècle, datation la plus probable, Pappus d'Alexandrie écrit une *Collection mathématique*, vaste compilation dans laquelle le Moyen Age puisera une part importante de l'héritage grec. Au siècle suivant, Alexandrie voit affluer de tout le Proche-Orient des étudiants venus suivre un enseignement de droit, de médecine, de mathématiques, de philosophie. Quelques figures de savants se détachent : la mathématicienne Hypatia, assassinée lors d'une émeute en 415, Jean Philoponus, converti au christianisme, auteur d'un traité contre les païens, de commentaires aristotéliciens, d'ouvrages d'optique et de mathématiques, ou encore Paul d'Égine, qui rédige sous le titre *les Sept Livres de médecine* une compilation d'écrits de Galien. Au Ve siècle encore, Proclus commente Euclide à Athènes. Médiocre sans doute, mal connue certainement, une vie scientifique faite de commentaires et de compilations perdure dans les grandes métropoles de l'Empire d'Orient, Athènes, Constantinople, la capitale, Alexandrie en Afrique, Antioche en Asie.

Aux marges orientales de l'Empire, à Édesse, à Harran, à Ras el-Aïn, sur les voies de circulation entre le golfe Persique et l'Asie Mineure, une vie intellectuelle se développe dans ces cités de culture sémitique. Des traducteurs s'y activent ; Sergius, médecin et prêtre jacobite, qui s'est formé à Alexandrie, travaille à Ras el-Aïn, où il traduit du grec en syriaque un grand nombre d'ouvrages, avant de finir ses jours à Constantinople en 536. A Édesse se développe au Ve siècle une école, dite « École des Perses » ; Aristote et ses commentateurs y sont traduits en syriaque par Probus, Cumas et l'évêque Ibas. Mais l'empereur de Constantinople, irrité par les orientations nestoriennes de cette école, devait en ordonner la destruction. L'activité de Harran, mal connue et difficile à établir, semble tournée surtout vers la philosophie

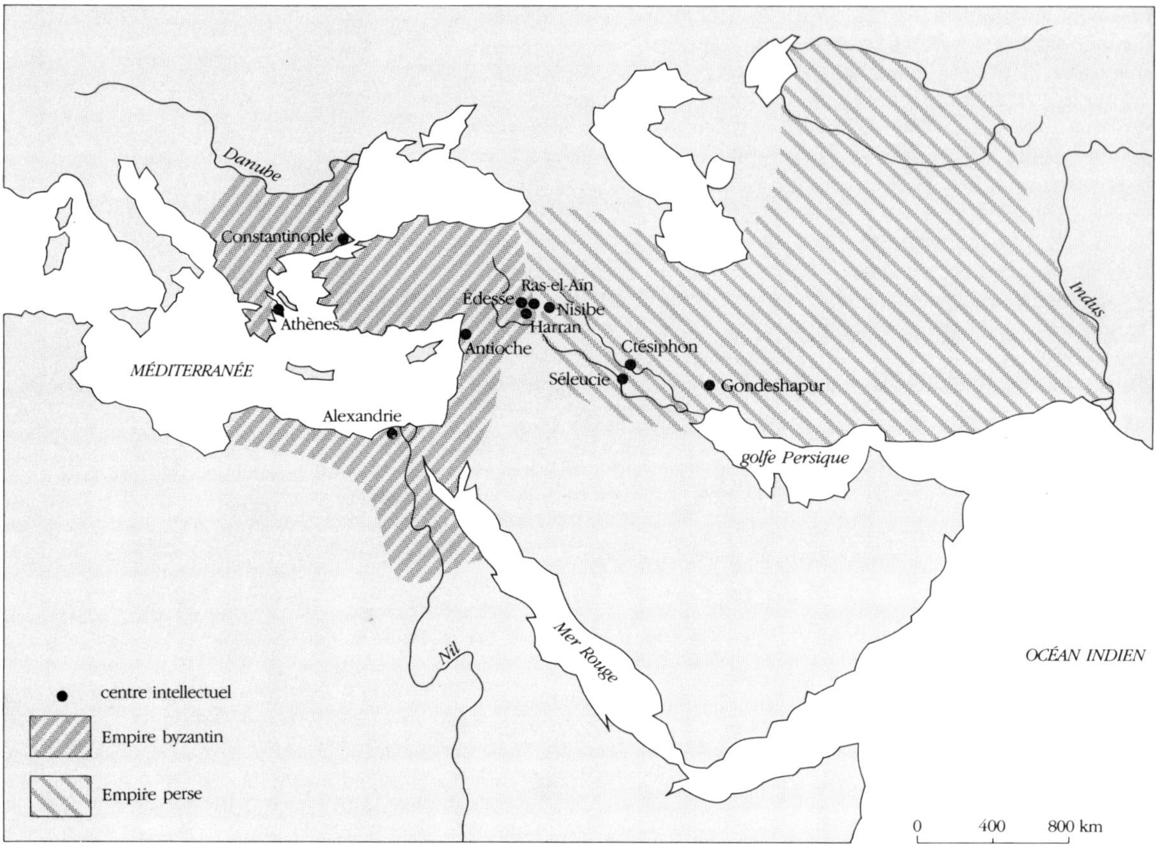

Le Proche-Orient à la veille de la conquête arabe (v. 630).

platonicienne. Mais la vitalité de ce centre de l'hellénisme devait se maintenir ; Thabit ibn Qurra, grand astronome et mathématicien arabe du IXe siècle, est originaire d'Harran.

Face au monde gréco-romain, l'Empire perse sassanide inclut des terres de vieille culture, les plateaux d'Iran et surtout la Mésopotamie. Les conquêtes d'Alexandre en avaient fait, pour un temps, des terres grecques, hellénistiques selon le vocabulaire des historiens. Là encore, d'immenses déchirures dans le tissu de nos connaissances ; la science perse, ce qu'elle doit à diverses traditions, reste très mal connue. Il existe pourtant un milieu savant. Les nestoriens exilés d'Édesse après la fermeture de son école en 489, les *philosophes* chassés d'Athènes en 529 trouvent refuge dans l'Empire sassanide. Sous le règne de l'empereur Khosroes Anushirwan (531-578), la capitale, Ctésiphon, sur les bords du Tigre, connaît une vie intellectuelle brillante ; hommes de lettres, savants, astrologues se pressent à la cour. Nisibe, en Haute-Mésopotamie, bénéficie du transfert des enseignants et étudiants d'Édesse ; au début du VIe siècle, à la veille de la conquête arabe, ce centre compte plus de trois cents étudiants. Gondeshapur, ville du Sud-Est iranien fondée par Shapur Ier, d'où son nom, devient un grand centre scientifique grâce aux savants nestoriens qui ont apporté avec eux des traductions en syriaque, entre autres celles de Sergius de Ras el-Aïn ; ils y animent une école de médecine, sur le modèle d'Alexandrie et d'Antioche, et un hôpital ; la ville devient un centre très important qui devait rester actif jusqu'au Xe siècle, un lieu où convergent un héritage grec, des traditions scientifiques indiennes, une culture sémitique. La Perse n'accueille pas uniquement des Grecs. A l'époque de Khosroes, elle reçoit également l'influence de la civilisation de l'Inde ; les contacts littéraires nous sont mieux connus que les transferts de traditions astronomiques ou médicales. Pourtant, ce même Khosroes envoie son médecin Burzoe en Inde pour recopier des manuscrits, et ordonne la révision de grandes tables astronomiques à la lumière des données de traités sanskrits.

Les conquêtes d'Alexandre, poussées jusqu'à l'Indus, avaient développé les liens entre le monde gréco-perse et l'Inde. Au IIe siècle apr. J.-C., se développa en Bactriane, aux confins de l'Inde et de la Perse, une civilisation encore très marquée par l'influence grecque. Sous l'Empire Gupta, du IIIe au VIe siècle apr. J.-C., l'Inde connaît une période particulièrement faste. Il n'est pas question ici de traiter de la science indienne, mais simplement d'en indiquer quelques traits. Les influences grecques apparaissent, en médecine dans l'art du diagnostic, en astronomie où le système de Ptolémée (cf. p. 227) remplace peu à peu le système du monde traditionnel. En revanche, les Indiens excellent dans l'astronomie d'observation. Ils utilisent pour leurs mesures le sinus d'angle, la première table de sinus connue est indienne et date du Ve siècle, alors que les Grecs employaient la corde de l'angle double (cf. p. 71). Une telle astronomie favorisera l'éclosion de la trigonométrie. Les Indiens sont des calculateurs ; sous le terme de *ganita*, qui signifie calcul, ils englobent ce que nous pourrions appeler arithmétique et algèbre. Au début du VIe siècle, Aryabhata utilise la numération décimale de position, celle qui donnera les *chiffres arabes*. Il consacre un traité aux opérations élémentaires : il commence par l'addition, la soustraction, la multiplication et la division, poursuit par l'élévation au carré et l'extraction de la racine, termine par le cube et sa racine. Mais il sait aussi résoudre les équations du second degré et écrit sur les équations indéterminées. Au siècle suivant, Brahmagupta utilise des lettres dans les équations pour désigner les inconnues, calcule sur des nombres négatifs.

Au VIIe siècle, la pensée scientifique grecque, largement diffusée, même si elle ne produit plus d'œuvres originales, se trouve depuis longtemps confrontée à d'autres traditions, à d'autres cultures, à d'autres sciences.

La conquête arabe et les fondements du développement des sciences

Dans ces conditions surgissent les Arabes. La conquête arabe, phénomène brutal, surprend encore ; en quelques décennies, un peuple, jusque-là méconnu, détruit les grands empires qui dominaient le Moyen-Orient et répand une religion nouvelle jusqu'en Inde. Expliquer l'expansion de l'islam relève d'une autre histoire, mais il importe ici d'en saisir les principales phases et de dégager la portée qu'elle a eue sur la vie scientifique.

En 632, à la mort du prophète Mahomet, l'islam a unifié l'ouest de la péninsule Arabique. Les années suivantes voient de fulgurantes victoires : en 635, Damas tombe entre les mains des musulmans, puis Jérusalem en 637 ; ils sont alors maîtres de toute la Syrie-Palestine. Dans le même temps, ils poussent vers le nord-est, prennent, en 637, Ctésiphon, capitale de l'Empire perse ; toute la Mésopotamie est conquise. L'expansion arabe s'étend à l'Arménie et atteint les plateaux d'Irak et d'Iran. Troisième front, l'Égypte est soumise entre 639 et 646. En moins de quinze ans, l'Empire sassanide disparaît, l'Empire byzantin subsiste mais considérablement amoindri. Dès cette époque, tous les grands centres intellectuels du Moyen-Orient, centres de haute tradition scientifique, sont passés entre les mains d'un peuple qui ignorait la science.

Après un temps d'arrêt, l'expansion reprend fin VIIe début VIIIe siècle sous l'impulsion des califes Omeyyades. Une poussée vers l'ouest conduit les Arabes en Afrique du Nord, où ils fondent en 670 Kairouan, qui deviendra un grand centre intellectuel de l'islam. Une fois leur domination assurée au Maghreb, ils franchissent le détroit de Gibraltar en 711, conquièrent l'Espagne et multiplient les incursions en Gaule. Un raid extrême est arrêté à Poitiers, en 732, par la cavalerie franque. Poussée à l'est aussi : Boukhara est conquise en 709, Samarkand en 712 ; la domination musulmane s'étend à la Sogdiane et à la

Transoxiane, aux confins de l'Asie centrale. L'islam atteint l'Inde mais s'arrête à ses portes. Les contacts directs avec la science indienne deviennent alors possibles.

Comme dans bien d'autres domaines, les conquérants ont respecté la situation antérieure. Il faut détruire le mythe de l'incendie de la bibliothèque d'Alexandrie par les musulmans. La conquête, dans ses premiers temps, n'a guère changé les conditions de la vie scientifique, mais elle donne aux Arabes l'accès aux textes grecs puisque les principales bibliothèques du monde gréco-romain sont désormais entre leurs mains. L'œuvre de traduction se poursuit et s'amplifie. A la fin du VIIIe siècle encore, Théophile d'Édesse traduit des ouvrages d'Aristote de grec en syriaque, tout comme son contemporain Yahya ibn al-Batriq. Au début du siècle suivant, Job d'Édesse, médecin attaché à la cour du calife al-Mamun, doit sa renommée à ses traductions d'œuvres de Galien en syriaque et à sa grande encyclopédie des sciences naturelles. Tous ces savants sont chrétiens. Au fil des décennies, surtout à partir du VIIIe siècle, des mutations décisives se produisent. L'arabe s'affirme comme langue de culture et langue administrative. Le règne d'Abd al-Malik (685-705) est décisif; par ordre de ce souverain l'arabe supplante le grec, le pehlvi, le syriaque dans l'établissement de tous les actes officiels. Se diffuse alors l'arabe, appelé plus tard classique; dans tous les pays dominés par l'islam, les savants musulmans, juifs ou chrétiens, arabes ou iraniens, parlent, pensent et écrivent en arabe. Deux des plus grands noms de la science des pays d'islam, al-Biruni et Ibn Sina, l'Avicenne des Occidentaux, sont des Persans, leur œuvre scientifique est en arabe. Naît une communauté intellectuelle et scientifique, encouragée par une société fébrile de savoir, soutenue par les souverains mécènes.

La succession du Prophète est difficile, les conflits éclatent, la capitale passe de Médine à Damas. La prise du pouvoir par les Abbassides en 750, qui correspond à la volonté de créer un empire non plus seulement arabe mais musulman, faisant place aux croyants de toutes origines, s'exprime dans la création d'une capitale nouvelle, Bagdad, par le calife al-Mansur en 762. Il y attire les savants, désireux de s'assurer leurs services et d'asseoir le prestige de son nouveau régime. Atteint de dyspepsie, il envoie quérir Jurjis, médecin fameux de Gondeshapur et, une fois guéri, tente de le retenir à sa cour. Ainsi se fixent à Bagdad des hommes de sciences qui y apportent livres, savoirs, expériences. Les grands califes abbassides qui succèdent à al-Mansur continuent cette politique; c'est un descendant de Jurjis qui fonde à Bagdad, au début du VIIIe siècle, le premier hôpital digne de ce nom, sur le modèle de celui de Gondeshapur.

Al-Mamun, qui règne de 813 à 833, est le modèle de ces princes éclairés, amis des lettres et des sciences. S'il ne l'a pas fondée il a du moins donné une forte impulsion à l'activité de la Maison de la sagesse. Dans cette vaste bibliothèque travaillent et se réunissent astronomes, mathématiciens, penseurs, lettrés, traducteurs. Leurs travaux sont encouragés et financés par le calife. Les fonds s'enrichissent alors d'ouvrages de sciences et de philosophie grecs, obtenus dans l'Empire byzantin, mais surtout collectés dans les bibliothèques du Proche-Orient; traductions et copies les mettent à la disposition de l'élite cultivée. Le papier, procédé d'origine chinoise, est introduit à Bagdad à la fin du VIIIe siècle; matériau plus solide que le papyrus et moins coûteux que le parchemin, il permet le développement d'un véritable marché du livre. Le calife al-Mamun patronne également les premiers grands travaux d'observation astronomique; des savants réunis à ses frais sont chargés d'un programme de vérification des données de l'*Almageste* de Ptolémée qui aboutit à l'établissement de nouvelles *Tables*. Exemplaire, mais nullement isolée, la politique d'al-Mamun est poursuivie par de nombreux califes, vizirs, émirs, sultans.

Dès le VIIIe siècle, les premiers signes de morcellement de l'empire mis en place par les Omeyyades et les Abbassides se font sentir. Les chefs régionaux, les émirs devenus maîtres du pouvoir politique, les califes du Caire et de Cordoue

Al-Hariri, écrivain du début du XIIe *siècle, est célèbre pour son récit des aventures d'un bohême cynique et fripon. L'auteur emmène ici son héros dans la bibliothèque publique de Hulwan, près de Bagdad. Les livres y sont posés à plat, dans des niches creusées dans le mur. Au premier plan, six étudiants suivent un cours; l'un d'eux lit un ouvrage que commente le professeur assis à l'extrême droite.*
Savoir accumulé, savoir enseigné: les bibliothèques, nombreuses dans le monde arabe, ont joué un rôle essentiel de conservation et de transmission.
(Miniature d'al-Wasiti pour les Séances *d'al-Hariri, École de Bagdad, 1237, manuscrit arabe 5 847, fol. 5, v°; Bibl. nat., Paris. Ph. © Bibl. nat./Arch. Photeb.)*

s'imposent face aux Abbassides. Leurs capitales cherchent à rivaliser avec Bagdad qui a pu prétendre, un temps, avoir le monopole de la vie intellectuelle et culturelle. Répartir sur une carte les hommes de sciences, c'est retrouver les grandes phases de l'histoire de l'islam: à l'époque d'apogée du califat abbasside (VIIIe-Xe siècle), Bagdad est le grand pôle vers lequel affluent la plupart des savants. D'autres villes prennent ensuite le relais: à l'ouest, Le Caire et Cordoue, capitales de califats rivaux des Abbassides; à l'est, les métropoles de Perse où se constituent aux Xe et XIe siècles des principautés iraniennes ou turques. Avec la conquête par les Turcs Seldjoukides, ils occupent Bagdad en 1058, le rôle de l'Irak s'estompe. Aux XIIIe et XIVe siècles, la grande dynastie locale des Ayyubides fondée par Saladin et celle des Mameluks assurent la puissance de la Syrie et de l'Égypte face aux croisés d'abord, face aux Mongols ensuite. Tout au long du Moyen Age, l'Arabie est absente de la scène de l'histoire, tandis que l'Andalousie, province extrême, qui connaît une vie économique et culturelle originale et animée, est une tête de pont vers le monde chrétien. L'activité scientifique est continue dans le temps et se poursuit bien au-delà de l'apogée de Bagdad. L'éclatement de l'empire et l'essor de métropoles régionales favorisent la diffusion géographique de la culture.

Astronomes, médecins, mathématiciens, philosophes vivent souvent à la cour d'un prince, dépendant de son bon vouloir et de ses largesses. Toute la carrière d'Avicenne se déroule entre les grandes cours iraniennes des Xe-XIe siècles: Bukhara, Isfahan, Samarkand, Hamadhan, Rayy. Le savant est vivement apprécié pour ses conseils en médecine et en politique; tantôt convoité et recherché, tantôt poursuivi par ses ennemis, toujours mêlé aux intrigues politiques de l'heure, il connaît des tribulations de toutes sortes, mais aussi de longs temps de sécurité et de travail auprès de princes mécènes, à Rayy et à Hamadhan où il meurt en 1037.

Car le mouvement intellectuel dépend, directement ou non, des faveurs du prince. La science n'est jamais gratuite. Il ne saurait y avoir fondation de bibliothèque, construction d'hôpital, entreprise de traduction, réalisation d'un programme d'observation sans financement par un commanditaire: souverain,

Les hommes de science en islam médiéval : localisation dans le temps et dans l'espace.

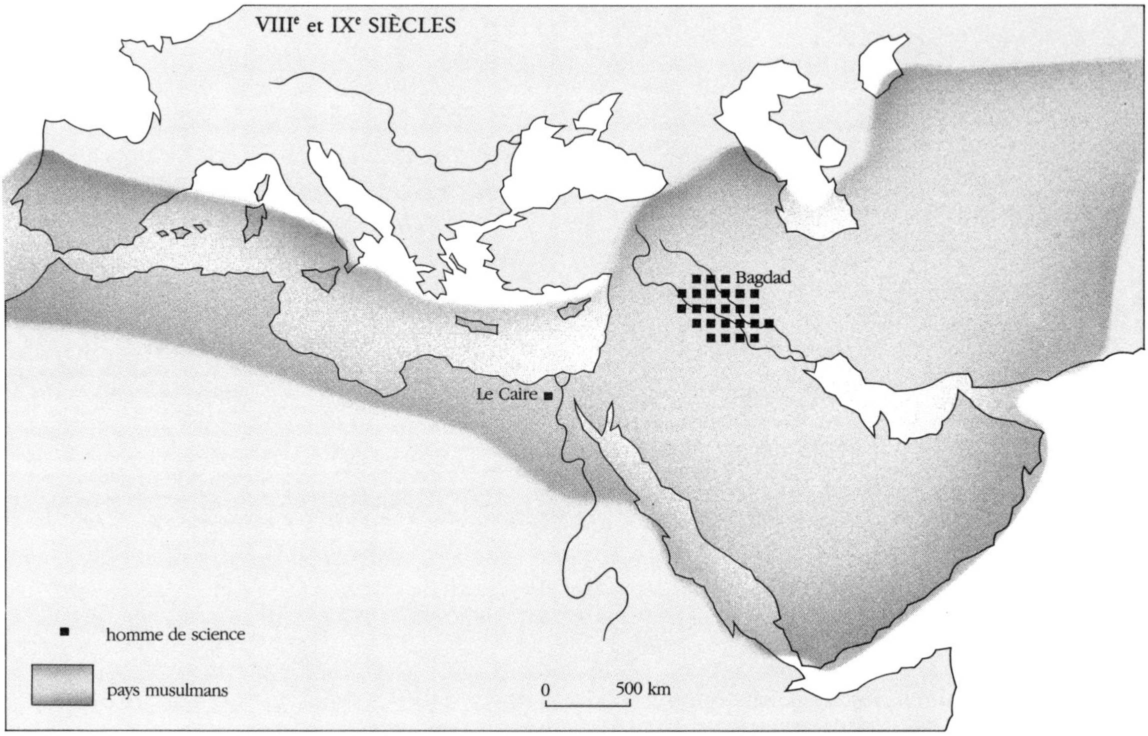

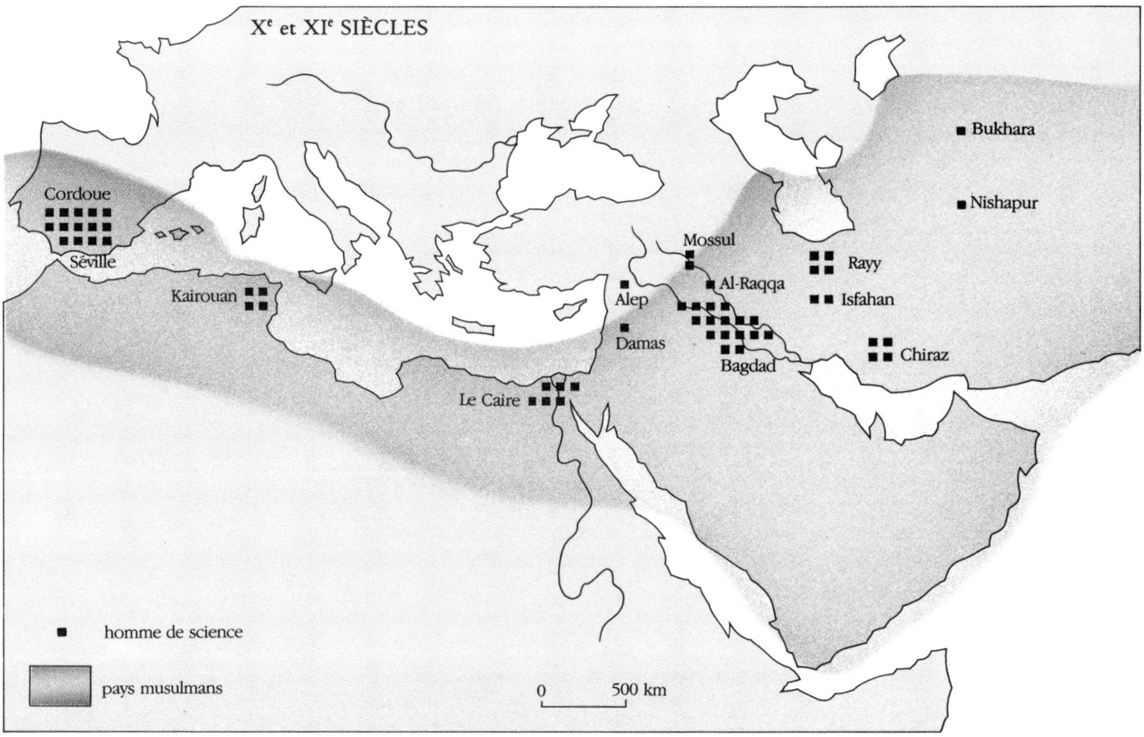

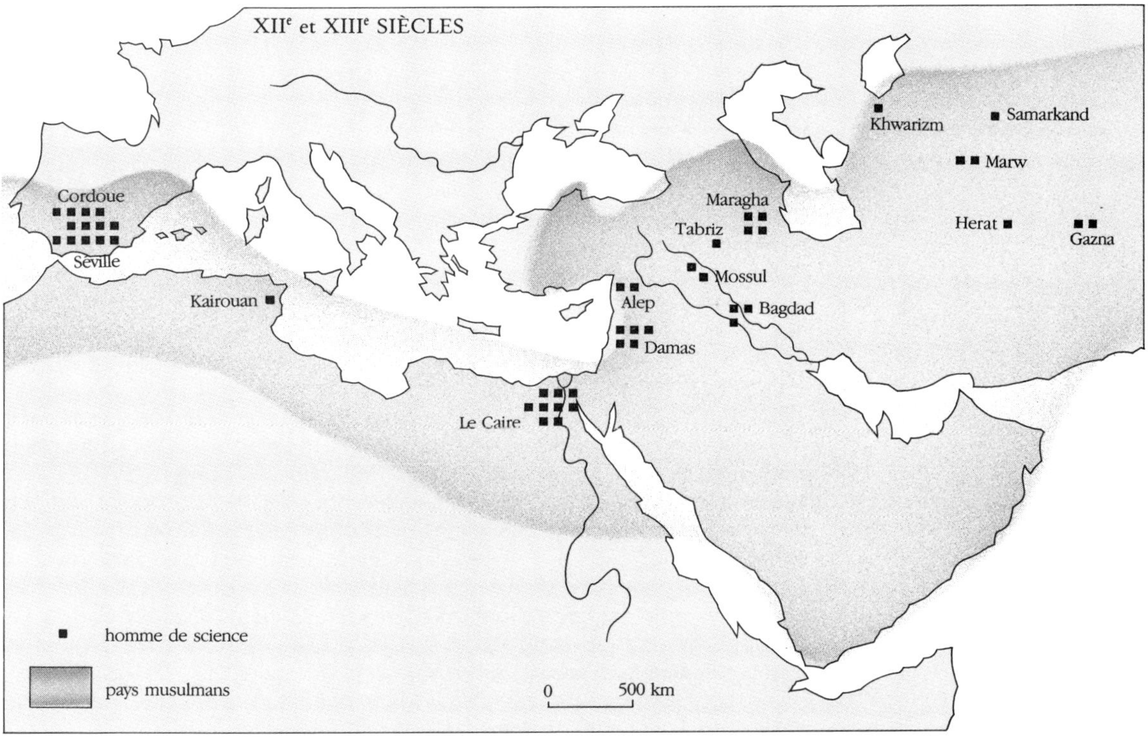

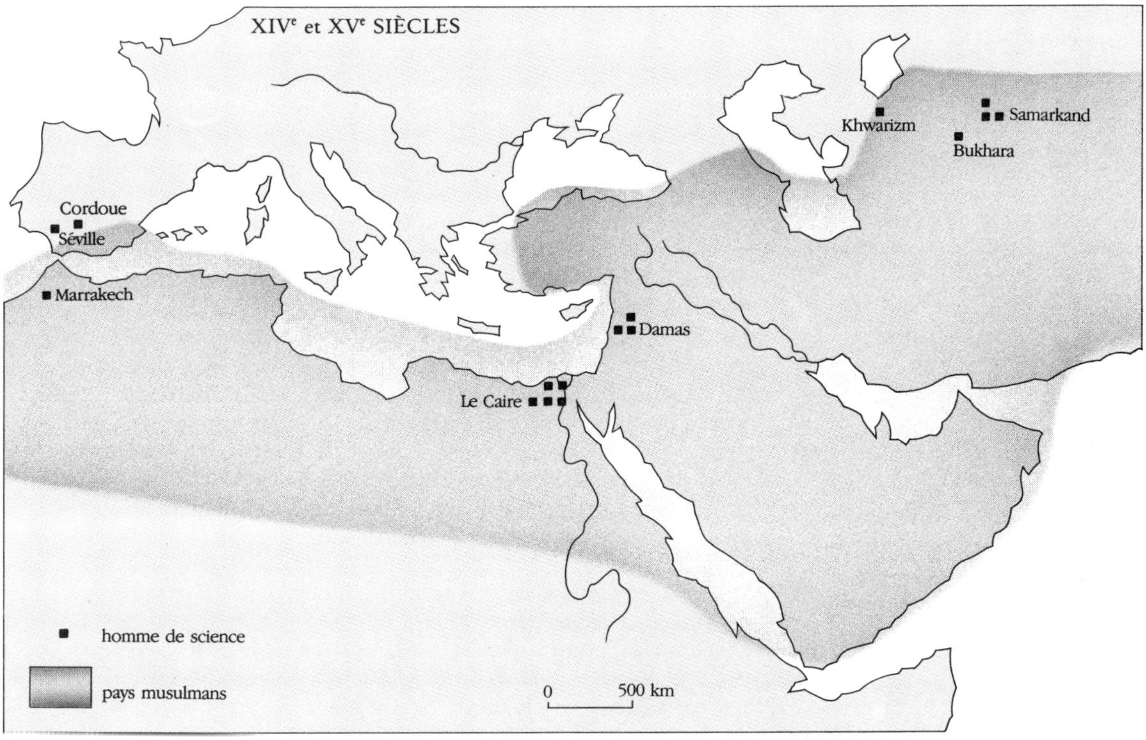

Les hommes de science retenus sont ceux qui font l'objet d'une notice dans le Dictionary of Scientific Biographies *ou dans l'*Encyclopédie de l'islam.

vizir, notable, puissant de la cour, émir. En un sens, la principale institution scientifique du monde arabe médiéval est le mécénat. Cet attrait des princes pour la science n'est pas engouement passager aux motivations plus ou moins obscures ; il s'inscrit dans un véritable dessein politique : accroître leur prestige et leur pouvoir en donnant à l'islam les moyens de s'élever au niveau des civilisations vaincues militairement, de les dépasser même, de permettre la naissance d'une culture scientifique qui puisse se hisser à la hauteur des sciences grecque, syriaque, indienne.

Ainsi s'est développée une science, appelée habituellement science arabe. L'expression peut être jugée abusive : une très grande partie des hommes qui l'ont pratiquée n'étaient pas des Arabes. Mais parler de science islamique est lourd d'ambiguïté, le mot donne à l'activité scientifique une connotation religieuse qu'elle n'a pas et les savants sont musulmans, mais aussi chrétiens ou juifs. Le trait commun, qui donne une unité externe à ces activités scientifiques, est simple. La langue, principal facteur d'unité, peut légitimement servir à caractériser la science des pays d'islam au Moyen Age, elle est le véhicule des idées, des concepts, des savoirs. D'ailleurs, si l'on veut contester l'expression science arabe, il devient alors nécessaire, pour les mêmes raisons ethniques et religieuses, de remettre en cause le terme de science grecque.

Les premiers textes scientifiques en langue arabe sont des traductions : du grec, du syriaque, du sanskrit, du pehlvi, qui reprennent en l'amplifiant l'activité des centres hellénistiques et persans. Ces œuvres permettent l'élaboration d'un vocabulaire scientifique, inexistant dans une langue qui était celle des bédouins de l'Arabie préislamique et dont le Coran a fait la langue de la Révélation. Un exemple : le mog grec ἐπιληψία qui désigne l'épilepsie est, en un premier temps, simplement transcrit en syriaque, puis du syriaque à l'arabe : *ibîlimsiyâ* (le *b* remplace le *p* absent des alphabets sémitiques). Un traité arabe du IXe siècle donne en titre à l'un de ces chapitres : *Fì ibìlimsiyà,* c'est-à-dire *al-sar'*. Ce dernier mot est dérivé d'un verbe arabe signifiant renverser quelqu'un par terre. Quelques décennies plus tard, le mot translittéré du grec est tombé en désuétude ; le mot proprement arabe suffit et est alors seul employé ; il appartient désormais à une terminologie unifiée et connue de tous.

Dans la chaîne qui conduit du grec à l'arabe, le syriaque est un maillon essentiel. En effet, la plupart des traducteurs sont des chrétiens, maniant couramment le grec et le syriaque, les langues savantes de l'époque, légèrement méprisants pour l'arabe auquel ils reprochent de manquer d'un lexique adéquat. Ils en viennent à l'arabe seulement quand des commanditaires, savants ou notables musulmans, le leur demandent, et plus tard quand l'arabe se sera imposé à tous. Hunayn ibn lshaq est l'un de ces traducteurs ; son activité est exemplaire des conditions du transfert de la science antique aux pays d'islam. Né en 808 dans une famille chrétienne nestorienne de Hira, sur le bas Euphrate, il est bilingue : l'arabe est la langue parlée dans sa ville natale, le syriaque est sa langue maternelle. Attiré comme tant d'autres par le prestige de la capitale abbasside, il vient y étudier la médecine. Il apprend ensuite le grec, peut-être à Alexandrie. Revenu à Bagdad, il travaille comme médecin et traducteur. On lui doit plusieurs traités médicaux et un nombre impressionnant de traductions d'ouvrages de Platon, Aristote, Hippocrate, Ptolémée, Porphyre, Rufus d'Éphèse, Paul d'Égine, Galien. Il rédige, lors d'un séjour en prison en 856, un opuscule dans lequel il raconte comment il a traduit cent vingt-neuf traités de Galien. Il connaît, mais critique les traductions antérieures, car il en refait un grand nombre ; il a une prédilection pour le syriaque puisqu'il ne traduit presque jamais directement en arabe et se décharge souvent sur l'un de ses disciples de la tâche de faire passer le texte du syriaque à l'arabe.

L'activité de Hunayn et de ses émules a donné aux Arabes accès au savoir antique : les grands ouvrages grecs de philosophie, de logique, de médecine, d'astronomie, de mathématiques, de botanique, de mécanique sont désormais accessibles.

Du grec à l'arabe : Hunayn, traducteur de Galien

Dans une lettre de 856 apr. J.-C., Hunayn Ibn Ishaq explique par quels cheminements sont parvenus au monde arabe 129 textes de Galien. Mais pour 16 d'entre eux il ne connaît aucun manuscrit et pour 9 d'entre eux il ne cite que des versions qu'il n'a pas effectuées lui-même. La tableau ci-dessous montre donc le travail de traduction de Hunayn pour 104 traités de Galien.

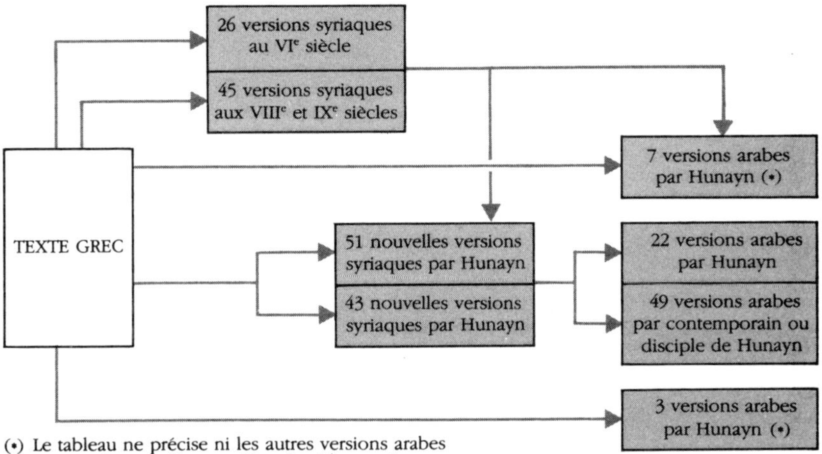

(•) Le tableau ne précise ni les autres versions arabes contemporaines de Hunayn (3 cas), ni les versions syriaques faites à partir de l'arabe (6 cas).

Traduction du grec à l'arabe. Mais aussi du sanskrit et du pehlvi à l'arabe. Le mouvement est moins connu, il est sûrement moins gigantesque, mais ne peut rester ignoré. L'un des plus importants traités astronomiques de la tradition indienne, le *Mahasiddhanta*, est traduit du sanskrit dans les années 770, à l'instigation du calife al-Mansur ; avec d'autres ouvrages indo-persans, il est à la base d'un courant de l'astronomie arabe qui se maintient longtemps en Andalousie.

Originalité et héritages

Les Arabes ont conscience de l'originalité de leur science et de l'héritage dont elle a bénéficié. Au XIe siècle, en Espagne, Sa'id al-Andalusi discerne dans son livre, *les Catégories des nations*, celles qui ont cultivé les sciences. Il en reconnaît huit : les Indiens, les Perses, les Chaldéens, les Grecs, les Byzantins, les Égyptiens, les Arabes et les Juifs. Dès la seconde moitié du IXe siècle, al-Razi, le Rhazès des auteurs latins, médecin de premier plan, physicien et alchimiste, qui est l'auteur d'une cinquantaine d'ouvrages, déclare que le progrès scientifique n'est possible qu'en suivant la trace des Anciens parce que « le plus récent bénéficie de l'acquis de ses prédécesseurs et y ajoute par son étude personnelle ». Il replace la science dans son histoire. Pour al-Razi, la conscience d'un héritage n'empêche nullement l'affirmation d'une science contemporaine.

Quels sont les grands traits de cette science ? Que doit-elle aux civilisations qui l'ont précédée ? Qu'a-t-elle d'original ? Quel est son rôle dans l'élaboration et les transferts de savoir ? L'originalité, la part de nouveauté et de création, chez les savants des pays d'islam, varie selon les époques. Les premiers siècles, temps des grandes traductions, sont ceux d'une science recueillie auprès des civilisations des pays conquis ou des terres voisines. Il faut attendre le IXe siècle, avec al-Khwarizmi, mathématicien et astronome, et al-Kyndi, philosophe et géomètre, pour que se développe une science proprement arabe. Toutes les branches, physique, astronomie, médecine, mathématiques, présentent des caractères communs, qu'expliquent le contexte politique et économique, la culture environnante, les institutions scientifiques ; mais elles puisent à des sources variées et se développent selon des méthodes propres. Une réflexion sur la science arabe doit faire sa place à une étude des grands secteurs scientifiques.

Physique

Fondement de l'œuvre des Présocratiques, essentielle chez Aristote, la physique joue un rôle prépondérant dans la science grecque jusqu'à Archimède et au-delà. Les Arabes l'appellent la « science des choses naturelles » et la reprennent à leur compte. Les commentateurs d'Aristote s'intéressent à la physique et, à leur tour, les savants considèrent que quatre « éléments », le feu, l'air, l'eau et la terre, composent le monde ; mais cette physique tributaire des Grecs ne conduit pas à des développements particuliers concernant la structure de l'Univers. En revanche, certaines disciplines, que nous rattachons à la physique, l'optique (cf. p. 256), la statique ou science des balances, prennent dans les pays d'islam une place importante. Plus pratiques, davantage liées aux réalités du contexte économique et social, elles ouvrent des voies nouvelles sans remettre en cause le monument aristotélicien.

Astronomie

On possède une édition de la traduction latine d'une traduction arabe de Ptolémée annotée de la main de Copernic. Bel exemple qui montre la place des Arabes comme intermédiaires entre la science grecque et la science de l'Occident. Le nom même d'*Almageste* que les Occidentaux donnent à la *Grande composition* ptoléméenne vient de l'arabe. Pourtant le monde islamique connaît une astronomie autre que celle venant des Grecs. La première astronomie arabe s'est développée d'abord à partir de sources indiennes et perses, et, au-delà, mésopotamiennes. Le *Zij al-Sindhind* (la *Table du Sindhind*), rédigé vers 830 par al-Khwarizmi, est conçu selon le modèle indien qui se ressent en particulier lorsqu'il expose son calcul de la position des planètes. L'*Almageste* est traduit en arabe au début du IXe siècle ; à partir de ce moment, l'œuvre du savant alexandrin domine l'histoire de l'astronomie. Presque toutes les interprétations et les modèles développés par les Arabes partent de Ptolémée dont le système du monde s'impose comme il s'était imposé dans le monde hellénistique. Il rend compte, par une combinaison complexe de mouvements circulaires, du déplacement des astres avec une précision très supérieure à celle des modèles antérieurs. Le recours à des mouvements circulaires uniformes, donc parfaits et seuls concevables dans le monde supralunaire, permet de replacer l'astronomie dans la cosmologie et la physique dominantes, celles d'Aristote. Cependant, cette nécessité de rendre par des mouvements circulaires des orbites qui ne l'étaient pas a conduit Ptolémée à un système dont la compatibilité avec la physique est discutable, et a été discutée dès l'époque hellénistique. Dès la seconde moitié du IXe siècle, al-Battani commente, mais aussi corrige et complète l'*Almageste* en s'appuyant sur des observations nouvelles ; il s'impose comme le premier des grands continuateurs arabes de Ptolémée. L'œuvre de l'astronome alexandrin, modèle mathématique descriptif, est aussi critiquée, en particulier au nom d'un retour aux principes d'Aristote. Aboutissement de cette contestation, les travaux de l'École de Maragha (Iran) au XIIIe siècle, en particulier ceux de Nasir al-Tusi, seraient à l'origine de la conception des planètes de Copernic.

En revanche, les astronomes arabes peuvent mettre en œuvre des moyens de calcul et d'observation plus puissants que ceux dont disposaient les Grecs. Puisant dans l'héritage indien, ils utilisent la numérotation décimale et ils développent la trigonométrie ; ils construisent d'importants observatoires ; ils

Fabriqué en Irak par Ahmad ibn Khalaf au IXe siècle, cet astrolabe a appartenu au fils du calife al-Muktafi (902-908). On reconnait sur le disque inférieur, les lignes représentant la projection de la Terre sur le lieu d'utilisation, surmonté de l'araignée qui porte, à l'extrémité de chaque pointe, l'emplacement d'une étoile. (Bibl. nat., Paris. Ph. © Giraudon/Photeb.)

réalisent des tables astronomiques — plus d'une centaine ont été recensées — très supérieures à celles de leurs prédécesseurs; diffusées largement en Occident, elles ne seront dépassées en précision que par celles de Tycho Brahé dans la seconde moitié du XVIe siècle. Cependant, l'influence ptoléméenne, jusque dans les controverses qu'elle suscite, demeure considérable. Des Grecs, l'astronomie arabe a hérité de conceptions cosmologiques et d'un modèle mathématique rendant efficacement compte des apparences. Elle a repris bien des questions lancées dans le monde hellénistique, et elle a trouvé des réponses originales et novatrices en s'appuyant sur des méthodes nouvelles de calcul et d'observation.

Pourquoi cet essor de l'astronomie d'observation ? Une curiosité scientifique sans doute, mais liée à des faits sociaux et culturels. Les mesures astronomiques sont indispensables à la pratique de l'islam. Le culte nécessite de connaître les heures de lever et de coucher du soleil, le calendrier islamique, un calendrier lunaire, implique de savoir calculer le début et la fin des mois, en particulier du mois de ramadan. L'apparition du croissant de lune, marquant le début du mois, pose un problème pratique auquel Thabit ibn Qurra consacre un traité scientifique dans lequel interviennent astronomie, physique et optique. Les mosquées doivent être orientées vers La Mecque. Tout conduit à multiplier les relevés, à les préciser de plus en plus. L'islam s'est en grande partie développé sur des terres qui ont, à un moment ou à un autre, pratiqué des cultes astraux, en témoignent les ziggurat de Mésopotamie comme le temple d'Artémis à Éphèse. L'astrologie, héritage du monde hellénistique comme du monde oriental, connaît un grand succès. Là encore, il faut être apte à prévoir les mouvements des planètes, leur position entre elles et par rapport au Soleil. Un monde d'observation, depuis le simple quadrant jusqu'à l'observatoire princier, tel apparaît l'islam. Le nombre de traités d'astrolabe et d'instruments connus de nos jours l'atteste. L'appareil ne sert pas à observer le ciel, mais à l'interpréter, sa fabrication nécessite une connaissance solide de la carte du ciel et du mouvement apparent des astres. L'astrolabe se compose d'un plateau circulaire sur lequel tourne un disque largement évidé, l'araignée. La platine porte la projection de la sphère terrestre en un lieu propre; l'araignée est une carte du ciel portant les principales étoiles fixes dont le Soleil. Elle permet de déterminer l'azimut et l'heure de lever et de coucher du Soleil, la position des étoiles sur l'horizon et de nombreuses autres données indispensables à l'astrologie.

Les observatoires de l'islam médiéval

Les œuvres des astronomes arabes s'appuient autant sur l'observation que sur les modèles théoriques et l'art du calcul. La fabrication d'instruments de cuivre d'une grande précision et la construction d'observatoires leur sont donc indispensables. Encore qu'une étude attentive oblige à distinguer deux périodes.

Jusqu'au XIe siècle, les travaux astronomiques, patronnés par les souverains de Bagdad, de Chiraz, d'Isfahan, du Caire, ont eu pour cadre de simples postes d'observation installés en vue de programmes limités dans le temps. Ainsi, les plus grands savants de l'heure furent réunis aux frais du calife al-Mamun pour vérifier les données de l'*Almageste* de Ptolémée. Avec leurs instruments de mesure, ils s'installèrent simultanément dans le quartier nord de Bagdad et sur la colline qui domine Damas. La mort du calife en 833 les empêcha d'effectuer toutes les mesures prévues.

Il faut attendre les derniers siècles de la période médiévale pour voir s'édifier de véritables observatoires qui fonctionnèrent durant de longues années. La magnificence des bâtiments et la renommée des savants qui s'y activèrent ont fait le prestige de ces fondations, il est vrai très peu nombreuses. A Maragha, ville de l'Azerbaïdjan, le petit-fils de Gengis Khan fit construire un observatoire doté d'une riche bibliothèque et d'instruments d'une grande perfection technique: sphère armillaire, quarts de cercle de types variés, règles parallactiques, sextant, globe céleste, astrolabe, cadran solaire, etc. Ce grand centre scientifique de la seconde moitié du XIIIe siècle attirait savants et étudiants et l'on a pu parler dans les domaines de l'astronomie et des mathématiques d'une «École de Maragha» dont Nasir al-Tusi fut le plus illustre représentant. Aujourd'hui, il ne reste de cet ensemble prestigieux qu'un mur de fondation. En revanche, l'observatoire de Samarkand, fondé au milieu du XVe siècle par le petit-fils de Timur — notre Tamerlan —, a fait l'objet de plusieurs campagnes de fouilles. Des vestiges imposants ont été restaurés: le fragment d'un gnomon de 40 m de rayon, utilisé pour déterminer la hauteur du Soleil d'après la longueur de l'ombre, un vaste bâtiment de forme cylindrique de plus de 30 m de hauteur, sans doute surmonté d'un dôme percé en son sommet pour laisser passer les rayons du Soleil, une somptueuse décoration de carreaux émaillés.

Mais l'indigence des sources écrites, la difficulté à interpréter les rares vestiges archéologiques, l'absence de monographies laissent dans l'ombre l'organisation et le fonctionnement de ces fondations. Véritables institutions scientifiques, elles jouèrent pourtant un rôle décisif dans le développement des sciences exactes en islam: établissement de *Tables* sans cesse révisées, formation des étudiants, concentration de savants, financement de séries d'observations. Elles exercèrent une influence certaine sur les constructions similaires d'Istanbul et de l'Inde mughale, et, point plus discuté, sur les laboratoires de Tycho Brahé.

Alchimie

Astronomie et astrologie, alchimie et chimie, distinctions qui, au XXe siècle, creusent un fossé entre la science et le charlatanisme, distinctions qui ne s'imposent pas pour un homme du Moyen Age d'Orient ou d'Occident. Dans toutes les classifications, la chimie ou alchimie, car il n'y a qu'un même mot arabe, relève des sciences de la nature tout comme la médecine. De même que Ptolémée fournit le principal modèle à partir duquel l'astronomie arabe développe ses propres interprétations, la conception du monde et de la matière des Grecs, surtout celle d'Aristote, sert de cadre théorique à la chimie et à la médecine arabes.

Le monde sublunaire, celui de la génération et de la corruption, qui s'oppose au monde immuable, celui des étoiles fixes, se compose de feu, d'air, d'eau et de terre qui proviennent de « qualités », « éléments » pour Aristote, qui sont le chaud, le froid, l'humide et le sec. La combinaison de ces corps élémentaires donne naissance à tous les corps qui se trouvent dans la nature. Les corps naturels peuvent être modifiés. Les bases théoriques d'une chimie existent. La théorie aristotélicienne avait déjà rencontré dans le monde grec une autre tradition, celle que nous appelons actuellement alchimique. On a recherché ses origines en Égypte ou en Mésopotamie, en Chine aussi ; il est probable que toutes ces hypothèses ont leur part de vrai, les hommes ont toujours rêvé d'avoir un pouvoir sur la matière par des moyens allant de la magie à l'expérimentation. La tradition alchimique arabe a pu se nourrir à de multiples sources, mais essentiellement, semble-t-il, auprès des alchimistes alexandrins qui avaient déjà intégré une part des idées d'Aristote.

La compilation du début du xe siècle, attribuée à Jabir ibn Hayyan, très connu en Occident sous le nom de Geber, montre une conception nouvelle de l'alchimie. Des Grecs, il tient une physique des éléments et croit à la possibilité de la transmutation des métaux, mais il donne sa propre classification des minéraux qui se répartissent en trois grandes catégories : les esprits, « substances qui se volatilisent », les métaux, « substances fusibles qui se laissent marteler », les corps, « substances, fusibles ou non, qui ne se laissent pas marteler et se pulvérisent ». Il existe cinq esprits, le soufre, l'arsenic, le mercure, l'ammoniac et le camphre, qui composent tous les corps minéraux. Les métaux sont formés de soufre et de mercure. Dans l'une des collections majeures du corpus, *les Livres des balances*, Jabir définit les principes de l'art : réduire tous les phénomènes de la nature à des lois de quantité et de mesure. Son alchimie n'est pas coupée du monde, il en cherche comme un chimiste actuel des applications à la métallurgie, à la pharmacopée, à la fabrication des teintures. S'inscrivant dans ce cadre conceptuel qui nous est étranger, la chimie des Arabes du Moyen Age demeure difficile à pénétrer et très mal connue.

D'après l'inscription portée sur la face externe, cette coupe de pharmacie en bronze incrusté d'argent a été copiée sur un modèle conservé dans le trésor du calife al-Mamun ; les drogues qui y sont préparées permettent de combattre les poisons, les morsures de serpents et de scorpions, les coliques, les fièvres et bien d'autres maux. Sur la face interne sont entrelacés formules prophylactiques, sourates coraniques, symboles astrologiques qui témoignent des liens complexes entre médecine, religion, magie. (Syrie, XIIIe-XIVe siècle ; musée du Louvre, Paris. Ph. Hubert Josse © Photeb.)

Les éléments chez Aristote et dans la science arabe

« Comme il y a quatre éléments, et que les combinaisons possibles entre quatre termes sont au nombre de six, comme, cependant, les contraires ne peuvent pas être combinés entre eux, le chaud et le froid, le sec et l'humide ne pouvant pas se confondre en une même chose, il est évident qu'il n'y aura que quatre combinaisons d'éléments, à savoir celle du chaud et du sec, du chaud et de l'humide, du froid et de l'humide, du froid et du sec. Cela est une conséquence logique de l'existence des corps qui apparaissent simples, le feu, l'air, l'eau et la terre. Le feu est en effet chaud et sec, l'air est chaud et humide, étant une sorte de vapeur ; l'eau est froide et humide, la terre est froide et sèche. » (Aristote, *De la génération et de la corruption*, IVe siècle av. J.-C.)

« Aux partisans des deux doctrines, je répondrai qu'Aristote les avait déjà devancés dans son traité intitulé *la Logique*, lequel est un de ses plus merveilleux ouvrages ; il l'a divisé en quatre livres appelés : *Catégories*, *Sur l'interprétation*, *Analytiques* et *Topiques*. Il l'avait fait précéder d'une introduction et il avait ainsi donné le premier traité des preuves, sujet dans lequel il n'avait été précédé par aucun philosophe. Ainsi les philosophes se prosternent-ils en admiration devant Aristote qui a créé cette science. [...] Quant aux deux luminaires, le Soleil et la Lune, Dieu, après avoir créé toutes choses des quatre éléments : le feu, l'eau, l'air et la terre, fit sortir des mondes anciens les quatre qualités : la chaleur, le froid, l'humidité et la sécheresse. La combinaison de ces éléments a produit le feu, qui contient la chaleur et la sécheresse ; l'eau, qui a le froid et l'humidité ; l'air, qui a la chaleur et l'humidité ; la terre, qui a le froid et la sécheresse. C'est à l'aide de ces éléments que Dieu a créé le monde supérieur et le monde inférieur. Quand il y a équilibre entre leurs natures, les choses subsistent en dépit du temps, sans être consumés par les deux luminaires, ni rouillés par les eaux des étangs ; tel est l'or que la nature a fait cuire et purifié dans toutes ses parties, sans avoir de drogues, d'analyses ou d'affinage. » (Jabir ibn Hayyan, *le Livre des balances*, xe siècle.)

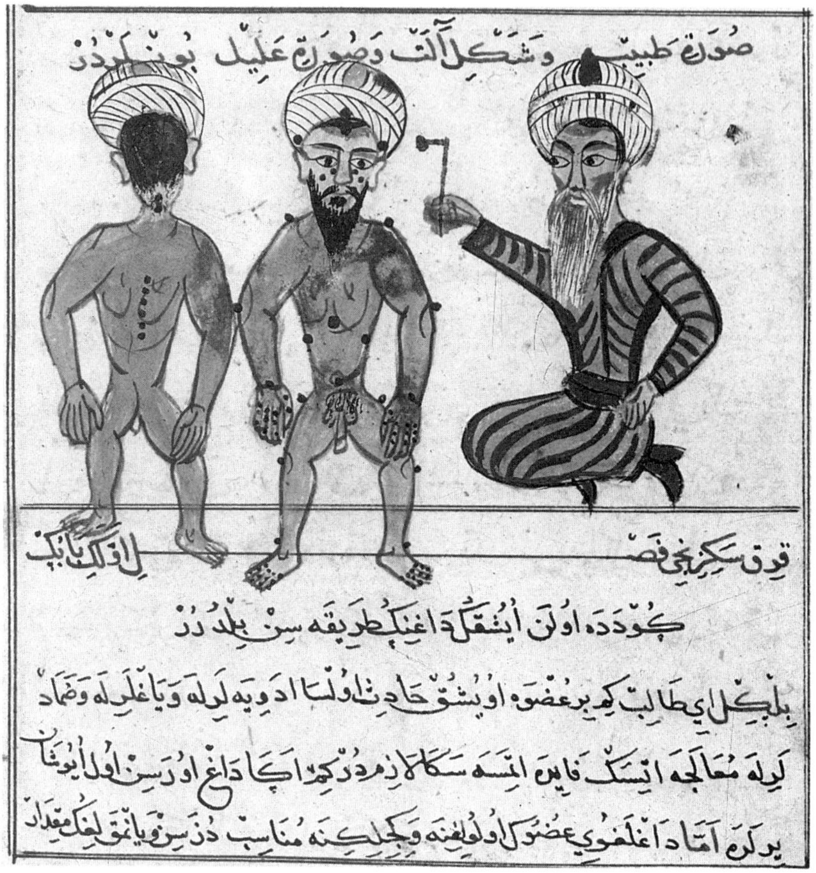

Traitement d'un lépreux. Charaf ed-Din, chirurgien à l'hôpital d'Amasya en Asie Mineure, présenta en 1466 à Mehmed II le Conquérant son Traité de chirurgie, *traduction en turc de l'œuvre d'un médecin andalou du* XIe *siècle, al-Zahrawi. Issu de la tradition grecque, le traitement par cautérisation est recommandé dans nombre d'affections. La lèpre à forme éléphantiasique est traitée par des cautérisations multiples dont la figure indique l'emplacement, alors qu'al-Zahrawi les limitait à la rate et au crâne (patient de gauche). Héritage et originalité d'une médecine de praticiens. (Manuscrit supl. turc 693, fol. 46, v°; Bibl. nat., Paris. Ph. © Bibl. nat./Arch. Photeb.)*

Médecine

Théorie et pratique, cette dualité se retrouve aussi dans la médecine arabe. Héritage d'Aristote, mais aussi et surtout d'Hippocrate et de Galien, les fondements théoriques doivent beaucoup à la Grèce. A Hippocrate la médecine arabe prend sa théorie des humeurs. Le feu, produit de la chaleur et de la sécheresse, donne la bile qui se situe dans la vésicule. Le sang vient de l'air, combinaison de la chaleur avec l'humidité, et réside dans le foie. Le flegme émane de l'eau qui est froid et humidité et siège dans les poumons. L'atrabile dérive de la terre, donc du froid et de la sécheresse, et occupe la rate. La santé dépend de l'équilibre entre les humeurs, équilibre variable selon les individus. La guérison passe donc par un diagnostic exact qui constate le déséquilibre et par un traitement qui tienne compte de la personne, de son tempérament, de ses habitudes alimentaires et de ses maladies antérieures. A côté de cette théorie omniprésente, les Arabes ont puisé à d'autres sources. Les médecins de l'islam augmentent leur pharmacopée au contact de l'Inde. Al-Razi dans son encyclopédie médicale, le *Livre qui contient tout*, énonce au sujet de chaque maladie les avis des Grecs, des Syriens, des Indiens, des Persans et des Arabes qu'il complète et critique par ses propres remarques et observations. Il ne s'agit plus ici uniquement de théorie. Al-Razi est, aussi, directeur de l'hôpital de Bagdad. Les médecins arabes développent à partir d'un héritage complexe une médecine de praticiens et d'observateurs. La description très précise de la variole et de la rougeole par al-Razi, la découverte de la petite circulation par l'Égyptien Ibn al-Nafis à la fin du XIIIe siècle, les progrès constants de l'anatomie et de la physiologie de la vision sont le fait d'une réflexion fondée d'abord sur l'observation et la pratique. Ibn Sina, l'Avicenne des Occidentaux, médecin, mais aussi grand commentateur d'Aristote, compose au Xe siècle une œuvre majeure, le *Canon de la médecine*, qui devait rester une des bases de la culture médicale des pays d'islam, mais aussi de ceux de l'Occident chrétien.

Canon de la médecine: compilation encyclopédique proposant une synthèse large, complète, méthodique du savoir médical gréco-arabe; elle doit sa célébrité à sa construction rigoureuse, à l'étendue de son apport théorique, à ses exigences de rationalité.

La théorie des humeurs dans la médecine arabe

« La première humeur est la bile. Elle dérive du feu qui est le produit de la chaleur et de la sécheresse. La bile réside dans le corps de l'homme, près du foie, dans la vésicule du fiel. La deuxième humeur est le sang. Elle dérive de l'air qui est dû à la combinaison de la chaleur avec l'humidité. Son siège, chez l'homme, est le foie. La troisième humeur, la pituite (ou flegme ou lymphe), dérive de l'eau qui a été créée par la combinaison du froid et de l'humidité. Elle réside dans les poumons. La quatrième humeur, l'atrabile (ou bile noire), dérive de la terre qui est un composé du froid et de la sécheresse. Elle occupe la rate. Ces quatre humeurs constituent les matériaux du corps : elles déterminent son état de bien-être ou de malaise. » (Al-Suyuti, *Livre de la miséricorde dans l'art de guérir les maladies.*)

Géométrie

La géométrie est considérée comme la science par excellence de la Grèce classique : « Nul n'entre ici s'il n'est géomètre », affirme la tradition en parlant de l'académie de Platon. Elle a connu des développements considérables à l'époque hellénistique, temps d'Euclide et d'Apollonius de Pergé. Beaucoup de mathématiciens arabes commentent, enseignent les livres de leurs prédécesseurs. Sur certains points, ils ne manquent pas d'originalité. L'application du calcul à la géométrie s'inscrit dans un contexte de travaux algébriques très novateurs. Elle permet de donner une valeur de π exacte jusqu'à la seizième décimale. La recherche sur les parallèles, déjà objet de l'attention des successeurs hellénistiques d'Euclide, marque la géométrie arabe dès le IXe siècle. Al-Khayyam y consacre une partie de ses travaux et influence l'*Exposé d'Euclide* de Nasir al-Tusi. Ni l'un ni l'autre ne prétendent remettre en cause le postulat d'Euclide, mais leurs recherches en ouvrent la voie. Même quand la géométrie grecque est controversée sur certains points, la contestation se fait dans le cadre défini par les Anciens.

Sciences du calcul

Les sciences du calcul, ce que nous appelons algèbre, arithmétique et trigonométrie, doivent beaucoup moins à la Grèce et beaucoup plus à l'Orient. Sciences de la pratique, du concret, il faut savoir évaluer l'aire d'un champ, partager un héritage ou prévoir son bénéfice, elles sont développées très tôt, hors de la tradition hellénique. Au IXe siècle de notre ère, al-Khwarizmi écrit une « arithmétique », selon le nom qu'on donne habituellement à son ouvrage de calcul, fondé sur l'utilisation de la numération décimale selon le modèle indien. Avec son œuvre, et probablement à travers d'autres écrits ou d'autres contacts, la numération indienne se répand dans le monde arabe et de là passe à l'Occident, puis au monde entier. Le traité d'al-Khwarizmi fait une grande place à la pratique. Outre cette arithmétique, il laisse plusieurs ouvrages dont le traité *Al-Jabr wa l-muqabala,* qui connut une grande célébrité à travers les siècles. Une nouvelle discipline, portant sur le calcul avec inconnues, apparaît pour la première fois en possession de son nom : le terme d'algèbre dérive du titre même de ce traité. Il est vrai que la technique algébrique demeure élémentaire ; le recours aux solutions figurées empêche de concevoir les racines négatives et, surtout, il n'existe aucun symbolisme algébrique, tout passe par l'expression rhétorique ou par la figuration. Il n'empêche que la systématisation du raisonnement, le regroupement des différentes équations en un certain nombre d'équations canoniques, dont la solution est trouvée ensuite, ouvrent la voie à une algèbre qui ne doit rien aux Grecs. L'œuvre d'al-Khwarizmi se place dans une tradition de calcul algorithmique dont les antécédents peuvent remonter aux civilisations mésopotamiennes. Le type de calcul, pour résoudre les équations du second degré, conduit à établir aussi des comparaisons avec l'Inde.

Le *Kitab al-jabr wa l-muqabala* d'al-Khwarizmi

Le *Petit livre d'al-jabr et d'al-muqabala* a été écrit dans la première moitié du IXe siècle par Muhammed ibn Musa al-Khwarizmi. originaire de Khiva, dans le Khwarezm, en Asie centrale, il a travaillé et écrit à Bagdad. Sa vie demeure mal connue. Il composa des tables astronomiques. Son arithmétique, traduite en latin au XIIe siècle par Robert de Chester et par Adélard de Bath, contribua très largement à faire connaître, dans l'Occident chrétien, les chiffres dits arabes et les méthodes de calcul qu'ils permettent. Il est le premier à avoir écrit un traité qui porte le nom d'algèbre, le *Kitab al-jabr wa l-muqabala.*

Dans son introduction, al-Khwarizmi définit les raisons qui l'ont poussé à écrire son livre:

« L'imam et émir des croyants al-Mamun... m'a encouragé à composer un ouvrage concis sur le calcul *al-jabr* et *al-muqabala*, limité à l'art du calcul agréable et de grand intérêt, dont les gens ont constamment besoin pour leurs héritages, leurs testaments, leurs sentences, leurs transactions, et dans toutes les affaires qu'ils traitent entre eux, notamment l'arpentage des terres, le creusement des canaux, la géométrie, et autres choses de la sorte. »

Les termes d'*al-jabr* et d'*al-muqabala* signifient respectivement réduction et comparaison; ils définissent la méthode employée par l'auteur: il s'agit dans un premier temps de rapporter une équation à un type connu et soluble. Al-Khwarizmi donne six équations types ou équations canoniques qui, traduites en termes contemporains, sont les suivantes:

$$\begin{gathered} ax^2 = bx, \\ ax^2 = c, \\ bx = c, \\ ax^2 + bx = c, \\ ax^2 + c = bx, \\ bx + c = ax. \end{gathered}$$

Pour arriver à ces types d'équations qui, toutes, ne contiennent que des nombres positifs, il faut d'abord procéder par *al-jabr*, c'est-à-dire équilibrer convenablement les termes de l'équation; ainsi une équation que nous écririons: $2x^2 + 100 - 20x = 58$ donne par *al-jabr*: $2x^2 + 100 = 58 + 20x$, qui se transforme par *al-muqabala*, c'est-à-dire par simplification en: $x^2 + 21 = 10x$.

La solution des équations est fournie par des algorismes qui sont fondés sur une preuve de type géométrique. L'exemple pris pour trouver la valeur de l'algorisme qui permet de résoudre une équation du type $x^2 + bx = c$ est le suivant:

« Que le carré et dix racines égalent 39 unités », c'est-à-dire en langage rhétorique, le carré de l'inconnue et dix fois l'inconnue valent 39, ou en langage mathématique actuel: $x^2 + 10x = 39$, soit la quatrième équation canonique.

« La règle est que tu divises les racines en deux moitiés, ici on obtient 5, que tu multiplies par lui-même, on a 25 que tu ajoutes à 39 et on obtient 64. Tu prends la racine qui est 8, tu en retranches la moitié du nombre des racines qui est 5, il en vient 3 qui est la racine du carré que tu cherches, le carré est 9. »

Algorisme que nous exprimons sous la forme:

$$x = \sqrt{\left(\frac{b}{2}\right)^2 + c} - \frac{b}{2}.$$

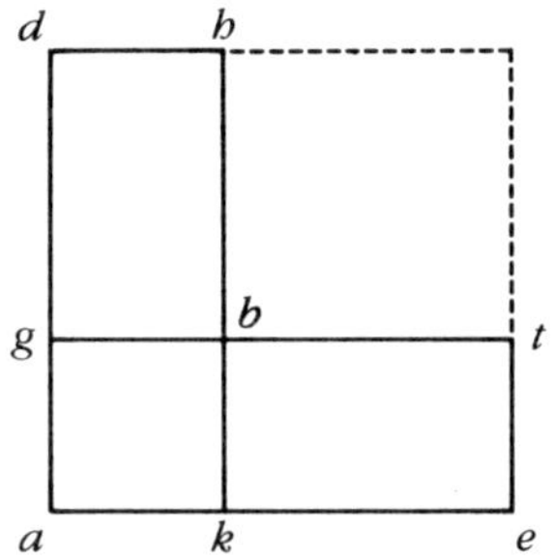

Al-Khwarizmi donne la preuve en posant un carré *a b*, qui représente le carré de l'inconnue, son côté est donc l'inconnue. Deux côtés perpendiculaires du carré sont prolongés d'une longueur de la moitié de 10 soit 5. On peut alors construire sur ces côtés du carré deux rectangles, rectangles *g, h, t, k*, dont un côté vaut l'inconnue et l'autre 5. Le total des deux rectangles vaut donc dix fois l'inconnue et celui de la figure formée par le carré posé au départ et les deux rectangles vaut 39, puisqu'il correspond à la valeur du carré de l'inconnue et de dix fois l'inconnue. Or si on complète cette figure pour en faire un carré en ajoutant un carré de 5 de côté, la surface de ce dernier carré aura pour aire 5^2, soit 25 qui s'ajoutent à 39 pour donner 64. Le côté du grand carré *d e* vaut donc $\sqrt{64}$, soit 8. Pour connaître l'inconnue, il reste à retirer 5 de 8, ce qui fait 3. L'algorisme qui permet de trouver la réponse s'exprime donc en langage moderne sous la forme:

$$x = \sqrt{\left(\frac{b}{2}\right)^2 + c} - \frac{b}{2}.$$

Solution qui implique seulement une racine positive.

Les algorismes donnant la solution des autres équations canoniques sont prouvés par des méthodes du même type.

Mais la recherche sur les sources d'al-Khwarizmi est loin d'être close. Personnage marquant de l'histoire du calcul, al-Khwarizmi ouvre un courant de recherches mathématiques, depuis lors ininterrompu. Après lui, les traités de calcul se multiplient toujours dans la même tradition.

Une géométrie calquée sur celle des Grecs opposée à une science du calcul originale bâtie à partir d'un acquis oriental? Une telle proposition est trop simple. Roshdi Rashed, dans ses *Recherches sur l'histoire des mathématiques arabes*, affirme qu'après al-Khwarizmi l'algèbre s'est infléchie dans une double direction : géométrique et arithmétique. Al-Khayyam fonde ses recherches concernant les équations cubiques sur une conception géométrique ; mais, dans son algèbre, les figures ne jouent qu'un rôle d'auxiliaire et il considère les solutions des équations comme l'intersection de courbes. Selon Roshdi Rashed « l'arithmétisation de l'algèbre » a marqué une étape décisive ; « par arithmétiser précise-t-il, on entend transposer et étendre les opérations de l'arithmétique élémentaire, les algorithmes comme la division euclidienne, ou l'extraction de la racine, aux expressions algébriques et notamment aux polynômes ». Même si ce concept est vivement rejeté par certains spécialistes, il n'en reste pas moins que l'œuvre d'al-Karaji, au tournant du XIe siècle, contient un exposé de la théorie du calcul algébrique caractérisé par l'extension des opérations arithmétiques aux polynômes. Il s'appuie, à la fois sur l'algèbre d'al-Khwarizmi développée par ses successeurs et sur la traduction des *Arithmétiques* de Diophante dans lesquelles il puise nombre de ses problèmes. Et son héritier al-Samawal affirme sans hésiter qu'il faut « opérer sur les inconnues au moyen de tous les instruments arithmétiques comme l'arithméticien opère sur les connus ». Le schéma tracé a tendance à masquer toutes les lacunes considérables qui subsistent et rendent difficile de dégager les caractères spécifiques de la science arabe, ce qu'elle a pris aux cultures antérieures, ce qu'elle développe d'elle-même. Il apparaît cependant que le monde hellénique, Grèce classique et monde hellénistique, a fourni aux Arabes une part décisive des fondements de leur vie scientifique. Un modèle de système du monde en premier lieu. A travers les œuvres d'Aristote et de Ptolémée, les savants de l'islam ont acquis l'idée d'un Univers divisé en monde sublunaire, de la génération et de la corruption, et un monde immuable, celui des étoiles fixes. D'Aristote, ils tiennent aussi une logique, une méthode de raisonnement particulièrement : de la Grèce vient l'abstraction.

Les influences indiennes, iraniennes, les traditions stratifiées au Moyen-Orient à partir du monde mésopotamien, sont beaucoup plus difficiles à repérer, à déterminer, à classer. Elles apparaissent cependant ; certaines, en particulier dans le domaine où les Arabes ont énormément apporté, celui du calcul. Les modèles d'algorithmes utilisés par al-Khwarizmi viennent-ils de Mésopotamie ou d'Inde, ou encore peut-on les rattacher à un ensemble plus vaste de traditions calculatoires ? Même si la science grecque, surtout la science hellénistique, s'est souvent montrée plus soucieuse de pratique qu'on a coutume de le dire, la science arabe a puisé dans des traditions nettement plus pragmatiques, plus utilitaires et plus calculatrices. C'est probablement à partir de ces bases différentes que les Arabes ont développé les sciences d'observation, l'astronomie, la médecine, les sciences naturelles et la chimie. Influences multiples, complexes et encore mal déterminées qui ont donné une part de ses caractères propres à la science arabe.

Cheminements vers l'Occident latin

Au moment où la science arabe, la science des pays d'islam, est à son apogée, qu'advient-il de la science en Europe chrétienne ? Elle végète, et son démarrage ne date, selon Guy Beaujouan, que du dernier quart du XIIIe siècle. Mais le désir de connaissances se manifeste bien antérieurement. Avant de produire ses propres développements scientifiques, l'Occident a fait un large appel au savoir venu d'Orient.

Les premiers contacts entre la science arabe et le monde occidental sont marginaux. Marginaux car ils se situent aux confins de l'islam et de la chrétienté ; marginaux car ils ne concernent que des groupes très restreints. Beaucoup de faits demeurent ignorés et, en dépit des efforts qui pourront être déployés, le resteront faute de sources suffisantes. Le Xe siècle, où se mettent en place des structures grosses d'avenir pour l'Europe, est le siècle le plus mal connu de notre histoire, celui où les écrits sont les plus rares. Émergent

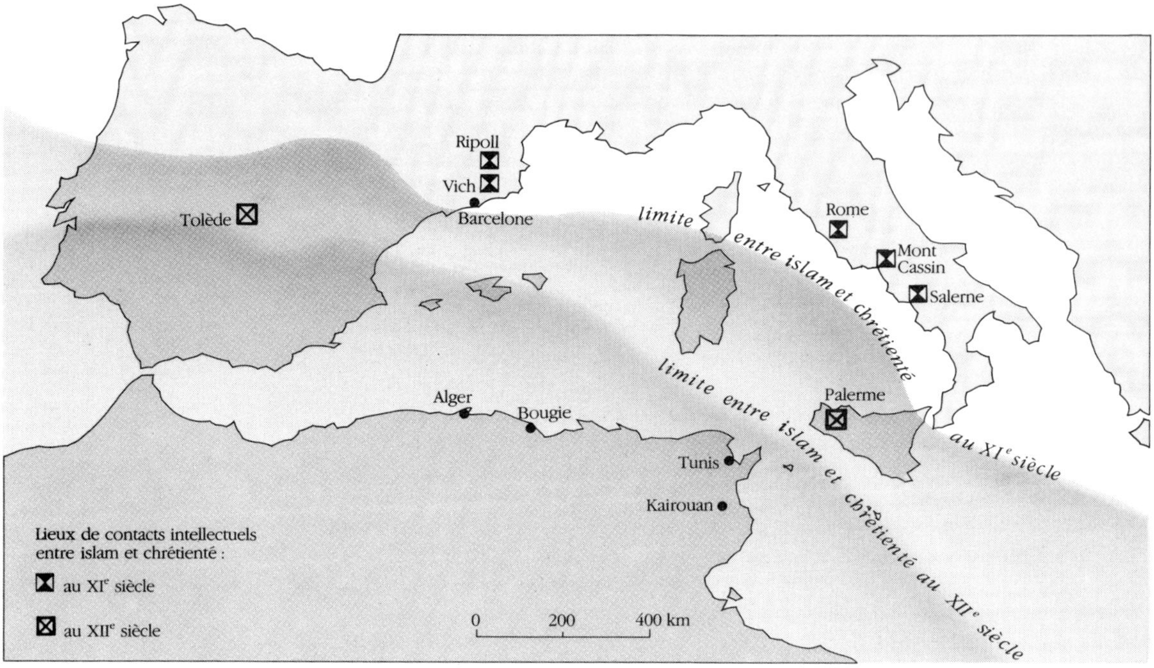

Les contacts intellectuels entre islam et chrétienté en Occident.

cependant quelques événements et quelques hommes dont il faut s'attacher à retracer l'histoire faute d'une documentation plus large. Les œuvres de Gerbert d'Aurillac prouvent que, dès la seconde moitié du Xe siècle, la science arabe pénètre déjà en Occident. Gerbert, né vers 940-950, est moine puis écolâtre (directeur de l'école épiscopale) à Reims ; archevêque de la même cité, il devient pape en 999 sous le nom de Sylvestre II. Ce personnage hors du commun est allé en Espagne, au moins en Catalogne, où il a noué des contacts et y a conservé des liens épistolaires. Si l'œuvre mathématique qui lui a été attribuée peut être discutée, ses lettres indiquent qu'il a demandé à ses correspondants des livres dont un *De multiplicatione et divisione* au nom évocateur. Dans le même temps, les chiffres « arabes » apparaissent dans les manuscrits latins. Le plus ancien, daté et connu, fut copié en 976 dans un couvent du nord de l'Espagne. Dès le début du XIe siècle, les attestations se multiplient, notamment dans des exemplaires de la *Géométrie* de Boèce. Premiers signes d'une influence de la science arabe ? Probablement, d'autres faits en témoignent. Des astrolabes, inconnus jusqu'alors en Occident, sont mentionnés à la fin du Xe siècle et au début du XIe ; Gerbert en aurait rapporté un d'Espagne.

L'Espagne est sans doute la principale voie de passage de l'influence arabe, mais non la seule. A Salerne, près de Naples, la tradition voudrait que l'école de médecine locale ait été fondée par quatre professeurs, un Grec, un Latin, un Juif et un Arabe, chacun enseignant dans sa propre langue. Les faits sont faux, mais la légende est significative. L'Italie du Sud se trouve à une position de carrefour au centre de la Méditerranée, marqué par des influences multiples. Dans les premières œuvres médicales issues de l'École de Salerne, l'influence arabe est imperceptible. Tout change avec Constantin l'Africain. Né en Afrique du Nord, à Tunis, il aurait connu maintes tribulations — voyageur en Orient, savant jalousé, marchand en Méditerranée — avant de gagner l'Italie, emportant avec lui de nombreux manuscrits. Il se convertit au christianisme et se fait moine dans l'abbaye du Mont Cassin. Si la biographie de Constantin porte à discussion, son activité en fait l'un des plus féconds traducteurs. Il laisse une œuvre volumineuse, réalisée entre 1065 et 1085, qui, à l'étude, s'est avérée être composée essentiellement de traductions de traités grecs et arabes enseignés à Kairouan. Diffusés par l'École de Salerne, ces textes sont à la base de l'enseignement médical en Europe pendant des siècles.

Au XIIe siècle, succède à ces premiers contacts le temps des grandes traductions. Les lieux restent les mêmes : l'Orient latin, issu de la première croisade, n'a laissé pratiquement aucune trace de contacts scientifiques entre croisés et musulmans, tout se joue sur les marges occidentales de l'islam. La Sicile, aux mains des musulmans depuis le IXe siècle, avait connu auparavant quatre siècles de domination byzantine. Conquise par les Normands entre 1061 et 1091, elle entre en 1194 dans les possessions de l'empereur Frédéric II. L'île devient un carrefour d'hommes, de produits et d'idées entre les mondes latin, arabe et grec. Parallèlement aux traductions, majoritaires, de l'arabe en latin, des textes sont traduits directement à partir du grec. En Espagne, la Catalogne reste un foyer d'échanges, mais, avec la Reconquête, d'autres pôles se développent. Tolède, dès les lendemains de sa prise par les chrétiens en 1085, devient à l'instigation de l'évêque Raimond un très grand centre de traductions. S'y activent des mozarabes, Espagnols de langue et de culture arabes, des Juifs, convertis ou non, des étrangers venus de toute l'Europe pour y étudier. Le plus prolifique est l'Italien Gérard de Crémone, qui traduit à Tolède environ quatre-vingts ouvrages dans la plupart des disciplines scientifiques. Le rôle des Juifs est déterminant. Peu de chrétiens connaissent l'arabe, d'où le recours à un intermédiaire, souvent un Juif ; la traduction se fait alors en deux temps, œuvre de deux hommes ; le premier passe de l'arabe à une langue vulgaire et le second rédige en latin. Désireux d'enrichir leurs propres communautés, les Juifs traduisent et écrivent en hébreu ; certains de leurs ouvrages sont retraduits en latin. L'œuvre de traduction se développe rapidement au cours du XIIe siècle. Certains textes font l'objet de versions successives : les *Éléments* d'Euclide par Adélard de Bath, Hermann de Carinthie et Gérard de Crémone ; l'*Almageste* de Ptolémée par Gérard de Crémone et Eugène de Palerme. L'*Arithmétique* d'al-Khwarizmi, traduite par Adélard de Bath, connaît de nombreuses adaptations : l'*Alghoarismi de arismetrice* de Jean de Séville, l'*Algorismus* de Sacrobosco, et enfin, le très répandu *Carmen de algorismo* d'Alexandre de Villedieu, rédigé en vers pour être plus facile à retenir. L'origine même des traducteurs cités montre que, si les lieux privilégiés de la rencontre entre l'Occident et la science des pays d'islam se situent aux marges de la chrétienté, le mouvement de traduction et d'adaptation a mobilisé des intellectuels provenant de toute l'Europe occidentale. Effort important, systématique en certains cas, qui contraste avec les rapports limités des siècles antérieurs.

Un traducteur au travail en Italie, voie privilégiée des transferts vers l'Occident.
(Manuscrit latin 6 912, v. 1279-1282, Naples ; Bibl. nat., Paris. Ph. © Bibl. nat./Photeb.)

Les émissaires du roi se rendent auprès de l'émir de Tunis pour lui demander un exemplaire du grand traité médical d'al-Razi : le Livre qui contient tout.

Les émissaires remettent l'exemplaire arabe à Charles Ier d'Anjou, roi de Sicile (1266-1285), qui en ordonne la traduction.

Son interprète, le juif Faraj écrit la traduction tout en lisant le livre arabe posé sur un pupitre. Dans la partie supérieure de la lettrine (un E), il remet son œuvre au roi Charles. Transferts vers l'Occident.

Les *Éléments* d'est en ouest ou Euclide en parallèles

Comment les *Éléments* d'Euclide, base de l'histoire des mathématiques européennes, sont-ils parvenus en Occident ? L'histoire de ce transfert remonte très haut. Aucun manuscrit des *Éléments* proche du temps de sa rédaction n'est conservé. On ne sait qui est Euclide, pour certains, il s'agirait d'un individu, pour d'autres, les *Éléments* seraient le produit d'une école. Le texte initial daterait de la fin du IVe ou du début du IIIe av. J.-C. Le premier commentateur connu est Héron d'Alexandrie deux siècles plus tard, mais il apparaît certain qu'Apollonius de Pergé connaissait Euclide. Les textes fondateurs de la tradition euclidienne proviennent de la latinité tardive. Les commentaires de Pappus (act. 300-350 apr. J.-C.) et de Proclus (410-485) encadrent l'édition de Théon d'Alexandrie qui écrivit dans la seconde moitié du IVe siècle. Le texte de Théon, l'édition *théonine*, a servi de base à l'essentiel des éditions jusqu'au XIXe siècle.

Très tôt les Arabes s'emparèrent des *Éléments*. Ils en firent une affaire d'État puisque le calife al-Mansur (754-775) obtint une version grecque de l'empereur byzantin. Quelques décennies plus tard, sous le règne de Harun al-Rashid (786-809), Hajjaj effectua la première traduction, à partir d'une version syriaque, dont il donna une adaptation abrégée, de caractère pédagogique, à la demande du calife al-Mamun (813-833). Dès le premier tiers du IXe siècle le monde arabe se trouvait en possession d'une version des *Éléments* grâce, en particulier, à l'intervention princière. Le texte ne devait pas paraître suffisant puisque Ishaq ibn Hunayn, le fils du grand traducteur Hunayn ibn Ishaq, s'associa avec un mathématicien, Thabit ibn Qurra, pour produire une version nouvelle, plus proche du texte grec. Le monde arabe produisit un nombre considérable d'œuvres touchant aux *Éléments* d'Euclide. Des traductions, mais aussi des résumés, comme celui qu'introduisit Avicenne dans son *Kitab al-Shifa*, et des commentaires ; les plus connus datent du XIIIe siècle, ceux de Nasir al-Tusi et de Muhyi l-Din al-Maghribi.

Dans le même temps, la trace d'Euclide n'était pas totalement perdue en Occident. Les auteurs de la basse Antiquité, Martianus Capella, Cassiodore, un recueil à l'usage des arpenteurs et surtout Boèce, le citaient. La tradition ne s'est pas perdue, une traduction d'Adélard de Bath, à partir de l'arabe, contient des marques de l'Euclide de Boèce. Un manuscrit italien du Xe siècle donne un fragment d'une traduction, par ailleurs inconnue, des *Éléments*. Sa médiocrité, l'incompétence de son auteur peuvent expliquer qu'elle ait été ignorée ; par contre, une autre traduction, très précise, mot à mot, d'un manuscrit théonien par un Salernitain, aux alentours de 1160, semble n'avoir guère été plus répandue.

Les traductions qui ont imposé les *Éléments* en Occident proviennent des Arabes. Les deux traditions se retrouvent, Gérard de Crémone se situe dans la ligne du texte d'Ishaq et de Thabit donc du texte arabe le plus proche de l'original grec. Moins fidèles, les trois traductions et adaptations d'Adélard de Bath à partir de Hajjaj eurent une influence beaucoup plus large. La seconde version, un commentaire abrégé, rencontra un vif succès. Les travaux d'Adélard servirent de base à ceux de Campanus de Novare qui donna sa propre version des *Éléments* dans les années 1250.

Adélard et Campanus ont été à la base de tous les travaux ultérieurs. Dès 1482, les *Éléments* étaient imprimés à Venise, la version était celle du Campanus. Il fallut attendre 1505 pour que sorte des presses une traduction nouvelle du grec, par Bartolomeo Zamberti, et 1533 pour que le texte grec soit imprimé à Bâle. Cependant la traduction de Campanus resta une référence jusqu'en 1572 lorsque Federico Commandino publia une traduction latine à partir du grec qui fit autorité jusqu'au XIXe siècle.

L'histoire des *Éléments* permet de préciser et de nuancer notre histoire. L'influence des souverains fut décisive. Les traductions multiples effectuées à Bagdad ne donnèrent naissance à des œuvres originales qu'au terme de plusieurs siècles. Les plus importantes viennent d'un Persan, Nasir al-Tusi, et d'un Maghrébin, Muhyi al-Maghribi. Bien que les *Éléments* n'aient jamais été oubliés, malgré les traductions du grec effectuées en Italie méridionale, la science arabe a joué un rôle essentiel dans la transmission d'Euclide à l'Occident. Il a fallu attendre la seconde moitié du XVIe siècle pour qu'une nouvelle version, à partir du grec, fasse oublier la tradition arabo-latine. Au moment où Gérard de Crémone et Adélard de Bath traduisaient les traducteurs arabes, l'œuvre d'Euclide n'était pas une œuvre morte pour les mathématiciens des pays d'islam, les grands commentateurs al-Tusi et al-Maghribi n'étaient pas encore nés. Entre deux modèles, l'un vivant, l'autre mort, l'Occident a choisi la vie.

A la fin du XIIe siècle, l'Occident se trouve acquéreur d'une part très importante de la philosophie et de la science gréco-arabes, l'essentiel de l'œuvre d'Aristote avec sa légion de commentateurs, les *Éléments* d'Euclide, les *Coniques* d'Apollonius, l'*Almageste*, traduit de l'arabe, mais aussi du grec, Hippocrate et Galien, ainsi qu'al-Khwarizmi, l'Alhazen des Latins, Jabir ibn Hayyan devenu Geber, Avicenne et Averroes. La masse considérable ne doit pas masquer les manques ; certaines œuvres restent, et resteront parfois pour des siècles, ignorées de l'Occident. Diophante, pourtant connu des Arabes, est cité pour la première fois par Bombelli dans son *Algèbre* en 1572 et traduit quatre ans plus tard ; Wallis ne retrouvera Nasir al-Tusi qu'au XVIIe siècle ; il faudra attendre 1851 pour que l'*Algèbre* d'al-Khayyam soit accessible en Europe.

L'œuvre en latin d'un Italien formé aux mathématiques arabes restera inconnu dans sa plus grande partie. L'homme, Leonardo Fibonacci, dit Léonard de Pise, passe pour être le plus grand mathématicien du Moyen Age européen. Fils d'un officier de la république de Pise, chargé vers 1192 de la colonie de Bougie, il reçoit une instruction auprès d'un « maître admirable », selon sa propre formule. Commerçant, il voyage pour ses affaires en Égypte, en Syrie, en Grèce, en Sicile et en Provence ; il en rapporte nombre de manuscrits. Revenu à Pise en 1202, il écrit. Son *Liber abbaci* connaît une large diffusion. Traité d'arithmétique à la mode des Arabes, intégrant tout l'apport d'al-Khwarizmi, le livre se divise en quinze chapitres, depuis la numération en chiffres arabes jusqu'à des problèmes d'algèbre et de géométrie ; mais la part essentielle revient à l'arithmétique opératoire et à ses applications au commerce. Le *Liber abbaci* sera l'une des sources essentielles des arithmétiques marchandes européennes de la fin du Moyen Age (cf. p. 218). Sa géométrie, *Practica geometriae*, est elle aussi largement reproduite dans les pays latins. Les autres œuvres de Fibonacci restent à peu près inconnues en Occident jusqu'à ce que le prince Baldassare Boncompagni les exhume dans les années 1850. Vivant à Pise, Léonard maintient d'étroits rapports avec la cour de Frédéric II en Sicile. Deux des problèmes du *Flos Leonardi* sont des solutions à un défi lancé par Jean de Palerme en présence de l'empereur, de même le *Livre des carrés* répond à un autre défi : trouver un nombre carré qui, augmenté ou diminué de 5, donne un carré parfait. Les liens avec les mathématiques arabes à travers la formation du mathématicien, à travers le milieu palermitain qu'il fréquente, à travers les problèmes qu'il aborde, apparaissent évidents. Mais, trop savante sans doute, l'œuvre de Fibonacci reste en grande partie ignorée de ses contemporains.

La voie arabe n'est pas la seule à donner accès à la pensée hellénique. La perte de la langue grecque n'a jamais été totale en Italie du Sud et certaines œuvres antiques sont passées directement en Occident en ignorant l'intermédiaire arabe. Une partie des écrits d'Aristote, transmise à travers Boèce, est toujours restée connue dans les pays latins, plusieurs œuvres mineures d'Euclide proviennent d'adaptations du grec. Mais jamais la tradition qui en découle, mesurée au nombre des manuscrits et des commentaires qu'elle inspire, n'aura l'importance de la voie gréco-arabe.

A partir du XIIIe siècle, les traductions directes se multiplient par souci, sans doute, d'une traduction plus fidèle. Guillaume de Mœrbecke (v. 1215-v. 1286) donne une version latine de l'essentiel de l'œuvre d'Aristote et traduit aussi Archimède, Héron d'Alexandrie et Galien. Mais, significatif d'une rigueur nouvelle, le travail de Guillaume de Mœrbecke se situe à l'époque où la science occidentale prend son essor après avoir assimilé une part décisive de l'apport gréco-arabe, traductions, commentaires et œuvres des savants des pays d'islam.

L'Occident ne peut ingurgiter l'ensemble de la science que le monde de l'islam lui offre. Pourquoi ? L'Europe, au moment où les traductions se multiplient, connaît une expansion exceptionnelle après des siècles de stagnation. Premier signe de cet essor : la multiplication des hommes. A la croissance démographique correspond l'élargissement des terroirs ; les défrichements des forêts et l'assèchement des marais multiplient les surfaces cultivables.

L'expansion spatiale s'appuie sur des mutations techniques qui, si elles n'ont aucun lien direct avec l'évolution des sciences, n'en modifient pas moins complètement les moyens de production. La charrue au soc dissymétrique remplace l'araire ; dans la terre retournée, l'air et l'eau circulent désormais beaucoup plus librement, les sols lourds deviennent beaucoup plus faciles à exploiter et les rendements augmentent. Innovations aussi dans le domaine de l'énergie avec l'apparition du collier rigide permettant une exploitation plus rationnelle de la force du cheval et avec l'augmentation des moulins à eau. L'énergie hydraulique sert à la mouture du grain et à beaucoup d'autres usages, en particulier, à marteler les loupes de fer sortant des fours de réduction. Innovation essentielle, quoique encore trop mal connue, l'application de la force de l'eau à la production de fer a modifié totalement les conditions de production du métal qui sert à forger les charrues et les fers à moulin autant que les armes.

Croissance territoriale de l'Occident aussi qui le met en contact avec les pays d'islam. L'échec spectaculaire des croisades lointaines pèse peu face à l'expansion de la chrétienté occidentale à partir de ses frontières. A l'est, les Slaves païens reculent sous la poussée germanique, ouvrant de nouvelles terres à la colonisation. Au sud, des Normands, cadets de familles aristocratiques établies en Normandie, arrivent en Italie méridionale au début du XIe siècle.

Ils en chassent les Byzantins dont la dernière place forte, Bari, tombe en 1071. Passés en Sicile, alors terre d'islam, les Normands en effectuent la conquête en trente ans. Ainsi se constitue le royaume normand de Sicile dont hérite Frédéric II.

C'est aussi au XIe siècle que remontent les débuts de la Reconquête en Espagne. Dans cette entreprise, plusieurs fois séculaire, marquée par des échecs momentanés, les XIIe et XIIIe siècles tiennent une place essentielle. En 1085, la vieille capitale du royaume wisigothique, Tolède, tombe entre les mains du roi de Castille Alphonse VI, et, en 1212, une armée, formée de chevaliers venus de tous les royaumes qui composent alors l'Espagne, mais aussi de croisés accourus de toute la chrétienté occidentale, écrase les musulmans à Las Navas de Tolosa. Victoire décisive, qui cantonne l'islam ibérique dans le petit royaume de Grenade. En Espagne comme en Sicile, les chrétiens se trouvent confrontés à des civilisations d'un niveau intellectuel et scientifique très supérieur à ce qu'ils peuvent connaître. En ces carrefours de cultures l'Occident trouve les ressources scientifiques qui lui manquent.

Croissance rurale, multiplication du nombre des hommes, ouverture sur d'autres mondes, tout favorise en Occident le développement urbain. De nouvelles murailles, plus larges, entourent les villes, des cathédrales s'élèvent, des paroisses nouvelles apparaissent, autant de signes de l'essor. Les hommes qui se retrouvent dans les cités ont des besoins nouveaux. A Reims, à Chartres, à Laon des écoles épiscopales se développent. A Paris, les chanoines de Saint-Victor et les moines de Sainte-Geneviève dispensent un enseignement à côté de celui des chanoines de la cathédrale. La papauté restaurée favorise l'instruction des clercs ; en 1079, Grégoire VII prescrit à tous les évêques de faire étudier les « arts littéraires » ; un siècle plus tard le troisième concile de Latran (1179) exige que chaque église cathédrale possède son école confiée à un clerc spécialisé, l'écolâtre.

Mais sur quoi bâtir ce savoir ? Le souvenir de la science antique persiste ; elle est présente dans les écoles du XIIe siècle. Mais des pans entiers restent inconnus. La physique des Chartrains se fonde sur le *Timée* de Platon et la logique parisienne sur une partie limitée de l'*Organon* d'Aristote et de ses commentateurs. En face des sommes monumentales comme celles d'Aristote ou des grands penseurs arabes, les œuvres des maîtres du XIIe siècle manquent de consistance. L'explication du monde se trouve ailleurs, tentante, mais menaçante aussi, car elle est exprimée par des infidèles ou des païens.

Pour une définition de l'*Organon* d'Aristote, le lecteur se reportera p. 184.

Le besoin de savoir est présent dans cet Occident conquérant du XIIe siècle comme il était présent dans l'islam conquérant des VIIe et VIIIe siècles. L'Occident a besoin non d'une religion, le christianisme domine sa vie intellectuelle, non d'une littérature, il est en train de s'en donner une, non de références juridiques, il les trouve dans le droit romain, mais de bases philosophiques et scientifiques ; il lui faut une explication du système du monde, une physique, une astronomie, des mathématiques, richesses que les Arabes possèdent.

Du Xᵉ au XIIIᵉ siècle, les Arabes servent d'intermédiaires entre la science grecque et l'Occident. Par eux passe le premier courant aux Xᵉ et XIᵉ siècles, par eux aussi est transmise la grande masse des textes qui, au XIIᵉ siècle, sont à la base du renouveau intellectuel de l'Occident. Le transfert touche toutes les disciplines : mathématiques ou physique, astronomie ou médecine, chimie ou optique. La part de transmission directe du grec au latin reste très inférieure même si, dans un second temps, les Latins jugent utile de recourir au texte original.

Mais à travers traductions et contacts directs, l'Occident prend connaissance aussi de sciences qui ne viennent pas du monde grec. Tout autant que les versions arabes de livres helléniques, les écrits des savants arabes ont été traduits. Ils commentent ou complètent des œuvres de l'Antiquité classique, mais aussi présentent des recherches tout à fait nouvelles, différentes du savoir grec. Ce fut en particulier le cas du calcul : numération décimale, trigonométrie, procédés algébriques. Faut-il en conclure à l'existence d'une science méditerranéenne ? On doit aller au-delà, les Arabes ont transmis, à travers leurs écrits, des savoirs venus d'Orient, d'Inde en particulier. L'intermédiaire arabe s'affirme donc comme un courtier qui met en rapport plusieurs clients, plus de deux en tout cas. Mais il ne se satisfait pas de ce rôle. Il modifie, il améliore, il transforme, il crée à partir des richesses acquises, à partir des ressources de sa propre civilisation. La science transmise par les Arabes à l'Occident a son identité propre, profondément originale par rapport à ses initiatrices grecques ou indiennes, comme sera différente la science de l'Occident médiéval.

Si trop d'éléments font défaut pour étudier les passages des sciences orientales vers l'islam, les transferts de la Grèce au monde arabe et du monde arabe à l'Occident méritent comparaison. Ils ne ressemblent en rien aux transferts actuels qui ont imposé la science européenne au monde. Des empires en crise fournissent leur savoir à des civilisations conquérantes, victorieuses. Les Arabes viennent de s'emparer d'une large part du monde connu quand ils se rendent maîtres du savoir antique ; au XIIᵉ siècle, l'Europe occidentale élargit son propre espace et s'étend au détriment de ses voisins. Tout au plus faut-il remarquer qu'à une science antique qui se répète plus qu'elle n'innove s'oppose une science arabe encore créatrice au temps où elle nourrit l'Occident. Pas question ici de savoir imposé mais de science captée, comme si la dynamique de civilisations privées de bases scientifiques les conduit à chercher ailleurs pour combler leurs manques. Cependant la science transmise exige d'être comprise pour être adoptée, plusieurs siècles ont été nécessaires à l'islam comme à l'Europe chrétienne pour bâtir leurs science propre à partir des apports extérieurs.

Transferts certes, mais plus complexes qu'on ne l'a dit. Les Arabes ont été beaucoup plus que de simples intermédiaires. Leur science ne doit pas être considérée comme un relais, mais comme un temps dans l'histoire d'une science euro-asiatique.

La théologie au XIIIe siècle : une science pas comme les autres

PAUL BENOIT

Où l'on verra comment la théologie, grâce à Aristote, a acquis le statut de science et comment elle l'a perdu au moment où une nouvelle science naissait dans l'Europe médiévale ; où l'on verra aussi que la définition d'une science est chose changeante.

Utrum sacra doctrina sit scientia ? la théologie est-elle une science ? Pour beaucoup d'hommes du XXe siècle une telle question rend un son étrange, pourtant Thomas d'Aquin la posait dès les premières pages de son œuvre maîtresse, *la Somme théologique*. Il y répondait par l'affirmative, la plaçait au sommet de la hiérarchie des connaissances et fondait sa démarche sur cette position. Comment la théologie a-t-elle pu être considérée, au XIIIe siècle, comme une science et une science dominante ? Comment expliquer que, après avoir accédé à ce statut, elle ait cessé d'être prise pour telle alors que l'histoire du développement du savoir est, en général, regardée comme celle de l'élargissement de son champ par l'apparition de nouvelles disciplines ? En bref, peut-on déterminer ce qui confère à une discipline intellectuelle le titre de science à une époque donnée ? Le concept a varié selon les époques, le terme a pu recouvrir des réalités très différentes, son sens a pris des acceptions plus ou moins précises, sa définition a toujours été difficile. Il ne saurait être question, dans un texte traitant de la théologie au XIIIe siècle, de considérer la science selon les normes actuelles mais, au contraire, d'essayer de déterminer les différentes conceptions qu'ont pu en avoir les hommes au Moyen Age.

Tour à tour, la sociologie, la psychologie, la linguistique, la critique littéraire ont revendiqué et se sont fait reconnaître le statut de sciences. L'expression de « sciences humaines », distinguée institutionnellement dans la dénomination des facultés des lettres, traduit cette extension. Le fait est-il irréversible ou peut-on imaginer qu'une discipline perde son statut de science ? A travers quels critères épistémologiques, mais aussi politiques, sociaux et institutionnels, une science peut-elle être considérée comme telle ? L'histoire de la théologie médiévale offre à qui veut l'étudier un cas exemplaire de discipline qui a imposé sa scientificité puis l'a pratiquement abandonnée. En voyant comment Thomas d'Aquin (1224-1274) et ses contemporains posent la question : la théologie est-elle une science ? nous pouvons tenter de comprendre ce que les

Le Beau Dieu *d'Amiens. Le Christ représenté au trumeau de la cathédrale d'Amiens (v. 1230) possède les caractéristiques iconographiques que le Moyen Age attribue à l'enseignant : main droite avec deux doigts levés, main gauche tenant le Livre. Nouvelle représentation d'un Dieu qui n'est plus seulement un Dieu de justice. (Trumeau de la porte centrale du portail ouest ; cathédrale d'Amiens. Ph. © Jean Roubier.)*

hommes du Moyen Age entendaient sous le terme de science au moment où la chrétienté occidentale dispose d'une part considérable de l'acquis grec et arabe, le temps aussi où elle se donne de nouvelles structures. Le XIIIe siècle, siècle de Saint Louis et de l'hégémonie française, est aussi celui du triomphe de la papauté sur l'empire du développement de la monarchie pontificale et de la création des ordres mendiants; siècle d'essor urbain, c'est celui des cathédrales, de Dante et du *Roman de la Rose*.

Aux temps obscurs des Xe et XIe siècles, au moment où la croissance économique et démographique de l'Europe démarre, la culture est une affaire de clercs, de gens d'Église; elle s'est réfugiée dans les monastères et les cloîtres des cathédrales. Dans une religion du livre, il fallait former un clergé qui ne soit pas illettré. L'Occident des Xe et XIe siècles ignore en grande partie l'écriture et, au début du XIIe siècle, savoir lire et écrire, c'est, dans certaines régions, déjà presque être savant. Par là s'explique l'importance attachée au langage correct, à la grammaire, première des connaissances: encore en 1231, le pape ordonne qu'on enseigne Priscien, le grammairien latin par excellence, à l'université de Paris. Par là s'explique aussi la vénération pour la culture antique, pour un âge d'or du savoir qu'on ne saurait retrouver; les manuscrits sont conservés et recopiés avec respect.

Théologie: le mot et la chose

Le terme apparaît dans *la République* de Platon (II, 379 a) avec le sens général d'histoires concernant les dieux, ces histoires pouvant être soit mensongères et immorales, comme celles que raconte la mythologie, soit raisonnables et édifiantes, comme celles que Platon voudrait imposer aux prêtres. Aristote dans *les Météores* (II, 1) l'utilise pour qualifier la mythologie.

Chez les Pères de l'Église à la fin de l'Antiquité, le terme « théologie » n'occupe qu'une place discrète. Ainsi saint Augustin présente, sous le titre *De doctrina christiana*, sa conception de ce que nous appellerions sa « théologie » mais lui-même n'emploie pas le terme dans ce contexte. D'un autre côté dans *la Cité de Dieu*, il parle de théologie à propos des conceptions des platoniciens ou même à propos des mythologies païennes. Il faut attendre Abélard pour voir apparaître un sens proche du sens actuel. Au cours des XIIe et XIIIe siècles, la théologie, tout en s'intégrant dans la classification des disciplines, se dédouble: d'un côté une théologie naturelle, confondue plus ou moins avec la métaphysique, traite de Dieu tel qu'il peut être connu par l'exercice de la seule raison, de l'autre une théologie révélée explicite les articles de foi. Pour désigner cette dernière, les auteurs du XIIIe siècle, et Thomas d'Aquin lui-même, préfèrent employer l'expression de *sacra doctrina*, réservant le terme de théologie à la théologie des philosophes. Ce n'est qu'à la fin du siècle et au siècle suivant que s'impose le mot « théologie » dans son sens actuel.

Les écoles au XIIe siècle

Mais la situation évolue vite. Au cours du XIe siècle les discours sur le langage, son exactitude, sa signification se multiplient. Les XIe et XIIe siècles sont les siècles de la dialectique, de la logique du langage. Les grands changements se produisent, non dans les monastères, mais dans les villes. Le XIIe siècle connaît un essor urbain sans précédent qui s'accomplit au XIIIe siècle. Au rayonnement des écoles épiscopales de Laon, Reims ou Chartres, florissantes dans la première moitié du XIIe siècle, succède la suprématie de Paris. Ville des Capétiens, elle devient, sous le règne de Philippe Auguste, la résidence du roi et de ses services, la capitale. L'expansion du royaume et de sa monarchie donne à la ville un dynamisme qui attire au XIIe siècle maîtres et étudiants. Étudient ou enseignent à Paris des Anglais comme Jean de Salisbury, des Italiens comme Pierre Lombard mais aussi des Allemands et des Scandinaves. Les écoles des monastères ou des chapitres réguliers, celles de Sainte-Geneviève et de Saint-Victor, qui brillent au cours de la première moitié du siècle, cèdent le pas à un autre type d'enseignement. L'école cathédrale, le « cloître Notre-Dame », c'est-à-dire la résidence des chanoines autour de la cathédrale, devient alors le principal centre d'études, théologiques surtout. L'évêque et le chapitre contrôlent l'enseignement selon des modalités qui, pour le XIIe siècle, nous échappent en grande partie. L'expansion des écoles conduit les maîtres à s'installer sur les ponts reliant la Cité à la rive gauche, puis sur la rive gauche elle-même, parmi les vignes. Moyen d'échapper à la surpopulation de la Cité, d'échapper aussi aux contraintes de la hiérarchie.

Pour exprimer ses opinions hors de la juridiction de l'évêque de Paris, Pierre Abélard (1079-1142) enseigne, un temps, sur les terres de l'abbaye de Sainte-Geneviève. Ce fils de petite noblesse bretonne, homme au caractère ombrageux autant que fougueux, dont la tradition a surtout retenu les amours contrariées, annonce des temps nouveaux. Intellectuel rémunéré, il vit de son enseignement, il reçoit de l'argent de ses élèves. Dialecticien, son œuvre semble avoir joué un rôle décisif avant l'arrivée du nouvel Aristote. Il soumet au crible de la logique formelle les textes qu'il étudie et applique cette méthode à l'Écriture. Aucun maître de la fin du XIIe siècle n'atteindra à la renommée d'Abélard, mais les écoles se développent. Écoles qui enseignent d'abord les arts libéraux regroupés, selon une tradition qui remonte à l'Antiquité, dans le *trivium* et le *quadrivium* (cf. p. 152). En fait, les disciplines scientifiques, au sens actuel du terme, ont été délaissées au profit de l'étude de la langue, grammaire, rhétorique, dialectique consacrée par l'étude des textes alors connus de la logique d'Aristote. Première formation qui ouvre à des enseignements supérieurs dont la théologie. La théologie du XIIe siècle, riche et complexe, cherche avant tout à déterminer les données de la Révélation, à les éclairer grâce à l'apport de la tradition des Pères de l'Église. Il s'agit plus d'une mise en ordre et d'une organisation des données de l'Écriture que d'une synthèse doctrinale. Le commentaire, le discours sur le texte sacré, conduit à exposer les questions qui s'en dégagent, à les présenter, à tenter de les ordonner. C'est le temps des recueils de sentences et des premières sommes. Leur émergence traduit l'activité intellectuelle qui fleurit à Paris dans les dernières années du XIIe siècle.

L'Université

Dans cette effervescence apparaît l'université. *Universitas*, rassemblement, union, communauté, le terme est habituel au Moyen Age pour désigner diverses associations. A Paris, l'*Universitas magistrorum et scolarium*, la première en date des universités européennes avec celle de Bologne, rassemble les maîtres et les étudiants, ceux qui savent ou qui sauront. Association professionnelle, métier, comme ceux qui commencent à unir, dans les villes médiévales, les artisans, les hommes qui sont, selon la formule de Rutebeuf, « ouvriers de leurs mains ». Association urbaine nouvelle, qui, comme souvent les communes, s'affirme en s'opposant.

On ne sait quelle date exacte retenir pour la formation de l'université de Paris, les travaux les plus récents la situent dans les années 1170-1180. A cette époque, il ne s'agissait pas d'une institution organisée mais d'une association non reconnue, contestée par les pouvoirs, mal intégrée à la ville. En 1200, à la suite d'une rixe, les sergents du prévôt de Paris, le représentant du pouvoir royal dans la ville, tuent cinq étudiants. Très vite, Philippe Auguste désavoue son prévôt, le punit et accorde aux *scolares* un privilège qui enlève au prévôt toute juridiction sur les universitaires. Ils ne relèvent désormais que du pouvoir ecclésiastique, celui de l'évêque. Par là, le roi accorde au monde des écoles son indépendance vis-à-vis de son propre pouvoir mais aussi face à une ville avec qui les rapports se tendaient souvent.

Scolares : ceux qui fréquentent les écoles, c'est-à-dire l'Université.

Le métier s'organise. L'évêque de Paris et le chancelier du chapitre de Notre-Dame deviennent les adversaires principaux de l'Université. Conformément aux décisions du troisième concile de Latran (1179), ils possèdent le droit d'accorder la *licencia docendi*, la licence d'enseigner, ce qui leur confère le contrôle des études. Face à ce monopole de la collation des grades, les maîtres veulent imposer leur propre autorité. Le déroulement du conflit demeure mal

Sceau de l'université de Paris, en 1292. Le sceau manifeste la personnalité juridique et donc l'indépendance de l'université. (Arch. nat., Paris. Ph. © Arch. nat./Arch. Photeb.)

connu mais les résultats marquent la victoire des universitaires. En 1212-1213, le chancelier est contraint d'accorder la licence aux candidats jugés aptes par les maîtres. En 1215, le légat pontifical, Robert de Courçon, donne à l'Université des statuts. La dernière grande crise, touchant aux libertés, éclate en 1229. A l'origine, toujours une rixe et le meurtre d'étudiants au cours d'affrontements avec les sergents du roi. L'Université répond à la violence du pouvoir par la grève et la dispersion. Maîtres et étudiants quittent Paris pour s'installer à Orléans, Oxford, Toulouse et dans des villes du nord de la France. Une telle réaction ne peut s'expliquer par la seule volonté de réparer la mort de malheureux étudiants. L'intervention du pape Grégoire IX, preuve de l'importance de l'affaire, met fin au conflit. Une bulle pontificale, la bulle *Parens scientiarum*, consacre la victoire de l'Université. C'est le retour à Paris. Le contenu de la bulle montre bien les enjeux. Les privilèges accordés, en 1212-1213 et dans les années suivantes, sont confirmés. L'Université devient autonome, elle confère les grades et devient maîtresse de son recrutement. Elle peut se donner ses propres règlements, elle élit ses représentants. Ces privilèges, auxquels il faudrait en ajouter d'autres, juridictionnels et fiscaux, n'ont rien d'exorbitant. Les métiers d'artisans possèdent eux aussi le droit d'accorder la maîtrise, ils élisent leurs jurés ou leurs prudhommes et, si leurs statuts leur sont délivrés par l'autorité publique, en réalité ils en sont souvent les auteurs. Mais une grande différence existe entre les métiers d'artisans et l'Université. Elle se compose exclusivement de clercs, d'hommes d'Église. Même s'ils n'ont pas reçu, pour la plupart d'entre eux, les ordres majeurs, même si certains n'ont même pas reçu les ordres mineurs, tous sont soumis, au moins pour la durée de leurs études, à une juridiction d'Église. La cléricature donne à l'Université une grande indépendance à l'égard du pouvoir civil et des garanties face à une population urbaine au sein de laquelle elle n'est pas parfaitement intégrée. La lutte contre l'évêque et le chancelier n'éloigne pas l'Université de l'Église, elle la soumet au pouvoir du pape, pouvoir lointain et bienveillant.

Trois siècles de créations universitaires

Au tournant des XIIe et XIIIe siècles, les maîtres et les étudiants s'organisent peu à peu dans différentes régions d'Europe occidentale. Il est impossible d'attribuer une date précise à la fondation des premières universités car les textes officiels ne firent que consacrer une réalité bien vivante. Dès le XIIe siècle, les étudiants en droit de Bologne, souvent déjà entrés dans la vie professionnelle, s'associent. Ils donnent à ce qui sera leur université ses caractères propres: enseignement du droit romain et du droit canon, gouvernement des étudiants. A Paris, à Oxford et à Valence, les structures se mettent en place au début du XIIIe siècle sous la poussée des enseignants et des enseignés.

A ces créations spontanées, issues souvent de la lutte contre les autorités locales, succèdent des fondations voulues par le pouvoir. Dès 1224, l'université de Naples naît de la volonté de Frédéric II, il veut donner des fonctionnaires à ses États, alors que celle de Toulouse est installée par la papauté en 1229, elle a pour mission de fournir les cadres et les arguments qui ramèneront à la foi catholique des régions envahies par le catharisme. Les universités se multiplient à partir de la seconde moitié du XIVe siècle. Nécessaires au prestige du prince, elles lui assurent la formation d'un personnel lettré, capable de faire fonctionner les rouages de l'État en cours de formation. Au terme de trois siècles, vers 1500, l'Europe, d'Upsal à Valence, de Coïmbre à Cracovie, comptait plus de cinquante universités. La domination de Paris sur la théologie et même sur les arts, celle de Bologne sur le droit avaient disparu. Aux centres de savoir de la chrétienté avaient succédé des universités nationales.

Inscrite dans le mouvement d'organisation des métiers, la mise en place rapide de l'Université interroge l'historien. Comment un groupe d'intellectuels sans statuts, sans pouvoir organisé, ne s'appuyant sur aucune force économique, a pu venir à bout des prétentions du puissant évêque de Paris et du chapitre cathédral ? Comment a-t-il pu affirmer son autonomie face à un pouvoir royal en expansion dans une ville qui devenait la capitale du royaume ? Plusieurs facteurs interviennent pour expliquer cet état de fait. D'abord, le nombre sans cesse accru des étudiants et des maîtres, signe de la renommée de Paris, du besoin de savoir aussi qui se manifeste dans une France en plein essor. Plus directement, l'université de Paris a reçu l'appui du roi de France; en formant des intellectuels, elle préparait les cadres de l'État naissant. Il existe un lien direct entre le développement d'un savoir et celui d'une administration, même si elle reste très modeste aux yeux d'un homme du XXe siècle. L'intervention décisive d'Innocent III et de Grégoire IX est celle de papes qui ont développé la monarchie pontificale, qui ont donné à l'Église une administration plus efficace, des finances et une justice s'étendant sur toute la chrétienté.

Le temps de la fondation des universités est celui du passage de la croisade à l'enseignement, le temps d'une Église qui prêche et instruit, qui représente au trumeau de la cathédrale d'Amiens le Christ enseignant, le «Beau Dieu». Il faut savoir convertir l'infidèle, vaincre l'hérétique raisonneur, remettre dans la voie droite le peuple des villes. Ainsi, au moment où s'affirme le centralisme monarchique de la papauté, l'Église cherche à développer la foi chrétienne et, en même temps, à contrôler toutes les forces neuves, tout le dynamisme de la croissance de l'Europe occidentale. Comme la création des ordres mendiants, franciscains et dominicains, l'appui du pape aux universités naissantes entre dans ce projet, la politique scientifique de la papauté s'inscrit dans ce contexte. Le terme peut sembler anachronique, pourtant, Grégoire IX, dans la bulle *Parens scientiarum*, affirme la scientificité des études sacrées:

«Paris mère des sciences... Ici le fer est extrait de la terre car, tandis que la fragilité terrestre est affermie par la force morale, on prépare avec lui pour la milice du Christ l'armure de la foi, le glaive de l'esprit et les autres armes, puissantes en face des puissances d'airain.» (H. Denifle et E. Chatelain, *Chartularium Universitatis Parisiensis*, 1889.)

Pour le pape, la science par excellence est celle des choses divines, elle n'est nullement gratuite, elle doit exalter la grandeur de Dieu et préparer le combat contre les forces du mal. La volonté politique du pouvoir pontifical fait de la théologie une science. Condition non suffisante, mais condition déterminante pour qu'elle soit reçue comme telle. C'est dans l'Université, émanation du pouvoir pontifical, que peut lui être conféré ce statut. L'idée qu'une société se fait d'une science dépend largement de sa reconnaissance institutionnelle.

Les ordres mendiants et l'Université

Au début du XIIIe siècle, de nouveaux ordres religieux apparaissent en Occident. Connus sous le nom d'ordres mendiants, ils sont représentés par les franciscains et les dominicains. Quoique nés dans des conditions très différentes, ils répondent à un besoin de renouvellement de l'Église face à un monde en mutation qui ne pouvait se satisfaire du monachisme traditionnel. Les mendiants doivent vivre dans la pauvreté des apôtres, ils ne doivent rien posséder, ni personnellement ni collectivement, ce qui les distingue des ordres monastiques. Religieux soumis à une règle, donc réguliers, ils vivent cependant au contact du monde, du siècle, pour lequel ils doivent être un exemple et qu'ils doivent convertir. Prêcheurs et missionnaires, ils devaient acquérir une bonne formation intellectuelle.

Les dominicains s'installèrent à Paris en 1217, les franciscains, en 1219. Très tôt, les frères suivirent les enseignements des maîtres séculiers. Ils obtinrent leurs grades universitaires; en 1229, le dominicain Roland de Crémone devient maître régent. Des maîtres séculiers entrent chez les frères: en 1230 Jean de Saint-Gilles chez les dominicains, en 1231 Alexandre de Halès chez les franciscains. Vers 1240, sur douze chaires de théologie, les dominicains en possédaient deux, les franciscains sûrement une, très probablement deux. Le succès des ordres mendiants dans l'Université, leur soumission à la papauté, le mode de nomination de maîtres par l'ordre, tout conduisait à dresser les séculiers contre les dominicains et les franciscains. L'affaire éclate dans les années 1250; Thomas d'Aquin chez les prêcheurs, Bonaventure chez les mineurs, c'est-à-dire les plus renommés parmi les maîtres réguliers s'engagent dans le conflit. La papauté trancha finalement en faveur des mendiants.

Les mendiants ont tenu une place déterminante dans l'histoire intellectuelle de l'Europe au XIIIe siècle. Ils dominent l'histoire de la théologie et de la philosophie parisiennes. Les dominicains représentent le courant aristotélicien modéré avec Albert le Grand et Thomas d'Aquin, et les franciscains avec Bonaventure expriment la tradition augustinienne. A Oxford, les franciscains, en particulier Robert Grosseteste et Roger Bacon, eux aussi attachés à un platonisme augustinien, ont été les initiateurs d'un courant scientifique plus mathématique et très orienté vers l'optique.

Au XIIIe siècle, l'université de Paris et les autres universités se construisent sur des modèles souvent comparables, s'organisent en facultés. Une faculté des arts, sorte de propédeutique, ouvre la voie à trois facultés supérieures: médecine, droit et théologie. A Paris, la faculté de droit n'enseigne que le droit canon, celui de l'Église, le droit civil étant le fait de l'université d'Orléans. En revanche, la faculté de théologie rayonne sur toute la chrétienté occidentale, si le pouvoir pontifical siège à Rome, la doctrine se définit à Paris, « la plus noble cité de toutes les études », tous les grands théologiens du siècle sont passés par Paris. Elle est encore la « cité des philosophes », selon Albert le Grand, ou « la nouvelle Athènes », selon un dominicain de la fin du XIIIe siècle. La faculté des arts jouit d'une renommée, elle aussi, exceptionnelle.
Les étudiants commencent très jeunes, entre douze et quatorze ans parfois, ils fréquentent la faculté des arts pendant six à huit ans, et y acquièrent des grades. Une fois bacheliers, ils peuvent obtenir la licence, *licencia docendi*, autorisation d'enseigner, puis devenir maître, grade atteint à un âge minimal de vingt ans. Les études de théologie durent beaucoup plus longtemps ; il faut quinze ans pour accéder au doctorat, soit, pour un individu qui réalise des études parfaites, être âgé de trente-cinq ans. La théologie est affaire de professionnels du savoir, chargés de l'établir et de la transmettre, or, selon Aristote, une caractéristique essentielle d'une science est de pouvoir être enseignée. Elle acquiert ainsi un caractère scientifique supplémentaire. Placée au sommet du cursus, elle devient pour beaucoup une science.

La carrière de frère Thomas, le Docteur Commun

Thomas d'Aquin est né au début de l'année 1225 ou à la fin de 1224 dans le château fort de Roccasecca près de Naples, d'une lignée de seigneurs féodaux. Dernier des fils de Landolphe d'Aquin, celui-ci l'offrit, en 1230, comme oblat, à la grande abbaye voisine du Mont Cassin, celle-là même qui avait été le berceau de l'ordre bénédictin. Les conflits politiques le conduisent, en 1239, à quitter l'abbaye, en théorie pour quelque temps, pratiquement pour la vie. Il est envoyé alors à Naples où il commence des études universitaires, il y passe cinq ans. En 1244, malgré l'opposition très violente de sa famille qui n'hésite pas à le séquestrer, il entre dans l'ordre des frères prêcheurs, l'ordre des Dominicains. En 1245, il arrive à Paris, au couvent Saint-Jacques, et poursuit sa carrière d'étudiant en théologie, en particulier sous la direction d'Albert le Grand. Il suit son maître, envoyé en 1248 à Cologne, prendre la direction du *Studium generale* créé par l'ordre. Thomas y reste jusqu'en 1252, il retourne alors à Paris préparer sa maîtrise en théologie tout en enseignant. Il y commente la Bible et les *Sentences* de Pierre Lombard et reçoit la maîtrise en 1256 ; il y enseigne alors comme maître jusqu'en 1259, lorsque le pape l'appelle à la Curie, toujours pour enseigner, jusqu'à la fin de 1268. Son séjour en Italie fut particulièrement fécond : il commença la rédaction de la *Somme théologique*, écrivit les commentaires de plusieurs œuvres d'Aristote et une partie de ses commentaires bibliques.
Son renom est déjà considérable dans le monde des écoles lorsqu'en 1268 il rentre à Paris où il retrouve sa chaire de théologie. Il est appelé par son ordre au moment où l'Université connaît une crise grave due à l'interprétation divergente des idées d'Aristote et à leur contestation radicale. De 1269 à 1272, son activité est considérable. Il lutte à la fois contre les aristotéliciens radicaux et contre la tendance conservatrice hostile à la pensée du philosophe grec. Il termine alors la *Somme théologique*, publie divers commentaires d'Aristote et de la Bible, et différents ouvrages dont le *De unitate intellectus contra averroistas parisienses*. En 1272 il part de nouveau pour l'Italie, pour diriger les études de théologie à Naples. Il meurt sur la route du concile de Lyon le 7 mars 1274.
Ses idées, en partie condamnées en 1277, revinrent rapidement au premier plan. Il fut canonisé dès 1323.

La scolastique

La théologie accède aussi au rang de science par son langage et par ses méthodes. Les universitaires lisent, écrivent et pensent, au moins dans leur activité professionnelle, en latin, dans un monde où la langue vulgaire a acquis droit de cité. C'est en français que se tiennent les propos de la vie quotidienne, c'est en français que s'expriment les poètes, les romanciers ou les moralistes, voire les historiens. La renaissance du théâtre passe par la langue vulgaire. Le siècle de Thomas d'Aquin est aussi celui de Rutebeuf, de Joinville et du *Roman de la Rose*. Le latin devient la langue de l'école, le latin scolastique qui se doit d'être utile, technique, apte à créer un discours scientifique donc, avant tout, d'être précis. Il faut déterminer la signification propre du mot; les mêmes formules servent, sans souci de littérature, à introduire les différentes parties du discours. Le *sed contra* annonce en général la troisième partie d'une question ouverte par un *utrum*. Langue du savoir, mise au point par les artiens comme par les théologiens, plus propre à démontrer qu'à émouvoir; monotone, le latin scolastique apparaît au XIIIe siècle comme un instrument efficace. Il est loin d'être une langue morte figée sur les modèles antiques. Langue de traducteurs qui ne possèdent pas les équivalents des termes grecs ou arabes, langue de créateurs qui se meuvent dans un univers très éloigné de celui de Cicéron, elle doit mettre au point son propre vocabulaire. Instrument d'une science fondée sur l'analyse des textes, le latin scolastique est le langage scientifique du XIIIe siècle.

Cours de théologie à Paris. Le maître lit, c'est-à-dire qu'il commente le texte, manuscrit, qu'il a sous les yeux. Les étudiants suivent sur leurs propres exemplaires. Importance de l'écrit, sensible sur cette miniature du XVe siècle, mais déjà vraie au XIIIe. (Miniature in N. de Lyre, Postilles, *XVe siècle; Bibl. municipale, Troyes. Ph. Bibl. municipale © Arch. Photeb.)*

Dans un monde profondément chrétien où la source de toute vérité religieuse émane d'un livre, la Bible, dans un monde où la science est l'héritière d'un passé prestigieux et révéré, on comprend que la première démarche scientifique ait été fondée sur l'étude d'*auctoritates*, terme difficile à traduire, autorités et auteurs peuvent convenir. L'*auctoritas* est un ouvrage qui sert de référence, dont on utilise les citations, que l'on commente. Car les commentaires se multiplient, ils portent sur la Bible et sur les œuvres d'Aristote, sur celles des Pères de l'Église et de Ptolémée, ou encore celles de Pierre Lombard, maître parisien du XIIe siècle, auteur d'un *Livre des sentences* avant de devenir évêque de Paris, et de Johannes Sacrobosco, sans doute le plus célèbre des mathématiciens et astronomes de l'Europe du XIIIe siècle. Le Moyen Age a créé ses propres autorités. Les ouvrages nouveaux, traités ou sommes, sont eux-mêmes remplis de références qui servent de base à l'argumentation.

L'étude des textes est, pour les scolastiques, fondement du savoir, de la science. Les mêmes méthodes s'appliquaient aussi bien à l'Écriture qu'à des œuvres profanes. Thomas d'Aquin a entrepris des commentaires sur les œuvres

physiques d'Aristote, *Physique, Traité du ciel, Traité de la génération et de la corruption*, comme des commentaires de la Bible.
Dans son *Introduction à l'étude de saint Thomas d'Aquin*, Marie-Dominique Chenu note que dans les douze premières questions de la *Somme théologique*, le maître dominicain utilise cent soixante citations : cinquante-cinq d'Aristote, quarante-quatre d'Augustin, vingt-cinq de Denis, vingt-trois des pères latins, quatre des pères grecs et neuf d'auteurs profanes.
Une telle démarche intellectuelle se comprend dans une civilisation sans culture scientifique propre où se croisent deux traditions fondées sur le livre. L'autorité suprême reste toujours la Bible, la parole de Dieu qu'il faut savoir comprendre, expliquer ; saint Augustin lui-même reconnaissait la nécessité d'avoir recours à la culture classique pour accéder à l'Écriture. L'héritage scripturaire des Pères de l'Église en rencontre un autre tout aussi livresque.

La scolastique

Les méthodes d'enseignement et d'exposition en usage dans les écoles, la scolastique, débutent par la *lectio*, la lecture, terme qui possède alors un sens très technique. L'enseignant, qui peut être un simple bachelier, lit le texte mais aussi le commente.
Dans cette lecture on distingue trois niveaux d'interprétation : selon la *littera* (lettre), il s'agit d'expliquer simplement les mots et les phrases ; selon le *sensus* (sens), on doit alors chercher la signification du texte, quitte à le traduire dans un langage plus conforme aux habitudes des enseignés ; enfin en dégager le sens profond, en acquérir la véritable intelligence par la *sententia*. Premier stade indispensable de la scolastique, la lecture donne naissance à la *quaestio* (question). Elle naît des difficultés rencontrées dans le texte puis en vient à servir de cadre, de méthode pour exposer un sujet mis en cause, non qu'on en doute effectivement, mais parce que le procédé permet de mieux développer une argumentation. Au-delà, la question se transforme en *disputatio* (dispute), exercice plus rare, au cours duquel le maître, toujours un docteur, lançait le débat par un exposé ; intervenaient alors, pour discuter les propositions, les autres maîtres, puis les bacheliers, enfin les étudiants. Le bachelier du maître qui avait exposé devait répondre aux questions, le maître gardait le silence. Dans une seconde séance, le maître « déterminait » lui-même ; il reprenait les arguments, les classait et en tirait ses propres conclusions.

Aristote

Au XIIe siècle, l'Occident chrétien a reçu brutalement le choc de la science antique et arabe, masse de connaissances dont une grande partie arrive sous la forme de commentaires. Au temps de la mise en place des universités correspond la « crue de l'aristotélisme ». L'Europe, au début du XIIIe siècle, possède l'essentiel des écrits du grand philosophe. Les œuvres logiques d'abord, à la *logica vetus* s'ajoutent les autres livres de l'*Organon* : *Analytiques*, *Topiques*, *Réfutation des sophistes*. Les *Libri naturales* ensuite : la *Physique*, le *Traité de la génération et de la corruption*, le *Traité du ciel*, le *Traité des météores*, les *Parva naturalia*. Des fragments importants de la *Métaphysique* et de l'*Éthique à Nicomaque* ont aussi été traduits. Le travail de traduction se poursuit tout au long du XIIIe siècle. Aristote n'arrive pas seul, il est accompagné de ses commentateurs grecs, juifs ou arabes ; l'*Isagoge* de Porphyre, les œuvres d'al-Farabi, d'Avicenne et d'Averroes sont traduites.
Parmi toutes les œuvres grecques ou arabes qui envahissent l'Occident, celle d'Aristote tient une place à part. Elle fournit un système cohérent d'explication du monde fondée sur une méthode scientifique dont la base est l'*Organon*. L'écart est immense entre les œuvres que connaissait encore l'Europe au XIIe siècle et le monument aristotélicien. Pour la pensée occidentale en pleine effervescence, la découverte d'Aristote est une révélation. Révélation scientifique, mais aussi philosophique qui pose de manière entièrement nouvelle le problème des rapports de la foi et de la raison, qui ajoute de nouvelles tensions. Les livres physiques d'Aristote, les *Libri naturales*, posent en principe l'éternité d'un monde incréé radicalement différent du monde des chrétiens.

Organon : qui signifie en grec instrument, organe ; nom sous lequel les éditeurs d'Aristote vont regrouper, dès le XIe siècle, ses cinq traités de logique : *Catégories, De l'interprétation, Analytiques, Tropiques, Réfutation des sophistes.*

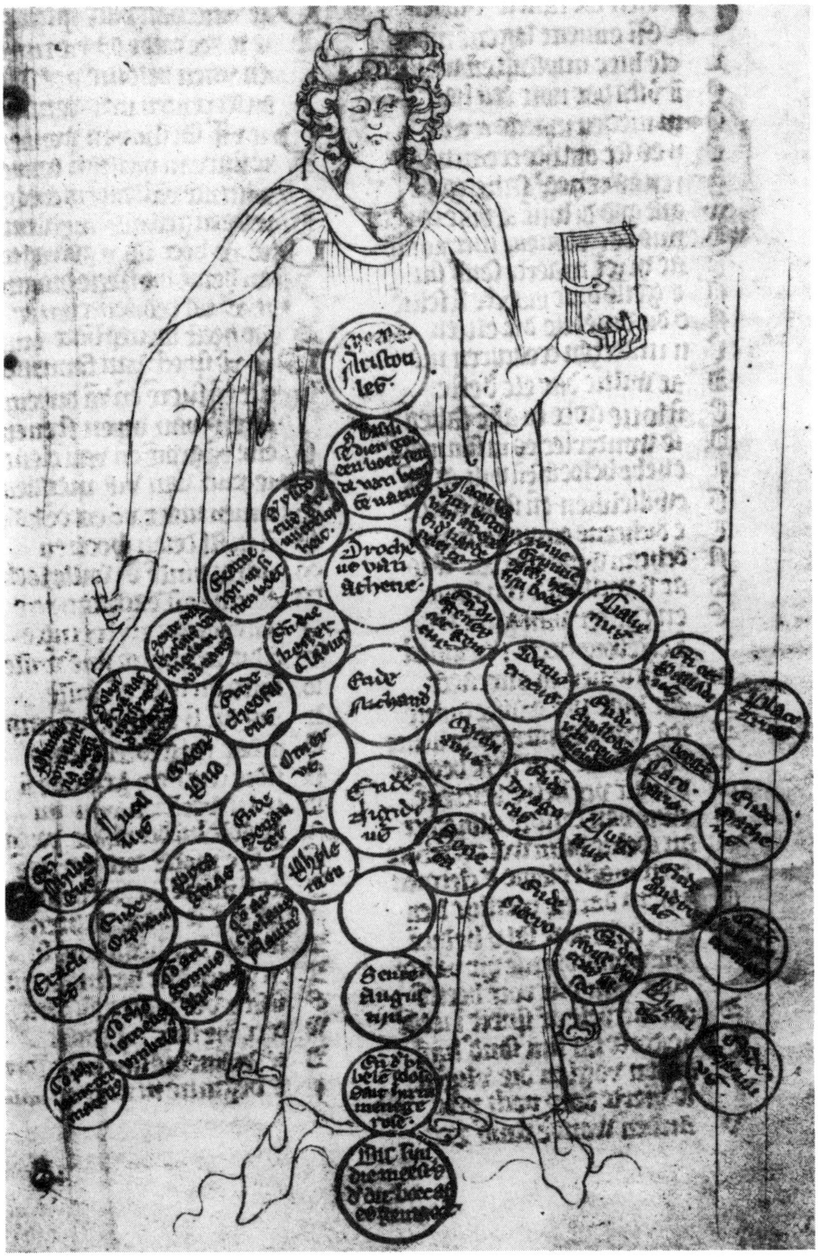

Aristote. Coiffé du bonnet des philosophes, tenant un livre à la main et pointant le doigt pour enseigner, Aristote est représenté au sommet de la pyramide du savoir; son nom se lit dans le cercle le plus haut. Extraite d'un ouvrage de l'historien et polygraphe flamand Jacob Van Maerlant, cette représentation manifeste la vision que bien des hommes cultivés du temps avaient alors d'Aristote. (Miniature in J. Van Maerlant, Der Naturem bloeme, *début du* XIV*e siècle; Bibl. royale Albert Ier, Bruxelles. Ph. © de la Bibl./Arch. Photeb.)*

Les quatre causes d'Aristote

L'œuvre d'Aristote constitue une véritable encyclopédie philosophique qui touche à tous les domaines de la connaissance: morale, politique, poétique, logique, histoire naturelle, physique et métaphysique. L'un des thèmes dominants en est la théologie des quatre causes. Ainsi, dans la création d'un objet, interviennent:

- la cause matérielle: le matériau;
- la cause efficiente; l'ouvrier, l'artisan qui agit sur cette matière;
- la cause formelle: la forme qu'on donne à l'objet;
- la cause finale: l'usage auquel on distingue l'objet.

Ces quatre causes se retrouvent dans les processus naturels: les substances, composées de matière et de forme, sont soumises à toutes sortes de changements. Les corps célestes, eux, ne subissent pas de changement et sont animés d'un mouvement régulier et circulaire. Au-delà, à la périphérie du monde, la cause première, le premier moteur, Dieu, demeure immobile et éternel.

L'engouement ressenti particulièrement par les jeunes maîtres ès arts qui s'opposent souvent aux théologiens conduit à des conflits propres à l'Université.

Les renseignements manquent sur l'accueil fait à Aristote à Paris dans les premières décennies du XIIIe siècle. Les maîtres ès arts ont laissé beaucoup moins d'écrits que les théologiens; plus jeunes, occupant une situation transitoire, leurs cours ont, semble-t-il, rarement été suivis de publications. Ce sont les déclarations et les discours hostiles qui permettent de mieux sentir la poussée aristotélicienne à l'intérieur de l'université de Paris. Dès 1210, un concile provincial, tenu à Paris, interdit de « lire les livres naturels d'Aristote ou leurs commentaires ». Des termes sensiblement identiques ressortent des statuts de Robert de Courçon (1215). Lire, c'est-à-dire, au sens technique du terme, enseigner. Seul l'enseignement des textes est condamné, non leur usage par les universitaires pour étayer leurs écrits. La mesure semble avoir été prise en raison du danger que représentaient pour la foi les ouvrages de physique et de métaphysique du philosophe grec et de ses commentateurs arabes. Mesures de défense d'une certaine tradition de l'étude des textes sacrés, mesures qui marquent l'importance des menaces qu'apporte l'arrivée d'une nouvelle philosophie et d'une nouvelle science. Dans le monde immortel et incréé d'Aristote, Dieu est le premier moteur, la cause dernière de tous les mouvements, de tous les changements, rien n'indique qu'il s'intéresse aux hommes, rien ne suggère une relation de paternité. Les multiples interdictions ont, selon les connaissances actuelles, été suivies d'effet. Les étudiants ès arts parisiens n'ont entendu lire, jusque dans les années 1240, que l'*Organon* et les trois premiers livres de l'*Éthique à Nicomaque*. Paris représente un cas particulier où l'intransigeance des pouvoirs fut plus longue à vaincre qu'ailleurs, peut-être en raison de l'activité intellectuelle intense qui s'y développait, sans doute à cause du poids d'une faculté de théologie garante de la doctrine. A Toulouse, où le pape, au lendemain de la croisade des albigeois, avait créé une université « pour purger le pays de la dépravation hérétique », un opuscule vantant la nouvelle institution déclare : « Les livres de philosophie naturelle interdits à Paris, on les lira ici et tous ceux qui veulent étudier les secrets de la nature pourront en écouter la lecture. » Circulaire de propagande ou exercice d'école, la question est discutée, quoi qu'il en soit le texte affirme bien haut que les ouvrages interdits à Paris font ailleurs l'objet d'une étude. La nouveauté est moins révolutionnaire vue d'Oxford où les maîtres commentaient les *Libri naturales* depuis le début du siècle en parfait accord avec la hiérarchie.

Le premier témoignage de l'enseignement du nouvel Aristote chez les artiens de Paris vient d'un jeune universitaire formé à Oxford, Roger Bacon, qui acquit à Paris le grade de maître ès arts vers 1240. Il y enseigna jusque vers 1245 et y commenta diverses œuvres jusque-là interdites du philosophe dont la *Physique* et le *Traité de la génération et de la corruption*. Le séjour de Roger Bacon à Paris coïncide en partie avec celui du dominicain allemand Albert le Grand, le futur Docteur Universel, venu y acquérir ses grades en théologie. Bachelier sententiaire de 1240 à 1242, il devient un des maîtres régents dominicains de 1242 à 1248. Sa grande œuvre de commentaires d'Aristote est postérieure mais il fait déjà largement usage des livres naturels dans ses ouvrages théologiques. Albert n'est pas un cas unique parmi les théologiens. Un tel retournement s'explique. L'hostilité des théologiens s'amenuise au fil des décennies, au refus d'une œuvre que tout le monde peut connaître par ailleurs succède la nécessité de composer ou simplement l'attrait d'une pensée exceptionnelle.

La théologie comme science

Au milieu du XIIIe siècle, lorsque l'œuvre d'Aristote commence à s'imposer dans sa quasi-totalité, la théologie domine les structures de l'université de Paris, elle est au sommet du cursus scientifique, elle a sa place dans les classifications des sciences, genre qui fleurit aux XIIe et XIIIe siècles. Il est nécessaire de mettre de l'ordre dans ces connaissances. Les chrétiens d'Occident ont à leur disposition des exemples apportés par les traductions, que ce soit Aristote ou al-Farabi. Une tradition issue de la basse Antiquité existe toujours, Boèce (v. 480-524) avait proposé une classification des sciences qui resta longtemps un modèle. Il plaçait déjà la théologie au sommet des connaissances. A Paris, au cours de la première moitié du XIIe siècle, Hugues de Saint-Victor présente une classification dans son *Didascalicon*; pour lui « la philosophie est divisée en théorique, pratique, mécanique et logique, ces quatre branches embrassent toute la connaissance scientifique ». En tête du savoir théorique se tient la théologie. Vers 1150, l'archidiacre de Ségovie, Dominicus Gundissalinus, écrivit un *Traité de la division de la philosophie* qui donne une classification des sciences héritière à la fois de la pensée grecque et des classifications arabes. La théologie y est placée au sommet mais nettement distinguée du savoir humain. Le dernier en date des traités médiévaux consacrés au sujet est celui de Robert Kilwardby, *Sur l'origine des sciences.* Ce dominicain anglais, maître ès arts à Paris aux alentours de 1250, écrivait pour la formation des étudiants de son ordre; comme ses prédécesseurs, il place en tête la science divine.

Dans toutes ces classifications le concept de science n'est pas net, celui de théologie non plus. La connaissance scientifique qu'Hugues de Saint-Victor veut saisir en son entier comprend la fabrication des armes et les arts du théâtre, Kilwardby y inclut la cuisine et la construction. Plus que d'une division des sciences, il s'agit d'un inventaire raisonné des savoirs humains. La théologie peut, sans difficulté, être rangée parmi les sciences mais qu'une rigueur plus grande intervienne, que le concept de science se précise et la place de la théologie peut être remise en cause.

Thomas d'Aquin

La théologie possède des traits d'une discipline à caractère scientifique, mais est-elle une science ? En 1245, au moment où le frère Thomas d'Aquin, âgé d'une vingtaine d'années, arrive au couvent Saint-Jacques à Paris, pour y poursuivre ses études, la question est à l'ordre du jour. Au-delà du statut propre de la théologie, elle pose le problème d'une définition de la science qui, jusque-là, ne semble pas avoir été abordé dans l'Occident chrétien. Alexandre de Halès, ce maître séculier devenu franciscain, avait fait connaître son point de vue : la théologie n'est pas une science.

« Il faut noter qu'il y a une science de la cause et une science de ce qui est causé. Or la science de la cause n'a pour fin qu'elle-même, tandis que la science de ce qui est causé n'existe pas par elle-même, vu que les choses causées se rapportent à la cause des causes et en dépendent. De là vient que la théologie, qui est la science de Dieu, et a pour objet la cause des causes, n'est ordonnée qu'à elle-même; et qu'en conséquence le terme de science ne convient proprement qu'à la science des choses causées, tandis que celui de sagesse doit être réservé à la science de la cause des causes. C'est pourquoi Aristote a lui-même affirmé que la philosophie première, qui n'est ordonnée qu'à elle-même et traite de la cause des causes, doit être dite sagesse. Pour la même raison la doctrine de la théologie qui transcende toutes les sciences mérite bien le même titre. » (Saint Thomas d'Aquin, *Somme théologique, la Théologie,* v. 1266.)

Le maître franciscain utilisait l'autorité d'Aristote pour dénier à la théologie le statut de science, par là même il est conduit à proposer des limites au concept de science opposée à la sagesse. En se fondant sur cette même autorité, Thomas d'Aquin pose la proposition inverse, pour le maître dominicain, la théologie est science.

Il développa son argumentation à trois reprises, dans sa première œuvre, son commentaire sur les *Sentences* de Pierre Lombard, fondement de son enseigne-

Le Triomphe de saint Thomas d'Aquin, *peint pour la cathédrale de Pise par le florentin Benozzo Gozzoli au* XV*e siècle. Le maître dominicain, assis, est entouré d'Aristote, à sa droite, et de Platon, à sa gauche; signe de l'héritage antique et de la supériorité de la théologie chrétienne.*
(Musée du Louvre, Paris.
Ph. Hubert Josse © Photeb.)

ment comme bachelier sententiaire entre 1254 et 1256 et dans le commentaire du *De trinitate* de Boèce, daté aussi de 1256. Les positions du jeune maître seront aussi celles du docteur au sommet de son autorité. Les premiers articles de la première question de la *Somme théologique* reprennent la démonstration. Bien que les arguments soient plus longuement développés dans le commentaire du *De trinitate*, nous retiendrons le texte de la *Somme*, dont la première partie a été rédigée entre 1266 et 1268, car il représente le dernier état d'une réflexion et la pensée la plus largement diffusée.

Déjà pour ses prédécesseurs, la science des choses divines se divise en deux. D'abord, l'héritage de la pensée grecque, ce qu'en termes actuels on appelle « théologie naturelle », incluse dans la philosophie, et qui s'élève par le raisonnement des effets sensibles aux causes divines. La métaphysique d'Aristote en offre une illustration. Ensuite, une doctrine sacrée, selon les termes du temps, discipline nouvelle, qui peut utiliser les données de la théologie naturelle, comme le prouve la *Somme théologique* elle-même, mais dont le propre est de raisonner à partir des articles de foi pris comme des axiomes. Cette division a deux conséquences épistémologiques. Pour justifier l'existence de deux sciences traitant du même sujet, en l'occurrence Dieu, Thomas d'Aquin est amené à préciser que les sciences ne se distinguent pas tant par la diversité de leurs objets que par la différence de leurs principes. Le cosmophe, *astrologus*, dans le texte de Thomas, et le physicien, *naturalis*, démontrent tous les deux la sphéricité de la Terre ; le premier par les mathématiques, le second par des arguments tirés de la nature des choses.

Ce point acquis, il faut encore pouvoir affirmer que la théologie, la doctrine sacrée, est une science. Pour éclaircir la situation paradoxale d'une discipline scientifique dont les principes sont révélés, Thomas d'Aquin développe sa thèse. Pour lui, il va de soi que la théologie fondée sur la Révélation définit, argumente, raisonne, démontre à partir d'articles de foi pris comme principes ; donc son caractère scientifique, dans une optique aristotélicienne de la science, n'est pas en cause. La difficulté vient du statut à donner à ces principes ; la théologie n'est pas en mesure de les fonder elle-même sinon elle ne se distinguerait en rien de la philosophie naturelle et la Révélation serait inutile. Ces principes ne sont pas évidents en eux-mêmes, sinon tout le monde les accepterait. La solution revient donc à considérer ces principes que sont les articles de foi comme fondés par une science supérieure, celle des bienheureux. Ainsi, la vision béatifique, version intellectualiste du paradis, n'est pas seulement la fin ultime de la spéculation théologique, elle en est aussi le fondement épistémologique. Thomas d'Aquin explique sa position par une analogie significative, le rapport entre la théologie révélée et la science des bienheureux est le même que celui qui existe entre la musique et l'arithmétique, la musique ne démontre pas ses principes de base que lui fournissent les mathématiques.

Utrum sacra doctrina sit scientia ?
La théologie est-elle une science ?

Thomas d'Aquin présente un certain nombre d'arguments pour ou contre, puis répond :

« Je réponds qu'il faut dire que la théologie est une science. Mais on doit savoir qu'il y a deux genres de sciences. Les unes procèdent de principes connus par la lumière naturelle de l'intellect, comme l'arithmétique, la géométrie, etc. Les autres procèdent de principes connus à la lumière d'une science supérieure, comme l'optique procède de principes connus par la géométrie et la musique de principes connus par l'arithmétique. Et c'est de cette manière que la théologie est une science, puisqu'elle procède de principes connus par une science supérieure, à savoir la science possédée par Dieu et par les bienheureux. Ainsi, comme la musique accorde foi aux principes qui lui sont transmis par l'arithmétique, ainsi la théologie accorde foi aux principes qui lui sont révélés par Dieu. » (Saint Thomas d'Aquin, *Somme théologique, la Théologie*.)

Ainsi la doctrine sacrée n'a pas à argumenter ses principes, ils sont affaire de foi ; en revanche, elle argue pour démontrer d'autres vérités qui en découlent :

« Les autres sciences n'argumentent pas en vue de démontrer leurs principes ; mais elles argumentent à partir d'eux pour démontrer d'autres vérités comprises dans la science. Ainsi la science sacrée ne prétend pas, au moyen de l'argumentation, prouver ses propres principes, qui sont les vérités de foi, mais elle les prend comme point d'appui pour manifester quelque autre vérité, comme l'apôtre, dans la première Épître aux Corinthiens, prend appui sur la résurrection du Christ pour prouver la résurrection commune. » (Saint Thomas d'Aquin, *Somme théologique, la Théologie*.)

Cette même solution, appelée subalternation, intègre la théologie dans le corpus aristotélicien des sciences tout en justifiant son caractère révélé. Thomas d'Aquin est conduit à développer, à partir de quelques lignes d'Aristote, toute une théorie définissant, à travers la subalternation, le statut des sciences. Solution brillante mais fragile, que peut mettre en cause toute modification du paysage intellectuel, tant dans le domaine de la théologie, de l'épistémologie, donc de la philosophie, que des sciences.

Les théologiens thomistes de la première génération, les élèves du Docteur Angélique, ont suivi fidèlement sa doctrine, sauf sur un point. La théologie

Docteur Angélique ou *Docteur Commun* : il est d'usage au Moyen Age de qualifier ainsi les universitaires de grand renom : Albert le Grand est le Docteur Universel ; Bonaventure, le Docteur Séraphique ; Roger Bacon, le Docteur Admirable ; Thomas d'Aquin, d'abord le Docteur Commun, en raison de l'importance de sa pensée devenue commune à tous, reçoit plus tard le surnom, plus béatifique, de Docteur Angélique.

n'était pas pour eux une science au sens exact du terme. Comment expliquer ce retournement, cet abandon de la pensée du maître sur un point qu'il avait établi avec tant de soin ? Les études de base manquent pour qu'il soit possible de donner une réponse totalement satisfaisante. Trop de points demeurent méconnus, trop de textes inédits, trop de sources inexplorées. Seuls les éléments les plus probables d'une explication peuvent être avancés.

Il y avait d'abord les incertitudes de la pensée de Thomas d'Aquin. Le statut de la théologie s'appuyait, en particulier, sur le fait qu'elle tirait ses principes d'une connaissance supérieure, la science des bienheureux, c'est-à-dire de la Révélation. Or si la théologie tire ses principes de la science des bienheureux, fait admis par tous, ces principes n'en découlent pas, ce sont les mêmes. Il n'y a donc pas exactement subalternation. La faille est d'importance, elle peut expliquer pourquoi le raisonnement de Thomas d'Aquin n'a pas été suivi, mais non le moment où son point de vue a été abandonné.

Subalternation: relation entre deux sciences lorsque l'une emprunte ses principes à l'autre;
exemple de saint Thomas d'Aquin: l'optique qui prend ses principes dans la géométrie.

La condamnation de 1277

A la faiblesse interne de la pensée du maître s'ajoutent des éléments extérieurs. En mars 1277, l'évêque de Paris, Étienne Tempier, condamnait dans un décret cent dix-neuf propositions philosophiques et théologiques qualifiées « d'erreurs exécrables que certains étudiants de la faculté des arts ne craignent pas de traiter et de discuter dans les écoles ». Les tenants des doctrines combattues avaient une semaine pour reconnaître et abandonner leurs erreurs sous peine d'excommunication. Le document, rédigé à la hâte, mêlait des propositions de toute sorte, énoncées sans aucun ordre mais, à travers ses confusions, il manifestait une violente offensive contre l'aristotélisme qui s'était largement diffusé depuis le milieu du siècle. A la période de la condamnation des livres naturels avait succédé le triomphe d'un aristotélisme christianisé. A travers l'œuvre de Thomas d'Aquin, certains intégraient une vision biblique de l'homme et du salut dans une conception aristotélicienne du monde matériel. Dans les années 1260, un aristotélisme plus radical vit le jour au sein de la faculté des arts dont le représentant le plus remarquable fut Siger de Brabant. La part que l'influence des commentaires d'Ibn Roch, l'Averroes des Latins, a pu avoir sur l'aristotélisme hétérodoxe des Latins est discuté. Partant d'une lecture, au sens technique du terme, très précise d'Aristote, certains artiens constatent des contradictions entre la vérité philosophique et la vérité révélée. Même si, pour Siger, les limites de l'esprit humain l'empêchent d'atteindre à la vérité et que, entre la vérité aperçue par la raison et la vérité révélée, la révélation l'emporte toujours, les dangers pour la foi apparaissent très vite. Les sujets les plus discutés concernaient l'éternité du monde et surtout l'individualité de l'âme humaine. Thomas d'Aquin attaqua avec vigueur les positions des hétérodoxes dans ses traités sur l'*Unité de l'intellect* et l'*Éternité du monde*. La menace réveilla le parti antiaristotélicien et le décret d'Étienne Tempier frappa tous les tenants d'Aristote, les modérés comme les radicaux. Certaines positions de Thomas d'Aquin, mort trois ans jour pour jour avant la parution du décret, étaient visées. Aucun des articles condamnés ne cherchait à savoir si la théologie était une science mais la condamnation de l'aristotélisme portait un coup au crédit du système bâti par Thomas d'Aquin. Pour le défendre, il était nécessaire de ne se fonder que sur du solide. Surtout la condamnation par l'autorité épiscopale marquait une rupture; institutionnellement la place de la théologie n'était plus à côté des autres sciences du corpus aristotélicien.

L'événement se situe dans un conflit plus ancien, il succède à d'autres condamnations, mais il marque par sa violence et par le souvenir qu'il a laissé. Le physicien et très catholique historien des sciences Pierre Duhem faisait de cette condamnation l'acte de naissance de la science moderne, le geste qui, rompant définitivement les liens qui existaient entre la science et la théologie, les libérait l'une de l'autre. L'Église devenait ainsi l'initiatrice d'un mouvement qui, parti de la pensée médiévale, devait aboutir à la science classique et contemporaine. L'argument de Duhem est séduisant, mais pour qu'il emporte l'adhésion il faudrait démontrer que la science occidentale est née au lendemain de la condamnation de 1277.

Pierre Duhem et la naissance de la science moderne

Pierre Duhem (1861-1916), physicien et chimiste français, a marqué son époque par ses travaux dans les domaines de la thermodynamique, de la chimie, de la physique et de l'hydrodynamique. Il enseigna dans les universités de Lille, Rennes et Bordeaux. L'intransigeance de ses positions, ses conflits avec Marcellin Berthelot l'éloignèrent de la capitale. De nos jours Duhem est plus connu par son œuvre historique et philosophique que pour ses travaux de physique et de chimie. Son œuvre majeure est *le Système du monde, histoire des doctrines cosmologiques de Platon à Copernic*, composée de dix gros volumes, qui est toujours un ouvrage de référence même s'il est très marqué par l'idéologie de l'auteur. Clérical, nationaliste et conservateur, Duhem oppose au scientisme alors dominant une forme de positivisme chrétien. Pour lui, les théories scientifiques ne peuvent prétendre à une vérité absolue, elles doivent borner leurs ambitions à donner une image rationnelle qui permette d'expliquer les phénomènes. En limitant la prétention réaliste de la science, en lui interdisant de restreindre la puissance créatrice de Dieu, la métaphysique chrétienne aurait ainsi permis l'essor de la véritable démarche scientifique. Les interventions des autorités ecclésiastiques, habituellement présentées comme autant de manifestations d'obscurantisme, apparaissent ainsi, racontées par Duhem, comme la traduction d'une clairvoyance positiviste assez paradoxale. C'est ainsi qu'il écrit à propos de la condamnation de 1277:
« S'il nous fallait assigner une date à la naissance de la science moderne, nous choisirions, sans doute, cette date de 1277. Comprise comme une condamnation du nécessitarisme grec, cette condamnation conduira nombre de théologiens à affirmer *comme possibles*, en vertu de la toute-puissance du Dieu chrétien, des positions scientifiques ou philosophiques traditionnellement jugées impossibles en vertu de l'essence des choses. En permettant des expériences mentales nouvelles, la notion théologique d'un Dieu infiniment puissant a libéré les esprits du cadre fini où la pensée grecque avait inclu l'Univers. » (P. Duhem, *Études sur Léonard de Vinci*, 1906-1909.)

Si les vues de Duhem ont été contestées et ne sont plus admises telles quelles, elles ont montré avec vigueur l'importance de la science médiévale et posé en termes neufs la question des origines de la science moderne.

L'« autre » science

Au cours du troisième quart du XIIIe siècle, le temps de l'apogée du thomisme, mais aussi des événements qui aboutissent à la condamnation d'Étienne Tempier, l'Europe occidentale se donne une science. Après avoir plus ou moins assimilé et plagié les modèles gréco-arabes, une pensée scientifique originale se manifeste en des lieux et en des conditions très diverses. De 1254 à 1270, Albert le Grand entreprend une œuvre immense qui lui vaudra le nom de « Docteur Universel ». Il la fonde sur un commentaire d'Aristote dont il veut mettre tout le savoir à la portée des chrétiens. Mais au lieu de commentaires littéraux, qui seront ceux de Thomas d'Aquin, il paraphrase le texte du philosophe en introduisant les remarques d'autres commentateurs ainsi que les résultats de ses propres observations. Son œuvre scientifique originale est celle d'un naturaliste. Grand observateur, il écrit, à partir d'un traité apocryphe attribué à Aristote, un *Traité des végétaux ou plantes*, où il cherche à classer les végétaux, à en comprendre la physiologie tout en donnant des conseils pratiques sur la vinification ou la conservation du fumier. Son *Traité des animaux* commence par un commentaire d'Aristote mais il développe des vues beaucoup plus personnelles. Il pratique des dissections sur l'œil de la taupe ou sur le scorpion dont il étudie le système nerveux, et compare les œufs de poissons et ceux des oiseaux.
Albert est un des grands théologiens du XIIIe siècle. Il a enseigné à Paris mais, à la différence de ce qui se passe pour la théologie, Paris n'est pas, dans le domaine scientifique, le centre du monde. Les franciscains d'Oxford, refusant Aristote, ont affirmé leur confiance en l'expérimentation. Le plus célèbre de tous, Roger Bacon, proclamait que « le raisonnement ne prouve rien, tout dépend de l'expérience ».

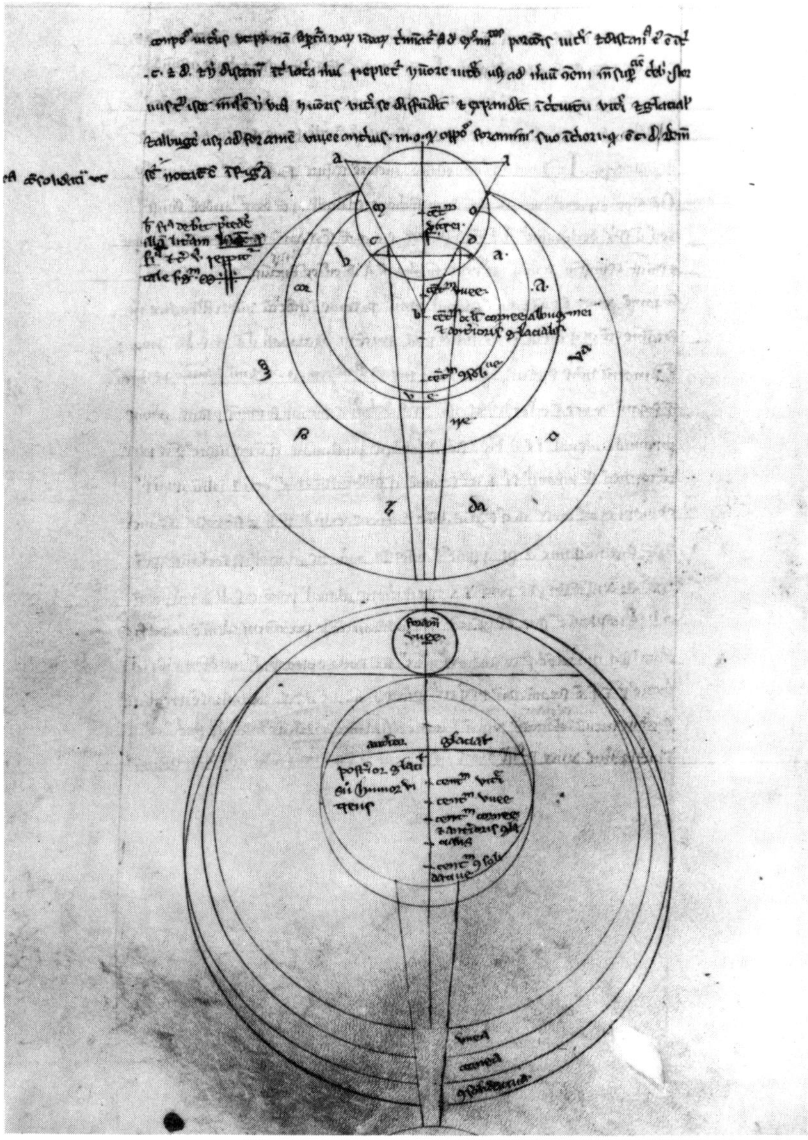

L'optique de Roger Bacon. A l'aide de schémas géométriques, Roger Bacon reconstitue les différents milieux que traverse la lumière dans un œil, permettant ainsi de mettre en évidence la courbure des milieux réfrigents, c'est-à-dire les endroits où la lumière subit des phénomènes de réfraction (cf. p. 251-273). (Dessins in R. Bacon, Opus majus, *XIIIe siècle; British Library, Londres. Ph. © British Library/Photeb.)*

Roger Bacon (v. 1216-v. 1292)

Roger Bacon commence ses études à Oxford, où il acquiert la maîtrise ès arts, puis il vient enseigner à Paris. De retour à Oxford vers 1247, il entre chez les franciscains vers 1257. Disciple de Robert Grosseteste, il laisse une œuvre scientifique essentiellement consacrée à l'optique, mais il est surtout connu pour ses déclarations en faveur de la science. Il attribue une place prééminente à l'expérience et affirme que l'homme peut faire fonctionner des machines qui vont toutes seules sur la terre, sur l'eau et même dans les airs. Il pense que tout ce savoir humain doit être mis au service de l'Église pour vaincre l'infidèle et l'Antéchrist dont la venue est, selon lui, proche. En fait, la pensée de Bacon est moins novatrice que certaines de ses formules ont pu le faire penser. Sa conception de l'expérience n'est pas celle de la science actuelle. Selon lui, les machines qu'il annonce, hormis la machine qui vole, ont toutes déjà existé et existent, sans doute, à son époque, en des lieux qu'il ne connaît pas. Très ouvert aux innovations il reste profondément ancré en son temps; il n'est pas le génie visionnaire que certains ont vu en lui.

Mais son œuvre s'avère moins originale que la légende ne le laisse croire. Il professait une profonde admiration pour un certain Pierre de Maricourt qu'il tenait pour un des deux plus grands mathématiciens de son temps. Hormis cet éloge nous ne savons de la vie de Pierre de Maricourt que ce qu'il a bien voulu confier dans un des deux textes connus de lui : l'*Epistola de Magnete* ; l'autre n'est que partiellement édité, il s'agit d'un traité d'astrolabe. Pierre de Maricourt écrit sa missive en 1269, sous les murs de Lucera assiégée par Charles d'Anjou, le frère de Saint Louis. Pour beaucoup, il aurait été un ingénieur militaire au service du prince, un de ces *ingeniatores* comme toutes les grandes armées en possédaient alors. L'hypothèse est plausible, nous ne retrouvons nulle part sa trace dans le monde des universités. Le *De Magnete* est un opuscule dont l'édition atteint tout juste une quinzaine de pages, mais son importance ne tient pas à sa longueur. Première originalité, les références aux auctoritates sont inexistantes. Et la chose s'explique, le discours de Pierre de Maricourt s'appuie essentiellement sur l'observation et sur l'expérience, non pas l'expérience au sens aristotélicien du terme, c'est-à-dire la confirmation d'un fait par sa reproductivité observée dans la nature, mais bien d'expérience scientifique, c'est-à-dire provoquée et répétée volontairement. Le fait de briser un aimant pour regarder la position des pôles des deux fragments est une opération expérimentale. Démarche nouvelle qui s'est manifestée en marge de l'université.

Le *De Magnete* de Pierre de Maricourt (1269)

« Comme on l'a dit, la partie nord de la pierre attire donc celle du sud et réciproquement. Dans cette attraction, la pierre (douée) d'une force plus grande est l'agent et celle (douée) d'une force plus faible, le patient. Or je pense que la cause de ceci se pose de la manière suivante : en effet, l'agent ne tend pas seulement à s'assimiler le patient mais à se l'unir, pour que de l'agent et du patient soit produit un objet numériquement unique. Et tu peux faire l'expérience de ceci dans cette pierre merveilleuse, de la manière suivante : prends une (seule) pierre que tu représentes par la ligne AD, dans laquelle A soit le nord, D le sud ; et divise la (pierre) en deux parties, de sorte que deux pierres proviennent de celle-là. Ensuite tu déposeras la pierre marquée par A dans l'eau de sorte qu'elle (y) flotte ; tu verras que A se tourne vers le nord comme avant (qu'on ait divisé la pierre). En effet la fraction n'enlève pas les propriétés des parties de la pierre, si celle-ci est homogène ; et ainsi il faut que la partie de cette pierre située dans la brisure même, et que nous nommerons B, soit méridionale. Donc cette pierre, dont on vient de parler, sera représentée par AB. Quant à l'autre pierre marquée par D, tu verras si elle est posée sur l'eau, que D sera pôle sud comme auparavant parce qu'il se tournera vers le sud si la (pierre) est déposée sur l'eau. La partie opposée, du côté de la brisure, sera septentrionale, nous la désignerons par C ; cette pierre sera donc (représentée par) CD ; (supposons) que la première pierre AB soit l'agent et CD le patient, et ainsi tu vois que des deux parties des deux pierres, qui, avant la séparation, existaient d'une manière continue dans la pierre unique, après la séparation, l'une se trouve être septentrionale et l'autre méridionale. Que si de nouveau les deux parties sont rapprochées, l'une attirera l'autre jusqu'à ce qu'elles se rejoignent au point BC où était la fracture. » (*in* P. Radelet-de Grave et D. Speiser, 1975.)

Mutations profondes aussi dans le domaine de l'optique. Le Silésien Witelo (v. 1220-1275), qui étudia à Paris et à Padoue, semble avoir surtout travaillé en Italie et sans doute en Bohême. Bon connaisseur des œuvres antiques et arabes, Witelo expérimente. Il construit ses propres miroirs paraboliques et, partant de travaux de Ptolémée et d'al-Hazen, met au point une méthode qui lui permet de mesurer la valeur des angles de réfraction (cf. p. 260) de la lumière à travers l'air, l'eau et le verre en faisant varier l'angle d'incidence des rayons. Il tente d'en donner une expression mathématique.

Des mêmes années doit être daté le *Liber Jordani de ratione ponderis*, qui développe les travaux que Jordanus de Nemore avait entrepris dans la première moitié du siècle. Il s'intéresse en particulier aux leviers coudés et au plan incliné. La statique médiévale est née, ces travaux du milieu du XIIIe siècle auraient influencé les mécaniciens du XVIe siècle, en particulier Simon Stevin (1548-1620).

Autre nouveauté, la *Theoria planetarum* de Campanus de Novare, personnage dont on ne connait que peu de chose sinon que cet Italien a écrit son œuvre dans le troisième quart du XIIIe siècle, probablement dans le milieu de la cour pontificale. A la différence des traités *De la sphère* antérieurs, qui présentaient des vues souvent très simplifiées du système de Ptolémée, son ouvrage est le premier à exposer en latin le système du maître alexandrin dans le détail et qui sur certains points, comme la manière de calculer les dimensions et les distances des planètes, dépasse l'*Almageste*. Campanus de Novare propose, encore une fois le premier, un modèle d'équatoire, appareil complexe qui vise à reproduire le mouvement des planètes et des étoiles à partir de la théorie ptoléméenne.

Connaître la position des astres sur la voûte céleste était indispensable à l'astrologue, l'équatoire fournissait une solution, l'autre était donnée par les tables astronomiques. Les progrès de l'astronomie d'observation ont permis d'en établir de nouvelles.

Ces exemples manifestent l'émergence d'une science nouvelle. Elle se réfère très souvent aux Anciens, certains de ces discours, tel celui d'Albert le Grand, seront encore remplis de références antiques, d'autres les ignoreront, comme Pierre de Maricourt, mais par l'observation et l'expérience, le recours aux mathématiques, ils vont au-delà de l'apport gréco-arabe. La science ne se satisfait plus du commentaire ou du résumé des acquis de l'héritage du passé. Certes sa langue reste le latin, certes la révérence envers Aristote persiste mais l'ambiance change, au raisonnement sur les *auctores* succède le raisonnement sur les données acquises par le savant.

La tentative de Thomas d'Aquin, qui souhaite constituer la théologie en science, s'est soldée par un échec. Alors que son œuvre théologique et philosophique a été très largement réhabilitée après les événements de 1277, puisque le maître dominicain fut canonisé en 1323, son discours sur la scientificité de la théologie n'a pas été repris. Discipline à part, la théologie, qui puise ses données de base dans la foi, n'a pas à participer à une science fondée sur l'observation et la raison. Alexandre de Halès connaissait un triomphe posthume. Les fondements épistémologiques de la position de Thomas étaient trop faibles en eux-mêmes pour qu'elle puisse résister à l'attaque que ses adversaires avaient lancée contre tout son système de pensée. D'autre part, la conception qu'il se faisait de la science reposait sur la conception très livresque, scolastique du savoir, qui s'est trouvée remise en cause par l'émergence d'une science nouvelle.

Plus important sans doute que de trouver les raisons, pour nous évidentes, de cet échec, il faut se demander pourquoi un esprit aussi remarquable que celui de Thomas d'Aquin a tout fait pour constituer la théologie en science. Il ne s'en est jamais expliqué. Le fait correspond, semble-t-il, à un besoin d'opposer au savoir organisé et scientifique d'Aristote et de ses commentateurs, considéré comme un modèle, un autre savoir tout aussi organisé, tout aussi scientifique, mais plus vrai, reposant sur la parole divine. Or la chose demeure possible tant que la science repose sur un discours, se définit sur le modèle scolastique, celui du quotidien de Thomas d'Aquin. Être savant, c'est raisonner sur la Bible comme sur Aristote, c'est employer dans les deux cas un même langage scientifique.

Or la volonté de Thomas d'Aquin rencontrait celle de l'autorité religieuse, faire de la théologie une science, quelque chose qui s'enseignait, qui prouvait. Faire de la théologie une science, c'était se garantir des moyens d'action efficace de conversion. La position de l'Église, du pape en particulier, mais aussi de bien des clercs, reposait sur une ambiguïté de vocabulaire, sur une absence de définition du concept de science comme le montrent les différentes « classifications de sciences ».

Pour constituer la théologie en science, Thomas d'Aquin a été lui-même obligé de donner au concept de science une acception beaucoup plus stricte, il la définit par rapport à son objet, à ses méthodes et dans ses relations avec les autres sciences. Par là même, il donne un statut particulier à la théologie, pour la distinguer des autres disciplines et de la philosophie. Il contribue à définir la science au moment où elle naît en Occident.

Mais cette définition se heurtait à deux obstacles. Le premier tient à une définition trop aristotélicienne, donc dangereuse, ce qui explique le retournement des autorités, le vrai scientifique risque de se heurter au vrai révélé, la séparation devient nécessaire. Le second apparaît lorsque, en face de la science définie par le théologien dominicain, apparaissent les prémisses d'une autre, fondée sur l'observation et l'expérience, qui fait ressortir les faiblesses épistémologiques du raisonnement thomiste.

L'auteur tient à remercier tout particulièrement Jean-Marc Drouin qui l'a considérablement aidé dans la préparation et la rédaction de ce texte.

Marchandise se doit leaumen
maintenir sans fraude et
usure car autrement ce n
as marchandise mes est deception faulce
mauvaise dont il est dit en exode ou
iie chappitre que nul ne doibt opprim
prouchain par usure. Pareille sen

Calcul, algèbre et marchandise

PAUL BENOIT

Comment, à la fin du Moyen Age, les mathématiciens, chargés par les marchands de Florence et d'ailleurs d'enseigner le calcul à leurs enfants, ont pratiqué l'algèbre et ce qui s'en est suivi.

La science grecque était géométrie, sa physique raisonnait, déduisait mais ne calculait guère. Le calcul est de nos jours un fondement essentiel pour toutes les sciences mais aussi pour les techniques et l'activité économique. Vérité d'évidence au temps de l'informatique, pourtant la volonté de mettre le monde en équations remonte à des temps bien plus anciens. Encore fallait-il savoir résoudre, et d'abord poser, une équation. On peut discuter longtemps sur la valeur du calcul grec, sur les antécédents possibles à l'œuvre de Diophante, on peut montrer qu'Archimède et les mécaniciens d'Alexandrie utilisaient le calcul; il n'en est pas moins certain que le calcul algébrique ne s'est développé dans l'Europe chrétienne qu'à partir de la fin du Moyen Age et du début des temps modernes. Selon un point de vue communément admis l'algèbre naît en Europe occidentale avec Viète, le premier, dit-on, à avoir employé des lettres pour signifier l'inconnue. Viète n'aurait pu arriver à ces résultats que grâce à la redécouverte au XVIe siècle de l'œuvre de Diophante d'Alexandrie. L'affaire est-elle si simple? Peut-on faire d'un homme le père de l'algèbre parce que son symbolisme a servi de modèle? Avant François Viète, d'autres ont cherché à exprimer des réalités algébriques par des symboles: Jérôme Cardan, Raffaele Bombelli ou Nicolas Chuquet. Le cas de Nicolas Chuquet, mathématicien français qui vécut dans la seconde moitié du XVe siècle, fait pénétrer dans un monde très différent de celui de Viète. Chuquet a écrit son œuvre en français, et non en latin, langue des savants pendant l'époque médiévale et l'époque classique, et surtout il comptait parmi les professeurs de mathématiques qui tentaient de faire passer une partie de leur science dans la tête des fils de marchands à la fin du Moyen Age. Chuquet n'est pas un isolé. En Italie, plus particulièrement à Florence et à Venise, des mathématiciens de son espèce ont vécu, ont travaillé, ont produit des œuvres qui marqueront sans doute l'histoire du calcul arithmétique et algébrique. Qui marqueront, car cette histoire est en cours d'élaboration, elle se fait grâce à des chercheurs italiens ou allemands, américains, anglais ou français. Histoire ingrate, les textes sont nombreux, souvent proches les uns des autres, la plupart du temps manuscrits, en certains cas mal écrits. La pensée de certains auteurs apparaît parfois confuse, les erreurs fréquentes. Pour un Chuquet ou un Benedetto de Florence, que d'anonymes aux œuvres sans originalité mais qui peuvent contenir les indices d'une évolution. L'histoire qui est tentée ici ne

Boutique de marchand au XVe siècle. Un grand personnage vêtu d'un habit au col d'hermine discute avec le commerçant; il faut savoir vendre. Sur la table où sont posés des bijoux, une boîte de poids nécessaire à l'usage de la balance; il faut savoir peser, donc compter. (Miniature du manuscrit de J. Le Grant, le Livre des bonnes mœurs, *Bibl. du musée Condé, Chantilly. Ph. Hubert Josse © Arch. Photeb.)*

présente pas de grands savants à l'image canonique, elle est davantage celle d'un milieu scientifique. Il s'agit en effet de rechercher, non pas les origines de l'algèbre en Europe occidentale, mais les conditions dans lesquelles les sciences du calcul ont pu se développer en un temps donné — les derniers siècles du Moyen Age —, et en un milieu donné, celui des marchands pratiquant le grand commerce. Au-delà, de replacer les résultats obtenus dans un cadre plus général, celui de l'histoire du calcul à l'intérieur du monde méditerranéen. Même si les conclusions qui sont proposées ne sont que partielles, elles peuvent permettre de poser en termes un peu plus clairs le problème des rapports du développement scientifique et de l'évolution socio-économique.

Le commerce méditerranéen

La croissance de l'Europe médiévale, l'essor de la production agricole et le développement des villes, la diffusion des monnaies s'accompagnent d'une expansion commerciale à tous les niveaux. La multiplication des marchés locaux va de pair avec la mise en place d'un réseau international. L'Europe occidentale commerce en particulier avec l'Orient byzantin et musulman. Elle exporte ses draps, ses métaux, son argent et importe des produits de luxe comme la soie ou les épices venus d'Extrême-Orient, ou certaines matières de première nécessité pour son industrie textile tel l'alun, un mordant indispensable à la préparation de la teinture des draps, ou des produits tinctoriaux. L'Occident chrétien échange aussi avec l'Occident musulman ; le blé d'Afrique du Nord ou de Sicile, la laine, le cuir, le corail du Maghreb, les draps d'Italie ou de Catalogne, l'or et les épices d'Afrique, l'argent européen animent le trafic. L'Italie, de par sa position géographique et ses traditions, tient une place privilégiée dans ce commerce international qui a fait la fortune de grandes cités, Venise, Gênes, Pise ou Florence.

Alun : sulfate double étant utilisé comme mordant dans l'industrie textile. La teinture pouvait prendre, mordre, sur les tissus ou les fils après qu'ils aient été traités à l'alun. Produit indispensable à l'industrie textile, l'alun fait l'objet d'un commerce très important au Moyen Age.

Dès le XIIe siècle, Vénitiens ou Génois s'organisent, s'associent pour mener à bien des opérations outre-mer. Un capitaliste fournit les fonds à un commerçant itinérant qui apporte son travail et parfois aussi une part des fonds. Déjà, il faut savoir compter, partager les bénéfices ou les pertes en fonction du contrat. A partir du XIIIe siècle, de grandes compagnies créées pour durer s'organisent dans des villes de l'intérieur de la Péninsule. Les membres d'un groupe familial et leurs alliés fournissent le capital, le *corpo*, ils se partagent les bénéfices au prorata de leurs investissements, ils assument la charge des pertes éventuelles. La compagnie accepte aussi les placements de particuliers qui touchent un revenu fixe. Des associations de ce type ont pris une ampleur considérable, celle des Bonsignori de Sienne au XIIIe siècle, celles des Bardi et des Peruzzi de Florence au XIVe. Les grandes entreprises florentines avaient des succursales dans tout le bassin de la Méditerranée et dans les pays d'Europe occidentale. Pour elles, le commerce s'accompagne d'une intense activité bancaire qui les introduit auprès des plus grands, le pape ou les souverains utilisent leurs services.

Au milieu du XIVe siècle, une crise d'une ampleur exceptionnelle frappe l'Europe. Crise démographique : après des siècles de croissance la population stagne ou commence à diminuer lorsqu'elle est atteinte par la peste noire (1348). L'Europe perd en un siècle, selon les estimations les plus vraisemblables, environ la moitié de sa population. Cet effondrement s'inscrit dans un contexte de dépression économique et de conflits politiques. La production et les prix s'effondrent au moment où des guerres, en premier lieu la guerre de Cent Ans, ravagent le continent. Le phénomène est complexe. Avant même que la peste ne se soit manifestée à Florence, les Bardi et les Peruzzi avaient fait faillite, victimes des prêts qu'ils avaient accordés à des princes, dont le roi d'Angleterre, incapables de les rembourser. Dans la seconde moitié du XVe siècle, le commerce se réorganise selon de nouvelles structures. Les compagnies à succursales font place à des compagnies à filiales, c'est-à-dire qu'un même groupe capitaliste, groupe familial comme auparavant, contrôle des compa-

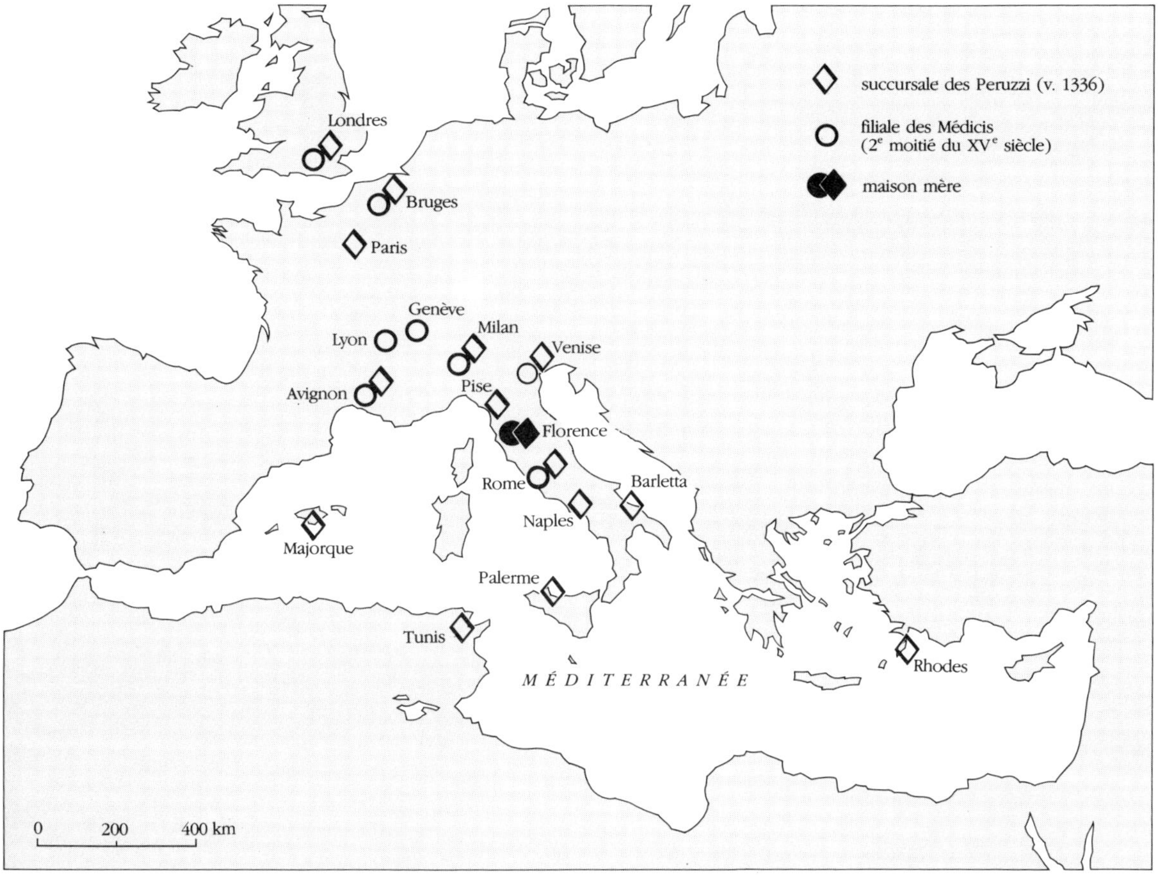

Implantation des grandes compagnies italiennes aux XIVe *et* XVe *siècles.*

gnies juridiquement indépendantes : en termes actuels on pourrait parler de *holding*. Le système est plus souple, un échec local n'entraîne pas la faillite de l'ensemble. Cosme de Médicis (1389-1464) a bâti son empire commercial et industriel sur ce modèle.

L'ampleur des affaires exigeait correspondance et comptabilité, les capitaux mis en cause demandaient des assurances. Les derniers siècles du Moyen Age voient apparaître la comptabilité « en partie double » et se multiplier les contrats d'assurances. Il fallait également des moyens de paiement, les grandes compagnies commerciales italiennes sont aussi des compagnies bancaires ; elles mettent au point la lettre de change, bref texte par lequel un homme s'engage à rembourser à une date ultérieure, en un autre lieu et en une autre monnaie, une somme qui lui a été avancée. Elle est donc un moyen de crédit, de transfert et de change.

Comptabilité en « partie double » : comptabilité complexe, utilisant de nombreux comptes, mais obligeant surtout à porter pour chaque opération deux écritures, l'une en crédit, l'autre en débit, afin que le solde soit toujours nul.

Une lettre de change

« Au nom de Dieu, le 18 décembre 1399, vous paierez par cette dernière lettre à l'usance, à Brunacio di Guido et Co, CCCCLXXII livres X sous de Barcelone, les quelles 472 livres 10 sous valant 900 écus à 10 sous 6 deniers par écu m'ont été acquittées ici par Ricardo degl'Alberti et Co. Payez les en bonnes et due forme et mettez les à mon compte. Que Dieu vous garde. Ghuiglielmo Barbieri. Salut de Bruges » (*in* J. Le Goff, 1986).

L'usance est le délai habituel de recouvrement d'une lettre de change d'une place à l'autre. De Bruges à Barcelone l'usance était au XVe siècle de trente jours. Une telle lettre de change couvrait des opérations de change, de transfert et de crédit. Elle devint un des instruments essentiels du commerce italien à la fin du Moyen Age.

Apprendre la marchandise

Florence au XIV*e siècle. La ville est ceinte de murailles. La concentration de la population se marque par l'élévation des maisons et la richesse de la cité par l'importance des constructions de pierre. La cathédrale actuelle n'est pas encore construite mais on reconnaît le Baptistère, à droite de la porte du mur d'enceinte.*
(Détail de la fresque la Madone de la Miséricorde, *École florentine du* XIV*e siècle; Loggia del Bigallo, Florence.*
Ph. © Alinari/Giraudon/Photeb.)

« On ne doit pas être paresseux à écrire », la formule de ce marchand anonyme de Florence au XIVe siècle se comprend. Des lettres et des chiffres, le travail du commerçant passe par l'écriture. Un métier qu'il fallait apprendre. On peut retracer dans ses grandes lignes la formation des futurs marchands italiens de Pise, Venise, Gênes ou, surtout, Florence. Vers l'âge de sept ans les enfants entraient pour deux ou trois années dans une école élémentaire où ils apprenaient la lecture, l'écriture et des rudiments de grammaire. Donato Velluti, un Florentin du XIVe siècle, disait de son fils : « Ayant appris à lire en peu de temps, il devint bon grammairien... après il passa à l'abaque » ; l'abaque, c'est-à-dire le calcul. Le terme avait évolué, du sens primitif de table sur laquelle on déplaçait des jetons pour effectuer des opérations, il avait pris la signification, plus large, de calcul. Les maîtres enseignaient alors, outre l'arithmétique, « ce qui est utile au commerce ». Cet enseignement a pu être donné par des précepteurs ou des maîtres instruisant quelques enfants seulement. Ainsi Nicolas Chuquet, qui, avant d'être qualifié d'« algoriste » dans les livres fiscaux de Lyon, apparaît comme « escrivain », nom donné dans cette ville à ceux qui enseignaient aux enfants des patriciens et des grands commerçants. Luca Pacioli (v. 1445-v. 1517), auteur d'une célèbre *Summa arithmetica* imprimée à Venise en 1494, commença sa carrière comme précepteur des enfants d'un riche marchand vénitien, Antonio Rompiani. Mais, dans les villes italiennes, les futurs marchands passaient presque tous par l'école. A Florence, en 1338, « [...] les enfants apprenant l'abaque et l'algorisme dans six écoles étaient de mille à douze cents », selon le chroniqueur Giovani Vilani. Chiffres impressionnants pour une cité de moins de cent mille habitants, exceptionnels peut-être en raison de l'importance de Florence comme ville marchande et comme centre intellectuel. Mais, en 1345, il existait à Lucques des écoles publiques d'abaque ; à Milan, en 1452, trente-sept hommes d'affaires envoient une pétition au duc pour qu'il finance l'enseignement de la comptabilité pour leurs enfants ; en 1486, à Gênes, c'est l'Art de la Laine, le groupement des producteurs et marchands de textile de laine, qui ouvre une école.

Les écoles florentines sont les mieux connues, sans doute en raison de l'importance de la ville, mais aussi parce que l'enseignement des mathématiques y avait pris une place particulière. Même les Vénitiens, concurrents de Florence, et souvent ses ennemis, reconnaissaient à la cité toscane une supériorité en la matière. Les écoles florentines, les *botteghe dell'abbaco*, mot à mot les boutiques de calcul, semblent avoir toutes été privées. Maître Paolo dell'Abbaco, au milieu du XIVe siècle, est propriétaire de la sienne, il la lègue à un confrère et ami, l'héritage comprend le local et l'ensemble du matériel utile à l'enseignement. Son testament, mieux que toute autre source, éclaire la vie d'un mathématicien florentin du XIVe siècle. Rédigé en 1367, probablement peu de temps avant le décès de son auteur, il nous montre un homme aisé, propriétaire de deux maisons en ville et d'une autre à la campagne, à la tête d'un capital estimé à environ 1 000 florins à une époque où un serviteur gagnait annuellement 10 florins, un maître maçon 40 et un notaire environ 300. Une fortune non négligeable. Parmi ses exécuteurs testamentaires figurent un maître d'abaque mais aussi un riche marchand de soie. Ce que les documents laissent transparaître des ressources de ses collègues montre que Paolo n'était pas une exception. Moins fortunés que les grands marchands qu'ils fréquentent, les maîtres d'abaque réputés possèdent des revenus supérieurs à ceux des artisans, qui les situent parmi les plus riches de la classe moyenne.

D'autres, en revanche, ont un niveau de vie inférieur, ils apparaissent dans les comptes de construction pour avoir mesuré le travail accompli, calculé le volume des matériaux utilisés. Leur salaire, peu élevé, complète les revenus de leur enseignement. Un contrat de 1517 donne les conditions d'embauche d'un jeune enseignant par un maître de plus grande renommée, Francesco Galigai, qui avait besoin d'un adjoint ; la condition du débutant s'avère des plus médiocres, le salaire minimal qui lui est garanti se compare à celui d'un manœuvre. A Florence existe un groupe de professeurs, de professionnels qui vivent des mathématiques et, plus particulièrement, du calcul. Leur place dans la cité est reconnue et estimée. A la fin du XVe siècle un Florentin, Luca Landucci, définissant les hommes « les plus nobles et les plus valeureux » de sa ville, place parmi eux, à côté de Cosme de Médicis, sept artistes et deux évêques mais aussi deux maîtres de calcul.

Les traités

Les manuels permettent de se faire une idée de l'enseignement donné dans ces écoles. A Florence dès les années 1340, Paolo dell'Abbaco écrit une arithmétique à l'usage des marchands. Les ouvrages de ce type se multiplient en Italie, à Florence et à Venise, en particulier. L'imprimerie s'en empare, la première arithmétique commerciale est imprimée en 1478 à Trévise, une autre trois ans plus tard à Florence. Certaines connaissent un grand succès, la *Nobel opera de arithmetica* de Piero Borghi, un Vénitien, est l'objet de seize éditions entre 1484 et 1577. La *Summa de arithmetica, geometria, proportioni et proportionalita* de Luca Pacioli, énorme ouvrage qui contient, entre autres, une arithmétique marchande, est imprimée en 1494 à Venise. La première arithmétique commerciale allemande sort des presses à Bamberg, en 1482, quelques années avant l'œuvre du plus célèbre des maîtres de calcul allemands, Johanes Widman. A Nice, Francès Pellos publie le *Compendion de l'Abaco*, écrit en langue nisarde; l'ouvrage date de 1497. Francesch Sanct Climent fait imprimer son arithmétique pratique en catalan en 1482. On connaît un manuscrit provençal du milieu du XVe siècle. Si l'Italie a laissé les œuvres les plus nombreuses et les plus connues, le mouvement déborde le cadre de la Péninsule et même de l'Europe méditerranéenne.

Dans l'état actuel de la recherche, cinq manuscrits en français s'inscrivent dans cette tradition. Ils datent de la seconde moitié du XVe siècle. *Le Kadran aux marchans* a été écrit par Jehan Certain en 1485, un an après que Nicolas Chuquet eut terminé son *Triparty en la science des nombres* dont la dernière partie s'intitule: *Comment la science des nombres peut servir au fait de marchandise.*

Tous ces ouvrages sont écrits en langue vulgaire et non plus en latin comme l'essentiel de la littérature scientifique antérieure et du temps. Fait déterminant qui montre que ces traités s'adressent à un public différent, qui n'est pas celui de l'université, ni celui de l'humanisme naissant, mais un public pour qui le savoir ne se confond pas avec la culture héritée de l'Antiquité. La langue qu'ils utilisent, formée à partir des langages populaire et savant, n'est pas encore fixée: les termes varient d'un manuel à l'autre, signe de la jeunesse d'une discipline qui n'a pas encore défini son vocabulaire.

Ils sont écrits dans un but pratique. Chuquet voulait appliquer la science des nombres au commerce et Jehan Certain désirait que son livre soit « guide, enseignement et declaracion a tous marchans de bien savoir compter... ». Quant à Borghi, il écrivait son ouvrage pour les « jeunes gens destinés à la marchandise ». Le souci d'une pédagogie pratique est affirmé dans la plupart des traités.

L'utilité des mathématiques pour les marchands d'après
le Kadran aux marchans de Jehan Certain (1485)

« Et compareray le mien traicté a un kadran et pourtant le veulx appeler le kadran aux marchans car tout ainsi que le kadran est guide, conducteur et chemin de toutes manieres de gens pour congnoistre la limitation du temps et du jour. Ainsi ce petit traicté sera guide, enseignement et declaracion a tous marchans de bien savoir compter pour justement prandre et donner en vendant et achetant a chacun selon son loyal droit. »

« [...] parlera ceste seconde partie de poix, de mesures, de compaignies, des changes et autres contrat et pourtant est nécessaire a chacun qui vouldra user de marchandise [...]. »

Un nouveau calcul

Autre trait commun, autre nouveauté: tous utilisent le calcul sur papier. La méthode commençait juste à s'imposer dans certains milieux, celui des astronomes à côté de celui des marchands. La quasi-impossibilité d'opérer en chiffres romains a rendu nécessaire, pendant des siècles, le recours à l'abaque et au calcul par jetons. Ces pratiques sont encore celles de la comptabilité publique à la Renaissance. Déjà l'arrivée des chiffres arabes (cf. p. 167) avait apporté des modifications sensibles, l'opération était posée, mais inscrite sur de la cire, du sable ou de la poussière, les résultats intermédiaires étaient effacés à mesure, il n'y avait pas de retenues. La diffusion du papier en Occident, donnant à l'écriture un support bien meilleur marché que le parchemin, bouleversait les conditions matérielles du calcul mais aussi toute une pratique des opérations. Les chiffres sont posés, les résultats intermédiaires maintenus, de nouvelles mises en forme des opérations deviennent possibles, donc de nouvelles pratiques opératoires.

L'abaque

Le Moyen Age a connu plusieurs types d'abaques, c'est-à-dire de tables ou de tablettes servant à effectuer des calculs, comme de nos jours le boulier sert encore en Union soviétique ou en Extrême-Orient. Le plus fréquent est l'abaque linéaire qui se présente sous forme d'une planche sur laquelle sont matérialisées par des lignes l'unité et les puissances de 10. Entre les lignes on peut mettre un jeton intermédiaire valant 5, pour l'espace entre la ligne des unités et celle des dizaines, 50 pour l'espace entre dizaines et centaines, etc. Chaque jeton placé sur une ligne vaut une fois ce qu'indique sa place: trois jetons sur la ligne des unités valent 3, 5 sur la ligne des milliers, 5 000 (la croix indique la ligne des milliers). Ainsi, 5 807 se pose:

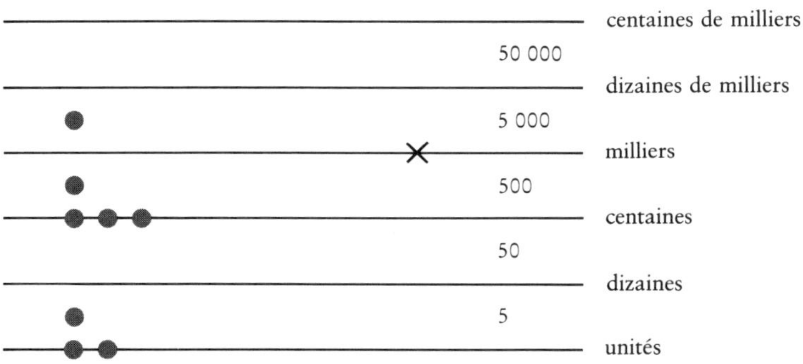

Additions et soustractions sont faciles à résoudre, les autres opérations sont beaucoup plus difficiles. Par exemple, l'addition de 17 617 et 4 861, dont le résultat est bien 22 478, se pose de la sorte:

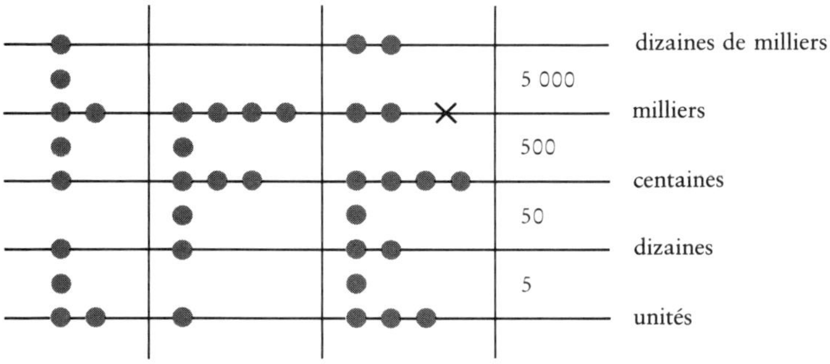

Le tronc commun

Les traités débutent par une arithmétique qui, à l'exception de l'œuvre de Nicolas Chuquet, traite d'emblée des problèmes marchands. A quelques détails près, leurs plans sont bâtis sur la même trame. Un exemple, *le Kadran aux marchans*. Il se divise en quatre parties. La première commence par la numération en chiffres arabes, continue par l'addition et la soustraction, leurs preuves, la multiplication, la division et les preuves par 7 et par 9. Il passe ensuite aux fractions, qu'il appelle « nombres rompus » : réduction, addition, soustraction, multiplication et division, il n'aborde la simplification qu'en fin de chapitre. Commence alors la seconde partie consacrée, selon l'auteur, « aux poids, mesures, compagnies et changes », montrant par là ses ambitions pratiques, et qui traite de la règle de trois et de ses applications. La division des chapitres se fait en fonction de critères pratiques et non mathématiques. L'auteur y aborde les problèmes liés à la règle de trois composée. Il s'intéresse ensuite, mais de manière beaucoup plus brève, aux problèmes de fausse

La *fausse position* permet de résoudre un certain nombre de problèmes sans passer par l'utilisation du symbolisme algébrique. La méthode consiste à trouver une inconnue à partir d'une ou deux solutions, une ou deux positions, fixées arbitrairement. Des calculs difficiles à mettre en œuvre, et qui peuvent entraîner des erreurs, permettent d'arriver à la solution. Laissant place aux équations algébriques, la méthode des fausses positions est aujourd'hui abandonnée.

Opposition et remoussion ou *apposition et remotion*: ce procédé de calcul, mal compris par beaucoup d'auteurs, est un moyen de trouver des solutions entières à des problèmes indéterminés de deux équations à trois inconnues.

position simple et double et à la règle dite d'« opposition et remoussion » avant de terminer, plus rapidement encore, avec les progressions. « Le fait des monnoyes et billons, de l'or et de l'argent », titre de la troisième partie, affirme le souci économique. Elle contient les méthodes nécessaires à un marchand pour savoir régler, grâce au calcul, tous les problèmes que lui pose le maniement des monnaies et des métaux précieux. La dernière partie, tout à fait spécifique de ce livre, intitulée « Alliages et essais », possède un caractère nettement technique, enseignant les méthodes qui permettent d'affiner les métaux précieux. Elle échappe donc à notre histoire.

Le plan de Borghi présente bien des similitudes avec celui de Jehan Certain : la numération, les quatre opérations élémentaires de l'arithmétique, les fractions, la règle de trois, l'alliage des métaux, *De ligar metalli*. Le livre se termine par une série de problèmes, certains ont trait au commerce alors que d'autres se situent dans une tradition différente. Ainsi celui du serpent qui grimpe le long d'une tour pendant la journée, il franchit une certaine distance, mais redescend la nuit, durant son sommeil, d'une distance moindre ; la question est de savoir au bout de combien de jours il aura atteint le sommet. Quelques rares différences dans la présentation : la multiplication et la division sont présentées avant l'addition et la soustraction, les paragraphes portant sur les fausses positions, l'« opposition et remoussion », sont absents chez Borghi tout comme le chapitre technique terminal.

Les similitudes l'emportent et se retrouvent dans tous les traités. Les auteurs, en fonction de leur formation, du milieu ou de leurs intérêts propres, construisent leurs livres sans guère modifier un ensemble de connaissances mathématiques se rapportant à des opérations commerciales semblables qui constitue un tronc commun de connaissances jugées indispensables à la formation du futur marchand.

Les opérations

La *numération de position* est la nôtre ; elle est liée à l'usage des chiffres dits arabes. On parle de numération de position puisque le chiffre a dans le nombre une valeur qui tient à sa position : le 1, placé à droite d'un nombre, signifie l'unité ; en deuxième position, toujours à partir de la droite, il signifie la dizaine, etc.

La numération de position, parfois accompagnée d'une brève dissertation sur les différentes manières d'écrire les nombres, ne fait pas l'objet de longs développements, elle semble considérée comme acquise. Il en va de même pour l'addition et la soustraction. Elles sont posées et résolues comme de nos jours à d'infimes détails près. Les exemples concernent essentiellement des opérations portant sur les monnaies, plus délicates. Les nombres décimaux sont inconnus et les sous-multiples des différentes espèces en cours varient. Dans le système de compte dominant, une livre vaut vingt sous, un sou douze deniers. La simple addition de deux sommes requiert donc l'emploi, au moins théorique, de divisions ou de soustractions. La preuve de l'addition se fait par soustraction et vice versa.

Les auteurs ont parfois du mal à définir la multiplication mais ils la pratiquent avec aisance. Plusieurs types de multiplications coexistent portant des noms variables selon les manuscrits. On peut multiplier en croix, méthode qui exige de retenir un nombre considérable de résultats partiels et risque de conduire à beaucoup d'erreurs, par *gelosia* ou *carrat* en disposant dans une grille les résultats intermédiaires de telle sorte qu'il ne soit pas utile de faire intervenir des retenues, enfin selon une technique très proche de ce qui se fait de nos jours. D'autres méthodes existaient encore, l'imagination des abacistes italiens ayant été très féconde.

La multiplication en croix apparaît comme un héritage périmé du calcul sur le sable qui effaçait les résultats intermédiaires. La marque du passé est encore plus visible dans la plus difficile de toutes les opérations, la division. Jusque vers les années 1460 en Italie, 1485 en France, on pratique par divisions successives en rayant ce qui a été divisé et en conservant les restes, ce que Jehan Certain appelle dans *le Kadran aux marchans*, « partir par gallée ». Au lieu d'effacer les résultats intermédiaires comme sur le sable, le calculateur les biffe.

La nouvelle forme de la division qui, comme de nos jours, conserve les résultats des soustractions successives, transforme complètement la pratique de l'opération. Plus claire, donc plus sûre, elle limite considérablement les erreurs. La vérification des multiplications et des divisions s'effectue grâce aux preuves par 9 et par 7.

La multiplication

La multiplication de 578 par 76 589 s'inscrit dans une grille (à gauche) et se dispose de la sorte (à droite). Il suffit de multiplier un chiffre de multiplicateur par un chiffre du multiplicande et de placer le résultat dans la case formée au croisement des colonnes en tête desquelles sont situés ces chiffres. Comme il n'y a pas de retenue l'opération peut être commencée dans n'importe quel ordre. Le résultat est obtenu par addition des chiffres en diagonale. Le résultat se lit 44 268 442.

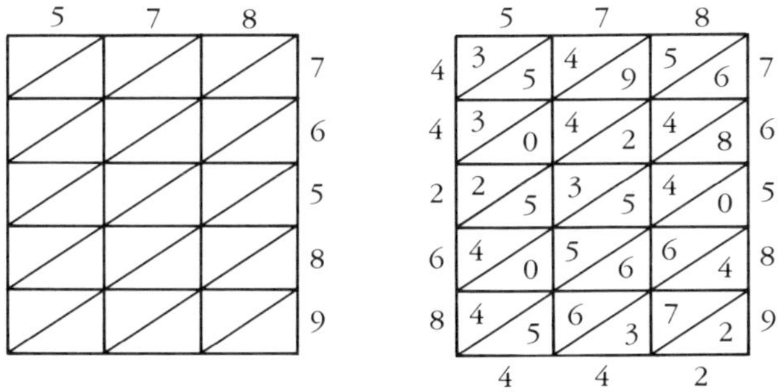

La division de type ancien

Division de type ancien en biffant les résultats intermédiaires (manuscrit français 2 050, v. 1460).

	« Reste 17	
	11	
	22	
	1117	
nombre party	4539	
nombre qui vient du partement	133	
le partideur	3444	
	33	en vient 34 1/2 »

	11	
L'opération se décompose ainsi :	4539	soit 45-34 = 11.
	1	
	34,	

	1	
	2	
	111	
On divise alors 113 par 34.	4539	soit 3 × 3 = 9, ôtés de 11, il reste 2 qui donnent 23 ; puis 3 × 4 = 12, ôtés de 23, reste 11.
	13	
	344	
	3,	

	11
	22
	1117
L'opération se termine selon la même démarche :	4539
	133
	3444
	33

L'opération n'est pas très difficile mais sa disposition peut conduire à bien des erreurs ; elle occupe une place considérable dès que le dividende et le diviseur se composent de nombres importants. Elle a été souvent qualifiée de « gallée » tant sa forme rappelle celle d'un navire.

La division de type moderne

Division de type moderne, *le Kadran aux marchans* (1485).

« L'on veult partir 6753 livres a 12 personnes...

```
   6753        67
   ----        60
   0562       ----
   ----         75
     12         72
               ----
                33
                24
               ----
                 9 »
```

Soit un résultat de 562 $^{9}/_{12}$ ou 562 $^{3}/_{4}$.
Seules la disposition et l'absence de décimales diffèrent de la méthode employée dans les écoles françaises. Cette présentation est utilisée dans les pays anglo-saxons.

Les fractions

Des opérations sur les entiers, les traités passent aux fractions, *rotti* des textes italiens, « nombres routz » ou « nombres rompus » des textes français. Les auteurs connaissent les fractions même si leur définition s'avère délicate. La réduction au même dénominateur est chose courante, ainsi que la simplification. L'addition, la soustraction et la multiplication des fractions ne semblent guère poser de difficultés, en revanche, la division restera longtemps source d'erreurs. A la fin du XVe siècle, un bon calculateur, comme Jehan Certain, ne sait pas encore qu'il peut diviser en multipliant par la fraction inversée alors que plusieurs de ses contemporains pratiquent cette méthode.

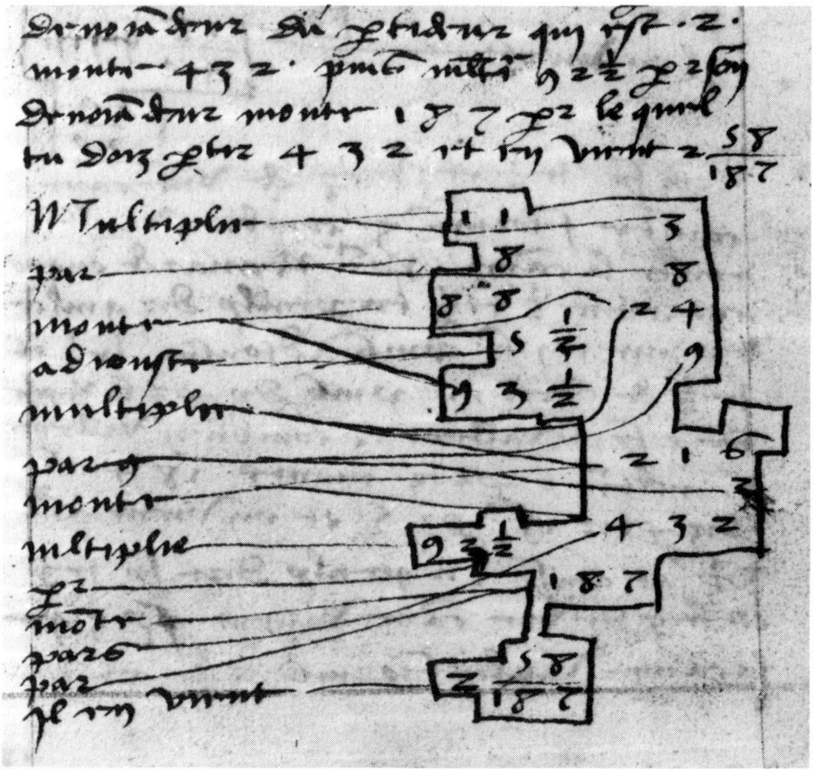

Complexité des calculs fractionnaires. Le problème consiste à trouver par la règle de trois la valeur de 3 canes d'un drap dont on sait que les 11 canes 5 pans 1/2 valent 9 florins. La présentation de l'opération contient en elle-même de nombreuses possibilités d'erreurs. (Manuscrit français 2 050, fol. 67, v. 1460; Bibl. nat., Paris. Ph. © Bibl. nat./Photeb.)

La division de fractions

Jehan Certain dans *le Kadran aux marchans* (1485):
« Pour partir nombre rompu (fraction) premier (d'abord) faut reduire et savoir ce que vault ce que voulez partir (diviser) et ce par qui le voulles partir et apres partir commese ils fussent entiers. »
L'exemple pris est la division de $1/2$ par $1/3$. Il réduit au même dénominateur et arrive au résultat. « Et $1/3$ et demy en vient à la part », ce qui est faux.

Manuscrit français 2 050, midi de la France (v. 1460):

«	8	9	
Party	2	3	
Par	3	4	
Il en vient	12	....	$8/9$ »

Il s'agit de diviser $2/3$ par $3/4$. L'auteur réduit les deux fractions au même dénominateur, soit $8/12$ et $9/12$. Il indique la valeur du numérateur sous la barre verticale, les numérateurs provenant de la réduction sont placés sur les numérateurs initiaux. Il suffit de diviser les numérateurs l'un par l'autre, ce qui revient, en simplifiant, à multiplier la fraction à diviser par l'inverse de la fraction qui divise.

Manuscrit français 1 339 (v. 1460):

	« 3					
	28		8			
$7/8$		par	$1/4$	(il en vient)	3	$4/8$ »

La règle de trois

A l'exception des divisions, surtout des divisions de fractions, les maîtres de calcul maîtrisent bien les opérations élémentaires. Au travers des hésitations, des expériences, ils créent. De leur temps date, dans un langage mathématique très simple, une première mise en forme des opérations de base de l'arithmétique telle qu'elle sera pratiquée jusqu'à nos jours. Mais la plus grande partie des traités est consacrée à la règle de trois, pour Chuquet « dame et maîtresse... des proporcions de nombres ». La majorité des problèmes l'utilise en raison de ses multiples possibilités d'application au commerce, elle sert à calculer des prix, évaluer les monnaies, répartir profits et pertes d'une association, et à bien d'autres choses utiles au marchand. Si tous l'appliquent aux mêmes problèmes, ils ne la posent, donc ne la pratiquent pas, de la même manière.
« La reigle de trois se nomme reigle de trois pource que toujours y a trois nombres c'est assavoir deux semblans et un contraire. Et si plus en y a ils se doivent reduire à ces troys et l'on doit multiplier la chose que l'on veult savoir par son contraire et puis partir par son semblant. »
Telle apparaît la définition de la règle de trois dans *le Kadran aux marchans*. Jehan Certain continue par un exemple: « Comme te dire si 3 florins valent 2 frans de roy combien vauldront 20 florins d'Avignon. » Selon la règle, les 20 florins, c'est-à-dire « la chose que vous voulez savoir », doivent être multipliés par 2 francs « son contraire » et divisés par 3 « son semblant ».
Il pose l'opération et sa solution:

« Si 3 ff 2 fr 20 ff
vallent 13 fr 6 s 8 d »

Effort de présentation, de clarification qui, du discours, passe à une forme de représentation abrégée, mais la règle de trois n'est pas posée comme un rapport, ce qui ne facilite pas la simplification.
A ces recettes s'opposent des formes plus évoluées, le *Compendion de l'Abaco* de Francès Pellos emploie des termes familiers à un écolier du XXe siècle:
« Si 4 valent 9, combien vaudront 5 [...] multiplie 5 par 9, vient 45, que tu divises par 4 et tu trouveras 11 et un quart. »

Après avoir présenté le principe et la pratique de la règle de trois sous forme rhétorique, il expose une méthode « par laquelle tu peux prestement trouver ce que du demandes », l'expression est alors différente :
« Si trois et demi valent 6, combien valent 4 ? Pose ton opération sous la forme qui suit :

```
          12          48
7        6 ———————— 4   le nombre à diviser est :   48
   ╲   ╱
    ╳
   ╱   ╲
2        1 ———————— 1
          7           7   le diviseur est :           7 . »
```

Alors qu'actuellement on écrirait $\frac{6 \times 4}{3{,}5} =$, Pellos écrit le rapport $\frac{6}{3{,}5}$ sous la forme $\frac{12}{7}$; il effectue ensuite la multiplication de $\frac{12 \times 4}{7}$.

En réduisant sa fraction à un entier, il évite de se lancer dans des calculs qui pourraient être source d'erreurs.
De la règle de trois simple, on passe à la règle de trois composée avec ses problèmes habituels de change de monnaies les plus diverses.
« Si 100 livres de Modon valent 150 de Venise, et 180 de Venise, 150 de Corfou et 240 de Corfou 360 de Negrepont, combien de livres de Modon valent 850 de Negrepont. » Cet exemple donné par Borghi utilise des cités où le commerce de Venise est implanté ; Chuquet traite le même exemple mais choisit Paris, Lyon et Genève.
La règle de trois ne peut cependant pas résoudre tous les problèmes posés aux mathématiciens. Les traités consacrent dans la plupart des cas un chapitre ou deux à la règle de fausse position simple ou double, parfois un autre à l'extraction des racines carrées ou cubiques ; mais ces sujets, s'ils prouvent les connaissances mathématiques du maître qui a rédigé le manuel, ne concernent pas directement les pratiques marchandes. La part qui leur est réservée se réduit à peu.

Ce sont des connaissances mathématiques très sommaires à nos yeux qui constituent le tronc commun de tous ces traités : opérations élémentaires sur les nombres entiers et les fractions, règle de trois. Leur enseignement pose cependant des problèmes dont certains, difficiles à apprécier, tiennent à la nouveauté du propos. L'ignorance des signes plus, moins et égal ne semble pas avoir été un handicap fondamental pour l'enseignement ; en revanche, l'absence de nombres décimaux multiplie l'emploi des fractions lourdes à manier. L'effort pédagogique est certain. Les chapitres commencent par l'exposition d'une « règle », c'est-à-dire qu'ils fournissent une méthode susceptible de résoudre un type de problèmes. Après la règle viennent les exemples numériques, du plus simple au plus complexe. La notion de démonstration est totalement ignorée d'hommes qui recherchent avant tout à édicter un algorisme efficace.
Malgré les efforts des auteurs, le niveau mathématique exigé pour appliquer à la marchandise les leçons des manuels semble ne pas avoir été atteint par tous les marchands. A plusieurs reprises, Nicolas Chuquet insiste sur les difficultés du calcul et propose des règles « simples et brèves », recettes qui consistent soit à remplacer les divisions par une série de médiations, soit à trouver des rapports simples entre les unités de compte et de mesure. Francès Pellos recommande l'emploi de simplifications qui demandent « moins de fatigue ».

La *médiation*, c'est-à-dire la division par 2, et la duplication, la multiplication par 2, sont encore à l'époque très utilisées. Elles sont un héritage du temps où le calcul sur papier était inconnu. La difficulté considérable qu'il y avait à opérer sur les multiplications et les divisions entraînait l'usage d'opérations simples, multiplier ou diviser par deux, répétées plusieurs fois.

Le côté pratique ressort plus nettement encore des exercices et des problèmes. Les exemples d'opérations sont donnés en unités monétaires de compte, livres, sous et deniers, ou en monnaies réelles, florins, ducats ou écus. Une grande partie des problèmes concernent les prix, il faut trouver un prix global quand on connaît le prix de l'unité ou l'inverse, calculer le prix de revient ou le bénéfice. D'autres exercices concernent la valeur d'un produit en fonction de ses dimensions, tel un drap à tant de deniers l'aune; problèmes concrets qui ne sont pas uniquement des exercices d'école.

Arithmétique et pratique commerciale

Le troc

D'autant que certains problèmes, qui ont trait à des opérations commerciales pratiquées à la fin du Moyen Age, reviennent dans tous les manuels.
Les trocs d'abord: *Troques et changements de marchandises* selon Chuquet, *baratti* de Borghi ou *De barati et usso in fra mercanti di baratare* de Gori encore en 1571. La question est simple, il s'agit d'échanger des produits en utilisant la monnaie comme unité de compte permettant d'évaluer leur prix. Un exemple donné par le *Compendion de l'Abaco* consiste à changer des draps valant 3 florins la cane contre de la laine à 16 florins le quintal. Mais la question se complique du fait que le marchand propose son produit à un prix évalué « argent comptant », c'est-à-dire en numéraire, il entendait donc le « survendre », en demander un prix plus élevé au cours d'un troc.
A une époque où les espèces sont rares et où les moyens de remplacement, comme les lettres de change, ne touchent que le grand commerce international, l'usage du numéraire se paie. Nicolas Chuquet, véritable mathématicien pourtant, passe en revue tous les cas possibles en espérant que « nul ne sera deceu ». Il pousse parfois le souci pratique jusqu'à déconseiller l'opération en certains cas.

Le *troc* d'après *le Kadran aux marchans* (1485):

« Deux marchands veulent changer ou barater leur marchandise l'un à l'autre. L'un a drap, l'autre a poyvre. Celuy du drap veult vendre l'aulne 12 soulz a change qui ne vault que 10 soulz argent content, combien luy doit vendre l'autre la livre de poyvre qui ne vault que neuf soulz argent content ? »

Les associations

Autres problèmes concrets posés par tous les auteurs, les associations de marchands. Ils évoquent de nombreux cas de compagnies, toutes de structures très simples: associations de marchands apportant l'un le capital, l'autre le travail, de marchands apportant des participations différentes, retrait d'un partenaire au cours d'une opération commerciale permettent de multiplier les exercices mathématiques et de les résoudre par la règle de trois. Mais au-delà de l'exercice apparaît l'aspect pratique; Chuquet, trouvant plusieurs possibilités de partager les gains d'une entreprise, fournit diverses solutions mathématiquement exactes, mais déclare, « preigne chascun celle qui lui semble la plus juridique ».

Un problème d'association selon Nicolas Chuquet (1484)

« Il est un marchant qui a baillé a ung sien facteur 500 livres pour gouverner et conduire en marchandise par telle convenance que le facteur doit prandre les 2/5 du gaing. Advient que le facteur oultre et par dessus ces paches (accords) et du consentement de son maistre, il a mis 100 livres en compaignie de son maistre. Assavoir moult quelle partie du gaing cellui facteur doit avoir par les paches premières non corrompues. Response: pour le premier par les paches faictes le facteur a cause de son service doit prandre les 2/5 du gaing des 500 livres que a mys son maistre. Or il est ainsi que les 500 livres sont les 5/6 de tout le corps de la compaignie ainsi le facteur a cause de son service doit prandre du gaing les 2/5 de 5/6 qui sont 1/3 de tout le gaing. Et après pour les 100 livres qu'il a mises et qui sont 1/6 de la compaignie il doit prandre la sixième partie de tout le gaing et par ainsi le facteur doit prandre 1/3 et 1/6 du gaing qui sont 1/2. Et doit-on entendre que en ceste maniere de faire (le marchand) ne perd (ni) ne gangne des 100 livres que son facteur met en compaignie. Ainsi veu que le facteur a eu la charge et la peine de tout et que le marchant ne s'en mesle en rien il n'y doit aussi en rien participer. »

Le Moyen Age utilisait des pièces de *monnaie* métalliques, des alliages d'or ou d'argent, définies par leur poids, leur titre et leur type. A partir du XIIIe siècle, les monnaies d'or de Florence étaient les florins, celles de Venise, les ducats, l'écu était un type souvent frappé par les rois de France. Ces monnaies, comme les pièces d'argent beaucoup plus répandues, étaient des monnaies réelles. Les pièces ne portaient pas d'indication de valeur, leur cours était donné en fonction d'un système de monnaie de compte fondé sur une division héritée de Charlemagne, en livres, sous et deniers. Une livre valait 20 sous, un sou 12 deniers, une livre valait donc 240 deniers. Le rapport des monnaies réelles et des monnaies de compte était fixé par le pouvoir.

La monnaie

Enfin, les questions monétaires sont présentes en permanence, dans à peu près tous les problèmes. Les affaires de change sont plus spécifiques du temps. La monnaie était métallique, composée de pièces à base d'or et d'argent ; les comptes s'effectuaient en monnaie de compte, livres, sous et deniers. Chaque pièce avait sa propre valeur, ou ses propres valeurs, puisque son cours commercial n'était pas toujours le cours légal fixé par la puissance publique. De nombreuses monnaies circulaient, pièces étrangères, pièces en théorie démonétisées mais toujours acceptées de fait. Le change fait partie du travail quotidien du marchand d'une certaine envergure. Mais les « affaires » nécessitaient des compétences supplémentaires. Sous des titres divers, *ligar...* c'est-à-dire allier l'or et l'argent, *faire le sou de fin*, ou autres dénominations, les manuels de calcul décrivent des activités très pratiques portant sur les métaux précieux. La fabrication d'espèces nouvelles demandait que du métal précieux soit porté dans les ateliers monétaires pour être refondu. L'autorité publique — en France le roi, en Italie la cité — offre un certain prix d'achat du métal. Il est très important pour le marchand de savoir s'il a intérêt à y porter son or ou son argent, quelles pièces il doit faire fondre et quelles pièces il doit garder. Il doit être capable de calculer le titre de l'alliage contenu dans la monnaie, déterminer le sou de fin, c'est-à-dire la quantité de métal précieux contenu dans une pièce dont il sait le titre, savoir composer un alliage d'un titre spécifié. Certains vont même plus loin, les conditions techniques, l'usure des pièces faisaient qu'elles ne pesaient pas toutes le même poids. Chuquet indique le moyen de calculer le poids des pièces qu'il faut envoyer à la monnaie en gardant les plus légères pour soi. Opération totalement illégale mais sans doute répandue.

Commerce de luxe et commerce de l'argent à Gênes. Pièces et bourses arrivent sur la table du marchand. (Miniature in Tractius deceptum vitris, *ms. génois, XIVe s. ; British Library, Londres. Ph. © British Library/Arch. Photeb.)*

Les lacunes

Des mathématiques simples qui correspondent à des opérations commerciales d'un niveau élémentaire. Dès le XIVe siècle, la comptabilité en « partie double » (cf. p. 199) était connue des Italiens. Elle peut intéresser les maîtres de calcul, cependant, selon les connaissances actuelles, il faut attendre Pacioli pour qu'un mathématicien ajoute à son arithmétique un traité de comptabilité ; or le cas de Pacioli est particulier dans la mesure où sa *Somme* contient bien plus d'informations que les traités mathématiques contemporains. De même, les intérêts composés ne sont pas étudiés en tant que tels dans les arithmétiques, alors que la pratique de prêts à intérêt était commune.

Du commerce à l'algèbre

Malgré un caractère très pratique, les manuels ne contiennent pas toutes les connaissances nécessaires à la formation du futur marchand. Il la complète par la pratique au cours d'un apprentissage dans les boutiques ou les comptoirs des sociétés. Là, il s'initie, en particulier, aux subtilités de la comptabilité en partie double. Si cet enseignement doit servir à une formation à la fois générale et technique, il n'est pas surprenant que, à côté d'une arithmétique pratique dominante, certains auteurs aient ajouté des chapitres susceptibles d'aiguiser les facultés de raisonnement. Beaucoup de manuels contiennent des problèmes qui appartiennent à une tradition fort ancienne, tel celui du serpent qui monte le long d'une tour dans la journée et descend la nuit d'une distance inférieure : il s'agit de connaître le temps qu'il mettra à arriver au sommet. On trouve même, parfois, des questions qui se résolvent sans recours au calcul comme celle de l'homme qui doit faire traverser la rivière en barque à un chou, une chèvre et un loup, sachant qu'il ne peut en charger que deux à la fois et qu'il ne doit pas laisser ensemble la chèvre et le loup, il la mangerait ; ni la chèvre et le chou, elle le mangerait.

Une géométrie calculatrice

Mais à côté de ces jeux apparaissent des chapitres d'une mathématique novatrice. Des géométries d'abord, elles sont fréquentes même si elles se limitent souvent à quelques feuillets. Elles présentent bien des traits communs avec les arithmétiques. Elles ne démontrent pas, elles cherchent avant tout à donner des solutions par le calcul à certains problèmes très concrets : trouver la surface d'un champ ou d'une pièce de tissu, d'un puits ou encore d'un tonneau. Les possibilités d'application à la marchandise apparaissent évidentes. La pédagogie emploie des procédés connus, à des exemples simples succèdent des cas plus complexes, tels que daller un bâtiment ou creuser un puits carré au centre d'une cour. Le calcul domine, toujours exprimé par des exemples numériques.

Les listes d'équations

Dans les textes italiens s'ajoute parfois l'algèbre sous des noms divers : *algibra*, *argibra*. En règle générale les algèbres italiennes de la fin du Moyen Age ne sont que des chapitres ajoutés à des traités d'abaque, d'arithmétique ou d'algorisme selon les termes de l'auteur, c'est-à-dire des arithmétiques marchandes. Ainsi dans le *Trattato di praticha d'arismetricha* de Me Benedetto de Florence, gros volume de 506 folios écrit en 1463, l'algèbre occupe trois livres sur seize. Elle se limite souvent à quelques pages. Cependant dès le XIVe siècle en Toscane apparaissent des ouvrages qui ne s'intéressent qu'à l'algèbre, ainsi l'*Aliabra argibra* attribuée à Dardi de Pise, manuscrit de 112 folios, composée à l'extrême fin du XIVe siècle.

Ces algèbres sont d'abord des listes d'équations et des algorismes qui apportent la solution à chacune d'entre elles. Il n'existe pas de règle générale pour la solution des équations mais une série de cas, auxquels, comme chez al-Khwarizmi, on doit pouvoir rapporter chaque problème. Les mathématiciens de la fin du Moyen Age ignorèrent longtemps la possibilité de réduire le nombre d'équations.

Dans les listes se trouvent bien souvent des équations du type :

$$ax^3 + bx^2 = cx \text{ et } ax^2 + bx = c,$$

avec chacune leur solution algorithmique, sans que leur identité semble avoir été reconnue.
Al-Khwarizmi donnait six équations linéaires et quadratiques types (cf. p. 000). Au XIVe siècle, la recherche des solutions à des problèmes de degrés supérieurs conduisit à un allongement considérable des listes. En 1328, dans la première algèbre italienne connue, Paolo Gherardi donne une liste de 15 équations, 6 quadratiques et 9 cubiques, Dardi de Pise atteint 198, Piero Della Francesca, vers 1480, se limite à 61 équations dont une du sixième degré. Selon les algorismes hérités d'al-Khwarizmi, les solutions données pour les équations du second degré sont positives et différentes de zéro. Au-delà, les algébristes italiens ont poussé leurs recherches en direction des problèmes de degrés supérieurs. L'*Aliabra argibra* termine sa liste de 198 équations par un cas du type $ax^4 + bx^2 = \sqrt{c}$ dont la solution proposée est :

$$x = \sqrt{\sqrt{\left(\frac{b}{2a}\right)^2 + \frac{\sqrt{c}}{a}} - \frac{b}{2a}}.$$

Les auteurs ne démontrent jamais la validité des algorismes qu'ils proposent. Même si elles sont connues et reprises par certains auteurs, comme Me Benetto dans les années 1460, les preuves géométriques des équations, dans la ligne d'al-Khwarizmi et de Léonard de Pise, sont de plus en plus abandonnées. Elles ne convenaient que pour le second degré. A l'inverse, le calcul algébrique se développe. Peu de textes lui consacrent une part importante, mais dès le XIVe siècle, un manuscrit expose la multiplication des monômes ; le chapitre commence par l'énonciation de la règle des signes :
« En premier lieu je dis que plus fois plus fait plus et moins fois moins fait plus et plus fois moins fait moins et moins fois plus fait moins » (manuscrit *Riccardiana de Florence*).

Le développement du calcul algébrique

Au cours de ce même XIVe siècle deux auteurs exposent systématiquement le calcul sur les monômes et les polynômes. La multiplication se fait selon les techniques alors en usage dans l'arithmétique. Malgré l'utilisation d'abréviations, l'absence d'un véritable symbolisme ne rendait pas les opérations aisées et les traités demeurent brefs sur la division des polynômes.
L'algèbre du XIVe et de l'essentiel du XVe siècle s'écrit en langage rhétorique, c'est-à-dire le plus souvent en toscan. L'inconnue se nomme *cosa* (chose), son carré *zenso*, son cube *qubo*. Les puissances supérieures sont exprimées par association de ces termes de base ce qui n'est pas sans poser des problèmes. Le terme « carré de cube » signifie chez un auteur x^5, chez un autre x^6, soit, dans le premier cas, x^{2+3}, ou dans le second cas, $x^3 \times x^3$.
Au cours du XVe siècle, l'algèbre italienne évolue dans les mêmes cadres. Dans sa *Somme*, Me Benedetto de Florence reprend des chapitres entiers à ses prédécesseurs du XIVe siècle, son langage n'a que peu de rapport avec le nôtre. Comme dans les arithmétiques ses exemples sont toujours numériques, les énoncés et les solutions toujours exprimés en langage rhétorique. Il n'écrivait pas $x^2 + c = bx$ ni même $x^2 + 21 = 10x$, mais le carré (*zenso*) plus 21 unités (*dramme*) valent 10 choses ou racines. Malgré ce handicap qui rend difficile le développement des calculs, Me Benedetto de Florence arrive à traiter de nombreux problèmes portant sur le second degré et des degrés supérieurs.

Les trente-six équations types de Me Benedetto de Florence (1463)

(Les équations ont été transposées dans le langage algébrique actuel)

1. $x^2 = bx$ $\quad x = b$
2. $x^2 = c$ $\quad x = \sqrt{c}$
3. $x = c$ $\quad x = c$
4. $x^2 + bx = c$ $\quad x = \sqrt{\left(\frac{b}{2}\right)^2 + c} - \frac{b}{2}$
5. $x^2 = bx + c$ $\quad x = \sqrt{\left(\frac{b}{2}\right)^2 + c} + \frac{b}{2}$
6. $x^2 + c = bx$ $\quad x = \frac{b}{2} \pm \sqrt{\left(\frac{b}{2}\right)^2 - c}$
7. $x^3 = c$ $\quad x = \sqrt[3]{b}$
8. $x^3 = bx^2$ $\quad x = b$
9. $x^3 = bx$ $\quad x = \sqrt{b}$
10. $x^3 + bx^2 = cx$ $\quad x = \sqrt{\left(\frac{b}{x}\right)^2 + c} - \frac{b}{2}$
11. $x^3 + cx = bx^2$ $\quad x = \frac{b}{2} \pm \sqrt{\left(\frac{b}{2}\right)^2 - c}$
12. $x^3 = bx^2 + cx$ $\quad x = \sqrt{\left(\frac{b}{2}\right)^2 + c} + \frac{b}{2}$
13. $x^4 = bx^3$ $\quad x = b$
14. $x^4 = cx^2$ $\quad x = \sqrt{c}$
15. $x^4 = dx$ $\quad x = \sqrt[3]{d}$
16. $x^4 = e$ $\quad x = \sqrt[4]{e}$
17. $x^4 + bx^3 = cx^2$ $\quad x = \sqrt{\left(\frac{b}{2}\right)^2 + c} - \frac{b}{2}$
18. $x^4 + cx^2 = bx^3$ $\quad x = \frac{b}{2} \pm \sqrt{\left(\frac{b}{2}\right)^2 - c}$
19. $x^4 = bx^3 + cx^2$ $\quad x = \sqrt{\left(\frac{b}{2}\right)^2 + c} + \frac{b}{2}$
20. $x^5 = bx^4$ $\quad x = b$
21. $x^5 = cx^3$ $\quad x = \sqrt{c}$
22. $x^5 = dx^2$ $\quad x = \sqrt[3]{d}$
23. $x^5 = ex$ $\quad x = \sqrt[4]{e}$
24. $x^5 = f$ $\quad x = \sqrt[5]{f}$
25. $x^5 + bx^4 = cx^3$ $\quad x = \sqrt{\left(\frac{b}{2}\right)^2 + c} - \frac{b}{2}$
26. $x^5 + cx^3 = bx^4$ $\quad x = \frac{b}{2} \pm \sqrt{\left(\frac{b}{2}\right)^2 - c}$
27. $x^5 = bx^4 + cx^3$ $\quad x = \sqrt{\left(\frac{b}{2}\right)^2 + c} + \frac{b}{2}$
28. $x^6 = bx^5$ $\quad x = b$
29. $x^6 = bx^4$ $\quad x = \sqrt{b}$
30. $x^6 = bx^3$ $\quad x = \sqrt[3]{b}$
31. $x^6 = bx^2$ $\quad x = \sqrt[4]{b}$
32. $x^6 = bx$ $\quad x = \sqrt[5]{b}$
33. $x^6 = b$ $\quad x = \sqrt[6]{b}$
34. $x^6 + bx^5 = cx^4$ $\quad x = \sqrt{\left(\frac{b}{2}\right)^2 + c} - \frac{b}{2}$
35. $x^6 + cx^4 = bx^5$ $\quad x = \frac{b}{2} \pm \sqrt{\left(\frac{b}{2}\right)^2 - c}$
36. $x^6 = bx^5 + cx^4$ $\quad x = \sqrt{\left(\frac{b}{2}\right)^2 + c} + \frac{b}{2}$

(*in* L. Salomone, 1982).

La preuve géométrique d'une équation
d'après Me Benedetto de Florence (v. 1460)

Dans son *Trattato di praticha aritmetricha*, Me Benedetto de Florence consacre une partie de son œuvre à « la reghola de Algebra Almuchabale », reprenant directement les termes arabes.
« 1 carré (*zenso*) et 21 unités (*dramme*) sont égaux à 10 de ses racines, c'est-à-dire 10 choses ».
Ce que nous poserions sous la forme : $x^2 + 21 = 10x$.

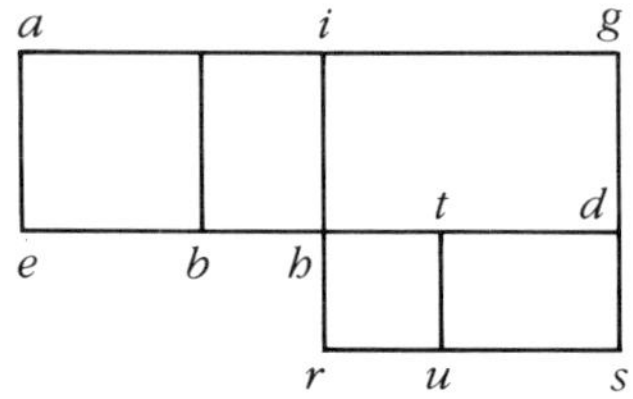

A partir de cet ensemble numérique, Me Benedetto va rechercher l'algorithme qui lui permettra de résoudre les équations du type $x^2 + c = bx$.
L'auteur trace un carré, figure géométrique, de côté égal à la chose, l'inconnue, qu'il nomme, *ab*, d'après le nom donné à deux angles opposés. Il y ajoute un rectangle *bg* dont un côté est commun avec le carré et dont la surface vaut 21. L'aire du rectangle obtenu en ajoutant les *ab* et *bg* vaut le carré et les 21 unités soit, selon les termes de l'équation posée, 10 choses c'est-à-dire 10 inconnues. Les côtés du grand rectangle valent donc, l'un 10, l'autre l'inconnue. L'équation est ainsi posée sous forme géométrique.
On place alors le point *i* au milieu de la ligne *ag*, et l'on abaisse la perpendiculaire *ih*. La ligne *hd* est égale à la ligne *he*, et la ligne *ih* est égale à la ligne *ae*, côté du carré donc à *be*.
On augmente ensuite la ligne *ih* d'une longueur égale à *bh*, soit *rh*. Le carré *rg* (toujours nommé par deux angles opposés) possède une superficie de 25, puisque son côté vaut la moitié de *ag*, soit 10.
La superficie du carré *rg* vaut donc 25 et celle du rectangle *bg* vaut 21. La différence des deux surfaces est donc de 4. On place sur *hd* un point *t* tel que la longueur *td* égale *ih*, de *t* on abaisse la perpendiculaire sur *rs* en *u*. Le rectangle *du* vaut donc le rectangle *bi*. La différence de 4 entre *rg* et *bg* correspond donc à la superficie de *rt* qui est un carré puisque *ri* égale *hd* et qu'on a retiré *be* qui est égal à *hi* ; il reste *ht* qui est égal à *hr*.
De ce carré, la superficie est 4, son côté et sa racine valent 2. Or la longueur de *ri* est 5, la moitié de 10, donc celle de *hi*, 5 moins 2, soit 3, c'est-à-dire la racine du carré initial, ce que nous proposions de trouver.
« Par cette règle, prendre la moitié des racines et la multiplier par elle, (soit pour nous $\frac{b^2}{2}$), et retirer le nombre (pour nous *c*) ; retire cette racine de la moitié des racines, il en vient la chose (l'inconnue) » (*in* L. Salomone, 1982).

Soit en langage actuel : $x = \frac{b}{2} - \sqrt{\left(\frac{b}{2}\right)^2 - c}$.

Une œuvre, sans doute exceptionnelle, mais significative des efforts des algébristes italiens, le *De radice de' numeri e metodo di trovarla*, a été écrite par un inconnu, probablement un Toscan de la seconde moitié du XVe siècle. Il développe un système d'écriture qui, à partir d'abréviations, devient presque un symbolisme :

cossa, l'inconnue : C,
zenso, son carré : Z,
qubo, son cube : Q.

Pour exprimer les puissances, il multiplie ses symboles : x^8 s'écrit ZZZ soit $2 \times 2 \times 2$ et x^6, ZQ soit 2×3 ;
pour les premières puissances impaires, il combine addition et multiplication : x^5 s'écrit CZZ, soit $1 + (2 \times 2)$ et x^7, CZQ soit $1 + (2 \times 3)$.

Mais l'apport le plus neuf du *De radice de' numeri* est sans doute ailleurs. Au lieu de donner une liste interminable de cas possibles d'équations, il les répartit en 18 types de base et donne pour chacune une solution. Ainsi sont regroupées ensemble les équations telles que, exprimées en notre langage :

$ax^2 + bx = c$,
$ax^3 + bx^2 = cx$,
$ax^4 + bx^3 = cx^2$,
$ax^5 + bx^4 = cx^3$, etc.,
soit toutes les équations du type :
$ax^{n+2} + bx^{n+1} = cx^n$.

Le progrès est considérable, non seulement dans la pratique et la commodité de l'exposition, mais aussi dans le sens d'une conception nouvelle de l'équation. Abandon de la tradition géométrique, développement du calcul algébrique et d'un certain symbolisme, effort, sans doute isolé, pour définir et traiter plus simplement les équations, recherche de solutions aux équations d'un degré supérieur à 2, telles sont les caractéristiques principales de l'algèbre italienne en langue vulgaire qui se développe, surtout en Toscane, aux XIVe et XVe siècles.

Le cas Chuquet

L'algèbre française de la fin du Moyen Age a été beaucoup moins prolifique et le nom de Nicolas Chuquet apparaît bien isolé. Il a mené ses recherches dans des voies comparables à celles des Italiens mais en manifestant une originalité certaine. Il crée une symbolique algébrique qui exprime l'inconnue, les puissances, les racines ; comme beaucoup de ses contemporains il utilise les abréviations paléographiques de plus et de moins ($\bar{p}$ et $\bar{m}$) pour exprimer l'addition et la soustraction, il juxtapose les termes à multiplier pour donner le produit, il exprime la division en plaçant le diviseur sous une barre de fraction. Il crée ses propres symboles pour désigner les inconnues, les puissances et les racines, il n'hésite pas à employer des exposants négatifs. A partir de symbolismes, dont il ne revendique pas la paternité, Chuquet peut développer les calculs sur les monômes et les polynômes et résoudre nombre d'équations. C'est ce qu'il appelle la règle des premiers.

La règle des premiers ou les beautés de l'algèbre
selon Nicolas Chuquet (1484)

« Comme dit Boece en son premier livre et ou premier chapitre la science des nombres est moult grande et entre les sciences quadriviales est celle de laquelle tout homme doit estre à l'inquisition d'icelle diligent. Et aultre part il dit la science des nombres doit estre preferée en voye de acquisicion devant toute aultre pour la necessité d'elle et pour tous les grans secretz et aultres misteres qui sont es proprietés des nombres. Toutes sciences ont part avec elle et de nulle a besoing. Et pourtant que c'est science de grant utilité et aussi de grants necessité en tant qu'elle est convenable et utile a clercz et a gens layz. Plusieurs saiges y ont estudié pour atteindre les grandes et merveilleuses subtilitez d'icelle plusieurs rigles ont été faictes dont l'une est la rigle de troys qui dame et maitresse est des proprocions des nombres et de si grant recommandacion que par aulcun philozophes a estée appelée rigle dorée. Semblablement la rigle d'une posicion par laquelle sont faictz tant de si beaux et delectables comptes que l'on ne pourroit extimer. Aussi la rigle de deux positions qui sert a enquerir choses parfondes et de si grande subtilité que nulle des rigles desusdites n'y pourroit attaindre. Et semblablement y a la rigle de apposicion et remocion. Il y a aussi la rigle des nombres moyens de laquelle je fus jadis inventeur par le moyen de laquelle j'ay fait aucun calcul que par deux posicions je ne pouvoye faire. De toutes ces rigles est faicte mencion en la première partie de ce livre. Mais sus toutes ces rigles dessusdites par excellence merveilleuses est ceste rigle des premiers qui fait que les aultres font et si fait oultre et par dessus innumerables comptes de inextimable profundité. Ceste rigle est la clef et l'entrée et la porte des abisme qui sont en la science des nombres » (*in* A. Marre, 1880).

Comme l'auteur du *De radice de' numeri*, il regroupe les équations en un certain nombre de types majeurs. Jamais il n'utilise dans sa démarche le support géométrique comme preuve des solutions qu'il préconise. Faute de données assez précises, il est impossible de savoir exactement ce que Chuquet doit à ses prédécesseurs et à ses contemporains ; il apparaît qu'au-delà de la formation qu'il a reçue dans les milieux universitaires parisiens, il a connu la tradition méridionale française mais qu'il a eu aussi connaissance des travaux des algébristes italiens, à Lyon même ou en Italie, lors d'un très probable voyage. Figure isolée en France, mathématicien original par son vocabulaire comme par les méthodes et les solutions qu'il apporte, il n'en reste pas moins qu'il représente un cas significatif d'une science algébrique naissante en Occident.

Le langage algébrique de Nicolas Chuquet et de ses successeurs

L'utilisation de lettres pour désigner des grandeurs mathématiques n'était pas ignorée au Moyen Age. Vers 1225, Jordanus de Nemore écrivait : « [...] on donne un nombre *a* qui est divisé en *b*, *c*, *d* [...] » mais il n'y avait pas à proprement parler de symbolisme algébrique, ces valeurs n'étaient pas utilisées dans des calculs.

Luca Pacioli (1494), comme la plupart des « algébristes » de son temps, pouvait écrire : « 1 nombre ajouté à son carré valent 12 », ce qui se traduit en langage algébrique actuel par : $x + x^2 = 12$.

Nicolas Chuquet, en revanche, possédait déjà un symbolisme qui lui permettait d'échapper en partie au langage rhétorique. Pour désigner l'inconnue, qu'il appelle un premier, Chuquet emploie la notation 1^1, soit pour nous x, pour désigner le carré de l'inconnue x^2, il note 1^2, etc. Il écrira de même 3^4 là où nous écririons $3x^4$. Il ignore les signes +, − et =, mais il remplace les deux premiers par les abréviations p̄ et m̄ qui acquièrent déjà valeur de symbole. Il peut ainsi écrire :
« 12 p̄ 3^1 egaulx a 4^2 » soit $12 + 3x = 4x^2$.
Pour désigner la racine, Chuquet utilise la lettre munie d'un exposant ainsi R^2 et R^3 là où nous écririons $\sqrt[2]{}$ et $\sqrt[3]{}$.
Le symbolisme algébrique qu'il a mis au point lui permet d'employer des exposants négatifs : 12^{2m}, soit $12x^{-2}$.
Par exemple, il peut écrire :
« Aussi qui partyt 84^2 par 7^{3m} le nombre party par le nombreil treuve 12. Puis apres fault soustrayre 3*m* de 2 plus reste 5 pour denominacion ainsi vient à la part 12^5. », soit, en

termes actuels, $\frac{84x^2}{7x^{-3}}$ qui donne $12x^5$.

Jérôme Cardan, au contraire, posait, en 1545, ses équations sous une forme beaucoup plus littéraire :
« Une cube *p* : 6 choses égalent 20. », soit $x^3 + 6x = 20$.

Avec Raffaele Bombelli on retrouve, en 1572, une notation très proche de celle de Chuquet :

« $\overset{6}{\smile}$ 1 p̄ $\overset{3}{\smile}$ 8. égalent 20. », soit $x^6 + 8x^3 = 20$.

François Viète écrit vers 1590 :
« 1 QC − 15 QQ + 85 C + 225 Q + 274 N égalent 120 », soit si C signifie cube, donc x^3, Q carré, donc x^2, et N nombre, soit x, l'équation suivante :

$$x^6 - 15x^4 + 85x^3 + 225x^2 + 274x = 120.$$

L'algèbre en Europe

Les hommes qui ont développé cette algèbre naissante sont ceux qui enseignaient le calcul aux enfants de marchands. Si de nombreux arithméticiens se montrent tant soit peu algébristes, tous les algébristes cités, et dont l'œuvre et la vie sont connues, ont écrit des arithmétiques commerciales, que ce soient les maîtres florentins ou Nicolas Chuquet. Même le *De radice de' numeri*, traité d'algèbre et de géométrie et non arithmétique marchande, contient un chapitre sur le prêt à intérêt. Au-delà de cette évidence, essentielle mais insuffisante, les corrélations s'avèrent plus difficiles à établir.

La pratique commerciale

On peut se demander si la pratique commerciale n'exigeait pas le recours à des opérations algébriques. Les besoins des marchands pour fixer les prix, répartir les bénéfices et les pertes, trafiquer sur les monnaies et les métaux précieux se satisfaisaient de la règle de trois. Cependant certains problèmes plus complexes étaient difficilement solubles autrement que par l'algèbre. Chuquet y fait appel une seule fois, dans son application de la science des nombres au fait de marchandise pour un calcul d'intérêt composé ; il ne donne que le résultat en affirmant qu'il l'a trouvé en appliquant la « règle des premiers ».
Les auteurs italiens présentent des cas nettement plus nombreux dès le XIVe siècle : « Un homme prête 100 livres à un autre et après trois ans il reçoit 150 livres pour le capital et l'intérêt composé annuel. Je vous demande quel est le taux mensuel du prêt par livre. »

Le problème, tel qu'il apparaît dans l'*Aliabra argibra*, peut se poser dans la pratique. Il s'exprime en termes de troisième degré.
Aux problèmes d'intérêt s'ajoutent des questions ayant trait à d'autres opérations commerciales. Lorsqu'au XVe siècle Me Benedetto expose 26 problèmes d'algèbre de type marchand, 8 concernent le change, autant les voyages, 6 des calculs de prix ou de quantités de marchandises et les alliages, le calcul de salaires et le change font chacun l'objet d'un exemple. La pratique commerciale est toujours présente à des degrés différents. Dans un manuscrit, sur 39 problèmes, 20 sont marchands, dans un autre 20 sur 44.
A côté de ce rapport direct, les nouvelles techniques commerciales créaient pour le marchand, comme pour le mathématicien, des conditions nouvelles. L'évolution de la comptabilité, en particulier de la comptabilité en partie double, qui exige que chaque entrée soit compensée par une sortie et inversement, a pu largement favoriser le développement du concept de nombre négatif. En règle générale, les arithmétiques marchandes ignorent les nombres négatifs, ils sont inutiles pour expliquer les fondements mathématiques aux opérations commerciales simples. Mais le développement du calcul algébrique, en particulier les équations du second degré, confronte le mathématicien à leur existence. Léonard de Pise refusait les racines négatives, mais elles apparaissent dans l'algorithme rédigé en provençal à Pamiers, vers 1430. Pellos n'en fait qu'un seul usage dans le *Compendion dell'Abacco*, en revanche, ils sont utilisés systématiquement par Nicolas Chuquet. Ce dernier propose de considérer comme une dette la racine négative d'une équation. Procédé pédagogique sans doute, sens du concret certainement et d'un enseignement très lié à la pratique, mais l'auteur du *Triparty* a une conception des nombres négatifs qui va bien au-delà. Il les manipule comme des positifs, les multiplie et les divise, en fait des exposants. Pratique marchande et développement d'un esprit mathématique sont liés, bien des exemples confirment ce qui semble évident, mais les rapports demeurent complexes, encore difficiles à définir en bien des cas.

Traditions et échanges

Les modèles qu'ont pu utiliser les auteurs des arithmétiques et des algèbres apportent des données complémentaires sur les liens qui ont pu exister entre négoce et mathématiques. Beaucoup de maîtres de calcul reconnaissent, dans leurs écrits, une dette envers leurs prédécesseurs ou des grands ancêtres. Dans les introductions, Aristote est parfois cité, preuve de l'importance du mythe du savant universel à la fin du Moyen Age, mais aussi Boèce et al-Khwarizmi. L'arithmétique de Boèce avait initié des générations d'élèves formés dans le moule des arts libéraux. Partie du *quadrivium* aux côtés de la géométrie, de l'astronomie et de la musique, elle n'était pas calculatrice. Arithmétique spéculative, selon les termes du temps, elle raisonnait sur le pair et l'impair, les nombres triangulaires ou carrés, les nombres parfaits. La tradition remontait loin dans l'Antiquité, elle avait été illustrée en particulier par Nicomaque de Gérase (fin du Ier ou début du IIe siècle apr. J.-C.). Borghi montre son savoir en affirmant qu'il y a « des nombres de plusieurs manières comme le déclare Boèce dans son arithmétique » mais il ne veut traiter que ceux qui sont utiles aux marchands.
Au XIIIe siècle une nouvelle arithmétique se répand en Occident, venue du monde arabe. Le grand divulgateur en est Sacrobosco, auteur d'un *Algorisme* qui connut un très grand succès tout au long du Moyen Age. Il utilisait les chiffres arabes et la numération de position, pratiquait le calcul en effaçant les résultats intermédiaires (cf. p. 168). Très largement influencée par les modèles arabes, l'œuvre arithmétique de Sacrobosco apparaît plus pauvre que celle d'al-Khwarizmi : rien sur les fractions, la règle de trois, la fausse position, rien non plus sur l'usage que les marchands pouvaient faire du calcul. Moins orientée vers la pratique, l'*Algorisme* de Sacrobosco est l'œuvre d'un universi-

taire destinée à des universitaires. Des détails de plan, un vocabulaire particulier montrent que le modèle a marqué les arithmétiques marchandes de la France du Nord au XVe siècle, signe de l'influence du modèle scolastique dans les régions proches de Paris. Mais si la tradition de Sacrobosco a pu familiariser les Occidentaux avec de nouveaux procédés de calcul, elle ne contient rien qui ait pu introduire directement à une algèbre.

Autre voie de l'innovation dans les sciences du calcul : l'astronomie. Là encore, les manuscrits français attestent du développement du calcul fractionnaire chez des astronomes et Paolo dell'Abbaco est cité par ses contemporains comme un astronome réputé. L'habileté à manier les fractions a pu développer la pratique du calcul, elle n'implique cependant pas le recours à l'algèbre.

L'influence des mathématiciens arabes avait pris dès le XIIIe siècle des chemins plus directs. Quelques années avant Sacrobosco, Léonard de Pise avait, dans son *Liber abbaci* écrit en latin, repris les bases du calcul mais en développant son ouvrage de manière très différente. La partie pratique était considérablement développée et c'est à juste titre que l'ouvrage de Léonard de Pise doit être considéré comme la principale source d'inspiration des traités d'arithmétique marchande européens des XIVe et XVe siècles. A côté des questions commerciales, le *Liber abbaci* consacre son quinzième livre à la géométrie et à l'algèbre. Il présente différents types d'équations et leur solution géométrique dans la droite ligne d'al-Khwarizmi. Or, parmi les travaux algébriques de Léonard de Pise, seuls ceux qui sont contenus dans le *Liber abbaci* ont connu une large diffusion en Occident. Ses œuvres plus savantes resteront longtemps méconnues.

La table des matières du *Liber abbaci* de Léonard de Pise (1202)

Leonardo Fibonacci, ou Léonard de Pise, écrit son *Liber abbaci* en 1202. L'ouvrage, très proche par son contenu des traités des XIVe et XVe siècles, est écrit en latin.

« 1. Les neuf figures des Indes, les chiffres et la numération.
2. La multiplication des entiers.
3. L'addition.
4. La soustraction.
5. La division.
6. La multiplication des entiers et des fractions, la multiplication des fractions.
7. L'addition, la soustraction, la division des entiers et des fractions et la réduction au même dénominateur.
8. Les achats et les ventes.
9. Les barats (trocs).
10. Les sociétés.
11. Le change des monnaies.
12. Les solutions de multiples problèmes.
13. La règle de chatayn qui permet de résoudre plusieurs problèmes.
14. L'extraction des racines carrées et cubiques et les opérations sur les racines.
15. La géométrie et les questions d'algèbre » (*in* G. Libri, 1838-1841).

A la certitude de la voie italienne, s'ajoutent les possibilités d'autres passages à travers la Méditerranée, en particulier par l'Espagne. Les arithmétiques du midi de la France, qu'elles soient en français ou en occitan, présentent des caractéristiques absentes dans les textes italiens, tel le calcul par apposition et remotion, méthode arithmétique pour résoudre des problèmes indéterminés comprenant deux équations à trois inconnues. Chuquet lui-même a puisé à cette source avant d'entrer en contact avec les sources italiennes. Cette tradition méridionale fait l'objet de recherches actuelles. Une hypothèse solide la met en relation avec le développement des mathématiques juives dans le sud de la France et en Espagne. Son histoire a des origines lointaines puisque le premier ouvrage traitant d'algèbre écrit en Occident date de la première moitié du XIIe siècle, rédigé en hébreu par Abraham bar Hiyya Ha-Nasi, et

rapidement traduit en latin. Encore mal connue, cette tradition a pu influencer les mathématiciens espagnols comme ceux de la France méridionale. C'est dans le traité provençal de Pamiers (v. 1430) que, pour la première fois en Occident, la solution négative d'une équation est acceptée. Le texte contient aussi une approche nouvelle des nombres irrationnels. Or ce traité est aussi, et surtout, une arithmétique commerciale.
La recherche des origines montre que les chemins suivis par la diffusion de l'algèbre d'al-Khwarizmi et de ses successeurs d'un côté, des arithmétiques marchandes de l'autre, ont été bien souvent les mêmes. Il reste plus difficile d'établir les influences qui ont pu se manifester à la fin du Moyen Age. La science arabe, même si elle ne possède pas l'éclat qui fut le sien aux siècles précédents, continue d'être, de produire. L'effort fait par les grands algébristes orientaux des XIe et XIIe siècles pour dégager l'algèbre de l'emprise de la géométrie a été continué dans l'Occident musulman, au Maghreb et en Espagne, aux XIIIe et XIVe siècles. A côté des listes d'algorithmes qui circulaient comme dans le monde chrétien, des mathématiciens tels Ibn Badr en Andalousie ou Ibn al-Banna à Bougie ont développé une écriture symbolique, ont repensé la classification des équations et proposé des solutions nouvelles. Il est actuellement impossible d'établir des rapports exacts mais l'algèbre a largement progressé dans des directions comparables des deux côtés de la Méditerranée occidentale : d'abord, semble-t-il, dans les pays d'islam, aux XIIIe et XIVe siècles, puis dans les pays chrétiens aux XIVe et XVe siècles. Or les rives de la Méditerranée étaient l'objet d'échanges commerciaux constants.

Le poids des milieux

Le monde des marchands a été un intermédiaire incontestable dans la transmission des mathématiques du monde de l'islam, de l'algèbre au sens que lui donnaient les Arabes, à la chrétienté occidentale ; il a été aussi le lieu d'élaboration de nouvelles mathématiques. Le fait, maintenant solidement établi, pose bien des questions. Questions de chronologie d'abord. Pourquoi a-t-il fallu attendre le XIVe siècle pour que l'œuvre algébrique d'al-Khwarizmi connaisse une large diffusion ? Pourquoi l'innovation algébrique, que nous commençons à percevoir, liée en particulier au développement du calcul et à l'abandon des raisonnements fondés sur la géométrie, ne s'est-elle développée en Italie qu'à partir du XIVe siècle, plus tard encore dans les autres pays ? Il faut en revenir au fait initial, ce sont les mêmes hommes, vivant dans un même milieu, qui ont produit les arithmétiques marchandes et les premiers traités de calcul algébrique en langue vulgaire. Les mêmes hommes, c'est-à-dire un groupe de mathématiciens professionnels, les premiers qu'ait connus l'Europe occidentale, pour qui les mathématiques n'étaient ni géométrie ni réflexion sur la nature des nombres, mais calcul et algorithme. Leur profession l'exigeait, ils devaient former à la pratique du calcul des hommes dont le premier souci était l'efficacité commerciale, des hommes pour qui compter vite et bien était une nécessité quotidienne. On comprend mieux alors la place du calcul dans une ville comme Florence, haut lieu du commerce international au XIVe siècle, centre de compagnies qui rayonnaient dans le bassin de la Méditerranée et l'Europe occidentale.
Présentes dans la vie quotidienne, présentes dans l'art, financées par ceux-là mêmes qui fondent leur fortune sur la pratique de la marchandise, donc du calcul, les mathématiques sont partout. Pour l'historien de l'art Michael Baxandall, la formation des Florentins explique en grande partie l'art du quattrocento toscan. Pour lui, le fait de mesurer les tonneaux à partir de calculs, de se servir quotidiennement de la règle de trois, donc d'établir des proportions, créait « un monde intellectuel tout à fait particulier ». Symbole de ce monde, Piero della Francesca, l'un des créateurs du nouvel espace pictural, écrivit un traité d'arithmétique. La place du mathématicien calculateur est reconnue dans la cité, les conditions économiques et sociales favorisent le

L'utilisation de résultats mathématiques par d'autres secteurs d'activité, comme le commerce, peut donc encourager le développement d'une profession scientifique. Mais d'autres scénarios sont aussi possibles : c'est un type bien différent de mathématicien professionnel, lié cette fois à l'Université, qui fera son apparition au XIXe siècle (cf. p. 275-295).

développement d'une science nouvelle à partir d'un acquis extérieur maintenant assimilé. Alors qu'elle s'était emparée de pans entiers de la culture gréco-arabe, en particulier dans les domaines de l'astronomie et de la physique, l'Université n'avait pu assimiler qu'une faible part des mathématiques développées dans les pays d'islam, peu utiles à la création d'un système du monde. Au contraire, les marchands ont favorisé l'éclosion d'une science du calcul en fondant l'institution, l'école professionnelle, qui donnait aux mathématiciens les moyens de vivre, en créant un milieu innovateur, aussi bien dans le domaine des techniques commerciales que dans celui de l'art, où les mathématiques tenaient une place déterminante. Un milieu scientifique était né.

La fonction du mathématicien est reconnue dans la cité, support social de son activité. Les liens entre l'histoire de l'art, celle des sciences et celle de la cité apparaissent dans la chronologie. Au XVIe siècle, lorsque Florence cesse d'être le grand centre artistique, où Rome et les cours princières attirent les plus grands artistes de renom, à ce moment même les grands mathématiciens italiens qui continueront à développer l'algèbre cesseront eux aussi d'être florentins et d'appartenir au monde des marchands. Une autre dynamique se crée. Non que les mathématiques abandonnent le calcul, Bombelli, Fontana, Tartaglia, Cardan ou Viète le prouvent, mais le milieu change. La marchandise cède la place à l'humanisme, le commerçant au prince. A Paris, dès 1495, Pedro Sanchez Ceruello publie l'*Arithmetica speculativa de Bradwardine*, il y joint une arithmétique pratique très proche des traités destinés aux marchands, mais le texte est en latin. Les humanistes ont assimilé l'apport des mathématiques commerciales mais en les coupant de leurs racines. Au XVIe siècle, les grands noms qui marquent l'histoire de l'algèbre appartiennent à des milieux très différents de ceux qu'ont connus Paolo dell'Abbaco et Chuquet. Tartaglia (1499-1557) commence sa carrière comme « maître d'abaque » et écrit en italien. Ses centres d'intérêt qui englobent les mathématiques, mais aussi la géographie, l'astronomie, l'architecture et l'optique, le différencient de ses prédécesseurs. Cardan (1501-1576) enseigna lui aussi, mais il débuta dans une école humaniste où les élèves apprenaient le grec, la dialectique et l'astronomie à côté des mathématiques, il devint ensuite professeur de médecine à Padoue. Ses œuvres essentielles, la *Pratica arithmetice* et l'*Ars magna* sont en latin. Bombelli (1526-1572) écrivait en italien, mais il était ingénieur et architecte, au service d'un important noble romain. Hors d'Italie, Viète (1540-1603), conseiller au Parlement, a servi Henri IV au cours de nombreuses missions ; lui aussi écrivait en latin.

Pourtant l'enseignement du calcul à l'usage des jeunes marchands persista, et pendant des siècles. Mais il devint répétitif et non plus créateur. Des modèles existaient qui s'avéraient suffisants.

Les conclusions qui ressortent de ce chapitre ne doivent pas faire illusion, elles ne sont que provisoires. Les incertitudes restent grandes et les lacunes considérables. Trop de textes restent encore méconnus ou peu étudiés. Les rapports entre le monde des marchands et le développement des mathématiques n'a pu être saisi que dans le cadre privilégié de Florence, les exemples français conduisent à des nuances ; or il faudrait étendre l'étude à l'Allemagne, où le commerce fut florissant en cette fin du Moyen Age et où des mathématiciens, des maîtres de calcul ont écrit des arithmétiques marchandes. Il faudrait aussi mieux connaître les liens qui se sont tissés entre les mathématiques des pays d'islam, du Maghreb en premier lieu, et de l'Europe chrétienne dans un espace commercial où les rapports étaient constants. Il faudrait encore pouvoir suivre les destinées de ces mathématiques tout au cours du XVIe siècle, savoir dans quelle mesure elles ont contribué à la formation des algébristes de la Renaissance, ceux qui ont reçu l'essentiel de l'œuvre de Diophante et ont préparé la mise en place de l'algèbre classique. Il faudrait enfin tourner les regards vers le monde extérieur aux marchands ; dès le XIVe, les physiciens parisiens, dans leur souci d'une première mathématisation du monde, ont été conduits, ainsi Nicole d'Oresme, à développer un langage mathématique nouveau. Cependant la grande aventure de l'algèbre européenne est essentiellement, dans les derniers siècles du Moyen Age, marchande et méditerranéenne.

A la fin du Moyen Age les sciences du calcul ont franchi un pas décisif dans l'Europe chrétienne. Pour des siècles, ce qu'on appellera plus tard l'arithmétique élémentaire s'est fixé. Les mêmes chapitres se retrouvent dans les traités destinés à la formation des jeunes marchands du XVe siècle comme dans ceux des élèves des écoles primaires de la IIIe République : numération, addition, soustraction, multiplication et division avec leurs preuves, fractions, règle de trois, fausse position simple et double. Les méthodes de calcul ne changeront guère elles non plus, la diffusion du papier a permis d'écrire les résultats intermédiaires et de les conserver. Les formes actuelles se mettent en place, très vite pour l'addition et la soustraction, un peu moins pour la multiplication et surtout pour la division. Même la division de fractions commence à se traiter en multipliant par la fraction inversée. Seule la règle de trois, pourtant essentielle à la solution des problèmes, ne se pose pas encore comme de nos jours.

A cette arithmétique calculatoire presque établie s'oppose un calcul algébrique en pleine mutation. Les différences avec l'algèbre enseignée dans les lycées apparaissent considérables. Le langage demeure souvent rhétorique et, quand une symbolique existe, elle varie avec chaque mathématicien. La démonstration est inconnue, l'algébriste met au point des algorismes dont la validité se mesure à l'efficacité. Cependant des innovations décisives se sont produites. L'algèbre abandonne la tradition géométrique reçue d'al-Khwarizmi et transmise, en particulier, par Léonard de Pise ; elle développe, par différentes méthodes, les calculs sur les puissances et les racines, les monômes et les polynômes et peut ainsi s'attaquer à la solution d'équations dépassant, et de loin, le second degré. Le relais est pris pour des siècles, désormais les sciences du calcul se développent en Europe occidentale, en Italie surtout. Les Italiens jouent au XVIe un rôle déterminant en attendant la fin du siècle quand Viète fixera, plus que tout autre, les règles de l'algèbre classique. C'est dans cette optique qu'il faut reconsidérer l'impact des traductions de l'œuvre de Diophante sur la construction de l'algèbre classique.

Or aux XIVe et XVe siècles les innovations essentielles apparaissent hors de l'Université où la place des mathématiques reste limitée et s'oriente plus vers l'étude des mouvements, la cinématique, que vers l'algèbre. La mathématique y est plus le moyen d'établir les règles d'une physique qu'une science en tant que telle. D'autre part, l'algèbre n'appartient pas au modèle toujours présent dans l'esprit des universitaires : celui d'une science grecque symbolisée avant tout par Aristote. Le seul grand algébriste ayant écrit en grec, Diophante d'Alexandrie, demeure inconnu de l'Europe médiévale. Les principaux artisans de l'essor de l'algèbre sont cependant des enseignants, des professionnels des mathématiques, mais qui prodiguent plus un savoir qu'une culture. Destiné à la formation des enfants de marchands, leur enseignement avait un caractère pratique indiscutable. Or le marchand devant avant tout savoir bien compter, les professeurs devaient être des calculateurs. Plus qu'à une demande précise des marchands, l'innovation répond à des conditions nouvelles. L'algèbre se développe d'abord à Florence, dans un monde où le calcul est partout présent, dans la vie quotidienne et dans l'art, où le calcul est reconnu comme une valeur indispensable à la vie de la cité ; un milieu aussi où les mathématiciens sont nombreux et peuvent vivre de leur science. La masse critique est atteinte. Se crée un milieu apte à une recherche, un milieu scientifique au sein duquel se posent des problèmes mathématiques qui dépassent, et de loin, les besoins pratiques de la marchandise.

Les affaires Galilée

ISABELLE STENGERS

Où l'on découvrira une multiplicité d'affaires, peuplées d'acteurs différents, se présentant chacune comme réponse à la question : « De quoi Galilée est-il fondateur ? » Où l'on avancera que cette multiplicité nous parle à la fois de l'histoire et des historiens.

Dans *les Atomes*, Jean Perrin souligne le contraste entre les cartes que l'on peut dresser de la côte de Bretagne et les flocons que l'on peut obtenir en salant de l'eau de savon. Dans le premier cas, le problème est de représentation : une carte, à une échelle donnée, trace les côtes comme des courbes régulières, en chaque point desquelles peut être dressée une tangente. A une échelle plus fine, ce segment continu sera évidemment remplacé par un contour beaucoup plus compliqué, mais lui aussi composé de courbes régulières. L'incertitude quant à la position des tangentes tient donc au choix de l'échelle, au choix de la carte utilisée. « C'est que la carte est un dessin conventionnel où, par construction même, toute ligne a une tangente. Au contraire, c'est un caractère essentiel de notre flocon (comme au reste du littoral lui-même, si, au lieu de l'étudier sur une carte, on le regardait lui-même de plus ou moins loin), que, à toute échelle, on *soupçonne*, sans les voir tout à fait bien, des détails qui empêchent absolument de fixer la tangente. »

Le contraste établi par Perrin vaut-il également pour le rapport entre une situation historique concrète et les descriptions qu'en donnent les historiens ? Une première distinction s'impose : la découpe conventionnelle à laquelle répond le récit de l'historien ne peut être caractérisée en termes aussi simples que le degré de grossissement. Nous allons explorer de multiples « affaires Galilée » et cette multiplicité traduira moins leur degré de précision ou de résolution que les points de vue hétérogènes des historiens et philosophes qui les racontent.

Devons-nous alors conclure que les récits sont inférieurs aux cartes de Perrin, que le réel ici n'est pas seulement inaccessible en raison de l'infini qu'enveloppe le moindre de ses détails mais aussi en raison des partis pris de ceux qui le décrivent ? Je voudrais montrer que l'*intérêt* que présente l'affaire Galilée pour chacun de ceux qui l'interrogent ne peut être assimilé à un écran qui masquerait la vérité et ne nous donnerait à contempler que des projections subjectives. Certes, il existe des rapports polémiques entre différentes versions, et ceux qui les présentent peuvent croire que leur vérité chasse toutes les autres. Pourtant, aucune d'entre elles ne peut être assimilée à « la » version enfin neutre, désintéressée, de l'« affaire ». C'est pourquoi je procéderai par exploration de bifurcations successives. A chaque bifurcation se dessinera un nouveau paysage, non pas plus ou moins précis, comme les cartes de Perrin, mais différent, suscité par les questions et les raisons qui ont mené l'historien, ou le philosophe, vers l'« affaire Galilée ».

Galilée face à ses juges. Le peintre, ici, souligne la symétrie et met en scène le doute. Qui écrira l'histoire ? Qui sera finalement jugé et au nom de quoi ? Depuis ces questions ont pris des significations multiples. En lieu et place de Galilée défenseur de la doctrine héliocentrique on mettra alors Galilée libre penseur, ou fondateur de la science moderne, ou de la physique mathématique, ou de la mécanique rationnelle...
(Détail d'une peinture anonyme, XVIIe siècle ; le tableau est présenté en entier p. 225 ; coll. particulière. Ph. © Bridgeman/Giraudon.)

Chacune des affaires Galilée présentées ici peut en ce sens être comparée à une réaction chimique. C'est l'intérêt de l'historien, ou du philosophe, pour l'enjeu qu'il déchiffre dans cette affaire, qui joue dans cette comparaison le rôle de réactif. L'intérêt qui met le passé en relation avec le présent n'est pas un obstacle mais un opérateur suscitant activement de nouvelles perspectives, des problèmes intéressants, construisant des mises en récit dont les divergences mêmes donnent son relief au passé, comme la multiplicité de ses possiblités de réaction donne son identité à un corps chimique.

Au demeurant, les historiens n'ont pas ici l'initiative. Galilée était reconnu comme le plus grand savant italien de son époque; ses livres, rédigés, contrairement à la coutume, non en latin mais en langue « vulgaire », en italien, s'adressaient ouvertement, au-delà de ses pairs, à tout homme de bon sens, pour lui annoncer une transformation radicale du « système du monde », la fin d'une tradition appuyée sur l'autorité d'Aristote, la pratique d'une science respectueuse des « faits » et non des textes. La condamnation de Galilée par l'Église allait, chacun le savait, « faire date », retentir à travers toute l'Europe. Bref, le propre des « affaires Galilée » est que ses acteurs savaient qu'ils participaient à une « affaire », qu'ils faisaient l'histoire. Dès lors, l'intérêt des narrateurs d'aujourd'hui est foncièrement homogène à celui des acteurs d'hier. Ceux-ci, contrairement aux rochers, aux grains de sable, aux filaments floconneux que laisse indifférents le fait d'être ou non négligés par un cartographe, se sont adressés à l'avenir comme les historiens s'adressent au passé. Ils n'ont pas vécu une histoire dont l'historien inventerait la mise en récit. Ils ont eux-mêmes cherché à en décider la découpe, ont plaidé pour une cartographie déterminée, construit la courbe régulière, la narration à la règle de laquelle leur position serait soumise, et au nom de laquelle leurs adversaires devraient être condamnés.

Les principaux ouvrages de Galilée:

De Motu (*Du mouvement*) a été composé mais non publié pendant le professorat de Galilée à Pise (1589-1591); *Sidereus Nuncius* (*le Message céleste*), 1610; *Il Saggiatore* (*l'Essayeur*), 1623; *Dialogo sopra i due massimi sistemi del mondo, Ptolemaico e Copernico* (*Dialogue sur les deux principaux systèmes du monde*), 1632; *Discorsi e dimonstrazioni matematiche intorno a due nuove scienze attenenti alla mecanica & i movimenti locali* (*Discours et démonstrations mathématiques concernant deux sciences nouvelles*), 1638;

Ce chapitre n'échappe pas à la norme. Comme on le verra, moi aussi j'ai « ma » version de l'affaire Galilée, qui n'annule pas les autres mais dégage une perspective de plus. Et ce n'est pas par hasard. On ne « touche » pas à Galilée par hasard, comme à un épisode parmi d'autres. On s'adresse à Galilée, comme Galilée s'est adressé à son public, pour fonder une thèse sur la science nouvelle, pour discuter de la « rationalité » à laquelle elle répond, ou de sa nouveauté.

Premières affaires: « Et pourtant, elle tourne! »

Eppur, si muove! aurait, selon la légende, murmuré Galilée au moment de sa condamnation de 1633. Le pouvoir de l'Église ne pourra s'opposer au pouvoir des faits. Et c'est bien ce qu'affirment les textes de Galilée, dès avant sa condamnation: il y a affrontement de deux pouvoirs, celui de la tradition soutenue par une acceptation littérale de l'Écriture, et celui des faits dont lui-même n'est que l'humble représentant. Il faut que l'Église reconnaisse et occupe sa seule place légitime de gardienne de la foi et abandonne le reste à la raison humaine. Ainsi, dans la *Lettre à Castelli* écrite en 1613, Galilée écrit: « Je croirai volontiers que l'autorité des lettres sacrées n'eut pas d'autre intention que d'enseigner aux hommes les articles et les propositions qui, nécessaires à leur salut et dépassant toute raison humaine, ne pouvaient être enseignés et rendus croyables sinon par la bouche même de l'Esprit saint. Mais que Dieu, qui nous a doué de sens, de raison et d'intellect, ait voulu que nous négligions d'en faire usage, qu'il ait voulu nous donner un autre moyen de connaître ce que nous pouvons atteindre par eux, je ne pense pas qu'il soit nécessaire de le croire... » Et Galilée convoque ses adversaires sur le terrain des faits: « Mais si vraiment ils croient détenir le vrai sens de tel passage particulier de l'Écriture, et par conséquent être assurés d'avoir en main, sur le point controversé, la vérité absolue, qu'ils me disent tout simplement s'ils estiment que, dans une dispute sur une question naturelle, celui qui se trouve soutenir le vrai a un grand avantage sur cet autre à qui revient la tâche de soutenir le faux.

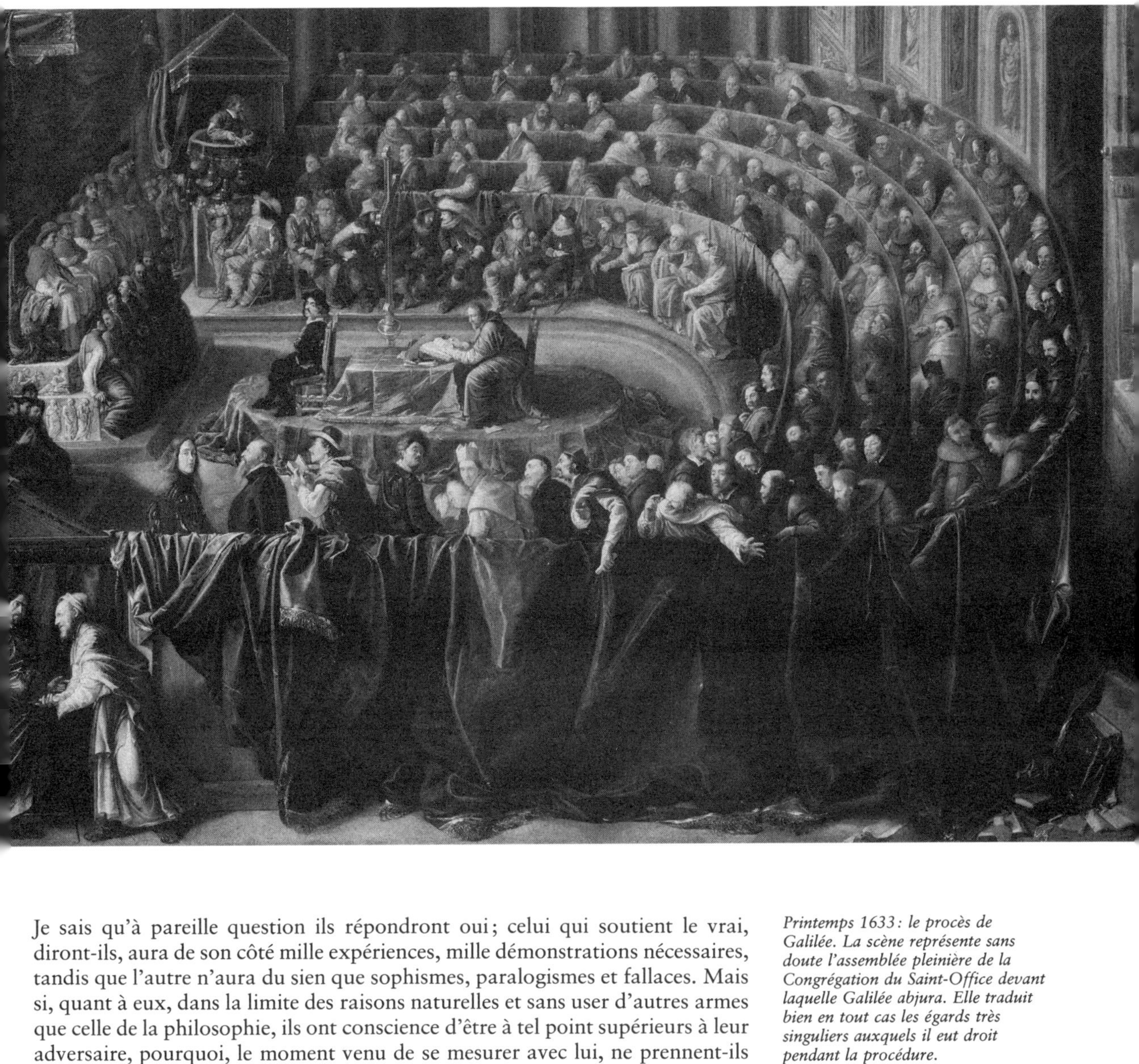

Printemps 1633 : le procès de Galilée. La scène représente sans doute l'assemblée pleinière de la Congrégation du Saint-Office devant laquelle Galilée abjura. Elle traduit bien en tout cas les égards très singuliers auxquels il eut droit pendant la procédure.
(Peinture anonyme, XVIIe siècle ; un détail du tableau est présenté en *p. 222* *; coll. particulière.*
Ph. © Bridgeman/Giraudon.)

Je sais qu'à pareille question ils répondront oui ; celui qui soutient le vrai, diront-ils, aura de son côté mille expériences, mille démonstrations nécessaires, tandis que l'autre n'aura du sien que sophismes, paralogismes et fallaces. Mais si, quant à eux, dans la limite des raisons naturelles et sans user d'autres armes que celle de la philosophie, ils ont conscience d'être à tel point supérieurs à leur adversaire, pourquoi, le moment venu de se mesurer avec lui, ne prennent-ils pas aussitôt en main l'arme invincible et redoutable dont la seule vue épouvantera le plus habile et le plus entraîné des lutteurs ? »
Galilée feint ici de s'adresser au seul père Castelli, mais il sait que sa lettre sera transmise à son protecteur, le duc Cosme II de Médicis, et à sa mère, la grande-duchesse Christine, qui a interrogé Castelli sur les thèses de Galilée. Il sait qu'elle est destinée à circuler et constitue un véritable défi : que ceux qui s'opposent à lui rassemblent les *faits* qui prouvent qu'il a tort. Galilée a à sa disposition des milliers d'expériences, ses adversaires n'ont pour eux que l'autorité, déplacée, des Écritures.
En 1616, après une dénonciation de la *Lettre à Castelli*, le cardinal Bellarmin communiquera à Galilée l'interdiction d'affirmer publiquement la *vérité* de la doctrine héliocentrique. Interdiction à laquelle il se soumettra, mais d'une manière telle qu'il ridiculise, dans l'affirmation même de son obéissance, ceux qui la lui imposent. Le *Dialogue sur les deux principaux systèmes du monde* (1632) met en effet en scène trois interlocuteurs, Salviati, porte-parole de

ORBIUM PLA
TERRAM COM
TIUM SCENO
NETARUM
PLECTEN
GRAPHIA.
SPHÆRA ZODIACI
SPHÆRA SATVRNI
SPHÆRA IOVIS
SPHÆRA MARTIS
SPHÆRA SOLIS
SPHÆRA VENERIS
CIRCVLVS ÆQVINOCTIALIS
CAPRI CORNVS
AQVA RIVS
PI SCES
HYPOTHESIS PTOLEMAICA
HYPOTHESIS BRAHEA

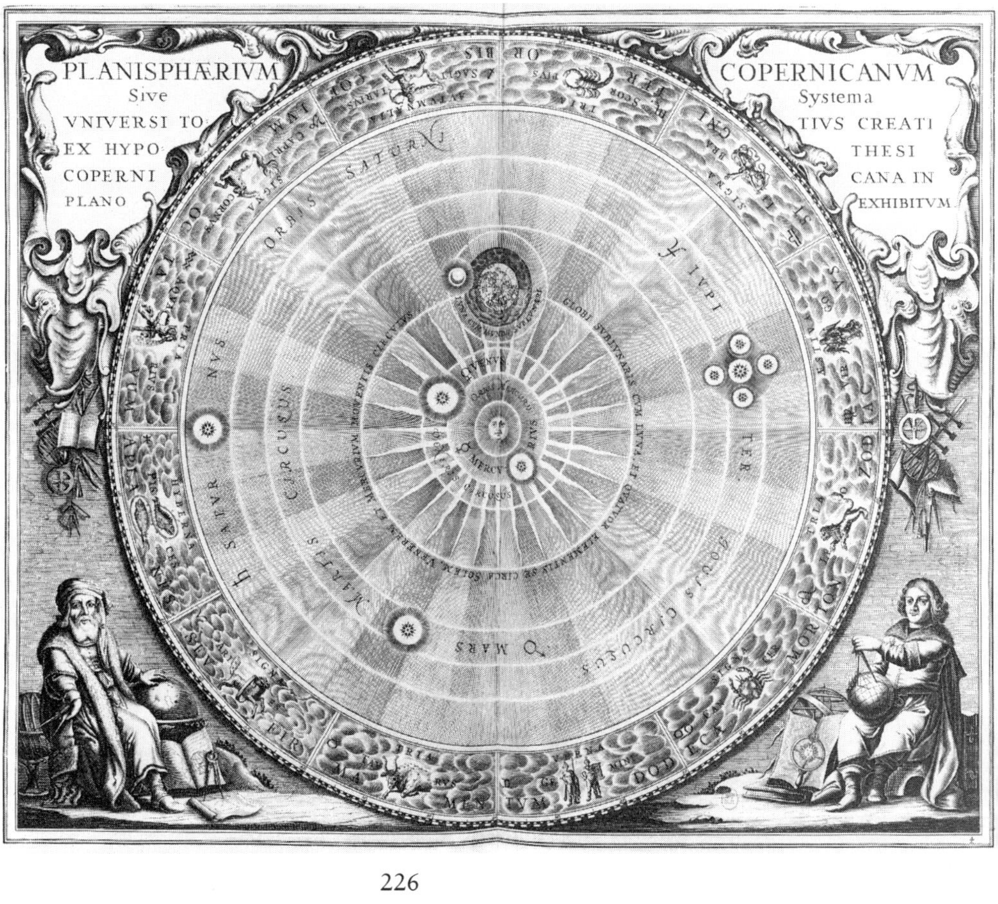
PLANISPHÆRIVM
Sive
VNIVERSI TO
EX HYPO
COPERNI
PLANO
COPERNICANVM
Systema
TIVS CREATI
THESI
CANA IN
EXHIBITVM
ORBIS SATVRNI
IVPI TER
MARS

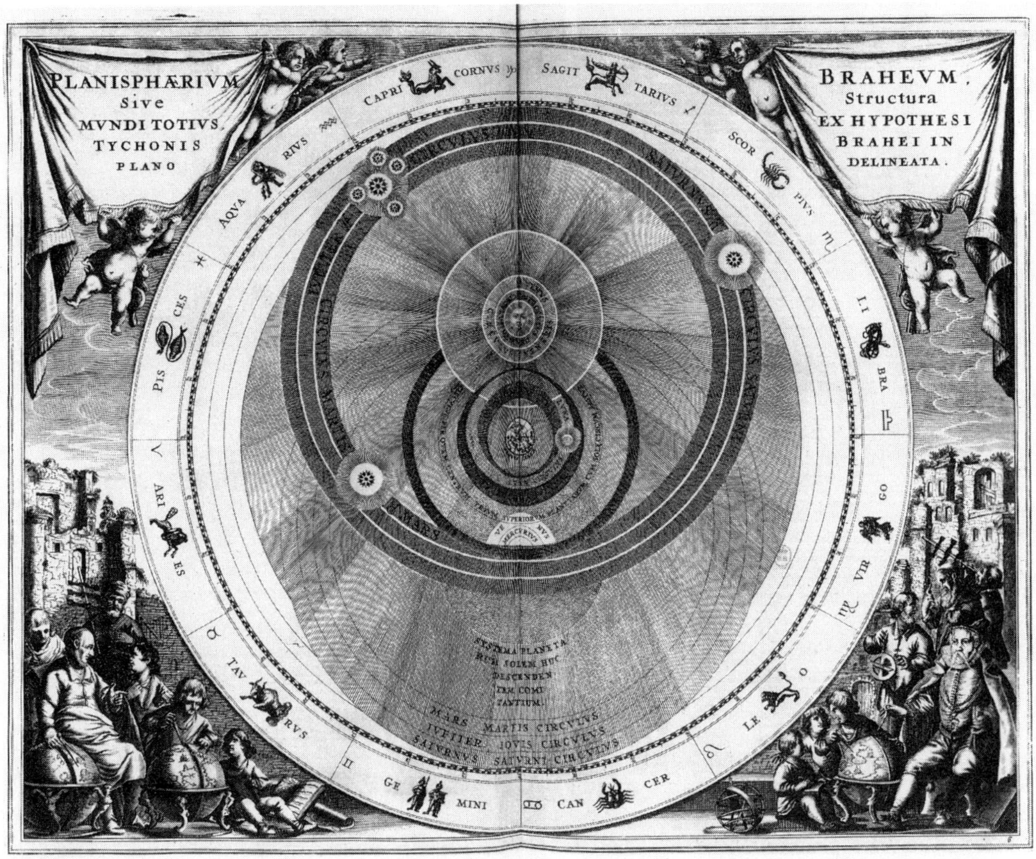

Les trois « systèmes du monde » rivaux : les systèmes de Ptolémée (v. 90-v. 168 apr. J.-C. ; en haut, à gauche), de Copernic (1473-1543 ; en bas, à gauche) et de Tycho Brahé (1546-1601 ; ci-dessus).

Dans le système géocentrique de Ptolémée, la Terre est immobile au centre de l'Univers ; les sept premières sphères portent les « planètes » (Lune et Soleil compris), et la huitième, les étoiles.

Pour Copernic et son système héliocentrique, le Soleil est immobile au centre de l'Univers ; la Terre et son satellite, la Lune, ainsi que les (autres) planètes tournent autour de lui ; le mouvement des étoiles n'est qu'apparent, dû à la rotation de la Terre.

Enfin, le système du monde de Tycho Brahé est intermédiaire entre les deux premiers : la Terre est à nouveau immobile au centre de l'Univers et le Soleil tourne autour d'elle ; la différence provient des (autres) planètes qui tournent autour du Soleil en l'accompagnant dans son mouvement autour de la Terre.

Ces gravures de 1661 illustrent bien le conflit de préséance et de magnificence entre le Soleil et la Terre. Les planètes ont des zones d'influence plutôt que des trajectoires. Les satellites de Jupiter, découverts par Galilée, sont indiqués.
(Gravures in A. Cellarius, Harmonia macrocosmica, seu Atlas universalis et novus, *1661 ; Bibl. nat., Paris. Ph. © Bibl. nat./Photeb.)*

La doctrine héliocentrique

Le premier « héliocentriste » connu, le premier à oser penser que la Terre pourrait être en mouvement autour du Soleil, est Aristarque de Samos dont on dit qu'il naquit en 310 av. J.-C. Nous n'avons conservé de lui qu'un traité portant sur les dimensions et les distances du Soleil et de la Lune. La première édition du *Livre des révolutions des orbes célestes* de Copernic fut publiée en 1543, année de sa mort. S'il est admis que les décalages criants entre les observations astronomiques et les prévisions du système de l'astronome alexandrin Ptolémée (IIe siècle apr. J.-C.) jouèrent un rôle dans la « révolution copernicienne », on sait moins que le système de Copernic, mettant lui aussi en scène des orbites circulaires, était tout aussi compliqué et imparfait. Le système « sauvant les phénomènes » de la manière la plus satisfaisante fut, jusqu'à ce que Kepler « brise le cercle » et ose transformer les orbites planétaires en ellipses (1605), celui de son maître Tycho Brahé : la Terre serait au centre, mais les (autres) planètes tourneraient autour du Soleil, lui-même tournant autour de la Terre. Cependant, la « révolution copernicienne » souleva des passions que ne limitèrent pas ces questions techniques. Elle constitue en ce sens, bien plus qu'une « révolution scientifique », « une « révolution culturelle ». C'est de cette dernière révolution que Galilée, qui ignora jusqu'au bout les ellipses de Kepler, se fit le héraut.

Galilée, Sagredo, homme cultivé, éclairé, capable non seulement de se laisser pleinement convaincre par les arguments de Salviati mais aussi de les prolonger ou de les corroborer à partir de ses propres réflexions de « sens commun », et enfin Simplicio, aristotélicien borné, sans cesse convaincu d'erreur et de soumission aveugle à la tradition. Or ce n'est ni Salviati ni Sagredo mais bien Simplicio qui conclut le dialogue, invoquant l'autorité d'un personnage « éminent et savant », devant lequel il convient de se taire : selon la doctrine de ce dernier, tout ce qui a été présenté jusque-là comme démonstration certaine n'a rien de vrai ni de nécessaire puisque Dieu a le pouvoir de produire ces « faits » qui semblent démonstratifs par des moyens que nous sommes incapables d'imaginer. Les deux interlocuteurs de Simplicio, Sagredo et Salviati, ont beau s'incliner devant cette « doctrine angélique et admirable », le pape Urbain VIII, auteur de l'argument cité par Simplicio, ne s'en est pas moins, dit-on, senti ridiculisé. La porte était dès lors ouverte aux ennemis de Galilée, et à sa condamnation qui intervint un an après la parution du *Dialogue*.

Voici donc une version classique de l'« affaire » qui opposa Galilée à l'Église, version qui correspond à la mise en scène de Galilée lui-même et fait de lui un héros de la pensée libre, en butte à la persécution obscurantiste.

Pourtant, d'autres historiens se mettront à l'écoute d'autres acteurs. Ainsi, Arthur Koestler fait du cardinal Bellarmin un modèle de tolérance. Ce qu'il avait interdit à Galilée était de prétendre à la vérité absolue de la doctrine héliocentrique, mais il lui reconnaissait le droit de l'utiliser à titre d'hypothèse scientifique. Ne devrait-il pas suffire à un mathématicien de démontrer que les apparences sont *mieux* sauvées par l'hypothèse du mouvement de la Terre autour du Soleil, sans qu'il ait besoin d'affirmer que le Soleil est *en vérité* au centre de l'Univers ?

Lue par Koestler, la *Lettre à Castelli* change de sens. Galilée tente en fait d'énoncer de manière unilatérale et tout à son avantage les règles auxquelles devront se soumettre ceux qui participent à l'histoire des discussions à propos de l'héliocentrisme. Non seulement il affirme la vérité absolue de sa thèse, mais encore il renvoie la balle dans l'autre camp : aux autres de réfuter cette vérité. Et Koestler fait remarquer que si Galilée précipite de la sorte le conflit, refuse l'accord que lui propose Bellarmin, c'est sans doute *qu'il n'a pas les moyens de démontrer qu'il « sauve mieux les apparences »* que l'ancienne astronomie de Ptolémée. Le système copernicien, qui admettait, comme son prédécesseur, la circularité des mouvements célestes à titre de postulat, est, souligne Koestler, plus compliqué encore que le système ptolémaïque.

Koestler remet ainsi en question le rôle de Galilée astronome : ses découvertes des satellites de Jupiter et des taches solaires ont fait de Galilée un propagandiste de l'hypothèse copernicienne, mais plus de vingt ans après la publication de l'*Astronomia Nova* de Kepler (1609), le *Dialogue* s'en tient aux orbites circulaires et tait le fait que ces orbites ne permettent pas du tout de « sauver les faits ».

Et Koestler conclut : « Pendant près de cinquante ans, (Galilée) avait tenu sa langue à propos de Copernic, non par crainte du bûcher, mais pour s'épargner les mauvaises grâces des milieux universitaires. Quand, brusquement saisi par la gloire, il se fut enfin engagé, il en fit aussitôt une question de prestige. Il avait dit que Copernic avait raison, et quiconque serait d'un autre avis ferait injure à l'autorité du plus grand savant de l'époque. Voilà ce qui, essentiellement, poussait Galilée à se battre... Ses adversaires n'en sont pas excusés pour autant ; mais le fait a son importance quand on se demande si le conflit était historiquement inévitable. » Koestler pense qu'il ne l'était pas, que, sans l'orgueil de Galilée, le conflit, mis en scène par Galilée lui-même, entre une Église obscurantiste et une science dès lors identifiée à la liberté de pensée aurait pu être évité, et que, peut-être, une autre histoire aurait été possible qui ne fige pas la science dans un rôle héroïque qui lui convient mal.

Tel est l'enjeu de l'« affaire Galilée » pour Koestler : le drame du clivage entre « rationalité » et « valeurs », qui permet aujourd'hui aux hommes de manier la bombe atomique sans avoir appris ce qu'implique cette puissance démesurée. La science a fait de Galilée le symbole de sa liberté, mais ce symbole traduit d'abord l'incohérence violemment revendiquée entre ses propres conditions de développement et les valeurs d'une société identifiées comme obstacle, résistance, obscurantisme.

La science galiléenne peut-elle être identifiée à la liberté de pensée, à la lumière luttant contre l'obscurité ? D'autres interprètes vont entrer en scène. Jusqu'ici nos historiens ont accepté les acteurs principaux, Galilée et Bellarmin, tels qu'ils s'étaient auto-identifiés. Mais la vérité n'est-elle pas plus secrète ? Le ressort caché de la condamnation de Galilée ne serait-il pas, propose l'historien Pietro Redondi, une accusation autrement grave dont il a découvert un indice, une accusation portant sur la foi, non sur une « question naturelle » ? Si l'« affaire Galilée » a vraiment été déclenchée par la dénonciation de la doctrine atomiste annoncée par *Il Saggiatore* (1623), si Galilée a été accusé de contredire le dogme de l'Eucharistie, la question n'est plus celle, mise en scène par Galilée, de la distinction entre questions naturelles et questions de foi. De même, si l'on suit Lerner et Gosselin, ses contemporains n'auraient pas du tout accepté l'image que Galilée proposait de lui-même et l'auraient vu comme un Giordano Bruno ressuscité. Et la condamnation de Galilée devrait alors être lue dans le contexte complexe de la politique internationale, de l'oscillation du Vatican entre l'alliance avec la France ou avec l'Espagne : en 1632, un « geste » envers l'Espagne aurait été nécessaire, en l'occurrence la condamnation d'un « tenant » de l'alliance avec la France relativement tolérante que prônaient, après Bruno, les « hermétistes ». Galilée a-t-il été condamné « à la place de » Campanella qui, lui, était trop dangereux, « savait » trop de choses à propos des complaisances hermétistes du pape ?

La doctrine atomiste et l'Eucharistie

Le dogme de la transsubstantiation dans l'Eucharistie a été proclamé au XVIe siècle, lors du concile de Trente (c'est-à-dire dans le cadre de la Contre-Réforme, les protestants n'admettant pas que, entre les mains du prêtre, le pain et le vin deviennent réellement le corps du Christ). Ce dogme intégrait une référence à la notion scolastique de « substance », celle-ci permettant non d'expliquer mais au moins de dire que, par miracle, alors que la substance se transforme, les « accidents » du pain et du vin (la texture, le goût, la couleur) se maintiennent. Or dans *le Saggiatore* (1623), Galilée dépouillait les corps de leur réalité substantielle, opérant la distinction entre ce qu'il est nécessaire d'attribuer aux corps, une figure géométrique, une position et une vitesse, et les saveurs, odeurs, couleurs qu'il renvoyait au sujet ou à l'animal dont les sens seraient activés par des particules infimes émises par les corps. Or si nous percevons le goût du pain, c'est donc que, malgré la transsubstantiation, l'hostie émet les mêmes particules minimes que le pain...

L'hermétisme

L'hermétisme fut une philosophie mystique caractéristique de la Renaissance. Pour ses adeptes, l'auteur de cette doctrine était Hermès Trismégiste, personnage semi-divin de l'Égypte ancienne, et ils pensaient retrouver, sous une forme dégradée, dans la tradition judéo-chrétienne les « savoirs secrets » de l'Égypte transmis par des « initiés » : Zoroastre, Orphée, Platon, Pythagore. L'hermétisme avait également une dimension politique : il s'agissait non seulement de libérer en chaque homme son essence divine, de retrouver l'analogie transparente entre le microcosme humain et le macrocosme, mais, par un retour à la « vraie philosophie », de réunifier les Églises déchirées par la guerre de Religion. Les hermétistes cherchaient à convertir un « monarque éclairé » afin que celui-ci guide le monde vers un Age d'or. Giordano Bruno (1548-1600), qui décrivit un univers infini où existerait un nombre infini de mondes habités et mourut sur le bûcher de l'Inquisition, fut un tenant de cette philosophie, ainsi que Tommaso Campanella (1568-1639), qui défendit Galilée (1616), s'attira les faveurs d'Urbain VIII par sa réputation de mage et d'astrologue, et plaida auprès de lui pour un catholicisme « réformé » et « naturel », et une alliance avec la France de Louis XIII (et de l'édit de Nantes).

Dénonciation maintenue secrète parce que sa révélation aurait mené Galilée au bûcher ou grande politique internationale : l'historien prend ou tente de prendre ici son autonomie par rapport aux narrations des acteurs, et fait, du même coup, de l'affaire Galilée, le fruit d'un concours de circonstances qui échappe à celui qui en fut victime. La scène se peuple de relations, de problèmes, de personnages nouveaux qui tirent les ficelles et transforment les narrations officielles en autant d'attrape-nigauds. Et les nigauds sont, bien sûr, d'abord ceux qui voient aujourd'hui dans l'« affaire Galilée » l'« affaire » de notre culture moderne, qui osent projeter sur elle les questions qui les préoccupent. Cette affaire est, ne peut être que l'affaire des historiens professionnels. L'enjeu de l'affaire Galilée, c'est aussi l'autonomie de l'historien, qui ne se laisse pas prendre aux narrations intéressées de ceux qui se croient acteurs, qui recherche les indices de vérités soigneusement dissimulées par d'autres acteurs, plus occultes, dont le rôle se révélerait décisif. Il faut que tout le monde mente, que règne la conspiration du silence, pour que l'historien soit à son affaire. Quitte à ce que la mise au jour d'un document nouveau fasse s'écrouler l'échafaudage. Ainsi, d'autres spécialistes italiens de Galilée, V. Ferrone et M. Firpo, après une analyse sévère du parti pris qui mène l'enquête « policière » de Redondi, présentent une lettre de Galilée, *postérieure à sa condamnation*. Galilée répond à un correspondant qui, innocemment, lui a suggéré qu'il serait intéressant d'étudier les rapports entre la doctrine atomiste et celle... de l'Eucharistie. Au lieu de reculer d'horreur, Galilée juge l'idée pleine d'intérêt...

Que l'on accepte ou non les thèses citées à titre d'exemple, elles nous éclairent sur le sens d'une première bifurcation, d'un premier choix entre les intérêts susceptibles de mettre en relation passé et présent : ou bien nous nous en tenons à l'histoire « professionnelle », « désintéressée », tenue pour seule à même de purifier l'affaire Galilée de questions qui la parasitent, ou bien, et c'est ce que nous allons faire, nous suivons ceux qui *s'intéressent* avant tout à la question, posée *à l'occasion* de l'affaire Galilée, de cette vérité scientifique au nom de laquelle Galilée *crut* à tout le moins entrer en conflit avec l'Église. Première bifurcation et changement de scène.

La question de la science moderne

Seconde « affaire Galilée », donc, qui ne constitue pas un « reste » de la première, révélé par une approche plus fine, mais le produit d'autres questions, qui ne se sont pas posées aux contemporains de Galilée. L'« affaire » ne se situe plus au XVIIe siècle mais au XXe, les acteurs qu'elle oppose sont les historiens philosophes qui reconnaissent dans les textes *scientifiques* de Galilée la première expression de ce qui les intéresse, la spécificité de la science moderne.

Cette « affaire Galilée » n'est-elle que l'affaire des philosophes, qui se servent de Galilée pour discuter de la science moderne en général ? Peut-être, mais une telle affaire n'est pas étrangère à l'histoire des sciences, au sens où la manière dont les historiens lisent l'œuvre de Galilée dépend de ce que ces historiens se sentent autorisés à penser de cette science moderne dont Galilée est réputé le fondateur. Ainsi, Pierre Duhem, dont nous verrons qu'il tenta de réduire la portée de l'événement que constitue la « fondation par Galilée de la science moderne », se vit refuser, à la fin du XIXe siècle, la chaire d'histoire des sciences du Collège de France en faveur d'autres historiens plus respectueux.

Peut-on décrire de manière symétrique la position de Galilée et celle de ses adversaires scientifiques ? Peut-on lire Galilée sans penser que les faits lui donnaient raison ? Il ne s'agit plus ici d'astronomie mais de la théorie du mouvement des corps graves qui a valu à Galilée ce fameux titre de « fondateur de la science moderne ». Et c'est ce qu'ont entrepris de montrer, parmi d'autres et selon deux voies distinctes, le philosophe Alfred North Whitehead, il y a soixante ans, et l'épistémologue contemporain Paul Feyerabend.

Dans *Science and the Modern World,* Whitehead accepte à la lettre les prétentions de Galilée : la « révolte historique » que constitue la fondation de la science moderne se fonde sur les faits. « Galilée revient toujours au même refrain, comment les choses se produisent, alors que ses adversaires disposent d'une théorie complète sur la raison pour laquelle les choses se produisent. Malheureusement les deux théories ne donnaient pas les mêmes résultats. Galilée insiste sur les faits "irréductibles et entêtés", et Simplicio, son opposant, invoque des raisons complètement satisfaisantes, pour lui à tout le moins. C'est une grande erreur que de comprendre cette révolte historique comme un appel à la raison. Au contraire ce fut, de part en part, un mouvement anti-intellectuel. Ce fut le retour à la contemplation du fait brutal, fondé sur le refus du rationalisme inexorable de la pensée médiévale. » Pauvres théologiens italiens, conclut Whitehead, pauvres médiévaux attardés, attaqués par les protestants, tournés en dérision par Galilée, méprisés par les évêques eux-mêmes qui, lors du concile de Trente, leur recommandèrent d'éviter les discussions superflues et inutiles, pauvres théologiens maintenant la cause perdue d'un rationalisme débridé au sein d'un monde en guerre ! Whitehead, comme Koestler qui le suivra sur ce point, plaide ici pour une réconciliation de la science et de la raison, pour une science qui se dégage de la foi naïve dans les faits, de l'usage intolérant de l'abstraction, qui ne nie pas ce à quoi, de par les contraintes mêmes de sa méthode, elle ne peut donner sens. Galilée est le fondateur d'une méthode aveugle à ses propres limites, et ses adversaires malheureux peuvent attendre plus de justice de l'avenir pour lequel travaille Whitehead.

Dans *Contre la méthode*, Feyerabend, lui, met en cause la thèse selon laquelle Galilée aurait respecté les faits. Il s'agit pour lui de montrer que la science moderne ne peut prétendre légitimement à une vérité essentiellement différente de celle d'autres formes de pensée, mythique ou religieuse. Non seulement Galilée interprète les faits, mais, et c'est là pour Feyerabend le vice dont il convient de débarrasser la science moderne, il utilise des trucs psychologiques, des manœuvres de propagande, pour dissimuler le fait qu'il interprète, pour faire croire que les faits lui donnent raison de manière univoque. Comment les « faits » prouveraient-ils que la Terre est en mouvement, alors que l'observation intuitive indique qu'elle est immobile ? Pour que les faits « parlent » en faveur de Galilée, il fallait d'abord que celui-ci apprenne à ses lecteurs, à ses interlocuteurs, à les redéfinir, à les décrire dans un nouveau langage. Feyerabend commente l'utilisation par Galilée de l'exemple célèbre du bateau. Il s'agit de faire admettre qu'un marin embarqué, si la mer ou les rives ne lui donnaient aucun repère, ne pourrait savoir s'il est ou non en mouvement, et bien plus, de faire accepter à Sagredo, qui incarne dans les dialogues l'homme de bon sens, que chacun a toujours su cela, qu'il l'a oublié, et que lui, Galilée, se borne à rappeler l'évidence. Or ce qu'il a à faire accepter n'a rien d'évident, mais implique une transformation profonde de la notion de mouvement. La thèse de Galilée implique qu'une pierre tombant du haut du mât d'un bateau devrait tomber au pied de ce mât, que le bateau soit ou non en mouvement. La pierre, désolidarisée du mouvement du bateau, conserverait donc, sans cause, ce mouvement, accompagnant le mouvement du bateau en même temps qu'elle tombe vers le pont. Le mouvement se conservant de lui-même, c'est là ce que l'hypothèse du mouvement de la Terre forçait à accepter contre toute évidence empirique (tous les mouvements que nous observons tendent à s'amortir) et contre toute tradition. C'est là ce que Galilée présente, et réussit à faire accepter par Sagredo, comme une évidence de bon sens.

Feyerabend ne critique pas Galilée pour avoir introduit un nouveau langage observationnel, chargé de théorie. Son but est de souligner qu'aucun des différents langages observationnels, scientifiques, théologiques, mythiques, etc., ne peut se prévaloir d'un rapport univoque aux faits qui lui permettraient de juger les autres. « Une science qui se targue de posséder la seule méthode correcte et les seuls résultats acceptables est, dit-il, une idéologie, et doit être séparée de l'État et, particulièrement, de l'éducation. On peut l'enseigner, mais uniquement à ceux qui ont décidé d'adopter cette superstition particulière. [...] Naturellement, toute profession a le droit d'exiger que ses praticiens soient formés d'une manière particulière, et elle peut même exiger qu'ils acceptent une certaine idéologie. [...] C'est vrai de la physique comme ça l'est de la religion ou de la prostitution. Mais des idéologies aussi spéciales, des talents aussi spéciaux n'ont pas de place dans le processus de l'éducation générale qui prépare un citoyen à son rôle dans la société. Un citoyen responsable n'est pas un homme qui a été instruit dans une idéologie spéciale, [...] un citoyen adulte est celui qui a appris à prendre ses décisions, et qui a décidé en faveur de ce qui, croit-il, lui convient le mieux. »

La science qui préoccupe Whitehead et Feyerabend est définie globalement, en tant qu'elle entretient des rapports (difficiles) avec « la » philosophie, les pensées mythiques, etc. D'autres pistes pourraient être suivies qui mettraient en scène d'autres rapports, par exemple, entre hommes de science, raison d'État et « intellectuels » (cf. *la Vie de Galilée* de Bertolt Brecht). Mais un autre paysage possible s'ouvre également, que nous allons explorer. La question n'est plus ici : qu'est-ce que la science moderne en général ? mais qu'est-ce que cette discipline plus singulière que nous appelons « physique mathématique » ?

La question de la physique mathématique

Nouvelle affaire, nouvelle approche des textes. Il ne s'agit plus de la confrontation de Galilée avec l'Église, il ne s'agit plus non plus de la confrontation de la science avec d'autres formes de pensée. Les adversaires disparaissent du champ, ou n'y apparaissent, le cas échéant, que pour témoigner de la singularité de ce que Galilée propose, de l'incompréhension qu'il devait susciter. Ainsi Alexandre Koyré citera à comparaître Descartes et Mersenne, qui « représentent », à la différence des adversaires théologiens de Galilée, la « pensée moderne », et n'acceptent pas pour autant la physique galiléenne.

Le champ est donc, désormais, purifié de tout « contexte ». Seuls les textes comptent, mais les textes à leur tour sont au centre d'une « affaire » où se joue la question de la théorie physique, des rapports nouveaux entre descriptions mathématique et empirique que Galilée est réputé avoir instaurés.

Dans ses *Études galiléennes,* Koyré montre, avant Feyerabend, que Galilée ne « respecte » pas les faits. Mais pour lui, il ne s'agit pas de propagande, qui justifierait une critique politique des prétentions scientifiques. La physique de Galilée n'est pas « chargée d'interprétation » comme toute description, elle invente un rapport nouveau, *expérimental*, avec les faits.

C'est parce que Galilée était convaincu de ce qu'il lui fallait dépasser les phénomènes pour atteindre leur essence, et parce qu'il croyait que seules les mathématiques peuvent exprimer cette essence qu'il a pu énoncer les lois de la chute des corps graves. Et c'est cet énoncé qui distingue Galilée aussi bien d'un Giordano Bruno, qui lui aussi avait affirmé que, puisque la Terre tourne, les pierres tombent au pied du mât d'un bateau en mouvement, que d'un Descartes, qui énonça le principe d'inertie — ce que Galilée ne fit jamais —, mais refusa l'idée qu'un corps qui tombe puisse répondre à une loi.

« Comme on comprend Descartes, qui "nie" toutes les expériences galiléennes ! Comme il avait raison ! Car toutes les expériences de Galilée, du moins toutes les expériences réelles et aboutissant à une mesure et à un chiffre, ont été trouvées fausses par ses contemporains. Et pourtant c'est Galilée qui est dans le vrai. Car, nous venons de le voir, il ne cherche nullement dans les données expériencielles le fondement de sa théorie ; il sait bien que c'est impossible. Et il sait aussi que l'expérience, même l'expérimentation, faite dans les conditions concrètes — dans l'air et non dans le vide, sur une planche lisse et non sur un plan géométrique, etc. —, *ne peut pas* donner les résultats prévus par l'analyse du cas abstrait. Aussi ne le demande-t-il pas. Le cas abstrait est un cas supposé. Et l'expérience doit confirmer que cette supposition est bonne dans la limite de ses moyens. Ou, mieux, dans la limite de nos moyens. »

La physique galiléenne traite de cas abstraits : le concept d'un plan absolument lisse, d'une sphère absolument sphérique, du vide parfait ne se tire pas de l'expérience, mais permet de juger cette expérience au nom d'un idéal mathématique. « Aussi ne faut-il pas s'étonner de voir que la réalité de l'"expérience" ne peut entièrement s'accorder avec la déduction. C'est pourtant cette dernière qui a raison. C'est elle, ce sont ses concepts "fictifs" qui nous permettent de comprendre et d'expliquer la nature, de lui poser des questions, d'interpréter ses réponses. »

Koyré estime que ces arguments suffisent pour triompher de deux types d'adversaires : les historiens « marxistes » qui voient dans la physique galiléenne la traduction des nouveaux impératifs technico-économiques du capitalisme naissant, et les empiristes qui l'expliquent par la soumission du jugement à l'observation. Reste un troisième adversaire, d'autant plus redoutable, nous le verrons, que Koyré s'est en fait appuyé sur ses analyses : il s'agit de Pierre Duhem. Les *Études galiléennes* de Koyré renvoient périodiquement à la troisième partie des *Études sur Léonard de Vinci* de Pierre Duhem, sous-titrée : « Les précurseurs parisiens de Galilée ». Mais ces références ne permettent pas de soupçonner à quel point Koyré doit jouer serré, combien son argument sur le caractère fictif, abstrait, des concepts galiléens le mène près de Duhem et de sa théorie des précurseurs.

L'intérêt qui mène Duhem est clair et explicite : la science galiléenne ne marque pas une rupture avec la science chrétienne médiévale. L'effort qui a permis la substitution de la physique moderne à la physique d'Aristote « a pris appui sur la plus ancienne et la plus resplendissante des universités médiévales, sur l'université de Paris. Comment un Parisien n'en serait-il pas fier ? Ses promoteurs les plus éminents ont été, au XIVe siècle, le Picard Jean Buridan et le Normand Nicolas Oresme. Comment un Français n'en éprouverait-il pas un légitime orgueil ? Il a résulté de la lutte opiniâtre que l'université de Paris, véritable gardienne, en ce temps-là, de l'orthodoxie catholique, mena contre le paganisme péripatéticien et néo-platonicien. Comment un chrétien n'en rendrait-il pas grâces à Dieu ? ».

Le paysage s'ouvre brutalement. Les controverses théologiques médiévales, ressuscitées par l'intérêt de Duhem, menacent de nous engloutir. Sur ce point, il nous faut résister et nous borner à l'objet de la controverse entre Duhem et Koyré : à l'issue du Moyen Age, le « fruit » était-il, comme le soutient Duhem, mûr au point que le plus léger attouchement — Galilée — allait suffire à le détacher ? Ou bien, comme le soutient Koyré, Galilée n'a-t-il pas eu de véritable précurseur, est-il bel et bien l'*inventeur* de la physique mathématique ?

Voici qu'enfin il nous faut aborder le *contenu* de la physique galiléenne et, plus précisément, les *lois du mouvement naturellement accéléré* dont Duhem déchiffre la formulation dans l'œuvre des penseurs du XIVe siècle. C'est ici le point le plus risqué pour toute histoire des sciences, celui où la scène, vidée de ses personnages, occupée par un problème similaire à celui que doivent affronter les débutants en physique, risque de n'être plus historique mais pédagogique. Cependant, en l'occurrence, le concept de « qualité uniformément difforme » inventé par les médiévaux ne nous renvoie pas sur les bancs de nos écoles mais à ce moment spéculatif où le chaud et le froid, le sec et l'humide cessèrent d'entretenir les rapports d'opposition qui réglaient leur usage aristotélicien.

Qu'est-ce qu'une qualité pour Oresme ? La charité peut être une qualité, comme aussi la vitesse ou la chaleur. Une qualité se caractérise par son degré, par son intensité. Un chrétien n'est pas charitable, il l'est plus ou moins. Un

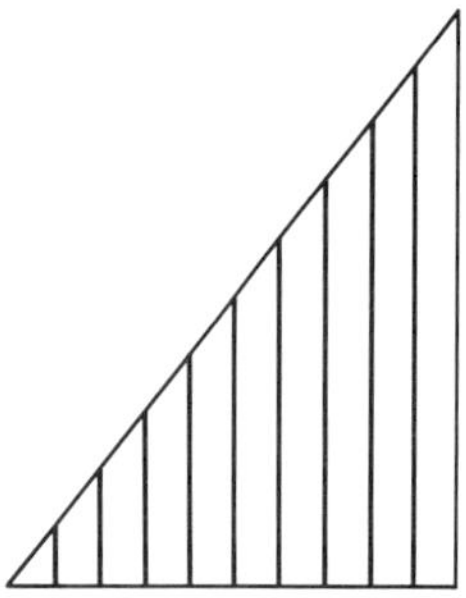

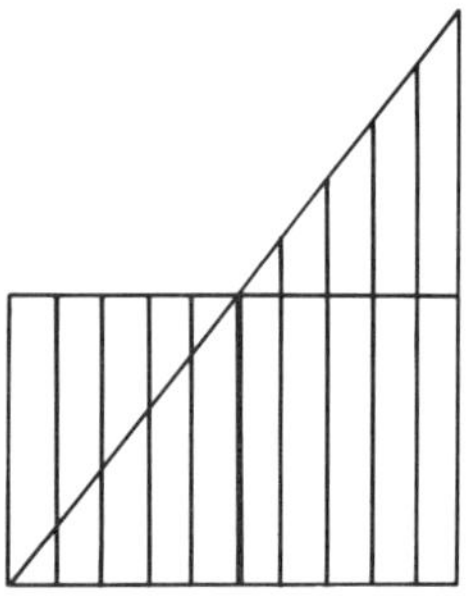

corps n'est pas chaud ou froid, il est plus ou moins froid ou, de manière équivalente, plus ou moins chaud. Mais une qualité a également une extension, elle qualifie un espace et un temps. La charité qualifie la vie du chrétien. Tel degré de chaleur qualifie telle région d'un corps, ou bien tel corps pendant tel intervalle de temps. Comment représenter le « devenir » d'une qualité, la manière dont elle croît ou diminue d'instant en instant ou de point en point ? C'est ce devenir qu'Oresme va représenter par un graphique à deux dimensions. La droite horizontale, ou longitude, représente une extension de la qualité, temps ou espace. En chaque point de l'horizontale, une verticale, la latitude, est dressée : sa longueur représente l'intensité de la qualité en cet instant ou en cet endroit. La succession des intensités se traduit donc par une figure plane. Une figure triangulaire (ou trapézoïdale si l'intensité initiale n'est pas de valeur nulle) représente une qualité « uniformément difforme », telle qu'une chaleur qui diminuerait de manière linéaire au cours du temps. Un rectangle représentera une qualité uniforme.

Sa représentation graphique permet, explique Oresme, de saisir plus rapidement et parfaitement par l'imagination les propriétés de la qualité étudiée. Elle va lui permettre notamment de démontrer géométriquement une règle que les maîtres du Merton College à Oxford (notamment Thomas Bradwardine, Richard Swineshead et William Heytesbury, tout à la fois philosophes, théologiens et mathématiciens) avaient énoncée au cours de la première moitié du XIVe siècle. « Toute qualité uniformément difforme a la même quantité totale que si elle affectait uniformément le sujet selon le degré de son point milieu » : la quantité de la qualité a pour mesure la surface formée par les latitudes qui se succèdent pendant un laps de temps ou sur un espace donné ; il est évident que *les surfaces respectives du triangle* représentant la quantité de la qualité uniformément difforme *et du rectangle* représentant la quantité d'une qualité uniforme de même extension et d'intensité égale à celle de la qualité uniformément difforme en son point milieu *sont égales*.

Oresme traite explicitement du cas où la qualité n'est autre que la vitesse, croissant ou diminuant de manière uniforme au cours du temps. Et dans ce cas, la règle de Merton mène à établir un rapport d'équivalence entre la quantité d'un mouvement accéléré et celle d'un mouvement uniforme. Elle correspond, en ce cas, à l'une des règles que l'on enseigne aujourd'hui dans les écoles à propos du mouvement uniformément accéléré : la vitesse moyenne d'un tel mouvement est égale à la moyenne entre sa vitesse initiale et sa vitesse finale. Galilée, pour sa part, l'exprimera ainsi : « Le temps pendant lequel un espace quelconque est franchi par un mobile partant du repos, avec un mouvement uniformément accéléré, est égal au temps pendant lequel le même espace serait franchi par le même mobile avec un mouvement uniforme, dont le degré de vitesse serait la moitié du plus grand et dernier degré de vitesse atteint au cours du mouvement accéléré. »

L'équivalence de l'énoncé médiéval et de l'énoncé moderne suppose que lorsque la qualité est la vitesse, sa quantité, la surface produit de la longitude par la latitude, n'est autre que l'espace parcouru dans le temps mesuré par la longitude. Duhem est bien forcé de reconnaître qu'Oresme, nulle part, n'identifie explicitement quantité et espace. Mais, suppose-t-il, c'est que, pour Oresme, cela allait de soi. Et en tout état de cause, souligne-t-il, les disciples d'Oresme ont compris sans problème que la « quantité commune » au mouvement uniformément accéléré et au mouvement uniforme de vitesse moyenne se déroulant durant le même laps de temps n'était autre que l'espace.

A regarder le diagramme d'Oresme, nous autres modernes ne pouvons qu'y lire les lois galiléennes du mouvement accéléré, la description d'une vitesse variant de manière linéaire avec le temps. Et la question se pose immédiatement : pourquoi Oresme n'a-t-il pas été plus loin ? Pourquoi n'a-t-il pas compris qu'il « tenait » le moyen d'établir des relations physiques mesurables entre l'espace franchi par un tel mouvement (la surface du triangle), et le temps ? N'est-il pas évident que l'espace croît comme le carré du temps ? Et l'application de la règle de Merton aux différentes sections de la figure, correspondant à des intervalles de temps égaux, ne permet-elle pas d'énoncer une forme équivalente de cette relation entre l'espace parcouru et le carré du temps mis à le parcourir : dans un mouvement uniformément accéléré, les espaces parcourus pendant des laps de temps successifs égaux sont comme la suite des nombres impairs. De fait, Clagett souligne que, dans ses *Questions sur les Éléments d'Euclide*, Oresme a énoncé, à propos du cas général d'une quantité uniformément difforme, la règle selon laquelle si l'on divise la longitude en parties égales, les qualités successives produites par cette division seront comme la série des nombres impairs. Pourquoi a-t-il fallu « attendre » Galilée pour apprendre que l'espace parcouru par des corps en chute libre croît effectivement comme le carré du temps de chute ?

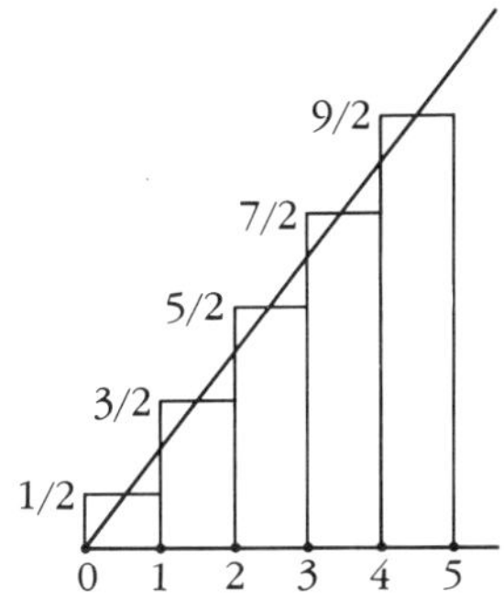

La formulation moderne du *mouvement rectiligne uniformément accéléré* pour un mobile partant sans vitesse initiale s'écrit : $v = \gamma t$, $x = {}^1/_2\, \gamma t^2$, où v, γ, t et x sont respectivement la vitesse, l'accélération, le temps et la distance parcourue par le mobile.

Posant ces questions, nous présupposons ce que précisément Koyré conteste lorsqu'il nie que la théorie *physique* du mouvement uniformément accéléré soit née au Moyen Age. Certes, reconnaît-il, Duhem a pu localiser l'un ou l'autre cas où un médiéval illustre la notion abstraite de qualité uniformément difforme par le cas de la chute des corps. Mais aucun n'a pensé que l'analyse purement mathématique d'un concept puisse tenir lieu d'explication physique, puisse permettre de rendre compte de la chute des corps. Galilée n'a pas de précurseur, explique Koyré, le Moyen Age n'était pas gros de la théorie de la chute des graves, parce qu'aucun des théoriciens médiévaux n'a fait le pas décisif que, pour sa part, Galilée accomplira en 1604 : abandonner toute explication physique de ce mouvement, ne pas chercher à identifier pourquoi le corps qui monte ralentit, pourquoi le corps qui descend accélère. Identifier l'explication et l'essence mathématique. Galilée n'a pas eu de précurseur parce qu'il a été le premier à concevoir la recherche des lois en termes *platoniciens*, loi mathématique et non explication physique. C'est une influence philosophique, celle de Platon, qui explique, selon Koyré, la singularité de la physique galiléenne et, à travers elle, l'invention de la physique mathématique qui explique l'observable empirique par de l'inobservable mathématique.

Cependant, la réponse de Koyré admet, pour l'essentiel, la thèse qu'il combat. Que l'acte de naissance de la physique mathématique tienne à une décision philosophique implique qu'il n'y a pas à se demander *comment* Galilée a inventé l'essence mathématique abstraite du mouvement accéléré d'où il déduira les lois phénoménales qui décrivent la chute des corps graves (les deux règles que j'ai citées plus haut). Il semble donc que, de manière implicite, Koyré admette que Galilée les a bel et bien reçues de la tradition médiévale. Duhem et Koyré commentent *la même* histoire, l'un souligne la continuité de l'analyse mathématique, l'autre souligne l'innovation radicale que constitue la décision d'identifier la compréhension d'un mouvement physique effectif à une essence mathématique abstraite. La thèse de la rupture appelle et présuppose d'autant plus celle de la continuité que Koyré nie, d'autre part, nous l'avons vu, tout rôle aux expériences que Galilée dit avoir menées à propos de la chute des corps.

Mais Galilée a-t-il hérité des médiévaux leur « concept » du mouvement accéléré ? Nous atteignons ici la dernière bifurcation de cet exposé. Le paysage change de nouveau, ainsi que les textes. Il ne s'agit plus d'écouter le Galilée du *Dialogue*, ou des *Discours et démonstrations mathématiques concernant deux sciences nouvelles,* le Galilée qui expose au public la solution qu'il a construite des décennies auparavant. Il s'agit du Galilée de l'éventuelle « décision ». Il s'agit de remonter à cette date fatidique de 1604, où Galilée expose dans une lettre à Paolo Sarpi le *principe* auquel répond le mouvement des corps graves. C'est à partir de cette date, d'après Koyré, que Galilée, qui a quarante ans, devient « notre » Galilée, celui qui abandonne toute hypothèse physique pour énoncer l'essence mathématique du mouvement accéléré.

Or, en 1604, Galilée *se trompe*. En termes modernes, il rapporte l'accélération non au temps mais à l'espace. La question va être de savoir si, comme le prétend Koyré, cette erreur confirme la thèse de l'« influence philosophique » : Galilée se serait laissé emporter par la passion de géométriser, mais, à ce « détail » près, ce serait bien « le même Galilée » qui se trompe en 1604 et qui écrit sur une feuille de note que les historiens pensent écrite en 1609 la démonstration « correcte », celle qui figurera quasiment mot à mot dans le *Discours* publié en 1638.

L'affaire de 1604

L'histoire des sciences ne répond pas à la logique des cartes géographiques énoncées par Jean Perrin. La question porte sur cinq ans, de 1604 à 1609; l'échelle de temps se rétrécit, comme se précisent les quelques textes sur lesquels vont porter l'enquête: des notes griffonnées où Galilée cherche à préciser ses idées et leurs implications. Or le problème, lui, ne se précise pas mais se transforme de nouveau, comme chaque fois que se pose la question de savoir ce qui « suit » Galilée.

Nous sommes successivement passés de la liberté de pensée à la science moderne, puis à la physique mathématique. Comme on le verra, la question qui se joue dans le contraste entre le Galilée de 1604 et celui du *Dialogue* et des *Discours* est pour moi celle de la spécificité de la *mécanique rationnelle* par rapport à la physique mathématique. C'est là « mon » affaire Galilée, mais pour l'introduire il faut d'abord apprendre à lire le Galilée de 1604.

« Je suppose (et peut-être pourrai-je le démontrer) que le grave tombant naturellement va en augmentant sans cesse sa vitesse dans la mesure où (*secundo*) s'accroît la distance du point où il part; ainsi, par exemple, si le grave part du point A et tombe par la ligne AB, je suppose que le degré de vitesse dans le point D sera d'autant plus grand que le degré de vitesse en C, que la distance DA est plus grande que CA; ainsi le degré de vitesse en C sera au degré de vitesse en D comme CA à DA et ainsi dans chaque point de la ligne AB le grave se trouvera avoir un degré de vitesse proportionnel à la distance de ce même point du terme A. Ce principe me paraît très naturel, et il répond bien à toutes les expériences constatées avec les machines et les instruments qui agissent par le choc, où le choc est d'un effet d'autant plus grand que la hauteur de la chute est plus grande. Et ce principe admis, je démontrerai tout le reste. »

Avant de passer à la suite, commentons cette entrée en matière. Galilée, certes, « se trompe » puisqu'il décrit une vitesse qui s'accroît avec la distance et non avec le temps. Mais comment ne pas comprendre Koyré pour qui « tout », déjà, est là: l'énoncé d'un principe mathématique abstrait d'où découleront les propriétés observables, phénoménologiques, du mouvement du corps grave. Faut-il prendre au sérieux la référence faite par Galilée à une expérience purement empirique, celle des machines qui agissent par le choc, ne s'agit-il pas là d'une simple recherche de plausibilité foncièrement hétérogène au fil du raisonnement? Notons cependant, en pierre d'attente, que c'est seulement lorsque Galilée parle des « degrés de vitesse » qu'il affirme non seulement qu'ils croissent selon la distance mais aussi que cette croissance est une fonction *linéaire* de la distance.

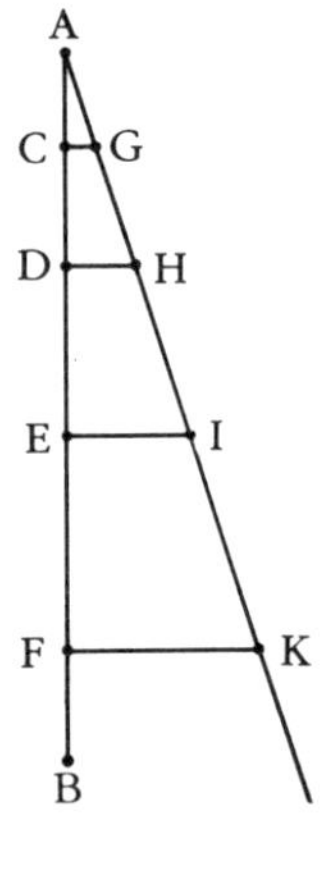

Le texte italien permet de supposer que, en fait, les vitesses sont ici le sujet: « Les vitesses accroissent donc les degrés de vitesse... »

« Que la ligne AK fasse un angle quelconque avec la (ligne) AF, que les parallèles CG, DH, EI, FK soient tirées par les points C, D, E, F. Et puisque les lignes FK, EI, DH, CG sont entre elles comme les (lignes) FA, EA, DA, CA (entre elles), il s'ensuit que les vitesses dans les points F, E, D, C sont comme les lignes FK, EI, DH, CG. Les degrés de vitesse s'accroissent donc dans tous les points de la ligne AF, selon l'accroissement des parallèles tirées de ces mêmes points. »

Apparemment, Galilée vient de nous apprendre à construire un schéma qui ressemble bien à celui d'Oresme: les degrés de vitesse, les « intensités » successivement prises par le mouvement accéléré sont les parallèles tirées en chaque point de la « longitude ». Mais que représentera alors la surface du triangle, la « quantité » du mouvement médiéval ? Ce ne peut être l'espace, contrairement au schéma d'Oresme, puisque l'espace est déjà représenté par la droite verticale. Et c'est ici que les choses commencent à se gâter.

« En outre, puisque la vitesse avec laquelle le mobile est venu de A en D est composée de tous les degrés de vitesse qu'il a acquis dans tous les points de la ligne AD, et que la vitesse avec laquelle il a franchi la ligne AC est composée de tous les degrés de vitesse qu'il a acquis dans tous les points de la ligne AC, il s'ensuit que la vitesse avec laquelle il a franchi la ligne AD est à la vitesse avec laquelle il a franchi la ligne AC dans la même proportion que toutes les lignes parallèles tirées de tous les points de la ligne AD jusqu'à AH ont à toutes les parallèles tirées de la ligne AC jusqu'à la ligne AG ; et cette proportion est celle du triangle ADH au triangle ACG, c'est-à-dire celle du carré de AD au carré de AC ; ainsi, la vitesse avec laquelle la ligne AD a été franchie est à la vitesse avec laquelle a été franchie la ligne AC en proportion double de la proportion de DA à CA. »

Ici, brutalement, la double ressemblance du Galilée de 1604 avec « notre » Galilée d'une part et avec Oresme de l'autre s'effondre. La « quantité » du mouvement accéléré, la surface du triangle, ne serait autre que la vitesse elle-même ! Mais alors, que sont ces degrés de vitesse, dont la somme fait une vitesse ? Si nous voulons à toute force que Galilée ait pensé à une croissance uniforme de la vitesse en fonction de l'espace parcouru, comment les degrés de vitesse qui augmentent en fonction de l'espace peuvent-ils se sommer pour donner une vitesse ? Ce qui se somme de la sorte, pour nous et pour « notre » (futur) Galilée, ce sont les *accélérations*. Mais les degrés de vitesse de 1604 ne peuvent être « nos » accélérations puisque ces degrés croissent avec l'espace alors que les accélérations sont pour nous uniformes. Le commentaire de Koyré est ici d'une indulgence qui touche à l'aveuglement, ce qui trahit combien il est important pour lui que toutes les bizarreries du texte de Galilée découlent de son « erreur initiale ». Il renvoie à l'analyse de Duhem, ce qui implique qu'il accepte de comprendre, comme Duhem, le triangle et l'erreur de Galilée à partir des schémas médiévaux. Il accepte, étrangement, que la vitesse totale du mobile soit la somme des vitesses instantanées (des intensités médiévales ?) qu'il acquiert en chaque point, et se borne à faire remarquer que les sommes des vitesses qui s'accroissent en fonction linéaire de l'espace ne peuvent être représentées par des triangles.

Remarquons, nouvelle pierre d'attente, que Galilée ne parle pas, en ce qui concerne les vitesses proportionnelles au carré des distances parcourues, de vitesse *dans* un point mais de vitesse *avec laquelle* le corps a franchi cette distance, et passons à la suite, qui, si c'est possible, est pire encore.

« Et puisque le rapport de la vitesse à la vitesse est l'inverse (*contraria proporzione*) du rapport du temps au temps (car accroître la vitesse est la même chose que diminuer le temps), il s'ensuit que la durée du mouvement suivant AD est à la durée du mouvement suivant AC en rapport sous-double (*subduplicata proporzione*) de celui de la distance AD à la distance AC. Les distances du point de départ sont donc comme les carrés des temps, et, par conséquent, les espaces franchis dans des temps égaux sont entre eux comme les nombres impairs *ab unitate* (en partant de 1) : ce qui correspond à ce que j'ai toujours dit et aux expériences observées. Et ainsi toutes les vérités s'accordent. »

Koyré, ici encore, se montre extraordinairement compréhensif : il reproche à Galilée de ne pas avoir vu que le rapport des vitesses est l'inverse du rapport des temps dans le seul cas où les espaces parcourus sont identiques, mais il ne souligne pas que cette relation est limitée aux mouvements uniformes. Mieux, il ne remarque pas que *même si* cette relation était admise, *elle ne permettrait pas* de passer aux relations suivantes, entre distances et temps, qui correspondent, dit Galilée, aux expériences observées. Il est impossible, ici, de parler d'erreur « conceptuelle ». Ce sont les mathématiques élémentaires qui permettent de conclure : les vérités ne s'accordent pas.

Nous nous trouvons devant un choix : ou bien Galilée ne savait pas à l'époque, erreur ou non, ce que c'est que raisonner ou même passer d'un rapport mathématique à un autre, ou bien la lecture est mauvaise, et le Galilée de 1604 n'était pas le Galilée du *Dialogue* et des *Discours*.

C'est ici qu'entre en scène de nouveau l'historien professionnel, non plus pour mettre en doute la narration par les acteurs, mais parce que, en 1604, Galilée ne se racontait pas, ou peu. L'étude des textes publiés par Galilée ne permet pas de savoir « qui » était Galilée en 1604.

Déjà, l'historien Stillman Drake avait, sur un point essentiel, contredit Koyré : il avait montré que Galilée, avec les moyens qu'il décrit, pouvait faire des expériences bien plus précises que Koyré ne le pense, des expériences capables de donner des résultats sinon exacts du moins significatifs. En particulier la relation selon laquelle les espaces franchis dans des temps égaux croissent comme la série des nombres impairs serait bien, comme Galilée l'affirme, d'origine empirique.

La démonstration de Drake se fondait sur la reconstitution du dispositif décrit par Galilée, mais aussi sur l'étude des notes de Galilée. Ces deux cents feuillets révèlent un Galilée passant d'un problème à un autre, griffonnant des séries de chiffres, des diagrammes, des ébauches de raisonnement : Galilée écrit « je dis que... » mais il ne s'adresse pas au public. Perplexe, il réfléchit pour lui-même. Et les feuillets ne sont pas datés, c'est pourquoi leur étude implique un historien professionnel, capable du véritable travail de détective que nécessita leur mise en ordre chronologique.

A l'issue de ce travail « policier » Drake propose une image bien différente du Galilée de 1604. A cette époque, Galilée n'aurait pas du tout tenté de *déduire* des conséquences observables d'une définition mathématique *a priori*. Cela impliquerait un espace de signification homogène, où l'articulation entre les différents termes de la définition serait fixée. Or c'est précisément cette articulation que Galilée cherche à *construire*. La « démonstration » de Galilée n'est autre que la recherche d'un « accord » entre les différentes relations dont il dispose à propos du mouvement. En d'autres termes, Koyré et Duhem se seraient laissés prendre à la ressemblance entre définitions médiévale et moderne, et auraient ignoré à quel point le Galilée de 1604 échappait à cette continuité, à quel point les « degrés de vitesses » figurés par les parallèles de son triangle différaient des intensités médiévales.

Revenons à la définition médiévale du mouvement uniformément difforme. Elle implique que, comme toute qualité, la vitesse doit être définie par deux dimensions, la longitude et la latitude, l'extension et l'intensité. La vitesse est donc définie comme une grandeur relative à l'espace ou au temps (ses extensions), elle est mesurable en termes de l'espace franchi et du temps mis à le franchir. L'espace et le temps sont, pour les médiévaux comme pour nous, des grandeurs continues : on peut dire un corps est en tel point à tel instant. Mais cela ne signifie pas que la vitesse soit une grandeur continue, que l'on puisse dire d'un corps, il « a » telle vitesse (instantanée). Le degré de vitesse médiéval explicite une conséquence logique de la définition conceptuelle d'un mouvement accéléré, « difforme », tel qu'il peut être posé *a priori*. Ce n'est pas une grandeur physique mesurable : il n'a pas d'extension, donc pas de mesure spatio-temporelle. Oresme et ses successeurs, lorsqu'ils décrivent comment s'accroît la vitesse d'un mouvement, le décomposent toujours en une *succession de mouvements uniformes*, l'intensité de vitesse variant de manière discontinue après un intervalle de temps déterminé : pendant chaque intervalle, on peut définir la vitesse par le rapport entre l'intervalle parcouru et le temps mis à le parcourir. Pour les médiévaux, la mesure d'une vitesse passe, au niveau même de l'abstraction conceptuelle, par la mise en correspondance du mouvement que cette vitesse caractérise avec un mouvement uniforme de même extension. La vitesse d'un mouvement uniformément difforme *ne peut être quantifiée que par l'intermédiaire d'un mouvement uniforme*, par l'équivalence entre la quantité du mouvement uniformément accéléré et la quantité du mouvement uniforme de degré moyen.

Selon Drake, Galilée ne peut être considéré comme l'héritier fidèle de la tradition médiévale (qui, en tout état de cause était, souligne-t-il, tournée en dérision en Italie, à l'époque de Galilée). La définition médiévale *se donne* un mouvement uniformément difforme, en tant que concept, posé *a priori*. Galilée, lui, cherche à caractériser les mouvements accélérés de chute *en tant qu'ils se produisent*. Il cherche à donner un sens physique, mesurable, à l'idée que de tels mouvements *gagnent de la vitesse*. Il cherche à décrire ces mouvements non comme décomposables, *a posteriori*, en termes d'une succession de mouvements uniformes de vitesses croissantes, mais comme produits par l'accumulation de ce que le corps « gagne » en chaque point de sa chute. Cette question implique que, contrairement aux médiévaux qui définissent la quantité de vitesse d'un mouvement accéléré par son équivalence avec celle d'un mouvement uniforme, Galilée puisse la concevoir comme produit d'une accumulation de quantités elles-mêmes mesurables.

Le texte de 1604 s'éclaire alors, du moins sa première partie : Galilée propose une mesure *locale*, par le choc, du degré de vitesse « dans » un point. Koyré n'a pas pris la peine de commenter cet argument empirique, quoique ici il ne puisse avoir pour fonction de convaincre un public quelconque : pour lui et pour lui seul, Galilée note que dans le cas des machines à percussion, l'effet dépend de la hauteur de chute de la pièce qui frappe. Voici donc une mesure qui ne renvoie pas à un mouvement se produisant *sur* un espace, *pendant* un temps : le choc se produit *dans* un point comme le degré de vitesse, qu'il s'agit de mesurer, s'acquiert *dans* un point. Soit donc ce « principe » : le choc donne sa mesure au degré de vitesse. Les degrés de vitesse croissent donc proportionnellement avec l'espace. L'idée que la somme des degrés de vitesse puisse être identifiée à la vitesse spatio-temporelle, celle du corps franchissant un espace effectif, perd alors l'absurdité évidente qu'elle aurait si Galilée avait su que ses degrés de vitesse ne sont rien d'autre que les intensités médiévales, et ses futures vitesses instantanées. Contrairement à ce que pense Koyré, les degrés de vitesse du Galilée de 1604 *ne sont donc pas des vitesses instantanées*. La vitesse se rapporte à un espace franchi, le degré de vitesse, au corps dans un point. C'est une *définition* que propose Galilée à propos de deux notions dont rien ne fixe *a priori* l'articulation : la vitesse avec laquelle un corps en chute libre franchit une distance donnée résulte de l'accumulation des degrés de vitesse que ce corps a acquis dans les différents points de sa chute.

La vitesse avec laquelle un grave descend sur une distance donnée augmenterait alors avec le carré de cette distance ? Pour nous, une telle relation devrait être vérifiée (ou plutôt réfutée) par l'observation. Mais comment, sans l'idée de vitesse instantanée, établir la manière dont varie la vitesse d'un mouvement *non uniforme* se rapportant à des espaces *et* à des temps variables ? Les vitesses varient avec les distances, peut-être, mais la seule grandeur directement mesurable est le temps mis à parcourir ces distances. Galilée a mesuré les distances parcourues successivement pendant des intervalles de temps égaux. Il en a déduit que les distances sont entre elles comme le carré des temps mis à les parcourir. Comment articuler cette relation entre l'espace et le temps avec la relation entre l'espace et la vitesse qu'il faut établir ? C'est ici que Galilée « bluffe », semble poser une relation entre vitesse et temps alors que, en fait, c'est l'accord qu'il veut réaliser entre les deux relations qu'il possède — les rapports entre les vitesses sont comme le carré des distances franchies ; les rapports entre les temps sont comme la racine carrée des distances franchies — qui donnera un contenu à la « proportion contraire » entre vitesse et temps. Comme Drake le rappelle, la notion de « proportion contraire » n'a sans doute

pour Galilée aucun sens technique déterminé *a priori.* Elle permet de donner à une notion de bon sens — pour un même espace parcouru, augmenter la vitesse revient à diminuer le temps — l'allure d'une prémisse permettant d'affirmer ce dont Galilée a besoin : par rapport à l'espace, vitesse et temps jouent en quelque sorte des rôles « contraires », carré et racine carrée.

En 1604, affirme donc Drake, Galilée n'est pas d'abord mathématicien mais *physicien perplexe.* Il tente d'articuler entre elles les différentes mesures dont un mouvement accéléré est susceptible, et notamment la mesure par le choc et la règle des nombres impairs *ab unitate* qui fixe le rapport entre les espaces parcourus et les temps mis à les parcourir. Il tente d'entre-accorder ces différentes mesures, c'est-à-dire de comprendre *ce qui*, en chaque cas, est mesuré. La déduction ne viendra que par la suite, en 1607 d'après Drake, lorsque Galilée saura ce qu'il mesure. Et cela, non pas par décision philosophique, mais parce qu'il franchira ce pas qu'il est si difficile de faire accepter aux élèves d'aujourd'hui : dissocier la vitesse de sa mesure spatio-temporelle. Comme le dira Salviati au troisième jour du *Discours*, dans un mouvement accéléré, le mobile ne s'attarde pendant aucun temps dans un degré de vitesse. Et pourtant, en chaque instant, en chaque point de sa chute, ce mobile « a » une vitesse *instantanée.* Le degré de vitesse est désormais la vitesse instantanée, *une vitesse qui ne caractérise aucun mouvement effectif*, une vitesse avec laquelle le corps ne parcourra aucun espace en aucun temps. La vitesse n'est plus l'attribut d'un mouvement mais d'un corps en un instant (ou en un point) déterminé.

En 1608, Galilée tente des expériences où la vitesse finale (instantanée) d'un corps est convertie en mouvement uniforme : un canal oblique est raccordé à

un canal horizontal, et la vitesse, uniforme, avec laquelle le mobile roulera le long du canal horizontal est la vitesse qu'il avait au point de raccord entre les deux canaux. La mesure de la variation de la vitesse au cours d'un mouvement de chute ne pose plus de problème. Il suffit de faire varier le point de départ du mobile sur le canal oblique pour obtenir le rapport entre distance franchie et vitesse résultant de la descente sur cette distance (les vitesses sont entre elles comme les *racines carrées* des distances franchies). Galilée procède même à la reconversion du mouvement uniforme (c'est une expérience dont Drake et ses collègues ont vérifié la possibilité) : le canal horizontal mène au bord d'une table, la bille tombe et une relation numérique est établie entre la distance qui sépare le point de chute du bord de la table et la hauteur de départ sur le canal oblique. Galilée expérimentateur est né : il sait désormais *ce qu*'il mesure.
Drake conclut, visant Koyré : « C'est une erreur de penser que (Galilée) a fait l'hypothèse, dès le départ, que les mathématiques gouvernaient la nature et que la physique devait s'y conformer ; les mathématiques lui ont plutôt graduellement forcé la main dans la question épineuse du changement littéralement continu. » Ce n'est pas par décision philosophique que Galilée est devenu « notre Galilée », ce n'est pas parce qu'il a décidé de considérer des corps abstraits, sphères parfaitement sphériques et dures, plans parfaitement lisses. Il ne suffisait pas non plus d'abandonner l'explication physique de la chute des corps pour la définir à partir d'une loi mathématique. Encore fallait-il que cette loi mathématique ait un sens physique. Encore fallait-il savoir *comment* soumettre au concept purement mathématique de « degré de vitesse » la vitesse mesurable et observable. Koyré et Duhem auraient donc sous-estimé le problème posé au physicien : concevoir une vitesse indépendamment du

Galilée et le plan incliné : scène symbolique, il s'agit de convaincre un prince, malgré les arguments de ceux qui ne regardent pas mais consultent les auteurs. La scène se passe à Pise, où Galilée enseigna entre 1589 et 1591 ; on voit la tour du haut de laquelle il est censé avoir fait son expérience célèbre. (Fresque de Giuseppe Bezzuoli, début du XIXe siècle ; Museo di Storia della Scienza, Florence. Ph. © Alinari-Giraudon/Photeb.)

mouvement qui permet de la mesurer, c'est-à-dire aussi inventer un sens physique, une manière de caractériser, de mesurer une vitesse à laquelle ne correspond aucun mouvement.

La mesure du mouvement accéléré

Que nous a appris cette nouvelle « affaire Galilée », l'affaire de son « erreur » de 1604 ? Comment oriente-t-elle, comme chaque affaire, la lecture de ce qui suit Galilée ? A première vue, on pourrait voir dans Stillman Drake un de ces historiens « empiristes » que critiqua Koyré. Ne nous restitue-t-il pas l'image d'un Galilée mesurant, établissant des relations empiriques ? Mais peut-être pouvons-nous également apprendre de son analyse ce que, tout à la fois, taisent et présupposent ces catégories philosophiques opposées, empirisme ou rationalisme : la possibilité de « nommer » les faits, de savoir « ce que » caractérise une relation, qu'elle soit empirique ou théorique. Car c'est précisément ce que, en 1604, Galilée ne sait pas. En d'autres termes, avant que les philosophes — y compris Galilée lui-même s'adressant au public et commentant sa démarche — se disputent, il a fallu qu'un problème apparemment bien plus humble trouve sa solution : comment *mesurer* le mouvement accéléré sans l'asservir aux catégories du mouvement uniforme, l'espace parcouru et le temps mis à le parcourir ?
Koyré a fait de Galilée l'inventeur de la physique mathématique et de la physique expérimentale, celui qui a osé soumettre l'observation et le raisonnement physiques aux conditions idéales des mathématiques. Il n'a pas vu le problème que suscitait cette soumission. Comment donner au concept logico-mathématique de mouvement accéléré un sens physique ? Il ne suffit pas d'oser imaginer une vitesse instantanée « physique », il faut aussi la relier à des grandeurs observables, spatio-temporelles. *Il faut donc redéfinir l'espace et le temps de telle sorte qu'ils donnent sens à autre chose qu'à la vitesse d'un mouvement effectif,* qu'ils permettent la mesure d'un mouvement en d'autres termes que ceux qui conviennent au mouvement uniforme : espace parcouru et temps mis à le parcourir.
Or Galilée, en 1604, a fait jouer un nouveau type de mesure, une mesure du mouvement accéléré par l'espace, *indépendamment du temps.* Il s'est référé à l'*effet* des machines à percussion, qui ne dépend que de la hauteur dont tombe le poids. Il me faut montrer maintenant que ce type de mesure — que j'appellerai *causale*, parce qu'elle caractérise ce qu'a gagné un corps par l'*effet* dont ce corps est, de ce fait, capable, parce qu'elle transforme ce qu'il s'agit d'évaluer quantitativement en *cause* d'un effet qui permet de l'évaluer — est à l'œuvre après 1604, dans les textes qui ont permis de conférer à Galilée son titre de « fondateur » de la physique au sens moderne.
Portons-nous quelque trente ans après l'épisode que nous avons étudié, à l'époque où Galilée, après la condamnation vaticane, compose son dernier grand œuvre, véritable testament scientifique, les *Discours et démonstrations mathématiques concernant deux sciences nouvelles.*
Au cours de la troisième journée est traitée la question du « mouvement naturellement accéléré ». On peut ici parler de traitement : Salviati, Sagredo et Simplicio sont présents, comme dans le *Dialogue*, mais leurs discussions ne structurent plus le texte ; ils servent seulement à commenter les points que Galilée veut mettre particulièrement en lumière ; lorsque « tout est devenu clair », les théorèmes, propositions, corollaires et scolies s'enchaînent, impersonnels et nécessaires, comme dans un manuel.
Ainsi, Galilée utilise Sagredo pour creuser la distance entre ce qu'il va proposer et une « pure abstraction » de type médiéval. Salviati vient d'énoncer une définition abstraite :
« Je dis qu'un mouvement est également ou uniformément accéléré quand, partant du repos, il reçoit en des temps égaux des moments (*momenta*) égaux de vitesse », et Sagredo remarque : « Bien que je n'aie rien, rationnellement

parlant, contre cette définition-ci, ou contre une autre, quel qu'en soit l'auteur, puisqu'elles sont toutes arbitraires, je puis cependant douter, soit dit sans vous offenser, qu'une telle définition, élaborée et acceptée dans l'abstrait, s'adapte et convienne au type de mouvement accéléré auquel obéissent les graves en tombant naturellement. »

Suit l'exposé de la difficulté que suscite, d'autre part, la définition : si le temps est divisible à l'infini, les degrés de vitesse correspondant aux « instants les plus proches du point de départ » correspondraient, si le corps adoptait alors un mouvement uniforme, à une vitesse infiniment lente. Et Salviati répond en opérant le passage de la mesure par le mouvement uniforme à celle par l'effet d'un choc : il étudie l'effet d'un maillet lâché sur un pieu depuis des hauteurs de plus en plus faibles : « [...] finalement, si on le lâche d'une hauteur d'un doigt, que fera-t-il de plus que si on l'avait posé sans qu'il y ait percussion ? A coup sûr très peu de chose ; et l'effet serait imperceptible si on l'élevait seulement de l'épaisseur d'une feuille. Mais puisque l'effet de la percussion dépend de la vitesse du mobile, qui doutera que le mouvement soit très lent et la vitesse plus que minime, là où l'effet du choc est imperceptible ? » C'est la relation de cause à effet qui permet de donner leur plausibilité aux vitesses instantanées en tant que quantités croissant de manière strictement continue au même titre que le temps, ou la hauteur.

Il n'est pas encore question ici de mesure quantitative. Dans la définition abstraite de Galilée, c'est le temps de chute qui donne sa mesure à la vitesse acquise, et l'autre articulation possible, entre vitesse et hauteur de la chute du maillet, n'a servi qu'à apaiser l'imagination déconcertée de Sagredo. Cependant, après d'autres échanges où Salviati raconte les hésitations, et même les erreurs commises par l'« Auteur », lorsque la définition peut être considérée comme éclaircie et « arrêtée », vient le moment de démontrer l'« accord rigoureux » entre les propriétés qui peuvent se démontrer à partir d'elle et les résultats de l'expérience, accord qui permettra de « faire la différence » avec les définitions arbitraires abstraites. C'est alors que Salviati demande que l'on accepte pour vrai un seul principe : *« Les degrés de vitesse qu'un même mobile acquiert sur des plans différemment inclinés sont égaux, pourvu que les hauteurs de ces plans soient égales. »*

Ce principe, Salviati va tenter d'en montrer la « probabilité » par des arguments analogiques. Quelques pages plus loin, au moment de l'utiliser, il en proposera une démonstration : c'est là une « mise en dialogue », effectuée par son élève Viviani pour l'édition de 1656, d'un texte dicté par Galilée en 1639. Cet ajout confirme l'importance essentielle du « principe ». En effet, la définition qu'a d'abord posée Galilée — le corps recevant en des temps égaux des degrés égaux de vitesse — n'a de portée opérationnelle que pour comparer des mouvements caractérisés par *la même accélération*, alors que le plan incliné, l'instrument expérimental par excellence, permet de faire varier le degré d'inclinaison, donc l'accélération. Comment « mesurer » une vitesse de manière telle que cette mesure intègre comme variable l'accélération que le plan incliné permet de manipuler ? Comment comparer le mouvement accéléré de deux corps roulant le long de plans inclinés différents ?

C'est ici que la mesure de la vitesse acquise *par la hauteur* de la descente au long de laquelle elle a été acquise va jouer un rôle essentiel. Lorsqu'il s'agit de plans inclinés, le temps de descente est muet, il ne permet pas de mise en rapport puisqu'il varie avec l'inclinaison. En revanche, la hauteur de descente, si elle permettait de déterminer la vitesse acquise à son terme, permettrait, connaissant la longueur du plan, de *déduire* le temps qu'a pris cette descente. La mesure de la vitesse acquise par la seule hauteur de descente donnera effectivement à Galilée le moyen, de théorèmes en propositions et en scolies, de mettre en rapport les temps de chute pour des plans inclinés différant par la longueur, par la hauteur, et finalement par la longueur *et* la hauteur.

Comment Galilée justifie-t-il la relation univoque entre les degrés de vitesse

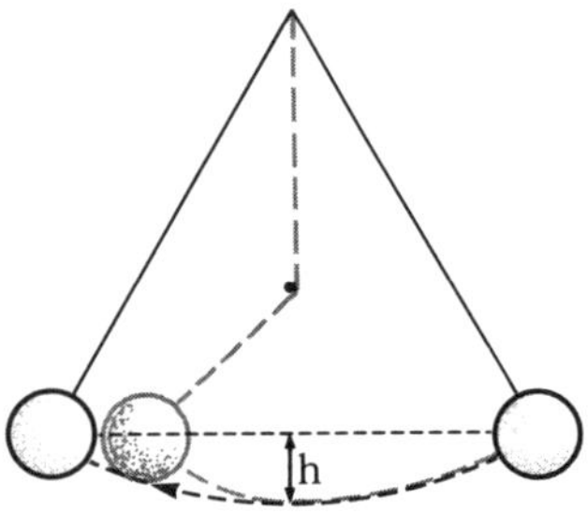

acquis au terme d'une descente et la seule hauteur de cette descente ? De deux manières différentes, je l'ai dit, mais dans les deux cas la justification va faire apparaître que nous avons affaire non plus à la caractérisation d'un mouvement en termes d'espace et de temps, mais à *la caractérisation d'une vitesse instantanée par ce dont elle rend, en cet instant, le corps capable*, c'est-à-dire à ce que j'ai appelé la *mesure causale*, présupposant *l'égalité entre la cause*, à mesurer, *et l'effet* qui permet de la mesurer.

La première justification de Galilée fait appel au mouvement pendulaire. Galilée décrit une expérience montrant que la hauteur *h* jusqu'à laquelle remonte un pendule ne dépend pas de son chemin, mais seulement de la hauteur dont il est parti : un clou planté sur le parcours du fil transforme la courbe de remontée, mais laisse invariante la hauteur. L'expérience prouve que le moment acquis par la descente, qui est « évidemment » égal à celui qui *rend le pendule capable* de la remontée symétrique, le rend également capable de toute remontée de même hauteur. Et donc, le « moment » acquis durant la descente ne dépend pas, lui non plus, de la courbe, mais seulement de la hauteur.

La démonstration de 1639 fait, elle, intervenir la *statique*, la science de l'équilibre entre les corps. Elle identifie l'équilibre à une mesure de la « propension au mouvement » (ou de l'*impeto*, ou de l'énergie, ou du moment de descente) respective des deux corps qui s'entre-équilibrent : leur repos signifie que chaque corps est arrêté par l'autre, que la propension au mouvement de chacun *le rend capable* de résister à la propension au mouvement de l'autre. Or Galilée qui a étudié la mécanique à Padoue (on ne sait pas s'il connaissait les travaux, à peu près contemporains, du mathématicien et ingénieur hollandais Simon Stevin) peut affirmer que ces propensions au mouvement sont proportionnelles au degré d'inclinaison des plans sur lesquels reposent les corps qu'il s'agit de mettre en équilibre. Nous ne nous attarderons pas aux détails de la démonstration. Ce qui importe ici est que

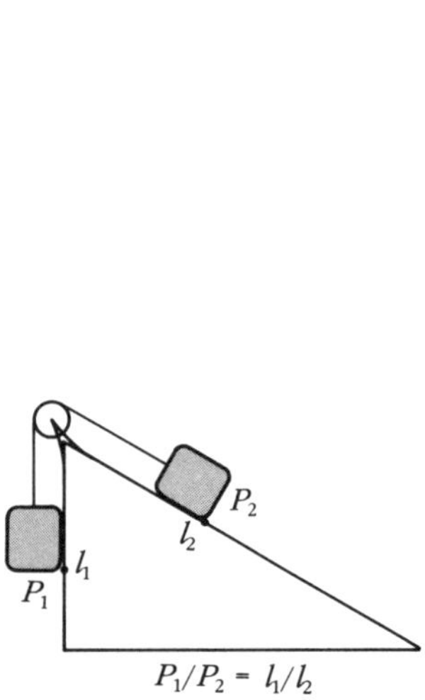

Démonstration de Simon Stevin de l'équilibre sur des plans inclinés par l'absurdité du mouvement perpétuel : si une boule quitte un plan, une autre remontera sur l'autre et, la configuration initiale étant reproduite, le mouvement devrait se reproduire, ce qui est absurde. La démonstration de 1586 suppose le même type d'idéalisation que celle de Galilée. Wonder en is gheen wonder *signifie* « Merveilleux, et ce n'est pas une merveille » : *la mécanique sort du règne de l'artifice pour entrer dans celui des lois. (Frontispice in S. Stevin,* De Weeghdaet beschreven duer Simon Stevin van Brugghe, *1586; Bibl. nat., Paris. Ph. © Arch. Photeb.)*

l'équilibre, la mise en balance d'un corps par un autre, a été conçu par Galilée comme annulation mutuelle de mouvements, et est donc devenu l'instrument d'une mesure *causale*. Chaque corps, en tant que caractérisé par une « propension au mouvement », peut être décrit comme cause d'un effet qui n'est autre que l'annulation de la propension au mouvement de l'autre corps.

Que mesure la remontée du pendule à la même hauteur qu'à son point de départ ? Que mesure la balance ? Dans aucun de ces cas, Galilée n'a explicité « ce qui » est égal. Dans le premier cas, c'est Christian Huyghens qui précisera la relation exacte : ce sont les carrés des vitesses qui sont entre eux comme les hauteurs de chute (nous disons, $mv^2/2 = mgh$, où v est la vitesse, h la hauteur, m la masse et g l'accélération gravitationnelle). Dans le second, c'est Gottfried Wilhelm Leibniz qui assimilera systématiquement et explicitement la « propension » ou « moment de descente » au « premier mouvement », à la vitesse prise par un corps au premier moment de sa chute, recommençant en chaque instant, annulée en chaque instant par l'équilibre, c'est-à-dire ce que les physiciens appellent désormais l'*accélération*.

Galilée, lui, n'a pas besoin d'expliciter ce qui est égal lors de la mesure de la cause par l'effet. C'est le signe « = » qui compte, la situation où une cause peut être mesurée par son effet de telle sorte que l'on soit sûr que la mesure est exhaustive, ne laisse rien échapper. L'identité de la cause et de l'effet, c'est-à-dire aussi de ce qui est conservé, ne précède pas la mesure, mais pourra la suivre, avec Huyghens et Leibniz. Ce qui importe à Galilée est que dans les situations mises en scène, la cause est intégralement épuisée par l'effet qu'elle produit : le pendule revenu à son altitude de départ a épuisé la vitesse qu'il a acquise lors de sa descente, les propensions de vitesse sont annulées par l'équilibre. Et chaque situation permet de ce fait la *mesure*, au sens de mise en rapport, entre des grandeurs qui ne peuvent être caractérisées par un mouvement effectif, se produisant dans l'espace et dans le temps. La première permet de mesurer la vitesse instantanée, la seconde, la « propension au mouvement », première définition *physique* de ce que nous appelons l'accélération.

La question de la mécanique rationnelle

Beaucoup, à la suite de Koyré, situent Galilée à la fois par rapport à Aristote et à Newton. Il marquerait la destruction du cosmos aristotélicien et des questions qu'autorisait cet ordre cosmique : aux « raisons » aristotéliciennes, Galilée substitue la question, mathématique, de savoir *comment* un corps tombe. Mais Galilée se serait arrêté au seuil de la Terre promise. Il n'aurait pas conçu l'espace homogène et isotrope où un corps isolé poursuivrait son mouvement rectiligne uniforme à l'infini. La physique galiléenne serait une physique de corps *pesants* dans un espace soumis à la gravité. Newton, lui, avec la notion de « force », aurait *expliqué mathématiquement*, et généralisé, ce dont Galilée devait se borner à décrire les effets, la pesanteur. Galilée aurait donc purifié la physique de son ancienne causalité, mais Newton aurait inventé le nouveau type de causalité qui permet de passer de la description mathématique (cinématique) à l'explication mathématique.

Pourquoi les corps accélèrent-ils ? Cette question, Galilée ne l'a en effet pas posée. Il n'a pas non plus postulé l'espace homogène et isotrope auquel correspond le mouvement inertiel, rectiligne et uniforme. Mais peut-on dès lors décrire, à la manière de Koyré, l'espace galiléen comme « encore » solidaire d'une physique des corps pesants, en attente de Newton ? Bien sûr, il ne s'agit pas ici de nier l'importance de la force newtonienne, de l'idée d'interaction *réciproque* qu'elle introduit en physique. Que le Soleil n'attire pas la Terre sans que celle-ci n'attire, avec une force égale, le Soleil, c'est là une idée radicalement neuve. Cependant, il ne suffit pas de dire que l'espace galiléen *n'est pas* homogène et isotrope, il faut souligner que *lui aussi* est radicalement neuf. C'est un espace mailllé par le signe « = », par l'égalité entre la cause et l'effet qui permet de caractériser la vitesse. Dis-moi de quel point tu viens, et, quel qu'ait été ton chemin, je te dirai quelle vitesse tu as gagnée, et donc aussi où, avec cette vitesse, tu peux aller. Le signe « = » entre cause et effet, qui permet la définition de la vitesse instantanée, articule un passé déterminé avec l'ensemble des futurs dont ce passé rend le corps capable, il *met en balance* son passé et ses futurs possibles. Galilée a peut-être détruit le cosmos aristotélicien, mais il lui en a substitué un autre, tout aussi rationnel, soumis à ce que Leibniz, lecteur de Galilée, appellera le « principe de raison suffisante ».

Leibniz a reconnu le rôle clé de l'égalité entre cause et effet, et le nom qu'il a donné à son principe traduit bien le caractère *rationnel* que peut revendiquer la mesure causale : qui, sauf un fou, nierait que l'effet puisse ne pas être égal à sa cause ? Mais il en a également saisi la portée *opérationnelle* : la mise en œuvre du principe de raison suffisante fait du corps en mouvement un *objet* mesurable, il détermine *la manière dont il doit être interrogé* — que l'expérience soit effective ou conceptuelle. Dans l'énoncé « la cause égale l'effet », c'est le « = », on l'a vu, qui précède la définition de la cause et de l'effet. La mesure de la cause par l'effet garantit donc que causes et effets sont définis *de manière complète, indépendamment du point de vue ou des choix particuliers de celui qui les décrit*. Leur définition « objective » ne laisse rien échapper. Le principe de raison suffisante définit le mouvement en tant que soumis à ses propres raisons, en tant qu'autodéterminé.

La soumission de la définition des grandeurs physiques à un « = » posé *a priori* définit non pas la physique mathématique, mais une lignée singulière de la physique qui a nom « mécanique rationnelle ». J'en arrive donc à la conclusion de « mon » affaire Galilée. Galilée est, pour moi, non celui qui « prépare » Newton, Moïse menant la pensée jusqu'au seuil de la Terre promise, mais *l'inventeur de la mécanique rationnelle*, de l'espace maillé par l'égalité de la cause et de l'effet à laquelle au cours du XVIIIe siècle les mécaniciens tels Euler, d'Alembert et Lagrange *soumettront* les forces neuwtoniennes.

Sauf à entrer maintenant dans une « affaire Newton », je dois m'en tenir ici à des affirmations. Il faut d'abord rappeler que c'est seulement en 1737 qu'Euler écrira ce que *nous* appelons la seconde loi de Newton, $f = ma$ (où f est la force s'appliquant sur un corps de masse m, déterminant une accélération a). La définition de la force par Euler soumet celle-ci, quelle que soit sa valeur phénoménologique (par exemple, $f = mm'/r^2$, où f est la force d'attraction entre deux corps de masse m et m' distants l'un de l'autre de r), à une identité *a priori*. En tant que cause, la force est égale à son effet, l'accélération. Le « = » figurant dans « $f = ma$ » est l'égalité *rationnelle*, que l'on peut poser *a priori*, entre la cause et son effet, le « = » inventé par Galilée. Maupertuis, contemporain d'Euler, ne s'y trompera pas : il fera remonter le principe d'Euler à Galilée, non à Newton.

Mais qu'en est-il alors de la force au sens de Newton ? Ce dernier, on le sait, a été le héros de la pensée positive parce qu'il a écrit : « Je ne forge pas d'hypothèse. Je m'en tiens aux phénomènes. » Bien des études depuis ont révélé un Newton spéculatif. Mais très curieusement, ces études permettent de comprendre que, en effet, Newton *devait* s'en tenir aux phénomènes, parce que le monde, tel qu'il le concevait, ne pouvait être intelligible à partir d'un principe rationnel posé *a priori*. Newton s'inscrirait donc en dehors du champ de la mécanique rationnelle dont Galilée est l'inventeur : pour lui, les forces expriment et traduisent l'activité actuelle de Dieu dans le monde, elles peuvent, *phénoménologiquement*, être reconnues par l'observation, en tant qu'elles déterminent une accélération qui permet de *reproduire* les mouvements observables. Mais leur identité, leur raison, ne renvoie pas à leur effet mais à ce à quoi la physique n'a pas accès, Dieu. Le « = » qui figure dans $f = mm'/r^2$ n'est pas le « = » qui figure dans $f = ma$. Le second est posé *a priori* et fait du physicien un juge donnant à ses questions un objet rationnel *a priori*, le premier est une définition phénoménologique, qui fait du physicien le lecteur d'un monde dont Dieu est un auteur libre de toute contrainte rationnelle. Bien sûr, la mécanique rationnelle est également fille de Newton, au sens où l'espace maillé qui règle désormais ses calculs n'est pas donné une fois pour toutes, comme l'espace des corps pesants galiléens. Le maillage de l'espace galiléen était fonction de la pesanteur, uniforme; celui de la mécanique rationnelle devra être redéfini en chaque instant puisqu'en chaque instant varient les distances relatives entre les corps et donc les forces d'interaction entre ces corps. Néanmoins, cet espace à mailles variables, décrit après Lagrange par une fonction « potentiel », n'est pas l'espace homogène et isotrope de Newton. L'espace homogène et isotrope convient au mouvement uniforme; l'espace de la mécanique rationnelle convient à la conception d'une vitesse instantanée libérée des catégories du mouvement uniforme, déterminé par ce dont elle rend *potentiellement* le corps capable.

Pourquoi la distinction entre la catégorie générale de « physique mathématique » et la lignée singulière de la mécanique rationnelle m'intéresse-t-elle assez pour que je provoque, à son sujet, une nouvelle « affaire Galilée » ? Je pourrais soutenir, prudemment, qu'elle me semble mieux rendre compte de l'histoire de la mécanique au XVIIIe siècle, c'est-à-dire du problème qu'ont eu à résoudre les Euler, d'Alembert, Lagrange, etc.: articuler entre eux les deux types de causalité, celle inventée par Galilée, et celle introduite par les forces newtoniennes. Mais, pas plus que ceux de Koestler, Whitehead, Feyerabend, Koyré et Duhem, mon intérêt n'est purement historique. Ce que Koyré a tenté de comprendre, c'est l'origine d'une physique typiquement « post-einsteinienne », une physique qui a abandonné son image de science procédant par généralisation à partir de « faits » pour s'affirmer science conceptuelle, inventant la signification des faits observés à partir d'une hypothèse théorique. Mon problème à moi est que, au sein de la physique mathématique, toutes les lois ne se « valent » pas, n'ont pas le même statut. La loi de la diffusion de la chaleur de Fourier est une loi mathématique, pourtant elle est, *pour la plupart des physiciens*, « seulement phénoménologique » : elle ne donne aucun sens à la mesure causale inventée par Galilée.

Voici donc de nouveaux acteurs qui surgissent sur la scène de mon récit. Mon « affaire Galilée » semblait relever de ce qu'on appelle la seule « histoire interne » : plus de jésuites, de guerres de Religion, plus de diplomates, plus de pape, plus de penseurs médiévaux, ni même de tradition platonicienne. Un homme face à un corps en mouvement dont il découvre comment le définir objectivement, comment articuler de manière cohérente ses variables mesurables. Et pourtant, la distinction « interne » « externe » ne tient pas. La « mécanique rationnelle » peut bien procéder d'une « idée », la mise en œuvre *opérationnelle* de l'égalité des causes et des effets, elle ne s'inscrit pas dans le ciel des idées mais dans un champ historique concret qu'elle va mettre sous tension, suscitant de nouveaux intérêts, de nouveaux acteurs, de nouvelles relations entre ces acteurs, qui, tous, ingénieurs, physiciens, philosophes — y compris moi — sont ou ont été intéressés à la *pertinence* de l'égalité entre cause et effet qui donne son identité à la mécanique rationnelle.

Fonction « potentiel » : introduite dans *la Mécanique analytique* de Joseph Lagrange (1788), elle décrit globalement un système mécanique en fonction des masses ponctuelles qui le composent et des distances entre ces masses. Les forces d'interaction auxquelles est soumise chaque masse en chaque instant sont définies comme des dérivées de la fonction potentiel. Cette fonction a les dimensions d'une énergie (on l'appelle aussi l'énergie potentielle). Elle permet d'énoncer en toute généralité la conservation mécanique de la cause dans l'effet : toute augmentation de l'énergie potentielle « se paie » par une diminution de l'énergie cinétique (liée aux vitesses des masses composant le système), et inversement.

La *loi de Fourier* (1822) décrit la vitesse avec laquelle la chaleur diffuse entre deux points d'un corps en fonction de la différence de température entre ces deux points. La diffusion de la chaleur est le type même de processus qui annule sa propre cause : lorsqu'elle a amené une uniformisation des températures, elle s'arrête.

La pertinence de la mécanique rationnelle

Comment évaluer un mouvement ? Par la quantité de mouvement, mv, comme le proposait Descartes, ou par sa « force vive », mv^2, comme le proposa Leibniz à la suite de Galilée et de Huyghens ? Comment justifier cette vitesse *au carré*, étrangère aux idées claires de la géométrie ? Nous sommes face à l'objet de la querelle dite « des forces vives » qui durera plusieurs décennies. Il n'est pas question, ici, d'entrer dans le récit de cette querelle, qui entremêle, jusqu'à Kant et Lagrange, histoires de la physique et de la philosophie. Soulignons simplement comment elle éclaire la singularité de la mécanique rationnelle.

Descartes admet certes que l'effet égale la cause. Mais il entend donner une définition rationnelle à la cause, un sens clair et distinct. « mv^2 » n'a aucun sens rationnel : il faut donc, pour les cartésiens auxquels s'affronta Leibniz, que l'effet soit identifié à partir d'une cause rationnelle, et qu'il ne soit donc pas celui qui désigne mv^2 en tant que cause. « Monsieur Leibniz se trompe », soutient, en 1686, l'abbé Catelan, cartésien : il mesure la « force » d'un corps en mouvement par la seule distance que cette force rend le corps capable de franchir et néglige le temps qu'il mettra pour le faire. Et Leibniz de répondre que le temps ne fait rien à l'affaire, sinon ce serait comme dire qu'un homme est plus riche à qui l'argent a coûté plus de temps à gagner.

Comment évaluer l'effet ? Si nous doublons la vitesse avec laquelle un corps est jeté vers le haut, l'effet est-il qu'il monte quatre fois plus haut, comme le soutient Leibniz, ou bien, comme le soutient Samuel Clarke, disciple de Newton, mais se muant en partisan des cartésiens à cette occasion, l'effet est-il seulement double, *puisqu'il prend un temps double* ?

Comment évaluer l'effet ? Cette question n'est pas seulement celle des philosophes, mais aussi celle des ingénieurs. Question typique : à quelle vitesse, c'est-à-dire en combien de temps, remonter un corps pour minimiser le « coût » de l'opération. Or cette question *mélange* ce que, à la suite de Galilée, la mécanique rationnelle *sépare*. Certes, du point de vue galiléen, le temps de chute (ou de remontée) « compte », mais non pas pour évaluer la « force » d'un corps en mouvement du point de vue de son effet potentiel, c'est-à-dire de ce dont la vitesse de son mouvement le rend capable en chaque instant. De ce point de vue, la dénivellation *suffit* : le chemin emprunté par le mobile pour franchir la dénivellation, le temps qu'il a mis pour la franchir sont indifférents. Le temps compte quand il s'agit de caractériser le chemin particulier au long duquel l'effet dont sa vitesse rend le corps capable se monnaiera : selon que le corps remonte verticalement, selon tel plan incliné, telle courbe, il remontera en tel ou tel temps. Nous retrouvons ici le maillage de l'espace galiléen : *il faut choisir*, ou bien décrire un mouvement accéléré dans l'espace et dans le temps, en termes de ses accélérations successives, ou bien du seul point de vue de l'altitude, des mailles qui permettent aux causes et aux effets de s'entre-mesurer. Espace-temps ou altitude, il faut choisir, mais les deux ne peuvent se mélanger.

Lorsque l'on quitte le monde idéal de la mécanique rationnelle pour le monde des ingénieurs où les corps frottent, le temps, évidemment, se met à compter *de toute manière*. La démarche de Galilée vide donc de son sens la question qui intéresse les ingénieurs. La raison définie par la mesure causale ne maille pas seulement l'espace, elle quadrille aussi *a priori* le champ défini par le problème commun aux ingénieurs et aux spécialistes de la mécanique rationnelle : que peut un mouvement ? Elle est porteuse d'un jugement qui situe les préoccupations des ingénieurs, les définit comme seulement relatives à l'écart qui sépare leur monde de l'idéal rationnel des mécaniciens mathématiciens. Dans la mesure où les corps frottent, l'effet mécanique est toujours inférieur à sa cause. Comment alors minimiser la perte ?

Face aux philosophes, la raison suffisante était porteuse d'histoire en tant que mettant en question l'évidence géométrique de la quantité de mouvement. En ce qui concerne les ingénieurs, elle pose la question, historique, de savoir comment ceux-ci se situeront par rapport à cette « rationalisation » qui renvoie leurs problèmes, sinon à l'irrationnel, du moins à l'écart par rapport à l'idéal rationnel qui caractérise le monde où de tels problèmes doivent se poser. La mécanique rationnelle suscite donc en elle-même un problème professionnel et politique, celui de la subordination éventuelle des ingénieurs face au jugement qui situe leur pratique. Bornons-nous à indiquer quelques repères historiques : en 1775, l'Académie des sciences de Paris s'attire la haine des « inventeurs » parce qu'elle annonce refuser désormais *a priori*, sans examen, toute proposition de moteur perpétuel, dont l'ambition contrevient à la conservation de la cause dans l'effet ; au début du XIXe siècle, la formation professionnelle des ingénieurs français a pour base les principes de la mécanique rationnelle : le fonctionnement effectif des machines est jugé d'après l'écart à l'idéal. Les inventeurs ont à peu près disparu, l'art de l'ingénieur relève de la mécanique *appliquée.*

Mais l'histoire n'est pas close. La loi de Fourier, énoncée en 1822, décrit la manière dont, au cours du temps, une différence de température se nivelle. La diffusion de la chaleur deviendra, au XIXe siècle, l'exemple type de processus *irréversibles*, au sens du second principe de thermodynamique, de processus qui annihilent sans retour possible leur propre cause: la différence de température disparaît sans produire d'effet qui permettrait de la recréer. Le second principe définit des processus *irrationnels* au sens de la raison suffisante, de l'égalité des causes et des effets.

Le second principe de thermodynamique

Le second principe a reçu les formulations les plus diverses, qui traduisent la complexité de l'histoire dont il est issu [réinterprétation en 1850 par Rudolph Clausius et William Thomson (futur lord Kelvin) du rendement optimal de la transformation de chaleur en mouvement mécanique qu'avait énoncé Sadi-Carnot en 1824]. Sa formulation la plus universelle est due à Clausius (1865): « L'entropie de l'Univers croît vers un maximum. » Le second principe de thermodynamique définit la classe des processus dits « irréversibles » par la croissance d'une fonction, l'entropie. Aucun processus naturel ne peut se traduire par une diminution spontanée de l'entropie, ce qui signifie que si un système physico-chimique a subi, à partir d'un état donné, une évolution à entropie croissante, aucun processus naturel ne pourra le ramener en cet état.

C'est pourquoi physiciens et philosophes discutent depuis du « statut » du second principe à l'intérieur de la physique: est-il le produit de nos descriptions approximatives d'un monde « objectivement » soumis à la raison suffisante, et en ce cas « seulement phénoménologique », ou met-il en question la raison suffisante? Les défenseurs cartésiens de la quantité de mouvement comme les ingénieurs d'avant l'École polytechnique appartiennent au passé. Mais ce sont les discussions d'aujourd'hui, à la fois scientifiques, spéculatives et politiques (qui dit statut dit hiérarchisation: domination et subordination) quant à la différence entre lois physiques fondamentales et phénoménologiques, qui m'ont menée, après tant d'autres, à une « affaire Galilée ».

RATIO
ATHANASII KIRCHERI E S.I
ARS MAGNA
LVCIS ET VMBRAE
SENSVS
SERENISSIMVS FERDINANDVS ARCHIDVX CÆS. FIL.

La réfraction et l'« oubli » cartésien

Michel Authier

Peut-on, en survolant siècles et continents, faire le récit de l'émergence d'une loi de la physique et dévoiler, tissu après tissu, ce qu'occulte une formule, sans oublier ce qu'elle permet de nouveau ?

« Ce n'est pas d'aujourd'hui que l'air est répandu circulairement autour des terres. C'est une loi de la nature dont il est logique de penser qu'elle ait perduré depuis la fondation du monde jusqu'à nous. Il doit être par conséquent raisonnable de penser qu'il n'y a pas eu d'époque sans *réfraction.* »

Voilà comment, à l'aube du XVIIe siècle, Kepler présente, dans les *Paralipomènes à Vitellion*, l'universalité du phénomène responsable de tant de merveilles. « Aurore aux doigts de rose », crépuscules purpurins, halos, gloires, soleils multiples, arcs-en-ciel, qui ont enchanté les poètes. Astres visibles avant l'heure prévue pour leur apparition, écarts anormaux entre les étoiles, lunes colorées, observées depuis longtemps par les astronomes. Oasis, palmeraies, villes merveilleuses planant au-dessus des dunes ; côtes, phares et bateaux visibles de très loin lorsque le temps est chaud, connus depuis toujours des nomades et des matelots.

Responsable d'écarts importants dans les calculs astronomiques, (l'observation de la position réciproque d'objets célestes dépendant de l'incidence de leur lumière dans l'atmosphère), la réfraction a très tôt préoccupé les savants. Fils d'astronome et lui-même brillant observateur, combien de fois Archimède, au bord des rivages d'Alexandrie et de Syracuse, a vu la lumière se tordre au bord du ciel, se briser dans la mer. C'est de lui probablement que nous tenons la première description expérimentale du phénomène :

« Si tu poses un objet au fond d'un vase, et si tu éloignes le vase jusqu'à ce que l'objet ne se voie plus, tu le verras réapparaître à cette distance dès que tu rempliras le vase d'eau. » Grâce à l'extrême simplicité du dispositif on voit clairement ce que tente de faire une expérience. En substituant l'eau à l'atmosphère, le vase au ciel et l'objet au Soleil, nous obtenons le modèle réduit d'un phénomène astronomique. Plus tard, la mise en place de modèles géométriques, puis leurs numérisations deviendront suffisamment fines pour que les savants puissent parler entre eux de la réfraction sans se référer à un quelconque phénomène. Nous allons dans les pages qui suivent tenter de reconstituer certaines trames du tissu qui couvrirait d'une même nappe les aurores homériques et la loi des sinus.

C'est un fait assez courant dans l'histoire des sciences qu'un problème apparaisse très longtemps avant qu'il ne trouve ce que l'on a coutume

Héritier de la Renaissance, le jésuite Kircher a conçu ce frontispice selon les principes de l'art de la mémoire. Tous les modes de la lumière, matérielle et spirituelle, y sont présents dans leur rapport médié ou pas avec celles de Dieu, d'Apollon (Soleil) ou de Diane (Lune). (In A. Kircher; Ars magna lucis, *1671, frontispice gravé par P. Miotte; Bibl. nat., Paris. Ph. © Bibl. nat./Photeb.)*

d'appeler « sa solution » (qui correspond bien souvent à la dissolution de son enveloppe émotionnelle). Cet écart peut incontestablement être dû à des difficultés intrinsèques. Cela, par ailleurs, ne veut pas dire grand-chose puisque la difficulté d'un problème est le plus souvent mesurée par son temps de résolution. Dans d'autres cas la problématique ne se maintient pas continûment, elle réapparaît après de longues périodes puis s'efface de nouveau sans que s'impose avec évidence une continuité ou même une logique. Un des intérêts particuliers de la réfraction est, tout au contraire, la permanence des questions qu'elle suscite. Des Grecs aux savants du siècle des Lumières, du golfe Persique à l'Angleterre médiévale, nous découvrirons dans des sociétés très différentes des hommes préoccupés à la comprendre.

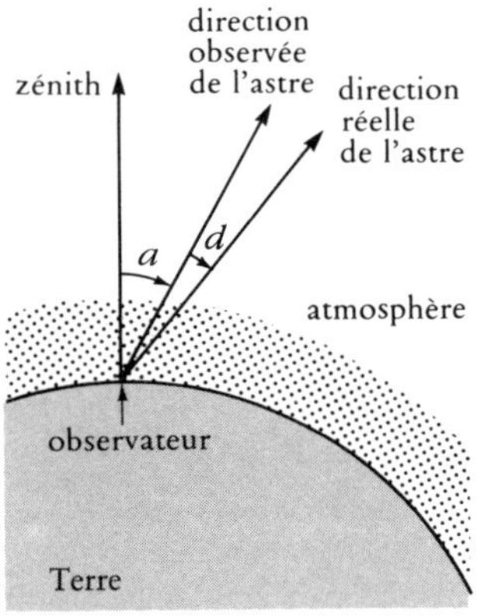

Les variations dans les observations astronomiques

L'angle de déviation d est provoqué par la réfraction de l'atmosphère. Il varie de 1′, quand a est voisin de 45°, jusqu'à près de 40′, aux environs de l'horizon (quand $a \geqslant 80°$), ce qui explique l'apparent « écrasement » du Soleil lors du coucher ; la direction réelle de l'astre fait donc un angle de $a + d$ avec le zénith.

La lumière des philosophes

Avant d'être « objet de science » la lumière a été une préoccupation philosophique et artistique. Malgré leur « efficacité », les solutions électromagnétiques ou quantiques de la physique contemporaine ou moderne ne voilent pas les interrogations originelles. En effet, sans remettre en cause l'existence des radiations *(lumen)*, on peut toujours se demander si, sans la *psyché*, la lumière *(lux)*, identifiée à la condition nécessaire et suffisante de la visibilité des choses, existerait.

N'oublions pas la *Théogonie* d'Hésiode où les couples Erébos/Nux et Aither/Héméré se conjuguent l'un à l'autre pour donner les principes absolus de la « ténèbre » et de la lumière. N'oublions pas Dante qui écrit dans son *Convivio* : « L'usage des philosophes est d'appeler "clarté" la lumière en tant qu'elle est dans son principe jaillissant ; de l'appeler "rayon" en tant qu'elle court à travers le milieu ; de l'appeler "splendeur" en tant qu'elle est réfléchie sur un autre endroit qu'elle éclaire. » Enfin, n'oublions pas Kepler écrivant : « Le rayon de lumière n'est nullement la lumière elle-même qui émane. » Et pourtant, il ne semble pas possible d'échapper à cette lente dissimulation de la *lux* par le *lumen*. La description physique des phénomènes fait évoluer leurs perceptions, les sensations sont transformées par la connaissance des théories, et il est devenu difficile d'entendre la *co-naissance* de la *psyché* et de la *lux*, conditions fondatrices d'un homme prêt à l'entendement et d'un monde conçu comme visible.

Condition préalable de la vue, la lumière est dans la pensée grecque le médium par excellence entre l'esprit et le monde : « Or la vue, suivant mon propos, est pour nous la cause du plus grand profit parce que, des présents propos que nous tenons sur l'Univers, aucun n'eût été tenu si nous n'avions vu ni les astres, ni le Soleil, ni le ciel [...] », dit Platon dans le *Timée*. Plus loin, il ajoute : « De là nous avons tiré un genre de philosophie qui est le plus grand bien qui soit venu ou qui viendra jamais à la race des mortels de la libéralité des dieux. » Voyons maintenant comment la pensée, fille de la lumière, s'est appliquée à comprendre celle qui l'aurait engendrée.

Ce peut être un des bénéfices de l'histoire des sciences de nous faire saisir combien l'évidence du « naturel » nous est en fait dictée par notre environnement scientifique et culturel. S'il nous semble aujourd'hui assuré que la lumière se déplace vers notre œil, c'était loin d'être le cas il y a encore quatre siècles. Désireux d'exclure l'homme de toute explication de la nature, les atomistes Leucippe, Démocrite, Épicure, Lucrèce (cf. p. 114), ont été les seuls à penser, dans l'Antiquité, que ce sont les objets qui manifestent leur présence. D'après eux, ils le font en envoyant à travers l'espace des *eidola,* espèces d'ombres, d'écorces très fines, de simulacres qui, dans un temps extrêmement bref (le mot souligne bien la simultanéité), viendront pénétrer les yeux et s'imprimer sur la rétine avec leur forme et leurs couleurs.

A l'époque, et jusqu'à un passé récent, cette théorie a été systématiquement ridiculisée. Il importerait cependant de lire avec attention le livre IV du *De natura rerum* de Lucrèce où elle est longuement exposée : « Ainsi, je le répète, vous êtes obligés de reconnaître ces émanations des simulacres qui frappent les yeux et produisent en nous la sensation de la vue. [...]. Tant il est vrai que tous les corps envoient continuellement des émanations de toute espèce, qui se portent de tous côtés, sans jamais s'arrêter, ni se tarir. [...]. La superficie de tous les corps étant garnie d'une multitude de corpuscules imperceptibles qui peuvent se détacher sans perdre leur ordre et leur forme primitive et s'élancer avec d'autant plus de rapidité qu'ils ont moins d'obstacles à vaincre. » On le voit, cette théorie résout le problème de la permanence de la forme dans la vision. De plus, il y a là une explication qui maintient dans l'acte de voir une indépendance totale entre le sujet et l'objet. C'est loin d'être le cas dans les autres théories grecques.

Platon est, pour l'historien des sciences, une nasse grâce à laquelle a été retenu le peu que nous savons de ses devanciers. Nous ne soulèverons pas ici les problèmes que cela pose. Que le lecteur garde cependant à l'esprit ce fait simple : il n'y a quasiment aucune source primaire sur la science grecque, tout ce que nous savons dérive d'une documentation secondaire. Quelle qu'en soit l'excellence, les textes de Platon sont de ce type. Nous y découvrons qu'au VIe siècle av. J.-C., les pythagoriciens postulèrent l'existence d'un *quid* sortant de l'œil pour se diriger vers l'objet et le tâter. La vue, comme le toucher, était donc un sens actif en opposition avec l'ouïe et l'odorat, ce qu'Aristote justifiera plus tard par la forme convexe de l'œil opposée à celles, concaves, des oreilles et des narines. Ce fut, avec diverses adaptations, la conception qui domina pendant près de deux mille ans.

Empédocle, pour sa part, soucieux d'adapter sa théorie des semblables au problème de la vision, conçut un système de doubles émanations qui, partant de l'organe et de l'objet, se rencontraient dans l'air. « Lors donc qu'il y a lumière du jour tout autour du rayon visuel, alors celui-ci s'épanche semblable vers son semblable et se combine avec lui ; un corps unique, approprié au nôtre, se constitue tout au long de la droite issue de nos yeux, en quelque direction que le feu qui jaillit de l'intérieur aille buter contre celui qui arrive des objets extérieurs. [...]. Il transmet les mouvements dans tout le corps jusqu'à l'âme, et il lui procure cette sensation grâce à laquelle nous déclarons voir. » (Platon, *Timée.*)

Mais le travail du philosophe athénien ne se limite pas à ces admirables exposés poétiques des conceptions des autres. On peut lire au livre VI de *la République* une optique préliminaire au mythe de la caverne. La vue y est dégagée de la lumière, et le Soleil devient source universelle de celle-ci. Sur le plan philosophique cela permet à Platon de définir les rapports du savoir, de la réalité et du bien. Cela induit aussi une conception de la lumière indépendante de la vue et du Soleil. Il y a dans cette séparation le germe d'un renouveau de la physique de la lumière. Cela influencera considérablement la pensée occidentale.

On sait que Persée approchant la Méduse s'était muni d'un miroir qui lui permit d'éviter d'être frappé directement par le regard de feu. Grâce à son stratagème il échappa au fluide maléfique et put éliminer la hideuse créature. Cette symbolique du regard est restée dans bon nombre d'expressions populaires et poétiques. De plus, elle autorise un rapport facile entre le rayon visuel et le rayon solaire. C'est Archytas de Tarente (430-348 av. J.-C.) qui la systématisera : un feu sort de l'œil en ligne droite et va toucher les objets

regardés. Le feu, la ligne droite et le sens œil-objet sont les caractéristiques des théories à venir ; mis à part, nous l'avons vu, celles des atomistes, et, nous allons le voir, celle d'Aristote.
Il est difficile d'exposer en quelques mots la théorie du Stagirite telle qu'elle nous apparaît, par exemple, aux chapitres II et III du petit traité, *De la sensation et du sensible*. Il y attaque systématiquement toutes les conceptions antérieures. Pour lui rien n'émane de l'œil ou de l'objet, car, dans le premier cas, toute émission rendrait possible la vision nocturne, dans l'autre, la moindre aiguille serait visible au milieu de la paille. Il n'y a pour Aristote qu'une altération du milieu intermédiaire qui imprime une pression sur l'œil et disparaît avec les ténèbres. « Ainsi qu'on l'a expliqué dans cet ouvrage (*De l'âme*, II, 6-11), la lumière est la couleur du diaphane par accident... Mais ce que nous appelons le diaphane n'appartient pas en propre à l'air ou à l'eau ni à un autre des corps ainsi dénommés, mais il est une certaine nature, une certaine force commune, qui n'existe pas séparément, mais qui est dans les corps [...]. La nature de la lumière est donc dans le diaphane indéterminé. » Au début de son petit traité, Aristote souligne la difficulté de concilier les cinq sens avec les quatre éléments. N'y aurait-il pas avec le diaphane un cinquième élément en gestation ? Jusqu'au début du XXe siècle, les physiciens de la lumière seront souvent tentés d'associer à la lumière un substrat à nul autre pareil.
En conclusion, il n'y a pas chez les philosophes grecs de conceptions stables et unanimement partagées sur la nature de la lumière. La primauté faite à la vue sur tous les autres sens [au point que chez Aristote l'imagination tire son nom *(phantasia)* de celui de la lumière *(phaos)*], mettra les problèmes suscités par la vision au centre des préoccupations des grands « scientifiques » grecs.

Première physique de la lumière

Voir dans les *eidola* lucréciens, dans le diaphane d'Aristote et son altération, des lointains ancêtres des photons, de l'éther et des ondes, ce n'est pas tant faire un contresens qu'un non-sens en plaquant sur des théories de la sensation des physiques de la matière. Les premiers pas vers cette physique vont être faits dès l'époque hellénistique.
Bien qu'aristotélicien, Euclide s'appuiera sur le modèle d'Archytas pour élaborer sa première optique géométrique. Il le fera en allégeant le modèle de toute référence à la théorie des éléments, donc au registre de la sensation. Il ne restera plus que la ligne droite et le sens de propagation. A l'instar de ses éléments de mathématiques son traité se développe sur des postulats :
« I. Supposons que les lignes droites qui émanent de l'œil se propagent à divergence des grandeurs ;
« II. Que la figure comprise sous les rayons visuels est un cône ayant son sommet dans l'œil et sa base aux limites des grandeurs regardées ;
« III. Que les grandeurs sur lesquelles tombent les rayons visuels sont vues ; tandis que celles sous lesquelles ils ne tombent pas, ne le sont pas :
« IV. Que les grandeurs vues sous des angles plus grands (plus petits, égaux) apparaissent plus grandes (plus petites, égales) ;
« V et VI. Que les grandeurs vues sous des angles plus relevés (plus abaissés, plus à droite, plus à gauche) apparaissent plus élevées (plus basses, plus à droite, plus à gauche) ;
« VII. Enfin, que les grandeurs vues sous des angles plus nombreux apparaissent plus distinctement. »
Cette liste montre combien le physicien de la lumière est proche du mathématicien, à tel point qu'il est probable que le concept de droite soit le jumeau de celui du rayon. On trouve aussi un rapport entre l'angle du cône et la taille des objets qui laisse soupçonner des liens étroits entre l'optique naissante et la théorie des proportions géométriques déjà présente en astronomie. Comprenons aussi que ces cônes qui sortent de l'œil sont d'une grande simplicité géométrique en comparaison de la situation que créeraient des faisceaux de

rayons jaillissant de chaque point des objets. Notons aussi l'absence de prise en considération des deux yeux.

Cette optique, qui n'est rien d'autre qu'une perspective, n'est évidemment pas née *ex nihilo* dans cette ville d'Alexandrie où ont été concentrés les hommes et les moyens indispensables à la « politique scientifique » d'un Alexandre formé par Aristote. En effet, il semble bien qu'une pratique de la perspective existait depuis longtemps. Vitruve rappelle dans son *Architecture* comment, dès l'époque d'Eschyle, on pouvait recréer dans les décors de théâtre une illusion de réalité en jouant sur les divergences des lignes de fuite, et quiconque a vu un temple grec sait comment les architectes élargissaient les extrémités des frontons pour équilibrer les monuments.

Les résultats collectés par Euclide apparaissent comme une plate-forme minimale. La lumière perd toute substance, les rayons sont régis par une géométrie élémentaire, un unique œil-point participe à la vision, le monde est réduit à une représentation qu'on peut observer à gauche, à droite, vers le bas ou vers le haut. Paradoxalement ce texte, qui n'est qu'une synthèse obtenue par appauvrissement d'autres savoirs, tire sa richesse de cet appauvrissement en définissant, pour les phénomènes optiques, un espace désincarné et des règles abstraites. Probablement, nous tenons ici les premiers éléments d'une physique mathématique. Cette position de science physique la plus abstraite, l'optique ne la perdra pour ainsi dire jamais, même si elle fut talonnée de près par la mécanique qu'elle entraînera avec elle.

Longtemps attribué à Euclide, le premier traité de catioptrique (science des miroirs) que nous connaissons est très probablement une recension d'une œuvre perdue d'Archimède, qui a aussi étudié méthodiquement la réfraction. Rappelons que le grand mathématicien fut astronome (cf. Archimède : le canon du savant, p. 101-127) et que la réfraction a une importance considérable dans les observations célestes. Il ne nous reste malheureusement plus rien des travaux concernant le phénomène qui nous occupe, si ce n'est le dispositif expérimental du vase et de l'objet que nous avons énoncé plus haut (cf. p. 251) et qui figure dans la catioptrique pseudo-euclidienne. Au dire d'Apulée, d'autres ouvrages auraient contenu une explication de l'arc-en-ciel et de la réfraction. Comme nous sommes incapables de vérifier l'exactitude de ces informations, nous devons surtout être frappés par le rapprochement entre les deux phénomènes.

Lors des siècles suivants, abandonnant toute considération sur la nature de la lumière, le mécanicien-mathématicien Héron d'Alexandrie et le plus grand astronome de l'Antiquité, Claude Ptolémée, établiront des tables de mesure des angles de réfraction. Elles nous sont parvenues par l'intermédiaire des Arabes qui les ont améliorées. Au IVe siècle de notre ère, Damianus sera le dernier des Grecs connus, alors que depuis longtemps la science hellène périclite, à perfectionner l'édifice de l'optique alexandrine. D'après l'historien Vasco Ronchi, c'est lui qui, en comparant la lumière du Soleil et les rayons visuels, démontra l'identité de leurs propriétés. De plus, il postule que la vue doit atteindre au plus vite l'objet à voir, et s'appuyant sur ce « principe unitaire » il démontre la loi de la réflexion.

Ainsi pendant huit à neuf siècles la lumière a été une préoccupation centrale de la pensée mythologique, philosophique et scientifique de la Grèce, peut-être serait-il plus exact de dire, de la Méditerranée. Source des genèses du monde, qu'elles soient égyptienne, babylonienne, biblique ou hésiodique, la lumière a perdu graduellement substance et unité. Ce travail de séparation a, au fil des siècles, scindé l'optique en diverses sections : psychologique, physiologique et physique. En la confondant avec son modèle du rayon rectiligne, les mécaniciens et les astronomes, le plus souvent d'Alexandrie, ont dégagé la lumière des problèmes considérables que pose sa nature. Ils se sont surtout attachés à établir une géométrie du déplacement du rayon visuel auquel ils réduisent la lumière.

En conséquence, l'habitude a été prise de répartir cette optique physique en trois chapitres : la perspective, la catioptrique et la dioptrique (cf. p. 121). Ainsi elle trouva une stabilité et, à l'instar de l'astronomie, seules les tables de mesure pouvaient être encore perfectionnées. Ainsi morcelée, vide de substance et géométrisée, la théorie alexandrine de la lumière pouvait, tant bien que mal, résoudre les problèmes que l'astronomie lui posait.

Les arcs primaire et secondaire d'un arc-en-ciel

On a observé très tôt la constance des angles sous lesquels apparaissent les arcs primaire (autour de 42°) et secondaire (autour de 50°). Cela explique la raison pour laquelle :

— le Soleil est toujours dans le dos de l'observateur ;

— les arcs ne sont visibles (selon la latitude) que le matin ou en fin d'après-midi ; dès que le Soleil est au-dessus de 42° les rayons de l'arc primaire passent au-dessus de la surface de la Terre ; de même au-dessus de 50° pour ceux de l'arc secondaire ;

— Contrairement aux apparences (perceptibles par le seul observateur), l'arc n'est pas un arc de cercle dans un plan, mais la résultante de toutes les gouttes passant dans l'espace compris entre deux cônes (représentés par des lignes) pointés dans l'œil de l'observateur et d'axes parallèles aux rayons solaires, d'ouverture voisine de 42° pour le primaire, de 50° pour le secondaire.

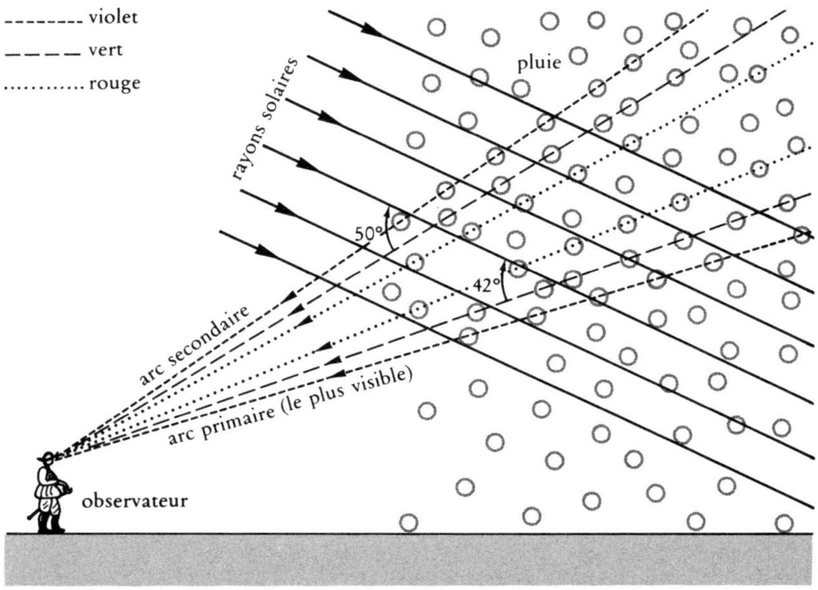

L'optique arabe

Bien loin d'être un simple intermédiaire (cf. p. 151-175), la science arabe va littéralement refondre l'optique. Il est difficile d'expliquer les raisons d'une mutation aussi importante dans une société renonçant à l'image représentative. Une hypothèse, difficilement vérifiable, ferait de ce renoncement la condition qui aurait permis l'abandon du cône perspectif au profit d'un rayon de lumière issu de l'objet et pénétrant dans l'œil. A partir de cette conception radicalement nouvelle, les opticiens arabes vont non seulement améliorer la qualité des tables numériques, mais surtout redonner son unité à l'ensemble de l'optique. Le grand artisan de cette entreprise sera al-Haytham, connu en Occident sous le nom d'Alhazen, né à Bassorah en 965 et mort au Caire en 1039.
En renversant le sens de propagation du rayon, l'optique arabe apporte des réponses nouvelles, mais bien plus encore, supprime d'anciens problèmes et en crée de nouveaux. En effet, pour un œil devenu récepteur, le problème de l'émission ne se pose plus, ni celui de la vision conjointe d'objets se situant à

des distances très différentes. En revanche, le problème de la perception est renouvelé, bien que grandement compliqué par le principe de la décomposition punctiforme de l'objet en une multitude de rayons que l'œil doit recomposer. Cette difficulté va placer l'organe au centre des problèmes et le promouvoir pendant plus de six siècles au premier rang des machines optiques.

Cette conception d'une lumière rayonnant de chaque point du visible a-t-elle été rapidement acceptée par les savants arabes ? Il est difficile de répondre étant donné la rareté des documents antérieurs. Ville prospère du VIIe au IXe siècle, Bassorah était sur le déclin, depuis l'affaiblissement de la puissance abbasside, lorsque al-Haytham naquit. En venant au Caire en pleine renaissance autour de sa mosquée-université, il a certainement pris connaissance des travaux de l'école d'Alexandrie, ancêtre modèle des grands centres scientifiques arabes. L'optique alexandrine géométrique, métrologique et plutôt vide de considérations substantielles ne s'opposait pas à cette nouvelle conception. Mais, par ailleurs, le ton très argumenté et parfois polémique de l'ouvrage d'al-Haytham nous permet de penser que ses idées n'étaient sans doute pas celles qui dominaient à l'époque.

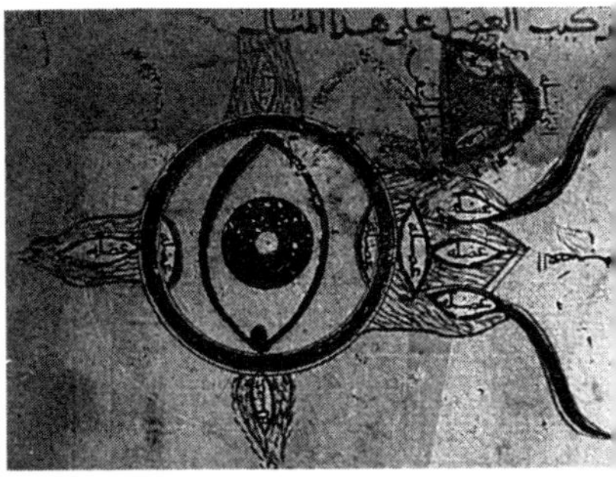

Anatomie de l'œil. Miniature d'un traité d'ophtalmologie d'al-Haytham. (Musée d'art islamique, Le Caire. Ph. © Roland et Sabrina Michaud/ Rapho.)

En faisant de l'œil un appareil optique, al-Haytham affirme avec force l'idée, perceptible chez Aristote, que « dans la vision tout est réfraction ». Et s'il ne considère pas le renversement de l'image rétinienne, ni la focalisation opérée par le cristallin, c'est avec lui qu'apparaît la structure générale du mécanisme de la vision encore enseignée de nos jours.

Dès cette époque, la réfraction devient le problème clé de l'optique, non seulement physiologique, mais aussi géométrique. Dans ce domaine la conception d'al-Haytham est créatrice. Comme l'œil ne ressent aucun effort particulier au moment de l'émission, les Grecs pouvaient difficilement concevoir le rayon visuel selon un modèle mécanique, malgré les tentatives de Héron et de Damianus. Tout au contraire, le renversement opéré par la science arabe va permettre d'exploiter à fond la métaphore mécanique, justifiée par la fatigue que provoque pour l'œil l'excès de lumière.

Dans l'œuvre d'al-Haytham chaque rayon, devenu une « flèche-boule » soumise à des vitesses extrêmes, trouve dans ce modèle la justification de la linéarité de la propagation, et de l'égalité des angles de réflexion. Plus étonnant encore, dans l'étude du phénomène de la réfraction entre deux milieux de nature différente comme l'eau et l'air, le mouvement du rayon est décomposé selon deux composantes, l'une parallèle et l'autre perpendiculaire au plan de séparation des milieux.

Pour la réfraction qui nous intéresse, le savant arabe explique comme suit, dans le *Discours de la Lumière*, la brisure du rayon lumineux : « Les lumières qui se propagent dans les corps transparents se propagent dans un mouvement très rapide, inappréciable à cause de sa rapidité. Pourtant leur mouvement dans les corps minces, c'est-à-dire ceux qui sont diaphanes, est plus rapide que leur mouvement dans les corps épais [...]. En fait tout corps diaphane quand la lumière le traverse lui oppose une petite résistance qui dépend de sa structure. »

C'est ici qu'apparaît l'argument en terme de vitesse qui occupera la science occidentale pendant des décennies. Avec lui l'optique se libère d'une géométrie statique et devient le « fer de lance » d'une mécanique qu'elle inaugure en grande partie.

Une autre originalité d'al-Haytham est de décrire le phénomène à l'aide de règles qui ne sont pas, contrairement à ce que faisaient les Alexandrins, essentiellement numériques. Elles sont, à en juger par ce qui suit, descriptives des rapports qui existent entre les divers angles lors de la réfraction :

— quand l'angle d'incidence i croît, les angles de réfraction r et de déviation d croissent (si $i_1 < i_2$, alors $d_1 < d_2$ et $r_1 < r_2$) ;
— mais cette variation est plus grande pour les angles d'incidence i que pour les angles de déviation d ($d_2 - d_1 < i_2 - i_1$) ;

— le rapport de la déviation à l'angle d'incidence d/i est d'autant plus grand que l'incidence i est grande ($d_2 / i_2 > d_1 / i_1$);
— pour une réfraction d'un milieu rare (milieu 1) vers un milieu dense (milieu 2), $d < 0{,}5\ i$; inversement, pour la réfraction d'un milieu dense vers un milieu rare, $d < 0{,}5\ (i+d)$;
— un milieu moins dense défléchit la lumière plus loin de la normale (n).
— un milieu plus dense défléchit la lumière plus près de la normale (n).

On le voit, il s'agit là d'une loi de la réfraction, les références ou rappels au phénomène « naturel » ont été totalement gommés, il ne reste plus qu'une série de principes, de règles. Le travail du mathématicien-physicien, bien qu'imprimé en Occident seulement en 1572, aura une influence considérable sur les rares individus qui feront évoluer l'optique au Moyen Age. Par ailleurs l'optique arabe restera, jusqu'au XIVe siècle, extrêmement vivante alors que depuis bien longtemps les autres sciences auront décliné.

Optique divine

Alors que l'Antiquité et la civilisation arabe voient l'optique s'épanouir près des grands centres intellectuels et politiques, le XIIIe siècle ouvre une période où l'étude de la lumière se développera aux confins de l'Europe, loin du centre qui la domine. A Paris, capitale intellectuelle et temporelle du monde occidental, les scolasticiens de la Sorbonne, fidèles à la conception antique de la vision, absorbés par l'étude des *auctores* et surtout d'Aristote, logicien et métaphysicien, négligent l'étude de l'optique (cf. p. 177-195).

Tout au contraire, les savants de l'école d'Oxford et plus particulièrement son fondateur l'évêque de Lincoln, Robert Grosseteste (1168-1253), placent l'optique au centre de leur recherche de la vérité. Reprenant la conception augustinienne d'une lumière analogue à la grâce divine, ils font une lecture d'Aristote différente de celle des scolastes parisiens.

En distinguant dans la science la connaissance des faits de celle des causes, Grosseteste souligne trois aspects fondamentaux de la recherche scientifique : l'inductif, l'expérimental et le mathématique. Il préconise le contrôle par l'expérience des hypothèses et des conséquents, et affirme pour légitimer ses méthodes un principe d'économie de la nature : « Toute opération de la nature s'accomplit de la manière la plus déterminée, la plus brève, la plus parfaite possible. » Ce qui donne appliqué à la lumière : « La nature agit selon le plus court chemin possible. »

Sous ces conditions, l'étude de la lumière est au centre de la conception du monde physique, mais, au surplus, puisqu'il établit un parallèle étroit avec sa métaphysique dont la clé est l'émanation des êtres à partir de l'unité, Grosseteste fait de la lumière le problème central de toute connaissance : « Tout est un, issu de la perfection d'une lumière unique, et les choses ne sont multiples que grâce à la multiplication de la lumière même. » L'enjeu est de taille car l'optique étant inséparable de la géométrie, toute philosophie est impossible sans cette mathématique « car toutes les causes des effets naturels doivent être exprimées au moyen de lignes, d'angles et de figures, car autrement il serait impossible d'avoir connaissance de la raison de ces effets ». Dans le cadre de cette optique conçue comme la première des sciences où la lumière est « la forme élémentaire », « le premier principe du mouvement de la causalité efficiente », deux phénomènes préoccupent les Oxfordiens : l'arc-en-ciel et les lentilles sphériques. Bien sûr, le choix de ces deux objets n'est pas indifférent. Le premier, merveille de la nature heureuse, symbole de l'alliance avec Dieu, trouve dans les secondes, produits sophistiqués des techniques du verre stimulées par l'art du vitrail, ses modèles de laboratoire. La réfraction, clé de ces deux phénomènes, est associée à travers eux au problème de la couleur.

« La fonction de l'optique est de déterminer ce qu'est l'arc-en-ciel, parce que, ce faisant, elle en montre la raison, dans la mesure où s'ajoute à la description de l'arc-en-ciel la façon dont cette sorte de concentration peut être produite dans la lumière qui va d'un corps céleste lumineux à un endroit déterminé par un nuage, et puis qui est dirigé, par des réfractions et réflexions particulières des rayons, de cet endroit déterminé à l'œil. » Voilà ce qu'écrit Thierry de Freiberg (1250-1310) dans son *De iride* où, pour la première fois, est exposée l'explication du phénomène, loi mathématique de la réfraction mise à part.

Dès le XIIIe siècle, Roger Bacon, puis Thierry de Freiberg eurent l'idée que les arcs-en-ciel étaient produits par des répartitions et des réflexions dans les gouttes de pluie — des ballons de verre remplis d'eau leur permirent des mesures précises.
On observe dans chaque petit ballon (goutte de pluie démesurément grossie) comment se forment les rayons des couleurs extrêmes des arcs primaire et secondaire. On peut remarquer que les rayons de l'arc primaire subissent une réflexion et ceux de l'arc secondaire deux réflexions ; ce qui explique l'inversion des couleurs. La coloration est due à la réfraction subie par les rayons de lumière blanche pénétrant chaque goutte. La taille des gouttes a son importance ; en dessous de un dixième de millimètre, la coloration n'est pas visible et un arc blanc peut apparaître.

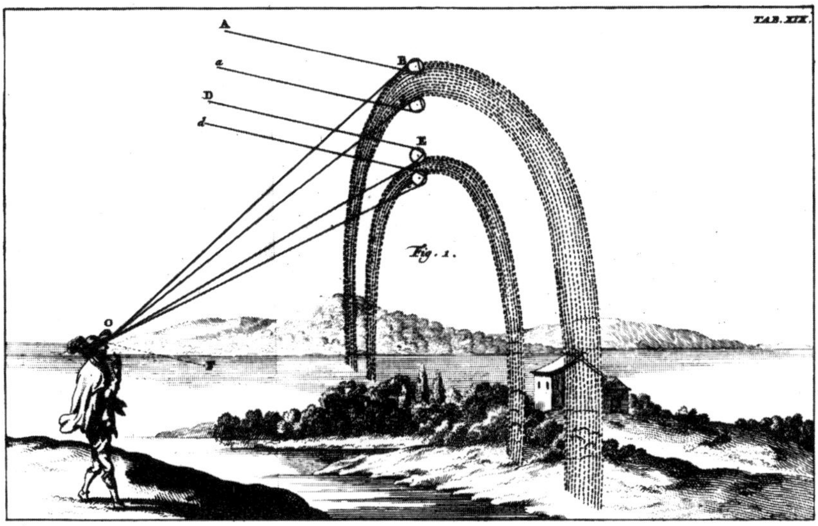

Pseudo-réalisme du rationalisme. Qui d'autre que l'« expert » peut concevoir une telle image qui, tendant à nous prouver une vérité, tord à ce point le réel que tous connaissent ? Pas même le petit personnage qui n'étant pas dans le plan perpendiculaire à celui des arcs en leur centre, ne peut rien voir de ce qu'il est censé voir.
(In G. Jacob's Gravesande ; Physices elementa mathematica experimentis confirmata, *1722 ; Bibl. nat., Paris. Ph. © Bibl. nat./Photeb.)*

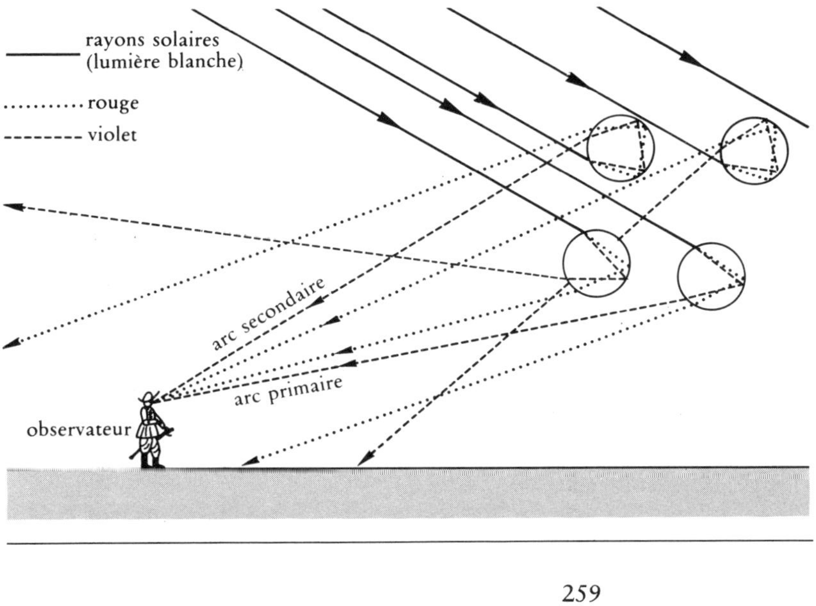

Qu'un phénomène, aussi majestueux soit-il, puisse être un tel enjeu alors qu'il nous apparaît comme une simple illusion d'optique ne peut manquer d'étonner un homme du XXe siècle. Il faut rappeler la part fondamentale de la théologie dans les rapports sociaux au XIIIe siècle et dire une nouvelle fois que, symbole de l'alliance, l'arc-en-ciel a été l'objet de querelles entre les théologiens.

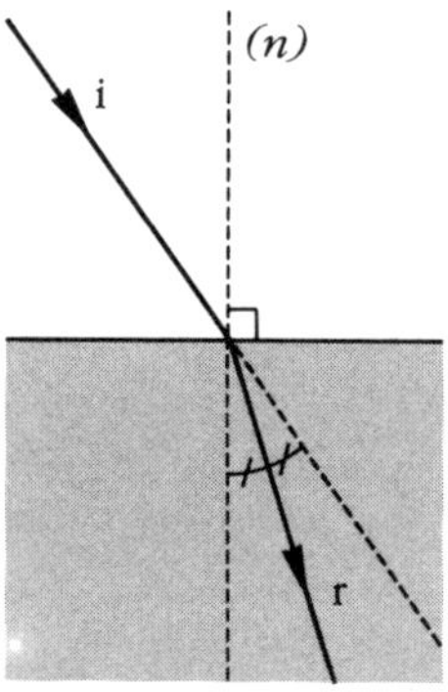

On sait qu'Aristote voyait dans l'arc-en-ciel le résultat d'une réflexion de la lumière dans un nuage. Grosseteste évolue en le faisant dépendre de la réfraction dont il faut alors comprendre le principe. C'est pourquoi Grosseteste formule dans son propre *De iride* une loi de la réfraction où le rayon réfracté r suit la bissectrice de l'angle formé par la normale (*n*) et le rayon incident i.

On peut à ce propos évaluer la manière cavalière dont les premiers tenants traitent de l'expérimentation. Il y a plusieurs siècles déjà al-Haytham avait soutenu que le rapport des angles que font r et i avec (*n*) est constant. En fixant ce rapport à $1/2$, l'Anglais démontre incontestablement que le souci d'harmonie de la géométrie divine domine les impératifs d'une rationalité expérimentale.

Roger Bacon (1219-1292) le « Docteur Admirable » (cf. p. 189 et p. 192), en poursuivant le travail de son maître, estime l'extrême vélocité de la lumière en la comparant au son du canon que l'on perçoit longtemps après en avoir vu la fumée, et affine l'explication de l'arc-en-ciel. Reprenant les travaux des Arabes al-Haytham et al-Kyndi sur les lentilles, il décrit géométriquement la position de l'arc dans le ciel et le comprend comme composé d'une multitude de gouttelettes.

Cette scène imaginaire (qu'on en juge par le double Soleil) présente, vingt-cinq ans avant Della Porta, de nombreux phénomènes de Magia Naturalis : *réfraction des arcs-en-ciel, lentille convergente, jambes brisées ; perspective changeant l'apparence des formes, réflexion de miroir déformant.*
(In Witelo, frontispice de Vitellionis mathematici doctissimi..., *1535 ; Bibl. nat., Paris. Ph. © Bibl. nat./Photeb.)*

C'est à la même époque que le physicien et philosophe polonais Witelo (v. 1230-1275), alias Vitellion, dominicain né en Silésie, marque doublement l'histoire de l'optique. Établissant, grâce à un travail expérimental soigné, des tables précises des réfractions entre différents milieux en fonction des différentes couleurs, il fournit un « outil » précieux pour la fabrication d'instruments d'optique. Le soin qu'il apporte à ses expériences le conduit à supposer, comme l'avait fait al-Haytham, que la déviation du rayon lumineux est d'autant plus grande que le milieu est plus dense. Malgré cela cette œuvre sera peu connue ; il est vrai qu'à l'époque la diffusion des ouvrages scientifiques est rare et pleine d'aléas. Ce n'est qu'en 1572 qu'elle sera publiée conjointement à celle du savant arabe. Nous verrons, à propos de Kepler, l'effet considérable qu'eut cette double publication.

C'est à un autre dominicain, Thierry de Freiberg, que doit revenir la paternité de l'explication de l'arc-en-ciel. Qu'il n'ait pas formulé la « bonne loi » de la réfraction (qui ne viendra que trois siècles plus tard) ne doit pas nous retenir. En repérant dans l'arc-en-ciel la suite complète des effets optiques (composition globale par la multitude des gouttes d'eau, déplacements rectilignes des rayons du Soleil, réflexions, réfractions, angles d'apparition...) qui le produisent, on peut dire que le dominicain explique le phénomène.

Il ajoute de surcroît l'explication de l'arc secondaire que l'on voit parfois se former au-dessus de l'arc primaire. Reprenant le travail de Bacon, c'est en élevant des flacons de verre remplis d'eau au-dessus de sa tête qu'il repère les variations de couleurs. Grâce à ce dispositif il peut fixer avec précision la valeur des angles sous lesquels les couleurs apparaissent.

A la même époque, al-Shirazi et al-Farizi produisent une explication semblable. C'est la preuve de la fertilité des idées d'al-Haytham et du fait que la production scientifique du Moyen-Orient ne s'est pas arrêtée après que l'Occident s'en est partiellement saisi. A la fin du XIVe siècle, l'optique arabe est loin d'être moribonde : al-Farizi poursuit les travaux de son illustre prédécesseur sur la chambre obscure que Léonard de Vinci reprendra, et il propose une explication de la réfraction en soutenant que la vitesse de la lumière doit être en proportion inverse de la densité des milieux.

Parce qu'ils ont fait de la vue le sens qui permet d'accéder en premier à la vérité du monde, les aristotéliciens de la Sorbonne se sont méfiés de tout ce qu'ils considéraient comme des apparences. Cela les conduisit à une attitude qui peut nous sembler paradoxale. Bien que fascinés par les illusions d'optique, déjà analysées par les Arabes, les savants médiévaux, exceptés ceux dont on a parlé, ont refusé pendant plus de trois siècles de considérer les lentilles oculaires comme un objet d'étude. « Les choses qu'elles font voir ne sont pas des objets de la création », disaient-ils. Des résidus de cette résistance se maintiendront jusqu'au début du XVIIe siècle lorsque Galilée essaiera d'imposer la lunette astronomique ou, plus exactement, la réalité de ce qu'elle fera voir. Probablement découvertes par des artisans verriers, les lentilles convergentes qui améliorent la vue du presbyte ont été utilisées dès le début du XIIIe siècle. Alors qu'elles offrent à l'époque un bon modèle pour l'étude du cristallin, il faudra attendre le XVIe siècle pour qu'une étude sérieuse en soit faite. Curieuse situation que celle de ces hommes qui, chaussés de lunettes, écrivent page après page de gros volumes sur la vision sans voir qu'ils ont au bout du nez la clé de la solution. Il faut croire que le problème ne se pose pas pour eux dans les mêmes termes que pour nous. N'oublions pas que pour la plupart l'optique arabe était inconnue, et que la conception grecque d'un *quid* sortant de l'œil évite de s'interroger sur la médiation qu'opère la lentille oculaire.

Mais cela ne suffit pas pour nous convaincre que l'absence de considération sur les lunettes soit le seul fait d'une théorie particulière du sens de propagation du rayon visuel. En effet, Dante, qui délaisse en grande partie la théorie d'Archytas pour renouer avec les thèses d'Aristote peu prisées à l'époque, déclare dans son *Convivio* : « Les choses visibles viennent à l'intérieur de l'œil non réellement mais intentionnellement », puis considérant longuement la presbytie et les moyens d'y remédier, il dit qu'il faut éloigner l'objet des yeux « pour que l'image y entre plus légère et plus subtile ». Et pourtant il ne fait aucune allusion aux verres correctifs.

Ainsi, à l'exception de quelques hommes mis en contact de façon mal éclaircie avec l'optique arabe, l'optique médiévale se maintient, jusqu'au XVe siècle, dans une conception scolastique du monde où la lumière, médium commun des mondes céleste et sublunaire, forme supérieure de toute communication, ne reconnaît aucune perturbation, aucun intermédiaire. Il s'agit là de rapport direct avec Dieu et, dans cette perspective, la vue est le sens par excellence.

Optique marchande

Sortant des églises et des monastères pour aller vers les marchands, les banquiers et les condottieres, la peinture va être le grand vecteur de la transformation de l'optique et peut-être plus encore de celle de son rapport à la société. En vulgarisant les problèmes de la perspective et de ses perversions — les anamorphoses, en particulier —, la peinture arrache l'optique aux philosophes et aux théologiens pour en faire un objet profane.

Autour de 1500, Léonard de Vinci refait les expériences d'al-Haytham sur la chambre obscure, sans que l'on puisse savoir s'il les connaissait. A partir de ce travail, il identifie son fonctionnement à celui de l'œil et remarque l'inversion de l'image sur la rétine. Précurseur inspiré dans de nombreux domaines, le grand peintre-ingénieur marque au début du XVIe siècle le renouveau des études d'optique qui, partant d'Italie, vont gagner toute l'Europe. Confinées jusqu'à présent dans les *studii* de quelques clercs, elles vont connaître durant la seconde moitié du XVIe siècle une vaste popularisation.

En 1558, est imprimée pour la première fois la *Magia naturalis* de Giovanni Battista Della Porta (1534-1615). Succès considérable ! Sans cesse augmenté, l'ouvrage connaît de très nombreuses éditions : vingt-trois latines et plus d'une vingtaine en langues vulgaires (français, italien, espagnol, hollandais, arabe...). Comme son titre le laisse supposer la *Magia naturalis* est un ouvrage où le spectaculaire prend souvent le pas sur le discours strictement scientifique ; la vulgarisation excessive était peut être nécessaire, car l'effet fut décisif. L'important, c'est que cette exhibition du merveilleux et de la « magie » autorisa l'introduction de nombreuses considérations sur les lentilles. Cela changea l'attitude de la science de l'époque face à ces objets ; ils deviennent rapidement le problème central de l'optique. Et c'est au travers des verres de toutes sortes que se renouvelle l'étude de la réfraction.

En 1593, Della Porta publie son deuxième grand ouvrage d'optique, le *De refractione*, dans lequel il rassemble toutes les études relatives à divers phénomènes : formation de l'image rétinienne, lentilles concaves, convexes, sphériques, arc-en-ciel. Mais ses explications sont souvent en retrait par rapport à celles des Oxfordiens ou des Allemands du XIIIe siècle. Cela souligne, s'il en était encore besoin, le caractère extrêmement confidentiel de leurs travaux. Chez Della Porta, la conception du rayon lumineux est très confuse et celle de la composition punctiforme de l'image, exposée par al-Haytham, ne s'est pas encore définitivement imposée, alors que les œuvres du savant arabe, couplées à celles de Witelo, ont été publiées à Bâle, il y a plus de vingt ans.

Dans l'ensemble ce demi-siècle a vu le paysage optique se transformer considérablement. Les problèmes, les solutions, les « merveilles », les appareils sont sortis de leur confinement pour devenir publics. En 1590, la première lunette à verre divergent est fabriquée en Italie. Et en 1571, naît dans un petit village du Wurtemberg celui qui va fonder l'optique moderne : Johannes Kepler.

Kepler et l'optique baroque

En 1604, le grand astronome allemand dédie à Rodolphe II, archiduc d'Autriche, roi de Bohême et de Hongrie, l'ouvrage qu'il vient de terminer et dont la composition l'a occupé pendant plusieurs années, les *Paralipomènes à Vitellion*. Il y traite de la partie optique de l'astronomie où se posent deux problèmes : la réfraction par l'atmosphère de la lumière des astres et la diminution du diamètre de la Lune dans les éclipses du Soleil. On reconnaît dans ces préoccupations la résurgence de celles des Alexandrins.

Lecteur attentif d'al-Haytham et de Witelo, Kepler a compris au voisinage du Danois Tycho Brahé (1546-1601) l'influence considérable des phénomènes optiques lors des observations astronomiques. Rappelons pour mémoire que ce sont les observations de ce dernier, remarquables par leur précision, qui permettront à Kepler d'établir ses lois astronomiques sur des bases parfaitement sûres. On ne peut manquer d'être frappé par ce lien récurrent entre l'optique et l'astronomie. Une fois de plus, la réfraction, pour laquelle Brahé vient d'établir de nouvelles tables, est le problème clé de l'observation.

Dans son gros livre, modestement qualifié de supplément à Witelo, Kepler va exposer, dans une longue suite de définitions, propositions, démonstrations, digressions et descriptions de dispositifs expérimentaux, sa conception globale de l'optique. A l'occasion, il rapporte en les critiquant les théories anciennes, rappelle celles d'Alhazen et de Witelo, reprend les tables de réfraction de ces derniers et celles de Brahé. Commencés, en 1600, par une étude de la chambre noire comme simulation du difficile problème de l'éclipse, les *Paralipomènes* vont considérablement s'enfler de tous les domaines de l'optique physique et mathématique, sans compter les considérations métaphysiques.

En faisant de la sphère l'image de la trinité divine qui devient l'archétype de la lumière diffusant de son centre vers la surface selon tous ses rayons qui se propagent instantanément à l'infini, Kepler expose ses conceptions de la nature de la lumière, remarque accessoirement les rapports de celle-ci avec la chaleur et fait du Soleil, « corps dans lequel réside la faculté de se communiquer à toute chose », le centre du monde.

Dans son *Astronomia nova*, où Kepler développe, en 1609, une théorie de l'attraction des corps entre eux, il y dit que le Soleil « émet dans l'amplitude du monde une espèce immatérielle de son corps, analogue à l'espèce immatérielle de la lumière ». De nombreux historiens des sciences se sont étonnés de ce que, fort de cette similitude et d'avoir reconnu dans la propagation de la lumière la loi de l'inverse des carrés des distances, Kepler n'ait pas proposé une loi d'attraction analogue. Au risque d'être sentencieux, rappelons quand même que l'évidence *a posteriori* est le guide le plus trompeur de l'historien. Si le chemin suivi par Newton nous semble aujourd'hui « naturel », foulé comme il est par des milliers de pas, il n'existait pas à l'époque de Kepler; et lorsque Auguste Comte écrit de Kepler que « les considérations métaphysiques ont considérablement retardé sa marche », on est en droit de se demander ce que peut bien être un retard lorsqu'on ne sait pas où l'on va.

Par ailleurs, Kepler s'interroge lui-même sur cette possible analogie qu'il finit par rejeter. Pour lui, la loi photométrique ne peut s'appliquer à la vertu motrice du Soleil sur les autres planètes. Car il soutient que cette *vis motrix*, s'appliquant tangentiellement, ne peut diminuer que linéairement (c'est-à-dire proportionnellement à $1/r$, où r est la distance entre le Soleil et la planète considérée), alors que la lumière diffusant en surface diminue superficiellement (c'est-à-dire proportionnellement à $1/r^2$). C'est là une « évidence » incontournable pour l'astronome de l'aube du XVIIe siècle. Curieusement les liens profonds entre l'astronomie et l'optique, qui s'imposaient quand il s'agissait d'expériences et d'observations, se dissolvaient à l'abord des problèmes que posait la nature de la lumière et de l'attraction !

Les découvertes présentées dans les *Paralipomènes* sont légion. Sur la chaleur, on apprend que la lumière chauffe les corps plus ou moins selon qu'ils sont noirs ou blancs ; que cette chaleur n'est pas matérielle. La vision binoculaire est comprise sous tous ses aspects d'optique géométrique. Grâce au triangle mesureur, la position des images dans le miroir est définitivement expliquée. Seule ou presque, la réfraction résiste à ce raz de marée dans lequel toutes les anciennes questions trouvent une réponse. Faisant preuve d'une rare générosité intellectuelle, Kepler expose à profusion, il annonce dans sa dédicace au roi Rodolphe II : « Comme il fallait donner une explication complète de la vision mise en œuvre dans la réfraction, dans les simulacres d'objets vus et dans les couleurs, on ne doit pas s'étonner que j'ai fait des digressions [...], à propos des sections coniques [...], à propos des merveilles optiques [...], à propos de la nature de la lumière et des couleurs et ailleurs encore sur d'autres sujets. Même si ces questions n'apportent rien à l'astronomie, elles méritent d'être étudiées pour elles-mêmes. »

C'est un vaste chaudron où tous les héritages sont brassés : « J'ai accompli ce travail immense et austère, en creusant jusqu'au noyau des questions négligées depuis des siècles qui chacune aurait pu donner un livre particulier. » Puis il ajoute, s'adressant toujours au monarque : chacun de ces travaux aurait donné lieu « pour d'autres que moi à autant de patronage ». Car il est parfaitement conscient de la tâche colossale qu'il vient d'assumer, et, se comparant au roi en guerre contre les Turcs, il en appelle à la générosité du prince : « Ainsi je n'aurai plus à redouter que l'ennemi le plus pernicieux de la science, l'indigence, ne m'oblige à abandonner, contraint par la faim, cette tâche qui est la mienne, cette forteresse confiée à mon honneur ; et je n'aurai point à douter que Votre Majesté ne me procure en temps opportun les secours et les vivres dont l'envoi me permettrait de soutenir le siège [...]. »

Notons en passant que toute cette longue métaphore stratégique fait comprendre la mutation du statut du savant depuis l'époque des franciscains et des dominicains du XIIIe siècle. Pour flatter le prince en ce siècle de mécénat, le savant doit se soutenir de « cette seule pensée, digne d'un Allemand, qu'il est beau de mourir pour un si grand prince ». Plus tard, dans son *Astronomia nova*, il suppliera encore « Sa Majesté de songer que l'argent est le nerf de la guerre et de vouloir bien commander à son trésorier de lever à votre général les sommes nécessaires pour la levée de nouvelles troupes ».

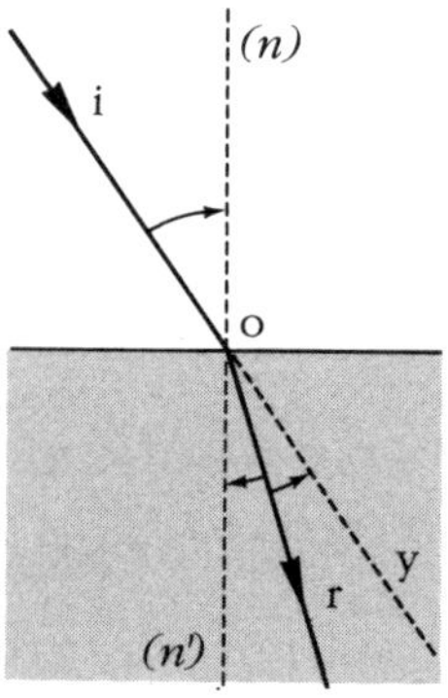

Kepler ne parvient pas à la loi de réfraction car au lieu de considérer l'angle $\widehat{n'or}$ *en le comparant à* $\widehat{ion}$ *il considère* $\widehat{roy}$ *qui est l'angle de déviation qui intéresse les astronomes. Cette astronomie, qui a incité le savant, occulte le résultat au plus près du but.*

Fort de ses succès dans l'explication de la réflexion, conduit par une analyse étymologique des termes grecs et latins qui font voisiner les vocabulaires de la réflexion et de la réfraction, il tente d'identifier cette dernière à des réflexions dans des miroirs aux surfaces très particulières qu'il ne parvient d'ailleurs pas à définir exactement. Il recherche alors systématiquement, à partir de la grandeur des réfractions, le rapport d'un milieu à un autre. Finalement, reprenant Alhazen, il conclut à la proportionnalité entre les deux angles, approximation presque exacte pour les petits angles, donc pour l'astronomie.

Mais cela reste insuffisant pour les autres phénomènes, et la réfraction résiste toujours à cet impressionnant effort où « suant et s'essoufflant il a suivi les traces du Créateur ». Malgré l'énormité du travail, cette revue des phénomènes optiques n'est pas exhaustive et, dans tout cet ensemble, Kepler ne dit qu'un seul mot des lentilles convergentes pour les comparer au cristallin.

A la même époque, les lunetiers hollandais commencent à fabriquer des lunettes astronomiques sur le modèle italien de 1590. Cinq ans plus tard, en 1610, Galilée fait de cet instrument, simple curiosité de la « magie naturelle », le dernier levier qui culbute l'édifice péripatéticien. L'influence considérable du *Messager astral* n'est plus à souligner ; en exposant les découvertes faites grâce à la lunette, Galilée dévoile dans ce livre un ciel inconnu dans lequel se lèvent des étoiles nouvelles.

On sait que malgré ses alliances successives avec les marchands, les bourgeois, la noblesse et certains dignitaires de l'Église, Galilée eut surtout à lutter contre le péripatétisme présent dans l'Église et omnipotent dans l'Université. Il en résulta la sommation de 1616, puis la condamnation de 1633 ; mais cela est une autre affaire (cf. p. 223-249). Pour l'histoire étroite de la réfraction, l'apport de Galilée est plutôt faible ; cependant, l'utilisation de la lunette permettant la découverte des satellites de Jupiter aura un effet inattendu sur les théories de la lumière. C'est en effet grâce aux satellites découverts par Galilée que Ocaiüs Römer pourra, en 1675, donner la première mesure de la vitesse de la lumière 308 000 km/s, clôturant ainsi la dispute bimillénaire sur la propagation instantanée ou pas.

Malgré quelques réticences, Kepler comprend rapidement l'intérêt de la lunette de Galilée. Il écrit dès 1611 un traité sur les lentilles, la *Dioptrique*, dans lequel est exposé pour la première fois le principe du télescope. C'est un ouvrage clair et simple qui bénéficie de la difficile gestation des *Paralipomènes* et où sont pleinement exploitées les conséquences de l'optique géométrique et des principes de réflexion et de réfraction mis au point sept ans plus tôt. Alors que la loi de la réfraction n'est toujours pas établie, les fonctionnements de tous les appareils optiques y sont parfaitement décrits.

On pourrait, à l'occasion, s'interroger avec un peu d'impertinence sur l'« utilité » d'une loi de la réfraction alors que tous les mystères qu'elle sera censée percer quelques lustres plus tard dans les écrits de Descartes auront été résolus. On pourrait aussi étendre cette impertinence à la « révolution » que représenterait l'effondrement des conceptions optiques anciennes. Est-elle le fait de Galilée poussant les « décideurs » à jeter un coup d'œil dans la lunette ? Est-ce la victoire du « génie baroque » de Kepler qui, brassant tous les héritages, put proposer un nouveau « paradigme » ? Ou encore celle d'un Della Porta, vulgarisateur à succès, qui permettra la maturation d'idées nouvelles ? A moins qu'il n'y ait jamais eu de rupture qu'elle soit idéoligique, épistémologique ou sociologique ?

Dans son *Histoire de la lumière*, Ronchi écrit que, un peu moins d'un siècle avant que ne paraisse la *Dioptrique* de Kepler, dans un monastère perdu des Pouilles, un abbé de Messine, Francesco Maurolico, terminait en 1523 un petit ouvrage d'optique qui ne sera publié qu'en 1611. N'est-il pas étrange de trouver avec quatre-vingts ans d'avance l'exposé de nombreuses découvertes faites par Kepler, ainsi qu'une conception de la lumière et un style de démonstration assez voisins ?

Il ne s'agit pas de mettre en question l'honnêteté de Kepler, qui cite abondamment ses prédécesseurs, leur attribuant parfois même des mérites qu'ils n'ont pas toujours. De plus, l'ouvrage de Maurolico n'était pas publié et, d'après Ronchi qui lui consacre plusieurs pages, seuls quelques dignitaires de l'Église auraient pu le connaître. Il faudrait alors faire l'hypothèse, à défaut d'une connaissance directe, d'une filiation commune.

On se souvient qu'en plein XIVe siècle l'optique moyen-orientale, qui suivit la fortune de tous les grands centres urbains de l'époque, était encore très active. Un seul fait lie l'abbé de l'Italie du Sud et l'astronome allemand : à la fin du XVe siècle, le père du premier fuyait Constantinople envahie par les Turcs, un siècle plus tard toute l'Europe de l'Est où vivait le second luttait contre les mêmes. Peut-on imaginer que cette florissante optique islamique, suivant les fortunes diverses des grandes villes de l'Orient, soit parvenue en Occident par les marches de la Turquie ? Il faudrait alors reconnaître, sous l'argument de la rupture, l'effet de notre ignorance. Sous cette hypothèse risquée, la chute de Constantinople prendrait un sens nouveau et ce ne serait pas là la moindre ironie de l'histoire.

Le « renversement » cartésien

Il faut être un Français du XXe siècle pour ne pas savoir qu'aux alentours de 1620 le Hollandais Willebrord Snell, dit Snellius (1591-1626), couronnait l'édifice keplérien en établissant la loi de la réfraction qui porte aujourd'hui son nom dans tous les autres pays du monde. Aux dernières nouvelles la guerre fait toujours rage. Dans l'article « Descartes (loi de —) » du *Grand Larousse encyclopédique* le nom de Snell est absent, tout comme celui de René Descartes dans l'article « *Snell's law* » de l'*Encyclopaedia Britannica*.

La première partie de l'histoire de la réfraction se termine donc en ce début de XVIIe siècle. Comme nous l'avons vu, presque tous les problèmes d'optique élémentaire et instrumentale où la réfraction sert d'explication de base ont trouvé une solution. Et, curieusement, c'est au moment où l'outil « réfraction » cesse d'être utile qu'apparaît la formulation de la loi de la réfraction qui ne changera plus :

Le rapport des sinus $\dfrac{\sin r}{\sin i}$ est constant quel que soit l'angle i.

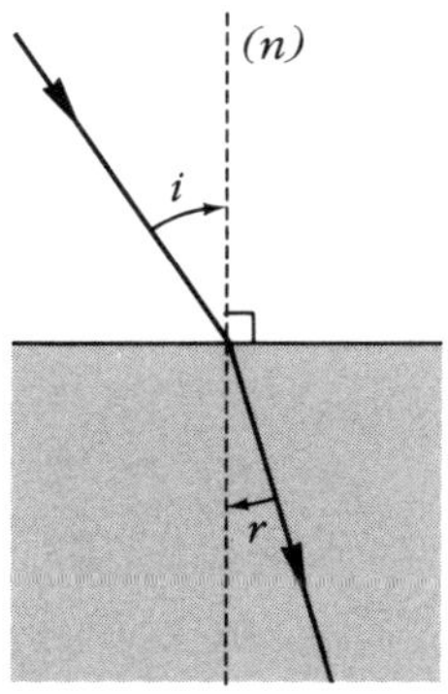

Les conséquences de cette loi ayant été tirées avant même son énonciation, grâce à l'utilisation de tables extrêmement précises, la principale question qui se pose est d'en comprendre la raison. En ce premier tiers de siècle un retournement s'opère pour longtemps : il ne s'agit plus de savoir ce que fait la réfraction mais ce qui la fait. En conséquence de quoi réapparaissent sur le devant de la scène les problèmes de la nature de la lumière. Dans ce changement de perspective, la loi de Snell, qui était l'aboutissement de l'histoire de l'optique, devient dans l'exposition de Descartes la pierre angulaire d'une optique débarrassée de toute genèse, en prise directe sur la nature par l'intermédiaire de la seule raison.

Si la barbarie se caractérise par un refus systématique de l'histoire, il ne faut pas avoir peur d'affirmer que la parution, il y a trois cent cinquante ans, du *Discours de la méthode suivi de ses trois essais : la dioptrique, les météores et la géométrie* est l'acte barbare — ce qui ne préjuge pas de sa nécessité — qui institue le rationalisme scientifique. Tout le travail des prédécesseurs est effacé, nié quant à son utilité. On peut lire, par exemple, dans la sixième partie du *Discours* : « Je ne me vante point d'être le premier inventeur d'aucunes (découvertes), mais bien que je ne les ay jamais reçues ny pour ce qu'elles avaient esté dites par d'autres, ny pour ce qu'elles ne l'avaient point esté, mais seulement pour ce que la raison me les a persuadées. » Gloire à la raison pure, il suffit à Descartes de raisonner un peu ! et deux mille ans de travaux et de découvertes sont effacés pour être récrits selon le nouvel ordre.

Descartes, dans le *Discours Huitième des Météores*, deuxième essai du *Discours de la méthode*, attribue à sa méthode « des connaissances que ceux dont nous avons les écrits n'ont point eues ». Nous soulignons abondamment par ailleurs cette attitude de Descartes qui consiste à occulter les découvertes qui le précèdent. On peut remarquer aussi combien l'illustration de droite est révélatrice de son art de penser. La scène en question est totalement irréaliste.

En effet, d'une part, les deux arcs primaire et secondaire vus par un même observateur ne peuvent en aucun cas être produits par la même goutte d'eau.

D'autre part, et c'est là le plus important, il est totalement impossible de voir de biais l'arc observé par un autre. La tentative d'objectivation de cette représentation me semble révélatrice de la méthode cartésienne qui nous invite à prendre la place du sujet observant pour nous persuader par la raison de ses opinions. « Car pour les opinions qui sont les miennes, je ne les excuse point comme nouvelles, d'autant que si on en considère bien les raisons, je m'assure qu'on les trouvera si simples, et si conformes au sens commun, qu'elles sembleront moins extraordinaires. »

Et quelques lignes plus loin : « Si j'écris en français qui est la langue de mon païs ; plutôt qu'en latin qui est celle de mes précepteurs ; c'est à cause que j'espère que ceux qui ne se servent que de leur raison naturelle toute pure jugeront mieux de mes opinions, que ceux qui ne croyent qu'aux livres anciens. » Qu'on ne se méprenne pas, Descartes est tout sauf un ignorant, il connaît parfaitement Kepler, Witelo et al-Haytham ainsi que les théories de l'arc-en-ciel de De Dominicis reprises de Thierry de Freiberg ; de plus, les recueils sur les météores comme ceux de Froidmont sont à l'époque étudiés dans toutes les écoles... Et pourtant, tous ces savants et bien d'autres ne seront jamais cités dans le *Discours et les essais*, alors que leurs découvertes y fourmillent de toutes parts. La stratégie de Descartes est claire : il ne veut reconnaître aucun héritage, seuls seront honorés d'une mention particulière, un « nommé Jacques Métius qui n'avoit jamais étudié » et le père Maurolico peu connu du monde des savants, et qui n'est cité que pour être critiqué.

Il est donc impossible de considérer le *Discours* autrement que comme un manifeste dont le mot d'ordre serait : « du passé faisons table rase ! » (le lecteur retrouvera cette stratégie chez d'autres « génies fondateurs », Lavoisier, par exemple ; cf. p. 363-385). Nous avons cherché à le montrer : en tant qu'elle est faite par des hommes, dans des contextes particuliers, en fonction d'héritages plus ou moins bien connus, il n'y a pas de révolution dans l'histoire de l'optique. Ce qui apparaît avec Descartes ce n'est pas une révolution scientifi-

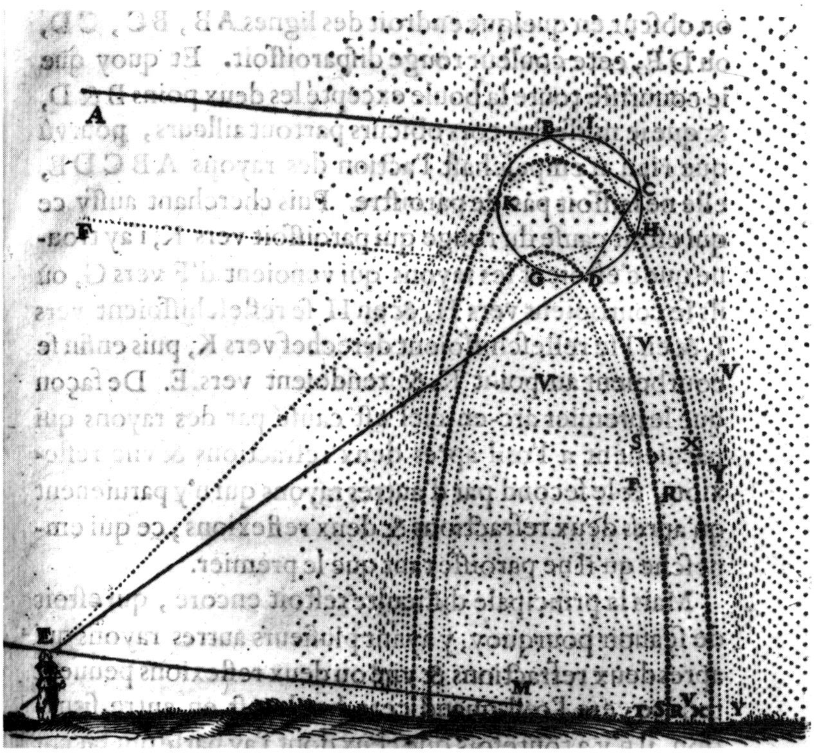

L'arc-en-ciel de Descartes. (In R. Descartes, Discours de la méthode, *1637; Bibl. nat., Paris. Ph. © Bibl. nat. / Photeb.)*

que, mais plutôt une révolution dans le mode d'exposition des résultats. Toutes les découvertes sont présentes mais tous les acteurs ont disparu. Dans ce nouveau récit, l'histoire est dissoute, la nature devient la seule référence, la raison gouverne l'expérience, le bon sens l'érudition. La langue de la bourgeoisie se substitue à celle des clercs et des sorbonnards, universalisant le jugement scientifique. Que la nature puisse être dite selon les règles de la raison est un mystère qu'il faut admettre, au même titre que l'histoire de tous ceux qui ont rendu possible le travail de la raison, ils sont totalement occultés par le nouveau philosophe et gisent au fondement de la science nouvelle.

D'un même mouvement, ancrage épistémologique, alliance sociale et sens d'interprétation des faits se renversent. La nature, le bon sens et l'intuition vont édicter une nature de la lumière, de celle-ci découlera une loi de la réfraction qui gouvernera par déduction l'interprétation de tous les phénomènes. A la même époque, l'Université péripatéticienne achève de se dissoudre en participant aux intenses chasses aux sorcières, jamais les bûchers n'ont été si nombreux, les jeunes scientifiques se forment chez les jésuites et, autour du père Marin Mersenne (1588-1648), s'institue un des premiers réseaux de communication scientifique d'Europe.

La transformation de la pratique scientifique est considérable. C'est bien sûr le fait de nouvelles institutions apportant argent, sécurité et information, mais aussi celui du discours cartésien. En déconsidérant la genèse des résultats, Descartes invente un nouveau type de savant qui, pouvant être ignorant de l'histoire de sa science, peut la pratiquer comme un jeu logique dont les pièces sont produites par la nature, agencées par la seule raison. Cet homme nouveau, devenu bien souvent plus ignorant et arrogant que savant, esclave de sa pratique au point qu'il en portera le nom, c'est le scientifique.

Nous trouvons à la fin du *Discours* les « tables de la loi » de cette nouvelle pratique. « Que l'on ait la patience de lire le tout avec attention, et j'espère qu'on s'en trouvera satisfait : car il me semble que les raisons s'y entresuivent en telle sorte, que comme les dernières sont démontrées, par les premières qui sont leurs causes; ces premières le sont réciproquement, par les dernières qui sont leurs effets. Et on ne doit pas s'imaginer que je commette ici la faute que les logiciens nomment un cercle; car l'expérience rendant la plus part de ces effets très certains, les causes dont je les déduis ne servent pas tant à les prouver qu'à les expliquer; mais tout au contraire ce sont elles qui sont prouvées par eux. » Voilà exposée tout clairement l'ancêtre de la chaîne — hypothèses/principes logiques/résultats/contrôles expérimentaux/validation des hypothèses — à laquelle on prétend réduire aujourd'hui toute connaissance scientifique. Sans aucune allusion à ceux qui l'ont précédé sur la voie de cette méthode, Descartes trace *ex nihilo* le cercle magique de la science dont sont définitivement exclus l'histoire et le monde.

Répétons-le, au risque de lasser, le grand génie de Descartes c'est son absence totale de scrupule vis-à-vis des théories antérieures. Il pille, raboute, recolle, retourne, détourne des morceaux, des bribes, des idées pour en faire son manteau, taille ce qui le gêne, boursoufle le sens des mots, les étire ou les étrique à sa convenance, dissout en trois lignes trois siècles de travail, s'étend sur une broutille pendant vingt pages. Sa *Dioptrique* en est un bon exemple. Ce qui dans cet essai, annexe du *Discours*, a été le plus critiqué, aussi bien par les historiens des sciences que par les cartésiens eux-mêmes, c'est le discours premier sur la nature de la lumière. C'est aussi le seul apport du philosophe qui puisse paraître original. Trois conceptions sont présentées successivement. La lumière serait à la fois: un bâton, un fluide très subtil, des petites billes virevoltantes. Toutes ces suppositions qu'il est malséant de juger contradictoires, puisque le souci de cohérence globale ne semble pas être chez le philosophe de la raison une préoccupation majeure, serviront tour à tour à résoudre divers problèmes.

Celui de la sensation? Rien n'est plus simple: « Il vous est bien sans doute arrivé quelques fois en marchant de nuit sans flambeau, par des lieux un peu difficiles, qu'il fallait vous aider d'un bâton pour vous conduire [...]. » Merveilleuse explication où la nuit la plus noire fait le jour sur la lumière! Le *quid* des pythagoriciens n'est d'ailleurs pas très loin. Mais l'air entre l'œil et l'objet est bien loin d'avoir la consistance du bois.

Alors qu'en est-il de la substance du médium? « Voyès une cuve au temps de vendange, toute pleine de raisins à demi foulés [...]. Pensés que n'y ayant point de vide dans la nature [...] il est nécessaire que les pores soient remplis de quelque matière fort subtile et fort fluide [...] comparés avec le vin de ceste cuve [...] vous devés juger que les rayons de cette lumière ne sont autre chose, que les lignes, suivant lesquelles tend cette action. » C'est à la métaphore près, vin qui trouble les esprits, la théorie du diaphane d'Aristote. Descartes n'en dit rien et passe à un autre niveau, car ne l'oublions pas: le devenir d'un rayon est toujours de se briser sur un obstacle, de se courber dans un champ de gravitation comme le suggère Descartes.

C'est pourquoi « lorsqu'ils rencontrent quelques corps, ils sont sujets à estre détournés par eux, ou amortis, en même façon que l'est le mouvement d'une balle ». C'est la conception d'al-Haytham. Grâce à elle, la lumière devenue petite balle obéira aux lois du mouvement sur lesquelles travaille tout le XVIIe siècle. Curieusement contrôlée par les schémas du bâton et de l'esprit-de-vin, la balle ne se mouvra pas en acte, mais aura simplement une inclination à le faire. Étonnant paradoxe que de voir les lois du mouvement expliquer les effets d'une lumière immobile.

Faut-il encore s'en étonner? N'est-ce pas celui qui prétendait ne rien devoir au passé qui vient de piller par trois fois l'héritage? N'est-ce pas le même qui exigeait de tout fonder sur la raison, qui propose une lumière à la fois solide comme un bâton, liquide comme du vin, discontinue comme des balles immobiles et pourtant mobiles? Finalement, peu importe que les hypothèses sur la nature de la lumière apparaissent contradictoires, là au moins Descartes fait œuvre de précurseur, la physique la plus moderne nous ayant appris à ne pas nous étonner des prétendues contradictions des apparences. L'essentiel est d'avoir suffisamment de modèles pour déduire de certains d'entre eux les effets que l'expérience pourra valider. Si, par exemple, il s'agit d'expliquer les couleurs, la lumière qui est une balle très petite devient pour « les besoins de la cause » un paquet de petites billes roulant les unes sur les autres.

S'il faut démontrer la loi de la réfraction, c'est le modèle mécanique qui sera utilisé. Il faut suivre la démonstration dans le détail, pour nous persuader de la toute-puissance et de l'« anhistoricité » de la raison. Lors de la réfraction, la lumière, qui ne se meut pas, est comme une balle lancée vers l'eau à très grande vitesse par un joueur de paume. Une balle dont « ny la pesanteur ou la légèreté, ny sa grosseur, ny sa figure, ny aucune autre telle cause étrangère ne change le cours... ».

Partant de là, il explique la réfraction en supposant que la tendance de la lumière à se mouvoir est moins contrariée dans l'eau que dans l'air ; « Ce que vous cesserés toutefois de trouver étrange, si vous vous souvenez de la nature que j'ay attribué à la lumière [...] un mouvement ou une action receuë en une matière très subtile [...] et que vous consideriés, que comme une balle, (elle) perd davantage de son agitation en donnant contre un corps mou (l'air) que contre un corps dur (l'eau). » C'est ce qui fera dire aux successeurs de Descartes que la vitesse de la lumière est plus grande dans l'eau que dans l'air, affirmation qui n'a pas vraiment de sens selon l'orthodoxie cartésienne pour laquelle la lumière n'aurait qu'une inclination à se mouvoir.

Schéma de la démonstration de Descartes

Le cercle que l'on retrouve à chacun des moments de l'explication, que nous réduisons ici à son strict minimum, permet de raisonner en égalant la longueur des parcours dans les deux milieux, la vitesse (ou la tendance à se mouvoir) devient alors la variable constitutive du phénomène.

Une balle part de A dans l'air à une vitesse qui est augmentée d'un tiers quand elle pénètre dans l'eau. La composante horizontale reste inchangée. Comme les distances AB et BI sont les mêmes (c'est à cela que sert le cercle) les temps passés sur AB et BI sont inversement proportionnels aux vitesses, donc GI sera d'un tiers plus petit que AH ainsi le rapport CB/BE sera constant quel que soit le point A (si le cercle est de rayon 1, CB et BE sont les sinus des angles i et r).

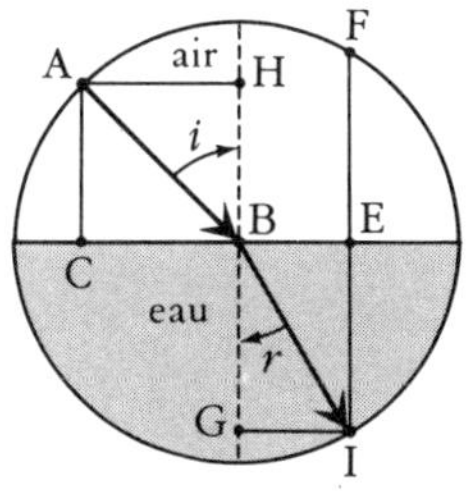

Étant donné l'influence de Descartes dans l'évolution des sciences, sachant que finalement la loi de la réfraction est probablement le seul résultat scientifique qu'on pourrait lui reconnaître, il importe de savoir exactement si son apport est réellement original. S'agit-il vraiment d'une démonstration ou est-ce le produit d'une manipulation tendant à dissimuler l'usurpation du résultat de Snell, comme le soupçonne Huygens ? Dans cette perspective, il nous faut citer intégralement le cœur même du « raisonnement » :

« Enfin, d'autant que l'action de la lumière suit en ceci les mêmes lois que le mouvement de cette balle, il faut dire que lorsque ses rayons passent obliquement d'un corps transparent dans un autre, qui les reçoit plus ou moins facilement que le premier, ils s'y détournent en telle sorte, qu'ils se trouvent toujours moins inclinés sur la superficie de ces corps, du côté où est celui qui les reçoit le plus aisément, que du côté où est l'autre : et ce justement à proportion de ce qu'il ne les reçoit plus aisément que ne fait l'autre. Seulement faut-il prendre garde que cette inclination se doit mesurer par la quantité des lignes droites, comme CB ou AH, et EB ou IG [...]. Car la raison ou proportion [...] qui est entre les lignes AH et IG ou semblables, demeure la même en toutes réfractions qui sont causées par les mêmes corps. »

Que chacun juge si l'on peut appeler cela une démonstration établie sur « la seule raison » ; ou si un coup d'œil jeté un jour sur le brouillon de Snell lors d'un voyage en Hollande n'a pas fixé la bonne proportion comme un but à atteindre par tous les moyens : sophismes, métaphores ou contradictions. Le tout servant à dissimuler la tautologie : « La loi de la réfraction est démontrée par le fait que la proportion de AH à IG demeure la même en toutes réfractions. » (Ce qui n'est rien d'autre que la loi elle-même.)

Peut-on aujourd'hui se gausser sans vergogne de cette lumière à la fois bâton, vin primeur, et petites billes ? Si l'on peut être sévère quant aux arguments physiques de Descartes, ne conviendrait-il pas d'être prudent à l'égard du métaphysicien ? On a vu dans les trois comparaisons, trois natures totalement contradictoires : solide et éthérée, continue et discontinue, mobile et immobile ; mais a-t-on vraiment bien regardé ? Ne serait-il pas possible de les sauver toutes les trois ensemble, en estimant qu'elles correspondent chacune à une échelle de plus en plus fine ? Et finalement, en les considérant de cette manière, ne verrait-on pas se développer l'histoire de la lumière ?

En faisant de la *Dioptrique* de Descartes une métaphysique de la lumière, on peut être tenté de risquer quelques identifications. D'abord le *bâton* par sa rectitude règle bien l'ensemble de l'optique géométrique qui a précédé le XVIIe siècle, ensuite le *fluide subtil* supporte les conceptions liées à l'éther et aux

ondes qui régiront les explications des phénomènes optiques pendant les deux siècles suivants, enfin les *corpuscules* s'agitant et tournoyant annoncent ces photons qui sont apparus au début du XXe siècle et qui, associés à des fréquences, des spins et des probabilités, supportent aujourd'hui l'ensemble des explications des phénomènes liés à la lumière.

Reste que si les suppositions de base de Descartes sont d'ordre métaphysique, elles n'ont de valeur que si elles trouvent leur sens profond dans l'ensemble de sa pensée. Un philosophe de notre siècle a essayé de résoudre ce problème. On sait que Descartes distingue deux opérations de la pensée : l'intuition et la déduction. En faisant remarquer que *intueor* en latin signifie regarder attentivement, observer, considérer, Michel Serres rappelle que dans la neuvième règle des *Règles pour la direction de l'esprit* (1628), Descartes symbolise l'intuition, « qui naît de la seule raison », par un bâton d'aveugle. De plus, l'intuition est non seulement la base rendant possible le travail de la déduction, mais elle en est aussi la résultante. En effet pour Descartes, l'exercice fréquent d'une chaîne déductive parcourue assez vite et assez souvent « en exerçant l'esprit comme s'exerce la vue », transforme le mouvement de la raison le long de la chaîne en une compréhension immédiate : l'intuition. C'est

Le Printemps *de Millet. L'art du peintre est ici moins trompeur que celui du savant, et l'on retrouve avec plaisir les arcs primaire et secondaire, si bien en place, qu'un calcul précis permettrait de situer le point exact où le chevalet était situé.* (Le Printemps, *J.-F. Millet, 1868-1873 ; musée du Louvre. Ph. Hubert Josse © Arch. Photeb.)*

ce qui permet à Michel Serres de conclure que, sous certaines conditions, le bâton-intuition est une chaîne-déduction dans laquelle les chaînons ont disparu en tant qu'unités indépendantes.

Cette neuvième règle, qui fut écrite dix ans avant le *Discours* unifiant déduction et intuition, permet de comprendre comment les trois natures de la lumière, sans doute contradictoires physiquement, sont métaphysiquement cohérentes entre elles dans la pensée cartésienne. C'est peut-être grâce au « travail » de cette pensée que peu de personnes trouvent aujourd'hui scandaleux que la lumière ait pu être considérée sous le double aspect, apparemment contradictoire, d'ondes et de particules.

Bien évidemment, les « découvertes » cartésiennes ne clôturent pas les questions que pose la réfraction. De même qu'il peut être dit que la formule liant le volume d'un solide à sa masse n'apprend rien sur l'espace et la matière, la loi de Snell n'éclaire en aucune façon sur la nature de la lumière ou sur les différences de structure des « transparents » traversés par le rayon. Cependant, son existence changera bien des choses. Les physiciens, prenant le pas sur les artisans, purent approfondir le travail de Kepler, Galilée et quelques autres, sur les lunettes, les télescopes et les microscopes ; puis concevoir avec une précision toute théorique et une efficacité accrue des machines optiques qui, de l'infiniment grand à l'infiniment petit, élargiront le monde visible.

Ainsi maîtrisée, non quant à sa nature mais quant à la mesure, la réfraction, qui pendant des siècles a freiné l'astronomie, va devenir le phénomène qui gouvernera le principe de construction d'appareils permettant une observation de plus en plus précise. Dans cette perspective d'efficience, ce n'est pas un hasard si l'*Essai de dioptrique* du *Discours de la méthode* se termine par l'étude « Des figures que doivent avoir les cors transparents pour détourner les rayons par réfraction en toutes les façons qui servent à la vue » (Discours 8), « La description des lunettes » (Discours 9), « De la façon de tailler les verres » (Discours 10).

Inaugurant une dialectique qui s'amplifiera, entre la compréhension des phénomènes, l'affinement des lois physiques et le perfectionnement des instruments, la loi de la réfraction, les lunettes, microscopes et télescopes vont faire apparaître des phénomènes nouveaux comme la coloration des lames minces, les franges de Grimaldi, les anneaux de Newton, les cristaux biréfringents... et des concepts neufs comme la diffraction, la double réfraction, les interférences, la polarisation...

Reste que, indépendamment de ses succès techniques dus à sa validité métrologique, la loi n'a rien révélé sur les « raisons » du phénomène. Malgré les reproches que l'on peut faire à Descartes, il faut dire qu'en cherchant à justifier « raisonnablement » la réfraction, il a voulu en comprendre le pourquoi. Qu'il ait échoué n'est probablement pas le plus important car, dans sa tentative, il a défini le champ de réflexion sur lequel se fixeront ses successeurs, partisans ou ennemis. Car on se doit de reconnaître que les explications de Descartes ne satisferont même pas ceux qui, comme Maupertuis, s'appuieront sur ses hypothèses.

Quelque vingt-cinq ans après la parution du *Discours* éclata une importante polémique entre les cartésiens (soucieux de défendre l'un des plus beaux fleurons de leur maître) et un des grands mathématiciens du moment, Pierre de Fermat, coïnventeur avec Pascal du calcul différentiel, du calcul des probabilités, et célèbre surtout comme théoricien des nombres (cf. p. 276). Reprenant le principe qui affirme que la lumière met pour aller d'un point à un autre le temps le plus court — postulant que la vitesse de la lumière est plus grande dans les corps les moins denses — le mathématicien prouvait sur ces hypothèses l'exactitude de la loi de la réfraction. Il le faisait au bout d'une difficile démonstration de géométrie dont les principes étaient tous présents

chez Euclide, mais dont l'esprit annonçait les calculs de minima et de maxima.
Constatant que le résultat « du maître« était obtenu à l'aide d'hypothèses aussi contradictoires, les cartésiens « crièrent au miracle de quoi une même vérité s'était rencontrée au bout de deux chemins entièrement opposés », écrira Fermat dans une lettre publiée après sa mort. Mais c'est là une autre histoire et il faudrait en écrire une autre où l'enjeu ne serait plus l'exactitude mais la pertinence. On verrait alors, selon que la lumière est gouvernée par sa nature supposée (corpusculaire ou ondulatoire) ou par un principe de minimum quasi divin (temps, résistance ou action), des savants comme Huygens, Newton, Grimaldi, d'une part, ou tels Fermat, Leibniz ou Maupertuis, d'autre part, trouver dans des causes efficientes ou finales l'explication du phénomène. Ces disputes dureront plus d'un siècle pour voir triompher le modèle ondulatoire proposé par Huygens... Il faudra attendre le XXe siècle et la physique quantique pour que se dissolve le dilemme entre l'efficience et la finalité.

Le modèle ondulatoire proposé par Huygens (1690)

L'onde plane AD rencontre la surface de contact entre les milieux 1 et 2. Le temps que les ondelettes D_1 arrivent en D_2, les ondelettes A_1 se sont propagées selon un rayon R, le front de l'onde plane A_2D_2 est tangent aux ondelettes, donc A_1A_2 est perpendiculaire à A_2D_2 ; on remarque que :
— le temps de parcours D_1D_2 égale celui sur A_1A_2, d'où $D_1D_2 / v_1 = A_1A_2 / v_2$, avec v_1 et v_2 étant respectivement les vitesses de propagation de l'onde dans les milieux 1 et 2 ;
— les angles $\widehat{A_1D_2A_2}$ et $\widehat{D_1A_1D_2}$ sont respectivement égaux à r et i,

$$\text{d'où } \sin i = \frac{D_1D_2}{RD_2} \text{ et } \sin r = \frac{A_1A_2}{RD_2},$$

$$\text{d'où } \frac{\sin r}{\sin i} = \frac{A_1A_2}{D_1D_2} = \frac{v_2}{v_1}.$$

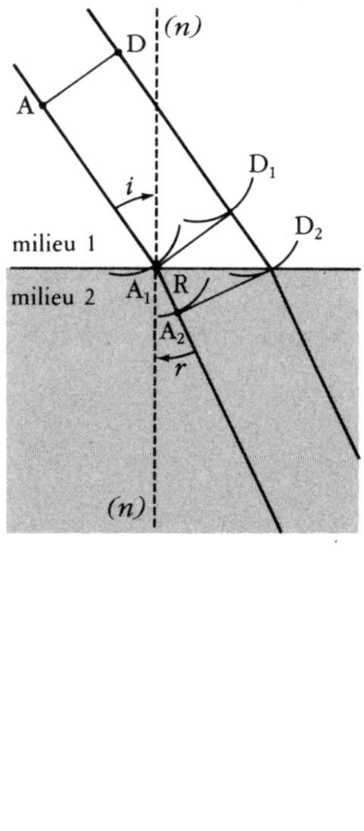

Le rapport des sinus est donc égal au rapport des vitesses. L'expérimentation, réalisée en 1849 par Jean Foucault et Hippolyte Fizeau, montrera que la vitesse de la lumière est proportionnelle à l'indice de réfraction du milieu comme le suggère l'argument de Huygens, mettant un point final à la problématique inaugurée près d'un millénaire auparavant par le grand savant arabe al-Haytham.

Cette explication ondulatoire explique aussi d'autres phénomènes comme les réfractions de vagues au voisinage des rives, ou celle des ondes sonores quand varient les températures de couches d'air voisines.

Crelle Journal d. Math. Bd. XXX. Heft 4.

Fac-simile einer Handschrift von Fermat

Mon Reverend pere

Je suis bien aise que mes solutions vous ayent pleu, Et ie vous remercie des eloges quel vous me donnes bien que ie

. . . .

que la double egalité a laquelle vous la reduises 4AA − A + 1 et 1AA − 3A + 1 jamais egaules

. . . .

Vostre tres humble et tres acquis serviteur

A Tolose le 26 et 1659.

Fermat

Le métier des nombres aux XVIIe et XIXe siècles

CATHERINE GOLDSTEIN

Certains domaines mathématiques, la théorie des nombres en particulier, paraissent n'être jamais que des jeux gratuits.
Ici l'on verra ce qui, tant dans les changements internes de la discipline que dans son intégration économique et sociale, indique et accompagne la transformation des amateurs en professionnels.

Dans la première moitié du XVIIe siècle, un conseiller au parlement de Toulouse, amateur de poésies latines et italiennes, note dans la marge d'une traduction latine d'un traité de mathématiques grec qu'il n'est pas possible de « partager un cube en deux autres cubes, un bicarré en deux bicarrés ou, en général, une puissance quelconque supérieure au carré en deux puissances de même degré » et qu'il en a découvert « une preuve véritablement merveilleuse que la marge est trop étroite pour contenir ». En 1850, un professeur de mathématiques de l'université de Breslau publie dans le volume XL du *Journal für die Reine und Angewandte Mathematik* une démonstration générale de ce que « l'équation $x^n + y^n = z^n$ n'est pas soluble en nombres entiers » pour des exposants n soumis à certaines hypothèses techniques ; ces travaux vaudront à leur auteur d'être proposé pour une médaille d'or à l'Académie des sciences française.

Amateur ou professionnel, homme qui joue ou qui travaille, il n'est pas toujours facile d'étiqueter précisément ceux qui s'occupent de sciences — en dehors même du cas séduisant, mais mythique, de l'inconnu complètement isolé et inculte, faisant hors des chemins officiels la découverte du siècle ; ont pu être qualifiés d'« amateurs », selon l'époque et l'état de leur discipline, des types tout à fait différents : lecteurs occasionnels des revues de vulgarisation scientifique ou de recueils de jeux, consommateurs éclairés et (ou) passionnés de science faite par d'autres ; astronomes du samedi soir et botanistes du dimanche après-midi explorant ciel ou sous-bois à la recherche d'observations ou d'espèces nouvelles, collectionneurs de données pour des travaux plus officiels ; chercheurs à temps plein que des ressources personnelles autorisent à pratiquer bénévolement, mais à égalité d'intérêt, de formation, de publications, le même travail quotidien, jugé selon les mêmes critères, que les scientifiques payés par les universités... Les relations de ces « amateurs » avec les « professionnels » les plus proches varient pourtant de la pure et simple absorption d'une catégorie par une autre à un rapport d'entraide hiérarchisée, voire à une totale indifférence réciproque...

Le double exemple qui ouvre ce chapitre met en scène un type particulier d'interaction (d'autres sont discutés dans ce livre : cf. p. 17, 101, 321 et 363),

Les mathématiciens professionnels en quête de leur passé : cet autographe de Pierre de Fermat parut dans le Journal de Mathématiques de Crelle, *dans l'espoir de retrouver ainsi certains de ses manuscrits perdus. (Bibliothèque nationale, Paris. Ph. © Arch. Photeb.)*

où les questions soulevées par les amateurs fournissent après quelques siècles la matière première pour le travail professionnel. Mais comment caractériser et distinguer ces deux étapes ? Comment se succèdent-elles ou se chevauchent-elles ? Le choix des mathématiques et plus spécialement de la théorie des nombres comme terrain d'étude est à cet égard d'autant plus intéressant qu'il est extrémal : parmi les sciences, les mathématiques, et parmi elles ce domaine particulier, gardent à tort ou à raison une réputation d'immuable et splendide isolement, propice à décourager les explications trop hâtives sur leur développement professionnel : à quoi peut bien servir la preuve qu'un cube n'est pas somme de deux cubes ?

Elle sert *a priori* si peu qu'on est tenté de l'oublier pour ne plus raconter qu'une histoire d'hommes, d'institutions, d'argent. La pertinence de la note marginale ou du théorème de mathématiques pures serait alors réservée à une autre sorte d'histoire où il ne serait plus question que d'eux et où ne seraient plus pertinents, en revanche, l'endroit qui les a hébergés ou les hommes qui les ont produits : la marge n'y serait plus fameuse que par les nostalgies qu'elle engendre (« si seulement elle avait été plus grande et que la preuve y figure ! »), le journal ne serait plus qu'une occasion à raconter d'amusantes anecdotes sur son fondateur.

Mais ces deux histoires possibles, dont chacune serait à l'autre sa « petite histoire », son réservoir de détails pittoresques, son versant ensoleillé, n'en sont en fait qu'une seule : des liens existent, et sont décelables, entre une discipline, les formes sociales qui la moulent, les problèmes qu'elle inspire, les sources dont elle se nourrit, les modes d'expression, de communication, de protection qu'elle adopte.

Au-delà des idiosyncrasies, c'est donc tout autant dans leur temps que dans leurs mathématiques qu'il faut saisir, pour mieux les distinguer, l'*Homo ludens* et l'*Homo faber*.

*L'*Homo ludens

Qu'en est-il donc de cette note manuscrite griffonnée en marge d'un traité ? Plus que les réponses forcément incomplètes qu'elle donne, nous y retiendrons les questions qu'elle suscite : qui écrit ou parle de nombres au XVIIe siècle ? A quelles sources s'abreuve-t-on ? Sous quelles formes et dans quel cadre s'exprime-t-on ? Comment et dans quelle mesure, enfin, les mathématiques en jeu réfléchissent-elles ou produisent-elles ces réponses particulières ?

Des hommes et des mathématiques

Un conseiller au parlement de Toulouse, Pierre de Fermat, annote un exemplaire, traduit en latin et abondamment commenté par Claude Gaspard Bachet de Méziriac, de l'*Arithmétique* de Diophante...

Fermat est connu de nos jours comme mathématicien, inventeur tout autant que Descartes de la géométrie analytique ; mais il était aussi membre de la Commission de l'édit à Castres et du conseil général de Beaumont. Le noble Bachet de Méziriac, petit-fils d'un conseiller de Henri II, doit à ses talents de mythologue une place à l'Académie française peu après sa création par Richelieu en 1635. C'est parmi les diplomates comme Kenelm Digby, les conseillers aux parlements comme Pierre de Carcavi ou François Viète et à la Cour des monnaies comme Bernard Frénicle de Bessy, les ingénieurs au service du roi ou d'un prince comme Raffaele Bombelli ou Philippe de Girard, les tuteurs ou secrétaires de nobles comme Jean Beaugrand ou Simon Stevin, voire les soldats comme René Descartes et les religieux comme Antoine de Lalouvère, Marin de Mersenne ou Jacques de Billy qu'il faut chercher, aux XVIe et XVIIe siècles, les auteurs ou les rapporteurs des recherches sur les nombres. L'irrégularité de leurs travaux mathématiques porte parfois témoignage des impératifs de leur vie sociale et des événements politiques.

Pierre de Fermat, conseiller au parlement de Toulouse, membre de la Commission de l'édit de Castres, écrivant, dit une notice nécrologique, « pour satisfaire la curiosité de ses amis ». (Peinture attribuée à A. Durand, XVIIe siècle ; Académie des sciences, Toulouse, Ph. © Yan.)

Les formes de l'activité mathématique, parallèlement, ne sont pas unifiées au XVIIe siècle : c'est d'ailleurs dans sa multiplicité, voire ses contradictions, que s'en exprime peut-être le mieux la spécificité. Nous venons d'en rencontrer une manifestation importante, la traduction des ouvrages de l'Antiquité (cf. p. 151-175). Poursuivant le travail entamé dans le monde méditerranéen, les érudits déchiffrent, traduisent en latin, voire restaurent à partir de fragmentaires et confuses indications contenues dans les compilations tardives, les principaux mathématiciens grecs, Euclide, Apollonius, Archimède, Diophan-

Quelques noms essentiels pour notre propos

Diophante (IVe siècle apr. J.-C.), Alexandrie
Ramus, Pierre La Ramée dit (1515-1572), Paris
Bombelli, Raffaele (1522-1572), Italie
Dee, John (1527-1607), Angleterre
Xylander, Wilhelm Holzmann dit (1532-1576), Heidelberg
Viète, François (1540-1603), Bordeaux
Bachet de Méziriac, Claude-Gaspard (1581-1638), Lyon
Mersenne, Marin de (1588-1648), Paris
Descartes, René (1596-1650), Paris, Hollande
Carcavi, Pierre de (1600-1684), Toulouse, Paris
Fermat, Pierre de (1601-1665), Toulouse
Roberval, Gilles Personne de (1602-1675), Paris
Billy, Jacques de (1602-1679), Champagne
Frénicle de Bessy, Bernard (1605-1675), Paris
Wallis, John (1616-1703), Oxford
Pascal, Blaise (1623-1662), Paris
Huygens, Christiaan (1629-1695), Paris, Hollande
Leibniz, Gottfried Wilhelm (1646-1716), Hanovre
La famille Bernoulli, Bâle
Goldbach, Christian (1690-1764), Saint-Pétersbourg
Euler, Léonhard (1707-1783), Berlin, Saint-Pétersbourg
Lagrange, Louis de (1736-1813), Turin, Berlin, Paris
Legendre, Adrien-Marie (1752-1833), Paris
Gauss, Karl Friedrich (1779-1855), Göttingen
Humboldt, Alexander von (1769-1859), Prusse
Crelle, August Leopold (1780-1855), Prusse
Jacobi, Carl (1804-1851), Berlin, Konigsberg
Dirichlet, Gustav (1805-1859), Berlin, Göttingen
Kummer, Ernst Eduard (1810-1893), Breslau, Berlin
Borchardt, Carl Wilhelm (1817-1880), Berlin
Eisenstein, Ferdinand Gotthold Max (1823-1852), Heidelberg
Kronecker, Leopold (1823-1891), Berlin

te... Il s'agit, bien sûr, de se réapproprier l'héritage antique, de l'assimiler et de le comprendre, mais aussi, de plus en plus, de le critiquer et de le récrire au goût du jour. Cette source prestigieuse de problèmes n'est nullement la seule : les ingénieurs, les artilleurs, les spécialistes de la navigation et des fortifications utilisent des résultats mathématiques et parfois les développent. Un autre courant encore s'inscrit dans la tradition « cossiste » (de *cosa*, la chose, l'inconnue) que nous appellerions aujourd'hui « algébrique », héritée des Arabes et fortement implantée d'abord en Allemagne et en Italie ; les cossistes, qui donnent aussi des consultations à la communauté marchande, privilégient les méthodes efficaces présentées sous forme de problèmes concrets considérés comme exemplaires. Une tout autre forme de passion pour les nombres s'exprime dans les compilations ésotériques : on cherche dans leurs propriétés cachées les reflets des secrets magiques du monde... Avec les commentaires érudits et les manuels de toutes sortes coexistent aussi les recueils de jeux qui regorgent de devinettes numériques dissimulées sous des déguisements variables selon les modes et les publics. Dans la préface de sa *Recreation mathématique, composée de plusieurs problèmes plaisants et facetieux, en faict d'Arithmeticque, Geometrie, Mechanicque, Opticque et autres parties de ces belles sciences*, le jésuite Lerrechon affirme que « la noblesse n'étudie pas en Mathematicques pour enfler la bourse ou pour le gain qu'elle en espere, mais pour contenter son esprit, pour employer honnêtement le temps et avoir de quoy entretenir une compagnie de discours bienséants et neanmoins recreatifs ». Les *Femmes savantes* ne sont pas loin...

Plaisir du calcul astucieux et rapide, subtil déchiffrement de manuscrits anciens, divertissement ou attrait des mystères hermétiques, ce mélange ne nous étonnerait guère s'il n'avait lieu souvent dans les mêmes bibliothèques, voire à l'intérieur d'une seule tête : John Dee, versé dans l'alchimie et la « numérologie », était aussi conseiller pour les voyages d'exploration et la navigation ; Bachet de Méziriac ne se contente pas de traduire savamment Diophante : ses « Problemes plaisans et delectables qui se font par les nombres », mine de jeux de société et d'énigmes numériques publiée en 1612, seront réédités jusqu'en 1959 !

Venus d'horizons intellectuels et sociaux si différents, tiraillés entre des préoccupations si opposées, ces hommes réussissent-ils pourtant à se comprendre ? Et même, le cherchent-ils ?

Marges et réseaux

Nous avons déjà deux indications sur les échanges mathématiques, à première vue contradictoires : « La marge est trop étroite pour contenir (la démonstration) », écrit Fermat. Plutôt que de chercher quelle preuve fut ainsi ensevelie, l'historien aimerait comprendre si et pourquoi elle l'a vraiment été : quelle solitude totale, voire quel ardent solipsisme a autorisé un mathématicien à n'écrire nulle part une si « merveilleuse démonstration » ? La deuxième piste, au contraire, est l'évidence de cet exemplaire de Diophante, paru en 1621, entre les mains de Fermat : des écrits au moins sont transmis. Comment ?

Les publications au XVIIe siècle ne sont encore ni très faciles ni très répandues : il est souvent nécessaire de surveiller soi-même (ou de faire surveiller par un ami) l'édition, pour obtenir un résultat convenable, à ses propres frais ; les ouvrages de Viète ne seront édités que bien après sa mort, et les notes marginales de Fermat nous sont parvenues grâce à son fils Samuel qui réédita en 1670 l'*Arithmétique*, augmentée des fameux commentaires marginaux. Vu ces difficultés, ne sont publiés en général que des traités complets ou, bien sûr, des commentaires à une traduction... Les conditions précaires de la transmission et de l'information sont d'ailleurs couramment mises en avant dans les lettres, comme celle-ci de Fermat à Mersenne : « Je serai bien aise, lui écrit-il, d'apprendre par votre moyen les Traités ou Livres nouveaux de Mathématiques qui ont paru depuis cinq ou six ans. [...] Et je vous dirai cependant que j'ai rétabli entièrement le Traité d'Apollonius : *De locis planis*. Il y a six ans que je donnais à Monsieur Prades, que peut-être vous connaissez, la seule copie que j'en avois écrite de ma main. »

Mais nous pouvons aussi y détecter l'importance des relations personnelles, tant directes qu'épistolaires. L'absence d'une tradition unifiée des mathématiques et, en particulier, des recherches sur les nombres, indiquait déjà que le lieu où s'instruire, réfléchir, s'informer, est essentiellement un lieu privé : si les collèges jésuites, dont celui de La Flèche où Descartes fut élève, attachent de l'importance aux mathématiques, les universités françaises sont restées longtemps marginales par rapport aux courants nouveaux. C'est donc par des contacts personnels que l'on peut être informé des problèmes, voire... des livres récents. C'est probablement par des élèves de Viète, par exemple, que Fermat a eu connaissance des travaux de ce dernier et c'est par son ancien collègue au parlement de Toulouse, Carcavi, qu'il put entrer en relation avec Mersenne.

Échangeant des lettres sur toutes sortes de sujets philosophiques et scientifiques avec des correspondants répartis dans l'Europe entière et jusqu'en Turquie, Mersenne était une connaissance d'un prix inestimable. Il réunissait aussi dans son couvent des Minimes, place des Vosges, une prestigieuse compagnie incluant Gilles Personne de Roberval, les Pascal, Hobbes, Descartes et Gassendi. De telles académies fleurirent en Europe à cette époque : inspirées par leurs homologues italiennes, nées dès le XVIe siècle d'initiatives privées, dans le sillage d'un renouveau platonicien, dirigées alors contre l'Aristote de l'Église et de l'Université, ces sociétés cultivées se spécialisèrent peu à peu, certaines dans la poésie, d'autres dans l'art, d'autres encore dans l'exploration des phénomènes naturels. Suivant la personnalité de l'hôte, les réunions pouvaient s'accompagner de dîners et de concerts, de dissections ou d'observations astronomiques. En France, les plus célèbres et les plus productives par les échanges qu'elles nouèrent furent sans doute celles tenues autour de Nicolas Peiresc, des frères Dupuy, de Mersenne et plus tard de Pierre Rémond de Montmor.

Ces vastes réseaux de correspondance et les nœuds de transmission que sont les séances des académies tissent à travers le pays, et bien au-delà, la communication mathématique : les lettres sont recopiées soigneusement, réexpédiées ailleurs, parfois à grand-peine ; chargé par Frénicle d'un écrit pour Fermat, Digby ajoute à l'envoi : « Je l'ai fait copier par mon secrétaire, car vous ne l'auriez pu lire ; (Frénicle) écrit d'ordinaire sur des lambeaux de papier et si vite qu'il n'y a que lui-même qui puisse lire son écriture. » Au besoin, les interlocuteurs publieront des versions remaniées (à leur goût) des lettres reçues, dont c'est parfois de nos jours la seule trace : ainsi est composé *l'Inventum Novum*, les *Nouvelles découvertes en la science de l'analyse recueillies par le révérend père Jacques de Billy prêtre de la société de Jésus dans les diverses lettres qui lui ont été envoyées à différentes époques par Monsieur Pierre de Fermat conseiller au parlement de Toulouse*, ouvrage au titre fort explicite qui contient certains développements de Fermat sur les problèmes de Diophante.

Nous sommes donc tentés de parler ici d'une communauté en formation ; mais s'il est vrai qu'elle constitue le rêve d'un Mersenne et de quelques autres, la réalité en est un peu moins idyllique, surtout en ce qui concerne les questions numériques. En 1640, Roberval écrivait à Fermat que, pour mieux découvrir les « grands mystères » des nombres, « il faudrait être plusieurs ensemble, d'accord et sans jalousie, et desquels le génie fut naturellement porté à cette spéculation, ce qui est très difficile à rencontrer ». Le mode ordinaire des échanges, en effet, sous les protestations d'amitié et d'admiration réciproques, est celui du défi : traces d'un combat mi-sérieux, mi-ludique où l'on réclame les preuves de l'adresse d'autrui, les lettres proposent souvent des problèmes dont elles se gardent bien de dévoiler la solution : « aux plus habiles » de résoudre les

questions proposées. Un des épisodes les plus caractéristiques de cet état d'esprit est celui des « Défis aux Mathématiciens », lancés par Fermat en 1657 (dans l'espoir peut-être de trouver un interlocuteur compétent) et adressés particulièrement aux Anglais John Wallis et William Brouncker et à Frénicle. Après l'énoncé des problèmes, Fermat conclut : « J'attends la solution de ces questions : si elle n'est fournie ni par l'Angleterre ni par la Gaule belge ou celtique, elle le sera par la Narbonnaise » (c'est-à-dire par le Toulousain Fermat lui-même) : autrement dit, il ne s'agit pas en général de problèmes ouverts, sur lequels on interrogerait d'autres spécialistes, mais de devinettes sophistiquées où celui qui pose la question connaît déjà la réponse. De plus, même si dans le courant du XVIIe siècle commencent à coaguler mouvements et techniques qui caractériseront bientôt la communauté scientifique, les questions liées aux nombres n'y sont guère estimées : à Digby qui lui a transmis le défi de Fermat (et bien qu'il le résolve finalement !), Wallis écrit : « (Fermat) semble aimer singulièrement (les questions sur les nombres) ; mais j'avoue que pour mon compte du moins, elles n'ont pas un attrait si puissant que je sois porté à leur consacrer beaucoup de temps et de travail et que je ne les estime pas assez importantes pour que, négligeant les autres recherches en Géométrie qui me plaisent davantage, je me détourne vers ces spéculations sur les nombres. »
Pourquoi cette spécificité des problèmes numériques ?

Des nombres et de leur(s) puissance(s)

La note de Fermat commente un problème de Diophante sur la décomposition d'un nombre carré en somme de deux carrés, comme 25 = 16 + 9. C'est une question typique de l'*Arithmétique*, où il s'agit en général de trouver des nombres (entiers ou fractionnaires) vérifiant certaines conditions et relations, comme :
— trouver deux nombres dont la somme et le produit sont donnés ;
— trouver trois nombres tels que le produit de deux d'entre eux ajouté à un nombre donné soit un carré, etc. Pour des valeurs numériques particulières, on y propose une solution explicite, parfois accompagnée d'une procédure pour l'obtenir.
Mais d'autres types de questions sur les nombres sont débattues au XVIIe siècle : les lecteurs des livres VII, VIII et IX des *Éléments* d'Euclide ont à leur disposition la définition des nombres pairs et impairs, une étude sur la divisibilité, y compris sur les nombres premiers, c'est-à-dire sans diviseurs propres autres que 1, comme 5 ou 7, et parfaits, c'est-à-dire somme de leurs diviseurs propres, comme 6 = 1 + 2 + 3. Et chacune des traditions mathématiques dont nous avons décrit la coexistence apporte avec elle son lot de questions privilégiées, communes parfois d'ailleurs sous des déguisements variés : Fermat et Frénicle se découvrent ainsi au début de leur correspondance une passion partagée pour les carrés magiques, ces tableaux de nombres dont la somme des lignes et des colonnes est fixée : ces carrés magiques furent d'ailleurs aussi utilisés comme talismans.

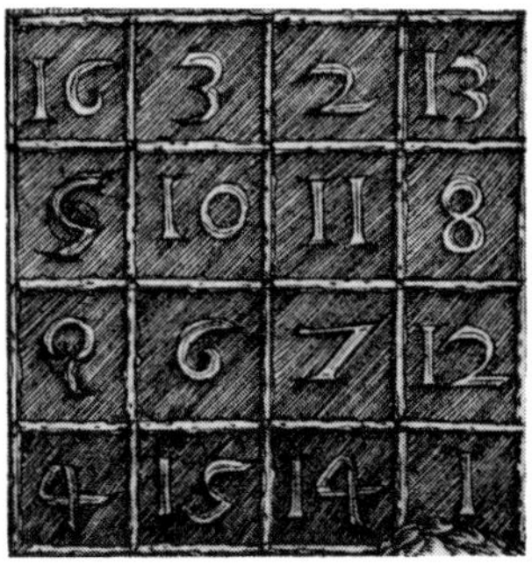

Le tableau magique. La somme des lignes, des colonnes et des diagonales vaut 34. « Je ne sais guère rien de plus beau en l'Arithmétique », écrit à leur propos Fermat à Mersenne, en 1640. (Gravure, détail de la Mélancolie, *A. Dürer, 1514 ; Bibl. nat., Paris. Ph. © Bibl. nat./Arch. Photeb.)*

Les niveaux de difficultés de ces multiples questions nous paraissent aujourd'hui bien différents, et ce n'est pas notre moindre surprise que de les trouver ainsi juxtaposées. Toute classification s'appuie évidemment sur la formulation retenue ou sur les outils utilisés pour résoudre les problèmes. Celui sur la décomposition en somme de carrés peut être placé dans une perspective algébrique : sa généralisation s'occupera alors, comme dans le commentaire de Fermat, du cas des puissances supérieures, cubes, bicarrés (puissances quatrièmes) etc. Mais il peut être aussi exprimé sous une forme tout à fait différente : d'après le théorème dit de Pythagore, la relation $a^2 = b^2 + c^2$ définit un triangle rectangle de côtés a, b et c (a en est l'hypoténuse) ; on s'intéressera alors à des triangles vérifiant des propriétés

Les parties aliquotes

Au XVIIe siècle, les « parties aliquotes » sont les diviseurs propres d'un nombre entier. Un nombre est dit « parfait » s'il est la somme de ses parties aliquotes (par exemple $6 = 1 + 2 + 3$), « sous-multiple » s'il la divise (en général avec un rapport fixé comme 2, 3, 5). Deux nombres sont dits « amicaux » si chacun est la somme des parties aliquotes de l'autre (par exemple 220 et 284, puisque $220 = 1 + 2 + 4 + 71 + 142$ et $284 = 1 + 2 + 4 + 5 + 10 + 11 + 20 + 22 + 44 + 55 + 110$).

Dans les *Éléments* d'Euclide, on trouve déjà une preuve de ce que tout nombre de la forme $2^n (2^{n+1} - 1)$ est parfait à condition que le terme $2^{n+1} - 1$ soit un nombre premier, ainsi $6 = 2\times3 = 2\times(4-1)$. Au XVIIe siècle et même avant, on sait que les nombres $2^{n+1}(18\times2^{2n} - 1)$ et $2^{n+1}(3\times2^{2n}-1)$ $(6\times2^{2n}-1)$ sont amicaux à condition que tous les termes entre parenthèses soient des nombres premiers : pour $n=3$, on trouve par exemple la paire $18\,416=2^4(18\times2^6-1)$ et $17\,296=2^4\times23\times47$.
Si $n=p^r$, p étant un nombre premier, les diviseurs propres de n sont $1, p, p^2.., p^{r-1}$ donc la somme des parties aliquotes de n est $1+p+..+p^{r-1}$; puisque $(p-1)(1+p+...+p^{r-1}) = p^r-1$, on comprend que l'étude des parties aliquotes conduise à celle des diviseurs de nombres de la forme a^r-1. Fermat énonce sa « proposition fondamentale des parties aliquotes » : si q est premier et a quelconque, q divise forcément l'un des nombres $a-1$, a^2-1, a^3-1n etc. pour lequel r divise $q-1$; q divise alors aussi a^R-1 pour tout multiple R du plus petit r possible. Ainsi, pour $a=2$ et $q=7$: 7 divise 2^3-1, $r=3$ divise bien $q-1=7-1=6$; de plus $q=7$ divise tous les 2^R-1, R étant multiple de $r=3$, comme $2^6-1=63$, $2^9-1=511$ ... Un diviseur q de $2^{37}-1=137\,438\,953\,471$ doit être tel que 37 divise $q-1$: le premier candidat à essayer est donc 149 (qui ne marche pas), le second 223 (qui marche !) : cette proposition permet ainsi d'économiser beaucoup de temps et de calculs pour tester les diviseurs éventuels de nombre a^r-1, donc chercher des nombres parfaits, amicaux,...

Fermat s'est aussi intéressé aux diviseurs de a^r+1, conjecturant à plusieurs reprises que $2^{2^r}+1$ est toujours premier comme 3, 5, 17, 257. Malheureusement pour lui, $2^{2^5}+1$ est divisible par 641 : on peut arriver à le montrer par une variante simple de la méthode décrite ci-dessus, mais il semble que Fermat ait fait une erreur de calcul... Fait ô combien éclairant sur l'état de la discipline, cette erreur ne fut décelée que par Euler, un siècle plus tard.

particulières, dont l'aire ajoutée à une perpendiculaire est un carré et le périmètre un cube, ou dont l'aire soit en proportion donnée de celle d'un autre triangle. En l'absence d'une initiation commune aux nouvelles méthodes algébriques, c'est souvent cet ancien habillage qui prévaut. Frénicle, qui a rédigé un *Traité des triangles rectangles* et dont le rôle d'interlocuteur de Fermat est loin d'être négligeable, connaît mal, voire pas du tout, les techniques algébriques ; elles seront donc évacuées dans la correspondance des deux hommes. La discordance des formations est encore plus frappante dans le cas d'un autre interlocuteur de Fermat, le père Jacques de Billy : des erreurs parsèment son ouvrage mentionné plus haut et rédigé « d'après » les lettres de Fermat : la maîtrise des techniques en jeu y est incertaine et Billy semble souvent entasser des variantes anodines du même procédé sans en élucider les principes.
Conformément aux traditions dont les problèmes sont issus, les solutions sont proposées presque toujours sous une forme purement numérique : les démonstrations sont encore l'apanage de la géométrie. Pour les nombres, on procède ordinairement par *induction*, c'est-à-dire en étudiant et calculant exemple après exemple ; un énoncé plus général les accompagne souvent, mais sans justification supplémentaire : la preuve de la compétence de l'auteur résidera dans sa faculté de trouver toutes les réponses *numériques* qu'on lui demandera et, plus spécialement, d'en trouver des énormes. A propos du nombre de compositions possibles d'un carré magique de dimension donnée, Fermat écrit à Mersenne : « Pour vous montrer jusqu'où va la connaissance que j'en ai, le quarré de 8 qui est 64 se peut disposer en autant de façons différentes qu'il y a d'unités en ce nombre : 1 004 144 995 344, ce qui sans doute vous effraiera puisque Bachet et les autres que j'ai vus n'en donnent qu'une seule. » Et de même, pour convaincre un interlocuteur sceptique qu'il possède un résultat général l'aidant à fabriquer des nombres sous-multiples, il précise : « [...] Ayant

depuis fort longtemps trouvé et envoyé les propositions des deux nombres 17 296 et 18 416, il fallait par nécessité que j'eusse passé par la proposition. »

La spécificité de ces questions numériques, c'est donc que, contrairement aux problèmes géométriques, il paraît encore suffisant d'en exhiber une solution particulière, ou au mieux une recette, pour convaincre : comme le dit Descartes, en écho de Fermat : « Je n'ay que faire d'aiouster la démonstration de cecy » (c'est une question numérique) « car j'épargne le tems et en matière de problèmes, c'est assez d'en donner le facit puis ceux qui l'on proposé peuvent examiner s'il est bien résolu ou non. » « J'épargne le tems » nous rappelle cette marge trop étroite pour y recevoir une démonstration ; le leitmotiv du manque de temps, d'espace, de disponibilité traverse les échanges du XVIIe siècle et nous avons déjà évoqué les conditions matérielles dont il était la trace ; il justifie un mode d'expression plus lâche, moins détaillé et précis que ne l'exigerait, en principe, la rédaction d'un ouvrage ; il justifie surtout qu'on puisse se contenter d'exemples, puisque ceux-ci suffisent à résoudre le problème donné vu les termes mêmes dans lesquels il est posé : « trouver des nombres tels que ... ».

L'émulation entre correspondants, les « défis » renforcent cette tendance qui leur est d'ailleurs parfaitement adaptée : on choisit pour l'adversaire potentiel les données numériques les plus extravagantes qui le mettront dans l'embarras.

L'un des problèmes soumis par Fermat à ses interlocuteurs en 1657 consiste à trouver des entiers x et y tels que $x^2 - Ny^2 = 1$, pour un entier N fixé. A Frénicle est suggérée particulièrement l'étude de N=61 et N=109, « pour ne pas (lui) donner trop de peine ». Ce sont justement des cas où les solutions les plus petites ont plus de neuf chiffres...

En échange, cet aspect spécifique du domaine rebute ceux qui s'intéressent à des études apparemment plus générales, « non pas, écrit Descartes, que les questions liées à l'Arithmétique soient plus difficiles que celles de Géométrie, mais pour ce qu'elles peuvent quelquefois mieux estre trouvées par un homme laborieux qui examinera opiniâtrement la suite des nombres que par l'adresse du plus grand esprit qui puisse estre. » Cercle vicieux donc, où le type de questions et de réponses attendues repousse justement ceux qui auraient les moyens d'en changer la nature...

Reprenons le cas de notre note favorite : « Il n'est pas possible de partager un cube en deux autres cubes ou un bicarré en deux autres bicarrés, ou en général une puissance quelconque supérieure au carré en deux puissances de même degré. »

Puisqu'elle est présentée sous forme négative, il est exclu d'apporter une réponse numérique au problème qu'elle soulève.

Nulle part ailleurs dans la correspondance de Fermat n'est mentionné le cas général et il est donc raisonnable de lire dans cette note un exemple supplémentaire de ces extrapolations hâtives que l'absence de rédactions détaillées ou de discussions serrées autorise. Mais le cas des cubes et des bicarrés est répété à plusieurs reprises et nous possédons au moins le principe d'une démonstration : Fermat l'appelle « la descente infinie ». Admettant qu'il existe une solution au problème, on peut réussir par différentes manipulations algébriques à en déduire une autre solution, mais strictement plus petite : or il ne peut exister de suite infiniment décroissante d'entiers. L'hypothèse de départ est donc fausse et le problème n'a pas de solutions, ce qu'on voulait prouver. Si le principe s'énonce assez facilement, sa mise en œuvre n'est pas toujours immédiate : or c'est justement celle-ci que Fermat évite d'expliciter davantage :

« Je n'ajoute pas la raison que j'infère (qu'il y aurait une solution plus petite) parce que le discours en serait trop long et que c'est là tout le secret de ma méthode. Je serai bien aise que les Pascal et les Roberval et tant d'autres savants la cherchent sur mon indication. »

Même lorsque la forme de la question semble s'y prêter le moins, nous la retrouvons soumise aux conditions ordinaires de la pratique arithméticienne du XVIIe siècle. Plus encore, la réaction des correspondants de Fermat n'est guère encourageante : procédant par tables d'exemples, ils sont désorientés par ces propositions « négatives », ne s'y intéressent guère, voire, dans certains cas, s'en plaignent ouvertement.

La descente infinie

Deux propriétés simples des entiers sont nécessaires : d'abord, le fait que tout entier se décompose de façon unique en produit de nombres premiers indécomposables, par exemple $28=2\times2\times7$. La conséquence fondamentale que nous utiliserons est que si deux nombres n'ont pas de diviseurs communs et si leur produit est un carré, chacun d'eux est un carré. L'autre fait est qu'il ne peut exister de suite d'entiers strictement décroissante. Nous allons maintenant montrer, par « descente infinie », qu'il n'existe pas de carrés somme de deux bicarrés, c'est-à-dire d'entiers x, y et z avec $z^2 = x^4 + y^4$. Cela montre *a fortiori* qu'un bicarré n'est pas somme de deux bicarrés, ce qui est un cas du « théorème » de Fermat.
Dire que $x^4 + y^4 = (x^2)^2 + (y^2)^2 = z^2$, c'est dire exactement que x^2, y^2 et z sont trois côtés d'un triangle rectangle (z étant l'hypoténuse) dont les deux petits côtés sont des nombres carrés. Pour simplifier nos notations, nous ne chercherons que les solutions telles que x, y et z soient premiers entre eux.
Nous aurons besoin de la caractérisation des nombres (a, b, c), premiers entre eux et formant un triangle rectangle, c'est-à-dire tels que $a^2 + b^2 = c^2$. Connue bien avant le XVIIᵉ siècle, celle-ci énonce que l'un des nombres b ou a exactement est pair et qu'il est possible d'écrire a, b et c sous la forme : $a = p^2 - q^2$, $b = 2pq$, $c = p^2 + q^2$ (ou bien $a = 2pq$, $b = p^2 - q^2$, $c = p^2 + q^2$), si b (ou bien a) est pair. Les nombres entiers p et q sont appelés des nombres générateurs du « triangle en nombres » (a, b, c) ; ils sont premiers entre eux et l'un des deux exactement est pair. Donnons un exemple : $a = 3$, $b = 4$ et $c = 5$ sont premiers entre eux et forment un triangle rectangle, puisque $3^2 + 4^2 = 5^2$. Or, $a = 3 = 4 - 1 = 2^2 - 1^2$, $b = 2 \times 2 \times 1$ et $c = 4 + 1 = 2^2 + 1^2$, c'est-à-dire la forme prescrite avec $p = 2$ et $q = 1$.
Nous allons maintenant procéder en étapes successives : nous supposerons au départ que $x^4 + y^4 = (x^2)^2 + (y^2)^2 = z^2$ et, à chaque pas, nous construirons un nouveau triangle rectangle, plus petit que le précédent.
1ère étape : nous pouvons écrire x^2, y^2 et z sous une des formes caractéristiques données ci-dessus, par exemple : $a = x^2 = p^2 - q^2$, $b = y^2 = 2pq$, $c = z = p^2 + q^2$, avec p impair et q pair, premiers entre eux (la preuve serait analogue dans les autres cas, si q était impair et p pair, par exemple). Nous avons donc un nouveau triangle rectangle (x, q, p) puisque $x^2 + q^2 = p^2$. D'autre part, puisque p et $2q$ sont premiers entre eux et que leur produit $2pq$ est un carré y^2, chacun d'eux est un carré, donc $p = z'^2$ et $2q = u^2 = (2u')^2$ ($2q$ étant pair ne peut être que le carré d'un nombre pair).
2ᵉ étape : nous appliquons les formules de caractérisation à notre nouveau triangle rectangle (x, q, p), soit $x = p'^2 - q'^2$, $q = 2p'q'$, $p = z'^2 = p'^2 + q'^2$, avec p' et q' premiers entre eux. Nous avons ainsi un troisième triangle rectangle (p', q', z'). Or, le produit des deux nombres p' et q' est $q/2 = u'^2$, un carré, donc p' et q' sont des carrés. Nous venons donc de trouver un nouveau triangle rectangle dont les petits côtés sont des carrés, c'est-à-dire une nouvelle solution à notre problème de départ : cette solution est strictement plus petite que celle dont nous sommes partis.
Nous pouvons alors recommencer ! Autrement dit, s'il existait une solution, nous aurions trouvé un moyen d'en construire d'autres, entières, mais de plus en plus petites, à l'infini ; c'est impossible, comme nous l'avons dit au début, donc il ne peut exister de solution de départ pour amorcer le processus. Ceci achève cette preuve, où nous voyons comment l'utilisation de propriétés spécifiques aux entiers coordonne les manipulations algébriques.

Mélange bouillonnant peut-être, mais sans harmonie, discordance des visions et des approches, que soulignent et affirment les lacunes des démonstrations ou les aléas, matériels et intellectuels, des communications : comment tout cela s'est-il transformé deux siècles plus tard ?

L'Homo faber

Des hommes et une théorie des nombres au quotidien

Notre point de départ, cette fois, est l'article fameux d'un universitaire couronné par l'Académie des sciences : s'il fallait chercher dans leurs lettres ou les marges de leurs livres des traces fugitives des amateurs de nombres au XVIIᵉ siècle, c'est très ouvertement qu'on publie sur ce sujet dans le *Journal für die Reine und Angewandte Mathematik* dès la première moitié du XIXᵉ siècle : près de cent cinquante notes, articles, textes de problèmes ou rapports figurent dans la rubrique « Théorie des nombres » de la table des matières récapitulative des cinquante premiers numéros.
Nous avons quitté un « conseiller au parlement de Toulouse », des seigneurs, des diplomates, voici qu'une monotone répétition aligne ici les auteurs au fil des numéros : *privatdozent* à l'université de Berlin, professeur à l'université de Breslau, professeur de mathématiques à Halle, Braunschweig, Brandebourg,

Privatdozent : chargé de cours à l'intérieur des universités allemandes, rémunéré à l'époque par les étudiants.

Paris, Oxford, professeur au Polytechnicum Institut de Karlsruhe, etc. C'est dans un milieu clos que l'on recrute les auteurs : les rares qui n'ont pas de postes universitaires soit comme professeur, soit comme *privatdozent*, ont en général au moins le titre de docteur, qui suppose une formation universitaire, ou enseignent dans les lycées : selon les règles alors en vigueur, ils ont aussi suivi des cours dans des établissements supérieurs.

L'auteur de l'article mentionné au début de ce chapitre, Ernst Eduard Kummer, a de ce point de vue un parcours exemplaire : entré à l'université pour étudier la théologie, il s'oriente finalement vers les mathématiques, qui, écrit-il à sa mère, « lui assureront de quoi vivre ». Il enseigne d'abord au lycée de Liegnitz tout en écrivant des articles de mathématiques ; membre de l'Académie des sciences de Berlin en 1839, il est nommé professeur à Breslau, en 1842, puis à Berlin : il travaille sur la théorie des nombres durant toute cette période, obtenant, entre autres, les résultats déjà évoqués sur les propositions de Fermat. Correspondant de plusieurs académies des sciences européennes, il devient aussi recteur de son université, anime des cours et un séminaire de recherches (le premier en mathématiques créé à Berlin), est premier examinateur dans le jury de thèse de trente-neuf étudiants dont dix-sept obtiendront des postes universitaires : parmi eux figurent Immanuel Lazarus Fuchs, Leopold Kronecker, Paul Bachman, qui, eux aussi, publient dans le *Journal für die Reine und Angewandte Mathematik*... Ce sont donc des filiations de chercheurs-enseignants qui s'instaurent, occupant tout autant les pages du journal que les postes disponibles dans les universités.

Ernst Eduard Kummer, recteur de l'université de Berlin.
« Les mathématiques lui assur(èr)ent de quoi vivre. »
(Héliogravure, v. 1890.
Ph. © Bildarchiv Preussischer Kulturbesitz, Berlin.)

Tout cela demande, on s'en doute, énergie, patience et travail ; dans le seul numéro XL du journal paraissent trois articles de Kummer totalisant plus de quarante pages de grande taille ! Ces qualités sont d'ailleurs nettement valorisées. En 1846, Kummer écrit à Kronecker : « Notre littérature mathématique se compose comme vous savez de traités, des plus petits et des plus grands. C'est pourquoi je voudrais vous donner cet amical conseil de maître : dès le début, poursuivez vos études mathématiques de façon à produire des traités, c'est-à-dire que vous devez travailler certaines matières jusqu'à les polir suffisamment, de sorte que même si elles offrent, de différents points de vue, matière à progrès, elles puissent quand même constituer telles quelles un tout achevé. » Le mathématicien Richard Dedekind, quant à lui, parle de sa propre *aurea mediocritas*, dont la force, ajoute-t-il, ne réside que dans une persévérance obstinée.

Recherche et enseignement apparaissent ici plus étroitement liés, le second fournissant au passage de nouvelles recrues à la première ; tâches bien diverses que d'assister à une réunion administrative, de lire un article, de chercher un nouveau résultat, de donner un cours, mais elles contribuent toutes à maintenir ou à améliorer l'organisme qui les génère... Les universités sont au cœur de la recherche mathématique, la création, en 1810, de l'université de Berlin venant témoigner de l'importance nouvelle qui leur est accordée en Prusse, en liaison avec d'autres réformes du système éducatif. Gustav Dirichlet fait partie de la dernière génération à voyager jusqu'à Paris parce qu'il est impossible d'apprendre en Allemagne les mathématiques de pointe. Après lui (et, en partie, grâce à lui !), les étudiants trouveront, sinon partout, du moins à Berlin ou à Göttingen, les cours de base, les explications, les figures modèles qui les initieront aux méthodes les plus nouvelles. Traces perceptibles de cette activité de formation, les textes de cours sont, à côté des courtes notes dans les journaux spécialisés, l'autre versant de l'écriture mathématique : les *Vorlesungen über die Zahlentheorie* de Dirichlet et Dedekind paraissent en 1863, et bien avant des cours entiers sur la théorie des nombres avancée sont proposés à Berlin. Ce rassemblement quotidien des forces mathématiques aux mêmes lieux unifient, bien sûr, les problèmes abordés : on s'abreuve aux mêmes sources, Euler, Lagrange et les mathématiciens de l'école française (considérée alors comme la meilleure du monde), et surtout Gauss, qui a publié, en 1801, ses *Disquisitiones Arithmeticae*, bible de la théorie des nombres au XIXe siècle. Le nom de Gauss hante les articles sur le sujet, qui précisent ou généralisent ses travaux, reprennent ses notations et ses problématiques. La fonction unificatrice de cette formation est aussi une fonction normative ; une culture commune y naît, avec son langage et ses règles. Les hommes qui composent cette communauté, nous les connaissons maintenant ; mais comment interagissent-ils ?

Du journal de Crelle à l'Académie des sciences

Le premier journal important, consacré exclusivement aux mathématiques, est publié par le mathématicien Joseph Gergonne, à Montpellier, au tout début du XIXe siècle ; ce sont les *Annales de mathématiques pures et appliquées* qui disparaissent d'ailleurs assez rapidement, mais constituent la référence explicite pour les journaux mathématiques postérieurs, celui de Joseph de Liouville en France, celui de Crelle en Allemagne, dont les noms sont d'ailleurs la traduction exacte l'un de l'autre : *Journal de mathématiques pures et appliquées.*

August Leopold Crelle, formé comme ingénieur, servit dans l'administration prussienne ; plus ou moins autodidacte en mathématiques, il passa finalement un doctorat à Heidelberg et travailla, dès 1828, au ministère de l'Éducation comme spécialiste des mathématiques et surtout de leur enseignement. Dans l'avant-propos du premier numéro de son journal, paru en décembre 1825, Crelle explique que les mathématiques sont aimées en Allemagne et qu'il est nécessaire de répondre à la demande d'un public intéressé en rendant accessibles à tous les travaux récents dans le domaine, « indépendamment de toutes mode, autorité, école » ; y figureront même, si besoin est, des traductions en allemand et des commentaires d'autres articles. Corrigeant au moins la présentation de certains textes, recrutant à la fois des mathématiciens pour les universités et des collaborateurs pour son journal, admettant côte à côte des articles de différents auteurs sur le même sujet, Crelle offre ainsi un lieu où neutraliser et rendre publiques en même temps les éventuelles controverses entre mathématiciens sur les méthodes et les priorités, et contribue grandement à la constitution d'un domaine plus régulé et mieux unifié.

Bien entendu, les échanges de lettres entre spécialistes ou proches continuent, nous en avons vu un exemple à propos de Kummer et de Kronecker. Mais le journal, si faible que soit sa diffusion, table sur l'existence de lecteurs anonymes, et pourtant capables de comprendre les articles publiés : de péremptoires « il est bien connu que » et des notations non définies témoignent d'un endroit implicite, l'université peut-être, où sont fournies les connaissances nécessaires. Tout savoir, bien sûr, opacifie ce qu'il dit pour qui n'en possède pas les clés ; Fermat, dans sa correspondance, usait lui aussi de raccourcis et d'allusions ; mais il connaissait personnellement ses interlocuteurs et les limites de leurs connaissances. Au XIXe siècle une communauté, au moins potentiellement, existe et se distingue justement à ce que ses membres peuvent lire et/ou publier dans ce journal : ce nœud d'information, comme tout autre, marque les limites d'un monde où entrent à la fois une conception des mathématiques et les moyens de la dire, voire de la vivre. Les changements dans l'organisation scientifique pourront tout aussi bien se mesurer au pourcentage croissant des universitaires qu'à celui des publications dans des journaux scientifiques spécialisés. Les divers recrutements, les places disponibles à Berlin ou chez Crelle, tissent ensemble, et les uns par les autres, les lieux communs de l'activité mathématique. La publication de l'article de Kummer est donc un événement banal et significatif tout à la fois de la vie quotidienne de celui-ci. Et la récompense académique ? Elle a une longue et instructive histoire dont nous empruntons le récit à l'historien Harold Edwards.

Tout commence loin de l'Allemagne, à une séance de l'Académie des sciences de Paris : un mathématicien, Gabriel Lamé, annonce qu'il possède une démonstration générale de la proposition de Fermat. Rappelons qu'il s'agit de prouver l'impossibilité, pour des entiers x, y, z, de vérifier une relation du type $x^n + y^n = z^n$, sauf si $n = 2$ ou si l'un des entiers est nul. La méthode de la descente infinie permet de résoudre les cas $n = 3$ et $n = 4$; des démonstrations compliquées et/ou partielles avaient été obtenues pour d'autres puissances, mais on semblait loin du cas général. Dans sa présentation, Lamé affirme s'être servi d'idées de Lagrange et de Gauss, et reconnaît l'apport essentiel d'une conversation avec Liouville : nous noterons au passage que les références aux autres collègues, loin de ternir le mérite de celui qui les fait, concourent désormais à l'assurance d'un accueil favorable ! Malheureusement pour Lamé, Liouville lui-même décline l'offrande, renvoyant à d'autres illustres prédécesseurs l'origine de sa modeste contribution ; il est, à juste titre, inquiet de plusieurs généralisations fort hâtives dans le travail de Lamé. Celui-ci, nous reviendrons plus en détail sur ce point, étendait à d'autres sortes de nombres les propriétés usuelles des entiers, la divisibilité, la décomposition en facteurs premiers, etc. Gauss avait bien suivi une démarche analogue dans un cas particulier, mais en justifiant soigneusement la validité de ces propriétés, à chaque étape. Par imprudence, Lamé ne se serait-il pas engagé sur un terrain friable ?

A la même séance de l'Académie, décidément très mouvementée, un autre intervenant prend la parole, c'est Augustin-Louis Cauchy : il rappelle qu'il a déjà parlé sur ce thème plusieurs mois auparavant ; il n'a pas eu le temps de développer complètement ses idées, mais cela ne tardera guère... Et de fait, les mois suivants sont, du côté français, pleins d'une fébrile activité : qui complétera la démonstration ?

C'est alors que Liouville reçoit d'Allemagne une lettre de Kummer ; celui-ci, mis probablement au courant de la situation par Dirichlet, y tranche *par la négative* la question litigieuse des travaux de Lamé ; non, les propriétés des entiers ne s'étendent pas si aisément. Mais, dans la même lettre, Kummer annonce aussi deux articles, l'un à paraître prochainement, où ce problème serait résolu grâce à l'introduction d'une nouvelle sorte de nombres, appelés par Kummer « nombres idéaux », l'autre (ce sera celui de 1850) sur les applications de cette nouvelle théorie à la question originelle soulevée par Fermat.

L'histoire pourrait bien finir ici ; tous les ingrédients y sont pour en faire un conte éternel, la victoire du bon, à tous points de vue (Kummer), sur la brute (Lamé) et le truand (Cauchy). Le tout sous l'œil du sage (Liouville). Tous les ingrédients y sont aussi pour mettre en valeur le fonctionnement d'un milieu professionnel : des problèmes puisés aux mêmes sources, jugés essentiels au même moment ; des séances publiques locales pour annoncer, confirmer, échanger, réguler ces recherches individuelles ; des contacts avec d'autres écoles et d'autres pays pour stimuler et contrôler l'activité nationale ; des journaux bien sûr, lieux de compromis et de paix, dont la lettre que Liouville écrivit pour accompagner dans son journal un article de Kummer est un modèle. Cauchy, même s'il continue par ailleurs à protester de la valeur de son propre travail sur cette question, résume fort bien l'idéal du mathématicien : « Si Monsieur Kummer a fait faire à la question quelques pas de plus, si même il avait levé tous les obstacles, j'applaudirais le premier au succès de ses efforts, car ce que nous devons surtout désirer, c'est que les travaux de tous les amis de la science concourent à faire connaître et à propager la vérité. »

L'histoire, qui ne finit pas là, est encore plus exemplaire.

En 1850, l'Académie des sciences de Paris se décida à offrir un prix pour une démonstration complète du « théorème » de Fermat ; Kummer, en effet, n'avait réussi à l'établir que pour des entiers n vérifiant certaines hypothèses techniques (en particulier pour n jusqu'à 100 sauf 37, 59, 67, 74). Sept ans plus tard, aucune solution satisfaisante n'étant parvenue à l'Académie, on envisagea de donner le prix à Kummer; le comité formé pour étudier le dossier comprenait... Cauchy et Lamé. Le premier émit des réserves sur certains détails de la preuve de Kummer: après quelques flottements et des échanges de lettres orchestrés, une fois encore, par Dirichlet, tout fut sauvé par un nouvel article de Kummer, toujours dans le *Journal für die Reine und Angewandte Mathematik*, publié en 1857, qui comblait toutes les lacunes éventuelles du premier article, mais par un chemin très différent. Exemple caractéristique du type de pressions qui sont exercées pour précipiter les publications, de contrôles qui sont mis en place dès qu'un résultat jugé important est en jeu. Voilà que ceux liés aux nombres le sont devenus: le domaine lui-même en porte-t-il des traces?

La loi des nombres

Pour le savoir, encore faut-il réussir à en apprivoiser déjà la forme. Nous avons évoqué la relecture permanente du passé, qui fournit l'aliment quotidien du travail arithmétique: celle-ci l'ensevelit en même temps sous les notations nouvelles qui traduisent les manières nouvelles de l'aborder. Au XVIIe siècle, on cherchait les diviseurs premiers de a^r-1 : pour un tel nombre premier q, le reste de la division de a^r par q est donc 1. L'accent porté sur les restes des divisions se traduit par la notation, due à Gauss, ≡ : on dit que deux entiers a et b sont congrus modulo l'entier q (et on note: $a \equiv b$ (mod q) si a et b ont même reste quand ils sont divisés par q. La «proposition fondamentale des parties aliquotes» (cf. p. 281), c'est-à-dire le fait que tout premier q divise l'un des nombres a^r-1 pour un r convenable (diviseur de q-1) s'écrit alors: $a^r \equiv 1$ mod q,

Des mathématiques... S'agit-il vraiment du même problème? A gauche, l'observation marginale de Fermat reproduite dans l'édition de Diophante que publia son fils; à droite, un extrait de l'article de Kummer. (A gauche, in Diophanti Alexandrini Arithmeticorum libri..., *1670; Bibl. nat., Paris. Ph. © Bibl. nat./Photeb. A droite, in* Journal de Mathématiques de Crelle, *1850; Bibliothèque nationale, Paris. Ph. © Arch. Photeb.)*

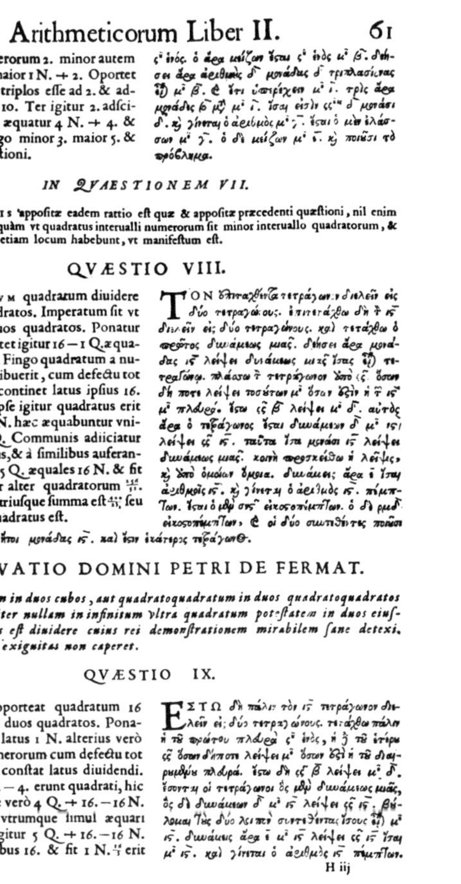

Arithmeticorum Liber II. 61

interuallum numerorum 2. minor autem 1 N. atque ideo maior 1 N. + 2. Oportet itaque 4 N. + 4. triplos esse ad 2. & adhuc superaddere 10. Ter igitur 2. adscitis vnitatibus 10. æquatur 4 N. + 4. & fit 1 N. 3. Erit ergo minor 3. maior 5. & satisfaciunt quæstioni.

IN QVAESTIONEM VII.

CONDITIONIS appositæ eadem rattio est quæ & appositæ præcedenti quæstioni, nil enim aliud requirit quàm vt quadratus interualli numerorum sit minor interuallo quadratorum, & Canones iidem hîc etiam locum habebunt, vt manifestum est.

QVÆSTIO VIII.

PROPOSITVM quadratum diuidere in duos quadratos. Imperatum sit vt 16. diuidatur in duos quadratos. Ponatur primus 1 Q. Oportet igitur 16 − 1 Q. æquales esse quadrato. Fingo quadratum a numeris quotquot libuerit, cum defectu tot vnitatum quod continet latus ipsius 16. esto à 2 N. − 4. ipse igitur quadratus erit 4 Q. + 16. − 16 N. hæc æquabuntur vnitatibus 16 − 1 Q. Communis adiiciatur vtrimque defectus, & à similibus auferantur similia, fient 5 Q. æquales 16 N. & fit 1 N. 16/5. Erit igitur alter quadratorum 256/25. alter verò 144/25. & vtriusque summa est 400/25. seu 16. & vterque quadratus est.

OBSERVATIO DOMINI PETRI DE FERMAT.

Cubum autem in duos cubos, aut quadratoquadratum in duos quadratoquadratos & generaliter nullam in infinitum vltra quadratum potestatem in duos eiusdem nominis fas est diuidere cuius rei demonstrationem mirabilem sane detexi. Hanc marginis exiguitas non caperet.

QVÆSTIO IX.

RVRSVS oporteat quadratum 16 diuidere in duos quadratos. Ponatur rursus primi latus 1 N. alterius verò quotcunque numerorum cum defectu tot vnitatum, quot constat latus diuidendi. Esto itaque 2 N. − 4. erunt quadrati, hic quidem 1 Q. ille verò 4 Q. + 16. − 16 N. Cæterum volo vtrumque simul æquari vnitatibus 16. Igitur 5 Q. + 16. − 16 N. æquatur vnitatibus 16. & fit 1 N. 16/5 erit

H iij

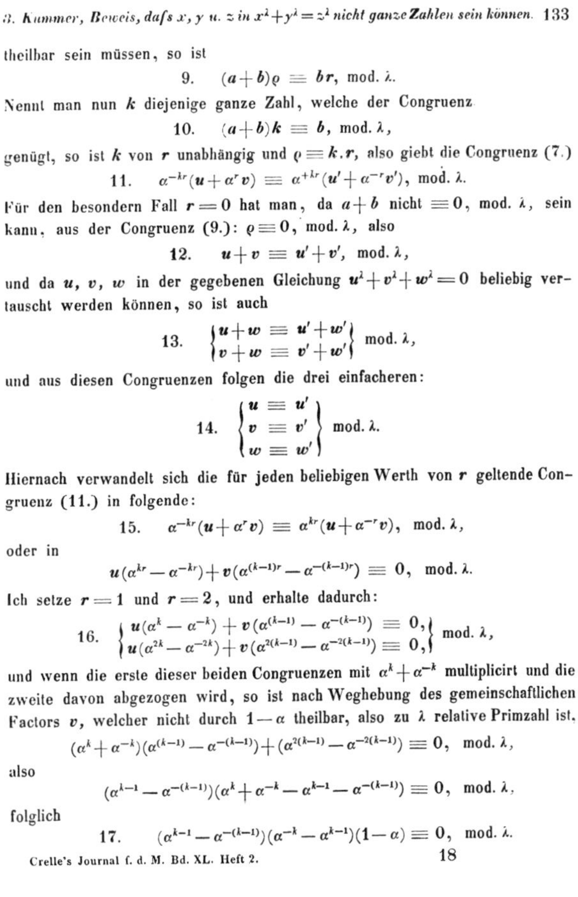

3. Kummer, Beweis, dafs x, y u. z in $x^\lambda+y^\lambda=z^\lambda$ nicht ganze Zahlen sein können. 133

theilbar sein müssen, so ist

$$9.\quad (a+b)\varrho \equiv br,\ \text{mod.}\ \lambda.$$

Nennt man nun k diejenige ganze Zahl, welche der Congruenz

$$10.\quad (a+b)k \equiv b,\ \text{mod.}\ \lambda,$$

genügt, so ist k von r unabhängig und $\varrho \equiv k.r$, also giebt die Congruenz (7.)

$$11.\quad \alpha^{-kr}(u+\alpha^r v) \equiv \alpha^{+kr}(u'+\alpha^{-r}v'),\ \text{mod.}\ \lambda.$$

Für den besondern Fall $r=0$ hat man, da $a+b$ nicht $\equiv 0$, mod. λ, sein kann, aus der Congruenz (9.): $\varrho \equiv 0$, mod. λ, also

$$12.\quad u+v \equiv u'+v',\ \text{mod.}\ \lambda,$$

und da u, v, w in der gegebenen Gleichung $u^\lambda+v^\lambda+w^\lambda=0$ beliebig vertauscht werden können, so ist auch

$$13.\quad \left.\begin{cases} u+w \equiv u'+w' \\ v+w \equiv v'+w' \end{cases}\right\}\ \text{mod.}\ \lambda,$$

und aus diesen Congruenzen folgen die drei einfacheren:

$$14.\quad \left.\begin{cases} u \equiv u' \\ v \equiv v' \\ w \equiv w' \end{cases}\right\}\ \text{mod.}\ \lambda.$$

Hiernach verwandelt sich die für jeden beliebigen Werth von r geltende Congruenz (11.) in folgende:

$$15.\quad \alpha^{-kr}(u+\alpha^r v) \equiv \alpha^{kr}(u+\alpha^{-r}v),\ \text{mod.}\ \lambda,$$

oder in

$$u(\alpha^{kr}-\alpha^{-kr})+v(\alpha^{(k-1)r}-\alpha^{-(k-1)r}) \equiv 0,\ \text{mod.}\ \lambda.$$

Ich setze $r=1$ und $r=2$, und erhalte dadurch:

$$16.\quad \left.\begin{cases} u(\alpha^k-\alpha^{-k})+v(\alpha^{(k-1)}-\alpha^{-(k-1)}) \equiv 0, \\ u(\alpha^{2k}-\alpha^{-2k})+v(\alpha^{2(k-1)}-\alpha^{-2(k-1)}) \equiv 0, \end{cases}\right\}\ \text{mod.}\ \lambda,$$

und wenn die erste dieser beiden Congruenzen mit $\alpha^k+\alpha^{-k}$ multiplicirt und die zweite davon abgezogen wird, so ist nach Weghebung des gemeinschaftlichen Factors v, welcher nicht durch $1-\alpha$ theilbar, also zu λ relative Primzahl ist,

$$(\alpha^k+\alpha^{-k})(\alpha^{(k-1)}-\alpha^{-(k-1)})+(\alpha^{2(k-1)}-\alpha^{-2(k-1)}) \equiv 0,\ \text{mod.}\ \lambda,$$

also

$$(\alpha^{k-1}-\alpha^{-(k-1)})(\alpha^k+\alpha^{-k}-\alpha^{k-1}-\alpha^{-(k-1)}) \equiv 0,\ \text{mod.}\ \lambda,$$

folglich

$$17.\quad (\alpha^{k-1}-\alpha^{-(k-1)})(\alpha^{-k}-\alpha^{k-1})(1-\alpha) \equiv 0,\ \text{mod.}\ \lambda.$$

Crelle's Journal f. d. M. Bd. XL. Heft 2. 18

pour un r tel que $q \equiv 1 \mod r$. Les restes (donc les congruences) s'additionnent et se multiplient entre eux, facilitant ainsi la recherche du plus petit r possible : $25 \equiv 4 \mod 7$, donc $25^5 \equiv 4^5 \mod 7$, le calcul de 25^5 est inutile ! On énonce aussi des résultats analogues pour des modules q qui ne sont plus nécessairement premiers. De nombreuses tables numériques sur ces thèmes pour différentes valeurs de q paraissent d'ailleurs dans le journal de Crelle, dont plusieurs sont dues à son fondateur même : ces tables numériques servent de réservoir d'exemples où puiser, à la recherche de propriétés à démontrer. Si le discours est moins immédiatement déchiffrable peut-être, l'activité inductive, le calcul de cas particuliers, facette caractéristique de l'étude des nombres au XVIIe siècle, trouvent ainsi une place intégrée dans l'élaboration de l'œuvre commune ; il s'agit maintenant d'une portion préliminaire de l'activité et d'un service public, non plus d'un jeu individuel fournissant des énigmes introuvables pour d'éventuels adversaires.

La décomposition des nombres en somme de carrés (ou, aurait-on dit encore, la recherche des hypoténuses de triangles rectangles) est devenue tout simplement l'étude de la forme $x^2 + y^2$: la classification des formes de ce type est d'ailleurs un des problèmes cruciaux soulevés par Euler, Lagrange, puis Gauss. L'algèbre est donc devenue un langage par lequel on peut exprimer des questions, fussent-elles arithmétiques. Des outils nouveaux sont aussi mis à la disposition des problèmes numériques : Dirichlet, par exemple, utilise des séries infinies et les méthodes analytiques élaborées tout au long du XVIIIe siècle pour prouver que, pour deux entiers a et n sans diviseurs communs, il existe une infinité de premiers p tels que $p \equiv a \mod n$. Ces séries infinies à leur tour deviendront des objets d'étude fondamentaux dans le domaine. Mais cette complexité croissante peut être gérée par l'unification des buts visés : si les langages, les notations, les techniques sont plus délicats à utiliser, ils organisent aussi plus sûrement un corpus de thèmes privilégiés au service d'une discipline enfin spécifiée qui a pour mission l'étude des propriétés des entiers. C'est à cet éclairage qu'il nous faut relire notre problème favori.

L'outil nouveau nécessaire pour en rendre compte, ce sont les nombres complexes. Introduits plusieurs siècles auparavant dans l'étude des équations algébriques, ils servirent d'abord d'auxiliaires de calcul. C'est ainsi que Lagrange et Euler les utilisèrent, par exemple, dans l'étude de certaines expressions comme $a^2 + b^2$ ou $a^3 + b^3$. De même que $a^2 - b^2 = (a - b) \times (a + b)$, on peut écrire :

$$a^2 + b^2 = (a - b\sqrt{-1}) \times (a + b\sqrt{-1}),$$

$\sqrt{-1}$ étant un nombre complexe (ou « imaginaire ») de carré -1. Gauss alla plus loin en montrant que des nombres complexes de la forme $a + b\sqrt{-1}$, avec a et b étant des entiers ordinaires, ont un comportement très proche de celui des entiers : on peut les multiplier, les additionner, et même les décomposer de façon unique en des nombres complexes « premiers », non décomposables eux-mêmes. Ces entiers nouveaux (baptisés « entiers de Gauss ») peuvent être d'utiles intermédiaires dans l'étude des vrais entiers : si p est une somme de deux carrés, il s'écrit :

$$p = a^2 + b^2 = (a - b\sqrt{-1}) \times (a + b\sqrt{-1}),$$

c'est-à-dire se décompose en produits d'entiers de Gauss : l'étude de la décomposition en produits remplace donc l'étude de la décomposition en somme de carrés, un nombre premier somme de deux carrés n'est plus premier comme entier de Gauss : par exemple, $5 = (2 + \sqrt{-1}) \times (2 - \sqrt{-1})$ se décompose, mais 3 et 7 restent « premiers » comme entiers de Gauss. Comme on l'a déjà vu dans d'autres cas, ces « entiers » complexes peuvent devenir une source d'intérêt en eux-mêmes : ceux issus d'autres décompositions ($a^2 + 5b^2$, par exemple) ont-ils encore les propriétés usuelles des entiers ? Qu'est-ce qui caractérise au fond un entier ? Ces questions et la recherche de lois générales de décomposition de ces nombres exotiques sont justement à l'honneur en Allemagne au XIXe siècle. Quel rapport avec « notre théorème » ?

Ce que proposait Lamé, précisément, c'était de décomposer $x^n + y^n = z^n$ à l'aide de nombres complexes sous la forme :

$$x^n + y^n = (x + \zeta_1 y)\,(x + \zeta_2 y)\ldots(x + \zeta_n y) = z^n$$

où les ζ_i sont les n nombres complexes dont la puissance n-ième est 1. L'argument de Lamé consistait à octroyer aux nombres $(x + \zeta_i y)$ les mêmes propriétés de factorisation que les entiers usuels : en particulier, à admettre que le produit ci-dessus ne pouvait être une puissance n-ième que si chaque terme l'était — ce type de raisonnement est utilisé en permanence dans une « descente infinie » classique. Malheureusement pour Lamé, cette propriété, essentiellement vraie pour les entiers naturels et les « entiers de Gauss », tombe en défaut dans le cas général : c'est ce problème spécifique que Kummer attaque et résout dans les articles évoqués plus haut.

Les nombres idéaux

Comment la création de nombres idéaux peut-elle permettre de récupérer une propriété fondamentale des entiers, la factorisation unique en facteurs premiers ? Pour essayer de mieux comprendre cela, imaginons pour un instant qu'on ne considère que les nombres de forme $4k+1$. On peut décomposer ces nombres en facteurs premiers de même sorte, mais pas nécessairement de façon unique : par exemple, $441=21\times21 = 9\times49$, et 21, 9, 49 sont indécomposables en nombres de la forme $4k+1$. Si l'on veut récupérer l'unicité de la décomposition, il faut « inventer » les nombres de la forme $4k+3$: on aura alors $9 = 3\times3$, $21=3\times7$, $49= 7^2$ et 441 se décomposera en nombres premiers de façon unique $441 = 3^2 \times 7^2$. Ce sont des phénomènes analogues qui nécessitent l'introduction des « nombres idéaux » de Kummer.
Outre la mise au service de la théorie des nombres d'outils et de techniques nouveaux, cet exemple souligne comment des questions auparavant isolées trouvent leur place dans le panorama unifié que la discipline offre désormais.

C'est dans ce cadre, plus large que celui de Lamé, que Kummer travaille : l'article concernant la proposition de Fermat ne contient que huit pages sur les quarante publiées dans le volume XL ; la solution partielle qu'y apporte Kummer vient du détour heureux d'une problématique plus ambitieuse. C'est la mise en pratique exemplaire du conseil dont il abreuve Kronecker ; visant une question globale, le travail quotidien se doit d'explorer les détails, de fouiller les applications possibles : au *Allgemeiner Beweis* (démonstration générale) du début du titre de l'article évoqué répondent en écho les restrictions techniques de la fin qui en précisent la validité, c'est-à-dire ici les puissances effectivement atteintes par la démonstration.
Le changement est donc considérable, à la fois dans la vision de la discipline et les moyens de la pratiquer. Le domaine, dont le prestige s'appuie bien entendu sur celui des professionnels qui y travaillent, ne se contente pas d'utiliser les développements des autres disciplines, il y coordonne le sien, voire il les stimule. Les liens entre l'intégration de fonctions comme $1/\sqrt{1-x^4}$ et les solutions de $y^2 = 1 - x^4$ ouvrent de nouvelles perspectives de recherche et, dans ses travaux sur les fonctions analytiques, le mathématicien allemand Karl Theodor Wilhelm Weierstrass a pu s'inspirer des recherches sur la factorisation dont nous avons plus haut souligné l'importance. La théorie des nombres est devenue la « reine des mathématiques », selon l'expression de Gauss.
Cette reine a du même coup déterminé sa cour : des frontières se sont fixées, qui en précisent et en durcissent les conditions d'accès. Nous avons déjà vu quelle formation implicite autorisait seule la compréhension des textes : Fermat aurait peut-être quelques difficultés à reconnaître ses problèmes mais les théoriciens des nombres du XIXe siècle le désignent clairement (sans l'avoir toujours lu directement) comme leur lointain ancêtre. Comment et pourquoi son héritage, particulièrement, s'est il transmis ? Comment et pourquoi a-t-il ainsi fructifié ? C'est à ses sources qu'il nous faut repartir pour le comprendre.

Mises en perspective

Les Zététiques de Viète:
Viète voyait l'« analyse » comme la véritable source des découvertes mathématiques (par opposition à l'exposition synthétique de la géométrie euclidienne). Il distinguait trois sortes d'analyses, dont la Zététique correspond à la mise en équation d'un problème, la Poristique à la vérification et l'Exégétique à la détermination proprement dite des solutions d'une équation. Il appliqua en particulier ses efforts à la relecture algébrique d'ouvrages grecs dont l'*Arithmétique* de Diophante.

Fermat, nous l'avons dit, a médité sans doute les travaux et l'approche algébrique de Viète. Or son *Défi aux mathématiciens* sonne comme une profession de foi qu'il est bon d'étudier: « Il est à peine quelqu'un qui propose des questions purement arithmétiques, il est à peine quelqu'un qui sache résoudre (les problèmes sur les nombres). Est-ce parce que l'arithmétique a plutôt été traitée jusqu'à présent au moyen de la géométrie que par elle-même? C'est la tendance qui apparaît dans la plupart des ouvrages tant anciens que modernes, et dans Diophante lui-même. Car il s'est écarté de la géométrie un peu plus que les autres en astreignant son analyse à ne considérer que des nombres rationnels, il ne s'en est pas dégagé tout à fait, comme le prouvent surabondamment *les Zététiques* de Viète, dans lesquelles la méthode de Diophante est étendue à la quantité continue et par suite à la géométrie.
Cependant l'arithmétique a un domaine qui lui est propre, la théorie des nombres entiers; cette théorie n'a été que très légèrement ébauchée par Euclide et n'a pas été assez cultivée par ses successeurs [...]; les arithméticiens ont donc à la développer ou à la renouveler. »
Voici donc un sujet et une unité; voici donc une ligne de pensée, maintenue assez fermement à d'autres endroits de la correspondance: en considérant des méthodes extensibles aux quantités continues (« géométriques »), les particularités des nombres entiers disparaissent. Il faut donc mettre au point une méthode plus adaptée. C'est exactement le rôle que joue la fameuse « descente infinie » dont nous avons parlé (cf. p. 283): elle indique comment faire entrer la spécificité des entiers dans un raisonnement appuyé sur un formalisme algébrique. Nous avons déjà montré comment ce type de démarche, devenu courant, a amené à une interrogation plus poussée de la notion même d'entier et de ses caractéristiques: nous pouvons du même coup comprendre comment une sélection opérant selon les critères professionnels du XIXe siècle a pu distinguer Fermat.

A questionner d'autres traits encore, celui-ci ressemble à ces théoriciens des nombres du XIXe siècle, dont nous avons apprivoisé le comportement : sa restauration de traités grecs n'est-elle pas l'œuvre typique du dévouement patient à l'avancement de la science ? Ces tentatives pour convaincre Pascal et Carcavi vers la fin de sa vie de l'aider à publier, voire à écrire et à compléter ses travaux numériques, ne sont-elles pas l'expression, au moins repentante, d'un souci de diffusion communautaire ? Ne livre-t-il pas, lors de l'épisode des *Défis aux mathématiciens*, des informations précieuses sur ses recherches en cours : « On sait qu'Archimède n'a pas dédaigné de travailler sur des propositions de Conon qui étaient vraies, mais non prouvées, et qu'il a su les munir de démonstrations d'une haute subtilité. Pourquoi n'espérerais-je pas un semblable secours de vos éminents correspondants, pourquoi, Conon français, ne trouverais-je pas des Archimède anglais ? » Et d'expliciter des conjectures sur la primalité de $2^{2^n} + 1$.

Ce que cela, bien plutôt, nous enseigne, c'est que les conditions de validation d'une telle activité n'appartiennent pas à un individu isolé. Le « tissu » mathématique, arithmétique, est trop effiloché : ce qui est vrai, concrètement, et quelles que soient les déclarations d'intention de Fermat et les lectures multiples qu'on peut en faire, c'est qu'il *ne trouvera pas* parmi ses contemporains d'Archimède anglais pour compléter ou infirmer ses conjectures, ni même de Cauchy pour émettre des doutes sur leur validité ; que personne ne l'aidera à rédiger, ni même à publier ses travaux sur les nombres (les tentatives de Carcavi se heurteront à l'inertie de Huygens et, après la mort de Fermat, Carcavi lui-même semblera peu disposé à offrir au fils de Fermat les copies des précieuses lettres qu'il a reçues de son père) ; que ses ardents défenseurs en ce domaine, le père de Billy en tête, semblent plus impressionnés par le nombre de solutions qu'il peut obtenir que par la manière dont il les obtient ; que surtout, bien plus gravement, un dédain général de la part des plus talentueux mathématiciens de l'époque, de ceux qui commencent à former ce qui deviendra une communauté scientifique, accompagne ses activités numériques. Nous avons déjà mentionné la rédaction de Wallis ou celle de Descartes ; Frans von Schooten, lui, enfonce encore le clou : se moquant du ton employé par Frénicle lors de l'annonce de sa solution aux questions de Fermat, il écrit :

« [...] Voici que Paris donne cette solution de problèmes que ni vos Anglais ni les Belges n'ont aucunement pu trouver ; la Gaule celtique est fière d'enlever la palme à la Narbonnaise, etc. Comme si ce fut une affaire d'État que de connaître ces nombres et que chacun dût attacher tant d'importance à cette solution qu'il ne sût où employer plus utilement son temps. »

A la fin du XVIIe siècle, comme on le pressent à la lecture des correspondances, un milieu se forme, les académies prennent un A majuscule et reçoivent des subventions royales ; celle des sciences est fondée en France en 1666 avec parmi ses membres Carcavi, Frénicle, Roberval ; en Angleterre, la Royal Society publie ses *Philosophical Transactions* à partir de 1665, où « pourra paraître que de nombreuses mains et esprits sont en beaucoup d'endroits industrieusement employés », pour « le bénéfice général de l'humanité ». Le bien public est à l'ordre du jour, les progrès de l'homme passeront par les progrès de la science mise au service de l'État : l'accent est mis sur l'utilité et les commodités sociales, lues souvent en fonction des nouvelles classes et des priorités de la révolution industrielle. S'il y a donc constitution d'une communauté mathématique, celle-ci n'inclut pas l'arithmétique dans ses thématiques de base. Fait hautement symbolique à cet égard, le premier volume des *Transactions* contient une nécrologie de Fermat, où sont évoquées ses principales œuvres, sa charge de conseiller, mais pratiquement pas ses travaux sur les nombres. Comment donc ont-ils pu, deux siècles plus tard, faire l'objet d'un prix ? Où sont donc les héritiers de Fermat ?

Une première réponse nous a été fournie par les professionnels eux-mêmes : ce sont Euler, puis Lagrange, Adrien-Marie Legendre, Gauss qu'ils ont étudiés et

Cette gravure (à gauche) de l'Académie des sciences, au XVIIe siècle, retient l'atmosphère des associations spontanées d'amateurs de science qui lui donnèrent naissance.
(Académie des sciences et des Beaux-Arts, *S. Leclerc, 1698 ; Bibl. nat. Paris. Ph. © Bibl. nat./Photeb.)*

médités. Euler constituerait d'ailleurs l'exemple d'un cas de transition idéal : son éducation mathématique se fait auprès des Bernoulli, puis il obtient et occupe brillamment plusieurs postes auprès des académies de Saint-Pétersbourg et de Berlin ; il publie d'innombrables articles dans leurs comptes rendus, par exemple dans les *Acta eruditorum* créés par Leibniz sur le modèle des *Transactions*. Mais sa contribution à la théorie des nombres n'occupe « que » quatre volumes sur les quelque soixante-dix de ses œuvres complètes : Frédéric II ne le paie certes pas pour qu'il y consacre la majeure partie de son énergie : ses activités incluent plutôt les conseils aux ingénieurs militaires, des travaux de balistique et d'artillerie, et l'établissement de cartes géographiques endommagera gravement sa vue ; c'est par une correspondance avec Christian Goldbach, un de ces nœuds de la communication scientifique dont nous avons trouvé des traces à d'autres périodes, qu'il découvre la conjecture de Fermat sur les puissances de 2 et se prend au... jeu : il dévouera à la reconstitution ou au complément des affirmations de Fermat la plus grande part de ses travaux arithmétiques, allant jusqu'à faire rechercher (en vain d'ailleurs) des restes de lettres ou d'indications laissées éventuellement par Fermat sur ses démonstrations. Le flambeau, ravivé par des échanges avec Lagrange, ne s'éteindra plus désormais.

Mais ces noms fameux ne permettent que de baliser les changements de méthodes. Si Goldbach évoque dans une lettre à Euler, de manière insistante, les hypothèses de Fermat, c'est qu'il continue d'exister, tout au long des XVIIe et XVIIIe siècles, des amoureux des nombres qui transmettent l'héritage et empêchent qu'il ne se dilapide dans un oubli complet. L'arrivée en masse des professionnels fera reculer définitivement les Billy et les Frénicle eux-mêmes. A double titre : une exclusion historique les gommera des filiations établies pour identifier les précurseurs, Fermat en l'occurrence (pour d'autres réflexions sur les précurseurs, cf. p. 63, 363 et 407) ; une exclusion sociologique, dont nous avons détaillé plus haut quelques aspects, les repoussera hors du milieu en constitution ; ailleurs, dans les revues divertissantes, dans des lettres aux académies, accueillies avec un soupir d'amusement ou d'ennui quand elles annoncent la quadrature du cercle ou la démonstration générale du théorème de Fermat par des méthodes élémentaires, s'éparpilleront les vrais amateurs rescapés, dont les parcours multiples, les origines et les motivations complexes offrent peu de repères à qui veut les identifier ; leurs contours se dissolvent, leurs histoires s'individualisent, la « prise en masse » d'un milieu les ayant exilés, aux marges, une fois encore, de notre propos. C'est sur le centre que nous fixerons donc notre attention. Quoi qu'on ait pu en dire, une université, ce ne sont pas seulement des professeurs : ce sont aussi des étudiants, des secrétaires, des responsables de l'administration et de l'entretien, c'est de l'argent pour les cours, les salaires, l'expédition du courrier, l'accumulation des bibliothèques. Comment et dans quelle mesure tout cela a-t-il pu finalement être mobilisé, déchiffré, compris, en termes d'une propriété des nombres ? Autrement dit, pour reprendre l'expression de Schooten, comment ceux-ci sont-ils devenus une « affaire d'État » ?

A la fin du XVIIIe siècle, la théorie des nombres n'est encore qu'un chemin de campagne, dont les grandes autoroutes mathématiques ignorent superbement les pâquerettes. Le premier historien moderne des mathématiques, Jean-Étienne Montucla, peut encore écrire : « La géométrie est la clé générale et unique des mathématiques. » Une femme, Sophie Germain, écartée par son sexe d'une formation supérieure, peut encore résoudre avec succès, par des méthodes élémentaires, certains cas du problème de Fermat et maintenir avec Gauss un échange réel. Ce dernier, d'ailleurs, après la publication des *Disquisitiones*, dont nous avons dit plus haut l'importance, cherche un poste plus indépendant des générosités de son protecteur : il lui faut se consacrer, dit-il, à des occupations plus utiles (ce sera l'astronomie). Quel que soit l'attrait toujours ardent de Gauss pour les problèmes de nombres, quelles que soient la

Monde clos de la recherche et de l'enseignement, l'université de Berlin resta longtemps, au-delà même de la Prusse, un modèle incontesté. (Gravure de F. A. Schmidt, d'après un dessin de F. A. Calau, v. 1825; Kupferstichkabinett, Staatliche Museen Preussischer Kulturbesitz, Berlin. Ph. © Bildarchiv Preussischer Kulturbesitz.)

sophistication et la difficulté des techniques employées, on est loin encore de l'attitude d'un Kummer qui entamera ces recherches dans ce domaine après sa nomination à l'université. C'est en une génération, semble-t-il, que le point de vue bascule: le monde, pendant ce temps, bascule aussi dans les tempêtes révolutionnaires...

Tout au long du XVIIIe siècle, la France occupe en Europe une position politique et intellectuelle remarquable (cf. p. 337-361). C'est un Français, Maupertuis, qui préside l'Académie de Frédéric II, et non Euler; ce sont les idées françaises des Lumières qui fournissent les références idéologiques les plus répandues; ce sont les Français qu'on lit, admire, déteste. Les défaites allemandes devant Napoléon constituent le point culminant de cet état d'esprit; Gauss, toujours dépeint, probablement avec quelque raison, dans sa tour d'ivoire, s'exprime là-dessus avec horreur et force. Face à cela, une réponse des généraux, qui est à la fois une explication, une excuse et un remède: c'est par la formation scientifique de ses militaires que la France a vaincu (cf. p. 341); c'est à cause des écoles comme Polytechnique ou les écoles centrales, mises en place pendant la Révolution, que la Prusse a perdu. Ce qui nous frappe maintenant, c'est que ce discours opère; les frères Humboldt — Alexander surtout qui connaît les mathématiciens français et est favorable au développement de la discipline en Allemagne —, Crelle, sont mis à contribution.

Ce dernier est envoyé en mission en France. Son rapport, fort positif dans l'ensemble, émet une réserve bien étrange, surtout pour un spécialiste des questions techniques: une trop grande insistance lui semble mise en France sur les problèmes immédiats, concrets et pratiques, au détriment d'une véritable formation propre au développement de la personne.

Pour mieux comprendre cette critique, il faut se souvenir que les priorités en France et en Prusse au XIXe siècle sont très différentes. Par rapport à la France, et plus généralement aux pays de l'Ouest européen, la Prusse a un retard technologique considérable, mais, au moment du déclin de l'influence française, aucune « classe industrielle » n'est prête encore à prendre le relais; les activités intellectuelles, de plus, et c'est encore une différence avec le cas de la France, ont été longtemps maintenues en discrédit. Aux nouvelles classes montantes, il faut donc donner, à la fois, les moyens de leur instruction et un sentiment d'intégration dans la société qui se construit. La rancœur admirative envers la France, exacerbée par les défaites militaires, pousse à refuser le rationalisme imposé selon le modèle des « Lumières » et c'est à la philosophie « néo-humaniste » que le sentiment nationaliste va emprunter les thèmes et les modèles de son expression. Postulant l'unité fondamentale de l'être, de la pensée, du développement de l'individu et du bien social, cette nouvelle manière de penser les problèmes se lit à de nombreux endroits de la vie prussienne au XIXe siècle.

Cette même lettre où Kummer exhortait son élève à travailler soigneusement et à avancer par petites étapes, continue par ces mots significatifs: « Ce que je dis ici vaut en général, cela concerne tout ce qui relève du développement, oui, tout aussi bien l'histoire du monde, la vie des États, des individus. »

Kummer, fils de pasteur devenu recteur de l'université de Berlin, est un exemple typique d'ascension sociale en Allemagne au XIXe siècle, tout comme d'ailleurs l'était Fermat, fils d'un marchand aisé accédant à la noblesse de robe, au XVIIe siècle en France. A cet égard, il est instructif de comparer la composition de la société mathématique française avec ce que nous savons des mathématiciens allemands : aux fils de pasteurs universitaires correspondent là-bas les ingénieurs et les artilleurs...

On comprend mieux alors que, en 1810, à l'université de Berlin nouvellement créée, ce soient les départements de philologie qui fournissent les modèles scientifiques jugés universellement valables et, parallèlement, les salaires les plus élevés. Gauss désirait d'ailleurs dans sa jeunesse se consacrer à cette discipline et c'est encore elle qu'étudient beaucoup de nos théoriciens des nombres à leur entrée à l'université. A plusieurs reprises, Kummer, quant à lui, affirme que mathématiques et philosophie ne sont que deux formes d'une même activité... La même interprétation se retrouve d'ailleurs au-delà des origines sociales et des clivages politiques : Carl Jacobi, premier professeur d'origine juive à être nommé en Allemagne, et aussi radical politiquement que Kummer est conservateur, écrit au mathématicien français Legendre : « Il est vrai que Monsieur Fourier avait l'opinion que le but principal des mathématiques était l'utilité publique et l'explication des phénomènes naturels ; mais un philosophe comme lui aurait dû savoir que le but unique de la science, c'est l'honneur de l'esprit humain et que, sous ce titre, une question de nombres vaut autant qu'une question de système du monde. »

Aux exigences économiques du moment, à la nécessité de la formation professionnelle, de l'apprentissage, donc du développement des universités, se lient les contraintes imposées par ces groupes mêmes qui s'y implanteront et la volonté de pureté disciplinaire. Chargés de cours à l'université ou à l'École militaire, les théoriciens pourront se consacrer à la recherche qu'ils veulent, puisque, de toute façon, une harmonie obligatoire leur en garantit l'intérêt social. Le thème mandarinal de la liberté académique revient comme un leitmotiv approprié dans les discours officiels : rien ne doit entraver la libre marche de l'esprit, vue d'ailleurs moins comme un progrès rationnel que comme un élément constitutif de la bonne marche du monde. La théorie des nombres et plus généralement les mathématiques dites « pures » se sont donc implantées *préférentiellement* aux disciplines orientées vers des applications pratiques immédiates, dans les universités où ce que nous appellerions aujourd'hui des sciences humaines, voire des domaines littéraires, avaient la prééminence : elles en étaient les alliées quasi naturelles défendant leur progression et leur statut professionnel par les mêmes arguments. Le changement des méthodes, d'ailleurs, rendait cette adoption plus facile, puisque les techniques mathématiques les plus sophistiquées y étaient désormais employées et pouvaient donc y être apprises.

Cet état d'esprit forge jusqu'au cœur de l'article de Kummer sur les nombres idéaux : son histoire nous ayant permis de mieux comprendre le comportement d'un professionnel en théorie des nombres, il n'est que juste qu'il nous permette aussi de détecter les conditions particulières dans lesquelles cette discipline est devenue une profession. Après avoir expliqué pourquoi il a été obligé d'introduire ces nombres idéaux, Kummer les compare aux radicaux de la chimie, science montante et bientôt toute-puissante dans la seconde moitié du XIXe siècle ; ces radicaux témoignent, dit Kummer, de la présence d'un phénomène physique, sans être eux-mêmes isolables. Puis il ajoute : « Ces analogies ne sont pas à considérer comme des jeux d'esprit ; au contraire, nous y trouvons un bon fondement de ce que la chimie tout comme la théorie des nombres dont il est ici question ont, même si elles sont dans deux sphères différentes de l'Être, le même concept de base comme principe, à savoir celui de composition [...] . La chimie des matériaux naturels et la chimie traitée ici des nombres complexes doivent être vues comme des réalisations du concept de composition et des sphères conceptuelles qui en dépendent : celle-là comme une (réalisation) physique, liée aux conditions de l'existence extérieure et par conséquent plus riche, celle-ci, comme une (réalisation) mathématique, parfaitement pure dans sa propre nécessité, mais pour cela plus pauvre que celle-là. »

Voici donc que sont mis à l'œuvre, au cœur même de la théorie des nombres, les principes qui président à son institutionnalisation ; nous avons déjà indiqué brièvement quelles conditions socio-économiques l'avaient accompagnée. Il est alors plus facile de comprendre pourquoi c'est en Allemagne au XIXe siècle et non en France que l'arithmétique devient vraiment une discipline professionnelle.

Décomposer une puissance en somme de deux puissances semblables... Démontrer que ce problème n'admet pas de solutions si les puissances concernées vérifient certaines conditions... La filiation apparente n'a fait que mieux souligner les différences de statut de ces deux énoncés : la science en dentelle et l'attrait toujours vivant des devinettes amusantes proposées à la sagacité des amateurs de nombres se sont amarrés progressivement à un langage technique inaccessible aux non-spécialistes, ont estompé dans la poussière académique le parfum d'aventure, ont garanti le jeu intellectuel par des distinctions universitaires, bref, ont accédé au sérieux et à la reconnaissance sociale des mathématiques professionnelles.

Identifier des traits caractéristiques de l'amateur et du professionnel a permis de montrer comment ces distinctions ne prennent sens que dans la mesure où une collectivité repérable en fixe les définitions, les échanges et les règles. On a vu aussi qu'une discipline, pour se développer professionnellement, doit mobiliser un nombre important de ressources qui ne s'expriment forcément, au mieux, en termes de stricte utilité. Ou plutôt, le fait, concret s'il en est, de l'insertion préférentielle, en Allemagne, des mathématiques pures nous a contraints de chercher des formes d'utilité publique plus inattendues. La professionalisation des disciplines sans applications immédiates n'a pas lieu simplement « à l'abri » de celles qui en ont, même si, bien sûr, l'intérêt marginal de professionnels en place contribue à l'implantation, le moment venu, d'une discipline jusqu'alors dédaignée. Il ne s'agit pas forcément non plus d'un risque pris par une société suffisamment développée, risque qu'un domaine produise à long terme des résultats utilisables : il faudrait encore préciser par qui et pour quoi. Ni du luxe inévitable qui accompagne le « progrès » et encourage du même élan toute activité désintéressée, arts, musique ou théorie des nombres. Le mouvement de repli disciplinaire, la reconnaissance publique d'activités sont moins souvent des hasards bienheureux que des résultats de tensions, parfois contradictoires, parfois accordées, qui cherchent à se résoudre. Le chercheur, sur sa feuille, peut et doit oublier que d'autres mondes existent ; mais la nécessité de siéger au parlement de Toulouse risque à tout moment de venir l'en déloger.

Nous sommes aussi les héritiers du XIXe siècle et le discours de leurs théoriciens des nombres, déchiffré ici, flotte encore dans nos têtes : mathématiques pures contre mathématiques appliquées, utilité publique dont il faut à chaque moment relire qui elle contient, honneur de l'esprit, oui, jusqu'aux versions remaniées de leur propre histoire, c'est à eux que nous avons encore emprunté quelques manières de regarder les mathématiques et leur étrange rapport au monde. Celui-ci pourtant a changé, comme ont changé les subtiles alliances qui lient savamment entre elles la théorie des nombres, l'économie publique et la promotion sociale. Nous avons écarté à plusieurs reprises les explications par la simple inertie ou le hasard : sous quelques oripeaux ternis du XIXe siècle, quels fils tient en laisse la théorie des nombres moderne ?

F. LEBLANC
Bertall

L'affinité ambiguë : le rêve newtonien de la chimie du XVIIIe siècle

ISABELLE STENGERS

Où l'on se demandera comment un concept peut devenir « périmé » alors qu'il a, pendant un siècle, organisé le langage, les opérations et les raisonnements d'une science. Où l'on verra comment, par deux fois, la chimie est devenue « moderne ».

Problème de méthode : convient-il de parler de l'histoire de « la » science, ou de l'histoire *des* sciences ? Chacun des termes de cette alternative peut se révéler pareillement simplificateur. Histoire de la science peut sous-entendre qu'il y a en droit *une* démarche scientifique : cette démarche se distribuerait dans une série de champs par simple division du travail mais toujours, au-delà de la particularité de telle ou telle science, on pourrait reconnaître « la » science, l'identité commune au-delà de la diversité. Mais l'histoire *des* sciences peut être tout aussi chargée de jugements *a priori* : en ce cas, chaque science crée sa démarche singulière, qu'il faut identifier dans sa pureté, au-delà des apparences communes, et notamment des opérations d'unification que l'on dira alors artificielles ou idéologiques. En ce cas, l'historien suit la dissolution des présupposés, l'apparition d'une conscience claire de la spécificité de l'objet et des instruments conceptuels et techniques qui lui correspondent.

Le cas de la chimie est, de ce point de vue, extrêmement intéressant : il permet de déplacer la question et d'en transformer le sens. *Une science ou des sciences*, ce n'est pas d'abord une question méthodologique, posée par les historiens, mais une question posée par les chimistes eux-mêmes au long de leur histoire. Quand la chimie est-elle devenue digne du « titre » de science ? Comment a-t-elle « découvert » la nature de ses rapports avec la physique ? Comment a-t-elle assuré son autonomie par rapport à l'activité de production artisanale, puis au XIXe siècle, industrielle ? Et finalement, la chimie est-elle une science spécifique, ou doit-elle être conçue comme une branche spécialisée de « la science » en général ? Ces questions semblent de celles que l'historien devrait trancher. Mais en fait, ce sont aussi les questions de certains des acteurs de l'histoire que l'historien cherche à comprendre, et ces acteurs se sont, comme l'historien, référés à l'histoire de leur science pour nourrir leurs réponses, pour plaider tel ou tel avenir, telle ou telle identité pour la chimie.

Obsédé, dévoré par sa passion, découvrir l'Absolu, au-delà de la diversité des éléments, Balthazar Claës se détruit et ruine sa famille : il constitue un étrange amalgame de deux personnages déjà périmés à l'époque de Balzac : l'alchimiste et le chimiste du XVIIIe siècle. Le fils Claës fera ses études à l'École polytechnique : il sera un « vrai » savant.
(Gravure de A. Bertall, in H. de Balzac, la Recherche de l'absolu, *1846 ; Bibl. nat., Paris. Ph. © Bibl. nat./Photeb.)*

S'il faut alors reformuler le problème « méthodologique » de l'historien, je dirais qu'il doit éviter de devenir acteur parmi les acteurs, c'est-à-dire comprendre les questions que je viens de citer — et qui, toutes, impliquent des jugements de valeur — non comme des questions auxquelles lui-même doit répondre, mais comme éléments de l'intrigue qu'il cherche à pénétrer.

La chimie est-elle une science singulière, et si oui, de quelle nature est sa singularité ? Écoutons un premier acteur, Fontenelle, en 1699 : « La Chymie, par des opérations visibles, résout les corps en certains principes grossiers et palpables, sels, soufres etc., mais la Physique, par des spéculations délicates, agit sur les principes comme la Chymie a fait sur les corps ; elle les résout eux-mêmes en d'autres principes encore plus simples, en petits corps mus et figurés d'une infinité de façons... L'esprit de la Chymie est plus confus, plus enveloppé ; il ressemble plus aux mixtes, où les principes sont plus embarrassés les uns avec les autres ; l'esprit de Physique est plus simple, plus dégagé, enfin il remonte jusqu'aux premières origines, l'autre ne va pas jusqu'au bout. »

Petits corps mus et figurés : c'est là une allusion à la chimie cartésienne, mais si nous allons au-delà de cette précision qui permet de dater le texte, si nous remplaçons par exemple « principes grossiers » par « éléments chimiques », et « petits corps » par « fonctions d'onde quantique », beaucoup de physiciens contemporains, et même certains chimistes, accepteront le diagnostic : en effet, il serait impossible de distinguer en droit la chimie de la physique ; celle-ci a permis de comprendre le tableau de Mendeleïev dont la constitution est à la fois l'aboutissement et le fondement de toute pratique chimique (cf. Mendeleïev : histoire d'une découverte, p. 447-467) ; la véritable différence, qui peut justifier une distinction périmée en droit, se résume dans ce dicton bien connu : « La physique ça se comprend, la chimie ça s'apprend. » L'« esprit du physicien » l'attache à l'élucidation des rapports entre les « premiers principes » et leurs conséquences, alors que les chimistes s'intéressent aux « mixtes », aux cas compliqués où ces principes sont effectivement « embarrassés », où les raisonnements ne sont plus qu'un mixte entre intelligibilité théorique et approximations autorisées par l'expérience. La spécificité de la chimie lui viendrait donc de ce que les opérations qu'elle mène et les questions qu'elle pose sont déterminées non par la théorie mais par leur utilité. La chimie est un hybride produit par le compromis entre intelligibilité physique et préoccupations pratiques.

Critiquer ce mode de caractérisation, insinuer que, peut-être, les compromis auxquels sont réduits les chimistes traduisent moins leur compromission avec des intérêts utilitaires que les limites de ces fameux « premiers principes » (quantiques), c'est une tentation à laquelle il n'y a aucune raison de ne pas céder, mais dont le prix est d'accepter de devenir acteur et, comme les autres acteurs, d'utiliser tous les arguments disponibles, théoriques, historiques, épistémologiques, socio-politiques, pour tenter une opération, ici la transformation de l'image de la chimie. Résistons donc à la tentation pour rester historiens, sachant pourtant que l'« histoire des sciences » fait, en elle-même, partie de l'histoire des différentes sciences. Et ce, tant par l'amont, les questions que l'historien sera amené à poser, la sélection, toujours effectuée, toujours à remettre sur le métier, entre ce qui est conçu comme « devant être élucidé » sur fond de ce qui paraît « naturel », que par l'aval, l'utilisation des produits de la narration historique dans la création des images que les scientifiques offrent d'eux-mêmes ou dans les controverses qui les opposent. Je poserai donc ici un problème « proprement historique », au sens où tous les acteurs scientifiques actuels le considèrent comme réglé, mais qui permet de « réhistoriciser » le diagnostic contemporain sur la chimie, c'est-à-dire de montrer qu'il n'est pas un aboutissement mais la solution actuelle à un problème qui accompagne cette science depuis que la scientificité est devenue un enjeu de controverses. Ce problème est celui que pose l'histoire de la notion d'affinité.

L'affinité périmée?

Aujourd'hui, lorsque les chimistes utilisent la notion d'affinité, ils se situent dans le cadre de la « thermodynamique chimique », formalisme fondé à partir de la seconde moitié du XIXᵉ siècle, avec les travaux de physico-chimistes comme Cato Guldberg et Peter Waage, August Horstmann, Henry Le Chatelier, Jacobus Van't Hoff, Josiah Willard Gibbs, Pierre Duhem, etc. Ce formalisme constitue une extension à la description des réactions chimiques de la *thermodynamique*, c'est-à-dire d'une science *physique*. En d'autres termes, l'histoire de la notion d'affinité à partir des années 1860 jusqu'à nos jours renvoie, au même titre que l'interprétation du tableau de Mendeleïev à partir de la première décennie du XXᵉ siècle (cf. p. 464), à la physique.

Cependant, il ne s'agit pas seulement ici d'interprétation. Comme nous allons le voir, l'affinité des chimistes du XVIIIᵉ siècle intégrait les problèmes du « lien chimique » et de la réaction chimique au cours de laquelle certains liens se font alors que d'autres se défont. L'affinité thermodynamique, elle, se rapportera exclusivement à la direction dans laquelle les réactions chimiques se produisent. La raison pour laquelle une réaction se produit n'est pas traitée par la thermodynamique mais renvoyée à l'analyse quantique. L'affinité thermodynamique fait de la réaction chimique une fonction de conditions générales (thermodynamiques) alors que la mécanique quantique est censée la comprendre en tant qu'événement, création et destruction de liaisons entre atomes.

Une telle disjonction entre la question de la réaction et celle de ses conditions suffit à signaler que l'affinité des chimistes d'aujourd'hui n'est pas l'affinité des chimistes du XVIIIᵉ siècle. Celle-ci, loin d'être une « première approximation » de l'affinité moderne, est morte sans postérité et c'est à un passé révolu de leur science que des chimistes, quelque cinquante ans plus tard, ont emprunté le terme.

L'affinité des chimistes du XVIIIᵉ siècle est donc le type même de notion qu'un historien philosophe tel Gaston Bachelard jugerait *périmée*, c'est-à-dire une notion purement parasite, traduisant un obstacle épistémologique, éliminable sans perte de la véritable histoire des sciences, celle qui met en scène la dynamique de la raison scientifique. Voici d'ailleurs comment Bachelard, dans *le Matérialisme rationnel*, juge celui qui sera l'un de nos principaux protagonistes, le chimiste Berthollet :

« Comment un grand chimiste comme Berthollet, un expérimentateur chevronné, pouvait-il se satisfaire d'une vue comme celle-ci : "Les puissances qui produisent les phénomènes chimiques sont toutes dérivées de l'attraction mutuelle des molécules à laquelle on a donné le nom d'affinité, pour la distinguer de l'attraction astronomique. Il est probable que l'une et l'autre ne sont qu'une même propriété." »

Bachelard « juge » donc Berthollet au nom d'une évidence propre au XXᵉ siècle : le lien chimique n'a rien à voir avec la force d'attraction entre les masses. Et il redouble sa condamnation par un recours au contexte historique : pour « montrer la vanité de telles vues de l'esprit, qui rapprochent l'astronomie et la chimie d'un trait de plume », Bachelard cite un autre exemple de « synthèse gratuite », le rapprochement entre rapports humains et « affinités ou rapports chimiques » que tente à la même époque l'écrivain français Louis de Bonald. « Des rapprochements entre thèmes si lointains enlèvent aux deux thèmes toute valeur de culture. » Bonald n'est qu'un exemple et Bachelard aurait pu citer d'autres noms, tels Schelling, Hegel ou Nietzsche qui tous ont jugé le problème du rapport entre affinité et attraction physique digne d'être discuté. Il aurait pu surtout tourner en dérision les *Affinités électives* de Goethe, qui, nous y reviendrons, met l'« attraction chimique » au cœur d'une intrigue où la fatalité de la passion s'oppose à la calme légalité du mariage. En tout état de cause, l'affinité est doublement condamnée, par le progrès de la science et par le fait que sa signification n'est pas restée étroitement circonscrite au sein d'une discipline scientifique, preuve qu'elle était chargée de bien d'autres intérêts que ceux de la science.

Mais le verdict de Bachelard pose un problème, qui sera celui de ce texte. Certes, à la fin du XVIIIe et au début du XIXe siècle, la notion d'affinité n'était pas « pure ». Elle représentait effectivement, au sein de la culture scientifique, la question du rapport entre lien chimique et force d'interaction newtonienne, c'est-à-dire aussi celle de l'éventuelle spécificité de l'objet la chimie, et elle a donc intéressé tous ceux qui discutaient la portée et la signification des « premiers principes » de la physique. Mais dans ce cas, le caractère « irrémédiablement périmé » de cette notion d'affinité, malgré sa reprise par les thermodynamiciens cinquante ans plus tard, ne peut pas être séparé du destin de la question des rapports entre la physique et la chimie. D'où le problème : qu'est-ce qui a *rendu* périmée la question que posait l'affinité, et l'a rendue périmée *de telle sorte que*, aujourd'hui, nous puissions constater cette étrange résonance entre le diagnostic de Fontenelle et l'opinion dominante des physiciens contemporains : la chimie est une branche de la physique singularisée par le caractère approximatif, ou grossier, de ses opérations à la fois intellectuelles et pratiques ? « La physique ça se comprend, la chimie ça s'apprend. »

La chimie newtonienne en terre cartésienne

Quelle est l'origine de la notion d'affinité ? On la fait le plus souvent remonter à la *Table des différents rapports observés entre différentes substances* publiée par Geoffroy en 1718. Rapport et non affinité ? Le fait que, très vite, un terme remplace l'autre est moins significatif, nous allons le voir, que l'absence d'un troisième, celui d'attraction.

L'« affinité » faisait, à cette époque, partie du vocabulaire traditionnel de la chimie, mais aussi de l'alchimie. Comme le précise rétrospectivement l'article « Affinité » de Louis Bernard Guyton de Morveau publié dans le Supplément de 1776 de l'*Encyclopédie* de Diderot : « Ce terme n'a eu longtemps qu'un sens vague et indéterminé qui indiquait une sorte de sympathie, une véritable propriété occulte, par laquelle différents corps s'unissaient plus ou moins facilement. » Tenter de préciser les anciennes significations, alchimiques ou chimiques, de l'affinité serait ici inutile : ces significations sont oubliées, ignorées, et surtout méprisées, par l'ensemble de ceux qui reprendront au XVIIIe siècle le terme à ce qu'ils considèrent comme la préhistoire de la chimie. En ce qui les concerne, le terme « affinité » a pour première propriété d'être « neutre », d'appartenir simplement à la tradition propre des chimistes, et donc de ne pas préjuger des relations entre cette science et la physique newtonienne.

Car c'est bien de l'importation en France de la chimie newtonienne qu'il s'agit, d'une importation pour le moins problématique puisque la France intellectuelle est officiellement cartésienne et rejette les forces proposées par Newton comme un de ces pouvoirs occultes — agir à distance — dont la physique cartésienne avait précisément réussi à dépouiller les corps. Geoffroy ne se proclame pas « newtonien », mais il a visité Londres en 1698, il a été nommé membre de la Royal Society, il est devenu par la suite correspondant officiel de l'Académie des sciences avec la Royal Society et a, entre 1706 et 1707, présenté en dix séances l'*Optique* de Newton face à l'Académie. Et que met en tableau la *Table des différents rapports observés entre différentes substances* qu'il propose ? Les réactions chimiques qu'on appelle de « déplacement » : un corps se substitue à un autre dans sa liaison avec un troisième. C'est ce « troisième corps » qui figure en tête de chaque colonne, suivi par tous les corps susceptibles de se combiner avec lui, et ce, dans l'ordre déterminé par leurs déplacements mutuels : un corps déplace tous ceux qui le suivent et est déplacé par tous ceux qui le précèdent. Or lisons cet extrait de l'*Optique* : « Une solution de fer dans l'eau-forte dissout la cadmie qu'on y plonge et abandonne le fer ; une solution de cuivre dissout le fer et abandonne le cuivre ; une solution d'argent dissout le cuivre et abandonne l'argent ; si l'on verse une solution de

La table des rapports de Claude Joseph Geoffroy présentée à l'Académie des sciences en 1718. (Académie des sciences, Paris. Ph. Jean-Loup Charmet © Photeb.)

vif-argent dans l'eau-forte sur du fer, du cuivre, de l'étain ou du plomb, ce métal est dissous et le vif-argent se précipite. »

Que l'on consulte la troisième colonne du tableau de Geoffroy, celle qui concerne l'acide nitreux (ou eau-forte). Les observations de Newton y figurent pour l'essentiel (le fer déplace le cuivre qui déplace le plomb qui déplace le vif-argent qui déplace l'argent), mais non pas la conclusion qu'en tire Newton : « Ces expériences ne montrent-elles pas que les particules acides de l'eau-forte sont plus fortement attirées par la cadmie que par le fer, plus fortement par le fer que par le cuivre, par le cuivre que par l'argent ; qu'elles éprouvent une plus forte attraction pour le fer, le cuivre, l'étain ou le plomb que pour le vif-argent ? » L'attraction newtonienne jouait, contrairement au « rapport » que présente prudemment Geoffroy, un double rôle : elle explique à la fois le lien chimique et la réaction où les liens se transforment.

La présentation agnostique de Geoffroy trompa peu de monde. Fontenelle, cartésien, remarquait encore dans son *Éloge* de Geoffroy, en 1731, combien ces affinités « firent de la peine à quelques-uns, qui craignirent que ce ne fussent des attractions déguisées, d'autant plus dangereuses que d'habiles gens ont déjà su leur donner des formes séduisantes ».

Ouvrons une parenthèse. D'après l'actuelle lecture de la vie de Newton, l'étude des associations et dissociations entre corps chimiques aurait été l'un des grands sujets de recherche de ce dernier qui, a-t-on remarqué, passa plus d'heures à expérimenter en laboratoire qu'à calculer. D'après cette lecture, l'idée d'une force agissant entre les corps ne serait pas le pur produit d'une démarche hypothético-déductive visant à expliquer les mouvements des planètes. Ce serait, en fait, pour tenter de mathématiser les attractions entre corps que Newton se serait d'abord intéressé à l'astronomie, en tant que cas particulier et, espérait-il, plus simple, et cette notion, antimécaniste, d'attraction lui serait venue de la chimie. Mais la mathématisation du ciel aurait provoqué cette gigantesque surprise : une seule force, universelle, suffit à rendre compte de tous les mouvements. Les attractions ne sont pas spécifiques à chaque planète. Une force, universelle, proportionnelle seulement aux masses des corps qu'elle unit et à l'inverse du carré de la distance qui les sépare, suffit à rendre compte des mouvements des planètes.

Cette interprétation du chemin de Newton rend plus intelligible son abandon du problème képlérien que suppose la notion de force. Le problème « képlérien » classique, qui est aussi celui d'un Huygens ou d'un Leibniz, implique que les planètes tournent, chacune pour elle-même, autour du Soleil : il s'agit d'expliquer chaque orbite, et c'est dans ce sens que sera d'abord lue la proposition de Newton : le Soleil « attire » chaque planète. Mais cela n'est pour Newton qu'une description approximative. Les forces sont mutuelles : en droit les planètes s'attirent entre elles, et attirent le Soleil qui les attire. Alors que le problème képlérien était celui du mouvement des différentes planètes autour du Soleil, Newton va poser le problème de la « société » des corps célestes, de leur système... Or si cette idée d'un *système* de masses mutuellement attirées les unes par les autres constitue une innovation radicale en astronomie, elle étonne moins venant d'un chimiste, qui sait que, dans une réaction chimique, tous les corps en présence jouent un rôle les uns par rapport aux autres. Ainsi, pour Newton, le solvant, qui rend possible une réaction entre deux corps, est un « intermédiaire », une *middle nature* : les particules « insociables » sont « rendues sociables par la médiation d'un tiers ».

Cependant, si l'hypothèse « chimique » éclaire et situe la nouveauté de Newton en mécanique céleste, elle se traduira aussi par une transformation très profonde de la notion traditionnelle de corps chimique. Car l'idée que les réactions chimiques peuvent se comprendre à partir d'une « force newtonienne » implique que les corps en eux-mêmes sont inertes, dénués de propriété spécifique. En 1758, le *natural philosopher* Roger Boscovitch proposera même de réduire la masse inerte à la notion d'un point sans extension. Toutes les propriétés chimiques sont relationnelles. Aucune n'est attribuable à un corps comme tel, toutes renvoient à leurs *rapports*.

L'idée que les propriétés chimiques sont « relationnelles » va à l'encontre de toute la tradition chimique depuis Aristote, à l'encontre de ce que l'on peut appeler la « chimie des substances ». La substance chimique était le sujet dont la réaction exprimait seulement la qualification. Le corps chimique newtonien n'est plus un sujet que par approximation de langage. Le seul véritable sujet est l'ensemble des corps mis en présence et en interactions réciproques.

Lorsqu'un nouveau mot est créé, son destin échappe souvent à ceux qui l'ont créé. Le terme « affinité », qui, au départ, n'était qu'officiellement « agnostique », sera effectivement adopté par l'ensemble des protagonistes, tant par les newtoniens que par ceux qui soutiendront que l'affinité n'a rien à voir avec l'attraction newtonienne. Cependant, si le terme lui-même ne peut servir de marqueur, son rôle dans la pratique des chimistes traduira, lui, l'ambiguïté profonde dont l'affinité est porteuse : on le verra, c'est en tant que notion se donnant pour « purement empirique », neutre, guidant la pratique des « faiseurs de table », que l'affinité s'affirme newtonienne.

Un programme de recherche pour la chimie ?

Selon toute apparence, les tables d'affinité chimique peuvent révéler la traduction du problème propre à la chimie, science des combinaisons. Et ce, au double sens du terme : la combinaison comme réaction permet de comparer entre elles les combinaisons au sens de liens, de comparer la force des liens qu'un corps est susceptible de nouer avec une série d'autres. Les tables devaient donc satisfaire les chimistes qui pouvaient y voir une mise en tableau économique des réactions connues, et un principe d'organisation de celles qui viendront à l'être. Mais l'affinité pose également pour les chimistes du XVIIIe siècle le problème de sa cause, et en ce sens elle permet aux newtoniens de placer le progrès de la chimie empirique dans la perspective de sa *fondation* possible comme science explicitement newtonienne : lorsque le problème de l'affinité dans sa relation avec la force d'attraction newtonienne aura été résolu, l'ensemble des connaissances chimiques rassemblées selon le principe des tables pourra être interprété et compris.

L'affinité a donc pu être adoptée tant par les antinewtoniens que par les newtoniens, *mais seul le chimiste newtonien se consacrera à la fabrication de tables*. Seul il pourra se donner pour but d'expérimenter *tous les rapports possibles* entre les corps. Pour lui, à propos des corps pris indépendamment les uns des autres, on ne peut rien dire, pas plus que l'on ne peut qualifier le comportement de la Terre indépendamment du Soleil et des autres planètes. En revanche, pour le chimiste disciple de Georg Ernst Stahl, qui fut créateur de la doctrine rivale, au XVIIIe siècle, de la chimie newtonienne, les corps chimiques ont une puissance intrinsèque et la réaction chimique sert de révélateur à cette puissance, qui appartient au corps même. Il est donc inutile d'effectuer toutes les mises en rapport possibles, celles qui illustrent de la manière la plus caractéristique la puissance d'un corps donné suffisent. Pour celui qui renvoie la responsabilité d'une réaction à la puissance d'un élément, les tables sont inutiles. C'est donc en tant qu'instrument d'une recherche empirique *systématique* que l'affinité se déclare newtonienne.

« La physique ça se comprend, la chimie ça s'apprend » : voici donc un premier sens de cette distinction. La découverte de l'universalité de la force, et de l'uniformité de la matière qu'elle implique, a rapproché Newton du mécanisme, du moins dans ses possibilités d'expression : les différents corps célestes peuvent être considérés indépendamment de leur nature par la seule « quantité de matière » que mesure la masse. Mais la chimie newtonienne, dépouillée de la possibilité de qualifier les corps par une « nature », doit, elle, apprendre ; toutes les possibilités de réaction des corps les uns avec les autres doivent être systématiquement expérimentées. A moins que ces possibilités puissent être *déduites* mathématiquement, comme le mouvement de la Terre et des planètes peut être déduit à partir de la connaissance de la force d'attraction.

Pour que la chimie échappe à l'empirisme, pour qu'elle devienne une science déductive, qui se comprend au lieu de s'apprendre, il faut, bien sûr, que les affinités soient interprétées et que leur spécificité, qui fait contraste avec l'attraction universelle, soit élucidée. Comment faire le lien entre la force d'attraction, qui ne dépend que des masses et des distances, et l'affinité, qui dépend de la spécificité chimique des corps en présence ? C'est le problème de l'affinité newtonienne.

Deux réponses « newtoniennes » seront apportées à ce problème, par Boscovitch en Angleterre et Buffon en France.

Dans sa *Théorie de philosophie naturelle* publiée en 1758, Boscovitch interprète la diversité des affinités par la complication de la force universelle. La formule en $1/r^2$ ne vaut que pour les longues distances, alors que les phénomènes chimiques se jouent sur des distances courtes, où la force peut être, selon la distance, attractive ou répulsive. Boscovitch peut ainsi reprendre une thèse qui fut celle de Newton : ce que nous appelons un corps chimique est un édifice compliqué, que les réactions décomposent et recomposent. Les forces d'attraction qui caractérisent les rapports entre deux corps sont alors spécifiques parce qu'elles sont déterminées par l'édifice, parce qu'elles sont la *résultante* des forces dont chaque point participant à l'édifice est porteur : une partie d'une « particule-édifice » peut donc exercer une attraction sur une autre particule, alors qu'une autre de ses parties la repousse. Il est même possible dans cette perspective d'expliquer le rôle des corps qui favorisent une réaction chimique. Un intermédiaire pourrait, par exemple, annuler, par son rapport avec une particule, la répulsion qui empêche cette particule d'attirer une troisième.

Dans la formule en $1/r^2$, r représente la distance entre les deux corps.

Buffon, que Voltaire appelle le « chef du parti newtonien en France », adoptera l'autre solution logiquement possible (hypothèse publiée en 1765, dans le volume XIII de l'*Histoire naturelle*). La force newtonienne a bien pour unique formule $1/r^2$, mais les corps chimiques sont beaucoup plus proches les uns des autres que ne le sont les planètes, et l'approximation à l'œuvre dans l'astronomie newtonienne, qui réduit les masses à des points, n'est plus valable à cette échelle. La spécificité et la diversité des actions chimiques s'expliquent donc par la diversité des figures des corps.

Les deux solutions se valent logiquement : l'une renvoie la diversité des affinités à la variété des effets de la force d'interaction selon la distance entre les corps, l'autre à une force d'interaction simple agissant entre des corps de figures variées. Pourtant les deux auteurs en tireront des conséquences bien différentes. Boscovitch conclut que la théorie des opérations chimiques ne pourra jamais permettre de prédire les associations : la détermination des effets que produisent les différents édifices chimiques excède de loin les pouvoirs de l'esprit humain. Au contraire, Buffon annonce que nos « petits-neveux » seront à même de calculer les réactions chimiques comme Newton a calculé la marche des planètes. On pourra *déduire* les affinités à partir des figures des particules constituantes et *prédire* les possibilités de réaction. Deux propositions logiquement équivalentes sont donc évaluées de manière opposée : alors que l'Angleterre newtonienne accueille l'une comme spéculation, dénuée de pertinence directe pour le progrès de la chimie, des Français liront dans l'autre le chemin que doit suivre la chimie pour devenir une véritable science.

Pourquoi le « rêve newtonien » d'une chimie quantifiée a-t-il été tenu pour une chimère en Angleterre, pour un programme de développement en France ? L'historien Arnold Thackray a fait valoir que la révolution industrielle en Angleterre suscita un nouveau type de chimiste, qui ne s'embarrasse pas de soucis mathématiques, ou de programmes spéculatifs. L'intérêt pour la chimie suscita également en Angleterre des enseignants-vulgarisateurs plutôt portés à populariser les vertus pratiques de cette science que ses problèmes conceptuels (selon Thackray, Dalton appartiendrait à cette catégorie nouvelle, ce que révélerait le caractère « naïf », du point de vue newtonien, de sa conception des atomes chimiques). La spécificité de la chimie, son autonomie, son intérêt vont donc, en Angleterre, se fonder sur son utilité effective, et non, comme en France, sur la validité de ses prétentions au titre de science. Cette lecture renvoie aux thèses plus générales de l'historien Joseph Ben-David selon lesquelles l'Angleterre du XVIIIe siècle mesure la valeur de la science à son éventuelle contribution au développement technique, économique et social : science « utile », suivant le modèle de Francis Bacon, science qui tire son prestige moins du service de la vérité ou du progrès de la raison que de celui de la société.

Le modèle de Francis Bacon

Francis Bacon (1561-1626) fut grand chancelier de Jacques Ier, roi d'Angleterre, mais aussi l'auteur de livres influents (le plus connu est le *Nouvel Organon*, 1620) promouvant une nouvelle conception (antiaristotélicienne) tout à la fois de la connaissance et de son rôle dans l'histoire humaine. La tradition (c'est-à-dire notamment les lecteurs de Bacon au XVIIIe siècle) a retenu de lui l'hostilité à tout système, la recherche des seules causes efficientes (à l'exclusion des causes finales et formelles), l'observation minutieuse des phénomènes individuels, la généralisation prudente à partir d'eux (Bacon est dit le « père de la méthode inductive »), et, enfin, le caractère pratique de la connaissance, qui permet de mettre la nature au service de l'homme.

En ce sens, le destin de la notion d'affinité serait le révélateur de la divergence entre les significations de cette activité que l'on appelle « science » en France (et dans les pays où des monarques créent des académies sur le modèle de l'Académie des sciences française) et en Angleterre. Dans les deux cas, les « savants » se consacrent certes à un grand nombre d'activités pratiques, mais les Académies continentales marquent la différence entre ces activités et la poursuite d'une science « rationnelle », d'une science qui trouve sa dignité dans la promotion de la raison comme telle, alors que les membres de la Royal Society se satisfont d'une science dont la valeur renvoie à son utilité, à son rôle dans le développement des techniques. Que la chimie puisse devenir une science « rationnelle », échappant à l'empirisme, une science qui comprend au lieu de se borner à apprendre, c'est un enjeu essentiel du point de vue du statut du chimiste et du prestige de sa science en France, c'est une spéculation indifférente en Angleterre.

La première « table d'affinité » avait permis à Geoffroy d'importer clandestinement la chimie newtonienne en France. Mais le succès croissant des « tables d'affinité » sur le continent peut, lui, être pris pour mesure de la forme spécifique qu'y prend le newtonianisme, véritable poursuite du « rêve newtonien » face à une Angleterre officiellement newtonienne. Si, entre 1718 et 1750, deux nouvelles tables seulement seront publiées, il y en aura trois dans les années 50, quatre dans les années 60 et cinq dans les années 70. La multiplication des tables à partir de 1750 peut être liée à la publication des *Éléments de chimie* par Pierre Joseph Macquer (1755), qui contient le premier exposé systématique de la doctrine des affinités. Macquer y souligne le caractère empirique des tables d'affinité, libres de théorie, point à partir duquel les démarches interprétatives pourront se dégager. Il fait allusion, de manière prudente, à l'interprétation newtonienne, mais recourt également à des interprétations de tyle stahlien, renvoyant à la notion d'élément comme porteur de propriétés qualitatives intrinsèques. En 1766, sans doute parce que Macquer a adopté la position de Buffon, son très influent *Dictionnaire de Chymie* affirmera la probabilité de l'interprétation newtonienne de l'affinité, et conclura par un appel à ceux qui sauront assez de chimie et de mathématique pour faire progresser une question aussi vitale, clé des phénomènes les plus cachés de la chimie...

Mais le point culminant des recherches sur l'affinité comme aussi de l'affirmation de leur caractère newtonien est l'œuvre du chimiste suédois Torbern Bergman sur ce qu'il n'hésitera pas, quant à lui, à appeler « attraction élective ». Les tables publiées de 1775 à 1783 par Bergman coordonnent les résultats de plusieurs milliers de réactions chimiques et comportent 49 colonnes (27 acides, 8 bases et 14 métaux et autres) et une double mise en tableaux : les réactions en solution et celles qui s'opèrent par « voie sèche », c'est-à-dire sont « forcées par le feu ».

Comme le dit l'historien Maurice Daumas, Bergman « entreprit sa besogne laborieusement, en artisan consciencieux qui espère grignoter petit à petit l'immense labeur qui s'étend devant lui. Son intention semble avoir été d'effectuer toutes les réactions chimiques imaginables, de comparer leurs résultats et de classer ainsi les corps les uns par rapport aux autres... Il semble d'ailleurs n'avoir pas été très satisfait des résultats : il estimait que plus de trente mille expériences exactes étaient encore nécessaires pour donner un certain degré de perfection à sa table... ».

Au travail de Bergman répond celui, contemporain, de Guyton de Morveau. L'un porte à son apogée la chimie qui « apprend », l'autre accomplit les premiers pas vers la « compréhension », avec notamment la tentative de donner une mesure quantitative à la force d'affinité : Guyton de Morveau mesure, par exemple, les forces nécessaires pour séparer des plaques de différents métaux du bain de mercure où elles flottent, et il découvre avec satisfaction que ces forces suivent le même ordre que celui des affinités chimiques.

La chimie de la fin du XVIIIᵉ siècle ne rapproche donc pas « d'un trait de plume » affinité chimique et attraction ; ce rapprochement a déjà suscité des travaux de longue haleine et constitue pour elle un véritable *programme de développement*. La chimie se définit moins par un territoire (comme l'a défini, nous le verrons, le chimiste Gabriel-François Venel) que par une perspective qui réclame un travail collectif gigantesque : apprendre, pour finir par comprendre, accumuler des « données » qui sont certes empiriques mais qui, comme les observations astronomiques avant Newton, constituent le terrain que viendra organiser sous une forme déductive la théorie. Et c'est à ce

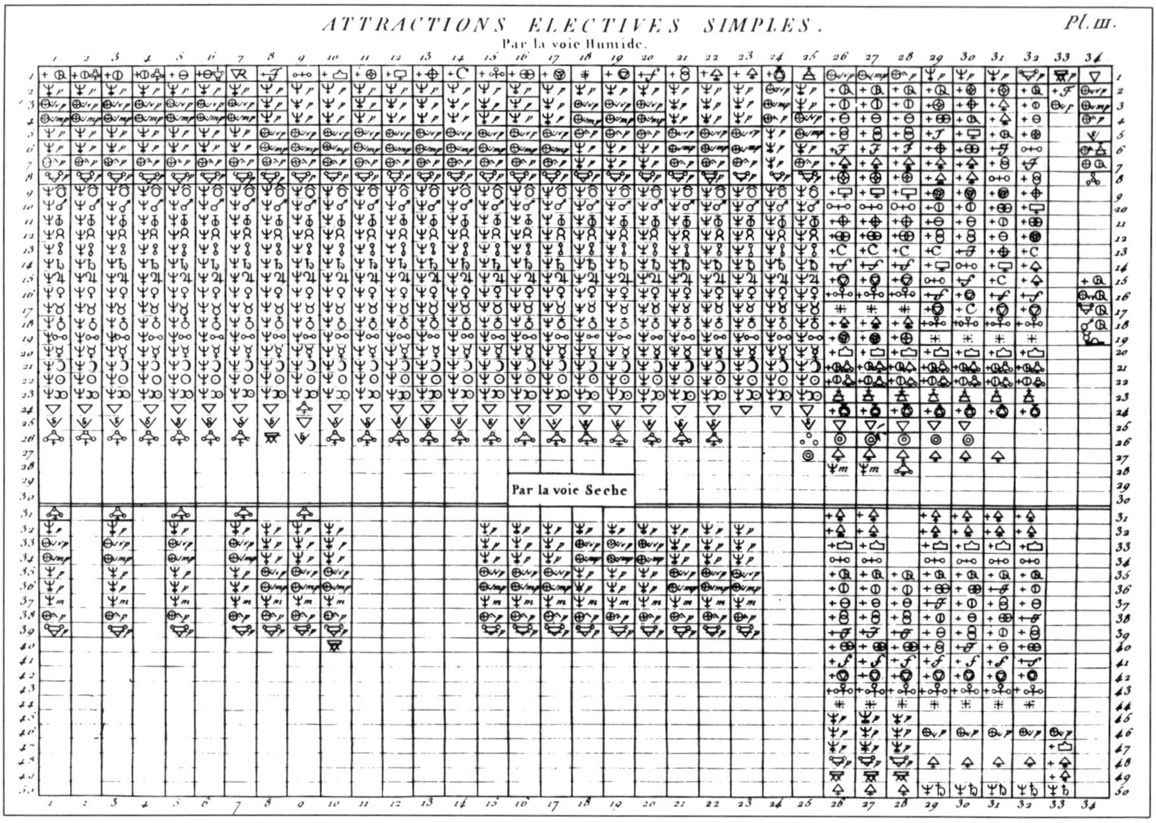

Une table d'attractions électives de Torbern Bergman (attractions simples, où « AB + C » donne « AC + B », par opposition aux attractions doubles, où « AB + CD » donne « AC + BD ». On peut comparer la troisième colonne à la troisième colonne qui se trouve lui correspondre (« acide nitreux ») dans la table des rapports de Geoffroy. Et les cases vides appellent de nouvelles expériences...
(In T. Bergman, Traité des affinités chimiques ou attractions électives, *1788 ; Bibl. nat., Paris.*
Ph. © Bibl. nat./Photeb.)

programme que répondent ceux qui, à l'époque, s'interrogent sur la chimie. Il est bien connu que Lavoisier choisira de tenter pour la chimie un autre type de fondation. Il laisse, écrira-t-il dans son *Traité élémentaire de chimie*, le problème des affinités à son collègue Guyton de Morveau ; la science des affinités, estime-t-il pourtant, est à la chimie ce que la « géométrie transcendantale » est à la géométrie élémentaire. Mais il est assez clair que, pour Lavoisier, la chimie n'a pas à attendre, pour devenir science rationnelle, de devenir capable de suivre le modèle de la géométrie ou de la mécanique céleste. L'espoir est lointain et le modèle newtonien ne définit pas, en cette fin de siècle, le seul chemin vers le titre de science.
Cependant, le problème est loin de se résoudre à l'alternative entre la stratégie « newtonienne » de Guyton de Morveau et celle que Lavoisier met sous l'autorité du philosophe français Étienne de Condillac. Au-delà de l'ambiguïté de l'affinité que dénonçait Buffon lorsqu'il écrivait que trop de chimistes utilisaient les tables d'affinité sans les comprendre, c'est-à-dire sans comprendre que les affinités ne sont que l'effet de l'attraction universelle, se pose la question de savoir si la chimie des affinités a pour destin de devenir, d'une manière ou d'une autre, une science donnant ses *lois* à l'activité chimique de la matière. L'empirisme traduit-il, comme Guyton et Lavoisier seraient d'accord pour l'affirmer, la marque d'une science en attente de sa raison ?

Affinités et circonstances

Nous pouvons à présent lire les *Affinités électives* (1809) de Goethe. Écoutons d'abord « le Capitaine » décrire l'activité chimique : « Il faut voir agir devant ses yeux ces êtres qui semblent morts et qui cependant sont toujours intérieurement prêts à l'activité ; il faut regarder avec sympathie comment ils se cherchent l'un l'autre, s'attirent, se saisissent, se détruisent, s'absorbent, se dévorent, puis, après s'être intimement unis, se manifestent à nouveau sous une forme renouvelée, nouvelle, inattendue: alors seulement on leur attribue une vie éternelle, et même de la sensibilité et de l'intelligence, car nous éprouvons que nos sens suffisent à peine à les bien observer, et que notre raison suffit à peine à les comprendre. »

Comment dès lors définir la chimie en tant que science ? Écoutons à ce sujet la position de « Mittler », cet intermédiaire (dont le nom a malheureusement été traduit en français par « Courtier »). Mittler court et s'active, il intervient là où les gens ne s'entendent pas, il aidera le rapprochement entre les protagonistes, Charlotte, Édouard son époux, la jeune Odile et le Capitaine, mais il se refuse à prévoir le résultat des rencontres qu'il favorise de la sorte: chacune d'entre elles est une aventure. Dès lors qu'il est question de contact entre corps, il faut apprendre à partir de l'événement effectif, c'est-à-dire renoncer à déduire et à prévoir. Et Charlotte semble d'accord, qui dit à Édouard, au moment d'inviter le Capitaine à partager leur vie:

« Notre Courtier, cet original, a finalement raison. Toutes ces entreprises sont des aventures. Ce qui en sortira, nul ne peut le prévoir. Ces nouveautés peuvent être fécondes en bien et en mal, sans que nous puissions nous en attribuer spécialement le mérite ou la faute. » Pourtant dans un autre cas, Charlotte va oublier la leçon: elle et Édouard croiront pouvoir conclure d'une précédente rencontre, *dans d'autres circonstances*, avec Odile, qu'Édouard ne pouvait ressentir aucun attrait envers cette jeune fille. L'aventure leur donne tort, sans que ce soit la faute de personne.

Goethe, en chimie, était-il donc « newtonien » ? L'ignorance renvoie-t-elle au caractère relationnel des affinités ? L'essentiel semble plutôt d'opposer le règne des lois, aux effets prévisibles et réguliers, et l'activité chimique. Lorsque le Capitaine lui décrit assez pompeusement l'art de séparation et de rassemblement des chimistes, la manière dont l'acide sulfurique dilué s'empare de la chaux que contient à l'état de combinaison une terre calcaire alors que se dégage le second terme de cette combinaison, un acide plus faible, Charlotte réplique: « Je ne saurais voir ici un choix, mais plutôt une nécessité naturelle, et même à peine, car il ne s'agit peut-être que d'une affaire d'occasion. L'occasion fait les combinaisons, comme elle fait le larron; et, quand il est question de vos substances naturelles, le choix me paraît se trouver uniquement dans les mains du chimiste, qui rapproche ces substances. Une fois qu'elles sont ensemble, Dieu leur fasse grâce ! » Charlotte a compris que la chimie n'est pas science des lois, mais art des circonstances. Il lui reste à apprendre que l'union entre deux êtres, sanctionnée à la fois par les lois du mariage et par l'accord des consciences, des intérêts et de la raison, peut être bouleversée, contre toute raison, par l'intervention accidentelle d'un troisième. Charlotte, « si bellement unie avec Édouard », se sentira chassée au loin par la complicité qui unira ce dernier et le Capitaine, comme l'acide faible de la parabole. Et Odile, que l'on décide de faire venir pour consoler Charlotte de l'éloignement d'Édouard, comme un quatrième corps s'unit au troisième délaissé, aura une tout autre action. Pas plus que les unions et séparations chimiques les passions humaines ne sont accessibles aux prévisions rationnelles.

L'affinité élective selon Goethe est moins en attente de compréhension scientifique et de loi rationnelle que problème pour la raison, signe de ce qu'un autre type de science doit être reconnu. Il faut accepter l'idée que la connaissance par apprentissage, à partir de l'expérience effective, n'est pas inférieure à la connaissance déductive à partir de lois, mais répond à une nécessité irréductible, imposée par l'activité chimique, par les affinités et les passions de la matière.

La chimie doit-elle devenir une science créatrice de lois, sur le modèle de la mécanique céleste, ou doit elle, « art aux mains des chimistes », conserver le lien privilégié qui la caractérise, avec l'activité artisanale ? Le « progrès rationnel » peut-il être l'œuvre des mathématiciens dans le mépris des

« ouvriers », comme cela a été le cas de la mécanique, ou est-il solidaire d'un nouveau type de collaboration entre « esprit de système » et « savoir artisanal » ? Ces questions, nous pourrions les dériver de Goethe, mais elles apparaissent explicitement dès les écrits de Diderot et de l'*Encyclopédie.*

Apprendre la chimie

L'*Encyclopédie* de Diderot ou *Dictionnaire raisonné des sciences, des arts et des métiers* (1751-1772) ne parle pas d'une seule voix, et les articles consacrés à la chimie ou impliquant la chimie y sont nombreux. Dans l'article « Attraction », d'Alembert annonce que l'attraction newtonienne devra rendre compte des opérations de la chimie. Mais l'article « Chymie », lui, traduit dans tous les registres le rôle bien différent que Diderot entend faire jouer à cette science. Il a confié cet article au chimiste-médecin Gabriel-François Venel, comme lui ancien élève de Hilaire Rouelle, qui introduisit la chimie de Stahl (cf. p. 369-370) en France. Et c'est dans cet article que nous verrons pour la première fois l'identité de la chimie traitée comme un problème qui unit indissolublement le savoir, la philosophie et la politique.

L'article « Chymie » paraît dans le troisième volume de l'*Encyclopédie,* en 1753, et, la même année, Diderot, dans *Pensées sur l'interprétation de la nature,* publie une analyse foncièrement similaire : il y plaide pour une pratique scientifique ouverte, où ceux qui « réfléchissent » daigneraient enfin s'associer à ceux qui « se remuent », où ceux qui ont « beaucoup d'idées et n'ont point d'instruments » apprendraient à collaborer avec ceux qui ont « beaucoup d'instruments et peu d'idées ». Et c'est le mépris de ceux qui réfléchissent pour ceux qui *apprennent* à partir de l'expérience qu'il dénonce, plus que les hypothèses spéculatives des mathématiciens. De même, dans les *Principes philosophiques sur la matière et le mouvement* (1770), il écrira : « Que m'importe ce qui se passe dans votre tête ! Que m'importe que vous regardiez la matière comme homogène ou comme hétérogène ! Que m'importe que, faisant abstraction de ses qualités, et ne considérant que son existence, vous la voyiez au repos ! Que m'importe qu'en conséquence vous cherchiez la cause qui la meuve ! Vous ferez de la géométrie et de la métaphysique tant qu'il vous plaira ; mais moi qui suis physicien et chimiste, qui prends les corps dans la nature, et non dans ma tête, je les vois existants, divers, revêtus de propriétés et d'action, et s'agitant dans l'Univers comme dans le laboratoire... Pour que la matière soit mue, dit-on encore, il faut une action, une force ; oui, ou extérieure

*Le laboratoire du chimiste, illustration de l'article « Chymie » de Gabriel-François Venel dans l'*Encyclopédie *de Diderot. Les ustensiles sont ceux de l'ancienne tradition alchimique. Pas de balance ni, encore, d'enceinte pour isoler les gaz. La plupart des chimistes du* XVIII*e siècle travaillaient chez eux, dans une pièce de leur maison. (*Encyclopédie *de Diderot, fac-similé de la 1re éd., 1751-1780; Bibl. nat., Paris. Ph. © Bibl. nat./Photeb.)*

à la molécule, ou inhérente, essentielle, intime à la molécule, et constituant sa nature de molécule ignée, aqueuse, nitreuse, alcaline, sulfureuse... La force qui agit sur la molécule s'épuise; la force intime ne s'épuise point. Elle est immuable, éternelle. »

Alors que Goethe, dont la Charlotte semblait défendre une conception relationnelle de l'affinité, n'en décrivait pas moins des corps intérieurement prêts à l'activité, Diderot, qui accepte une conception foncièrement stahlienne de la matière — propriétés inhérentes, essentielles, et non relationnelles —, n'en adopte pas moins le terme de « force ». En cette seconde moitié du XVIIIe siècle, relations et principes s'opposent moins que ne s'opposent les thèses sur la chimie comme science. Tel est d'abord le registre dans lequel Venel discutera de la singularité de la chimie et des difficultés qu'elle rencontre.

Comme Diderot, Venel déchiffre ces difficultés sur le plan politique, au sens où le titre de science est d'abord un titre reconnu ou non par la société. Certes il appelle de ses vœux la « révolution qui placerait la Chymie dans le rang qu'elle mérite, qui la mettrait au moins à côté de la physique calculée », mais cette révolution n'est pas pour lui la « naissance » d'une chimie enfin scientifique. Le chimiste habile, enthousiaste, hardi, qui pourra opérer cette révolution, sera celui qui « se trouvant dans une position favorable et profitant habilement de circonstances heureuses saurait réveiller l'attention des savants, d'abord par une ostentation bruyante, par un ton décidé et affirmatif, et ensuite par des raisons, si ses premières armes avaient entamé le préjugé ». La chimie souffre d'abord du mépris des « savants » et le « nouveau Paracelse » devra d'abord être agent de propagande.

Mais la « révolution » éventuelle ne transformera pas pour autant la pratique de la chimie. Toujours, le chimiste le plus éclairé, le plus instruit, aura besoin de ce « génie » qui, lorsqu'il se présente chez les ouvriers, ne s'appelle que *bon sens*. Car seul ce bon sens permet de franchir les obstacles qui arrêtent le chimiste sans expérience : variété des moyens chimiques et des produits, singularités, bizarreries apparentes, phénomènes isolés, peu reproductibles, etc. Jamais le pouvoir d'une théorie déductive ne permettra de débarrasser la chimie de ce qui la rend solidaire d'une longue pratique, pénible, ardue, patiente. Jamais des vérités abstraites *a priori* ne pourront réduire la chimie, art des circonstances, au modèle d'une science armée de lois, c'est-à-dire permettre l'économie de la « faculté de juger par le sentiment », du « coup d'œil » qui donne à lire les indices, à estimer les circonstances.

La chimie exige un apprentissage qui est à la fois et indissociablement apprentissage des sens, du corps (avoir son thermomètre au bout des doigts, et son horloge dans la tête, dit Venel) et de l'esprit. En ce sens, elle est une *passion*. Ainsi s'explique, pour Venel, qu'on ait pu dire de la chimie qu'elle était passion de fou, du chimiste qu'il était excentrique et anormal, dévoré par un goût qui lui fait perdre sa santé, sa fortune, son temps et sa vie. (C'est encore le drame narré par Balzac dans *la Recherche de l'absolu*.) Mais « ces difficultés et ces inconvénients-là mêmes doivent faire regarder les savants qui ont assez de courage pour les braver comme des citoyens qui méritent toute notre reconnaissance ».

La chimie, science de l'hétérogène

La singularité de la chimie comme passion traduit, par sa différence avec la calme déduction, le fait que les chimistes s'attachent aux propriétés intrinsèques des corps, alors que les physiciens s'arrêtent au superficiel, à « ce que voient les ânes et les bœufs ». Pas plus que Diderot, Venel ne s'en prend à l'affinité en tant que telle, mais il va s'attacher à démontrer la différence de nature entre l'agrégat qui est l'objet de la physique, qu'elle soit newtonienne ou cartésienne, et l'union mixtive qu'impose de concevoir la chimie. Les parties de l'agrégat n'ont entre elles que des rapports de « vicinité », tout changement doit être ramené à un changement de disposition spatiale, éloignement ou rapprochement, sans que les parties éprouvent de changement intérieur. Les propriétés que de tels changements permettent de comprendre sont donc « extérieures » ou « physiques ». Elles peuvent varier sans que se transforme la nature des corpuscules qui composent l'agrégat et ne répondent pas à cette question, qui fut celle des testateurs face aux fraudes alchimiques, « qu'est-ce qui fait que de l'or est de l'or ? ». Au contraire, les qualités « intérieures spécifient proprement le corps, le constituent en corps tel, font que l'eau, l'or, le nitre, etc., sont de l'eau, de l'or, du nitre, etc. ». Et ces qualités appartiennent intrinsèquement aux *corpuscules*, parties intégrantes de l'agrégat.

Les actions mutuelles entre corpuscules sont donc l'objet propre de la chimie. Ces actions « dépendent des qualités intérieures des corpuscules, parmi lesquelles l'homogénéité et l'hétérogénéité méritent la première considération, comme conditions essentielles : car l'agrégation n'a lieu qu'entre des substances homogènes [...] l'hétérogénéité des principes, au contraire, est essentielle à l'union *mixtive* ». A la différence de l'union agrégative qu'étudie le physicien, l'union mixtive, « nœud » qui unit les principes des corpuscules, produit en effet de l'homogène, doué de propriétés intrinsèques, avec de l'hétérogène. « Les masses adhèrent entre elles à raison de leur vicinité, de leur grosseur et de leur figure ; les corpuscules ne connaissent point du tout cette loi : c'est à raison de leur rapport ou affinité que se font leurs unions ; et réciproquement, les masses ne sont pas soumises aux lois des affinités [...] et jamais de l'union d'une masse à une masse de nature différente, il ne résultera un nouveau corps homogène. »

Venel définit donc l'affinité, et l'union mixtive qui se produit en raison de l'affinité, par contraste avec la physique. Il ne sait pas ce qu'est le « nœud » de l'union mixtive, il ne prétend pas en particulier que les « principes » de Stahl en constituent l'explication, mais il sait que l'union que qualifie l'affinité ne peut se réduire à l'agrégation. Et il refuse de considérer que l'absence d'une explication intuitive à cette union, l'absence d'un agent mécanique qui la cause soit un défaut, car, remarque-t-il, ceux qui évoquent cette ignorance pour accuser les chimistes d'obscurité sont ceux qui cherchent à se rassurer contre l'horreur de l'inintelligible. Les chimistes, quant à eux, ont le courage de préférer l'obscurité à l'erreur. Ils suivent en cela l'exemple de Newton et de tous ceux qui, avant lui, ont su « que la nature opère la plupart de ses effets par des moyens inconnus ; que nous ne pouvons nombrer ses ressources ; et que le ridicule réel, ce serait vouloir la limiter, en la réduisant à un certain nombre de principes d'action et de moyens d'opération : il leur suffisait d'avoir remarqué un certain nombre d'effets relatifs et de même ordre pour constituer une cause. Les chimistes font-ils autre chose ? » Ceux qui veulent « rationaliser » la chimie manifestent donc en fait une très irrationnelle horreur de l'inintelligible, horreur que Newton ne partageait pas, qui osa introduire une force d'action à distance pour « cause » du comportement des planètes et des corps graves.

L'article « Chymie » de l'*Encyclopédie* est donc une contre-attaque contre tous ceux qui voient pour seul destin scientifique à la chimie une soumission explicite aux principes physiques. Et cette contre-attaque a ceci de remarquable qu'elle se déploie sur des registres distincts, qu'elle articule ce faisant : présentation de la spécificité sociale et pratique du savoir des chimistes, de leur apprentissage nécessaire et passionné, mais aussi mise en lumière de la spécificité des phénomènes chimiques ; enfin, affirmation d'une contre-théorie de la connaissance au terme de laquelle le contraste entre la rationalité intelligible de la mécanique et l'obscurité de la chimie voit sa signification inversée.

La distinction que souligne Venel entre ce qu'il appelle union « agrégative » et union « mixtive » était en fait généralement acceptée par tous les chimistes du XVIIIe siècle, *y compris par ceux qui, comme Bergman et Guyton de Morveau, ambitionnaient d'interpréter l'affinité par le même type de force qui explique l'agrégat*. L'idée qu'une réaction chimique a toujours une direction bien

déterminée, déterminée par l'affinité la plus forte, quoique des circonstances renvoyant à la physique, comme l'état d'agrégation, puissent l'empêcher et que d'autres, la chaleur, la désagrégation, la mise en solution, puissent lever l'obstacle, n'a été contestée par personne, sans doute parce qu'elle renvoyait aux procédés mêmes de la chimie artisanale de l'époque. Ce corpus de connaissance, Venel souligne d'ailleurs clairement qu'il est resté un bien commun. « Le manœuvre dit : l'acide nitreux trop concentré n'attaque point l'argent, mais étendu d'une certaine quantité d'eau et excité par un certain degré de chaleur, il le dissout. La science dit : l'union agrégative de l'acide concentré est supérieure à son rapport (son affinité) avec l'argent, et l'eau ajoutée au menstrue (à l'acide) relâche cette agrégation que la chaleur relâche davantage encore, etc. Le manœuvre ne généralisera jamais ; mais la science dira plus généralement ici : dans tout acte de dissolution, la tendance à l'union mixtive surmonte l'union agrégative. »
On va le voir, ce bien commun, ce double langage concordant de la chimie « des savants » et « des manœuvres », va se trouver mis en cause au début du XIXe siècle. Le corpus, tant artisanal que proprement scientifique, des chimistes du XVIIIe siècle donnait sens, on vient de le lire, à une distinction qualitative entre unions mixtive et agrégative, la seconde devant, le cas échéant, être « surmontée » pour que la première puisse se produire. Or cette distinction va se trouver mise en cause au début du XIXe siècle par des « savants », partisans de l'affinité newtonienne. Dès lors, prendra fin en France l'harmonie entre le savoir des chimistes et l'affinité newtonienne, le programme de double progrès complémentaire : enrichissement des tables d'affinité mettant en tableau les connaissances empiriques et quantification des affinités, qui permettrait de déduire les connaissances rassemblées par ce tableau.

Affinités électives ou fonctionnelles ?

L'affinité relationnelle entraînait la nécessité d'une étude exhaustive de toutes les réactions possibles, et non plus seulement des réactions « intéressantes », des réactions qui avaient intéressé les artisans. Or ce sont ces réactions « intéressantes » qui créaient l'évidence d'une distinction qualitative entre union mixtive (« chimique ») et union agrégative (« physique »). Les réactions privilégiées répondaient en effet à une finalité, qui est de trouver un procédé permettant d'obtenir un produit sous sa forme la plus homogène et la plus pure.
C'est la sélection de tels procédés qui fonde en particulier un aspect de la conception de ce qui est propre à l'union mixtive : si un corps entretient avec un autre une affinité plus forte que celle que ce dernier corps entretient avec un troisième avec lequel il est en liaison, le premier *chasse entièrement* le troisième. Si l'on fait abstraction des obstacles que peut déterminer l'union agrégative, la réaction chimique est censée être *complète*, le choix d'un corps par un autre au détriment d'un troisième suit la loi qualitative du tout ou rien. Attraction *élective*, dit Bergman, explicitant la différence qualitative entre union mixtive et union agrégative acceptée à son époque.
Les tables de Bergman, qui rassemblent un grand nombre de réactions étrangères au corpus traditionnel, multiplient pourtant les cas d'« anomalies » : sans cesse, Bergman doit expliquer que des facteurs physiques interfèrent avec l'affinité « vraiment chimique » et empêchent la réaction de se faire de manière complète, voire l'entraînent à se faire dans la « mauvaise » direction. Régulièrement, il doit noter qu'il est obligé d'utiliser plusieurs fois la quantité qui aurait dû suffire pour assurer une réaction complète.
Contrairement à ce que supposait Bachelard, apparemment convaincu, on l'a vu, que tout « bon expérimentateur » aurait vu qu'affinité et attraction n'ont rien à voir, l'enrichissement du savoir expérimental ne mènera pas à l'abandon de la thèse identifiant affinité et attraction mais, du moins dans un premier temps, à son renforcement. Seuls jusque-là, les critiques de la chimie

newtonienne, comme Venel, avaient souligné que l'attraction ne peut expliquer que deux corps hétérogènes en forment un troisième, homogène, ne peut rendre compte de la différence qualitative entre unions agrégative et mixtive. Comme nous allons le voir, cette impossibilité deviendra vertu lorsque la chimie newtonienne se servira d'elle pour nier le caractère électif des affinités et la différence qualitative que l'« élection » explicite. La mise en cause expérimentale de la notion de réaction complète, répondant à la loi du tout ou rien, confirmera donc les implications, jusque-là négligées par ses défenseurs, de l'interprétation newtonienne des affinités.

Nous en arrivons tout à la fois à l'œuvre du chimiste Claude Louis Berthollet et à la Révolution française, mais celle-ci intervient non pas pour les idées ni pour la mort de Lavoisier (cf. p. 337-361 et p. 381), mais pour les problèmes nouveaux posés au chimiste, et pour les transformations institutionnelles qu'elle provoqua avec la création de chaires vouées à l'enseignement systématique de la chimie.

Pendant la Révolution, Berthollet se consacra à un problème étranger à la tradition de la chimie artisanale : il travailla à rationaliser la production de salpêtre nécessaire à la fabrication de poudre à canon. Au lieu de recueillir le salpêtre sur place, comme c'était le cas auparavant, il s'agissait de le produire en milieu industriel contrôlé. Or, lorsque les rochers nitreux sont lavés, Berthollet se rend compte que plus il y a de salpêtre en solution dans l'eau, moins le lavage est efficace : il vaut mieux laver en plusieurs fois en employant chaque fois de l'eau fraîche. Cependant, chaque lavage dissout une quantité moindre de salpêtre.

Dans un cours qu'il donna en 1795 à l'École normale de l'an III, Berthollet conclut que la tendance d'un corps à se combiner avec un autre décroît proportionnellement au degré de combinaison déjà réalisé. Cela signifie que l'affinité, au lieu de caractériser un corps dans sa relation avec un autre, est devenue une *fonction* de l'état physico-chimique du milieu, et, en particulier, de la concentration des réactifs en présence.

En 1800, Berthollet reprend la même idée de manière plus accentuée. Entre-temps, il a participé à l'expédition en Égypte, et la tradition narrative fait remonter ses convictions sur l'affinité à une curieuse observation de voyage : un « lac de sodium ». Le sel contenu dans l'eau du lac, en contact avec le carbonate de calcium du fond, produit du carbonate de sodium qui se dépose sur les bords du lac. Or cette réaction ne se produit pas dans cette direction en laboratoire. Berthollet va expliquer cette différence par une double circonstance : la quantité de sel et de carbonate de calcium, et le fait que les deux produits de réaction sont continuellement éliminés du milieu réactionnel, le chlorure de calcium étant drainé à travers le sol et le carbonate de sodium précipité sur la rive. Et Berthollet, dès son retour à Paris, entreprendra une inversion systématique des catégories du jugement expérimental chimique. Usuellement, le milieu réactionnel (température, concentration des réactifs) était tenu pour une source d'interférence permettant d'expliquer les anomalies ; désormais, l'anomalie est la réaction où un corps est entièrement déplacé par un autre, la réaction complète ; c'est elle qui doit être expliquée par des facteurs particuliers (élimination des produits par volatilisation ou précipitation notamment).

En termes modernes, la *réaction* s'écrit :
$2NaCl + CaCO_3 \rightarrow Na_2CO_3 + CaCl_2$.

Berthollet met donc en lumière la singularité des procédés traditionnels de la chimie artisanale, le fait qu'ils ont été sélectionnés en raison du caractère complet des réactions qu'ils mettent en jeu. Et il reprend la table de Bergman pour montrer que le fameux ordre irréversible des déplacements n'est autre que l'ordre de solubilité des produits. Les « réactions complètes » s'expliquent soit par la volatilité, soit par le caractère peu soluble de l'un ou l'autre de leurs produits, qui échappe au milieu réactionnel.

Or, de retour en France, Berthollet est particulièrement bien placé pour donner à ses idées un retentissement maximal. Il est, avec Laplace, l'un des membres fondateurs de la Société d'Arcueil, société privée qui va réunir les scientifiques reconnus comme les plus brillants de l'époque et publier un journal sous le titre *Mémoires de Physique et de Chimie de la Société d'Arcueil.* Il est sénateur napoléonien. Laplace et lui incarnent la situation privilégiée des « grands hommes de science » dans l'Empire : rôle politique, prise en main des nouvelles institutions pédagogiques, conquête des moyens financiers qui leur permettront notamment de monter les laboratoires privés d'Arcueil. La doctrine officielle de la Société d'Arcueil est la physique newtonienne, et Berthollet, qui est bien un expérimentateur chevronné, montrera en 1803, dans sa *Statique chimique*, que le caractère généralement incomplet des réactions chimiques, et leur dépendance *intrinsèque* par rapport aux « circonstances », constituent des conséquences normales de l'interprétation de l'affinité comme force d'attraction newtonienne.

Venel avait raison. La force newtonienne d'attraction ne permet pas de justifier une distinction qualitative entre forces « physiques » et « chimiques », de distinguer unions « mixtives » et « agrégatives ». Il faut choisir, a compris Berthollet, entre la tradition chimique et les implications, jusque-là non explicitées, de l'affinité newtonienne. L'affinité sera donc pour lui seulement un facteur parmi d'autres, de telle sorte que l'on peut, en jouant sur les autres facteurs, produire une réaction dans un sens ou dans un autre. Plus précisément, Berthollet s'attachera à supprimer toute distinction entre la direction « naturelle » d'une réaction et ce qui interfère avec cette direction. Pour Berthollet, les réactions chimiques n'ont plus de « direction naturelle ». Le chimiste n'a plus à « jouer » avec les « circonstances » pour permettre aux affinités chimiques de s'exprimer. Le chimiste *manipule une fonction* : la direction d'une réaction chimique est fonction d'une affinité purement chimique, elle dépend des concentrations, mais aussi de la température, de la cohésion des produits mis en présence, etc.

Dans cette fonction, l'affinité « chimique », qui résulte des forces d'attraction, ne joue pas de rôle privilégié qui permettrait de l'opposer aux « circonstances », elle est partie de l'*ensemble des circonstances* que le chimiste doit apprécier. « L'action chimique d'une substance ne dépend pas seulement de l'affinité qui est propre aux parties qui la composent et de la quantité ; elle dépend encore de l'état dans lequel ces parties se trouvent soit par une combinaison actuelle qui fait disparaître une partie plus ou moins grande de leur affinité, soit par leur dilatation, ou leur condensation, qui fait varier leur distance réciproque : ce sont ces conditions qui, en modifiant les propriétés des parties élémentaires d'une substance, forment ce que j'appelle sa constitution : pour parvenir à l'analyse de l'acte chimique, il faut apprécier non seulement chacune de ces conditions, mais encore toutes les circonstances avec lesquelles elles ont quelque rapport », affirme Berthollet dès les premières pages de la *Statique chimique.*

Mais Berthollet ira plus loin, confirmant l'analyse de Venel : la force d'attraction ne peut expliquer que le *mélange* et ses proportions, non pas la *combinaison* chimique qui produit de nouveaux corps homogènes à partir de corps hétérogènes. Berthollet niera donc la singularité de l'union mixtive. Le produit d'une réaction chimique n'est rien d'autre qu'un état d'équilibre où coexistent, à l'état de mélange, les différents types de composés. Et ces composés eux-mêmes ne peuvent avoir d'identité bien définie. Un corps ne peut chasser du voisinage d'un autre corps, un troisième, qui attire moins que lui cet autre ; il existera simplement dans le voisinage de cet autre en quantité plus importante que son rival plus faible. Tout corps est donc un mélange et une réaction chimique ne peut, en règle générale, avoir de produit pur. Et pis, les produits d'une réaction ne sont pas caractérisés par des proportions bien définies des corps dont ils sont combinaison : la composition d'un corps dépend de son histoire, des différents facteurs caractérisant le milieu réactif où il a été formé.

La controverse

Lorsque Bachelard s'étonne de ce que Berthollet, expérimentateur chevronné, ait pu rapprocher affinité et attraction, il adopte le point de vue usuel sur la controverse que provoquèrent les thèses de ce dernier. Généralement, on explique que le chimiste Joseph Louis Proust a démontré expérimentalement l'erreur de Berthollet en établissant que les corps chimiques répondent bien à des proportions définies, et on fait de cette démonstration le triomphe de la chimie expérimentale, du « fait », sur les vieilles spéculations du XVIIIe siècle. Cette description est doublement fausse.

D'abord, l'idée des proportions définies est une idée traditionnelle. Dans son premier article de 1799, avant le début de la controverse, Proust tirait des conclusions générales de quelques expériences : son but était de montrer que la composition est indépendante de la provenance du produit. Ainsi, il travaillera sur de l'oxyde de mercure produit en laboratoire, mais aussi sur du minerai venant des mines du Pérou. A l'époque où Berthollet « découvre » en voyage la preuve du caractère singulier de ce que la chimie traditionnelle jugeait normal, Proust fait voyager des produits pour prouver le bien-fondé des jugements traditionnels. Dans l'article de 1799, Proust cite d'ailleurs Stahl parlant du *pondus naturae* : les proportions définies témoignent de la main invisible de la nature qui opère identiquement, que ce soit dans les profondeurs du globe ou dans le laboratoire, et fixe de manière invariable les proportions des constituants d'un produit. Le chimiste n'a pas plus de pouvoir sur le *pondus naturae* qu'il n'en a sur la loi d'élection qui préside à toutes les combinaisons. Nous tendons à penser nouvelle la loi qu'énonce Proust parce que nous la pensons vraie, mais cette loi s'enracine dans la chimie du XVIIIe siècle et a déjà, entre 1792 et 1802, servi de base au chimiste allemand Benjamin Richter pour tenter une évaluation numérique des affinités.

La nouveauté de la controverse tient donc avant tout à ce que, enfin, affinité relationnelle au sens newtonien et affinité révélatrice de principes chimiques au sens des chimistes stahliens ont trouvé leur point de désaccord, le point où, finalement, le choix devrait pouvoir se faire.

Entre 1799 et 1807, expériences et contre-expériences se succéderont, mais sans que jamais l'un des deux adversaires reconnaisse que l'autre a « établi un fait » qui lui assure la victoire. Certes, Proust ne cesse de prétendre que les faits lui donnent raison, c'est sa seule arme contre l'autorité de la théorie newtonienne et le prestige de Berthollet. Et rétrospectivement, ceux qui « savent » qu'il avait raison sont impressionnés par son ton « moderne » : les scientifiques, ne cesse-t-il de rappeler, n'ont pas le droit de construire des théories qui vont contre les faits. Mais les faits eux-mêmes, tels que les méthodes de l'époque pouvaient les mettre en évidence, restaient ambigus. La chimie de Proust et de Berthollet est encore la chimie du XVIIIe siècle, non la chimie analytique qui va naître : dix ans plus tard, là où Proust emploie des centaines de kilos d'oxyde pour réaliser une analyse, on n'aura besoin que de quelques grammes. Or, rétrospectivement, nous savons que la précision expérimentale était, en l'occurrence, indispensable : la plupart des composés métalliques que Berthollet et Proust analysèrent étaient, comprend-on aujourd'hui, des *mélanges* de plusieurs types d'oxyde, ce qui fait que chacun des protagonistes pourra, tout à la fois, interpréter les « faits » à sa satisfaction, et accuser l'autre de les maquiller, d'introduire des hypothèses *ad hoc*.

La controverse s'arrêtera vers 1807 sans conclusion définitive, chacun se jugeant vainqueur de l'autre. En 1832, Louis Jacques Thénard et Joseph Louis Gay-Lussac proposeront une interprétation de l'équilibre chimique de Berthollet qui respecte le principe des proportions définies : se trouvent dissocié ce que la chimie du XVIIIe siècle, y compris Berthollet, confondait dans le problème de la « cause » des réactions. La force newtonienne était à la fois lien et cause de transformation. Gay-Lussac et Thénard distinguent la question du lien, c'est-à-dire des proportions définies des produits purs entrant dans un produit composé, et celle de la réaction. Toute réaction produit des corps répondant à des proportions *définies*, mais toute réaction est incomplète et a pour résultat un mélange de réactifs et de produits de réaction, mélange dont la composition est, comme l'avait montré Berthollet, fonction des conditions de réaction.

Voilà pour la conclusion « rationnelle » de la controverse et, à la suivre, on pourrait dire que l'affinité du XVIIIe siècle a été un concept fécond, qu'elle a mené à une distinction insoupçonnée, étrangère à la physique newtonienne, entre liaison et processus de transformation des liaisons, entre le « lien » auquel le chimiste ne peut commander, et la direction des réactions où ces liens se transforment, qu'il peut manipuler par l'intermédiaire des conditions de réaction. Parallèlement, se confirme d'ailleurs la singularité du lien chimique : ceux qui, comme les Anglais Humphry Davy et Michael Faraday ou le Suédois Jöns Jacob Berzelius, voudront substituer aux forces newtoniennes l'hypothèse d'un lien « électrique » seront vaincus par le développement de la nouvelle chimie organique.

A la fin des années 1830, Jean-Baptiste Dumas montre que l'acide chloracétique résulte de la substitution, dans l'acide acétique, d'un hydrogène, qui est censé être électro-positif, par un chlore, qui est, lui, électro-négatif. La théorie de la substitution, née de la nécessité de comprendre la jungle des produits de la chimie organique, a vaincu la dernière interprétation générale des processus chimiques (malgré Berzelius qui continuera à protester que cette théorie n'est valable qu'en chimie organique...).

Mais ce qui est sans doute plus intéressant encore que la conclusion rationnelle de la controverse est que, à l'époque, cette conclusion n'intéresse plus grand monde, y compris Gay-Lussac et Thénard. Et l'indifférence se maintiendra jusqu'à la seconde moitié du XIXe siècle, jusqu'à ce que le problème des rendements se pose à une chimie qui pratique désormais la synthèse à l'échelle industrielle. A ce moment, les chimistes s'intéresseront de nouveau à la possibilité de jouer sur les concentrations et les conditions physiques de réaction pour modifier la proportion des produits de réaction. C'est alors que resurgira le terme « affinité », pour nommer la *fonction* (thermodynamique) dont dépend la direction d'une réaction, c'est-à-dire pour définir comme une fonction des concentrations, de la pression, de la température, etc., ce que l'ancienne affinité qualitative désignait comme l'« élection » d'un corps par un autre au détriment d'un troisième.

La controverse entre Berthollet et Proust pose moins la question de savoir « qui » avait raison que de comprendre pourquoi elle s'est terminée dans l'indifférence générale. Berthollet a été vaincu moins par Proust que par la transformation des intérêts des chimistes.

Le XVIIIe siècle périmé

Diderot et Venel avaient, dans leur défense de l'autonomie de la chimie, associé plusieurs registres : analyse de ce que nous savons de la combinaison chimique, analyse du rapport entre théorie et pratique, philosophie de la connaissance scientifique. On pourrait penser leur stratégie scientifiquement illégitime : la valeur et le sens d'une notion comme celle d'affinité en tant que promesse d'une « rationalisation » de la chimie devraient se décider à partir des seules considérations internes à cette science. Or c'est en associant ces registres que l'on peut comprendre le destin de l'affinité, son caractère effectivement périmé. L'affinité n'est pas devenue un concept périmé parce qu'elle aurait été révélée absurde : dans d'autres histoires possibles, elle aurait pu survivre en se transformant de telle sorte que le rapprochement entre affinité et attraction aurait été aussi historiquement respectable que l'hypothèse atomique de Dalton, par exemple. Elle est devenue un concept périmé parce que la chimie a changé sur tous les registres à la fois, parce qu'aussi bien les questions que poseront les chimistes à partir des années 1810 que les techniques de la chimie et que les chimistes eux-mêmes se sont transformés.

Les historiens français de la chimie ont vu dans le développement de la chimie analytique la conséquence normale de l'œuvre de Lavoisier. D'autres ont souligné, de préférence, l'importance de la double découverte, par Dalton et Gay-Lussac, des « lois » auxquelles obéissent toutes les combinaisons chimiques. L'instrument auquel Lavoisier avait soumis la chimie, la balance, devient, après la confirmation de la loi de Dalton, un instrument effectif d'exploration des combinaisons chimiques. Elle ne permet pas seulement de vérifier que rien n'a échappé au contrôle, n'est entré ou sorti clandestinement de l'enceinte réactionnelle, c'est-à-dire aussi de faire table rase de l'ancienne chimie. Elle permet de caractériser les combinaisons par le poids des réactifs combinés, et les réactifs par les rapports pondéraux qu'ils entretiennent les uns avec les autres dans leurs diverses combinaisons possibles.

Les proportions simples

Vers 1803, probablement, John Dalton montra que les combinaisons chimiques se forment suivant des rapports de poids déterminés entre réactifs. Dans le cas où, à partir des mêmes réactifs, plusieurs combinaisons peuvent se produire, les poids d'un réactif rapportés au même poids de l'autre sont dans un rapport simple tel que 1, 2, 3....
En 1805, Louis Joseph Gay-Lussac et Alexander von Humboldt montrèrent que, mesurés à la même température et à la même pression, il faut deux volumes d'hydrogène et un volume d'oxygène pour produire un volume d'eau. En 1809, Gay-Lussac généralisera l'observation : il existe toujours un rapport simple entre les volumes des gaz qui entrent en combinaison chimique, comme aussi entre la somme de ces volumes et le volume du gaz qui résulte de leur combinaison.

Dalton publia ses résultats en 1808, dans *System of Chemical Philosophy* où il présenta sa « loi pondérale » comme preuve de l'hypothèse atomique. Les atomes de Dalton, qui se présentait comme « newtonien », n'avaient rien de commun avec les édifices complexes qui, pour Isaac Newton, étaient les corps chimiques entrant effectivement en réaction (ce qui permettait de comprendre la création d'or à partir d'autres métaux par décomposition et recomposition de l'édifice). Dalton ne se servit pas de la loi de Gay-Lussac pour développer son hypothèse, ce que fit Amadeo Avogadro. La thèse d'Avogadro ne fut généralement reconnue et acceptée qu'après le congrès international de chimie de Karlsruhe en 1860.

La notion de proportion indéfinie qu'impliquait l'affinité de Berthollet se trouve donc contredire des « lois » qui, pour la chimie analytique, ne sont pas de simples lois expérimentales parmi d'autres, mais des lois que présupposent les nouveaux dispositifs expérimentaux et l'interprétation de leurs résultats. A suivre Berthollet, ce sont d'ailleurs les conditions mêmes de la pratique analytique qui s'effondreraient : on ne pourrait jamais être sûr, analysant un produit en le faisant réagir avec un autre, que l'expérience est reproductible. Aucun produit étalon ne serait fiable, chacun pourrait, ayant été formé dans des conditions différentes, avoir une composition différente.
Les proportions définies, et qui plus est, désormais simples, ont pris un sens étranger à la chimie du XVIIIe siècle et à celle de Proust : *non pas des règles se rapportant au mécanisme de réaction chimique, mais des principes de l'analyse des constituants d'un corps.* La chimie analytique n'est plus science des réactions mais analyse des combinaisons, des produits : la réaction en elle-même n'a plus d'autre intérêt qu'instrumental, instrument d'analyse qui donne accès à la composition chimique d'un produit. Chimie « moderne », elle fait en un sens retour vers la situation qui prévalait avant le développement des tables d'affinité, avant ce que j'ai appelé le « programme de développement de la chimie newtonienne » : un nombre restreint de « bonnes » réactions suffisent, impliquant des réactifs standardisés et assez puissants pour pouvoir séparer les corps combinés. C'est seulement au cours de la seconde moitié du XIXe siècle que les chimistes retrouveront le chemin des questions et de Berthollet à propos des réactions « incomplètes ». Et, rappelle le chimiste Wilhelm Ostwald, la chimie de synthèse, qui fut à l'origine de ce renouveau d'intérêt, imposait, elle, le recours à toute la gamme de réactions possibles. Mais c'est non plus en

référence à la physique newtonienne mais comme cas particulier de la physique générale des transformations physico-chimiques, la thermodynamique, que la réaction incomplète fera retour en chimie.

Cette première approche de la transformation de la chimie au début du XIXᵉ siècle suffit à indiquer combien les rapports entre une science et ce qu'on serait tenté d'appeler globalement le « développement industriel » doivent être analysés avec précaution. Bien sûr, la chimie analytique intéresse l'industrie, et le rapport est réciproque. Cependant, Berthollet, lorsqu'il prit « au sérieux » les conséquences de l'interprétation newtonienne de l'affinité, posait un problème crucial pour la production « rationalisée » de salpêtre, et qui allait devenir essentiel pour la chimie synthétique de la seconde moitié du XIXᵉ siècle : celui des conditions de réaction assurant le meilleur rendement. La chimie analytique du début du XIXᵉ siècle retrouva, quant à elle, nous l'avons vu, les « réactions privilégiées » issues du corpus artisanal dont le travail de Berthollet avait mis en lumière la spécificité. En ce sens, on voit que le « développement industriel », après avoir ouvert l'horizon de Berthollet, a pu jouer dans plusieurs sens : concentrer l'attention sur les « bonnes méthodes », celles qui permettent d'extraire le produit désiré du mélange résultant de la réaction, ou bien, comme à l'époque d'Ostwald, ressusciter le problème du rendement, des manières d'influer sur la composition du mélange en question.

Cependant, là aussi, il s'agit de généralités, énonçables seulement *a posteriori*. D'autres facteurs, d'autres circonstances doivent être intégrés au récit : il faut non pas déduire la transformation de la chimie du contexte social et industriel ou d'une distinction *a priori* entre « chimie spéculative », celle du XVIIIᵉ, et « chimie positive » celle du XIXᵉ, *mais la suivre*, un peu à la manière dont le chimiste de Goethe doit apprendre de la mise en contact effective entre corps

Le laboratoire de Liebig à Giessen, vers 1840. La disposition ressemble à celle des laboratoires d'enseignement modernes. Beaucoup des « étudiants-chercheurs » représentés deviendront célèbres, notamment August Wilhelm von Hofmann, à l'extrême droite, qui introduira, en 1845, la chimie « à la Liebig » en Angleterre, et dans le laboratoire duquel William Henry Perkin préparera le premier colorant synthétique.
(D'après un dessin de M. von Trautschold et H. von Ritgen; Das Liebig-Museum in Giessen. Ph. © Winterhoff - Giessen/Photeb.)

chimiques. Alors des « circonstances » multiples prennent sens. Ainsi, la chimie analytique aurait-elle pu jouer le rôle qui a été le sien sans l'ouverture, à la même époque, d'un nouveau champ d'exploration, ce véritable « nouveau continent » de produits et de réactions qu'est la chimie organique ? Mais surtout, la coupure la plus effective, celle qui fait de la chimie du XVIIIe siècle une science périmée, ne tient-elle pas à la transformation de l'identité pratique de la chimie et du chimiste ?

Venel, défendant le « coup d'œil », la faculté de « lire les indices » qui fait le chimiste expérimenté, avait écrit qu'un chimiste armé d'un thermomètre serait aussi ridicule qu'un médecin armé d'un thermomètre. La génération des Gay-Lussac et des Liebig verra une mutation radicale des pratiques — standardisation des instruments et des produits permettant la reproductibilité des expériences et donc l'établissement de protocoles expérimentaux — qui, en quelques années, renverra le chimiste « passionné » décrit par Venel à la préhistoire. La chimie est devenue solidaire de techniques métrologiques de plus en plus précises, et au chimiste expérimenté, formé après des années de labeur acharné, succéderont les chimistes formés en quatre ans dans le laboratoire de Liebig à Giessen et dans les laboratoires qui se constitueront sur ce modèle, chimistes qui auront appris essentiellement à suivre des protocoles et à se servir d'instruments de plus en plus sophistiqués.

La chimie du XIXe siècle n'est plus science d'expérience, mais d'expérimentation. Elle « s'apprend » toujours, mais elle ne s'apprend plus au sens de Bergman, apprentissage en attente de la déduction qui le rendra inutile, ni au sens de Venel, apprentissage passionné du corps et de l'esprit. Elle s'apprend au sens inventé par Liebig, entraînement systématique, maniement des instruments et des protocoles expérimentaux, formation accélérée de chimistes qui partagent les mêmes « faits », les mêmes démarches, les mêmes méthodes et les mêmes lectures. Les chimistes viennent, de tous les coins du monde, « apprendre » en Allemagne. La chimie sera, à la fois et corrélativement, la première science à faire communiquer de manière réglée production de la recherche et production des chercheurs, c'est-à-dire à entraîner ses étudiants d'une manière qui « mime » la recherche, et la première science effectivement internationale.

Venel et Diderot avaient plaidé pour une science ouverte, respectueuse de la complication des phénomènes, préférant l'obscurité, les « conjectures », selon le mot de Diderot, à une fausse intelligibilité réductrice, associant sur un mode nouveau théoriciens et praticiens. La chimie de Liebig n'est plus la science du double langage, des savants et des ouvriers. Le « fait chimique » se définit dans les enceintes closes des laboratoires académiques et bientôt industriels. Les chimistes qui y travaillent n'ont appris ni l'histoire, périmée, de leur science ni les pratiques de la chimie artisanale de leur propre époque. Ils n'y apprennent plus à jouer avec les circonstances, multiples et singulières, ils ont les moyens de les vaincre, de « créer », selon le mot de Marcellin Berthelot, des objets nouveaux, relatifs aux instruments et aux protocoles qu'ils développent.

La chimie triomphante du XIXe siècle se glorifie d'être une science active, qui ne se soumet plus à la nature, multiple et circonstancielle, mais en maîtrise les procédés ; elle se glorifie aussi d'être une science autonome, désintéressée, bref, académique. Liebig est le premier à s'élever contre la conception « baconienne » encore dominante en Angleterre : la chimie ne doit pas être au service de l'industrie ; elle doit poursuivre ses propres questions, et ce seront les *retombées* de cette science pure qui féconderont le développement industriel. La chimie du XIXe siècle a donc conquis son titre de science sur une voie qui n'est ni celle de Venel ni celle de Buffon. Elle est devenue le modèle de la science positive, articulant sciences pure et appliquée, traduction par excellence de la maîtrise rationnelle et créatrice de l'homme sur la nature. La chimie n'est ni déduction ni passion. Elle est action, rationnelle parce que pratique, passionnante parce que productrice de produits nouveaux qui transforment la société et la vie des individus.

Nous étions partis de la question de l'étrange résonance entre le mépris pour la chimie de Fontenelle et du physicien contemporain. L'affinité ne nous a pas permis de résoudre la question, mais seulement de la préciser. Au cours du XIXe siècle, la chimie a non seulement conquis son statut de science autonome mais aussi celui de science de pointe, de science reine, de modèle de science positive, illustrant une conception et une pratique effectives de la science comme pragmatique et expérimentale. Il appartient à l'histoire du XXe siècle de comprendre comment cette stratégie réussie s'est finalement retournée contre elle, comment aux yeux du public, mais aussi de certains scientifiques, la chimie est devenue « seulement pratique » et donc asservie aux intérêts sociaux et économiques.

De Linné à Darwin : les voyageurs naturalistes

JEAN-MARC DROUIN

Où l'on verra que les voyageurs naturalistes, partis sillonner le monde pour inventorier les espèces vivantes, rapportent de leurs périples les matériaux d'une géographie des plantes et des animaux et, par là, les bases d'une théorie de l'évolution.

On a souvent noté la coïncidence des dates : un siècle tout juste sépare la fixation de la nomenclature linnéenne, en 1758, dans la dixième édition du *Systema naturae*, et le premier exposé public par Darwin de sa théorie de l'évolution le 1er août 1858, à la Linnean Society de Londres. Aux yeux de certains auteurs, un siècle paraît d'ailleurs bien court eu égard à ce qui sépare ces deux temps forts de l'histoire de la biologie. Linné en effet ne propose pas seulement un code pour désigner les espèces végétales ou animales, et un système pour les classer, il tend à faire de chacune d'elles les données fondamentales et invariantes de la création. Au contraire, Darwin, en reconstituant l'« origine des espèces », remet en cause leur fixité, de sorte qu'il est tentant de voir dans le passage de l'un à l'autre une mutation radicale.

On parle de révolution darwinienne. On évite par là d'étouffer la nouveauté de l'événement sous une accumulation de précurseurs, et on suggère en même temps une analogie avec la révolution opérée dans la cosmologie deux cents ans plus tôt et à laquelle sont attachés les noms de Copernic ou de Galilée. Faut-il pour autant considérer l'histoire naturelle pré-darwinienne comme une sorte de préhistoire à laquelle la théorie de l'évolution aurait mis fin brutalement ?

Depuis longtemps déjà, des historiens ont souligné le rôle joué par les naturalistes du début du XIXe siècle. La controverse, entre Lamarck et Cuvier en particulier, a suscité une abondante littérature. Certains auteurs ont dépeint Lamarck, le naturaliste philosophe, comme un « précurseur français de Darwin », en butte aux sarcasmes du très conservateur baron Cuvier. D'autres auteurs, au contraire, ont insisté sur la modernité de Cuvier, « fondateur de la paléontologie », rappelant comment, grâce à sa connaissance des corrélations entre organes, il pouvait reconstituer un squelette entier à partir de quelques os. En définitive, par-delà leur affrontement sur la transformation ou la fixité des espèces, ce que Lamarck lègue de plus assuré à ses successeurs est peut-être une nouvelle classification des invertébrés, tandis que l'essentiel de l'apport de Cuvier est sans doute dans ses études sur l'anatomie comparée des vertébrés...

Il est ainsi acquis que, si Darwin a écrit l'histoire des êtres vivants, d'autres avaient déjà commencé d'en déchiffrer les archives. Pourtant, quel que soit leur

Le canal du Beagle qui traverse la Terre de Feu d'est en ouest et dont le nom évoque le souvenir du navire commandé par Robert Fitz-Roy. (Aquarelle originale de C. Martens, peintre de l'expédition; Nat Maritime Museum, Londres. Ph. © Nat. Maritime Museum/Arch. Photeb.)

Le Beagle *mis en carène à l'embouchure de la rivière Santa Cruz, en Patagonie (13 avril-12 mai 1834).*
(Gravure de T. Landseer d'après C. Martens, peintre de l'expédition, in Narrative of the surveying voyages of HMS Adventure and Beagle, between the years 1826 and 1836, *1839; Bibl. du Muséum d'histoire naturelle, Paris. Ph. © Bibl. du Muséum d'histoire naturelle/Arch. Photeb.)*

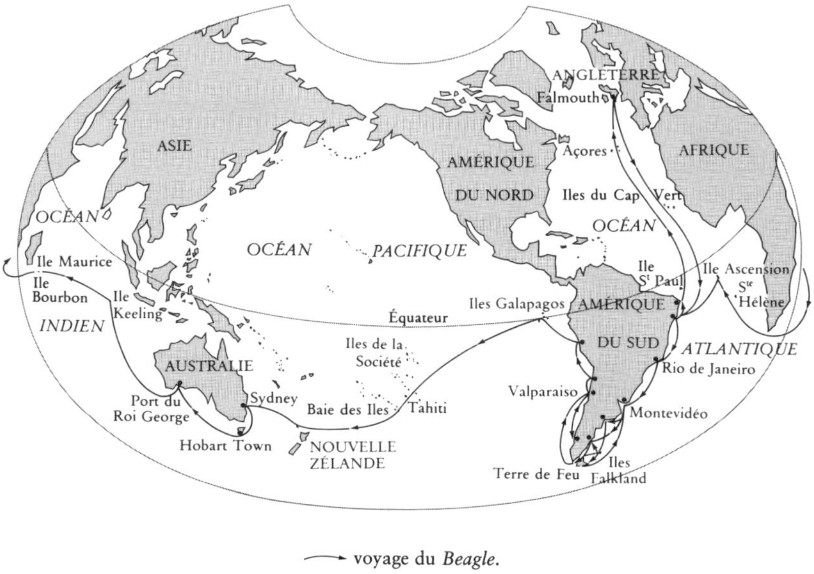

Invité par le capitaine Fitz-Roy à l'accompagner à bord du Beagle *dans son tour du monde, le jeune Charles Darwin partit d'Angleterre en décembre 1831 et ne revint dans son pays qu'en octobre 1836.*

prestige, l'étude des fossiles et l'anatomie comparée ne sont pas les seules disciplines qui ont été mobilisées par la théorie de l'évolution. A la lecture de *l'Origine des espèces*, on ne peut manquer d'être frappé par la fréquence des arguments empruntés à la biogéographie. Le rôle joué par cette discipline qui étudie les problèmes de la répartition des flores et des faunes, de l'isolement, des barrières, des migrations, a été repéré et analysé par plusieurs historiens des sciences durant ces dernières décennies. Si on se tourne vers la biographie de Darwin, on voit combien ses années de navigation sur le *Beagle* (1831-1836) ont été à la base de sa formation de naturaliste. De manière significative, Alfred Russel Wallace, qui aboutit, indépendamment de Darwin, à des conceptions voisines sur le rôle de la sélection naturelle, avait passé plusieurs années à explorer l'Amazonie et l'archipel malais. Amorcée dès le XVIIe siècle, l'aventure des voyageurs naturalistes connaît son apogée à la fin du XVIIIe siècle et au début du XIXe. Chronologiquement et logiquement ne serait-elle pas l'un des fils conducteurs qui relient l'établissement de la classification par Linné et sa transformation en généalogie par Darwin ?

Voyages et voyageurs

Tous les voyageurs n'étaient pas des naturalistes et tous les naturalistes n'étaient pas des voyageurs, même en donnant à ces termes un sens très large : il a existé, à toute époque, des voyageurs indifférents à la faune et à la flore et des naturalistes de cabinet ou de jardin qui ne voyageaient qu'en pensée. Il était même parfois préférable pour faire carrière dans les sciences naturelles de ne pas trop s'éloigner de la capitale ! Cela dit, nombreux sont les voyageurs connus pour leur contribution à l'histoire naturelle. Il ne peut être question de les recenser ici mais seulement d'évoquer certains de leurs périples. On y trouve aussi bien des entreprises collectives patronnées par des gouvernements que des aventures individuelles, celles-ci pouvant d'ailleurs fort bien se greffer sur celles-là.

L'un des premiers voyages, et peut-être l'archétype de tous les autres, est sans doute celui de Joseph Pitton Tournefort (1656-1708). Parcourant pendant deux ans (1700-1702) l'Anatolie et les îles grecques avec deux compagnons, le botaniste français se révèle à travers ses lettres un écrivain plein d'humour. Ces lettres dont le recueil constitue un véritable journal ont été republiées en 1982 dans une édition abrégée en livre de poche sous le titre *Voyage d'un botaniste*. Elles offrent une description des paysages et de la végétation, mais aussi des habitants, de la situation politique et religieuse des pays traversés. Ce voyage n'est pas seulement l'aventure de trois hommes, c'est aussi une entreprise financée et protégée par le pouvoir royal, comme le montre sans fard une note adressée par le contrôleur général des Finances, Pontchartrain, à l'abbé Bignon, secrétaire de l'Académie des sciences et datée du 16 janvier 1700.

On y trouve dans cette lettre, condensés et vus sous l'angle administratif, tous les éléments politiques du voyage naturaliste. Un itinéraire est prévu : ici, un circuit autour du bassin méditerranéen. Cet itinéraire ne sera d'ailleurs que partiellement couvert. Les objectifs de la mission sont clairs : il s'agit de mieux connaître les ressources naturelles que peut receler l'Empire ottoman. Une équipe est constituée ; elle est réduite à trois hommes, mais on notera que l'un d'eux doit être un dessinateur, dont le rôle, avant l'invention de la photographie, est essentiel dans toute expédition scientifique. Il s'agit en l'occurrence du peintre Claude Aubriet ; le troisième équipier est un botaniste allemand, André de Gundelsheimer. Un financement est prévu, dans certaines limites et à condition que soient fournis des justificatifs ; en attendant, une avance est versée. Enfin des assurances sont données à Tournefort : sa carrière ne souffrira pas, au contraire, de cette longue absence. Par ailleurs, l'histoire naturelle n'est qu'un aspect du voyage : les ruines antiques, les modes de vie, l'organisation politique ou religieuse intéressent autant nos voyageurs que la végétation et les roches.

La mission de Tournefort

Note de Monsieur Phélypeaux, comte de Pontchartrain, à l'abbé Bignon, secrétaire de l'Académie des sciences, le 16 janvier 1700, cité par Stéphane Yérasimos dans l'introduction du *Voyage d'un botaniste.*

«J'ai rendu compte au roi, Monsieur, de la proposition qui a été faite d'envoyer M. de Tournefort, botaniste de l'Académie des sciences, en Grèce, à Constantinople, en Arabie, en Égypte et sur les côtes de Barbarie, pour y faire recherche des plantes et des métaux et minéraux, s'y instruire des maladies de ces pays et des remèdes qui y sont en usage et de tout ce qui regarde la médecine et l'histoire naturelle; Sa Majesté a fort approuvé ce dessein, elle désire qu'il s'exécute, et elle ne doute pas qu'il ne soit d'une grande utilité à la perfection de la médecine et à l'avancement des sciences; ainsi Sa Majesté m'ordonne de vous écrire de lui dire de se disposer à partir incessamment avec un homme capable que l'Académie choisira pour travailler avec lui et un dessinateur: Sa Majesté veut bien lui faire payer à son retour toute la dépense qu'il aura faite, sur les mémoires qu'il en donnera, à condition qu'il fera cette dépense avec une grande économie; cependant je lui expédierai dès aujourd'hui une ordonnance de 3 000 livres à compte, dont il sera payé avant son départ; je crois inutile de vous dire que ses pensions de l'Académie lui seront continuées et payées régulièrement pendant son absence, et même qu'étant éloigné il sera encore plus en droit de prétendre aux augmentations et aux grâces que Sa Majesté pourrait faire aux académiciens; il faut qu'il vienne ici afin que je puisse le présenter au roi; je lui ferai aussi expédier tous les passeports et lettres de recommandation dont il aura besoin, en sorte qu'il fasse ce voyage avec la sécurité et l'agrément qu'on sera en droit de lui procurer d'ici.»

De trente ans postérieur, mais dans un pays, la Suède, qui est beaucoup moins riche à l'époque que la France, le voyage de Linné en Laponie est plus modeste que celui de Tournefort. C'est un périple estival que l'un de ses plus récents biographes, Wilfrid Bunt, a pu comparer aux «expéditions entreprises aujourd'hui par des étudiants inventifs pour tromper l'ennui des longues vacances». Cependant, ce périple estival, pour lequel il a obtenu une modeste subvention de la Société royale des sciences, jouera un rôle non négligeable dans la carrière du botaniste suédois, en lui permettant de se faire connaître. Son journal de voyage, *Voyage en Laponie*, permet de le suivre pas à pas et d'apprécier le nombre, la précision et la variété de ses observations.

Dans la seconde moitié du XVIIIe siècle, on assiste à de grandes expéditions scientifiques. Celle que l'impératrice de Russie Catherine II envoie, sous la direction du zoologiste allemand Peter Simon Pallas, explorer la Sibérie, est restée célèbre par la découverte des restes de mammifères conservés dans les glaces. Cependant, l'attention des historiens a été surtout retenue par la rivalité franco-anglaise: les grandes circumnavigations de Bougainville, de Cook et de La Pérouse se sont toutes traduites par la découverte de nouvelles espèces animales et végétales, dont les dessins, les descriptions et les spécimens vivants, séchés ou empaillés, se retrouvent à Londres ou à Paris, en même temps que les deux puissances voient progresser leur connaissance des routes de la mer qui sont aussi celles de l'hégémonie commerciale ou militaire...

La liaison maximale entre démonstration politique et entreprise scientifique est sans doute atteinte avec l'expédition d'Égypte. Un aréopage de savants accompagne l'armée dans une aventure qui se termine plutôt mal mais qui marquera profondément la France de l'époque. Ces liens entre la découverte géographique et l'emprise impérialiste ou les intérêts commerciaux facilitent parfois le travail du naturaliste. Même un botaniste isolé et avec peu de ressources financières — comme certains disciples de Linné, ou comme le Français Michel Adanson — bénéficie souvent des navires marchands pour son transport et des comptoirs pour son séjour. Cependant les rivalités entre pays européens, parfois aussi la méfiance ou l'hostilité des autochtones, augmentent la difficulté de voyages déjà périlleux.

A cet égard, les grandes expéditions ne sont pas toujours les plus sûres. On sait que celle de La Pérouse disparaît dans le Pacifique en 1788. En 1791, la France envoie à sa recherche une autre expédition commandée par Antoine d'Entrecasteaux et à laquelle participe le botaniste La Billardière. L'expédition se termine, à Java, dans les dissensions politiques, sans avoir pu trouver de traces de La Pérouse, mais non sans une moisson de nouvelles espèces. Dix ans plus tard, l'expédition dans les mers du Sud, placée sous les ordres du commandant Nicolas Baudin et réunissant de nombreux jeunes scientifiques, est marquée par une succession de maladies, d'abandons et de morts et par d'âpres conflits entre scientifiques et militaires.

Les principales dates et expéditions des grands voyageurs des XVIIIe et XIXe siècles utiles à notre propos.

1700-1702 : voyage de Joseph Pitton de Tournefort au Levant (Grèce, Turquie).

1732 : voyage de Carl von Linné en Laponie.

1735-1770 : séjour de Joseph de Jussieu en Amérique du Sud : parti avec l'expédition dirigée par Charles Marie de La Condamine, il y reste trente-cinq ans.

1749-1754 : Michel Adanson réside au Sénégal comme employé de la Compagnie des Indes.

1763-1775 : les voyages du capitaine James Cook permettent à l'Anglais Joseph Banks, puis aux Allemands Johann et Georg Forster, d'étudier la flore australe.

1767-1771 : voyage de Louis Antoine de Bougainville autour du monde, Philibert Commerson étant le botaniste de l'expédition.

1768-1774 : expédition en Sibérie sous la direction du zoologiste allemand Peter Simon Pallas.

1785-1789 : expédition commandée par Jean-François de La Pérouse qui se termine par la disparition de deux navires, la *Boussole* et l'*Astrolabe*.

1791-1794 : expédition envoyée sous les ordres d'Antoine d'Entrecasteaux à la recherche de la précédente.

1799-1804 : voyage d'Alexander von Humboldt et d'Aimé Bonpland en Amérique latine.

1800-1804 : expédition du commandant Nicolas Baudin dans les mers du Sud.

1832 : mort de Victor Jacquemont à Bombay.

1831-1836 : voyage de Charles Darwin sur le navire le *Beagle*.

1848-1852 : voyage des Anglais Alfred Russel Wallace et H. W. Bates en Amazonie.

Au moment même où se déroulent ces grandes entreprises collectives, nombre de naturalistes se lancent, seuls ou presque, dans des périples fructueux. Pour ne citer que trois cas parmi les plus connus : le physicien et géographe allemand Alexander von Humboldt et le botaniste français Aimé Bonpland partis en Amérique du Sud en 1799 en reviennent en 1804, après un voyage exceptionnellement fécond : dans les premières années du siècle, Jean-Jacques Audubon, peintre et ornithologue américain d'origine française, parcourt les États-Unis ; en 1832, le Français Victor Jacquemont passe quatre ans à étudier la flore de l'Inde, avant de mourir à Bombay, à trente et un ans...

En définitive, si on peut remarquer une évolution vers des expéditions mieux organisées et disposant de moyens de plus en plus importants, il reste que, jusqu'au milieu du XIXe siècle au moins, une grande partie des naturalistes voyageurs sont des individus isolés, parmi lesquels on trouve, d'ailleurs, un bon nombre de religieux ou de missionnaires.

Au-delà des images souvent tragiques, quelquefois idylliques, toujours très colorées de ces épopées, il importe de mesurer la portée du travail accompli. Il y a tout d'abord, pour rester au plus près de l'aventure elle-même, les récits des voyages qu'on peut considérer comme un apport important à la culture européenne des XVIIIe et XIXe siècles. Tous les voyageurs n'ont pas la même qualité d'écriture que Tournefort, sous la plume de qui la moindre anecdote prend des allures de conte voltairien ; cependant, tous ces récits avec leurs descriptions de paysages et de peuples lointains vont marquer profondément l'image du monde telle que nous la restitue la littérature du siècle des philosophes, puis celle de l'époque romantique. A partir de 1748, l'abbé

Prévost compose une *Histoire générale des voyages*, qui rassemble et résume les récits de nombreux voyageurs. S'il est aujourd'hui plus connu pour être l'auteur de *Manon Lescaut*, son histoire n'en a pas moins été, comme l'a montré Numa Broc, la source d'une abondante littérature dont l'influence se retrouve au siècle suivant. Dans un autre registre, le voyage de Bougainville, avec son escale à Tahiti, la nouvelle Cythère, donne à Diderot l'idée et l'occasion de ce *Supplément*, où l'aimable fiction philosophique relaie la description ethnographique.

En définitive, les naturalistes voyageurs, comme les autres voyageurs « instruits », n'ont pas seulement fourni des éléments narratifs à la littérature, ils ont aussi favorisé le succès des idées philosophiques sur la diversité et la relativité des modes de pensée, et alimenté les débats sur un hypothétique état de nature, en apportant des arguments tantôt favorables tantôt défavorables au « mythe du bon sauvage ». De manière plus directe, par leurs descriptions de la végétation tropicale, ils ont enrichi l'imaginaire européen d'un thème dont le succès ne s'est jamais démenti jusqu'à aujourd'hui.

Cette aquarelle anonyme représente des paniers utilisés pour rapporter des échantillons de plantes vivantes lors du voyage de la Pérouse (1785-1788).
(Arch. nat., Paris. Ph. Michel Didier © Arch. Photeb.)

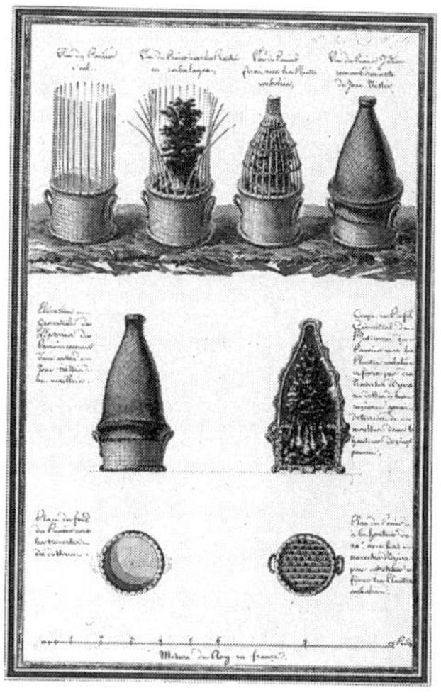

Autre aquarelle représentant une caisse utilisée pour rapporter des échantillons de plantes vivantes lors du voyage de La Pérouse (1785-1788).
(Arch. nat., Paris. Ph. Michel Didier © Arch. Photeb.)

Une planche (au centre) tirée de l'herbier de Philibert Commerson, le naturaliste du voyage de Bougainville (1766-1769). Il s'agit du teck (Tectona grandis), *une plante de l'île Maurice, à l'époque Île de France.*
(Laboratoire de Phanérogamie, Muséum d'histoire naturelle, Paris. Ph. Michel Didier © Arch. Photeb.)

Cependant, les naturalistes, de retour de leurs périples, n'apportaient pas que des récits, ils revenaient chargés d'espèces jusqu'alors inconnues : dépouilles d'animaux exotiques, et surtout feuilles d'herbiers accompagnées de graines et parfois de plants en pots. On sait que nombre de plantes alimentaires ou ornementales cultivées aujourd'hui ont été introduites en Europe venant d'Asie ou d'Amérique ; tandis que d'autres espèces, comme le café, ont été transportées de l'Afrique vers l'Amérique. En trois siècles, la dimension du monde vivant, l'idée qu'on peut se former de sa diversité ont changé d'ordre de grandeur. Pour nous en tenir au règne végétal, le nombre d'espèces connues au XVIe siècle et décrites par les botanistes ne dépasse pas quelques milliers. A la fin du XVIIe siècle, Tournefort peut décrire plus de dix mille plantes. En 1833, dans sa leçon inaugurale de botanique à Montpellier, Alire Raffenau-Delile, qui avait participé à l'expédition d'Égypte, parle « des découvertes des infatigables observateurs, des voyageurs aux nouvelles terres journellement explorées » et il ajoute : « Nous devons à leur zèle la connaissance de plus de cinquante mille espèces de végétaux, dans l'état actuel de la science. » Il faudrait probablement aujourd'hui au moins multiplier ce nombre par cinq. Précisons, par comparaison, que le règne animal dépasse très nettement le million d'espèces connues, la majorité d'entre elles étant des insectes.

Le matériel

René Lesson (1794-1849), naturaliste français et pharmacien de marine, qui avait participé au voyage de *la Coquille* (1822-1825) sous la direction de Louis-Isidore Duperrey est l'auteur de l'article « Taxidermie » du *Dictionnaire des sciences naturelles* (Levrault, 1828). Il commence par cette définition extensive : « La taxidermie est l'art de préparer et de conserver, pour les collections, les objets d'histoire naturelle » et il termine par une liste des « Objets nécessaires à la conservation des collections d'histoire naturelle dans les voyages de découvertes » :

« [...] avant de s'embarquer pour une campagne de découvertes, dont la durée présumée est au moins de trois années, on se munira de tous les objets indispensables pour assurer la réussite de l'entreprise :

« *Esprit de vin incolore*, trois cents litres [...] ;

« *Bocaux en verre fort et blanc*, trois cents [...] ;

(Les bocaux et l'alcool permettent le transport des animaux de petite taille.)

« *Mastic* [...], vingt-cinq kilogrammes [...] ;

« *Sublimé corrosif*, renfermé dans un vase en verre, bouché à l'émeri et toujours serré dans un coffre à médicaments, cinq cents grammes.

(Le « sublimé corrosif », comme le « savon arsenical », servait à traiter les peaux pour en empêcher la putréfaction.)

« Les autres objets indispensables sont :

« 1. Plomb laminé de l'épaisseur d'une feuille de carton mince, pour faire des étiquettes, trois pieds carrés ;

« 2. Un emporte-pièce, de la grandeur d'un sou, avec une série de dix petits numéros en poinçons. Les numéros ainsi gravés sur le plomb servent à désigner chaque bocal et ce numéro est répété sur une liste où sont inscrites toutes les notes relatives à l'objet qui y est renfermé ;

« 3. Trois fusils de chasse avec leurs fourniments [...] ;

« 4. Deux boîtes en fer-blanc un peu aplaties pour la chasse et pour la botanique ;

« 5. Savon arsenical, vingt-cinq kilogrammes, renfermé dans un petit baril ;

« 6. Douze boîtes doublées de liège et s'emboîtant les unes dans les autres, pour insectes ;

« 7. Quinze rames de papier pour plantes et cinquante kilogrammes de vieux papiers pour envelopper les minéraux. »

Nommer, classer

De tels dénombrements ne vont pas de soi. Ils supposent des spécimens récoltés, préparés, dessinés, décrits, rassemblés en des lieux, musées, jardins, herbiers, cabinets d'histoire naturelle, où chacun puisse venir les voir, les observer, les comparer... Voyages et collections apparaissent ainsi comme les deux pôles de l'histoire naturelle. Toutefois, entre ces deux pôles, rien ne passerait si on ne se mettait pas en peine de nommer et de classer tous les spécimens apportés. Entre l'aventure des voyages et la poésie des jardins, la nomenclature et la classification ne font pas écran ou diversion, elles forment l'échangeur qui, en les reliant l'un à l'autre, conditionne la production d'un savoir sur le vivant.

Cela a été bien perçu à l'époque par certains, et en particulier par Jean-Jacques Rousseau, dont on sait qu'il consacrait ses loisirs à la botanique et qu'il entreprend d'écrire, vers 1774, un *Dictionnaire des termes d'usage en botanique*.

« [...] Je demande à tout lecteur sensé comment il est possible de s'attacher à l'étude des plantes, en rejetant celle de la nomenclature. C'est comme si on voulait se rendre savant dans une langue sans vouloir en apprendre les mots. [...] Il s'agit de savoir si trois cents ans d'études et d'observations doivent être perdus pour la botanique, si trois cents volumes de figures et de descriptions doivent être jetés au feu, si les connaissances acquises par tous les savants qui ont consacré leur bourse, leur vie et leurs veilles à des voyages immenses, coûteux, pénibles et périlleux doivent être inutiles à leurs successeurs, et si chacun, partant toujours de zéro pour son premier point, pourra parvenir de lui-même aux mêmes connaissances qu'une longue suite de recherches et d'études a répandues dans la masse du genre humain. [...] Admettre l'étude de la botanique et rejeter celle de la nomenclature, c'est donc tomber dans la plus absurde contradiction. »

En d'autres termes, la botanique, et cela vaut aussi pour la zoologie bien que Rousseau n'en parle pas, ne peut devenir un savoir cumulatif que si l'ensemble de ceux qui s'y intéressent, voyageurs, amateurs, jardiniers, collectionneurs, adoptent une nomenclature commune. Or, dit Rousseau, celle-ci existe, proposée par Linné ; elle a rencontré des résistances inspirées par les « jalousies nationales » mais elle finira par s'imposer partout « et même à Paris » où « M. de Jussieu vient de l'établir au jardin du Roi, préférant ainsi l'utilité publique à la gloire d'une nouvelle refonte... »

Ce que Linné a apporté à la nomenclature s'est fait en deux temps. Dans un premier temps, il prolonge le travail de ses prédécesseurs et en particulier de Tournefort : il établit des règles de détermination pour les genres, puis pour les espèces, et il les applique pour dresser d'abord le catalogue du jardin botanique d'un riche amateur anglo-hollandais, George Clifford, puis l'inventaire de toutes les espèces végétales et animales dont il peut avoir connaissance. A chaque espèce, il donne un nom de genre qu'elle partage avec les espèces voisines, et une phrase qui la « spécifie » et doit permettre de la distinguer. Jusque-là, comme le dit Rousseau, « il avoit déterminé le plus grand nombre des plantes connues, mais il ne les avoit pas nommées : car ce n'est pas nommer une chose que de la définir ». La deuxième étape, la création de noms qui soient des noms, et non pas des phrases, se fait presque subrepticement et pour des raisons avant tout pédagogiques. Progressivement, Linné a été amené à dissocier le nom proprement dit de la description encore appelée diagnose. C'est pour faciliter la mémorisation et la désignation sur le terrain qu'il introduit progressivement ces « binômes » encore en usage aujourd'hui et qui, à chaque espèce, attribuent un nom générique et un adjectif ou un substantif spécifique. Ainsi le chêne rouvre s'appelle *Quercus robur*, le chêne vert *Quercus ilex*, le chêne-liège *Quercus suber*, etc. Linné commence à utiliser cette nomenclature binomiale pour certaines espèces à partir de 1745, il la généralise à tout le règne végétal dans le *Species plantarum* en 1753, et à tout le règne animal dans la dixième édition du *Systema naturae* en 1758.

Exemple de *diagnose* :

« *Vinca caulibus procumbentibus, foliis lanceolata ovatis, floribus pedunculatis* », c'est-à-dire : « Pervenche à tiges rampantes, à feuilles lancéolées ovales, à fleurs pédonculées » (il s'agit de la Petite pervenche ; in C. Linné, *Speciès plantarum*, 3e éd., 1764).

Certes, tout n'est pas résolu magiquement et les problèmes de synonymie continuent de se poser. D'une part, le principe qui assigne à chaque espèce le nom que lui a donné le premier naturaliste qui l'a décrite et nommée selon la nomenclature linnéenne suppose une recherche de priorité qui est source de difficultés. D'autre part, certains genres linnéens ont été démantelés en plusieurs genres, ce qui modifie automatiquement le nom. Cela dit, les conflits et les erreurs qui peuvent subsister ne sont rien en comparaison de la confusion qui régnerait sans cette nomenclature. Le risque que la même espèce animale ou végétale soit « découverte » plusieurs fois par des voyageurs et répertoriée dans plusieurs musées sous des noms différents n'a pas disparu, mais il est réduit dans de telles proportions qu'on peut voir dans cette nomenclature une des étapes décisives dans l'histoire des sciences de la nature.

Dans les jardins botaniques, dans les herbiers, dans les cabinets d'histoire naturelle comme dans les livres, il est désormais théoriquement possible en présence d'une plante ou d'un animal de décider s'il appartient ou non à une espèce déjà connue. Mais il ne suffit pas d'étiqueter les spécimens, il reste à les ranger. Pour cela il faut les classer. La détermination du genre constitue une amorce de classification puisque plusieurs espèces voisines appartiennent au même genre. Ainsi l'âne et le cheval se rangent dans le genre *Equus*, le coucou et la primevère acaule dans le genre *Primula*. Mais cette amorce ne peut suffire ; la moindre collection suppose une classification plus complète. Faut-il regrouper les animaux selon l'élément où ils vivent, terrestre, aérien, aquatique, au risque de mettre les chauves-souris avec les oiseaux et les baleines avec les poissons, alors que les unes et les autres portent et allaitent comme les souris ou les éléphants ? Peut-on classer les plantes en herbes, arbrisseaux, arbustes et arbres ou bien les regrouper selon leur habitat ou encore suivre des critères fondés sur leur structure ? La question occupe les naturalistes depuis fort longtemps ; elle prend toute son acuité au XVIIIe siècle, précisément parce qu'elle conditionne l'exploitation par les jardins et les collections des récoltes apportées par les voyageurs et en retour la rédaction de catalogues, de guides et de flores qui permettent à chaque voyageur de tirer parti du travail de ses prédécesseurs.

Les malheurs d'un naturaliste

« Commerson était un homme d'une activité infatigable et de la science la plus profonde. S'il eût publié lui-même le recueil de ses observations, il tiendrait un des premiers rangs parmi les naturalistes. Malheureusement il est mort avant d'avoir pu mettre la dernière main à la rédaction de ses écrits ; et ceux à qui ses manuscrits et son herbier ont été confiés les ont négligés d'une manière coupable. [...] Son herbier tomba d'abord entre les mains de ses héritiers ; ensuite il arriva au Jardin des Plantes où il est encore. Plusieurs plantes nouvelles s'y trouvent peut-être, quoique dans ces derniers temps il ait été exploré par plusieurs habiles botanistes, tels de Jussieu et Lamarck. Les poissons que Commerson avait recueillis sont restés dans leur caisse jusqu'à il y a environ une vingtaine d'années, époque à laquelle M. Duméril les découvrit dans un grenier de la maison de Buffon. Les manuscrits ont été remis à Lacepède, qui en a tiré un grand parti pour son *Histoire des poissons*, où il ne les a pas publiés matériellement, mais où il les a fondus avec son travail personnel. [...] Les descriptions sont faites dans le style linnéen, avec les plus grands détails et la plus grande précision [...]. Elles sont accompagnées de dessins faits, les uns par Commerson, les autres par Sonnerat, d'autres encore par des artistes qui étaient partis avec Bougainville. Tous ces dessins, également remis à Lacepède, lui ont aussi servi pour son *Histoire des poissons*, dans laquelle ils ont été gravés [...]. D'un autre côté Commerson, n'ayant pas arrêté ses nomenclatures, il est arrivé qu'un seul être s'est multiplié jusqu'à trois fois : le premier appuyé sur la figure, l'autre sur la phrase caractéristique écrite sur la figure, et le troisième appuyé sur la description. Lacepède, écrivant à la campagne où la Terreur l'avait exilé, et n'ayant pas les papiers originaux, mais seulement des notes ne pouvait faire les comparaisons nécessaires pour éviter ces erreurs. Les voyageurs atteints par la mort, qui n'ont pas envoyé en ordre ce qu'ils ont recueilli, et dont les travaux sont déposés dans des établissements publics pour être employés plus tard, sont exposés au malheureux sort qu'a éprouvé Commerson. » (Georges Cuvier et Magdeleine de Saint-Agy, « Voyages scientifiques », *Histoire des sciences naturelles*, 1841-1845).

Là encore Linné entreprend de faire œuvre de législateur. S'inspirant de ses prédécesseurs, il range les animaux en six grandes classes : « Mammifères », « Oiseaux », « Amphibiens », « Poissons », « Insectes » et « Vers ». Ces classes se divisent elles-mêmes en ordres. Dans la dixième édition du *Systema naturae*, citée par William Stearn, la classe des « Amphibiens », par exemple, comprend trois ordres : les « Reptiles », dans lequel on retrouve nos actuels batraciens et reptiles sauf les serpents, lesquels forment le deuxième ordre, tandis que le troisième ordre, les « Amphibiens nageurs », correspond plus ou moins à nos actuels poissons cartilagineux. Beaucoup de ces groupes ont été discutés et remaniés, en particulier pour tenir compte du développement de l'anatomie comparée.

Buffon, quant à lui, entend se passer de toute classification dans son *Histoire naturelle* : « Ne vaut-il pas mieux faire suivre le cheval qui est solipède par le chien qui est fissipède, et qui a coutume de le suivre en effet, que par un zèbre qui nous est peu connu, et qui n'a peut-être d'autre rapport avec le cheval que d'être solipède ? »

En fait, l'anthropocentrisme de cette déclaration n'a rien de naïf : il traduit l'importance que Buffon accorde aux facteurs géographiques, en particulier à l'action du climat. Toutefois, l'auteur de l'*Histoire naturelle* ne peut s'offrir le luxe de se passer de nomenclature et de classification qu'en se limitant à des groupes comme les mammifères et les oiseaux, où les espèces, en nombre limité, ont toutes des noms communs. Derrière la querelle des méthodes se divise une hiérarchie implicite des disciplines et des objets.

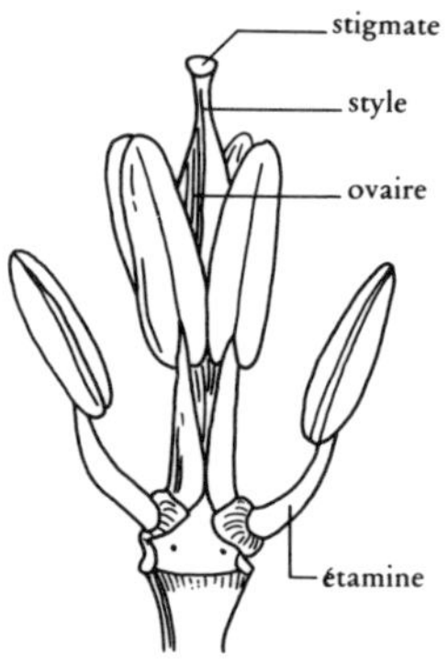

Organes mâles et femelles d'une fleur (Giroflée).

Les divergences autour de la classification des animaux restent cependant limitées à l'époque de Linné. En revanche, la classification des plantes va faire l'objet d'une importante controverse que tous les historiens de la biologie ont racontée.
Soucieux avant tout de rigueur logique et frappé en même temps par l'importance de la sexualité végétale récemment découverte, Linné propose son « système sexuel« : il divise l'ensemble des plantes à fleurs en vingt-trois classes selon le nombre des organes mâles, les étamines, puis redivise chacune de ces classes en ordres selon leur type de pistil, c'est-à-dire d'organes femelles. Si on prend par exemple un colchique, on remarque six étamines entourant trois petites colonnes, ou styles, qui surmontent les ovaires et supportent les stigmates où se déposera le pollen. En observant ensuite un crocus, fleur apparemment peu différente, on ne trouve plus qu'un seul style au milieu de trois étamines. Dans le système linnéen, le colchique se range dans les *Hexandria Trigynia*, six maris pour trois épouses, et le crocus dans les *Triandria Monogyna*, trois maris pour une épouse. A l'époque, cette métaphore ethnographique vaguement érotisée n'est pas du goût de tout le monde: certains s'offusquent, d'autres se moquent. Cependant le plus grave n'est pas là, il est dans le caractère trop arbitraire des divisions. Comme le remarque Antoine Laurent de Jussieu en 1773 dans un article des *Comptes rendus de l'Académie des sciences*: il suffit d'une étamine avortée ou surnuméraire pour mettre dans l'embarras « les sectateurs du système sexuel ». De plus, le système sexuel oblige à renoncer à des regroupements depuis longtemps établis et à leur en substituer d'autres dont la base est parfois trop mince.

Colchicum autumnale

Crocus sativus

Apparemment très proches, le crocus (Crocus sativus) *et le colchique* (Colchicum autumnale) *se distinguent par le nombre de leurs organes sexuels. Dans le système de Linné, ils se retrouvent de ce fait placés dans des classes très différentes.*
(In abbé H. Coste, Flore descriptive et illustrée de la France, de la Corse et des contrées limitrophes, *1901; Bibl. nat., Paris. Ph. © Bibl. nat./Photeb.)*

Au « système sexuel » et aux autres systèmes qui l'avaient précédé, d'autres botanistes comme Adanson, les Jussieu, puis de Candolle, opposent une « méthode », plus empirique peut-être, consistant à regrouper les genres qui présentent le plus d'affinités dans des familles naturelles: les Ombellifères, les Composées, les Rosacées... Ces familles sont à leur tour rangées dans des classes. Il n'y a plus un seul critère comme le nombre des organes sexuels dans le système de Linné, mais une combinaison de caractères pris dans plusieurs parties de la plante: nombre de cotylédons (un ou deux), mode d'insertion des étamines, nombre de pétales, etc. Linné lui-même semble avoir été conscient de l'intérêt d'une classification moins artificielle et il a donné quelques ébauches d'une division en familles naturelles.

Cotylédon: feuille ou lobe séminal qui naît sur l'axe de l'embryon (réserve nutritive de la plantule).

La faiblesse du système linnéen, comme de tous les autres systèmes, est sans doute de vouloir remplir deux fonctions incompatibles. D'une part, ils doivent permettre de trouver n'importe quelle espèce au terme d'une série finie d'opérations simples: questions à choix multiples et dénombrements. D'autre part, ils se présentent comme un moyen de regrouper les êtres vivants d'après leurs affinités. La première de ces fonctions suppose des caractères faciles à reconnaître et faciles à combiner; la seconde, des caractères qui ont une importance déterminante pour la structure de l'organisme; ce ne sont pas nécessairement les mêmes.

C'est pourquoi la publication par Lamarck, en 1778, de la *Flore française*, marque une étape décisive dans cette histoire. Le « Discours préliminaire » distingue précisément les deux « objets » que l'on peut assigner à une classification, puis pose la question:

« Peut-on remplir à la fois ces deux objets? C'est-à-dire est-il possible que le moyen qui doit nous faire découvrir les noms que les botanistes ont donnés aux plantes que nous cherchons à connaître puisse en même temps nous offrir la gradation de tous les rapports particuliers qui lient les plantes entre elles? »

En répondant négativement à cette question, Lamarck se donne toute liberté de proposer une clé de détermination qui avoue sans fard son caractère artificiel. Une plante peut y être déterminée par une série de questions à deux réponses qui n'ont d'autre justification que leur commodité. L'exemple sera bientôt suivi par d'autres. Libérée de l'objectif de la détermination, la classification n'aura plus alors comme rôle que de regrouper les espèces de la manière la plus « naturelle » possible, les systèmes, comme celui de Linné, seront abandonnés; tandis que la méthode naturelle s'inscrira dans les jardins botaniques.

Le mouron des oiseaux (Stellaria media), *fait partie de la douzaine de plantes sur lesquelles Lamarck explique au lecteur comment utiliser la clé de détermination de sa* Flore française *publiée en 1778.*
(In abbé H. Coste, Flore descriptive et illustrée de la France, de la Corse et des contrées limitrophes, *1901; Bibl. nat., Paris. Ph. © Bibl. nat./Photeb.)*

Stellaria media

La clé des flores

Pour expliquer la marche à suivre pour trouver le nom d'une plante, Lamarck, dans le « Discours préliminaire » de la *Flore française* (1778), commence par imaginer qu'il existe seulement onze espèces de plantes — qui figurent dans le texte sous les noms latins que leur a donnés Linné — et qui sont pour nous: l'Épervière des murailles, la Camomille des chiens, la Fougère mâle, le Mouron des oiseaux, la Sauge des prés, l'Agaric champêtre, le Poirier, une mousse *(Bryum murale)*, le Mouron rouge, le Cèpe jaune et le Chardon Marie. Puis on prend un pied de l'une de ces plantes, supposée inconnue, par exemple le Mouron des oiseaux, et on répond à une série de questions:
— fleur dont les étamines et pistils peuvent aisément se distinguer;
— fleur dont les étamines et pistils sont nuls ou ne peuvent se distinguer.

Il faut choisir la deuxième réponse ce qui renvoie à la question suivante:
— fleurettes nombreuses réunies dans un calice commun;
— fleurs libres et non réunies dans un calice commun.

On choisit la deuxième réponse ce qui amène:
— corolle monopétale;
— corolle polypétale.

On répond « corolle polypétale », et l'on arrive à cette dernière question:
— dix étamines ou moins?
— onze étamines ou plus?

La première réponse est la bonne et nous donne le nom de l'espèce: Mouron des oiseaux ou Morgeline, que Linné appelle *Alsina media* et que les botanistes du XXe siècle nomment *Stellaria media.*

Dans la flore elle-même qui comprend des centaines de pages, cette analyse se fait par une suite de renvois de tableau en tableau, au terme de laquelle on est assuré, si on ne fait aucune erreur, de trouver n'importe quelle espèce qui est décrite et nommée par l'auteur. Pour le lecteur qui trouve le chemin trop long, Lamarck rappelle « la nature des progressions géométriques. En effet, si l'on divise continuellement par 2 la somme 4 096, dès la onzième division on arrivera à l'unité ». Autrement dit, il suffit d'une dizaine de questions pour couvrir des milliers d'espèces.

Distribution et généalogie

Plus encore que l'herbier, le jardin botanique est un lieu d'une simplicité trompeuse. C'est un espace où la vie bruisse doucement et d'où se dégage un charme discret. A côté de chaque plante une étiquette indique son nom scientifique, lui assignant par là même la tâche de représenter toute l'espèce qui porte ce nom. Autour d'elle, dans le même parterre, se pressent des plantes dont beaucoup vivent habituellement dans de tout autres lieux, voire dans d'autres continents. La plupart de ces plantes ne se seraient jamais rencontrées si la classification ne les avait pas rangées dans une même famille. Leur réunion laisse cependant une question en suspens : où peut-on trouver ces plantes dans la nature ? La classification se constitue en laissant de côté ce type de question puisqu'elle s'en tient à des critères morphologiques ; c'est pourtant une des choses qui frappent le plus le naturaliste en voyage : on ne trouve pas n'importe quelle espèce n'importe où. Derrière cette interrogation, et cette constatation en forme d'évidence, il y a en fait deux problèmes distincts : d'une part, dans quel milieu vit cette plante (dans l'eau, dans le désert, en haute montagne, etc.), d'autre part, dans quelle région du globe est-elle présente et de quelle région est-elle absente ?

La pratique de l'acclimatation, dont la finalité est avant tout utilitaire, repose tout entière sur cette distinction et elle constitue l'équivalent d'une suite d'expérimentations qui la mettent en évidence. Lorsqu'on ramène d'un pays lointain une plante exotique, trois cas peuvent se présenter : elle peut être incapable de survivre dans les conditions normales de son nouveau milieu ; elle peut devenir une plante cultivée ; enfin, elle peut se « naturaliser » et s'intégrer à la flore locale. Le premier cas est le plus simple : une plante rapportée d'Amazonie, par exemple, ne peut être cultivée en France qu'à l'intérieur d'une serre dans laquelle on recréera la chaleur et l'humidité dont elle a besoin. Le rôle de facteurs climatiques aussi importants est aisément perçu. Le deuxième cas, celui des plantes importées, puis cultivées — fondamental dans l'histoire matérielle de nos sociétés —, a en outre l'intérêt de montrer l'influence de facteurs physiques assez fins : le cultivateur, le jardinier, par leurs soins adaptent le sol et le micro-climat à la plante cultivée et luttent contre les espèces plus vigoureuses qui pourraient la concurrencer. Le troisième cas, celui d'une naturalisation complète, présente un grand intérêt théorique. Pour prendre un exemple cité par Linné lui-même en 1744 dans le « Discours sur l'accroissement de la terre habitable » : l'*Erigeron canadensis*, transporté au milieu du XVIIe siècle d'Amérique du Nord en France, introduit dans quelques jardins botaniques, est devenu un siècle plus tard une des plantes sauvages les plus communes de nos régions. On peut mentionner aussi les cactus américains qui se sont introduits dans la flore méditerranéenne et toutes les plantes européennes implantées aux États-Unis. Par leur « réussite » dans leur nouveau pays, ces plantes mettent en échec l'explication exclusive par l'action du milieu : comment expliquer leur absence initiale dans la flore locale alors que leur naturalisation prouve à l'évidence que le milieu leur convient ? Si la culture d'espèces exotiques révèle, par les difficultés qu'elle rencontre, l'importance du déterminisme physique dans la répartition des espèces, le succès des naturalisations d'espèces introduites marque les limites de ce déterminisme et appelle une autre explication.

L'érigéron du Canada (Erigeron canadensis) *a été introduit en Europe à la fin du* XVIIe *siècle. Il est devenu une des plantes les plus courantes des décombres, des terrains vagues, etc.*
(In abbé H. Coste, Flore descriptive et illustrée de la France, de la Corse et des contrées limitrophes, *1901 ; Bibl. nat., Paris.*
Ph. © Bibl. nat./Photeb.)

Parallèlement à ces migrations végétales, provoquées ou accidentelles, se constitue une science, la géographie botanique, qui traite précisément de la question : comment se répartissent les espèces végétales à la surface du globe ? Augustin Pyrame de Candolle, botaniste suisse descripteur et classificateur, intéressé par l'agronomie, est en même temps un de ceux qui ont participé à la création de cette nouvelle discipline. Dans l'article « Géographie botanique » du *Dictionnaire des sciences naturelles*, publié en 1820, il en expose la problématique. Il traite d'abord des facteurs qui agissent sur la répartition des différentes espèces végétales, puis des « stations » c'est-à-dire des milieux où on les trouve, enfin des « habitations », entendant par là les régions où elles croissent naturellement.

Ce texte rejoint sur beaucoup de points l'*Essai sur la géographie des plantes*, publié en 1807, dans lequel Alexander von Humboldt montrait l'influence de la température sur la végétation, en s'appuyant sur les observations qu'il avait pu faire dans les Andes avec Aimé Bonpland au cours de leur voyage en Amérique latine. De Candolle n'est pas à proprement parler un voyageur naturaliste, même s'il a beaucoup circulé en France et en Suisse, mais son article doit beaucoup aux matériaux apportés par les voyages au long cours. Cela apparaît en particulier dans la troisième partie, celle qui traite des « habitations » et dont il nous prévient d'emblée qu'elle touche à des faits qui échappent « à toutes les théories actuelles » parce qu'ils touchent « à l'origine même des êtres organisés, c'est-à-dire au sujet le plus obscur de la philosophie naturelle ».

Après avoir montré l'influence de la température, de Candolle écrit :

« J'ai cherché à prouver jusqu'ici que les habitations considérées dans leur ensemble paraissent déterminées par la température. Sans doute, il faut combiner avec elle les considérations déduites des stations ; car il est clair que, plus un pays sera sablonneux, plus on y trouvera de plantes des sables, etc. Mais, lors même qu'on donne à ces causes toute la latitude qu'on peut leur attribuer, peut-on parvenir à rendre complètement raison des faits les mieux connus ? C'est ce dont je doute, et ce qui exige une nouvelle discussion. »

Il note « le petit nombre d'espèces phanérogames communes à des continents divers ». Ainsi 1/80e des espèces végétales observées en Nouvelle-Hollande — il s'agit de l'Australie — lui sont communes avec l'Europe. Il étudie ensuite les moyens de transport des graines, puis s'attache à la flore des îles. Il propose cette formule : « Les plantes des îles participent à la végétation des continents dont elles sont voisines à peu près en proportion inverse de leur distance. »

Espèces phanérogames : espèces qui portent des fleurs à un moment donné de leur développement et qui se reproduisent par graine. Éthymologiquement, les espèces phanérogames sont des espèces qui montrent leurs organes sexuels par opposition aux cryptogames dont le mode de reproduction est resté longtemps caché.

Il parle aussi de l'action de l'homme qui modifie les flores insulaires et il lance cet avertissement en forme de programme de recherche :

« Hâtons-nous donc, pendant qu'il est temps encore, de faire les flores exactes des pays lointains ; recommandons surtout aux voyageurs celles des îles peu fréquentées par les Européens : c'est dans leur étude que doit se trouver la solution d'une foule de questions de géographie végétale. »

Toutes ces remarques permettent à l'auteur de donner sens au concept de région botanique qu'il définit en ces termes :

« De l'ensemble de ces faits on peut déduire qu'il existe des *régions botaniques* : je désigne sous ce nom des espaces quelconques qui, si l'on fait exception des espèces introduites, offrent un certain nombre de plantes qui leur sont particulières et qu'on pourrait nommer véritablement *aborigènes*. »

De Candolle signale le fait que de nombreux genres comprennent une espèce nord-américaine et une espèce européenne ou asiatique. Après quoi il entre dans ce qui est pour nous le vif du sujet, et qui est pour lui le point obscur : « Toute la théorie de la géographie botanique repose sur l'idée que l'on se fait de l'origine des êtres organisés et de la permanence des espèces. » Il précise sa propre position : « Tout l'article qu'on vient de lire est rédigé en suivant l'opinion que les espèces des êtres organisés sont permanentes et que tout individu vivant provient d'un autre être semblable à lui. »

Cette affirmation fixiste nous étonne un peu rétrospectivement parce que nous savons que la géographie des plantes et celle des animaux ont fourni beaucoup d'arguments à la théorie de l'évolution. L'explication par les préjugés religieux, cette panacée de l'histoire des sciences, est ici inopérante : rien dans le texte ou dans les *Mémoires et souvenirs* d'Augustin Pyrame de Candolle, publiés par les soins de son fils en 1862, ne permet de penser qu'il aurait défendu la fixité des espèces pour sauver le sens littéral de la Genèse. De Candolle, protestant genevois libéral, apparaît souvent plus proche de la libre pensée que du fondamentalisme religieux. En réalité, pour comprendre son opposition, il faut regarder ce à quoi il s'oppose. Bien qu'il ne le précise pas explicitement, on perçoit qu'il vise ici une conception qui associe transformation des espèces et génération spontanée, c'est-à-dire une conception qui donne en quelque sorte tout pouvoir au milieu de produire les êtres vivants et de les modeler. Dans cette vision mécaniste de l'évolution qu'on attribue, plus ou moins justement, à Lamarck, la singularité des régions botaniques devient inexplicable. Certaines de ces régions ont en effet un climat analogue, comment expliquer qu'elles n'aient pas produit les mêmes espèces ?

« [...] les partisans des formations spontanées me sembleraient [...] dans l'impossibilité d'expliquer le fait général et incontestable qu'un grand nombre d'espèces bien déterminées ne se trouvent que dans une région, et ne se rencontrent pas sauvages dans des pays où toutes les circonstances leur sont favorables et où elles vivent très bien lorsqu'on les y sème. »

La comparaison est éclairante avec les chapitres de *l'Origine des espèces* consacrés à la « Distribution géographique ».

Darwin constate lui aussi l'insuffisance d'une explication exclusive par les facteurs physiques — le sol ou le climat — et il en donne pour preuve « que la distinction de la Terre en Ancien et en Nouveau Monde constitue une des divisions les plus fondamentales de la distribution géographique », alors même qu'il n'y a « pour ainsi dire pas dans l'Ancien Monde un climat ou une condition qui n'ait son équivalent dans le Nouveau Monde ».

Les ressemblances ne sont pas moins étonnantes que les différences. Les espèces de l'Amérique du Sud équatoriale ont plus d'affinités avec celles de l'Amérique du Sud tempérée qu'avec celles de l'Afrique. En définitive, ce qui se dégage de l'exemple américain et de l'exemple australien, c'est « l'affinité qui existe entre les productions d'un même continent ».

Jusque-là, on peut dire que Darwin ne fait qu'élargir à l'ensemble des êtres vivants la problématique de la géographie botanique, en même temps qu'il en affine les analyses pour mieux saisir le rôle de la topographie : les barrières, les passages, les îles, les archipels... Il compare la terre qui isole deux faunes marines et l'océan qui isole deux faunes terrestres. C'est sans doute par là que se révèle le plus chez Darwin le voyageur naturaliste qu'il a d'abord été. Le journal de son voyage sur le *Beagle* est plein de notations biogéographiques ; on sait en particulier l'intérêt qu'il porte aux différentes espèces de « pinsons des Galapagos », étudiant leur répartition dans l'archipel. S'il ne quitte plus ensuite sa campagne anglaise, il expérimente sur les conditions dans lesquelles peuvent voyager les espèces, soumettant des graines à l'action de l'eau de mer ou recensant celles qui peuvent être transportées sur la patte d'un oiseau. Mais là où Darwin innove véritablement, c'est lorsqu'il aborde l'interprétation de la répartition des faunes et des flores : « Ces faits dénotent l'existence de quelque lien organique intime et profond qui prévaut dans le temps et dans l'espace, dans les mêmes étendues de terre et de mer, indépendamment des conditions physiques. Il faudrait qu'un naturaliste fût bien indifférent pour n'être pas tenté de rechercher ce lien. »

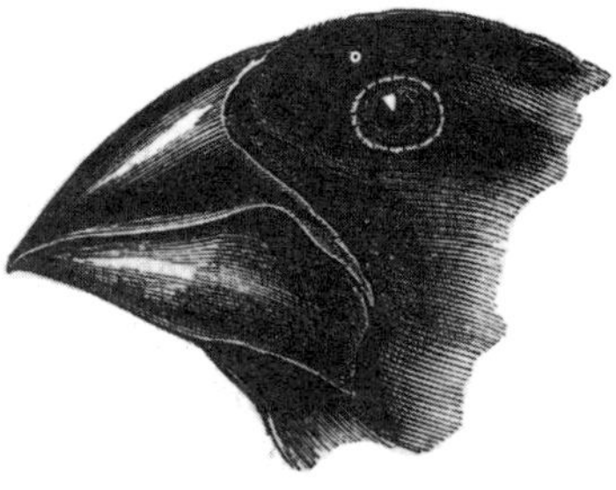

Geospiza magnirostris

Geospiza fortis

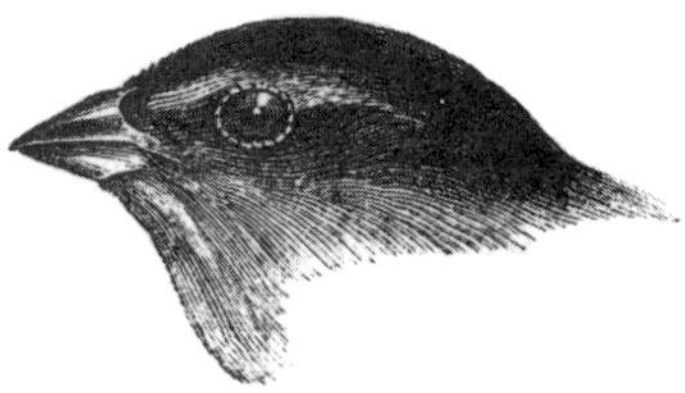

Geospiza parvula

Certhidea olivasea

Quelques espèces de pinsons des Galapagos.
(In C. Darwin, Voyage d'un naturaliste autour du monde, *1875 ; Bibl. nat., Paris. Ph. Jeanbor © Arch. Photeb.)*

Un moyen de dispersion

Pour comprendre la distribution actuelle des faunes et des flores, Darwin est amené à étudier les « moyens de dispersion » des espèces animales et végétales et, pour cela, à réaliser plusieurs expériences simulant les conditions d'un transport accidentel.

Par exemple, il soumet des graines à l'action de l'eau de mer. Sur 87 graines immergées vingt-huit jours dans l'eau de mer 64 peuvent encore germer. D'autre part, il fait sécher des plantes et observe combien de temps elles peuvent flotter : 19 sur 94 (toutes n'appartenaient pas aux mêmes espèces que dans l'expérience précédente) flottent après dessiccation, pendant plus de vingt-huit jours. En combinant les deux résultats il peut supposer que « 14 p. 100 des plantes d'une contrée quelconque peuvent être entraînées pendant vingt-huit jours par les courants marins sans perdre la faculté de germer. » Compte tenu de la vitesse moyenne des courants, ces graines pourraient donc être transportées à travers plus d'un millier de kilomètres vers un rivage propice... (C. Darwin, *l'Origine des espèces*, 1876).

Pour lui « ce lien est tout simplement l'hérédité ». En d'autres termes, l'affinité entre les espèces d'une même région biogéographique s'explique par une communauté d'origine et les différences proviennent avant tout de la sélection naturelle qui, dans des milieux divers, a favorisé des variations différentes. La faune et la flore des îles, à la fois proches et distinctes de celles du continent, illustrent bien ce processus. Cependant la proximité dans la classification et la proximité géographique ne coïncident pas toujours ; il reste que « les différentes espèces d'un même genre, bien qu'habitant les points du globe les plus éloignés, doivent avoir la même origine ». Il faut alors rechercher les ancêtres communs, retrouver leurs migrations. Le géographe se fait historien du vivant. Dans l'expérience de Darwin voyageur, la biogéographie rejoint d'ailleurs la paléontologie, comme le rappellent les premières lignes de l'introduction :

« Lors de mon voyage, à bord du navire le *Beagle*, en qualité de naturaliste, j'ai été profondément frappé par certains faits relatifs à la distribution des êtres organisés qui peuplent l'Amérique méridionale et par les rapports géologiques qui existent entre les habitants actuels et les habitants éteints de ce continent. Ces faits [...] semblent jeter quelque lumière sur l'origine des espèces [...] »

Le lien entre la classification et la géographie qui relevait jusqu'alors de la statistique — nombre d'espèces ou de familles propres à un continent — est maintenant assuré par la « théorie de la descendance avec modifications » ou, comme nous le disons aujourd'hui, la *théorie de l'évolution*. Dans le moment même ou la biogéographie se conçoit comme le terme d'une histoire, la classification se définit comme une généalogie. Dans le chapitre sur « Les affinités mutuelles des êtres organisés [...] », qui fait suite aux deux chapitres sur la distribution géographique, Darwin, après une discussion des différents principes sur lesquels reposent les systèmes de classification, écrit :

« Toutes les règles, toutes les difficultés, tous les moyens de classification qui précèdent s'expliquent, à moins que je ne me trompe étrangement, en admettant que le système naturel a pour base la descendance avec modifications, et que les caractères regardés par les naturalistes comme indiquant des affinités réelles entre deux ou plusieurs espèces sont ceux qu'elles doivent par hérédité à un parent commun. Toute classification vraie est donc généalogique ; la communauté de descendance est le lien caché que les naturalistes ont, sans en avoir conscience, toujours recherché, sous prétexte de découvrir soit quelque plan inconnu de création, soit d'énoncer des propositions générales, ou de réunir des choses semblables et de séparer des choses différentes. »

En présentant la « communauté de descendance » comme le principe qui se cache derrière les systèmes de classification et que ses prédécesseurs cherchaient inconsciemment (*unconsciously seeking*), Darwin définit la manière dont il entend se situer par rapport à la tradition naturaliste.

En définitive, comme beaucoup de voyages, l'itinéraire qui va de Linné à Darwin se termine en boucle. Au départ, une réforme de la nomenclature et de la classification est nécessaire pour nommer et classer la masse des spécimens rapportés par les voyages des naturalistes afin de permettre à l'histoire naturelle d'être une description de la nature au lieu d'un inventaire hétéroclite sans cesse recommencé. Dès lors que chaque voyage peut contribuer à la constitution d'un savoir cumulatif sur les êtres vivants, un nouveau programme de recherche apparaît : comment se répartissent les espèces végétales et animales à la surface du globe. Dans le moment même où les Européens emploient leurs efforts à modifier cette répartition par l'acclimatation, ils tentent de l'expliquer. Les voyages, les migrations que l'homme impose aux espèces marquent les limites du déterminisme géographique. Les affinités des productions naturelles d'une même région, comme les irrégularités de la distribution géographique, renvoient à un processus d'évolution où se mêlent les hasards et les contraintes. La géographie des vivants doit se lire comme le terme actuel d'une histoire des vivants. Cette histoire elle-même trace les lignes d'un grand arbre généalogique. Le tableau de la classification n'est qu'une coupe transversale de cet arbre à un moment donné. Le chemin qui va de Linné à Darwin passe par les collections et les cartes, c'est dans une grande mesure celui qu'ont tracé les voyageurs naturalistes.

R. Comtesse d'Artois
Comedie Ital.
Rue Montorgueil
R. Beaurepair
Rue Tiquetone
R. du Jour
Filles St Agnes
R. Platriere
Ste Marie Egiptiene
R. de la Jussiene
Rue Coqueron
R. du Bout du Monde
Rue Mont Martre
Rue des Vieux Augustins
St Eustache
Rue de Cleri
R. des Fossés Mont-martre
PLACE DES VICTOIRES
Rue du Mail
R. Vuide Gousset
Rue St Pierre
des Victoires
Mont-Martre
Rue Notre Dame
R. des Filles St Thomas
FILLES St THOMAS
Vivienne
Rue Colbert
Bibliotheque
Feydeau
Rue St Marc
Richelieu
Rue neuve
H. de Menars
H. de Gramont

Paris 1800

Michel Serres

L'histoire de France rencontre l'histoire des sciences et lui ressemble : autour de la Révolution, les savants dans leur ensemble prennent le pouvoir.

L'origine des mathématiques, occidentales au moins, a lieu sur une singularité notable de la carte, le long d'un axe ou d'une crevasse qui passe entre la Grèce et la Turquie et qui va de Constantinople à La Mecque. L'Égypte ancienne, Babylone, la Perse et la Palestine juive avoisinent cette ligne autour de laquelle naissent le prophétisme biblique, le christianisme et l'islam, soit les grands monothéismes, la philosophie grecque ainsi que les sciences hellène et arabe, mais encore l'écriture, la monnaie, l'industrie du fer et du bronze. Existe-t-il dans l'espace des localités, denses comme des germes, où l'invention s'intensifierait ? Comment expliquer ce phénomène ? Par la tangence triple entre l'Afrique, l'Europe et l'Asie, point de convergence unique dans le monde ? Par la brûlante rencontre des cultures sémites avec les indo-européennes, conduisant à des heurts et à des métissages ?

Singularités dans l'espace et le temps

Existe-t-il, de même, dans le temps, des moments singuliers aussi notables et puissamment producteurs ? Deux générations à peine, au Ve siècle av. J.-C., couvrent Athènes d'œuvres belles et de textes modèles : les artisans du céramique même y atteignent au génie. Ainsi, Paris, à l'âge classique, ou l'Europe occidentale, à la fin du XIXe siècle, en vingt-cinq ou quarante ans, donnent tout, en matière de création intellectuelle et artistique. On dirait des éruptions volcaniques soudaines qui transforment le paysage alentour. Comment les expliquer, lorsqu'on a connu tant de groupes puissants et fortunés, parvenus au faîte, mais stériles, misérables culturellement parmi leur richesse économique et leur force militaire ? On note la constance, en ces temps-là, de grandes œuvres tragiques, et leur absence ailleurs et en d'autres temps, et la présence, aussi, de formidables comiques, à jamais perdus après ou avant, témoins de la santé des contemporains.
Non nécessairement individuel, le génie connaîtrait-il des circonstances rares de temps et de lieux, comme les météores ?

Paris

Il se passe à Paris, autour de 1800, de la fin de l'Ancien Régime à la Restauration (1789-1814), une telle accumulation d'événements politiques, sociaux, intellectuels, scientifiques, religieux et anthropologiques, d'une violence si aiguë et d'une si large portée que des philosophies entières, postérieures à leur accomplissement, se réduisent à les lire. L'oiseau de Minerve, écrit Hegel, ne s'envole qu'à la tombée de la nuit : son récit phénoménologique ne raconte peut-être que ce qui arriva là. Oui, en ces années, Paris réalise ce que

« Nous avons oublié le Paris de l'an 1800 que nous voyons seulement sur le plan de Turgot : une des plus étonnantes accumulations de beautés construites qui ait jamais eu lieu dans l'histoire. »
(Détail du plan de Turgot, 1734. Bibliothèque nationale, Paris. Ph. © Giraudon/Arch. Photeb.)

Hegel et Comte diront et penseront: comme s'il ne restait aux générations qui suivent qu'à comprendre et à relater ou que les regrets jaloux de l'interprétation. Mais que racontent ces philosophes-historiens? La totalité du savoir roulant sur la totalité de l'histoire. Que se passa-t-il donc, à Paris, autour de 1800? Rien de moins que tout cela: une singularité locale et temporelle portait en elle, consciemment, l'universalité.
Explosion volcanique, tremblement de terre, transformation totale du monde.

Nous avons oublié le Paris de l'an 1800 que nous voyons seulement sur le plan de Turgot: une des plus étonnantes accumulations de beautés construites qui ait jamais eu lieu dans l'histoire. Le XIXe siècle y a frénétiquement détruit et bâti de sorte que notre Paris d'aujourd'hui, que nous disons et croyons historique, se présente, en fait, comme une ville très neuve, plus nouvelle, par exemple, que New York, au compte exact et récemment calculé, de l'âge moyen, pour l'ensemble des immeubles et des monuments. Églises, parvis, résidences, esplanades et jardins, élégants et lumineux comme la Sainte-Chapelle, l'hôtel de Sens ou la place des Vosges avoisinaient ou se succédaient par dizaines, rive droite et surtout rive gauche, avant que les décombres ne les ensevelissent, pendant le Consulat et les deux Empires. Pour fixer les idées, le baron Haussmann démolit plus de quarante chapelles de l'ordre et du style de celle qui reste dans l'île de la Cité, au percement du boulevard Saint-Germain. Nous ne conservons pas plus de souvenir de cette ville de beauté que des sciences qui s'y firent. Vandalisme? Adaptation? Dynamisme et puissance de renouvellement? On a soutenu, comme d'habitude, l'ensemble des thèses. Mais le lieu se transforma comme aucune ville jamais ne le fit.

Portraits

En un quart de siècle apparaissent là presque toutes les Constitutions possibles: royauté, République et Empire, des variétés du chaos à toutes les tyrannies, comme si Paris passait en revue l'histoire universelle des institutions. Bouleversements profonds? Permanence de stabilité? On a soutenu, comme d'habitude, l'ensemble des thèses.

Au milieu de ces traverses, Lagrange, Joseph-Louis, né à Turin en 1736, succède à Leonhard Euler, en 1787, à l'académie de Frédéric II à Berlin, après avoir fondé celle de sa ville natale, puis accepte de Louis XVI l'invitation à venir à Paris et s'y fixe. On loge au Louvre cet Européen italo-allemand, excellemment français, dans un appartement proche de l'atelier où dessine Hubert Robert, qui bientôt va connaître la charrette vers l'échafaud et se tirer miraculeusement de la décollation. Pendant que son voisin peint, l'algébriste, quinze heures par jour, rédige mécanique ou analyse et voit passer dans la cour des manteaux et des chapeaux changeant presque chaque année de couleur et de forme, comme la mode, et parfois aussi des têtes plus haut perchées qu'à leur ordinaire. Le dessinateur, plus tard, figurera des ruines dans les palais pendant que les mathématiciens concevront la théorie des invariants par variations. Fêté par le roi, par la Terreur et l'Empereur, ennobli, décoré, Lagrange meurt deux ans avant les Cent-Jours: il a pensé les sciences, il a parlé des langues, il a fréquenté toutes les variétés de potentats.

Hubert Robert (1733-1808): peintre français qui affectionna les jardins et les ruines.

Noble, marquis enragé, Marie Jean Nicolas Caritat de Condorcet a fréquenté d'abord les grands de naissance, mais, talentueux dès sa jeunesse, il a connu les grands de l'intelligence et des contre-pouvoirs, plus puissants que les pouvoirs, Turgot, Voltaire, d'Alembert, parmi les salons et les académies, avant de se faire élire aux Assemblées, la législative et la conventionnelle, parmi les grands de la politique. Il vit avec toutes les grandeurs et parle avec ferveur de l'égalité.

Analyste, mécanicien, astronome même, auteur d'écrits sur l'inclinaison de l'écliptique (cf. p. 70) et le problème des trois corps (cf. p. 347), statisticien avant la lettre, poussant le calcul des probabilités vers des applications à ce que nous appellerions les sciences sociales, Condorcet couvre tout ou presque des mathématiques rigoureuses de son temps. Secrétaire de l'Académie avant sa dissolution, il tient la science. Ami proche de Turgot, il tient à un moment l'Administration, quand celui-ci est promu Premier ministre. Pendant la Révolution, il rédige la chronique parlementaire dans plusieurs journaux influents et tient les médias du temps. Voici le précurseur du pouvoir moderne, qui passe par le langage et les discours : nul ne pourra s'opposer ni au savoir, toujours vrai, ni à l'information circulante et séductrice, présente partout, ni aux gestionnaires, organisant l'ordre social, sous peine d'erreur, de silence ou d'illégalité. Condorcet parle avec ferveur de la liberté.

Décrété d'arrestation, condamné à l'échafaud, réfugié dans une rue secrète, il écrit l'*Esquisse d'un tableau historique des progrès de l'esprit humain*, où la science et le langage rationnel dirigent, tiennent en somme l'histoire générale. La raison universelle ou esprit, incarnée dans la science, entendez celle de Condorcet, prend le pouvoir enfin dans tout l'espace, pour tous les temps, et domine toutes les cultures. Elle parle avec ferveur de la fraternité.

Sous la menace de mort, Condorcet va fuir deux jours, seul, errant sur les chemins, dans le sud de Paris, du côté de Bourg-l'Égalité ci-devant Bourg-

---

Sciences exactes

Mathématiques

ARBOGAST, Louis (1759-1803). Calcul symbolique.
ARGAND, Jean-Robert (1768-1822). Imaginaires.
CARNOT, Lazare (1753-1823). Calcul infinitésimal.
CAUCHY, Augustin-Louis (1789-1857). Analyse.
CONDORCET, Marie-Jean Nicolas Caritat de (1743-1794). Algèbre.
FOURIER, Joseph (1768-1830). Équation aux dérivées partielles.
FRANÇAIS, Jacques-Frédéric (1775-1833). Imaginaires.
GERGONNE, Joseph-Diaz (1771-1859). Dualité.
LACROIX, Sylvestre-François (1765-1843). Géométrie analytique.
LAGRANGE, Joseph-Louis de (1736-1813). Analyse, mécanique.
LAPLACE, Pierre-Simon de (1749-1827). Mathématiques, physique, astronomie.
LEGENDRE, Adrien-Marie (1752-1833). Algèbre.
MONGE, Gaspard (1746-1818). Géométrie descriptive.
POINSOT, Louis (1777-1859). Statique.
POISSON, Siméon-Denis (1781-1840). Probabilités.
PONCELET, Jean-Victor (1788-1867). Géométrie projective.

Astronomie

BAILLY, Jean Sylvain (1736-1793).
BORDA, Jean Charles (1733-1799).
DELAMBRE, Jean-Baptiste Joseph (1749-1822).
LALANDE, Joseph Jérôme Lefrançois de (1732-1807).
MÉCHAIN, Pierre (1744-1804).
MESSIER, Charles (1730-1817).

Physique, chimie

ARAGO, Pierre-François (1786-1853). Électricité.
BERTHOLLET, Claude-Louis (1748-1822). Chimie.
CARNOT, Nicolas Léonard Sadi (1796-1832). Thermodynamique.
COMTE, Auguste (1798-1857). Mécanique, astronomie.
COULOMB, Charles (1736-1806). Électricité, magnétisme.
DULONG, Pierre Louis (1785-1838). Acoustique.
FOURCROY, Antoine François de (1755-1809). Chimie des minéraux.
FOURIER, Joseph (1768-1830). Théorie de la chaleur.
GAY-LUSSAC, Louis-Joseph (1778-1850). Physique.
GERMAIN, Sophie (1776-1831). Acoustique, mathématiques.
HASSENFRATZ, Jean-Henri (1755-1827). Chimie.
HAÜY, René-Just (1743-1822). Minéralogie.
LAVOISIER, Antoine-Laurent de (1743-1794). Chimie.
MALUS, Étienne Louis (1775-1812). Optique.
NIEPCE, Nicéphore (1766-1833). Photographie.
PARMENTIER, Antoine Augustin (1737-1813). Agronomie, pharmacie.
PRONY, Gaspard Marie Riche de (1755-1839). Ingénieur.
PROUST, Louis (1754-1826). Chimie.
ROMÉ DE L'ISLE, Jean-Baptiste (1736-1790). Minéralogie, cristallographie.
SAVART, Félix (1751-1857). Acoustique.
THENARD, Louis Jacques (1777-1857). Chimie.

Biologie, médecine

BICHAT, Marie-François-Xavier (1771-1802). Histologie.
BLAINVILLE, Henri Decrotay de (1777-1850). Naturaliste.
BRAVAIS, Louis († 1842). Botanique.
BRONGNIART, Alexandre (1770-1847). Minéralogie.
BROUSSAIS, François Joseph Victor (1772-1838). Médecine.
CABANIS, Pierre Georges (1757-1808). Médecine.
CANDOLLE, Augustin Pyrame de (1778-1841). Botanique.
CORVISART, Jean Nicolas (1755-1821). Médecine.
CUVIER, Frédéric (1773-1838). Géologie.
DAUBENTON, Louis (1716-1800). Naturaliste.
DUPUYTREN, Guillaume (1777-1835). Médecine.
DUTROCHET, Henri (1776-1835). Médecine, osmose.
ESQUIROL, Jean (1772-1840). Neurologie.
GALL, Franz Joseph (1758-1828). Anatomie.
ITARD, Jean Gaspard (1774-1838). Endocrinologie.
JUSSIEU, Antoine Laurent de (1748-1836). Botanique.
LACEPÈDE, Étienne (1756-1825). Naturaliste.
LAENNEC, René Théophile Hyacinthe (1781-1826). Stéthoscope.
LAMARCK, Jean-Baptiste de Monet de (1744-1829). Biologie.
LATREILLE, Pierre-André (1762-1833). Entomologiste.
PINEL, Philippe (1745-1826). Psychiatrie.
SAUSSURE, Théodore de (1767-1845). Recherches chimiques sur la végétation.

Lagrange

Lazare Carnot

Sadi Carnot

Condorcet, Fourier, Lagrange, Laplace, Lazare Carnot, savants au pouvoir, révolutionnaires, créent les sciences du passé; Sadi Carnot, mort fou à l'asile, prépare celles de l'avenir.
(Lagrange, *gravure de Rados d'après Bosio, arch. de l'Acad. des sciences, Paris. Ph. Michel Didier © Arch. Photeb.*
Lazare Carnot, *peinture anonyme, v. 1815, musée nat. du château de Versailles. Ph. © Roger Viollet/Arch. Photeb.*
Sadi Carnot, *Bibl. nat., Paris. Ph. Jeanbor © Arch. Photeb.*
Condorcet, *peinture de l'école de Greuze, musée nat. du château de Versailles. Ph. Hubert Josse © Arch. Photeb.*
Laplace, *Bibl. nat., Paris. Ph. Jeanbor © Arch. Photeb.*
Fourier, *Palais de la Découverte, Paris. Ph. © Palais de la Découverte/Arch. Photeb.)*

la-Reine, couchant à la belle étoile, se donnant un nom d'emprunt, sale et mal rasé, mangeant d'auberge en estaminet: là, il rencontre enfin le peuple et la misère dont il avait tant parlé. Quarante-huit heures d'expérience directe pour une vie de discours: il en meurt (1794).

Analyste, émule de Lagrange, auteur de la *Métaphysique du calcul infinitésimal* où il tente d'apprivoiser les différentielles ou quantités dites évanouissantes, Lazare Carnot cumule les succès du mathématicien et du philosophe. Élu député à la Convention, non seulement il se tire des trappes où tombe Condorcet, son collègue en intégrales et méditations, mais gouverne et règne, passe au Comité de salut public où il incarne le génie de la guerre, crée quatorze armées pour la République, calcule tous les plans de campagne, organise les victoires, anticipe le destin de Bonaparte: triomphe donc sur toute la ligne, de l'analyse à la raison, pure et pratique, de la politique à la stratégie, et gagne même le bénéfice du martyre idéologique puisque la Restauration l'exilera. Peu de villes, même petites, dans le pays, manquent d'une rue Carnot, peu de noms propres dans l'histoire accumulent plus de gloire. Carnot la science, Carnot la puissance, Carnot la victoire, plaques sur les murs. Rien ne reste ou presque de son œuvre scientifique et on sait ce qui jonche les champs de bataille, le soir. Il aura un petit-fils président de la République, glorieux et assassiné. Il vit soixante-dix ans, de 1753 à 1823.
A peine trente-six ans survivra son fils aîné, Nicolas Léonard Sadi (1796-1832), physicien, mort fou chez Esquirol, à l'asile de Charenton, hurlant d'angoisse, entravé dans la camisole de force. On ne sait rien de lui, ni de sa jeunesse ni de son génie. Du naufrage lamentable de son existence, on sauva un manuscrit sur la puissance des machines à feu où il invente et fonde la thermodynamique dont il décrit le cycle en énonçant le second principe (cf. p. 249). Un temps nouveau vient réellement de naître, dans les outrages et la misère, paille, ordure, solitude, dans la douleur exceptionnelle et ordinaire du surhumain abandonné.

Condorcet

Laplace

Fourier

La révolution politique passe, avec ses deux flots principaux et mêlés de discours et de morts, les uns à la place et en raison des autres, avec ses reflux d'Empire, de journées populaires et de Restauration, réversibilités où se marquent des haines et des idéaux sublimes et irréversibles : guerre. La révolution industrielle s'accomplit ailleurs : houille, capitaux, récapitulation d'argent et de mines, machines à vapeur, dure exploitation des misérables ; encore la guerre. La révolution scientifique authentique a lieu dans le silence et l'isolement, hors la puissance, hors la gloire, hors la fortune, dans une cellule d'asile, au milieu d'un malheur sans pardon : hors la guerre ? Le père triomphait, coupait des têtes et, stérile, montait des armées : il faisait l'histoire, comme on dit. Le fils, minable, organisait l'avenir.

Science et puissance

La science positive prend le pouvoir ; les mathématiciens : Lazare Carnot, Condorcet ; les astronomes : Bailly, premier maire de Paris avant qu'on le décapite ; les mécaniciens : Lagrange, Laplace ; les physiciens : Fourier, Arago ; les chimistes : Fourcroy, Berthollet ; quelques médecins : Cabanis ; un géomètre s'empare de la puissance militaire et civile : Bonaparte, ci-devant auteur du problème dit de Napoléon, consistant à diviser un cercle en quatre parties égales, à l'aide du seul compas, selon la méthode élégante de l'Italien Lorenzo Mascheroni. L'Empereur n'incarne pas seulement la première des luttes perdues de l'Europe du Sud contre celle du Nord, triomphante, mais aussi le second des combats gagnés de la science contre les humanités, humiliées. Chateaubriand, émigré ; Beaumarchais, en prison ; Chamfort, suicidé ; Chénier, décapité ; Madame de Staël, exilée. La science positive prend le pouvoir : les humanités le perdent.
Guerre dans la guerre ou révolution dans la révolution, ce conflit des facultés fait rage, qui a commencé à l'âge des Lumières et perdure jusqu'à aujourd'hui.

La science fit main basse sur la raison et en devint, en ce temps-là, l'exclusive détentrice : hors d'elle ne reste que l'irrationnel. Tous les autres contenus de savoir, de culture, même ceux qui préparèrent la naissance du rationalisme, comme la métaphysique ou la théologie, même ceux qu'on groupe maintenant sous le titre de sciences humaines, voués aux mythes et aux ténèbres, se voient expulsés de la droite raison. Le mouvement dit romantique accentuera et confirmera ce partage léonin en prenant au sérieux ce qu'on n'appelle plus qu'orage et tumulte. Nous vivons désormais dans cette évidence que le rationnel et la science forment un seul et même domaine, alors que la seconde s'arrogea le premier. Ce coup de publicité, bien construit par l'Aufklärung, s'épanouit autour de 1800, à Paris, par ces prises de pouvoir. La société se donne à la raison qui se livre aux sciences qui expulsent les cultures. L'universel vient de l'emporter sur les singularités.

L'universel

Née d'un mot grec inventé par Rabelais ou d'un concept classique longuement médité par Leibniz, réalisée par tout philosophe digne de ce nom, d'Aristote à Auguste Comte, inspirée du modèle britannique de Chambers, écrite pendant plus de vingt ans, à partir de 1751, par d'Alembert et Diderot, aidés par de célèbres et obscurs collaborateurs, dont Voltaire, Montesquieu, Rousseau ou Galiani, l'*Encyclopédie* ou « Dictionnaire raisonné des sciences, des arts et des métiers » résume l'âge des Lumières. La totalité du savoir s'y montre dans l'ordre alphabétique.

Ephraïm Chambers (1680-1740) : il lança en 1728, par souscription, son *Encyclopédie ou Dictionnaire universel des arts et des sciences* qui connut en Angleterre un succès rapide et fut l'une des principales sources de l'*Encyclopédie* de Diderot et d'Alembert.

Nées du nom d'un héros mythique de l'Attique dont les jardins servirent de lieu aux réunions que tenait Platon avec ses disciples, réalisées sous l'égide des rois à l'âge classique dans la plupart des grandes capitales européennes, groupant non des livres mais des hommes, spécialistes de disciplines respectives, dans un endroit central donné, avec un calendrier fixé, les académies dominent l'âge des Lumières. La totalité du savoir se réunit autour d'une table ou dans une salle, autre ordre conventionnel.

Pendant la Révolution, cette totalité constitue l'équivalent d'un conseil des ministres.

Science sans frontières

Nous dirions aujourd'hui volontiers Beccaria ou Lagrange italiens, Gauss allemand, Linné suédois, Benjamin Franklin américain, d'Alembert français, Abel norvégien et Euler, les Bernoulli ou les Saussure suisses : le XVIIIe siècle méconnaît ces catégories ou adjectifs. L'Europe savante existe et Lagrange habite au Louvre comme Voltaire en Prusse et Diderot en Russie. Autour de cette date singulière, 1800, choisie pour ses chiffres ronds, Paris ne forme pas un centre comme le feront Londres, ou, plus tard, l'Amérique, lieux où se prendront les décisions du monde, mais plutôt un échangeur dans un espace sans frontières. On a dit qu'au cours des temps le centre changeait de lieu : cela revient à croire à un espace et à une durée homogènes et isotropes, supposition contraire à tout ce que l'on sait de l'histoire et de ses circonstances variables. Ce centre peut changer de nature et, à de certains moments exceptionnels, ne pas coïncider avec le site du pouvoir. Il faut définir un lieu où se croisent alors les cosmopolites et une langue dans laquelle ils se parlent : Paris en ces temps-là perd la puissance pour gagner l'universalité. De même, jadis, Athènes, acquit la seconde et jamais la première.

Qu'a signifié, profondément, la bataille géante qu'engagent les Lumières au siècle qui vient de s'achever contre les fanatismes et les religions ? Une lutte contre la puissance, certes. Mais aussi l'oubli des cultures singulières pour l'émergence d'un universel rationnel, nouvelle langue commune. L'Europe en cette fin de siècle parle moins le français que ce langage-là. Ce que nous appelons aujourd'hui et précisément depuis le début du XIXe siècle les identités culturelles, dites dans les langues régionales, fondées sur les religions que l'anthropologie reconnaît, exprimées souvent par ce qu'on nomme les humanités, paraît à cette époque l'obstacle majeur à l'universalité rationnelle qui donc doit balayer ces particularités : voilà le combat réel de la raison lorsqu'elle s'empare de l'histoire universelle, par exemple dans l'*Esquisse d'un tableau* de Condorcet. Il y a là un enjeu douloureux à régler, même encore aujourd'hui.

Qui impose donc un centre place au sommet d'une hiérarchie insupportable un particulier déguisé en général. National veut dire en ces temps contre le centre, antiroyal : quel homme singulier, quelle culture peuvent se croire souverains ? Aucun. Pas d'ombilic donc ni à Paris, ni à Ferney, Turin, Potsdam, Berlin, Saint-Pétersbourg. Paris, en 1800, n'est pas sis en France mais dans l'universel, sinon en Europe. Réussit-il en cette étrange entreprise, je ne sais, mais sûrement, il l'a essayé. Tout le monde, au moins, l'a ainsi compris. La raison s'incarne en un espace décentré. La preuve : Paris se suicide comme centre. Il abandonne en droit la puissance pour l'universalité : le pouvoir pour le savoir.

La Raison au pouvoir

Eudoxe, Aristote en Grèce ancienne, Sacrobosco, Thomas d'Aquin au Moyen Age, Descartes et Galilée au début du siècle classique, Newton et Leibniz en sa fin éclatent comme individus d'exception, mais au cours de ces deux millénaires, jamais encore la science n'eut la tentation ni les moyens de prendre le centre ni de la philosophie ni de l'État, encore moins des sociétés ou de l'histoire, vécue ou dite. Elle reste servante et périphérique. Paris, en 1800, ne se veut pas au centre d'un espace ni d'un Empire parce qu'il donne ou laisse la place à la science, prise dans son ensemble. La totalité du savoir comme tel, naguère réalisée dans l'*Encyclopédie* ou par les académies, groupages encore privés d'ordre, l'universel de la raison maintenant conçu, la société scientifique enfin organisée, se font désormais conquérantes et tentent, à partir de ces dates, de prendre les postes et toute la place et le centre de l'espace. L'Europe l'entend ainsi. Ainsi *Paris 1800* intitule moins un chapitre d'histoire de France qu'il ne marque un temps et un lieu décisifs dans l'histoire de la science et de l'humanité occidentales. Il ne s'agit de rien moins que de la mainmise de la connaissance, incarnée par le collectif des savants, sur l'état des choses. Maître et possesseur de la nature au XVIIe siècle, le savoir cherche à se faire possesseur et maître des hommes. L'entreprise, visible en ces temps déjà, se solda par un échec qu'il faut croire temporaire. La direction, l'orientation, le moteur même étaient donnés, de sorte que le mouvement commencé là ne cessera plus de tendre vers ce but, jusqu'à une victoire, aujourd'hui prochaine. Certes, des morceaux de disciplines, individués, naissent là et en ce temps, mais ce qui émerge puissamment pourrait s'appeler totalité ou collectif ou ordre ou mieux encore sociologie des sciences.

Avant cette date, l'ensemble de la science présente des collections informelles plutôt que des systèmes : désordre conventionnel de l'ordre alphabétique ou réunion autour d'une table. Pour prendre le pouvoir, il faut classer tout cela. L'*Encyclopédie* fera cercle pour saisir et clore toutes choses et faire coïncider son centre avec celui où tout se décide. La science va-t-elle prendre le pouvoir et la raison l'histoire ? Hegel se *fait* ici avant de s'écrire et s'écrit même avant la lettre sous la plume agonisante de Condorcet.

Jamais tant de savants n'approchèrent du pouvoir central : il faut maintenant appréhender le phénomène dans son ensemble et non plus en ordre dispersé. Jean Sylvain Bailly (1736-1793), astronome, historien de sa science, devient, on le sait, le premier président de l'Assemblée constituante et aussi le premier maire de Paris ; on lit dans ce livre même la trajectoire intellectuelle et politique de Lavoisier (cf. p. 363-385), fermier général de l'Ancien Régime finissant à la décollation ; Condorcet passe de la Législative à la Convention, où Lacepède siège; Cabanis, ami du second, le conseille; Lazare Carnot préside au Comité de salut public; Laplace, sénateur, Monge, ministre de la Marine, Fourier, préfet, Arago et Chaptal, ministres encore, les exemples surabondent; si Bonaparte laisse à l'histoire de la géométrie la solution à un problème, il répète et symétrise Louis XIV qui laissa aux humanités une traduction de Jules César. Nous n'avons rien omis: des mathématiques à l'économie, en passant par la physique, la chimie, l'histoire naturelle et la médecine, la totalité des sciences entre soudain en politique, non par individus mais en bloc.

Elle y amène ses querelles et ses usages. Dans la mort de Lavoisier, il ne faut pas compter pour rien la jalousie des collègues ni dans les actes de Jean-Paul Marat le ressentiment qu'il éprouva quand ses *Découvertes sur le feu, l'électricité et la lumière* furent condamnées en 1780 par un rapport de l'Académie des sciences signé entre autres: Condorcet. Bien des comptes se réglèrent à la faveur des proscriptions et de l'échafaud. Mais la prudence lâche des hommes de spéculation leur permit, au bilan global, de mieux se tirer de la tourmente révolutionnaire que bien d'autres professions, surtout celles qui participèrent aux affaires. La caste est non seulement puissante mais encore saine et sauve: à la sauvegarde on reconnaît le vrai pouvoir et la concertation ou solidarité malgré tout.

On peut imaginer que tel ou tel, Condorcet, Bailly ou Lavoisier, avança poussé par l'ambition, l'intérêt ou l'idéologie. Certes. Mais le mouvement prend trop d'ampleur pour qu'on le saisisse autrement qu'en totalité. La science forme, tout à coup, un ensemble qui marche tout seul vers l'ensemble des places; les savants pensent, vivent, agissent dans un collectif soumis à ses propres lois. Que ce phénomène de prise en bloc se prépare lentement pendant deux siècles, en s'accélérant, qui le contestera, mais la Révolution française lui donna l'occasion de cristalliser. Comme totalité du savoir, la science tend à devenir un fait social total.

Récapitulation

Du coup, on lit autrement ce qui précède la bataille et les temporaires victoires. A peu près au même moment les grandes disciplines bien repérées, Analyse, Mécanique, Astronomie, Physique, Chimie et Histoire naturelle entrent dans un mouvement de récapitulation. C'est l'âge des grands traités systématiques régionaux signés par les noms de ceux qui, tout à l'heure, couraient titres et places. L'*Encyclopédie*, jusqu'alors dispersée, se concentre. On dirait que se fait une revue. Des cercles locaux pour un grand cercle global. Cela peut s'entendre à plusieurs voix: l'inventaire, premièrement, précède et conditionne l'invention. Certes. Mais, aussi bien, la récapitulation amasse un capital. Ou encore: la concentration définit et renforce un centre. Enfin: la revue ou le rappel se dit ou se disent pour la mémoire et la connaissance comme pour les troupes en armes. La science prend intérieurement conscience de sa puissance interne et externe: en se concentrant, on dirait bien qu'elle se prépare. Elle ne prendra pas le pouvoir par hasard.

Paris n'aspire pas au centre qu'il voudrait dispersé partout d'une encyclopédie dont la circonférence immense englobe tout. La totalité du savoir, mobile, voyage. La preuve: Bonaparte la place dans un bateau et l'emmène en Égypte; les académies vont se réunir sur les bords du Nil où l'*Encyclopédie* cherche ses ancêtres. Encore une fois, ce qui, plus tard, se réduira au texte ou à l'écrit se fait, actuellement, sur le terrain: la science, dans son ensemble, part en quête de sa propre histoire.

Autre universalité: le monde entier, l'Univers, le globe, lieu et objet du savoir. Les grands périples d'exploration, commencés au XIVe siècle, s'achèvent avec Bougainville, Cook et d'Entrecasteaux. Les marins qui tournent autour des mers ignoreront parfois la Révolution. La découverte locale des terres se termine, on en a parcouru les chemins. Les voyages ont suivi tous les cercles:

alors on les reprend au nom de l'*Encyclopédie*. Les nouveaux explorateurs cherchent moins à conquérir qu'à savoir : à observer les astres au Cap, à dédoubler les étoiles, à trianguler quelque arc de méridien. La science visite et prospecte une Terre expérimentale et spéculative, physique, astronomique en attendant que l'ethnologie fasse des hommes ses objets. Le globe change : moins décor ou appropriation que cercle de cercles objectivés, support concret de l'*Encyclopédie*. De là les animaux et les plantes sont poussés vers le Jardin ou le Muséum qui les récapitulent : rassemblement ou inventaire central qui peut avoir lieu partout.

Quand Hubert Robert peint la Grande Galerie du Louvre en ruines, *pleure-t-il l'expulsion des artistes au bénéfice des historiens et des administrateurs ?*
(Esquisse pour le tableau du salon de 1796 ; musée du Louvre.
Ph. Hubert Josse © Arch. Photeb.)

A l'âge de l'inventaire ou des grands traités correspond celui où l'on invente les musées : non seulement de faune ou de flore, mais aussi des œuvres humaines. C'est aussi l'âge des grands brigandages culturels perpétrés par les nations fortes sur les faibles : la récapitulation exige ces vols de vivants et de beaux monuments. Du Louvre, fondé en 1791, on délogera les authentiques producteurs comme Fragonard ou Robert pour y installer des bureaux de conservateurs, tel Vivant Denon. Il faut bien gérer la totalité des Beaux-Arts. Quand le même Hubert Robert dessine la grande galerie en ruine, pleure-t-il l'expulsion des artistes au bénéfice des professeurs d'histoire et des administrateurs ? La beauté se ramène à des tas de pierres lorsqu'on en parle à coups de dates, références et dossiers. Cette vaine science aussi tue à coup sûr cette culture.

Grands traités

Successeur reconnu d'Euler et de d'Alembert, Joseph-Louis de Lagrange (1736-1813) écrit justement deux traités qui vont passer pour modèles. La *Mécanique analytique* de 1788 déduit rigoureusement d'un seul principe, celui des vitesses virtuelles, l'ensemble des disciplines du repos et du mouvement, statique et dynamique, pour les solides, les liquides et les gaz. L'auteur se targue de l'absence de toute figure dans son livre, c'est-à-dire de ne recourir jamais à l'intuition. Le géomètre Sylvestre-François Lacroix (1766-1843) avait inventé, sinon la chose, du moins le mot géométrie analytique ; Lagrange écrit, en 1797, sa *Théorie des fonctions analytiques* où il tente de mettre en ordre le calcul différentiel et intégral, hélas autour de la notion de dérivée. La fortune de l'épithète analytique date de là : disposer d'une langue claire et totalement dominée qui puisse élucider sans ambiguïté les questions qu'on expose. L'idéal analytique naît à peu près en même temps que le positivisme, deux écoles toutes modernes mais âgées de deux cents ans.
Chacun des deux grands traités construit deux fois une encyclopédie locale. En sommant d'abord la discipline que Lagrange y expose ; mais en résumant aussi ou reprenant l'ensemble de son histoire. Avant de bâtir l'édifice, l'architecte déroule tout le temps qui le précède et se réfère, par exemple, en mécanique, aux travaux d'Archimède et des prédécesseurs classiques, comme Galilée, Stevin ou Pascal. La totalisation de l'histoire accompagne la totalisation du savoir. Cela caractérise spécifiquement ce temps, de même que l'expédition des académies en terre égyptienne. Hegel et Auguste Comte n'auront qu'à recopier cette idée de double intégration dans les grands traités scientifiques qui les précèdent. Il n'y a de science que la science et l'histoire. Cela caractérise aussi cet autre universel qui se nomme l'université. Le savant qui prend le pouvoir va devenir professeur : fonctionnaire de l'histoire ou de la science, à l'exclusion de tous autres exercices.

Les trois révolutions

En 1800, Paris se réveille à peine du mythe de la Révolution avant de se lancer dans la légende napoléonienne. La France a-t-elle vécu un réel bouleversement politique ou, au contraire, aménagé une concentration plus forte encore que celle du pouvoir royal ? On en discute toujours. Au même moment, l'Angleterre est le théâtre de cette révolution industrielle après laquelle rien ne se passe comme avant. Peut-on définir de même, simultanément, une révolution scientifique ? En quel sens ?
Avant que la politique, la science ou l'industrie en usent, le mot révolution concerne le ciel : Copernic publie, en 1543, ses *De revolutionibus cœlestium libri VI* où il décrit les orbites planétaires autour du Soleil. Quand une révolution est accomplie, les corps célestes viennent au même point où nul ne pourrait distinguer de différence dans l'état des choses entre le début du cycle et sa fin. Par le même mot nous disons, sans vouloir le dire, que la France demeure invariante après les variations émouvantes et spectaculaires du Consulat ou de la Terreur. L'histoire garde-t-elle du réversible dans son temps irréversible ?
En 1796, Pierre-Simon de Laplace publie l'*Exposition du système du monde*, puis la *Mécanique céleste*, entre 1798 et 1825 : deux autres grands traités. Répétons-le après lui : le monde constitue un système. Pour trois raisons. Par la première, qu'on peut dire mathématique et même euclidienne, toutes les figures et tous les mouvements réels ou apparents observables se déduisent sans exception de la loi des forces centrales, dite de Newton. Le monde est un système par unicité, déduction, cohérence : il découle d'un principe. Laplace fait l'effort de démontrer dans le détail la validité de celui-ci dans des régions locales qui paraissaient y échapper comme les satellites de Jupiter ou les anneaux de Saturne : les lieux d'exception se ramènent à des modèles réduits.

Sans partage règne maintenant cette loi universelle d'attraction. La deuxième raison concerne le déterminisme. Le calcul déploie la loi en un système d'équations différentielles (on note en passant une autre occurrence du terme système, et sans doute encore dans le même sens) combinant variables et constantes. Avant Laplace, le chevalier d'Arcy avait émis des doutes sur la possibilité d'intégrer facilement ces équations dès que le système planétaire met en jeu trois corps ou plus. Un dieu, devenu rapidement célèbre, intervient pour définir le déterminisme laplacien : à supposer qu'il connût pour un moment donné l'ensemble des paramètres, alors il en pourrait tirer, à l'aide des équations, la totalité des positions futures et passées. Le monde est un système d'abord par déduction mathématique, ensuite parce qu'on peut intégralement le connaître.

Mais la troisième raison concerne la révolution : il suffit de lire en grec le mot planète pour savoir que le ciel montre des aberrations. Peu de choses s'y présentent régulièrement : certains astres errent, quelques axes nutent, la Lune se balance, en libration, partout apparaissent des anomalies. Comment les déduire d'une loi unique ? En les ramenant à l'équilibre. Les nutations se ramènent à des vibrations et les errances apparentes à des oscillations, dont il suffit de calculer la période : certaines inégalités demandent une année à se résorber ou se résoudre, d'autres dix ans ou un siècle ; on découvre même des variances multiséculaires proches de mille ans, mais, au bout de tous les comptes, la stabilité revient. Le terme de système, ensemble harmonieux et concourant de toupies ou de roues en équilibre individuel ou collectif parce qu'elles tournent sur soi ou ensemble, convient donc excellemment à un monde invariant par variations. Peut-on distinguer quelque différence dans l'état des choses entre la terminaison d'un cycle et son commencement ? Pas une. Pour la énième fois se présente cet état, présenté déjà et qui se représentera mêmement. Ainsi coule et revient le temps réversible où l'antiquité absorbe un futur que l'on ne prédit qu'avec des souvenirs. Les équations différentielles gravent la mémoire de cette machine cyclique. Non, il ne s'agit pas encore de retour éternel mais seulement de révolution dans le premier sens. Le monde, stable, retourne sur soi, indéfiniment.

Or les objets célestes n'apparaissent pas de manière homogène. Voyez la Terre : écorce solide, manteau des mers, écharpe aérienne. La mécanique la plus sûre vaut pour le premier de ces états matériels ; on connaît à cette époque des équations harmoniques, aux dérivées partielles, qui pourraient s'appliquer aux marées oscillantes ; on ne s'avance point jusqu'aux gaz. Mais le feu réunit ces trois états sous sa loi : liquéfie les solides, fait s'évaporer les fluides. Joseph Fourier (1768-1830) dit dans sa « Préface » à la *Théorie analytique de la chaleur* (1822), encore un grand traité, que rien n'échappe à la chaleur puisque tout corps la contient, la reçoit, la diffuse et donc qu'elle est aussi universelle que la gravitation. Il a raison : avant Laplace, la science tout entière se range sous la présidence de Newton pour cause de forces ; après Fourier, les phénomènes thermiques évidemment la dominent, ainsi que la civilisation. Tout va bientôt basculer de la montre à la chaudière, si l'on prend ces deux machines pour modèles culturels. Deuxième sens du mot révolution : coupure, nouveaux états de choses, et non cycles à retour.

Mais le premier sens cherche à l'emporter sur le second. Voici comment. Dans la note VII à l'*Exposition du système du monde*, Laplace achève sa cosmologie par une hypothèse cosmogonique. Il objecte d'abord à ses réductions précédentes à l'équilibre quelques circonstances générales et résiduelles qu'aucune symétrie ne compense. Les astres et satellites tournent et circulent de l'occident à l'orient sans rotation ni translation dans l'autre sens ; quoique faible, l'excentricité des orbites existe, les forces centrales s'écartent du centre ; ces orbes elliptiques se dessinent sur des plans différents inclinés, un peu, les uns par rapport aux autres. Voilà des écarts non rachetés.

Cosmologie : science des lois générales qui régissent l'Univers.

Cosmogonie : théorie expliquant la formation de l'Univers.

Pour les comprendre, Laplace change de temps et quitte la stabilité close du système. Oui, le monde vibre et revient mais cette oscillation résulte d'une histoire. Observons au passage, une fois encore, l'accompagnement obligé de l'histoire et de la science. Nous avions oublié que le Soleil gisait au foyer, mot qui signifie le centre, mais aussi la flamme. Voici le feu revenu. Au commencement, tout brûle. Au centre gît aussi l'origine. Tout part d'une nébuleuse chaude et volatile tournant en spirale, comme si Descartes précédait Newton, comme si la turbulence devançait l'attraction. Ce magma refroidit le long d'un nouveau temps, irréversible, sur le chemin duquel rien ne saurait remonter. Tout va vers le froid, rien ne se réchauffe sans apport externe. Ce rafraîchissement lent met en place les planètes, détachées du bloc, et leurs circonstances infléchies. Le temps réversible organise les symétries, à l'état de régime, actuel, alors que les décalages se comprennent par le temps orienté. Voilà comment les exceptions de la cosmologie impliquent une cosmogonie.

Voilà comment les écarts, les asymétries fines dans les symétries globales de l'espace, bref, son orientation, renvoient à un temps nouveau, irréversible, fléché, j'allais dire exposé, au sens de l'étymologie. Cette inquiétude des forces et du feu, cette orientation est-elle une structure commune à l'espace et au temps ? On dirait que toutes choses qui se font pendants reposent initialement, fondamentalement, sur de l'incliné, comme l'avait dit Lucrèce. La gauche et la droite gauchissent l'espace et commencent le temps.

Dans l'un des mémoires qui finissent les *Éléments de statique*, Louis Poinsot (1777-1859) achève la démonstration laplacienne de la stabilité du monde, en référant tout le système solaire à un plan fixe, qu'on pourrait presque dire éternel, au milieu duquel agit le couple général qui engendre tous les mouvements du monde, la roue de toutes les roues. Mais comment décrire un couple ? Deux forces égales s'appliquent, en des sens opposés, aux extrémités d'un même segment rigide. Voilà encore, au bout du compte ou en tête de série, un opérateur à la fois symétrique et asymétrique, c'est-à-dire orienté. Lorsque Aristote, en sa *Métaphysique*, dit le premier moteur immobile, veut-il décrire aussi l'orientation par un tel oxymoron ?

Oxymoron : figure de rhétorique alliant ingénieusement deux mots contradictoires (de deux adjectifs grecs signifiant aigu-émoussé, d'où : fin sous une apparence niaise).

Le temps nouveau va sans retourner sur soi : voici la révolution qui ne revient pas sur elle-même. Il faut mettre en regard les deux sens : irréversible et réversible. Le cercle de la loi des forces roule sur la droite de la loi de la chaleur. Le cercle de cosmologie roule sur la courbe de cosmogonie. Cela signifie que le monde, stable, continue cependant son histoire. Éternel mais devenu. Cette tension va-t-elle se résorber, un sens l'emportera-t-il sur l'autre ?

Car les circonstances de Laplace, inclinées, lancent ou impliquent un temps, lui-même incliné, qui peut se compenser. Les océans frottent sur l'écorce solide, le vide traversé par les corps célestes se parsème de petits obstacles particulaires, tout cela peut faire frein. Peu à peu les mouvements se ralentissent et, tout à coup, les corps chutent vers le centre encore en flammes et tout s'embrase à nouveau. Terminale, la nouvelle nébuleuse reproduit la primitive à l'identique, voilà revenu le retour éternel qu'Auguste Comte, extrapolant Laplace, retrouve après Kant et longtemps avant Nietzsche. Trop facile en cosmologie où il suffit de rappeler quelques rythmes d'éclipses, de comètes ou même de lunaisons, mais extraordinaire en cosmogonie puisqu'il porte le réversible dans l'irréversible feu.

Lira-t-on comme un fossile l'orientation de l'origine ? Chateaubriand voudra que le monde naisse vieux : toujours déjà en ruine dès le premier matin.

Le point de départ se réduit-il à un cercle limite ?

Système, évolution

Deux révolutions scientifiques règnent dans Paris, vers 1800 : au second et au premier sens, droite et cercle. Lagrange, Laplace, Fourier, Lavoisier, Lamarck s'adonnent en mathématiques, mécanique, astronomie, physique, chimie, biologie, à la récapitulation, ce passage universel en revue que nous avons vu se faire en politique. Chaque grand savant pour chaque grande discipline édifie un grand système, universel en son genre. Appelons-le x-logie : cosmologie, thermologie...

Mais chaque grand traité qui le construit commence après une grande préface qui relate tout ce qui se passe auparavant. La science a une histoire ; comme le monde, elle est un système devenu. Lagrange reprend Archimède, Stevin, Galilée, Pascal et l'opposition majeure Statique-Dynamique dont son œuvre forge la synthèse. Hegel pourra traduire ou, mieux, recopier. Laplace accomplit et Fourier dépasse l'universalité de Newton. Le cercle du système roule sur la droite de l'histoire. Le cercle de cercles encyclopédique s'enroule sur le chemin du temps, combinant l'irréversible avec le réversible. Nous voyons d'un nouvel œil Bonaparte embarquer la totalité du savoir, les académies, dans un bateau : le système des sciences remonte sa genèse, vers l'origine égyptienne. L'histoire, soudain, s'adonne aux mêmes gestes que les sciences elles-mêmes : comme si elle acquérait une même universalité.

Cela dit, les sciences elles-mêmes et non pas seulement leur histoire ou préface, s'engagent dans le chemin du temps irréversible et sans retour. Appelons-les : x-gonies, comme cosmogonie. En ces temps déjà géologie et biologie font contresens : il s'agit évidemment de biogonie ou de géogonie. Comment et où vont la Terre et les vivants ? D'où viennent-ils, par où passent-ils ?

Lamarck

Un exemple entre mille autres. Les vertébrés ont des yeux : la taupe en montre de très petits, à peine apparents. L'aspalax, taupe de Perse, n'en a pas, non plus que le protée, petit reptile aquatique, réfugié dans les eaux profondes, sous terre. Les vertébrés ont des dents : non la baleine et ses fanons souples, ni le fourmilier autour de sa langue gluante ni les oiseaux munis de leur bec cornu. Certaines lois présentent des exceptions. D'autres n'en souffrent aucune : les vertébrés ont tous des oreilles. Le son passe les obstacles où s'arrête la lueur.

Lamarck annonce que la vie s'avance par un plan d'ensemble : irréversiblement, le temps compose, complique, perfectionne, fait admirer un progrès. Mais çà et là des causes étrangères ou aberrantes traversent, sans le détruire, l'exécution de ce plan. D'où des lacunes dans la série, les taupes aveugles, les poules sans dents. Ces causes résident dans les circonstances : climats, milieux, sols et météores, pour tout dire le concret qui résiste à la manière d'un chaos feuillu à l'irrésistible avancée du plan unique, j'allais dire de l'esprit ou de l'élan vital. Il faut donc repenser un changement bariolé : Lamarck y trouve une loi deuxième comme transversale au plan d'ensemble ou à la première loi. Les vivants bougent, même les plantes, et ils s'adaptent. Les besoins changent avec l'environnement, apparaissent de nouvelles habitudes qui, au bout d'un très long temps, bouleversent les organes. Lamarck émet par là l'hypothèse dite transformiste qui séduit tant les paysans alors que la théorie darwinienne enchante surtout les savants.

Vous retrouverez donc des dents cachées dans les mâchoires du fœtus de la baleine et leur rainure dans le bec des oiseaux ; l'aspalax comme le protée garde sous la peau des vestiges d'yeux : toutes traces de la règle droite dans la vertigineuse nature, toutes traces de l'universel dans le singulier, même très rare. Le terme biogonie décrirait une telle évolution, comme celle de Darwin, mieux que le vocable biologie, resté classique malgré le contresens.

L'Irréversible

La révolution tournant sur elle-même forme des systèmes alors que l'autre crée parfois des solutions de continuité : les deux sens se présentent, à Paris, autour de 1800. Passons au second.

Les mathématiques consacrées par Lagrange, Laplace, Lacroix, Monge jusqu'à Comte nous paraissent désormais concrètes et appliquées : la géométrie décrit formes et figures, l'algorithme infinitésimal amène la mesure aux meilleures approximations : théorie pour polytechniciens. L'école française a horreur de l'abstraction. Pas de logique, malgré l'héritage de Condillac : elle viendra plus tard, et d'ailleurs, avec Boole ; peu d'arithmétique, pas de théorie des nombres que l'école allemande au XIXe siècle renouvellera d'Euler ; encore moins d'algèbre pure, sauf la théorie des équations : Abel et Galois, morts oubliés, fondent nos mathématiques, peu après, en oubliant presque leurs prédécesseurs. Une crevasse profonde traverse tout le front des mathématiques et sépare le style français, très descriptif et pratique, des formalismes et théories qui vont faire l'avenir. Les grands traités soudain apparaissent comme des tombeaux.
Ainsi pour l'astronomie. Une fois parfait le spectacle du monde que nous donnent Laplace et Poinsot, reste à se lancer dans l'Univers, hors de la niche solaire. L'ami de Balzac, Savary, dédouble quelques étoiles. Une faille formidable sépare Borda, Lalande ou Cassini, tous observateurs de l'ère des Lumières, de Messier dont le catalogue recense les taches qui parsèment aléatoirement le ciel, comme des exceptions, mais dont l'organisation va devenir la règle de l'astronomie moderne, savoir les galaxies. Notre astrophysique se détache du monde tout autant qu'à Paris, en 1800, l'astronomie se détournait de l'Univers. Ici encore, coupure nette : les hommes de la Révolution sont des savants conservateurs.
Avant cette époque, la physique se réduit à la géométrie et à la mécanique : elle décrit et explique figures, mouvements et forces. L'optique qui triomphe à l'âge classique jusqu'à Maupertuis en donne l'exemple éminent. L'électricité ne va guère plus loin que le magnétisme qui, justement, par Charles Coulomb, se ramène à la loi de Newton. Celle-ci triomphe dans le grand par Laplace et dans les interactions proches par l'attraction des masses magnétiques. Toujours la mécanique, même en acoustique. Ce que nous nommons aujourd'hui la physique ne commence pas en fin de Renaissance avec Bacon et Galilée, mais avec l'étude, par Fourier, des phénomènes de la chaleur aussi bien dans les expériences que pour la théorie. Elle quitte peu à peu la géométrie et la dynamique pour entrer dans son originalité. Coupure d'autant plus profonde que Sadi Carnot fonde la thermodynamique encore plus révolutionnaire, au second sens, par rapport à Fourier, que celui-ci à l'égard de ses prédécesseurs physiciens. Il ne s'agit plus en effet de traiter de la propagation de la chaleur mais de celle-ci comme puissance motrice. Voilà l'intersection de la révolution industrielle et de la révolution scientifique. La physique moderne et la contemporaine naissent là, ainsi que notre civilisation chaude. Irréversible dans son temps propre, la chaleur induit par sa théorie une faille universelle dans le temps de l'histoire, celui des techniques et aussi de l'histoire des sciences. Bernard Belidor, ingénieur modèle avant 1800, s'occupe exclusivement d'hydraulique et d'architecture : tout technicien, après Carnot, ne s'intéresse aux fluides que dans les machines à feu.

Les sciences du vivant entrent si bien dans le schéma double : x-logie, x-gonie qu'on le dirait tiré d'elles. On a dit que le XIXe siècle pense surtout l'histoire et le temps. Que l'on songe au rôle des nomenclatures, taxinomie et systématique, à l'âge des Lumières, et on se donnera quelque idée de ce que j'appelais la récapitulation : le Jardin du roi ou Muséum d'histoire naturelle accumule les vivants de la Terre, flore et faune, à l'âge où les musées se fondent, avec Vivant Denon, retour d'Égypte. Voilà que l'histoire décrit maintenant et tente d'expliquer l'avancée, le progrès, la transformation des êtres vivants : Buffon, Geoffroy Saint-Hilaire, Cuvier, Lamarck surtout participent, avant Darwin, à cette formidable aventure qui a changé pour toujours notre vision du monde.
Un autre universel fait la synthèse des vivants : non le système ni quelque

classement, mais le développement. Un autre temps irréversible arrive, progressif, contraire au temps réversible des systèmes antérieurs, et, de plus, contraire au temps irréversible de la thermodynamique. Nous pensons toujours dans leur contradiction.

Honoré Fragonard (1732-1799), cousin germain du peintre Jean Honoré Fragonard. Le Cavalier anatomisé, *écorché réalisé autour de 1765-1771 à partir de vrais cadavres disséqués et naturalisés en l'état; le procédé est inconnu.*
(Musée de l'École vétérinaire de Maisons-Alfort. Ph. © Pascal Rougier/Photeb.)

A un quart de siècle d'intervalle, Auguste Comte peint le panorama singulier de Paris 1800 dans le panorama universel de la science et de l'histoire universelles où il projette sa philosophie sur deux composantes et deux seulement : la classification du savoir, système et récapitulation, collège ou muséum, gnoséologie (cf. p. 95), et la loi des trois états, histoire de l'esprit humain, progressif ou transformiste, gnoséogonie. Et tout est dit en ces deux mots-là. Sa révolution propre consistera dans l'invention de cette science nouvelle : la sociologie. Et si nous écrivions celle de cette période ?

Le nouveau clergé

Le maître de Condorcet, Turgot, prononça vers le milieu du siècle, à la Sorbonne, un discours intitulé « Tableau philosophique des progrès scientifiques de l'esprit humain ». A l'Académie des sciences, son disciple, ami et successeur projette, vingt ans après, un « Tableau historique de l'avance de l'esprit humain dans les sciences ». Il l'abandonne temporairement, mais quelques mois avant de mourir, condamné, réfugié chez Mme Vernet, il rédige son *Esquisse d'un tableau historique des progrès de l'esprit humain.*

Par avance ou progression irrésistibles, l'histoire et son temps, dans ces trois textes, coulent irréversiblement, selon une ligne droite ; et, dans le dernier, en dix périodes — on finissait d'imposer le système métrique. Par bonheur, les descriptions historiques s'y réduisent à des esquisses, on n'y regarde pas de trop près. Souvent y revient le mot esprit, qui, de Hegel à Bachelard, aura une fortune inversement proportionnelle à la clarté de son sens. Qu'il s'agisse de l'esprit humain ou de l'esprit scientifique, en passant de l'histoire des sciences à l'histoire universelle, on ne peut lire en ce mot qu'une traduction laïcisée, à peine voilée, du Saint-Esprit. Quand on a tué le père et qu'on répugne à s'incarner, comme le fils, reste l'oiseau-langue, colombe légère, emblème de Minerve. Son haut vol permet de considérer l'histoire à une altitude suffisante pour négliger les approximations.

Le temps monodrome naît avec le christianisme. Finalisé par le salut, il entraîne l'histoire irréversiblement, depuis saint Augustin qui recueille à la fois les intuitions de Platon et les enseignements des prophètes écrivains d'Israël. En Grèce, la démonstration d'irrationalité rompit le cercle de l'Éternel Retour et, en Israël, un dieu unique et transcendant se révèle dans l'histoire immanente du peuple élu. Judéo-grec comme le nom propre de son fondateur, le christianisme lance le temps linéaire de l'histoire sainte au confluent augustinien de ces deux sources. Or le christianisme caractérise, à ce jour, la seule culture où se développe totalement la totalité des sciences. La religion y laïcise la religion, en permettant la sortie du sacré. Au Grand Siècle, Pascal, philosophe, chrétien et sans doute le premier savant de son temps, assure la passe principale, car il pense ensemble ce temps du salut et le progrès continuel dans les sciences. Condorcet l'édite en 1776. Notez, en passant, que je constitue le temps progressif par un schéma d'histoire qui le suppose.

Démonstration d'irrationalité : cf. p. 87.

Dans les sciences, l'accumulation est expérimentable ou démontrable alors que partout ailleurs elle reste une croyance. Le partage n'a pas changé, jusqu'à aujourd'hui, sauf à varier sur le sens du dernier mot. Au lieu de croire dans l'histoire parce qu'on croit en Dieu, ou plutôt en Jésus-Christ, nous croyons à l'histoire en extrapolant ce qui se fait dans les sciences. Car nous n'avons de preuve qu'il y ait vraiment de l'histoire que parce qu'il existe une histoire des sciences. Pour le reste tous les doutes jouent. Dieu, raison infinie, garantissait l'avancée vers le salut ; la science, stock et fonction de raison, garantit seule désormais par ses résultats, ses conquêtes et triomphes, qu'il y ait quelque progrès. Le schéma n'a pas changé. Dieu est mort mais ressuscite. La science progresse et fonde les croyances dans l'avancée générale de l'esprit.

La naïveté de Condorcet ne va pas cependant jusqu'à croire au point de nous faire croire que tout va toujours vers le mieux. Obstacles mêlés aux traverses retardent et freinent. De même que Gavroche sous les fusils chantait la faute à Voltaire et à Rousseau, jusqu'à ce que l'agonie et les balles cassent son chant dans sa gorge, de même Condorcet, tête presque sous le couperet, répète inlassablement comme un chant du cygne le péché des prêtres et des religieux. Le gamin des rues et le philosophe de langue française vivent le travail du négatif, non pas dans la spéculation spirituelle, mais dans l'agonie du corps. L'*Esquisse* comporte une dialectique puisque le religieux y travaille négativement et quelquefois se renverse en collaborant à l'avance globale : de l'Égypte et de l'Inde, par exemple, les prêtres transmettent à Pythagore le système du monde. Générale pourtant, comme transhistorique, se révèle la faute à Jupiter. Je répète : Jupiter. Hegel fait assumer ce même rôle à Mars et Marx à Quirinus. Dumézil, qui donne à ces trois dieux le rôle de totem de nos classes ou fonctions sociales, nous permet de comprendre ces répétitions générales ou ces grandes manœuvres verbales étendues à la totalité des temps. Un même schéma géant, des origines à nos jours, qu'on s'interdirait de conseiller à un étudiant débutant comme attentatoire à toute vergogne intellectuelle, apparaît moins naïf dès qu'on le plonge dans le cliquetis martial de la lutte pour la maîtrise ou dans le concret manuel des forces productives, plus naïf pourtant quand on

Georges Dumézil (1898-1986) résume en Jupiter la classe ou fonction des prêtres et des juges, par le dieu Mars celle des militaires et par le dieu Quirinus celle des producteurs. Voir, par exemple, *Mythes et Épopées* (1968-1973).

l'élève vers l'empyrée des idées, alors qu'il se décale et se traduit trois fois selon les emblèmes ou fonctions indo-européennes : Jupiter, Mars et Quirinus. Les commençants ne savent pas reproduire une démonstration géométrique dès qu'on change les lettres sur le dessin : substituez J à M et M ou J à Q, et inversement, sur les théories de l'histoire et elles reviennent du pareil au même. On peut tout dire et tout démontrer sur le long terme où rien ne peut se falsifier. Sans doute aussi peut-on tout démontrer en histoire.
C'est la faute à Jupiter, affirme, chez Condorcet, Jupiter soi-même. Double, en effet, se présente le dieu des dieux, roi et prêtre, législateur et potentat. Une demi-fonction entre en guerre contre son antisymétrique. La philosophie lutte contre la superstition hypocrite entretenue transhistoriquement par tous les clergés de la Terre, et « cette guerre durera tant qu'il restera des prêtres et des rois ». La fonction, la classe savantes se battent contre la fonction légale et rituelle incarnée par le même dieu ou la même image dans la même classe. Comment différencier, en effet, Voltaire d'un monarque ou d'un gourou et Jean-Jacques Rousseau d'un pasteur ? Condorcet mathématicien tue l'ancien élève des jésuites qui lui ont appris les mathématiques, Condorcet républicain condamne en lui le marquis, le philosophe égalitaire assassine l'académicien, la Convention arrête le conventionnel dont les collègues, identiques, feront un triomphe à son texte, quelques mois après avoir voté la mort de son auteur. Oui, Condorcet se suicide et son texte ressemble à sa mort. Tout se passe en de si proches voisinages qu'on voit mal les différences. L'autre dans le même reste infiniment voisin du même, on dirait une dialectique fine copiée dans le calcul infinitésimal où parfois se suspend le principe du tiers exclu.
Arrêté dans la rue, à la veille de sa mort, Condorcet déclare à l'interrogatoire se nommer Pierre Simon, deux fois encore le même nom, dans un contexte religieux c'est-à-dire du côté de Jupiter : apôtre traîne-misère sur les chemins de Galilée, avec les pécheurs, les publicains et les putains, chair et pierre, débaptisé rebaptisé par le Verbe, renégat, martyr, pape, premier chef et tête de toute l'histoire monodrome, quasi-partie de lui-même, voilà Simon-Pierre, Jupiter double, juif et latin, comme notre double Condorcet. La Révolution et l'histoire, à Paris en 1800, se jouent d'abord dans le conflit de Jupiter contre soi-même : Pierre Simon Laplace remplace, dans le système spatio-temporel du monde, le Dieu créateur par le dieu laïque du déterminisme.
Il s'agit encore de laïciser, de sorte qu'on ne sait qui complimenter du bénéfice, de celui qui traduit en savoir scientifique la croyance religieuse ou de la religion qui permet un tel abandon du religieux ou une telle traduction. Au XVIIe siècle, la même symétrie restait, chez Pascal par exemple, orientée préférentiellement vers le religieux, ici l'orientation, différentiellement, se retourne et passe à la science. De même que Pascal, analyste et théoricien des probabilités, humilie le progrès qu'il vient d'inventer, de même Condorcet, probabiliste et théoricien de l'analyse, humilie ceux qui l'ont humilié. Les identités grandioses se différencient finement. Nous-mêmes, aujourd'hui, laïcisés définitivement, pensons que cette histoire théorique, au sens littéral, c'est-à-dire décrivant un défilé ou une procession irréversible, continue ou discontinue, n'est qu'un autre nom du Dieu unique judéo-chrétien, précédé par son Esprit. De sorte que tout se joue toujours sur la fonction de Jupiter, ce que nous verrons que seul Auguste Comte a vu. Voilà pour l'histoire et voici pour la sociologie.

Avant la Révolution française, le clergé de l'Église catholique détient à peu près le savoir et l'éducation des enfants. Pendant le XVIIIe siècle, il a fourni même le gros des chercheurs et des philosophes qui a participé à l'âge ou à l'idéologie des Lumières et collaboré à l'*Encyclopédie* de Diderot et d'Alembert. L'alliance ou le partage du pouvoir temporel, économie, armée, institutions, et du spirituel, joue à son avantage comme, plus tard, à celui du pouvoir scientifique, son très légitime successeur.
Aux États généraux réunis, on trouve des savants dans les trois classes,

noblesse, clergé, tiers état, mais surtout dans la deuxième. Or, pendant la Révolution et l'Empire, une longue suite de décisions dissout d'abord les académies d'Ancien Régime puis fonde une éducation publique, affaire de l'État. Dès lors, paraissent les écoles centrales, futurs lycées, l'École normale, Polytechnique, mais aussi le Bureau des longitudes ou la Bibliothèque nationale, embryons de l'enseignement secondaire ou supérieur, premières institutions de recherche. Quant au contenu, les projets le font passer des lettres, dites ressassées, aux sciences, surtout expérimentales. La Révolution se méfie de l'abstrait, qui n'a jamais eu bonne réputation, en France, contrairement à ce qu'on dit : la décadence de la science dans ce pays vient, au siècle suivant, de l'importance donnée à l'école et aux idées polytechniques. L'ancien pouvoir spirituel commence de perdre une partie de ses fonctions et de sa dignité, recueillie par une nouvelle instance qui n'a toujours pas reçu de nom, alors que s'engage une guerre interminable d'au moins deux cents ans, opposant cuistres et bedeaux, et propre aux Français : n'aimant pas leurs enfants, ils préfèrent leurs chiens et la guerre civile.

Classes et places

Le clergé ne forme pas une classe au sens strict, mais plutôt un ordre, partagé en deux genres, haut et bas, dont l'un rejoint la classe dominante et l'autre la dominée. Il fluctue entre les deux avec un jeu qui vient du mélange qu'il réalise du spirituel dans le temporel, engagement et détachement. Riche, propriétaire de terres, domaines, bâtiments, gérant d'institutions lourdes, nombreux et bien organisé, socialement influent, aussi ancien que l'histoire dans toutes les sociétés connues, il se rend plausible par la langue dont il garantit la vérité, par le temps dont il dit assurer la continuité, par l'immortelle beauté de la culture qu'il induit. En retour, il rend plausible la société close sur elle-même en lui donnant un fondement hors d'elle, nous verrons comment.

Les savants et enseignants ne forment pas une classe, mais constituent un ordre plutôt, partagé en deux genres, bas et haut, de la maternelle au Collège de France, fluctuant par un jeu qui le rend relativement indépendant de la dominance mais qui le lie à elle. On détruit ce dont on prend la place : le voici très vite sur le territoire du clergé catholique d'Ancien Régime, jouissant de la même alliance ou du même partage avec les armées, l'économie, le pouvoir politique, donnant et se donnant la même plausibilité, par la vérité du langage et le continu du temps, par le fondement du social hors de lui-même. Seule la beauté ne se retrouve plus dans le plateau de la balance. Dans *le Génie du christianisme*, Chateaubriand tirera du dernier point toute la force de son argumentation.

Dans *le Génie du christianisme* (1802), Chateaubriand démontre que la religion chrétienne favorise plus que toute autre la création intellectuelle et artistique.

Idéocratie : pouvoir ou gouvernement fondé sur des idées ou un dogme.

La Révolution française amorce la passation des pouvoirs. Les mêmes hommes, parfois, sans bouger, voient l'iceberg pivoter autour d'eux. L'idéocratie ne change pas de lieu, ni de fonctionnement, quelquefois pas de mains, elle transforme seulement son nom. Mais comme, pour trouver une transparence qui lui fait gagner en puissance, elle ne se soucie pas d'en adopter un nouveau, nul ne reconnaît ce clergé-là dans celui-ci, corps résiduel de la plus vieille histoire et des plus antiques religions. L'anthropologie des sciences sait répondre à la question : que sont, que font les savants, considérés ensemble ? Et elle sait le dire depuis la Révolution française, pendant laquelle ils ont pris toutes les positions ci-devant tenues par le clergé.

Considérons, par exemple, les places que les hommes eux-mêmes occupent et leur distribution respective. L'Église hiérarchise cardinaux, chanoines et petits vicaires autour d'un unique pôle : Lazare Carnot, mimant Richelieu ou Mazarin, Laplace, Lagrange, Monge, sénateurs, Fourier, préfet, baron, tous abbés de cour, Arago, jeune académicien ambitieux et remuant comme Aramis, puis ministre, centralisent ensemble la France et la science, en dominant de leurs grades ceux qui reproduisent le bas clergé, le calculateur

Alexis Bouvard, par exemple, et mille répétiteurs oubliés, sauf le sombre Auguste Comte, à qui l'isolement et l'aliénation en tous sens ont bien fait voir l'ensemble de la science et le coup d'État religieux qu'elle opérait peut-être sans le savoir. L'Église exclut les hérétiques: Augustin Cauchy, exilé, court l'Europe, banni de son pays; une plaquette récente l'accable encore, en 1985, du titre infamant de mathématicien légitimiste, comme si la politique se lisait dans l'analyse; et Condorcet condamne, à l'Académie, la fausse science de Marat, qui aurait pu se prendre pour Goethe et Galilée ensemble. La religion eut son Inquisition: Fourcroy, Berthollet, Guyton de Morveau, chimistes proches de Lavoisier promis à l'échafaud, perquisitionnent chez lui et saisissent ses appareils. Condorcet, encore, meurt en fuite ou se suicide pour échapper à la guillotine. A l'inverse, Lakanal, réformateur de l'enseignement, meurt misérable aux États-Unis, révoqué par la Restauration. Les guerres de Religion continuent sur un autre ou le même terrain. Les travailleurs de la preuve ne s'organisent point en cité, comme on l'a dit, ni en république, mais en une Église. Celle-ci oublie les saints, victimes de leur vivant, mais les canonise après leur mort, pour survivre grâce à eux: Évariste Galois, emprisonné souvent pour menées révolutionnaires, tué en duel, Sadi Carnot, mourant fou à l'asile de Charenton, expirent très jeunes avant leur consécration comme héros ou précurseurs, de l'algèbre ou de la thermodynamique. On a vu ou on verra le culte dont Lavoisier fut l'objet peu de temps après son exécution. Combien de messies fondateurs passèrent en victimes de ces temps troublés? Au bilan, si l'on met, sagement, les grands mots qui font de l'ombre, comme Science ou Religion, entre parenthèses un moment, on voit clairement que le paysage intellectuel et savant ne bouge point par le changement de pouvoir et qu'il reste invariant par subtiles variations. D'autres individus, ou les mêmes, poussés par de nouvelles ou d'anciennes motivations, entrent dans des places millénairement aménagées, d'où ils parlent de vérité, de temps et d'histoire, exactement des mêmes choses, mais dans un nouveau langage repris de l'ancien.

Évariste Galois (1811-1832) découvre le rôle des groupes dans la résolution des équations algébriques.

Sadi Carnot (1796-1832) écrit les *Réflexions sur la puissance motrice du feu* en 1824.

Le même ancrage temporel, par institutions et bâtiments, s'amorce: l'École normale, Polytechnique, l'hôpital de la Salpêtrière, le Muséum d'histoire naturelle et le Jardin des Plantes, à peu près tout l'est de la colline Sainte-Geneviève, autour du Panthéon, reposoir des grands génies béatifiés, appartient bientôt à la science — à qui, vraiment? — comme il eût dépendu naguère de quelque congrégation. Les réguliers s'y adonnent à la recherche et les séculiers y enseignent. Même voisinage de la puissance politique: les savants se lancent en Révolution avec enthousiasme, Lazare Carnot organise la victoire, le marquis de Condorcet se fait élire député à la Législative et à la Convention, ils habitent les palais, Lagrange le Louvre, Laplace le Luxembourg, où il protège l'adolescence du jeune Cauchy: abbés de cour ou cardinaux-ministres.

Le recul nous fait comprendre qu'un ordre se substitue à l'autre parce que l'usure du temps rend inefficaces certaines idées pendant que d'autres prennent la relève comme des troupes fraîches pour un même usage social. L'histoire change de cible et va au dévoilé plutôt qu'au révélé mais par les mêmes allures. De saint Augustin ou Bossuet à Condorcet ou Hegel, même ascension prophétique vers un esprit que la vergogne empêche de comparer à la colombe. On laïcise les images en les ravalant.

Le positivisme en sa fin

La philosophie d'Auguste Comte tire les leçons de la Révolution française selon les deux composantes de la science et de l'histoire. Il n'y aura plus bientôt que ces deux savoirs et ces deux philosophies: on ne peut s'adonner qu'à la science ou à l'histoire. L'université, détentrice du monopole de la définition de l'intelligence et de ses contenus, ne connaîtra plus bientôt aucun autre exercice rationnel.

CALENDRIER POSITIVISTE,

POUR UNE ANNÉE QUELCONQUE;

OU

TABLEAU CONCRET DE LA PRÉPARATION HUMAINE.

		PREMIER MOIS. **MOÏSE.** LA THÉOCRATIE INITIALE.	DEUXIÈME MOIS. **HOMÈRE.** LA POÉSIE ANCIENNE.	TROISIÈME MOIS. **ARISTOTE.** LA PHILOSOPHIE ANCIENNE.	QUATRIÈME MOIS. **ARCHIMÈDE.** LA SCIENCE ANCIENNE.	CINQUIÈME MOIS. **CÉSAR.** LA CIVILISATION MILITAIRE.	SIXIÈME MOIS. **SAINT-PAUL.** LE CATHOLICISME.	SEPTIÈME MOIS. **CHARLEMAGNE.** LA CIVILISATION FÉODALE.
Lundi. . .	1	Prométhée.	Hésiode.	Anaximandre.	Théophraste.	Miltiade.	Saint-Luc. . . . . *Saint-Jacques.*	Théodoric-le-Grand.
Mardi. . . .	2	Hercule. . . . . *Thésée.*	Tyrtée. . . . . *Sapho.*	Anaximène.	Hérophile.	Léonidas.	Saint-Cyprien.	Pélage.
Mercredi. .	3	Orphée.	Anacréon.	Héraclite.	Érasistrate.	Aristide.	Saint-Athanase.	Othon-le-Grand. *Henri-l'Oiseleur.*
Jeudi. . . .	4	Ulysse.	Pindare.	Anaxagore.	Celse.	Cimon.	Saint-Jérôme.	Saint-Henri.
Vendredi. .	5	Lycurgue.	Sophocle. . . . . *Euripide.*	Démocrite. . . . . *Leucippe.*	Galien.	Xénophon.	Saint-Ambroise.	Villiers. . . . . *La Valette.*
Samedi. . .	6	Romulus.	Théocrite. . . . . *Longus.*	Hérodote.	Avicenne. . . . . *Averrhoès.*	Phocion. . . . . *Épaminondas.*	Sainte-Monique.	Don Juan de Lépante. *Jean Sobieski.*
Dimanche. .	7	**NUMA.**	**ESCHYLE.**	**THALÈS.**	**HIPPOCRATE.**	**THÉMISTOCLE.**	**SAINT-AUGUSTIN.**	**ALFRED.**
	8	Bélus. . . . . *Sémiramis.*	Scopas.	Solon.	Euclide.	Périclès.	Constantin.	Charles-Martel.
	9	Sésostris.	Zeuxis.	Xénophane.	Aristée.	Philippe.	Théodose.	Le Cid. . . . . *Tancrède.*
	10	Menou.	Ictinus.	Empédocle.	Théodose-de-Bythinie.	Démosthènes.	Saint-Chrysostôme. *Saint-Basile.*	Richard. . . . . *Saladin.*
	11	Cyrus.	Praxitèle.	Thucydide.	Héron. . . . . *Ctésibius.*	Ptolémée Lagus.	Sainte-Pulchérie. . . . . *Marcien.*	Jeanne-d'Arc.
	12	Zoroastre.	Lysippe.	Archytas. . . . . *Philolaüs.*	Pappus.	Philopœmen.	Sainte-Geneviève-de-Paris.	Albuquerque. . . *Walter Raleigh.*
	13	Les Druides. . . . . *Ossian.*	Apelles.	Apollonius de Tyane.	Diophante.	Polybe.	Saint-Grégoire-le-Grand.	Bayard.
	14	**BOUDDHA.**	**PHIDIAS.**	**PYTHAGORE.**	**APOLLONIUS.**	**ALEXANDRE.**	**HILDEBRAND.**	**GODEFROI.**
	15	Fo-Hi.	Ésope. . . . . *Pilpaï.*	Aristippe.	Eudoxe. . . . . *Aratus.*	Junius-Brutus.	Saint-Benoît. . . *Saint-Antoine.*	Saint-Léon-le-Grand. . *Léon IV.*
	16	Lao-Tseu.	Plaute.	Antisthènes.	Pythéas. . . . . *Néarque.*	Camille. . . . . . . *Cincinnatus.*	Saint-Boniface. . *Saint-Austin.*	Gerbert. . . . . . *Pierre Damien.*
	17	Meng-Tseu.	Térence. . . . . *Ménandre.*	Zénon.	Aristarque. . . . . *Bérose.*	Fabricius. . . . . *Régulus.*	St-Isidore-de-Séville. *St-Bruno.*	Pierre-l'Ermite.
	18	Les théocrates du Tibet.	Phèdre.	Cicéron. . . . . . *Pline-le-Jeune.*	Ératosthène. . . . . . . *Sosigène.*	Annibal.	Lanfranc. . . . . *Saint-Anselme.*	Suger. . . . . *Saint-Eloi.*
	19	Les théocrates du Japon.	Juvénal.	Épictète. . . . . *Arrien.*	Ptolémée.	Paul-Émile.	Héloïse. . . . . *Béatrice.*	Alexandre III. . . *Thomas Becket.*
	20	Manco-Capac. . . . *Tamehaméa.*	Lucien.	Tacite.	Albategnius. . . . *Nassir-Eddin.*	Marius. . . . . *Les Gracques.*	Les archit. du moyen âge. *S.-Benezet.*	St-François-d'Ass. . *St-Dominique.*
	21	**CONFUCIUS.**	**ARISTOPHANE.**	**SOCRATE.**	**HIPPARQUE.**	**SCIPION.**	**SAINT-BERNARD.**	**INNOCENT III.**
Maridi. . .	22	Abraham. . . . . *Joseph.*	Ennius.	Xénocrate.	Varron.	Auguste. . . . . *Mécène.*	St-François Xav. *Ignace de Loyola.*	Sainte-Clotilde.
Patridi. . .	23	Samuel.	Lucrèce.	Philon d'Alexandrie.	Columelle.	Vespasien. . . . . *Titus.*	St-Charles-Borrom. *Fréd. Borrom.*	Ste-Bathilde. *Ste-Math.-de-Toscane.*
Filidi . . .	24	Salomon. . . . . *David*	Horace.	Saint-Jean-l'Évangéliste.	Vitruve.	Adrien. . . . . *Nerva.*	Ste-Thérèse. *Ste-Cather.-de-Sienne.*	St-Étienne-de-Hong. *Math. Corvin.*
Fratridi. .	25	Isaïe.	Tibulle.	Saint-Justin. . . . *Saint-Irénée.*	Strabon.	Antonin. . . . . *Marc-Aurèle.*	St-Vinc.-de-Paule. *L'abbé de l'Épée.*	Sainte-Élisabeth-de-Hongrie.
Domidi. . .	26	Saint-Jean-Baptiste.	Ovide.	Saint-Clément-d'Alexandrie.	Frontin.	Papinien. . . . . *Ulpien.*	Bourdaloue. . . . *Claude Fleury.*	Blanche de Castille.
Matridi. . .	27	Haroun-al-Raschid. *Abdérame III.*	Lucain.	Origène. . . . . *Tertullien.*	Plutarque.	Alexandre-Sévère.	W. Penn. . . . . *G. Fox.*	Saint-Ferdinand III. *Alphonse X.*
Humanidi. .	28	**MAHOMET.**	**VIRGILE.**	**PLATON.**	**PLINE**-l'ancien.	**TRAJAN.**	**BOSSUET.**	**SAINT-LOUIS.**

		HUITIÈME MOIS. **DANTE.** L'ÉPOPÉE MODERNE.	NEUVIÈME MOIS. **GUTEMBERG.** L'INDUSTRIE MODERNE.	DIXIÈME MOIS. **SHAKESPEARE.** LE DRAME MODERNE.	ONZIÈME MOIS. **DESCARTES.** LA PHILOSOPHIE MODERNE.	DOUZIÈME MOIS. **FRÉDÉRIC.** LA POLITIQUE MODERNE.	TREIZIÈME MOIS **BICHAT.** LA SCIENCE MODERNE.
Lundi. . .	1	Les Troubadours.	Marco-Polo. . . . . . . *Chardin.*	Lope de Vega. . . . . *Montalvan.*	Albert-le-Grand. *Jean de Salisbury.*	Marie de Molina.	Copernic. . . . . . *Tycho-Brahé.*
Mardi. . . .	2	Bocace. . . . . *Chaucer.*	Jacques Cœur. . . . . *Gresham.*	Moreto. . . . . *Guillen de Castro.*	Roger Bacon. . . *Raimond Lulle.*	Côme de Médicis l'ancien.	Kepler. . . . . *Halley.*
Mercredi. .	3	Rabelais.	Gama. . . . . *Magellan.*	Rojas. . . . . *Guevara.*	Saint-Bonaventure. . . *Joachim.*	Philippe de Comines. *Guicciardini.*	Huyghens. . . . . . . *Varignon.*
Jeudi. . . .	4	Cervantes.	Neper. . . . . *Briggs.*	Otway.	Ramus. . . *Le cardinal de Cusa.*	Isabelle de Castille.	Jacques Bernouilli. *Jean Bernouilli.*
Vendredi. .	5	La Fontaine.	Lacaille. . . . . *Delambre.*	Lessing.	Montaigne. . . . . *Érasme.*	Charles-Quint. . . . *Sixte-Quint.*	Bradley. . . . . *Roëmer.*
Samedi. . .	6	Foé. . . . . *Goldsmith.*	Cook. . . . . *Tasman.*	Goëthe.	Campanella. . . . . *Morus.*	Henri IV.	Volta. . . . . *Sauveur.*
Dimanche. .	7	**ARIOSTE.**	**COLOMB.**	**CALDERON.**	**SAINT-THOMAS**-d'Aquin.	**LOUIS XI.**	**GALILÉE.**
	8	Léonard de Vinci. . . . *Le Titien.*	Benvenuto Cellini.	Tirso.	Hobbes. . . . . *Spinosa.*	Coligny. . . . . *L'Hôpital.*	Viète. . . . . *Harriott.*
	9	Michel-Ange. . . *Paul Véronèse.*	Amontons. . . . . . *Wheatstone.*	Vondel.	Pascal. . . . . *Giordano Bruno.*	Barneveldt.	Wallis. . . . . *Fermat.*
	10	Holbein. . . . . . . *Rembrandt.*	Harrison. . . . . . *Pierre Leroy.*	Racine.	Locke. . . . . *Mallebranche.*	Gustave-Adolphe.	Clairaut. . . . . *Poinsot.*
	11	Poussin. . . . . *Lesueur.*	Dollond. . . . . *Graham.*	Voltaire.	Vauvenargues . *Mme de Lambert.*	De Witt.	Euler. . . . . *Monge.*
	12	Velasquez. . . . . *Alonzo Cano.*	Arkwright. . . . . . . *Jacquart.*	Alfieri. . . . . *Métastase.*	Diderot. . . . . *Tracy.*	Ruyter.	D'Alembert . . *Daniel Bernouilli.*
	13	Téniers. . . . . *Rubens.*	Conté.	Schiller.	Cabanis. . . . . . *Georges Leroy.*	Guillaume III.	Lagrange. . . . . *Joseph Fourier.*
	14	**RAPHAEL.**	**VAUCANSON.**	**CORNEILLE.**	Le Chancelier **BACON.**	**GUILLAUME**-le-Taciturne.	**NEWTON.**
	15	Froissart. . . . . *Joinville.*	Stévin. . . . . *Torricelli.*	Alarcon.	Grotius. . . . . *Cujas.*	Ximenès.	Bergmann. . . . . *Scheele.*
	16	Camoens.	Mariotte. . . . . *Boyle.*	Mme de Motteville. *Mme Roland.*	Fontenelle. . . . . . *Maupertuis.*	Sully. . . . . *Oxenstiern.*	Priestley. . . . . *Davy.*
	17	Les Romancistes espagnols.	Papin. . . . . *Worcester.*	Mme de Sévigné. *Lady Montague.*	Vico. . . . . *Herder.*	Colbert. . . . . *Louis XIV.*	Cavendish.
	18	Châteaubriant.	Black.	Lesage. . . . . *Sterne.*	Fréret. . . . . . *Winckelmann.*	Walpole. . . . . *Mazarin.*	Guyton-Morveau. . . . *Geoffroy.*
	19	Walter-Scott. . . . . . . *Cooper.*	Jouffroy. . . . . *Fulton.*	Mme de Staal. . *Miss Edgeworth.*	Montesquieu. . . . . *d'Aguesseau.*	D'Aranda. . . . . *Pombal.*	Berthollet.
	20	Manzoni.	Dalton. . . . . *Thilorier.*	Fielding. . . . . . . *Richardson.*	Buffon. . . . . *Oken.*	Turgot. . . . . . . *Campomanes.*	Berzélius. . . . . *Ritter.*
	21	**TASSE.**	**WATT.**	**MOLIÈRE.**	**LEIBNITZ.**	**RICHELIEU.**	**LAVOISIER.**
Maridi. . .	22	Pétrarque.	Bernard de Palissy.	Pergolèse. . . . . . . *Palestrina*	Robertson. . . . . *Gibbon.*	Sidney. . . . . *Lambert.*	Harvey. . . . . *Ch. Bell.*
Patridi. . .	23	Thomas A'Kempis. *Louis de Grenade.*	Guglielmini. . . . . . . *Riquet.*	Sacchini. . . . . *Gretry.*	Adam Smith. . . . . . *Dunoyer.*	Franklin.	Boërhaave. . . . . *Stahl.*
Filidi. . .	24	Mme de Lafayette. . *Mme de Staël.*	Duhamel (du Monceau).	Gluck. . . . . *Lully.*	Kant. . . . . *Fichte.*	Washington. . . . . . *Kosciusko.*	Linné. . . . *Bernard de Jussieu.*
Fratridi. .	25	Fénelon. *Saint-François-de-Sales.*	Saussure. . . . . *Bouguer.*	Beethoven. . . . . *Handel.*	Condorcet. . . . . . . *Ferguson.*	Jefferson.	Haller. . . . . *Vicq-d'Azyr.*
Domidi. .	26	Klopstock. . . . . *Gessner.*	Coulomb. . . . . *Borda.*	Rossini. . . . . *Weber.*	Joseph de Maistre. . . . . *Bonald.*	Bolivar. . . *Toussaint-Louverture.*	Lamarck. . . . . *Blainville.*
Matridi. .	27	Byron. . . . . . *Élisa Mercœur.*	Carnot. . . . . *Vauban.*	Bellini. . . . . *Donizetti.*	Hegel. . . . . *Sophie Germain.*	Francia.	Broussais. . . . . *Morgagni.*
Humanidi. .	28	**MILTON.**	**MONTGOLFIER.**	**MOZART.**	**HUME.**	**CROMWELL.**	**GALL.**

(*Catéchisme Positiviste*, page 332.)

Jour complémentaire. . . . . **Fête universelle des MORTS.**

Jour additionnel des années bissextiles. . . . . . **Réprobation solennelle des deux principaux rétrogradateurs (*Julien* et *Bonaparte*), mais seulement pendant la première demi-génération.**

Après ces *quatre* célébrations initiales de la *Fête des Réprouvés*, ce jour exceptionnel prendra sa destination normale pour le culte abstrait.

Le seul calendrier tolérant et universel de notre histoire a pourtant expulsé Jésus-Christ et tout art contemporain, au bénéfice des sciences triomphantes.
(« Le Calendrier positiviste », in A. Comte, Catéchisme positiviste, *1852; Bibl. nat., Paris. Ph. © Bibl. nat./Photeb.)*

Les successeurs du positivisme débattent longtemps sur le sens de ce mot, qu'ils infléchissent vers l'expérience ou vers le langage, et se séparent en sectes distinctes, toutes scientistes et toutes d'accord sur l'encyclopédie construite par le maître, mais se retrouvent avec ses ennemis pour condamner les délires troublant, à leurs yeux, les derniers développements de sa théorie de l'histoire et de la sociologie, savoir la religion de l'humanité, ses fêtes et son calendrier, le catéchisme et la promotion de l'affectif; on rit du dernier Auguste Comte sans jamais le lire. En inversant cette réaction superficielle, certaine vérité se fait jour, profonde.

Comment se classe le savoir, comment se développera-t-il? Comte se trompe là constamment et l'avenir de chaque discipline déjoue son pronostic. Quant aux grandes lois du temps comme celle des trois états, on peut toujours jouer à ce jeu où on gagne toujours, puisque rien n'y permet de falsification: de quelque chose qu'on ne comprend ni ne domine, on peut faire l'histoire sans inconvénient notable. Autrement dit, le positivisme se révèle faible au point où on le croit fort, c'est-à-dire justement la science et l'histoire, et profond aux lieux où tout le monde le condamne, savoir sur la religion. Qui promeut et transmet le savoir, à quoi sert-il socialement? La réponse, ici, que l'on croit faible ou folle, dit des choses fortes, car elle demande à une religion de répondre à ces questions: sociologue, Auguste Comte décrit ce qui se passe réellement dans les collectivités, et, ce faisant, fonde l'anthropologie des sciences. Il découvre dans la religion ce qui transforme les idées en forces sociales.

Le temps du calendrier

Une conséquence du parallélisme ici décrit intéresse l'histoire des sciences: on ne rencontre aucun modèle de celle-ci qui n'ait pas déjà servi en religion. Une telle répétition donne à rire si l'on songe au mot de Marx qui la compare, lorsqu'elle apparaît en histoire, à une caricature. Or tous ces modèles se retrempent à chaud dans la crise ou le creuset de la Révolution française.

Voici l'âge des messies pour temps nouveaux: Lavoisier annonce la chimie en effaçant celle qui précède, Carnot fonde une thermodynamique sans prédécesseur, Galois, Philippe Pinel, réformant l'algèbre ou la psychiatrie, arrachent des cadres anciens les disciplines nouvelles. A peu près tous ces prophètes meurent tragiquement, suppliciés. Les théories discontinues de la coupure passent là, directement, de la référence sainte, évangélique ou prophétique, à la référence vraie, l'invention faisant sortir de l'erreur ou de l'ombre tenant lieu de révélation à la lumière. On n'avait pas imaginé de révolution copernicienne avant une date assez proche de celle-là, ni, je crois, d'affaire Galilée.

Le clergé, ai-je dit, soutient le temps: au calendrier grégorien se substitue le révolutionnaire agrémenté de fleurs, de neige et de vendange — rien que de l'agriculture en pleine révolution industrielle —, mais le calendrier positiviste le remplace, où les jours, semaines et mois portent le nom des grands hommes: Dante, Newton, Archimède et Lagrange y ont pris la place et la niche des saints. Qu'il n'ait pas réussi ne prouve pas que nous ne l'ayons pas dans la tête: l'histoire des sciences canonise les génies autant que l'histoire sainte prie les martyrs et les prophètes. *Catholicism without Christianism* disait du positivisme Stuart Mill.

Un calendrier a pour but ou d'effacer toute l'histoire précédente quand la haine s'exaspère et surtue tous les morts, ou de célébrer la continuité. Tolérant, pluraliste et laïc, celui d'Auguste Comte enchante la réconciliation interculturelle: ce pourquoi il n'a pas réussi. Trop universel pour enflammer une secte ou un gang. Le premier mois, théologique, de Moïse s'y connecte au quatrième d'Archimède, au sixième de saint Paul et au dernier de Bichat, les religions entre elles confluent, Salomon et Confucius, saint Bernard et Mahomet, puis vont vers les sciences, Abraham vers Thalès ou sainte Monique vers d'Alem-

bert, sans que les secondes déprécient jamais les premières, à égalité de souvenirs entre elles et avec l'art ou l'industrie, Bernard Palissy et les troubadours. Une telle paix dans le temps et l'histoire ne pouvait que passer pour folle et cette largeur d'esprit pour maladie dans le monde académique ou politique de l'affrontement sanglant obligatoire. Avons-nous jamais contemplé meilleur tableau du meilleur des temps possibles ? On n'y déplore que l'absence du Christ. Question : qui a dit le premier notre Dieu mort ? *Without Christianism*... On y déplore encore l'absence totale de lettres et d'arts dans les temps contemporains : la science a pris toute la place ; passé Mozart, au dernier dimanche du dixième mois, finie la beauté. Sinistre pressentiment...
L'histoire continue y rejoint la discontinue et l'interne s'y connecte à l'externe, le temps lunaire des mois et des semaines y égrène les stades intérieurs à chaque champ ou région, pendant que celui du Soleil les associe sans épacte, extérieurement. Cette vignette reproduit à couleurs naïves et bariolées, agréable aux regards de tous, ignorants, mécréants, érudits et pieux confondus, le peuple en clair, toute la philosophie de l'histoire des sciences construite par Comte sur le tableau de *Paris 1800*, carrière où les successeurs viendront tailler ou puiser sans le dire.

De l'incomplétude

Dans sa *Critique de la raison politique*, Régis Debray applique aux groupes sociaux ou retrouve en eux le théorème d'incomplétude valable pour les systèmes formels et montre que les sociétés ne s'organisent qu'à l'expresse condition de se fonder sur autre chose qu'elles, à l'extérieur de leur définition ou frontière. Elles ne peuvent pas se suffire à elles-mêmes. Il appelle religieuse cette fondation. Par Gödel, il accomplit Bergson, dont *les Deux Sources de la morale et de la religion* opposaient les sociétés ouvertes aux closes. Non, dit-il, la cohérence de l'interne se garantit par l'externe, le groupe ne se ferme que s'il s'ouvre. Les saints, génies, héros, modèles, toutes sortes de champions, ne brisent pas les institutions, mais les rendent possibles.
L'histoire des sciences utilise les mots à l'envers de Gödel, Bergson ou Debray, mais débat des mêmes choses en appelant externe ce qu'ils nomment interne et réciproquement. Une histoire externaliste réduit une vérité ou démonstration scientifique à l'ensemble de ses conditions ou contraintes sociales, les ramène donc bien à l'intérieur du groupe, alors que l'histoire interne demeure dans le fil exclusif d'une discipline, sans nulle référence à autre chose qu'elle. Il s'agit bien du même débat opposant le clos à l'ouvert, mais en inversant ses termes.

Henri Bergson (1859-1941) : *les Deux Sources de la morale et de la religion* (1932) opposent la société et la morale closes à la morale et à la société ouvertes.

Or, depuis Bergson, les historiens les plus notables recopient *les Deux Sources* qui prévoient expressément le cas de la folie et celui du savoir : le grand renfermement de Michel Foucault ou le paradigme de Thomas Kuhn, pour ne citer que les œuvres à grand retentissement, procèdent des mêmes sources. Loin de transcrire un modèle, comme elles, Régis Debray résout un problème. Là où les historiens décrivent des passages ou transgressions de limites sociales ou conceptuelles, sans les comprendre, parce qu'ils ont emprunté à Bergson un schéma tout fait, que Bergson a fabriqué à partir de Carnot et de la thermodynamique, Régis Debray fabrique directement et donc comprend un schéma nouveau, à partir de Gödel et des systèmes logiques.
L'apport de Gödel-Debray, décisif, nous délivre des anciens modèles et de leur répétition. Considérons une histoire externe des sciences la plus radicale possible, ramenant une invention quelconque à ses facteurs sociaux : débats d'idées ou d'intérêts, contraintes institutionnelles, stratégiques, financières, économiques, accumulation locale d'informations, organisation d'écoles ou de laboratoires, bref, l'ensemble des forces en rapport réciproque et les conditions concrètes mobilisées par tel événement tel qu'il se fait. Question : pourquoi cette mobilisation a-t-elle eu lieu ? Comment ces ensembles cristallisent-ils ? En

raison de la vérité. Celle de Carnot, génial ou ambitieux, celle d'Arago, ministre ? Celle des différentielles ou de l'arc du méridien ? Oui et non, ou plutôt non. En fait, de la vérité tout court. De l'objectivité en tant qu'extérieure à toutes ces conditions et contraintes et ne résultant justement pas d'elles. Tout le procès social s'éteint dès lors que ne se lève pas la vérité objective de ce dont il s'agit. L'interne (ici l'externe) se forme en système efficace et dynamique, productif, si et seulement s'il se fonde sur cette autre chose absolument parlant et hors de lui qu'il faut bien appeler externe (ici interne) : la vérité ou bien l'objectivité. Tout se tient autour d'elle et par elle, se mobilise par sa présence et s'arrête en son absence, tout se fonde donc sur la transcendance du vrai, ou cette condition d'objectivité. On appelle transcendance cette non-appartenance à un ensemble et à ses contraintes.

Mais si on a peur des mots de la philosophie ou des théorèmes de logique, on peut tenter de comprendre par d'autres images. On appelle, par exemple, catalyseur un élément ou corps sans lequel une réaction chimique ne peut même commencer ni *a fortiori* se développer, mais qui cependant ne lui appartient pas : extérieure à elle et cependant sa condition. De même, les éléments véridiques de la science, extérieurs à son histoire, la fondent et rendent possibles les conditions sociales de son émergence.

Ainsi le débat qui oppose l'externe à l'interne dans nos disciplines témoigne d'une analyse insuffisante du lien social, et l'histoire qui scande le temps de la science en moments d'ouverture et ères de fermeture exprime sans doute la même ignorance. De même que les chroniqueurs du savoir ou de la déraison doivent leurs modèles à Bergson, de même nous devons nos solutions au principe de Gödel-Debray.

Ouvert et clos, solides et fluides

Or cette généalogie des schémas, idées ou modèles, remonte en amont de Bergson dont le discours s'oppose au positivisme. Ses deux sources viennent de la thermodynamique de même qu'Auguste Comte a pris le couple statique-dynamique ou ordre-progrès dans la mécanique classique. Du coup, le successeur complète le prédécesseur, comme le savoir de référence s'élargit. La question de l'ouvert et du clos posée dans *les Deux Sources* a la même origine que le titre du livre, et s'éclaire par le passage de Carnot à Clausius et Gibbs. D'autre part, Bergson critique l'intelligence des solides et demande qu'on revienne aux flux, de la durée ou de la conscience, alors qu'Auguste Comte se méfiait du nuageux et du vague en exigeant qu'on ne construise que des systèmes consistants. Là encore, la science de référence apparaît, nous passons visiblement de la mécanique des solides à celle des fluides ou des gaz, du cristal, que la géométrie commence à dominer au début du XIXe siècle, aux molécules en désordre que la physique considère au commencement du XXe. J'ai appelé cette évolution, voici déjà un quart de siècle, « loi de transformation de la matière métaphorique » (*Hermès*, III, 1974). Les philosophes parlent de systèmes solides, puis de courants ou de flux, ils parleront enfin de langage : cristaux d'abord, fluides ensuite, toutes choses dures mais s'adoucissant, matérielles mais changeant d'état, enfin du doux, du logiciel, parole, discours, écriture. Le positivisme se réfère à une matière ordonnée, le bergsonisme au désordre déjà ou à la mouvance liquide, l'après-guerre quitte toute référence objective et s'adonne entièrement à la langue, aussi bien par l'Europe que partout ailleurs où le positivisme logique, admirablement nommé, assure la synthèse de tout ce qui précède.

Sciences et religion

En appliquant donc le théorème logique de Gödel aux questions du clos et de l'ouvert, touchant la sociologie, Régis Debray boucle et récapitule d'un geste

l'histoire et le travail des deux cents ans qui précèdent. Cela dit et démontré, il en appelle lui-même à Auguste Comte et au culte positiviste. Pourquoi ?
Parce que le grand prêtre de la religion humanitaire, aussi ridicule que nous paraisse l'aventure par laquelle il achève sa vie, a vu, a tenté de dire ou d'expliquer, mal j'en conviens, tout cela, déjà. Comme si, dans sa douce folie, Comte fondait sa sociologie sur une anthropologie générale, sans parvenir à lui donner un nom. Seul de tous les philosophes depuis Kant, il a pris la peine d'acquérir toutes les connaissances scientifiques de son temps : il ne triche, ni ne ment, ni n'invente de concept qui le dispenserait d'un tel travail. Au cours de cette philosophie héroïque, il sélectionne dans les sciences les modèles les plus sûrs et prend si bien le geste heuristique du savoir local et global qu'il continue et complète l'itinéraire encyclopédique en inventant une nouvelle science humaine, à la fin, conditionnée par l'ensemble des précédentes. La découverte garantit toujours l'authenticité du travail.
Durant ce parcours authentiquement héroïque, il écrit l'histoire interne de chaque discipline acquise dans et par le temps. Personne avant lui et nul après ne connecte aussi fortement l'interne et l'externe puisque l'histoire des cultures et des sociétés rend possible une classification encyclopédique des sciences dont l'histoire propre rend possible la sociologie qui revient à la culture et à l'histoire, en un immense cercle qui clôt le système et par lequel l'extérieur alimente en retour un intérieur qui en retour l'alimente.
Je crois qu'il codifie là une idée ou un sentiment qu'on peut lire ou éprouver dans les œuvres et les vies, dans les activités sociales ou spéculatives des savants qui ont traversé la Révolution française, passant à Paris l'année 1800. Leurs grands traités, en général, récapitulent d'abord l'histoire interne de leur discipline respective pour exposer ensuite le tableau systématique de celle-ci : le progrès, puis l'ordre. Fourier, Laplace, Lavoisier, Haüy, Lamarck, Monge, vingt autres, savent ou sentent qu'ils entrent dans un temps nouveau où la science rationnelle devient la composante sociale cruciale, qui va dominer l'enseignement, l'armée, l'industrie, l'agriculture qui, en retour, produiront les conditions d'une raison : l'ordre scientifique conditionne le progrès social dont l'ordre conditionne le progrès scientifique. Leur savoir universel les amène en un lieu sociopolitique singulier par un moment aigu de crise d'où se produiront en même temps la science, l'histoire et la société. Comte canonise cette double et unique expérience, en prenant d'un coup toutes les places à la fois.
Ce geste parfait, il a pris du recul et vu qu'il s'agissait là de religion. Non point d'une religion attachée à une ethnie ou à une culture locales, objet d'une anthropologie possible, mais d'un lien global naissant, propre à intégrer l'humanité ensemble. Proprement universel. Autrement dit, le système général des sciences positives et de l'histoire, entraînant l'une par l'autre la connaissance dure et la douce, exacte et humaine, progressive et ordonnée, ne peut se tenir ni se comprendre tout seul. Obscurément, il a prévu Gödel et Debray. Il existe un extérieur même à la totalité auto-entretenue, et celle-ci se fonde sur celui-là. Il appelle religieuse cette fondation. Et il a raison, même s'il en reste à l'immanence de l'humanité ou du Grand Être à soi-même.

Quels clercs ?

Revenons un moment à l'Ancien Régime ou aux sociétés que le positivisme appelait théologiques. En ces temps-là, le clergé occupait une place très précise dans la société. Dominante et dominée, ni dominée ni dominante, cette place, intérieure à chaque classe, dominante ou dominée, n'appartient à aucune des deux, ni à la dominée ni à la dominante. Les clercs assurent donc par la position intermédiaire de leur ordre la fermeture du système social par la garantie qu'ils lui apportent d'une vérité transcendante, extérieure absolument à toute production sociale. Internes, certes, mais désignant l'externe, on peut les appeler des fonctionnaires du vrai. Sur ce vrai, le groupe se fonde. Sur cette pierre se bâtit l'Église. Quelle pierre ? Cet objet inerte jeté hors le groupe, ob-jet, puis intérieur au groupe lorsqu'il se nomme Pierre, gisant au-dessous de tous.

Quand on croyait à la nature humaine ou à la nature tout court, on appelait surnaturelle cette vérité, transcendante et fondatrice. Révélée. La voici désormais simplement dévoilée, mais tout aussi transcendante. L'opposition de l'histoire interne des sciences à leur histoire externe confirme le maintien d'une transcendance et l'acte fondateur sur elle de l'immanence sociale. Cela se nomme religion, Auguste Comte a raison, ainsi que Régis Debray.

Or les savants occupent une place très précise dans la société: Dominante et dominée, conseil du prince et pauvreté, ni dominée ni dominante, liberté de pensée, cette place n'appartient à aucune des deux classes. Les clercs assurent donc par la position intermédiaire de leur ordre la fermeture du système social par la garantie qu'ils lui apportent d'une vérité transcendante, extérieure absolument à toute production sociale. Chaque fois qu'un tribunal, au nom d'une autre idéocratie, intervient dans cette transcendance pour lui imposer son dogme propre, il se couvre d'opprobre et de honte, de Giordano Bruno à Lavoisier ou Lyssenko : perdant sa plausibilité, il tremble sur ses fondations. Preuve *a contrario* de l'importance capitale d'une telle transcendance, on n'y touche pas sans danger. Après avoir décapité le chimiste, vite, la Révolution le sanctifie.

Tous définis par une intersection simple ou complexe d'appartenances sociales diverses, chercheurs et enseignants les plus politisés doivent désigner ensemble d'un même geste cet élément extérieur qui les assemble et par lequel, désormais, ils assemblent les sociétés contemporaines, le monde comme tel considéré comme un autre monde, indépendant absolument du groupe social : on peut les nommer fonctionnaires du vrai. Ils détiennent leur royaume de cet autre monde, savoir le monde tel quel, hors du politique. Sans cette vérité objective, ils ne sont ni ne font rien. Ils le savent et tout le monde le sait.

Aucune différence, fonctionnelle ou structurale, ne sépare donc la foi en un dieu transcendant et la croyance qu'il existe un objet scientifique indépendant de nous et pouvant s'exprimer dans et par une vérité universelle pour tous et objective en soi. La transcendance comme telle reste la même dans les deux cas. Et la conséquence sociale demeure stable. Les fonctionnaires changeant ou à peine, la fonction reste invariante, et les sociétés actuelles ressemblent aux archaïques : ce que je voulais montrer. L'universel et le singulier se rencontrent toujours au même carrefour, ainsi que l'ouvert et le clos : y a-t-il eu vraiment une révolution ?

Cela dit, nous vivons aujourd'hui une crise du vrai. Après la mort de Dieu, où en est l'actuelle survie du monde ? L'un et l'autre sont entrés dans la même agonie.

A
A
C
C
D
H
G
B
E
F

Lavoisier : une révolution scientifique

BERNADETTE BENSAUDE-VINCENT

Où l'on verra deux carrières, deux destins.
Héros vainqueur de la révolution chimique, Lavoisier meurt victime de la Révolution française ;
abandonné par ses collègues, puis vénéré comme l'immortel fondateur de la chimie moderne.

L'an I de la chimie. Tout au long du XIXe siècle, chimistes, philosophes et historiens rapportent l'avènement de la chimie scientifique à Antoine Laurent de Lavoisier (1743-1794). Les historiens contemporains, à leur tour, découvrent dans cet épisode les éléments qui composent la structure d'une révolution : symptômes de crise, avènement d'un nouveau paradigme, querelle et division de la communauté des chimistes. On parle même, aujourd'hui, d'une « deuxième révolution scientifique » à propos des travaux accomplis par la génération de Lavoisier.

Le mot « révolution » est déjà prononcé par Lavoisier, puis repris et propagé par ses contemporains. Voici un lieu privilégié pour élucider la notion de révolution scientifique et saisir les mécanismes à l'œuvre dans les épisodes ainsi nommés.

Le cas Lavoisier présente un intérêt particulier car il permet une confrontation directe avec le sens politique du mot « révolution ». La révolution chimique culmine, avec la publication de son *Traité élémentaire de chimie*, en 1789, quand commence la Révolution française. Lavoisier, qui est à la fois administrateur de l'Ancien Régime et savant, se trouve impliqué dans les deux mouvements. Mais alors qu'il sort grand vainqueur de la révolution chimique, il tombe victime de la révolution politique. Je tenterai donc d'éclairer l'une par l'autre les deux carrières de Lavoisier.

Le 19 floréal an II (8 mai 1794), le Tribunal révolutionnaire condamne à la mort Lavoisier, ainsi que vingt-sept autres fermiers généraux, jugés coupables d'un « complot tendant à favoriser par tous les moyens possibles le succès des ennemis de la France ». L'après-midi, ils sont tous guillotinés sur la place de la Révolution. Pourquoi avoir laissé mourir celui qui venait d'accomplir une formidable révolution en science ? Silence gêné des uns, commentaires indignés des autres. Depuis presque deux siècles, cet épisode peu glorieux de la Révolution française alimente des controverses d'historiens, toujours renaissantes, toujours passionnelles. Je me contenterai, pour ma part, de souligner le contraste entre l'abandon de Lavoisier et le culte dont il fait l'objet aussitôt après sa mort. Comment se forge l'image d'un héros fondateur ? Peut-on dégager, en évoquant plusieurs versions de l'épisode lavoisien, une évolution des représentations de la révolution chimique sur plus d'un siècle ?

Deux gaz arrivant chacun par un tuyau brûlent dans une cloche fermée et forment de l'eau. C'est ainsi qu'en juin 1783 Lavoisier et Laplace démontraient à leurs collègues de l'Académie des sciences que « l'eau n'est pas une substance simple ; elle est composée poids pour poids d'air inflammable et d'air vital ». Cette expérience portait un dernier coup à la théorie des quatre éléments.
(Gravure du XIXe siècle.
Ph. © Coll. C. Bailleux.)

Deux carrières

La rencontre du scientifique et du politique n'est pas un événement singulier dans la France du XVIIIe siècle. Lavoisier apparaît comme un représentant des liens étroits qui se créent vers la fin de l'Ancien Régime entre savants et gouvernement. La monarchie, comprenant l'utilité des sciences, a créé des grands corps d'État: Mines et Ponts et Chaussées. De leur côté, les académies de province et l'Académie royale des sciences stimulent l'intérêt des scientifiques pour le bien public par des concours sur des problèmes pratiques d'aménagement du territoire.

Sous la Révolution l'interaction entre scientifiques et politiques devient très forte. Les savants se mobilisent en masse. Rares sont ceux qui figurent parmi les émigrés mais beaucoup prennent des responsabilités politiques et participent au Comité de salut public. Certes, les académies, organes essentiels de toute la vie scientifique, sont dissoutes par un décret de la Convention en août 1793. Mais, dans l'ensemble, la population scientifique tire profit de cette incursion dans le champ politique. Elle y trouve gloire et légitimation; elle y gagne du crédit, des honneurs, des richesses (cf. p. 337-361).

Peu de savants ont perdu au jeu de cette alliance. Si le nom de Lavoisier reste illustre parmi ces malchanceux, c'est parce qu'il a gagné sur le registre scientifique une renommée bien supérieure à celle de ses collègues vainqueurs dans l'arène politique.

Perdu, gagné, le contraste paraît si fort qu'il appelle une comparaison de l'attitude de Lavoisier sur les deux registres.

Observons d'abord comment Lavoisier est parvenu concrètement à s'imposer dans les deux domaines. Il n'a pas deux carrières distinctes, ou successives. Toute sa vie, il mène de front une vie de « fonctionnaire » du royaume et une vie d'homme de science. A l'âge de vingt-cinq ans, en 1768, il achète une charge de la Ferme générale et il en garde l'exercice jusqu'à la dissolution des institutions fiscales de l'Ancien Régime, en 1791. Si intenses, si importantes que paraissent les recherches scientifiques de Lavoisier, elles ne sont qu'une

Ce bas-relief (en haut), aujourd'hui disparu, représente Lavoisier et sa femme, Marie-Anne Paulze qui l'assistait diligemment, ainsi qu'un personnage essentiel de la vie de laboratoire, trop souvent oublié, le factotum.
(Bas-relief du socle de la statue de Lavoisier par L. E. Barrias, anciennement place de la Madeleine, Paris. Ph. © Giraudon/Arch. Photeb.)

activité de loisir. Son activité principale, sa raison sociale et la source de ses revenus, c'est la Ferme générale. Lavoisier semble conjuguer au mieux les intérêts de ses deux carrières dans la vie quotidienne : quand il arrive à Rouen ou à Amiens pour collecter les impôts, il fait une communication à l'académie locale. D'un côté, il prélève de l'argent, de l'autre, il livre des informations scientifiques et se fait connaître comme savant. Cet arrangement harmonieux fait bientôt place à un autre, plus efficace et moins fatigant, à partir de 1775. Lavoisier est nommé commissaire à la Régie des poudres et salpêtres. Il s'installe à l'Arsenal, où il monte, toujours avec sa fortune personnelle, un laboratoire bien équipé avec des instruments de précision remarquables commandés aux meilleurs fabricants parisiens, Fortin et Mégnié. D'après le témoignage de son épouse, Marie-Anne Paulze — fille d'un fermier général, mariée à quatorze ans, entièrement dévouée à son savant époux qu'elle seconde en apprenant l'anglais et la gravure afin de traduire et d'illustrer des ouvrages de chimie —, Lavoisier organise son temps selon un horaire inflexible : recherche scientifique de 6 h à 8 h ; fonctions administratives et académiques dans la journée ; puis recherche de 19 h à 22 h ; et une journée complète de science par semaine. Les activités se mêlent plus encore quand Lavoisier, anobli en 1775, acquiert en 1778 un domaine, à Fréchines près de Blois. Il réalise alors des expériences d'agronomie pour augmenter les rendements. La science devient ainsi l'instrument d'une expérimentation agricole et sociale. Lavoisier n'est donc pas, d'un côté un savant progressiste, de l'autre un administrateur de l'Ancien Régime. Il déploie les deux activités en même temps et rentabilise l'une par l'autre. Il gère son temps comme il gère sa fortune.

Dans sa carrière scientifique, Lavoisier administre encore. Il entre à l'Académie royale des sciences, en 1768, à l'âge de vingt-cinq ans, en tant qu'« adjoint chimiste surnuméraire ». Il gravit ensuite les échelons de la hiérarchie interne jusqu'au poste de trésorier perpétuel qui le conduit à gérer et à administrer cette corporation savante. En 1785, Lavoisier, étant président annuel, élabore un projet de réforme de l'Académie. Il mène toute l'affaire en dix jours exactement. Indigné parce que le ministre du roi projette, sans consultation des intéressés, une réforme pour élargir l'Académie, il rédige un contre-projet. Il accepte la création de deux nouvelles classes mais s'oppose à l'ouverture de postes supplémentaires en diminuant le nombre d'académiciens dans chaque classe et en supprimant les postes de « surnuméraires » pour ne pas diminuer la considération attachée au titre d'académicien. « Ce n'est pas l'Académie qui manque aux savants mais les savants à l'Académie », ajoute Lavoisier.

L'Académie royale des sciences

La fondation de l'Académie royale des sciences en 1666 fait partie d'un plan monarchique de développement et de contrôle de la vie intellectuelle, qui débouche sur la création de sept académies par Richelieu, Mazarin puis Colbert.

L'Académie des sciences, richement dotée au départ, accorde pour la première fois des salaires pour faire de la science à temps plein, et crée le premier hebdomadaire scientifique, le *Journal des Scavans*. L'Académie des sciences est aussi chargée de délivrer le « privilège royal sur les machines », comme un office de brevets aujourd'hui. Au cours du XVIIIe siècle, l'Académie des sciences se rapproche encore du pouvoir royal avec l'inauguration du système des concours en 1720.

Quand Lavoisier entre à l'Académie en 1768, elle comprend six classes — Géométrie, Astronomie, Mécanique, Anatomie, Chimie et Botanique. Dans chaque classe, les membres se distribuent hiérarchiquement. Comme il arrive parfois qu'un membre soit nommé par le roi contre le choix des académiciens, la coutume admet qu'on crée un poste « surnuméraire » pour faire place à un vrai savant.

La réforme de 1785 ouvre deux classes nouvelles — Physique générale et Minéralogie — mais réduit de huit à six le nombre d'académiciens dans chaque classe. Ainsi, sous la présidence de Lavoisier, l'Académie des sciences conserve les privilèges d'une petite élite, tout en affirmant un peu d'indépendance à l'égard de la volonté royale.

Plus tard, quand la Révolution abolit la Ferme générale, il consacre l'essentiel de son activité à l'Académie. Il tente l'impossible pour la sauver et la faire échapper au décret du 8 août 1793 qui supprime toutes les académies.
Lavoisier est très attaché à la vie académique. Et, de fait, il est impossible de comprendre son œuvre sans la replonger dans cette institution. D'une part, l'Académie dessine un style de recherche. Elle favorise le travail en équipe : en chaque domaine, Lavoisier collabore avec un spécialiste des méthodes ou des sujets concernés ; Jean Bucquet sur l'air, Pierre Simon Laplace sur la chaleur, Jean-Baptiste Meusnier sur l'eau, Armand Seguin sur la physiologie de la respiration, avec Louis Bernard Guyton de Morveau, Claude Berthollet et Antoine François Fourcroy sur la nomenclature, enfin avec l'abbé René Just Haüy pour établir l'unité de masse du système métrique. Par le biais des concours et surtout par les commissions chargées d'une question précise, l'Académie favorise aussi une recherche planifiée, programmée. Peu d'improvisations, de travail au coup par coup, chez Lavoisier. Il organise sa recherche, prévoit de longues séries d'expériences sur plusieurs mois.
D'autre part, l'Académie a orienté la carrière scientifique de Lavoisier. S'il devient chimiste, c'est un peu par le hasard d'une vacance de poste dans la section chimie. Ses premiers travaux concernent la géologie : sous la conduite de Jean Étienne Guettard, il pratique des études de terrain en France vers 1762-1763 et il esquisse une théorie de la stratification. Il aborde alors la chimie comme science auxiliaire de la géologie et, sur les conseils de Guettard, fréquente les cours de Guillaume-François Rouelle au Jardin du roi, comme l'ont fait Diderot, Rousseau et Turgot. Mais Lavoisier semble préférer les sciences expérimentales aux sciences de terrain. Quand il convoite un poste à l'Académie, en 1764, il suggère la création d'une chaire de physique expérimentale. C'est donc comme physicien qu'il se définit d'abord. Cette tendance physicienne est visible dans ses premiers travaux : ses thèmes de recherche favoris sont la chaleur et les états d'agrégation de la matière. Deux questions que Gabriel-François Venel, en son article « Chymie » de l'*Encyclopédie* de Diderot, désignait précisément comme frontières entre physique et chimie. En 1774, Lavoisier intitule le premier recueil de ses mémoires, consacrés aux fluides aériformes (gaz) qui se dégagent des corps ou se combinent avec eux, *Opuscules physiques et chimiques*. L'analyse de l'ouvrage dans l'*Histoire de l'Académie* — que l'on présume rédigée par l'auteur lui-même — présente Lavoisier comme celui qui introduit l'esprit de physique en chimie.
Il est clair déjà que la science promue par Lavoisier ne sera pas celle qu'espérait Venel. L'originalité de la chimie ne réside pas dans une critique en règle de l'esprit de la mécanique, abstrait, spéculatif et borné. Lavoisier joue, au contraire, la carte de l'union, de la réconciliation. Il ne réhabilite pas, certes, la tradition mécaniste que critiquait Venel et laisse de côté le problème central des affinités (cf. p. 297-321). On ne trouve d'ailleurs guère référence à Newton dans l'œuvre imprimée de Lavoisier. Mais Lavoisier veut importer en chimie les méthodes de la physique expérimentale.

Une seule méthode

Lavoisier, lit-on dans tous les livres, a révolutionné la chimie avec la balance. Cette formule n'est qu'en partie vraie. La balance existait déjà dans les laboratoires de chimie, parmi les fourneaux, vessies, cornues, alambics, cucurbites et campanes. Mais la balance ne devient l'instrument essentiel des épreuves expérimentales que vers 1770 quand on commence à étudier les gaz. Elle s'impose en association avec la « caisse pneumatique », un appareil clos qui sert à recueillir les gaz, et le gazomètre qui permet de mesurer leur volume. Joseph Black, Carl Scheele, Henry Cavendish et Lavoisier mobilisent tout le savoir-faire et l'ingéniosité des artisans de leurs pays pour obtenir des balances de plus en plus précises et perfectionnées. Stimulés par les exigences de Lavoisier qui a les moyens de faire construire les appareils les plus coûteux, les

fabricants de Paris, comme Mégnié et Fortin, gagnent une renommée internationale.

La balance de Lavoisier n'apporte pas simplement un gain de précision dans les mesures expérimentales. Elle est juge suprême dans les débats théoriques et elle prend toute son importance dans le cadre d'un programme méthodique de recherche. Sur chaque sujet abordé, Lavoisier fait un inventaire systématique des publications, françaises autant qu'étrangères. Il met à jour les incertitudes, les contradictions ou les controverses sur la question et conçoit une série d'expériences à effectuer pour décider. Tous les débats sont tranchés au laboratoire et la tradition jugée par la balance.

Avec ses balances, Lavoisier transforme la méthode expérimentale en pratique de comptable. A chaque étape, il fait le bilan des réactions effectuées. Il pèse avant l'expérience, il pèse après. Il pèse le tout, il pèse chaque élément du système. Cette pratique des bilans suppose le fameux principe « Rien ne se perd, rien ne se crée », dont on accorde la paternité à Lavoisier. En fait ce n'est pas Lavoisier qui l'a inventé. On trouve déjà chez les atomistes de l'Antiquité (cf. p. 114) un principe formulé en des termes voisins, par Lucrèce notamment : « Rien ne naît de rien ; rien ne retourne au néant. » De plus, Lavoisier n'a jamais érigé le « Rien ne se perd, rien ne se crée, tout se transforme » en principe fondamental de la chimie. Il mentionne cette formule, en passant, à propos d'une étude des fermentations, dans un chapitre de son *Traité élémentaire de chimie*. Mais il est vrai que Lavoisier a fait de la conservation de la quantité de matière le levier de sa pratique expérimentale. Le principe, même implicite, conditionne toute la chimie des bilans.

A la fin du XVIIIe siècle, la balance de précision devient l'instrument essentiel du laboratoire de chimie, le juge suprême des expériences. Les artisans parisiens, Mégnié et Fortin, construiront pour Lavoisier des balances beaucoup plus perfectionnées.
(Balance de laboratoire ayant appartenu à Lavoisier ; coll. du musée nat. des Techniques - CNAM, Paris. Ph. © du musée/Photeb.)

Récupérer les gaz, mesurer leur volume et leur poids, voici les opérations qui ont permis la révolution chimique. Le gazomètre utilisé par Lavoisier pour déterminer la composition de l'air, a été dessiné par sa femme pour illustrer la troisième partie du Traité élémentaire de chimie *consacrée à la « description des appareils et opérations manuelles de la chimie ». (In J.-B. Dumas et E. Grimaux (dir.),* Œuvres de Lavoisier, *Paris, Imprimerie nat., 1862-1893, t. 1; Bibl. nat., Paris. Ph. © Bibl. nat./Photeb.)*

Financier et chimiste, la cohabitation des deux compétences chez une même personne semble donc des plus fructueuses. Mais, plus qu'une heureuse rencontre, ne serait-ce pas plutôt l'accomplissement, en divers domaines, avec plus ou moins de succès, d'un unique projet ?

Chronologie des travaux de physique et de chimie de Lavoisier

1765 : Mémoire « Sur l'analyse du gypse ».
1772 : Expériences sur la calcination; pli cacheté à l'Académie.
1773 : Calcination du plomb et de l'étain dans des cornues.
1774 : *Opuscules physiques et chimiques.*
1777 : Mémoire « Sur la respiration des animaux » ; mémoire « Sur la combustion en général ».
1780 : Expériences sur les acides.
1781 : Travaux sur la chaleur (en coll. avec Laplace).
1783 : Mémoire « Sur la composition de l'eau » ; « Réflexion sur le phlogistique ».
1785 : Grande expérience de synthèse et analyse de l'eau.
1787 : Mémoire « Sur la nécessité de réformer et de perfectionner la nomenclature chimique ».
1789 : *Traité élémentaire de chimie*; premier volume des *Annales de chimie.*
1792 : Travaux pour le système métrique.

Un projet révolutionnaire

Les commentateurs de Lavoisier sont frappés par sa conscience, sa volonté, sa ferme résolution de faire une révolution en chimie. On date généralement de 1772 la formation de ce projet révolutionnaire. Année cruciale, selon l'historien Henry Guerlac.

Or cette volonté de révolutionner la chimie se manifeste juste un an après un essai d'économie qui décourage plutôt les projets révolutionnaires. Quand on parcourt dans le désordre les *Œuvres* de Lavoisier, qu'on rapproche les écrits économiques ou politiques et les mémoires scientifiques d'une même époque, on découvre que souvent Lavoisier pense ces diverses questions dans les mêmes termes. Ainsi dans ses notes pour un *Éloge de M. de Colbert*, daté de 1771, il décrit le commerce international comme un système d'échanges et de flux où la quantité de richesses se conserve constante. Le « Rien ne se perd, rien ne se crée » fonctionne aussi en économie. Mais ici, le système tend spontanément vers l'équilibre. Cet équilibre naturel que Lavoisier, prêtant ces mots à Colbert, nomme « l'ordre physique » laisse aux ministres une marge de manœuvre très restreinte. Tout au plus peuvent-ils faire pencher en faveur d'un pays la balance, faire s'écouler le trop-plein vers une contrée ou un secteur. Mais tous les efforts politiques ne pourront qu'ébranler passagèrement l'équilibre de la balance du commerce. Une telle vision de l'ordre économique n'incite donc guère à la révolution.

La chimie paraît plus favorable. Après avoir cherché dans plusieurs directions, au gré des concours de l'Académie, Lavoisier semble avoir trouvé un lieu propice : la combustion. Le 1er novembre 1772, il remet un pli cacheté à l'Académie sur le rôle de l'air dans la calcination qui ne sera ouvert que le 5 mai 1773 lorsque les recherches seront plus avancées. Lavoisier poursuit ses expériences et, le 20 février 1773, commençant un nouveau cahier de laboratoire, il expose un programme d'expériences qui, écrit-il, devrait provoquer « une révolution en physique et en chimie ».

Ouvrons le mystérieux pli cacheté pour tenter de saisir les germes révolutionnaires qu'il contient :

« Il y a environ huit jours que j'ai découvert que le soufre en brûlant, loin de perdre son poids, en acquérait au contraire ; c'est-à-dire que d'une livre de soufre on pouvait retirer beaucoup plus d'une livre d'acide vitriolique, abstraction faite de l'humidité de l'air ; il en est de même du phosphore : cette augmentation de poids vient d'une quantité prodigieuse d'air qui se fixe pendant la combustion et qui se combine avec les vapeurs. Cette découverte, que j'ai constatée par des expériences que je regarde comme décisives, m'a fait penser que ce qui s'observait dans la combustion du soufre et du phosphore pouvait bien avoir lieu à l'égard de tous les corps qui acquièrent du poids par la combustion et la calcination ; et je suis même persuadé que l'augmentation de poids des chaux métalliques tenait à la même cause. L'expérience a complètement confirmé mes conjectures ; j'ai fait la réduction de la litharge dans des vaisseaux fermés, avec l'appareil de Hales, et j'ai observé qu'il se dégageait, au moment du passage de la chaux en métal, une quantité considérable d'air, et que cet air formait un volume mille fois plus grand que la quantité de litharge employée. Cette découverte me paraissant une des plus intéressantes de celles qui aient été faites depuis Stahl, j'ai cru devoir m'en assurer la propriété, en faisant le présent dépôt à l'Académie, pour demeurer secret jusqu'au moment où je publierai mes expériences. »

La *caisse pneumatique de Stephen Hales* a été construite pour récolter les gaz extraits de diverses substances, telles que les végétaux ou le salpêtre. Lorsque l'on chauffe ces substances, l'air dégagé est envoyé par un long tube coudé vers un réceptacle rempli d'eau. On récupère alors les bulles qu'il produit sur le couvercle. C'est la partie récepteur de l'appareil qui, après quelques perfectionnements, a permis à Cavendish, Priestley et Lavoisier l'étude chimique des gaz.

A partir de deux expériences, Lavoisier avance une explication générale de toute combustion et de toute calcination. Et, aussitôt, il situe sa découverte dans l'histoire, par rapport à Stahl. Quelle est donc cette doctrine que Lavoisier s'apprête à renverser ?

Héritier d'une tradition

Le phlogistique est le principe du feu responsable des combustions qui expliquerait par sa libération les phénomènes de chaleur et de lumière produits lors d'une combustion. Il est invisible, caché, impossible à isoler car toujours combiné.

La doctrine de Georg Ernst Stahl (1660-1734) est souvent réduite à la théorie du phlogistique parce qu'on est victime d'une sorte d'effet-écran produit par l'œuvre de Lavoisier. Et pourtant, plusieurs études historiques, initiées en France par Pierre Duhem (1902), Émile Meyerson (1902) et surtout développées par Hélène Metzger (1930, 1932 et 1935), ont montré que la chimie de Stahl constitue un puissant système — le premier système de chimie adopté dans toute l'Europe — qui permet d'interpréter un grand nombre d'expériences : la formation des sels (sels neutres, acides, alcalis) résulte d'une combinaison de terre et d'eau qui s'unissent par affinité avec leurs semblables ; le phlogistique, cause de l'inflammabilité, permet d'assimiler deux opérations d'apparence fort éloignées, la calcination d'un métal et la combustion de substances organiques. La chimie de Stahl comprend une philosophie de la matière, corpusculaire certes, mais opposée au mécanisme. Stahl admet l'existence de particules indivisibles mais combat l'idée d'une matière unique et uniforme. Il suppose diverses sortes d'atomes, fortement individualisés. Par leur qualité, par leur individualité et non par des propriétés géométriques, ces atomes déterminent les propriétés des mixtes. Et ce n'est pas en les isolant — comme le suggéraient les cartésiens avec leurs atomes mus et figurés, crochus et pointus — mais en étudiant les propriétés qu'ils confèrent aux mixtes, que l'on parvient à identifier les atomes composants. Ces corpuscules ultimes sont, en effet, pour toujours inconnaissables. On ne peut les isoler, on ne peut que deviner leur présence. Aussi est-il vain de prétendre déduire les propriétés des corps de leurs figures supposées. A ce va-et-vient imaginaire, Stahl préfère l'idée d'une gradation de composition. En partant des « agrégats », on doit considérer chaque degré de complexité de la matière : remonter des surcomposés aux composés, aux mixtes, puis enfin aux atomes. D'où une attention extrême aux degrés fins, à toutes les étapes de la décomposition chimique. Les quatre éléments, terre, air, eau, feu, sont le niveau essentiel pour interpréter les propriétés et les réactions chimiques. Grâce au succès de Stahl, l'antique conception des éléments-principes, constituants universels de la matière, porteurs de qualités, est encore d'actualité en plein XVIIIe siècle. Loin d'être un résidu tardif d'une tradition alchimique essoufflée, elle constitue la base d'une science chimique ambitieuse et soucieuse de marquer son originalité. Plus vigoureuse que jamais en France, où elle est présentée comme un résultat de pratiques expérimentales d'analyse. En témoigne l'article « Principes » du *Dictionnaire de Chymie* de Pierre Joseph Macquer, publié en 1766 :

Pour une définition de la théorie cosmologique des *éléments-principes*, le lecteur se reportera p. 115.

« On reconnaîtra sans doute avec étonnement que nous admettons à présent comme principes de tous les composés les quatre éléments, le feu, l'air, l'eau et la terre, qu'Aristote avait indiqués comme tels, bien longtemps avant qu'on eût les connaissances de chimie nécessaires pour constater une pareille vérité. En effet, de quelque manière qu'on décompose les corps, on n'en peut jamais retirer que ces substances : elles sont le dernier terme de l'analyse chimique. »

Lisons bien. Les quatre éléments ne sont pas de vagues principes, supports de qualités. Ils sont définis comme des corps simples, accessibles à l'expérience. Et Macquer ajoute, dans l'article « Élément », une notion de relativité :

« Il est très possible que ces substances, quoique réputées simples, ne le soient pas, qu'elles soient même très composées, qu'elles résultent de l'union de plusieurs principes, autres substances simples, ou qu'elles soient transmuables l'une dans l'autre, comme le pense M. le comte de Buffon. Mais comme l'expérience n'apprend absolument rien sur cela, on peut regarder sans aucun inconvénient, on doit même regarder en chimie, le feu, l'air, l'eau et la terre, comme des corps simples ; parce qu'en effet ils agissent comme tels dans les opérations de l'art. »

Ainsi la doctrine des quatre éléments triomphe en plein XVIIIe siècle, non pas contre ou malgré le développement de la chimie analytique expérimentale, mais par lui et grâce à lui. Mieux encore, les conquêtes expérimentales de cette jeune science vont paradoxalement renforcer le triomphe des vieux éléments-principes avec le développement de la chimie pneumatique.

Jusqu'au milieu du XVIIIe siècle, on n'accordait aucun rôle à l'air dans les réactions chimiques. A l'exception de Robert Boyle qui avait émis l'hypothèse de son rôle dans la combustion, on le considérait généralement comme un agent mécanique. Sous l'impulsion des études de physiologie végétale, grâce à l'appareil construit par Stephen Hales — la première caisse pneumatique — les « fluides aériformes » commencent à interpeller les chimistes. Dans les années 1770, ils sont soumis à l'analyse. D'abord, l'« air fixé » (actuel CO_2) est étudié par le chimiste écossais Joseph Black ; puis, en 1772, Joseph Priestley publie un mémoire intitulé *Observations on Different Kinds of Air*. En 1774, il isole et caractérise le futur oxygène en même temps que Scheele en Suède. Enfin Cavendish isole le futur hydrogène en 1776. Mais loin de ruiner la théorie des quatre éléments, les succès de la chimie pneumatique, ou chimie des gaz, contribuent dans un premier temps à la renforcer. L'air est certes expérimentalement décomposé, mais Priestley interprète cette expérience comme une combinaison de l'air avec le phlogistique. Il nomme l'azote « air phlogistiqué », l'oxygène, « air déphlogistiqué », et l'hydrogène s'assimile plus ou moins au phlogiston. La théorie du phlogistique semblait en tirer quelque profit, puisque le principe jusqu'ici invisible pouvait, éventuellement, être identifié à cette réalité expérimentale. Dans la préface à la seconde édition de *la Critique de la raison pure* (1787), Emmanuel Kant cite Stahl comme héros de la méthode expérimentale aux côtés de Galilée et d'Evangelista Toricelli. Quant à l'antique théorie des quatre éléments, elle n'a pas été ébranlée par la décomposition effective de deux éléments aristotéliciens, la terre et l'air. Mais, par le feu, elle sera détruite.

Comment Lavoisier en est-il venu à douter d'une telle doctrine ? Avec une expérience, grâce à la balance, certes. Mais encore faut-il préciser que l'idée de cette expérience ne sort pas d'une soudaine illumination. Elle est précédée d'une étude approfondie, pendant près de dix ans, de la chimie des éléments-principes.

La révolution lavoisienne est si réussie qu'elle a longtemps masqué les liens entre Lavoisier et la chimie du XVIIIe siècle qui, pourtant, donnent tout son sens à l'entreprise de Lavoisier. A considérer la succession des premiers mémoires de Lavoisier, souvent inspirés par des problèmes soumis à l'Académie, on s'aperçoit qu'il balayent tout le champ de la chimie des principes ou éléments. Ces études réalisées sur commande, au gré des questions diverses, d'ordre pratique, paraissent néanmoins suivre un programme.

Sa première expérience de chimie, au temps de ses études de géologie, est une analyse du gypse. Après la terre, le feu. En 1764, Lavoisier soumet à l'Académie son premier mémoire, lors d'un concours sur « Comment améliorer l'éclairage dans les rues de Paris ». Il y traite de tous les aspects, combustible, forme et matériau du lampadaire, choix de la mèche, mode de suspension... Une belle étude d'optimisation mais elle n'est pas primée. En 1767, Lavoisier présente une étude sur la composition de l'eau des Vosges. Il s'attaque ensuite aux relations entre l'eau et la terre : le problème, lié à l'équipement en eau de Paris, est de déterminer si le résidu solide trouvé dans l'eau résulte, comme le suggéraient Boyle et Van Helmont, d'une transmutation de l'eau en terre. Lavoisier conclut, au terme d'une suite d'expériences répétées pendant cent et un jours, que le dépôt de silice observé dans l'eau est dû, non à une transmutation, mais à une dissolution très faible du verre du pélican qui contient l'eau. En même temps, d'après des notes manuscrites de 1766 et 1768, Lavoisier travaille sur les relations entre l'air et le feu et adopte, après diverses lectures, l'idée que toutes les substances peuvent exister sous les trois états — solide, liquide ou aériforme — suivant la quantité de matière du feu qui est combinée. Un par un, Lavoisier a passé en revue les quatre éléments.

Au début de l'année 1772, il s'attaque au phlogistique, à l'occasion d'un mémoire de Guyton de Morveau qui explique l'augmentation de poids du plomb ou de l'étain calciné, en faisant l'hypothèse que le phlogistique a un poids négatif. L'augmentation de poids dans la calcination est, en effet, difficile à interpréter si la calcination est une libération de phlogistique. Mais ce phénomène était connu depuis longtemps sans nuire au succès de la théorie du phlogistique. Il avait même été expliqué dès le XVIIe siècle : en 1630, un médecin périgourdin, Jean Rey, attribuait l'augmentation à une fixation de l'air dans ses *Essays sur la recherche de la cause pour laquelle l'estain et le plomb calcinés augmentent de poids* ; l'Anglais John Mayow (1641-1679)

donnait la même interprétation en esquissant une théorie générale de la respiration et de la combustion. Mais ces travaux sont apparemment ignorés de Lavoisier quand il remet son pli cacheté à l'Académie en 1772.
Bien qu'il ait déjà formé un projet révolutionnaire, Lavoisier ne tient pas tout de suite des propos révolutionnaires. Pendant les dix ans qui suivent, il se montre d'une prudence extrême dans ses publications contre le phlogistique. En 1777, dans le mémoire « Sur la combustion en général », il multiplie les précautions. Il souligne pour commencer la nécessité de dépasser les faits pour former des hypothèses et présente sa propre hypothèse au terme d'une démarche inductive, généralisante, fondée sur une série d'expériences méthodiquement conduites avec mesures précises, répétitions, variations, vérifications. Lavoisier n'a pas encore rompu avec la tradition qui l'a nourri.
De fait, sa théorie de la combustion n'est pas vraiment une « révolution en physique et en chimie ». Elle ne supprime pas les éléments-principes, supports de propriétés. Lavoisier en a besoin pour expliquer le dégagement de chaleur et de lumière dans la combustion: il l'attribue à un dégagement du calorique contenu dans l'air. L'explication de Lavoisier est inverse de la précédente: la combustion libérait le phlogistique contenu dans le corps combustible, elle est, pour Lavoisier, une combinaison avec l'air; la source de chaleur n'est plus dans le combustible (phlogistique), mais dans l'air (calorique). Il s'ensuit une inversion du rôle de la chaleur: pour Stahl, la chaleur, en se fixant, provoquait une combinaison ou une condensation. Pour Lavoisier, elle provoque une expansion, voire une désagrégation. Cette symétrie n'a pas échappé au contemporain de Lavoisier, Macquer, qui s'empresse de minimiser le choc de la « révolution ». De plus, le calorique n'est pas un simple résidu de l'ancienne chimie dont le système de Lavoisier pourrait se débarrasser. C'est la pièce maîtresse de sa conception des états de la matière puisque l'état gazeux s'explique par la proportion de calorique dans un corps.
La théorie lavoisienne de la combustion se situe donc dans la lignée de la chimie des principes. Elle introduit plus une inversion des idées dominantes qu'une véritable révolution de la chimie. Les travaux de Lavoisier sur les acides (1772-1776) ne sont pas non plus franchement révolutionnaires. Lavoisier fait de l'oxygène le principe acide comme l'exprime le nom qu'il lui donne (générateur d'acide). Ce faisant, Lavoisier renforce, par-delà la théorie newtonienne des acides conçus comme des substances extrêmement réactives, l'idée stahlienne d'un acide universel, nommé *acidum pingue* par Viktor Meyer. Cette conception des acides illustre de manière très nette l'attachement de Lavoisier à la chimie des principes qui triomphe au XVIIIe siècle.

Le temps des fondations (1783-1789)

Et pourtant la théorie lavoisienne est perçue comme une révolution par la plupart des contemporains. Elle déclenche une vive controverse parmi les chimistes français puis entre « l'école française » et les chimistes allemands et anglais, qui restent partisans du phlogistique. La dureté et la durée de cet affrontement ne peuvent s'expliquer sans la dimension fondatrice que Lavoisier a voulu donner à son œuvre. Après avoir porté un coup au phlogistique, Lavoisier entreprend de créer un nouveau système de chimie. Ce travail constructeur, commencé en 1783, est pratiquement achevé en 1789 avec la publication du *Traité élémentaire de chimie*. En six ans, Lavoisier parvient, non seulement à faire oublier toute la chimie qui l'a précédé, mais encore à s'imposer comme le fondateur unique de la chimie moderne.
Tentons de recomposer les grandes étapes de cette opération.
La campagne débute en 1783, quand Lavoisier ruine le dernier des éléments antiques en prouvant la composition de l'eau. Le mémoire « Sur la composition de l'eau » de 1783 n'est, à vrai dire, qu'un premier pas car il établit la composition de l'eau par la synthèse et non par l'analyse. Mais déjà Lavoisier s'enhardit et donne l'assaut. Dès les premières lignes du mémoire intitulé

« Réflexions sur le phlogistique », on note un changement de ton ainsi que d'attitude.

« Je prie mes lecteurs, en commençant ce mémoire, de se dépouiller autant qu'il est possible de tout préjugé : de ne voir dans les faits que ce qu'ils présentent, d'en bannir tout ce que le raisonnement y a supposé, de se transporter aux temps antérieurs à Stahl, et d'oublier, pour un moment, s'il est possible, que sa théorie a existé. »

Lavoisier n'annonce plus une découverte comparable à celle de Stahl. Il veut effacer toute trace de cette œuvre, la rayer du patrimoine de la chimie. Il invite donc ses lecteurs à se faire ignorants pour devenir vrais savants. C'est le moment crucial car Lavoisier change totalement la nature de l'événement. Jusqu'ici, c'était une révolution par inversion des schémas dominants. Maintenant il se pose en fondateur qui construit sur une terre vierge dans un dialogue intime avec les faits.

Les expériences d'analyse destinées à vérifier la composition de l'eau se déroulent dans le cadre et avec l'appui de la Commission d'études pour le perfectionnement des aérostats, créée sur ordre du roi. Entre les ballons à air chaud des frères Montgolfier et le ballon à hydrogène du physicien Jacques Alexandre César Charles, les académiciens semblent préférer le second. Une de leurs priorités est : comment fabriquer de l'hydrogène en quantité ? Au début de 1784, Lavoisier, assisté d'un jeune et dynamique officier du génie, Meusnier, met au point un premier procédé de production d'hydrogène par décomposition de la vapeur d'eau passant sur un métal ou un charbon incandescent. Par la suite, Lavoisier et Meusnier perfectionnent leurs appareils et, à la fin de février 1785, ils convient le grand monde de la science et de la maison du roi à une solennelle expérience d'analyse et de synthèse de l'eau, qui dure une semaine. Devant cette noble assistance, la preuve est faite que l'eau n'est pas un élément. Le fait est désormais établi et les conversions se déclenchent en chaîne. D'abord Berthollet, puis Fourcroy, Jean Antoine Chaptal et, après une bonne année de résistance, Guyton de Morveau.

Ayant rassemblé des alliés, Lavoisier s'engage dans une action de sape en profondeur : la réforme du langage. Depuis plusieurs dizaines d'années déjà, les chimistes se plaignaient de l'imperfection de leur nomenclature. Les noms des substances chimiques, forgés au fil des siècles, sanctionnés par l'usage, perpétuaient bien la mémoire d'une tradition mais ils transmettaient parfois des idées fausses. De plus, les découvertes de substances nouvelles au cours du XVIIIe siècle imposaient de forger des mots nouveaux. Portés par le souci de rationaliser la chimie, Torbern Bergman et Guyton de Morveau avaient avancé, mais sans succès, des projets de réforme pour tenter d'introduire des dénominations systématiques, un peu sur le modèle de la nomenclature conçue par Linné en botanique. Lavoisier, convaincu de l'importance des mots dans la formation des idées par ses lectures de l'abbé Étienne de Condillac, saisit l'occasion pour accomplir son dessein en chimie. Bannir les noms en usage et construire une langue artificielle, uniquement forgée sur les bases de la théorie lavoisienne, c'est en finir avec le passé. Mieux : c'est renaître par le baptême. Telle est la formidable entreprise accomplie en quelques mois à peine par Guyton de Morveau, Lavoisier, Berthollet et Fourcroy. Le résultat de ce travail collectif, publié sous le titre *Méthode de nomenclature chimique* (1787), révèle comment Lavoisier s'est approprié la réforme. D'abord il amène Guyton de Morveau à renoncer à son projet d'une nomenclature concordiste, qui serait acceptable par toutes les écoles de chimie, au profit d'une nomenclature exclusivement fondée sur la théorie antiphlogistique. Ce qui suppose un premier travail de conversion au sein de l'équipe. Ensuite, dans la répartition interne des tâches, Lavoisier s'octroie un rôle directeur. C'est lui qui lit à l'Académie le premier mémoire, celui qui définit la philosophie du projet et pose les grands principes. A Guyton de Morveau, il laisse le soin d'exposer les détails de leur application et à Fourcroy la tâche fastidieuse de dresser une table de nouvelles dénominations. L'ouvrage est complété par un dictionnaire établissant les concordances entre anciens et nouveaux noms. Il inclut, en annexe, un nouveau système de symboles, imaginé par Pierre-Auguste Adet et Jean-Henri Hassenfratz, pour remplacer les vieux symboles alchimiques. Mais celui-ci n'a jamais été utilisé. La nomenclature, en revanche, réussit à s'imposer en quelques années à peine.

Il faut dire qu'elle répond vraiment à un besoin urgent d'échapper au chaos des dénominations multiples. De plus, ses promoteurs savent assurer une bonne diffusion : Lavoisier avait l'habitude, pour pallier les retards de publication de l'Académie des sciences, de faire paraître ses mémoires dans les *Observations de physique* de Rozier. Mais, comme en 1787 ce mensuel est passé entre les mains d'un partisan de la théorie du phlogistique, J.-C. de La Métherie, Lavoisier, Guyton de Morveau, Gaspard Monge, Berthollet, Fourcroy, Hassenfratz et Adet décident de créer ensemble une nouvelle revue, les *Annales de chimie*, immédiatement distribuée en France et en Angleterre.

Même si les auteurs se montrent soucieux d'assurer une continuité en conservant les noms du passé qui ne véhiculent pas d'idées fausses, la réforme est une véritable révolution car elle introduit un esprit nouveau. C'est plus « une méthode de nommer » qu'une nomenclature. Le principe de base est une logique de la composition : constituer un alphabet de mots simples pour désigner les substances simples ; puis désigner les substances composées par des mots composés, formés par juxtaposition de mots simples. La composition est toujours binaire et l'on indique la proportion des constituants à l'aide d'un suffixe. La méthode a fait ses preuves : deux siècles plus tard, moyennant quelques aménagements, elle est toujours en vigueur. La nomenclature est l'élément essentiel qui métamorphose la révolution chimique en fondation. Elle n'est pas simplement le manifeste d'une école, d'une nouvelle théorie chimique. Elle évacue la tradition par un double effet de rupture. Rupture irréversible avec le passé : en une génération, les chimistes oublient leur langue naturelle forgée par des siècles d'usage. Les textes prélavoisiens devenus illisibles se trouvent renvoyés dans une obscure préhistoire. Rupture aussi dans l'espace social entre la chimie académique qui se développe dans le cadre de la nouvelle nomenclature et la chimie artisanale des droguistes et parfumeurs qui continuent à parler d'esprit-de-sel, de vitriol... Fini le temps de l'*Encyclopédie* où un chimiste comme Venel pouvait dire avec orgueil que « la chimie a dans son propre corps la double langue, la populaire et la scientifique ».

Extraits de la *Méthode de nomenclature chimique* (1787)

« *Noms anciens*	Noms nouveaux
Acide du ſoufre *Acide vitriolique* *Huile de vitriol* *Eſprit de vitriol*	Acide ſulfurique
Alkali végétal cauſtique	Potaſſe
Alkali volatil cauſtique	Ammoniaque
Diane *Lune* *Argent*	Argent
Eſprit de ſel	Acide muriatique oxigéné (futur acide chlorhydrique)
Eſprit de vin	Alcohol
Kermès minéral	Oxide d'antimoine ſulfuré rouge
Orpiment	Oxide d'arsenic ſulfuré jaune
Oxigine *Baſe de l'air vital* *Principe acidifiant*	Oxigène
Phlogiſtique	Principe hypothétique de ſtahl
ſafran de Marſ	Oxide de fer [...] »

Après Lavoisier, la chimie s'enorgueillit d'une autre universalité, celle que confère une langue rationnelle.

Troisième et glorieuse étape de la fondation lavoisienne : le *Traité élémentaire de chimie*, publié en 1789. Lavoisier le présente comme une suite logique et nécessaire de la nomenclature. En effet, après le travail d'éradication du passé, Lavoisier se tourne vers l'avenir et veille à transmettre sa théorie. D'où le souci d'écrire un *Traité* vraiment élémentaire, destiné aux « commençants » plutôt qu'aux savants. Non seulement la chimie doit se comprendre et non s'apprendre, mais, en outre, elle est plus intelligible à celui qui n'a rien appris, qui n'a pas subi l'emprise des préjugés. Un jeu d'enfants. Lavoisier souhaite donc un public entièrement neuf. Une nouvelle classe est appelée au savoir, tandis que l'ancienne est écartée. La révolution chimique entraîne donc une subversion des pouvoirs conférés par le savoir.

Le « Discours préliminaire » est une véritable provocation à cet égard. Lavoisier énumère fièrement tout ce qui figure dans les manuels traditionnels et qu'on ne trouvera pas dans ce *Traité* : rien sur les affinités, rien sur les parties constituantes des corps, rien sur l'histoire de la discipline. *Traité* insolite, si on le compare aux grands traités scientifiques de l'époque qui commencent par une récapitulation du savoir avant d'exposer selon un ordre logique le système de l'auteur. Lavoisier, lui, refuse la confrontation avec les savants établis, la critique des doctes. Il leur dénie toute compétence :

« Aussi des ouvrages où les sciences seraient traitées avec une grande netteté, une grande précision, un grand ordre, ne seraient-ils pas à la portée de tout le monde. Ceux qui n'auraient rien étudié les entendraient mieux que ceux qui ont fait de grandes études, et surtout que ceux qui ont écrit beaucoup sur les sciences ».

Ces propos sont empruntés à l'abbé de Condillac. Lavoisier place en effet son *Traité* sous le haut patronage de ce philosophe contemporain. Le « Discours préliminaire » s'ouvre sur un éloge de Condillac, assorti de longues citations tirées de la *Logique*, et s'achève sur une page de nouvelles citations. Une révolution scientifique qui se réclame d'une philosophie ! Le cas est assez exceptionnel pour qu'on s'y arrête. Pourquoi, alors qu'il s'acharne à rompre avec la tradition, Lavoisier accepte-t-il de s'assujettir à un philosophe ?

Mais y a-t-il vraiment sujétion à un système philosophique ? La démarche de Lavoisier est plus subtile. Il ne dit pas avoir emprunté à Condillac. Il prétend qu'en suivant son propre chemin il a retrouvé les principes exposés dans la *Logique*. Une heureuse rencontre entre deux ouvrages, l'un philosophique, l'autre chimique. Le *Traité* de Lavoisier apparaît alors comme une expérience scientifique vérifiant les thèses de Condillac ; et ce dernier légitime les hardiesses de Lavoisier par une caution philosophique. On peut repérer dans la *Logique* de Condillac trois aspects au moins qui servent heureusement les projets de Lavoisier :

— Lavoisier puise d'abord chez lui une interprétation de la situation, un diagnostic des difficultés de la chimie : le mal est d'origine linguistique. Les idées fausses sont véhiculées par les mots ; les erreurs scientifiques sont des erreurs linguistiques. Condillac justifie donc l'entreprise de nomenclature.

— Lavoisier trouve aussi, chez Condillac, de quoi justifier le mépris de la tradition, qui est nécessaire à ses ambitions fondatrices : une conception négative de l'histoire comme un tissu d'erreurs et de préjugés qu'il faut balayer pour retrouver la nature. La citation de Condillac, en fin de « Discours », le dit explicitement :

« Au lieu d'observer les choses que nous voulions connaître, nous avons voulu les imaginer. De supposition fausse en supposition fausse, nous nous sommes égarés dans une multitude d'erreurs ; et ces erreurs étant devenues des préjugés, nous les avons prises pour cette raison pour des principes ; nous nous sommes donc égarés de plus en plus... Quand les choses sont parvenues à ce point, quand les erreurs se sont ainsi accumulées ; il n'y a qu'un moyen de remettre de

	NOMS NOUVEAUX.	NOMS ANCIENS CORRESPONDANTS.
Substances simples qui appartiennent aux trois règnes, et qu'on peut regarder comme les éléments des corps.	Lumière	Lumière.
	Calorique	Chaleur. Principe de la chaleur. Fluide igné. Feu. Matière du feu et de la chaleur.
	Oxygène	Air déphlogistiqué. Air empiréal. Air vital. Base de l'air vital.
	Azote	Gaz phlogistiqué. Mofette. Base de la mofette.
	Hydrogène	Gaz inflammable. Base du gaz inflammable.
Substances simples, non métalliques, oxydables et acidifiables.	Soufre	Soufre.
	Phosphore	Phosphore.
	Carbone	Charbon pur.
	Radical muriatique	Inconnu.
	Radical fluorique	Inconnu.
	Radical boracique	Inconnu.
Substances simples, métalliques, oxydables et acidifiables.	Antimoine	Antimoine.
	Argent	Argent.
	Arsenic	Arsenic.
	Bismuth	Bismuth.
	Cobalt	Cobalt.
	Cuivre	Cuivre.
	Étain	Étain.
	Fer	Fer.
	Manganèse	Manganèse.
	Mercure	Mercure.
	Molybdène	Molybdène.
	Nickel	Nickel.
	Or	Or.
	Platine	Platine.
	Plomb	Plomb.
	Tungstène	Tungstène.
	Zinc	Zinc.
Substances simples, salifiables, terreuses.	Chaux	Terre calcaire, chaux.
	Magnésie	Magnésie, base de sel d'Epsom.
	Baryte	Barote, terre pesante.
	Alumine	Argile, terre de l'alun, base de l'alun.
	Silice	Terre siliceuse, terre vitrifiable.

Trente-trois corps simples, résidus d'analyse, sont classés suivant le type de composés qu'ils forment. Lavoisier présume que les derniers seront bientôt décomposés mais il accorde un statut privilégié aux premiers qu'il nomme « éléments ». (« Tableau des substances simples », planche extraite du Traité élémentaire de chimie, *in J.-B. Dumas et E. Grimaux (dir.),* Œuvres de Lavoisier, *Paris, Imprimerie nat., 1862-1893, t. 1; Bibl. nat., Paris. Ph. © Bibl. nat./Photeb.)*

l'ordre dans la faculté de penser ; c'est d'oublier tout ce que nous avons appris, de reprendre nos idées à leur origine, d'en suivre la génération et de refaire, comme dit Bacon, l'entendement humain. »

Grâce à Condillac, le grand coup de balai dans les doctrines chimiques prend des allures de renaissance, de retour aux sources.

— Enfin, et surtout, Lavoisier emprunte à Condillac la théorie exposée au *Traité des sensations* de la génération des idées à partir de sensations élémentaires par associations successives. Le cours naturel de la formation des idées, tel que le décrit Condillac, ressemble à la formation d'un corps composé à partir de corps simples dans la chimie lavoisienne. Cette parenté se montre d'autant plus que Condillac exalte les vertus de l'analyse qu'il nomme le « levier de l'esprit ».

Lavoisier trouve donc chez lui une méthodologie : il peut reprendre à son compte le précepte banal « Nous ne pouvons procéder pour nous instruire que du connu à l'inconnu » en lui donnant un sens nouveau. Il ne s'agit pas de partir des connaissances acquises mais des seules données fiables : les sensations élémentaires, les faits. Lavoisier trouve ainsi dans la théorie de Condillac la certitude que la logique mise en œuvre dans la nomenclature est « celle de la nature », qu'elle « est celle de toutes les sciences ».

Allons plus loin. Par le biais de Condillac, le mot « nature » prend une signification nouvelle dans la chimie. Ce n'est plus ce matériau sauvage que l'on découvrait en plein vent, mais un ordre patiemment construit dans un espace clos, où règne la maîtrise de la mesure. Constituer des noms ou des idées composés à partir d'éléments simples, c'est très exactement l'opération inverse de celle qu'effectue le chimiste lorsqu'il analyse un corps. Les éléments de la chimie ne sont pas tirés de la nature. Ils sont le résultat d'une opération de laboratoire. La célèbre définition que Lavoisier donne dès le « Discours préliminaire » le dit très clairement :

« Tout ce qu'on peut dire sur le nombre et sur la nature des éléments se borne suivant moi à des discussions purement métaphysiques ; ce sont des problèmes indéterminés susceptibles d'une infinité de solutions, mais dont il est très probable qu'aucune en particulier n'est d'accord avec la nature. Je me contenterai donc de dire que si par le nom d'éléments nous entendons désigner les molécules simples et indivisibles qui composent les corps, il est probable que nous ne les connaissons pas :

« que si, au contraire, nous attachons au nom d'éléments, ou de principes des corps, l'idée du dernier terme auquel parvient l'analyse, toutes les substances que nous n'avons encore pu décomposer par aucun moyen sont pour nous des éléments ; non pas que nous ne puissions assurer que ces corps que nous regardons comme simples ne soient eux-mêmes composés de deux ou même d'un plus grand nombre de principes, mais puisque ces principes ne se séparent jamais, ou plutôt puisque nous n'avons aucun moyen de les séparer, ils agissent à notre égard à la manière des corps simples, et nous ne devons les supposer composés qu'au moment où l'expérience et l'observation nous en auront fourni la preuve. »

On a voulu voir dans ces lignes la première définition moderne de l'élément chimique. S'y trouve, en effet, l'exigence essentielle de simplicité, conçue de manière toute relative et provisoire, puisque subordonnée au pouvoir des techniques d'analyse. Malheureusement, on pourrait citer une bonne dizaine de définitions analogues chez des chimistes contemporains de Lavoisier comme Guyton de Morveau ou Macquer sans remonter aux chimistes du XVIIe siècle.

Et pourtant, avec cette définition, Lavoisier fonde une chimie entièrement neuve. La nouveauté n'est pas dans les termes de la définition. Elle réside dans la place qu'occupe cette définition. Lavoisier lui confère une place centrale, car le corps simple est le terminus de l'opération d'analyse conduite au laboratoire et le point de départ, l'alphabet de la nomenclature. Alors, cette notion prend toute sa valeur. Elle est l'axe autour duquel s'édifie la chimie, le point d'articulation entre théorie et expérience. Oui, le nom d'une substance est bien, comme l'écrit Lavoisier « le miroir fidèle de sa composition » car le nom est l'image inversée de l'analyse conduite en laboratoire. La nomenclature est plus qu'un simple lexique, un reflet des pratiques d'une chimie de laboratoire. Oui, Lavoisier est bien un fondateur, au sens où il reproduit le geste des antiques fondations, en délimitant un espace clos. Il définit un nouveau monde compris entre l'analyse opérée par un expérimentateur et le catalogue de noms dressé par le nomenclateur.

L'origine des corps, leur fréquence sur terre ou dans l'air n'intéressent pas directement le chimiste. Peu importe que le cuivre vînt de Chypre ou d'ailleurs. L'univers du chimiste n'est pas dans la nature. Après avoir rompu avec l'histoire de la chimie, Lavoisier rompt avec l'histoire naturelle. « La chimie crée son objet », pourrait-on dire par avance, elle fabrique son univers, transparent à la raison.

Tel est l'exploit accompli par Lavoisier. Il fonde une chimie élémentaire, au double sens du terme: elle s'édifie sur la base des éléments et elle est remarquablement simple, accessible aux débutants.

Limites et ambiguïtés

Pareille simplicité se paie de quelque façon. Elle coûte quelques sacrifices. D'abord, parmi toutes les réactions qu'opère le chimiste, Lavoisier privilégie l'analyse et l'opération inverse de synthèse. L'analyse devient pour lui l'unique objet de la chimie, son but exclusif:

« La chimie, en soumettant à des expériences les différents corps de la nature, a pour objet de les décomposer... La chimie marche vers son but et vers sa perfection en divisant, subdivisant, et resubdivisant encore, et nous ignorons quel sera le terme de ses succès. »

Lavoisier retient, de plus, une seule lecture des expériences d'analyse: la comparaison de l'état initial et de l'état final. Au lieu de porter attention à tous les degrés de décomposition, de marquer des paliers, de multiplier les distinctions comme le faisait Stahl, Lavoisier ne garde que deux termes: le composé et le simple. Il installe en chimie une logique binaire, à deux valeurs, 0 ou 1.

Ensuite, Lavoisier ne renverse pas et ne dépasse pas toute la chimie du XVIIIe siècle. Il laisse délibérément de côté l'étude des affinités et justifie son silence en invoquant le travail de Guyton de Morveau. Cette raison circonstancielle cache cependant une difficulté plus profonde: la définition de l'élément avec son critère négatif et tout provisoire d'indécomposition ne permet pas de rendre compte des comportements chimiques fortement typés. Il lui manque un caractère positif pour individualiser les corps simples.

Rappelons enfin certaines ambiguïtés du système lavoisien. Bien que dans le « Discours » Lavoisier prétende en finir avec la chimie des principes, il n'élimine pas tous les éléments-principes: le calorique et l'oxygène ne jouent-ils pas un rôle de véritable principe, médiateur universel dans toutes les réactions? Lavoisier condamne les vieux principes mais il les met grandiosement en scène, aux premières loges de son tableau des substances simples. Il proclame une révolution qui est loin d'être achevée. Par ailleurs, s'il prétend renoncer à la vieille quête des éléments, Lavoisier conserve néanmoins le mot. Curieux oubli pour quelqu'un qui est si attentif aux erreurs véhiculées par le langage! Il ne bannit ni l'usage du mot principe ni celui du mot élément, qu'il utilise comme synonyme de corps simple. Mais il lui arrive parfois d'introduire une distinction sournoise entre élément et corps simple. Ainsi, le premier groupe du « Tableau des substances simples » est intitulé: « Substances simples qui appartiennent aux trois règnes et qu'on peut regarder comme les éléments des corps. » La fréquence dans le monde naturel reste donc un critère pertinent. Une note d'un manuscrit inédit intitulé « Cours de chimie expérimentale rangée suivant l'ordre naturel des idées » le confirme:

« Il ne suffit pas qu'une matière soit simple, indivisible, ou au moins indécomposable pour qu'elle ait le titre d'élément; il faut encore qu'elle soit abondamment répandue dans la nature et qu'elle entre comme principe essentiel et constituant dans la composition d'un grand nombre de corps. »

On voit donc qu'il reste de bons vieux principes dans la chimie lavoisienne. La rupture avec la tradition n'est ni totale ni bien nette. Mais, au regard de la majorité des chimistes, l'intention révolutionnaire de Lavoisier l'emporte sur ses actes. Son œuvre agit dans l'histoire comme une révolution. Révolution attribuée à un seul homme, bien qu'elle soit l'œuvre de toute une génération. Il serait juste, en effet, de mentionner tous ceux qui ont développé la chimie pneumatique — Hales, Black, Scheele, Priestley, Cavendish, etc. — ainsi que les chimistes français qui ont collaboré avec Lavoisier. Ce dernier avoue d'ailleurs ses dettes quand il cherche la reconnaissance de ses pairs: en témoigne la dédicace d'un exemplaire de son *Traité*, adressé à Black en

septembre 1789. Mais, peu de temps avant sa mort, il revendique jalousement la propriété de la nouvelle chimie et il a été entendu :
« Cette théorie n'est donc pas, comme je l'entends dire, la théorie des chimistes français, elle est *la mienne*, et c'est une propriété que je réclame auprès de mes contemporains et de la postérité. »
La révolution chimique s'achève sur un geste d'appropriation. Lavoisier contrôle l'ensemble du territoire chimique.

Réformateur dans la tourmente révolutionnaire

Lavoisier réussit moins bien dans la gestion de la chose publique. Il a pourtant une stratégie plus douce en ce domaine. Il aspire aussi à contrôler et à rationaliser mais il ne propose que des réformes. En économiste libéral, il veut alléger l'intervention de l'État dans le commerce des bestiaux pour réduire les disettes ; créer des ateliers de filature de chanvre pour éviter l'exportation de produits bruts et créer des emplois. Lorsqu'il participe au Comité d'agriculture, fondé en 1785 pour remédier à la disette de fourrages, Lavoisier s'indigne de l'archaïsme et de la faible rentabilité de l'agriculture française. Il insiste auprès du ministre pour introduire Pierre Samuel Dupont de Nemours dans le Comité, car, dit-il, l'agriculture requiert des compétences administratives autant que scientifiques. Il illustre cette thèse en dégageant les causes du marasme : pauvreté des agriculteurs qui ne disposent pas du capital nécessaire pour investir et moderniser leurs exploitations, lourdeur des impôts qui freinent toute velléité de progrès. Lavoisier dénonce aussi l'incurie du gouvernement à l'égard de la classe la plus pauvre de la société comme nuisible à l'organisation rationnelle de l'économie française. Sa politique sociale est surtout motivée par des raisons économiques. Proche des physiocrates, parmi lesquels il compte des amis : Dupont de Nemours, l'abbé Emmanuel Joseph Sieyès, Malesherbes, Turgot et Condorcet, Lavoisier pense que l'agriculture est la principale source de richesses, mais non la seule.
En 1787, lors de la convocation des États généraux, Lavoisier, appelé à représenter le tiers état à l'assemblée provinciale de l'Orléanais, rédige un mémoire qui livre ses opinions politiques à la veille de la Révolution : il prône un ordre politique fondé sur la raison plutôt que sur l'autorité. Il se prononce pour une monarchie parlementaire où concourent la volonté du peuple et celle du roi. Il propose une représentation équitable des trois ordres de la société aux États généraux, il insiste sur la liberté de la presse et la publicité des débats. Enfin, il renouvelle son attachement à Louis XVI, « restaurateur des lois », « père du peuple et bienfaiteur de l'humanité ».
Quand éclate la Révolution, Lavoisier est très vite embarqué dans la tourmente, car l'Arsenal est un point stratégique. Dès le 6 août 1789, il doit faire face à des émeutes populaires, à cause d'un « bateau de poudre ». Le peuple soupçonne que la poudre est destinée à des traîtres, aux émigrés. Lavoisier, conduit à l'Hôtel de Ville avec un autre responsable de l'Arsenal, est menacé d'être exécuté sur-le-champ. Mais il prend la parole, on l'écoute et il sort disculpé.
En janvier 1791, il est la cible de violentes attaques de Marat dans *l'Ami du Peuple*. Tout lui donne le profil d'un suspect.
Pourtant le citoyen Lavoisier s'intègre au mouvement révolutionnaire : membre de la garde nationale, section Arsenal, il contribue à la démolition de la Bastille. Il est élu à la Commune de Paris puis, en septembre 1789, il rejoint un groupe de modérés, la « Société patriotique de 1789 ». En 1791, Lavoisier figure parmi les six commissaires de la nouvelle Trésorerie nationale et rédige un rapport sur l'état des finances françaises : *De la richesse territoriale du royaume de France*.
Enfin, et surtout, il participe au grand projet de réforme des poids et mesures, demandé par de nombreux cahiers de doléances et confié à l'Académie en 1791. Dans cette œuvre ultime, Lavoisier réunit ses deux visages : le savant

soucieux de promouvoir des mesures universelles, et l'économiste administrateur qui lutte contre les douanes et les disparités des systèmes de poids et mesures pour faciliter le commerce.
Mais toutes les institutions sur lesquelles Lavoisier a joué sa carrière s'écroulent. Après l'abolition de la Ferme générale le 20 mars 1791, Lavoisier s'identifie de plus en plus à l'Académie. Élu trésorier en décembre 1791, il négocie adroitement le maintien du salaire des académiciens et, pour faire face à la désorganisation complète des finances publiques, il avance de l'argent afin de remplir les coffres de l'Académie.
Le décret de dissolution, prononcé par la Convention le 8 août 1793, est pour lui le signal de la fin. Dans un dernier sursaut, il tente d'obtenir la transformation de l'Académie en « Société libre et fraternelle pour l'avancement des sciences ». Il est tout près de sauver la Commission des poids et mesures, puisque, le 11 septembre, Fourcroy crée une « Commission temporaire des poids et mesures » avec le même personnel qu'avant — Lavoisier comme trésorier, Jean-Charles de Borda comme président, Haüy comme secrétaire — et un salaire pour chacun des onze membres. Mais le 24 novembre 1793, Lavoisier est arrêté avec tous les fermiers généraux, puis écroué le 28 novembre à la prison de Port-Libre (Port-Royal). Le 18 décembre, au nom de la Commission des poids et mesures, Haüy proteste contre l'arrestation de Lavoisier. Le Comité de salut public répond par une purge de la Commission des poids et mesures : Lavoisier, Haüy, Borda, Maturin-Jacques Brisson et Delambre sont exclus. L'instruction du procès des fermiers généraux traîne ; puis soudain, au printemps, elle est liquidée en quelques jours. Lavoisier est un homme fini.
Une légende raconte que Lavoisier, ayant demandé un sursis d'exécution pour finir ses travaux scientifiques, aurait eu comme réponse : « La République n'a pas besoin de savants. » Ce « mot historique » semble apocryphe puisque Fouquier-Tinville, auquel il est attribué, ne présidait pas le Tribunal ce jour-là et que la demande de sursis n'est pas mentionnée dans les procès-verbaux. Mais cette légende traduit bien l'impression de scandale et de malaise causée par cette condamnation.

Les instances révolutionnaires étaient-elles formées de politiciens incapables d'apprécier l'œuvre de Lavoisier ? Il faudrait oublier que Fourcroy et Guyton de Morveau, tous deux chimistes et collaborateurs de Lavoisier, étaient membres du Comité d'instruction publique de la Convention nationale. Lavoisier aurait dû trouver des appuis, des protections auprès des nombreux savants qui avaient des responsabilités politiques : Carnot, Monge, Hassenfratz, Guyton de Morveau, Fourcroy... Or ce sont précisément eux qui ont lâché Lavoisier. La dernière rencontre de Lavoisier avec ses collaborateurs d'antan, en janvier 1794, ressemble à une comparution d'inculpé devant des représentants de la loi. Fourcroy, Berthollet, Guyton de Morveau, mandatés par le Comité de sécurité, viennent saisir chez Lavoisier tous les appareils et dossiers nécessaires à la Commission des poids et mesures.
Il y eut, certes, quelques interventions pour tenter d'arracher Lavoisier au Tribunal révolutionnaire : du Bureau de consultation des Arts et Métiers, que Lavoisier présidait, de quelques agents des poudres et salpêtres, et d'un Conventionnel nommé Pierre Loysel. Louis Claude de Bessicourt, Cadet et Antoine Baumé — deux chimistes hostiles à la doctrine de Lavoisier — ont certifié que Lavoisier n'avait jamais cédé à la fraude courante chez les fermiers généraux de mouillage du tabac. Une délégation du lycée des Arts se rendit à la Conciergerie et fut autorisée à communiquer avec Lavoisier quarante-huit heures avant son exécution. Mais aucun des proches collaborateurs n'a fait un geste.
Était-ce peur, lâcheté, ou probité révolutionnaire ? Les explications passionnelles abondent. Certains accablent Fourcroy ; d'autres l'excusent.

Une explication émerge un peu, au-dessus de la mêlée des historiens partisans : la dissolution de l'Académie ayant dénoué les liens professionnels, déjà affaiblis au fil des ans, dit Roger Hahn, dans son livre sur l'Académie, les passions politiques ont pris le dessus, effaçant toute trace de solidarité. Mais, comme le remarque d'ailleurs Hahn, les liens entre spécialistes d'une discipline s'étaient, au contraire, renforcés. Dans la chimie, plus que partout ailleurs, où les promoteurs de la nouvelle nomenclature devaient faire bloc face à leurs adversaires. Or ce sont précisément ces liens qui ont cédé.

Quelles relations Lavoisier entretenait-il avec ses collaborateurs ? Très courtoises, si l'on en juge d'après la partie publiée de la *Correspondance*. Mais devant la conduite de ses collègues, on peut se demander si Lavoisier n'inspirait pas des sentiments ambivalents. Il faut bien reconnaître que la fondation lavoisienne s'est faite au regard de la postérité, mais sans égards pour les prédécesseurs et contemporains. Au terme d'une entreprise qui l'a conduit à s'approprier la chimie, Lavoisier devait susciter plutôt l'estime et le respect, le culte et la vénération que la sympathie ou la solidarité.

En tout cas, Lavoisier, abandonné au moment fatidique, est vénéré aussitôt après sa mort. Éloge dès 1795. Le 12 août 1796, grande pompe funèbre au lycée des Arts, Lavoisier est glorifié dans le décor et l'apparat des fêtes de l'Être suprême. « A l'immortel Lavoisier », l'inscription précède une pyramide de vingt-cinq pieds de haut, avec une porte sépulcrale ornée de cariatides en marbre blanc ; dans la salle immense tendue de noires tentures semées d'hermine, chaque colonne porte un écusson évoquant l'une des découvertes de Lavoisier. Éloge vibrant de Fourcroy, poème en musique chanté par cent choristes massés devant le monument. Enfin paraît un buste dont la tête est ceinte d'une couronne. Abandonné, puis livré à l'échafaud, Lavoisier est immortalisé dans une statue.

L'émergence d'un mythe

Le premier qui a donné une dimension mythologique au personnage est l'un de ceux qui auraient tout lieu de se plaindre d'avoir été évincés par Lavoisier : Guyton de Morveau. En 1786, paraît le tome I du *Dictionnaire de chimie* de l'*Encyclopédie méthodique* destinée à compléter et à améliorer l'*Encyclopédie* de Diderot. L'article « Air », rédigé par Guyton de Morveau quelques années auparavant, était conçu en termes de phlogistique. Entre-temps, son auteur s'est converti aux vues de Lavoisier. Aussi les défend-il avec l'ardeur d'un néophyte, dans un « Second avertissement ». Lavoisier est présenté comme un sauveur, champion de la vérité, ennemi du dogmatisme ; aussitôt comparé au « grand Descartes ». Guyton décrit la fondation lavoisienne comme une œuvre définitive, inaltérable. L'ordre que Lavoisier a mis dans la chimie est l'ordre de la nature, un ordre immuable :

« La postérité verra s'élever l'édifice dont ils (les premiers chimistes) n'auront pu poser que les fondements ; mais elle ne pensera à détruire ce qu'ils auront fait que quand avec les mêmes matières, dans les mêmes circonstances, la nature cessera d'opérer les mêmes phénomènes. »

Déjà du vivant de Lavoisier, son œuvre est inscrite dans l'éternité. A peine entrée dans l'histoire, elle en est retirée.

Pourtant la réalité des travaux effectués dans « l'école française », après la mort de Lavoisier, démentirait plutôt cette idée de fondation. Tout en diffusant la nouvelle nomenclature, Guyton de Morveau travaille aux marges du système édifié par Lavoisier sur l'affinité. Berthollet étudie les conditions de réactions chimiques, un problème que Lavoisier laissait de côté. De l'œuvre de Lavoisier, il retient précisément ce qui s'oppose au mythe du fondateur solitaire : la recherche collective qu'il développe en créant, avec Laplace, et d'autres familiers de l'Arsenal, la Société d'Arcueil. Quant à Fourcroy, il garde ses distances. Dans l'article « Chimie » de la même *Encyclopédie méthodique*, il présente la révolution comme l'œuvre collective d'une génération entière.

Ajoutons que, peu après la mort de Lavoisier, un élément essentiel de son système est contesté, qui aurait dû, en toute logique, provoquer l'abandon du mot « oxygène ». En 1810, un chimiste anglais qui est resté, jusqu'à la fin de sa vie, convaincu que Lavoisier n'a pas supplanté la théorie du phlogistique, Humphry Davy, montre que l'acide muriatique ne contient pas d'oxygène et il isole le chlore. Découverte capitale car elle détrône l'oxygène comme principe universel d'acidité.

Mais les coups portés dans la réalité à l'idée de fondation pour l'éternité ne suffisent pas à ternir l'auréole de Lavoisier dans la mémoire française. Au contraire, vers 1830, Lavoisier est glorifié au titre de « Héros des sciences positives ». Auguste Comte donne le ton dans la trente-huitième leçon de son *Cours de philosophie positive*: Lavoisier est « l'admirable génie » qui a fait passer la chimie de l'état métaphysique, tout plein de chimères et de spéculations sans fondements, à l'état positif d'une science rationnelle, expérimentale, quantitative. Comte admet que les études ultérieures ont certes conduit à réviser quelques généralisations hâtives du fondateur, mais les « éminentes vérités chimiques découvertes par le génie de Lavoisier ont nécessairement conservé toute leur valeur directe ».

Un an plus tard, en 1836, Jean-Baptiste Dumas consacre l'une de ses leçons à Lavoisier, le jour anniversaire de sa mort (*Leçons sur la philosophie chimique*). Dumas reprend le thème du génie fondateur et décrit Lavoisier comme un être inspiré. Une intuition primitive lui aurait commandé de réformer la chimie et il accomplit ce destin avec méthode et ténacité, sans rien emprunter aux autres. Ainsi Dumas dramatise l'histoire par un double mouvement de concentration: non seulement la révolution chimique est l'œuvre d'un seul homme; mais elle est condensée en un instant, dans une intuition fondatrice. La leçon s'achève sur un récit pathétique de la mort de Lavoisier et sur la promesse d'une réparation. Dumas s'engage à publier les œuvres de Lavoisier en ces termes: « Oui, je doterai les chimistes de leur Évangile. » Héros investi d'une mission, victime sacrificielle, Lavoisier est mûr pour l'apothéose:

« Un mot sur Lavoisier que je vous présente au moment où, prononçant son *fiat lux*, il écarte d'une main hardie les voiles que l'ancienne chimie s'est vainement efforcée de soulever, au moment où, docile à sa voix puissante, l'aurore commence à percer les ténèbres qui doivent s'évanouir aux feux de son génie. »

Un dieu au verbe créateur et rédempteur, casqué, bardé d'acier, inattaquable:

« On vous a dit souvent: la théorie de Lavoisier est modifiée; elle est renversée! Erreur, messieurs, erreur! Non, cela n'est pas vrai! Lavoisier est intact, impénétrable, son armure d'acier n'est pas entamée. »

Ainsi Dumas fustige tous ceux qui osent profaner la mémoire du créateur. Lavoisier incarne si bien la révolution qu'après lui aucune révolution n'est possible. D'où l'effet paradoxal que produit ce culte du fondateur: en rejetant toute la chimie prélavoisienne dans les ténèbres du chaos et de la préhistoire, on admet que l'histoire de la chimie commence avec Lavoisier. Mais il n'y a pas d'histoire après cette révolution puisque tout est inscrit définitivement dans la fondation. Et, tout bien considéré, la révolution elle-même échappe à l'histoire puisqu'elle est tout entière contenue dans une intuition primitive. La mythologie positiviste abolit l'histoire: passé, présent et futur, tout est ramassé, condensé dans une formule-miracle: révolution.

De fait, si l'on considère l'ensemble de la chimie française au XIXe siècle, on décèle un deuxième paradoxe dans l'héritage lavoisien. Loin d'avoir été bannie par Lavoisier, la quête de l'élémentaire a pu être encouragée par la définition lavoisienne, négative et provisoire du corps simple. Puisque Lavoisier invite à la recherche de corps toujours plus simples, rien n'empêche de supposer que les corps simples actuels pourront, avec des moyens plus puissants, être décomposés à leur tour et ramenés à un seul élément primordial. L'ambiguïté entretenue

entre élément et corps simple laisse une grande latitude de pensée. Tout en célébrant le héros fondateur de la chimie positive, les chimistes français, comme Dumas, se livrent à des spéculations fort peu positives sur les éléments. Au nom de la prudence, Dumas refuse de se prononcer sur l'existence des atomes parce qu'ils dépassent l'expérience : « Si j'en étais le maître, j'effacerais le mot " atome " de la science », déclare-t-il au Collège de France. Mais il donne libre cours aux hypothèses sur l'unité primordiale de la matière.
On voit donc que le culte de Lavoisier entretient dans la chimie française un mélange de censure et de liberté, de prudence positiviste et de spéculations effrénées. Il favorise l'équivalentisme contre l'atomisme. Cette querelle, qui partage le monde des chimistes pendant un demi-siècle, dure en France jusqu'à la fin du siècle. Le dernier bastion équivalentiste est vaillamment défendu par un autre chevalier de Lavoisier : Marcellin Berthelot, qui commémore le centenaire de deux révolutions par un ouvrage intitulé *la Révolution chimique, Lavoisier.*

Cependant, la montée des tensions nationalistes en Europe, jointe à la prédominance de plus en plus affirmée, à la fin du XIXe siècle, de l'industrie chimique allemande, réactive le mythe du fondateur et l'enrichit d'un motif supplémentaire. Le Lavoisier de Dumas était l'incarnation d'une méthodologie. Le destin politique du savant ne faisait que rehausser l'image du fondateur par l'évocation d'un martyr. Mais, en 1869, à la veille de la guerre franco-allemande, la figure positiviste cède la place au héros national.
« La chimie est une science française : elle fut constituée par Lavoisier d'immortelle mémoire. »
Cette déclaration ouvre un *Dictionnaire de chimie.* L'auteur, Adolphe Wurtz, est un chimiste alsacien, formé dans la chimie française mais rompu aux méthodes allemandes par un séjour chez Justus von Liebig ; l'un des rares

Lavoisier arraché à ses expériences lors de l'arrestation des fermiers généraux le 24 novembre 1793. Cette gravure post- et contre-révolutionnaire illustre le culte naissant de « l'immortel fondateur » de la chimie. (Arrestation de Lavoisier, *dessin et gravure de J.-B. Duplessi-Bertaux, 1798-1799 ; Bibl. nat., Paris. Ph. © Bibl. nat./Arch. Photeb.)*

défenseurs en France des théories atomistes. L'élan patriotique de son « Avant-propos » est perçu comme une véritable provocation outre-Rhin. Les chimistes allemands ripostent : Lavoisier n'est qu'un amateur, un dilettante, prétend Jacob Volhard, professeur à Munich. Et les académiciens français s'indignent.

L'affaire repart de plus belle en 1914 lorsque paraît la traduction française d'un célèbre ouvrage de Wilhem Ostwald, *l'Évolution d'une science : la chimie.* L'auteur consacre à Lavoisier une page qui présente sa théorie comme une inversion de celle de Stahl. Il termine néanmoins en disant que Lavoisier mérite sa gloire pour la « liberté d'esprit » qu'il a manifestée à l'encontre des idées courantes. Mais cette dernière phrase est sournoisement omise dans la traduction française. De plus, Ostwald est l'un des quatre-vingt-treize signataires de « l'Appel au monde civilisé », lancé par les intellectuels allemands pour défendre l'honneur des soldats allemands. Le patriotisme français est à vif. Pierre Duhem engage une contre-offensive et choisit Lavoisier pour défendre les couleurs de son pays. *La chimie est-elle une science française ?* paraît en 1916. Duhem argumente avec une suprême habileté. Il concède à l'adversaire que les Français exagèrent l'importance de Lavoisier quand ils confondent dans un même nuage d'obscurantisme l'alchimie et la doctrine de Stahl. Mais Duhem ne réhabilite la chimie prélavoisienne que pour mieux humilier les prétentions allemandes. Il prétend en effet que si Stahl est bien l'auteur de la théorie du phlogistique, c'est à un chimiste français, Rouelle, qu'elle doit son succès : « A l'idée allemande, larve de théorie, il avait donné des ailes françaises. » La chimie n'a toujours eu qu'une patrie, la France. Lavoisier renouvelle et scelle son identité.

Trois figures se succèdent ainsi dans la littérature chimique française du XIXe siècle. La première n'a aucune tonalité politique ; Lavoisier est le créateur d'un ordre immuable, célébré comme un sauveur. Il est ensuite, dans les années 1830, le héros de la science positive, victime de la politique, appelant par son sacrifice un culte rédempteur. Enfin, sous la IIIe République, Lavoisier est un héros de la patrie, l'honneur d'une France souvent humiliée.

Ainsi, en faisant disparaître un fermier général, la Convention a fait naître une idole. Objet d'un culte, sujet à diverses interprétations, support de multiples valeurs, Lavoisier est un « lieu de mémoire », un monument à la gloire de la science et de la France.

La figure de Lavoisier tire en partie sa puissance symbolique de l'interférence entre son œuvre en chimie et son destin tragique. Mais les éléments essentiels du mythe ont été composés par Lavoisier lui-même, dans une vaste entreprise, magistralement menée.

Parmi tous les secteurs auxquels il participe — administration, finance, agriculture, sciences académiques —, Lavoisier cerne d'abord un champ d'opération : la chimie lui paraît un terrain favorable, particulièrement la récente chimie pneumatique et l'archaïque chimie des principes qui lui sert de cadre théorique. Il investit peu à peu le territoire grâce à une méthode expérimentale quantitative, organisée, planifiée, avant de proclamer vaincue la tradition séculaire et toujours vivace des éléments-principes. Il achève et complète la révolution par une tâche de fondation qui change radicalement la signification historique de l'événement. Non pas remplacement d'un corps de doctrines ou de pratiques par un autre, mais création de la chimie comme discipline scientifique.

A bien des égards, l'entreprise lavoisienne illustre les thèmes favoris du siècle des Lumières : renversement de la tradition, appel au naturel, rationalisation du langage, jusqu'à l'idée de révolution introduite dans la littérature scientifique par Fontenelle puis banalisée depuis l'*Encyclopédie* de Diderot. Mais l'originalité de la révolution accomplie par Lavoisier tient, me semble-t-il, dans l'importance accordée à une tâche, spécifiquement administrative à l'origine, le contrôle. Le succès de Lavoisier repose sur des contrôles démultipliés : contrôle d'un espace avec le laboratoire substitué à la nature ; contrôle des objectifs : la chimie n'a d'autre but que l'analyse ; contrôle de la pratique par la balance ; de la théorie par des concepts forgés au miroir de l'expérience ; du langage par la réforme de la nomenclature ; de l'avenir par le *Traité élémentaire*, qui permet de former, en peu de temps, des armées de chimistes compétents ; contrôle du passé, enfin, grâce à une philosophie qui justifie l'amnésie. Ainsi Lavoisier n'a pas seulement renouvelé la réalité du travail des chimistes, il a transformé leur image en remodelant leur histoire. Effacer les traces, balayer les devanciers, tels sont les gestes qui façonnent la statue du fondateur et permettent le contrôle de l'imaginaire d'une science.

Les origines de l'uniformitarisme de Lyell : pour une nouvelle géologie

GEOF BOWKER

Où l'on verra qu'en faisant de la Terre une planète infiniment vieille et en n'attribuant aucun rôle exceptionnel à l'humanité, Lyell a tenté de jeter les fondations d'une géologie vraiment scientifique.

Que signifie « fonder » une science ? Cela a consisté le plus souvent à créer un domaine hors de portée des autorités religieuses. Ainsi, les démêlés de Galilée avec l'Église catholique furent souvent assimilés au combat de la rationalité scientifique contre la persécution religieuse. De la même manière, lorsque le physicien anglais Robert Boyle (1626-1691) tenta pour la première fois de définir les règles de l'expérimentation scientifique, une de ses principales préoccupations fut de fermer la porte de son laboratoire à toute considération religieuse. Quant à Charles Lyell (1797-1875), géologue anglais et auteur d'un ouvrage de synthèse fondamentale, les *Principes de géologie*, souvent considéré comme l'acte de naissance de la géologie en tant que discipline scientifique dans la Grande-Bretagne des années 1830, son travail de fondation consista à retirer aux fondamentalistes religieux le privilège de l'interprétation de l'histoire de la Terre. Ces fondamentalistes utilisaient des calculs fondés sur l'exégèse biblique et, notamment, sur le nombre de générations écoulées depuis Adam, pour fixer l'âge de la Terre à environ six mille ans. Selon la mesure la plus précise, la Terre avait été créée un lundi matin à 9 heures, en 4004 av. J.-C. Les évidences géologiques ne pesaient pas lourd en face de cette analyse biblique. Lyell trouva sa solution en soutenant que la Terre était suffisamment vieille pour qu'il ne restât aucune trace de son origine.

Le titre complet de la première édition de son ouvrage (1830-1833) est : *Principes de géologie. Tentative d'explication des modifications de la surface de la Terre par référence aux causes agissant actuellement.*

L'autre grande tâche de fondation que Lyell s'était fixée consistait à définir les lois générales dont les autres géologues pouvaient s'inspirer de façon empirique dans leurs propres études. Il énonça une règle générale, stipulant que les forces agissant dans le monde actuel sont les mêmes que celles qui existaient dans le passé, du moins aussi loin que remontent les données géologiques. Il s'agissait là d'une règle capitale qui ne permettait pas de faire allusion à une époque où les tremblements de terre étaient plus nombreux qu'à présent et où les chaînes de montagnes surgissaient instantanément. Il fallait trouver des causes ordinaires, agissant avec lenteur, en lieu et place des causes « catastrophiques » souvent invoquées par ses adversaires, religieux ou autres. Nous examinerons ces deux démarches.

L'état actuel du temple de Serapis à Puzzuoli — *autrefois sur terre et maintenant dans la mer — montre le changement de la Terre au cours des temps historiques. Cette gravure de T. Bradley provient du premier volume des* Principes de géologie *de Charles Lyell (1830). La personne regardant les colonnes du temple fait penser à la centralité de l'acte de compréhension chez Lyell. (Bibliothèque nationale, Paris. Ph. © Bibl. nat./Photeb.)*

Nous ne soutiendrons pas cependant que Lyell est le véritable fondateur de la profession de géologue. Il a certainement essayé d'en établir une base intellectuelle possible : le titre même de son ouvrage fait écho au *Principia* de Newton, qui constituait le modèle du texte fondateur au moment où Lyell écrivait. Celui-ci n'était toutefois pas le premier à émettre l'hypothèse d'un âge très avancé de la Terre : d'autres géologues britanniques et européens du siècle précédent l'avaient fait avant lui. Par ailleurs, la géologie française a continué à cette époque et durant tout le XIXe siècle à échapper presque entièrement à l'influence des travaux de Lyell. Certains ont même prétendu que cette influence ne s'est guère manifestée en Angleterre même à la fin du XIXe siècle, alors que plusieurs de ses positions essentielles étaient battues en brèche. Les données récentes semblaient indiquer que la Terre n'était âgée que de quarante mille ans — laps de temps beaucoup trop court selon Lyell. Il se serait en outre refusé à admettre l'existence d'un feu central (qui aurait été considéré comme la preuve d'une fusion originelle). Lyell fut, en général, perçu comme une sorte d'extrémiste, tant par ses collègues que par la génération qui a suivi. En fait, ses travaux avaient simplement pour objet de fonder la géologie en tant que discipline, dans la mesure où il écrivait en Angleterre, à une époque où la prétendue « théologie naturelle » — qui cherchait à établir la preuve d'une intervention divine dans la nature par la méthode scientifique — était toute-puissante et où ses écrits étaient destinés à combattre cette tendance. Comment s'y est-il pris pour jeter ces fondations et d'où provenaient ses solutions ?

Les fluctuations de l'âge de la Terre depuis Charles Lyell

Une des discontinuités remarquables de l'histoire des sciences a consisté dans les variations de l'estimation de l'âge de la Terre depuis Lyell. On pourrait penser que Lyell a eu gain de cause et que ses conclusions ne différaient guère de celles actuellement admises. En fait, dès 1880, il avait pour ainsi dire perdu la partie. Lord Kelvin (1824-1907) et nombre d'autres physiciens, se fondant sur les données concernant la chaleur interne actuelle de la Terre et sur sa vitesse de refroidissement, estimaient que l'âge de la Terre ne pouvait pas excéder quarante mille ans. Lyell était disposé à remettre en question l'hypothèse d'une Terre éternelle, mais toutefois pas à ce point. Pourtant, avec la découverte de l'effet de la radioactivité sur la chaleur du globe, les théories de Lyell furent réhabilitées et l'histoire récente, qui le considère comme le fondateur de la géologie, ignore la génération perdue des géologues et des physiciens qui étaient persuadés qu'il avait tort.

Un temps propre à la géologie

Dans ses travaux, Lyell fait intervenir deux sortes de temps : l'un, considéré comme un simple système de référence passif, est destiné à établir la chronologie de l'histoire de la Terre — c'est-à-dire à déterminer son origine ou à y renoncer faute de preuves concluantes —, l'autre, correspondant à un processus, permet de repérer certains types de changements qui sont invariablement associés à l'histoire de la Terre à n'importe quel âge et constituent donc, en un sens, une caractéristique du temps lui-même. Comment ces deux sortes de temps s'articulent-elles dans la pensée de Lyell et de quelle manière celui-ci les a-t-il utilisées pour créer un temps propre à la géologie ? En particulier, comment Lyell a-t-il tiré parti du temps religieux (histoire sacrée) et du temps humain (histoire profane) pour créer ce temps particulier à la géologie, utilisable uniquement par les géologues professionnels ?
Selon Lyell, la Terre peut, de fait, être considérée comme éternelle. Si elle a une origine, il n'en reste aucune trace. Cette absence d'origine peut s'expliquer par le fait que la Terre a été façonnée par des forces destructrices et créatrices complémentaires. Alors que celles-là (les cours d'eau, les marées, etc.) agissent sur l'ensemble du globe, l'érodant et le dissovant, celles-ci (sédimentation, volcans, etc.) redistribuent cette matière informe, qui ne conserve aucune trace

de son état avant dissolution. Chaque partie du globe porte uniquement les traces des événements qui se sont produits depuis la dernière dissolution ; or, comme il existe un nombre indéterminé de telles dissolutions, il est tout à fait vain de vouloir débattre de l'origine de la Terre. On a considéré que la géologie de Lyell consacrait le triomphe du temps « linéaire », parce que la Terre, dans ce système, se trouvait placée sur une ligne indéfiniment longue entre le passé et l'avenir. Toutefois, derrière cette apparente linéarité, apparaît une morphologie cyclique du globe.

Les citations suivantes vont nous permettre de mieux comprendre le mécanisme de ce calcul de la régularité temporelle :

« On ne saurait mettre en doute que des périodes de bouleversement et de repos ne se soient succédé tour à tour dans toutes les régions du globe ; mais il peut être également vrai que, par rapport à *la Terre entière*, l'énergie des mouvements souterrains ait été constamment uniforme. Il serait possible que, pendant une longue suite des années, la force qui produit les tremblements de terre fût restée limitée, ainsi qu'elle l'est aujourd'hui, à certains espaces vastes, mais déterminés ; et puis qu'elle se soit déplacée insensiblement, de manière qu'une autre région, au repos depuis des siècles, fût devenue à son tour le grand théâtre de l'action souterraine. [...] Mais pour que nos spéculations ne s'écartent pas des limites les plus strictes de l'analogie, nous supposerons : 1. que la proportion des terres et des mers reste toujours la même ; 2. que le volume des terres s'élevant au-dessus du niveau de la mer représente une quantité constante, et que non seulement la hauteur moyenne, mais même la hauteur extrême de ces terres, n'est sujette qu'à des variations insignifiantes ; 3. que dans leur ensemble, et malgré leurs déplacements locaux, les mers conservent des profondeurs moyennes et extrêmes invariables ; et, 4. enfin, que le groupement des terres en continents est une suite nécessaire de l'économie de la Nature. [...] Sur cette base, il invoque une « grande année » climatique (la phrase fait référence à la grande année des stoïciens qui était la période d'un cycle universel à partir de laquelle tous les événements de l'histoire se répétèrent). [...] Nous avons maintenant fait remonter l'histoire des formations européennes à cette période pendant laquelle un petit nombre seulement des espèces actuelles de testacés peuplaient les mers et les lacs, une période que nous avons appelée « Éocène » pour rappeler qu'il s'agit de l'*aube* de l'état présent de la création animale. Quoiqu'un petit nombre seulement des espèces animales vivantes aient alors existé, il y a d'excellentes raisons de penser que toutes les grandes classes du règne animal, telles qu'elles existent actuellement, étaient pleinement représentées. [...] Il était concevable que les espèces pouvaient survivre à des « révolutions » complètes de la surface de la Terre. »

Les citations disparates de ce texte s'ordonnent en fait selon une structure cohérente. Dans chaque cas, la partie est considérée comme variable et susceptible d'être créée ou détruite, alors que le tout est immuable et éternel. Quant à la médiation entre les deux, elle est assurée par un changement cyclique : un « cycle » d'années lié à une région, une grande année climatique liée à la Terre au cours du temps et des « révolutions » de la surface du globe liées à l'évolution des espèces.

Le premier volume des *Principes* indique une série de causes de changement et montre comment chaque cause destructrice est également, et au même degré, constructrice. Ainsi, à propos des courants marins, Lyell écrit : « Dans la Méditerranée, le même courant qui détruit rapidement de nombreuses portions de la côte africaine, entre le détroit de Gibraltar et le Nil, ronge également le delta du Nil et charrie les sédiments de ce grand fleuve vers l'est. Il est sans aucun doute à l'origine de l'accumulation rapide d'alluvions en certains points des côtes syriennes. De la même façon, les volcans subaériens contribuent apparemment à accroître la superficie des terres émergées, mais les volcans sous-marins font monter le niveau de la mer, annulant l'action des précédents. »

Portrait de Charles Lyell, en 1836. Il est alors le doyen des géologues anglais et l'inspirateur de Darwin. Jusqu'à sa mort, en 1875, il va polémiquer avec les biologistes — sur les théories darwiniennes qu'il ne peut accepter — et les physiciens, sur le temps. (Lithographie de 1836, d'après un dessin de J.M. Wright ; Bibliothèque nationale, Paris. Ph. © Bibl. nat./Photeb.)

La mer crée un passage à travers le porphyre dur, *ou la force destructrice de l'eau. La force constructrice, quant à elle, s'observe dans les grands deltas où l'accumulation de limon voit la création des îles. La mer comme expert-comptable.*
(Gravure de Lee, in C. Lyell, Principes de géologie, *vol. 1, 1830; Bibliothèque nationale, Paris. Ph. © Bibl. nat./Photeb.)*

L'assertion de Lyell selon laquelle un certain nombre de choses ne changent jamais — la masse des terres émergées, l'intensité de l'activité volcanique, etc. — semblait, de l'avis de ses contemporains, contredire directement les faits géologiques observés, et semble aussi très loin du genre de temps qui aurait pu, selon toute vraisemblance, être associé à la révolution industrielle, en pleine apogée au moment où Lyell écrivait. L'harmonie, l'équilibre inéluctable entre la création et la destruction allaient à l'encontre des faits dont les contemporains de Lyell pouvaient disposer de multiples manières. Certaines contradictions ressortaient du schéma dans son ensemble, d'autres, de la place de l'humanité dans ce système. En résumé, le problème essentiel était qu'en dépit des affirmations de Lyell selon lesquelles les « causes présentes » expliquaient tous les événements géologiques passés, il semblait difficile de croire que les énormes chaînes de montagnes étaient encore en train de se soulever. La nature a laissé une série de monuments dont tout le monde pensait qu'ils constituaient les vestiges d'un bouleversement cataclysmique d'une ampleur à présent inimaginable. L'observation des fossiles prouvait que des espèces entières avaient disparu en un éclair. Il semblait invraisemblable que des continents énormes aient pu surgir de la mer à raison de quelques centimètres par siècle : les grands effets réclamaient de grandes causes. La plupart des géologues estimaient plus probable l'hypothèse selon laquelle le globe terrestre, dans sa jeunesse, avait manifesté une activité plus grande. L'image d'une Terre autrefois active avant d'atteindre l'apaisement de la maturité revenait souvent dans les propos des rivaux de Lyell, les catastrophistes.

En fait, le temps « catastrophiste » défendu par ces géologues servait à réconcilier les données paléontologiques et géologiques avec la Bible. En effet, s'il semblait difficile de concevoir que tous les bouleversements évidents intervenus à la surface du globe avaient pu se produire en six mille ans, l'accélération du temps à une époque antérieure, avec la multiplication concomitante des tremblements de terre, des volcans, etc., levait la difficulté. Cela permettait en outre d'attribuer à l'humanité une position privilégiée dans le déroulement du processus géologique. On prétendait ainsi que Dieu avait attendu que la Terre fût en repos avant d'introduire à sa surface l'humanité, pour laquelle elle avait été créée. Lyell, en défendant l'existence d'un temps séparé propre à la géologie, heurtait de front ces deux temps privilégiés.

A cet effet, il développa deux séries de métaphores, l'une mettant à contribution les sociétés statistiques alors florissantes et l'autre, l'image, consacrée par un long usage, du « livre de la nature ». La première abordait le problème des grandes discontinuités observées chez les fossiles, que la plupart des géologues attribuaient à des changements « catastrophiques » survenus dans le passé. Lyell soutenait qu'il ne pouvait y avoir fossilisation que là où de nouvelles couches sédimentaires étaient en voie de formation. Il écrivait ainsi :

« Or nous avons vu que ces espaces sont toujours à changer de place, de sorte que l'acte de fossilisation, par lequel s'effectue la commémoration de l'état particulier du monde organique à tout instant, est pour ainsi dire toujours en mouvement, visitant et revisitant successivement différentes étendues. Pour rendre ce mode d'action plus sensible encore, je le comparerai à un cas à peu près analogue dont la réalisation serait possible dans le cours des événements humains. Supposons que la mortalité de la population d'une vaste contrée représente l'extinction successive des espèces, et la naissance des individus nouveaux, l'apparition d'espèces nouvelles. Pendant que se produisent ces fluctuations graduelles sur tous les points, supposons que des commissaires, délégués pour visiter successivement chaque province du pays, viennent faire le recensement exact du nombre, des noms, et de toutes les particularités individuelles de tous les habitants, laissant dans chaque district un registre contenant le résultat de leurs informations. Si, un recensement achevé, on vient à en faire un autre immédiatement après, suivant le même plan, puis un autre et encore un autre, on conçoit qu'à la fin chaque province possédera sa série de documents statistiques. Quand ceux qui se rapportent à une province quelconque sont disposés par ordre chronologique, le contenu de tels recensements placés en regard de tels autres diffère, suivant la durée des intervalles de temps qui se sont écoulés entre les époques où ils ont été faits. Si, par exemple, il y avait soixante provinces, et que tous les registres, remplis en une seule année, fussent renouvelés annuellement, il arriverait que le nombre des naissances et des morts, comparé à celui de tous les habitants, serait si petit pendant l'intervalle compris entre deux recensements consécutifs que les individus mentionnés dans ces documents seraient de très près les mêmes. Mais si, au lieu de cela, l'inspection de ces soixante provinces occupait tous les commissaires pendant l'année entière, de telle sorte qu'ils ne pussent visiter de nouveau le même lieu qu'au bout de soixante ans, il y aurait alors discordance presque complète entre les personnes inscrites dans la même province sur deux registres consécutifs. » La maladie et la migration peuvent introduire certaines divergences, mais celles-ci sont essentiellement dues au fait que :

« Les commissaires sont supposés visiter les différentes provinces à tour de rôle, tandis que le mode d'action à l'aide duquel s'opère la fossilisation des débris organiques, quoique variant toujours d'un point à l'autre, est encore très irrégulier dans ses mouvements », de sorte que « le défaut de continuité dans les séries peut prendre des proportions infiniment grandes, et que [...] les monuments géologiques qui se suivent immédiatement ne doivent pas se trouver équidistants entre eux, sous le rapport chronologique ».

La discontinuité apparente résulte donc d'un manque de connaissances et ne correspond pas à une discontinuité réelle. Par extrapolation, l'aspect extrêmement accidenté du globe terrestre est une conséquence de la manière dont la Terre consigne sa propre histoire, et non pas des fluctuations au cours du temps de la nature et de l'intensité des forces qui la gouvernent.

Voyons maintenant la seconde métaphore utilisée par Lyell pour expliquer l'apparente dissymétrie entre le passé et le présent. Cette métaphore met en évidence la place centrale tenue par l'humanité dans la géologie de Lyell et dans l'ensemble des problèmes qu'il soulève. Elle se réfère à une image consacrée par un usage prolongé dans les textes scientifiques : le concept de « livre de la nature ». De nombreux écrivains ont développé ce thème particulièrement riche. Pour la théologie naturelle à laquelle Lyell s'opposait, le « livre de la nature » et *la Bible* se complétaient parfaitement. Lyell, quant à lui, développa le thème ainsi :

« Dès lors, si on n'avait découvert d'endroits montrant des signes d'extraordinaires modifications chimiques et mécaniques, des effets, lors d'une période antérieure, d'une poussée importante, d'une chaleur intense, et d'autres modifications bien différentes de celles qui se produisirent à la surface, cela pourrait fournir un argument décisif contre ceux qui ne se satisfont pas des preuves jusqu'ici amenées en faveur de modifications du cours de la nature.

Afin de l'établir clairement, que le lecteur suppose ne posséder qu'un dixième des mots d'une langue vivante quelconque, et qu'il imagine se retrouver face à des livres censés avoir été écrits dans la même langue quelque dix siècles auparavant. S'il s'apercevait qu'il ne peut deviner le sens des neuf dixièmes restants, ne serait-il pas très fortement disposé à croire que, pendant ces mille ans, la langue est demeurée *inchangée* ? Mais s'il pouvait, sans fournir un travail important, comprendre la plus grande part de ce qui se trouve écrit dans les documents anciens, il se sentirait cette fois convaincu qu'en l'espace de dix siècles la langue a subi de grandes modifications. [...] Aussi, si un étudiant de la nature, qui, lorsqu'il examine pour la première fois les témoins de changements précédents sur notre globe, ne se trouve confronté qu'à un dixième des processus qui se déroulent maintenant à la surface du globe ou en dessous, ou dans les profondeurs des mers, pensait encore qu'il comprend le sens des signes de tout, ou au moins de la moitié des changements qui eurent lieu dans ces

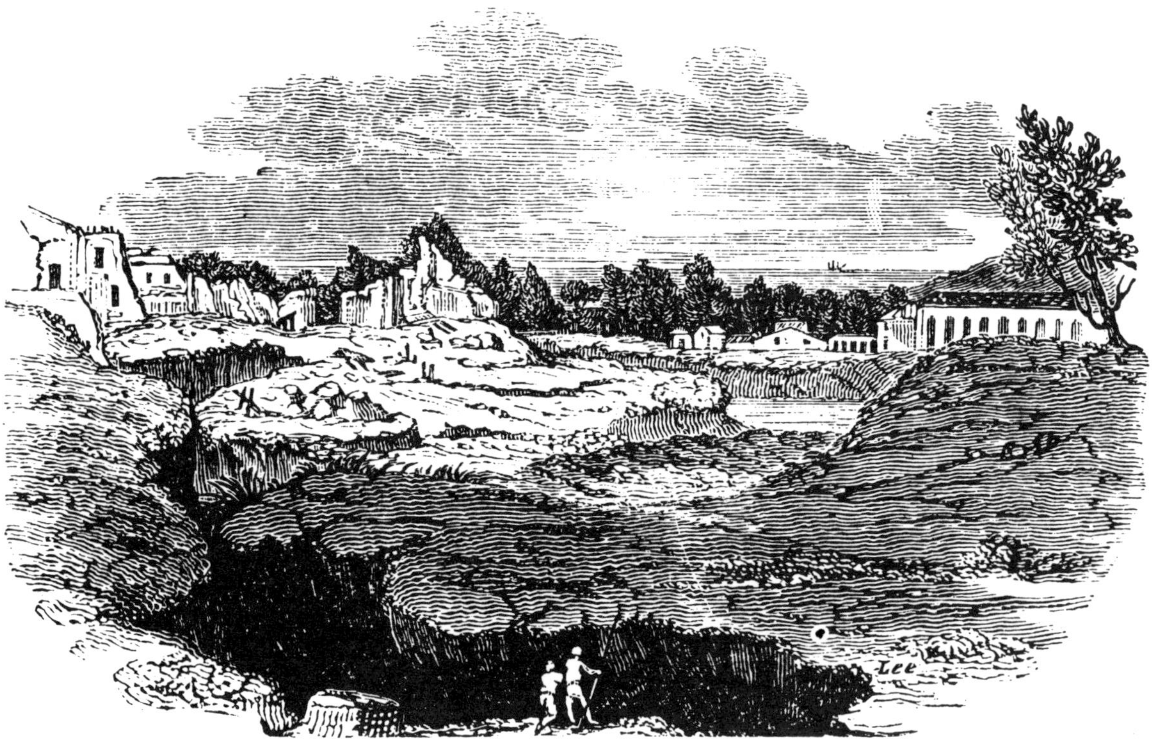

mêmes régions quelque cent ou mille siècles auparavant, il pourrait déclarer sans hésiter que les anciennes lois de la nature ont été modifiées. »

La logique de ce passage n'est peut-être pas d'une clarté immédiate — et il n'est pas surprenant qu'il ait disparu des dernières éditions. En fait, Lyell cherche à dire qu'actuellement notre connaissance du « livre de la nature » est extrêmement limitée (aux processus qui se produisent sur les terres émergées, et uniquement à une petite partie d'entre eux). D'après lui, si nous essayions, à partir de notre connaissance de ces processus, de reconstituer l'histoire de la Terre, nous obtiendrions un passé très différent — du fait que les quelques causes que nous connaissons à présent constitueraient la totalité des causes permettant cette reconstitution. Dans la première métaphore, la Terre ne conserve qu'un échantillon limité et aléatoire de sa propre évolution. Ici, nous n'avons accès qu'à un échantillon limité et aléatoire des mots contenus dans le « livre de la nature ».

Pour défendre sa conception du temps géologique contre les apparences contraires, Lyell souligne, premièrement, que ces apparences sont nécessairement trompeuses si son système est bon et, deuxièmement, que les géologues de son époque n'ont pas les connaissances suffisantes pour expliquer les changements du passé. Jusqu'ici, on remarque que Lyell a rejeté tout lien possible entre le temps religieux et le temps géologique en évacuant l'hypothèse d'une origine de la Terre et en étayant sa conception d'un nouveau temps géologique contre les attaques possibles à partir d'arguments relatifs à la nature de l'enregistrement des phénomènes géologiques. Lorsqu'il parvient à ce point de son raisonnement, il est persuadé d'avoir jeté les bases d'une véritable science de la géologie — il soulignait d'ailleurs le contraste existant entre son propre langage, empreint de vérité, et le langage faux des catastrophistes: « Nous considérons que ces matières constituent l'alphabet et la grammaire de la géologie ; non que nous attendions de ces études qu'elles nous

Fissure profonde près de Polistena, causée par le tremblement de terre de 1783 (Calabre) *et* Vue du Val del Bove depuis le sommet de l'Etna en 1828 ; les petits cône et cratère juste au-dessous font partie de ceux qui furent édifiés lors des éruptions de 1810 et 1811. *La surface de la Terre s'abaisse avec les tremblements de terre et s'élève avec les volcans : la Terre comme expert-comptable. (Gravures in C. Lyell,* Principes de géologie, *respectivement du vol. 1 et du vol. 3, 1830-1833 ; Bibliothèque nationale, Paris. Ph. © Bibl. nat./Photeb.)*

fournissent la clé de l'interprétation de tous les phénomènes géologiques, mais parce qu'elles doivent constituer la trame à partir de laquelle nous aborderons les questions plus générales concernant les résultats complexes qui peuvent résulter des causes de changement agissant dans l'intervalle indéterminé des âges. »

Pour défendre sa conception du temps, il déploya ensuite ses efforts dans deux directions : d'une part, il fit en sorte que la géologie se développât en tant que discipline en tentant de lui attribuer le même temps que celui dont il avait fait usage pour déchiffrer l'histoire de la Terre ; d'autre part, il avança des arguments afin de combattre l'idée selon laquelle le temps géologique était, d'une façon ou d'une autre, différent depuis l'apparition de l'humanité — plus calme ou comme transformé par sa présence.

Selon Lyell, de même que l'histoire passée de la géologie s'intéresse aux catastrophes, l'histoire passée de la discipline est « catastrophique » ; c'est « l'histoire d'une lutte constante et violente entre les opinions nouvelles et les doctrines anciennes, consacrées par la confiance implicite de nombreuses générations et censées s'appuyer sur l'autorité scripturale ». Lyell n'abandonne cependant pas sa conception du temps géologique lorsqu'il se tourne vers les géologues. L'action d'une lenteur presque imperceptible de causes simples s'exerce sur la Terre comme sur les scientifiques : « En prenant ces sujets en considération, l'esprit se dégage lentement et insensiblement des représentations imaginaires de catastrophes et de confusion chaotique, qui hantaient l'imagination des premiers cosmogonistes. » Pour avoir une idée plus précise de la durée de la période de temps à laquelle il songe, nous pouvons nous référer à son assertion proto-jungienne, selon laquelle : « Les superstitions d'une tribu non civilisée se propagent successivement parmi les divers étages de la société, jusqu'à ce que, frappant l'esprit du philosophe, elles en viennent à exercer sur lui une influence puissante. » Ainsi, l'histoire catastrophiste de la géologie fait elle-même l'objet d'un changement lent et insensible. Les deux formes de temps (catastrophiste et uniformitariste) rivalisent tant dans le cadre de l'histoire des idées géologiques que dans celui de l'histoire de la Terre. Notre interprétation de l'histoire de la géologie, tout comme du « livre de la nature », devient sans cesse plus uniformitariste. Dans un retour à un langage métaphorique, Lyell signale ce changement de nature de l'histoire géologique. Lors d'une conférence destinée à la haute société londonienne, il évoque l'état primitif (« catastrophique ») de la géologie : « Alors que la science était en un état si fluctuant, le philosophe, désireux de découvrir la vérité, préférait naturellement pénétrer dans le domaine de l'investigation originale plutôt que se consacrer à ses travaux littéraires et privilégiait la comparaison et le classement d'observations imparfaites et d'une collection limitée de faits. Un de nos poètes, faisant allusion aux fluctuations incessantes de notre langage après l'époque de Chaucer, se plaint ainsi :

« Nous écrivons sur le sable, le langage évolue
Et comme la marée, notre ouvrage déborde. »

Quel contraste avec l'avenir : « Nous nous rapprochons chaque année davantage du moment où les faits nouveaux ajoutés par une génération d'êtres humains, aussi importants soient-ils, n'apporteront qu'une contribution dérisoire à la somme des connaissances précédemment acquises ; et lorsque ce temps adviendra, ceux qui n'auront pas l'occasion de voyager eux-mêmes ou d'être en relation constante avec ceux qui effectueront les observations réelles ne souffriront pas du même handicap. »

Nous sommes maintenant en mesure d'unifier les conceptions de l'histoire de la géologie et de l'histoire de la Terre élaborée par Lyell. Dans le passé, le savoir s'est développé de façon catastrophiste et les analyses se formulaient en termes de catastrophes ; à présent et à l'avenir, le savoir se développe uniformément et les analyses se formulent en termes de changement régulier et continu. Lyell confirme cette formulation lorsqu'il affirme : « Le lien entre la doctrine des catastrophes successives et la dégénérescence répétée du caractère moral de la race humaine est plus intime et naturel qu'on pourrait l'imaginer au premier abord. » La géologie de Lyell, qui a sa source dans cette symétrie presque parfaite entre le passé de la géologie et le passé de la Terre, recèle une puissante force morale : le lecteur perçoit que tout irait beaucoup mieux si le temps, qui a de toute éternité modelé la nature, modelait maintenant la société humaine. Ainsi, le même temps qui sert à défendre l'investigation géologique contre le dogme religieux (en opérant une séparation entre le temps religieux et le temps géologique, celui-là s'intéressant aux origines et celui-ci, non) servirait aussi à définir l'évolution de l'histoire de la nouvelle discipline par opposition à l'évolution de la théorie religieuse.

Le temps et les sciences

La géologie fut la première des sciences à prendre, à partir du début du XIXe siècle, la nature du temps comme thème central. Depuis Lyell, trois phases principales se sont succédé ; dans chacune d'entre elles, la science dominante de l'époque s'est intéressée d'une manière ou d'une autre au temps. Le relais fut d'abord passé à Charles Darwin (1809-1882), et ce fut l'occasion de débats sur le rôle du temps historique en science — Darwin refusant de considérer les origines, tout comme Lyell. Puis vint la deuxième loi de la thermodynamique, qui donna un temps historique à l'histoire de l'Univers : les corps astronomiques ne pouvaient plus être considérés comme des systèmes autorégulés d'un âge peut-être infini, du fait que la quantité d'entropie augmentait avec le temps et que, en conséquence, tout système tendait à se désorganiser. Enfin, avec la théorie de la relativité et la mécanique quantique, la physique revint au premier plan : des observateurs placés dans des référentiels différents ordonnent différemment les événements et l'acte présent d'observation peut engendrer des événements qui se produisent dans le passé — ce qui bouleverse complètement nos notions intuitives du passé et du présent. Alors que la géologie et la biologie eurent tendance à nier la spécificité du présent et à éloigner l'humanité du devant de la scène, l'astronomie et la physique attribuèrent au présent une nouvelle spécificité, et à l'observateur conscient une nouvelle centralité. En d'autres termes, la géologie et la biologie ont détruit le temps religieux, alors que l'astronomie et la physique ont fondé un nouveau temps, propre à la religion de la science.

Le nouveau temps utilisé par Lyell pour fonder la géologie en tant que discipline trouve une dernière application dans les *Principes*, à savoir la résolution du problème de la modification éventuelle de l'échelle chronologique depuis la création de l'humanité. Au contraire de tous les autres éléments de la théorie géologique de Lyell, l'humanité fait irruption sur la Terre à un moment très précis. Bien plus, ce moment est fixé à six mille ans auparavant, c'est-à-dire précisément le moment choisi par les fondamentalistes bibliques pour l'origine de la Terre entière (y compris l'humanité). Non seulement l'humanité fait une apparition singulière, mais elle suscite en outre l'apparition de la singularité. Ainsi, à propos des hybrides, dont les formes extérieures trahissent une extrême variabilité (et, par conséquent, un rythme de changement trop rapide pour sa géologie), Lyell remarque : « On démontre aisément que cette diversité extraordinaire avait peu de chances de survenir et, en l'absence de toute civilisation, n'aurait jamais pu se perpétuer durant de nombreuses générations par une quelconque série imaginable d'accidents. On peut la considérer comme un cas extrême résultant de l'intervention humaine, et non comme un phénomène indiquant une capacité de transformation infinie du monde naturel. »

Si l'humanité influe sur le temps au point de le faire paraître irréversible et rapide (et même « catastrophique »), cela permet à Lyell de mieux souligner l'uniformité de la réalité sous-jacente. En général, l'humanité a tendance non seulement à lire, mais aussi à écrire le « livre de la nature » de manière erronée, répétant les mêmes erreurs dans les deux cas. Pour minimiser l'influence de l'humanité, Lyell a recours à deux stratégies : l'assimiler au naturel et lui attribuer un autre niveau d'existence.

Se conformant à sa première stratégie, Lyell fait observer que les changements

accomplis par l'humanité sont néanmoins des changements naturels. L'humanité accomplit sa tâche d'ensemencement au loin, mais ces graines auraient été semées quand même, par le vent ou par l'intermédiaire d'un oiseau migrateur. La nature surveille l'ensemble du processus en organisant la flore et la faune en « nations » : rien ne peut survivre longtemps en dehors de sa nation. Ce côté « naturel » de l'humanité est en complet divorce avec son côté civilisé, comme Lyell le souligne dans le passage suivant :
« Si le genre humain se trouvait détruit aujourd'hui en totalité, à l'exception d'un seul couple habitant soit l'ancien ou le nouveau continent, soit l'Australie ou même quelque île de coraux de la Mer Pacifique, il est à croire que les individus qui en proviendraient, lors même qu'ils ne devraient jamais être plus éclairés que les insulaires de la Mer du Sud ni les Esquimaux, se répandraient, dans le cours des siècles, sur toute la Terre, soit par suite de la tendance de la population à s'accroître dans un district déterminé au-delà des moyens de subsistance qu'offre ce district ; soit au moyen du transport accidentel de canots poussés par des marées et les courants vers des rivages éloignés. [...] Sans nous en douter, nous contribuons, comme eux (les animaux inférieurs), à étendre ou à limiter la distribution géographique et le nombre de certaines espèces, conformément aux lois générales de l'économie de la nature, qui, pour la plupart, nous sont inaccessibles. » Ainsi, tant la propagation de l'humanité que son aptitude à agir comme agent de dispersion sont entièrement naturelles et placées sous le contrôle de la nature.
L'humanité possède toutefois une autre caractéristique : sa faculté de transformer temporairement les paysages et les espèces. Compte tenu de cet aspect, Lyell a élaboré une seconde stratégie destinée à minimiser l'influence de l'humanité : il pose en principe le divorce complet entre l'humanité civilisée et la nature. Les changements que l'humanité a accomplis sont « non pas d'une nature *physique* mais *morale*... On ne pourrait guère discuter le fait que nous n'avons pas le droit d'anticiper une quelconque modification des situations présentes dans le futur, qui ne soit pas compatible avec l'analogie, à moins qu'elle n'ait résulté du développement progressif du pouvoir humain, ou de nouvelles relations entre les mondes matériel et moral. De la même façon, nous devons concéder que, lorsque nous spéculons sur les vicissitudes de la création de la matière vivante et inanimée dans les temps anciens, nous n'avons aucune raison d'attendre des résultats anormaux, à moins que n'apparaissent clairement des indications de quelque autre forme *morale* de modification temporaire. »
Les deux arguments relatifs au temps humain peuvent être résumés ainsi : dans la mesure où l'humanité est en interaction avec le temps géologique, c'est sa part bestiale qui participe à l'« économie de la nature » (une phrase dont Lyell fait grand usage), alors que sa part civilisée intervient à un niveau différent et suscite l'apparition temporaire d'anomalies dans le « livre de la nature ».
En général, nous avons vu que le travail de fondation de Lyell en vue de la création d'un temps géologique met en œuvre une série de divorces. Si le temps de l'origine appartient à la religion, le reste du temps (en fait sa totalité) appartient au géologue. Si les changements catastrophistes relèvent de l'histoire des sciences de la Terre avant la fondation de la géologie par Lyell, la nouvelle discipline fondée sera uniformitariste. L'influence « morale » de l'humanité s'exerce en dehors du temps géologique et est entièrement réversible, alors que son influence « physique » est totalement incluse dans ce temps. Cela justifie la création d'un temps unique, approprié à l'histoire de la Terre, au développement des sciences de la Terre et à l'évolution humaine — et il s'agit d'un temps dont l'étude est le domaine du géologue.

Comment Lyell, après avoir créé pour la géologie un temps indépendant du temps religieux, va t-il créer une causalité propre à cette discipline ? Il avait deux cibles en tête : l'une, l'argument selon lequel la recherche causale ultime concernait le dessein de Dieu dans la nature, et l'autre, l'argument selon lequel la base de la causalité scientifique était la causalité physique, la physique constituant la science dominante.

Création d'un savoir propre à la géologie

Nous poursuivrons nos investigations en comparant l'ouvrage de Lyell avec deux des brochures inspirées par la théologie naturelle et publiées en Angleterre dans les années 1830 sous le nom de *Traités de Bridgewater*. Il s'agissait d'une série importante d'ouvrages rédigés par d'éminents scientifiques de toutes les disciplines et commandés dans un legs du 9e comte de Bridgewater. Le comte avait fait fortune en aménageant des canaux dans le nord industriel de l'Angleterre et en avait dilapidé la plus grande partie avec une belle désinvolture; dans son testament, il avait toutefois pris des dispositions en faveur de la publication d'une série d'ouvrages pieux. Le président de l'Académie des sciences, avec l'aide de l'évêque de Londres et de l'archevêque de Cantorbéry, choisit alors huit hommes de science qui furent chargés de mettre en lumière «la puissance, la sagesse et la bonté de Dieu, manifestées dans la Création, en illustrant la démonstration de tous les arguments raisonnables». Charles Babbage, qui avait inventé un ancêtre de l'ordinateur (cf. p. 517), écrivit un neuvième traité renégat, non commandé. Le raisonnement selon lequel l'existence de Dieu est prouvée par le fait que la création semble constituer un ensemble parfaitement ordonné et que même les anomalies peuvent apparaître comme l'expression d'un dessein intelligent est commun à l'ensemble des traités de cette série. Quoique ces traités soient censés aborder toutes les sciences, la plupart contiennent de longs chapitres consacrés à la géologie, alors en pleine expansion. Nous nous intéresserons au traité du révérend William Buckland, consacré à la géologie, afin d'en apprendre davantage sur la causalité religieuse que Lyell combattait, puis nous nous tournerons vers Babbage afin d'en savoir plus au sujet de la causalité physique, dont le fondateur de la géologie contestait la priorité.

L'importance de la géologie au XIXe siècle

La géologie était de loin la discipline scientifique dominante de l'époque. Aimé Boué a résumé cette expansion phénoménale de la manière suivante: «En comparant le nombre des ouvrages parus en 1833 à ceux des années 1830, 1831 et 1832, on obtient la proportion approximativement établie par les nombres 300, 450, 500 et 900» (*Bulletin de la Société géologique de France*, 1833). En France, selon l'*Écho du Monde savant*, les mémoires traitant de géologie et de paléontologie publiés en 1833 étaient de loin plus nombreux que ceux traitant de l'ensemble des autres sciences: «Sciences physiques et naturelles (dont l'astronomie, la physique, le magnétisme, la météorologie, la chimie, l'hydrographie et l'histoire naturelle): 144 ouvrages, 276 mémoires; paléontologie et géologie: 61 ouvrages, 414 mémoires» (*Écho du Monde savant*, 20 juin 1834). La même tendance se manifeste en Angleterre.

L'*Écho du Monde savant* permet de suivre pas à pas les pérégrinations des géologues parisiens: «A Paris, cette année, le samedi et le dimanche sont des jours essentiellement géologiques. Le *samedi*: à 9 heures du matin, M. Brongniart commence son cours de minéralogie géologique, au Muséum: à 9 heures, M. Boué fait son cours particulier rue Guénégaud; à 2 heures, M. Élie de Beaumont entre en chaire au Collège de France; à 7 heures du soir, M. Boué fait son cours public à la Société de civilisation; et à 8 heures, M. Rozet commence à l'Athénée. Le *dimanche*: MM. Constant-Prévost et Boué conduisent, chacun de leur côté, leur troupe, armée de marteaux, de cannes et de sacs à cailloux, semant, çà et là, plus ou moins, la frayeur de la République, ou l'édification du séminaire; pendant que M. Boué explique, de 3 à 4, au salon de la Société, les relations géologiques des terrains de l'Europe à ceux qui, pour ne pas exposer leurs têtes dans les villages ou leurs pieds dans les mauvais chemins, préfèrent voyager sur les cartes que leur étale M. Boué. Toutefois, il faut dire que le samedi vient de perdre M. Rozet et le dimanche M. Boué; ces deux géologues ont terminé, la semaine dernière, leurs précieuses conférences; mais comme par compensation, le cours de M. Cordier qui doit bientôt commencer rendra, au samedi, une séance géologique, et les excursions de M. Élie de Beaumont, dont on annonce l'organisation très prochaine, procureront au dimanche les avantages d'une troisième bande de caillouteurs» (*Écho du Monde savant*, 10 avril 1834).

Considérant l'ouvrage de Buckland comme représentatif de l'opinion des autorités religieuses de la haute Église (par opposition aux fondamentalistes), nous observons que les ecclésiastiques étaient prêts à suivre Lyell jusqu'à un certain point — mais sans aller aussi loin que la remise en question de l'infaillibilité de *la Bible* ou du « livre de la nature ». Buckland fait de fréquentes allusions aux travaux de Lyell et admet le principe d'une Terre ayant persisté durant un nombre indéfini d'âges. Afin de réconcilier Lyell avec le livre de la Genèse, il utilise deux méthodes. La première, qui a survécu jusqu'à nos jours, consiste à reconnaître « qu'il n'y a aucune objection critique ou théologique valable à ce qu'on attribue au mot « jour » le sens de « longue période. » Buckland propose alors une interprétation plus littérale : « Mais il ne sera pas nécessaire de procéder à cette extension de sens, afin de réconcilier le texte de la Genèse avec les apparences physiques, si l'on peut prouver que le temps indiqué par le phénomène géologique peut se trouver dans l'intervalle indéterminé qui suit l'annonce du premier verset. » Ainsi, le premier soir « peut être considéré comme l'achèvement du temps indéfini qui a fait suite à la création primordiale annoncée au premier verset », et le deuxième verset « peut géologiquement désigner l'anéantissement et les ruines d'un monde antérieur. En ce point intermédiaire du temps, les périodes géologiques indéterminées précédentes s'achèvent et une nouvelle série d'événements débute... ».

En conséquence, *la Bible*, tout comme Lyell, a littéralement raison ... au sujet de l'âge de la Terre.

Quant au « livre de la nature », Buckland estime que lui aussi est littéralement exact. Selon lui, « l'étude de ces vestiges constituera notre sujet d'investigation le plus intéressant et le plus instructif, puisque c'est en eux que nous trouverons le grand passe-partout qui nous permettra de pénétrer l'histoire secrète de la Terre. Ce sont des documents qui contiennent les preuves des révolutions et des catastrophes, bien antérieures à la création de la race humaine ; ils ouvrent le livre de la nature et multiplient les volumes de la science (grâce) aux découvertes récentes de la géologie ». A propos d'arbres pétrifiés qu'il a observés dans une mine de charbon de Bohême, il écrit qu'ils lui paraissent « peu abîmés par le cours des âges innombrables ; et portant les empreintes fidèles de systèmes de végétation disparus, qui ont existé à une époque dont ces reliques sont les historiens infaillibles ». Un simple galet lisse et arrondi est « chargé d'empreintes d'événements physiques ». Alors que, pour Lyell, la nature est profondément, et peut-être irrémédiablement, inconnaissable, pour Buckland, elle est déjà, par essence, entièrement connue. Selon celui-ci, le « livre de la nature », infaillible, contient les traces indubitables du dessein de Dieu, qui assure le véritable lien entre les événements géologiques ; quant au Livre faillible de Lyell, il embrouille ces traces mêmes.

Pour mieux comprendre comment Lyell déchiffre ce Livre faillible, nous examinerons sa réaction au déterminisme laplacien adopté par Babbage. Selon Laplace, « une intelligence qui, pour un instant donné, connaîtrait toutes les forces dont la nature est animée, et la situation respective des êtres qui la composent, si d'ailleurs elle était assez vaste pour soumettre ces données à l'analyse, embrasserait dans la même formule les mouvements des plus grands corps de l'Univers et ceux du plus léger atome : rien ne serait incertain pour elle, et l'avenir comme le passé serait présent à ses yeux ». Le neuvième traité de Bridgewater, dû à la plume de Babbage, faisait grand cas de cette sorte de déterminisme, qui imitait le fonctionnement de ses machines à calculer — susceptibles d'être programmées pour réaliser l'équivalent numérique des miracles, pour peu que l'algorithme fût suffisamment complexe. L'auteur écrivait : « L'air lui-même est une vaste bibliothèque », car, lorsque nous parlons, « les ondulations de l'air ainsi soulevé parcourent la Terre et la surface des océans, de sorte qu'en moins de vingt heures chaque atome de l'atmosphère adopte le mouvement dégradé dû à cette fraction infinitésimale de l'ébranlement primitif, qui a été acheminé jusqu'à lui par des canaux innombrables et qui continuera à influencer son comportement futur». Selon lui, si nous connaissions la position originale de chacun des atomes de l'atmosphère, nous pourrions déterminer entièrement leur avenir. Chaque meurtrier porte la marque de son crime, «quelque mouvement résultant de l'effort musculaire même au moyen duquel le crime a été commis». Pour un organe de l'ouïe très sensible, «tous les mots accumulés prononcés depuis la création du genre humain retentiront d'un seul coup dans cette oreille».

Lyell, après avoir reçu un premier manuscrit de l'ouvrage de Babbage, émit une série de critiques à propos de ces passages. Elles consistaient essentiellement, comme dans le cas du dessein divin, à insister encore sur la faillibilité du «livre de la nature». Ainsi, il écrivit à son ami: «S'il est vrai que tous les sons restent dans l'air, ce dont je ne peux m'empêcher de douter, il faut apporter quelques précisions dans l'intérêt des ignorants [...]. Peut-on qualifier l'air d'historien s'il n'est qu'un dépositaire muet, que personne n'a lu ni entendu? Les ronds dans l'eau ne finissent-ils pas par disparaître? Le lecteur ordinaire (pour lequel vous écrivez) sera contrarié qu'on ne lui explique pas pourquoi des ondulations propagées dans un milieu résistant ne sont pas anéanties à la longue, pourquoi elles ne se combinent pas avec d'autres pour former des sons, des notes et des mots nouveaux». De façon générale, il tenait le livre en piètre estime et se prononça contre sa publication.

Babbage représente certainement un cas extrême d'adhésion au thème du déterminisme total, mais ce thème était très répandu à cette époque. Buckland et Babbage, chacun à leur manière, se sont fait les chantres de l'essence totalement connaissable du «livre de la nature». L'un menaçait d'incorporer la géologie dans la théologie et l'autre, dans la physique. Mais comment Lyell a-t-il adopté une conception du travail du géologue qui lui permît de connaître la nature, sans être pour autant théologien ou physicien?

Pour Lyell, le rôle d'interprète de la nature est un rôle clé: Dieu et la nature sont tous deux fondamentalement inconnaissables, et c'est uniquement à l'occasion d'un moment épiphanique d'extrême perspicacité que le savant peut espérer pénétrer leurs mystères. Lyell fait allusion à ce moment dans une citation de l'historien allemand Neibuhr: «Celui qui ramène à l'existence ce qui avait disparu éprouve une félicité semblable à celle que procure la création.» Toute tentative humaine, à motivation religieuse ou non, d'élaborer une méthode plus directe de lecture ou d'écriture du livre de la nature mérite le plus complet mépris. Tout comme les poètes romantiques (John Keats dans son *Ode sur une urne grecque* [1820] ou lord Byron dans *le Chevalier Harold*, par exemple), Lyell accorde respect et sublimité à la capture de la tension entre l'instant fugitif et les âges éternels; ainsi, quiconque verrait «le sommet de l'Etna, couvert de neiges éblouissantes, qui souvent émerge brièvement des nuages avant d'être soudainement englouti» parviendrait «à la conception la plus exaltée de l'antiquité de la montagne».

Lyell, en reliant son temps géologique à une théorie romantique de la connaissance, le libère finalement de la tutelle du théologien et du physicien. Ce faisant, il ouvre la voie à une grandeur du même genre que celle qui est louée dans l'analyse suivante de la contribution du géologue français Georges Cuvier, publiée en 1936:

«Le mathématicien et le physicien se sont attribué la meilleure place dans le temple de la science, et ont presque expulsé le collectionneur et le classificateur de son enceinte. Supposant que la grandeur et l'éloignement ennoblissaient les objets matériels et revêtaient de sublimité les lois qui les gouvernaient, prenant pour acquis que les actions impondérables et invisibles de la nature constituaient des sujets de recherche plus délicats que les objets grossiers que l'on pouvait goûter, toucher et accumuler, ils ont longtemps méprisé l'humble et pieux naturaliste qui, à leurs yeux, se situait à un niveau à peine supérieur à celui d'un gardien de zoo ou d'un dresseur de tigres. Cette vanité intolérable, cette insensibilité à l'unité et à la grandeur de la nature, à la structure incomparable des corps terrestres et à la beauté des lois de la vie organique furent peut-être la conséquence et la cause du piètre développement des sciences naturelles durant les deux siècles précédents. Les hommes d'un génie pénétrant et exubérant étaient naturellement conduits à investir leur capital intellectuel dans des recherches qui leur rapporteraient presque sûrement des intérêts substantiels sous forme de réputation; et il faut reconnaître que la culture des plus riches domaines de la science fut longtemps laissée au soin de très modestes laboureurs. »

Dans ce passage, nous retrouvons finalement l'évolution même que nous avons constatée chez Lyell tout au long de ce chapitre, à savoir l'essor d'une nouvelle forme de savoir propre aux savants naturalistes — fondée sur l'appréciation de la beauté de la nature et de ses lois — dans le but de développer la discipline des sciences naturelles, autrement vouée à s'étioler dans l'ombre d'autres formes dominantes de savoir, les mathématiques et la physique en l'occurrence.

La profession de géologue

Pour mieux saisir la genèse de la profession, nous allons examiner un travail où le lien est assez explicitement établi — le travail d'un géologue français de cette époque, Léonce Élie de Beaumont — et nous le comparerons avec celui de Lyell. Prenons avant tout connaissance de quelques notes rédigées par de Beaumont à l'occasion d'une conférence préliminaire sur la géologie, présentée au Collège de France en 1839:

« Aujourd'hui qu'on commence à aller à Saint-Pétersbourg en cinq jours, à Constantinople en huit ou dix et à New York en quatorze; aujourd'hui qu'avec le télégraphe électrique on se parle par des signes à plusieurs centaines de lieues; nous sommes au commencement d'une ère nouvelle où la localité de chacun sera beaucoup plus grande qu'elle ne l'a été jusqu'ici, parce que la faculté de se promener aura été beaucoup augmentée et l'inconvénient d'être absent de chez soi beaucoup diminué. Nous touchons un moment où la localité de chaque géologue sera le globe terrestre. C'est alors qu'un philosophe pourra réellement se dire citoyen de l'Univers. » Il donne ici une liste « d'hommes remarquables groupés par constellation » et conclut sa conférence ainsi: « Buffon a terminé l'âge héroïque de la géologie où chacun faisait un système entier. Il a été impossible d'aller plus loin sans faire de la géologie le domaine d'un grand nombre et par conséquent un métier ayant ses règles. » Dans une note à propos de cette phrase, il précise : « C'est après lui et non par lui que la géologie a pris rang parmi les sciences académiques, qui s'accroissent graduellement par les travaux successifs d'une collection d'individus. C'est l'application du principe de la division du travail. »

Une conférence équivalente, présentée en 1834, s'intitulait « Spécialité de la géologie déduite de la spécialité du genre de vie des géologues ». En voici quelques notes:

« Plan de la science géologique déduit de l'ordre qui s'établit de lui-même dans le travail des géologues. [...] Le géologue est donc de toutes les classes de savants le plus obligé à se déplacer. [...] Cela conduit d'autant plus à en faire une classe distincte que cette circonstance exige une disposition d'esprit particulière. [...] De toutes les sciences, la géologie est celle qui dépend le plus du perfectionnement des moyens de transport. Les moyens de transport sont pour le géologue ce que sont les lunettes pour l'astronome. Les routes nouvelles dont l'Europe est sillonnée en fait en quelque sorte une préparation géologique. Remarques de M. Cuvier sur les bateaux à vapeur. Habitudes nouvelles qui en résultent pour toute la population. La géologie est en quelque sorte devenue une profession. Où finit l'astronomie et où commence la géologie? Ces deux sciences sont sœurs et ce qui met surtout une ligne de démarcation entre elles, c'est le genre de vie différent qu'elles exigent de la part de ceux qui les cultivent. Une des choses qui caractérient et même qui constituent les progrès de la civilisation, c'est le partage des occupations. [...] L'établissement des chemins de fer aura pour effet d'agrandir les localités géologiques, de diminuer la distance qui existe entre le géologue et l'astronome. »

Lyell lui-même faisait grand cas de la nécessité de voyager, qu'il considérait comme une part essentielle de l'activité du géologue ; c'est ainsi que, dans son autobiographie, il affirme : « Nous devons prêcher en faveur du voyage, qui doit être la première, la deuxième et la troisième obligation du géologue moderne. »

Un thème des textes de De Beaumont consiste dans l'idée d'une division du travail dans la géologie moderne, qui s'appparente par plusieurs aspects à l'idée d'un temps géologique particulier, développée dans les *Principes* de Lyell. En considérant, pour l'instant, les points communs aux deux auteurs, nous observons qu'ils font tous deux exactement les mêmes remarques au sujet du développement de la géologie.

C'est maintenant la fin de l'« âge héroïque » des systèmes individuels, qui ont été successivement abandonnés avec une fébrilité cataclysmique. Pour de Beaumont comme pour Lyell, c'est maintenant le temps de l'évolution lente et progressive, mise en œuvre par un vaste groupe de travailleurs, dont aucun ne dominera la discipline — discipline dont les deux auteurs essaient, dans leurs travaux, de jeter des fondations presque mathématiques. Pour de Beaumont, cela traduit la division du travail et, pour Lyell, cela se rattache au temps géologique uniforme.

Nous pouvons déceler un lien supplémentaire entre le principe de la division du travail et celui de l'uniformitarisme. Lyell consacre de vastes chapitres de ses *Principes* à tonner contre ce qu'on pourrait appeler « le système héroïque » des changements géologiques. Selon lui, il n'a jamais existé d'époque où les choses étaient différentes : « L'examen minutieux des reliques de la création animée des premiers âges exerçait un effet puissant en dissipant l'illusion qui avait longtemps prévalu au sujet de l'absence d'analogie entre les états ancien et moderne de notre planète ». En effet, « il était contraire à l'analogie de supposer que la nature, à une époque antérieure, avait été économe de son temps et prodigue de violence ». Il s'agit là d'un équivalent direct du « système héroïque » dont parle de Beaumont à propos de la géologie. Dans ses principes, Lyell propose en fait une division raisonnable et rationnelle du travail entre les diverses forces de la nature. Chaque force créatrice est aussi destructrice et il faut une myriade de petits changements pour engendrer un grand changement — en d'autres mots, l'économie politique de la révolution industrielle doit apparaître dans le « livre de la nature », sinon la nature est irrationnelle. Ainsi, lorsque l'humanité entre en scène, elle devient partie intégrante de l'économie de la nature, un travailleur dans l'usine Terre : « Avant de décider que toute influence humaine est nouvelle et anormale, nous devrions toujours considérer avec soin tous les pouvoirs des autres agents animés qui peuvent être limités ou supplantés par elle. Beaucoup de ceux qui se sont penchés sur ce sujet semblent avoir oublié que la race humaine a souvent réussi à s'acquitter des fonctions préalablement remplies par d'autres espèces... »

Nous pouvons alors utiliser les textes de De Beaumont pour pénétrer la position de Lyell à l'égard du principe de la divison du travail : sa théorie géologique décrit l'organisation rationnelle du temps, implicite dans ce principe, et attribue un temps similaire à la nature.

Pourquoi cette division du travail dans la géologie en tant que discipline, dans la société et dans la nature ? Lyell et de Beaumont insistent sur le fait que les bouleversements sociaux et économiques de l'époque entraînent une sorte d'explosion de l'information. Si nous considérons la géologie de Lyell comme un système de classification de cette information, nous comprenons mieux l'articulation de sa conception du temps. En poussant l'abstraction jusqu'au bout, Lyell, plutôt que de considérer la géologie comme une litanie d'innombrables événements singuliers (une sorte d'immense poème épique), propose de la percevoir comme la systématisation d'un nombre restreint d'événements types. Ainsi, au lieu de regarder une montagne particulière comme le signe d'un soulèvement massif à un moment précis du passé, il préfère y voir un exemple typique d'une sorte de changement qui se produit aujourd'hui. Il n'existe pas de moments privilégiés. Sa géologie est un genre de dispositif comptable permettant le stockage de quantités énormes de données par rangement dans une espèce de classeur dont les compartiments correspondraient aux diverses sortes d'événements. Cette interprétation permet de mieux comprendre pourquoi Lyell a employé tout naturellement la métaphore des commissaires statisticiens — sa géologie n'accomplissant en fait qu'une version modifiée de leur tâche. Elle permet aussi de concevoir comment des bouleversements sociaux sur une vaste échelle se sont traduits directement dans la conception de la géologie, par l'intermédiaire de l'organisation de cette discipline naissante (selon le principe de la division du travail) et de l'endiguement du flot des informations, dont toutes les sciences et les professions étaient submergées (temps uniformitariste).

En effet, les *Principes* de Lyell ne sont rien d'autre qu'un grand livre à double entrée: la somme des forces créatrices et destructrices (portées au crédit et au débit) est toujours égale à zéro. Lyell, dans ses quatre règles relatives à la disposition des terres et des mers, mentionnées plus haut, étend ce principe bien au-delà des limites correspondant aux faits observés disponibles. En résumé, ces règles sont les suivantes: le rapport des terres émergées à l'étendue marine est toujours constant; le volume des terres émergées est constant; les profondeurs moyenne et maximale de la mer restent identiques, quelle que soit l'époque; et enfin « le regroupement des terres en grands continents constitue une part nécessaire de l'économie naturelle ». Ces règles sont franchement absurdes si l'on omet de les replacer dans le contexte de la méthode comptable de Lyell. Notre interprétation est encore justifiée par les constantes références de Lyell à l'économie de la nature, au plan de la nature. En outre, cela nous aide à déchiffrer l'énigme que constitue l'opinion suivante à propos de l'idée, défendue par quelques philosophes, que quelques lois suffisaient à produire « l'infinie diversité des effets »: « Soit que l'on adopte ou que l'on rejette cette doctrine, toujours du moins faut-il convenir que les progrès graduels de l'opinion, relativement à la série de phénomènes qui se sont accomplis à des époques extrêmement reculées, ressemblent, d'une manière singulière, à ceux qui, chez tous les peuples, ont accompagné le développement de leur intelligence, à l'égard de l'économie de la nature, telle qu'elle se manifestait de leur temps. » Dans l'ouvrage de Lyell, la métaphore de l'économie de la nature ne le cède qu'à celle du « livre de la nature ».

Lyell introduit alors le principe de la division du travail dans la profession de géologue et l'économie de la nature, créant ainsi un temps propre à l'une et à l'autre. Voyons finalement comment ce nouveau temps se trouvait être un temps régulier, qui imitait le temps social de la révolution industrielle. Parvenus à ce point, nous utiliserons une autre particularité des textes de De Beaumont, susceptible de nous aider à mieux pénétrer la conception du temps et du savoir géologique exposée par Lyell dans ses *Principes*, à savoir l'étroite relation qui lie la géologie et l'astronomie. Lyell n'était certes pas opposé à ce rapprochement lorsqu'il remarquait:

« C'est seulement après que Descartes eut émis l'hypothèse de l'étendue infinie des espaces célestes et supprimé les supposées limites de l'Univers que l'on commença à avoir une opinion plus juste des distances relatives des corps célestes; et jusqu'à ce que nous ayons admis la possibilité d'une durée infinie des âges compris dans chacune des périodes les plus modernes de l'histoire de la Terre, nous risquons de nous forger l'opinion la plus erronée et la plus partiale au sujet de la géologie. » Il existe cependant un lien plus profond, sur lequel j'aimerais maintenant insister.

Usine de Trois-Fontaines – le ponçage *(milieu du XIXe siècle). Avec la révolution industrielle est venu un nouveau temps social. Le cycle des saisons se perd dans l'uniformité de l'usine. L'action répétitive et mécanique remplace l'action héroïque du paysan. Est-ce l'inspiration du temps géologique de Lyell? (Bibl. des Arts décoratifs, Paris. Ph. Jean-Loup Charmet © Arch. Photeb.)*

Pour commencer, prenons connaissance d'un autre texte de De Beaumont, tiré cette fois de notes incomplètes rédigées en vue d'une conférence donnée le 20 décembre 1832:
« espace sans limites... temps sans limites. Périodes astronomiques... oscillations périodiques autour d'un état moyen. La beauté de ce résultat est une première raison pour penser qu'il n'est pas une pure abstraction et qu'il y a eu dans la nature une *réalisation effective. Cependant* les corps célestes ne laissent dans l'espace aucune trace de leur passage... Système solaire, une horloge... Ce n'était pas une horloge que la fable avait mise dans la *curia* du temps comme emblème de la durée. Espèce de *sablier*. Ce *sablier* est la surface de notre globe et les savants qui s'occupent de sa marche, au lieu de s'appeler les *astronomes*, s'appellent les *géologues* ».
De même que les astronomes ont réduit le Système solaire à une horloge, les géologues sont en mesure de réduire la Terre à un sablier. Si nous considérons l'articulation du temps selon Lyell, nous voyons que c'est précisément ce qu'il fait: chaque événement physique se produit avec la régularité et la douceur d'un mouvement d'horloge; il ne s'agit finalement que de déterminer les périodes appropriées. Il reconnaît pourtant que ce système présente une difficulté: « Il est évident que si l'action des causes inorganiques est uniforme, ainsi que je l'ai supposé, elles doivent exercer une influence très irrégulière sur l'état des êtres organisés, de sorte que le taux des changements qui se produiront en eux, dans telles ou telles régions, ne sera point égal dans des périodes de temps égales » ; mais contre-attaque immédiatement: « Je ne doute point, au contraire, que si des périodes considérables d'égale durée pouvaient être comparées les unes avec les autres, on reconnaîtrait que le taux des

changements produits dans la nature vivante, ainsi que dans le monde inorganique, serait à peu près uniforme... »
On vantait la précision d'horloge du Système solaire, l'horloge dominait l'industrie et, entre les deux, la géologie synthétisante de Lyell transformait la Terre elle-même en horloge, émettant son tic-tac régulier et fidèle pour peu que l'on comprenne ses rouages. Il est possible d'interpréter sous cet angle l'articulation du lien entre temps géologique et temps humain, exposée par Lyell. L'humanité et la géologie se sont peut-être développées de manière échevelée dans le passé, mais, avec l'avènement de la société industrielle (forme naturelle de leur association, car apparentée à un mouvement d'horloge), elles se sont rapprochées du temps industriel propre à sa conception de la géologie. En outre, deux méthodes fondamentales de la production industrielle, c'est-à-dire la division du travail et la parcellisation du temps en unités égales, faisaient partie intégrante du temps que Lyell avait conçu pour sa nouvelle discipline. Enfin, nous avons vu que cet emploi des techniques de production industrielles s'expliquait par le fait que Lyell les considérait comme les mieux adaptées à l'exercice fructueux de la profession qu'il cherchait à créer.

Le temps et l'industrie

L'industrie horlogère était à la pointe de la révolution industrielle. Comme d'autres, Babbage, un ami de Lyell, estimait que le principe de la division du travail était né dans une fabrique d'horloges, que cette industrie nécessitait des machines-outils de la plus grande précision et en était donc restée à « l'état d'art ». Babbage qualifiait la machine de « régulateur de temps », par opposition à « l'inattention, l'oisiveté ou la filouterie des agents humains » et à « l'effort irrégulier et fluctuant des animaux ou des forces naturelles ». Dans un ouvrage glorieusement excessif, Claude-Lucien Bergery remarquait :
« Il faut donc que l'ouvrier soit avare de son temps ; [...] il ne peut guère consacrer que 30 ans ou 262 800 heures à la formation des revenus dont a besoin sa vieillesse » ; « Chaque minute perdue le prive d'environ trois millièmes de franc » ; « [...] tout homme est capable d'exécuter au moins 5 mouvements par seconde, qu'il y a 36 000 secondes dans une journée de dix heures et qu'elle peut conséquemment permettre 180 000 mouvements » (*Économie industrielle*, 1829).
La journée de travail en usine était rythmée par les horloges, depuis les horloges pointeuses qui souvent enregistraient les temps de travail des ouvriers jusqu'aux horloges de vitesse qui faisaient tourner les machines avec régularité (et les travailleurs avec irrégularité). De 1800 à 1820, l'Angleterre produisait au minimum 100 000 horloges par an. Lorsque Lyell souligne l'importance de la division de l'histoire de la Terre en périodes de temps égales, il ne fait que refléter une obsession fondamentale de l'univers industriel naissant.

Il est tout d'abord indéniable que nous avons parcouru un long chemin à partir de l'image du savant héroïque traquant les origines de la Terre. En en restant à ce résultat canonique, nous n'aurions été en mesure ni de situer l'œuvre de Lyell dans le contexte de la révolution industrielle ni de percevoir ses liens avec le mouvement romantique qui déferlait en Europe à cette époque. Sa conception fondamentale de la nature du temps, son insistance sur l'existence de périodes d'égale durée dans les mécanismes de l'industrie, du Système solaire et du monde et sa croyance en un moment épiphanique de compréhension globale du temps nous auraient échappé. Ce résultat ne doit pas rester isolé : c'est seulement en nous plongeant dans les ouvrages des écrivains scientifiques que nous serons à même de retrouver les traces de la réalité sociale dans laquelle leurs travaux sont enchâssés. Nous risquons sinon de retomber dans ces histoires que les scientifiques se racontent si souvent (et que les historiens leur racontent si souvent) à propos d'idées flottant dans les airs et transmises, intactes, de génération en génération, pendant que tout change alentour. Ainsi, le lien le plus manifeste entre Lyell et la révolution industrielle consiste dans l'idée du changement progressif de la société ; si nous avions cherché cela, nous ne l'aurions pas trouvé, et nous en aurions déduit que ses travaux n'avaient pas de base sociale.

En un autre sens, nous ne nous sommes cependant pas suffisamment éloignés de notre mythe de la fondation, selon lequel Lyell aurait chassé les prêtres du temple de la science en redéfinissant un temps géologique. En fait, Lyell a exclu deux sortes de temps religieux de la géologie. Le premier coïncide avec la représentation païenne d'un temps peuplé de grands héros chevauchant le domaine de la géologie comme des colosses, ou encore de grands événements géologiques — tremblements de terre, inondations, tempêtes — éclipsant les minimes et tranquilles variations sur le thème du repos, qui caractérisent l'époque actuelle. Deuxièmement, Lyell dénie à l'auteur chrétien du « livre de la nature » le droit d'interpréter son œuvre : c'est le moment de création expérimenté par le géologue agissant en tant que nouveau prêtre de la nature qui constitue l'interprétation définitive et correcte du livre imparfait. Si Dieu a été le seul être capable d'exister en dehors du temps et de l'espace et de surveiller l'ensemble de la création, le géologue l'a maintenant rejoint et même supplanté. Le mythe de la fondation ne représente donc que la sténographie d'une réalité beaucoup plus complexe, qui voit la science se constituer, en dépit de ses séculaires assertions, en nouvelle religion des temps modernes.

Tout cela semble conférer à notre héros, Charles Lyell, un énorme pouvoir. Sans aide particulière, armé de sa seule perspicacité intellectuelle, il a réussi à agencer la séparation de l'Église et de l'État pour fonder la profession de géologue. Bien entendu, cette vision des choses est tout à fait improbable. Comme j'ai tenté de le démontrer, la causalité historique ne s'exerce pas, en ce cas, d'un intellect souverain à la société, par l'intermédiaire des idées, mais de la société à l'intellect, par l'entremise de l'exercice quotidien de la profession de géologue. La division du travail et l'organisation du temps dans les usines et en géologie posaient précisément le même problème. En créant la profession de géologue à l'image de celle d'administrateur intermédiaire d'une entreprise florissante, Lyell introduisait scientifiquement dans l'histoire de la Terre le même temps que d'autres introduisaient socialement dans la société industrielle. Les métaphores utilisées par Lyell et les liens établis par de Beaumont n'ont par conséquent rien de surprenant : tous deux étaient de meilleurs historiens qu'un spécialiste de l'histoire qui affirme que la seule contribution de Lyell fut d'augmenter l'âge de la Terre.

Ce chapitre a été traduit de l'anglais par Bernard Barondeau.

nker pinx.

Mendel : côté jardin

JEAN-MARC DROUIN

Où l'on verra que l'image pieuse, élaborée au XXe siècle, d'un moine tchèque qui révolutionne la biologie et fonde la génétique en mariant des petits pois dans le jardin de son couvent risque de nous cacher ce qui le rapproche des autres hybrideurs du XIXe siècle.

L'histoire a souvent été narrée : publiant en 1900 les résultats de ses travaux sur l'hérédité chez les végétaux, le Hollandais Hugo De Vries signale que les lois qu'il a découvertes ont déjà été formulées trente-cinq ans auparavant par un religieux de Brünn, aujourd'hui Brno, nommé Gregor Mendel. La même année, deux autres botanistes, l'un de Tübingen et l'autre de Vienne, Carl Correns et Erich Tschermak, publient des résultats analogues. Tous reconnaissent l'antériorité des travaux du moine tchèque tout en précisant qu'ils sont arrivés de manière indépendante aux mêmes conclusions. Le mémoire de Mendel, lu en 1865 à la Société d'histoire naturelle de Brünn, prend alors place dans le panthéon de l'histoire des sciences et son auteur devient l'exemple même du génie méconnu.

Longtemps admise avec plus ou moins de nuances, cette image pieuse est aujourd'hui contestée de plusieurs côtés. Différents types d'études ont contribué à cette évolution. Tout d'abord, un recensement des références aux travaux de Mendel, entre 1865 et 1900, a fait apparaître le caractère relatif de l'obscurité dans laquelle ils étaient censés être demeurés au XIXe siècle. Ensuite, une confrontation avec d'autres auteurs préoccupés d'hybridation ou de sélection a permis de distinguer plus nettement les questions que pouvait se poser Mendel, de celles qui sont impliquées par la génétique contemporaine. Enfin, une analyse fine des textes et des positions des « redécouvreurs » a servi de support à une nouvelle interprétation de la fameuse redécouverte. Branningan, en particulier, a montré comment la référence aux travaux de Mendel était intervenue *in extremis* dans la publication de Hugo De Vries, probablement pour éviter une querelle de priorité avec Carl Correns et Erich von Tschermak : aucun de ces trois auteurs ne pouvant, sans mécontenter les deux autres, s'attribuer la paternité d'une découverte qu'ils avaient faite simultanément et indépendamment, mieux valait pour eux s'accorder sur la paternité d'un savant disparu et supposé obscur.

Après cela, peut-on encore présenter le mémoire de Mendel comme un texte fondateur et considérer qu'il serait passé inaperçu de ses contemporains parce que trop singulier ? Faut-il n'y voir, au contraire, qu'un article parmi d'autres sur l'hybridation, que rien ne pouvait distinguer de nombreux autres travaux analogues, avant que les premiers généticiens — au début du XXe siècle — le

Portrait de Mendel par Alois Zenker, en 1884. (Musée morave de Brno. Ph. © Karel Neubert/Dilia, Prague.)

réinterprètent à leur façon et en fassent un peu abusivement l'origine de leur discipline ?

Il serait peut-être moins malaisé de répondre à ces questions si l'on rapprochait le texte mendélien des préoccupations techniques qui, pour ses contemporains, lui donnent l'essentiel de son sens. Les développements actuels de la biotechnologie ne devraient pas faire oublier la transformation fondamentale qui est intervenue dans l'agriculture et l'horticulture aux XVIIIe et XIXe siècles. Or Mendel peut être considéré comme un des acteurs de cette histoire puisque les lois qu'il énonce trouvent leur illustration canonique dans les procédés de sélection et d'hybridation utilisés par les éleveurs et les producteurs de semences. Peut-on dire, pour autant, que ces procédés seraient la *mise en application* des lois de Mendel ? Faut-il plutôt en croire cette boutade de Bateson lui-même disant, lors de la IVe Conférence internationale de génétique (Paris, 1911), que, en ce domaine, l'homme de science « reçoit du praticien des idées nouvelles » qu'il digère ensuite ? L'œuvre de Mendel est un des nœuds où l'histoire de l'agronomie rencontre celle de la biologie, c'est un constat qui peut nous servir de fil conducteur.

Esquisse biographique

Emblématique de cette rencontre, l'enfance de Johann Mendel appartient à l'histoire autant qu'à la légende. Il naquit en 1822 dans un village nommé Heinzendorf, aujourd'hui Hyncice, en Moravie, une des régions de l'actuelle Tchécoslovaquie, alors province autrichienne. Son oncle avait été maître d'école. Sa mère venait d'une famille de jardiniers d'un village voisin. Son père était un ancien soldat des guerres contre Napoléon. Les parents de Mendel exploitaient une petite ferme qui leur appartenait. Ils étaient encore soumis à la vieille loi de la corvée qui obligeait le paysan à travailler trois jours par semaine pour le propriétaire. Le père de Mendel avait un verger qu'il soignait avec compétence, encouragé par le curé de la paroisse, J. Schreiber. Ce dernier, comme l'instituteur, Thomas Makitta, s'employait à faire connaître l'histoire naturelle et à diffuser les techniques d'amélioration des arbres fruitiers. Par l'exemple paternel, renforcé par l'enseignement de l'instituteur et du curé, Mendel avait donc très probablement assimilé dès son enfance un savoir horticole substantiel : c'est-à-dire non seulement des notions pratiques de botanique, mais aussi le coup d'œil et les gestes qui permettent au jardinier de ruser avec le végétal.

Le lien entre l'enfance paysanne de Mendel et ses préoccupations ultérieures — hybridation, apiculture et météorologie — a souvent été souligné. Il apparaît sous un jour nouveau si, comme le font plusieurs études récentes, on le met en rapport avec le progrès des techniques agricoles de la Moravie, au début du XIXe siècle.

Plusieurs noms sont associés à ce mouvement à la fois intellectuel et économique. Parmi les plus souvent cités, on trouve celui d'un éleveur, Ferdinand Geisslern (1751-1824), auteur d'un traité sur les méthodes scientifiques de sélection des ovins. Ces méthodes, venues d'Angleterre, reposaient sur la mesure et l'enregistrement systématique des caractéristiques des animaux et sur la constitution de généalogies précises et complètes. Leurs succès illustrent le rôle de la transmission héréditaire des caractères. L'impact économique de cette maîtrise de la reproduction est considérable et on rapporte que, en 1810, à Brno, la valeur marchande d'un bélier muni d'un pedigree était le centuple de celle d'un bélier ordinaire.

Un autre nom revient souvent : celui du naturaliste Christian-Carl André (1763-1831), conseiller du comte Salm (1776-1861). Le comte, promoteur de l'industrie textile à Brno, présidait une société régionale d'agriculture, dont André était le secrétaire. La Société pomologique, filiale de la Société d'agriculture, s'attachait en particulier à la fécondation artificielle des arbres fruitiers et préconisait la création de pépinières. L'une des pépinières créées à

Pomologie : partie de l'arboriculture qui traite de la connaissance des arbres fruitiers à pépins.

cette époque le fut dans le couvent des augustins de Brno dont le supérieur, Franz Cyril Napp, figure parmi les membres de la Société pomologique. Devenu président de la Société pomologique, l'abbé Napp résumait le problème de la transmission des caractères par ces deux questions : « Qu'est-ce qui est transmis et comment cela est-il transmis ? » ; il soulignait, par ailleurs, la nécessité de recherches expérimentales pour résoudre ces questions, exprimant par là probablement le souhait d'une certaine autonomie de la recherche fondamentale par rapport aux pratiques techniques. Il semble, en effet, que les propriétaires terriens représentaient pour les naturalistes moraves des alliés efficaces, mais un peu étouffants. Cette tension devait aboutir, en 1861, à la création d'une Société de sciences naturelles, indépendante de la Société d'agriculture.

Mendel religieux, étudiant et enseignant

A l'image de leur supérieur, les augustins de Brno manifestaient un grand intérêt pour l'agriculture et les sciences naturelles et consacraient une bonne part de leur temps à l'enseignement. Plusieurs d'entre eux s'intéressaient aussi à la philosophie et l'un d'eux, le botaniste Matthaeus Klacel (1808-1882), avait même été soupçonné de panthéisme. Cette activité intellectuelle n'était pas appréciée de tous. Aussi, à la faveur du climat réactionnaire qui succéda aux événements de 1848, l'évêque de Brno tenta d'obtenir la mise au pas ou la dissolution de cette communauté. Napp défendit la vocation propre de son couvent et, en définitive, le cardinal de Prague ne suivit pas l'avis de l'évêque. En fait, les démêlés de la hiérarchie avec cette communauté religieuse seraient probablement tombés dans l'oubli si elle n'avait pas compté parmi ses membres Johann Mendel, en religion Gregor Mendel, reçu comme novice en 1843. On s'est parfois interrogé sur l'attitude profonde de Mendel à l'égard de la religion. Rien ne laisse supposer qu'il n'ait pas adhéré à la foi chrétienne qu'il professait mais, en fait, celle-ci n'interfère jamais avec son travail scientifique. Nulle trace dans ses textes de cette « théologie naturelle » si courante à l'époque. Par ailleurs, aucune hésitation n'est possible en ce qui concerne l'attachement à son ordre et à son couvent, à qui il devait beaucoup. Le curé Schreiber avait poussé les parents de Mendel à lui faire poursuivre des études. Mais malgré les efforts de sa famille — sa sœur renonça même à une partie de sa dot en sa faveur —, Mendel, épuisé par les privations, aurait dû abandonner après la deuxième année à l'Institut de philosophie de l'université d'Olomouc sans l'intervention d'un professeur qui lui permit d'entrer comme novice au couvent des augustins de Brno. Là, Mendel étudia la théologie et les sciences naturelles. Il enseigna dans un collège technique et comme suppléant dans un *Gymnasium*.

Qu'est-ce qu'un *augustin* ?
L'ordre religieux des augustins a été fondé en 1256 par Alexandre IV. Ses membres ne sont pas à proprement parler des moines puisqu'ils ne sont pas soumis à l'obligation de la clôture. C'est un ordre religieux qu'on pourrait rapprocher des franciscains ou des dominicains. Inspiré par les écrits de saint Augustin (354-430), il compte parmi ses théologiens Gilles de Rome (mort en 1316), commentateur d'Aristote, disciple de saint Thomas d'Aquin.
La vocation intellectuelle de l'ordre était particulièrement affirmée dans le cas des augustins de Brno, puisqu'un décret impérial de 1802 leur faisait obligation d'assurer certains enseignements dans les établissements de la région.

Gymnasium : lieu d'enseignement équivalent à un lycée.

De 1851 à 1853, il fut envoyé à l'université de Vienne pour compléter sa formation. Les nécessités de l'enseignement secondaire — et peut-être aussi ses goûts intellectuels — amenèrent Mendel à s'instruire en physique et en mathématiques autant qu'en histoire naturelle. A l'université de Vienne, il suivit en particulier un cours dans lequel le physicien Christian Doppler (1803-1853) enseignait à un petit groupe d'étudiants la manière de réaliser des manipulations en physique expérimentale. Pour des raisons mal élucidées, Mendel échoua à certaines épreuves et n'obtint pas le diplôme qu'il espérait. Très apprécié pour ses qualités pédagogiques, il put cependant reprendre son enseignement.

Un chercheur solitaire ?

C'est en définitive avec une solide formation scientifique, surtout sur le plan méthodologique, que Mendel aborda ses expériences d'hybridation des pois. Il convient à ce propos de bien préciser ce que signifie le terme d'amateur qu'on

Loin de vivre dans une retraite monastique, Mendel eut plusieurs fois l'occasion de faire des voyages à l'étranger. Cette photographie de 1862 le montre à Paris, au milieu d'un groupe de touristes, se rendant à l'exposition industrielle de Londres. Il participa aussi à des congrès d'apiculture à Brno en 1865, à Kiel en 1871; ce qui lui donna l'occasion de rencontrer Johann Dzierzon, un curé silésien, dont les découvertes sur le mode de reproduction des abeilles sont encore citées aujourd'hui.
(Musée morave de Brno.
Ph. © Karel Neubert/Dilia, Prague.)

serait tenté de lui appliquer. Si on entend par là quelqu'un qui ne bénéficie pas d'un poste de recherche, d'enseignement ou de direction dans une université ou un établissement équivalent, le terme lui convient, comme il conviendrait à Darwin. En revanche, si on définit l'amateur comme celui qui n'a pas reçu une formation universitaire dans le domaine considéré, Mendel ne peut pas entrer dans cette catégorie. En d'autres termes, on peut le considérer comme un « bénévole » de la recherche mais non comme un « autodidacte ». Enfin, il disposait dans son couvent d'un jardin expérimental et d'aides pour les cultures, sans compter la bibliothèque et les échanges avec les autres religieux naturalistes; en un mot, il bénéficiait de facilités que certains universitaires lui auraient peut-être enviées.

Par ailleurs, la Société de sciences naturelles dont nous avons vu qu'elle était issue de la Société d'agriculture, et devant laquelle il exposa le résultat de ses recherches, est un bon exemple des sociétés savantes locales ou régionales qui ont fleuri en Europe au XIXe siècle et dont le rôle fut assez important : d'une part, elles permettaient des rencontres entre des universitaires et des amateurs, aussi bien qu'entre spécialistes de disciplines différentes, d'autre part, elles offraient des possibilités de publications et représentaient un des moyens de diffusion des théories et des programmes de recherche. Il n'y a donc rien de très étonnant à ce que le mémoire de Mendel sur l'hybridation ait été publié dans les *Verhandlungen des naturfoschenden Vereines in Brünn (Comptes rendus des travaux de la Société d'histoire naturelle de Brünn)*. Certes, la publication dans une revue plus connue à l'étranger, ou la sortie d'un livre, aurait permis une diffusion plus large. Il reste que l'article de Mendel n'est pas tombé dans l'oubli. On a pu compter que, entre 1865 et 1900, il avait été cité une douzaine de fois, ce qui atteste d'une audience modeste mais réelle. Le fait qu'il soit cité alors comme un hybrideur parmi d'autres est un autre problème...

Pour la dernière partie de la vie de Mendel, comme pour son enfance, la légende et l'histoire se rejoignent. Mendel entreprend une correspondance avec le botaniste Carl Naegeli (1817-1891). L'amitié semble naître entre le religieux et l'universitaire mais leurs préoccupations sont trop différentes, et Naegeli ne perçoit pas l'intérêt du travail de Mendel; il l'encourage à entreprendre des hybridations sur une fleur sauvage *(Hieracium)*; les résultats sont difficiles à interpréter du fait que cette plante se reproduit par parthénogenèse, ce que Mendel et ses contemporains ignoraient. Mendel pratique la météorologie et l'apiculture. Enfin et surtout, il est élu supérieur de son couvent en 1868. Cette charge importante lui permet d'aider financièrement sa famille, mais lui impose des contraintes qui ne lui laissent plus suffisamment de loisirs pour poursuivre ses recherches. Il se trouve engagé dans une lutte sans espoir contre l'État à propos de la fiscalité sur les ordres religieux. S'opposant à ses amis politiques libéraux, il s'épuise à refuser une imposition qu'il juge excessive. Il meurt en janvier 1884, à soixante et un ans.

En définitive, les historiens n'ont rien retranché à l'image traditionnelle d'un petit paysan obligé d'entrer dans les ordres pour poursuivre ses études, d'un religieux enseignant les éléments des sciences dans un collège de province tout en consacrant des années à de patients travaux d'hybridation, enfin d'un abbé usé par les soucis de sa charge qui lui font même négliger ses chères expériences; ils ont seulement ajouté à ces peintures au charme naïf — analogues à celles que Mendel avait fait exécuter sur le plafond de la salle capitulaire du couvent — quelques photographies tout aussi fascinantes: une région agricole en pleine évolution, des agronomes et des éleveurs préoccupés par les problèmes de l'hérédité, un passage à l'université de Vienne, une communauté religieuse vouée à l'activité intellectuelle, des affrontements entre libéraux et conservateurs, des sociétés savantes en pleine activité. Au milieu de tous ces éléments qui se superposent et s'enchevêtrent, reviennent sans cesse l'agriculture et le jardinage. Cela étant, beaucoup d'autres auteurs de l'époque ont lié horticulture et recherche biologique.

Pourquoi alors l'œuvre de Mendel occupe-t-elle une place singulière? A cause de sa redécouverte? Certes, mais qu'y avait-il alors dans cette œuvre qui rendait possible sa réutilisation par ses redécouvreurs?

Horticulture et botanique

« L'horticulture et la botanique s'unissent aujourd'hui par les liens les plus étroits; elles sont tellement solidaires l'une de l'autre, elles se prêtent un appui mutuel tellement nécessaire, qu'on doit plutôt les considérer comme deux membres d'un même corps de science que comme deux sciences distinctes. La différence qui existe entre elles n'est, en réalité, que celle qui sépare la pratique de la théorie. Qu'un botaniste découvre un nouveau fait de physiologie végétale: l'horticulture s'en empare aussitôt, et bientôt, à son tour, elle rend à la science l'équivalent de ce qu'elle en a reçu soit en confirmant par d'ingénieuses expérimentations la vérité qui vient d'être acquise, soit en mettant le savant sur la voie de découvertes nouvelles. Même réciprocité lorsqu'il s'agit de conquêtes à faire dans le vaste champ de la nature: les succès de l'une profitent à l'autre, car l'horticulture comme la botanique a ses collecteurs intrépides et dévoués. Enfin, souvent aussi, cette dernière a le contrôle des décisions de la science dans la question si embrouillée des espèces, question que la botanique, abandonnée à ses propres ressources, n'est pas toujours en état de résoudre. » (Charles Naudin, *Revue horticole,* 1852.)

Les mémoires de Mendel sur l'hybridation

D'après les historiens V. Kruta et Vitezslav Orel, l'œuvre de Mendel se compose de treize articles, de la correspondance et d'une vingtaine de petits textes. Sur les treize articles, neuf concernent la météorologie, deux les insectes ravageurs et deux, enfin, portent sur l'hybridation. C'est à ces deux derniers que l'on se réfère généralement. Le premier, le mémoire de 1865, *Recherches sur des hybrides végétaux*, publié en 1866, reprend l'exposé fait au cours de deux séances, les 8 février et 8 mars 1865, à Brno. Le second, le mémoire de 1869, *Sur quelques hybrides d'*Hieracium *obtenus par fécondation artificielle*, lu à la séance du 9 juillet 1869, est publié à Brno en 1870.

Les « Remarques préliminaires » du mémoire de 1865

Depuis son introduction en Europe à la fin du XVIIIe siècle le fuchsia a séduit beaucoup d'amateurs et d'horticulteurs qui ont obtenu par sélection et par croisement les nombreuses formes que l'on peut admirer aujourd'hui. Mendel, membre de la Section d'horticulture de la Société d'agriculture participa

Peintures que Mendel fit réaliser dans la grand-salle capitulaire des augustins de Brno; celle de gauche évoque sa jeunesse et peut-être même la figure du curé de sa paroisse; au centre, les deux ruches rappellent l'intérêt de Mendel pour l'apiculture; à droite, la légende de saint Isidore.
(Photographies prises en 1940. Ph. © Dilia, Prague.)

Hybride: en latin *ibrida* ou *hybrida*, le *Dictionnaire des sciences naturelles* (Levrault, 1821) lui donne comme origine « le grec υβρισ génétif υβριδοσ, qui est souvent pris dans le sens d'injure, d'affront, d'adultère », comme si le métissage ne pouvait résulter que d'une effraction ou d'une violence faite à l'ordre des choses. Le *Dictionnaire étymologique de la langue latine* (A. Ernout et A. Meillet, 1939) ne confirme pas cette étymologie, mais suppose cependant que la graphie *hybrida* a été « influencée par un faux rapprochement littéraire avec υβρισ ».
Le terme « métis » du latin *mixtus*, « mélangé », est utilisé en principe pour le croisement de deux variétés, le terme « hybride » étant réservé au croisement de deux espèces. Toutefois, ces dénominations sont utilisées de manière assez variable selon les époques et les auteurs.

lui-même à cet engouement. La fleur qu'il tient à la main sur une photographie de 1860 est un fuchsia. Un horticulteur de Brno lui dédia une nouvelle variété en remerciement du travail qu'il avait réalisé avec lui. Le fuchsia n'est pas, d'ailleurs, la seule plante d'ornement à laquelle se soit intéressé Mendel. Rien d'étonnant donc à ce que celui-ci ouvre sa communication par une référence à la culture florale: « C'est en procédant sur des plantes d'agrément à des fécondations artificielles destinées à obtenir de nouveaux coloris, que l'on a été amené aux recherches qui vont être exposées ici. »
En même temps, Mendel souligne l'ampleur et la portée théorique qu'il entend donner à son travail:
« La régularité remarquable avec laquelle revenaient les mêmes formes hybrides toutes les fois que la fécondation avait lieu entre les mêmes espèces donna l'idée de nouvelles expériences dont le but serait de suivre les hybrides dans leur descendance. »
Mendel salue ensuite les « consciencieux observateurs comme Kölreuter, Gaertner, Herbert, Lecoq et Wichura et d'autres encore » qui ont « consacré une partie de leur vie à l'étude de ces questions ». Cet hommage à ses prédécesseurs s'accompagne d'un bilan critique qui est en même temps l'annonce d'un programme de recherche:
« Si l'on jette un regard d'ensemble sur les travaux accomplis dans ce domaine, on arrivera à la conclusion que, parmi ces nombreux essais, il n'en est aucun qui ait été exécuté avec assez d'ampleur et de méthode pour permettre de fixer le nombre des différentes formes sous lesquelles apparaissent les descendants des hybrides, de classer ces formes avec sûreté dans chaque génération et d'établir les rapports numériques existant entre ces formes. Il faut, en effet, avoir un certain courage pour entreprendre un travail aussi considérable. Lui seul, cependant, semble pouvoir conduire finalement à résoudre une question dont il ne faut pas méconnaître l'importance quant à l'histoire de l'évolution des êtres organisés. »
Mendel précise ensuite que sa communication ne rapporte qu'un premier « essai d'expérimentation limité à un petit groupe de plantes ». Cet essai au bout de huit ans est « achevé dans ses parties essentielles ».

Hybridation et évolution

Le plus surprenant pour nous aujourd'hui dans cette introduction est l'allusion sibylline à l'*évolution*.
On peut considérer que le terme allemand employé par Mendel, *Entwicklung*, signifie seulement ici « développement individuel de l'organisme ». Le terme français *évolution* a d'ailleurs été utilisé dans ce sens, au siècle dernier, à une époque où ce que nous appelons aujourd'hui *théorie de l'évolution* était connu sous le nom de *transformisme*. Dans ce cas l'expression « histoire de l'évolution des êtres organisés » pourrait se comprendre comme « l'histoire naturelle

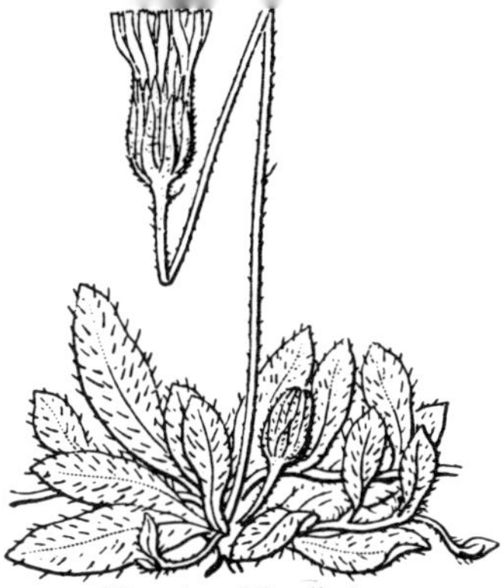

Hieracium Pilosella L.

Hieracium Auricula.

Hieracium aurantiacum.

Le genre Hieracium *comprend de nombreuses espèces; Mendel entreprit des expériences d'hybridation sur plusieurs d'entre elles. Ces expériences ne donnèrent pas de résultats analogues à ceux obtenus avec les pois.*
(In abbé H. Coste, Flore descriptive de la France, de la Corse et des contrées limitrophes, *1901; Bibl. nat., Paris. Ph.* © *Bibl. nat./Photeb.)*

du développement individuel des plantes et des animaux». L'un des problèmes touchant à la genèse de l'individu et qui donnait encore lieu à controverse à l'époque était celui du rôle respectif de l'ovule et du pollen dans la fécondation végétale. Certains botanistes attribuaient à l'ovule un rôle simplement nourricier, réservant le rôle principal au pollen. Mendel prend parti sur cette question en présentant le résultat de ses expériences:

«Si l'ovule n'avait sur la cellule pollinique qu'une action superficielle, si son rôle se réduisait à celui d'une nourrice, toute fécondation artificielle ne pourrait avoir d'autre résultat que de donner un hybride ressemblant exclusivement à la plante mâle, ou très voisin d'elle. C'est ce que nos recherches n'ont, jusqu'ici, confirmé en aucune façon.»

Cependant, et même si la phrase sur «l'évolution des êtres organisés» ne se réfère pas directement au débat sur la théorie de l'évolution au sens que nous donnons à cette expression, il reste que la pratique de l'hybridation est souvent liée, à l'époque, à une interrogation sur la stabilité de l'espèce. Puisque l'homme, en croisant les variétés et les espèces, semble créer de nouvelles fleurs, la fixité des formes naturelles peut être remise en cause. Cependant, dans la mesure où ces formes nouvelles s'avèrent stériles ou que leur descendance tend à revenir aux types parentaux, la stabilité de l'espèce paraît confortée. Dans la conclusion du mémoire, Mendel laisse la question ouverte, tout en penchant probablement vers la thèse fixiste de Gaertner.

Dans le mémoire de 1869, à propos du genre *Hieracium*, des fleurs sauvages dans lesquelles on trouve une multiplicité déconcertante d'espèces voisines, il expose la thèse de ceux qui voient dans ce foisonnement le résultat d'hybridations naturelles; il note aussi que pour d'autres auteurs une telle hybridation est soit impossible, soit éphémère. Il précise en outre:

«Dans ces derniers temps, la question de l'origine des nombreuses formes intermédiaires constantes n'a pas peu gagné en intérêt depuis qu'un célèbre spécialiste en *Hieracium*, se plaçant du point de vue *darwinien*, a défendu cette idée qu'il faut les faire dériver d'espèces disparues ou encore existantes.»

D'après Orel, le «célèbre spécialiste» en question n'est autre que Naegeli, avec qui Mendel correspondait depuis 1866.

Le choix du pois

En définitive, on dispose de très peu d'éléments pour situer Mendel par rapport à Darwin. Leurs pensées se rejoignent cependant sur l'absence de distinction fondamentale entre espèces et variétés. Aussi le mémoire de 1865 ne contient pas de savante discussion sur la classification du genre *Pisum*. Cela contraste avec l'insistance avec laquelle beaucoup d'auteurs distinguaient l'hybridation entre espèces du simple croisement, ou métissage, entre variétés ou races appartenant à une même espèce. Espèces ou variétés, les différentes formes sous lesquelles on trouve cette plante potagère offrent un matériau de choix pour des expériences d'hybridation.

Voici comment Mendel précise les conditions auxquelles doivent satisfaire les plantes d'expérience:

«elles doivent posséder des caractères différentiels constants;

«il faut que, pendant la floraison, leurs hybrides soient naturellement, ou puissent facilement être mis à l'abri de toute intervention d'un pollen étranger;

«les hybrides et leurs descendants ne doivent éprouver aucune altération notable de fertilité dans la suite des générations.»

Et il ajoute:

«Dès le début, les légumineuses ont particulièrement attiré l'attention, à cause de la structure spéciale de leur fleur. Des expériences entreprises avec plusieurs espèces de cette famille ont conduit à ce résultat que le genre *Pisum* répondait suffisamment aux desiderata exprimés.»

Les pois dont parle Mendel, et dont les graines sont consommées sous le nom de «petit pois», appartiennent au genre *Pisum*.

Tous les commentateurs soulignent combien le choix de ce matériel d'expérience a joué un rôle décisif dans la réussite de l'entreprise. En effet, chez le pois, l'autofécondation est la règle alors qu'elle est l'exception pour beaucoup de plantes à fleurs. C'est-à-dire que sans intervention de l'expérimentateur — ou arrivée inopinée d'un petit insecte —, le pollen d'une fleur de pois se dépose sur le pistil de la même fleur. De sorte que Mendel a pu pratiquement disposer de « races pures » en s'assurant simplement que, en se reproduisant par autofécondation sur plusieurs générations, les pois gardaient les caractéristiques du lot de graines qu'il s'était procuré initialement. Cette particularité que le pois partage avec d'autres légumineuses était connue des spécialistes.
Certains biologistes signalent, en outre, que les gènes commandant les caractères qu'il avait choisi d'observer sont tous situés sur des chromosomes différents. Mendel ne pouvant évidemment penser en ces termes, on peut soit parler d'un heureux hasard, soit faire intervenir une intuition fondée sur le savoir empirique des horticulteurs. Plusieurs agronomes avaient déjà pratiqué des hybridations sur le pois et certains avaient publié des résultats.
Enfin, mais ceci n'est pas mentionné dans le mémoire, le pois est un délicieux légume et les expériences de Mendel eurent comme retombée pratique, d'après Orel, la culture dans le jardin du couvent de variétés particulièrement savoureuses !

Les résultats

Ayant ainsi justifié le « choix des plantes d'expérience », Mendel présente les sept caractères différentiels (*Differirende Merkmale*, en allemand) qu'il a retenus et qui vont de l'aspect des graines, rondes ou anguleuses, jusqu'à la longueur des tiges, en passant par la forme des gousses. Après quoi, il rapporte les résultats de ses expériences avec les effectifs de chaque groupe, sur plusieurs générations.
Tout d'abord, lorsqu'il croise deux pois ne différant que par un caractère, et de race pure pour ce caractère, par exemple la graine ronde *ou* anguleuse, il obtient des hybrides tous identiques, en l'occurrence tous à graine ronde ; ce caractère est dit « dominant » *(dominirende)*. En faisant ensuite se reproduire ces hybrides par autofécondation, il obtient des pois ronds ou anguleux dans une proportion voisine de 3 à 1.
« 253 hybrides ont donné dans la deuxième année d'expérience 7 324 graines parmi lesquelles 5 474 étaient rondes ou arrondies et 1 850 ridées anguleuses. D'où l'on déduit le rapport 2,96/1. »
Le caractère anguleux demeurait donc à l'état latent chez les hybrides puisqu'il peut réapparaître chez certains de leurs descendants. Mendel propose de l'appeler « récessif » *(recessive)*. Les formes qui manifestent le caractère récessif restent constantes, pour ce caractère, dans leur descendance. Celles qui manifestent le caractère dominant se partagent en deux groupes : les deux tiers se comportent comme des hybrides (et l'on retrouve dans leurs descendants la proportion de 3 à 1) : le tiers restant donne des descendants où le caractère dominant est constant. Après avoir donné les chiffres obtenus pour chacun des caractères, Mendel conclut :
« Il est maintenant évident que les hybrides de chaque couple de caractères différentiels produisent des graines dont une moitié reproduit la forme hybride, tandis que l'autre donne des plantes qui restent constantes et prennent par parties égales, les unes le caractère dominant, les autres le caractère récessif. »
En appliquant cette formule, on peut prévoir que la proportion de formes hybrides va tendre à diminuer constamment chez les descendants des hybrides, comme le montrent les expériences poursuivies sur plusieurs générations. Mendel constate que ces résultats « confirment la remarque faite par Gaertner, Koelreuter et d'autres auteurs, que les hybrides ont tendance à retourner aux

espèces-souches ». En calculant la proportion théorique des différentes catégories il propose ce que nous appellerions un modèle pour pouvoir formaliser et vérifier une règle que les autres hybrideurs avaient établie de manière empirique.

Mendel et nous

Le symbolisme utilisé par Mendel peut sembler familier. Ainsi la lettre *A* représente le caractère dominant, « graine ronde », par exemple, et *a* le caractère récessif, « graine ridée », par exemple. C'est une notation qui s'emploie encore. Cependant la terminologie et les symboles de Mendel présentent aussi par rapport aux nôtres certaines différences qu'il faut connaître pour pouvoir lire son texte.
Nous représentons par *AA* les petits pois présentant seulement le caractère dominant, et par *aa* ceux présentant seulement le caractère récessif. Mendel les désigne respectivement comme *A* et *a*, sans redoubler la lettre.
En croisant, par fécondation artificielle, ces deux variétés, nous obtenons ce qu'on appelle aujourd'hui une première génération (ou F_1) que nous notons *Aa* puisque les individus qui la composent possèdent les deux caractères, récessif et dominant. Mendel emploie ici la même écriture que nous *Aa* pour désigner ce qu'il appelle les « hybrides ».
Par autofécondation, ces plantes ont elles-mêmes des filles que nous appelons la deuxième génération (F_2) mais que Mendel nomme « première génération des hybrides » (c'est-à-dire première génération issue des hybrides). Pour nos manuels, ces descendants se répartiront ainsi : un quart de *AA*, une moitié de *Aa* et un quart de *aa*. Pour Mendel cette répartition s'exprime ainsi : un quart de *A*, un quart de *a*, une moitié de *Aa*.

Tout ce qui précède concerne des plantes différant par un seul caractère. Que se passe-t-il quand on croise deux pois qui diffèrent par deux caractères, par exemple la forme *et* la couleur de leur graines ?
La réponse de Mendel est que les deux caractères se disjoignent et se combinent indépendamment les uns des autres. En croisant, par exemple, des individus à graines rondes et jaunes avec des individus à graines anguleuses et vertes, il obtient un total de 556 graines qui se répartissent ainsi :

315 rondes et jaunes
101 anguleuses et jaunes
108 rondes et vertes
32 anguleuses et vertes

Après avoir donné les résultats pour des pois qui diffèrent par trois caractères, Mendel montre comment tous ces chiffres correspondent pratiquement aux effectifs théoriques que les formules de combinaison des caractères permettent de calculer. Il aboutit à cette règle générale :
« Si *n* désigne le nombre des différences caractéristiques chez les deux plantes souches, 3^n donne le nombre des termes de la série de combinaisons, 4^n donne le nombre des individus qui se trouvent dans la série et 2^n le nombre des combinaisons qui restent constantes. Ainsi, par exemple, si les plantes-souches diffèrent par quatre caractères, la série contient : $3^4 = 81$ termes, $4^4 = 256$ individus et $2^4 = 16$ formes constantes ; ou bien, ce qui revient au même, sur 256 descendants des hybrides il y a 81 combinaisons différentes dont 16 sont constantes. »

Des chiffres trop beaux ?

La disjonction et le réassortiment indépendants des caractères constituent un des principes de base du mendélisme. Du point de vue pratique, il explique pourquoi, en croisant des fruits gros et fades avec des fruits petits et savoureux, on peut espérer obtenir dans leur descendance des fruits gros et savoureux ! Du point de vue théorique, c'est sur lui que repose tout le calcul des combinaisons possibles de caractères. Pourtant, paradoxalement, ce principe n'a aux yeux d'un généticien actuel qu'une valeur approchée. Les caractères commandés par des gènes situés sur un même chromosome ont en effet une plus forte probabilité de rester associés et cette probabilité est d'autant plus forte que les gènes sont plus rapprochés.

Concrètement, cela veut dire que, si on pratique une expérience de combinaison de caractères quelconques sur n'importe quelle plante, les effectifs des différentes combinaisons risquent d'être assez éloignés des proportions canoniques.
C'est en un tout autre sens que certains auteurs ont considéré que les résultats de Mendel étaient trop beaux pour être vrais. C'est ainsi que le spécialiste de génétique des populations, R.A. Fisher, a calculé en 1936 que Mendel n'avait — compte tenu de la taille de son échantillon — que 5 p. 100 de chances de trouver une proportion aussi proche du rapport théorique de 3 à 1. Mendel aurait-il fraudé ? Ce serait d'autant plus surprenant qu'il n'hésite pas, par ailleurs, à rapporter une expérience qui lui a donné de « mauvais résultats » ou à livrer des données difficiles à interpréter.
En fait, les calculs de Fisher sont aujourd'hui contestés par certains auteurs qui considèrent qu'ils ne tiennent pas compte des données biologiques, en particulier du comportement des grains de pollen. D'autre part, R.C. Olby a montré que les chiffres donnés par Erich Tschermak, un des « redécouvreurs de Mendel », étaient aussi « bons » que ceux de Mendel. D'après lui, le problème dans les deux cas vient de la méthode utilisée, à l'époque, pour les dénombrements.

Mécanisme et généralisation

La manière dont Mendel soumet les caractères à des lois de combinaisons et calcule les effectifs théoriques des différents groupes constitue l'aspect le plus original de son texte. Aujourd'hui, on justifie sa démarche en expliquant que chaque caractère est porté par un gène et que chaque gène est représenté en double exemplaire dans l'individu. Cette explication étant inconcevable à une époque où le concept même de chromosome n'a pas encore été introduit, il est cependant nécessaire pour Mendel de proposer un modèle mécanique qui l'autorise à appliquer cette modélisation mathématique aux produits de l'hybridation. En d'autres termes, Mendel doit trouver une hypothèse qui lui permette de traiter les caractères comme s'il s'agissait de boules dans des urnes ! Cela l'entraîne dans une nouvelle série d'expériences destinées à montrer qu'il y aurait un nombre égal de cellules ovulaires et de cellules polliniques de chaque sorte, d'où il pense pouvoir conclure :
« Le hasard désignera donc seul celle des deux sortes de pollen qui se lie avec chacune des deux cellules ovulaires. Cependant, d'après le calcul des probabilités, il doit toujours arriver, en prenant la moyenne d'un grand nombre de cas, que chacune des formes de pollen *A* et *a* se conjugue avec chacune des formes de cellules ovulaires *A* et *a*. »
Bien entendu, présentés de cette manière, les rapports observés dans le genre *Pisum* devraient se retrouver avec d'autres plantes à fleurs. Mendel amorce une généralisation qui met son schéma à rude épreuve. Il rapporte d'abord les expériences qu'il a faites sur des haricots. Lorsqu'on croise des haricots dont les fleurs n'ont pas la même couleur, les fleurs des hybrides et de leurs descendants présentent des couleurs intermédiaires entre celles des parents.

Comment hybrider les haricots

Les légumineuses représentent un matériel d'expérience privilégié, aussi n'est-il pas étonnant que le grand traité d'Henri Lecoq, *De la fécondation naturelle et artificielle des végétaux et de l'hybridation*, paru en 1845, et traduit en allemand en 1846, consacre au genre *Phaseolus* une de ses plus belles pages :
« [...] il est toujours curieux pour l'amateur ou le physiologiste d'opérer sur des plantes aussi susceptibles d'hybridation que sont les Haricots, et sur lesquels on peut si promptement s'assurer, par la couleur des graines, du succès de l'opération. Avant l'épanouissement complet de la fleur, les anthères des Haricots commencent à répandre leur pollen, et aussitôt la carène se contourne, entraînant avec elle les filets soudés qui s'allongent en même temps, comme s'ils voulaient atteindre le stigmate emporté par le style et l'ovaire qui prennent aussi de l'accroissement. Toutefois le pistil s'allonge moins que les étamines, et la fécondation ne tarde pas d'avoir lieu. Il suffit, pour l'opérer artificiellement, d'écarter un peu la carène, et de poser, au pinceau, le pollen sur le stigmate. Ce dernier le retient facilement, et comme le pollen des Haricots n'est pas très pulvérulent, mais souvent un peu pâteux, on peut se dispenser d'ôter les étamines, s'occupant seulement de féconder le pistil dès que l'état de la fleur permet d'y parvenir. »

Pour expliquer ce résultat qui semblerait conforter la thèse de l'hérédité par mélange plutôt que la sienne, Mendel doit supposer que la couleur des fleurs se compose de plusieurs caractères. Enfin, les dernières pages sont consacrées à une analyse des résultats publiés par Joseph Koelreuter et Carl Friedrich Gaertner, et à une discussion de leurs conclusions sur la notion d'espèce.

L'impression qui se dégage de cette deuxième partie du texte est que Mendel espère pouvoir appliquer les lois qu'il a découvertes chez le pois à l'ensemble du monde végétal ; même si, quatre ans plus tard, il semble douter qu'elles s'appliquent aux plantes sauvages du genre *Hieracium* ou aux saules, cet espoir montre la portée qu'il donne à ses travaux d'hybridation. Cela nous permet-il de dire que, ce faisant, il entend fonder une nouvelle discipline ? En fait la question de savoir si Mendel est ou non à l'origine de la génétique masque une autre question qui concerne cette fois l'histoire des techniques autant que l'histoire des sciences, et qui est de le situer dans ce programme de recherche, situé aux confins de la botanique et de l'agronomie, et qu'on pourrait résumer ainsi : comment faire de la production de nouvelles variétés végétales une technique sûre et efficace. En d'autres termes, qu'est-ce que Mendel apporte aux horticulteurs et aux sélectionneurs ? En quoi son travail rejoignait-il leurs préoccupations et que pouvait-il leur apporter qu'ils n'aient pas déjà trouvé eux-mêmes ?

Mendélisme et amélioration des plantes

Dans beaucoup de manuels d'enseignement et d'articles de vulgarisation la création de races et de variétés nouvelles est présentée comme une *mise en application* des lois de Mendel. S'il en était ainsi la « redécouverte » de ces lois aurait dû entraîner une véritable révolution dans les techniques d'amélioration des plantes. Or cette révolution a effectivement eu lieu mais elle a commencé bien avant, au moment même où Mendel menait ses expériences et indépendamment de lui. L'histoire de l'amélioration de la betterave à sucre est, à ce titre, exemplaire.

La betterave est connue depuis longtemps comme plante fourragère, lorsque, au XVIIIe siècle, l'Allemand André-Sigismond Margraff démontre qu'elle contient un sucre semblable à celui de la canne et qu'il est possible de l'extraire. A la fin de ce siècle, Karl Franz Achard met au point la production industrielle de sucre de betterave. La France napoléonienne, soumise au blocus, cherche un ersatz pouvant remplacer le sucre de canne. En 1812, Benjamin Delessert peut présenter à l'Empereur des échantillons de sucre de betterave que rien ne distingue du sucre de canne. Cependant, la rentabilité du procédé reste médiocre à cause de la faible teneur en sucre des betteraves (moins de 5 p. 100). Pour améliorer celle-ci, on pratique une sélection systématique : on laisse monter en fleur les betteraves qui ont la plus forte teneur en sucre pour utiliser ensuite leurs graines comme semences. Cette technique éprouvée peut-elle être encore améliorée ?

Louis de Vilmorin et la sélection généalogique

Le 3 novembre 1856, Louis de Vilmorin lit à l'Académie des sciences une « Note sur la création d'une nouvelle race de betterave à sucre », qu'il réédite en 1859, avec plusieurs autres articles, dans une brochure intitulée *Notices sur l'amélioration des plantes par semis*, publiée par la Librairie agricole. Il décrit d'abord la procédure pour évaluer avec précision la teneur en sucre d'une racine de betterave sans la détruire. Il rappelle que cette teneur a pu être augmentée par la sélection et que « la transmission de la qualité sucrée » est un fait établi mais qui admet cependant des « exceptions remarquables ». Or ces exceptions, dit-il, « jettent un grand jour sur la question générale de la transmission des caractères dans les végétaux ».

Louis de Vilmorin (1816-1860) est l'héritier de la famille Vilmorin-Andrieux et Cie. Son épouse et plusieurs de ses descendants se sont aussi illustrés dans la botanique. En 1929, H. F. Roberts recensait déjà trois cent soixante articles publiés par sept générations successives de la famille Vilmorin.

«Ainsi, dans la première année de l'expérience, et lorsque j'ignorais par conséquent complètement les qualités qu'avaient pu posséder les ancêtres des plantes sur lesquelles j'opérais, il m'est arrivé de conserver pour la reproduction des racines d'égale richesse et de voir que la descendance de ces racines donnait:
«tantôt un lot à moyenne très élevée et sans écarts prononcés;
«tantôt, avec une moyenne plus basse, des écarts considérables produisant ainsi des maxima exceptionnels;
«tantôt, enfin, des lots décidément mauvais et dont la descendance devait être complètement abandonnée.»
Pour éviter ces variations et choisir les «étalons reproducteurs» dans la première catégorie, il faut sélectionner une plante au vu de sa descendance. Louis de Vilmorin est amené, selon ses propres termes, «à posséder un état civil et une généalogie parfaitement correcte» de toutes ses plantes «depuis le début de l'expérience». Pour pratiquer cette *sélection généalogique*, il faut ne semer qu'un petit échantillon des graines de chaque plante et ne retenir que les lots de graines dont la descendance présente les qualités requises. Cette sélection est purement maternelle puisque le pollen continue de venir de n'importe quelle betterave, elle ne supprime pas le hasard mais elle le réduit considérablement. Grâce à elle, la teneur en sucre atteint 18 p. 100 vers 1870. Appliquée à des plantes comme le blé où l'autofécondation est la règle, et combinée avec l'hybridation, la sélection généalogique va permettre la création de variétés nouvelles qui vont multiplier les rendements et contribuer à transformer les campagnes. La semence n'est plus la part de la récolte de l'année que l'on épargne pour l'année suivante, elle devient le produit d'une industrie qui, grâce à sa maîtrise de la reproduction végétale, se place en amont de l'agriculture.

Transmettre la faculté de transmettre

C'est donc en imitant les instruments du contrôle étatique sur le corps social — l'état civil — et les archives de la transmission des biens — la généalogie — que le sélectionneur contrôle l'hérédité végétale et réduit les aléas du fait génétique. Et cela, avant même qu'une théorie biologique puisse rendre compte des mécanismes mis en jeu. Vilmorin ressent d'ailleurs le besoin d'une telle théorie. Dans une «Note sur l'hérédité», initialement destinée à la Société industrielle d'Angers et publiée en définitive en 1859 dans les *Notices sur l'amélioration des plantes par semis*, il ébauche une explication. L'hérédité est la résultante de deux forces, l'une l'«atavisme» relie l'individu à ses ancêtres, l'autre l'«hérédité immédiate» traduit la relation entre géniteurs et enfants. Deux individus doués des mêmes qualités peuvent ne pas les transmettre au même degré à leurs descendants; qui plus est, ils peuvent les doter, «*à des degrés très différents*, de la faculté de transmettre ces mêmes qualités à la génération suivante.»
Pour illustrer cette idée, Vilmorin fait appel à l'expérience des éleveurs: parmi les qualités que peut posséder un cheval figure celle d'être un bon étalon, c'est-à-dire non seulement de transmettre ses qualités à ses descendants, mais surtout de transmettre la faculté de les transmettre. L'explication repose sur la distinction entre atavisme et hérédité immédiate, et sur l'analogie entre hérédité animale et végétale.

Atavisme: «Terme didactique. En botanique, tendance des plantes hybrides à retourner à leur type primitif. En physiologie, ressemblance avec les aïeux.
«Plus particulièrement, réapparition d'un caractère primitif après un nombre indéterminé de générations.
«Étymologie: *Atavus*, de *ad* et *avus*, aïeul, suivant les étymologistes latins.» (É. Littré, *Dictionnaire de la langue française*.)
Augustin Sageret indique simplement: du latin *atavus*, aïeul, et attribue la création du mot à Duchesne, naturaliste et horticulteur de la fin du XVIIIe siècle.

Du cheval au melon

Les chevaux ont fait l'objet depuis très longtemps d'une sélection attentive de la part des éleveurs. Aussi n'est-il pas étonnant de trouver le même argument dans le texte qu'un autre agronome, Augustin Sageret, consacre à la question de l'hérédité, et qui paraît en 1826 dans les *Annales de sciences naturelles*, sous le titre: «Considérations sur la production des hybrides, des variantes et des variétés en général, et sur celle de la famille des Cucurbitacées en particulier.» Il rappelle que, dans l'espèce humaine, des traits du visage ou des maladies héréditaires «peuvent ne pas se faire apercevoir dans la première génération et reparaître dans la seconde et les suivantes», et il ajoute: «Ce n'est donc pas sans raison que les Arabes conservent avec tant de soin la généalogie de leurs chevaux.»

Ce n'est pas cependant par sa conception de l'atavisme que le texte de Sageret a retenu l'attention des historiens mais plutôt par sa conception de la ségrégation et de la recombinaison des caractères. L'idée de l'hérédité par mélange, contredite par le travail de Mendel, se trouvait déjà mise en doute par l'agronome français qui écrit:

«[...] il m'a paru qu'en général la ressemblance de l'hybride à ses deux ascendants consistait, non dans une fusion intime des divers caractères propres à chacun d'eux en particulier, mais bien plutôt dans une distribution soit égale, soit inégale de ces mêmes caractères; je dis égale ou inégale, parce qu'elle est loin d'être la même dans tous les individus hybrides provenant d'une même origine, et il y a entre eux une très grande diversité.»

Pour illustrer ceci, il rassemble ses nombreuses expériences d'hybridation sur les cucurbitacées en un seul «exemple type». Il choisit deux variétés de melons, l'une à chair jaune et l'autre à chair blanche, et dispose leurs caractères en deux listes parallèles:

Caractères du melon à chair jaune:	Caractères du melon à chair blanche:
1. chair jaune	1. chair blanche
2. graines jaunes	2. graines blanches
3. broderie	3. peau lisse
4. côtes fortement prononcées	4. côtes légèrement prononcées
5. saveur douce	5. saveur sucrée et très acide.

En croisant les deux, on pourrait s'attendre à avoir un produit à chair et à graines jaunes avec uniquement des caractères intermédiaires. Au lieu de cela, on obtient des hybrides qui se présentent ainsi:

Caractères du premier hybride:	Caractères du second hybride:
1. chair jaune	1. chair jaunâtre
2. graines blanches	2. graines blanches
3. broderie	3. peau lisse
4. côtes assez prononcées	4. sans côtes
5. saveur acide	5. saveur douce.

Ces tableaux ne doivent pas faire illusion. Sageret ne construit pas un modèle mathématique, il n'indique pas des rapports numériques, mais son travail représente un des textes majeurs de la littérature sur l'hybridation que Mendel connaissait au moins à travers le livre de Gaertner. On peut, sans abus de langage, parler d'une lignée d'hybrideurs puisque Sageret lui-même commence son article en remarquant la concordance de ses propres résultats avec ceux de Koelreuter. En tout état de cause, Sageret, dans sa conception des hybrides, est beaucoup plus proche de Mendel que ne peut l'être un botaniste français, souvent cité comme un autre «précurseur» de la génétique, Charles Naudin (1815-1899). Ce dernier, aide-naturaliste au Muséum à Paris avant de diriger le jardin expérimental de la «Villa Thuret» à Antibes, entreprend, en 1854, des recherches sur l'hybridation qui dureront une vingtaine d'années et lui vaudront les éloges de l'Académie des sciences. Il n'a probablement jamais entendu parler de Mendel qui, de son côté, devait ignorer ses travaux.

Villa Thuret: en 1856, le botaniste français Gustave Adolphe Thuret (1817-1875) fait construire autour de sa villa un magnifique jardin botanique dans lequel il introduit un très grand nombre de plantes ornementales exotiques. De nos jours, ces plantes sont, grâce à lui, communes à tous les jardins de la Côte d'Azur.

Les hybrides de pétunias et leurs descendants

Présenter Naudin comme celui qui a échoué là où Mendel a réussi n'est certes pas une manière très neuve ni très satisfaisante d'aborder son œuvre, et cela risque de faire oublier d'autres aspects de sa pensée, en particulier, sa

conception de l'origine des espèces. Il reste que les généticiens au début du XXe siècle l'ont souvent perçu ainsi. En fait, la comparaison entre les démarches des deux auteurs est inévitable.
Chez l'un comme chez l'autre, une question est posée : que deviennent les descendants des hybrides végétaux ? Pour y répondre l'un et l'autre disposent d'un savoir-faire horticole qui leur permet de choisir avec soin leur matériel d'expérience et de marier les fleurs à leur guise. L'un et l'autre entreprennent de dénombrer les diverses formes qu'ils obtiennent. Voici comment, en 1861, Naudin présente aux lecteurs de la *Revue horticole* certains résultats de ses travaux sous le titre « Sur les plantes hybrides ». Il décrit « deux espèces bien tranchées de pétunias, le pourpre *(Petunia violacea)* et le blanc *(Petunia nyctaginiflora)* », puis explique qu'ils se croisent facilement, donnant des hybrides fertiles, intermédiaires de couleur et de forme. Ces hybrides se ressemblent entre eux. Il précise que quatre croisements opérés en 1854 entre ces deux types de pétunias ont donné, l'année suivante, trente-six hybrides, dont trente-cinq ont des corolles à peu près semblables. En semant les graines issues de l'un de ces hybrides, il obtient quarante-sept individus, dont un seul ressemble vraiment à l'hybride, tandis que dix ont des fleurs semblables à celles du *Petunia violacea*, et que les autres présentent des formes intermédiaires parmi lesquelles se distinguent quatre catégories, en fonction de la couleur du pollen, de la forme et de la couleur de la corolle. Naudin indique précisément l'effectif de chaque catégorie. Il sème les graines des pieds qui se rapprochent le plus de l'hybride et il obtient cent seize plantes qu'il répartit ainsi :
« douze individus qui répètent à peu près, par le ton de leur coloris, la forme de la fleur et la nuance du pollen, le premier hybride de 1854 ;
« vingt-six individus à fleurs blanches, dont le tube de la corolle est étroit et le pollen jaunâtre. Plusieurs d'entre eux ne peuvent plus être distingués du *Petunia nyctaginiflora*, et les autres en diffèrent à peine ;
« vingt-huit à corolle pourpre vif, campanulée, à pollen gris bleu ou bleu violacé, qu'on ne peut plus ou presque plus distinguer du *Petunia violacea* ;
« enfin cinquante autres individus qui ne rentrent bien dans aucune des trois catégories précédentes et qui, par la forme et la grandeur des corolles, aussi bien que par leur coloris qui varie du blanc rosé au lilas pourpre, et par la teinte grisâtre du pollen, semblent intermédiaires entre les deux types spécifiques, les uns étant plus voisins du *Petunia violacea*, les autres du *Petunia nyctaginiflora*. »
On le voit, ce n'est pas la précision ou l'abondance des chiffres qui fait défaut à Naudin. Mendel compare les données qu'il observe à des données qu'il calcule. Naudin, étant donné le caractère purement qualitatif de ses hypothèses, ne peut qu'enregistrer des effectifs sans chercher à prévoir leurs rapports. En termes actuels il y a quantification sans modèle quantitatif. Corrélativement, l'expérience n'est pas conduite en isolant un caractère et en s'assurant de sa constance sur plusieurs générations avant de commencer les hybridations, mais en partant de pieds quelconques d'une espèce courante dans les jardins. Les plantes utilisées (pétunia, tabac, cucurbitacées) ne sont d'ailleurs pas de celles où l'autofécondation est la règle et où l'on puisse parler de race pure.
Rétrospectivement, tout cela montre pourquoi Naudin n'a pas pu observer les rapports constants qu'a découverts Mendel. En revanche, à l'époque, cela donnait sans doute à son travail un caractère plus concret, plus proche des préoccupations immédiates des horticulteurs et des botanistes.

Celui qui croyait à la nature et celui qui n'y croyait pas

En deçà de l'expérimentation et des dénombrements, il y a le système de concepts et d'hypothèses que formulent les deux auteurs, le naturaliste parisien comme le religieux de Brno. Pour ce dernier, l'usage du calcul des probabilités trouve sa justification dans la notion de dominance ou de récessivité des

caractères et dans le principe de l'appariement au hasard des cellules reproductrices. Naudin, quant à lui, replace la question de la constance des hybrides dans le problème plus large de l'espèce comme unité fondamentale du monde vivant, ce qu'il exprime ainsi : « La nature, qui a fait les espèces parce qu'elle en avait besoin, et qui les a organisées pour des fonctions déterminées, n'a que faire des formes hybrides qui ne répondent pas à son plan [...]. »
Ainsi s'explique la stérilité de la plupart des hybrides et le retour des descendants non stériles aux types parentaux.
Formulée ainsi l'hypothèse paraît un peu aventureuse. Henri Lecoq, plus prudent et pragmatique, écrit dans son livre *De la fécondation naturelle et artificielle des végétaux et de l'hybridation*, en réponse à Naudin :
« Nous ne savons ni pourquoi ni comment la nature a fait les espèces, et nous doutons qu'elle ait grand besoin de toutes celles qu'elle a faites ; aussi avons-nous bien plus de confiance dans les expériences patientes et ingénieuses de ce savant naturaliste que dans des idées sur les besoins de la nature. »
Cependant, Lecoq lui-même ne se prive pas à l'occasion de donner une portée théologique au travail de l'hybrideur :
« Les hybrides sont une preuve de la bonté et de la puissance de Dieu qui permet à l'homme de modifier ses œuvres, en se servant de l'intelligence divine qu'il lui a prêtée pendant sa vie. Il est impossible de suivre les mutations successives d'un végétal, soumis aux influences variées de la culture et de l'hybridation, sans être pénétré de reconnaissance pour celui qui semble céder à l'homme une partie de ses droits, et qui l'autorise à soulever un faible coin du voile impénétrable qui cache tous les secrets de la création. »
L'hybrideur est un Prométhée, un Prométhée qui peut être respectueux des dieux, mais un Prométhée tout de même, et Lecoq rapporte avec tristesse que certains horticulteurs britanniques s'opposent à l'hybridation considérée comme une tentative de modification des « œuvres du Créateur ».
On mesure, par contraste, que ce qui fait la force du modèle mendélien est précisément sa pauvreté. Mendel l'élabore pour résoudre le même genre de problèmes auxquels sont confrontés Vilmorin, Sageret, Naudin ou Lecoq, et il répond effectivement à la question de la descendance des hybrides végétaux. Toutefois, il ne s'épuise pas dans cette réponse ; il reste susceptible d'être réutilisé, réinterprété, élargi, modifié.

Les lois de Mendel n'ont pas été redécouvertes si on entend par là : formulées en 1865 avec leur sens actuel, oubliées ensuite pendant trente-cinq ans et retrouvées en 1900. Elles ont été proposées par Mendel comme un modèle mathématique vérifié expérimentalement, pour résoudre des problèmes qui se posaient à tous les hybrideurs, mais auxquels ils répondaient de manière plus empirique. L'originalité de Mendel est incontestable et consciente : il déclare lui-même, dans une lettre à Naegeli du 16 avril 1867, que les résultats qu'il a obtenus ne sont « pas facilement compatibles avec l'état présent des sciences ». Mais cette originalité n'est pas celle d'un savant solitaire qui se serait posé avec cinquante ans d'avance les problèmes que les autres se poseront ensuite. Il n'est pas le seul à se demander ce que deviennent les descendants des hybrides et à pratiquer des fécondations artificielles, mais il est le seul à intercaler, entre ces questions et les expérimentations, la grille d'une combinatoire.
D'autre part, les lois de Mendel ont représenté pour les horticulteurs et les sélectionneurs, non pas une règle d'action, mais un schéma d'explication de ce qu'ils pratiquaient déjà. L'horticulture a beaucoup donné en termes de savoir-faire et de connaissances empiriques à la recherche sur l'hérédité. La biographie de Mendel comme la lecture de quelques-uns de ses contemporains l'atteste. En échange, la biologie a éclairé *a posteriori* l'efficacité des techniques horticoles. D'une certaine façon, la génétique naissante n'est pas une science appliquée mais une technique expliquée.

Pasteur et Pouchet : hétérogenèse de l'histoire des sciences

BRUNO LATOUR

Où l'on verra qu'il n'est pas si facile
de décider des vainqueurs et des vaincus de l'histoire des sciences.
Félix Pouchet défendait
la génération d'êtres vivant à partir de la matière inerte.
Louis Pasteur la supposait impossible.
Leur combat fut longtemps incertain.

Les sciences paraissent souvent, de l'extérieur, inaccessibles et froides. Heureusement, les controverses dans lesquelles sont engagés les scientifiques offrent une voie royale pour y pénétrer et pour y retrouver la chaleur de l'histoire. Lorsque l'on fait l'histoire naturelle des controverses savantes, on reconnaît plusieurs cas typiques qu'il est possible de regrouper grossièrement. D'une part, certaines controverses sont limitées à ce que l'on appelle les forums *officiels* (Académie, presse spécialisée, groupes d'experts) ; d'autres débordent largement sur les forums appelés *officieux* (la grande presse, les tribunaux, le Parlement, l'opinion). La quantité de neutrinos émise par le Soleil fait partie des premières, mais celle sur le mode de transmission du SIDA fait clairement partie de la seconde.

Toutes les controverses, qu'elles soient officielles ou officieuses, peuvent se clore de deux façons différentes. Certaines aboutissent à des rejets *implicites*, c'est-à-dire que l'on abandonne une opinion sans qu'il y ait pour autant de marques reconnaissables de cet abandon ; la controverse se perd dans les sables, est étouffée ou se trouve lentement oubliée pendant qu'une autre génération, formée à des méthodes différentes, prend la relève. D'autres, au contraire, font l'objet d'un rejet *explicite* (expériences cruciales, médailles, lois et réglementation, jury, rapport d'enquête, procès). La polémique sur les OVNI (Objets Volants Non Identifiés) se maintient dans le forum officieux et ne fait que rarement l'objet d'un rejet explicite qui mettrait fin, une fois pour toutes, au débat. En revanche, la controverse assez vive entre Antoine Laurent de Lavoisier et Georg Ernst Stahl (cf. Lavoisier : une révolution scientifique, p. 373) fait l'objet d'une sanction explicite qui demeure à l'intérieur de la communauté scientifique. Mais c'est bien sûr le *mouvement*, parfois fort complexe, d'une même controverse qu'il est intéressant de suivre. Par exemple,

Félix-Archimède Pouchet, savant rouennais, adversaire malheureux de Pasteur. Ils cherchaient chacun la « petite bête » dans les expériences de l'autre.
(Dessin et gravure de L. Flameng (1831-1911), Bibl. nat., Paris. Ph. © Bibl. nat./Photeb.)

le danger des radiations nucléaires à faible dose a connu de nombreux allers et retours et, malgré les diverses « fins » qui lui ont été données, n'a cessé de rebondir. Il en est de même des divers débats sur l'hérédité de l'intelligence qui finit et recommence en passant d'un forum à l'autre. Le diagramme suivant résume les quatre quadrants possibles.

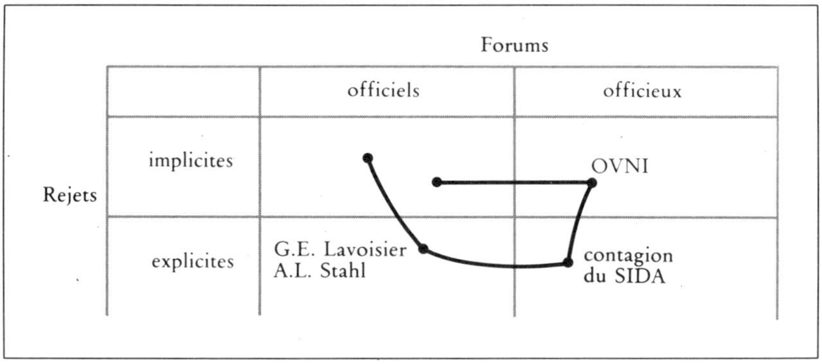

Déplacement d'une controverse dans l'un des quatre quadrants.

Dans ce chapitre, nous allons évoquer une controverse exemplaire, celle qui opposa, au milieu du XIXe siècle, Louis Pasteur à Félix-Archimède Pouchet, sur la question de savoir s'il était possible de mettre en évidence, au laboratoire, la génération spontanée d'êtres vivants microscopiques.

Lorsque nous parlons de controverse, nous supposons déjà qu'il existe des adversaires bien identifiés ; un lieu où leurs arguments ont pu se rencontrer ; un *ordre du jour* commun afin de décider les points à discuter ; une série d'épreuves jugées déterminantes ; des juges acceptables par tous afin de départager qui a gagné et qui a perdu ; une procédure d'appel pour décider de la clôture de la controverse et, enfin, des historiens indépendants pour chercher des explications à l'ouverture et à la fin de la controverse qui n'aient point trop partie liée ni avec le vainqueur ni avec le vaincu.

Or, ni en sport, ni en droit, ni en stratégie militaire, ni en science, toutes ces conditions ne sont facilement données, surtout la dernière. Rencontrer l'adversaire et le défaire sans discussion une fois pour toutes aux yeux de tous est très peu fréquent. La plupart des disputes ont lieu entre incommensurables. Ce sont des combats dans un tunnel où l'on risque parfois de se battre contre son ombre. C'est pourquoi la dispute Pasteur-Pouchet est un cas simple et, par là, intéressant. Cette controverse est explicite, les deux adversaires s'étant cherchés et reconnus comme tels. Elle oscille constamment entre les forums officieux et officiels, mais aboutit à une solution quasi légale réglée par deux commissions successives de l'Académie des sciences, la première en 1862, la seconde en 1864. Pouchet accepte les principes expérimentaux de Pasteur parce qu'ils sont, à ses yeux, scientifiques, mais refuse les commissions parce qu'il les trouve chargées idéologiquement et politiquement, et si biaisées en faveur de Pasteur qu'il ne veut pas même comparaître devant elles.

Mais le principal intérêt des controverses, c'est de remettre en jeu la nature des objets scientifiques auxquels elles aboutissent. En nous redonnant la découverte avant qu'elle devienne telle, en retraçant pour nous, dans le feu de l'action, le collectif qui s'attache à l'objet ou que l'objet intéresse et passionne, elles permettent aux historiens des sciences de distinguer plusieurs façons de concevoir les relations entre les *sujets* et les *objets* qui font la science.

Dans ce chapitre, nous allons nous servir de la controverse entre Pasteur et Pouchet comme d'un matériel expérimental afin de contraster quatre façons différentes de reconnaître l'histoire *dans* les sciences : l'histoire-découverte, l'histoire-conditionnement, l'histoire-formation et, enfin, l'histoire-construction.

Paris, le 7 avril 1864, dans le grand amphithéâtre de la Sorbonne:

Une conférence à la Sorbonne

«Je vais vous montrer, (mesdames et) messieurs, par où les souris sont entrées. [...]»

«*Éteignez tout.* Faisons la nuit autour de nous, rendons tout obscur, et éclairons seulement ces petits corps, alors nous les verrons comme le soir on voit les étoiles. *Envoyez le projecteur.* Vous pouvez voir, mesdames et messieurs, s'agiter bien des poussières dans ce faisceau lumineux. *Braquez-le sur la paillasse.* [...]»

«Accumulons ces poussières sur une lame de verre, et voilà ce qu'on observera au microscope. *Monsieur Duboscq, projetez la micrographie.* [...]»

«Vous y voyez beaucoup de choses amorphes. Mais, au milieu de ces choses amorphes, vous apercevez des corpuscules tels que ceux-ci. Ce sont là, (mesdames et) messieurs, les germes des êtres microscopiques. [...]»

«Afin de rendre visible l'épreuve à laquelle je vais soumettre la surface de cette cuve à mercure, je vais éclairer seulement la cuve, puis saupoudrer de la poussière en assez grande quantité. Cela fait, j'enfonce un objet quelconque dans le mercure de la cuve, un bâton de verre par exemple; aussitôt vous voyez les poussières cheminer et se diriger toutes du côté de l'endroit où j'enfonce le bâton de verre, et pénétrer dans l'espace entre le verre et le mercure, parce que le mercure ne mouille pas le verre. [...]»

Le *mercure* permet d'éviter l'entrée de l'air ambiant dans la cuve.

«Quelle est la conséquence, (mesdames et) messieurs, de cette épreuve si simple, mais si grave pour le point qui nous occupe? C'est qu'il n'est pas possible de manipuler la cuve à mercure sans faire pénétrer dans l'intérieur du vase les poussières qui sont à sa surface. C'est vrai, M. Pouchet a éloigné les poussières en se servant de gaz oxygène, d'air artificiel; il a éloigné les germes qui pouvaient être dans l'eau, dans le foin; mais ce qu'il n'a pas éloigné, ce sont les poussières et, par suite, les germes qui sont à la surface du mercure. *Lumière, s'il vous plaît.* [...]»

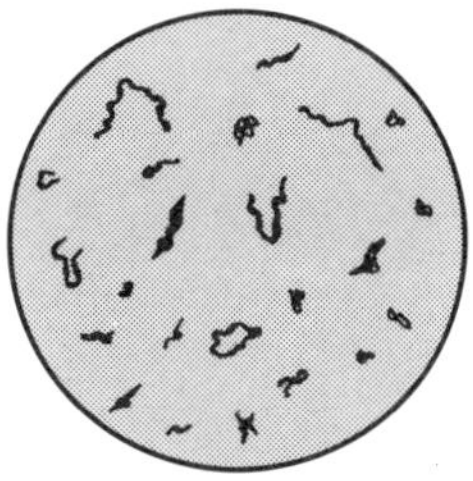

« Vous pouvez voir, (mesdames et) messieurs, s'agiter bien des poussières dans le faisceau lumineux. »

«Mais, (mesdames et) messieurs, j'ai hâte d'arriver à des expériences, à des démonstrations si saisissantes que vous ne voudrez retenir que celles-là. *Mouvements divers. Approbations.* [...]»

«Nous avons prouvé tout à l'heure que M. Pouchet s'était trompé, parce qu'il avait employé dans ses premières expériences une cuve à mercure. Supprimons l'emploi de la cuve à mercure, puisque nous avons reconnu qu'elle donnait lieu à des erreurs inévitables. Voici, (mesdames et) messieurs, une infusion de matière organique d'une limpidité parfaite. *Voici l'infusion.* [...]»

«Elle a été préparée aujourd'hui. Demain, déjà, elle contiendra des animalcules, de petits infusoires ou des flocons de moisissures. *Voici l'infusion troublée.* [...]»

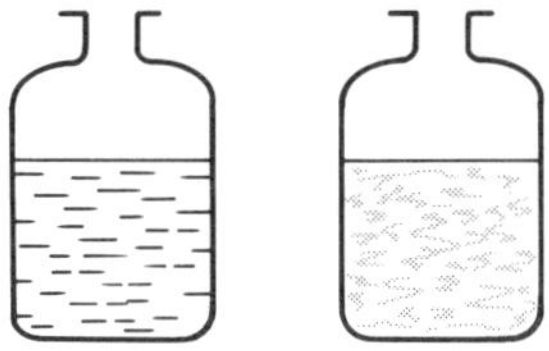

« Voici, (mesdames et) messieurs, une infusion de matière organique d'une limpidité parfaite. Voici l'infusion, à gauche. *[...] Elle a été préparée aujourd'hui. Demain, déjà, elle contiendra des animalcules [...].* Voici l'infusion troublée, à droite. »

«Je place une portion de cette infusion de matière organique dans un vase à long col, tel que celui-ci. *Voici le vase.* [...]»

«Je suppose que je fasse bouillir le liquide et qu'ensuite je le laisse refroidir. Au bout de quelques jours, il y aura des moisissures ou des animalcules infusoires développés dans le liquide. En faisant bouillir, j'ai détruit les germes qui pouvaient exister dans le liquide et à la surface des parois du vase. Mais, comme cette infusion se trouve remise au contact de l'air, elle s'altère comme toutes les infusions. [...]»

« Je place une portion de cette infusion de matière organique dans un vase à long col, tel que celui-ci (à gauche). *[...] Maintenant, [...] j'étire à la lampe d'émailleur le col du ballon* (à droite), *de manière à l'effiler, en laissant toutefois son extrémité ouverte. »*

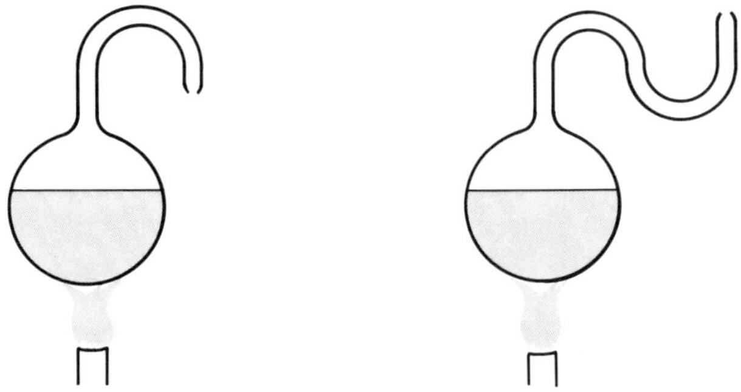

Le zoo des micro-organismes tel qu'il a été créé puis gravé par Pasteur (avec des annotations de l'auteur) pour illustrer son mémoire sur la génération spontanée. On reconnaît l'appareil à filtrer l'air, les ballons à col de cygne et diverses préparations montrant les germes de l'air.
(Musée Pasteur, Paris. Ph. © Musée Pasteur.)

« Maintenant, je suppose que je répète cette expérience, mais qu'avant de faire bouillir le liquide j'étire à la lampe d'émailleur le col du ballon, de manière à l'effiler, en laissant toutefois son extrémité ouverte. [...] »
« Cela fait, je porte le liquide du ballon à ébullition, puis je le laisse refroidir. Or le liquide de ce deuxième ballon restera complètement inaltéré, non deux jours, non pas trois, quatre, non pas un mois, une année, mais trois et quatre années. Quelle différence y a-t-il entre ces deux vases ? [...] »

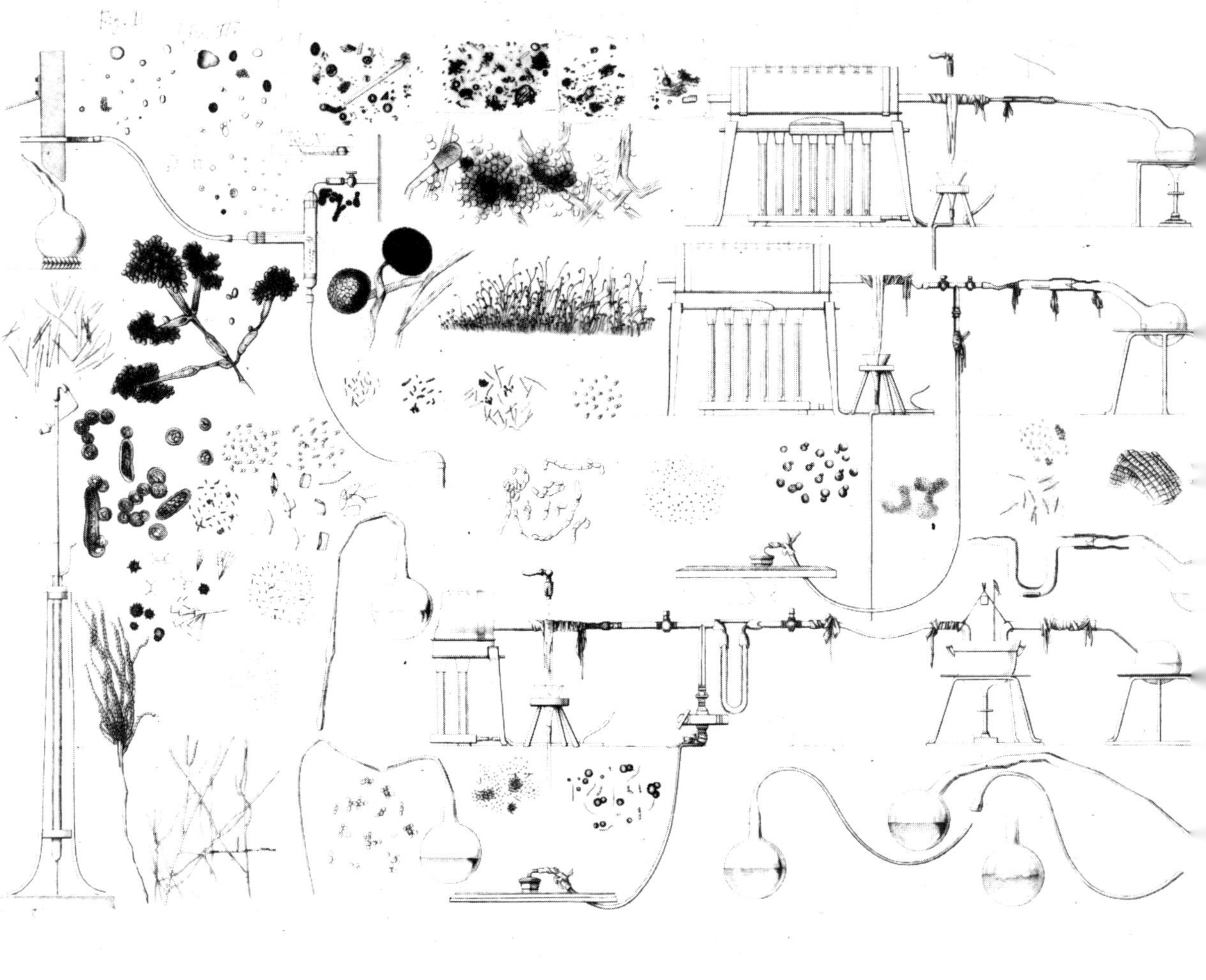

« Ils renferment le même liquide, ils renferment tous deux de l'air, tous les deux sont ouverts. Pourquoi donc celui-ci s'altère-t-il, tandis que celui-là ne s'altère pas ? La seule différence, (mesdames et) messieurs, qui existe entre les deux vases, la voici : dans celui-ci *(à gauche)* les poussières qui sont en suspension dans l'air et leurs germes peuvent tomber dans le goulot du vase et arriver au contact du liquide où ils trouvent un aliment approprié, et se développent. Ici, au contraire *(à droite)*, il n'est pas possible, ou du moins il est très difficile, que les poussières en suspension dans l'air puissent entrer dans ce vase. [...] »
« La preuve que c'est bien cela, c'est que si j'agite vivement le vase deux ou trois fois. *J'agite le vase vivement* [...] dans deux ou trois jours il renfermera des animalcules et des moisissures. Pourquoi ? parce que la rentrée de l'air a eu lieu brusquement et a entraîné avec lui des poussières. *Murmures d'approbation.* [...] »
« Et par conséquent, (mesdames et) messieurs, moi aussi, pourrrais-je dire comme Michelet, en vous montrant ce liquide : "J'ai pris dans l'immensité de la création ma goutte d'eau, et je l'ai prise toute pleine de la gelée féconde. Et j'attends, et j'observe, et je l'interroge, et je lui demande de vouloir bien recommencer pour moi la primitive création ; ce serait un si beau spectacle !" *Exclamations diverses* [...] Mais elle est muette ! Elle est muette depuis plusieurs années que ces expériences ont commencé. *Murmures* [...] Ah ! c'est que j'ai éloigné d'elle, et que j'éloigne encore en ce moment, la seule chose qu'il n'ait pas été donné à l'homme de produire, j'ai éloigné d'elle les germes qui flottent dans l'air, j'ai éloigné d'elle la vie, car la vie c'est le germe et le germe c'est la vie. Jamais la doctrine de la génération spontanée ne se relèvera du coup mortel que cette simple expérience lui porte. *Applaudissements nourris.* »

La fin de la controverse et l'histoire-découverte

Pasteur, par cette conférence publique, porte en effet « un coup mortel » à la théorie de la génération spontanée et à son champion Pouchet. Or qu'est-ce que faire l'histoire ? C'est distinguer l'avant et l'après. C'est donner des coups mortels, c'est créer des situations irréversibles, c'est faire que le passé soit bien différent du présent, que les deux soient bien tranchés. Trancher les doctrines, ou les têtes, c'est toujours empêcher les autres de revenir à la situation d'avant ; c'est les forcer hors de cette indécision par laquelle les années, les instants, les périodes ne se distinguent pas l'un de l'autre. « Vous ne sortirez pas d'ici sans être convaincus que la génération spontanée des êtres microscopiques est une chimère », avertit Pasteur. Si tous les auditeurs quittent l'amphithéâtre de la Sorbonne assurés que « jamais plus » la doctrine de Pouchet ne relèvera la tête, l'histoire se fait, du moins pour une petite part. Ils peuvent distinguer deux époques, celle d'avant et celle d'après. « Nous y étions. » Si la bataille reste indécise ; si les preuves empêchent de conclure ; si Pouchet peut aisément renverser l'expérience des flacons à col de cygne, les auditeurs perplexes ne pourront se rappeler ni le jour, ni l'expérience, ni même la position de Pasteur. Il ne s'est rien passé. Rien n'a passé. Tout demeure dans le même état de confusion.
Pasteur veut trancher avec les siècles qui le précèdent ; prendre date ; faire date ; marquer son temps et ses auditeurs. Pendant des siècles, on a cru que, dans certaines circonstances, des animaux organisés plus ou moins gros pouvaient sortir d'un lieu clos, sans avoir de parents semblables à eux.
Le Flamand Jan Baptist Van Helmont, au XVIIe siècle, écrivait que même des souris pouvaient apparaître d'un récipient rempli de froment dont il avait bouché l'ouverture avec une chemise bien sale. Comme un prestidigitateur involontaire, Van Helmont faisait sortir des grenouilles, ou des rats, de son récipient dans lequel personne, pas même lui, ne les avait vus pénétrer. Si leurs parents ne se sont pas glissés sous le blé, il faut bien qu'elles soient venues de quelque part, ces souris. Qu'elles viennent spontanément n'est absurde ni pour Van Helmont, ni pour Buffon, ni pour Michelet ; tous attribuent à la matière

Mais où est donc passée madame Pasteur? L'artiste ne l'a pas oubliée. Elle est derrière, dans l'arrière-laboratoire, indéfectible soutien de Pasteur, campé ici en savant sévère et ambitieux. (Peinture de Robert Tom, extraite de Great moments in Medicine, *art series. Ph. musée Pasteur, Paris. © Parke-Davis, division of Warner-Lambert Cie.)*

une force, une énergie créatrice suffisantes pour recommencer à former, à partir de matière inerte ou organique, sinon des souris, du moins des animalcules, des êtres primitifs tels ceux que le microscope découvre aux yeux ébahis. La création continue. « Ah ! quel beau spectacle ce serait ! » Quelle magnifique découverte que de reproduire dans un flacon de laboratoire les conditions qui prévalaient à l'origine de la vie, d'y envoyer, que sais-je ? un éclair et, psssshttt ! les éléments les plus rudimentaires apparaîtraient alors dans la soupe primitive.

Mais Pasteur fait tout le contraire d'un prestidigitateur. Il démonte les tours des autres. Il ne fait pas sortir la vie de son flacon, ou les souris de ses vases. Il nous montre que les autres, *tous* les autres avant lui, ont été des prestidigitateurs *malgré eux*. Ils ont laissé entrer par un orifice bien dissimulé diverses bêtes de diverses tailles, et hop ! voilà qu'elles ont réapparu à la grande surprise du public et des montreurs de bestioles. Pasteur est comme le Rouletabille du *Mystère de la chambre jaune*. Si elles n'ont pu entrer par aucun orifice, ces petites bêtes, c'est qu'elles devaient y être dès le début. L'histoire se fait donc comme toujours à la croisée d'un chemin : ou bien les bestioles n'entrent pas en douce dans les flacons, et les auditeurs sortent sans être convaincus que Pasteur a définitivement tranché plusieurs siècles d'erreurs ; ou bien les bestioles entrent, en effet, par un soupirail inaperçu, et les auditeurs sortent convaincus.

Pasteur se moque de la crédulité de ceux qui concluent à la naissance spontanée des animalcules au lieu de s'apitoyer sur leur propre maladresse. Pouchet avait pris, croyait-il, toutes les précautions possibles avec sa cuve à mercure. Son adversaire démontre alors que le mercure lui-même est couvert de poussières. Puis il démontre que ces poussières transportent des germes, c'est-à-dire les *parents* des animaux minuscules que Pouchet voit apparaître « spontanément » dans ses flacons.

Pour ridiculiser davantage la thèse qu'il combat, Pasteur montre comment, lui, contrôle *à volonté* l'entrée comme la sortie de ces animaux. C'est là le sens de l'épisode des flacons à col de cygne. En maintenant l'orifice ouvert, Pasteur peut obtenir des flacons dont les uns se troublent et les autres demeurent limpides. Toutes choses égales par ailleurs, la seule variable est le *contact des particules* de l'air avec le liquide nourricier. Quand le col de cygne est trop long et trop sinueux, l'air passe, les poussières ne passent pas, le liquide reste limpide ; quand le col est droit, agité ou court, l'air et les particules qu'il transporte touchent le liquide nourricier qui se corrompt aussitôt. Là où Pouchet se laisse manipuler sans y rien comprendre par des bêtes qui

apparaissent ou disparaissent dans son dos, Pasteur domine la situation et se fait obéir d'elles en actionnant une trappe. Conséquence de cette maîtrise: celui qui contrôle aussi parfaitement l'arrivée et la sortie des animaux contrôle aussi l'entrée et la sortie de ses auditeurs: « Pouchet ne s'en remettra pas; l'affaire est entendue; le dossier est clos; il n'y a pas de génération spontanée. »
Comme toujours lorsque l'on veut faire l'histoire, il n'est pas mauvais de faire aussi l'histoire de ce que l'on a soi-même fait. Pasteur n'hésite pas: « Il faut bien le dire, la croyance aux générations spontanées a été une croyance de tous les âges; universellement acceptée dans l'Antiquité, plus discutée dans les Temps modernes, et surtout de nos jours. C'est cette croyance que je viens combattre. Sa durée pour ainsi dire indéfinie à travers les âges m'inquiète fort peu, car vous savez sans doute que les plus grandes erreurs peuvent compter par siècles leur existence. » Voici planté le cadre historique: d'un côté une infinité de siècles, de l'autre cette soirée, maintenant devant vous; d'un côté une longue erreur, de l'autre deux champions, Pouchet et votre serviteur, disciples tous deux de la méthode expérimentale. M. Pouchet est un homme estimable, « ce que j'admire (en lui), c'est qu'il proclame que sa pensée est *enchaînée* aux résultats de l'expérience ». La mienne aussi: « Je l'ai abordée (cette question) sans idée préconçue, aussi prêt à déclarer, si l'expérience m'en avait *imposé l'aveu*, qu'il existe des générations spontanées, que je suis persuadé aujourd'hui que ceux qui les affirment ont un bandeau sur les yeux. » C'est là tout le problème. Ce bon Pouchet joue à colin-maillard avec les microbes qu'il ne voit ni ne devine. Je vois, je crois, je suis désabusé. Fin de l'histoire.
Comme toujours lorsque l'on veut faire l'histoire, il n'est pas mauvais que les historiens professionnels viennent confirmer la chronologie, soutenir les événements, bref, renforcer, par leur indépendance, l'irréversibilité que l'on a su gagner. Pasteur, il faut le dire, ne manque pas d'historiens, et ne parlons pas des hagiographes. L'histoire qu'il raconte fut presque toujours amplifiée par celle des professionnels. Il estimait Pouchet, reconnaissait qu'il avait fait des expériences, qu'il était honnête mais trompé. Lorsque les Rouennais voulurent, en 1875, dresser un buste à Pouchet, Pasteur souscrivit avec empressement: « Le savant consciencieux mérite la reconnaissance de tous pour ce qu'il a fait de bon et d'utile et, jusque dans ses erreurs, il a droit à tous les respects. » Les historiens ne s'embarrassent pas de ce fair-play. Pauvre Pouchet, quel âne! Il n'a même pas su se défendre. Il confond les faits bruts avec la méthode expérimentale hypothético-déductive. Il mélange tout. Il s'en tient à des croyances d'un autre âge. Il écrit dans une espèce de charabia. Non, il n'y a pas de relations pensables entre Pasteur et Pouchet. Bien que très proches dans le temps, tous les deux sont éloignés par une « coupure épistémologique » qui s'est ouverte sous leurs pieds comme une crevasse. D'un côté, nous avons la saine méthode expérimentale, de l'autre, un positivisme aveugle et tatillon; d'un côté, nous avons quelqu'un qui *découvre* les microbes, de l'autre, quelqu'un qui s'obstine à prétendre qu'il a confirmé une découverte, alors qu'il n'a rien découvert du tout. Bref, Pouchet a discuté Pasteur, il a perdu. C'est bien fait. De quoi se mêlait-il? Exit Pouchet.
Avec les historiens, et plus encore avec les hagiographes, l'irréversibilité devient telle qu'il n'y a plus de *commune mesure* entre l'avant et l'après-Pasteur; il n'y a plus d'étalon permettant de comparer Pasteur à son adversaire Pouchet. L'un et l'autre sont dans deux sphères, deux états différents, deux « paradigmes » incommensurables. C'est que le second est dans l'erreur, et le premier *dans le vrai*. Alors, en effet, l'histoire est faite, et bien faite. Auparavant nous nous trompions: maintenant, grâce à Pasteur, nous ne nous trompons plus. Le découvreur dégage avec précaution ce qui était celé. Le temps passe, mais son passage n'a servi qu'à « dé-celer » le vrai dans le faux. L'histoire de la vérité émergeant de l'erreur aide certainement Pasteur et les siens, mais elle porte en elle assez peu d'histoire, ou, comme disent les

philosophes, assez peu d'historicité. C'est un passage du temps sans grand risque. L'avant et l'après se distinguent seulement en cela que le second est plus vrai que le premier. Le temps sert à « rectifier » les positions. Van Helmont se trompait beaucoup, Buffon un peu moins, Pouchet encore un peu moins, Pasteur plus du tout. Quant aux microbes, *jamais* ils n'ont été capables de se reproduire spontanément dans un flacon scellé. A quoi sert donc l'histoire ? A *retarder* plus ou moins la découverte de ce qui gisait à portée de main. Quelque malin génie, jouant avec les hommes à cache-tampon, a dissimulé çà et là les vérités scientifiques. Les savants se battent pour les retrouver. Le malin génie leur dit « tu brûles ! » ou « tu refroidis ! ». Que le plus avisé gagne. Le vainqueur emporte tout ; il n'y a pas de second prix. J'appellerai cette histoire des sciences, presque entièrement dénuée d'historicité, l'*histoire-découverte* parce qu'elle n'a d'autre effet que d'avancer ou de retarder la *date* à laquelle un phénomène toujours déjà là est porté par le savant à la connaissance des hommes. C'est cette histoire qui sert à établir les chronologies au début de certains manuels scientifiques ou qui passe encore pour l'histoire dans certains milieux : « Untel s'est intéressé au problème *x* ; il a publié son mémoire avec Untel ; puis il a fait la découverte *y*. » Perles enfilées dans les nécrologies sans qu'il y ait d'histoire à raconter.

Le début de la controverse et l'histoire-conditionnement

A quoi bon narrer l'histoire-découverte puisque au fond il ne s'y passe rien ? Pour comprendre comment Pasteur fait l'histoire, ceux qui souhaitent mériter le beau nom d'historien doivent faire un peu plus que répéter à sa suite ce qu'il a dit de lui-même. Pour l'honneur même de Pasteur, ils doivent ajouter un peu de risque, un peu d'hésitation. Ce soir-là, à la Sorbonne, les dés n'étaient pas jetés. Pasteur aurait pu, sinon perdre, du moins ne pas tant convaincre. Au lieu de renforcer la position de Pasteur déjà très forte, il convient alors de renforcer celle de Pouchet *fût-ce par des artifices*. Au minimum, il s'agit là d'exercer une justice élémentaire qui convoque les deux parties à la controverse dans une sorte de prétoire et qui les laisse parler tour à tour. J'appellerai *principe de symétrie* l'application de cette justice élémentaire aux controverses scientifiques. Au lieu d'admettre une coupure absolue et radicale entre ceux qui sont dans le faux et ceux qui sont dans le vrai, on reconnaîtra seulement des vainqueurs et des vaincus. Les vainqueurs n'ont pas besoin d'être protégés par l'historien, mais seulement les vaincus, auxquels on donnera, en quelque sorte, une seconde chance devant le tribunal de l'histoire. Ou bien ils perdront de nouveau et les héros chers au cœur des hagiographes y gagneront une gloire nouvelle ; ou bien ils ne perdront pas ou perdront moins, et nous aurons la satisfaction d'avoir réparé une injustice, d'avoir repêché un candidat qui fut plus malheureux que mauvais.

Or Pouchet n'est pas un sot. Naturaliste éminent, professeur à Rouen, correspondant de l'Académie des sciences, croyant convaincu, âgé de soixante ans (Pasteur à l'époque n'en a que trente-huit), Pouchet est un expérimentateur méticuleux comme le reconnaît courtoisement Pasteur. Le premier échange de lettres entre les deux futurs protagonistes est tout à fait différent de ce qu'il adviendra cinq ans plus tard à la Sorbonne.

« Vous me faites beaucoup d'honneur, Monsieur, en paraissant tenir à mon avis sur la question de la génération spontanée. Les expériences que j'ai faites à son sujet sont trop peu nombreuses et, je dois le dire, trop changeantes dans les résultats qu'elles m'ont offerts pour que j'ose avoir une opinion digne de vous être communiquée. »

Après cette extrême prudence, Pasteur, dans la même lettre, offre avec assurance l'explication des expériences « réussies » de Pouchet :

« Veuillez, Monsieur, adopter la disposition que je vous indique ; en moins d'un quart d'heure, vous pourrez mettre une expérience en train, vous acquerrez alors la conviction que dans vos expériences récentes, vous avez à votre insu introduit de l'air commun et que les conséquences auxquelles vous êtes arrivé ne sont pas fondées sur des faits d'une exactitude irréprochable. Je pense donc, Monsieur, que vous avez tort, non de croire à la génération spontanée, car il est difficile dans une pareille question de n'avoir pas une idée préconçue, mais d'affirmer la génération spontanée. »

Pratiquant lui-même le principe de symétrie, Pasteur offre une leçon d'épistémologie, à la fois à Pouchet et à des adversaires qui ressemblent fort à Pasteur lui-même :

« Dans les sciences expérimentales, on a toujours tort de ne pas douter alors que les faits n'obligent pas à l'affirmation ; mais, je me hâte de le dire, lorsque, à la suite des expériences que je viens d'indiquer, vos adversaires prétendent qu'il y a dans l'air les germes des productions organisées des infusions, ils vont au-delà des résultats de l'expérience, ils devraient dire simplement que, dans l'air commun, il y a quelque chose qui est une condition de la vie, c'est-à-dire employer un mot vague qui ne préjuge pas la question dans ce qu'elle a de plus délicat. [...] A mon avis, la question est entière et toute vierge de preuves décisives. Qu'y a-t-il dans l'air qui provoque l'organisation ? Sont-ce des germes ? Est-ce un corps solide ? Est-ce un gaz ? Est-ce un fluide ? Est-ce un principe tel l'ozone ? Tout cela est inconnu et invite à l'expérience. [...] »

« Malgré l'invitation que vous avez bien voulu m'adresser, j'oserais presque vous prier, Monsieur, de m'excuser d'avoir pris la liberté de vous dire ce que je pensais dans un sujet aussi délicat et qui n'a été qu'accidentellement, et pour une très petite part, dans la direction de mes études. »

En cinq ans, Pasteur va faire son chemin entre « préconceptions » et « préjugés », faire de la génération spontanée un de ses sujets de recherche principaux, et remplacer les mots « vagues », ces je-ne-sais-quoi présents dans l'air par des mots fort précis : aucun organisme n'est présent dans un milieu de culture sans y avoir été amené par des parents semblables à lui. Que s'est-il passé durant ces cinq années ? Pasteur s'est lancé dans la querelle et s'est forgé une doctrine et une pratique expérimentale qui lui ont permis de redéfinir ce que l'on est en droit d'attendre des micro-organismes.

Puisqu'il entre dans une querelle qui est à l'époque « entière et vierge de preuves décisives » et qu'en cinq ans de travail il change complètement, a-t-il été influencé, *conditionné* par des facteurs nouveaux dont tous ne sont pas, comme on dit, « strictement scientifiques » ?

Les facteurs extra-scientifiques

Aucun doute que la controverse ne soit chargée de bien autre chose que des pratiques de laboratoire. La politique entre dans le débat aussi rapidement que les rats, les souris, les mouches ou les microzoaires dans les flacons des tenants de la génération spontanée. Peut-on imaginer une question plus simplement et directement politique que celle-ci : « Sommes-nous toujours exactement semblables à nos parents ? En d'autres termes, y a-t-il une création possible, indépendamment du conservatisme millénaire des naissances et des générations ? »

Le sujet est d'autant plus délicat que Pouchet et Pasteur abordent cette question difficile en pleine querelle sur le transformisme. Lorsque, deux ans plus tard, en 1862, Clémence Royer traduit *l'Origine des espèces* de Charles Darwin et lui ajoute une préface enflammée en faveur du matérialisme, de l'athéisme et de la République, la querelle sur la génération spontanée va se trouver liée à celle sur l'évolution. Pour au moins un demi-siècle, parler de Darwin ou des générations spontanées c'est parler dans le même souffle de biologie, de la question sociale, de Dieu et des formes de gouvernement.

Pouchet se jette dans la bataille. Lorsqu'il publie, en 1859, l'ouvrage controversé *Hétérogénie ou traité de la génération spontanée*, il prend une peine extrême à critiquer et le matérialisme et le transformisme. L'*homogénie*

Homogénie, hétérogénie: Pouchet utilise le terme « hétérogénie » (autre-naissance) pour désigner la naissance d'un organisme à partir d'un parent qui ne lui ressemble pas (hétéros) et pour l'opposer au processus habituel de naissance d'enfants qui ressemblent à leurs parents qu'il appelle « homogénie ». Les termes de Pouchet sont utilisés ici métaphoriquement pour parler de la naissance des idées scientifiques à partir d'idées qui leur ressemblent (homogenèse) ou de pratiques fort dissemblables (hétérogenèse).

ou l'homogenèse supposerait des parents toujours exactement semblables depuis le début de la création. Or les catastrophes géologiques nous montrent des ruptures. Comment les expliquer ? Il faut maintenir dans la matière une certaine plasticité, une certaine aptitude qu'il appelle hétérogénie, la possibilité d'engendrer des organisations *différentes* des conditions qui leur donnent naissance. Sa doctrine de la génération spontanée ne demande pas au hasard de faire naître des grenouilles, ou même des mouches, à partir de la matière inerte, mais seulement à *Dieu* de conserver dans la matière assez de force vitale pour former, à partir de matériaux *organiques*, des *œufs* de micro-organismes. C'est que Dieu même en aura besoin pour reformer des espèces après chaque grande catastrophe géologique. Sans cette hypothèse, le transformisme deviendrait inévitable puisque l'on ne pourrait expliquer comment des espèces différentes occupent des strates différentes sans recourir à l'hypothèse horrible de Darwin sur l'évolution des espèces. Pour Pouchet, nier la génération spontanée c'est prendre une position athéiste et se jeter dans les bras du darwinisme. La création divine doit pouvoir continuer aujourd'hui. Il faut, pour de pieuses raisons, qu'il y ait hétérogenèse.

On demandera peut-être s'il est nécessaire de parler de Dieu et de la création, de la révolution et du conservatisme pour discerner le pullulement de petites bêtes dans les flacons de verre. Ce Pouchet mélange visiblement des éléments bien étrangers les uns aux autres. Son savoir est aussi *hétérogène* que son livre ; ni l'un ni l'autre n'a la belle *homogénéité* que l'on pourrait attendre du savoir scientifique. Pourtant, si nous considérons Pasteur, nous voyons que ce mélange ne le gêne nullement. L'historien des controverses scientifiques doit prendre grand soin de ne pas traiter cette politique explicite de façon asymétrique et d'analyser seulement les idéologies des vaincus. Voici, par exemple, le début de cette fameuse conférence que j'ai présentée plus haut.

« (Mesdames et) messieurs,

« De bien grands problèmes s'agitent aujourd'hui et tiennent tous les esprits en éveil : unité ou multiplicité des races humaines ; création de l'homme depuis quelque mille ans ou depuis quelque mille siècles ; fixité des espèces, ou transformation lente et progressive des espèces les unes dans les autres ; la matière réputée éternelle, en dehors d'elle, le néant ; l'idée de Dieu inutile : voilà quelques-unes des questions livrées de nos jours aux disputes des hommes.

« Ne craignez pas que je vienne ici avec la prétention de résoudre l'un quelconque de ces graves sujets ; mais à côté, dans le voisinage de ces mystères, il y a une question qui leur est directement ou indirectement associée, et dont je puis oser peut-être vous entretenir, parce qu'elle est accessible à l'expérience, et qu'à ce point de vue j'en ai fait l'objet d'études sévères et consciencieuses.

« C'est la question des générations dites spontanées.

« La matière peut-elle s'organiser d'elle-même ? En d'autres termes, des êtres peuvent-ils venir au monde sans parents, sans aïeux ? Voilà la question à résoudre. »

La génération spontanée est devenue, à ses yeux, le thème favori des athées, de ceux qui veulent offrir à la matière assez de puisssance pour engendrer toute seule, sans en passer par Dieu, la suite continue et variable des êtres vivants. Alors que Pouchet se servait de la génération spontanée pour défendre Dieu et défaire le darwinisme, Pasteur associe à la position de son adversaire les trois thèmes : matérialisme, athéisme, darwinisme et place sa propre recherche « dans le voisinage » de ces grandes questions.

Quelques minutes plus tard, Pasteur projette sur un écran des dessins de levures et il ajoute, prenant la parole au nom de ses adversaires :

« [...] La voyez-vous encore dans la première de ces soirées (la matière), dans cette exhibition des plus beaux phénomènes de la nature ? La voyez-vous encore si puissante et si faible, obéissant à merci à toutes les volontés du savant ? Ah ! si nous pouvions lui ajouter cette autre force qui s'appelle la vie, et la vie variable dans ses manifestations avec les conditions de nos expériences, quoi de plus naturel alors que de la déifier cette matière? A quoi bon recourir à l'idée d'une création primordiale, devant le mystère de laquelle il faut bien s'incliner? A quoi bon l'idée d'un Dieu créateur?»

Ce n'est plus la balance de l'historien des controverses scientifiques qui penche ici, c'est celle de l'ange du Jugement dernier. Tenir à la génération spontanée c'est abandonner Dieu. Mais Pasteur est un savant, pas un prêcheur. Ayant associé la position de ses adversaires au matérialisme, ayant mis Dieu même sur un plateau et le matérialisme de l'autre, il les en *retire aussitôt* tous les deux:

«Comprenez maintenant le lien qui existe entre la question des générations spontanées et ces grands problèmes que j'ai énumérés en commençant. Mais, (mesdames et) messieurs, dans un pareil sujet, assez de poésie comme cela, assez de fantaisie et de solutions instinctives; il est temps que la science, la vraie méthode, reprenne ses droits et les exerce.

«Il n'y a ici ni religion, ni philosophie, ni athéisme, ni matérialisme, ni spiritualisme qui tienne. Je pourrais même ajouter: comme savant peu m'importe. C'est une question de fait; je l'ai abordée sans idée préconçue, aussi prêt à déclarer, si l'expérience m'en avait imposé l'aveu, qu'il existe des générations spontanées, que je suis persuadé aujourd'hui que ceux qui les affirment ont un bandeau sur les yeux.»

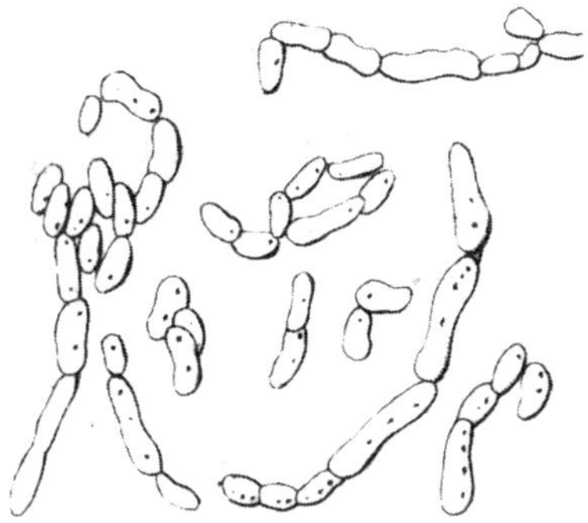

Dessin de levures du genre «Mycoderma, pareil à celui de la bière, du vin, etc., en articles de toutes les dimensions, et plus ou moins rameux.»
(In L. Pasteur, Fermentations et générations spontanées, *fig. 27 E; musée Pasteur, Paris. Ph. © Musée Pasteur.)*

Pasteur a proféré des accusations terribles. Pouchet, bon catholique et ennemi farouche du darwinisme, se trouve accusé d'athéisme et d'évolutionnisme. Puis Pasteur rétracte brutalement ses accusations. Les plateaux ébranlés remontent. Il n'y a plus que deux pauvres esclaves de l'expérience, attendant patiemment le résultat des courses. Quels sont les microbes qui vont gagner? Ceux portant le dossard «Pouchet», ou ceux portant le dossard «Pasteur»?

Nous voici parvenus en l'un des points les plus délicats de l'histoire des sciences. En plus des microbes éprouvés qu'il mobilisait aux yeux de tous par projection, démonstration et expérience, Pasteur a-t-il convoqué à la Sorbonne des alliés nouveaux qui «n'auraient pas dû» s'y trouver? Sans doute, puisqu'il accroche aux basques de Pouchet les casseroles de l'athéisme pendant un tiers de sa conférence. Pourtant, il les détache, reconnaît les qualités de son adversaire, et estime que Pouchet n'est respectueux comme lui que des faits. Manœuvre habile, dira-t-on. Quoi de mieux que de brandir au début le nom de Dieu pour prétendre ensuite qu'il ne doit plus nous intimider et que nous demeurons «absolument libres» d'aboutir ou non à la génération spontanée? Mais parler de manœuvre, c'est imputer de la mauvaise foi. C'est supposer que Pasteur garde encore sur le plateau ses préjugés, son conservatisme, sa foi catholique, et qu'il *feint* seulement de les retirer. Si nous voulions prendre parti, si nous nous faisions les vengeurs de Pouchet, bref, si nous oubliions le principe de symétrie, nous pourrions en effet accuser Pasteur de feinte, de manœuvre et de mauvaise foi. Nous serions alors passés d'une version *rationaliste* qui n'attribuait à Pasteur que de bonnes raisons, à une version *sociologiste* qui en ajouterait de fort mauvaises.

Comment nous tirer de cette difficulté et conserver à notre analyse son indépendance? En nous tenant plus fermement encore au principe exposé plus haut: comment les acteurs définissent-ils *explicitement* l'invocation et l'exclusion des différents alliés dont ils ont besoin pour vaincre? Pasteur précise très bien l'usage qu'il fait de Dieu: Il est «dans le voisinage» de son problème, Il y est «lié directement et indirectement», mais on ne peut faire appel à Lui d'un échec expérimental. C'est un fusible qui ne permet pas de vaincre, mais sur lequel l'adversaire tomberait si, par malheur, ses microbes gagnaient. C'est un allié qui affaiblit l'adversaire «regardez comme ils sont influencés par leur volonté d'athéisme» sans contaminer pour autant la position de Pasteur — «comme savant, peu m'importe», dit avec une fière indépendance ce fidèle fils de l'Église. En ce point, nous n'avons aucun droit de dire que Pasteur ment, qu'il feint d'être enchaîné à l'expérience ou que, parce qu'il est un conservateur ami de l'empereur, il souhaite prouver que tous les organismes « naissent toujours de parents semblables à eux ». « En tant qu'historiens peu nous importe », nous n'avons à prendre parti ni sur le vrai, ni sur le faux, ni sur la mauvaise foi, ni sur la bonne foi. Nous avons à comprendre seulement comment Pasteur a fait pencher la balance. Comment il a dessiné, profilé, raffiné, la convocation de Dieu, cet allié à la fois utile et encombrant, avec le même soin qu'il a mis à dessiner, profiler et raffiner, la mobilisation des microbes de l'air dans les sinuosités des vases à col de cygne. Invoquer Dieu, en 1864, en pleine Sorbonne, aurait eu l'effet le plus négligeable. Mais invoquer Dieu, replacer l'expérience dans ses enjeux, redonner à la théorie ses lettres de noblesse, rappeler le cadre moral et situer les droits et les devoirs de l'expérience, c'était en 1864, devant un tel auditoire, assurer le maximum d'effet à son argument.

La méthode expérimentale de l'historien se précise peu à peu. Ne parler à propos de Pasteur que de ses expériences en oubliant qu'il invoque Dieu et qu'il accuse Pouchet d'athéisme eût constitué une intolérable censure. Mais omettre de préciser le mécanisme par lequel il invoque la théologie seulement pour ses adversaires, et indépendamment de la sanction par l'expérience, eût été une censure tout aussi intolérable. Le rationalisme et le sociologisme, on l'oublie trop souvent, sont des frères jumeaux. On n'obtient ces deux versions de l'histoire des sciences que par *excision* dans les textes et les archives des mécanismes fins par lesquels les acteurs se prêtent main-forte, et que par *ségrégation* de ces acteurs en « facteurs extra-scientifiques » d'une part, et en « facteurs scientifiques » d'autre part.

A les entendre, les historiens auraient une aptitude spéciale pour distinguer *à la place* des acteurs de l'histoire, non seulement les alliés qu'ils auraient *le droit* de convoquer, mais en plus l'angle et la manière sous lesquels ils doivent se présenter. Il y aurait une étiquette qu'il ne faudrait pas enfreindre, tel facteur passant toujours avant tel ordre et devant revêtir toujours tels habits — et telle casquette ! Si les auteurs sont rationalisants, ils diront que Pasteur n'a pas invoqué Dieu (oubliant ainsi qu'il l'a fait), et s'ils sont sociologisants, ils diront que Pasteur a jeté le poids de Dieu dans la balance (oubliant qu'il ne l'a pas fait). Ils ne s'entendent, ces deux familles d'auteurs, que sur une seule chose : il est possible de tracer deux compartiments bien nets dans lesquels on enfermera, d'un côté les facteurs scientifiques, et de l'autre, les facteurs extra-scientifiques. Ensuite, ils reprennent leur dispute pour décider lequel est le plus important.

Avant de voir comment abandonner ces principes d'étiquette, comment n'opérer ni ségrégation ni excision, comment mettre fin aux procès d'accusation et aux imputations d'erreur ou de mauvaise foi, il nous faut revenir à Pouchet.

En effet, nous devons respecter tous les acteurs mis en contact pendant la controverse et voir, non seulement comment ils mobilisent leurs alliés, mais comment ils évaluent les opérations de leur adversaire, c'est-à-dire *combien*, de leur point de vue, leur adversaire a d'alliés.

Or Pouchet lui non plus ne mâche pas ses mots. Les lettres qu'il envoie à ses collaborateurs ne parlent que des complots de la « science officielle » contre lui et ses microbes.

« Mon cher ami (écrit-il à Joly, professeur à l'école de médecine de Toulouse), j'ai atteint l'apogée de l'indignation. Il est réellement sans exemple que l'on pousse l'impudence aussi loin que Paracelse II. Quoi, nos expériences de la Maladetta viennent confirmer les siennes ! Vraiment, on ne peut se figurer que l'on puisse avoir tant d'audace et d'impudeur... Cela passe la permission. »

Paracelse II : surnom que Pouchet et ses collaborateurs donnaient à Pasteur.

Et, dans une autre lettre, il écrit :

« J'ai revu mon laboratoire, noble et cher ami, et, pour défendre notre sainte cause, je vais y arborer l'oriflamme.

« Vous ne lâcherez pas les pieds, dites-vous ! Mais moi non plus ! Je ne veux pas que tel savant, comme moi né à Carpentras ou à Domfront, parce que le hasard plutôt que le mérite l'a fait monter à Paris, y prenne à mon égard les allures d'un grand seigneur.

« Monsieur Pasteur nous a traités d'ignorants dans ses leçons au Cercle chimique. Il paiera l'affront d'une sanglante manière. Comme je sens qu'auprès de lui nous avons la force d'Antée, je ne l'abandonnerai qu'étouffé sous le poids des rochers de l'hétérogénie. »

Simple correspondant de l'Académie et en province, il ne peut faire le poids, prétend-il, contre un académicien parisien. Par deux fois, en 1861 et en 1864, l'Académie crée une commission afin de décider « une fois pour toutes » de la question des générations spontanées. Tombées depuis en désuétude, ces commissions avaient été inventées pour résoudre le problème des *fins* de controverse et pour empêcher que des collègues ne puissent rouvrir indéfiniment des débats, faisant ainsi perdre du temps à la communauté scientifique. Bien que leurs conclusions n'aient pas de force légale, elles comportaient, néanmoins, un peu de « l'autorité de la chose jugée ». Parmi les mécanismes disponibles pour obtenir l'irréversibilité, c'était un assez bon cliquet. Rouvrir un débat que deux commissions avaient tranché définitivement, c'était comme de soulever la lourde dalle d'un sépulcre. C'était se marginaliser. Mais comme ces commissions ne sont composées que de collègues de Pasteur qui sont à peu près tous convaincus à l'avance, Pouchet considère donc qu'il n'a aucune chance.

Mais ce qui choque Pouchet bien davantage, c'est que la commission décide de l'ordre du jour des expériences sans entendre ses plaintes. Or, en science comme en guerre, décider du terrain, des armes et du chemin, c'est déjà contrôler l'issue de la bataille. Pouchet veut que l'on discute de toute la biologie. La commission le somme de refaire d'abord une expérience qu'elle juge cruciale en suivant les instructions de Pasteur. Pouchet abandonne, écœuré, dit-il, par tant de mauvaise foi. La commission ne voit dans cet abandon que la preuve de sa faiblesse.

Notre problème de justice élémentaire se complique diablement. La commission de l'Académie siégeait en tribunal délégué par l'histoire des sciences. Pouchet récuse ses jugements. Par deux fois, elle congratule Pasteur et enterre le dossier Pouchet. Nous qui souhaitons donner une seconde chance au vaincu, comment allons-nous faire pour peser les alliés de cette commission ? Nous n'avons pas le droit d'être les vengeurs d'une cause perdue. Il nous est interdit de ne peser les « facteurs extra-scientifiques » que lorsqu'il s'agit de Pouchet et les « facteurs scientifiques » que lorsqu'il s'agit de Pasteur. Mais, inversement, nous ne pouvons pas prendre en compte lorsqu'il s'agit de Pasteur les seuls « facteurs extra-scientifiques » et lorsqu'il s'agit de Pouchet les seules expériences.

La difficulté de mesurer la complexité des ressources mobilisées dans une controverse est plus grande encore lorsque l'on va du forum officiel au forum officieux. Dans une lettre au colonel Favé, aide de camp de l'empereur, deux ans auparavant, Pasteur place sa recherche dans le voisinage de Sa Majesté :

« Lorsque j'eus l'honneur de vous voir, il y a quelques semaines, vous avez eu la bonté de me dire, incidemment, que vous aviez eu l'occasion fortuite, à Vichy, de parler à l'empereur de mon travail sur les générations dites spontanées. J'ai pensé dès lors que, peut-être, il n'y aurait pas trop d'indiscrétion de ma part d'offrir à Sa Majesté un exemplaire du mémoire où j'ai exposé l'ensemble de mes travaux sur ce sujet. Vous savez, Monsieur, que ces recherches n'ont été qu'une digression obligée parmi celles que je poursuis depuis plusieurs années sur les mystérieux phénomènes de fermentation, phénomènes si voisins de la vie, plus voisins peut-être encore de ceux de la mort et des maladies, surtout des maladies contagieuses. Je suis bien éloigné du terme de ces belles études. [...] Aussi manquerais-je peut-être de sincérité si je n'avouais qu'en essayant

Félix-Archimède Pouchet, lui aussi, travaille au laboratoire. C'est le terrain qu'il a en commun avec Pasteur. La photographie présente son laboratoire à Rouen. (Musée d'Histoire naturelle, Rouen. Ph. © Arch. du musée d'Histoire naturelle de Rouen/Photeb.)

d'appeler sur ces travaux l'attention du souverain, j'ai le désir secret d'acquérir les moyens de les développer avec plus de liberté et de fruit.

« Ce petit laboratoire, Monsieur, où vous m'avez fait l'honneur inattendu de venir un jour constater l'un des résultats de ces travaux ne suffit plus à mes projets d'études. [...] »

C'est que, Pasteur le sait bien, il existe une hétérogenèse *des sciences*. Les recherches ont besoin de laboratoires, et les laboratoires d'argent, de soutien et de patronage. Pour voir les petites bêtes pulluler ou non dans des flacons à col de cygne, il faut intéresser non seulement Dieu mais le souverain et les mêler, d'une façon ou de l'autre, à la controverse. « J'ai de grandes questions, de grands espoirs, liés à la vie, à la maladie et à la mort, mais un bien petit laboratoire. » Ne disons pas que Pasteur fait de la politique, puisqu'il n'intéresse le souverain que pour avoir un laboratoire. Mais ne disons pas non plus qu'il ne fait pas de politique, car s'il ne s'adressait pas à l'aide de camp de l'empereur et ne s'approchait pas du souverain, il n'aurait pas de laboratoire agrandi.

Pouchet comme Pasteur sont d'accord sur une chose : quelles que soient les grandes questions que l'on ait pu mobiliser autour de la génération spontanée, il faut que le laboratoire en soit l'arbitre. Dieu, le souverain, la Constitution, la morale, l'héritage peuvent être invoqués, mais il doivent servir à faire voir si le liquide des ballons ou des flacons se trouble ou non. L'étalon commun que Pasteur comme Pouchet admettent sans discussion comme l'unique moyen de mettre fin aux discussions, c'est l'expérience de laboratoire. C'est cet accord qui permet aux historiens de distinguer les conditions extérieures des faits expérimentaux. Dieu et le souverain peuvent *conditionner* la dispute, ils ne peuvent troubler *directement* les ballons à col de cygne.

Mais, une fois les grandes questions mises au laboratoire, il y a bien des façons de les arbitrer. La génération spontanée n'est pas difficile à observer. N'importe quel flacon laissé quelques jours au repos se remplit comme un aquarium. La vie pullule au laboratoire des années 1860. Si Pouchet veut des faits, il les récolte à pleins flacons. Pasteur reconnaît volontiers, du moins au début, l'extrême difficulté de sa position : comment raréfier le pullulement de la vie et maintenir stériles des ballons remplis de produits nourriciers. Mais il n'en tire pas, pour autant, la conséquence qu'il y a génération spontanée. Il dit simplement :

« Je ne publiai pas ces expériences (car) les conséquences qu'il fallait en déduire étaient trop graves pour que je n'eusse pas la crainte de quelque cause d'erreur cachée, malgré le soin que j'avais mis à les rendre irréprochables. » C'est donc, au début du moins, Pasteur qui manque de faits et Pouchet qui les accumule. Mais Pasteur *sait* que ce pullulement de petites bêtes dans les milieux de culture n'est pas dû à la génération spontanée, mais à la *contamination* des cultures par des êtres étrangers. Comment le sait-il ? D'où viennent ce présupposé, ce préjugé, cet *a priori*, cette théorie ?

La plupart des historiens reconnaissent qu'il est légitime de poser cette question. L'expérience ne décide jamais complètement. Depuis Pierre Duhem (1861-1916), on appelle « sous-détermination » la thèse selon laquelle l'expérience doit toujours être accompagnée d'autre chose pour emporter l'assentiment.

Duhem voulait surtout faire remarquer le rôle des *théories* dans la lecture des résultats expérimentaux. Plus sceptiques, d'autres historiens contemporains, comme Thomas Kuhn, appellent « paradigme », ou, comme Paul Feyerabend, « préjugé », ce qui vient compléter et renforcer l'expérience par définition toujours trop faible. J'appellerai *histoire-conditionnement* cette histoire des sciences qui reconnaît les influences aussi longtemps qu'elles s'exercent hors du laboratoire. Comme le conditionnement dans l'industrie de l'emballage, ces influences externes ne sont pas sans effet sur le produit, mais enfin, elles ne sont pas le produit lui-même.

De l'histoire-conditionnement à l'histoire-formation

Maintenant que nous avons rétabli les conditions expérimentales qui peuvent rendre visible la déviation de la balance, maintenant que nous pouvons repérer sans préjugé le type de ressources que les deux camps ajoutent et retirent sur les plateaux, le fléau est suspendu, l'histoire hésite : elle peut bifurquer d'un côté comme de l'autre. Suspense ; *grâce à quoi* Pasteur va-t-il l'emporter ?

Considérons la liste de ses ressources et considérons les différentes écoles qui se partagent l'histoire des sciences et dont chacune, semblable en cela à la fée des contes, vient déposer dans le plateau le don grâce auquel le héros va l'emporter. On appelle *rationalistes* ceux qui n'offrent au héros que des capacités scientifiques ou techniques. Les rationalistes eux-mêmes se partagent en deux grands groupes. Pour les premiers, qu'on appelle pour cette raison *expérimentalistes*, l'expérience suffit toujours à faire pencher la balance ; pour les seconds, l'expérience n'est pas sans importance, mais ne saurait à elle seule emporter la décision ; il y faut en plus une théorie. C'est celui qui possède la théorie la plus cohérente, la plus féconde, qui l'emportera, quitte à forcer un peu les faits. L'expérience sous-détermine. La théorie sur-détermine.

Voyons un peu où en est le chargement de notre balance si nous arrêtons là les cadeaux de ces bonnes fées. Pouchet, positiviste appliqué, grand ennemi de la théorie, a les expériences pour lui. Il monte dans les Pyrénées ; refait les démonstrations que Pasteur avait si magnifiquement faites sur le glacier du Montenvers (mer de Glace) avec des flacons à col de cygne. Or les infusions se troublent... Pasteur a perdu. La balance penche vers Pouchet. Mais non, car voici la théorie qui survient et qui tombe lourdement sur le plateau. Que peut-on faire avec la théorie de Pouchet ? Rien puisque les cultures du microbiologiste seront toujours perturbées, interrompues, déviées par la contamination spontanée. Que peut-on faire avec la théorie de Pasteur selon laquelle il n'y a de naissances d'organismes qu'à partir de parents bien semblables ? Tout. Qu'importe les expériences de Pouchet dans les Pyrénées. Elles *doivent* être fausses. Même si Pasteur ne trouve pas tout de suite le défaut de la cuirasse, il est *sûr* qu'une grave erreur a été commise. Quoi ? Contre l'évidence de faits indiscutables prouvant la génération spontanée dans un seul matras, on préférerait une théorie qui en affirme *a priori* l'inexistence ? Mais c'est la définition même d'un préjugé, ou si l'on veut être moins grossier, d'un présupposé. La balance se redresse de nouveau et retrouve l'équilibre. Le préjugé de Pasteur ne peut renverser les faits de Pouchet. Nous voici placés devant une nouvelle *sous-détermination* : ni les faits ni les théories ne suffisent à emporter le morceau. Laissons entrer d'autres fées, et même la Carabosse...

Matras : récipient de forme sphérique ou ovoïde, à long col.

On appelle *relativistes* ceux qui prétendent que jamais ni les faits ni les théories ne suffisent à l'emporter et que des fées qui n'offriraient au héros que ces seuls trésors l'enverraient au casse-pipe. Mais il y a plusieurs tribus de relativistes comme il y a plusieurs tribus de rationalistes. On appelle relativistes *sociaux* ou *macrosociologiques* ceux qui ne jettent dans la balance que des facteurs extrascientifiques de grand poids et de grande taille. On appelle relativistes *microsociologiques* ceux qui se contentent, pour faire pencher la balance, de petits faits sociaux d'apparence insignifiante mais qui, bien placés, sont d'une efficacité redoutable.

Voyons ce que cela donne sur notre controverse témoin. Pasteur est un conservateur-né ; rien de plus conservateur que l'argument selon lequel on naît toujours semblable en tous points à ses parents ; *ergo*, Pasteur préfère la théorie qui nie la génération spontanée. Voilà une bonne idéologie, de taille gigantesque, le « conservatisme », qui vient à point nommé faire pencher la balance en faveur de Pasteur. La difficulté, c'est que Pouchet rivalise de conservatisme avec Pasteur, alors que celui-ci n'hésitera pas une seconde à bouleverser la société de son temps avec ses microbes ravageurs. En gros, il est plutôt un révolutionnaire, très ami des disputes, irrespectueux des corps constitués — du moins quand il s'agit non de l'impératrice mais de micro-organismes ou de médecins. L'idéologie, qui paraît un allié formidable, fait long feu. La balance

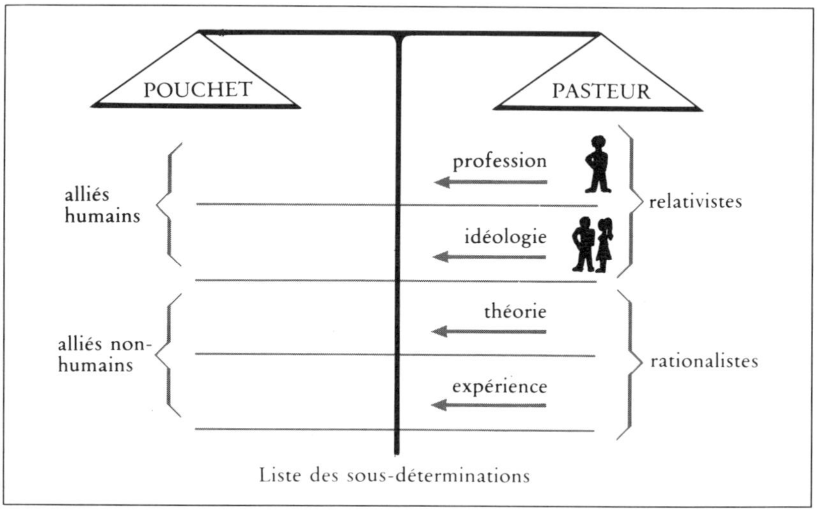

Liste des sous-déterminations.

ne remue pas d'un degré. L'air du temps est un corps trop subtil, trop universellement répandu, trop imprévisible, pour déplacer d'un centimètre une colonne de mercure, des infusions de foin, ou des cols-de-cygne.

Restent les facteurs microsociologiques. Pasteur est académicien, il habite Paris. Pouchet est correspondant de l'Académie, il habite Rouen. Pouchet contredit les expériences de Pasteur. Pasteur rejette les faits de Pouchet. Pouchet proteste contre ce préjugé. L'Académie nomme une commission. Pasteur n'a, dans cette commission, que des amis, Pouchet n'en a pas. La commission demande poliment à Pasteur de refaire une expérience sans surprise, et impoliment à Pouchet d'abandonner ses demandes trop vagues et trop générales. Pouchet craque, refuse le débat, retourne dans sa province en maudissant la « science officielle ». Rien ne permet pourtant de dire qu'une telle connivence de la profession suffirait à mettre fin aux controverses. Paris et l'Académie sont des ressources importantes qui découragent ce brave Pouchet, mais elles ne peuvent le coincer pour toujours dans sa province. Il peut revenir et avec d'autres armes. Pasteur lui-même, longtemps coincé en province, fit tout pour venir à Paris, et il y réussit. Quoi ? Encore une sous-détermination ? Serait-il impossible de jamais l'emporter ? La balance ne pencherait-elle jamais pour de bon ? Que faut-il empiler encore en plus des faits, de la théorie, des préjugés idéologiques, et des organisations professionnelles ?

La forme même de cette question, telle qu'elle est imposée par l'histoire-conditionnement, est encore trop peu historique pour que nous puissions y donner une réponse. Que dirait-on d'un historien militaire qui s'étonnerait, après avoir passé en revue la cavalerie, le génie, l'artillerie, l'intendance, les hussards et le moral des troupes, de ne pas encore comprendre le sort de la bataille ? Qu'il a confondu l'état des forces en présence avec le paysage, la stratégie et le mouvement. Il manque quelque chose à notre histoire. Le principe de sous-détermination généralisée auquel nous sommes parvenus le prouve.

Qu'est-ce donc qui manque ? Quel est l'allié numéro « $n + 1$ » dont nous avons omis de parler ? Qu'ils soient rationalistes ou relativistes, qu'ils soient pour l'expérience ou pour l'idéologie au poste de commande, tous les auteurs présentés plus haut croient qu'il existe quelque part un *répertoire* de coups décisifs qui, en science, permettrait de l'emporter. Certes, nous sommes sortis de l'histoire-découverte dont nous étions partis. Les microbes n'attendent pas, terrés dans l'obscurité, que Pasteur vienne les mettre en lumière d'un coup de projecteur. Il y a maintenant du suspens, de l'hésitation et de possibles bifurcations. Mais cette histoire un peu plus vivace ne joue, malgré tout, qu'un rôle bien limité si l'on peut dire de chaque controverse « ici, l'idéologie l'emporte », « là, c'est l'expérience », « dans cet autre cas, c'est la théorie », « plus loin, c'est la profession ». Le déroulement du temps n'a pas d'influence sur la *composition* de la liste de coups permis, mais seulement sur l'usage de ces coups.

L'histoire-conditionnement fait appel à cette liste pour expliquer le retard ou l'accélération de ce qu'on aurait *dû* trouver. On dira, par exemple, que l'acceptation de la théorie de Pasteur a été « facilitée » ou « amplifiée » du fait de l'accent antimatérialiste qu'il lui a donné. L'emballage n'influe pas sur le contenu mais n'est pas non plus sans conséquence sur le chaland. J'appellerai *histoire-formation* les explications d'une controverse qui font appel au même répertoire pour définir non plus l'acceptation d'un argument, mais *l'origine* de cet argument lui-même. On dira par exemple que Pouchet a formé sa notion d'hétérogénie pour briser les reins au darwinisme athée. Il ne s'agit plus de retarder ou d'accélérer l'inévitable, mais de *choisir* ce qui aurait très bien pu ne jamais se passer. Dans l'histoire-formation, il y a de vraies bifurcations. Le cours des choses, le cours des sciences auraient pu être différent.

Ce que peut un microbe : l'histoire-formation

Si Pasteur a tant de difficultés, s'il est obligé par un présupposé obstinément maintenu de rejeter l'hypothèse malgré « l'évidence des faits » et de les transformer en « erreur expérimentale », en « contamination cachée », c'est que Pouchet avait, pour construire son hypothèse, de la *matière première*. Pouchet n'invente rien, il se nourrit, pourrait-on dire, des 90 p. 100 de cas rejetés par Pasteur. Pour lui aussi les phénomènes pullulent sur lesquels il peut s'appuyer. Et sa position est d'autant plus forte qu'il n'a pas besoin de prouver qu'à tous les coups l'on gagne. Il suffit d'un cas positif pour soutenir sa thèse alors qu'*un seul* cas négatif suffit à ruiner l'hypothèse de Pasteur. On voit comment la

Le mythe Pasteur entre science et patience. Le bas-monde du laboratoire — éprouvette et microscope — sauve le monde d'en haut, celui de l'humanité souffrante. L'ange de la science vient d'en bas; c'est un homme, Pasteur.
(Pasteur dans son cabinet de travail à l'École normale supérieure, *peinture de L.É. Fournier, 1896; École normale supérieure, Paris. Ph. © Roger Viollet/Arch. Photeb.)*

symétrie progresse. Le fléau de la balance commence à redevenir horizontal. Pouchet n'était pas si fou. C'est même *pour cela* que Pasteur se bat si bien et si vigoureusement contre lui. La qualité des expériences victorieuses de Pasteur dépend en partie de la qualité de Pouchet. C'est l'énergie de Pouchet, c'est son honnêteté, c'est sa passion que l'on retrouve *anticipée et contredite* dans les magnifiques démonstrations de Pasteur.

En février 1859, Pasteur avait remarqué, dans la note d'un mémoire sur la fermentation lactique, que chaque fermentation était causée par un ferment *spécifique* introduit de l'*extérieur* dans le milieu de culture. « La question de la génération spontanée a fait un grand pas », écrivait-il. Pouchet réagit vivement à cette allusion et, après la réponse polie mais ferme de Pasteur, incorpore dans ses propres expériences les précautions nouvelles dictées par celui-ci. Pour comprendre, à la fois la docilité de Pouchet et l'assurance de son cadet, il faut se rappeler que Pasteur sort d'un débat presque semblable avec le plus grand chimiste de l'époque, l'Allemand Justus Liebig. Liebig accusait Pasteur d'être un vitaliste, parce qu'il voyait dans les animalcules qui proliféraient dans le vin, le vinaigre, la bière ou le lait fermentés la *cause* des fermentations alors qu'elles ne pouvaient en être, disait Liebig, que les conséquences, le déclencheur ou les adjuvants. Liebig et tous les chimistes de son temps s'étaient donné un « mal de chien » pour établir contre les vitalistes des causes chimiques aux transformations les plus importantes de la matière, y compris la matière organique; et voilà que Pasteur, ressuscitant le vitalisme, ramenait des petites bêtes qui causaient la réaction. Les pratiques que Pasteur va imposer à Pouchet sont d'autant plus fortes que ce sont celles-là mêmes qu'il s'impose dans son combat avec Liebig, combat où il occupe une position en quelque sorte semblable à celle de Pouchet. « Les petites bêtes ne sont pas là », dit Liebig. « Mais si », dit Pasteur. « Elles pullulent », dit Pouchet. « Mais non », rétorque Pasteur. La réponse est, pour lui, la même : « Soit que vous souhaitiez qu'elles n'y soient pas (Liebig), soit que vous souhaitiez qu'elles y soient (Pouchet), dans les deux cas *vous les introduisez sans vous en apercevoir.* » Vous ne maîtrisez pas les conduits le long desquels elles circulent; moi si. Vous n'avez pas encore réorganisé vos laboratoires, vos gestes, vos flacons, vos vases, vos filtres, pour en assurer soit l'immigration, soit l'émigration; moi, si. Votre politique scientifique ne maîtrise pas les frontières que vous établissez trop simplement entre l'organique et l'inorganique. La mienne, toute de réseaux et de conduits, les domine à volonté.

C'est qu'il s'agit toujours, en science comme ailleurs, de maîtrise et d'épreuves, maîtrise des gens, épreuve des choses, maîtrise des choses, épreuve des gens. Pasteur met Pouchet au défi de faire subir à ces cultures des tortures aussi effrayantes que celles qu'il leur fait subir. Pouchet relève le défi. Il fait chauffer une petite botte de foin de 10 g pendant trente minutes dans une étuve à 100 °C. Quel microbe y résisterait ? Et pourtant, lorsqu'il introduit cette botte sous une cuve à mercure dans un milieu stérile, au bout de huit jours, les petites bêtes pullulent. Pasteur a perdu. Pouchet a pris toutes les précautions demandées par son adversaire et les organismes sont pourtant là qui n'ont pu venir de nulle part ailleurs. Pouchet, fidèle en cela à la méthode expérimentale, est forcé de conclure à la génération spontanée. Pasteur, lors de la conférence à la Sorbonne, le reconnaît d'ailleurs avec une feinte modestie avant de contre-attaquer vivement :

« En effet, que voulez-vous objecter à M. Pouchet ? Lui direz-vous : l'oxygène que vous avez employé renfermait les germes ?

« — Mais non, répondra-t-il, car je l'ai fait sortir d'une combinaison chimique.

« — C'est vrai, il ne pouvait renfermer des germes. Lui direz-vous : l'eau que vous avez employée renfermait des germes ?

« — Mais il vous répondra : cette eau qui a été exposée au contact de l'air aurait pu en recevoir, mais j'ai eu soin de la placer bouillante dans le vase et, à

cette température, si des germes avaient existé, ils auraient perdu leur fécondité.
«— Lui direz-vous : c'est le foin ?
«— Mais non : le foin sortait d'une étuve chauffée à 100°. On lui fit cependant cette dernière objection, car il y a de singuliers êtres qui, chauffés à 100°, ne périssent pas ;
«— Mais il répondit : qu'à cela ne tienne ! Et il chauffa le foin à 200°, 300° ... Il dit même qu'il a été jusqu'à la carbonisation.
«— Eh bien, *je l'admets*, l'expérience ainsi conduite est *irréprochable*, mais seulement sur tous les points qui ont appelé l'attention de l'auteur. »
Et Pasteur de montrer que Pouchet a fait une bourde aussi grosse que celle de Van Helmont : bon sang, mais bien sûr ! c'était le mercure qui était plein de germes : « Je vais vous montrer par où les souris sont entrées... »
Il n'empêche, c'est *pour répondre* à Pouchet que Pasteur analyse la contamination du mercure et qu'il étire les cols-de-cygne. Pouchet *compose* en partie l'expérience qui est obligée de composer avec lui. Se priver des adversaires, des vaincus, des autres, se priver de la polémique, du feu de la controverse, se priver des hommes, c'est ne rien comprendre au contenu même, à la forme des expériences. Ce soir-là, devant le public cultivé de la Sorbonne, sur la table de démonstration, tous les objets, tous les matras, tous les flacons, toutes les micrographies, jusque dans leurs plus petits détails, sont dessinés pour *prendre en compte* Pouchet, ses collègues, et ses microbes. En ce sens, l'élégante sinuosité du flacon est une forme historique, le front allongé d'une polémique. Dès que l'on rétablit un peu de symétrie, l'histoire n'est plus simplement cette espèce de minuterie perfectionnée qui déclencherait la date à laquelle les savants découvrent des phénomènes qui ne lui devraient rien ; l'histoire fait quelque chose à ces phénomènes eux-mêmes ; elle les conditionne, elle les forme, elle les construit peut-être. Rétablir la symétrie, c'est arracher l'historien au camp du vainqueur, l'empêcher de parler en termes de faux et de vrai, lui donner une autonomie suffisante pour qu'il dresse une sorte de balance dont on chargerait peu à peu les deux plateaux. Donner toute la raison à Pasteur et à Pouchet toute la déraison, c'est comme de jeter dans la balance la lourde épée de Brennus. « *Vae victis !* Malheur aux vaincus ! » Qui ne voit qu'on y perdrait, non seulement en justice, mais aussi en compréhension ? Accepter dès le départ l'*asymétrie* entre Pasteur et Pouchet, prétendre que le premier rectifie les concepts du second, que le premier a raison et le second tort, que le premier ne voit pas les phénomènes qui crèvent pourtant les yeux du second, c'est donner le coup de pied de l'âne — source d'un immense plaisir — c'est ne pas comprendre ce qui a fait pencher la balance en faveur de Pasteur — source d'un plaisir peut-être plus grand. Les savants, surtout s'ils sont grands, ne demandent pas que l'on éreinte leurs adversaires — cela, ils savent fort bien le faire eux-mêmes — mais que l'on rende justice à leur talent et donc aussi à ceux qu'ils combattent. Autrement dit, pour faire justice au vainqueur, il faut en passer par la symétrie. C'est seulement si l'on a d'abord monté et soigneusement taré une irréprochable balance que la *déviation* du fléau peut alors signifier quelque chose. Mais si on l'a déviée dès le début, son déplacement ne prouve rien sinon l'énormité du préjugé de départ.
Le microbe de Pasteur est *profilé* pour se battre à la fois contre Liebig et contre Pouchet. S'il n'attaque que Liebig et pullule dans les cultures sans que le microbiologiste y puisse mais, alors il n'y aura pas de microbiologie possible. On se contentera d'observer la multiplication d'êtres hétérogènes et d'admirer la puissance de Dieu ou de Darwin. S'il n'attaque que Pouchet et qu'il n'y a, dans les cultures, que des phénomènes chimiques sans actions d'êtres organisés semblables à leurs parents, alors il n'y aura pas non plus de microbiologie possible. Les fermentations et les corruptions, la maladie et la mort resteront hors champ. Nul ne sait ce que peut un microbe. Il doit, pour Pasteur, être capable de produire les fermentations proprement dites partout où c'est

nécessaire — contre Liebig — et strictement incapable d'apparaître à l'improviste dans des cultures bien faites — contre Pouchet. L'histoire des sciences descend maintenant sur le microbe lui-même. Elle coule des hommes vers les choses. Pasteur invente un microbe polémique capable d'agir sur deux fronts et de résister de façon continue à la pratique de laboratoire. De vraies bifurcations se mettent en place. Tout autre que Pasteur eût défini un *autre* microbe, c'est-à-dire un acteur capable d'autres actions, défini par d'autres épreuves et précipitant d'autres défaites dans d'autres disciplines.

Le microbe-réseau ou l'histoire-construction

Dans l'histoire-formation, le cours des choses elles-mêmes, et pas seulement celui des hommes, commence à gagner un peu d'historicité. Un Pasteur qui veut occuper d'autres positions, qui rêve à d'autres buts, aurait eu besoin d'un autre microbe. Pourtant, même dans cette dernière forme d'histoire des sciences, les humains et les non-humains ne sont pas traités tout à fait de la même façon. Les humains s'agitent beaucoup, les non-humains beaucoup moins.

Les trois histoires que nous avons passées en revue ne servent qu'à retarder plus ou moins longtemps et à expliquer plus ou moins habilement l'irruption de l'inévitable. Les choses mises au jour, elles, ne font pas tant d'histoires. Elles sont là. Elles ont toujours été déjà là, microbes ou phagocytes, anticorps ou virus. Il y a une histoire des hommes, des croyances et des sociétés qui les découvrent ou les ignorent, mais pas des choses mêmes, imperméables au temps. Pour que l'histoire vienne aux sciences et que l'histoire des sciences fusionne avec l'histoire tout court, il faut aller encore un peu plus loin, et rendre l'agitation, l'incertitude et la passion, c'est-à-dire l'historicité, aux choses mêmes. Pour cela, comme toujours, il faut revenir aux acteurs, coller à Pasteur et à Pouchet.

Or Pasteur ne sait pas si Pouchet a raison ou non, si les micro-organismes sont capables ou non de résister à des températures de plus de 100 °C ; il ignore s'ils sont assez discrets et ont des taxonomies assez bien assurées pour être vraiment spécifiques ; il ne sait pas non plus si l'empereur et l'impératrice le soutiendront assez, si l'on peut être à la fois darwinien et croyant et si Pouchet est plus faible ou plus fort que lui. Pasteur est dans l'incertitude, et c'est pourquoi il fait feu de tout bois, saisissant le plus petit argument, s'appuyant sur ses amis de l'Académie, sur Dieu, sur l'empereur, sur les êtres qui ne passent pas dans le col-de-cygne. L'alliée numéro « *n* + 1 », c'est l'incertitude, qui ne ressemble en rien au choix d'un facteur à prélever dans un répertoire fini de causes. Cent ans après, les historiens hésitent sur le type d'histoires et le type d'explications qui amenèrent à l'*inévitable* ; Pasteur lui-même, dès qu'il aura défait Pouchet, récrira l'historique de son expérience comme si elle avait été inévitable. Dans le feu de l'action, toutefois, il ne sait pas, et c'est cette incertitude même, propre à la recherche comme à l'histoire, que l'on chasse du tableau dès que l'on prétend faire l'histoire *des sciences*.

Taxonomie : classification, suites d'éléments formant des listes concernant un domaine, une science.

Celle-ci ne peut être que l'histoire de l'incertitude sur le cours *des choses mêmes*. Le micro-organisme est un acteur en voie de définition aussi bien que l'Empire libéral, la carrière sinueuse de Pouchet, le laboratoire de la rue d'Ulm, à Paris, ou le darwinisme social. Comment se « dé-finit »-il ? Mais comme tout acteur : par ce qu'il fait, par ce qu'il supporte, par ce qu'on lui fait faire, par ce qu'il tient, par ce à quoi il tient. Comme Pasteur lui-même. Comme les auditeurs de Pasteur, ce soir-là, dans la vieille Sorbonne. Nous ne savons pas ce qu'*est* le micro-organisme. Si nous le savons alors nous perdons toute la force de l'intrigue, tout le courage de Pasteur. Nous transformons un acteur en une essence. Nous vidons rétroactivement l'histoire des sciences de ce qu'elle a d'historique pour ne garder que la science d'aujourd'hui *déplacée par anachronisme sous* celle d'hier. Non, personne ne sait encore, en 1864, ce que peut un microbe.

Pouchet, de Rouen, Joly et son collaborateur Musset, de Toulouse, ne se laissent pas intimider par la première commission de l'Académie. Pasteur a été sur le glacier du Montenvers afin de prouver que les flacons qu'il avait transportés là-bas ne se troublaient pas. Ses adversaires non plus ne se troublent pas. Ils recommencent l'expérience dans les Pyrénées, sur la Maladetta, plus haut encore que Pasteur. Ils refont scrupuleusement les expériences. Or le microbe indéfini se reproduit spontanément dans huit des matras de Pouchet et de ses amis. Donc, il n'est pas spécifique. Donc, tout le travail de Pasteur s'effondre puisque, dans sa querelle avec Liebig et dans son explication des fermentations, la spécificité était nécessaire : à chaque fermentation son ferment. On va donc, dit Pouchet, pouvoir rejeter le darwinisme, écraser Pasteur « sous les rochers de l'hétérogénie », sauver l'honneur de la province et alerter la presse. Dieu déclenche des catastrophes, mais la fécondité inhérente à la matière créée repeuple le monde de nouvelles diversités. La nouveauté peut être obtenue par déluges et générations spontanées plutôt que par transformisme. Voilà comment, à soixante ans, on peut remettre la bonne ville de Rouen sur la carte du monde savant. Voici Dieu, Darwin, Pasteur, Rouen mis en place par un faisceau de liens solides. Mais les microbes ? Vont-ils suivre ? Oui, et au doigt et à l'œil. Pouchet les fait pulluler après les avoir soumis à l'épreuve du feu — la calcination — que même Pasteur, son challenger, n'exigeait pas. Pouchet, allié aux microbes dociles qui incorporent les épreuves de son adversaire, transforme les sciences de son temps, c'est-à-dire donne forme à son temps, c'est-à-dire *forme*.

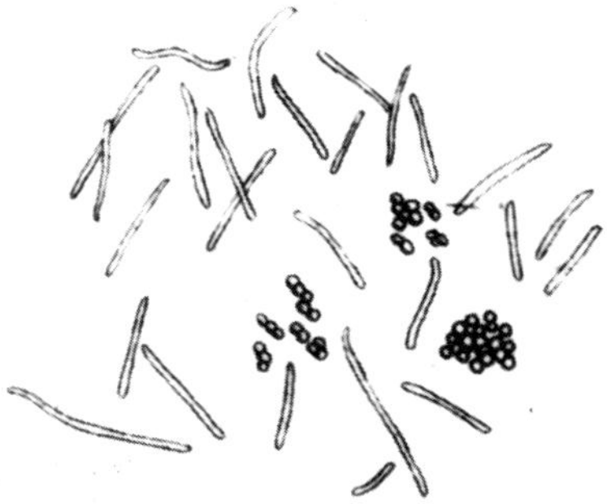

Mucor et vibrions (In L. Pasteur, Fermentations et générations spontanées, *fig. 27C; musée Pasteur, Paris. Ph. © Musée Pasteur.)*

Le réseau d'alliances de Pouchet brise la carrière de Pasteur en interrompant ce que Pasteur sait le mieux faire : arrêter et faire passer à volonté des invisibles le long de conduits minuscules et les faire apparaître au microscope en certains défilés bien choisis qu'il utilise comme autant de judas. Si Pouchet a raison, tout le *métier* de Pasteur se trouve dépassé : spontanément, sans qu'il y puisse mais, des germes apparaissent. Tout ce qui lui permet d'espérer vaincre les maladies comme autant de fermentations, et donc tout ce qu'il a promis à l'empereur comme fruit de ses dons, tout ce qu'il croit depuis dix ans, tout ce qu'il sait faire dans son laboratoire, se trouve contourné, trahi, affaibli. Parler de préjugés serait un euphémisme. Si Rouen brille sur la carte du monde savant, Pasteur est réduit à un brillant chimiste qui a jeté quelques lueurs sur le mécanisme de la fermentation et sur la dissymétrie des cristaux. A la forme des micro-organismes, à leurs compétences, à leurs performances, tiennent la forme de Pasteur, ses compétences et ses performances. Ils se sont liés l'un à l'autre, et tous deux ont attaché leur sort mutuel à celui de Dieu, des vins, des fromages, à l'Empire, au sort de cette petite fille qu'il a vue mourir impuissant devant ses yeux, à celui de la France peut-être. La forme du microbe est le point où le réseau se rompt ou se resserre. Aucun microbe ne doit pouvoir passer ou apparaître à l'insu de son maître, ou, alors, c'est qu'il n'y a pas de maître.

L'obstination de Pasteur pour maintenir coûte que coûte l'intégrité de son réseau, de son métier, force l'admiration et *pousse les microbes à se redéfinir d'autant.* Pouchet et ses amis ont dû se tromper. Dans le rapport de 1863 qu'ils font parvenir à l'Académie ils oublient de dire ce que sont devenus quatre de leurs matras. Ils ont descellé leurs ballons avec une lime rougie au feu au lieu d'une pince. Il doit y avoir une erreur quelque part, il est impossible, il est impensable qu'ils aient raison. S'ils apparaissent malgré tout chez Pouchet après la calcination du foin, qui doit céder ? Pouchet ou Pasteur ? Réponse : les microbes. Engagés dans la controverse, ils en subissent l'énorme pression. Qui aurait été les chercher sans cela dans le mercure ? Qui aurait été les épingler dans les spores du foin ? Mêlés jusqu'ici à l'air que nous respirons, les voici *distingués* par l'épreuve du col-de-cygne de l'air qui les avait portés jusqu'ici. Épreuve apparemment bénigne, mais d'autant plus perverse puisqu'il n'y a là ni feu ni mercure : l'air passe et les laisse accrochés aux sinuosités du col. Trahison ! Nous ne passerons plus ! Ils ne passeront pas ! Victoire ! Pouchet est défait, le microbe redéfini ; la carrière de Pasteur continue ; Dieu ne souffrira pas du darwinisme ; les auditeurs de la Sorbonne applaudissent ; l'impératrice, à Compiègne, ébahie, l'honorera de sa visite. Fin de la controverse.

Pasteur, sûr de lui, défie ses adversaires de recommencer leur expérience devant l'Académie. Ceux-ci se dérobent par deux fois, mais en appellent à la presse quotidienne :

« La reculade du mois de mars, écrit Pasteur, aurait dû faire prévoir celle du mois de juin. Cependant, j'avoue que je n'y croyais pas. Mais ce qui n'est pas moins étrange, c'est la facilité avec laquelle ces messieurs ont surpris la justice des journaux quotidiens. Je ne sais s'il y en a un seul qui ne dénonce à ses lecteurs la partialité de la commission de l'Académie et l'oppression de la science officielle comme ils disent.

« Cette reculade du mois de juin est, selon moi, un acte inqualifiable. Tu sais s'ils ont été affirmatifs quand je leur ai porté le défi de donner devant témoins la preuve expérimentale de leurs assertions : *Nous relevons le gant. Si un seul de nos vases demeure inaltéré, nous avouerons loyalement notre défaite.*

« Est-ce clair ? Tu te souviens du résultat auquel cette phrase se rapporte. Telle est l'expérience par laquelle la commission a voulu commencer, car il faut bien commencer. Et comment aurait-elle pu avoir la pensée de débuter par une autre que celle qui avait donné lieu au défi et à la nomination de cette commission ? Et qui donc a appelé l'attention de l'Académie sur cette expérience, si ce n'est *eux*, lorsqu'ils lui ont écrit que, au prix des plus grands obstacles, ils étaient allés la répéter dans les glaciers de la Maladetta, à trois mille mètres d'élévation, tandis que je n'avais été qu'à deux mille mètres, sur la mer de Glace. [...] »

« Qu'ils opèrent comme ils voudront. Leur expérience est fausse et, de nouveau, je les mets au défi de la produire devant témoins avec le résultat publié par eux. »

Nous voici parvenus à la difficulté majeure de l'histoire des sciences, à savoir la reconstruction rétrospective du passé à partir de la fin — toujours provisoire — des disputes savantes. Le microbe, dessiné par la polémique multiforme, devient une essence qui avait, au fond, toujours été là et que Pasteur a découverte, ou qu'il a presque vue, ou qu'il aurait pu manquer — cochez les mentions inutiles selon les trois types d'histoires définies plus haut. La génération spontanée subit le sort inverse ; au fond, elle n'avait jamais été là, bien que Pouchet s'y soit accroché si obstinément.

S'il n'est pas une essence, ce microbe, comment le définir ? Mais comme *la forme provisoire* de réseaux qui peuvent, selon les cas, modifier localement ou durablement la définition de tous les acteurs qui le composent. Pasteur a-t-il découvert les microbes ? Mais non, puisqu'il les a formés. Quoi ? Il les aurait inventés de toutes pièces par son conservatisme, ses préjugés, ses théories ? Mais non, parce que les microbes l'ont formé lui, sa carrière, son conservatisme, son Empire libéral et ses vases à col de cygne. Comment ? Il s'agirait d'une coproduction, d'une composition ? Non, il s'agit de bien plus, puisque les acteurs qui entrent en relation ne sont pas *les mêmes* que ceux que vous isoleriez, avant, pour les faire entrer dans la relation. Il n'y a pas de liste finie de facteurs pour expliquer l'histoire, celle des sciences pas plus que l'histoire tout court. Laissons le conservatisme dans son essence, et le microbe dans son essence. Laissons la raison. Ne gardons que les réseaux. De 1860 à 1864, la génération spontanée a été déréalisée, affaiblie, elle a perdu de l'extension, des alliés, des ressources. Le micro-organisme-résistant-à-100 °C-et-séparable-de-l'air a gagné en réalité, et s'est étendu dans les salons, chez l'impératrice, à Notre-Dame, chez le chirurgien anglais Joseph Lister.

Changez un seul point du réseau, vous changerez sa forme. Ajoutez une spore qui permet de résister à 100 °C et voilà qu'il faut altérer toute l'histoire, redonner de la raison à Pouchet et de l'aveuglement à Pasteur. Les historiens, depuis Émile Duclaux jusqu'à Gérard Geison, prétendent que, si Pouchet avait eu un peu plus de nerf et s'il avait refait ses expériences devant la commission, Pasteur aurait été mis dans une situation difficile. Le *bacillus subtilis* éliminé dans les expériences de Pasteur ne l'était pas des infusions de foin de Pouchet. Résistant, il se serait reproduit avec délice dès l'ouverture des flacons. Si les microbes peuvent résister à de nouvelles épreuves, ils ne vont plus circuler comme les autres, ne vont plus attacher ensemble les mêmes intérêts, ne vont plus passionner les mêmes gens, donc ce ne sont plus les *mêmes* acteurs.

Si l'on admet que l'historicité augmente d'autant plus qu'il y a moins de données intemporelles, alors l'analyse des controverses nous a fait passer d'une histoire des savants à une histoire des *sciences*. Nous n'avons plus d'un côté ce qui a une histoire (les hommes, leurs cultures, leurs idées et leurs outils) et, de l'autre, les objets an-historiques. Aux yeux de l'histoire-construction il est impossible de comprendre ce que peut le microbe sans repérer le réseau fort hétérogène qui le *constitue* entièrement: ami de l'empereur, outil de la microbiologie, réponse à Liebig, brisé par la chaleur, porté par l'air et les vêtements, arrêté par les sinuosités du verre, briseur d'athéisme, père et fils d'éléments strictement semblables à lui-même, anaérobie, promesse de solution pour la vie, la mort et la maladie, absent des glaciers, présent à Paris, dominé rue d'Ulm, tel il apparaît dans le feu de la controverse aux mains de Pasteur. Cette liste d'actions et d'épreuves, c'est ce qu'il est. Ennemi de la science officielle, ami de la presse d'opposition, présent dans les glaciers, nécessaire à Dieu, fréquent à Toulouse et à Rouen, résistant à la calcination, survenant sans parent semblable à lui, tel apparaît le micro-organisme formé par Pouchet. Cette liste d'actions et d'épreuves, c'est ce qu'il est.
La discipline « Histoire » accepte trop aisément de se spécialiser dans l'étude de ce qui a de l'historicité, longue ou courte: les mœurs, les batailles, la démographie, le prix du grain ou les idées. Elle oublie de s'interroger sur ce partage préalable opéré sans elle entre ce qui a et ce qui n'a pas d'histoire. Or c'est la philosophie des sciences qui opère ce partage et abandonne à Clio le vaste domaine des circonstances contingentes mettant à l'écart, hors du temps, le monde, les nombres et les choses. L'histoire-construction oblige l'historien à revenir sur ses pas, à remonter jusqu'à ce « Yalta » par lequel on lui a débité son domaine. A la courte durée, à la longue durée, à la très longue durée, il lui faut ajouter des temps innombrables qui ont autant de formes différentes qu'il y a de sciences et d'objets. Je peux maintenant donner à cette façon de faire l'histoire des sciences, que j'ai nommée histoire-construction, son véritable nom: c'est l'histoire *tout court*, mais étendue aux choses mêmes.

Mendeleïev : histoire d'une découverte

BERNADETTE BENSAUDE-VINCENT

Où l'on découvrira l'aventure intellectuelle complexe et courageuse d'un professeur de chimie.
Resituée dans son contexte, la découverte de la classification périodique des éléments prend un sens bien différent de celui qu'on lui donne de nos jours.

En 1869, Dmitri Ivanovitch Mendeleïev classe l'ensemble des éléments en un système périodique suivant l'ordre de progression des poids atomiques.

Aujourd'hui encore son nom figure dans tous les livres, dans toutes les salles de chimie auprès du tableau périodique. On présente le tableau de Mendeleïev comme une préfiguration des classifications actuelles, fondées sur le nombre atomique. Mendeleïev figure comme un devin, un prophète qui, dans une intuition fulgurante, un éclair de génie, aurait anticipé non seulement sur l'expérience, en prédisant des éléments inconnus, mais aussi sur les théories quantiques du XXe siècle.

Cette interprétation du passé à partir de la science contemporaine est surnommée *whig history* par les historiens anglais. L'« histoire postiche » est très répandue dans les cours et congrès scientifiques. Cherchant dans le passé les jalons qui mènent aux théories d'aujourd'hui, les scientifiques ont tendance à schématiser et à biaiser l'histoire. Éliminant les fausses pistes et les impasses, ils inventent une voie royale conduisant à la science présente.

De plus, la découverte de Mendeleïev est un exploit qui force l'admiration. Voici rassemblées en un tableau les briques élémentaires qui composent tout l'Univers ! Comment Mendeleïev a-t-il pu découvrir le bon principe de classification sans connaître plus de soixante-dix éléments, sans rien savoir de la structure électronique des atomes ? Et quelle hardiesse de prévoir des places pour des éléments inconnus, mieux, de prédire leurs propriétés ! La classification périodique est devenue un épisode canonique de l'épistémologie positiviste. On la cite toujours, avec la prévision de la planète Uranus par Urbain Le Verrier, pour illustrer le contraste entre une science empirique qui collectionne les faits et une science rationnelle capable d'organiser et d'anticiper l'expérience.

Replongeons Mendeleïev dans son siècle, dans les enjeux et les débats de la chimie d'alors ; réveillons des problèmes aujourd'hui dépassés. Quel est donc le sens de son projet ? Nous découvrons alors l'aventure intellectuelle d'un professeur de chimie à l'université de Saint-Pétersbourg, itinéraire complexe, fait de tensions et de patience, d'hésitations et de certitudes, de décisions et de succès.

Le professeur Dmitri Mendeleïev (à gauche), de l'université de Saint-Pétersbourg, visita la tour Eiffel en compagnie de Lord Cheny (assis) et de F. Blumbach, en septembre 1895. (Musée D. Mendeleïev, Leningrad. Ph. © APN.)

Commentaires de Mendeleïev sur la découverte du radium lors de sa visite au laboratoire d'Henri Becquerel et de Pierre et Marie Curie, en avril 1902. Perplexité et crainte d'un regain du spiritisme, tels sont les sentiments exprimés dans son carnet de notes. (Musée D. Mendeleïev, Leningrad. Ph. © APN.)

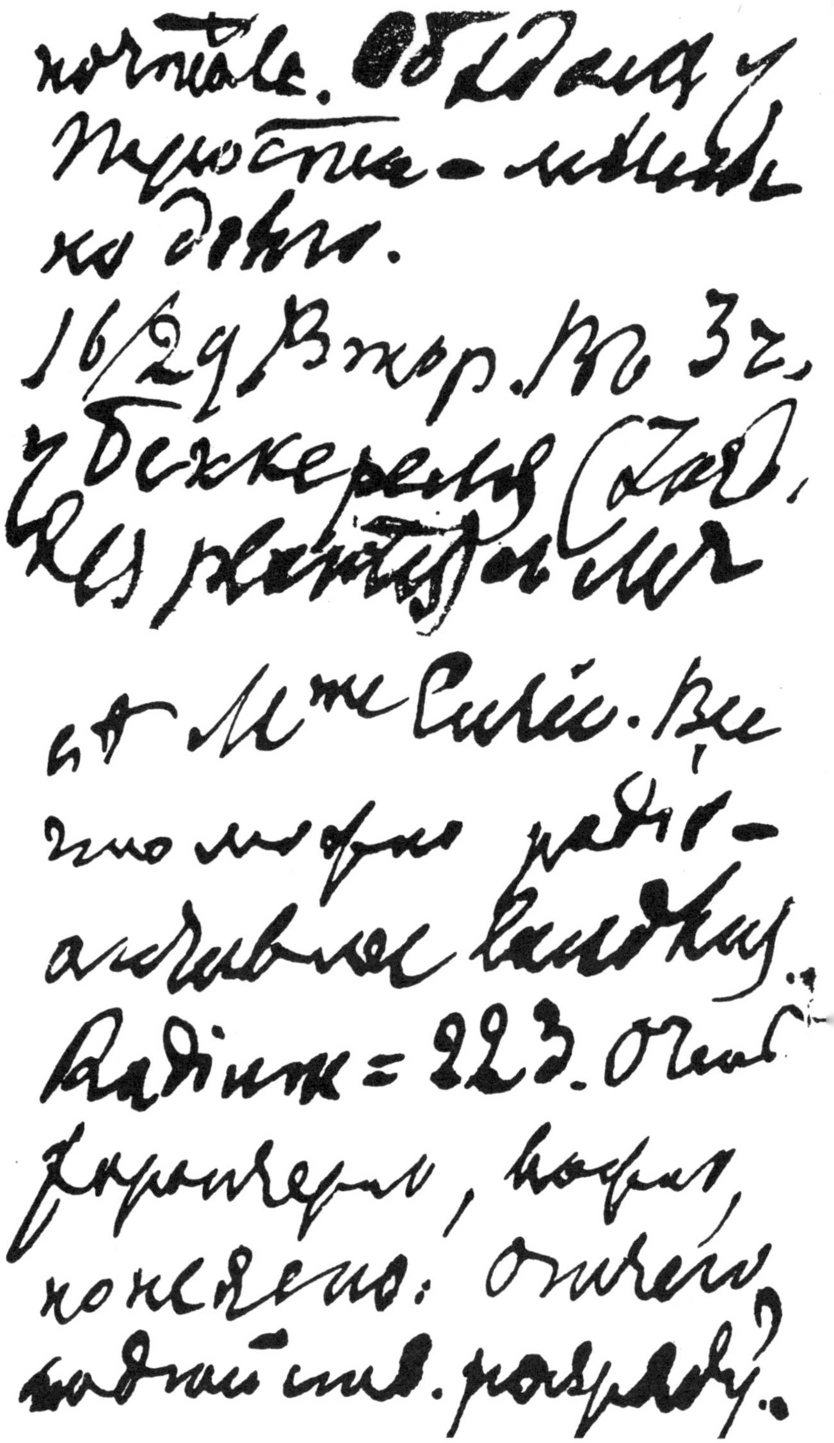

Une erreur pleine de vérité

Paris, 1902. Un vieil homme à barbe blanche, regard alerte malgré ses soixante-dix ans, frappe à la porte d'un laboratoire situé rue Lhomond et demande, avec un fort accent russe, à s'entretenir avec Pierre et Marie Curie. Ce n'est pas un inconnu qui rend visite à ces jeunes chercheurs promis à la célébrité, mais un chimiste réputé, honoré, docteur de multiples universités, directeur du Bureau central des poids et mesures depuis 1892. Or ce savant connu du monde entier est curieux, inquiet de la radioactivité et veut en juger par lui-même. Il observe attentivement les rayonnements émis par l'uranium, le thorium et le polonium. Il discute, il interroge. Transmutation d'éléments ?

Cela lui paraît déraisonnable. L'individualité des éléments, l'immutabilité des atomes, l'indestructibilité de la matière sont les principes fondamentaux de la chimie qu'il a étudiée puis enseignée. Principes garants d'une science positive et réaliste. Mendeleïev est enclin à voir dans ces mystérieux rayons, et ces « grains d'électricité » ou électrons dont on parle depuis peu, un mirage des fantaisies alchimistes et le prétexte d'une offensive obscurantiste.

Aux interprétations encore hésitantes de Pierre et Marie Curie, Mendeleïev oppose une explication plus classique. Il esquisse au tableau noir le schéma bien connu d'un système planétaire et il se lance : la radioactivité est une propriété manifestée uniquement par des atomes lourds. Du fait de leur poids, les atomes d'uranium, de thorium, de polonium... pourraient agir comme des petits soleils qui attirent tous les corps alentour. Or l'éther des physiciens est précisément un corps infiniment léger, partout répandu dans l'Univers. On peut donc imaginer qu'il modifie son comportement au voisinage de ces atomes lourds très attractifs. Non qu'il adopte le mouvement harmonieux d'une planète mais il peut se mettre à tourner autour de ces atomes lourds un peu « comme une comète tombant de l'espace dans un système planétaire tourne autour du Soleil et s'échappe à nouveau dans l'espace ».

De retour à Saint-Pétersbourg, Mendeleïev étoffe son interprétation et rédige un opuscule traduit deux ans plus tard en anglais sous le titre *Towards a Chemical Conception of Ether*. L'explication suggérée pour la radioactivité est alors la conséquence particulière d'une formidable construction intellectuelle qui unifie la mécanique, la physique électromagnétique et la chimie.

En 1902, la question de l'éther est en pleine actualité. Tout au long du XIXe siècle, l'éther devient de plus en plus important pour la physique : déjà requis pour que la force de gravitation s'exerce à distance, il s'avère indispensable pour expliquer la transmission des ondes lumineuses. Et depuis James Clark Maxwell, il est absolument nécessaire à l'explication des phénomènes électromagnétiques. L'éther omniprésent défie néanmoins tous les efforts des physiciens. Sa nature reste mystérieuse et contradictoire. Les montages expérimentaux les plus raffinés comme ceux de Michelson et Morley pour mettre en évidence son mouvement autour de la Terre échouent, malgré des essais répétés.

Mendeleïev, en quelques pages, résout les difficultés : il traite l'éther comme un élément chimique et le range au tableau périodique. Comme l'éther ne doit pas réagir chimiquement, il semble normal de le placer dans la colonne des gaz inertes. Le problème majeur vient de ce qu'on le suppose impondérable. Mendeleïev le contourne en invoquant une autre propriété supposée de l'éther, son pouvoir de pénétrer toute substance, qui empêche d'isoler l'éther et donc de déterminer son poids atomique, comme on le fait pour les éléments ordinaires. Ainsi, déclare Mendeleïev, l'éther n'est impondérable que relativement à nos moyens de pesée. Il n'a pas oublié la leçon lavoisienne de relativité et retrouve d'ailleurs les arguments qui permettaient à Lavoisier de justifier le calorique (cf. p. 372). Reste que l'éther doit être si léger que son poids atomique est sans commune mesure avec le plus léger des éléments de la classification périodique. Mendeleïev résout cette nouvelle difficulté en supposant un autre élément intermédiaire, qu'il espère bientôt assimiler au coronium, un élément dont on pensait avoir découvert l'existence d'après les raies du spectre visible de la couronne solaire. Il s'évertue ensuite à déterminer un ordre de grandeur raisonnable pour le poids atomique de l'éther. Il recourt à la cinétique des gaz et tente d'évaluer la vitesse nécessaire pour échapper à l'attraction des étoiles les plus lourdes, dont la masse est environ cinquante fois celle du Soleil. Cette vitesse doit être comprise, estime-t-il après de longs calculs, entre 2,24 et 3,00 m/s. Alors le poids atomique de l'éther devrait être approximativement un millionième de celui de l'hydrogène. Et voici le tableau périodique flanqué de nouveaux éléments un peu étranges, étendu jusqu'aux confins de la matérialité.

Voilà certes une opération aventureuse ! Mais Mendeleïev n'est pas un novice en matière d'inductions hardies. Le risque ne lui fait pas peur ; il lui réussit plutôt. Et cette fois, il n'a pas le choix. La chimie est en péril. Mendeleïev se rebelle et tente l'impossible pour sauver les bases de la science qu'il a cultivée toute sa vie.

N'allons pas croire pour autant à une tentative désespérée. L'enjeu est grandiose. Mendeleïev rassemble dans cet essai tous ses combats, tous ses espoirs. Il porte un coup fatal aux courants spiritistes ou parascientifiques qu'il a combattus sans relâche. Il accomplit le souhait, longtemps caressé, d'une réunion de la physique et de la chimie sous l'égide de la mécanique. Enfin, et surtout, il renforce le prestige de la classification périodique en étendant son empire jusqu'aux limites de l'univers matériel.

La suite de l'histoire est connue. Le rêve était trop beau. Mendeleïev s'est trompé, lourdement trompé. En 1905, le principe de relativité, énoncé par un jeune physicien de Berne nommé Albert Einstein, venait supprimer la nécessité de l'hypothétique éther. L'éther n'aura fait qu'une brève apparition au tableau périodique, entre 1903 et 1906.

On a coutume d'excuser cette erreur en invoquant l'âge avancé de Mendeleïev. N'était-il pas de plus en plus versé dans la spéculation philosophique, voué à l'industrie et à la vulgarisation ? Bref, il n'était « plus dans le coup ». Cet opuscule de 1902 ne révèle pourtant aucune faiblesse : ni résistance aux nouveautés, ni délire mégalomaniaque, ni manque d'esprit critique. Mendeleïev se montre prudent, lucide. Il sait que s'il applique le même procédé de prévision qui lui a réussi jadis, il ne peut cependant atteindre de certitudes.

« Je ne regarde pas mon essai imparfait pour expliquer la nature de l'éther d'un point de vue chimique comme quelque chose de plus que l'expression d'une série de pensées qui ont surgi en mon esprit et auxquelles j'ai donné suite par simple désir que ces pensées, ayant été suggérées par les faits, ne soient pas tout à fait perdues [...]. Si elles contiennent quelque parcelle de la vérité naturelle que nous cherchons tous, mon effort n'aura pas été vain ; il peut alors être développé, étoffé et corrigé et si ma conception se révèle fausse à la base, elle empêchera d'autres de la répéter. »

En commençant par ce petit essai tardif, le moins glorieux de l'œuvre de Mendeleïev, je ne cherche pas à ternir l'éclat du grand homme — je soulignerais plutôt ici son courage. Mais il faut défaire, une fois pour toutes, la solidarité trop vite admise entre la classification périodique et les conceptions modernes de l'atome. Cette « erreur » de Mendeleïev dit la vérité sur la classification périodique. Elle éclaire, par une sorte de mouvement rétrograde, les principes qui ont présidé à sa construction : foi inébranlable dans l'individualité et dans l'intransmutabilité des éléments chimiques ; réalisme positif et profonde aversion pour la métaphysique ou la superstition ; enfin, espoir de réunir un jour la physique et la chimie dans une science nouvelle, dont la base serait la classification périodique. Non, Mendeleïev n'est pas un pionnier de la chimie du XXᵉ siècle. Loin d'anticiper ou de préfigurer ses développements, il les combat avec toute la force et la logique de la science du XIXᵉ siècle.

Les embarras d'un professeur de chimie

Ce sont les développements de la chimie du XIXᵉ siècle qui posent, de manière urgente, le problème de la classification des éléments chimiques. Nombreux sont les chimistes qui tentent de le résoudre. Mendeleïev n'est pas un marginal, isolé dans sa lointaine Russie.

Saint-Pétersbourg, octobre 1867. Mendeleïev vient d'être nommé professeur de chimie à l'université. Il a trente-trois ans, et déjà un beau curriculum : trois mémoires importants pour franchir tous les degrés jusqu'à la thèse, un séjour en Allemagne à Heidelberg dans le laboratoire de Robert Wilhem Bunsen, des études sur le pétrole de Bakou, sur les engrais, une pratique d'agriculture expérimentale sur un domaine personnel, enfin, pendant trois ans, un poste de professeur de chimie à l'Institut technologique de Saint-Pétersbourg. Il est cependant désarmé pour préparer son cours et il ne trouve à sa disposition aucun manuel correct de chimie générale qu'il puisse conseiller à ses étudiants. Ayant l'habitude d'écrire — il gagnait sa vie en rédigeant des articles scientifiques pour diverses revues, pendant ses études — il décide d'écrire son propre manuel. De cette entreprise sortira, deux ans plus tard, la classification périodique. Une situation pédagogique est ainsi à l'origine de la découverte. Cette harmonieuse complémentarité entre les activités de chercheur et d'enseignant n'est pas extraordinaire à l'époque, en chimie du moins.

L'« explosion démographique » des éléments au XIXe siècle

Ce tableau montre l'extraordinaire « explosion démographique » des éléments au XIXe siècle. Leur nombre a plus que doublé : on connaissait 33 corps simples à la fin du XVIIIe siècle ; on en a découvert 24 de 1800 à 1849 et encore 24 de 1850 à 1899. D'où le besoin pressant de trouver une classification pour mettre un peu d'ordre dans cette multiplicité (d'après A. Massain, *Chimie et chimistes*, 1952, modifié).

Avant 1700	1700-1799	1800-1849	1850-1899
Antimoine	Azote	Aluminium	Actinium
Argent	Béryllium	Baryum	Argon
Arsenic	Bismuth	Bore	Césium
Carbone	Chlore	Brome	Dysprosium
Cuivre	Chrome	Cadmium	Gadolinium
Étain	Cobalt	Calcium	Gallium
Fer	Fluor	Cérium	Germanium
Mercure	Hydrogène	Erbium	Hélium
Or	Manganèse	Iode	Holmium
Phosphore	Molybdène	Lanthane	Indium
Plomb	Nickel	Iridium	Krypton
Soufre	Oxygène	Lithium	Néodyme
	Platine	Magnésium	Néon
	Strontium	Niobium	Polonium
	Tellure	Osmium	Praséodyme
	Titane	Palladium	Radium
	Tungstène	Potassium	Rhodium
	Uranium	Rubidium	Ruthénium
	Yttrium	Sélènium	Samarium
	Zinc	Silicium	Scandium
	Zirconium	Sodium	Thallium
		Tantale	Thulium
		Thorium	Xénon
		Vanadium	Ytterbium

Comment présenter aux étudiants la somme des connaissances accumulées sur des milliers de substances ? Rapporter les propriétés des corps composés aux corps simples qui les composent, c'est la solution évidente depuis Lavoisier. Mais elle ne résout pas tout. Le tableau des trente-trois substances simples est devenu étriqué à la suite de l'utilisation de la pile d'Alessandro Volta. La pile, découverte en 1800, donne naissance à une puissante technique d'analyse, l'électrolyse, qui déclenche une série de découvertes : pendant les deux années 1807 et 1808, Humphry Davy isole le sodium, le potassium, le strontium, le bore, le calcium et le magnésium. Il embellit ce tableau avec la découverte retentissante du chlore en 1810, suivie de l'iode en 1812 et du brome en 1826. En Suède, Jöns Jacob Berzelius tient la concurrence : après le cérium en 1801, il isole le sélénium en 1817, le silicium et le zirconium en 1824, le thorium en 1828 et participe à d'autres découvertes. Il consacre le pouvoir de l'électricité sur la chimie par une théorie électrochimique des combinaisons qui suppose dans chaque composé, quel que soit le nombre de ses constituants, deux parties, l'une chargée d'électricité positive, l'autre d'électricité négative. En 1829, dans la première édition de son *Traité de chimie*, il dénombre cinquante-quatre corps simples. Dans les années 1860 une nouvelle technique, l'analyse spectrale, déclenche de nouvelles découvertes. En 1869, le premier tableau de Mendeleïev classe soixante-trois éléments et, vers la fin du siècle, on approche la centaine. Cette multiplication des éléments est donc un phénomène important qui singularise le XIXᵉ siècle dans la longue histoire de la chimie. Mais elle ne facilite guère la tâche du professeur de chimie. Est-il condamné à présenter sa discipline sous la forme d'une suite interminable de monographies détaillées sur chaque élément connu ?

La plupart des chimistes adoptent la division entre métaux et métalloïdes, mais l'ordre suivi à l'intérieur de ces deux grandes classes n'est pas fixe. L'équilibre entre les exigences théoriques et didactiques, réalisé par Lavoisier dans le *Traité élémentaire de chimie*, est rompu. La préface au *Traité* de Berzelius révèle un divorce entre logique et didactique. Berzelius recherche un compromis mais n'arrive pas à échapper à l'interminable défilé de monographies :

« Le plan que j'ai adopté n'est pas parfaitement conforme à l'esprit systématique. J'ai cru devoir abandonner cet ordre toutes les fois qu'il me semblait qu'en le sacrifiant je rendrais l'accès à la science plus facile. Il y a deux manières d'exposer la chimie dans un livre écrit pour les commençants. [...]

« Tantôt on cherche, autant que cette méthode n'entraîne pas d'inconvénient, à faire une collection de monographies des corps simples, et quant aux combinaisons dans lesquelles chacun de ces corps est susceptible d'entrer, on les range suivant un ordre quelconque, mais qu'on s'est tracé d'avance, afin de n'être point obligé de décrire un composé deux fois ou même davantage. C'est, à mon avis, sous cette forme que la science se trouve réduite à sa plus simple expression, et qu'elle s'inculque le mieux dans la mémoire. [...]

« Tantôt on traite d'abord de tous les corps simples, puis on examine, dans un ordre donné, les combinaisons de chacun de ces corps avec tous les autres, ensuite on passe en revue les combinaisons de ces diverses combinaisons les unes avec les autres, de manière à procéder du simple au composé. Au premier aperçu, cette méthode semble être celle qui remplit le mieux les conditions d'un livre écrit pour les commençants. »

Plus la chimie progresse, plus semble reculer l'idéal d'une présentation rationnelle et logique. Le développement rapide de la chimie organique, à partir des années 1840, vient ajouter au problème de la population élémentaire une foule de corps composés nouveaux qu'il faut aussi classer sous peine de rendre impossible, à brève échéance, la transmission des connaissances chimiques. Ainsi la chimie se trouve confrontée à la difficulté de gérer une démographie galopante de substances. Le problème, déjà rencontré et maîtrisé à la fin du XVIIIᵉ siècle par la nomenclature rationnelle, resurgit un demi-siècle plus tard.

Certes, le capital de connaissances accumulées sur chacune des substances connues permet de mieux maîtriser la situation. Mais les avances réalisées dans le champ théorique ne s'accompagnent pas nécessairement d'une plus grande clarté. La chimie du XIXᵉ siècle n'est pas, comme on le suggère trop souvent, sereine et triomphante. L'image positiviste d'une science pure, solidement établie sur les bases inébranlables de l'édifice lavoisien qui progresse sans heurts et engendre, telle une corne d'abondance, d'innombrables applications agricoles ou industrielles, appelle révisions.

La communauté internationale des chimistes est profondément divisée pendant la première moitié du XIXᵉ siècle, secouée par des querelles violentes sur des thèmes aussi fondamentaux que l'existence des atomes ou la nature et le nombre des éléments chimiques. Dans chacune d'entre elles, Mendeleïev a pris des positions très fermes qui conditionnent sa démarche de classification.

Le poids des atomes, le choc d'un colloque

L'hypothèse atomique est formulée en 1805 par John Dalton comme l'explication la plus simple de la conjonction de deux lois qui régissent les combinaisons chimiques : la loi des proportions définies, énoncée par Joseph Proust en 1802, et la loi des proportions multiples énoncée par Dalton lui-même. Les combinaisons chimiques, suggère Dalton, doivent se faire atome par atome. L'atome de Dalton est donc avant tout l'unité minimale de combinaison et non plus, comme son homonyme dans la physique grecque, un constituant ultime de la matière. Son existence réelle reste aussi hypothétique que celle de l'atome antique mais l'atome daltonien permet une interprétation quantitative des combinaisons chimiques : dans son *New System of Chemical Philosophy* (1808-1810), Dalton construit, en effet, un système de poids atomiques fondé sur le choix de l'hydrogène comme unité conventionnelle (H=1, en notation moderne). Pour l'oxygène, le soufre, le phosphore, le carbone et l'azote, Dalton détermine le poids atomique d'après leurs composés hydrogénés, en admettant toujours qu'un atome d'hydrogène s'unit à un atome d'un autre corps. L'eau, par exemple, a un poids atomique égal à 8, soit un atome d'hydrogène qui pèse 1 et un atome d'oxygène qui pèse 7 (en notation moderne, elle aurait HO pour formule). Dans le cas où un élément a plusieurs combinaisons avec l'hydrogène, Dalton détermine le poids atomique d'après la moins hydrogénée. Celui du carbone, par exemple, est fixé à partir du gaz oléfiant, composé d'un atome d'hydrogène qui pèse 1, d'un atome de carbone qui pèse 5, soit un poids atomique total égal à 6. Le système de Dalton permet donc d'identifier chaque élément par un caractère positif et numérique. La simplicité et les avantages de cette hypothèse laissent présager son universelle acceptation. D'autant plus qu'elle est rapidement confirmée par des lois sur les gaz. Les rapports fixes entre les volumes gazeux que définit la loi de Gay-Lussac confortent l'hypothèse atomique. Une autre loi, énoncée indépendamment par Avogadro en 1811, et en 1814 par Ampère, réalise la jonction entre les points de vue de Gay-Lussac et de Dalton puisqu'elle détermine le poids atomique d'après la densité gazeuse. Mais, au lieu de favoriser l'adoption de l'hypothèse atomique, ces supports venus des gaz vont provoquer disputes et blocages. Dalton lui-même n'accepte pas la loi de Gay-Lussac et la critique sans ménagement. Son attitude n'a pas empêché d'autres chimistes, notamment le puissant et influent Berzelius, d'étayer les deux idées l'une sur l'autre et de proposer, en 1818, un système de poids atomiques qui concilie rapports de volume et rapports pondéraux.

Plus grave et plus longue est l'opposition des équivalentistes car elle procède paradoxalement d'un enthousiasme pour l'hypothèse de Dalton. L'hypothèse atomique semble victime de son pouvoir heuristique : le poids atomique est une notion indispensable au chimiste pour caractériser les nouveaux éléments découverts. Mais pourquoi s'embarrasser de l'idée d'atome qui véhicule un lourd héritage métaphysique et dépasse l'expérience ? En ces temps où dominent les mots d'ordre positivistes de prudence expérimentale et de méfiance à l'égard des hypothèses, les chimistes préfèrent une expression plus neutre. L'alternative, « poids équivalent », est proposée, en 1814, par un autre chimiste anglais, William Hyde Wollaston. Après avoir défendu avec zèle l'hypothèse de Dalton, et l'avoir illustrée par ses propres travaux, Wollaston est devenu son principal adversaire. Tout en exploitant les ressources du poids atomique, il critique les incertitudes de l'hypothèse et reproche à Dalton l'arbitraire de son système de poids atomiques. Il propose un système de « poids équivalents » fondé sur une autre unité de base : l'oxygène, de symbole O, égal à 100. Jusqu'ici le débat entre équivalentistes et atomistes semble purement formel. La querelle porte sur les mots, et la conversion d'un système d'unités à l'autre n'est pas difficile.

L'affaire devient plus sérieuse, dans les années 1840-1850, quand les défenseurs d'Avogadro parviennent à imposer sa loi. Car les chimistes ont longtemps boudé cette loi qui leur paraissait trop hypothétique et inutilement compliquée. D'une part, elle ne repose pas directement sur des données expérimentales, mais sur la coexistence de la loi de Gay-Lussac et de l'hypothèse de Dalton qui induit une autre hypothèse : « Le nombre de molécules intégrantes dans les gaz quelconques est toujours le même à volume

Dalton nomme *poids atomique* le poids d'un élément qui se combine en proportion fixe ou multiple avec un autre élément pour former un composé. Comme il est absolument impossible de mesurer le poids d'un atome, ces poids atomiques sont relatifs à une unité conventionnelle, l'hydrogène ; en voici quelques exemples :

Hydrogène : 1	Zinc : 56
Azote : 5	Cuivre : 56
Carbone : 5	Plomb : 95
Oxygène : 7	Argent : 100
Phosphore : 9	Platine : 100
Soufre : 13	Or : 140
Fer : 38	Mercure : 167

Loi de Gay-Lussac (1808) :
Les volumes de deux gaz qui se combinent sont entre eux dans des rapports simples.

Loi d'Avogadro (1811)-Ampère (1814) :
Des volumes égaux de gaz, pris à la même température et à la même pression, contiennent le même nombre de molécules.

Loi des chaleurs spécifiques de Dulong et Petit (1819) :
Les atomes de tous les corps simples ont exactement la même capacité pour la chaleur.

Loi d'isomorphisme de Mitscherlich (1821) :
Les corps isomorphes ont une composition chimique analogue et contiennent en général le même nombre d'atomes ou « équivalents ». La considération de l'isomorphisme est donc un outil supplémentaire pour déterminer le poids atomique.

égal ou est toujours proportionnel au volume » ; d'autre part, les densités gazeuses donnent des poids atomiques différents de ceux de Dalton (15 pour l'oxygène au lieu de 7 chez Dalton) ; cela obligea Avogadro à introduire une hypothèse supplémentaire : pour accorder la densité gazeuse estimée d'après l'expérience avec la somme des poids calculés d'après l'hypothèse, Avogadro suppose que la molécule qui entre en combinaison se partage en deux molécules de même nature. Il distingue donc les « molécules intégrantes » — qui sont en nombre égal dans les volumes égaux de gaz — des « molécules élémentaires ». La distinction de ces deux notions — qu'on nommera plus tard atome et molécule — paraît, à l'époque, arbitraire et superflue. Source de confusion, en plus, car Ampère propose une autre terminologie en distinguant « particules » et « molécules ». La loi d'Avogadro et d'Ampère, décidément trop obscure et coûteuse en hypothèses, tombe dans l'oubli. En 1836, elle est solennellement condamnée par Jean-Baptiste Dumas dans ses leçons au Collège de France.

Mais un jeune chimiste tapageur, Charles Gerhardt, refuse d'enterrer la loi d'Avogadro. Afin de mettre en accord les résultats obtenus d'après la loi sur les chaleurs spécifiques et la loi d'isomophisme, Gerhardt double les poids atomiques d'un certain nombre de métaux. Son *Traité de chimie organique* (1853-1854) réactualise la distinction d'Avogadro en utilisant les termes « atome » et « molécule » et diffuse un nouveau système de poids atomique où C=12 au lieu de 6, 0=16 au lieu de 8. Entre ce système et les systèmes de poids équivalents, il n'y a plus de conciliation possible. Il faut opter pour l'un ou pour l'autre.

Dès 1856, Mendeleïev a choisi. Dans son mémoire de maîtrise, soutenu à l'université de Saint-Pétersbourg, il utilise le système de Gerhardt. Mendeleïev se prononce en faveur de sa théorie unitaire des combinaisons chimiques et déclare son aversion pour la théorie électrochimique et dualiste de Berzelius. Le système de Gerhardt est aussi soutenu et complété par Stanislao Cannizzaro. Mais il est loin de faire l'unanimité parmi les chimistes. A la fin des années 1850, la multiplicité des systèmes en vigueur est devenue si nuisible à la communication que plusieurs chimistes lancent l'idée d'un congrès international pour définir un système unique de poids atomiques. Le premier congrès international de chimie, organisé par August Kekule, se réunit à Karlsruhe (Allemagne) en 1860. Événement décisif. Il inaugure un nouveau type de fonctionnement de la communauté scientifique qui se généralise à la fin du siècle dans toutes les disciplines scientifiques : les rencontres internationales sont multipliées, renouvelées périodiquement, instituées comme lieux d'arbitrage des conflits et de standardisation de concepts et d'unités. En chimie, ce premier congrès international met fin à quarante années de querelles sur les poids atomiques. Pendant plusieurs jours à Karlsruhe, les délégations de chaque pays discutent des avantages respectifs des différentes notations et tentent par là même de se mettre d'accord sur une définition des concepts de base : atome, molécule, équivalent. A la clôture du congrès aucune décision officielle n'est arrêtée. Mais, grâce à la campagne pressante de Cannizzaro, qui s'efforce de présenter la loi d'Avogadro comme une solide induction fondée sur une foule de données expérimentales, et convie les chimistes non pas tant à accepter la réalité des atomes et des molécules qu'à prendre soin de les bien distinguer, le système d'Avogadro-Gerhardt sort triomphant. Mendeleïev est, en tout cas, l'un de ceux qui repartent convaincus et définitivement convertis. Alors qu'il porte un jugement réservé sur l'atome daltonien qui lui paraît conventionnel, il considère la loi d'Avogadro « comme la base la plus importante de l'étude des phénomènes naturels ». La réalité de l'atome et de la molécule ne l'intéresse pas ; le concerne davantage la distinction entre les deux :

« Avec l'application de la loi d'Avogadro-Gerhardt, la conception de la molécule est complètement définie, et par cela même, le poids atomique. On

appelle particule, ou particule chimique, ou molécule, la quantité de substance qui entre en réaction chimique avec d'autres molécules et qui occupe, à l'état de vapeur le même volume que deux parties en poids d'hydrogène. [...] Les atomes sont les plus petites quantités, ou les masses chimiques indivisibles des éléments, qui forment les molécules des corps simples et composés. »
Après 1869, Mendeleïev répète à longueur d'articles que le congrès de Karlsruhe est l'événement qui l'a mis sur la voie, lui donnant l'intuition d'une périodicité possible des propriétés des éléments dans l'ordre croissant des poids atomiques. Dès lors, il n'aurait eu qu'à développer cette intuition et à surmonter les obstacles engendrés par quelques poids atomiques encore incorrects. Mendeleïev se complaît sans doute à reconstruire sa démarche en donnant une illusion de continuité et d'évidence, mais il reste que le congrès de Karlsruhe est un facteur décisif pour l'élaboration du tableau périodique.

A la conquête de l'unité perdue

Mendeleïev prend une position encore plus nette dans les débats sur la pluralité des éléments. Deux manières se dessinent, en effet, pour faire face à la multiplication des éléments : les uns suggèrent une réduction du multiple à un seul élément primordial. Les autres tentent une subordination du multiple sous une loi unique.
L'idée que toute la diversité des corps simples doit dériver de l'hydrogène est avancée par un certain docteur anglais William Prout, au début du siècle. Apparemment, elle repose sur un « sens de l'harmonie des choses » mais elle reçoit un secours inespéré de l'atomisme daltonien. Bien que le choix de l'hydrogène pour unité de base soit purement conventionnel, il est très vite interprété comme une confirmation de l'hypothèse. Aussi résiste-t-elle aux plus violentes attaques comme aux démentis expérimentaux. Lorsque trop d'éléments cessent d'avoir des nombres entiers pour valeurs de poids atomiques, Prout propose, en 1831, une version modifiée de son hypothèse : les poids atomiques doivent être des multiples entiers d'une fraction de l'hydrogène. Ainsi aménagée, l'hypothèse échappe à toute falsification expérimentale et connaît un succès considérable.
Au début, l'hypothèse avait surtout fait des adeptes en Angleterre, son pays d'origine. Les chimistes du continent, sous l'influence de Berzelius, défenseur acharné de l'orthodoxie atomiste et pluraliste, avaient fait bloc contre l'hypothèse de Prout. Mais, à la fin des années 1830, l'autorité de Berzelius décline un peu, l'équivalentisme est plus fort que jamais, aussi l'hypothèse gagne du terrain en France, en Suisse et en Allemagne.
Dans les années 1850, au moment où la précision des déterminations expérimentales de poids atomiques conduit à douter de l'arithmétique des multiples entiers, l'hypothèse trouve un nouvel appui dans la chimie organique : on établit des correspondances entre les séries de radicaux organiques et les séries d'éléments de la chimie minérale. Deux autres facteurs viennent encore renforcer l'hypothèse de Prout vers 1860 : la théorie darwinienne de l'évolution (cf. p. 335) et l'étude spectrale des éléments concourent à nourrir l'idée d'une évolution de la matière inerte à partir d'un élément originaire.

L'hypothèse de Prout joue un rôle doublement déterminant dans l'histoire de la classification des éléments. D'abord, elle encourage les recherches sur la détermination des poids atomiques. S'il est vrai que les partisans de Prout, tel Thomas Thomson dans son *Système de chimie*, ont tendance à arrondir les nombres suggérés par l'expérience pour ne point s'embarrasser d'importunes décimales, leurs adversaires, tels Berzelius ou le chimiste belge Jean Servais Stas, s'acharnent à pousser toujours plus loin la précision des résultats et opposent consciencieusement l'expérience aux spéculations arithmétiques. Mais cette stratégie classique est mise en échec, car les partisans eux-mêmes vont cultiver la précision et invoquer l'expérience. Ainsi un chimiste suisse,

Jean Charles Galissard de Marignac, aussi réputé que Berzelius pour l'exactitude de ses résultats, n'hésite pas à fixer le poids atomique du chlore à 35,5. L'important à ses yeux n'est pas « la grandeur de l'unité qui pourrait servir de diviseur commun au poids des corps simples... Que ce poids soit celui d'un atome d'hydrogène, d'un demi ou d'un quart d'atome, ou qu'il soit une fraction plus petite, 1/100e ou 1/1000e par exemple, toutes ces considérations n'en conservent pas moins le même degré de probabilité. Il en résulterait simplement des rapports de constitution moins simples entre les éléments ».
Quelle que soit la relation numérique établie entre les éléments, l'hypothèse est sauve car elle tire sa force, non du contenu de la relation établie, mais de sa forme arithmétique. Elle apparaît ainsi à bien des chimistes comme un stade avancé du développement de la chimie quantitative. Elle éveille la perspective fascinante d'une science arithmétique de la matière qui libérerait le chimiste du multiple et du divers, qui pourrait sauver les phénomènes par un simple calcul. Ainsi les règles rigides de la méthode expérimentale, les conditions draconiennes que l'épistémologie positiviste dominante imposait aux hypothèses cèdent devant un réveil pythagoricien.
Par ailleurs, l'hypothèse de Prout aiguillonne les tentatives de systématisation des connaissances expérimentales sur les éléments. D'une part, elle impose le primat du poids atomique comme critère de classement, et jette ainsi le discrédit sur une classification d'Ampère qui avait sélectionné arbitrairement des propriétés chimiques plus ou moins artificielles. D'autre part, elle oriente les esprits vers la recherche de structures de parenté entre les éléments. La classification chimique se distingue certes des classifications naturalistes, car on dispose d'un principe classificateur unique et quantitatif, le poids atomique ; mais on fait aussi des groupements par familles en cherchant des indices de filiation, on vise à constituer une sorte d'arbre généalogique de la matière inerte.
Tel est l'objectif qui, à une ou deux exceptions près, sous-tend tous les essais de classification jusqu'à Mendeleïev et même après lui. La liste exhaustive des systèmes dressée par l'historien J. W. Van Spronsen (1969) montre que les vagues de classifications suivent rigoureusement les vogues de l'hypothèse de Prout. Les premiers essais viennent d'Allemagne. Un professeur d'Iéna, Johann Döbereiner, découvre, en 1817, une relation remarquable entre le poids équivalent de certains corps : celui de l'oxyde de strontium (50) est égal à la moyenne arithmétique de celui de l'oxyde de calcium (27,5) et de l'oxyde de baryum (72,5), pour H=1 et O=7,5. Douze années plus tard, armé des poids atomiques plus précis de Berzelius, Döbereiner généralise la relation à trois corps et propose une série de triades qui reposent sur la corrélation entre des analogies chimiques et des relations arithmétiques :

$$\mathrm{Br} = \mathrm{Cl}+{}^{1}/_{2}\,;\ \mathrm{Na} = \mathrm{Li}+\mathrm{K}/2\,;\ \mathrm{Se} = \mathrm{S}+\mathrm{Te}/2$$

Br : brome
Cl : chlore
I : iode
Na : sodium
Li : lithium
K : potassium
Se : sélènium
S : soufre
Te : tellure

Peu de temps après, Leopold Gmelin, professeur à Heidelberg, passe des triades aux familles d'éléments. Comme son but est de montrer la vérité de l'hypothèse de Prout, il concentre toute son attention sur les nombres au détriment des analogies chimiques. Il groupe ainsi les éléments sous trois rubriques : ceux qui ont sensiblement le même poids atomique ; ceux qui ont des poids atomiques multiples entre eux, enfin ceux dont les poids atomiques forment des moyennes arithmétiques, à la manière de Döbereiner.
Après ces deux essais, on observe une pause dans l'histoire des classifications. Puis, brusquement, dans les années 1850, des dizaines de chimistes, de tous pays, proposent des classifications. Elles se fondent pour la plupart sur la comparaison entre les séries de radicaux organiques et les séries d'éléments qu'on n'hésite pas à rebaptiser « radicaux de la chimie minérale » pour mieux suggérer leur complexité. Telle est la trouvaille de Dumas, qui, malgré sa prudence en matière de théorie, soutient néanmoins l'hypothèse de Prout dans une forme qui la rend inaccessible à l'expérience. Il suppose, en effet, que toute

la diversité des corps simples dérive d'un élément unique, encore inconnu, qui aurait un poids atomique égal à un demi ou à un quart de celui de l'hydrogène. Il fonde la conjecture sur une classification comparative des radicaux organiques et des familles de corps simples qui met au jour une régularité dans la progression arithmétique.
Force est d'avouer que la tentative ne fait guère avancer le problème de la classification: Dumas n'a construit aucune nouvelle famille et il est loin de classer tous les éléments connus. On pourrait en dire autant des multiples tentatives des années 1850 et 1860, recensées par Van Spronsen: Gladstone, Cooke, Lenssen, Carey Lea, qui admet des poids atomiques négatifs, ou encore Hinrichs, qui met en correspondance les raies spectrales des éléments et les planètes, parviennent à constituer des familles d'éléments mais non à tisser le réseau d'ensemble.
Il est cependant un avocat de l'hypothèse de Prout, minéralogiste et non chimiste, qui réussit à identifier une fonction régissant l'ensemble. En 1862, Alex Béguyer de Chancourtois propose à l'Académie des sciences les grandes lignes d'un système périodique des éléments et déclare: « C'est uniquement par la prise en considération de la loi de Prout que j'arrive à une théorie parfaitement démontrée. »
Il s'agit d'une hélice portant sur l'axe vertical la suite des nombres entiers qui correspond aux poids atomiques des éléments. Béguyer de Chancourtois nomme son système « vis tellurique », pour deux raisons: parce que « le tellure occupe une place centrale dans le système et l'épithète "tellurique" rappelle très heureusement l'origine géognostique, puisque *tellus* signifie terre dans le sens le plus positif, le plus familier, dans le sens de terre nourricière ».
Est-ce le culte tellurique qui déplut aux chimistes ? Toujours est-il que la classification est passée inaperçue, totalement ignorée des chimistes dans les années 1860. Elle présente en fait deux faiblesses: elle mêle des corps simples et des corps composés et la représentation graphique est très compliquée. Elle a paru si peu éclairante à ces messieurs de l'Académie qu'ils n'ont même pas jugé opportun de la joindre à la publication du mémoire dans les *Comptes rendus*.
On voit donc que si l'hypothèse de Prout encourage les efforts de classification, elle ne favorise cependant pas leur réussite. Elle crée, me semble-t-il, deux obstacles majeurs à l'aboutissement de tous ces projets: elle focalise l'intérêt sur les relations arithmétiques au détriment des analogies de propriétés chimiques; la quête de l'unité primordiale conduit à privilégier les relations de parenté locales plutôt qu'à traiter le problème dans son ensemble. C'est du moins l'interprétation que suggère une comparaison avec les quelques rares tentatives de classification qui ne sont pas inspirées par l'hypothèse de Prout.

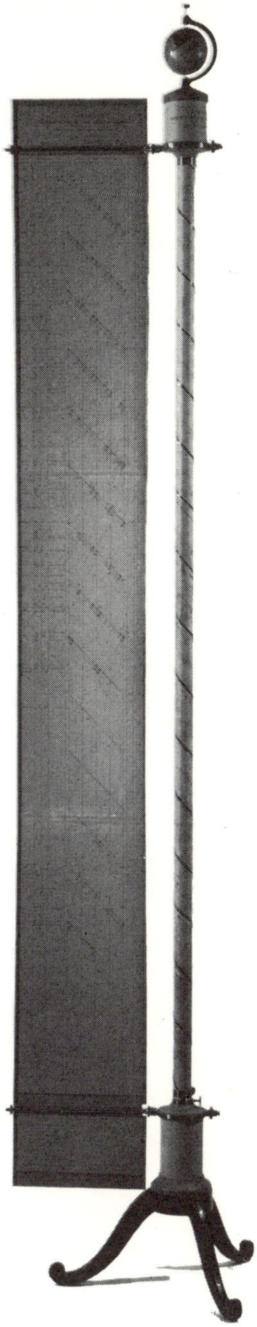

La quête d'une loi

Ils étaient trois, à contre-courant: John Alexander Newlands, William Odling, tous deux anglais, et Mendeleïev. Ils travaillaient indépendamment mais leurs projets ont certains traits communs qui permettent de dégager un style de classification bien différent de celui des partisans de Prout. Tous trois adoptent le système de poids atomiques de Gerhardt-Cannizzaro, consacré au congrès de Karlsruhe. Ils subordonnent tous la recherche d'une classification à celle d'une loi générale. De ce fait, ils sont les seuls à faire des prévisions d'éléments inconnus.
Newlands énonce, en 1865, une « loi des octaves » selon laquelle les propriétés chimiques se répètent tous les sept éléments, à la manière des tons dans la gamme musicale. Pour respecter les analogies chimiques, il inverse l'ordre du tellure et de l'iode comme le fera Mendeleïev; le premier, il prévoit des éléments: l'une de ses prévisions, celle d'un élément de poids atomique 73, entre le silicium et l'étain, ressemble fort à celle de l'eka-silicium par Mendeleïev, avec un poids atomique égal à 72. Pourquoi donc un système si

*La vis tellurique (ci-dessus), construite en 1862 par Alex Béguyer de Chancourtois, est l'un des premiers systèmes périodiques.
Elle n'eut aucun succès de par sa complexité et des incertitudes sur les valeurs numériques.
(École des mines, Paris.
Ph. Leonard de Selva © Photeb.)*

hardi est-il tombé dans l'oubli? Certes, il contient beaucoup de poids atomiques incorrects et ne classe que cinquante et un éléments. Pourtant la raison principale de son éclipse n'est pas dans le système de Newlands mais dans l'accueil que lui ont réservé ses collègues: lorsque, en mars 1866, Newlands soumet sa découverte à la très honorable Chemical Society of London, le professeur George Carey Foster lui demande avec humour si un rangement des éléments par ordre alphabétique n'aurait pas révélé des coïncidences aussi intéressantes.

En 1865, Odling, alors professeur à Oxford, construit indépendamment un système plus complet — cinquante-sept éléments sur soixante connus à l'époque — et rigoureusement fidèle à l'ordre de croissance des poids atomiques. Il attire l'attention à la fois sur les régularités et sur les différences de poids atomiques et conclut fermement que « parmi les membres de chaque groupe bien défini, la séquence des propriétés et la séquence des poids atomiques sont strictement parallèles l'une à l'autre ». Odling laisse un grand nombre de places vacantes, notamment entre les poids atomiques 40 et 50 et entre 65 et 75. Mais, curieusement, au lieu d'améliorer son système dans les publications suivantes, Odling semble reculer et, en 1868, propose un nouveau tableau moins complet.

Des trois, Mendeleïev est celui qui va le plus loin. A peine entrevoit-il le motif de la périodicité, en mars 1869, qu'il met en œuvre toutes les conséquences possibles de cette idée, et cherche à l'éprouver au contact du connu et même de l'inconnu: prédictions d'éléments, corrections de poids atomiques, inversions... Pour se permettre de telles hardiesses, il faut que Mendeleïev ait une confiance absolue dans sa découverte. Or c'est la loi périodique, plus que le tableau, qui constitue, à ses yeux, l'essentiel de sa découverte. Il puise sa confiance dans une conception très exigeante de la loi scientifique. Une loi doit être générale ou n'est pas:

« Les lois naturelles ne souffrent pas d'exceptions et c'est en cela qu'elles se distinguent des règles semblables à celles de la grammaire, par exemple. Une loi peut être confirmée seulement lorsque toutes les conséquences que l'on peut en tirer ont subi la sanction expérimentale. »

Cette épistémologie est liée au refus de l'hypothèse de Prout. De tous les chimistes classificateurs, Mendeleïev est le plus hostile à cette idée. Il ne se contente pas de la refuser, de la critiquer. Il s'acharne contre elle. Mais comment combattre une hypothèse qui tire profit de tous les résultats expérimentaux en esquivant tous les démentis? Se contenter de lui opposer le pluralisme comme une conviction philosophique, c'est se vouer à l'échec. Mendeleïev pense alors trouver une riposte: la seule arme capable de lutter contre les séductions de l'hypothèse de Prout est une loi générale qui régit la totalité des éléments. Non seulement parce que l'unité d'une loi régissant la multiplicité des éléments peut compenser la perte de l'unité matérielle et guérir de cette quête frénétique. Mais, surtout, parce que la loi périodique est, pour Mendeleïev, une rivale de l'hypothèse de Prout.

« La loi périodique possède les faits et tend à approfondir le principe philosophique qui régit la nature mystérieuse des éléments. Cette tendance est de la même catégorie que la loi de Prout, avec cette différence essentielle que la loi de Prout est arithmétique et que la loi périodique puise son esprit dans un enchaînement de lois mécaniques et philosophiques qui constituent le caractère et l'éclat de l'impulsion actuelle des sciences exactes. »

Mendeleïev se pose donc en rival et vainqueur de Prout. Mais, ironie de l'histoire, les partisans de Prout verront dans son tableau une éclatante confirmation de leur hypothèse. Ironie très amère pour Mendeleïev. Pendant une dizaine d'années, sa découverte est méprisée ou critiquée. Puis, après la confirmation de ses prévisions d'éléments, elle suscite l'enthousiasme mais sert une cause qu'il a toujours combattue. William Crookes, par exemple, s'empare de la loi périodique pour confirmer son hypothèse du protyle.

Face à ces manœuvres de récupération, Mendeleïev ne cesse de protester et proclame avec emphase sa foi dans l'individualité des éléments :
« Kant pensait qu'il existe dans l'Univers deux objets qui provoquent l'admiration et la vénération des hommes : "la loi morale au-dedans et le ciel stellaire au-dessus de nous". En approfondissant la nature des éléments et la loi périodique il faut ajouter un troisième objet : "la nature des individus élémentaires qui s'exprime partout autour de nous", attendu que, sans ces individus, nous ne pourrions pas nous faire une idée du ciel stellaire et que la notion d'atomes révèle, à la fois la singularité des individualités, la réitération infinie des individus, et leur sujétion à l'ordre harmonique de la nature. »

Corps simples ou éléments

Le pluralisme de Mendeleïev est aussi fortement impliqué dans un autre ressort caché de sa découverte. Lisons attentivement l'énoncé de la loi périodique :
« Les propriétés des corps simples et composés dépendent d'une fonction périodique des poids atomiques des éléments pour la seule raison que ces propriétés sont elles-mêmes les propriétés des éléments dont ces corps dérivent. »
On retient généralement une fonction périodique entre propriétés chimiques et poids atomique, sans préciser à qui appartiennent ces propriétés et ce poids atomique. Or la formulation de Mendeleïev est précise. La fonction périodique établit une relation entre corps simples et composés d'une part, éléments d'autre part. Mendeleïev prend la peine d'expliciter la distinction des termes en tête de l'article où il publie sa découverte :
« De même que jusqu'à Laurent et Gerhardt, on a employé les mots "molécule", "atome" "équivalent", les uns pour les autres indistinctement, de même aujourd'hui on confond souvent les expressions de "corps simple" et d'"élément". Chacune d'elles a cependant un sens bien distinct et qu'il importe de préciser pour éviter les confusions dans les termes de la philosophie chimique. Un corps simple est quelque chose de matériel, métal ou métalloïde, doué de propriétés physiques, et capable de réactions chimiques. A l'expression de "corps simple" correspond l'idée de "molécule". [...] Il faut réserver, au contraire, le nom d'éléments pour caractériser les particules matérielles qui forment les corps simples et composés et qui déterminent la manière dont ils se comportent aux points de vue physique et chimique. Le mot "élément" appelle l'idée d'atome. »
Cette mise au point de vocabulaire montre que l'apport du congrès de Karlsruhe ne réside pas seulement dans l'adoption d'un système de valeurs numériques plus correctes pour les poids atomiques, mais aussi dans l'éclaircissement des notions de base. Partant de la distinction entre atome et molécule, Mendeleïev établit en parallèle une distinction entre élément et corps simple. Apparemment moins importante, puisqu'elle est plus intuitive et s'impose seulement dans certains cas, tels que le carbone qui se présente sous forme de trois corps simples — graphite, diamant et charbon —, l'azote qui est inactif à l'état libre, mais très actif en combinaison, ou pour expliquer des réactions où les corps agissent à l'état naissant ou enfin les cas d'isomérie.
Pourtant dans cette simple précision de vocabulaire presque triviale, se joue un changement complet du paysage théorique de la chimie. Car la distance entre élément et corps simple organise la recherche mendélévienne et dicte à la chimie son programme :
« Approfondir les rapports entre la composition, les réactions et les qualités des corps simples et composés, d'une part, et les qualités intrinsèques des éléments qui y sont contenus, d'autre part, pour pouvoir déduire du caractère déjà connu d'un élément toutes les propriétés de toutes ses combinaisons. »
Le corps simple qui, depuis Lavoisier, était le concept clé de la chimie, et son but par analyses de plus en plus poussées, est tout à coup détrôné au profit de l'élément. La distinction entre simple et composé qui formait l'axe directeur du

système lavoisien est devenue secondaire. Il n'est plus question, comme au temps de Lavoisier, d'expliquer les propriétés des composés par celles des corps simples. Le corps simple n'explique rien; il est renvoyé avec le corps composé du côté des apparences, des manifestations. L'élément est le seul principe explicatif.

En quoi la distinction corps simple/élément est-elle mobilisée dans la classification périodique ? Première remarque, de bon sens, quand on veut classer, il vaut mieux savoir ce qui est à classer. Or depuis la fameuse définition de Lavoisier, élément et corps simple sont officiellement synonymes. On classe indifféremment des corps simples ou des éléments. La confusion est entretenue par les disciples de Prout qui profitent du manque d'individualité des corps simples pour viser un élément unique. Mendeleïev, au contraire, classe des éléments et vise l'explication du comportement des corps simples et composés. La distinction établie par Mendeleïev est donc une pièce maîtresse dans la lutte contre l'hypothèse de Prout car elle impose le pluriel au mot élément.

Elle est de plus nécessaire pour atteindre le niveau d'abstraction requis par les opérations de classification et de prévision. Le corps simple est une chose concrète, avec des propriétés physiques et chimiques déterminées dans l'expérience. L'élément, lui, n'a pas d'existence phénoménale, il est toujours caché dans le corps simple ou composé, il circule, s'échange et se conserve dans les réactions chimiques. C'est une réalité abstraite, construite par l'esprit, pour rendre compte de la conservation et de la permanence des propriétés individuelles. Sur des éléments, la prévision devient possible. Le corps simple est trop concret pour cela : purement phénoménologique par définition, il ne peut exister avant d'avoir été isolé au terme d'une analyse. Seul l'élément est prévisible, parce qu'il se définit par sa place dans un réseau de relations.

Une rapide comparaison entre le tableau de Mendeleïev et celui de Julius Lothar Meyer souligne le rôle de cette distinction conceptuelle dans les fameuses prévisions de Mendeleïev. Meyer est, comme Mendeleïev, professeur d'université, à Karlsruhe. Comme lui, il adopte les poids atomiques défendus au congrès de 1860. Comme lui, il décide de faire un manuel pour ses étudiants avec le souci de présenter la chimie de manière rationnelle, ordonnée. Mais il a une bonne avance sur Mendeleïev, car la première édition de son manuel paraît en 1864, avec un tableau d'éléments fondé sur la valence. En 1868, Meyer, préparant la deuxième édition, élabore un second tableau qui est une véritable classification périodique de tous les éléments connus, y compris les métaux de transition entre fer et nickel, et des places vacantes pour des éléments à découvrir. Malheureusement pour Meyer, les retards d'édition font que ce tableau conçu un an avant celui de Mendeleïev ne paraît qu'un an après, en 1870. Cette année-là, Meyer vérifie la périodicité des propriétés sur un cas remarquable, le volume atomique, et l'illustre au moyen d'une courbe.

Inévitable querelle de priorité qui, pendant plusieurs années, tourmente beaucoup Mendeleïev. Sans chercher un arbitrage dans la querelle, on peut cependant souligner les différences essentielles entre les deux rivaux : Meyer, comme Mendeleïev, ne manque pas de confiance dans son système ; aussi réorganise-t-il tout l'exposé de la chimie minérale à partir de sa classification périodique, dans son manuel de 1872. Mendeleïev, lui, ne l'a pas fait. Meyer, en revanche, n'a pas fait de correction des poids atomiques et, surtout, n'a pas prévu les propriétés des éléments auxquels il réserve des cases vides. C'est que, n'ayant pas distingué le corps simple et l'élément, il n'avait pas le moyen d'imaginer des prévisions. Cette attitude va de pair avec un doute sur l'individualité des éléments et l'espoir, entretenu jusqu'à la fin de sa vie, qu'on découvrirait un élément originaire expliquant les analogies constatées dans le tableau.

On voit donc que le projet de Mendeleïev, profondément ancré dans les débats et les problèmes de la chimie de son époque, se démarque néanmoins des précurseurs et rivaux par la fermeté des convictions philosophiques qui l'animent. Son engagement pour un pluralisme matériel se traduit dans la distinction entre élément et corps simple comme dans l'exigence d'une loi absolument générale.

Les chemins de la découverte

Entre cette exigence primitive, « l'intuition de la périodicité » au congrès de Karlsruhe en 1860, et le tableau périodique, il y a cependant un fossé. Pour parvenir au système présenté en mars 1869 devant la Société chimique russe sous le titre « Relations entre les propriétés et les poids atomiques des éléments », il a fallu un long travail de recherche, un patient remplissage parsemé de trouvailles, d'hésitations, de compromis.
Mendeleïev aime se raconter. Il fait l'historique de sa démarche dans une foule d'articles, écrits entre 1869 et 1889, portant tous à peu près le même titre, et reproduisant tous, comme un texte sacré, les conclusions de l'article de 1871. Plus encore que ces reconstructions tardives, le manuel qui a suscité la découverte, les *Principes de chimie*, rédigé entre 1868 et 1871, est un guide précieux. Car il est comme le théâtre de la découverte. La table périodique est mise en scène à la fin de la première partie et dessine le plan systématique de la seconde partie.
Mendeleïev se donne, au départ, une définition de la chimie, centrée sur la notion de corps simple, qu'il accompagne d'un vibrant hommage à son fondateur Lavoisier. On note au passage que Mendeleïev semble tout ignorer de l'œuvre de son compatriote, Mikhaïl Vassilievitch Lomonossov, que les historiens soviétiques présentent pourtant comme une sorte de Lavoisier national. Mendeleïev termine l'introduction sur une liste de corps simples « destinée à marquer l'état actuel de nos connaissances ». Une sorte de classification provisoire, bilan des acquis et base de travail. A la distance qui sépare cette liste initiale de la classification donnée à la fin du second volume, on peut estimer le travail accompli par Mendeleïev. La table de départ contient déjà soixante-dix corps simples et, dans les éditions des années 1880, Mendeleïev y introduit les éléments que la classification a permis de découvrir. C'est dire que la différence n'est pas d'ordre quantitatif. Elle réside, d'une part, dans le critère de rangement : la table d'introduction n'a aucune prétention rationnelle. Mendeleïev ne réactualise pas le tableau des substances simples de Lavoisier, ni aucun autre tableau plus récent. Il choisit délibérément des critères multiples et plus ou moins arbitraires : l'occurrence des corps simples dans la nature ou leur degré d'importance dans des activités humaines. D'autre part, la table donnée dans l'introduction recense des corps simples et non des éléments. En travaillant sur des corps simples, on ne peut que collectionner et multiplier les collections pour tenter de s'accorder avec toutes leurs propriétés observables. Seul un déplacement du problème vers l'élément, défini par son poids atomique, permet d'arriver à une loi générale, à une classification systématique. On voit donc que la construction du tableau périodique et la distinction élément/corps simple forment une seule et même démarche qui s'accomplit au fil des chapitres.
Avant de présenter la loi périodique, Mendeleïev étudie l'eau, puis l'air, puis quelques composés du carbone et, enfin, le sel de cuisine. Apparemment, il fait évoluer ses étudiants dans un univers concret et familier. Mais ce vagabondage permet de passer en revue les propriétés de l'hydrogène, de l'oxygène, de l'azote, du carbone, du sodium et du chlore. Tous seront chefs de file (sauf le sodium, qui est second) des différents groupes d'analogues dans la future classification. Mendeleïev commence donc par étudier les éléments aux propriétés bien tranchées, qui pourront servir de modèles, de « patrons » pour ordonner les autres. Mendeleïev les nommera plus tard « éléments typiques ». Ce terme rappelle les quatre « types » identifiés par Gerhardt pour classer les composés organiques. On peut donc penser que Mendeleïev s'est inspiré de ce chimiste qu'il admire et auquel il rend hommage tout au long des *Principes*.

Gerhardt pourrait bien avoir suggéré le choix des éléments — puisqu'ils figurent tous, à l'exception du carbone, dans ses quatre types —, mais aussi, et surtout, la démarche qui consiste à classer par référence à des « types ».
Dans cette suite de monographies, un premier déclic se produit au chapitre x consacré au chlorure de sodium. Le chlore et le sodium posent, en effet, un problème spécifique : ils sont « typiques » de deux familles, déjà connues, les « halogènes » et les « métaux alcalins » qui présentent la même valence 1. Mais ils forment des combinaisons chimiques très différentes. Or malgré les contrastes évidents de leur comportement chimique, Mendeleïev décide de les comparer et découvre ainsi une régularité intéressante dans la différence des poids atomiques :

Li = 7	Na = 23	K = 39	Rb = 85,4	Cs = 133
	F = 19	Cl = 35,5	Br = 80	Te = 127

Li: lithium
Na: sodium
F: fluor
K: potassium
Cl: chlore
Rb: rubidium
Br: brome
Cs: césium
Te: tellure
Ca: calcium
Sr: strontium
Ba: baryum

Voilà le squelette, la charpente du tableau périodique : la série des éléments typiques et ces deux groupes aux propriétés opposées. Le style des chapitres change tout à coup. Après la randonnée commence une progression systématique. En procédant des extrêmes aux moyens, Mendeleïev va mailler peu à peu un réseau : au chapitre XI, il présente les halogènes ; aux chapitres XII et XIII, les métaux alcalins. Pour déterminer quels sont les éléments qui doivent figurer au chapitre XIV et prendre place aux côtés des métaux alcalins, Mendeleïev se fie déjà à la régularité des poids atomiques et complète son petit tableau initial en ajoutant trois éléments :

		Ca = 40	Sr = 87,6	Ba = 137
Li = 7	Na = 23	K = 39	Rb = 85,4	Cs = 133
	F = 19	Cl = 35,5	Br = 80	Te = 127

Les métaux qu'on appelle « alcalino-terreux » se rangent donc après les métaux alcalins. Après ces trois rangées, arrive, comme une conséquence immédiate, la loi périodique, formulée au chapitre XV.

Ce survol de la première partie des *Principes* appelle quelques remarques. La suite des chapitres reproduit fidèlement la démarche effective de Mendeleïev telle que l'a recomposée B. M. Kedrov, d'après les archives, déposées au musée Mendeleïev de Leningrad. Kedrov raconte, en effet, que le 1er mars 1869, alors qu'il s'apprêtait à quitter Saint-Pétersbourg pour aller visiter une fabrique de fromage, Mendeleïev, préoccupé de savoir quel chapitre il allait mettre après les métaux alcalins, aurait soudain eu « l'idée cruciale » d'arranger les différents groupes d'éléments par ordre de poids atomiques. Il aurait ainsi aperçu la régularité périodique et entrevu la possibilité de ranger les éléments de poids atomiques intermédiaires. La suite est décrite, selon une expression chère à Mendeleïev, comme un « solitaire chimique », une sorte de jeu de patience, avec des cartes portant chacune le nom et les propriétés d'un élément, qu'il faut ordonner, déplacer jusqu'à la réussite. Bref, les éléments typiques et les deux familles extrêmes donnent le profil général du tableau ; les analogies locales tiennent du remplissage.
Cette démarche est aussi confirmée par les récits de Mendeleïev : il estime que le secret de sa réussite a été la décision de comparer les halogènes et les métaux alcalins :
« Vers 1860, le terrain était déjà tout préparé pour cette loi, et si elle n'a été énoncée que plus tard, la cause réside, à mon avis, en ce que l'on comparait entre eux les éléments semblables, en laissant de côté les éléments dissemblables. »

Ici se manifeste toute l'importance des préventions de Mendeleïev contre l'hypothèse de Prout. Les chimistes qui classaient les éléments pour faire leur généalogie étaient plus attentifs aux ressemblances qu'aux différences. Ils parvenaient, au mieux, à recenser des familles d'analogues, des groupes isolés. Mendeleïev, qui est à la recherche d'une loi absolument générale, concentre d'abord son attention sur les contrastes et dissemblances, de manière à obtenir le schéma le plus global possible.

La deuxième remarque concerne les éditions successives des *Principes*. Non seulement le texte de la première édition reproduit fidèlement l'itinéraire de la découverte, mais en plus les huit rééditions parues du vivant de Mendeleïev reproduisent fidèlement le texte d'origine. Étant donné les intentions pédagogiques de départ, on aurait pu espérer qu'il révise complètement l'ouvrage pour donner une présentation systématique de la chimie sur la base de la classification périodique, comme l'a fait Meyer en 1872. Mendeleïev choisit une autre formule : il ajoute des notes en bas de page pour mettre à jour des résultats, répondre aux objections, débouter les critiques, redresser les contresens d'interprétation, mais aussi pour donner des informations supplémentaires et développer des considérations sur l'agriculture, l'industrie, l'astronomie, la biologie... Au fil des années, les notes gonflent tant qu'elles finissent par écraser le texte et menacent son efficacité pédagogique. Plus étrange encore, la deuxième partie de l'ouvrage — celle qui devait livrer l'exposé systématisé par la loi périodique — ne figure ni dans la traduction française ni dans la traduction anglaise des *Principes*. De fait, elle semble abandonnée à partir de la cinquième édition russe. Paradoxalement, la partie la plus moderne du manuel est tombée en désuétude. Quelles sont les motivations de cette politique éditoriale ? On l'ignore. Sans doute Mendeleïev jugeait-il qu'un exposé systématique est moins éducatif qu'un livre d'auteur qui raconte l'aventure d'une découverte, les expériences d'un professeur, et son avis sur le développement de la Russie.

De la loi au tableau périodique

Mendeleïev privilégie la loi périodique par rapport au tableau. Est-ce à dire que le tableau n'est qu'une élaboration secondaire, une simple illustration de la loi ?

En un sens la loi dicte le tableau. C'est elle qui donne le cadre général, qui impose l'ordre de croissance des poids atomiques, exige des corrections multiples et non négligeables pour l'indium (poids atomique de 114 au lieu de 75), l'uranium (240 au lieu de 120), le cérium... Mieux, elle impose de faire une entorse à cet ordre en mettant le tellure avant l'iode. Une inversion que Mendeleïev n'a jamais remise en cause sans parvenir à l'expliquer. C'est encore la loi périodique qui commande de laisser des cases vides pour des éléments à découvrir.

Mais la loi périodique ne dessine pas le tableau et laisse incertain le remplissage local. Les fameuses prévisions des trois éléments éka-aluminium, éka-bore, éka-silicium ne relèvent pas d'une application mécanique, aveugle de la loi. Pour déterminer les propriétés de chacun de ces éléments, Mendeleïev se livre à un travail délicat d'approximation en considérant celles des quatre éléments qui l'encadrent. Tout ce raisonnement de proche en proche a été occulté quand on a découvert, quelques années après, les éléments en question avec des propriétés correspondant à la décimale près à celles qu'avait prévues Mendeleïev. La précision des concordances ne saurait faire oublier que la loi périodique, par sa généralité, ne peut parfaitement régir chaque cas individuel. Mendeleïev le souligne en nommant « renforceurs de la loi périodique » les chimistes qui ont découvert les éléments prévus et le rappelle parfois explicitement :

« Comme on ne connaît dans la fonction, entre les poids atomiques et les propriétés, que le caractère, on ne peut pas pour l'instant rendre compte des écarts individuels. On ne peut que déterminer les limites rapprochées entre lesquelles doit tomber la grandeur du poids atomique d'un élément. »

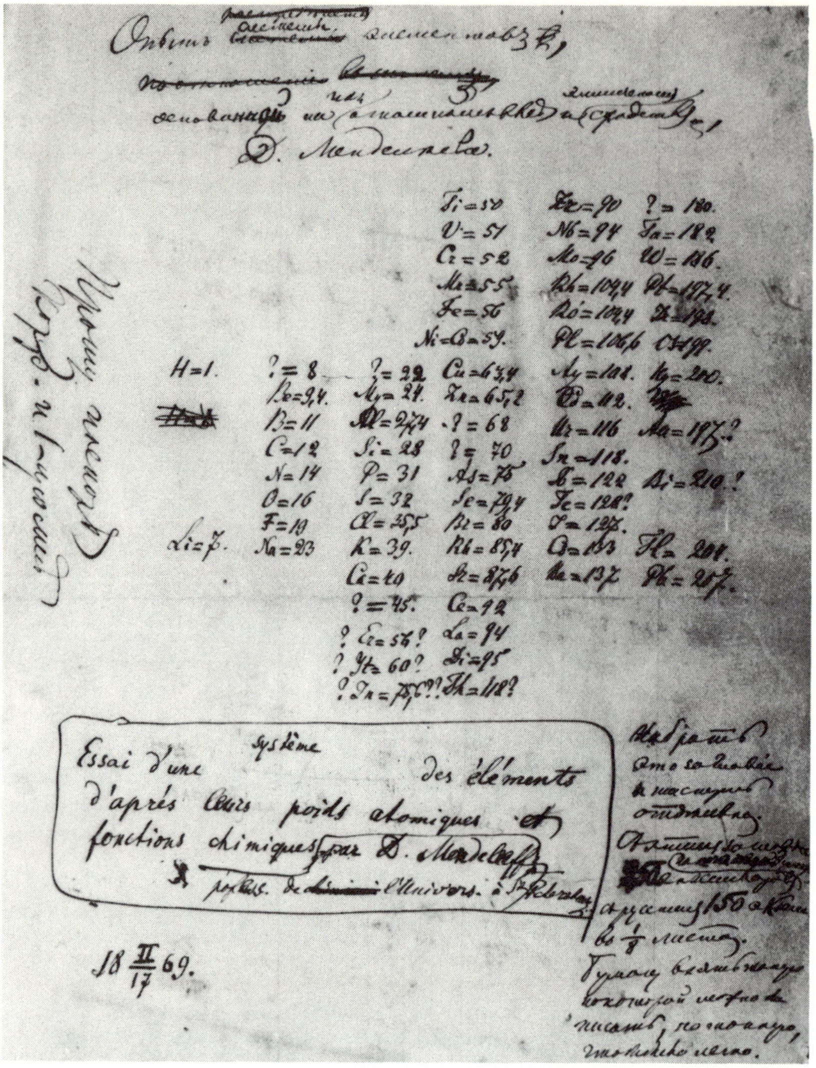

Manuscrit du premier tableau de Mendeleïev conçu en 1869, revu et corrigé ultérieurement, probablement en vue d'une publication française. (Musée D. Mendeleïev, Leningrad. Ph. © APN.)

Il reconnaît aussi que la loi périodique laisse échapper certaines analogies, pourtant évidentes : en particulier, entre lithium et magnésium, béryllium et aluminium, bore et silicium. Ces analogies, que l'on nomme aujourd'hui « diagonales » en raison de la position des éléments dans le tableau, manifestent les limites de la loi périodique.

Enfin, autant Mendeleïev a fait preuve de fermeté et de confiance dans l'énoncé de la loi périodique, autant il cherche et tâtonne pour la construction du tableau périodique. Il a d'abord hésité entre tableau et spirale. Sur ce point, c'est la loi périodique qui a tranché : l'originalité de la fonction périodique, dit-il, est la discontinuité des valeurs des poids atomiques, on ne peut donc adopter une représentation qui suggérerait la continuité. Pour la forme à donner au tableau, il hésite plus longtemps. En 1871, il propose deux solutions et ne semble pas trancher entre les deux (p. 466, en haut et au centre) : dans un cas, il place les séries à l'horizontale, ce qui met en valeur la variation périodique des propriétés, notamment la variation inverse des formes d'oxydes et des hydrates acides qui est mentionnée en haut du premier tableau. L'autre présentation avec les séries à la verticale a l'avantage de mettre en vedette les éléments typiques. En 1879, Mendeleïev recommande une troisième version éclatée (p. 466, en bas). Le tableau compact est divisé en trois îlots, les éléments typiques, les séries paires et les séries impaires. Ainsi est mise en lumière l'existence d'analogies plus fortes entre éléments appartenant à des

Prédictions d'éléments par Dmitri Ivanovitch Mendeleïev (1872) et leurs déterminations ultérieures

Prédictions		Déterminations
Éka*-aluminium		**Gallium:** (découvert en 1875 par Lecoq de Boisbaudran)
Poids atomique:	68	69,9
Poids spécifique:	6,0	5,96
Volume atomique:	11,5	11,7
Éka-bore		**Scandium:** (découvert en 1879 par Nilsen)
Poids atomique:	44	43,79
Oxyde:	EB_2O_3	Sc_2O_3
Poids spéc. de l'oxyde:	3,5	3,864
Sulfate:	$Eb_2(SO_4)_3$	$Sc_2(SO_4)_3$
Éka-silicium		**Germanium:** (découvert en 1886 par Winkler)
Poids atomique:	72	72,3
Poids spécifique:	5,5	5,469
Volume atomique:	13	13,2
Oxyde:	EsO_2	GeO_2
Poids spéc. de l'oxyde:	4,7	4,703
Chlorure:	$EsCl_4$	$GeCl_4$
Point d'ébullition du chlorure:	< 100°C	86°C
Densité du chlorure:	1,9	1,887
Fluorure non gazeux:	EsF_4	$GeF_4.3H_2O$ (solide blanc)
Composé éthylique:	$EsAe_4$	$Ge(C_2H_5O)_4$
Point d'ébullition du composé éthylique:	160°C	160°C
Poids spéc. du composé éthylique:	0,96	un peu inférieur à 1

(*): préfixe désignant le numéro 1 en sanskrit.

séries alternées. Cette présentation permet surtout de trouver une place plus satisfaisante pour les éléments du groupe VIII: Fe, Co, Ni... Mais, en contrepartie, elle brise l'unité de la fonction et rompt la croissance de poids atomiques. Tableau compact ou éclaté, chacun présente des avantages et des inconvénients. Mendeleïev n'a pas trouvé le tableau idéal. Il a choisi, semble-t-il, une solution de compromis qui puisse, étant donné un minimum de postulats, livrer le maximum d'informations avec un maximum de clarté.

Points critiques

Avant la loi périodique, Mendeleïev avait fait une découverte importante sur les gaz: il avait identifié le phénomène de « température critique ». Ce concept peut servir de guide pour préciser la situation historique de l'autre découverte, celle du tableau.

Température critique: température à laquelle un gaz, ou une vapeur, peut être liquéfié par simple application d'une pression.

Résumons. Le problème de la classification se pose à la suite de l'inflation du nombre des éléments dans la première moitié du siècle et du développement des connaissances afférentes. Au terme d'une période d'agitation où l'on débat des nouvelles idées, on semble atteindre le point critique, en 1860, date du congrès de Karlsruhe. Après les mises au point de ce congrès, si l'on en croit les récits de Mendeleïev, il suffit d'appliquer une bonne pression cérébrale et la classification périodique vient rassembler, organiser, systématiser tout ce corps de connaissances éparses. Elle inaugure ce que Mendeleïev nomme une « systématique des éléments ». L'expression peut être prise en deux sens: d'une

Séries	Groupe I — R^2O	Groupe II — RO	Groupe III — R^2O^3	Groupe IV — RH^4 RO^2	Groupe V — RH^3 R^2O^5	Groupe VI — RH^2 RO^3	Groupe VII — RH R^2O^7	Groupe VIII — RO^4
1	H = 1	»	»	»	»	»	»	
2	Li = 7	Be = 9.4	B = 11	C = 12	N = 14	O = 16	Fe = 19	
3	Na = 23	Mg = 24	Al = 27.3	Si = 28	P = 31	S = 32	Cl = 35.5	
4	K = 39	Ca = 40	— = 44	Ti = 48	V = 51	Cr = 52	Mn = 55.....	Fe = 56; Co = 59; Ni = 59; Cu = 63.
5	(Cu = 63)	Zn = 65	— = 68	— = 72	As = 75	Se = 78	Br = 80	
6	Rb = 85	Sr = 87	?Yt = 88	Zr = 90	Nb = 94	Mo = 96	— = 100.....	Ru = 104; Rh = 104; Pd = 106; Ag = 108.
7	(Ag = 108)	Cd = 112	In = 113	Sn = 118	Sb = 122	Fe = 125	I = 127	
8	Cs = 133	Ba = 137	?Di = 138	?Ce = 140	»	»	»	
9	»	»	»	»	»	»	»	
10	»	»	?Er = 178	?La = 180	Ta = 182	W = 184	»	Os = 195; Ir = 197; Pt = 198; Au = 199.
11	(Au = 199)	Hg = 200	Tl = 204	Pb = 207	Bi = 208	»	»	
12	»	»	»	Th = 231	»	Ur = 240	»	» » » »

Éléments typiques			Les grandes périodes				
			K = 39	Rb = 85	Cs = 133	»	»
			Ca = 40	Sr = 87	Ba = 137	»	»
			»	?Yt = 88?	?Di = 138?	Er = 178?	»
			Ti = 48?	Zr = 90	Ce = 140?	La = 180?	Th = 231
			V = 51	Nb = 94	»	Fa = 182	»
			Cr = 52	Mo = 96	»	W = 184	Ur = 240
			Mn = 55	»	»	»	»
			Fe = 56	Ru = 104	»	Os = 195?	»
			Co = 59	Rh = 104	»	Ir = 197	»
			Ni = 59	Pd = 106	»	Pt = 198?	»
H = 1	Li = 7	Na = 23	Cu = 63	Ag = 108	»	Au = 199?	»
	Be = 9.4	Mg = 24	Zn = 65	Cd = 112	»	Hg = 200	»
	B = 11	Al = 27.3	»	In = 113	»	Tl = 204	»
	C = 12	Si = 28	»	Sn = 118	»	Pb = 207	»
	N = 11	P = 31	As = 75	Sb = 122	»	Bi = 208	»
	O = 16	S = 32	Se = 78	Fe = 125?	»	»	»
	F = 19	Cl = 35.5	Br = 80	I = 127	»	»	»

	I	II	III	IV	V	VI	VII
Éléments typiques.	H						
	Li;	Be;	B;	C;	N;	O;	F;
	Na						

Éléments pairs I	II	III	IV	V	VI	VII	VIII				Éléments impairs I	II	III	IV	V	VI	VII
												Mg	Al	Si	P	S	Cl
K	Ca	..	Ti	V	Cr	Mn	Fe	Co	Ni	Cu		Zn	Ga	..	As	Se	Br
Rb	Sr	Yt	Zr	Nb	Mo	...	Ru	Rh	Pd	Ag		Cd	In	Sn	Sb	Fe	I
Cs	Ba	La	Ce	..	...	...	...	...	..	..		..	..	..	..	..	..
..	..	Er	Di?	Ta	W	...	Os	Ir	Pt	Au		Hg	Tl	Pb	Bi	..	..
..	..	..	Th	..	Ur	...	...	...	..	..		..	..	..	..	..	..

La fermeté et la confiance de Mendeleïev dans l'énoncé de la loi périodique contrastent avec ses hésitations pour le dessin du tableau. Chaque forme présente des avantages et des inconvénients: son premier tableau (en haut) met en valeur les éléments typiques qui ont joué un rôle important dans la découverte.
La présentation compacte (au centre) souligne la variation régulière des formes de combinaison.
En 1879, Mendeleïev recommande une présentation éclatée (en bas; les chiffres romains désignent les groupes ou les formes des combinaisons): elle livre une information supplémentaire sur les analogies des périodes paires mais bouscule l'ordre de croissance des poids atomiques.
(Tableaux in D. Mendeleïev « La loi périodique des éléments chimiques », Le Moniteur scientifique, *mars 1879, p. 692, 693, 700 et 701; Bibliothèque nationale, Paris. En haut et au centre, ph. © Bibl. nat. / Photeb. En bas, ph. Jean-Loup Charmet © Photeb.)*

part, la classification périodique organise la chimie en un système. D'autre part, elle fait de l'élément le concept organisateur du système en creusant sa distance à l'égard du corps simple consacré par Lavoisier.

Mais ce point critique n'est qu'un point fragile, un moment, une fourchette étroite de quelques années. Dès les années 1870, plusieurs découvertes viennent menacer les postulats du travail de Mendeleïev qui auraient rendu sa réalisation sinon impossible du moins improbable.

C'est d'abord la multiplication des « terres rares » dans les années 1870, cette série d'éléments très voisins par leur poids atomique et leurs propriétés chimiques qu'aujourd'hui l'on nomme « lanthanides » d'après leur position dans le tableau. En 1869, Mendeleïev n'en connaissait que cinq et se trouvait déjà fort embarrassé. Il a modifié sans cesse leur place, leur poids atomique, introduit puis retiré le terbium, prévu des cases vides entre le cérium et l'erbium. Mais il ne pouvait faire mieux car les terres rares sont presque indiscernables d'après les critères de Mendeleïev. D'abord, elles manquent d'individualité tout en ayant un comportement de groupe bien marqué. Elles présentent une difficulté supplémentaire : elles brisent la succession régulière des périodes et trouveront plus tard leur place dans une faille du tableau. A une époque où l'on ignore tout de la structure électronique, ces éléments sont si difficiles à intégrer qu'on peut raisonnablement penser que le tableau périodique n'a pu être construit rapidement après le congrès de Karslruhe que parce qu'on ne connaissait pas toutes les terres rares.

Deuxième série de découvertes qui font problème : les gaz rares. En 1895, William Ramsay isole l'argon et l'hélium. Deux gaz inertes, mais indociles à la loi périodique. Mendeleïev ne les avait pas prévus et leur absence de propriété chimique ne permet guère de leur trouver des analogues. De plus, avec son poids atomique égal à 40, l'argon devrait prendre place entre le potassium et le calcium, ce qui est inconcevable car il n'y a pas de cases vides entre les groupes I et II.

Perplexité des chimistes défenseurs du système périodique. Mendeleïev tente de le sauver en suggérant, comme d'autres d'ailleurs, que l'argon pourrait ne pas être élémentaire, qu'il pourrait s'agir d'une molécule triatomique d'azote, puisque l'azote est lui aussi connu pour son inactivité chimique.

Finalement, c'est la loi périodique qui va permettre de résoudre la difficulté et sauver le chef-d'œuvre en péril. En se fiant à la régularité de la fonction périodique, Ramsay et John William Rayleigh prévoient un élément intermédiaire entre hélium et argon et créent un groupe O, qui se remplit vite avec les découvertes successives du néon, du krypton et du xénon. Mais, pour Mendeleïev, ces éléments étranges restent des étrangers. Ce groupe ajouté dérange la symétrie du tableau que créait, aux deux bouts, les groupes d'éléments très réactifs, avec des propriétés contrastées. L'insertion des gaz rares se fait en douceur, mais Mendeleïev, lui, en est fortement ébranlé. L'inertie de ces gaz défie l'idée d'une individualité qui s'exprime à travers échanges et relations. Du coup, la relation entre poids atomiques et propriétés chimiques perd un peu de pertinence.

Avec les gaz rares, on atteint aux limites extrêmes de la « systématique des éléments ». N'est-ce pas l'étrangeté des gaz rares qui conduit Mendeleïev, en 1902, à prendre l'éther pour un élément chimique et à le classer au tableau périodique ?

La classification périodique marque donc l'apogée d'une chimie centrée sur les éléments : elle récapitule les faits et les lois, systématise les connaissances et programme le développement de la chimie élémentaire jusqu'à dévoiler ses limites.

Ce n'est pas une découverte ponctuelle venant d'un individu isolé que son génie aurait porté en avance sur la science de l'époque. Elle est, au contraire, la réponse à un problème spécifique de la chimie du XIXe siècle et l'aboutissement d'une longue histoire jalonnée d'essais et d'erreurs.

Si Mendeleïev se situe un peu en marge des courants dominants dans la chimie de son époque, ce n'est pas qu'il regarde vers le XXe siècle et prophétise l'avenir de la chimie ; c'est, au contraire, parce qu'il refuse la transmutation des éléments chimiques. Loin d'apparaître comme un précurseur, Mendeleïev serait plutôt un héritier de la chimie du XVIIIe siècle, car il réactive la foi dans l'individualité des éléments et l'intérêt pour l'étude des échanges et des combinaisons. Mais une découverte échappe à son auteur. Accueillie par les contemporains de Mendeleïev comme une preuve en faveur de la complexité des éléments chimiques, le tableau périodique sera rapidement réinterprété sur les bases des théories atomiques modernes.

L'essor de la recherche industrielle

Geof Bowker

Où l'on verra pourquoi
l'histoire de la science industrielle et de ses « héros »
est si peu connue.

L'histoire est un inventaire de réussites. Nous autres, historiens, parlons des grands guerriers et des vainqueurs, des riches et des gens célèbres. En général, nous ne parlons pas des pauvres, des femmes ou des esclaves. En histoire des sciences, nous avons quelques anecdotes au sujet d'inventeurs fous, mais ce sont les génies sublimes qui constituent notre gagne-pain : pour chaque livre traitant des impasses et des expériences ratées, il y en a mille qui traitent de Kepler, de Newton ou d'Einstein. Et pourtant, parmi ces réussites, certaines sont omises. Le présent chapitre est consacré à l'une d'elles : l'essor de la recherche industrielle.

Le discours de la science industrielle

Depuis l'invention de la bombe atomique, la confiance manifestée à l'égard des ressources humaines, et notamment des fantassins, a fait place à la confiance dans la théorie atomique élaborée par les meilleurs physiciens. Durant la Seconde Guerre mondiale, la foi en la science était si forte que 120 000 personnes participaient au projet américain Manhattan lors de son apogée — et cela avant que quiconque fût absolument sûr que la théorie atomique pouvait s'accommoder de l'ingénierie propre à la fabrication d'une ogive explosable. Pourtant, cette mobilisation massive de ressources en faveur d'une arme à l'effet dévastateur n'est pas mentionnée dans les livres de physique étudiés dans les écoles et les universités, et est à peine abordée par les historiens des sciences.

Projet Manhattan : projet de fabrication des bombes atomiques. Lancé en 1942, il aboutit à l'explosion expérimentale du 16 juillet 1945 à Alamogordo, dans le désert du Nouveau-Mexique.

Il existe toute une série de raisons possibles à cela : l'épisode a quelque chose de honteux, il porte beaucoup trop préjudice à l'image que la science a d'elle-même, sa narration complète suppose l'accès à des documents toujours confidentiels. Il faut d'abord se frayer un chemin à travers ce dédale de facteurs de manière à pouvoir ébaucher le développement de la science industrielle et militaire et apurer ses comptes.

Le trait commun aux deux parties de notre travail consistera dans l'étude de la science industrielle produite par Schlumberger, une société fondée, pourrait-on dire, sur la recherche scientifique. Nous nous pencherons en particulier sur ses débuts, c'est-à-dire sur la période qui va de 1920 jusqu'à la Seconde Guerre mondiale, période pendant laquelle les techniques et les inventions géophysiques qui firent son succès furent créées.

Puits de pétrole dans les années 1930 (San Joaquim Valley, Californie). Une forêt industrielle remplace la végétation naturelle. Travailler dans la grande majorité des puits représente un grand succès pour la société Schlumberger. (Ph. © Coll. PPP-IPS-NASA/Photeb.)

Les courbes Schlumberger

Les principales techniques mises au point par la société concernaient la diagraphie de forage, qui permet, par des mesures de résistivité électrique, d'obtenir des informations précises sur le contenu des trous forés. Quiconque a déjà creusé un trou dans le sol à l'aide d'une pelle sait que ce qu'on retire est informe, hétérogène et très difficile à décrire. A mesure que vous creusez, les bords du trou s'effondrent et une quantité indéterminée de matière indésirable vient se mêler à ce que vous pelletez. Les spécialistes des forages pétroliers connaissent les mêmes problèmes, mais à plus grande échelle. Il leur faut en effet assurer la circulation de la boue de forage afin, d'une part, de faire remonter et d'éliminer par filtrage les derniers débris découpés par le trépan, d'autre part, d'empêcher le pétrole de jaillir du puits lorsque le forage atteint un gisement sous haute pression. Or cette boue turbulente élimine fréquemment par lessivage le pétrole contenu dans les échantillons prélevés. C'est la raison pour laquelle le prélèvement d'échantillons réels a souvent cédé la place à la diagraphie électrique. En fait, cela a conduit à une curieuse inversion : l'opération consistant à se salir les mains en remontant du sable pétrolifère a été reléguée au plan psychologique, alors que l'enregistrement d'un diagramme électrique est devenu la preuve matérielle réelle. Un ingénieur pétrolier conseil précisait en 1939 : « Il s'agit d'une situation très particulière. Bon nombre de ces personnes éprouvent le besoin de voir réellement les échantillons et, pour un soi-disant pétrolier d'exécution qui a peut-être été foreur et qui est devenu un opérateur indépendant, une série de traits ondulés n'a pas la même signification que quelque chose qui sort du sol. Il est donc assez fréquent qu'ils prélèvent des carottes qui ne m'intéressent pas particulièrement. »

Représentations idéale et réelle du sous-sol : à gauche, un diagramme Schlumberger de résistivité et de potentiel spontané type ; à droite, exemple d'une coupe détaillée illustrant la structure d'une zone de schiste caillouteux pétrolifère productif. (D'après des documents Schlumberger.)

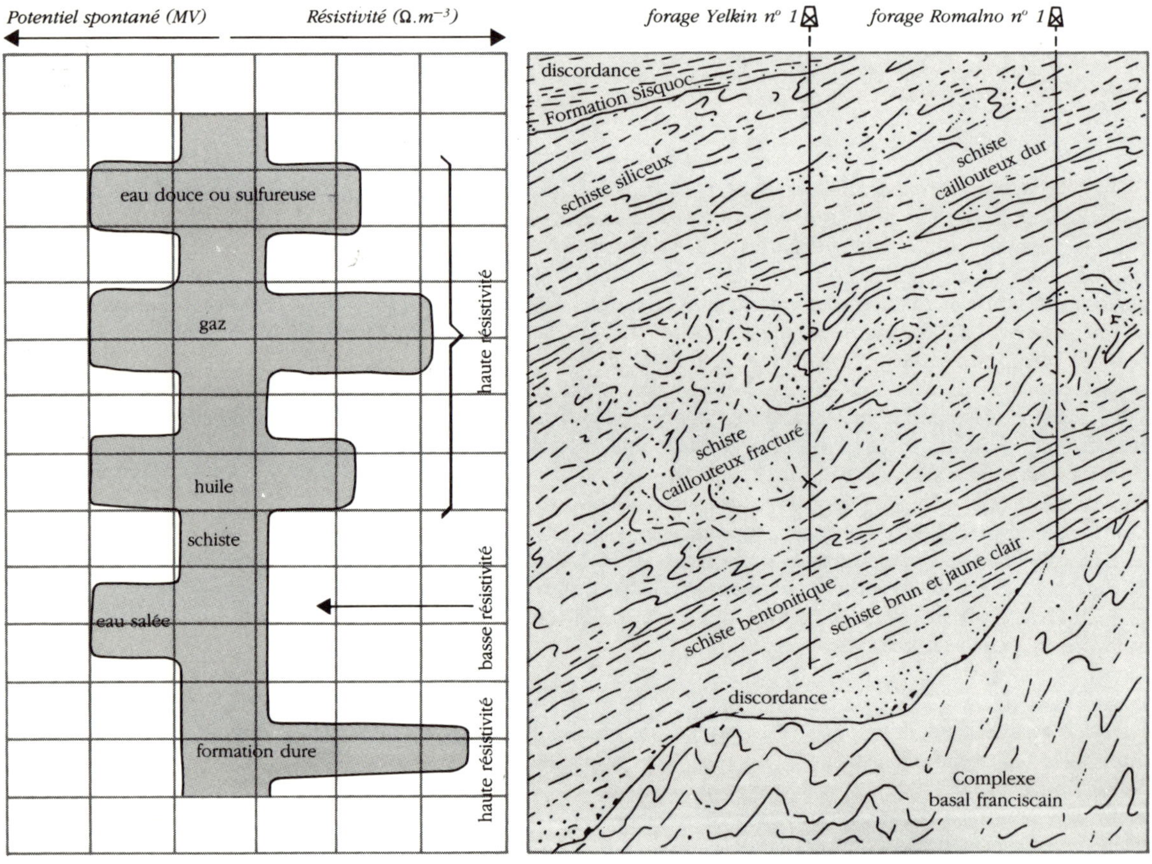

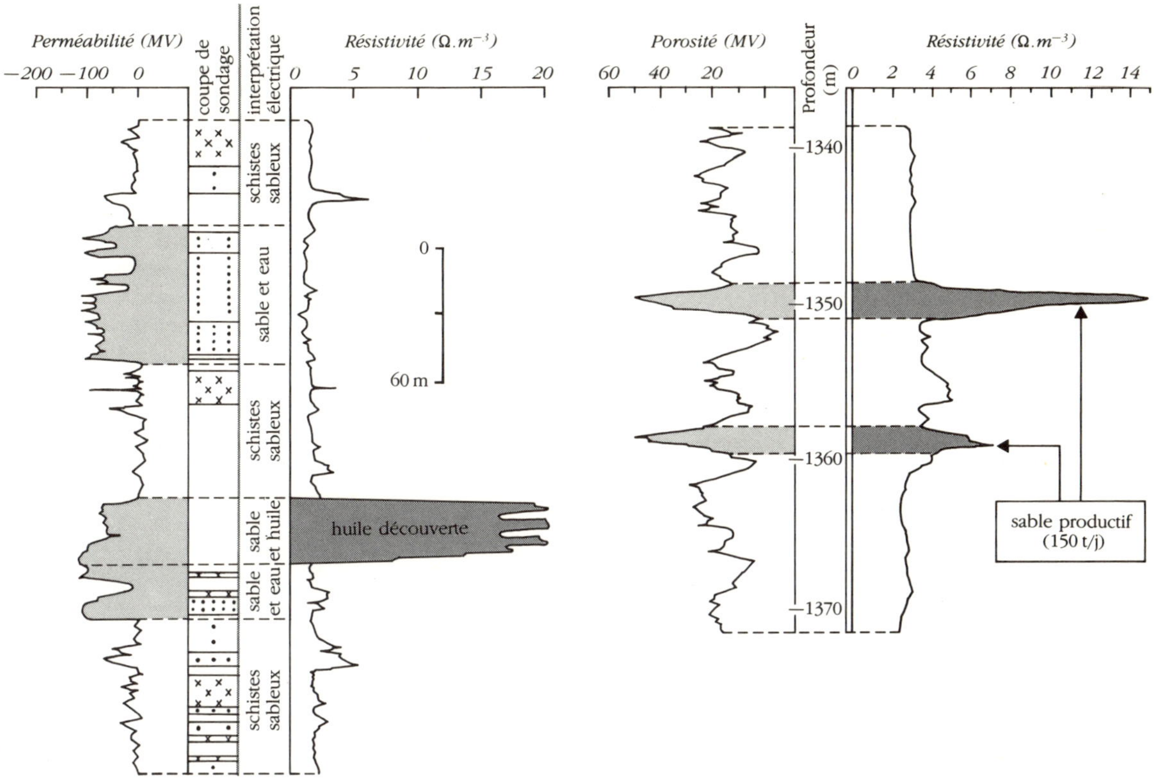

Exemples de courbes Schlumberger illustrant : à gauche, la découverte d'un sable pétrolifère productif (États-Unis, 1933) ; à droite, l'identification d'un sable productif non repéré par les foreurs (Roumanie, 1934). (D'après des documents Schlumberger.)

Les principales mesures Schlumberger réalisées en forage pendant les années 1930

La première courbe, à savoir la courbe de résistivité, obéissait au principe selon lequel les mesures de la résistance d'un volume donné de sol traversé par un courant électrique permettaient de distinguer les couches très conductrices (par exemple, des strates contenant de l'eau salée ou divers métaux) des couches résistantes (par exemple, des strates contenant du pétrole, qui est très résistant). On l'obtenait en plaçant une électrode, B, dans la boue de forage, à côté du puits, afin de réaliser une mise à la terre, en descendant une seconde électrode, A, dans le puits à forer et en faisant circuler un courant entre les deux. Deux électrodes secondaires, M et N, étaient descendues avec A dans le puits — M et N, assez proche l'une de l'autre, se trouvant au-dessus de A. Un potentiomètre, placé à la surface, mesurait la différence de potentiel entre M et N tout au long de la descente ; le diagramme résultant consistait dans le tracé des fluctuations de l'aiguille de ce potentiomètre. Une discontinuité de la courbe était interprétée comme le signe d'un changement de la résistivité de la strate traversée par M et N.

Pendant plusieurs années, on ne se servit que de cette courbe. Dans certains terrains, elle permettait d'identifier des sables pétrolifères, qui sont beaucoup plus résistants que des sables contenant, par exemple, de l'eau salée. Dans d'autres terrains, elle ne le permettait pas — par exemple, quand il y avait beaucoup trop d'autres strates très résistantes à proximité des sables pétrolifères. Dans ce dernier cas, elle pouvait encore servir à opérer des corrélations entre les puits d'un champ pétrolifère donné. Les courbes de résistivité fournissaient alors des « horizons » électriques, qui constituaient autant de signatures d'une strate particulière, ainsi repérable de puits en puits. Il était alors possible de dresser une carte en trois dimensions du champ considéré. Elles étaient, en revanche, inutiles dans d'autres champs — soit qu'ils fussent trop complexes (failles trop nombreuses et horizons trop rares) ou trop simples (et alors les géologues n'avaient pas besoin de secours extérieur).

La seconde courbe — appelée « courbe de porosité », « courbe de perméabilité », « courbe de potentiel spontané », « courbe de potentiel d'écoulement » ou tout simplement « courbe de gauche » — constituait à l'origine une mesure de la difficulté à stabiliser la lecture de la première courbe. Elle s'inspirait du principe général selon lequel, pour des raisons indéterminées, l'activité électrique est plus intense au niveau des couches perméables qu'au niveau des couches imperméables. Cette courbe avait un aspect différent de la première. Elle produisait de fortes discontinuités en face des sables pétrolifères, tout comme la courbe de résistivité, mais ne réagissait pas au passage des strates imperméables très résistantes. Même si ces deux courbes combinées ne permettaient pas de découvrir invariablement le pétrole présent, elles constituaient une méthode de loin supérieure à toute autre.

Les traits ondulés commercialisés par Schlumberger reposaient sur deux principes. Le premier consistait à mesurer la « résistivité » à l'aide de deux électrodes, l'une mise à la terre à la surface et l'autre introduite dans le puits. Il suffisait alors de faire circuler un courant entre elles à travers le sol. Imaginons que, jusqu'à 500 mètres de profondeur, le sous-sol soit fortement et uniformément conducteur et que, soudain, il devienne très résistant (comme l'est le granite, par exemple). Il y aura alors une fluctuation du courant passant entre les deux électrodes, fluctuation qui se reproduira à chaque variation ultérieure de la résistivité des strates environnantes. Deux électrodes secondaires servent à mesurer les variations du champ électrique à mesure que la première électrode descend dans le puits de forage. Il devient alors possible de trouver du pétrole dans les couches *poreuses*, relativement *très résistantes*. Si la couche n'est pas poreuse, elle ne peut pas contenir du pétrole. Si elle est poreuse, mais très peu résistante, elle contient probablement de l'eau salée, très conductrice. Si elle est poreuse et résistante, elle peut alors contenir du pétrole.

Cette première courbe était en soi excellente, mais ne permettait pas de distinguer une couche poreuse et résistante (éventuellement pétrolifère) d'une couche résistante, mais non poreuse (du granite, par exemple). Elle servait cependant à déterminer la profondeur à laquelle le pétrole cédait la place à l'eau salée — sous terre comme en laboratoire, le pétrole flotte sur l'eau — et, par conséquent, à décider de la profondeur optimale de forage. Une seconde courbe permettait de distinguer les couches poreuses et non poreuses. Pour obtenir cette courbe, on faisait descendre l'électrode sans faire passer de courant. On enregistrait ainsi les variations locales de l'activité électrique. Les deux principales causes de discontinuité de cette courbe étaient l'électrofiltration et la réaction électrochimique. Elles caractérisaient nettement les couches poreuses. Il pouvait arriver que ces deux causes s'annulassent entièrement (peut-être par suite de leurs signes opposés), mais elles permettaient souvent aux foreurs de cartographier les couches pétrolifères avec une précision inconcevable du temps qu'ils ne pouvaient qu'essayer d'interpréter le fouillis des données disponibles à la surface du trou de forage.

Électrofiltration : réaction électrique provoquée par le passage d'un fluide conducteur comme la boue de forage dans les strates environnantes.

Réaction électrochimique : la différence de salinité entre la boue de forage et le fluide présent dans les roches environnantes entraîne l'apparition d'un courant électrique.

Somme toute, un groupe de scientifiques et d'ingénieurs travaillant dans l'industrie pétrolière, en appliquant leurs connaissances scientifiques, ont apporté des solutions radicalement nouvelles à de vieux problèmes : il s'agissait là d'un archétype de science industrielle.

Mais comment protéger ces découvertes, ces brevets, comment les défendre contre la concurrence ?

En 1939, Schlumberger intente un procès en contrefaçon à Halliburton, une firme concurrente, celle-là prétendant que celle-ci avait copié les méthodes d'enregistrement des deux courbes précédemment décrites.

Le procès

Nous voulons simplement la vérité. Essayons de déterminer qui a raison dans l'affaire Schlumberger contre Halliburton. C'est en fait très simple. Prenons une courbe, n'importe laquelle, tirée d'un diagramme de Schlumberger et comparons-la avec une courbe d'un diagramme du même puits, effectué cette fois par Halliburton. Si les deux diagrammes sont équivalents, il semble prouvé à première vue que les deux méthodes sont identiques. Examinons ensuite le brevet de Schlumberger. S'il décrit la technique de traçage des courbes et qu'il ait la priorité sur toute autre méthode utilisée, alors Schlumberger a raison. Toutefois, les enjeux sont importants et il ne faut pas aller trop vite en besogne. L'activité de Schlumberger est considérable. De juin 1932 à octobre 1940, la société a diagraphié 33 millions de mètres, l'équivalent d'à peu près deux fois et demi le diamètre de la Terre ou de quatre cents fois la distance du trajet aller et retour entre la ville où habite le juge et la salle du tribunal. Schlumberger traitait alors plus de 95 p. 100 des affaires en cours du secteur.

Commençons donc le procès. Prenons d'abord une courbe, n'importe laquelle. Facile à dire ! Premier problème, les courbes qui devaient être utilisées dans le cadre du procès appartenaient en général aux sociétés pétrolières, apparemment peu désireuses de diffuser de précieux renseignements sur leurs puits. Ainsi, Mr. Ennis, de la Oil Well Water Locating Company, chargé par Halliburton de prouver l'antériorité (l'existence commune d'une méthode avant son brevetage), a déclaré qu'il ne pouvait invoquer à titre de preuve que des diagrammes publiés : « Nous n'avons publié des enregistrements qu'après en avoir obtenu l'autorisation, et tout changement appporté aux formations mentionnées dans ces enregistrements s'est effectué à l'initiative de quiconque était en mesure de nous autoriser à publier. Par conséquent, lorsque je fais une déposition à propos de l'exactitude de la profondeur d'un puits, je ne peux pas réellement affirmer qu'il s'agit bien de la profondeur de ce puits. [...] — Et, selon vous, le soi-disant forage à découvert correspondait-il à l'avancement exact relatif à ce facteur ? — Disons peut-être à 25, 30, 40 ou 50 pieds (de 8 à 15 m) près. » Il devenait donc difficile de choisir une courbe sans être certain qu'il s'agissait d'une courbe véritable ; personne ne savait quelle était la vraie courbe — à un point tel que le géophysicien M. Rust dut admettre que les courbes publiées dans le cadre d'un brevet concurrent étaient en fait des diagrammes de Schlumberger.

S'il y a un peu de confusion au sujet de la réalité des courbes, il ne faut cependant pas exagérer l'importance de ce problème. Les deux parties finirent par obtenir des sociétés pétrolières qui les soutenaient la permission d'utiliser des diagrammes réels. Mais les courbes sont-elles équivalentes ? La défense a demandé au témoin expert à charge, Martin Aiken, d'interpréter un diagramme imaginaire : « — Supposons que la résistivité d'une formation était de 4 ohms par mètre. Pourriez-vous en déduire la nature de la formation, en l'absence de tout autre renseignement ? — Ici, au Texas ? — En l'absence de toute autre information. — Il y a toujours d'autres informations, Mr. Martin. Il est impossible d'employer une méthode physique en la détachant entièrement de son contexte. Tout à fait impossible. On sait toujours quelque chose. » La courbe n'existe que dans un contexte précis.

Nous ne pouvons donc pas choisir n'importe quelle courbe : ce faisant, nous préjugerions du résultat en prenant le parti d'Halliburton contre Schlumberger. En effet, selon Halliburton, si les brevets décrivaient une méthode valable, ils auraient dû être applicables partout, sans distinction de lieu. Selon Schlumberger, le contexte primait — qu'il se soit agi d'interpréter les courbes ou les brevets. Ainsi Mr. Aiken, après avoir insisté sur la spécificité des courbes, fait de même à propos des mots. On lui a demandé de définir le mot « paramètre » : « Ce que nous entendons par paramètre dépend de ce dont nous parlons. Or nous parlons d'exploration géophysique. [...] Lorsque nous considérons un mot, nous devons le replacer dans son contexte, et non lui faire dire quelque chose qu'à l'évidence le brevet ne voulait pas qu'il signifie. » Ce même problème de la dépendance des mots et des diagrammes à l'égard du contexte a surgi lorsque Halliburton a essayé de prouver que la méthode de Schlumberger avait en fait été employée pour la première fois par Fox dans les mines d'étain de Cornwall, en 1830.

Il est également nécessaire de replacer ces positions herméneutiques de Schlumberger et de Halliburton dans leur contexte. Pour le plaignant comme pour le défendeur, la réalité et son interprétation ne se traitent pas de la même manière dans une salle de tribunal, dans une revue scientifique et dans une brochure publicitaire. Cela nous amène d'ailleurs à une autre difficulté soulevée par le choix d'une courbe. La salle de tribunal elle-même n'est pas une arène isolée. Les rangs du fond sont remplis de concurrents qui prennent des notes et piquent des idées. Worthington Campbell, qui représentait Schlumberger dans une affaire l'opposant à Geoanalyser (affaire d'ailleurs conclue par un règlement à l'amiable), le fit remarquer en résumant la stratégie adoptée en

cette occasion: « Nous avons aussi décidé d'inclure le brevet concernant la porosité, persuadés d'obtenir ainsi ultérieurement une preuve plus convaincante de la contrefaçon. Nous craignions toujours qu'en l'absence de cette preuve nette et convaincante un juge fût déconcerté par une courbe composite regroupant les valeurs du potentiel spontané et de la résistivité, cette même courbe servant à étayer la plainte en contrefaçon des deux brevets concernant la porosité et la résistivité. Geoanalyser, dans ses réponses aux interrogatoires, admit la courbe de résistivité ou de résistance, mais nia l'influence de la polarisation spontanée.
« [...] La cour a peut-être dit certaines choses susceptibles de permettre à d'autres d'obtenir une courbe composite sans commettre de contrefaçon, bien qu'une personne compétente ait très bien pu en tirer des indications au sujet de la porosité. »
Quoique Schlumberger ait peut-être désiré expliquer et défendre ses courbes, il s'agissait là de choses qu'il valait mieux passer sous silence. C'est ainsi que Mr. E. G. Leonardon, administrateur délégué de Schlumberger aux États-Unis, refusa d'aller plus avant dans la description des écartements optimaux des électrodes correspondant à un mètre cube idéal: « L'expérience qui nous a permis de déterminer le meilleur écartement en différents endroits est longue et coûteuse, ce qui m'incite à ne pas vous en donner tous les détails. » Une interview ultérieure nous apprend qu'une idée nouvelle non brevetée, révélée par mégarde au cours du procès, fut reprise par Halliburton, de sorte que Schlumberger dut finalement racheter le droit d'usage de sa propre invention.
L'avocat de la Oil Well Water Locating Company a insisté de façon tout à fait explicite sur la nécessité d'un certain secret: « J'ai déconseillé au témoin de vous fournir quoi que ce soit; en fait, lorsque vous avez d'abord demandé les diagrammes ou des documents équivalents, je vous ai dit « Non », et c'est seulement après que vous avez enregistré les dépositions l'autre jour que je me suis finalement résolu à permettre à Mr. Ennis d'utiliser quelque brochure publicitaire ou son équivalent pour illustrer ce qu'il avait fait à un certain moment, dans la mesure où ses activités publiques étaient seules concernées. »
Dans le contexte du procès, il n'est pas possible de « choisir n'importe quelle courbe ». Ni les sociétés pétrolières, ni Schlumberger, ni les défendeurs ne nous le permettront et, si nous en croyons Schlumberger, n'importe quelle courbe est tout simplement synonyme d'aucune courbe. Une fois cette différence entre courbe « type » et courbe réelle bien établie, nous verrons maintenant dans quelle mesure chaque courbe était à tour de rôle constitutivement locale, décorative et sujette à des interprétations radicalement différentes de la part des acteurs concernés, à savoir les inspecteurs de puits et les sociétés pétrolières. C'est le Houston Geological Society Study Group ou Electrical Logging qui fournit la courbe type en question, intitulée: « Diagramme type de potentiel spontané et de résistivité. » Ce diagramme est effectivement typique d'un large éventail de représentations de diagrammes électriques, donnant ainsi une illustration claire de l'effet idéal. Il s'agit d'un exemple classique.
On remarque certaines concessions au réalisme: le gaz est au-dessus du pétrole, lui-même au-dessus de l'eau, puis du substratum rocheux. Il suffit cependant d'examiner les courbes elles-mêmes pour s'apercevoir immédiatement que quelque chose est faux. En effet, à la différence de la courbe type, les courbes réelles sont en dents de scie. Cela est dû à plusieurs facteurs, et notamment au phénomène connu sous le nom de « sautes d'enregistrement ». Les trois électrodes en question — disons A, M et N — rencontrent à tour de rôle des strates différentes. Supposons que A et M sont dans une couche très résistante et que N pénètre dans une couche conductrice. Cela provoque un tressautement de la courbe. Puis M pénètre à son tour dans la couche conductrice, alors que N s'y trouve encore ou en est déjà sorti. Dans l'intervalle, A peut ou non avoir traversé une couche conductrice située plus

haut. A chaque limite (et les limites ne sont pas nécessairement bien définies), on observe une discontinuité de la courbe, de sorte que chaque couche n'engendre pas un effet unique, mais plutôt une série d'effets. La courbe est une interprétation composite de ces fluctuations ; et les ingénieurs de Schlumberger disposaient d'une collection de courbes idéales leur indiquant la séquence qu'ils étaient susceptibles de rencontrer. En principe, le résultat était illisible en cas de « configurations d'électrodes dont l'écartement était du même ordre de grandeur que l'épaisseur des couches traversées », mais « cela implique clairement que nous connaissions la nature du terrain à traverser ainsi que l'ampleur de l'effet obtenu ». En sciences humaines, on parle à ce propos de « cercle herméneutique », et, en sciences pures, de « régression expérimentale ».

Une sonde du Texas n'était pas identique à une sonde de l'Oklahoma et il fallait donc employer des configurations différentes pour obtenir la même courbe. La « courbe de gauche » était également une courbe composite. Comme nous l'avons vu, sa forme résultait d'au moins deux effets : l'effet électrochimique et l'effet d'électrofiltration, qui pouvaient être de signes opposés et s'annuler l'un l'autre. En outre, le potentiel spontané enregistrait une augmentation relativement régulière avec la profondeur, à mesure que la température du fluide de forage s'élevait — autre facteur local qui variait de champ en champ, de puits en puits. Pour simplifier les choses, des couches de sel pouvaient se dissoudre localement dans la boue de forage, de sorte que le domaine réel des deux courbes se trouvait limité à la boue elle-même. Dans les deux cas, nous avons affaire à des courbes composites qui devaient être interprétées sur place par l'ingénieur ou le géologue. La courbe réelle — la courbe spécialement adaptée aux besoins locaux — nécessitait un réglage suffisamment fin pour que Halliburton reprît l'argument à son compte : « Dans ce procès, le plaignant, la Schlumberger Well Surveying Corporation, a caché au public américain les méthodes et les appareils dont il a fait usage avec succès sur le terrain. »

Courbe de gauche : pour une explication, le lecteur se reportera au dessin et à l'encadré de la p. 471.

Bien loin de présenter des discontinuités évidentes aux bons endroits, conformément à la théorie mutuellement admise, les courbes étaient en fait soupçonnées durant les premières années de n'être qu'un leurre décoratif masquant la véritable collecte des informations, qui avait lieu ailleurs : « Lorsque les gens de Schlumberger sont intervenus pour la première fois, une partie de nos fonctions consistait à sortir en camion par tous les temps et à rester là pendant qu'ils effectuaient leurs diagrammes, afin de voir si les Français n'essayaient pas de nous faire marcher. »

Schlumberger était, entre autres, accusée d'ajouter des électrodes factices à son matériel dans le but de dissimuler les configurations qu'ils utilisaient réellement.

Dans le contexte du champ pétrolifère, il n'était toutefois guère approprié d'argumenter sur l'interprétabilité infinie de la courbe et la compétence de l'interprète. La rhétorique de l'époque et la politique des sociétés pétrolières s'accordaient pour exclure l'élément humain — ainsi que J. Boyd Best l'affirmait à propos de Schlumberger : « C'est un diagramme précis, exempt de tout élément personnel, qui nous permet de repérer des sables non localisés par la coupe de forage, de cartographier failles et structures et d'établir des corrélations. »

Cette absence d'élément personnel était encore accentuée par le tracé des diagrammes fournis aux sociétés. Cela apparaît de façon particulièrement claire dans le cas d'un autre élément absent de la courbe type — l'échelle normalement mentionnée au-dessus de chaque diagramme. La courbe du potentiel spontané était donnée en millivolts (10^{-3} V) et la courbe de résistivité, en ohms par mètre cube chez Schlumberger et en ohms d'impédance chez Halliburton. Les échelles placées au-dessus des diagrammes évoquaient la mesure de paramètres particuliers, de sorte que le juge parut plutôt déconcerté par la déposition de Blau, selon qui « [...] ces choses qui sont mesurées ne sont pas des résistivités ou des potentiels de contact particuliers. La cour : — Vous voulez dire par là que le demandeur mesure quelque chose, que le défendeur mesure quelque chose, mais que vous n'êtes pas disposé à nous dire quoi ? ». Quant à Turner, un ingénieur de Halliburton, il répondait ainsi aux questions à propos des courbes : « — Et vous aidiez le client à les interpréter ? — En interprétant ce que les différentes courbes signifiaient. — Et à quoi servent les nombres placés en haut des deux échelles, sous potentiel, sur la pièce à conviction 124, gradués en millivolts, moins 50, moins 150, moins 200, à quoi cela sert-il, selon vous ? — Selon moi, ce qui est du côté potentiel n'a aucune utilité. — Du côté impédance, toujours sur cette pièce à conviction 124, sous "Ohms d'impédance", apparaissent les nombres 75, 150, 225 et 300. — Selon moi, cela représente l'échelle à laquelle le diagramme a été établi. — Je comprends. » On demanda aussi à Turner pourquoi les nombres différaient selon que les trous étaient secs ou humides. « — Bien, mais il me semble que je n'aie pas tout à fait compris ce qui distingue ces deux échelles-là. Pourriez-vous me donner une explication ? — Je pense que cela prouve clairement que l'échelle, en ce qui la concerne, n'a aucune utilité réelle. Elle ne sert qu'à mettre en évidence l'ampleur de la discontinuité. »

Les nombres placés en haut des diagrammes étaient donc décoratifs, en ce sens qu'ils n'étaient pas indispensables à l'interprétation de ces diagrammes. Ils servaient en fait à prouver que les courbes étaient bien le fruit d'un travail scientifique, et non des impressions artistiques de quelques Français. Ils servaient également à distinguer un ouvrage particulier, à en souligner le caractère original, à signer l'œuvre. Une des meilleures initiatives de Schlumberger pendant le procès consista à réduire l'échelle d'un de ses diagrammes de sorte qu'il coïncidât avec le diagramme effectué le même jour et dans le même puits par Halliburton — les tracés étaient à ce point identiques que Halliburton ne contesta pas la similitude. Cela soulevait la question des échelles employées, posée par l'avocat de la défense à l'expert de Schlumberger : « — Si j'en crois votre dernière déposition, l'échelle utilisée par le défendeur semble indiquer qu'il mesure autre chose que la résistivité ; est-ce à dire que l'échelle n'indique pas la valeur de la résistivité, la résistivité spécifique ? — Nous l'avons déjà dit, il s'agit bien d'une courbe de résistivité. A mon avis, la seule raison qui pourrait motiver l'introduction d'une échelle arbitraire serait l'espoir qu'elle semblât indiquer que le défendeur mesurait quelque chose d'autre. »

Les courbes présentaient aussi une dimension décorative liée au processus d'accoutumance. La stratégie des spécialistes de la diagraphie consistait à habituer les sociétés pétrolières à consulter les courbes, qu'elles en tirassent des enseignements utiles ou non. Ainsi, le responsable des activités de Schlumberger au Venezuela écrivait, en 1934, au siège de la société, à Paris : « Je propose de ne pas modifier les prix exigés pour ce genre d'intervention (diagrammes de trous en réparation). En l'occurrence, les résultats fournis par des diagraphies effectuées dans ces conditions sont parfois influencés par la présence de morceaux de crépins ou d'autres objets repêchés. Il me semble toutefois judicieux d'aider et d'encourager les compagnies telles que Gulf, qui procèdent systématiquement à la diagraphie de tous les trous qu'elles réparent, malgré le risque de distorsion des diagrammes et, par conséquent, de production de données incomplètes. »

Ce facteur d'accoutumance — habituer les compagnies et leur donner ce dont elles ont l'habitude — ramenait à la forme originale des courbes. « Une série de diagrammes de Schlumberger (résistivité et potentiel spontané) est identique à un diagramme lithologique ordinaire, "traduit en code électrique" facilement déchiffrable avec un peu d'expérience. » Les sociétés de diagraphie tenaient à ne pas modifier trop souvent les courbes, malgré les améliorations que ces modifications auraient pu apporter. Par exemple, il existait une certaine configuration d'électrodes pour laquelle, lorsque les foreurs injectaient dans le puits de forage une boue à base d'eau douce, on constatait « une augmentation des discontinuités en face des couches d'eau et une diminution en face des couches pétrolifères. On conviendra aisément que cette singularité ne simplifiait pas le problème fondamental de l'identification de ces dernières ». Pourtant, cette configuration donnait d'excellents résultats en matière de corrélation et nécessitait peu de courant, de sorte que « finalement, il nous fallut continuer à l'utiliser pour des raisons de continuité, parce qu'elle avait permis de réaliser de nombreux diagrammes dans le passé et que les géologues y étaient habitués ». Étant donné le caractère précaire des relations entre géophysiciens et géologues — ceux-ci se sentant menacés par ceux-là —, il semblait opportun de consentir quelques sacrifices pour rassurer les géologues et leur donner le sentiment d'une certaine importance. La solution consista à *ajouter* une autre courbe, exempte des problèmes mentionnés, et à conserver la courbe rudimentaire en l'état.

Les secrets de la science

Où en sommes-nous du discours de la science industrielle ? Un trait dominant résulte de ce qui vient d'être dit : en science industrielle, le savoir n'est pas immédiatement accessible à celui qui l'utilise. La société, Schlumberger en l'occurrence, a tout intérêt à garder secrète une partie de son savoir et à donner des comptes rendus variables de ses procédés en fonction du lecteur amené à les lire. Cela est en complète opposition avec le discours de la science pure. Lorsque dans les années 1640, Robert Boyle créa en Angleterre le premier laboratoire de recherche, il proposa une série de règles relatives à la présentation des données. Son laboratoire devait être le contraire des « élaboratoires » des alchimistes. Ceux-ci étaient des endroits secrets, auxquels personne n'avait accès ; il n'existait aucune description des travaux accomplis et rien ne permettait de les reproduire ailleurs. A l'inverse, le laboratoire de recherche devait être ouvert au public, et les comptes rendus publiés des expériences devaient être suffisamment clairs et explicites pour que chacun puisse reproduire celles-ci à volonté. En fait, la reproduction des expériences est chose notoirement difficile et les laboratoires de science pure sont en général aussi fermés au public que les laboratoires de science industrielle. Toutefois, le discours de la transparence demeure un trait essentiel de la science pure. De ce point de vue, les spécialistes en science industrielle sont davantage dans la tradition alchimique — consistant à produire des résultats dont seul l'initié peut comprendre la genèse. C'est ainsi que nous avons vu Leonardon refuser d'indiquer les écartements optimaux des électrodes, Halliburton être accusée d'avoir donné un faux nom à ce que son personnel avait mesuré et Schlumberger être mis en cause pour avoir ajouté des boutons à ses appareils de mesure, dans le seul but de brouiller les pistes.

Les premiers laboratoires de recherche industrielle

Selon l'historien David Kevles, les sociétés qui s'engagèrent les premières dans la recherche industrielle, au cours des années 1890, furent celles qui produisaient de l'électricité, du fer et de l'acier, des engrais, du sucre, des produits pharmaceutiques, des colorants et du pétrole. Steven Rae indique la chronologie suivante : 1875, Pennsylvania Railroad (selon lui, le premier laboratoire de recherche industrielle) ; 1876, Menlo Park (le laboratoire de Thomas Edison) ; 1886, Eastmann Kodak ; 1889, Standard Oil ; 1890, Du Pont de Nemours (les fabricants de produits chimiques) ; 1900, General Electric, à Shenectady ; et 1903, Westinghouse.

Cette simultanéité presque parfaite de l'introduction des laboratoires de recherche est significative. Par ailleurs, nous pourrions suivre l'historien de la chimie J. R. Partington et considérer que ce sont les prêtres égyptiens qui entreprirent les premiers travaux de recherche industrielle.

Il ne suffit pourtant pas d'indiquer cette différence des discours. Il faut aussi la caractériser, l'expliquer. Pour ce faire, il est intéressant de considérer le principal produit de la science industrielle — le brevet — et, éventuellement, de le comparer au principal produit de la science pure — l'article scientifique. Ce sont des brevets qui sont à l'origine de l'affaire Schlumberger. Que sont les brevets ? Comment leur usage s'est-il répandu en science industrielle ? Et comment les réponses à ces questions peuvent-elles contribuer à résoudre le problème soulevé dans le présent chapitre, à savoir le peu d'intérêt des historiens pour la réussite de cette science ?

Thomas Alva Edison (assis au centre, avec un béret) dans son laboratoire à Menlo Park, en 1880. Le laboratoire comme usine. Les lampes font partie des premières lampes électriques ; elles ont été inventées dans ce laboratoire. (Ph. © Coll. PPP-IPS-NASA/Photeb.)

En une phrase joliment tournée, l'historien David Noble soutient que « les brevets ont pétrifié le processus de la science, et les fragments gelés du génie sont devenus des armes dans les arsenaux de l'industrie fondée sur elle ». L'histoire précoce de la recherche chez la société Bell (plus tard A T & T, American Telephone and Telegraph) met en évidence le rôle stratégique joué par les brevets. A l'origine, c'est-à-dire en 1877, Alexander Graham Bell essaya de vendre ses deux principaux brevets d'invention du téléphone à la Western Union Telegraph Company, mais en raison de doutes concernant la validité des brevets (il y avait réclamation d'un rival) et la valeur commerciale du téléphone, celle-ci refusa. Bell et ses associés se constituèrent alors en société, pendant que la Western Union créait une filiale, l'American Speaking Telephone Company, dans le but d'exploiter le brevet concurrent. Une bataille légale s'engagea. Bientôt, la Western Union abandonna le terrain, et cela jusqu'à expiration de la période de validité du brevet de la Bell (vingt ans), en échange de 20 p. 100 des revenus de cette dernière. La société Bell obtenait ainsi le monopole virtuel du secteur, qu'elle maintint au moyen d'une double stratégie : intenter des procès répétés en contrefaçon d'invention brevetée (six cents durant la période de validité des deux principaux brevets) et essayer d'acquérir le plus de droits possibles sur les brevets apportant des améliorations à l'invention (accumulant ainsi quelque neuf cents brevets concernant le téléphone jusqu'en 1904). La stratégie était ainsi clairement définie : conserver le contrôle du développement du secteur en utilisant les brevets comme des armes dans une guerre commerciale ininterrompue. Durant cette période initiale, la Bell consacra peu d'argent à sa propre recherche industrielle. Selon un rapport de 1906 cité par Leonard Reich, la Bell était encore engagée dans « la politique souvent risquée d'acquisition des droits des principaux brevets déposés par des inventeurs extérieurs à la société », politique qui, jusqu'ici, avait en général fonctionné « parce que sa position déjà forte en la matière convainquait les inventeurs de la difficulté à exploiter leurs brevets en dehors du système qu'elle avait mis sur pied ».

La radio: expérience de Bell et Tainter, en 1881. Avec la révolution industrielle, on a besoin d'agir à distance; avec la recherche industrielle, on en a les moyens (la radio, le téléphone, les avions, etc.). (Gravure in Th. Dumoncel, le Microphone, *1882; Bibl. nat., Paris. Ph. Jeanbor © Arch. Photeb.)*

Étant donné le temps et l'énergie consacrés par les sociétés telles que la Bell à cette politique défensive d'acquisition et de protection des brevets, nous comprenons mieux l'évolution vers la création de laboratoires de recherche industrielle, garantissant la production continuelle de ces armes. Et en effet, après que A T & T eut commencé, en 1907, à entreprendre des recherches industrielles sérieuses, elle fut rapidement en mesure de passer à l'offensive. Cela est clairement illustré par le cas du répéteur téléphonique. La nécessité d'amplifier régulièrement les signaux circulant sur les lignes constituait un des principaux problèmes de la communication téléphonique à grande distance. Par ailleurs, comme le soulignait John Carty (1861-1932), alors directeur de la recherche, la mise au point réussie du répéteur aurait permis d'avoir l'avantage sur une branche concurrente naissante. « En conséquence, un répéteur téléphonique efficace nous permettrait non seulement d'améliorer la qualité de nos services, mais aussi de nous placer en position avantageuse par rapport au secteur de la télégraphie sans fil, s'il devait acquérir de l'importance. » Cela impliquait le recrutement de physiciens qui fussent informés « des découvertes récentes de la physique moléculaire et disposés à progresser inlassablement dans cette voie ».

Répéteur: appareil comprenant un ou plusieurs amplificateurs insérés en un point d'un câble de télécommunications, pour relever le niveau des signaux affaiblis par la transmission.

Bien entendu, ce thème central du contrôle exercé par l'intermédiaire des brevets n'est pas propre à la Bell — c'est en fait un thème constant de l'histoire de la science industrielle. Thomas Hughes met en évidence l'incidence de ces questions de brevets sur la création du laboratoire de la GE (General Electric). Dans cette société, l'avocat chargé des brevets jouait un rôle essentiel. Selon lui, cela donnait à la GE la possibilité d'élaborer ses propres brevets et de mettre en place une « ceinture » de brevets extérieurs, qui bloquaient l'accès et dont l'acquisition aurait coûté trop cher. Les brevets constituaient une grande part des travaux ordinaires de laboratoire, les responsables consacrant beaucoup de leur temps à préparer les dossiers des procès en contrefaçon d'inventions brevetées. C'est donc essentiellement un besoin de contrôle et de sécurité qui a conduit la Bell et la GE à créer des laboratoires de recherche industrielle; bientôt, le brevet, en tant qu'article manufacturé, devint le principal produit des laboratoires.

Le développement de la science industrielle

Un autre facteur qui va de pair avec la fabrication des brevets est le rôle joué par les laboratoires de recherche dans la diversification des sociétés mères. Le laboratoire de recherche de la GE, par exemple, fut créé en 1900 dans le but avoué de permettre à cette société de conserver le contrôle du marché américain de l'éclairage électrique. A cette époque, les ampoules de la GE comportaient un filament de carbone inefficace — ce filament chauffait trop et n'éclairait pas assez. Durant les années 1890, les chercheurs allemands inventèrent deux sortes de lampes qui menacèrent la position de la GE: les lampes Nernst (les ancêtres de nos lampes fluorescentes) et les ampoules à filament d'osmium. Après de longues négociations à l'intérieur même de la société, un laboratoire fut créé sur la recommandation de Charles Steinmetz (1865-1923) et placé sous la direction de Willis Whitney, qui tous deux avaient fait leurs études en Allemagne. Les premières années, les progrès en matière d'éclairage furent lents, et Whitney protégea le laboratoire en lui faisant résoudre des problèmes relatifs à la chaîne de production et en fabriquant des articles lorsque le processus de fabrication nécessitait de recourir aux ressources spéciales du laboratoire. Cette stratégie fonctionna si bien que, dès 1903, son personnel comptait dix-neuf chercheurs et vingt-six auxiliaires.

Le laboratoire de Whitney entreprit bientôt d'améliorer le rendement de la lampe à filament de carbone, mais les résultats enregistrés en Europe par les lampes à osmium, puis à tantale, semblèrent indiquer qu'un nouveau filament était nécessaire. Whitney, qui avait reçu une formation d'électrochimiste, choisit le tungstène. Ce métal faisait l'affaire, mais était trop fragile pour être modelé selon la forme convenable. De 1907 à 1912, le laboratoire se consacra à la résolution de ce problème. Les méthodes employées furent souvent empiriques: on demanda même à un forgeron expérimenté de tenter de façonner le tungstène. Le succès final permit à la GE de garder le contrôle du secteur de l'éclairage grâce à ses brevets — non seulement face à la concurrence européenne, mais aussi devant la menace des lois antitrusts qui avaient déjà provoqué l'éclatement d'énormes entreprises, comme la Standard Oil. L'ampleur du succès est illustrée par le fait qu'en 1928 la GE contrôlait 96 p. 100 du marché des lampes à incandescence. A partir de cette base solide, le laboratoire élargit son champ d'intérêt. Selon Hughes, « Whitney créait une atmosphère que les docteurs ès sciences appréciaient: colloques hebdomadaires, publication d'articles scientifiques et incitation à l'acquisition d'une meilleure compréhenson théorique des phénomènes technologiques ». Witney maintenait la bibliothèque à jour, encourageait l'affiliation aux organisations professionnelles de physiciens et de chimistes et — dans la mesure où les brevets le permettaient — approuvait la publication des résultats. Tout était fait pour créer une atmosphère de recherche pure. Les avocats chargés des brevets, en exerçant une surveillance constante, prenaient en charge la commercialisation.

Reich dépeint les avocats de la GE chargés des brevets épluchant les rapports de laboratoire — et souvent dénichant des solutions de fortune à des problèmes secondaires pour en faire des brevets parfaitement rentables. Ainsi, un circuit bricolé avec les moyens du bord pour faciliter l'analyse des cristaux par rayons X donna lieu au dépôt d'un brevet qui devint un point de passage obligé pour les fabricants de radios. La société engagea des travaux sur les rayons X et la radio, sous l'impulsion des recherches nouvelles menées par le laboratoire. A l'origine, son laboratoire était orienté vers les problèmes; Whitney, en tant que directeur, manœuvra avec succès dans le but de créer, dans cette vaste société, un espace réservé à la recherche pure. La science industrielle avait trouvé sa voie.

La science industrielle et son histoire

Les brevets avaient une double incidence. Ils jouaient un rôle définitif en protégeant l'industrie déjà en place et servaient, par ailleurs, à étayer les nouvelles industries en voie de création. Ces deux facteurs sont perceptibles dans le cas de Schlumberger. Avant la mise au point des deux brevets défendus lors du procès en contrefaçon, la diagraphie de forage n'existait pas. Une fois cette industrie créée, les brevets ont servi à la protéger des concurrents, tels que Halliburton. De quelle manière ces deux facteurs influencent-ils sur la perception historique de l'effort de recherche d'un directeur de laboratoire industriel ?

Manifestement, l'histoire qu'il veut écrire s'inscrit dans le combat qu'il mène pour se protéger. Schlumberger ne désirait pas fournir d'explications trop détaillées de ses procédés de recherche industrielle. Cela aurait pu donner des idées aux concurrents (comme ce fut le cas lors du procès précédemment mentionné). Pis, cela aurait pu réellement invalider les brevets — il en est ainsi de la réclamation de Halliburton selon laquelle une analyse historique serrée montrait que les techniques utilisées sur le terrain ne correspondaient pas aux techniques indiquées dans le brevet. Le cas de Rudolf Diesel (1858-1913) en constitue un excellent exemple. L'essentiel du travail de Diesel consista à essayer de donner une traduction matérielle du cycle de Carnot, qui était une expression mathématique du mécanisme d'un moteur thermique idéal. Il avait abordé cette question pendant ses études à la Berliner Technische Hochschule et, de son propre aveu, devint obsédé par le problème de l'expression matérielle du cycle. Lorsqu'il déposa son premier brevet en 1892, il pensait (et plusieurs autres experts avec lui) l'avoir résolu — quoique, sous sa forme « Carnot », le moteur ne fonctionnât pas. Durant les années 1890, le moteur fabriqué à l'usine MAN (Maschinen Fabrik Augsburg Nürnburg) subit une série complète de modifications qui entraînèrent un changement de sa forme, mais aussi de la théorie de son fonctionnement. La situation devint embarrassante pour Diesel, qui avait fondé son brevet sur une théorie irréalisable du fonctionnement de son moteur; et lorsqu'il déposa un second brevet décrivant un moteur fonctionnel, il dut glisser sur les changements théoriques, afin de protéger son premier brevet, plus fondamental. Les deux brevets constituaient la pierre angulaire de sa fortune et les divergences entre eux et les moteurs fabriqués, son talon d'Achille.

Cycle de Carnot:
cycle thermodynamique ditherme réversible, constitué de deux transformations isothermes (à température constante) et de deux transformations adiabatiques (sans échange de chaleur avec le milieu environnant).

Les producteurs de science industrielle ont, en fait, on le voit, tout intérêt à garder l'histoire de leurs produits aussi ouverte et souple que possible, en essayant de freiner la trajectoire de leurs concurrents. C'est là la meilleure attitude possible pour faire face aux attaques qui peuvent venir de n'importe quelle direction. Ainsi fait l'historien lorsqu'il étudie la genèse des objets dont il traite, qu'il s'agisse des classes sociales, des religions ou des idées. Un bon brevet, un bon produit de la science industrielle est un brevet ou un produit sans histoire. Il était par conséquent naturel que Schlumberger récusât toute filiation entre ses travaux et ceux de Fox, que Halliburton niât la ressemblance de ses appareils de mesure avec ceux de Schlumberger. Ces contraintes

procèdent de l'organisation générale des laboratoires de recherche. L'histoire regorge de spécialistes de la science industrielle frustrés de « leurs » découvertes par d'autres, parce que leur société les a empêchés de publier des résultats dont aurait pu bénéficier la concurrence.
Il apparaît donc que la science industrielle cherche à détruire son propre passé ou, du moins, à le contrôler. Elle diffère en cela de la science académique, mais pour le discerner, il faut apprécier à quel point ces deux formes de science sont virtuellement équivalentes, tant du point de vue de la structure que de celui du discours.

Science « pure » et science « appliquée »

La distinction des discours de la science « pure » et de la science « appliquée » est, en soi, une invention historique associée à la création des disciplines scientifiques au cours du XIXe siècle. Les scientifiques n'ont pas toujours observé cette distinction qui, de toute manière, est de moins en moins fondée aujourd'hui. La majorité écrasante des travaux scientifiques n'est-elle pas d'origine industrielle ? Même les recherches entreprises dans les universités sont souvent liées à des contrats extérieurs négociés avec l'armée ou avec de grandes sociétés. Pour simplifier les choses, les spécialistes de la science industrielle tiennent eux-mêmes un discours de spécialistes de la science pure. C'est le cas de Whitney, qui encourage, dans les laboratoires de la GE, une atmosphère de recherche pure. Lorsque les avocats chargés des brevets le permettaient, les scientifiques de la société étaient autorisés à publier. Nous pouvons discerner certaines des raisons de ce phénomène en examinant l'essor de la recherche industrielle durant la première moitié du XXe siècle. A l'université, les étudiants entendaient constamment vanter les mérites de la science et de l'acquisition du savoir pour lui-même. S'y ajoutait le mythe de la communauté scientifique, perçue comme une communauté rationnelle qui partageait ouvertement ses résultats pour le plus grand bien de tous. L'industrie était, quant à elle, considérée comme un choix de seconde classe. Si elle pouvait procurer beaucoup plus d'argent, c'était au détriment de la gloire. Les sociétés essayaient de corriger cette tendance en offrant des conditions de travail aussi semblables que possible à celles de la recherche pure. Elles encourageaient les jeunes diplômés particulièrement doués à venir travailler sur des sujets qui les intéressaient et leur accordaient ensuite une large autonomie, pour peu que leurs travaux les satisfassent. Et, si la science pure avait souvent une origine industrielle, la science industrielle se déguisait, elle, souvent pour paraître académique.
Il existe aussi, en science pure, un processus de destruction du passé. Un article scientifique type donnera lieu à deux processus historiques particuliers : la présentation de l'article à l'intérieur du cadre historique relatif à la discipline de l'auteur, d'une part, et la destruction du contexte historique, d'autre part. Le premier donne la clé de la distinction entre science académique et science industrielle ; nous en parlerons plus loin. Le second est le lieu du lien puissant qui les unit. Pour mieux comprendre ce que signifie la destruction du contexte historique, considérons ce qui distingue les deux formulations suivantes :
— En 1911, par un froid matin d'hiver, Conrad Schlumberger réalisa quelques expériences à l'École des mines de Paris, dans une baignoire modifiée, utilisée auparavant par sa fille ; ces expériences indiquèrent qu'on pouvait localiser du métal caché dans des baignoires en cuivre.
— Conrad Schlumberger a prouvé qu'il était possible de localiser des gisements métallifères en cartographiant les courbes d'équirésistivité à la surface du sol.
La seconde formulation est évidemment celle qu'on a le plus de chances de trouver dans un article scientifique : or, selon une récente analyse de sociologie des sciences, c'est précisément la destruction progressive du contexte histo-

rique qui constitue la marque de l'écriture scientifique. Le scientifique rival, tout comme la société rivale Halliburton, essaiera de démontrer que les contingences historiques ne peuvent être négligées — dans le premier cas, le fait qu'il faisait froid, et, dans le second, le fait que Schlumberger avait inclus un disjoncteur non mentionné par le brevet. Ainsi, en un sens, tant le discours de la science industrielle que celui de la science pure impliquent la destruction du contexte historique.

Ils se distinguent toutefois en ce qui concerne la seconde fonction de l'article scientifique : insérer le travail effectué dans le contexte d'autres travaux. On y parvient localement, en faisant référence à des articles récents concernant le domaine approprié ou, plus globalement, en prétendant participer à des programmes de recherches sans cesse plus importants. C'est ce processus d'insertion historique qui crée les géants de la science, amenés à cautionner une quantité énorme de travaux. En conséquence, n'importe qui peut nommer une douzaine de scientifiques « purs », alors que pour ainsi dire personne n'est en mesure de nommer un seul spécialiste de science industrielle. La science industrielle détruit son propre passé en créant du capital et la science pure, en créant du capital intellectuel. Les deux orientations se chevauchent en ce qu'elles emploient le même processus d'abstraction, et diffèrent en ce que, créant toutes deux des objets canoniques et fortement individualisés, elles leur attribuent, l'une, une marque de fabrique, et l'autre, le nom de leurs créateurs. Le processus est identique, mais les résultats diffèrent. Histoire d'un côté, et technologie de l'autre. La science industrielle n'a pas de passé, le présent est son domaine.

La nature de la science industrielle

Nous comprenons maintenant un peu mieux pourquoi les historiens ont négligé à ce point la science industrielle, qui est pourtant, de loin, la pratique scientifique la plus répandue. A quoi pourrait ressembler une histoire de ce type ? Quelle est cette série de réussites dont on ne parle pas ?

Là encore, nous choisirons comme point de départ les deux courbes élaborées par Schlumberger de 1920 à 1940. C'est pendant cette période que la science industrielle atteignit sa pleine maturité. Quoique ce fût seulement durant la Seconde Guerre mondiale que la recherche scientifique occupa une place centrale dans l'effort de guerre, elle avait déjà fait de grands progrès pendant la Première Guerre mondiale. Ainsi, les industries chimiques des pays alliés se développèrent pendant la guerre par suite des besoins de munitions et du désir de briser le monopole allemand sur les colorants. La décennie qui suivit la guerre fut une période d'essor de l'industrie et de la science industrielle ; et c'est dans le secteur du pétrole que cet essor fut le plus marqué. Le contrôle et la mise en valeur des ressources pétrolières jouèrent un rôle clé pendant la Grande Guerre — selon la formule célèbre de Lord Curzon (1859-1925), les Alliés étaient portés vers la victoire par une vague de pétrole. Bérenger, le commissaire français aux questions pétrolières près du conseil de guerre, écrivait : « Celui qui possède le pétrole possédera le monde, car il aura la maîtrise des mers grâce au mazout, des airs grâce au pétrole ultraraffiné et des terres grâce à l'essence et au pétrole lampant. » Le secteur pétrolier connut un essor phénoménal : de 1918 à 1936, la production pétrolière passa de 21 à 43 p. 100 de la production énergétique totale. Les scientifiques y participèrent d'une façon importante, leurs contributions allant du processus de localisation des nouveaux gisements au raffinage du pétrole brut extrait des gisements en exploitation.

Sans nous intéresser ici en détail aux premières années de Schlumberger, nous pouvons toutefois faire ressortir brièvement quelques éléments révélateurs. La méthode est déterminante. A l'origine, elle devait servir à définir la nature du sous-sol à partir de la surface. Un courant électrique, circulant entre deux électrodes, établissait un champ électrique. La mesure de ce champ fournissait

Une opération de logging dans le bassin de Maracaïbo, au Venezuela. La précision du laboratoire dans les champs de pétrole des pays lointains. Sous la large ombrelle, l'ingénieur surveille l'enregistreur Schlumberger modèle 1929. Grâce à un bâti enfermant le potentiomètre et un système à manivelle assez sophistiqué, il est possible de tracer de façon continue le diagramme des mesures sur une bande de papier qui se déroule avec la remontée du câble. (Ph. © Coll. Schlumberger.)

certaines indications sur les éventuels gisements sous-jacents — tout comme elle en avait fourni à Conrad Schlumberger avant la guerre, quand il réalisait ses expériences dans une baignoire installée au sous-sol de l'École des mines. Cette méthode n'était pas initialement destinée à la prospection pétrolière, mais plutôt à l'identification des couches métallifères (de faible résistivité). Cependant, pétrole et capitaux allaient de pair, et les frères Conrad et Marcel Schlumberger (1878-1936; 1884-1953) — avec une poignée de collaborateurs — essayèrent de l'adapter à la prospection. Les années 20 furent l'occasion d'une bataille en règle entre trois méthodes différentes de prospection: sismique, gravimétrique et électrique. Les sociétés qui misèrent sur les méthodes sismiques gagnèrent, et ceci pour deux raisons: ces méthodes permettaient de repérer très précisément les dômes de sel, souvent associés aux réserves pétrolifères, et offraient, en outre, la possibilité d'améliorations continuelles, ce qui signifiait le dépôt de nouveaux brevets et le contrôle possible de la technique par une société donnée. Les méthodes gravimétriques, quoique efficaces, étaient statiques. Elles furent donc annexées par les autres sociétés et leur emploi se répandit chez les spécialistes de la prospection électrique et sismique. Quant aux méthodes électriques, elles perdirent la bataille: en dépit des nombreuses modifications des appareils de mesure, les signaux reçus restaient trop ambigus.

Après cet échec, Conrad Schlumberger songea à abandonner le projet. Il s'ensuivit une période de mise au point pas très différente de celle présentée auparavant à propos du moteur de Diesel: une série de mesures furent effectuées, dans l'espoir de parvenir à mesurer quelque chose, en l'absence de toute théorie directrice. Cela aboutit finalement à la création des dispositifs décrits précédemment, tous deux issus de transformations des techniques de surface. Les deux électrodes, au lieu d'être placées à la surface, étaient installées à l'intérieur d'un puits foré au préalable. Ainsi, ce qui était au départ une méthode expérimentale de prospection des métaux devint une mauvaise méthode de prospection pétrolière, puis finalement une technique extrêmement efficace, destinée à faciliter la tâche des foreurs pétroliers. Au fil de cette évolution, la société Schlumberger prit une série de brevets qui lui assuraient le monopole virtuel des méthodes électriques applicables à bon nombre d'activités propres à l'industrie pétrolière. Les travaux en laboratoire et sur le terrain

consistaient précisément à faire en sorte que s'articulassent la demande des prospecteurs, les signaux qui pouvaient être séparés du « bruit » électrique extrêmement complexe associé à toute opération de forage, et le dispositif de mesure.
Toute une série d'ajustements réciproques eurent ainsi lieu avant qu'il fût possible de rédiger des manuels sur la science du pétrole. Certaines des caractéristiques générales de ces ajustements, du moins c'est là mon opinion, sont généralisables à la science et à l'industrie considérées dans leur ensemble et nous fournissent le moyen de mieux comprendre l'essor de la science industrielle.

Les ajustements de la science industrielle

Les sociétés pétrolières, par exemple, établissaient de nouvelles formes d'espace social, de temps et d'énergie, qui leur permettaient d'intervenir à l'intérieur de l'État traditionnel. Il en est ainsi du réseau routier, comparable à de très fins filaments qui relient les centres d'énergie d'un pays (les villes et les puits de pétrole). La configuration en réseau des routes, des voies ferrées et des pipelines présentait l'avantage de permettre aux sociétés pétrolières de poursuivre leurs activités tout en réduisant au minimum les contacts avec les États hôtes et leurs habitants. Un ingénieur de Schlumberger, en évoquant les souvenirs de la période qu'il avait passée en Birmanie, où les sociétés pétrolières avaient littéralement créé une infrastructure qui sapait l'industrie locale à sa base, citait un exemple amusant de cette volonté de restreindre les contacts :
« Les Birmans avaient une façon très particulière de mettre ce pétrole en exploitation. Ils creusaient un puits carré (d'environ 1 m de côté). C'était une opération manuelle, avec toutes sortes d'outils à manche court et même avec les mains, quand les formations s'y prêtaient. Le puits était surmonté d'un touret muni de manivelles qui servait à remonter les déblais à l'aide d'un seau. Ce seau servait également à descendre et à remonter le puisatier birman. Le temps que chaque Birman passait à creuser était variable, mais souvent écourté par la présence constante de gaz. Le problème consistait avant tout à remonter un bonhomme vivant plutôt qu'un cadavre.
« [...] Les Anglais, respectueux des us et coutumes, n'essayaient en aucune sorte de modifier ces installations rudimentaires et n'empiétaient pas sur les droits des premiers propriétaires. Ils décidèrent simplement que tous les hydrocarbures découverts au-dessus de la profondeur maximale de ces puits n'appartiendraient pas à la BOC (British Oxygen Company), sans même contrecarrer la commercialisation de ce pétrole artisanal : c'est ainsi que, en 1936, on pouvait voir un certain nombre de ces puits, en exploitation ou en creusage, au milieu d'une forêt de tours en bois de la BOC. »
Cette longue citation illustre bien les caractéristiques essentielles des activités de l'industrie pétrolière. Elle souligne l'absence presque totale de contacts avec l'État traditionnel ; les puisatiers birmans isolés sont tout simplement ignorés, la BOC creusant sous leur domaine. Elle met en évidence l'énorme supériorité de l'énergie drainée par le réseau pétrolier (la forêt de tours opposée au trou creusé à la main) ainsi que les nouvelles configurations de l'espace social associé au réseau — le marché international auquel est destiné le pétrole de la BOC est tacitement mis en balance avec le marché local qui le précédait. Finalement, elle fait allusion aux nouvelles configurations du temps social : le Birman travaille irrégulièrement, alors que la BOC travaille vingt-quatre heures par jour. Par conséquent, si nous voulons décrire la manière dont les sociétés pétrolières agissaient dans les nouveaux territoires, il nous faut considérer la manière dont elles canalisaient l'énergie sous une forme extrêmement concentrée, le long de vastes réseaux fonctionnant selon un temps social différent du temps social traditionnel.

Le même processus de réarrangement de l'espace, du temps et de l'énergie est aussi perceptible dans le contenu du discours scientifique tenu par les prospecteurs pétroliers. Voici, par exemple, un passage typique d'un rapport de géologie industrielle rédigé en 1930 à propos d'un champ pétrolifère au Venezuela :

« Champ de Rio Tarra.
« *Emplacement et accessibilité* : État de Zulia, district de Colon. Accessible par bateaux à faible tirant d'eau via le lac Maracaïbo, le rio Catatumbo et le rio Tarra jusqu'à La Poloma. Voie ferrée étroite jusqu'au camp.
« *Date de découverte* : le puits n° 1 de la Colon Development Company est entré en production le 27 août 1916.
« *Couches productrices* : 50 pieds (15 m) de schistes sableux, situés au milieu du premier horizon carbonifère, contiennent du pétrole léger [...].
« *Structure* : l'anticlinal du rio Tarra est asymétrique sur toute sa longueur ; son flanc oriental est localement vertical et légèrement inverse, alors que son flanc occidental a une inclinaison moins marquée [...].
« *Caractéristiques du pétrole* : pétrole asphaltique, variant de 23 à 32 degrés Baumé. Pétrole de densité supérieure extrait des sables de Tabla, à la base du troisième horizon carbonifère de l'Éocène.
« *Production* : le pétrole produit a servi à mener à bien les opérations de forage. Stockage prévu en réservoir. Pas d'installations en vue de l'exportation du pétrole. Production d'environ 25 000 barils en décembre 1925. »

Degré Baumé : unité arbitraire de l'aréomètre Baumé, instrument fonctionnant suivant le principe d'Archimède et destiné à mesurer la densité d'une solution.

Ce rapport fait référence à trois sortes de cartes du domaine pétrolifère : une carte des voies d'accès, une carte de la structure géologique et une carte de la structure de la subsurface. On y mentionne, en outre, trois sortes de dates : l'âge de formation du pétrole, la date de sa découverte et l'année statistique 1925. A propos de l'énergie, il semble plutôt ironique que tout le pétrole produit ait servi à réaliser les forages. Le géologue industriel fait partie intégrante du processus de réarrangement de l'espace, du temps et de l'énergie, engagé par les sociétés pétrolières. De façon très abstraite, ces sociétés créent des axes de redistribution de l'énergie à la surface du globe. Ce faisant, elles modifient la façon dont les gens travaillent, la façon dont ils se rattachent à leur environnement. Cela implique en partie une nouvelle évaluation de la nature du sous-sol, le géologue industriel agissant à l'égard de la nature inanimée comme la société pétrolière à l'égard de ses travailleurs — c'est-à-dire en aménageant un temps et un espace à l'intérieur desquels l'exploitation rationnelle des ressources est possible.
Lorsque la société Schlumberger commença à travailler avec les sociétés pétrolières, elle dut fréquemment modifier ses méthodes afin de les adapter au temps et à l'espace dans lesquels ces sociétés évoluaient. Ses méthodes de surface échouèrent en partie au profit des méthodes sismiques, parce que celles-ci n'exigeaient pas la détention d'un quelconque titre de propriété ni l'acquisition préalable de droits de prospection. Les méthodes sismiques réussirent, quant à elles, à l'emporter sur les études géologiques, pourtant plus complètes, parce qu'elles pouvaient fournir les résultats rapides indispensables dans une atmosphère de concurrence acharnée — les géophysiciens déposaient leurs conclusions en une semaine, là où il fallait un an aux géologues. Schlumberger dut donc jongler avec ses méthodes jusqu'à ce qu'elle trouve un espace et un temps adéquats dans l'organisation du travail des sociétés pétrolières. A cet effet, elle changea le champ d'action de ses appareils de mesure — qui passa de longues lignes en surface à de courtes lignes descendant le long des puits. Son personnel apprit à mesurer les variations de l'activité électrique engendrées par le forage lui-même — l'électrofiltration et les réactions électrochimiques résultant du forage et de la circulation de la boue de forage. En s'adaptant avec succès à ces contraintes spatiales et temporelles, Schlumberger participa à son tour au processus plus large engagé par les

sociétés pétrolières, consistant à élaborer des techniques rationnelles d'exploitation des ressources énergétiques. Elle garantit la maîtrise du sous-sol. Ce qui n'était jusqu'ici que pelletées de boue et débris hétéroclites se transforma en couches ordonnées et en gisements pétrolifères clairement décelables.

Cette analyse de l'évolution des méthodes de Schlumberger nous conduit à penser que, en considérant le développement de la science industrielle, nous devrions d'abord déterminer de quelle industrie il s'agit, ce qu'elle accomplit, et dans quelle mesure la science industrielle fait partie intégrante de la démarche industrielle. Cela nous évitera de tomber dans les clichés traditionnels de la science apparaissant à l'industrie comme bonne fée à Cendrillon. Il n'est pas si surprenant que l'industrie et la science puissent être perçues comme deux aspects d'un même processus. Après tout, toutes deux, sous leurs formes modernes, se sont développées ensemble — ce qui est surprenant, et notre boussole nous le rappelle, c'est que le discours historique les ait séparées. Manifestement, ce qui se passe dans les laboratoires est très semblable à ce qui se passe dans les usines. Les deux fabriquent des produits uniformes (des lois mathématiques dans un cas et des produits manufacturés dans l'autre). Les deux parviennent à ce résultat en soumettant des matières premières spécialement destinées à cette fin à une série de processus reproductibles. Enfin, ces derniers supposent le recours à des conditions extrêmes (de température, de pression, etc.), la précision dans la régulation du temps et, fréquemment, une vitesse d'exécution inconnue dans la nature. Les lieux où ces conditions extrêmes sont réunies sont l'usine et le laboratoire. Bien entendu, on ne peut pousser l'analogie trop loin ; néanmoins, cela rappelle agréablement la similarité discursive entre la fabrication des brevets et des objets techniques et l'écriture des articles scientifiques mise en évidence précédemment.

Science et industrie

On a souvent soutenu que les premiers laboratoires de recherche industrielle devaient leur origine au développement de l'industrie des colorants, qui se situe durant les vingt dernières années du XIXe siècle et correspond donc à la période où l'inventeur isolé commence à céder la place au spécialiste de la science industrielle.

Avec à-propos, l'histoire débute en Angleterre avec un inventeur solitaire, William Henry Perkin (1838-1907), qui découvrit en 1857 un nouveau colorant, l'alinéine, alors qu'il était en congé du Royal College of Chemistry — où il avait essayé de découvrir une nouvelle manière de synthétiser la quinine. Perkin était convaincu que ce nouveau colorant ferait sa fortune et, malgré les doutes exprimés par August Wilhelm von Hofmann (1818-1892) — directeur du collège de Perkin — il démissionna pour fonder sa propre entreprise. Après les inévitables difficultés de croissance, il fit effectivement fortune. L'histoire de Perkin constitue donc une version moderne de ces histoires de débrouillardise si appréciées dans l'Angleterre victorienne — à la différence qu'elle commença dans un collège plutôt que dans une chaumière. Bien que cette découverte fût accidentelle, elle était liée aux progrès récents de la chimie organique — en effet, après que le chimiste allemand August Kekule (1829-1896) et d'autres eurent développé la théorie de l'hexagone benzénique, la voie était ouverte à la recherche systématique de nouveaux colorants.

A ce stade précoce de notre histoire, on constate déjà une forte influence allemande. Hofmann était un étudiant et un protégé de Justus von Liebig, chimiste allemand, dont les travaux de chimie analytique acquirent un grand renom de son vivant. L. F. Haber rapporte les propos suivants de Justus von Liebig (1803-1873) : « Chaque étudiant [...] doit se consacrer du matin au soir à l'étude analytique de chaque description », et ajoute ce commentaire : « Liebig, à juste titre, attachait une grande importance à la connaissance de l'analyse qualitative et quantitative et avait inventé un appareillage qui activait et simplifiait le procédé. Les analyses qui prenaient auparavant des mois ou des semaines ne duraient plus que quelques jours, et Liebig estimait qu'environ quatre cents analyses étaient annuellement effectuées à Giessen. » Ainsi, l'analyse courante était fortement encouragée, et nombre des étudiants de Liebig manifestaient des dispositions éminemment pratiques. Beaucoup, comme Hofmann, partaient à l'étranger, où ils enseignaient et formaient des chimistes, tout en prenant connaissance de procédés industriels, plus tard introduits dans l'État allemand en gestation.

En Allemagne même, Heinrich Caro (1834-1910), qui contribua à la fondation de la société BASF (Badische Anilin und Soda Fabrik), Carl A. Martinus et Wilhelm Meister, de la société Höchst, reçurent tous un enseignement en chimie de Liebig lui-même ou d'un de ses étudiants. Et c'est sur le sol germanique que se poursuivra l'histoire de l'industrie des colorants. Selon l'historien John Joseph Beer, c'est aux alentours de 1875 que des sociétés telles que Höchst ou Agfa commencèrent à engager des chimistes formés à l'université. La société Bayer, qui entra en scène un peu plus tard, disposait de 15 chimistes chargés de recherche en 1881, de 58 en 1890 et de 104 en 1896. En 1891, elle fit construire un spacieux laboratoire de trois étages à leur intention. Les premiers chimistes étaient censés améliorer les techniques de production — la découverte de nouveaux colorants étant considérée comme secondaire. Pendant les années 1880, leurs compétences en la matière furent néanmoins reconnues. La période s'étendant de 1890 à 1914 fut l'occasion d'une diversification et d'un développement massifs : on engageait des chimistes spécialisés en chimie minérale afin qu'ils fissent des recherches sur les produits minéraux extraits des matières premières et les sociétés se diversifiaient, orientant leurs activités vers les produits pharmaceutiques et les insecticides. Bayer et Agfa prirent pied dans le secteur de la pellicule photographique et le procédé Haber de fixation de l'azote entraîna des percées sur les marchés des engrais et des munitions.

Le travail courant des chimistes industriels présente deux aspects sur lesquels j'aimerais insister. Le premier concerne la production des brevets. Selon les propres termes de Beer, « durant les deux décennies qui précédèrent la Première Guerre mondiale, les brevets cessèrent d'être de simples garanties permettant à leurs détenteurs d'exercer un monopole légal sur des procédés de fabrication récemment découverts pour devenir des articles manufacturés, produits par les laboratoires de recherche des grosses sociétés ». Ainsi, bien qu'elle n'ait nullement constitué le but premier de la création des laboratoires de recherche, l'innovation courante devint une part essentielle de leurs activités. Nous verrons plus loin que les laboratoires du secteur de l'électronique ont connu la même évolution. Les brevets *fabriqués* par les chimistes allemands étaient soumis à la loi de 1876 sur les brevets — la dissemblance des lois sur les brevets en Angleterre et en Allemagne constituant, selon Beer et d'autres, une différence essentielle entre les deux pays. Quant au second aspect, il concerne le nombre énorme des essais effectués par les chimistes, à l'imitation des étudiants de Liebig. Vers 1900, la société Höchst avait testé trois mille cinq cents de ses nouveaux colorants, dont dix-huit seulement furent commercialisés. Il fallait essayer le colorant sur chacun des tissus possibles, et dans chacune des conditions auxquelles le tissu pouvait être normalement exposé. En outre, le laboratoire soumettait chacun des colorants de ses principaux concurrents à des essais identiques. Le nombre des essais effectués était véritablement énorme, mais les enjeux l'étaient aussi. A la fin des années 1860, selon David Landes, l'industrie des colorants était peu développée et dispersée ; à peine une décennie plus tard, l'industrie allemande, en pleine expansion, contrôlait environ la moitié du marché mondial ; à la fin du siècle, elle en contrôlait 90 p. 100.

L'évolution du rôle des chimistes industriels résultait de la rationalisation et de la standardisation des procédés de l'industrie. A son tour, cette évolution favorisait la recherche rationalisée et standardisée de nouveaux produits chimiques, et notamment la recherche systématique des dérivés benzéniques. Ainsi, les chimistes industriels avaient repris à leur compte une méthode étroitement apparentée au travail en usine, avec, comme principales caractéristiques, la division des tâches en leurs parties élémentaires (par exemple, la distinction de la chimie organique et de la chimie minérale, opérée dans les usines durant les années 1890) et leur banalisation. Leurs travaux assurèrent d'ailleurs le succès des sociétés qui les employaient. Cette recherche banalisée et rationnelle de nouveaux colorants n'était pas en concurrence avec la cueillette traditionnelle de l'indigo en Inde, qui avait socialement et naturellement lieu dans un temps et un espace différents. Comme dans le cas de Schlumberger, lorsque nous poussons notre investigation au-delà de la science qui est produite dans le contexte industriel, nous découvrons de nouvelles façons de travailler.

Les nouvelles méthodes

Dans quelle mesure cette assertion peut-elle être généralisée et comment cela peut-il nous aider à découvrir les gloires ignorées de la science industrielle? Voici un dernier exemple, l'histoire de la Pennsylvania Railroad Company — qui créa en 1875 un laboratoire industriel, probablement le premier de ce type aux États-Unis —, tel que l'a établie l'historien des affaires Alfred Chandler. Les États-Unis connurent, de 1840 à 1860, un essor extraordinaire du chemin de fer, de sorte que « les réseaux de chemin de fer consolidés restèrent la plus grande entreprise commerciale du monde ». La gestion de cet énorme système nécessitait de nouvelles méthodes. Chandler en distingue deux : la standardisation et le contrôle de l'information en circulation. Au sujet de la première, il résume quelques-uns des principaux changements qui eurent lieu :

« Dans la nuit du 31 mai au 1er juin 1886, les chemins de fer qui utilisaient encore des voies à grand écartement, tous situés dans le Sud, adoptèrent simultanément un écartement normal de 4 pi 8,5 po. Le samedi 18 novembre 1883, les employés des chemins de fer (et la plupart de leurs compatriotes) réglèrent leurs montres selon la nouvelle heure légale. L'adoption du Railroad Safety Appliance Act de 1893 imposa l'installation d'attelages automatiques et de freins à air normalisés sur les trains. En 1887, le Interstate Commerce Act généralisa l'usage des méthodes de comptabilité qui avaient été élaborées un quart de siècle auparavant. Ces événements résultaient tous quatre de deux décennies de consultation et de coopération entre les dirigeants des compagnies de chemin de fer. »

Quatre pieds huit pouces et demi : correspondent à environ un mètre quarante-quatre.

Cette standardisation facilita le contrôle de la circulation de l'information. Chandler remarque que, pour les nouveaux cadres, « le contrôle exercé par l'intermédiaire des statistiques devint rapidement à la fois une science et un art. Ce besoin d'informations précises entraîna l'invention de méthodes améliorées, permettant la collecte, le classement et l'analyse des données très diverses engendrées par les activités journalières de l'entreprise ». Le laboratoire de recherche industrielle créé à Penn s'inscrivit dans ce processus de standardisation (par l'intermédiaire de l'essai des matériaux courants utilisés) et de contrôle de l'information en circulation.

Comme dans l'industrie chimique, on passa progressivement de la standardisation dans l'entreprise au contrôle de cette standardisation par l'intermédiaire du laboratoire de recherche industrielle, puis à la reconnaissance de la valeur intrinsèque de cette recherche en tant qu'instrument de standardisation du monde naturel à l'image du nouveau monde social. La science militaire a connu la même évolution, qui débuta par les travaux de pionnier de Vaquette de Gribeauval sur la standardisation et se poursuivit par l'industrialisation du secteur des armements durant les années 1860, puis par l'élaboration du concept de « technologie du commandement » durant les années 1880. Nous avons rencontré le même processus à propos de l'évolution de Schlumberger : l'industrie pétrolière, dans son expansion vers de nouveaux pays et des gisements pétrolifères de plus en plus profonds, a cherché à standardiser ses activités en rationalisant le temps utilisé par la main-d'œuvre et les trépans. Un nouveau temps de référence fut « imposé » aux travailleurs et au sous-sol et les diagrammes capricieux relevés par les foreurs eux-mêmes furent remplacés par les diagrammes électriques sûrs réalisés par Schlumberger — diagrammes que les dirigeants des sociétés pétrolières pouvaient en outre comprendre. Il devint possible d'employer des méthodes de comparaison statistique des diagrammes.

En 1936, au Texas, un ingénieur de la société Schlumberger prépare une opération de logging. Dès lors, un camion bourré d'instruments scientifiques est toujours prêt pour aller n'importe où dans le monde, à n'importe quelle heure : une opération scientifico-industrielle primordiale.
(Ph. © Coll. Schlumberger.)

L'essor des laboratoires de recherche industrielle aux États-Unis

Selon l'historien David Noble, « avant 1900, il y avait très peu de recherche organisée dans l'industrie américaine, mais, dès 1930, la recherche industrielle devint un enjeu économique essentiel. D'après une étude de 1928 portant sur à peu près six cents sociétés industrielles, 52 p. 100 d'entre elles mentionnaient la recherche parmi leurs activités, 7 p. 100 signalaient qu'elles avaient créé des laboratoires d'essai, 20 p. 100 participaient à des activités de recherche en coopération avec des associations professionnelles, des sociétés d'ingénierie et des universités ou accordaient des bourses, et enfin 11 p. 100, dont les activités en la matière étaient nulles ou presque, faisaient part de leur intention d'engager des travaux de recherche ». En excluant ce dernier chiffre, Noble fait ressortir l'évolution qui s'est produite entre une situation où la recherche était « très peu organisée » et une autre où 88 p. 100 des six cents sociétés étudiées étaient activement engagées dans la recherche.

D'après une étude de 1931, mentionnée par Leonard Reich, mille six cents sociétés américaines finançaient à cette date des laboratoires de recherche et employaient presque 33 000 personnes au total. L'effort de recherche était fortement concentré — Noble estime que, en 1938, treize sociétés employaient un tiers des chercheurs. Ce phénomène de concentration est bien illustré par l'évolution constatée dans certaines sociétés. Ainsi, toujours selon lui, le laboratoire de la General Electric employait 8 personnes en 1901, 102 en 1906, 301 en 1920 et 555 en 1929. Les laboratoires de la société Bell, incorporés en 1912, voyaient leurs dépenses s'élever à 2,2 millions de dollars en 1916, et à 22 millions de dollars en 1930 ; ils employaient plus de 3 600 personnes en 1925.

Cette série de chiffres nous prouve donc que, durant les trois premières décennies du XXe siècle, la science industrielle connut aux États-Unis une progression exponentielle, concentrée cependant dans les grandes sociétés.

La science de Schlumberger faisait partie intégrante du processus enclenché par l'industrie pétrolière, qui consistait à introduire de nouvelles méthodes de travail dans la distribution de l'énergie. En général, la science industrielle était le résultat d'une nouvelle façon de travailler ; sa véritable filiation ne réside pas dans la mythologie des grands savants, mais dans la puissance de la révolution industrielle.
Voici la seconde raison pour laquelle les annales de l'histoire restent muettes à ce sujet.

Les entreprises industrielles ont tout intérêt à ne pas éloigner la science qu'elles produisent de leurs coffres, afin de garder son histoire aussi ouverte et souple que possible. Et plus nous observons en détail la marche de cette histoire, plus nous constatons qu'elle échappe au mythe de la quête désintéressée du savoir entreprise par les grands penseurs. Ce faisant, elle s'écarte aussi du mythe qui soutient ses propres praticiens — mythe entretenu par les entreprises industrielles et respecté par les scientifiques qu'elles emploient.
Aujourd'hui, comme nous venons de le voir, la science industrielle n'a pas d'histoire, et préfère probablement ne pas en avoir. Nous pourrions nous demander à quoi servirait de lui en donner une. Avant toute chose, cela nous permettrait d'amorcer la réintégration de cette science dans notre culture, en tant qu'objet social fabriqué, et de mieux comprendre notre société et le monde naturel.

Ce chapitre a été traduit de l'anglais par Bernard Barondeau.

ET LA PA

Joliot : l'histoire et la physique mêlées

Bruno Latour

Où l'on verra comment ce que nous appelons la société
et ce que nous appelons la science sont rendus indissociables par le travail
de nombreux savants, politiques et militaires.
Le physicien français Joliot contribue en même temps à l'histoire
de la physique et à l'histoire de la France.

L'exemple de Joliot

En mai 1939, Frédéric Joliot, conseillé par ses amis au ministère de la Guerre et par André Laugier, directeur du tout jeune CNRS (Centre national de la recherche scientifique), invente un montage juridique d'une extrême subtilité avec une compagnie minière belge, l'Union minière du Haut-Katanga. Cette compagnie, grande productrice de cuivre, était devenue, grâce à la découverte du radium par Pierre et Marie Curie et à celle d'un gisement d'uranium au Congo, le plus important fournisseur de tous les laboratoires qui, dans le monde, tâtonnaient vers la fabrication de la première fission nucléaire artificielle en chaîne. Joliot, comme Marie Curie avant lui, avait trouvé le moyen d'intéresser la compagnie. En effet, l'Union minière n'utilisait ses minerais radioactifs que pour en extraire le radium vendu ensuite aux médecins; d'immenses tas d'oxyde d'uranium gisaient un peu partout dans ses dépôts. Pour ses projets de pile atomique, Joliot avait besoin d'une énorme quantité d'uranium et rendait soudain utile ce qui n'était jusqu'ici, pour l'Union minière, que des déchets de la production du radium. La compagnie promit à Joliot cinq tonnes d'oxyde d'uranium, son aide technique et un million de francs (de l'époque). En échange, toutes les découvertes des savants français seraient brevetées par un syndicat qui partagerait les bénéfices pour moitié entre l'Union minière et le CNRS.

Dans son laboratoire du Collège de France, Joliot et ses deux principaux collaborateurs, Hans Halban et Lew Kowarski, cherchent un montage aussi subtil que celui qui lie, informellement, les intérêts du ministère de la Guerre, du CNRS et de l'Union minière. Mais il s'agit cette fois de lier les comportements apparemment irréconciliables des particules atomiques. Le principe de la fission vient juste d'être découvert. Chaque atome d'uranium, bombardé par des neutrons, se rompt en libérant de l'énergie. Cette radioactivité artificielle a une conséquence que plusieurs physiciens envisagent aussitôt: si chaque atome d'uranium bombardé libère deux ou trois autres neutrons lesquels, à leur tour, peuvent à nouveau bombarder d'autres atomes d'uranium, ils déclenchent ainsi

Faire avancer la physique. Faire avancer la paix. Frédéric Joliot au vélodrome d'Hiver, le 25 janvier 1951, à la séance du Conseil national du mouvement de la paix. (Ph. © Keystone.)

une réaction en chaîne. Cette possibilité, à l'époque, est encore virtuelle mais le groupe de Joliot s'était mis au travail aussitôt pour prouver qu'une telle réaction était faisable et qu'elle ouvrait la voie à une nouvelle découverte scientifique et à une technique nouvelle pour produire de l'énergie en quantité illimitée. Le premier groupe capable de prouver que, effectivement, chaque génération de neutrons donnait naissance à une population plus grande de neutrons gagnerait un crédit considérable auprès de cette communauté scientifique extrêmement compétitive dans laquelle les Français jouaient un rôle de premier plan.

Certains qu'il s'agit avant tout d'une découverte scientifique importante, Joliot et ses collègues continuent à publier, malgré les télégrammes que leur envoie d'Amérique Léo Szilard. Szilard, émigré hongrois, physicien visionnaire, avait déposé dès 1934, en Angleterre, un brevet secret sur le principe de construction d'une bombe atomique. Inquiet à l'idée que les Allemands pourraient eux aussi développer une bombe atomique dès qu'ils auraient la certitude que les neutrons émis étaient effectivement supérieurs aux neutrons de départ, Szilard s'efforçait d'imposer une autocensure à tous les chercheurs antinazis concernés. Il ne put pourtant empêcher Joliot de publier un dernier article dans la revue scientifique anglaise *Nature*, en avril 1939, qui démontrait que l'on pouvait espérer créer 3,5 neutrons par fission. En lisant cet article, des physiciens en Allemagne, en Angleterre et en Union soviétique eurent, au même moment, la même attitude : ils réorientèrent leurs recherches pour réaliser pratiquement une réaction en chaîne et écrivirent aussitôt à leurs gouvernements pour les alerter sur l'extrême importance de ces recherches, sur leurs dangers et sur la nécessité de se procurer aussitôt les énormes ressources nécessaires aux premières études de faisabilité.

La réalisation pratique de la première réaction artificielle en chaîne passionne la dizaine d'équipes qui, dans le monde, se met au travail, mais personne encore, à

L'usine norvégienne de Rjukan, décor du film la Bataille de l'eau lourde *de Jean Dréville, où se rejoue, en 1947, le sort des recherches de Joliot. Un oubli de l'histoire des sciences : les moyens matériels fournis par l'industrie. (Ph. © Keystone.)*

part Joliot et son équipe, n'est à pied d'œuvre pour en faire une réalité industrielle ou militaire. Le premier problème de Joliot est de ralentir les neutrons émis par les premières fissions, car si les neutrons sont trop rapides ils ne déclenchent pas la réaction. Joliot et ses amis cherchent un modérateur qui ralentirait les neutrons sans pour autant les absorber ou les faire rebondir. Le modérateur idéal doit avoir un ensemble de propriétés difficilement conciliables. Dans l'atelier d'Ivry aménagé pour l'entreprise, ils essaient différents modérateurs et différentes configurations; de la paraffine, du graphite. C'est Halban qui attire leur attention sur les avantages décisifs du deutérium, isotope de l'hydrogène, deux fois plus dense que celui-ci mais qui se comporte comme l'hydrogène. Il peut prendre sa place dans les molécules d'eau qui devient alors « lourde ». Halban sait, par des travaux qu'il a faits naguère à Copenhague avec de l'eau lourde, que celle-ci absorbe très peu les neutrons. Malheureusement, ce modérateur idéal a un défaut majeur: il existe dans l'eau un atome de deutérium pour 6 000 atomes d'hydrogène. Obtenir de l'eau lourde coûte une fortune et n'est fait, à l'échelle industrielle, que dans une seule usine au monde, celle de la compagnie norvégienne Norsk Hydro Elektrisk, immortalisée, pour tous les cinéphiles, par le film *la Bataille de l'eau lourde*.

Raoul Dautry, polytechnicien, haut fonctionnaire devenu ministre de l'Armement trop peu de temps avant la « débâcle », avait, lui aussi, depuis le début, été mis au courant des recherches de Joliot et de son groupe. Il avait favorisé l'accord de Joliot avec l'Union minière et soutenait de toutes ses forces le groupe du Collège de France ainsi que les premiers pas du CNRS, intégrant, autant que le permettait la tradition française, la recherche militaire et la recherche scientifique de pointe. Bien qu'il ne partageait aucune des opinions politiques de Joliot, il avait la même confiance que lui dans le progrès des connaissances et la même passion pour l'indépendance nationale. Joliot promettait un réacteur expérimental à usage civil qui pouvait éventuellement déboucher sur la fabrication d'un nouvel armement; Dautry et quelques autres grands technocrates le soutenaient massivement en lui demandant d'inverser les priorités: si la bombe est faisable, c'est vers ce but qu'il faut tendre et très vite. Les calculs d'Halban sur le ralentissement des neutrons, ceux de Joliot sur la faisabilité d'une réaction en chaîne, et ceux de Dautry sur l'urgence de développer de nouveaux armements se mêlèrent de façon plus intime encore lorsqu'il s'agit d'obtenir l'eau lourde norvégienne. En pleine « drôle de guerre », des espions, des banquiers, des diplomates et des physiciens allemands, anglais, français et norvégiens se disputèrent quelque vingt-six récipients d'eau lourde donnés par les Norvégiens aux Français pour empêcher que les Allemands ne s'en emparent. Après quelques semaines mouvementées, les récipients se trouvèrent entre les mains de Joliot. Halban et Kowarski, tous deux étrangers et donc suspects, avaient été mis au vert par les services secrets français pendant la durée de l'opération. Ils furent autorisés à rejoindre le laboratoire du Collège de France et se mirent au travail combinant, sous la protection de Dautry et des militaires, l'uranium de l'Union minière et l'eau lourde des Norvégiens, avec les calculs qu'Halban refaisait chaque jour à partir des données confuses du compteur Geiger.

Histoire de France et histoire des sciences

Comment comprendre cette histoire que l'historien américain Spencer Weart a si magistralement narrée et dont je n'ai résumé qu'un épisode? On pourrait être tentés de la diviser en deux parties. On mettrait d'un côté, dans une colonne, les problèmes juridiques de l'Union minière, la « drôle de guerre », le nationalisme de Dautry, les espions allemands... Dans une autre colonne, on s'occuperait des neutrons, du deutérium, du coefficient d'absorption de la paraffine... On aurait ainsi deux listes de caractères correspondant à deux histoires; la première serait celle de la France de 1939 à 1940; la seconde, celle de la physique atomique à la même période. L'une s'occuperait plus proprement de politique, de droit, d'économie, d'institutions et de passions. L'autre, plus proprement d'idées, de principes, de connaissances ou de procédés. Un historien de profession n'aurait aucune peine à s'occuper de la première liste, mais laisserait la seconde soit aux scientifiques eux-mêmes, soit aux philosophes des sciences.

Acteurs humains	Acteurs non humains
Raoul Dautry	Deutérium
CNRS	Section croisée
Union minière	Réaction en chaîne

Bien sûr, une fois faite cette partition entre acteurs humains et non humains, il y aurait un reste, une zone un peu confuse d'hybrides qui se retrouveraient tantôt dans une colonne, tantôt dans l'autre, parfois dans aucune : Joliot, Halban, Szilard, leurs articles, leurs brevets, leurs lettres, leurs discours. Pour traiter cette zone grise et incertaine on ferait appel soit à une colonne, soit à l'autre. On dira par exemple que Joliot « mélange » des préoccupations politiques et des intérêts purement scientifiques. On dira que le projet de ralentissement des neutrons par le deutérium est, bien sûr, un projet scientifique mais qu'il se trouve « influencé » par des facteurs extra-scientifiques. Le projet d'autocensure de Szilard n'est plus, dira-t-on, strictement scientifique puisqu'il mêle des considérations militaires à la libre communication de la science pure. Bref, on expliquera ce qui est mélangé par l'appel à l'un ou à l'autre de deux constituants également purs : disons pour faire vite, la politique ou la science.

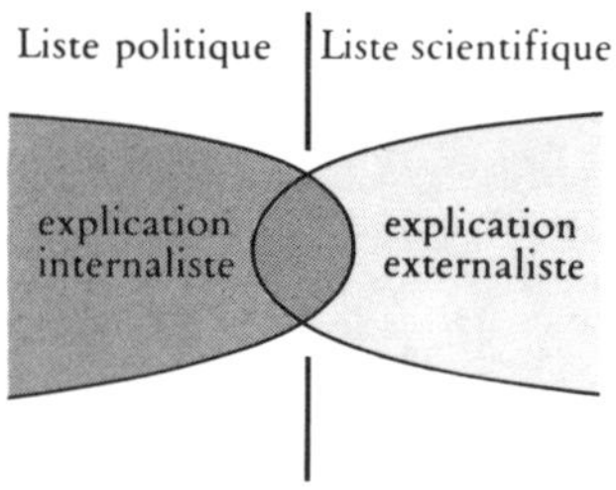

On pourra même imaginer deux professions d'historiens, l'une qui préférera l'explication par la pure politique, l'autre par la pure science. On a coutume d'appeler externaliste la première et internaliste la seconde. A propos de la même période 1939-1940, ces deux histoires peuvent n'avoir aucune intersection. L'une parlera d'Adolf Hitler, de Raoul Dautry, d'Édouard Daladier, du CNRS, mais pas des neutrons, du deutérium et de la paraffine, l'autre parlera du principe de la réaction en chaîne, mais pas de l'Union minière et des banques qui possèdent Norsk Hydro Elektrisk. Comme deux équipes de travaux publics occupées à l'aménagement de deux vallées parallèles des Alpes, elles font toutes deux un gros travail sans jamais se rencontrer ni même se connaître.

Section croisée : dans le jeu de quilles, la probabilité pour que la boule frappe une quille dépend de la taille des quilles, de celle de la boule et de l'espacement des quilles entre elles. De même, si l'on envoie un faisceau de neutrons sur de l'uranium, ou bien les neutrons frappent le noyau d'uranium, ou bien ils passent à travers l'atome. La section croisée définit la probabilité pour une boule de toucher une quille.

J'appelle *histoire sociale des sciences* le projet intellectuel qui a pour but de résister à cette partition. L'histoire de Joliot racontée par Spencer Weart est un tissu sans couture qui ne peut pas être déchirée en deux sans rendre également indéchiffrables et la physique atomique et la politique du temps. Au lieu de suivre deux vallées parallèles, l'histoire sociale des sciences a pour but de creuser un tunnel en constituant deux équipes, dont chacune attaque le problème par un bout opposé mais qui aspirent à se rejoindre au milieu. En suivant, sans préjugé ni partition, le raisonnement d'Halban sur les sections croisées qui conclut à l'avantage décisif du deutérium, l'historien est amené, par une transition insensible, dans le bureau de Dautry, puis, de là, dans l'avion de Jacques Allier, lieutenant et banquier, devenu l'agent secret envoyé par la France pour ruser avec les chasseurs de la Luftwaffe. Parti du côté « science » du tunnel, il se retrouve de l'autre côté dans la guerre et la politique. Mais, au cours de ce déplacement, il croise un collègue qui, parti de la stratégie industrielle de l'Union minière, se trouve, par une autre insensible transition, amené à s'intéresser de très près aux moyens d'extraire l'uranium 235, et de là, aux calculs d'Halban. Parti du côté « politique », il se retrouve, qu'il le veuille ou non, dans les mathématiques. Au lieu de raconter *deux histoires* qui ne se recoupent en aucun point, les voici qui racontent deux histoires symétriques qui comprennent les mêmes éléments et les mêmes acteurs, mais dans un ordre opposé. Le premier pensait pouvoir suivre les calculs d'Halban sans avoir affaire à la Luftwaffe, le second suivre l'Union minière sans faire de physique atomique.

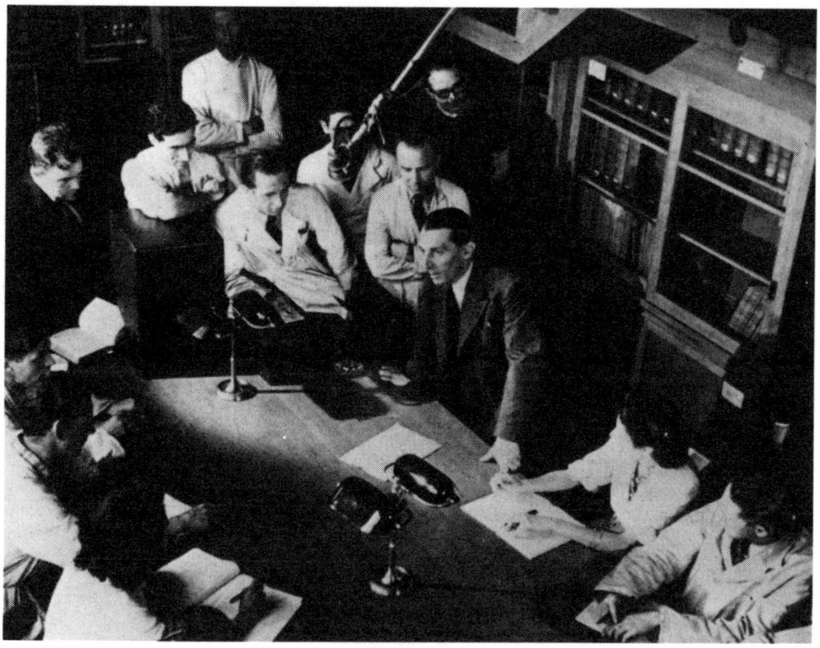

Frédéric Joliot rejoue sa propre histoire dans le laboratoire reconstitué en 1947 pour les besoins du film la Bataille de l'eau lourde *de Jean Dréville. Mélange de physique et de politique compliqué par la fiction reconstituée. (Musée Curie, Paris. Ph. © du musée.)*

Ils se trompaient tous deux, mais le chemin qu'ils tracent, grâce à l'ouverture de ce tunnel, est bien plus intéressant qu'ils ne le croyaient au départ. En effet, en suivant sans préjugé les fils croisés du raisonnement, les historiens révèlent *a posteriori* le travail que les scientifiques et les politiques ont dû accomplir pour se mêler inextricablement les uns aux autres. Il n'était pas écrit d'avance que tous les éléments du récit de Weart dussent se mêler. L'Union minière aurait pu continuer à extraire et à vendre du cuivre sans s'occuper de radium et d'uranium. Si Marie Curie, puis Frédéric Joliot, n'avaient pas travaillé à intéresser l'entreprise aux travaux de leur laboratoire, un analyste de l'Union minière n'aurait jamais eu à faire de physique nucléaire. Parlant de Joliot, Weart n'aurait pas eu à parler du Haut-Katanga. Inversement, Joliot aurait pu, une fois envisagée la possibilité de la réaction en chaîne, tourner ses recherches vers d'autres buts, sans avoir à mobiliser, pour réaliser une pile, tout ce que la France comptait d'industriels et de technocrates éclairés. Parlant de la France d'avant-guerre, Weart n'aurait pas eu alors à parler de Joliot.

Autrement dit, le projet de l'histoire sociale n'est pas d'affirmer *a priori* qu'il existe un lien quelconque entre les sciences et la société *puisque l'existence ou non de ce lien dépend de ce que les acteurs ont fait pour l'établir ou non.* L'histoire sociale ne fait que se donner les moyens de suivre ce lien lorsqu'il existe. Au lieu de trancher le nœud gordien — d'un côté la science pure, de l'autre la pure politique —, elle s'efforce de le démêler. L'histoire sociale des sciences ne dit pas : « Cherchez la société cachée dans, derrière, dessous les sciences », mais propose seulement ce principe de démêlement : à une époque donnée, combien de temps pouvez-vous suivre une politique sans aborder le contenu détaillé d'une science ? Combien de temps pouvez-vous suivre le raisonnement d'un scientifique sans devoir y mêler les détails d'une politique ? Une minute ? Un siècle ? L'éternité ? Une seconde ? Ne coupez pas le fil de l'histoire. Chaque réponse est intéressante et compte comme l'une des données capitales pour qui veut comprendre cet imbroglio de choses et de gens, notre histoire.

La traduction des sciences en histoire

Dire que les liens innombrables des sciences et des politiques forment un écheveau très emmêlé n'est pas suffisant. Refuser toute partition *a priori* entre la liste des acteurs humains ou politiques et celle des idées ou procédés scientifiques n'est qu'une première étape, toute négative. Nous devons maintenant pouvoir comprendre par quelle suite d'opérations et de transformations un industriel qui ne voulait que développer ses affaires se trouve obligé de faire des calculs sur la vitesse d'absorption des neutrons par la paraffine ; ou comment quelqu'un qui ne voulait que le prix Nobel se met à organiser une opération commando en Norvège. Dans les deux cas, le *vocabulaire de départ* est différent du *vocabulaire d'arrivée.* Il y a eu *traduction* des termes politiques en termes scientifiques et vice versa. Pour le directeur de l'Union minière « gagner de l'argent » veut maintenant dire, pour une part, « investir dans la physique de Joliot » ; pour Joliot, « démontrer la faisabilité de la fission en chaîne » veut maintenant dire, pour une part, « faire attention aux agents nazis ». C'est l'analyse de ces opérations de traduction qui forme l'essentiel de l'histoire sociale des sciences. La notion de traduction fournit aux deux équipes d'historiens, l'une venue du côté politique et allant vers les sciences, l'autre venue du côté science et allant à leur rencontre, le système d'alignement et de guidage qui donne à leur entreprise une chance quelconque de se rencontrer. Rien ne serait plus ridicule, en effet, que d'engager deux équipes dans le creusement d'un tunnel sans leur procurer les moyens d'assurer leur rendez-vous !

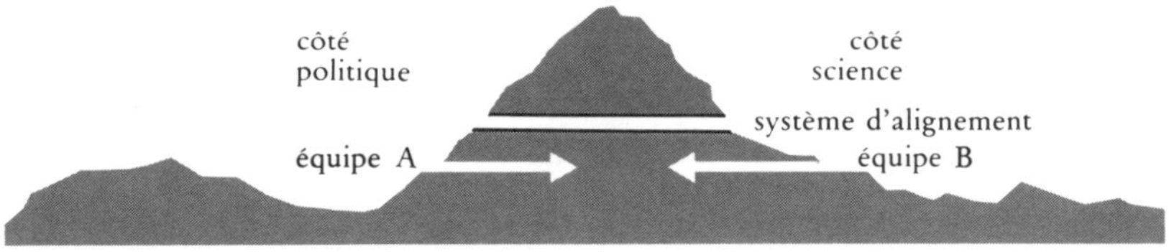

Suivons une opération élémentaire de traduction, afin de comprendre comment l'on passe en pratique d'un répertoire à l'autre. Dautry veut assurer l'indépendance énergétique de la France et sa résistance militaire. Tel est son but. Joliot veut être le premier au monde à réaliser en laboratoire une fission nucléaire artificielle contrôlée. Tel est son but. Dire du premier enjeu qu'il est

Frédéric Joliot et Raoul Dautry jouent deux fois leurs rôles : en 1940, ils négocient l'adéquation de physique et de politique qui leur permettra d'atteindre leurs buts ; en 1947, ils jouent dans le film la Bataille de l'eau lourde *de Jean Dréville.*
(Musée Curie, Paris. Ph. © du musée/Photeb.)

purement politique et de l'autre qu'il est purement scientifique n'a aucune espèce d'importance puisque c'est l'« impureté », seule, qui va permettre de les atteindre tous deux. En effet, lorsque Joliot rencontre Dautry, il ne cherche pas forcément à modifier le but de celui-ci, mais à mettre son propre projet dans une position telle que la fission nucléaire en chaîne devient, pour Dautry, le moyen le plus sûr et le plus court d'atteindre l'indépendance nationale. « Si vous passez par mon laboratoire, dit Joliot, alors il sera possible de prendre une avance considérable sur l'étranger et peut-être d'envisager la production d'un explosif qui dépassera tout ce que l'on a connu. » Cette discussion n'est pas d'ordre commercial. En effet, il ne s'agit pas, pour Joliot, de vendre la fission nucléaire. Celle-ci n'existe pas encore. Le seul moyen de la réaliser est justement d'obtenir du ministre de l'Armement le personnel, les locaux et les passe-droits qui permettront, en pleine guerre, de se procurer les tonnes de graphite, l'uranium et les litres d'eau lourde nécessaires. Tous les deux font le pari que, puisqu'il est impossible à chacun de réaliser *directement* son but, puisque la pureté politique ou scientifique est vaine, il convient de négocier un arrangement.

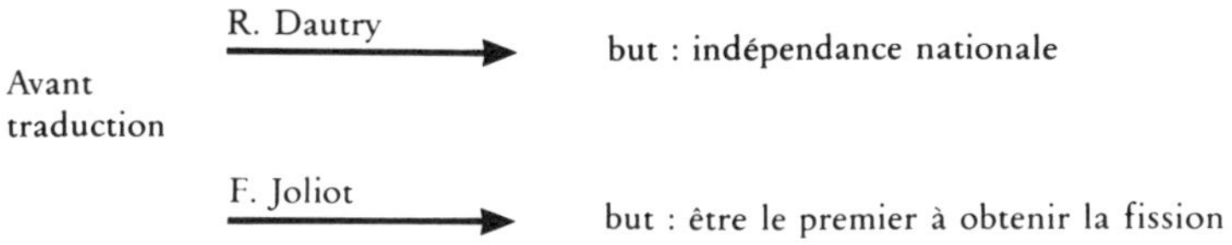

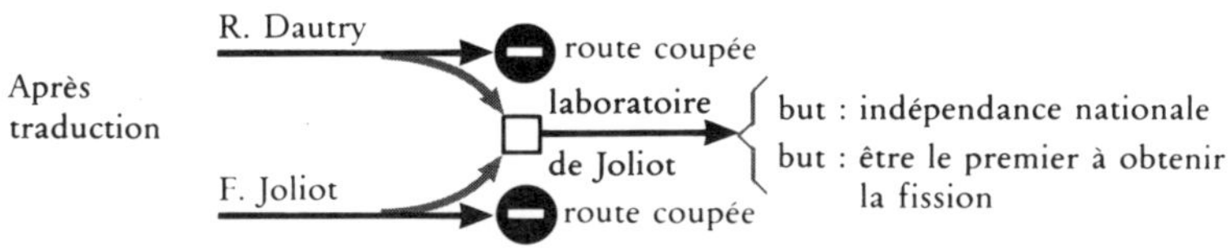

L'opération de traduction consiste à agréger deux intérêts jusqu'ici dissemblables (faire la guerre, ralentir les neutrons) en un seul. Bien entendu, il n'y a aucune garantie que l'une ou l'autre des parties ne soit pas en train de tricher. Dautry est peut-être entraîné à dilapider des ressources précieuses pour permettre à Joliot de faire joujou avec des neutrons, pendant que les Allemands massent leurs tanks dans les Ardennes. Inversement, Joliot peut, malgré lui, se voir forcé de fabriquer une bombe avant le réacteur civil. Même si la balance est égale, aucune des deux parties, comme le montre le schéma, n'arrive exactement au but qu'elle s'était donné. Il y a une dérive, un décalage, un déplacement qui peuvent être, selon les cas, infimes ou infinis. Dans le cas qui nous sert d'exemple, Joliot comme Dautry n'atteindront leur but que quinze ans plus tard et après une effroyable défaite, au moment de la création par le général de Gaulle du CEA (Commissariat à l'énergie atomique). L'important, dans une telle opération de traduction, n'est pas seulement la fusion des intérêts qu'elle permet, c'est la composition d'un nouveau mixte, le laboratoire. En effet, le hangar d'Ivry est devenu ce qui permet, à l'indépendance nationale chère à Dautry et au projet de Joliot, de se réaliser conjointement. Les murs du laboratoire, son équipement, son personnel, ses ressources sont *composés* à la fois par Dautry et par Joliot. Il n'est déjà plus possible, une fois tricotée la première maille, de discerner vraiment dans l'ensemble des forces mobilisées autour de la sphère de cuivre remplie d'uranium et de paraffine ce qui appartient à Dautry et ce qui appartient à Joliot.

Étudier une seule maille, c'est à dire une négociation, une rencontre, serait en soi-même inutile. En effet, le travail de Joliot ne peut pas se limiter aux cabinets ministériels. Il doit, maintenant, aller négocier avec les neutrons eux-mêmes, et durement. Amener un ministre qui veut sauver la France à libérer des stocks de graphite est une chose; amener un neutron à se ralentir assez pour frapper un atome d'uranium de façon à en libérer trois autres, est-ce une autre chose? Oui et non. Pour Joliot, ce n'est pas très différent. Le matin, il s'occupe des neutrons et l'après-midi de son ministre. Plus le temps passe, plus ces deux problèmes n'en deviennent qu'un seul: si trop de neutrons s'échappent de l'enceinte de cuivre et abaissent le bilan de la réaction, le ministre peut perdre patience. Confiner le ministre et les neutrons dans le même projet, les maintenir en action, les discipliner ne sont pas pour Joliot des tâches vraiment distinctes. Il a besoin des uns et des autres. Il court à travers Paris, allant des mathématiques au droit, à la politique, empêchant les uns et les autres de le lâcher, télégraphiant à Szilard pour que le flux de publications nécessaires à son projet continue de s'écouler, téléphonant à son conseiller juridique pour que l'Union minière continue à envoyer l'uranium, et recalculant pour la nième fois la courbe d'absorption obtenue par son compteur Geiger. Son travail *scientifique* c'est cela: tenir ensemble tous les fils et se gagner les faveurs de tous, neutrons, Norvégiens, deutérium, collègues, antinazis, Américains, paraffine... Être intelligent, c'est tenir, comme le nom l'indique, tous ces liens. Avoir l'intelligence de la science, c'est reconstituer, grâce à Joliot (et à Weart), ce faisceau.

On voit mieux maintenant la différence entre l'histoire sociale des sciences et les deux histoires parallèles qu'elle remplace. Afin d'expliquer tous les imbroglios politico-scientifiques, les deux équipes d'historiens y voyaient toujours une confusion regrettable entre deux répertoires également purs. Toutes leurs explications étaient donc faites en termes de distorsion, d'impureté ou, dans le meilleur des cas, de juxtaposition: à des facteurs proprement scientifiques s'ajoutaient « aussi » des facteurs purement politiques ou économiques. Là où les autres ne voyaient que des confusions, l'historien social voit une substitution continue et entièrement explicable d'un certain type de préoccupations et de pratiques à un autre. Il existe en effet des moments où, lorsque l'on tient fermement le calcul d'une section croisée du deutérium, on tient aussi, par substitutions et transferts, le sort de la France, l'avenir de l'industrie, les destinées de la physique, un brevet, un bon « papier », etc.

Grâce à un autre diagramme, il est possible de contraster davantage l'abîme qui sépare les deux projets de recherche. La partition dont j'ai parlé plus haut entre science et politique est visualisée ici sous la forme la plus commune (en haut): on y trouve un noyau dur, celui des contenus scientifiques, entouré d'un environnement social, politique et culturel, celui du contexte. A partir d'une telle partition, il est possible d'offrir soit des explications sociales, soit des explications scientifiques. Les premières utilisent le vocabulaire du contexte et cherchent (parfois) à pénétrer le plus loin qu'elles le peuvent dans les contenus scientifiques; les secondes utilisent le vocabulaire du contenu et se maintiennent à l'intérieur du noyau dur. Dans les premières, ce qui explique les sciences c'est la société — bien qu'il ne s'agisse le plus souvent que de la surface des sciences; dans les secondes, les sciences s'expliquent elles-mêmes sans supplément ni résidu. Elles sont à elles-mêmes leur propre commentaire. Elles évoluent par leurs propres forces. L'environnement social ne peut que les gêner ou favoriser leur développement. Jamais il ne les compose ni ne les constitue.

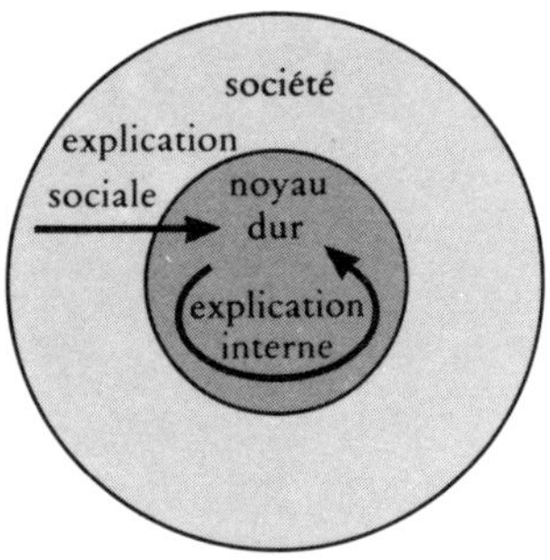

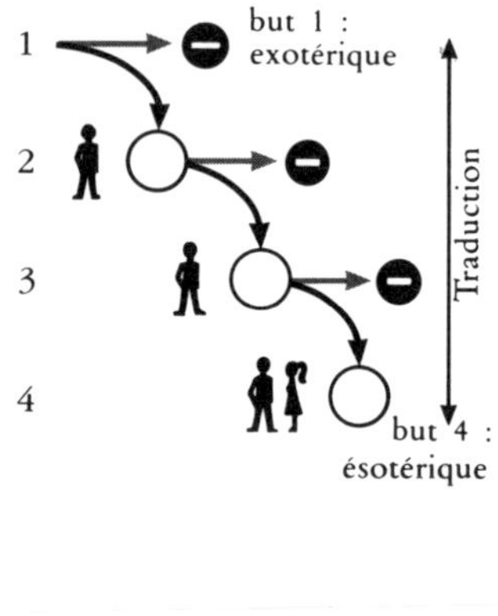

Dans l'autre modèle, celui de la traduction (en bas), il est impossible de définir avec précision un contexte et un contenu. La seule chose que l'on puisse dire, c'est que les chaînes successives de traduction accrochent, à une extrémité, des ressources exotériques (qui ressemblent davantage à ce que nous lisons dans notre journal du matin) et à l'autre, des ressources ésotériques (qui ressemblent davantage à ce que nous lisons dans les manuels de classe préparatoire). Mais ses extrémités ne comptent guère. Tout ce qui est important se passe *entre les deux* et ce seront les mêmes explications qui serviront à suivre les traductions dans un sens comme dans l'autre. Dans ce second schéma, c'est par les mêmes opérations que l'on comprend une science ou une société — ce qui sous-entend probablement que nous avons encore compris assez peu de sciences et bien moins encore de sociétés.

Comment convaincre

Joliot se trouve mêlé simultanément à des histoires d'espions, de brevet, de publications, d'atomes, de calculs. Pourquoi ce mélange ? Les historiens des sciences, comme ceux de la politique, aimeraient bien, au fond, pouvoir s'en passer. Les choses seraient plus claires, les narrations plus commodes si, parlant de l'évolution des sociétés les uns pouvaient se passer entièrement des techniques et des sciences, ou si, parlant de l'évolution des sciences, ils pouvaient se passer entièrement du reste. Afin de comprendre pourquoi ces deux rêves symétriques sont impossibles (même si une grande partie de la littérature historique est écrite selon ce conte de fées) il nous faut considérer d'un peu plus près l'opération de conviction.

Soit la phrase : « Chaque neutron libère à son tour 2,5 neutrons. » C'est ce qu'on lit aujourd'hui dans les encyclopédies. Il s'agit là, comme on dit, d'un « fait » scientifique. Prenons maintenant une autre phrase :

« Joliot prétend que chaque neutron libère 3 à 4 neutrons, c'est impossible ; et il n'a aucune preuve ; il est beaucoup trop optimiste ; c'est bien les Français, ça, toujours à vendre la peau de l'ours ; en plus, c'est affreusement dangereux, si les Allemands lisent ça, ils vont croire que tout est possible et s'y mettre sérieusement. »

Contrairement à la précédente, une telle phrase n'obéit pas à la forme stylistique sous laquelle apparaissent les faits scientifiques : elle ne pourrait pas être lue dans une encyclopédie. Il est facile d'en voir le caractère daté (quelque part entre 1939 et 1940) et de la placer dans la bouche d'un collègue physicien (probablement Szilard, abrité à l'époque dans le laboratoire d'Enrico Fermi). Remarquons que ces deux phrases ont une partie commune « chaque neutron libère x neutrons » — l'énoncé — et une partie très dissemblable faite d'un ensemble de situations, de gens, de jugements — appelée *la modalité*. Or il suffit que disparaisse cette seconde partie pour qu'apparaisse un fait scientifique. C'est l'effet, et parfois le but, de la *controverse* scientifique que d'éliminer ces modalités, et donc aussi d'éliminer, de gommer ses propres effets. Par exemple, si Joliot et son groupe ont bien travaillé, ses collègues passeront, par une insensible transition de la deuxième phrase, à une troisième, plus respectueuse : « Le groupe de Joliot semble avoir prouvé que chaque neutron libère 3 neutrons, c'est très intéressant. » Laissons passer quelques années encore et nous lirons des phrases comme celle-ci : « De nombreuses expériences ont prouvé que chaque neutron libère entre 2 et 3 neutrons. » Encore un effort et voici la phrase dont nous étions partis : « Chaque neutron libère 2,5 neutrons. » Un peu de temps encore, et cette phrase, sans trace de modalité, sans auteur, sans jugement, sans polémique ni controverse, sans même d'allusion au mécanisme expérimental qui la fonde, passera dans un état plus certain encore. Les atomistes n'en parleront même plus, cesseront même de l'écrire — sauf pour un cours introductif ou un article de vulgarisation — tant elle est devenue pour eux *évidente*. De la polémique la plus vive à la connaissance tacite, le passage est progressif et continu — du moins quand tout se passe bien, ce qui est évidemment fort rare.

Comment Joliot peut-il se débarrasser des modalités qui entourent le fait scientifique qu'il veut établir ? C'est la réponse à cette question qui explique pourquoi on ne peut faire d'autre histoire des sciences qu'une histoire sociale (au sens défini plus haut). Joliot peut être convaincu en son for intérieur que la réaction en chaîne est faisable et qu'elle va mener en quelques années à la fabrication d'une pile atomique. Pourtant, si, chaque fois qu'il énonce cette possibilité, l'ensemble de ses collègues ajoute à ce qu'il dit des modalités comme : « Il est ridicule de croire que... (énoncé) », « Il est impossible de penser que... », « Il est dangereux de s'imaginer que... », « Il est contraire à la théorie de prétendre que... », Joliot se trouve désarmé. Il ne peut pas, par lui-même, transformer l'énoncé qu'il propose en un fait scientifique accepté par les autres ; par définition, il a besoin d'eux pour opérer cette transformation. C'est Szilard qui doit, de lui-même, avouer : « Je suis maintenant convaincu que Joliot peut faire marcher sa pile. » Même s'il ajoute aussitôt : « Pourvu que ce ne soit pas avant que les Allemands occupent Paris. » Autrement dit, le sort de l'énoncé est dans la main des autres, des chers collègues, qui sont pour cette raison à la fois aimés et détestés (d'autant plus aimés et détestés qu'ils sont moins nombreux et que l'énoncé en jeu est plus ésotérique ou plus important). Il ne s'agit pas là d'une « dimension sociale » bien regrettable qui prouverait seulement que les scientifiques aussi sont humains, trop humains. La controverse n'est pas quelque chose dont on pourrait se passer si les chercheurs étaient vraiment scientifiques. Autant imaginer Joliot écrivant *directement* un article d'encyclopédie sur le fonctionnement d'une centrale nucléaire. Il est toujours nécessaire de convaincre les autres. Les autres sont toujours là, sceptiques, indisciplinés, inattentifs, inintéressés ; ils forment toujours le collectif dont Joliot ne peut se passer. Si vous demandez à un historien, formé à l'analyse des émeutes de la faim au XVIIIe siècle ou à l'étude du sentiment de dégénérescence au XIXe, et que vous le placiez devant l'article « neutron » de l'*Encyclopédie Larousse*, il aura le sentiment d'être fort démuni. En revanche, si vous le placez devant la *controverse* sur les neutrons, alors il aura le sentiment d'être en pays de connaissance et de pouvoir, sans trop se déformer, continuer à retracer cette histoire, pleine de bruits et de fureurs, qui est son pain quotidien.

On peut se représenter la situation collective comme une chaîne de personnes (de locuteurs) qui se passeraient, un peu comme dans le jeu du téléphone arabe, un message. Joliot commence le jeu et dit : « Chaque neutron doit pouvoir libérer 4 neutrons, passez le message. » Que va dire le collègue suivant ? Il n'est pas nécessairement un conducteur fidèle de message. Il peut dire bien des choses en somme : d'abord critiquer l'énoncé : « C'est encore une lubie des Curie », « C'est beaucoup trop optimiste », « Au mieux on doit pouvoir espérer 1 neutron, c'est-à-dire pas de quoi faire diverger une réaction » ; il peut aussi, ce qui est plus fréquent et plus grave, ne pas comprendre le message ou, pis, ne pas s'y intéresser et en substituer un autre entièrement différent : « J'ai mis au point un nouvel étalon pour définir l'unité internationale du radium, passez le message » ; il peut aussi transmettre le message mais en se l'attribuant : « Je me demande si chaque neutron ne pourrait pas libérer 3 à 4 neutrons », ce qui transmettra en effet l'énoncé tel quel, mais ne fera pas forcément l'affaire de Joliot qui n'en sera plus considéré comme l'auteur. Si l'on imagine une chaîne assez longue pendant laquelle chaque locuteur se comportera comme le deuxième, on aura une idée d'un champ scientifique et de la difficulté d'y convaincre quelqu'un. Le cas idéal dans lequel chaque collègue passe le message au suivant sans le déformer, en l'approuvant, en l'utilisant, et en maintenant Joliot comme propriétaire, est un cas rarissime.

Joliot, comme tous les chercheurs, a besoin des autres, il a besoin de les discipliner, de les convaincre, il ne peut se passer d'eux et s'enfermer dans le Collège de France, seul persuadé d'avoir raison. Il n'est pas pour autant tout à fait désarmé. Il peut amener dans la discussion avec ses collègues d'autres ressources. C'est même la raison pour laquelle il est si pressé de ralentir ses neutrons avec du deutérium. Seul, il ne peut forcer ses collègues à le croire. Si sa pile pouvait diverger ne fût-ce que quelques secondes et s'il pouvait garder de cet événement des traces assez claires pour que personne ne puisse l'accuser d'avoir vu ce qu'il voulait voir, alors Joliot ne serait plus seul. Il aurait avec lui, derrière lui, disciplinés, surveillés par ses collaborateurs, bien en ligne, les neutrons de la pile inscrits sous la forme d'un diagramme. L'expérience, dans le hangar d'Ivry, coûte cher, mais ce coût est précisément ce qui va forcer ses chers collègues à prendre au sérieux son article paru dans *Nature*. Pendant six mois, il est le seul au monde à disposer des moyens matériels lui permettant de mobiliser à la fois les collègues et les neutrons autour et à l'intérieur d'une vraie pile. L'opinion de Joliot peut être balayée d'un revers de main ; l'opinion de Joliot, appuyée sur les diagrammes d'Halban et de Kowalski, eux-mêmes obtenus à partir de la sphère de cuivre suspendue dans le hangar d'Ivry, ne peut plus être balayée aussi facilement — la preuve, c'est que trois grands pays en guerre qui n'avaient guère bougé jusqu'ici se mettent aussitôt au travail. Discipliner des hommes en mobilisant des choses, mobiliser des choses en disciplinant des hommes, voilà un nouveau moyen de convaincre, appelé parfois recherche scientifique.

L'imbroglio dont nous étions partis au début de ce chapitre n'est pas un aspect regrettable de la production scientifique mais le résultat même de ladite production. En tout point, on trouvera des hommes et des choses mêlés afin d'ouvrir une controverse ou d'y mettre fin. Si Dautry, après que Joliot lui eut exposé son projet, n'avait reçu aucun avis favorable de ses conseillers, Joliot n'aurait pas eu les moyens de mobiliser les tonnes de graphite nécessaires à sa preuve — et, partant, n'aurait pu convaincre les conseillers de Dautry, ses collègues. C'est le même travail scientifique qui l'amène à descendre dans son hangar, à monter dans le bureau de Dautry, à s'avancer vers ses collègues, à revenir sur ses calculs. Le même travail de discipline qui l'oblige à s'occuper de l'évolution du CNRS — sans lequel il n'aurait pas de collègues physiciens assez modernes pour s'intéresser à ses arguments ; à faire des conférences aux ouvriers des banlieues rouges — sans quoi l'ensemble des recherches scientifiques ne serait pas largement soutenu ; à hanter les bureaux ministériels ; à faire visiter son laboratoire aux dirigeants belges de l'Union minière — sans lesquels il ne peut espérer les tonnes de déchets radioactifs nécessaires à sa pile ; à écrire des articles pour *Nature* — sans quoi, c'est le but même de sa recherche qui deviendrait vain ; mais surtout, surtout, il faut que cette damnée pile diverge. L'énergie avec laquelle Joliot pousse Szilard, Kowarski, Dautry et tous les autres est proportionnelle au nombre de ressources et d'intérêts qu'il a déjà mobilisés. Si la pile converge, c'est-à-dire que chaque neutron ne libère qu'un neutron, alors toutes les ressources accumulées se disjoignent et se débandent. Ce n'était pas la peine de se donner tout ce mal. Cette voie de recherche est coûteuse, inutile ou prématurée. Peut-on décider si une telle évaluation est scientifique, fondamentale, appliquée, politique ou militaire ? Peu importe ; une telle répartition n'est pas intéressante. En revanche, le travail par lequel un problème d'indépendance nationale devient un problème de neutrons plus ou moins ralentis, voilà ce qui importe.

Histoire des sciences ou histoire des scientifiques ?

Les opérations de traduction transforment des questions politiques en questions techniques et vice versa ; les opérations de conviction mobilisent dans la même controverse un mélange d'acteurs humains et non humains. Le résultat de ces deux opérations nous oblige à définir une sorte de « droit de poursuite » : pas d'histoire générale compréhensible sans que l'historien accepte de *suivre* tous les contenus scientifiques et techniques qui se sont rendus indispensables au déroulement de cette histoire ; pas d'histoire des sciences sans que l'historien ne retrouve la multiplicité des acteurs, des ressources et des enjeux auxquels elle s'est mêlée. Au lieu de définir *a priori* une distance entre le noyau dur et un contexte, distance qui rendrait incompréhensibles les courts-circuits innombrables entre ministres et neutrons, l'histoire sociale des sciences se donne plutôt des fils, des nœuds et des parcours. L'historien n'a pas à fixer, par avance, les degrés d'éloignement qui permettraient d'aller, comme à travers des cercles successifs, de l'enfer des relations sociales à l'empyrée des théories mathématiques. Il n'a pas non plus à définir, par avance, un rapprochement continuel et répétitif qui verrait toujours la société *sous* la science. Dans cette histoire pleine de bruits et de fureurs, il s'agit moins de distance que de liaisons hétérogènes souvent imprévisibles. Parfois, quelqu'un pourra suivre un raisonnement plusieurs minutes en allant d'une équation à l'autre, puis passera brusquement à un problème de défense nationale pour se tourner rapidement vers la graisse et le cambouis d'un équipement, avant de dériver, tout aussi brutalement, vers une longue suite de rêveries techniques et revenir, après quelque temps, vers des questions d'honneur professionnel froissé ou vers des histoires de gros sous.

S'il est impossible, par définition, de décrire en général, et une fois pour toutes, les liens hétérogènes et imprévisibles qui expliquent la formation d'un contenu technique donné, il n'est pas impossible de tracer rapidement les différentes *préoccupations* que tout chercheur doit avoir simultanément à l'esprit. Pour nous guider dans ce survol, il nous suffira de reprendre l'épisode de Joliot qui nous a servi, jusqu'ici, d'exemple. Joliot doit à la fois faire marcher sa pile; convaincre ses collègues; intéresser les militaires, les politiques et les industriels; donner au public une image positive de son activité; et enfin, ce qui n'est pas moins important que le reste, il doit comprendre ce qui arrive à ces neutrons devenus si importants. Voilà cinq horizons qui permettent d'assez bien cadrer le travail de l'historien: les instruments, les collègues, les alliés, le public et, enfin, ce que j'appellerai les liants ou les liens, afin d'éviter les mots de contenu et concept au passé trop chargé. Chacune de ces cinq activités est aussi importante que les autres et chacune rétroagit sur elle-même et sur les quatre autres: sans allié pas de graphite, et partant, pas de pile; sans collègue, pas d'avis favorable de Dautry, et partant, pas de graphite; sans moyen de calculer le taux de reproduction des neutrons, pas d'évaluation de la pile, donc pas de preuve, et partant, pas de collègues convaincus. On pourrait schématiser le travail de Joliot par la rosace du bas, en le distinguant, une fois encore, du modèle habituel fait d'un noyau et d'un contexte.

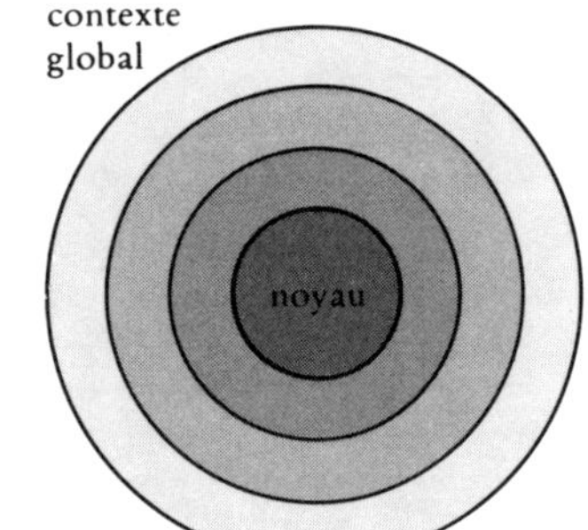

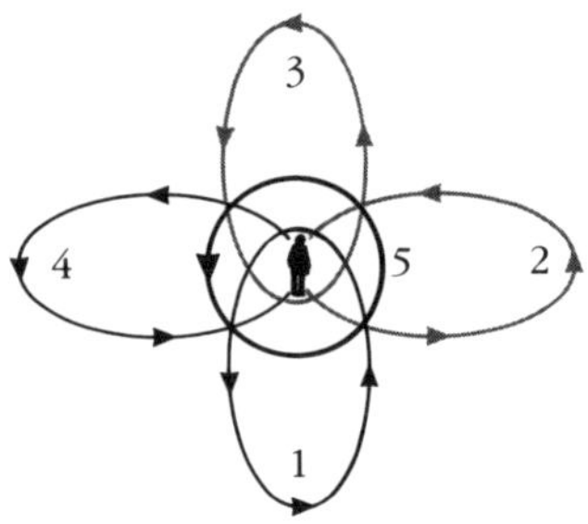

L'intelligence de Joliot, au centre, en bas, c'est de trouver le moyen de faire tenir à la fois les instruments, les collègues physiciens, les intérêts qu'il a agrégés, le public; il ne peut y réussir qu'en comprenant le mécanisme de la réaction en chaîne, et vite, avant que Szilard n'en fasse autant, que les Allemands n'envahissent la France, que les 200 litres d'eau lourde soutirés aux Norvégiens ne s'épuisent, que Halban et Kowarski, dénoncés comme étrangers par leurs voisins, ne soient obligés de s'enfuir. Il y a bien, comme dans le modèle du haut, un «noyau dur», mais celui-ci n'est plus défini par les préoccupations *les plus éloignées* des autres; au contraire, il est ce qui permet de les tenir toutes ensemble, d'en renforcer la cohésion, d'en accélérer la circulation. Il en est de ce fameux noyau dur, un peu comme d'un grand échangeur d'autoroutes; ce cinquième cercle est ce qui permet de passer rapidement de l'une des préoccupations à une autre. Tout le soin qu'on lui apporte, toute l'énergie que l'on met à le découvrir et à le soigner n'est pas fonction, comme dans le modèle habituel, de son éloignement, mais du nombre d'éléments hétérogènes qu'il doit être capable de tenir. Le contenu, paradoxalement, devrait s'appeler, si l'étymologie des mots avait un sens, le contenant, ce qui «tient ensemble».

Ce paradoxe n'apparaît tel que par l'habitude où nous sommes de penser l'histoire des sciences sous la forme du modèle du haut, c'est-à-dire par contexte et noyau. Dans ce modèle, il nous paraît absurde de considérer les aspects les plus techniques du raisonnement de Joliot, comme ceux qui seraient *le plus directement* liés aux préoccupations sociales, politiques, instrumentales. Pourtant, le choix entre les deux modèles se fait assez rapidement si l'on est historien et que l'on s'intéresse, par conséquent, à la croissance et au développement de l'imbroglio socio-technique. Pourquoi y a-t-il un noyau dur ou un cinquième cercle? Les tenants du premier modèle — les uns s'attachant au contexte et les autres au contenu — sont bien ennuyés pour répondre à cette question puisqu'ils ont affaire à *deux histoires*, l'une du contexte et l'autre du

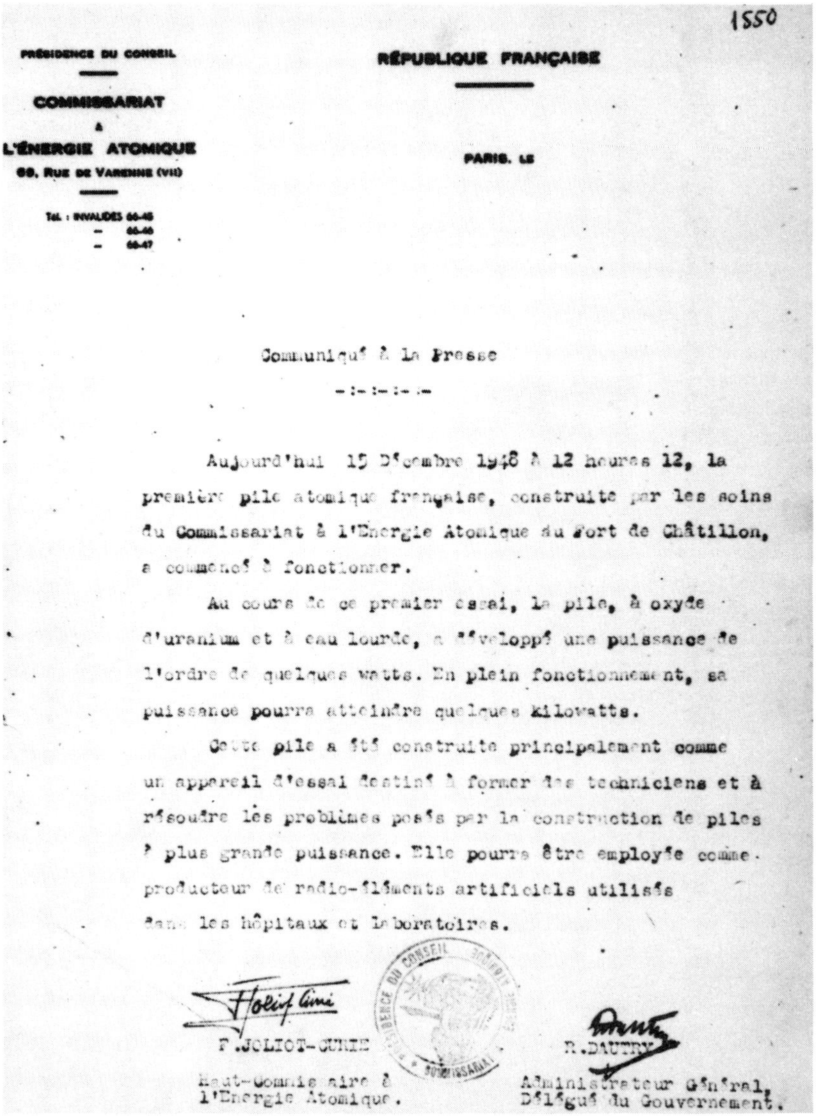

1550

PRÉSIDENCE DU CONSEIL

COMMISSARIAT À L'ÉNERGIE ATOMIQUE

69, RUE DE VARENNE (VII)

Tél. : INVALIDES 66-45 – 66-46 – 66-47

RÉPUBLIQUE FRANÇAISE

PARIS, LE

Communiqué à la Presse

-:-:-:-:-

Aujourd'hui 15 Décembre 1948 à 12 heures 12, la première pile atomique française, construite par les soins du Commissariat à l'Énergie Atomique au Fort de Châtillon, a commencé à fonctionner.

Au cours de ce premier essai, la pile, à oxyde d'uranium et à eau lourde, a développé une puissance de l'ordre de quelques watts. En plein fonctionnement, sa puissance pourra atteindre quelques kilowatts.

Cette pile a été construite principalement comme un appareil d'essai destiné à former des techniciens et à résoudre les problèmes posés par la construction de piles à plus grande puissance. Elle pourra être employée comme producteur de radio-éléments artificiels utilisés dans les hôpitaux et laboratoires.

F. JOLIOT-CURIE
Haut-Commissaire à l'Énergie Atomique.

R. DAUTRY
Administrateur Général, Délégué du Gouvernement.

La chaîne des énoncés et la chaîne des neutrons coïncident: le tout jeune CEA annonce à la presse la naissance de la première pile atomique française.
(Musée Curie, Paris. Ph. © du musée.)

contenu, dont chacune a ses propres logiques, dynamiques et périodisations. Au mieux, les deux groupes donneront deux réponses, l'une du côté des sciences, l'autre du côté des sociétés; au pis, ils n'en donneront aucune, sinon qu'il existe un noyau dur parce que, tout bien pesé, les sciences échappent au temps. En revanche, pour l'histoire sociale il n'y a en principe qu'une seule réponse à cette question: l'existence d'un noyau dur, d'un contenu technique ésotérique, est *directement fonction de l'ampleur* des autres cercles. Si l'on considère, par exemple, la croissance du programme de recherche de Joliot depuis la découverte de la radioactivité artificielle jusqu'aux années 50 avec la création du CEA et le programme d'armement nucléaire français, on pourrait, très schématiquement, définir plusieurs états de technicité, mais il faudrait aussi définir plusieurs ensembles d'équipements, d'alliances, de politiques. Les uns croissent avec les autres. Non, ils croissent, parce que les autres croissent. Au début, la découverte de la radioactivité artificielle mobiliserait une chambre de Wilson, quelques collaborateurs, le comité Nobel, le physicien français Jean Perrin et quelques journalistes. A la fin, le programme nucléaire français mobiliserait le CEA, une profession nouvelle d'atomistes, le général de Gaulle, et toutes les relations internationales de la guerre froide. Le contenu technique s'est-il formidablement accru? Certes, mais c'est la France entière qu'il s'agit maintenant de tenir. Il en est du cercle central comme des croisements de

Chambre de Wilson: comme les particules sont invisibles, les physiciens les reconnaissent aux traces qu'elles laissent sur quelque chose de visible. Le physicien anglais Charles Wilson, qui était météorologue, eut l'idée de suivre les particules grâce à la condensation de petites gouttes de pluie dans un nuage de vapeur d'eau créé à l'intérieur d'une chambre. En photographiant la trajectoire des gouttelettes on peut caractériser une particule. Joliot perfectionna la chambre de Wilson.

route ; une simple patte d'oie peut suffire pour quelques routes départementales, mais s'il s'agit de faire se croiser d'immenses autoroutes à huit voies, alors un échangeur sophistiqué est nécessaire. Ceux qui veulent faire deux histoires, l'une pour les sociétés et l'autre pour les sciences, sont comme ceux qui prétendraient comprendre l'évolution des croisements de routes sans s'occuper des routes ou, plus bizarre encore, des routes sans leurs croisements ! Les contenus techniques ne sont pas des mystères étonnants placés par les dieux sous les pas des historiens à seule fin de les humilier en leur rappelant l'existence d'un autre monde, un monde qui échapperait à l'histoire ; ils ne sont pas non plus offerts aux épistémologues aux seules fins de les aider à mépriser ceux qui ignorent les sciences. Ils font partie de ce monde. Ils n'y croissent que parce qu'ils le composent en partie.

Abrégé d'histoire sociale des sciences

Nous voyons maintenant ce que la société peut bien faire dans les sciences ; elle y est parce que les sciences et les sociétés c'est deux fois la même chose à deux états de traduction différents. Nous avons aussi une idée plus nette du projet de l'histoire sociale des sciences, des notions principales qu'elle utilise, et du type de liaisons qu'elle cherche à décrire — chemin faisant, nous avons aussi vu plus nettement de quelles histoires parallèles elle se distingue. En généralisant le schéma que nous avons obtenu à partir de l'exemple de Joliot, nous pouvons maintenant esquisser à grands traits le domaine de cette histoire et le type d'objets qu'elle utilise, objets qui sont, pour la plupart, familiers aux historiens. Pour simplifier et ordonner ce survol, je me contenterai de décrire très brièvement chacun des cinq cercles dont l'ensemble définit l'état des opérations de traductions et de convictions propres à une communauté scientifique. Bien sûr, une telle description n'a de sens que sur un exemple empirique particulier, mais il n'est pas inutile toutefois d'évoquer, même rapidement, tout le champ de l'histoire sociale des sciences, simplement pour rappeler l'immensité de ce que nous ignorons. Il va de soi que pour décrire cette sorte de rosace, tous les points de départ sont acceptables, pourvu qu'on la parcoure en entier.

Mobilisation du monde

Le premier domaine de l'histoire sociale des sciences concerne la mobilisation du monde et sa mise en contact avec les controverses. J'appellerai ce premier cercle, celui du *déplacement*. Il s'agit de se déplacer vers le monde, de le rendre mobile, de l'acheminer vers le lieu des controverses, de l'entretenir et de le rendre propre à un usage rhétorique. Pour certaines disciplines comme la physique nucléaire de Joliot, il s'agira de faire l'histoire des instruments et des grands équipements qui forment, depuis la Seconde Guerre mondiale, l'histoire de la mégascience. Pour beaucoup d'autres, il s'agira de l'histoire des expéditions envoyées depuis trois ou, parfois, quatre siècles à travers le monde pour rapporter plantes, bêtes, rochers, trophées et relevés cartographiques. Pour d'autres sciences, ce ne seront pas les instruments ou les expéditions, mais l'histoire des enquêtes qui a permis d'accumuler des connaissances sur l'état d'une société ou d'une économie. Dans tous les cas, il s'agit de suivre ce que Emmanuel Kant appelait, en philosophe, une révolution copernicienne. Au lieu de tourner autour des objets du monde, le savant les fait tourner autour de lui. Le géologue est perdu sur la scène indéchiffrable du paysage qu'il arpente avec son petit marteau. Si l'ensemble des formations géologiques se trouve cartographié, et si le géologue peut arpenter et prélever, un carnet à la main, une collection de spécimens étiquetés et ordonnés, rassemblés dans un même lieu, le voilà qui domine déjà mieux la Terre et son histoire.
L'historien de ce premier cercle doit s'occuper des expéditions, des enquêtes, des instruments et des grands équipements, mais aussi des lieux qui rassem-

blent et tiennent ensemble tous les objets du monde mobilisés par eux. Les galeries du Muséum d'histoire naturelle, les collections du musée de l'Homme, les cartes du Service géographique, les bases de données du CNRS, les fichiers de la police criminelle, l'équipement des laboratoires de physiologie au Collège de France, voilà autant d'objets d'études nécessaires pour qui veut comprendre à travers quelles médiations, nous qui parlions entre hommes, nous nous mettons peu à peu à parler des choses. Tel économiste jusque-là démuni se mettra, grâce à une nouvelle enquête et de nouvelles banques de données, à cracher des statistiques fiables par milliers de colonnes à la minute. Tel écologiste, que personne ne prenait vraiment au sérieux, se trouve maintenant capable de faire peser dans les débats de belles photographies-satellites en fausses couleurs qui lui permettent, sans bouger de son laboratoire de Jussieu, de surveiller l'avancée du désert au Burkina-Faso. Tel médecin, habitué jusqu'ici à traiter cas par cas sa clientèle chez lui, se trouve soudain face à de grands tableaux de symptômes que lui fournit obligeamment, sur des centaines de cas, l'administration des hôpitaux. Si nous voulons comprendre pourquoi tous ces gens se mettent à parler plus fort et de façon plus assurée, il nous faut suivre l'histoire de cette mobilisation du monde grâce à laquelle les choses se présentent sous une forme utilisable dans leurs arguments.

En plus des instruments — au sens large — et de leurs lieux de rassemblement, l'historien du premier cercle doit également s'occuper des réseaux métrologiques qui permettent un approvisionnement régulier en données. J'entends par ce terme la métrologie au sens restreint, c'est-à-dire le maintien des constantes de mesure, mais aussi dans un sens un peu plus large : l'établissement et le maintien de chaînes d'équivalence. Au sens restreint, on fera l'histoire du calcul des poids et des mesures, mais au sens large, on fera aussi celle, par exemple, du calcul des coûts et des prix. On s'occupera de suivre comment sont organisées les catégories socio-professionnelles des enquêtes INSEE (Institut national de la statistique et des études économiques), mais aussi comment sont formés les naturalistes envoyés en mission afin de recueillir leurs spécimens sans les abîmer, aussi bien que la façon dont les signaux des horloges atomiques maintiennent à longueur d'années le rythme du temps universel. Des lieux comme l'observatoire de Greenwich, ou celui de Paris, feront l'objet de monographies aussi détaillées que le Muséum national d'histoire naturelle ou le célèbre jardin botanique de Kew Garden situé dans la banlieue ouest de Londres. L'histoire du premier cercle, pour la résumer d'une phrase, est l'histoire de la transformation du monde en éléments mobiles, stables et combinables. C'est l'histoire, si l'on veut, de l'écriture du « grand livre de la nature » en caractères lisibles par les scientifiques. C'est celle de la logistique. L'intendance suivra toujours, mais le monde ?

Autonomisation

Avoir des données est nécessaire pour convaincre, encore faut-il avoir quelqu'un à convaincre. C'est l'objet des historiens du deuxième cercle que de nous montrer comment un chercheur se donne des collègues. J'appelle ce cercle celui de l'*autonomie*, car il concerne le travail par lequel une discipline, une profession, une clique, un collège invisible deviennent indépendants, se forment leur propre critère d'évaluation et de pertinence. Nous oublions toujours que les spécialistes sont faits à partir d'amateurs comme les militaires à partir de civils. Il n'y a pas toujours eu des chercheurs et des savants. Il a fallu extraire, avec de grandes difficultés, les chimistes à partir des alchimistes, les économistes à partir des juristes, les sociologues à partir des philosophes ; ou obtenir par de subtils mélanges des neurobiologistes à partir de biologistes et de neurologues, aussi bien que des psychosociologues à partir de psychologues et de sociologues. Le conflit des facultés n'est pas l'un des aspects dommageables des sciences, mais l'un de ses moteurs. Le seul moyen d'augmenter quelque peu le coût de la preuve suppose un collègue capable à la fois de la critiquer et de s'en servir. A quoi servirait-il d'obtenir d'un satellite dix millions d'images en fausse couleur s'il n'existait, pour les interpréter, que deux spécialistes au monde ? Un spécialiste isolé est une contradiction. Nul ne peut se permettre de se spécialiser sans autonomiser partiellement un petit groupe de pairs.

L'histoire des professions scientifiques — préférées par les Anglo-Saxons — et celle des disciplines — préférées en France — est certainement la partie la plus développée de l'histoire sociale des sciences. Elle porte aussi bien sur l'histoire des corps que sur celle des sociétés savantes des grands regroupements comme les associations pour l'avancement des sciences, ou des petites cliques et autres « nuages » qui forment le grain des relations entre chercheurs. Plus généralement, elle porte sur ce qui permet, au cours de l'histoire, de distinguer un savant d'un *virtuoso*, d'un intellectuel ou d'un amateur. Comment mettre en place les valeurs d'une profession nouvelle, le contrôle méticuleux des barrières à l'entrée, des titres ? Comment imposer le monopole de la compétence, comment régler la démographie interne et placer les disciples et étudiants ? Comment résoudre les innombrables conflits de compétence entre profession et discipline voisines ?

En plus de l'histoire des professions et des disciplines, le deuxième cercle comprend celle des institutions scientifiques. Il faut des organismes, des moyens, des règlements, des statuts afin de tenir ensemble ces foules de collègues. Pas de science française pensable sans une histoire de l'Académie, de l'Institut, des grandes écoles, du CNRS, du Bureau de recherches géologiques et minières, ou des Ponts et Chaussées. Les institutions sont aussi nécessaires à la résolution des controverses que le flux régulier de données obtenu par le premier cercle.

Alliances

Aucun développement des instruments, aucune autonomisation des disciplines, aucune fondation d'institution nouvelle n'est possible sans le troisième cercle, que j'appelle celui des *alliances*. Il faut intéresser à la controverse des groupes qui s'en moquaient jusqu'ici « comme de leur première chemise ». Il faut, ce qui n'a pas toujours été facile, intéresser les militaires à la physique, les industriels à la chimie, les rois à la cartographie, les enseignants à la pédagogie, les députés aux sciences politiques... Sans ce travail d'*intéressement* les autres cercles demeurent un voyage en chambre ; sans collègue et sans monde, le chercheur ne coûte pas cher mais ce qu'il dit ne vaut pas cher non plus. Il faut que d'immenses groupes, riches et bien dotés, soient mobilisés pour que le travail scientifique puisse prendre un peu d'ampleur, que les expéditions s'étendent et se renforcent, que les institutions croissent, que les professions s'étoffent, que les chaires et les positions s'ouvrent. Rappelons qu'il s'agit là d'une opération de traduction, ce qui interdit de dire par avance qui gagne et qui perd dans ces alliances, qui mène qui en bateau, qui atteint ses buts et qui en est détourné. Il ne s'agit pas d'étudier l'impact d'une infrastructure économique sur le développement de la superstructure des sciences, il s'agit de suivre comment tel industriel transforme ses produits en investissant dans tel laboratoire de physique des solides, comment tel service géologique parvient à s'étendre en se rattachant à l'administration des Ponts et Chaussées. Il s'agit également d'étudier comment se trouve résolue, à la fin d'opérations de traduction très complexes qui peuvent comprendre toute une gamme (connivence, trahison, contrats, emballement), la question de la responsabilité globale. Qui a mené qui ? Qui est le moteur immobile de toute cette agitation : la science ou la politique, l'administration ou la connaissance, le droit ou le fait ? Cette nouvelle controverse, qui porte non sur la composition des alliances mais sur leur bilan, s'ajoute à toutes les autres et sert de ressources pour activer ou ralentir l'ensemble des opérations scientifiques.

Ces alliances prennent, selon les circonstances, d'innombrables formes, mais il y en a quatre qui couvrent la plus grande partie de l'histoire des sciences : alliances avec l'État, avec l'armée, avec l'industrie, avec le système d'enseignement. La première est résumée par l'étude de la « technocratie » et de la « bureaucratie », c'est-à-dire la création d'un pouvoir qui est, en même temps, scientifiquement compétent. D'innombrables disciplines, les unes prestigieuses, les autres moins, se sont logées dans l'administration, ajoutant leurs appareils aux appareils d'État. Du point de vue des chiffres et des échelles, ce sont les deux suivantes, presque indissociables, qui sont les plus importantes ; pas de science, ou presque, sans armée, sans l'industrie, guère plus d'une poignée de scientifiques. Cet énorme travail de persuasion et de liaison n'était pas évident ; rien de naturel ne liait un militaire et une molécule chimique, un industriel et un électron. Ils n'allaient pas, en suivant une pente naturelle, à la rencontre les uns des autres. Il a fallu créer cette pente et ses penchants, façonner le monde social et matériel, pour rendre inévitables ces alliances. Il y a là une immense histoire, passionnante, la plus importante probablement pour comprendre nos sociétés, et qui reste à peu près à écrire dans sa totalité. La quatrième alliance enfin, moins spectaculaire, est tout aussi importante à la reproduction et à l'extension des autres cercles. Rien ne prépare un gamin de la campagne et des villes à recevoir et à absorber des mathématiques, de la chimie, de la physique, des sciences naturelles ou de la critique littéraire. Sans l'immense caisse de résonance de l'enseignement, même si tout le reste était en place, les sciences resteraient incompréhensibles, isolées, voire peut-être

Les coupures de presse recomposent le mélange que l'histoire sociale des sciences cherche à démêler. (Coupures de journaux du mois de décembre 1948 annonçant la réalisation de la première pile atomique française « Zoé » ; musée Curie, Paris. Ph. © du musée.)

suspectes. L'histoire de la liaison d'une discipline et d'un système éducatif est l'un des éléments décisifs heureusement plus étudié que beaucoup d'autres domaines de l'histoire sociale par les historiens de l'éducation.

Représentations

Même si les instruments étaient en place, si les pairs étaient formés et disciplinés, si des institutions bien dotées abritaient tout ce beau monde de collections et de collègues, si l'État, l'industrie, l'armée et l'enseignement soutenaient largement les sciences, il resterait encore un immense travail à faire. Toute cette mobilisation d'objets nouveaux, d'atomes, de fossiles, de bombes, de radars, de mathématiques nouvelles, toute cette agitation et toutes ces controverses bouleversent le circuit régulier des croyances et des échanges d'opinions ; le contraire serait étonnant, puisque c'est bien pour cela qu'il y a des sciences. Les mêmes scientifiques qui ont dû voyager à travers le monde pour le rendre mobile, convaincre des collègues, assiéger les ministères et les conseils d'administration, doivent maintenant régler leurs relations avec le public. J'appelle *représentation* ou mise en scène l'histoire de ce quatrième cercle. On y trouve l'histoire des représentations que les sociétés se sont faites, successivement, des certitudes scientifiques, de leur épistémologie spontanée. Quelle confiance a-t-on mise dans la science ? Comment cette confiance lui est-elle mesurée selon les périodes et les disciplines ? On y trouve aussi l'histoire troublée et très révélatrice de la réception par une société d'une théorie ou d'une discipline : comment la physique d'Isaac Newton fut-elle reçue en France ? Comment la théorie de Charles Darwin fut-elle intégrée par les religieux anglais ? Comment le taylorisme fut-il accepté par les syndicalistes français durant la Grande Guerre ? Comment l'économie s'est-elle peu à peu intégrée au fonds commun du journalisme ? Comment la psychanalyse fut-elle peu à peu absorbée par la pédagogie quotidienne ?
Mais la question la plus importante de ce cercle, question encore intacte, c'est celle de la résistance active de millions de gens contre l'extension, les privilèges, les prétentions des innombrables disciplines scientifiques. Comment s'y prend-on pour ne pas croire, ne pas comprendre, ne pas vouloir les résultats des controverses scientifiques que l'on souhaiterait tant nous voir transmettre comme si nous étions autant de conducteurs fidèles et fiables ? Je dis que cette histoire est intacte, parce que les savants considèrent toujours comme un scandale que leur savoir ne soit pas universellement partagé. Inconscients de l'énorme travail nécessaire à l'extension de leurs connaissances, ils ne voient jamais la résistance des multitudes comme *un autre travail*, aussi intéressant à étudier que le leur, même s'il a pour but de leur saper le moral. Ils parlent d'ignorance et de vulgarisation au lieu de parler d'extension et de résistance active. L'histoire des sciences, du point de vue de ceux qui la rejettent activement, est encore à faire bien que, par définition, elle *fasse partie* du système de la recherche.

Liens et liants

Arriver au cinquième cercle, ce n'est pas enfin parvenir aux sciences. Depuis le premier cercle, nous n'avons pas quitté un moment les parcours de l'intelligence savante au travail. Pourtant, parvenir au cercle que j'appelle, faute de mieux, celui des *liens* ou des *liants*, c'est toucher à quelque chose, en effet, de plus dur. Nous savons la raison de ce supplément de dureté. Tenir à la fois toutes les ressources mobilisées dans les quatre autres cercles n'est pas une partie de plaisir. Il convient maintenant, puisque tous ces fils sont encore épars, de les nouer solidement, afin qu'ils ne cèdent pas aux forces centrifuges. Tout ce ramassis hétérogène ne demande qu'à trahir : le monde ne demande qu'à redevenir indéchiffrable et lointain ; les collègues n'en font qu'à leur tête ; les alliés perdent patience ou intérêt; le public souhaite ardemment ne pas comprendre. Plus ils sont nombreux ainsi assemblés, plus il faut trouver la notion, l'argument, la théorie qui peut les attacher tous ensemble. La dureté du lien est ce qui va permettre de *faire durer* l'attachement.

L'énucléation de l'histoire

Ce rapport essentiel entre la dureté et la durée explique pourquoi l'histoire des sciences paraît toujours si difficile à faire. En effet, c'est par le travail propre à ce cinquième cercle que vont se distinguer, pour la première fois, des agrégats plus lâches et des agrégats plus resserrés; les premiers vont donner ce que les historiens comme les philosophes appellent « circonstances », ou « contingences historiques », les seconds, ce qu'ils appellent « nécessité ». Non seulement l'histoire sociale est plus forte que celles qu'elle prétend remplacer, elle serre de plus près l'intelligence savante au travail, elle est plus raisonnable, mais, en plus, elle est capable de comprendre à la suite de quels événements les autres sont obtenues et pour quelles raisons.

En effet, si l'on ne fait pas bien attention à l'ensemble du travail savant — symbolisé par la rosace dessinée p. 504 —, on peut avoir l'impression qu'il y a, d'une part, une histoire des contingences — la couronne —, d'autre part, au centre, une nécessité qui, elle, ne serait pas historique. Il suffit, en ce point, d'une légère faute d'attention, d'une légère insouciance, et ça y est! Les liens plus étroits vont se trouver découpés et mis à part de ceux que pourtant ils rassemblent et nouent. Encore un peu de flottement, et voilà le noyau des contenus scientifiques mis à l'écart de ce qui devient, par contraste, un « contexte » historique contingent.

Le modèle que j'ai tant critiqué du contenu et du contexte est obtenu, *par inattention et découpage,* à partir du travail hétérogène et multiple des savants. L'ensemble de ce travail en devient opaque puisque l'on ne saisit plus le point essentiel, c'est-à-dire *ce que* les théories et les concepts théorisent et rassemblent. A la place d'un parcours continu et tortueux, l'historien ne trouve qu'un rideau de fer qui tient à l'écart des sciences les facteurs extra-scientifiques. Comme en plein Berlin, un nouveau mur de la honte partage le fin réseau des ruelles et des voisinages. Faute de comprendre, à la fois les théories et ce dont elles sont les théories, l'historien, découragé devant ces objets si durs et si durables qu'ils semblent venir d'ailleurs, ne peut que les envoyer dans le ciel platonicien et les relier ensemble dans une histoire toute fantasmatique que l'on appelle souvent « histoire des sciences » bien qu'elle n'ait plus rien d'historique et, de ce fait, rien de scientifique non plus. Le mal est fait; de longues trajectoires d'idées et de principes traversent l'histoire contingente comme autant de corps étrangers. Les historiens, habitués pourtant à étudier tous les éléments collectifs dont je viens de faire la liste, se découragent alors devant tant d'étrangeté et laissent les sciences aux savants et aux philosophes, se contentant modestement d'étudier le sort des batailles, la vie quotidienne, les croyances populaires ou le prix du grain.

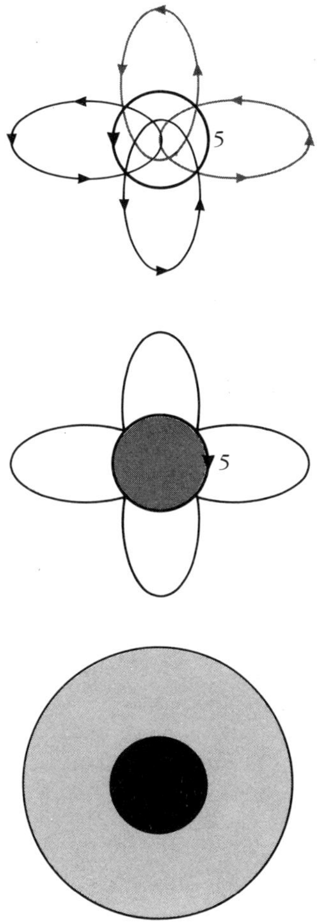

Extraction du modèle contenu/contexte.

Cette modestie les honorerait si, en abandonnant les contenus scientifiques et techniques, ils ne rendaient pas *également incompréhensible* cette histoire menue qu'ils ont la prétention d'étudier et à laquelle ils prétendent se limiter. En effet, le plus grave, dans ce partage du noyau et de sa couronne, des théories et de ce qu'elles théorisent, n'est pas tant de permettre à une histoire intellectuelle des idées scientifiques de se déployer sans retenue. Elle est dans la croyance exactement symétrique des historiens, qu'il serait possible, en alignant des contextes préalablement « énucléés », de *raconter l'histoire sociale de nos sociétés sans plus s'occuper des sciences et des techniques.* Le premier regroupement, qui a pour conséquence les rêves de l'épistémologie, est seulement agaçant et puéril; le second, qui a pour conséquence l'illusion d'un monde social, trop social, est beaucoup plus dommageable. C'est toute l'histoire moderne qu'il rend opaque.

Création, par alignement, des noyaux d'une « histoire intellectuelle des sciences »...

... et, par alignement, des contextes d'une histoire sociale des sciences.

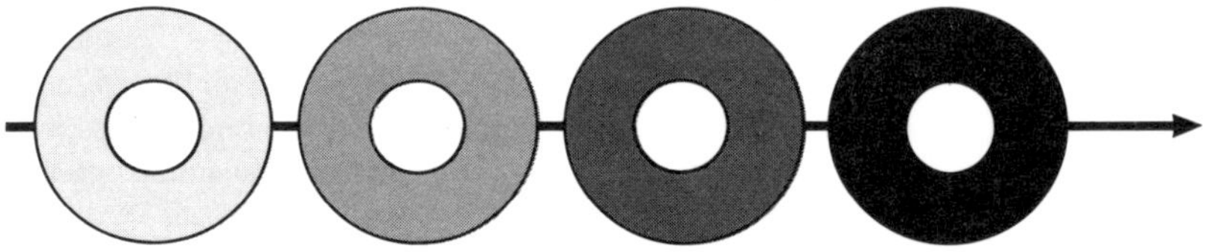

Supposons, par exemple, que les opérations de traduction aient rendu indispensables à la poursuite des affaires militaires françaises le laboratoire de Joliot, et supposons que Joliot lui-même ne puisse faire diverger sa fameuse réaction qu'en découvrant un nouvel élément, radioactif, le plutonium, qui déclencherait beaucoup plus facilement cette réaction. L'historien des affaires militaires, en suivant la série des traductions, doit inévitablement s'intéresser à l'histoire du plutonium ; plus exactement cette inévitabilité est *fonction du travail et de la réussite* de Joliot. Étant donné l'action des savants depuis trois à quatre siècles, combien de temps peut-on étudier un militaire sans passer par un laboratoire ? C'est à l'enquête de l'établir, mais, disons, pour fixer les idées, probablement pas plus d'un quart d'heure. Par conséquent, faire une histoire militaire et ne pas s'aiguiller vers les laboratoires qui composent en partie cette histoire est une absurdité. La question n'est pas de savoir si l'on a le *droit*, ou non, de faire une histoire sans s'occuper des sciences et des techniques ; c'est une question *de fait* ; les acteurs que suivent les historiens ont-ils, ou non, mêlé leur vie et leurs passions à des acteurs non humains mobilisés par des laboratoires et des professions scientifiques ? Si oui, alors il est impensable de ne pas remettre dans le jeu de l'histoire le plutonium que Joliot et les militaires ont mis dans leur façon de faire la guerre et la paix.

Le drame d'une énucléation préalable de l'histoire, c'est de rendre évidemment les sciences incompréhensibles, mais surtout de rendre l'histoire sociale imbécile — au sens étymologique. Pourquoi les militaires français, pour résoudre leurs controverses avec leurs adversaires allemands ou anglais, s'intéresseraient-ils aux controverses de Joliot avec ses collègues ? La même question se pose pour Joliot : pourquoi doit-il en passer par le calcul des sections croisées du deutérium afin de résoudre sa controverse sur la possibilité d'une réaction en chaîne ? Réponse évidemment trop schématique : parce que, une fois en possession du deutérium, Joliot peut rendre irréversible sa position ; on pouvait douter de la réaction avant 1940, on ne peut plus en douter après. Le coût de la preuve s'est énormément accru. Faire de la physique sans pile atomique devient, pour tous les collègues, une impossibilité. Mais la réponse à la première question a la même forme générale : une fois sûrs de la faisabilité d'une bombe atomique, les militaires français vont pouvoir, eux aussi, rendre leur position irréversible ; on pouvait se moquer d'eux avec leurs pigeons voyageurs et leur ligne Maginot trouée comme une passoire ; on pouvait les renverser et les mettre en déroute ; cela deviendra beaucoup plus difficile une fois qu'ils auront l'armement atomique ; le coût de la guerre se sera fantastiquement accru. Faire la guerre sans physiciens atomistes deviendra impossible. Vous espériez faire la guerre avec la ligne Maginot, on vous a renversés. Vous allez devoir la finir par la physique atomique. Les réserves fiables disciplinées, vous ne les trouverez pas chez les généraux prêts à trahir, mais chez les neutrons. Un général plus une ligne Maginot, plus deux ou trois traîtres, voilà une position réversible. Un général plus le CEA, voilà peut-être une position forte, en tous les cas plus difficile à renverser (quels que soient, par ailleurs, le nombre de traîtres et les accusations portées contre le loyalisme de Joliot).

Un historien qui se priverait des acteurs non humains, mobilisés par les sciences et les techniques dans les batailles humaines, s'interdirait de comprendre l'irréversibilité, c'est-à-dire le passage même du temps, ou encore ce qu'il y a d'historique dans l'histoire. Si l'histoire était sociale au sens commun du mot, c'est-à-dire faite uniquement d'humains, elle serait réversible, entièrement réversible et ne manifesterait nulle part le passage aigu du temps.

On le voit, l'histoire des sciences n'est pas une *branche particulière* de l'histoire générale comme il y aurait une histoire des costumes, des climats, des larmes, de la peur ou des lois électorales. Nous définissons trop facilement le domaine de l'histoire *par opposition* à ces rochers que rien ne peut éroder: les faits scientifiques. L'histoire des sciences, ici redéfinie, oblige à se prononcer sur le partage préalable entre ce qui est ou ce qui a une histoire (courte ou longue, peu importe) et ce qui ne saurait en avoir. Autrement dit, elle nous a forcé à revenir sur la divison préalable entre ce qui est contingent et ce qui est nécessaire, entre ce qui appartient aux hommes et ce qui appartient aux choses.

L'invention de l'ordinateur

PIERRE LÉVY

Où l'on verra que l'ordinateur n'apparaît qu'au terme d'une cascade de détournements et de réinterprétations de matériaux hétérogènes et de dispositifs divers ; au bout d'une succession aléatoire d'occasions et de circonstances locales, exploitées tant bien que mal par une multiplicité d'acteurs.

Histoires de l'informatique

L'immédiat après-guerre. Dans toutes les mémoires, les monstrueux champignons atomiques s'élèvent encore au-dessus du ciel d'Hiroshima et de Nagasaki. D'insoutenables images proviennent des camps libérés par les Alliés. On dit que des savants américains ont fabriqué un cerveau électronique, peut-être justement pour pouvoir construire « la bombe ». L'ordinateur serait né là, entre les barbelés de Los Alamos, juste avant que les Allemands ne le construisent à leur tour, les débris d'une machine incomplète gisant parmi les décombres de Berlin bombardée. On n'aurait pu rêver de naissance plus pathétique pour l'emblème de la modernité technique. Comme si le mal absolu, épouvantable, qui fut révélé à l'humanité au cours de cette guerre-là pouvait être racheté par les retombées de la recherche militaire. Comme si la bombe et l'ordinateur, baptisés dans le même fleuve de sang, devaient désormais veiller à notre bien-être, l'une en retardant indéfiniment le prochain conflit mondial, l'autre en multipliant nos pouvoirs et notre intelligence.

Los Alamos : centre américain de recherche en physique nucléaire, situé dans l'État du Nouveau-Mexique, où fut mise au point la première bombe A.

L'événement fondateur

Une histoire des débuts de l'informatique pourrait placer la Seconde Guerre mondiale parmi les « causes » principales de l'invention de l'ordinateur. Ne tiendrait-on pas là une condition, une détermination énorme, à la mesure des transformations économiques et culturelles induites par l'informatique ? Pour produire un outil d'une telle puissance, ne fallait-il pas que fussent mobilisées toutes les ressources intellectuelles et financières de nations en guerre pour leur survie ? Ce serait la thèse de l'événement fondateur. Mais cette thèse souffre de deux faiblesses. Sur le plan de son intention sous-jacente, il n'est pas toujours vrai que les causes et les effets soient en proportion les uns des autres. De petits événements peuvent avoir d'importantes conséquences. Mais, surtout, la thèse de la guerre fondatrice résiste mal à une analyse détaillée des avatars du calcul automatique dans les années 30 et 40. La guerre ne favorisa pas de manière simple et univoque l'invention des ordinateurs. Elle ne les a pas produits au Japon. En Allemagne, la mobilisation de Konrad Zuse, inventeur des premières machines électromécaniques binaires programmables, faillit interrompre sa carrière. Mais, grâce à l'appui de Helmut Schreyer, un ingénieur nazi de ses amis, il revint du

L'inventeur espagnol Torrès y Quevedo (1852-1936) écrivit, en 1914, un « Essai sur l'automatisme ». Il construisit plusieurs machines à calculer. Sa réalisation la plus connue reste le joueur d'échecs automatique (un roi pour le joueur humain, un roi et une tour pour la machine). La machine gagne à tous les coups.
La photographie présente l'inventeur et son modèle lors d'un congrès de cybernétique au Conservatoire des arts et métiers à Paris, en 1922.
(Ph. © Keystone.)

front et réussit à inverser la situation en captant les fonds militaires pour les employer à ses fins. Non sans quelques déconvenues : ni Zuse ni Schreyer ne parvinrent à convaincre les autorités de la nécessité de se lancer dans la construction d'une machine électronique ultra-rapide. L'état-major refusa de financer un projet qui ne bénéficierait pas immédiatement à l'effort de guerre. Mais ils réussirent toutefois à transformer la guerre en bonnes conditions de travail... jusqu'au moment où les bombardements alliés, en détruisant les machines, donnèrent brusquement au conflit mondial un autre sens qu'une occasion de financement.

En France, le projet de machine à calculer électromécanique programmable de Couffignal, associé à la firme Logabax, fut interrompu par le déclenchement des hostilités.

Aux États-Unis, la réquisition de John Atanasoff dans un centre de recherches de l'US Navy, en 1942, mit brutalement fin à la construction, déjà extrêmement avancée, de sa machine à calculer électronique. L'ingéniosité du mathématicien fut captée par l'armée plutôt que les fonds militaires par l'inventeur. Toujours aux États-Unis, la compagnie International Business Machines (IBM) interrompit, lors de la déclaration de guerre, les recherches de ses ingénieurs Ralph Palmer et Byron Phelps sur une multiplicatrice électronique. La priorité devait être accordée aux commandes du gouvernement orientées vers les applications militaires.

Le cas britannique montre encore l'ambiguïté du rôle de la Seconde Guerre mondiale. Réunie par le service du chiffre, une nombreuse équipe de savants et de techniciens mobilisés parvint à construire les premières calculatrices électroniques programmables de grande envergure. La Grande-Bretagne était ainsi dotée d'un inestimable capital d'expérience et de savoir-faire dans ce domaine. Mais le caractère ultra-secret et purement militaire de cette réalisation se révéla à double tranchant. Il empêcha les Anglais de pousser leur avantage. Contrairement aux Américains, ils passèrent difficilement aux registres scientifique et industriel qui impliquent une certaine publicité des réalisations.

Deux éléments liés au conflit jouèrent cependant un rôle indéniablement positif pour l'invention technique en général et pour l'apparition des calculatrices électroniques en particulier. Premièrement, bien entendu, l'accroissement considérable des sommes allouées à la recherche et au développement. Les crédits militaires ont ainsi permis à certaines équipes d'effectuer de remarquables percées dans le domaine du calcul électronique. Deuxièmement, on avait formé de grandes concentrations de chercheurs au service de vastes projets comme à Los Alamos, ou pour la construction de radars perfectionnés. Les premières grosses calculatrices électroniques furent construites au sein de telles concentrations : à Bletchley Park, où était localisé le service du chiffre britannique, autour du *Balistic Research Laboratory (BRL)*, aux États-Unis. Ces concentrations atteignirent une « masse critique » particulièrement favorable à l'invention. En effet, elles créaient les conditions pour qu'une foule d'idées, de théories et d'objets techniques soient très rapidement détournés, réinterprétés, capturés à des fins diverses par une multitude d'acteurs. Ces réactions en chaîne dans l'ordre techno-scientifique font penser à celles qui se déclenchent dans les réacteurs ou dans les bombes atomiques. Les atomes d'uranium ne commencent à émettre et à recevoir assez de neutrons pour dégager une énergie utilisable que lorsqu'ils sont réunis en une masse suffisamment dense. Mais les relations entre les premières calculatrices électroniques et la bombe à uranium qui explosa au-dessus d'Hiroshima s'arrêtent à cette métaphore. L'arme atomique fut construite sans le secours d'aucun ordinateur.

Précurseurs et génies fondateurs

Une deuxième tentation, tout à fait classique, se présente immédiatement à l'historien des sciences et des techniques qui voudrait mettre en scène l'invention de l'ordinateur : celle de *l'individu* (voire du génie) fondateur. Ici plusieurs candidats se bousculent, parmi lesquels Charles Babbage, Alan Turing et John von Neumann, chacun briguant cette fonction à des titres différents.

Savant de grande envergure, mathématicien, astronome, économiste, mêlé à toute la vie scientifique de l'Angleterre dans la première moitié du XIXe siècle, Babbage (1792-1871) ferait un excellent précurseur. Il doit le privilège de figurer dans toute histoire de l'informatique à la conception de deux machines à calculer, la machine à différence et la machine analytique. La première était une calculatrice couplée à une imprimante, spécialisée dans certaines opérations particulièrement fréquentes pour les calculs astronomiques et l'établissement de tables mathématiques (logarithmes, sinus, racines carrées, etc.). Babbage la conçut vers 1830. Sa complexité et sa puissance surpassaient de beaucoup les additionneuses et les multiplieuses disponibles à l'époque. Il ne parvint pas à la construire, malgré l'engloutissement de sommes très importantes, parmi lesquelles des subventions du gouvernement anglais. Elle ne fut réalisée par le Suédois P. G. Scheutz que treize ans plus tard et copiée à quelques exemplaires jusqu'au début du XXe siècle.

Quant aux plans de la machine analytique, qui ne fut jamais construite intégralement, ils décrivaient une calculatrice non spécialisée, dont l'agencement semble préfigurer celui des ordinateurs. En effet, Babbage y dissocie pour la première fois les fonctions de calcul et de mémoire. Il prévoit surtout un fonctionnement commandé par des programmes, codés sur cartes perforées.

De là à prétendre que l'astronome anglais avait inventé le principe de l'ordinateur, mais qu'il ne put mener à bien sa réalisation pratique, parce qu'il était trop en avance sur les idées de son temps et sur les possibilités technologiques de son époque, il n'y a qu'un pas... que nous nous garderons de franchir.

Charles Babbage, tel qu'il apparaît, en 1871, dans un journal anglais illustré. Un « grand ancêtre » des informaticiens?
(In The illustrated London News, *1871. Ph. © Ann Ronan Picture Library.)*

Tout d'abord, le projet de Babbage appartient évidemment à une atmosphère intellectuelle très différente de celle qui régnait dans les années 1950, période où apparurent les premiers ordinateurs. Il ne s'agit nullement pour lui de construire un cerveau mécanique, ni même une machine universelle capable de réaliser n'importe quel traitement d'information de manière automatique. La machine analytique n'est pas dans son esprit un *support de logiciel*, comme le sont pour nous les ordinateurs.

L'objectif de Babbage était avant tout de construire des tables nautiques, astronomiques et mathématiques exactes, celles de son époque étant criblées d'erreurs. Pour construire des tables numériques précises, il fallait mécaniser, en même temps, le calcul et l'impression. Il ne s'agissait pas du rêve de la machine pensante mais de la proposition d'une méthode industrielle pour raccourcir les délais d'exécution, éliminer les erreurs de calcul, de composition, et réduire les coûts d'édition des tables.

Babbage n'envisagea pas la totale suppression des interventions humaines dans les opérations de calcul. La machine analytique n'était qu'un énorme *instrument* de comput et d'impression dans les mains d'un personnel spécialisé. Il n'est jamais question dans ses écrits de l'automation telle que nous l'envisageons aujourd'hui. L'*Analytical Engine*, qui devait être mue par la vapeur, appartient bien à l'atmosphère industrielle du XIXe siècle.

On a l'habitude de définir l'ordinateur comme une calculatrice électronique programmable à programme enregistré. La notion de programme enregistré est fondamentale car, comme nous le verrons, c'est elle qui rend compte de la souplesse d'utilisation et du caractère véritablement universel des ordinateurs. Or l'enregistrement du programme ne devient un avantage technique que lorsque l'on dispose d'une très grande vitesse de calcul, donc seulement depuis l'apparition des machines électroniques. L'ordinateur en tant que tel était donc proprement impensable pour Babbage. Quelques passages marginaux des écrits de lady Lovelace (la principale collaboratrice de Babbage) ont pu être lus comme des allusions à un possible enregistrement des programmes de la machine analytique. Mais le sens que pouvait avoir cette idée quand la machine avait seulement une mémoire interne mécanique, donc très lente, ne peut s'identifier à celui qu'il a pour nous.

Inventeur, fondateur ou précurseur, l'action du grand homme est censée regarder vers l'avenir. Elle annonce, elle précède, elle inaugure. Mais une conversion du regard montrerait que le fondateur est aussi un héritier, qu'il utilise, détourne et réemploie une foule d'idées et de matériaux déjà disponibles à son époque.

Dans le cas de Babbage, l'idée de machine programmable et même la carte perforée comme support du programme sont évidemment empruntées aux métiers Jacquard, dont le début du XIXe siècle vit le triomphe dans l'industrie textile. Babbage avait étudié dans tous leurs détails le fonctionnement de ces métiers. Pour l'anecdote, il possédait un portrait de Jacquard tissé à l'aide d'un programme comportant 24 000 cartes perforées. Notons d'ailleurs que, de manière indépendante, les cartes perforées furent détournées une seconde fois, vers 1885, de leur usage initial, par Hermann Hollerith, inventeur de la mécanographie et fondateur de la compagnie qui deviendra IBM. Les cartes perforées seront encore en usage en informatique dans les années 1970 alors qu'elles auront disparu des usines depuis longtemps.

Métier de Falcon, mécanicien français qui inventa en 1728 le principe de la commande par carte perforée.
Cette dernière restera en usage pour la programmation des ordinateurs jusque dans les années 70.
(Ph. © Coll. IBM/Arch. Photeb.)

Autre détournement, l'idée de la « manufacture à logarithmes » de Marie Riche, baron de Prony. Ce dernier, directeur du Cadastre à Paris au tournant des XVIIIe et XIXe siècles, avait organisé une véritable usine à calculer des tables mathématiques en appliquant les plus stricts principes de la division du travail. Suivant la méthode du calcul aux différences finies, un plan de travail général était conçu par des mathématiciens, modulé par des mathématiciens de niveau inférieur, et exécuté par des opérateurs ne sachant effectuer que des additions. Babbage, qui avait rencontré de Prony, s'en inspira directement pour sa machine à différence et indirectement pour la machine analytique. Une série d'additionneurs peuvent réaliser les calculs les plus complexes, pourvu qu'ils suivent des plans stricts et bien conçus. Babbage substitua des additionneurs mécaniques, déjà d'usage courant, aux additionneurs humains.

On pourrait allonger la liste des réemplois, emprunts et détournements opérés par Babbage, qui était un infatigable observateur de toutes les machines et méthodes de travail de son temps, tant dans le domaine scientifique qu'industriel. Mais malgré toutes les dettes qu'il doit reconnaître envers son époque et ses devanciers, le créateur (et on ne peut dénier ce titre à Babbage) n'a-t-il pas mis au jour quelque chose d'original ? Certes, et c'est justement en conférant un nouveau sens aux matériaux et aux idées hétérogènes qu'il a réemployés, captés au profit de sa propre entreprise. Voilà pourquoi l'idée du fondateur ou du précurseur est bancale. Pour les acteurs qui viennent après lui, l'œuvre du prétendu fondateur ou précurseur est à son tour un matériau à réutiliser. Ce en quoi il avait été créateur, le nouveau sens imposé à une multitude de matériaux divers, voilà justement ce qui sera le moins respecté, car l'arrangement novateur sera lui-même matériau à réinterpréter, entité dont on forcera et détournera la signification originelle pour l'incorporer à une nouvelle réalisation, à de nouveaux projets. Babbage peut être présenté comme l'ancêtre vénérable des informaticiens, le fondateur d'une lignée, mais il pourrait tout aussi bien faire figure de ruine dont on pille les pierres pour construire un temple à une religion nouvelle.

Du reste, pour poursuivre cette métaphore, les pierres en question servirent bien plus à décorer la façade après coup qu'à soutenir le toit. En effet, l'astronome anglais inspira directement la construction d'une dizaine de machines au XIXe siècle, mais l'influence effective de ses travaux sur les inventeurs des grandes calculatrices numériques des années 1930 et des ordinateurs des années 1940 fut quasiment nulle.

Calculatrice numérique :
on distingue généralement les machines à calculer numériques et analogiques ; les machines numériques procèdent essentiellement par pas discrets et codent les quantités à traiter de manière discontinue (dents d'engrenage, picots, trous dans des cartes perforées, circuits ouverts ou fermés, présence ou absence d'impulsions électriques).

L'affaire Turing est plus épineuse. Alan Turing (1912-1954) est un mathématicien et logicien anglais dont la mort étrange et tragique correspond assez bien au stéréotype du savant sacrifié, tel qu'il a été illustré dans ce livre par Archimède et Lavoisier (cf. p. 101 et 363). A ce titre, c'est donc un candidat particulièrement qualifié pour le rôle de fondateur. Condamné en 1952 par la justice britannique dans un procès pour homosexualité, il dût choisir entre la prison et l'injection d'hormones censées améliorer son état. Il opta pour les hormones. Il se suicida deux ans plus tard en mangeant une pomme empoisonnée au cyanure. Son biographe, Andrew Hodges, laisse entendre que les services secrets américains et anglais, auprès de qui il avait été expert pendant la guerre, ne furent pas étrangers à cette mort brutale, parce qu'ils craignaient que les Russes n'utilisent son « point faible » pour lui soutirer des renseignements ou le faire changer de camp.

Turing intervient d'abord dans l'histoire de l'informatique comme un pur théoricien. Il publia, en 1936, un article sur un problème complexe de logique mathématique. Cet article contient la description d'un automate abstrait — la machine universelle — capable d'effectuer tous les calculs imaginables. Grâce à la précision de sa description, Turing parvint à démontrer l'existence de problèmes insolubles par la machine universelle, donc insolubles par quelque méthode calculatoire que ce soit.

Quelques années après, Turing participa, à divers titres, à la conception des calculatrices électroniques anglaises, puis, après la guerre, à la mise en œuvre de quelques-uns des premiers ordinateurs.

D'un point de vue purement formel et en se limitant à la question de la calculabilité, la machine universelle décrite dans l'article de 1936 est l'équivalent logique *exact* de l'ordinateur, quoiqu'elle le précède d'une dizaine d'années. On y trouve, en particulier, les notions de programme enregistré, de calculs sur les programmes, et de généralité maximale qu'on chercherait en vain dans l'œuvre de Babbage. Il est donc tentant de regarder l'ordinateur comme la réalisation de l'automate logique de 1936, d'autant plus que le même individu fut successivement impliqué dans la conception de l'une et de l'autre. L'ordinateur aurait existé d'abord sous une forme idéale, avant de s'incarner en machine réelle. Il faut cependant résister à la tentation. La machine universelle de Turing, dans l'article de 1936, n'est au fond qu'un très ingénieux artifice de démonstration au sujet d'un problème de fondation des mathématiques. Ce n'est qu'après avoir vu fonctionner pendant la guerre des calculatrices électroniques ultra-rapides (toujours le facteur vitesse !) que Turing en vint à donner un tout autre sens à la machine universelle. En l'occurrence, il en fit le support, non seulement possible, mais concrètement et facilement constructible d'une intelligence artificielle.

La machine universelle de Turing n'a d'ailleurs inspiré aucun constructeur d'automate concret. Le domaine où elle était apparue était trop loin des problèmes rencontrés par les concepteurs de calculatrices de verre et de métal pour qu'ils la détournent à leur profit. Après coup, mais seulement après coup, une histoire d'inspiration logiciste put nommer Turing comme un des *fondateurs* de l'informatique. Comme si l'isomorphie fonctionnelle abstraite entre les ordinateurs et la machine universelle de Turing permettait de conclure à une relation de condition à possibilité, de cause à effet, ou de dérivation. Toutes choses égales par ailleurs, si la machine universelle n'avait jamais été imaginée, les ordinateurs auraient tout de même été construits. Les *fondements*, de type théorique, doivent être distingués des *fondations*, qui sont d'ordre génétique.

Alors que Turing incarne le type du héros scientifique malheureux, souvent incompris et même persécuté de son vivant, le mathématicien John von Neumann (1901-1957) présente, au contraire, l'image du savant reconnu et prestigieux, admis à toutes les distinctions honorifiques, intégré aux cercles dirigeants de l'armée et de l'administration américaines. On considère généralement von Neumann comme le fondateur de l'informatique parce qu'il a rédigé les plans de l'*EDVAC (Electronic Discrete Variable Automatic Calculator)*, premier document où sont décrits la disposition interne et les principes de fonctionnement des ordinateurs modernes. Aujourd'hui encore, on parle de « l'architecture von Neumann » pour désigner l'organisation classique des ordinateurs, telle qu'elle a cours depuis la fin de la Seconde Guerre mondiale.

Le cas de von Neumann est clair parce qu'il relève évidemment d'une histoire de prédation ou de capture. Les plans de l'*EDVAC* synthétisaient et donnaient une forme attrayante à toutes les idées émises par un groupe de travail de la Moore School of Electrical Engeneering de l'université de Pennsylvanie. Ce groupe, qui venait de concevoir la première calculatrice électronique américaine, était à la recherche de nouveaux principes d'organisation et de fonctionnement pour une seconde machine, lorsque von Neumann vint s'y agréger. On sait que le concept de programme enregistré, ainsi que de nombreuses autres idées originales qui figurent dans les plans de l'*EDVAC*, furent formulés pour la première fois par John Eckert et John Presper Mauchly, les deux principaux animateurs de l'équipe de la Moore School. En signant les plans de l'*EDVAC* de son nom de mathématicien prestigieux, von Neumann leur conférait une audience et une légitimité inattendues, fort utiles pour obtenir des crédits militaires, mais il s'attribuait du même coup toute la gloire de l'invention de l'ordinateur. Dès cette époque, en effet, on pressentait très bien l'importance que risquait de prendre le calcul automatique dans le monde de l'après-guerre.

De son vivant (contrairement à Turing), von Neumann réussit partiellement une opération de capture qui, en redéfinissant la nature et la fonction des machines à calculer électroniques, le mit, lui et sa discipline, à l'origine « véritable » de l'informatique. Les ordinateurs relèveront désormais de la *théorie des automates*, qui traite non seulement d'objets logico-mathématiques et de machines électroniques mais encore du système nerveux des êtres vivants. C'est tout le sens de l'aventure cybernétique à laquelle fut associé le mathématicien de Princeton. Eckert et Mauchly n'apparaissent plus alors que comme des « ingénieurs » occupés seulement du matériel. En fait, von Neumann avait détourné les réalisations de l'équipe de la Moore School au service de ses propres projets.

Ici, le prétendu fondateur a réalisé une brillante synthèse d'idées dont la plupart avaient été émises par d'autres, mais qu'il organise dans la nouvelle perspective d'une théorie générale des automates. Il ne s'agit pas de nier la réalité ou l'originalité de l'apport de von Neumann dans l'histoire de l'informatique, mais de contester la notion même de fondation ou de point-origine, qui, à chaque fois que l'on se penche sur un cas précis, se révèle être une opération de réinterprétation ou de capture de travaux passés ou contemporains. Opération dont le prétendu fondateur pourra parfaitement être victime à son tour, chassé de l'éclat matinal des commencements vers la grisaille indistincte de la préhistoire.

Le logicisme : ingénieurs et mathématiciens

Pour l'histoire de l'informatique, le problème général de la fondation se double de la question particulière du logicisme. On aura remarqué, en effet, que les principaux candidats à la fondation de l'informatique sont tous les trois mathématiciens. On leur fait gloire d'avoir conçu les structures abstraites qui caractérisent aujourd'hui les ordinateurs et rendent possibles leurs étonnantes performances.

Ce faisant, on relègue dans l'ombre les mécaniciens, les ingénieurs et les gens de métiers, dont l'apport ne fut pas moins capital, quoiqu'il se prêtât moins facilement à la mise en scène de l'invention.

A la galerie des portraits individuels, traditionnelle en histoire des sciences, l'histoire de l'informatique doit substituer une série de couples aux relations souvent orageuses.

Au côté de Babbage, voici Joseph Clement. L'échec de Babbage ne tint pas aux limitations de la technique de son temps, mais aux mauvais rapports qu'il entretint avec l'un des meilleurs mécaniciens d'Angleterre. Entre autres raisons de dispute, Babbage voulait garder un monopole sur la machine analytique alors que Clement en avait construit les pièces, avait conçu quelques-unes d'entre elles, et qu'il avait fabriqué tous les outils nécessaires à leur réalisation. Les conflits s'accumulèrent tant et si bien que le mécanicien se retira du projet. Babbage avait déjà englouti trop de son argent avec Clement pour recommencer avec un autre, et le gouvernement anglais, échaudé, refusa de financer la machine analytique alors que Babbage n'avait même pas mené à bien la construction de la machine à différence.

Reconstitution d'une partie de la machine analytique de Babbage. (Ph. © Coll. IBM/Arch. Photeb.)

Dans l'Angleterre en guerre des années 40, on retrouve cette polarité entre mathématiciens et ingénieurs, quoique apparemment aucun conflit ne se soit déclaré. Il faut dire que les réalisations des équipes de Bletchley Park restèrent secrètes pendant plus de trente ans, il ne pouvait donc être question de querelles de priorité ou d'attribution. La conception générale des machines à décoder fut confiée à Turing et à Max Newmann : ce dernier, spécialiste des fondements des mathématiques et de topologie, avait été le professeur de Turing à Cambridge. Mais les premières calculatrices électroniques furent effectivement construites par le physicien C. E. Wynn-Williams, spécialiste des compteurs électroniques, et par les ingénieurs T. H. Flowers, S. W. Broadhurst et W. W. Chandler. Ces hommes avaient tous travaillé avant la guerre dans le domaine des télécommunications. Les décisions prises par les ingénieurs, telles que celle d'adopter la numération binaire ou de synchroniser toutes les opérations des machines au moyen d'une horloge interne, ne peuvent se ramener à des détails techniques sans importance. Sans l'expérience de l'électronique et les ressources inventives déployées par T. H. Flowers et les techniciens qui l'entouraient, les fameux *Colossus* anglais qui servirent à décoder les communications allemandes dans la période qui précéda le débarquement n'auraient jamais vu le jour.
Quant au conflit ouvert qui opposa, en Amérique, von Neumann au physicien Mauchly et au jeune bricoleur de génie qu'était Eckert, nous l'avons déjà évoqué. L'un considérait que l'ordinateur était une découverte scientifique (la sienne) qui appartenait au domaine public. Les autres maintenaient fermement qu'on avait affaire à une série d'inventions techniques (les leurs) qu'il fallait protéger par des brevets.
L'hésitation de l'historien sur l'identité des inventeurs (ingénieurs ou mathématiciens ?) traduit l'ambiguïté du statut de l'informatique aujourd'hui (est-ce une science ou une technique ?). Choisir Babbage comme précurseur, Turing ou von Neumann comme fondateurs, c'est opter pour la science. Mais ce dernier choix ne rend peut-être pas compte de l'efficacité des ordinateurs, car structures logiques et architectures internes seraient restées pratiquement inefficaces si certains matériaux et dispositifs physiques n'avaient permis d'atteindre une vitesse de l'ordre de la milliseconde pour effectuer une grosse multiplication (cf. p. 529). Comme nous le montrerons, la question de la vitesse ou de la durée des opérations, quoiqu'elle ne soit pas pertinente d'un point de vue logique, devient cruciale lorsqu'il s'agit de construire effectivement une machine à calculer programmable propre à tous les usages.
Le logicisme considère le temps et la matière comme détails accessoires ou accidentels quand matériaux et vitesses peuvent au contraire jouer un rôle constitutif, instituant, comme c'est justement le cas dans l'histoire de l'informatique. Dans la version logiciste de l'histoire, les principes essentiels de l'informatique étaient déjà contenus dans les intuitions géniales de précurseurs tels que Gottfried Wilhelm Leibniz (fin du XVIIe siècle), Babbage ou le Turing de 1936, qui ne pouvaient pourtant absolument pas imaginer l'usage que l'on ferait desdites intuitions au moyen de tubes à vide ou de transistors.

L'histoire par générations de matériels

Mais devons-nous pour autant adopter une histoire de l'informatique alignée sur la série des techniques matérielles employées pour le calcul automatique, comme on l'a fait pendant longtemps ? Il y aurait ainsi une succession de « générations » : machines mécaniques tout d'abord, puis électromécaniques, électroniques, enfin, qui ouvriraient l'ère des véritables ordinateurs. On retrouverait une telle succession à l'intérieur de l'électronique elle-même : le tube à vide des origines, le transistor, puis le circuit imprimé scanderaient la progression linéaire des ordinateurs vers toujours plus de légèreté, de vitesse et de fiabilité. Mais cette vision simple, largement diffusée par les grands constructeurs, fait bon marché de certaines dimensions de l'informatique telles que les langages de programmation, les logiciels ou les dispositifs de communication entre les machines et leurs utilisateurs, pour ne pas parler de ses usages sociaux.

L'aventure de la micro-informatique a contribué à remettre en question le schéma linéaire des « générations ». La mise au point du microprocesseur fut-elle la « cause » essentielle des succès de l'ordinateur personnel ? Non, ce ne fut qu'un événement parmi d'autres, interprété et mobilisé au service d'une lutte contre les géants de l'informatique. Citons, parmi la liste hétérogène des agents captés par les fondateurs des premières firmes de micro-informatique : le langage de programmation basic, des interfaces de communication conçues pour des utilisateurs qui ne seraient pas des informaticiens professionnels, le mouvement de la contre-culture qui battait son plein aux États-Unis dans les années 70, les sociétés de capital-risque à l'affût de profits rapides, etc. Les entreprises innovantes de la Silicon Valley ont fait entrer en scène dans l'histoire de l'informatique d'autres acteurs sociaux que l'État, la science et les grandes entreprises. En 1976, IBM n'a pas donné le même sens qu'Apple au microprocesseur, il ne l'a pas enrôlé dans le même réseau d'alliances. Cet exemple nous suggère que l'explication en termes de « causes » (ici, une nouvelle étape de la densification des circuits imprimés) manque parfois de pertinence en histoire des techniques. Il paraît plus intéressant de mettre en évidence la manière dont les acteurs interprètent, détournent ou captent à leur profit, situations, agencements techniques et forces sociales. Les dispositifs matériels, s'ils conditionnent évidemment d'importants tournants de l'histoire de l'informatique, ne fournissent pas de détermination plus rassurante et univoque que les grands événements (la Seconde Guerre mondiale) ou le génie de mathématiciens.

D'ailleurs, la représentation de générations matérielles successives rend mal compte du déroulement réel des événements. Il en est ainsi des rapports entre machines électromécaniques à relais et machines électroniques. Les premières sont censées précéder les secondes, or, dès 1935, avant même les premiers essais de l'Allemand Konrad Zuse et de l'Américain George Robert Stibitz avec les relais téléphoniques, Atanasoff avait envisagé de construire des circuits à base de diodes pour le calcul électronique. Atanasoff connaissait les travaux des Anglais W. H. Eccles et F. W. Jordan qui avaient déjà décrit une version très simple d'un tel circuit en 1919. Il s'appropria leurs idées pour les développer à une plus grande échelle. En 1942, la partie électronique de son calculateur était opérationnelle, mais sa mobilisation interrompit l'exécution de son projet. On voit bien ici que les notions de « générations » ou d'« étapes » ne décrivent pas le déroulement normal du progrès technique mais en masquent, au contraire, les chevauchements multiples, voire le caractère chaotique.

La cause future

Dans notre revue des diverses manières de raconter l'histoire de l'informatique, nous rencontrons finalement la présentation téléologique. Selon cette version des choses, l'ordinateur, tel que nous le connaissons aujourd'hui, était déjà visé obscurément par tous ceux qui travaillèrent de près ou de loin à l'amélioration des méthodes de calcul, des premiers constructeurs de bouliers à l'inventeur des logarithmes. Toute l'histoire convergerait, depuis le début, sur l'état actuel de nos techniques et de notre savoir. Il n'y aurait donc jamais eu de bifurcations, de choix, ni de réinterprétations du passé au profit de projets nouveaux. Notre présent, et même plus, notre façon de comprendre ce présent, serait comme une espèce de point oméga qui, de l'avenir, aurait orienté tout le déroulement de l'histoire. Les multiples aléas et contingences dont l'histoire est pétrie n'auraient été que moyens au service de ce projet. Les circonstances se voient ainsi dénier tout caractère décisif, tout pouvoir d'orientation.

L'ouvrage de Robert Ligonnière offre une excellente illustration de cette tendance puisqu'il s'ouvre sur la phrase suivante :

« La création des ordinateurs constitue l'aboutissement d'un rêve ancien, d'abord inconscient, puis mûri pendant vingt siècles, selon lequel un travail intellectuel pouvait être exécuté par une machine. Cette aventure a engagé l'humanité entière depuis les civilisations les plus reculées jusqu'à la période contemporaine, caractérisée par sa collection de puissantes solutions technologiques. »

Comment admettre que le *même* rêve ait dirigé à leur insu un créateur d'abaques chinois du Xe siècle, Nicolas Chuquet (cf. p. 215), Leibniz et Steve Jobs (le fondateur de la compagnie Apple) ? Objets et concepts changent de sens en fonction des usages qu'en font des acteurs différents. Chacune des créations de l'histoire du calcul est prise dans un monde imaginaire, social et technique particulier. Les notions mêmes de calcul et d'automatisme se sont transformées du tout au tout depuis les merveilles de théâtre montées par les mécaniciens d'Alexandrie, ou depuis les premiers damiers arithmétiques tracés sur les sables d'Égypte. La critique des causes futures en histoire devrait presque employer les mêmes arguments que la critique de la téléologie dans la théorie de l'évolution. Il n'y a pas à s'étendre longuement sur ce point.

Avec la notion de fondation, on est en quête d'une détermination qui viendrait du passé, on cherche un point à partir duquel le futur serait fixé une fois pour toutes. Avec l'idée d'une prescience du futur qui orienterait obscurément l'action de nos devanciers, on croit avoir trouvé le point fixe, le pôle magnétique de l'histoire, dans un présent vers quoi tout converge. C'est au fond la fable du progrès. Dans les deux cas sont éliminées l'indétermination propre à la durée, les bifurcations imprévues où se redécide sans cesse l'avenir, et la contingence qui préside à ces décisions.

De 1936 à 1946 : un récit possible

L'ASCC (Automatic Sequence Controled Calculator)

En 1937, Howard Aiken (1900-1973), professeur-assistant à Harvard, était engagé dans la rédaction de sa thèse de physique. Passant de longues et pénibles heures à résoudre des équations, il eut l'idée d'une machine à calculer spécialement conçue pour la solution de problèmes scientifiques. A cette époque, en effet, n'étaient disponibles que des machines mécaniques à faire les quatre opérations, des multiplieuses électriques, des tabulatrices destinées à des opérations de comptabilité et de statistique simple, et des calculatrices analogiques. Aucun de ces appareils ne pouvait traiter de nombres négatifs, et encore moins faire appel automatiquement à des tables de fonctions mathématiques en cours de traitement, ou mettre à jour automatiquement les variables d'une fonction après chaque étape d'un calcul. Dans le mémoire qu'il écrivit cette année-là, Aiken exposa le plan général de la calculatrice qu'il projetait. Quoique fût invoqué le précédent de la machine analytique de Babbage, le dispositif de contrôle prévu ne s'en inspirait que de très loin. Par exemple, la possibilité de branchements conditionnels, présente chez Babbage, ne figurait pas dans le mémoire d'Aiken. En fait, les plans de l'*ASCC* combinaient une multitude de dispositifs tels que registres mécaniques, compteurs électriques ou lecteurs de cartes et de bandes perforées déjà utilisés en 1937, mais au service d'une ambition originale. Aiken insistait d'ailleurs sur la disponibilité immédiate de toutes les pièces de sa machine pour mieux convaincre un constructeur éventuel de la faisabilité de son projet.

En faisant jouer les relations qu'il avait à Harvard, Aiken réussit à rencontrer Thomas Watson, président-directeur général d'IBM, et à le convaincre de fabriquer l'*ASCC*. IBM était à cette époque le principal constructeur de tabulatrices, devant Remington Rand et Bull. Quoique Watson ne crût pas à l'existence d'un gros marché pour le calcul scientifique, il escomptait de la construction de l'*ASCC* un surcroît de prestige pour sa compagnie, ainsi que l'acquisition d'un nouveau savoir-faire pour ses ingénieurs. De plus, tous les frais ne seraient pas supportés par IBM puisque la possibilité s'offrait de passer un contrat avec l'US Navy, qui manifestait de gros besoins en calculs scientifiques. Il fut convenu que la construction serait réalisée dans l'usine d'IBM à Endicot (État de New York), sous la direction d'ingénieurs maison confirmés. Aiken jouait à la

Calculatrice analogique : les machines analogiques codent les quantités à traiter de façon continue (règles glissant les unes sur les autres, disques tournant sur des tables mobiles, différences de potentiel...) ; le dispositif analogique opère en simulant une fonction particulière, par exemple « une intégration, et le résultat s'obtient en mesurant une des grandeurs physiques mises en jeu par la machine (longueur, angle, différence de potentiel) ; les calculatrices analogiques sont presque toujours spécialisées ; avant l'avènement de l'électronique, les machines analogiques étaient plus rapides que les machines numériques ».

Branchement conditionnel : possibilité de subordonner l'exécution d'une instruction à une condition, vérifiée par un test (exemple : si $x<0$ faire $x+1$, sinon passer à l'instruction suivante).

fois le rôle de client, comme représentant de Harvard, et de conseiller, puisqu'il avait conçu les plans initiaux de la machine.
L'*ASCC* fut officiellement inauguré en août 1944, alors qu'il était déjà utilisé depuis quelques mois par l'US Navy. Dans son discours de présentation, Aiken ne fit aucunement mention du rôle d'IBM dans le financement et surtout dans la construction de l'*ASCC*. Cette omission provoqua un violent conflit entre Aiken et Watson, chacun accusant l'autre de lui voler ses idées et son savoir-faire. La querelle de paternité se prolongea des années entre Aiken et les dirigeants d'IBM.
Comme IBM avait fait don de la machine à Harvard, elle fut rebaptisée le *Harvard-Mark 1*. De technologie mixte, à la fois mécanique et électromécanique, le *Mark 1* mesurait 16 m de longueur, 2,60 m de hauteur et consommait plusieurs quintaux de glace par jour destinés à son refroidissement. Il pouvait multiplier deux nombres décimaux de vingt-trois chiffres en trois secondes et donnait la réponse sous forme codée sur carte perforée.

L'IBM-ASCC (Automatic Sequence-Controlled Calculator), *appelé aussi* Harvard Mark-1, *fut achevé en janvier 1943. Il mesurait 2,60 m de hauteur sur 16 m de longueur. Un axe de transmission, mû par un moteur des 5 cv, parcourait la machine dans toute sa longueur et actionnait une hiérarchie d'arbres à cames et d'engrenages aboutissant aux registres (mémoire) et aux commutateurs (calcul). (Ph. © Coll. IBM/Photeb.)*

Après l'entrée en guerre des États-Unis, le Computation Laboratory de Aiken à Harvard reçut plusieurs commandes de l'US Air Force et de l'US Navy pour de nouvelles machines, successivement électromécaniques et électroniques. Aiken ne s'aventura cependant jamais dans une technologie qui n'ait pas d'abord été éprouvée par quelqu'un d'autre. Aucune des machines de la série de Harvard ne servit de modèle à un appareil commercialisé par la suite car, après la guerre, toute l'attention se polarisa sur l'*ENIAC*, l'*EDVAC* et la machine de l'Institute of Advanced Studies de Princeton, qui étaient presque mille fois plus rapides que l'*ASCC*.
Son expérience malheureuse avec Aiken poussa Watson à la construction d'une calculatrice géante cent pour cent IBM : le *SSEC* (*Selective Sequence Electronic Calculator*). Cette machine, qui utilisa des composants électroniques, fut le seul calculateur civil américain entre les années 1948 et 1952. Elle fut exposée en vitrine au siège social d'IBM, mais, pour des raisons identiques, elle n'eut pas plus de descendance que le *Harvard-Mark 1*.

Les calculateurs à relais de la Bell

Contrairement à Aiken, George Robert Stibitz n'avait fait aucune étude exhaustive sur le calcul automatique lorsqu'il se lança dans la réalisation de sa première additionneuse à relais, une machine extrêmement modeste qu'il bricola dans sa cuisine pendant quelques week-ends. Cette activité fut pourtant le point de départ d'une des plus importantes entreprises de construction de grosses machines à calculer pendant les années 40.
Le nom de Stibitz, né en 1904, est associé au premier usage massif et systématique des relais téléphoniques pour le calcul numérique. Le relais téléphonique est un dispositif de commutation en usage depuis la fin du XIXe siècle. On appelle électromécanique cette technologie parce qu'un signal électrique y déclenche le mouvement d'une pièce mécanique. Après les cartes et rubans perforés, la technologie électromécanique montre un autre exemple de détournement. Prétendre que l'on a mis très longtemps (près de quarante ans) à « comprendre »

Commutation : modification de la configuration d'un circuit électrique qui établit ou rompt certains contacts ; dans un ordinateur, le matériel utilisé pour la commutation (pour le calcul) peut différer de celui qui sert à l'enregistrement (pour la mémoire) ; élément de commutation : dispositif capable de prendre deux états ; connectant ou déconnectant un circuit.

l'utilisation possible des relais téléphoniques pour le calcul numérique serait absurde. Avant que la capture du dispositif « relais » n'ait été tentée par les spécialistes du calcul, cet élément appartenait à un tout autre domaine d'usage. En fait, quelques projets et plans dispersés prévoyant l'utilisation de relais pour des machines à calculer avaient circulé en Europe à la fin des années 20. Mais ils n'eurent pas de suite. La seule utilisation massive du relais à d'autres fins que la commutation téléphonique eut lieu sur les champs de courses anglais et américains. A partir des informations recueillies par des centaines de distributeurs de tickets, les « totalisateurs » étaient capables de fournir immédiatement le nombre de paris par cheval. Il faut remarquer que le fonctionnement des totalisateurs rappelait celui du téléphone puisqu'il incluait la communication instantanée à distance. La compagnie américaine Bell était peut-être trop impliquée dans l'usage normal du relais pour jouer un rôle d'avant-garde dans son emploi au service d'un autre objectif. C'est par le détour inattendu de la transformation du violon d'Ingres d'un de ses ingénieurs en projet officiel qu'elle franchit le pas.

La mère de Stibitz, professeur de mathématiques, lui avait appris très jeune l'arithmétique binaire. Grâce à cette familiarité, l'ingénieur de la Bell découvrit le parti que l'on pouvait tirer des dispositifs binaires qu'étaient les relais. Stibitz eut d'abord à essuyer un certain scepticisme de la part de sa hiérarchie, car on ne voyait pas à quoi pourraient servir des machines qui feraient des calculs en binaire. Après avoir vainement tenté de concevoir une machine qui travaillerait en décimal, il eut l'idée de construire un petit dispositif simple pour traduire le décimal en binaire à l'entrée de ses machines et le binaire en décimal à la sortie. Son clavier spécial réemployait (pour une autre fin) un code déjà en usage dans les télécommunications depuis le début des années 30 : le décimal codé binaire. Cette traduction assura le succès des projets de Stibitz. C'est ainsi que le *Complex Computer,* ou *Model 1,* fut opérationnel dès janvier 1940. Il fut utilisé, à l'intérieur de la compagnie Bell, pour la conception de réseaux minimisant le bruit. La guerre venue, les commandes extérieures, et donc les financements, affluèrent. L'équipe de Stibitz mit au point pour le compte du National Defense Research Council quatre nouveaux modèles de calculateurs, de plus en plus puissants et aux applications toujours plus larges. Le *Model 5,* dernier de la série, était un véritable calculateur « universel » programmable avec possibilité de branchements conditionnels. Inauguré par l'US Air Force en 1946, le *Model 5,* d'une masse de 10 t, occupait une surface au sol de 300 m^2 et comptait 9 000 relais.

Les machines de Zuse

Konrad Zuse, né en 1910, encore étudiant en génie civil à la Technische Hoschule de Berlin, était écrasé par la quantité de calculs qu'il devait effectuer et songea à inventer quelque moyen pour les mécaniser. Il travailla sur ce sujet dès 1934 et, deux ans après, déposa le brevet d'une nouvelle machine à calculer. Celle-ci manipulait des nombres exprimés en base deux, possédait un registre de 16 mots et elle était commandée par un programme codé sur un ruban perforé. Chaque instruction du programme était composée d'un code d'opération, de deux adresses d'opérante et d'une adresse de résultat. Ce type de normalisation des instructions est encore en usage aujourd'hui dans la programmation des ordinateurs. Zuse mit également au point dans ses plans de 1936 ce qu'on appelle le calcul « en virgule flottante ». Il s'agit d'un procédé permettant l'enregistrement des nombres très grands ou très petits sans augmenter pour autant la taille du mot standard.

Après de nombreuses démarches, Zuse trouva un constructeur de machines à calculer, Kurt Panke, qui accepta de fabriquer sa machine. Le *Z 1* fut terminé en 1938. Presque entièrement mécanique et très peu fiable, il ne fonctionna pratiquement jamais. Sans se décourager, Zuse se lança avec l'ingénieur Helmut

Mot: groupe de bits (0 ou 1) de longueur standard ; pour un type donné d'ordinateur, un mot correspond généralement à un nombre ou à un caractère alphabétique.

Adresses: les adresses sont des codes indiquant la localisation des mots dans la mémoire ou les registres de la machine ; les instructions qui composent les programmes comportent notamment les adresses des donnees a traiter.

Schreyer dans la construction d'un nouveau calculateur, fondé cette fois-ci sur la technologie des relais téléphoniques, le *Z 2* ; ils avaient acheté à cette fin un stock de relais d'occasion. Le relais ne fut pas le seul matériel détourné de son usage normal. Projectionniste de cinéma la nuit pour arrondir ses fins de mois, Schreyer avait eu tout le loisir de remarquer la ressemblance entre le déroulement séquentiel des images des films qu'il projetait et celui des instructions sur le ruban perforé de la machine de son ami. Il donna l'idée à Zuse de perforer ses programmes sur du film 35 mm de rebut, qui coûtait moins cher et résistait bien mieux que les rubans de papier.

La guerre interrompit brutalement la collaboration des deux hommes puisque Zuse fut mobilisé. Mais Schreyer envoya un mémoire aux autorités militaires où il fit miroiter toutes les applications possibles de la machine de Zuse, présentée comme une machine « universelle » : calculs d'ingénieurs, de laboratoire, et même calculs en temps réel si les commutateurs étaient purement électroniques. La machine promettant d'être utile à la production et à l'usage d'équipements militaires, les autorités libérèrent Zuse et lui fournirent de maigres subventions pour mettre ses plans en œuvre. Le *Z 3* devait notamment servir à traiter des problèmes de vibrations d'ailes d'avions, mais c'était en fait un calculateur programmable universel, le premier d'Europe. Zuse construisit ensuite pour la Luftwaffe deux calculateurs spécialisés destinés à la mise au point de bombes volantes. Toutes ces machines furent détruites dans les bombardements de 1944 à 1945.

Temps réel : fourniture quasi instantanée des résultats dès que l'ordre d'exécution du programme est donné.

Le gouvernement allemand refusa la demande de Zuse et de Schreyer de construire une machine entièrement électronique. Le projet, qui prévoyait 1 500 tubes à vide (l'*ENIAC*, terminé en 1946 aux États-Unis, en comptait 19 000), fut considéré comme trop aventureux. Et même s'il aboutissait, on pensait que la guerre serait terminée avant sa construction ! C'était avant la bataille de Stalingrad.

Le *Z 4*, toujours une machine à relais financée par la Luftwaffe, fut la seule machine de Zuse qui survécut à la guerre ; c'était aussi la plus puissante et la plus perfectionnée. Elle fut louée par l'École polytechnique de Zurich en 1949 et contribua à former la première génération des informaticiens suisses.

Les premières calculatrices électroniques ; les Colossus

Les premières réalisations anglaises d'envergure en matière de calcul automatique sont marquées par le cadre exclusivement militaire dans lequel elles furent conçues et restèrent confinées.

En 1940, le continent européen était presque entièrement contrôlé par les puissances de l'Axe. La Grande-Bretagne ne tenait que grâce au lien maritime qui la reliait aux États-Unis. Les Allemands tentaient d'interrompre le trafic entre l'Amérique et l'Angleterre. Les convois américains étaient particulièrement vulnérables aux attaques des sous-marins allemands, les *U-Boote*. On ne disposait encore d'aucun moyen pour les détecter, sauf l'interception et le décodage de leurs communications.

Dès la déclaration de guerre, le service du chiffre britannique avait tenté d'exploiter au maximum les informations qu'il possédait sur le système de codage des communications militaires allemandes. Ce système reposait en partie sur une machine, l'*Enigma*, capable d'engendrer des millions de clés différentes et qui rendait quasiment impossible le déchiffrement par les méthodes habituelles. Il ne s'agissait pas seulement pour les services anglais de déchiffrer quelques messages jugés décisifs, mais l'ensemble des communications adverses et le système complet du chiffre allemand. Une équipe de mathématiciens, de linguistes, d'ingénieurs et de programmatrices (plus d'une centaine) dirigée par Turing fut donc confrontée au problème nouveau de la mécanisation du décodage. En moyenne, 6 000 messages par jour devaient être déchiffrés. Turing conçut une machine capable de reconstituer la position initiale des rotors de l'*Enigma* à partir de calculs fondés

sur les probabilités et certaines considérations linguistiques. De technologie électromécanique, le premier exemplaire de la *Bombe* fut achevé à la fin de 1940. La programmation de la machine fut constamment améliorée, et ses différentes versions parvinrent à décoder de plus en plus vite des messages toujours plus nombreux.
L'équipe de Turing n'occupait que la « Hutte n° 8 » de l'immeuble du service du chiffre, à Bletchley Park, dans la banlieue londonienne. Près de 10 000 personnes y travaillaient jour et nuit, parmi lesquelles de nombreux linguistes, mathématiciens, physiciens et ingénieurs. Un groupe animé par le mathématicien Max Newmann œuvrait dans le plus grand secret à la conception de nouvelles calculatrices destinées à briser le système de codage de l'armée de terre allemande et à accélérer le décodage des communications de la Kriegsmarine. Ces calculatrices, appelées *Robinson*, utilisaient quelque 80 lampes électroniques. Leur construction fut dirigée par un spécialiste des compteurs électroniques et du matériel de communication rapide : Wynn-Williams qui, travaillant également à la conception du radar, fit bénéficier les calculatrices d'améliorations empruntées aux systèmes de détection radioélectriques.
Pendant la mise au point des *Robinson*, Flowers, un ingénieur des postes, eut l'idée de supprimer un dispositif de lecture de ruban perforé, trop lent, fragile et difficile à synchroniser, pour le remplacer par un enregistrement interne dans une mémoire électronique. Ce fut le départ d'une nouvelle série de machines, les *Colossus*, que l'on peut considérer comme les premiers calculateurs électroniques de grande envergure à avoir jamais fonctionné.
Flowers avait conçu, avant la guerre, un des premiers circuits de commutation téléphonique utilisant des lampes à vide. Son rôle, ainsi que celui de Wynn-Williams, montre l'importance des emprunts latéraux à d'autres domaines que celui du calcul proprement dit. Compteurs Geiger, circuits téléphoniques, radars n'appartiennent pourtant pas aux « racines » habituellement évoquées de « l'arbre généalogique » informatique. La métaphore dendrographique doit laisser place à l'image de développements horizontaux, en rhizome, n'obéissant à d'autre logique que celle des rencontres et des proximités. Les travaux antérieurs de Turing ne sont pas plus « à l'origine » ou « à la racine » des ordinateurs que ceux des spécialistes du téléphone ou des inventeurs du radar que nous venons d'évoquer.
Le groupe des techniciens des communications dirigé par Flowers construisit une série de machines aux caractéristiques remarquables. En plus de certaines instructions contenues en mémoire, elles étaient programmées au moyen d'un tableau de connexion semblable à celui des standards téléphoniques, familier aux techniciens des postes. Les programmes pouvaient contenir des branchements conditionnels. Les *Colossus* fonctionnaient en binaire. Le déroulement de toutes leurs opérations était synchronisé par une horloge interne. Pour éviter que les lampes ne grillent trop souvent, les ingénieurs pragmatiques qui construisirent les premières calculatrices électroniques décidèrent de laisser les appareils sous tension en permanence.
Le premier *Colossus* fut opérationnel en 1943. Avec plus de 1 500 éléments de commutation électronique, c'était la machine à calculer la plus puissante jamais construite. Elle opérait près de mille fois plus vite que les *Bombes* électromécaniques. Plus d'une dizaine de *Colossus* furent achevés avant la fin de la guerre, chacun plus rapide et perfectionné que le précédent.
Une bonne partie des premières victoires alliées sur le front occidental doit être mise sur le compte de la vitesse de décryptage permise par les différentes versions de la calculatrice ultra-rapide anglaise. Mais, afin de garder secrète son arme électronique, l'armée britannique consentit parfois d'énormes sacrifices comme, par exemple, de laisser bombarder des villes sans riposter pour feindre la surprise. Un secret absolu fut conservé pendant trente ans sur les réalisations de Bletchley Park. L'Angleterre avait fait adopter à ses alliés du Commonwealth un système de codage fondé sur un analogue de l'*Enigma*...

Pour continuer à capter leurs communications, les services secrets anglais empêchèrent leur industrie de détourner, de capter à son tour les armes électroniques et logiques forgées pendant la guerre. C'est pourquoi les premiers ordinateurs civils britanniques furent construits sur le modèle des machines américaines, malgré les efforts déployés par des savants comme Turing, qui ne pouvaient faire état des travaux auxquels ils avaient été mêlés.

L'ENIAC (Electronic Numerical Integrator and Computer) est le premier calculateur électronique américain. Initialement conçu pour l'établissement de tables de tir et de bombardement, il servit dans un premier temps à résoudre des problèmes d'hydrodynamique pour le centre de Los Alamos. Il fut ensuite employé au calcul de divers problèmes de physique nucléaire et de météorologie. Son manuel d'entretien et de programmation ne comptait pas moins de cinq volumes de trois cents pages! (Ph. © Coll. PPP-IPS-NASA/Arch. Photeb.)

L'ENIAC (Electronic Numerical Integrator and Computer)

Le Balistic Research Laboratory (BRL), qui était le principal laboratoire de recherche de l'artillerie des États-Unis, fut amené à commander la construction de la première calculatrice électronique américaine. Parmi les nombreuses fonctions de ce laboratoire, l'établissement des tables de tir et de bombardement représentait une charge de calcul extrêmement lourde. Les tables de tir servaient essentiellement à répondre aux questions du type: « De quel angle dois-je hausser mon canon étant donné que la cible est à telle distance ? » Mais la table de tir fait plus que de convertir une distance en angle, elle doit aussi tenir compte de la température et de la pression de l'air, de la direction du vent, du poids du projectile, de la force de propulsion suivant la charge explosive, etc. Les tables de bombardement répondaient à des besoins analogues. Chaque fois qu'un nouveau modèle de bombe, de canon, d'obus ou d'explosif sortait des arsenaux de l'armée américaine, il restait inutilisable tant que les tables n'avaient pas été calculées.
Or une table moyenne nécessitait le calcul de 3 000 trajectoires et le calcul d'une trajectoire équivalait à 750 multiplications de deux nombres de dix chiffres. Le calculateur (analogique) le plus rapide de l'époque, l'analyseur différentiel, calculait une trajectoire en vingt minutes, ce qui donnait trente jours pleins pour établir une table, sans compter les pannes et le temps, souvent très long, pour reprogrammer la machine entre chaque calcul.

Tableau comparatif des vitesses de calcul

	Vitesse de multiplication de 2 nombres de 10 chiffres	Calcul d'une trajectoire d'une table de tir
Homme à la main ou machine de Babbage	5 minutes	2,6 jours
Homme avec un calculateur de bureau	de 10 à 15 secondes (de 20 à 30 fois plus rapide qu'à la main)	12 heures
Harvard-Mark 1 (mécanique)	3 secondes (de 3 à 5 fois plus rapide qu'un homme avec un calculateur)	2 heures
Model 5 (électromécanique)	2 secondes de 10 à 15 fois plus rapide qu'un homme avec un calculateur)	40 minutes
Analyseur différentiel (analogique)	1 seconde (de 20 à 30 fois plus rapide qu'un homme avec un calculateur)	20 minutes
Harvard-Mark 2 (électromécanique)	0,4 seconde (de 25 à 40 fois plus rapide qu'un homme avec un calculateur)	15 minutes
ENIAC (électronique)	0,001 seconde, soit 1 milliseconde (1 million de fois plus rapide qu'un homme avec un calculateur, 1 000 fois plus rapide que le *Model 5*	3 secondes

Dès 1935, le BRL avait acquis l'unique exemplaire de l'analyseur différentiel et en avait fabriqué un autre pour la Moore School of Electrical Engineering, à charge pour celle-ci de le lui prêter en cas d'urgence. Avant le début de la guerre, Paul Gillon, sous-directeur du BRL, avait pris contact avec IBM pour obtenir des machines à cartes perforées numériques spécialement conçues pour le calcul balistique, machines qui se révélèrent fonctionner parfaitement. Dès la déclaration de guerre, Gillon mit sur pied à la Moore School un cours spécial pour entraîner au calcul balistique toutes les volontaires féminines possédant des diplômes dans les disciplines scientifiques. Ce cours avait lieu dans le cadre de l'Engineering Science Management War Training (ESMWT), énorme programme de formation illustrant la constitution d'un immense système de gestion intégrée de toutes les ressources du pays, où la défense, la science et l'industrie (le « management ») confondaient leurs objectifs. Malgré l'anticipation de la charge de calcul qui allait fondre sur lui, le BRL fut débordé dès les premiers mois de la guerre. En 1942, Gillon nomma Hermann Goldstine pour diriger les activités du BRL à la Moore School. Ce jeune officier de liaison, spécialiste de mathématiques balistiques, réorganisa avec sa femme Adèle l'entraînement des calculatrices (humaines) du BRL. Goldstine rencontra à la Moore School le physicien Mauchly et l'ingénieur Eckert, qui lui firent part de leur projet de construire un calculateur électronique, dont les éléments de commutation seraient des tubes à vide. La nouvelle technologie permettrait de calculer mille fois plus vite que ne le faisaient les machines électromécaniques ou analogiques. Goldstine vit tout le parti que l'on pouvait tirer de la machine électronique pour le calcul des tables de tir et de bombardement dont il était chargé. Il ne tarda pas à convaincre à son tour les dirigeants du BRL, qui se firent fort d'obtenir en quelques mois d'énormes crédits pour le nouveau projet.

Pourquoi la technologie électronique est-elle mille fois plus rapide que la technologie électromécanique ? Les composants de base des grands calculateurs numériques des années 40 étaient des automates à deux états (ou bascules, *flip-flop*, relais, etc.) dont l'ingénieuse disposition au sein de circuits complexes permettait aux machines de réaliser diverses opérations mathématiques ou

logiques. On appelle temps de commutation le temps que prend le petit automate à deux états pour passer de l'un à l'autre, pour ouvrir ou fermer un circuit.
Or la pièce mécanique qui réalisait la commutation dans les relais téléphoniques mettait environ une milliseconde (10^{-3}s) pour basculer. Cette pièce pesait environ un gramme, elle opposait donc au mouvement une certaine inertie. De plus, la distance à parcourir, de l'ordre du millimètre, n'était pas négligeable. En revanche, quand les commutateurs étaient des circuits à base de tubes à vide, tous les mouvements avaient lieu à l'échelle microscopique. La masse d'un électron étant égale à 9.10^{-28}g, celui-ci n'oppose quasiment pas d'inertie et répond aux signaux presque instantanément. Le circuit électronique commutait en une microseconde (10^{-6}s). Mais le secteur d'utilisation normal des lampes à vide dans la première moitié du XXe siècle était l'émission et la réception radio, domaine apparemment sans aucune connexion avec celui du calcul automatique. Les ingénieurs et les firmes les plus familiarisés avec l'usage de l'électronique s'occupaient de son et non de multiplications.
De surcroît, les tubes à vide n'avaient jamais été employés à plus de quelques unités que dans certains appareillages électroniques complexes, comme les compteurs nucléaires de Wynn-Williams. Leur réputation de fragilité était bien établie : on devait en général les remplacer presque quotidiennement. La construction d'une machine composée de milliers de tubes à vide semblait *a priori* vouée à l'échec pour des raisons évidentes de fiabilité et de maintenance.
Le relais téléphonique, en revanche, avait déjà été employé à très grande échelle, et les nombreux problèmes d'ingénierie liés à son utilisation massive avaient reçu nombre de solutions satisfaisantes.
John Atanasoff, mathématicien à l'Iowa State College, est généralement considéré comme le premier concepteur d'un calculateur électronique. Après avoir longuement étudié les différents moyens de calcul automatique existant au début des années 30, il se lança dès 1935 dans la construction d'une machine électronique. Il reçut en 1939 une petite subvention de l'État d'Iowa ; mais, en 1941, sa machine ne marchait toujours pas, à cause d'un défaut de son lecteur de cartes. Mobilisé en 1942 au Naval Ordnance Laboratory, Atanasoff abandonna son projet. L'affaire en serait peut-être restée là pour longtemps si, en 1941, il n'avait longuement discuté du calcul électronique en général, et des plans de sa machine en particulier, avec un physicien, Mauchly, qui fut nommé l'année suivante à la Moore School of Electrical Engineering de l'université de Pennsylvanie. Mauchly y rencontra Eckert, un technicien d'une vingtaine d'années, féru d'électronique, qui passait son temps à démonter les premiers récepteurs de télévision, à réparer les radios, et possédait un orgue électronique, un des appareils de l'époque qui comptait le plus de lampes à vide (170).
Dès 1942, Mauchly fit parvenir à Goldstine et à Gillon un rapport où il synthétisait les idées d'Atanasoff, d'Eckert et les siennes propres. Au début de 1943, le gouvernement américain signa avec l'université de Pennsylvanie un contrat pour la construction d'un calculateur électronique, malgré les nombreuses réserves opposées par les différents comités scientifiques consultés pour l'occasion. On objectait, en particulier, aux tenants du calculateur électronique que la guerre serait déjà finie avant que la machine ne soit construite (si elle l'était jamais), et qu'il valait mieux utiliser les fonds à des projets plus sûrs et immédiatement opérationnels. La suite des événements donna raison aux opposants à l'*ENIAC*. En effet, l'*Electronic Numerical Integrator and Computer* ne fut achevé qu'en 1946.
Sous la direction d'Eckert et de Mauchly, le projet se transforma plusieurs fois au cours des trois ans que dura la construction de la machine. On fit appel à la société Bell pour la production de différentes pièces (lecteurs de cartes, transcodeurs, imprimantes, etc.), à la Radio Corporation of America (RCA) pour la fabrication des lampes conçues par Eckert, ainsi qu'à un grand nombre de consultants scientifiques, parmi lesquels des ingénieurs d'IBM et de RCA. Comme dans le cas anglais, la grande expérience pratique de l'électronique possédée par

un des animateurs du projet fut décisive. Eckert connaissait tous les secrets de métier des ingénieurs radio. Il savait en particulier que pour assurer une longue durée de vie aux lampes de son orgue électronique, il devait le maintenir constamment sous tension et ne jamais utiliser les tubes à plus de 80 p. 100 de leur voltage maximal. Le fonctionnement de tous les composants de l'orgue était d'autre part synchronisé par les battements d'une horloge électrique. Ce furent ces mêmes principes qui assurèrent la fiabilité de la première calculatrice électronique américaine. Une fois de plus, des principes techniques élaborés dans un domaine particulier (ici la radio et l'orgue électronique) sont détournés ou captés au profit d'un projet tout différent. Mais le changement de finalité, et surtout d'échelle, transformait la signification des idées réemployées. On passait d'un « truc » de métier, de style artisanal, à des règles systématiques de construction pour d'énormes appareillages extrêmement perfectionnés.
La fabrication de chaque composant de l'*ENIAC* fut supervisée avec le plus grand soin et chacun d'eux ne fut utilisé qu'à la moitié ou au quart de sa capacité afin de réduire au minimum la fréquence des pannes. L'*ENIAC* contenait 19 000 tubes à vide interconnectés suivant un plan labyrinthique, ce qui en faisait une des machines les plus complexes jamais construites. Les nombres étaient codés dans la calculatrice en « décimal unaire » (chaque chiffre était représenté par le nombre d'impulsions correspondantes sur un « anneau » à dix places, et il y avait un anneau des unités, un anneau des dizaines, etc.) L'*ENIAC* menait plusieurs lignes de calcul en parallèle, il contenait diverses tables évitant de programmer certains calculs répétitifs, ainsi que plusieurs sous-programmes câblés. Sa programmation était donc extrêmement compliquée, chaque problème différent nécessitant des procédures particulières. La programmation était d'ailleurs le point faible de la machine puisqu'il fallait, à chaque nouveau problème, la recâbler sur une sorte de grand standard en branchant et débranchant des dizaines de fiches. De ce fait, le Model 5 électromécanique de Bell, beaucoup plus maniable, n'était pas « dépassé par la nouvelle technologie électronique » car il pouvait résoudre plus rapidement certains problèmes, à condition de compter la durée de la programmation dans le temps de résolution.
Initialement conçu pour ne mener que des calculs balistiques, c'est-à-dire essentiellement résoudre des équations différentielles, l'*ENIAC* évolua au cours de sa construction vers un type de calculateur universel sans toutefois y parvenir tout à fait.
Convaincus par leur courte expérience de la viabilité du calcul électronique, Eckert, Mauchly et Goldstine rêvaient dès 1944 (avant même l'achèvement de l'*ENIAC*) d'une autre machine, véritablement universelle et facile à programmer. Ce fut l'*EDVAC*.

L'EDVAC (Electronic Discrete Variable Automatic Computer)

Lorsqu'il rencontra par hasard Goldstine sur le quai d'une gare, von Neumann était depuis plus d'un an consultant à Los Alamos sur des problèmes de dynamique des fluides, plus particulièrement de détonations et d'ondes de choc. La solution de tels problèmes, nécessaires à la construction de la bombe A, réclamait d'énormes quantités de longs et fastidieux calculs. Par ailleurs, von Neumann aidait les physiciens de Los Alamos à construire des modèles mathématiques de leurs problèmes physiques et jouait le rôle d'un calculateur en chef. Il avait contribué à organiser l'immense laboratoire de calcul de Los Alamos, équipé de centaines de machines à calculer à cartes perforées. Cela explique que le mathématicien hongrois ait été si intéressé par les explications de Goldstine sur l'*ENIAC* qui devait calculer 1 000 fois plus vite que les plus rapides machines de l'époque. Il prenait connaissance pour la première fois du projet ultra-secret de calculateur électronique. Quelques jours après la rencontre des deux mathématiciens, von Neumann vint visiter l'équipe de la Moore School. Deux semaines plus tard il était consultant auprès du BRL pour la construction de l'*ENIAC*.

Effet piézo-électrique: déformation d'un cristal sous l'influence de charges électriques.

Conférences Macy: conférences pluridisciplinaires organisées notamment par W. McCulloch, N. Wiener et J. von Neumann de 1944 à 1954; la plupart des idées de la cybernétique y furent discutées.

Avant même l'arrivée de von Neumann, le groupe de la Moore School envisageait déjà la construction d'une nouvelle machine contenant moins de tubes, meilleur marché et plus facile à programmer. L'équipe avait étudié avec le plus grand intérêt le fonctionnement du Model 5 de Stibitz, dont le programme était codé sous forme numérique sur une bande perforée. Quant à la diminution du nombre de tubes, Eckert avait inventé, pour la construction d'un nouveau modèle de radar, un dispositif électronique fondé sur l'effet piézo-électrique: la ligne de mercure à retard. Il songea à réutiliser cette technique pour la mémoire de la nouvelle machine. Convenablement employée, la ligne de mercure à retard permettait de diviser par cent le nombre de tubes requis pour stocker l'information dans les registres de la machine.

On retrouve, à propos des technologies employées pour les mémoires des premiers ordinateurs, ces réemplois, détournements et réinterprétations caractéristiques de l'inventivité technique. Pour la mémoire de sa machine de l'Institute of Advanced Studies, von Neumann glanera chez RCA l'idée d'employer un « iconoscope » ou *sélectron*, sorte de tube cathodique du type de celui qui entrait dans la composition des premiers récepteurs de télévision. Il proposera d'ailleurs au cours des conférences Macy un modèle de la mémoire humaine inspiré de l'iconoscope. Le *sélectron* ne fonctionna jamais correctement.

Les réflexions du groupe de la Moore School progressèrent rapidement. Jusqu'alors, la tâche de concevoir une nouvelle machine à calculer se présentait à peu près de la manière suivante: étant donné tel ou tel type de calcul à effectuer, quel dispositif matériel pourra l'exécuter le plus efficacement? Eckert, Mauchly et von Neumann posèrent une question nouvelle: quelle machine sera capable de lire, d'interpréter et d'exécuter n'importe quel programme? Ici, l'astuce technique est mise au service d'un objectif de généralité maximale et de codage/décodage optimal. Dans une phrase du *First Draft of a report on the EDVAC*, von Neumann résume assez bien le nouvel esprit: « Si l'appareil doit être élastique, c'est-à-dire aussi général que possible, alors on doit distinguer entre les instructions spécifiques pour la définition et la solution d'un problème particulier et les organes de contrôle général qui lisent et exécutent ces instructions, quelles qu'elles soient. Les premières doivent être enregistrées d'une manière ou d'une autre, les secondes sont représentées par un organe dans l'appareil. Nous appelons « Contrôle central » cette dernière fonction, et elle seule. »

A vrai dire, des inventeurs comme Zuse, Aiken et Stibitz s'étaient bien orientés vers une généralité maximale, mais ils n'avaient pu poursuivre cette tendance jusqu'au bout, pour des raisons de vitesse et d'efficacité. Plus la machine est universelle, plus longue est la programmation d'un problème particulier, et plus il faut de pas de calcul pour le résoudre, aucun câblage, aucune astuce technique ne permettant à la machine de prendre des « raccourcis ». Une machine universelle est infiniment plus lente, dans l'exécution d'un calcul, qu'un appareil spécialisé. Seul un saut de un à mille dans la vitesse de calcul pouvait faire apparaître raisonnable l'idée de construire effectivement une machine universelle, c'est pourquoi la machine théorique de Turing n'avait inspiré aucun constructeur d'automate concret. Deux principes fondamentaux illustrent la nouvelle orientation du calcul automatique à partir de 1945: la séquentialité et le programme enregistré.

Les plans de l'*EDVAC* proposaient une organisation logique d'une remarquable simplicité, explicitement inspirée d'un modèle simplifié du système nerveux humain. L'unité arithmétique était chargée d'effectuer les calculs, la mémoire contenait les programmes et les données, les organes d'entrée et de sortie géraient les communications de l'ordinateur avec son environnement et l'unité de contrôle assurait l'exécution des programmes et les communications entre les divers organes de la machine. Cette organisation contrastait avec celles des grandes calculatrices numériques du début des années 40. Celles-ci étaient composées d'une multitude d'organes de calcul spécialisés travaillant simultanément et auxquels étaient affectés des registres (ou des mémoires) distincts. Ne disposant plus que d'un seul organe de calcul, l'*EDVAC* était obligé d'effectuer toutes ses opérations les unes après les autres, de manière séquentielle. Il ne travaillait donc plus en parallèle. L'extrême vitesse autorisée par la technique électronique avait rendu inutile la multiplication des traitements simultanés. Le dispositif matériel de calcul pouvait être aussi simple que possible et n'être composé que d'un minimum d'éléments de commutation. Toute la complexité était refoulée dans les programmes, c'est-à-dire en mémoire. Sur les plans technique et financier, l'économie était considérable et la fiabilité de la machine augmentait. Les plans de l'*EDVAC* témoignaient d'une inversion de la direction suivie jusqu'alors, qui avait toujours été dans le sens d'une complication accrue de la partie matérielle des machines. La mémoire, dépositaire du logiciel, était la seule partie matérielle à grossir. L'*EDVAC* possédait cent fois plus de mémoire interne que l'*ENIAC* mais dix fois moins d'éléments de commutation.

Commutation: pour une définition de ce terme, le lecteur se reportera p. 524.

L'enregistrement des instructions dans la mémoire interne de la machine rendait théoriquement possible l'automodification du programme pendant son propre déroulement et, en particulier, le changement automatique des adresses des nombres sur lesquels opéraient les instructions. Ainsi, les mêmes portions de programme pouvaient être utilisées pour calculer des nombres différents, localisés dans diverses parties de la mémoire. En 1964, C. Elgot et A. Robinson démontrèrent que les machines à programmes non enregistrés (sans possibilité d'automodification du programme) ne pouvaient calculer toutes les fonctions calculables. Mais le programme enregistré ne se contentait pas de métamorphoser la calculatrice électronique numérique en machine universelle, il en faisait un ordinateur, au sens actuel du terme, c'est-à-dire un dispositif de traitement de l'information dont la part logicielle deviendrait prépondérante. En effet, une fois acquis l'enregistrement du programme, les systèmes informatiques seront essentiellement constitués d'une hiérarchie complexe de programmes se traduisant et se commandant les uns les autres. C'est pourquoi les utilisateurs et les programmeurs habituels d'un ordinateur peuvent presque tout ignorer de l'infrastructure matérielle et du câblage de leur machine. Ainsi s'ouvrait un espace de développement indéfini pour les « langages », grossiers codes de programmation à la fin des années 40, langages dits « évolués » dans les années 50, floraison de multiples langages formels à partir des années 60.

Il semble bien que ce furent Eckert et Mauchly qui inventèrent le programme enregistré, au sens où, les premiers, ils entreprirent effectivement de le mettre en œuvre dans une machine réelle. Mais il ne s'agissait alors que d'exploiter la vitesse de l'électronique, et non d'ouvrir la voie au développement du logiciel. En effet, la lecture des instructions sur un support indépendant, comme le ruban perforé, aurait considérablement ralenti les calculs, et le recâblage manuel de l'appareil entre chaque calcul, comme cela se pratiquait sur l'*ENIAC*, avait été reconnu trop long et peu pratique.

L'idée de traiter des instructions comme des données était tellement bizarre, contre-intuitive, que même von Neumann n'imagina pas immédiatement d'autre intérêt pratique que l'accélération des calculs à l'enregistrement du programme. Il avait pourtant assidûment pratiqué une logique formelle de type godelien — où le codage numérique permet de faire interagir des éléments de niveaux logiques différents —, et pris connaissance en leur temps des travaux de Turing — où l'idée du calcul sur le programme figure explicitement. Le codage respectif des instructions et des nombres dans la mémoire interne de l'*EDVAC* était d'ailleurs initialement fait de manière que les opérations arithmétiques ne soient pas applicables aux instructions, ce qui annulait toute possibilité d'automodification du programme ! Le mathématicien hongrois ne saisit tout le parti qu'on pouvait tirer de l'enregistrement du programme que très tard, de l'aveu de Goldstine, plusieurs années après les plans de l'*EDVAC*, pendant la construction de la machine de l'Institute of Advanced Studies. Bien entendu, aucun des acteurs de cette époque n'entrevit que l'enregistrement des instructions sur le même format que les données allait être interprété au milieu des années 50 comme un moyen de

faire calculer à l'ordinateur son propre programme à partir d'indications fournies en « langage évolué », et que cela, avec d'autres améliorations, augmenterait dans d'énormes proportions la quantité et la variété des programmes disponibles.
Ainsi, l'ordinateur, en tant que support de logiciel, ou machine universelle concrète, n'a quasiment jamais été visé comme tel. Il n'apparaît qu'au terme d'une cascade de détournements et de réinterprétations de matériaux hétérogènes et de dispositifs divers, d'une succession aléatoire d'occasions et de circonstances locales, exploitées tant bien que mal par une multiplicité d'acteurs.

Après la guerre

Le violent conflit qui opposa à la fin de 1945 Goldstine et von Neumann, d'une part, Eckert et Mauchly d'autre part, fit éclater le groupe de la Moore School. La querelle des priorités (qui était le véritable auteur des plans de l'*EDVAC*?) se doublait d'une divergence de stratégie. Pour Eckert et Mauchly, il fallait déposer des brevets et entreprendre une exploitation commerciale de l'ordinateur. Pour von Neumann et Goldstine, en revanche, l'ordinateur était plutôt une découverte scientifique à développer dans les universités et les centres de recherche (ce qu'ils firent d'ailleurs à Princeton), et dont il fallait assurer la plus large diffusion, sans aucune entrave légale. De fait, la machine de l'Institute of Advanced Studies, prototype universitaire conçu par von Neumann et Goldstine, servit gratuitement de modèle à nombre de machines vendues sur le marché.
De leur côté, Eckert et Mauchly fondèrent leur propre société, qui commercialisa en particulier l'*Univac* (*Universal Automatic Computer*). Fidèles à leur orientation initiale, ils attaquèrent en justice d'autres sociétés d'informatique pour utilisation abusive d'inventions brevetées. Après un procès qui dura plus de dix ans, le tribunal leur donna tort, considérant que les dispositifs techniques qui faisaient l'objet du litige appartenaient désormais au domaine public. Le procès tourna en leur défaveur au moment de la déposition d'Atanasoff. Documents à l'appui, celui-ci révéla au jury stupéfait qu'il était l'auteur de nombre d'inventions dont Eckert et Mauchly réclamaient la propriété, et qu'ils en avaient eu connaissance avant la construction de l'*ENIAC*...
L'*ENIAC* ne fut terminé qu'en 1946. Il ne servit donc à la victoire des Alliés ni en calculant les tables de tir et de bombardement ni en accélérant les calculs nécessaires à la construction de la bombe atomique, qui explosa les 6 et 9 août 1945 sur Hiroshima et Nagasaki. Quant à l'*EDVAC*, il ne fut achevé qu'en 1951.
Avant même la fin de la guerre, un défilé ininterrompu de visiteurs européens et de tous les coins du monde venait voir l'*ENIAC* à la Moore School. Contrairement aux Anglais qui gardèrent secrète l'existence des *Colossus*, les autorités militaires américaines voulaient conférer le plus grand rayonnement aux innovations scientifiques et techniques réalisées pendant la guerre. Les plans de l'*EDVAC* circulèrent abondamment et de nombreuses conférences et séries de cours furent données dans les universités américaines pour exposer les principes fondamentaux de la construction et de la programmation des ordinateurs. C'est ainsi que le Britannique Maurice Wilkes, un des inventeurs du radar, exploita très vite l'expérience américaine en fabriquant, en 1947, l'*EDSAC* (*Electronic Delay Storage Automatic Computer*) à Cambridge. Ce fut la première machine électronique à programme enregistré. Construite d'après les plans de l'*EDVAC*, elle utilisait les lignes de mercure à retard pour sa mémoire et comportait un début de système d'exploitation.

Système d'exploitation : programmes qui gèrent l'organisation interne et l'affectation des ressources des ordinateurs.

L'histoire de l'informatique (comme peut-être d'ailleurs toute histoire) se laisse discerner comme une distribution indéfinie de moments et de lieux créatifs, une sorte de méta-réseau troué, déchiré, irrégulier où chaque nœud, chaque acteur, définit en fonction de ses buts la topologie de son propre réseau et interprète à sa manière tout ce qui lui vient des nœuds voisins. Chacune des mailles vivantes de ce tissu réinterprète le passé qu'elle a reçu des autres, comme s'il devait mener à ses propres choix, et projette un avenir où ses options se prolongent. Mais aussi bien l'avenir que l'image du passé sont entre les mains des mailles suivantes, et ainsi indéfiniment.

Dans cette vision des choses, les notions de précurseur ou de fondateur, prises en un sens absolu, n'ont que peu de pertinence. En revanche, on peut discerner certaines opérations de la part d'acteurs désirant s'imposer comme fondateurs, ou désignant dans le passé proche, ou récent, des ancêtres prestigieux qu'ils s'approprient en s'en proclamant les descendants.

Pas de « causes » ou de « facteurs » sociaux univoques, mais des circonstances, des occasions, auxquelles des personnes ou des groupes singuliers confèrent des significations diverses. Pas de « lignées » paisibles, de successions tranquilles, mais plutôt des coups de filet venant de tous côtés, des tentatives de mainmise, et des procès sans fin autour des héritages (Aiken-IBM, Eckert-von Neuman, Mauchly-Atanasoff).

L'invention technique se révèle comme grouillement désordonné de bricolages, réemplois, stabilisations précaires d'agencements opératoires. Parmi toutes ces agglomérations de dispositifs hétéroclites et d'idées disparates, certaines, souvent pour des raisons contingentes, seront utilisées par le plus grand nombre et s'établiront dans la durée. Elles passeront alors pour des objets techniques homogènes, cohérents, et manifesteront comme naturellement leur évidence fonctionnelle. L'ordinateur, par exemple, semble aujourd'hui l'exemplaire terrestre d'une idée platonicienne éternelle. Un certain art de la mise en scène n'est certainement pas étranger à cette réussite. Il semble que von Neumann, en particulier, ait été spécialement doué pour les présentations convaincantes. Il imposa son idée de l'ordinateur (et l'idée de l'ordinateur comme sienne) avant même que la moindre machine électronique ait été construite.

Captures, détournements et réinterprétations contrastent avec les idées d'algorithme ou de mécanisme prédéterminé qui sont associées, à juste titre, à l'informatique. Mais l'histoire de l'informatique ne s'identifie en rien à la réalisation d'un plan, d'un programme, ou même d'un rêve, ce rêve fût-il celui de Leibniz, de Babbage ou de Turing, et cela précisément parce qu'elle est une histoire.

Chronologie

MICHEL AUTHIER

Cette chronologie trouve son sens dans et par le livre qu'elle accompagne. C'est un outil qui doit suggérer l'aire d'inscription des découvertes scientifiques et des forces qui les produisent.

L'opération qui consiste à découper dans une culture, une société, une histoire, la part que l'on nomme la science ne peut se faire sans violence : un squelette ne saurait être un corps. Cependant, la science n'étant ni le seul fait des savants les plus connus ni la seule accumulation des découvertes que notre époque juge fondamentales, le plus grand nombre possible d'acteurs et de découvertes a été retenu (dans les limites du champ couvert par ce livre, soit les sciences occidentales).

Ces acteurs, individuels ou collectifs, humains ou institutionnels, sont regroupés dans la colonne centrale. Dans celle de gauche figurent les « créations scientifiques » qui leur correspondent... ou non.
Afin de donner à chaque époque une coloration significative, une troisième colonne signale les faits artistiques, sociaux, politiques, religieux : « éléments pour un décor ».

Le problème des dates, enfin, est central dans une chronologie, et c'est malheureusement un de ceux qui pose le plus de problèmes. Dans le domaine de la science, il est souvent difficile et parfois impossible de connaître les dates exactes. A quel moment faut-il situer une découverte : intuition, confirmation théorique ou expérimentale, énonciation orale, écrite ? Et puis il y a les cas extrêmes ! Que l'on juge sur l'un d'eux : le mécanicien Héron d'Alexandrie est inscrit selon les ouvrages, les dictionnaires, les chronologies à chaque siècle entre le IIIe avant et le IIIe après J.-C. !!!

Sources et remerciements

Une nouvelle chronologie s'inscrit dans une ligne de réalisations qui — chacune apportant une perspective nouvelle, corrigeant des inexactitudes, soulignant certains aspects, tentant une présentation originale — ont permis à celle-ci d'exister. Il m'importe donc de dire ce que je dois aux chronologies des sciences et/ou des techniques de F.Russo, M. Daumas, G. Canguilhem, R. Caratini, J. Rosmorduc, B. Gille, ainsi qu'à celle, plus générale, de J. Boudet. Il va sans dire que, dans le labyrinthe des découvertes scientifiques, son imbrication dans les faits culturels au sens le plus large et les incertitudes des données, c'est un soulagement de pouvoir s'en remettre à un ouvrage qui puisse servir de référence. Je ne peux donc passer sous silence la part que je dois à deux entreprises d'importance : le livre de R.M. Gascoigne, *A Historical Catalogue of scientists and Scientific Books* (Garland, New York, 1984) et son supplément sur les périodiques ; et celui de W. Stein, *Kulturfahrplan* (F.A. Herbig Verlagsbuchhandlung, Munich-Berlin-Vienne, 1977).

Cette chronologie doit aussi beaucoup aux collaborateurs du livre qui ont su, chacun à sa manière, apporter une part de leur savoir, ainsi qu'à Messieurs X. Polanco et P. Doray.

Mode d'emploi

* En raison de l'absence de savants connus durant les premiers millénaires, la première page ne compte que deux colonnes: « science, artisanat » et « histoire, culture et agriculture ».
* A partir de 750 environ avant J.-C. jusqu'à 1400 après J.-C., les « créations scientifiques », à gauche, apparaissent à leur date en face de leurs créateurs, « acteurs individuels et collectifs » ; les « éléments pour un décor » cheminent parallèlement, à l'intérieur de chaque siècle.
* Depuis 1401 jusqu'à 1947 — date à laquelle, comme le livre, s'arrête cette chronologie —, les acteurs sont placés à leur date de naissance, et la durée séparant la naissance du savant de sa production montrera les événements, les découvertes et les contemporains qui l'ont accompagnés.

Pour simplifier la lecture, qu'il s'agisse du calendrier, des titres d'œuvres ou de l'intitulé des découvertes, l'énoncé le plus usuel, ou le plus court, a été retenu.

Les noms des scientifiques figurent toujours en gras et les titres d'œuvres (livres, revues, peintures, sculptures, films...) en italique.

Les dates étant, on l'a vu, souvent incertaines, nous les avons fait précéder des abréviations v. (vers) et fl. (*floruit:* période d'influence).

Avant ~3500. Sédentarisation, sélection des plantes (blé, orge, millet, VIIe millénaire, Irak, Palestine). Silo à grains (VIIe millénaire), domestication des animaux : mouton (~9000), chèvre (~7500, Irak du Nord), porc et bœuf (Protonéolithique, Thessalie), âne, cheval, buffle, zèbre, éléphant (av. ~3000). Début de la culture de la vigne (Ve millénaire).

Poterie (~6200 en Thessalie, ~5200 à Chypre), céramique (VIe millénaire, Anatolie, Iran, Syrie, Thrace). Miroir d'obsidienne, puis plomb et cuivre (Anatolie). Généralisation de la poterie au Proche-Orient (VIe millénaire). Tissage du lin, vannerie, perles de verre en Égypte.

~5000 env. **5 MILLIONS D'ÊTRES HUMAINS.**

Science, artisanat

~3500. Outils en cuivre, voûte en pierre, premiers travaux d'hydraulique.
Cuivre en Chine. Bronze à Ur. Tour du potier en Mésopotamie.

Vers ~3300. Début de l'écriture en Mésopotamie et systèmes métrologiques.

v. ~3100. Début de l'écriture en Égypte et systèmes métrologiques.

v. ~2900. Première carte connue (celle de l'Égypte).
Début de l'observation systématique du ciel (Mésopotamie, Égypte, Inde, Chine).

v. ~2850. Premier témoignage d'un calendrier solaire-lunaire (Troie).

v. ~2770. Calendrier égyptien de 365 jours.

v. ~2750. L'extraction de l'or remplace l'obtention par lavage (Égypte).

v. ~2700. Témoignage d'une réduction de fracture (Égypte).

v. ~2500. Premiers textes mathématiques mésopotamiens.
Développement de l'astronomie en Babylonie.

v. ~2000. Textes médicaux (Ur III).

v. ~1850. Textes médicaux et premiers textes mathématiques (Égypte).

v. ~1750. Ensemble mégalithique de Stonehenge. Écriture en Chine.

v. ~1700. Problèmes et tables mathématiques (Babylone).

v. ~1650. Barrage de 5,4 km en Inde.

v. ~1500. Textes médicaux du Nouvel Empire (Égypte).

v. ~1450. Obélisques solaires. Cadran solaire portable de **Toutmosis III.**

v. ~1300. Textes médicaux hittites et moyen-assyriens.

v. ~1200. Carré magique (Chine). Développement du fer en Grèce.

v. ~1090. Utilisation du gnomon et mesure de l'angle de l'écliptique (Chine).

v. ~1000. Boulier et livre d'arithmétique (Chine).

v. ~800. Textes médicaux néo-assyriens.

~VIIIe siècle. Naissance certifiée de l'astronomie et du calendrier chinois.

Histoire, culture et agriculture

~3500 env., **20 MILLIONS D'ÊTRES HUMAINS.**
Premiers dolmens.
Fondation d'Uruk, urbanisation, période prédynastique en Égypte.
Utilisation de la houe et de l'araire.
Culture et élevage dans la vallée du Nil.

apr. ~3200. Unification de l'Égypte suivie de la période archaïque.
Fondation de Troie, Tyr, Carthage, début de la civilisation crétoise.

apr. ~2900. Dynastie archaïque en Mésopotamie (civilisation sumérienne classique).
Naissance des monnaies de cuivre et d'argent.
Pyramides à degrés de Saqqara.

v. ~2700. Épopée de *Gilgamesh*. Muraille de 900 tours à Uruk (9,5 km).

apr. ~2700. Ancien Empire, civilisation classique en Égypte.

v. ~2650. Sphinx de Gizeh : premières momies égyptiennes.

v. ~2600. Kheops, construction des pyramides.

v. ~2400. La roue à rayons remplace la roue pleine (Proche-Orient).

v. ~2300. Empire d'Akkad sous le règne de Sargon.

v. ~2050. Empire d'Ur III. Plus vieille attestation du caducée.
Premiers codes de lois et de divinations (Ur).

v. ~2000. Moyen Empire en Égypte.
Période faste de Mâri en Mésopotamie.
Paléobabylonien, invention du prêt sur récolte à 33 p. 100 (Babylone).
Les Sésostris. Influence de l'Égypte en Nubie, Crète, Palestine, mer Rouge.

v. ~1730. Ḫammurapi. Char à deux roues assyrien.

v. ~1600. Invasion hyksos (Égypte). Première période intermédiaire.

v. ~1500. Invasion kassite de Babylone. Nouvel Empire (Égypte).

v. ~1375. Akhenaton (première religion monothéiste).

v. ~1350. Assassinat de Toutânkhamon. Vers ~ 1315 Ramsès II.

v. ~1250. Fuite des juifs hors d'Égypte.

v. ~1200. Expédition égyptienne jusqu'aux mines d'or de Sumatra.
Alphabet phénicien.

v. ~1100. Siqqurat d'Ur.

v. ~1000. Le cheval apparaît en Grèce.
Salomon (v. ~970, ~931).

v. ~900. Première colonie grecque de l'Asie Mineure.

v. ~860. Zoo et bibliothèque royale d'Assurnasirpal II.
Homère (fl. v. ~850).

v. ~800. Fer à cheval et voiture à quatre roues à rayons (Celtes).

v. ~790. Séparation des médecins de la caste des prêtres (Inde).

Créations scientifiques		Acteurs individuels et collectifs	Éléments pour un décor
Jusqu'en 1400, les «créations» sont placées à leur date; leurs créateurs leurs font face. Les «éléments pour un décor» peuvent se lire indépendamment à l'intérieur d'un siècle.	~750	**100 MILLIONS D'ÊTRES HUMAINS**	~776. Olympiades. ~753. Fondation de Rome. ~733. Fondation de Syracuse. Premières monnaies grecques.
Dédale, selon le mythe, invente de très nombreux outils.	~700		Hésiode (fl. v. ~ 700). Théogonie grecque. Assurbanipal (~668-~626)
La nature devient objet de science. **Thalès** prévoit l'éclipse du Soleil de... L'eau est l'élément primordial de sa cosmonogie. Voyage d'Égypte. Naissance de la géométrie grecque.	~600	École de Milet: «**Thalès** (v. ~625-v. ~547), **Anaximandre** (v. ~610-v. ~545), **Anaximène** (fl. v. ~ 546)».	~570. Temple d'Artémis à Éphèse. Tentative de percement de l'isthme de Corinthe. Le légendaire Eupalinos construit le tunnel de Samos (1,5 km).
«Tout est nombre». Duplication du carré. Découverte des incommensurables.		École de Crotone: «autour de **Pythagore** (v. ~560-~480), **Alcméon, Hippasos de Métaponte**».	~546. L'Ionie se soumet devant Cyrus. Les Grecs introduisent la vigne en Gaule. ~522. Darius devient roi de Perse. Ésope écrit ses *Fables*. ~508. République romaine.
	~500	**Héraclite** (fl. v. ~500).	~490. Première guerre médique: Aristide (~550-~469), Miltiade (~540-~489) gagnent à Marathon.
Paradoxes du mouvement et unité de l'être.		École d'Élée: «**Parménide** (v. ~544-v. ~450), **Zénon** (v. ~490-v. ~425), **Xénophane, Mélissos de Samos**».	~480. Seconde guerre médique: Léonidas meurt aux Thermopiles, Thémistocle (v. ~525-v. ~460) gagne à Salamine et Pausanias (en ~479) à Platées.
		Anaxagore (v. ~500-~428).	
Théorie des 4 éléments.		**Empédocle** (v. ~490-~435).	Naissances de Phidias (~490-~430), Protagoras (~485-~411), Hérodote (~484-~425). Théâtre d'Eschyle (~525-~456). Thucydide (~460-~395).
Problèmes de la quadrature du cercle. Duplication du cube. Trisection de l'angle.		École de Chios: «**Hippocrate** (fl. v. ~460).»	Guerres du Péloponnèse (~431-~404). Construction des grands temples grecs.
On lui attribue la découverte de l'obliquité de l'écliptique, la période du cycle Terre-Lune (59 ans).		**Œnopide.**	Lois des douze tables à Rome. Théâtre de Sophocle (~496-~406).
Atomisme Algorithme infinitésimal (volume du cône).		École d'Abdère: «**Leucippe** (~460-v. ~370), **Démocrite** (~460-~370).»	~443. Périclès (~495-~429) au pouvoir.
Médecine: théorie des 4 humeurs.		**Hippocrate de Cos** (~460-v.~370). Sophistes et mégariques:	Parthénon. Théâtre d'Euripide (~480-~406). ~430. Peste d'Athènes. Alcibiade (~450-~404).
Découverte de la quadratrice par la trisection de l'angle.		«**Euclide de Mégare** (v. ~450-v. ~380), **Hippias d'Élis** (fl. v. ~400)».	~408. Platon suit l'enseignement de Socrate (~470-v. ~399) jusqu'en ~399, puis part en Sicile. Théâtre d'Aristophane (~450-v. ~387). ~404. Chute de la démocratie athénienne, conseil des Trente tyrans.
	~400		
Problème des moyennes proportionnelles et duplication du cube (mésolabe).		**Archytas de Tarente** (v. ~430-v. ~348).	~399. Condamnation de Socrate. Denys tyran de Syracuse. Premiers dialogues de Platon.
Travaux sur les incommensurables. Recherche sur les polyèdres.		École d'Athènes: «**Théodore de Cyrène, Platon** (~428-~348), **Théétète** (~417-~369), **Speusippe** (~408-~339), **Ménon**».	v. ~390. Naissance des trois sculpteurs: Praxitèle, Scopas, Lysippe. ~381. Brennus à Rome: «Vae victis!»
Rotation de la Terre sur elle-même.		**Héraclide du Pont** (~388-~312). ~387. Fondation de l'Académie d'Athènes.	~375. Temple d'Épidaure. ~359. Avènement de Philippe en Macédoine.
Arithmétique, sections coniques. Épicycle planétaire. Année de 365 jours 1/4.		École de Cyzique: «**Eudoxe de Cnide** (~400-~347), **Callippos**».	~351. Démosthène (~384-~322), première philippique.
Encyclopédie des connaissances scientifiques.		~335. École péripatéticienne (fondation du Lycée): «**Aristote** (~384-~322), **Eudème de Rhodes** (fl. ~320), **Autycos de Pitane** (fl. v. ~300)».	Ménandre (~340-~292). ~338. Bataille de Chéronée. ~331. Alexandre (~356-~323) devient roi d'Égypte, l'emporte sur les Perses, fonde Alexandrie.
		Début du jardin d'**Épicure** (~378-~287).	Le navigateur Pythéas explore les mers du nord de l'Europe.
Sur les sections coniques.		**Ménechne** (~374-~325).	
	~300		
Les Éléments (collectif) proportion, géométrie plane, optique, musique,...		École d'Alexandrie: «**Euclide** (~322-~285)».	Ouverture du Portique, école stoïcienne de Zénon de Citium (~355-~264).
		~290. Musée d'Alexandrie (et bibliothèque).	Théâtre d'Épidaure (15 000 places).
Théorie héliocentrique.		**Aristarque** (~310-~230).	~280. Phare d'Alexandrie.
Étude sur l'air comprimé et l'hydraulique.		**Ctésibios** (~296-~228).	~264. Première guerre punique (~241).

Créations scientifiques		Acteurs individuels et collectifs	Éléments pour un décor
Mathématique, astronomique, mécanique,...		**Archimède** (~287-~212).	*Les Argonautiques* d'Apoll. de Rhodes (~260-~186).
Géométrie et astronomie.		**Conon de Samos** (fl. ~245).	Comédies de Plaute (~254-~184).
Travaux mécaniques.		**Philon de Byzance** (fl. v. ~250).	~219. Hannibal (~247-~183) conduit la deuxième guerre punique (~202).
Évalue à 252 000 stades la circonférence de la Terre et rédige une *Grande Géographie*.		**Ératosthène** (~276-~195).	~212. Marcellus (~268-~208) prend Syracuse.
Travail essentiel sur les coniques.		**Apollonius de Pergé** (~262-~180).	
	~200		
Travaux mathématiques.		**Dioclès** (fl. ~190).	~186. 7 000 personnes impliquées dans le scandale des Bacchanales à Rome.
Explication des marées.		**Séleucus de Babylone.**	Comédies de Térence (~194-~159).
Applique la géométrie à l'astronomie (distance Terre-Soleil, prévision d'éclipses).		**Hipparque** (fl. ~147-~127).	~167. Polybe (~205-~125) arrive à Rome. ~161. Rome: expulsion des philosophes.
Œuvres médicales.		**Asclépias de Bithynie** (v. ~130-v. ~40).	~149. Troisième guerre punique (...-~146).
	~100		
De la nature.		**Lucrèce** (v. ~95-v. ~55).	~73. Révolte des esclaves.
17 livres de *Grande Géographie* (physique, humaine).		**Strabon** (~63-+5).	~58. César (~100-~44) en Gaule, Alésia (~52). ~48. Bataille de Pharsale (César bat Pompée).
~31. Publication de 10 livres d'*Architecture*: mécanique, hydraulique, gnomonique.		**Vitruve** († v. ~25).	~46. Calendrier julien. ~31. Bataille d'Actium (Octave bat Antoine).
Travaux de botanique.		**Nicolaus de Damascus.**	~29. *Énéide* de Virgile (~70-~19), ami de Mécène (~69-+8). Poésies d'Horace (~65-~8) et d'Ovide (~43-+17). Tite-Live (~59-+17), Diodore de Sicile (~30-+30) écrivent leur histoire.
	0		
Histoire naturelle.		**Pline l'Ancien** (23-79).	1. Jésus-Christ a sept ans.
Botanique et médecine. Développement des sciences de la nature.		**Dioscoride** (fl. 50-70).	Pax Romana. Sénèque (~2-+65). 57. Saint Paul (5-67) prêche à Éphèse.
Géométrie sphérique.		**Ménélaüs** (fl. 100).	79. Destruction de Pompéi. 80. Inauguration du Colisée. Plutarque (50-125) rentre à Chéronée.
	100		
Astronomie et optique (*la Composition mathématique* ou *Almageste*).		**Ptolémée** (90-170).	122. Mur d'Hadrien (76-138).
Mathématiques appliquées (catoptrique, automate, pneumatique, instruments de mesure, machines de guerre).		**Héron d'Alexandrie** (v. 150).	Début de la théologie chrétienne, Tertullien (160-245), Origène (185-254). Révolte juive contre Rome.
Mathématiques utiles pour lire Platon.		**Théon de Smyrne** (fl. 150).	129. Composition de l'Édit perpétuel de Salvius Julianus.
Anatomie, médecine, psychopathologie.		**Galien** (130-200).	160. Hérésie montaniste (fin du monde et intransigeance morale).
Premier livre hébreu de géométrie.		**Néhémiah.**	175. *Pensées* de l'empereur Marc Aurèle.
	200		
Du mélange.		**Alexandre d'Aphrodisie** (fl. 200).	Développement de la théologie chrétienne.
Théorie des nombres. Multiples équations, concept d'inconnue marquée par un signe.		**Diophante** (fl. 270).	L'empereur Probus abolit les restrictions sur la culture de la vigne en Gaule.
Théorie néo-pythagoricienne des nombres.		**Jamblique** (250-333).	Néo-platonisme: Porphyre (233-282) écrit la vie de son maître Plotin (205-270).
Collection mathématique		**Pappus** (280-340).	Début des invasions barbares.
Recherche alchimique (*Grand Œuvre*).		**Zosime de Panopolis.**	
	300		
Commentaires sur Euclide, Archimède, Ptolémée.		**Théon d'Alexandrie** (fl. 364-377).	312. Conversion de Constantin.
Encyclopédie des connaissances médicales.		**Oribase** (v. 325-v. 403).	325. Concile de Nicée (condamnation de l'arianisme).
Travaux d'optique. Premier (?) principe de minimum.		**Héliodore de Larisse** et son fils **Damianus.**	330. Constantinople, capitale de l'Empire. 354. Sainte Monique (332-387) accouche de saint Augustin († 430), auteur de *la Cité de Dieu* (427).
Commentaires sur Platon, Aristote, Diophante, Apollonius, Ptolémée.		**Hypatie** (370-415).	393. Derniers jeux Olympiques. Vulgate de saint Jérôme (347-420).

Créations scientifiques		Acteurs individuels et collectifs	Éléments pour un décor
	400	200 MILLIONS D'ÊTRES HUMAINS	
Commentaires sur Platon.		**Proclus** (412-485).	410. Prise de Rome par Alaric.
Inde: emploi des nombres négatifs, du 0, cercle, trigonométrie (sinus). Position de la Lune et du Soleil. Connaissance de la rotation de la Terre.		**Aryabhata** (476-535).	415. Hypatie massacrée par des chrétiens. Traductions latines d'Aristote et de Platon.
Encyclopédie des sciences grecques.		**Boèce** (480-525).	449. Le concile d'Éphèse condamne Ibas pour nestorianisme (double personne du Christ).
Commentaires mathématiques sur Archimède, Apollonius, Eudème, Ératosthène.		**Eutocius** (480-560).	451. Défaite d'Attila (v. 395-453).
Les Noces de Mercure et du Soleil (Encyclopédie).		**Capella.**	486. Sainte Geneviève à Paris durant le siège de Clovis, baptisé en 496 par saint Remi.
	500		
Première attaque de la physique et cosmologie d'Aristote.		**Jean Philoponus.**	Théodoric (455-526) impose le droit romain aux barbares.
Mathématique et architecture de Sainte-Sophie de Constantinople inaugurée en 537.		**Isidore de Milet** (fl. 532).	529. L'empereur Justinien (483-552) ferme l'école d'Athènes où enseigne le néo-platonicien Simplicius (fl. 525-545).
Classification religieuse des connaissances.		**Isidore de Séville** (560-636).	531. Chosroes Ier, empereur perse (?-578).
Mathématique et astronomie (Inde).		**Brahmagupta** (598-apr. 665).	532. L'Église institue l'ère chrétienne conçue par Denys le Petit.
			540. Mont Cassin fondé par saint Benoît (480-547).
	600		
Astronomie. Géographie en langue syriaque.		**Sévère Sêbôckht.**	622. Hégire de Mahomet (575-632).
Médecine et chirurgie.		**Paul d'Égine** (640).	Conquêtes musulmanes: Syrie (633-640), Mésopotamie (633-637), Égypte (639-646).
Chronologie universelle fondée sur l'ère chrétienne. Traité de métrique. Érudition astronomique et histoire naturelle.		**Bède le Vénérable** (672-735).	661. Dynastie Omeyyades (?-750). 670. Fondation de Kairouan.
	700		
Travaux alchimiques.		**Héliodore et Théophraste.**	Conquêtes: Afrique du Nord (687-702), Espagne (711-716), Iran oriental (714).
La science indienne parvient chez les Arabes: astronomie et astrologie.		**Al-Fazari** (père † v. 777, fils en 800).	750. Pouvoir des Abbassides jusqu'en 1258.
Alchimie, ésotérisme, numérologie.		**Jabir ibn Hayyan** (fl. v. 800).	762. Fondation de Bagdad. 768. Charlemagne, roi (?-814). 786. Haroun al-Rachid, calife (?-809).
	800		
Première traduction d'Euclide en Arabe.		**Al-Hajjâj** (fl. 786-833).	813. Début du règne d'al-Mamun (786-833) qui lance une politique scientifique: laboratoires, collections, bibliothèque.
Projet d'un catalogue des étoiles. Académie de traductions des textes scientifiques.		832. Fondation de la « Maison de la sagesse », direction **Hunayan ibn Ishâk** (808-873).	Période faste de l'art carolingien.
Premier philosophe arabe (savoir encyclopédique).		**Al-Kyndî** (v. 801-v. 866).	845. Les Vikings assiègent Paris.
Principe de position des nombres. *Traité d'« al-jabr ».* Tables astronomiques (sinus).		**Al-Khwârizmî** (fl. 800-847). Fondation de l'école de Salerne.	Le théologien Scot Érigène arrive en France.
Étoiles et mouvements célestes. Notion de tangente en trigonométrie.		**Al-Farghani** († après 861).	867. Schisme de Photius (820-891) entre Rome et Byzance.
Mathématique, mécanique, médecine.		**Thâbit ibn Qurra** (836-901).	868. Premier livre xylographié connu (sûtra). *Cantilène de sainte Eulalie* (écrite en français).
Traduit sciences et philosophie.		**Ishâq ibn Hunayn** († 910).	Nombreuses fondations de cathédrales et d'abbayes, centres d'études et d'archives.
Alchimie, médecine, pharmacie.		**Al-Razi** (Rhazes, v. 860-v. 923).	
Observe l'excentricité de l'orbite solaire.		**Al-Battani** (856-929).	
	900		
Livre des étoiles fixes.		**Al-Sufi** (903-986).	Fondation de l'abbaye de Cluny.
Table calculée des tangentes, cotangentes.		**Abu-al Qafâ** (940-998).	*Les Mille et Une Nuits.*
Premières influences de la science arabe en Occident.		**Gerbert d'Aurillac** (950-1003).	Gerbert deviendra le pape Sylvestre II en 999.
Optique, vision, astronomie, météores.		**Ibn al-Haytham** (Alhazen, 965-1039).	962. Restauration de l'Empire d'Occident.
Mesures du poids spécifique de plusieurs substances.		**Al-Birûni** (973-après 1050).	975. Le calife al-Aziz fonde en Égypte une bibliothèque qui comptera 1 400 000 livres.
Anatomie et physiologie de l'œil.		**Alî ibn 'Isâ** (v. 940-1010).	987. Dynastie capétienne.
Canon de la médecine, Livre de la guérison.		**Avicenne** (Ibn Sîna, 980-1037).	
Groupe des « Frères de Pureté » pour une somme de tous les savoirs.		983. Fondation à Basra de « Ikhwân al-Safá ».	
	1000		
		L'évêque Fulbert fonde l'école de Chartres.	Leif Ericsson découvre le Vinland.

Créations scientifiques		Acteurs individuels et collectifs	Éléments pour un décor
Encyclopédie philosophique et scientifique.		**M. Psellos** (1018-1078).	1022. Apparition du catharisme.
Premier grand acteur de la transmission du savoir arabe en Occident, trad., médecine.		**Constantin l'Africain** (fl. 1065-1085).	1055. Prise de Bagdad par les Turcs. 1061. Les Normands conquièrent la Sicile (... 1091).
Astronomie: auteur des *Tables tolédanes.*		**Ibn-Sa-'id** (1029-1070).	1066. Bataille d'Hastings.
Mathématique et astronomie.		**Al-Khayyami** (1048-1131).	1077. Canossa.
Encyclopédie théologie, logique, mathématique, philosophie: le savoir grec et arabe passe en latin.		**Adélard de Bath** (1090-1142).	1079. Chaque cathédrale doit avoir son école. 1085. Reconquête de Tolède. 1099. Première croisade à Jérusalem.
	1100		
Équations sur les périodes planétaires.		**Bhâshara** (1114-1185).	Abélard (1079-1142) savant et philosophe.
Politique systématique de traductions (Al-Khwarizmi, Ptolémée, Euclide...)		**Hermann le Dalmate** (fl. 1138-1143) **Jean de Séville** (fl. 1135-1153) **Gérard de Crémone** (1114-1187). À partir de 1150 prémisses des fondations des universités de Paris, Oxford, Bologne...	1148. Le concile de Reims condamne Gilbert de la Porrée (1076-1154). 1163. Début de la construction de N.-D. de Paris. *Livre des Égarés* de Maïmonide (1135-1204).
Sur les équations du 2e degré. Fractions.		**Savasorda** (Abraham Bar-Hiyya, fl. 1133-1136).	1179. Introduction du papier en Europe. 1180. Règne de Philippe Auguste (...1223).
Traduction de l'*Almageste.*		**Averroès** (Ibn-Rusd, 1126-1198).	
	1200		
Livre sur les abaques (1202). Introduit les chiffres arabes, le calcul algébrique. Livre de géométrie (1220).		**Fibonacci** (Léonard de Pise, 1170-1240).	1208. Croisade contre les Albigeois. Emploi étendu de la boussole.
Optique universelle et expérimentale.		**Grosseteste** (1175-1253) fonde l'université d'Oxford.	1212. Les chrétiens écrasent les musulmans à las Navas de Tolosa. v. 1220. Palerme, capitale «trilingue» de Frédéric II (1294-1350).
Mathématiques, art, minéralogie (1230).		**Al-Tusi** (1201-1274).	
Œuvres mathématiques.		**J. de Hollywood** (Sacrobosco, 1190-1250).	1231. Constitution (laïque) de Melfi. 1244. Bûcher de Montségur.
Géologie, botanique, biologie, «chimie» bases-acides.		**Albert le Grand** (1206-1280).	1258. Invasion mongole, sac de Bagdad par le petit-fils de Gengis Khan (1160-1227).
Optique, acoustique... Arc-en-ciel.		**Bacon** (1219-1292).	1271. Voyage de Marco Polo (1254-1324).
Nombreuses traductions.		**Jean de Palerme** (fl. 1221-1240).	1277. Condamnation de l'œuvre de saint Thomas d'Aquin (1226-1274).
		1229. Université de Toulouse.	1289. Dante (1265-1321) partisan des guelfes part en guerre contre les gibelins.
Trad. d'al-Haytham et étude d'optique (Réfraction).		**Witelo** (1230-1275). Fondation de la Sorbonne.	1290. Cimabué (1240-1302) prend Giotto (1276-1336) comme élève.
Livre d'arithmétique.		**Alexandre de Villedieu** († 1280).	
De magnete (1269).		**Pierre de Maricourt.**	
Opposition à la physique d'Aristote.		**Campanus de Novarre** († 1296).	
Très nombreuses traductions (i.e. Archimède).		**Guillaume de Moerbeke** (1230-1286).	
Compilations alchimiques.		**Raymond Lulle** (1235-1315).	
Œuvre médicale à Montpellier.		**Arnaud de Villeneuve** (1240-1311).	
Théorie de l'arc-en-ciel.		**Thierry de Freiberg** (1250-1310).	
Astronomie, optique, médecine.		**Al-Shîrâzi** (Qutd al-Din, 1236-1311).	
v. 1270. Le roi Alphonse fait établir des tables astronomiques. (Judas ben Moses, Isaac ibn Sid.)		1289. Université de Montpellier. Universités de Padoue, Naples, Toulouse, Rome.	
	1300		
Tables astronomiques.		**Levi Ben Gerson** (1288-1344).	1307. Dante écrit *la Divine Comédie* (1307-1321).
		1308. Université de Cracovie.	v. 1320. Premières horloges mécaniques à poids.
Travaux d'optique et de mathématiques.		**Al-Farizi** (Kamal al-Dîn, † en 1320).	1327. Début de la guerre de Cent Ans.
Importantes réflexions sur la physique.		**Bradwardine** (1290-1349) **Buridan** (1295-1358).	1346. Bataille de Crécy. 1348. Arrivée de la peste noire en Occident, un tiers de la population devait en mourir.
Théorie de l'impétus. Mathématique et mouvement (circulaire).		**Nicole Oresme** (1302-1382).	v. 1355. Boccace (1313-1373): le *Décaméron.*
Astronomie ptoléméenne.		**Jean de Lignières** (fl. 1320).	1389. Naissance de Cosme de Médicis († 1464).
Calcul d'éclipses et théorie de la musique.		**Jean de Murs** (fl. 1340).	
Philosophie naturelle et mathématiques.		**Domenicus de Clavaso** (fl. 1346-1357)	
		1386- Université de Heidelberg.	

Créations scientifiques		Acteurs individuels et collectifs	Éléments pour le décor
A partir de 1401, les événements et les créations sont placés à leurs dates et les acteurs à leurs dates de « naissance ».	1401		Moulins à vent en Hollande.
	1405		Armes à feu portatives.
	1409	Universités d'Aix-en-Provence et de Leipzig.	
Principe du système bielle/manivelle.	1410		Bataille de Tannenberg.
	1415		Azincourt. Supplice de J. Hus (1369-1415).
	1418		Coupole de Florence par Brunelleschi (1377-1416).
	1420		Caravelle portugaise.
Horloge astronomique de Bourges.	1423	**Puerbach** († 1476).	
	1426	Université de Louvain.	
Traité (anonyme) de mécanique : moulins hydrauliques, machines à forer, à polir.	1430		
	1432		Malatesta (1417-1468) condottiere à Rimini.
(v.) **Nicolas de Cuse** fait l'hypothèse du mouvement de la Terre.	1435		Les Médicis au pouvoir à Florence. Polders du Zuiderzee.
	1436	**Regiomontanus** († 1476). Université de Caen.	Invention des caractères mobiles par Gutenberg à Strasbourg.
	1439		Aménagement de la côte vénitienne.
	1445	(v.) **Pacioli** († 1517), **Chuquet** († 1500).	
	1446	Colomb († 1506).	
	1447		Nicolas V (Pape) : vaste politique de mécénat.
Traité de machines de **M. Taccola.**	1449		
	1450	(v.) **Brunschwig** († 1512).	Gutenberg à Mayence. Bibliothèque vaticane.
	1451		Fin de la guerre de Cent Ans.
	1452	Université de Valence (France). **Vinci** († 1519).	
	1453		Prise de Constantinople par les Turcs.
	1454	**Vespucci** († 1512).	**RENAISSANCE** italienne — *peinture* : Fra Angelico (1387-1455), Masaccio (1401-1464), Botticelli (1445-1510), Piero della Francesca (1416-1492), Mantegna (1439-1494), Vinci (1452-1519), Raphaël (1483-1520), Michel-Ange (1475-1564), — *architecture-sculpture* : Bramante (1444-1514), — *lettres* : Nicolas de Cuse (1401-1464), Pic de la Mirandole (1463-1494), Machiavel (1469-1527), hollandaise — *peinture* : Van der Weyden (1400-1464), Memling (1433-1494), Bosch (1450-1516), — *lettres* : Érasme (1469-1536), allemande — *peinture* : Dürer (1471-1528), française — *peinture* : Fouquet (1415-1480), Clouet (1475-1540), — *sculpture* : Collombes (1430-1514), — *lettres* : Villon (1431-1490), Ph. de Commynes (1447-1511), Budé (1467-1540), Rabelais (1494-1553), Marot (1496-1544).
	1455	La typographie de Gutenberg multiplie la diffusion des ouvrages scientifiques.	
	1460	Destruction de l'observatoire de Samarkand (fin science arabe médiévale).	
	1462	(v.) **Widman** († apr. 1498).	
	1463	Université de Bourges.	
Regiomontanus perfectionne la trigonométrie plane et sphérique.	1464		
	1465	**Scipione del ferro** († 1526).	
Production de légumes améliorés dans les jardins italiens (artichaut, carotte, haricot vert, chou-fleur).	1466		
Premier ouvrage scientifique imprimé (à Venise) : **Pline.**	1469	Gama († 1525).	
	1470	Première imprimerie à la Sorbonne. **Vergilius** († 1555), Magellan († 1521).	
	1471	(v.) Bartoloméo Diaz († 1500), **Dürer** († 1528).	
Édition des œuvres d'**Aristote** (Venise).	1472		
Première édition de **Galien** (700 éd. jusqu'en 1600).	1473	**Copernic** († 1543).	
Traité de mécanique : régulateurs à boules, turbines hydrauliques, appareils de levage, voiture automobile.	1475		
	1476	Université d'Upsal.	
	1478		Tunnel du Viso (alt. 2 000 m).
	1479	**Calcagnini** († 1541).	
	1480	**Bringuccio** († 1539).	
Éd. des *Éléments* d'**Euclide** (Venise).	1482		
Chuquet : Triparty sur la science des nombres.	1484	**Scalinger** († 1558).	Perfectionnement du machinisme minier.
Éd. **Lucrèce,** *De natura rerum* (Venise).	1486	**Agrippa** († 1535).	Diaz atteint l'extrême sud de l'Afrique.
Widman utilise les signes + et −.	1489		
(entre 1469 et 1575 les œuvres scientifiques connues écrites en grec, arabe, hébreu, latin, seront presque toutes imprimées).	1491	J. Cartier († 1557).	
	1492	**Riese** († 1559).	Colomb « découvre » l'île de Guanahani. Chute de Grenade.
	1493	**Paracelse** († 1541).	
	1494	**Agricola** († 1555), **Maurolico** († 1575).	Savonarole(1452-1498)chefdelarépubliqueflorentine.

Créations scientifiques		Acteurs individuels et collectifs	Éléments pour un décor
Dürer, travaux sur les proportions et la perspective.	1495	(v.) **Vicary** († 1561).	
	1497	**Holbein** († 1543).	
	1498		Vasco de Gama ouvre la route des Indes.
Vergilius publie un ouvrage de vulgarisation.	1499		Vespucci arrive en « Guyane ». Première édition de *la Célestine* de Rojas (v. 1473-ap. 1538).
Machines volantes de **L. de Vinci.**	1500	**Tartaglia** († 1557), **Besson** († 1576).	Apparition des premières presses à vis en bois.
	1501	**Cardan** († 1576).	
	1503		Invention du miroir vénitien.
	1507	**Rondelet** († 1566).	
	1508	**Piccolomini** († 1578).	
Premières éditions de manuels de science et technique.	1509	**Commandino** († 1575), **Paré** († 1590).	Premières montres.
	1510	**Palissy** († 1590).	
	1511	**Servet** († 1553).	
	1514	**Vésale** († 1564), **Rhéticus** († 1576).	
	1515	**Ramus** († 1572).	François Ier (1494-1547). Début du règne.
	1516	**Gesner** († 1565).	Machiavel (1469-1527): *Le Prince.* Premier esclave africain en Amérique.
	1517	**Belon** († 1564).	Luther (1483-1546): Publication des thèses.
	1518		Importation de la cochenille (Mexique).
	1519	**Césalpin** († 1603).	Charles Quint (1500-1558), empereur. Cortés (1485-1547) au Mexique.
	1520		Chute de l'Empire aztèque et de Mexico.
	1521		Excommunication de Luther.
	1522	**Ferrari** († 1565), **Aldrovandi** († 1605).	S. de Cano (v. 1460-1526) termine le voyage de Magellan (1470-1521) commencé en 1419.
Dürer: *Traité de perspective.*	1525		Introduction de la pomme de terre. Naissance de Brueghel l'Ancien († 1569); suivront ses deux fils dits B. d'Enfer (1564-1638) et B. de Velours (1568-1625).
	1526	**Bombelli** († 1572).	
Paracelse (chimie, alchimie, magie, médecine, chirurgie) s'installe à Bâle.	1527	**Dee** († 1608).	Le sculpteur-orfèvre B. Cellini (1500-1571) organise le siège de Rome. Utilisation de la poudre dans les mines.
	1529	Collège royal (futur Collège de France).	Pizarro (1475-1541) au Pérou.
Aggripa: Occultisme et considérations sur les sciences.	1530		
	1531		Chute de l'Empire inca.
Jardin botanique de Padoue.	1532	**Xylander** († 1576).	
	1533	**Fabricio** († 1619).	Holbein (1497-1543): les *Ambassadeurs.*
Tartaglia: équation du 3e degré.	1534	**Della Porta** († 1615).	Début de la Compagnie de Jésus d'Ignace de Loyola (1491-1556). J. Cartier (1491-1557) explore le Saint-Laurent. Schisme anglican.
	1535		Calvin (1509-1564) publie *Des institutions de la religion chrétienne.*
	1537	**Clavius** († 1612).	
Jardin botanique de Touvois (près du Mans).	1538	**Olivier de Serres** († 1619).	
Pirotechnia (métallurgie de **Brinquccio**).	1539		
Rheticus publie un résumé de l'œuvre de **Copernic**.	1540	**Viète** († 1603), **Ceulen** († 1610). 1re fondation Académie des sciences de Padoue.	Reconnaissance des jésuites par Rome.
Piccolomini : *De la sphère du monde.* Éd. posth. de **Copernic**: le Soleil est le centre des orbes célestes. **Vésale**: *Anatomie humaine.* Jardin botanique de Pise.	1543		Arrivée des Portugais au Japon.
Cardan: (Ars magna) équation du 3e degré. Thèse d'un impetus terrestre, **Calcagnini** (1479-1541).	1544	**Gilbert** († 1603).	Ordonnance royale sur la coupe des forêts.
Paré: *Méthode pour traiter les plaies.* **J. Bock**: *Description des plantes.*	1545	**Gérard** († 1612).	Concile de Trente (... 1563).
Tartaglia: recherche sur la trajectoire d'un projectile.	1546	**Tycho Brahé** († 1601).	
	1548	**Stevin** († 1620), **G. Bruno** († 1600).	
	1549		François-Xavier (1506-1552) arrive au Japon. Du Bellay (1522-1560), *Défense et illustration de la langue française.*

Créations scientifiques		Acteurs individuels et collectifs	Éléments pour un décor
Ferrari: équation du 4e degré. **A. Reise** préconise le calcul écrit plutôt que les jetons.	1550	**Beguin** († v. 1620), **Napier** († 1617).	Goujon (1510-1569) sculpte la fontaine des Innocents.
Cardan: recherche sur la chute des corps. **Gessner**: *Histoire animale.* **Rheticus**: notion de cosinus. **P. Belon**: livre sur *les Étranges poissons marins*; puis sur *les Oiseaux* (1555); et *la Culture des plantes* (1558).	1551		Standardisation des caractères d'imprimerie. Premier brevet d'importation en France (verrerie).
	1552	**Ricci** († 1610), **Sarpi** († 1623).	Ronsard (1524-1585) écrit *les Amours* (...1555).
M. Servet: première idée de la circulation sanguine.	1553		Supplice de M. Servet (1511-1553).
Rondelet: *Des poissons marins.*	1554		*Lazarillo de Tormes* (premier roman picaresque).
Palissy brûle ses meubles pour cuire ses céramiques.	1555		Paix d'Augsbourg. Première éd. des 7 *Centuries* de Nostradamus (1603-1666). « Enfin Malherbe vint... », il mourut en 1628.
Agricola: *De re metallica* (traité de métallurgie). **Tartaglia**: *Traité des nombres et des mesures.*	1556		Formation de la Pléiade.
	1557		Les Portugais arrivent à Macao.
Della Porta: *Magia naturalis.*	1558	Université de Iéna.	Sédition à Pearth du réformé J. Knox (1505-1572).
	1559		Amyot (1513-1593) traduit Plutarque. Nicot introduit le tabac.
Premier observatoire tournant.	1561	**Bacon** († 1626), **Roomen** ou **Romanus** († 1615).	Thérèse d'Avila (1515-1582). Réforme des carmélites.
	1562	Fondation du collège de Clermont.	Début de la traite des Noirs. Début des guerres de Religion.
	1563		Début de la construction de l'Escurial.
	1564	**Galilée** († 1642).	Invention du crayon.
Commandino. Centre de gravité des solides.	1565		Première bourse de commerce à Londres.
Scalinger: *Des plantes* (éd. posthume). **Rondelet** à Montpellier, premier amphitéâtre d'anatomie.	1566		Révolte des Provinces-Unies (...1574).
	1568	**Campanella** († 1639).	
Ramus: *Livres de géométrie.*	1569		
	1571	**Kepler** († 1630), **Branca** († 1640).	Conquête des Philippines. Cervantès (1547-1616). Bataille de Lépante.
Bombelli: Algèbre, étude de Diophante.	1572		Massacre de la Saint-Barthélemy.
	1573	**Scheiner** († 1650).	
Clavius: éd. commentée d'*Euclide.* **Fabricio**: base de la physiologie circulatoire.	1574		
	1576	**S. de Caus** († 1626).	Bodin (v. 1530-1596) publie *la République.*
	1577	**Van Helmont** († 1644), **Guldin** († 1643).	Voyage de F. Drake (1545-1595), jusqu'en 1580.
	1578	**Harvey** († 1657).	
Viète: *Canon mathematicus,* trigonométrie.	1579		
B. Palissy: *Étude sur les fossiles.*	1580	**Snel** († 1626), **De Peirsec** (1637).	Montaigne (1533-1592), *Essais* (...1588).
Galilée: Isosynchronisme des oscillations du pendule.	1581	**Gunter** († 1626), **Bachet** († 1638).	
	1582	**J. Rey** († 1645).	Calendrier grégorien (d'après les calculs de Clavius).
Césalpin: première classification cohérente des plantes.	1584	**P. Vernier** († 1638).	Voyage de W. Raleigh (v. 1554-1618) qui rapporte la plante à tabac et écrit en 1614 une *Histoire du Monde.*
T. Brahé: abandon des orbes solides. **Benedetti**: intuition du principe d'inertie. **Stevin**: *Arithmétique décimale.*	1585		*Atlas du monde* (...1590) de Mercator (1512-1594).
Stevin: Étude du plan incliné.	1586	**Zucchi** († 1670).	Le Greco (1541-1614) peint l'*Enterrement du comte d'Orgaz.*
Stevin: principes de mécanique.	1587	**Froidmont** († 1653), **Fabricius** († 1615).	
	1588	**M. Mersenne** († 1648), **Beeckman** († 1637), **Hobbes** († 1672).	Invincible Armada.
Galilée: *De Motu* (étude sur la chute des corps. **Jansen** inaugure les inventions sur le microscope composé.	1590		
Viète: usage des lettres, formule d'algèbre en géométrie, recherche sur le cercle.	1591	**Désargues** († 1661).	
	1592	**Gassendi** († 1655), **Schickard** († 1635).	
Roomen donne π avec 15 décimales.	1593		« Paris vaut bien une messe ! ».
Éd. posth. du *Théâtre des instruments mathématiques et mécaniques* du fabricant **Besson** (1500-1576).	1594		

Créations scientifiques		Acteurs individuels et collectifs	Éléments pour un décor
	1595	**A. Girard** († 1632), **Beaugrand** († 1640), **Linus** († 1675).	
Gérard: *Catalogue des arbres* (Londres).	1596	**Descartes** († 1650).	
	1598	**Cavalieri** († 1649).	Édit de Nantes. Fin des guerres de Religion
Aldrovandi: *Grande encyclopédie zoologique* (vocabulaire, classification, monstres...).	1599		Cueillette de la soie (O. de Serres). Compagnie anglaise des Indes.
Gilbert: *De magnete.* **O. de Serres:** *Théâtre de l'agriculture.* **Fabricio:** première étude d'embryologie.	1600	**Carcavi** († 1684), **De Lalouvère** († 1664), **Montmor** († 1679).	Supplice de G. Bruno (pour hérésie atomiste).
	1601	**Fermat** († 1665)	Ricci rencontre l'empereur de Chine.
	1602	**Roberval** († 1673), **De Guericke** († 1686), **Kircher** († 1650), **De Billy** († 1679), **Bosse** († 1676).	Manufacture (privée) des Gobelins.
Van Helmont attaque la théorie des 4 éléments; invente le mot « gaz ».	1603	**Digby** († 1665). Academia dei Lincei.	Shakespeare (1564-1616), *Hamlet.* Shôgunat de Tokugawa (...1868), transfert de la capitale de Kyoto à Tokyo.
Galilée: première exposition (fausse) de la loi de la chute des graves. **Kepler:** *Paralipomènes à Vitellion,* (optique). **Joït Brughi:** première approche des logarithmes.	1604	**Glauber** († 1668).	
Bacon commence la publication de son énorme encyclopédie.	1605	**Fernicle** († 1675).	Bellarmin (1542-1621) bibliothécaire du Vatican. Conspiration des poudres. Cervantès: *Don Quichotte.* Shakespeare: *Macbeth, le Roi Lear.*
Galilée: opérations du compas.	1606		
	1607		*Orfeo* de Monteverdi (1567-1643). La Navarre rattachée à la France.
Stevin: principe des travaux virtuels et hydrostatique.	1608	**Torricelli** († 1647).	Fondation du Québec. Mathurin Régnier (1573-1613): *Satires.*
Métius: lunette astronomique. **Kepler,** *Astronomia novae,* le cercle est brisé: 1. Les orbites planétaires sont des ellipses; 2. L'aire balayée par le rayon planète-Soleil est proportionnel au temps.	1609		Indépendance des Provinces-Unies. Réforme de Port-Royal. Création de la banque d'Amsterdam. Début des réductions du Paraguay.
Bequin: *Éléments de chymie.* **Galilée** découvre les satellites de Jupiter, avec **Scheiner** les taches du Soleil.	1610	**Bourdelot** († 1685).	Assassinat d'Henri IV. François de Sales (1567-1622) fonde l'ordre de la Visitation.
Maurolico: *Photisimi de lumine,* éd. posth. (optique). **Fabricius:** *Des taches observées dans le Soleil.*	1611	**Hevelius** († 1687), **Pell** († 1685), **P. Perrault** († 1680).	
	1612	**Tacquet** († 1660), **Gascoigne** († 1644).	Construction de la mosquée d'Isfahan.
Beeckman: conservation du mouvement.	1613	**Perrault** († 1688).	
Napier: invention des logarithmes.	1614	**Wilkins** († 1672), promoteur de la science anglaise.	États généraux, majorité de Louis XIII.
Kepler: *Stereometria* (calcul d'aire et de volume). **S. de Caus:** intuition de la machine à vapeur.	1615	**Glaser** († 1672).	Rubens (1577-1640), peint *le Combat des amazones.*
Exhortation de **Galilée.**	1616	**Wallis** († 1703), **Bartholin** († 1680).	Mort de Cervantès et de Shakespeare .
Napier: principe de la machine à calculer.	1617	**Ashmole** († 1692).	Van Dyck (1599-1641) peint *Jésus mis en croix.*
Premier microscope.	1618	**Grimaldi** († 1663), **Blondel** († 1686).	Début de la guerre de Trente Ans (...1648).
Kepler: *Harmonia Mundi* (3e loi). **Galilée:** *Discours sur les comètes.*	1619	**Wing** († 1618).	
Gunter: table des sinus et des tangentes, principe de la règle à calculer.	1620	**Brouncker** († 1684), v. 1620 **Mariotte** († 1684).	*Mayflower.* Premier journal hebdomadaire (Amsterdam). Formation du courant libertin. Philippe IV (1616-1665), roi d'Espagne.
Snellius établit la loi de la réfraction. **Zonca:** *Théâtre des machines.*	1621		
Campanella: *Apologia pro Galileo.*	1622	**Varenius** († 1650), **Viviani** († 1703).	
Schickard construit une machine à calculer.	1623	**Pascal** († 1662).	Urbain VIII (1568-1644), pape.
	1624		Début du droit des brevets en Angleterre.
Girard: énoncé du théorème fondamental de l'algèbre (sur les racines d'équation).	1625	**Cassini** († 1712).	Van den Vondel (1587-1679) fait jouer *Palamède.*
	1626	**La Quintinie** († 1688), **Redi** († 1697). Création du Jardin du Roy (futur Jardin des plantes).	Interdiction des duels. Urbain VIII gracie Campanella condamné depuis 1599.
Froidmont: *Livre des météores.*	1627	**Boyle** († 1691), **J. Ray** († 1705).	Richelieu (1585-1642) fait le siège de La Rochelle.
Harvey: circulation sanguine. **Descartes:** idée de la conservation du mouvement.	1628	**Malpighi** († 1694).	Vélasquez peint *le Christ en croix.*
Branca: *les Machines.*	1629	**Huygens** († 1695).	Paix d'Alès avec les protestants.

Créations scientifiques		Acteurs individuels et collectifs	Éléments pour un décor
Rey: *sur la calcination de l'estain et le plomb.*	1630	**Barrow** († 1677), **Richer** († 1696).	Service public des postes dans toute la France.
Invention du vernier.	1631	**Wilson** († 1711).	Début de la construction de Versailles. Gazette de Renaudot (1586-1653).
Galilée: *Dialogue sur deux systèmes du monde*, invention du thermomètre à eau.	1632	**Leeuwenhoeck** († 1723).	Rembrandt (1606-1669), *la Leçon d'anatomie.* Christine reine de Suède.
Procès **Galilée**.	1633	**Boccone** († 1704), **Vauban** († 1707).	Bernin (1598-1680): tabernacle de Saint-Pierre-de-Rome.
Mersenne traduit la *Mécanique* de Galilée.	1634	**Amman** († 1691).	Vincent de Paul (1581-1660): les Filles de la Charité. Poussin (1594-1665): *Hélios et Phaeton.*
Cavalieri: *Géométrie des indivisibles.* **Mersenne**: première mesure de la vitesse du son.	1635	**Hooke** († 1702), **Becher** († 1685).	Institutions de l'Académie française. Fermeture du Japon. Lope de Vega (1562-1635) meurt après avoir écrit 1800 pièces de théâtre.
Roberval: traité de mécanique et méthode pour le tracé des tangentes.	1636	**Glanvill** († 1680). Fondation de Harvard.	Corneille (1606-1684), *le Cid.*
Descartes: *les trois essais du discours...* **Fermat**: méthode pour la recherche des tangentes.	1637	**Swammerdam** († 1680).	Descartes: *Discours de la méthode.*
Galilée: *Discours sur deux sciences nouvelles.*	1638	**Malebranche** († 1715).	Les Hollandais chassent les Portugais de Ceylan.
Desargues: *Brouillon project* (géométrie-projective).	1639	**Grundel** (fl. 1670-1680).	Les Anglais fondent Madras.
Pascal: *Essai sur les coniques.*	1640	**La Hire** († 1718). Académie de Toulouse, Académie (privée) **Bourdelot**, Paris.	Jansenius (1585-1638) publie l'*Augustinus.* G. de La Tour (1593-1652): *Saint Sébastien.*
Guldin: sur le barycentre.	1641	**Grew** († 1712).	Corneille: *Polyeucte.* Descartes: *Méditations métaphysiques.*
Pascal: machine à calculer.	1642	**Newton** († 1727).	Rembrandt: *la Ronde de nuit.*
Torricelli: le baromètre.	1643	**Gabrieli** († 1705).	Fondation de la Nouvelle-Amsterdam (New York). Règne de Louis XIV (...1715). Molière (1722-1773) fonde l'illustre Théâtre.
Torricelli: étude sur la pesanteur de l'air, les centres de gravité et le mouvement. **Digby**: *De la nature des corps*, alchimie.	1644	**Römer** († 1710).	Installation des Mandchous en Chine.
Bartholin: travaux anatomiques.	1645	**Lemery** († 1715). Fondation à Londres du Collège philosophique (future Société royale).	Bosse: traité sur la gravure. Condamnation des « rites chinois ».
Kircher: *De la lumière et de l'ombre.*	1646	**Leibniz** († 1716), **Flamsteed** († 1719).	Bernin: *Extase de sainte Thérèse.*
Pascal: nouvelles expériences sur le vide.	1647	**D. Papin** († 1714).	Le Lorrain (1600-1682), *Fuite en Égypte.*
Pascal: expérience du puy de Dôme.	1648	**Duverney** († 1730).	Traité de Westphalie. Début de la Fronde (...1653).
Redi: observation sur les serpents.	1649	**Bidloo** († 1713).	Exécution de Charles Ier (Angleterre). Mexique: 1 million et demi d'habitants; 1521, la population était de 11 millions !!
De Guericke: invention de la machine pneumatique. Première reconnaissance d'une étoile double.	1650	**500 MILLIONS D'ÊTRES HUMAINS** Activité de l'Académie Montmor.	
Mersenne: l'optique et la catoptrique.	1651	**Bion** († 1733).	Hobbes (1598-1679), *le Léviathan.*
Ashmole: *Théâtre de chimie britannique.*	1652	**Rolle** († 1749). Académie des curieux de la nature (Leipzig, puis Breslau, Nuremberg, Bonn... voir 1682).	Scarron épouse Françoise d'Aubigné (1635-1719), petite-fille du poète Agrippa d'Aubigné (1562-1630), future Mme de Maintenon, épouse de Louis XIV (1638-1715).
Pascal: études hydrauliques.	1653	**Hoffmann** († 1727) membre de la précédente.	Cromwell (1599-1658) prend le pouvoir.
Pascal-Fermat: calcul des probabilités.	1654	**J. Bernouilli** († 1705).	De Scudéry (1607-1701), *Clélie.*
Expériences des demi-sphères de Magdeburg.	1655	**Varignon** († 1722).	Murillo (1617-1682), *la Naissance de Marie.*
Huygens: perfectionnement des verres optiques. **Wallis**: arithmétique des infiniments petits. Découvertes: anneaux de Saturne; nébuleuse d'Orion.	1656	**Halley** († 1742), **de Maillet** († 1738), **Tournefort** († 1708).	Pascal: *les Provinciales.* Fouquet (1615-1680): construction du château de Vau-le-vicomte par Le Vau (1612-1670), Le Nôtre (1613-1700), Lebrun (1619-1690). Vélasquez (1599-1659): *les Ménines.*
Huygens: 1ère horloge à pendule pesant.	1657	**Fontenelle** († 1757), Academia del cimento.	Scarron (1610-1660): *le Roman comique.*
Huygens: études géométriques (développées de courbes, chaînette).	1658		Hobbes: *De Homine.* Spinoza (1632-1677) exclu de la Synagogue.
Boyle: machine pneumatique. **Vivianni**: *De maxima et minima.*	1659	**Gregory** († 1708).	Molière: *les Précieuses ridicules.*
Hevelius: catalogue très précis de 1 500 étoiles.	1660	**Stahl** († 1734).	Vermeer (1632-1675): *la Lettre.*
Hobbes: *Sur la nature de l'air; Sur la duplication du cube.* **Boyle**: *The sceptical chimist.*	1661	**de l'Hospital** († 1704).	Mort de Mazarin (1601-1661). Famine en France.
Fermat: principe optique du minimum de temps. **Boyle** établit la loi des gaz: P.V=Cte.	1662	Royal Society (Oxford).	Cavalli (1602-1676): *Ercole Amante* (opéra).
Glaser: *Traité de Chimie.*	1663	**Newcomen** († 1729).	La Nouvelle-France au Canada.

Créations scientifiques		Acteurs individuels et collectifs	Éléments pour un décor
Pascal: *De l'équilibre des liqueurs* (éd. posth.).			
Newton: invente le calcul des fluxions. **Varenius**: *Géographie générale.* **Glanvill**: *Sur la nouvelle science expérimentale.*	1664		« Fêtes de l'île enchantée » à Versailles. Colbert crée la Compagnie des Indes. Crise à Port-Royal.
Grimaldi: *Physique mathématique de la lumière.* **Kircher**: *le monde souterrain.*	1665	Camerarius († 1721). Création du *Journal des savants* (Paris), du *Philosophical Transactions* (Londres).	Grande peste à Londres (100 000 morts). La Rochefoucauld (1613-1680), *Maximes.*
Malpighi: début de la biologie microscopique. L'invention du micromètre (**Gascoigne**) augmente la précision des lunettes astronomiques.	1666	Fondation de l'Académie des sciences par Colbert (1619-1683).	Leibniz: *De arte combinatoria.* Grand incendie de Londres.
Swammerdam: biologie microscopique.	1667	**Jean I**[er] **Bernouilli** († 1748), **Moivre** († 1754), **Saccheri** († 1733).	Éclairage des rues à Paris. Racine (1638-1699), *Andromaque.*
Wallis: théorie des chocs des corps. **Redi**: Expérience sur la génération des insectes.	1668	**Boerhaave** († 1738).	La Fontaine (1621-1695), *Fables.*
Wing: *Astronomie britannique* (éd. posth.). **Cassini**: Éphémérides des satellites de Jupiter. Reconnaissance de la double réfraction.	1669	Fondation de l'observatoire de Paris (méridien).	Ordonnance royale sur les eaux et forêts. Académie de musique et Opéra à Paris. Stradivarius (1644-1737), luthier à Crémone.
Newton: théorie corpusculaire de la lumière. **Leibniz**: théorie du mouvement. Mission sur la mesure du Système solaire.	1670	*Miscellanea curiosa medico-physica* (Leipzig).	Pascal: *Pensée* (éd. posth.). Spinoza: *Tractatus theologico politicus.*
Leibniz: Machine à calculer (+,−,×,:). **C. Perrault**: *Hist. naturelle des animaux.*	1671	*Premier mémoire de l'Académie des sciences.*	Milton (1608-1674), *le Paradis perdu.* Marquise de Sévigné (1626-1696): *Lettres.*
Newton: premier télescope à miroir parabolique. **De Guericke**: machine produisant l'électricité statique.	1672	**E.F. Geoffrey** († 1731).	Guerre franco-hollandaise (...1678).
Huygens: isochronisme du pendule cycloïdal, force vive, force centrifuge.	1673		
P. Perrault: *Sur l'origine des fontaines.*	1674	**Pontchartrain** († 1747).	Fondation de Pondichéry.
Leibniz: conception du calcul infinitésimal. **Huygens**: régulateur à spirale pour horloge. **Lemery**: *Cours de chimie.* **Brandt**: phosphore.	1675	**Clarke** († 1729). Fondation de l'observatoire de Greenwich (méridien).	540 000 habitants à Paris. Racine: *Iphigénie en Aulide.*
Römer mesure la vitesse de la lumière. **Mariotte**: *Étude sur la nutrition des plantes.*	1676	**Threlkeld** († 1728).	Affaire des poisons.
Leeuwenhoeck: observation des spermatozoïdes.	1677	**S. Hales** († 1761), **L. Lemery** († 1743).	*Éthique* de Spinoza.
Cassini: *Sur deux nouveaux satellites de Saturne.*	1678	**Henckel** († 1744).	Mme de La Fayette (1634-1693), *la Princesse de Clèves.*
Halley: catalogue des étoiles australes. **Mariotte**: loi des gaz. **Fermat**: *Œuvres* (éd. posthume).	1679	**Wolff** († 1754).	Jusqu'en 1780 plus de 2 millions de Noirs seront emmenés aux Amériques.
Borelli: étude sur les muscles. **Grundel**: microscopie.	1680	**Chambers** († 1740).	Interdiction des synodes protestants. Création de la Comédie-Française. Apparition des termes « Whigs » et « Tories ».
Grew: *Anatomie des plantes.* **Leeuwenhoeck** découvre les bactéries.	1681	Académie des sciences de Moscou.	Bossuet (1627-1704): *Sur l'histoire universelle.* Penn (1644-1788) fonde la Pennsylvanie.
Halley: observation sur la comète. **J. Ray**: première méthode de botanique systématique.	1682	Académie Léopoldine (Vienne). *Acta Euditorum* (Leipzig).	Machine hydraulique ascensionnelle de Marly. Apparition de la comète dite de Halley.
Blondel: *L'art de jeter les bombes.*	1683	**Réaumur** († 1757), **Rameau** († 1764).	Fontenelle: *Dialogue avec les morts.*
Grégory: *Sur la dimension des figures.* **Amman**: *Sur la fructification des plantes.*	1684		Puget (1620-1694) sculpte *Andromède.* Fin du canal du Midi commencé en 1666.
Bidloo: *Anatomie des corps humains.*	1685	**Taylor** († 1731), **Clifford** († 1760).	Disette. Mariage secret (Louis XIV-Maintenon). Révocation de l'édit de Nantes (conséquences économiques, commerciales).
Début de la querelle des forces vives (...1740). **Mariotte**: mouvement des eaux, études des couleurs.	1686	**Fahrenheit** († 1736).	Création de la manufacture des Gobelins.
Newton: *Principia mathematica* (principe de l'attraction universelle, action-réaction, composition des forces en mécanique).	1687	**Simson** († 1768).	Fontenelle: *Sur la pluralité des mondes.* Famine. Fénelon (1651-1715) à la tête du quiétisme. Mort de Lulli (1632-1687), surintendant de la musique.
Varignon: composition des forces en statique. **Leeuwenhoeck** observe les globules rouges.	1688	**Bragelone** († 1744).	La Bruyère (1645-1696): *Caractères.*
Tournefort: *Catalogue de plantes.*	1689		Purcell (1659-1695): *Didon et Énée* (opéra).
Jacques Bernouilli: calcul différentiel (équation différentielle). **Huygens**: *Traité de la lumière* (théorie ondulatoire). **D. Papin**: la machine à vapeur. **La Quintinie**: travaux sur les fruits et légumes.	1690	**Goldbach** († 1764). Académie de Bologne.	Piano forte. Locke (1632-1704): *Essai sur l'entendement humain.* Création du corps du génie par *Vauban* (1633-1707).
Rolle: théorème sur les fonctions continues.	1691		Gabrielli fonde l'Académie physiocratique (Sienne).
	1692	**Stirling** († 1770), **Musschenbroeck** († 1761).	Procès en sorcellerie de Salem (19 pendus). Fondation de Saint-Gobain.

Créations scientifiques		Acteurs individuels et collectifs	Éléments pour un décor
Leibniz: théorie des déterminants.	1693	**Bradley** († 1762), **Harrison** († 1776).	Disette. A Scarlatti (1659-1725): *Théodora.*
Camerarius: *Lettre sur le sexe des plantes.* **Tournefort**: éléments de botanique. **Hoffman**: fondement de la médecine.	1694	**Quesnay** († 1774).	Création de la banque d'Angleterre. *Dictionnaire de l'Académie française.*
Leibniz: dynamique: **Papin**: *Nouvelles Machines.* **Leeuwenhoeck** publie les résultats de ses observations microscopiques.	1695	**N. Bernouilli** († 1726).	Dom Pérignon invente la champagnisation.
De L'Hospital: calcul infinitésimal.	1696	**Christine Kirch** († 1782).	
Stahl: théorie du phlogistique. **Jean et Jacques Bernouilli**: brachistochrone et calcul des variations. **Boccone**: musée de physique, musée des plantes.	1697	**Belidor** († 1761).	Ordonnance sur l'éclairage public en France. Bayle (1647-1706): *Dictionnaire historique et critique.*
	1698	**Mac Laurin** († 1746), **Maupertuis** († 1759), **Bouguer** († 1758).	Savery invente une pompe à vapeur pour les mines.
Jacques Bernouilli: calcul de probabilité.	1699	*Mémoires de mathémathiques et physique* (Paris). **B. de Jussieu** († 1777).	Paix de Karlowitz (Austro-turque).
Huygens: étude sur le choc des corps. **Tournefort**: voyage en Orient avec **Aubriet** (1665-1742).	1700	**Daniel Ier. Bernouilli** († 1782), **Trembley** († 1784). Académie des sciences de Lyon. Fondation de l'académie et de l'observatoire de Berlin.	
Cassini entreprend la mesure du méridien (...1718). **Ralphson**: *Dictionnaire de mathématiques.*	1701	**La Condamine** († 1774), **Celsius** († 1744). Premier numéro des *Mémoires de Trévoux.*	Guerre de succession d'Espagne (...1714).
	1702	Université de Breslau.	Guerre des camisards (...1714).
	1703	**Hall** († 1771), **F. Rouelle** († 1770).	Fondation de Saint-Pétersbourg.
Newton: optique, géométrie analytique.	1704	**Cramer** († 1752), **J. de Jussieu** († 1779).	Galland (1646-1715) traduit *les Mille et Une Nuits.*
Vauban: *Traité sur les fortifications.*	1705		Newcomen: première machine à vapeur.
	1706	**Franklin** († 1790). Académie des sciences de Montpellier.	Hardouin-Mansart (1646-1708): Invalides.
Stahl: théorie médicale.	1707	**Euler** († 1783), **Buffon** († 1788), **Linné** (1778).	Bach (1685-1770) musicien à Mühlhausen.
Boerhaave: *Institution médicale.*	1708	**Van Haller** († 1777).	Haendel (1685-1759) rencontre D. Scarlatti (1685-1757).
	1709	**Vaucanson** († 1782).	Première utilisation du coke dans un haut fourneau.
Halley: *Traité des comètes* (...1724).	1710	**Simpson** († 1761). Société royale des sciences (Upsal).	Hiver rigoureux. Famine.
Moivre: calcul des probabilités.	1711	**Wright** († 1786), **Lomonossov** († 1765), **Boscovitch** († 1787).	Fin de Port-Royal.
Réaumur: Étude de l'acier.	1712	**Venel** († 1778). Académie de Bordeaux.	Wolff (1679-1754). Début de l'Aufklärung.
Flamsteed: catalogue d'étoiles.	1713	**Clairault** († 1765). Académie royale d'Espagne.	Couperin (1666-1733): Pièces pour clavecin.
Fahrenheit: thermomètre à mercure.	1714	Institut des sciences et des arts de Bologne.	Vivaldi (1678-1741): 24 concertos pour violon.
Taylor: calcul différentiel.	1715	**Guettard** († 1786).	Idée d'une machine à écrire. Traité d'Utrecht.
	1716	**Daubenton** († 1800).	Billets de banque de *Law* (1671-1729).
Jean Bernouilli: généralisation du principe des travaux virtuels. **Wolff**: *Premier Lexique mathémathique.*	1717	**D'Alembert** († 1783).	Extension de Paris (Faubourgs Saint-Germain et Saint-Honoré).
Reconnaissance du mouvement propre des étoiles. **Geoffroy**: Premières tables d'affinité.	1718	**Macquer** († 1784), **H. Rouelle** († 1799).	Londres: la première loge maçonnique. Fondation de la Nouvelle-Orléans.
	1719		Defoe (1630-1731): *Robinson Crusoé.* Famine en France.
	1720	**Bonnet** († 1793).	Peste à Marseille (85 000 morts). Banqueroute de Law.
Cloche à plongeur de **Halley**.	1721	**Bichat** († 1802).	Arrivée du maçonnisme en France.
Réaumur étudie la conversion fer-acier.	1722		Construction du Palais-Bourbon.
Fahrenheit: l'ébullition de l'eau varie avec la pression.	1723	**Mayer** († 1762), **A. Smith** († 1790), **Brisson** († 1806).	Bach: *Passion selon saint Jean.*
	1724	Académie des sciences de Saint-Pétersbourg. **Kant** († 1804).	
Bradley: études sur l'aberration de la lumière.	1725	**Montucla** († 1799), **d'Arcy** († 1779).	Premier métier à cartes perforées. Vico (1668-1744): *la Science nouvelle.*
	1726	**Hutton** († 1697).	Swift: (1667-1745): *Voyages de Gulliver.*
Hales: sur les échanges gazeux entre plantes et air ambiant. **Threkeld**: *Treatise of native plants.*	1727	**Adanson** († 1806), **Commerson** († 1773). N^{lle} fondation de l'acad. de Toulouse.	Les convulsionnaires de Saint-Médard.
Clairault: étude sur les courbes à double courbure.	1728	**Lambert** († 1777), **Black** († 1799), **Baumé** († 1804).	E. Chambers: première encyclopédie moderne.

Créations scientifiques		Acteurs individuels et collectifs	Éléments pour un décor
Gray: sur la distribution de la charge électrique. **Moivre**: formule trigonométrique.	1729	**Bezout** († 1783), **Spallanzani** († 1799), **Bougainville** († 1811), **Foster** († 1798).	Interdiction de l'opium en Chine.
Réaumur: règles pour la construction d'un thermomètre. **Clairault**: étude sur la mécanique céleste.	1730	*Actes de l'académie d'Upsal.*	Salon de Marie du Deffand (1697-1780). Boucher (1703-1770) retour de Rome.
Bélidor: *Traité de balistique.* Voyage de **Linné** en Laponie. Peu après il recherchera une classification des êtres vivants.	1731	**Cavendish** († 1810).	Abbé Prévost (1697-1763): *Manon Lescaut.*
Boerhaave: *Éléments chimiques.*	1732	**Lalande** († 1807), **Kölreuter** († 1806).	Naissance de Washington († 1799).
Saccheri: études sur le postulat d'Euclide. **Réaumur**: étude sur les insectes.	1733	**Borda** († 1799)	Guerre de succession de Pologne (1738). Querelle des Bouffons.
Départ des expéditions au Pérou (1770, **La Condamie, Bouquer...**), en Laponie (**Maupertuis, Clairault**), chargées de vérifier l'aplatissement de la Terre.	1734	**Priestley** († 1804), **Mesmer** († 1815), **Rozier** († 1793).	Canal de Picardie.
	1735	**Waring** († 1798), **T. O. Bergmann** († 1784), **Vandermonde** († 1796). Université de Gœttingen.	Navette volante de J. Kay (tissage industriel). Première exploitation du pétrole. Premier haut fourneau au coke.
Euler: *Mécanique rationnelle.*	1736	**Lagrange** († 1813), **Coulomb** († 1806), **Watt** († 1819).	Pergolèse (1710-1736), *Stabat Mater.* Apogée de l'Empire mandchou.
D. Bernouilli: théorie cinétique des gaz, étude hydrodynamique.	1737	**Galvani** († 1798), **Parmentier** († 1813), **Guyton de Morveau** († 1816).	Rameau (1683-1768), *Castor et Pollux.*
Rouelle: *Cours de chimie.* **Bélidor**: *Architecture, hydraulique.*	1738	**W. Herschell** († 1822), **Wolf** († 1794).	Vaucanson construit son canard (automate). Hume (1711-1776): *Traité de la nature humaine.*
Buffon dirige le Jardin du Roi. **Trembley**: étude sur l'hydre d'eau douce.	1739	**Samuel** († 1817). Acad. des sciences de Stockholm.	Frédéric II (1712-1786), roi de Prusse, écrit l'*Anti-Machiavel.*
	1740	**Saussure** († 1799).	Guerre de succession d'Autriche (...1748). Langage par signes pour les sourds-muets.
MacLaurin: *Exposé sur la méthode des fluxions.*	1741	**Pallas** († 1811), **La Pérouse** († 1788).	Premier pont à bascule.
Celsius: échelle thermométrique. **Clairault**: figure de la Terre, étude sur les fluides.	1742	**Schelle** († 1786), **Le Blanc** († 1706).	Invention du fusil à canon rayé.
Maupertuis: principe de moindre action. **D'Alembert**: mécanique de fluides. **Euler**: calcul de variation, mouvement des planètes.	1743	**Lavoisier** († 1794), **Condorcet** († 1794), **Haüy** († 1822), **Lamétherie** († 1817). Académie de Copenhague.	Naissance de J. Balsamo (alias Cagliostro).
Musschenbroeck, von Kleist: bouteille de Leyde. **Euler**: travaux d'astronomie.	1744	**Lamarck** († 1829), **L. Crell** († 1816), **Marat** († 1793).	Révolte ouvrière à Lyon. Berkeley (1684-1755): *Siris.*
Bornet découvre la parthénogenèse. Inégalités dans le mouvement de Saturne.	1745	**Volta** († 1827). *Mémoires de l'académie de Berlin.*	J. A. Poisson (1721-1764) devient la maîtresse de Louis XV (1710-1774) future Mme de Pompadour.
Bradley: nutation de l'axe de la Terre.	1746	**Monge** († 1818), **Charles** († 1823), **Bucquet** († 1780).	Des œuvres de Diderot (1713-1804), Condillac (1715-1780), La Mettrie (1709-1751), Vauvenargues (1715-1747) sont condamnées à être brûlées.
Euler: *Nouvelle géométrie analytique.*	1747	Von Haller édite *Göttingen Zeitungen.*	Production industrielle d'acide sulfurique.
D'Alembert: la précession des équinoxes.	1748	**C. Berthollet** († 1822), **A. L. de Jussieu** († 1836), **D. Cassini** († 1845).	Fondation de l'École des ponts et chaussées. Montesquieu (1689-1755): *l'Esprit des lois.*
Buffon: *Histoire naturelle* (...1789). **Needham**: sur la génération spontanée. **Cramer**: systèmes d'équations linéaires. **Adanson** écrit une histoire naturelle du pays Sénégal. De 1750 à 1770 nombreux travaux d'**Euler** sur des machines (vis d'Archimède, roues à réaction, moulin à vent...)	1749 1750	**Laplace** († 1827), **Jenner** († 1823), **Goethe** († 1832), **Delambre** († 1822), **Sonnerat** († 1814). **Werner** († 1817), **Mascheroni** († 1800), **Fortin** († 1831), **Baudin** († 1803).	Machine à carder le coton. Traité d'Aix-la-Chapelle. Discours sur les arts et les sciences (Rousseau). Invention du semoir mécanique. Goldoni (1707-1793): *le Café.* Début du charbon au Creusot. Mode des chinoiseries en France et en Europe.
D'Alembert &... travaillent à l'*Encyclopédie.* **Maupertuis** conçoit l'hypothèse transformiste. Construction de nouveaux téléscopes.	1751	**Daniel 3 Bernouilli** († 1834), **Loysel** († 1813), **Geisslern** († 1824). *Acta Helvetica.* Société royale de Gœttingen.	*Encyclopédie* (Diderot). Famine dans le sud de la France.
Calcul de la distance et des irrégularités de la Lune. **Réaumur** étudie la digestion des oiseaux comme une réaction chimique.	1752	**Blumenbach** († 1840). *Commentaires sur les choses faites en sciences naturelles et médecine,* Leipzig (la plus volumineuse revue de l'époque).	Franklin invente le paratonnerre. Vaucanson: le joueur de flûte (automate).
Nomenclature de **Linné** pour les espèces vivantes.	1753	**L. Carnot** († 1823), **Jacquart** († 1834), **Adet** († 1834), **Achard** († 1821). Fondation du British Museum.	Rousseau: *Dictionnaire de Musique.*
Euler: Principes de mécanique des fluides. **Black**: méthode quantitative en chimie des gaz et découverte de l'anhydride carbonique.	1754	**Proust** († 1826), **Meusnier** († 1893), **Bonald** († 1840). Académie d'Erfurt.	Condillac: *Traité des sensations.* Gabriel (1698-1782) aménage la place Louis XV, future place de la Concorde.
Euler: *Institutiones calculi differentialis.* *Théorie du ciel* de **Kant.**	1755	**Fourcroy** († 1809), **La Billardière** († 1834), **Hassenpratz** († 1827).	Débuts: des physiocrates, de la Grande loge de France, de la machine à coudre.
Black identifie «l'air fixe» (futur gaz carbonique).	1756	**Chaptal** † 1832), **Lacepède** († 1825).	Invention du ciment.
Von Haller: naissance de la physiologie moderne.	1757	Actes de l'académie d'Erfurt.	Diderot: *le Fils naturel.*
Fabrication d'objectifs achromatiques.	1758	Espèces connues: 1222 vertébres, 677 mollusques, 2119 arthropodes.	*De l'esprit* d'Helvétius (1715-1771) est condamné au feu.

Créations scientifiques		Acteurs individuels et collectifs	Éléments pour un décor
Montucla: *Histoire des mathématiques.* Retour de la comète prévu par Halley. **Wolf** fonde l'embryologie.	1759	Académies des sciences de Stockholm, de Munich. *Mélanges philo & mathématiques,* Turin.	Voltaire (1694-1778): *Candide.*
Lambert: géométrie, trigonométrie, série. **Euler:** étude sur les corps en rotation. **Black:** travaux sur la calorimétrie.	1760		Blackwell améliore la race ovine (...1795). Construction intensive de routes à péage. Apparition du rail en fonte (Angleterre).
Lambert: irrationalité de π.	1761	*Actes de l'académie de Sienne.*	Rousseau: *la Nouvelle Héloïse.*
	1762	**Richter** († 1807).	Exécution de Calas (1698-1762).
Euler, Lagrange; calcul des variations. Catalogue de 10 000 étoiles. Voyage de Cook, étude de nombreuses espèces.	1763	**Chappe** († 1805).	Kant: *Naissance d'un visionnaire.* Le traité de Paris règle le sort des colonies. Libre circulation des grains en France.
Adanson publie *les Familles des plantes.* **Harrison:** chronomètre.	1764		Première automobile à vapeur. Expulsion des jésuites de France. Salon de Mlle de Lespinasse (1632-1776).
	1765	**Niepce** († 1833).	A Lyon: première école vétérinaire. Voltaire obtient la réhabilitation de Calas. Rousseau (1712-1778) écrit *les Confessions* (...1770). Première machine à vapeur de Watt.
Cavendish isole l'air inflammable (futur hydrogène). Départ du voyage de **Bougainville. Euler:** *Algebra.*	1766	**Dalton** († 1814), **Wollaston** († 1828). *Actes de physique de l'acad.* (Mannheim).	Supplice du chevalier de La Barre (1747).
	1767	**W. v. Humboldt** († 1835), **Seguin** († 1835), **Bouvard** († 1843).	Gluck (1714-1787), *Alceste* (opéra).
Exploration de la Sibérie (découverte de mammouths).	1768	**J. Fourier** († 1830), **Schreiber** († 1850).	*Encyclopaedia Britannica.* Corse française.
Monge: début de la géométrie descriptive.	1769	**Cuvier** († 1832), **A. v. Humboldt** († 1859), **Bonaparte** († 1821). *Transactions* de l'acad. de Philadelphie.	Premier brevet Watt pour la machine à vapeur. Arkwright (1732-1792): Machine à filer le coton.
Euler: *Institution du calcul intégral.*	1770	**A. Brongniart** († 1847).	Holbach (d') (1723-1789): *le Système de la nature.*
Vandermonde étudie l'équation du 5e degré.	1771	F. Rozier édite le futur *Journal de physique, chimie, histoire naturelle.* **Gergone** († 1839), **Bichat** († 1802).	Haydn (1732-1809): six quatuors à cordes. Gainsborough (1727-1788) peint *les Paysans allant au marché.*
Lagrange: travaux algébriques (notion d'invariant). **Cavendish:** étude sur l'électricité.	1772	**Geoffroy Saint-Hilaire** († 1844). Académie de Bruxelles.	Premier tour à aléser. Premier traité du partage de la Pologne.
Lavoisier: expérience sur la combustion. **Priestley** isole l'air déphlogistiqué (futur oxygène), en même temps que **Scheele.**	1773	**Young** († 1829), **Bonpland** († 1858), **Delessert** († 1847). Philadelphia Museum.	Clément XIV dissout la Compagnie de Jésus.
Werner: études minéralogiques (...1791).	1774	**Biot** († 1862). Premier journal spécialisé (Hist. nat.).	Louis XVI (1754-1793), roi.
Bergmann: Table d'attractions électives.	1775	**Ampère** († 1836), **Malus** († 1812), **T. Thomson** († 1852).	Beaumarchais (1732-1799): *le Barbier de Séville.*
Jenner: Première expérience de vaccination.	1776	**Dalton** († 1844), **Avogadro** († 1856), **Sophie Germain** († 1831).	Déclaration d'indépendance des États-Unis. Premier chemin de fer (dans la mine). Premier quotidien à Paris. A. Smith (1723-1790): *la Richesse des nations.*
Spallanzani: Insémination artificielle sur des batraciens. **Lavoisier:** composition de l'air.	1777	**Gauss** († 1855), **Poinsot** († 1859), **Œrsted** († 1851), **Thénard** († 1857).	J. Priestley: *Sur la matière et l'esprit.*
Rumford: sur le rapport frottement-chaleur.	1778	**Gay-Lussac** († 1850), **Davy** († 1829), **Herbert** († 1847), **A.P. de Candolle** († 1841), **Raffeneau** († 1850). *Journal de chimie* (Lorenz Crell).	Premier tour à fileter. La France avec les insurgés américains.
Scheele: glycérine. **Bezout:** théorème général de l'algèbre (tentative de démonstration, voir 1625).	1779	**Berzelius** († 1848). Académie royale de Naples. Seconde fondation de l'acad. des sciences de Padoue.	Goethe: *Iphigénie en Tauride.* Gluk: *Iphigénie en Tauride.*
Laplace-Lavoisier: *Mémoire sur la chaleur.* **Haüy:** étude sur les cristaux. **Herschell:** Uranus et mouvement propre du Soleil.	1780	Académie américaine des sciences (Boston). **Crelle** († 1855), **Döberei** († 1849).	Lessing (1729-1781): *Sur l'éducation du genre humain.* Fortin et Mégnié, premiers instruments de précision.
Coulomb: frottement et électricité.	1781	**Bolzano** († 1848), **Poisson** († 1840), **Laennec** († 1826).	Abolition de la «question préparatoire». Kant: *Critique de la raison pure.*
Scheele: acide cyanhydrique. **L. Carnot:** *Essai sur la puissance des machines.*	1782	*Mémoire de math. et phys.* (Vérone).	C. de Laclos (1741-1803): *les Liaisons dangereuses.*
Cavendish: synthèse de l'eau.	1783	Société royale d'Édimbourg. **Magendie** († 1755). Création de l'École des Mines.	Watt: machine rotative à double action. Traité de Versailles.
Charles: travaux sur la dilatation des gaz. **Marat:** *Sur le feu, la lumière, l'électricité.*	1784	**Bessel** († 1846). Société asiatique du Bengale. Société irlandaise de Dublin, **Buckland** († 1771).	Beaumarchais: *le Mariage de Figaro.* David (1748-1825): *le Serment des Horace.*
Herschell: catalogue de 711 étoiles doubles. Départ de l'expédition de **La Pérouse** qui finira dramatiquement en 1788.	1785	**Dulong** († 1838), **Brianchon** († 1864), **W. Prout** († 1850), **Grothus** († 1822), **Audubon** († 1851). *Mémoires de l'acad. de Boston. Mémoires de la Société de Manchester.*	Éclairage au gaz. Première voie ferrée en France. Premier métier à tisser mécanique.

Créations scientifiques		Acteurs individuels et collectifs	Éléments pour un décor
Berthollet: blanchiment par le chlore. **Scheele**: *les Essais de chimie.*	1786	**Arago** († 1853), **Fresnel** († 1827), **Chevreul** († 1889).	Première charpente en fer. Première ascension du mont Blanc. Construction navale métallique.
Lagrange: *Mécanique analytique.* **Lavoisier, Guyton de Morveau, Fourcroy, Berthollet** réforment la nomenclature chimique.	1787	**Bergerie** († 1863).	Constitution américaine. Mozart (1756-1791), *Don Giovanni.* Schiller: (1759-1805): *Don Carlos.*
Fourcroy: *Éléments d'histoire naturelle et de chimie.*	1788	**A. C. Becquerel** († 1878), **Boucher de Perthes** († 1868), **Poncelet** († 1867). Société philomatique.	Invention du parachute entre 1785 et 1797. Abolition de la «question préalable».
Jussieu propose une méthode de classification des plantes par «familles naturelles». **Lavoisier**: *Traité élémentaire de chimie.*	1789	**Gmelin** († 1853), **Ohm** († 1854), **Cauchy** († 1857). *Botanish Magazin* (Zurich). *Botanical Magazine* (Londres). *Annales de chimie* (Paris). *Annali di chimica.*	Parmentier: *Traité sur la pomme de terre.* Début de la Révolution française (... 1799). Bentham (1748-1832): *Panoptique.*
Leblanc: procédés de fabrication artificielle de la soude.	1790	**Champollion** († 1832), **Möbius** († 1868), **Daniell** († 1845). *Journal der Physik* (Halle, Leipzig).	Télégraphe de Chappe. Loi américaine sur les brevets. Traite des Noirs, 70 000 par an.
Galvani: études sur l'électricité animale musculaire chez la grenouille. **Goethe**: articles sur l'optique.	1791	**Faraday** († 1867), **Morse** († 1872), **Petit** († 1820). *Bulletin des sciences* de la Soc. philomatique. Fin de *Transactions* de la Soc. linnéenne (Londres). Société d'histoire naturelle de Paris.	Création de la commission des poids et mesures. L'expédition scientifique partie à la recherche de La Pérouse s'interrompt pour désaccord politique. Loi française sur les brevets.
J. B. Richter: *Stœchiométrie.*	1792	**Napp** († 1867), **Coriolis** († 1843), **Baer** († 1876), **Lobatschevski** († 1856), **Babbage** († 1871).	Calendrier républicain. Commission temporaire des Arts.
Herschell conçoit un télescope géant.	1793	**Chasles** († 1780). Le Jardin du Roi devient Muséum d'histoire naturelle.	L. Carnot «organisàteur de la victoire». David peint l'*Assassinat de Marat.*
Légendre: *Éléments de géométrie.* **Blumenbach**: *Bibliothèque médicale* (études d'anatomie comparée).	1794	**Lesson** († 1848), **Boué** († 1881), **K. M. Marx** († 1864), **Mitscherlich** († 1863). Création des Écoles: des travaux publics (en 1795 Polytechnique), des Arts et métiers, centrale, normale de l'an II (supérieures). *Journal polytechnique* (de l'École). *Journal de l'Agence des mines de la République.*	Cours révolutionnaires pour la fabrication du salpêtre et des poudres. Lavoisier est guillotiné. Condorcet meurt en prison. Fichte (1762-1814): *Sur la doctrine de la science.*
Lagrange: *Géométrie analytique.* **Mascheroni**: *Géométrie du compas.* **J. Hutton**: *Théorie géologique de la Terre.*	1795	**Lamé** († 1870). Constitution de l'Institut de France (les cinq académies). Bureau des Longitudes.	Système des poids et mesures. Appert (1750-1841), invention des conserves. Condorcet: *Esquisse des progrès de l'esprit humain.*
Laplace: *Exposition du système du Monde.*	1796	**S. Carnot** († 1832).	Première vaccination publique en Angleterre.
L. Carrot: *Métaphysique du calcul infinitésimal.* **Wessel**: représentation géométrique des nombres complexes. **Lagrange**: leçons sur le calcul de fonction.	1797	**Lyell** († 1875).	Encyclopédie allemande. Première locomotive à vapeur (sur route).
Expédition en Égypte (**Monge, Berthollet, Geoffroy Saint-Hilaire, Raffeneau Delile**). **Legendre**: *Théorie des nombres.*	1798	*Allgemeines Journal der Chemie* (Leipzig). Première parution du *Philosophical Magazine.*	Machine à fabriquer le papier. Malthus: *Essai sur le principe des populations.*
Voyage d'**Humboldt, Bonpland** en Amérique du Sud (étude sur la géographie des plantes).	1799	**Clapeyron** († 1864), **Argelander** († 1875). Instauration du système métrique. *Annalen der Physik.* 334 auteurs ont écrit dans les *Philosophical transactions* (Londres). 33 p. 100 des revues sont spécialisées.	Bonaparte Premier consul, fin de la Révolution. Watt livre plus de 300 machines en Angleterre et en Europe. Schelling (1774-1854): *Philosophie de La Nature.*
Cuvier: *Leçon d'anatomie comparée.* **Bichat**: recherches physiologiques sur la vie et la mort. Pile de **Volta**, première électrolyse.	1800	**J. B. Dumas** († 1884), **Goodyear** († 1860), **Pouchet** († 1872), **Milne-Edwards** († 1885), **Wöhler** († 1882). On compte une centaine de périodiques scientifiques.	Création de la Banque de France. Première presse à imprimer métallique. Acte d'union de l'Irlande à la G.-B.
Gauss: *Recherches arithmétiques.* **Lalande**: catalogue de 50 000 étoiles.	1801	**Cournot** († 1877), **Plücker** († 1868).	Concordat entre Bonaparte et Pie VII. Schiller: *la Pucelle d'Orléans.*
Young: *Sur la lumière et sur les couleurs.* **Lamark** rejette la fixité des espèces.	1802	**Bolay** († 1860), **Wheatstone** († 1875), **Abel** († 1829), **Balard** († 1876), **Lecoq** († 1871). *Annales* du Muséum d'histoire naturelle.	France: création des lycées de garçons. Première loi du travail: «les enfants anglais (– de neuf ans) ne doivent pas travailler + de 12 h/jour».
Poinsot: éléments de statique. **Berthollet**: *Statique chimique.* **L. Carnot**: géométrie de position.	1803	**Liebig** († 1873), **Strum** († 1855), **Doppler** († 1853).	Sade (1740-1814) de Sainte-Pélagie à Bicêtre. Sur la Seine navigue le premier bateau à hélice. La Louisiane est vendue aux Anglais (80 millions de francs).
Richter isole le nickel.	1804	**Jacobi** († 1851).	Napoléon empereur.
Grothus: théorie des ions.	1805	**Hamilton** († 1865), **Lejeune-Dirichlet** († 1859).	Trafalgar, Austerlitz.
A. v. Humboldt: *Essai sur la géographie des plantes.*			
Proust: loi des proportions définies en chimie. **Argand**: sur les nombres imaginaires.	1806	**A. P. de Candolle** († 1893). Société des naturalistes de Moscou.	Université impériale (service public de l'enseignement). Blocus continental.

Créations scientifiques		Acteurs individuels et collectifs	Éléments pour un décor
Chaptal: *Chimie appliquée aux arts.* **Davy** obtient par électrolyse le sodium et le potassium. **Brongniart**: *Traité de minéralogie.* **Monge**: géométrie infinitésimale.	1807	**Laurent** († 1853), **I. Holden** († 1897), **D. Alter** († 1881). Société d'Arcueil et première publication de ses *Mémoires de physique et de chimie.* Société géologique de Londres.	Traite des Noirs interdite par les Anglais. Fichte: *Discours à la nation allemande.* Hegel (1770-1831), *Phénoménologie de l'esprit.*
Malus: polarisation de la lumière. **Dalton**: loi des proportions multiples et hypothèse atomique. **Gay-Lussac**: loi sur les volumes de gaz. **Berzelius**: *Traité de chimie* (...1818).	1808	**C. Pritchard** († 1893), **Klacel** († 1882). Société de physique et de chimie (Erlangen).	Metternich (1773-1859): ministre des Affaires étrangères d'Autriche (...1848). Murat (1767-1815): roi des Deux-Siciles. Guerre d'Espagne (...1812).
Lamark: *Philosophie zoologique.* **Gauss**: théorie des corps célestes.	1809	**Darwin** († 1882), **Grassmann** († 1877), **J. D. Forbes** († 1868), **Liouville** († 1882).	Wagram. Goethe: *les Affinités électives.*
Goethe: *Théorie des couleurs.* **Davy** isole le chlore, théorie des acides.	1810	Fondation de l'université de Berlin. *Annales de maths pures et appliquées* (Gergonne). **Regnault** († 1878), **Kummer** († 1893), **Walter** († 1847).	Premières conserves alimentaires. A. von Arnim (1781-1831): *la Comtesse Dolorès.*
Biot-Arago: Polarisation chromatique et rotatoire. **Avogadro**: loi sur la densité gazeuse. **Fourier**: séries et équations aux dérivées partielles. **Berzelius** isole le silicium.	1811	**Galois** († 1832), **Le Verrier** († 1877), **Bunsen** († 1888), **Dzierzon** († 1906).	Fondation des aciéries Krupp. Industrialisation du métier à tisser. Le blocus continental provoque la recherche sur le sucre de betterave.
Laplace: *Théorie analytique des probabilités.* **Cuvier**: *Recherche sur les ossements fossiles.*	1812	**Joly** († 1895), **Galle** († 1910), **Davoine** († 1882). Acad. des sciences naturelles (Philadelphie).	Campagne de Russie. Grimm (1785-1863): *Blanche Neige et les Sept Nains.* Hegel: *Science de la logique.*
Fresnel: Premiers travaux sur la lumière. Première spectrographie d'étoile et du Soleil.	1813	**C. Bernard** († 1878), **Stas** († 1891).	Expédition exploratoire de l'Australie.
Laplace: *Essai philosophique sur les probabilités.* **Cauchy**: *Étude sur les intégrales définies.*	1814	**Mayer** († 1878). **Lermontov** († 1841).	Locomotive à vapeur sur rail métallique. Ouverture du congrès de Vienne (...1815).
Gay-Lussac isole le cyanogène. **Poinsot**: *Sur la rotation des corps autour d'un point fixe.*	1815	**Weierstrass** († 1897), **Boole** († 1864), **Naudin** († 1899).	Confédération germanique. Les Cents-Jours... Waterloo...
Fresnel: étude sur la diffraction. **Magendie**: expériences de physiologie animale.	1816	**C. F. Gerhardt** († 1856), **Vilmorin** († 1860). *Annales de chimie et physique* (cf. 1789). Universités de Liège et de Gand. École polytechnique de Vienne.	Schubert (1797-1828): *Symphonies 4 et 5.* « Golden standard act ». Bicyclette Drais. Indépendance de l'Argentine.
Cuvier: *le Règne animal.* Expédition autour du monde de **Freycinet.**	1817	**Wurtz** († 1884), **Wichura** († 1866), **Naegeli** († 1891), **Galissard** († 1894), **Borchardt** († 1880).	Byron (1788-1824): *Mandfred.* Banque Rothschild (Paris). Réaction catholique en France.
Geoffroy Saint-Hilaire devient partisan du transformisme. **Thénard** découvre l'eau oxygénée.	1818	**Joule** († 1889).	M. Shelley (1797-1851): *Frankenstein.* Création de la Caisse d'épargne. Mc Adam (1756-1836) projette de « macadamiser » les routes.
Dulong et **Petit**: loi sur les chaleurs spécifiques des corps simples. **Laennec**: sur l'auscultation (stéthoscope).	1819	**Fizeau** († 1896), **Foucault** († 1868), **Stokes** († 1903). Université de Saint-Pétersbourg.	Épopée de Bolivar (1783-1830). Schopenhauer (1788-1860): *le Monde comme volonté et comme représentation.*
Mitscherlich: loi sur l'isomorphisme. **Faraday-Oersted-Ampère**: multiples études sur les rapports électricité-magnétisme. **De Candolle** définit un programme de recherche pour la géographie botanique.	1820	**Béguyer** († 1886), **A. Ed. Becquerel** († 1891), **Tyndall** († 1893). Société astronomique de Londres.	10 millions d'habitants aux États-Unis Lamartine (1790-1869): *Méditations poétiques.* W. Scott (1771-1832): *Ivanhoé.* P.B. Shelley: (1792-1822): *Prométhée délivré.*
Cauchy commence son cours d'analyse.	1821	**Helmholtz** († 1894), **Boncompagni** († 1894), **Cayley** († 1895). Université de Buenos Aires.	Indépendance du Mexique. Naissance du saint-simonisme. Weber (1786-1826): *Freischütz* (opéra).
Fourier: *Théorie analytique de la chaleur.* **Fresnel**: *Théorie ondulatoire de la lumière.* **Poncelet**: *Propriétés projectives des figures.*	1822	**Pasteur** († 1895), **Mendel** († 1884), **Clausius** († 1888), **Hermite** († 1901).	Champollion (1790-1832) déchiffre les hiéroglyphes. Indépendance du Brésil. Première photo (Niepce). Comte (1798-1857): *Plan des travaux scientifiques pour réorganiser la société.*
Faraday: liquéfaction de certains gaz. **Chevreul**: recherche sur les corps gras.	1823	**Kronecker** († 1891), **Eisenstein** († 1852), **Fabre** († 1915), **Wallace** († 1913), **Carreylea** († 1897).	Fabrication industrielle du savon. « Doctrine Monroe ». « Peuplement » de l'Australie. Beethoven (1770-1827): *Symphonie n° 9.*
Dirichlet: Premiers travaux de théorie des nombres. **S. Carnot**: *Sur la puissance motrice du feu.* **Abel**: sur les équations. Apparition de lunettes astronomiques à mouvement d'horlogerie.	1824	**Kirchhoff** († 1887), **Kelvin** († 1907).	Apparition des premières bougies (Chevreul). Construction du premier pont suspendu. Leopardi (1798-1837): *Canzoni.*
Faraday découvre le benzène. **Oersted** isole l'aluminium. Fonction de **Bessel.** **K. M. Marx**: *Histoire de la cristallographie.*	1825	**Charcot** († 1893), **Bates** († 1892).	Lois réactionnaires dites: « du sacrilège » et « du milliard aux émigrés ». Premier chemin de fer public (Angleterre).
Ampère: théorie mathématique de l'électrodynamique. **Lobatchevski**: Géométrie hyperbolique. **Gauss** étudie les probabilités des erreurs.	1826	**Riemann** († 1866), **Z. Gramme** († 1901), **J. Thomsen** († 1909), **Lannizzaro** († 1910). Sociétés linnéennes (Bordeaux et Calvados). *Journal de maths pures et appliquées* (Crelle).	Écrasement de l'insurrection grecque. Schubert: *la Jeune Fille et la Mort.* Mendelssohn (1809-1847): *Songe d'une nuit d'été.*

Créations scientifiques		Acteurs individuels et collectifs	Éléments pour un décor
Loi d'**Ohm**. Bande de **Möbius.** **Legendre**: *Traité des fonctions elliptiques.* **Gauss**: *Sur les surfaces gauches.* **Baer** reconnaît l'importance de l'œuf dans la reproduction des mammifères.	1827	**Berthelot** († 1907), **Villemin** († 1892), **Gladstone** († 1902), **Cook** († 1894), **Lister** († 1912). Université d'Helsinki.	Bataille navale de Navarin pour la libération de la Grèce. Ingres (1780-1867): *l'Apothéose d'Homère.* Heine (1797-1856): *le Livre des chants.*
Wöhler: première synthèse d'une matière organique(urée).	1828	**Cohn** († 1898). Université de Londres.	Indépendance de l'Uruguay. Delacroix (1798-1863): *la Mort de Sardanapale.*
A. von Humboldt: expédition en Sibérie. **Jacobi**: étude sur les fonctions elliptiques.	1829	**Kékulé** († 1896), **Odling** († 1921), **Moutier** († ap. 1894). 300 périodiques scientifiques créés depuis l'année 1665.	Indépendance de la Grèce. C. Fourier (1772-1837): utopie phalanstérienne. Inauguration de la ligne Manchester-Liverpool.
Controverse **Geoffroy Saint-Hilaire-Cuvier** sur le plan d'organisation des mammifères. **Lyell**: *Principes de géologie.* **Galois**: mémoire sur les équations.	1830	**Marey** († 1904), **C. W. Thomson** († 1882), **Royer** († 1902), **Meyer** († 1895). Arago ouvre les séances de l'Acad. des sciences aux journalistes. Société géologique de France et premier numéro de son bulletin.	Révolution de Juillet. Écrasement de la Pologne. Représentation d'*Hernani* de Hugo (1802-1885). Comte: *Cours de philosophie positive* (...1842). Stendhal (1783-1842): *le Rouge et le Noir.*
Gauss: sur les nombres complexes. **Darwin** sur le *Beagle* en voyage pour cinq ans. **Brown** repère le noyau d'une cellule. **Faraday**: loi d'induction.	1831	**Maxwell** († (1879), **L. Meyer** († 1895), **Dedekind** († 1916), **Suess** († 1914).	Bellini (1801-1835): *Norma.* Schumann (1810-1856): *Papillons.* Première moissonneuse-batteuse (É.-U.). Révolte des canuts lyonnais.
Gabis: lettre-testament sur l'algèbre nouvelle. Accélération de **Coriolis.**	**1832**	**Koenig** († 1901), **Crookes** († 1919). *Abstract of Philosophical Transactions* (premier du genre). *Magazine entomologique* (Londres). Société entomologique de France. Université de Zurich. **Liebig** crée les *Annales de pharmacie.*	Le choléra fait 18 500 morts. Pixii (1808-1835): générateur de courant électrique. Berlioz (1803-1869): *Symphonie fantastique.*
Gauss-Weber: télégraphe électromagnétique. **Babbage**: machine analytique. **Bolay**: géométrie non euclidienne. **Faraday**: loi de l'électrolyse.	1833	**Nobel** († 1896), **P. Bert** († 1886), **Waage** († 1900). Premier congrès des scientifiques de France. *Journal des acad. et sociétés du monde entier.*	Pouchkine (1799-1837): *Eugène Onéguine.* Création du «Trade-union» de Owen (1771-1858). Abolition de l'esclavage dans les colonies anglaises. Loi Guizot (1787-1874) sur l'enseignement primaire.
Milne-Edwards: *Éléments de zoologie.* **A. C. Becquerel**: *Traité d'électricité et magnétisme* (...1840). **Clapeyron**: *Sur le rendement des machines mécaniques.* **Hamilton**: les équations de la mécanique.	1834	**Mendeleïev** († 1907), **Haeckel** († 1919), **Weismann** († 1914), **Volhard** († 1910).	Balzac (1799-1850): *la Recherche de l'absolu.* Exode des Boers. Abolition de l'Inquisition en Espagne. Premier réseau à vapeur européen.
Berzelius: Théorie des proportions chimiques, introduction du mot «catalyse». Retour de la comète de Halley.	1835	**Baeyer** († 1917), **Foster** († 1919), **Schiaparelli** († 1910).	Invention du revolver Colt (1814-1862). Première édition du *New York Herald.* Quetelet (1796-1874): statistiques sociales.
Apparition de la notion de vecteur. **Dumas**: théorie des substitutions en chimie. **Daniell**: pile impolarisable à deux liquides.	1836	**Guldberg** († 1902), **Hinrichs** († 1923). Liouville fonde les *Annales de maths pures et appliquées.* *Bulletin de l'Acad. des sciences de Saint-Pétersbourg.*	Chopin (1810-1849): *Valses* et *Nocturnes.* Première hélice à pales.
Lobatchevski: *Géométrie imaginaire.* **Jacobi-Spencer**; galvanoplastie. **Chasles**: études sur les méthodes de la géométrie.	1837	**Kuhne** († 1900), **Lenssen** († ap. 1870). Plus de 70 pour 100 des périodiques de chimie sont consacrés d'abord à la pharmacie.	Dickens (1812-1870): *Olivier Twist.* Victoria, reine. Télégraphe de Morse (1791-1872). Chemin de fer Paris-Saint-Germain-en-Laye.
Schleiden-Schwan: théorie cellulaire des êtres vivants. **Poisson**: théorie des probabilités. **Boucher de Perthes**: travaux préhistoriques.	1838	**Jordan** († 1922), **Solvay** († 1922), **Newland** († 1898), **Perkin** († 1907), **E. Mach** († 1916), **Morley** († 1923). *Comptes rendus* de la Société de géographie de Bombay.	Daguerre (1787-1851): photographie. Apparition de la chimie organique, agricole (Liebig). Traversée de l'Atlantique sans voiles. Chartisme en Angleterre.
Boole: transformation analytique. **Liebig**: théorie de la fermentation.	1839	**Gibbs** († 1903). *Cambridge Mathematical Journal.*	Loi: en Allemagne, les enfants de moins de 16 ans ne doivent pas travailler plus de 10h/jour. Goodyear: vulcanisation du caoutchouc.
Bessel: première mesure de la distance d'une étoile. **Regnault**: chaleur spécifique de corps composés.	1840	**Dunlop** († 1921), **Kohlrausch** († 1910), **Duclaux** († 1904). Congrès des physiciens et naturalistes hongrois.	Guerre de l'opium en Chine. Braille (1809-1852) invente une écriture pour les aveugles. Premier marteau-pilon. Premier timbre-poste.
Boole: théorie de l'invariance et de la covariance. **Jacobi**: travaux sur la mécanique. Loi de **Joule.**	1841	**Graebe** († 1927), **J. Murray** († 1914). Société de chimie de Londres.	Fabrication industrialisée des allumettes chimiques. Invention du saxophone.
Mayer-Joule: principe de la conservation de l'énergie. Effet **Doppler-Fizeau.**	1842	**Rayleigh** († 1919), **Darboux** († 1917), **J. Deward** († 1923), **S. Lie** († 1899), **Horstman** († 1929).	Plan d'État de sept lignes ferroviaires depuis Paris. Gogol (1809-1852): *les Ames mortes.*
Hamilton: invention des quaternions. Invention du pont de **Wheatstone.**	1843	**Bonnier** († 1922), **W. Flemming** († 1906), **Koch** († 1910)	Viollet-le-Duc (1814-1879): début de la restauration de Carcassonne. Eugène Sue (1804-1857): *les Mystères de Paris.*
Grassmann: «Théorie de l'extension» (intuition des structures mathématiques).	1844	**M. Noether** († 1921), **Branly** († 1940), **Bolzmann** († 1906), **Golgi** († 1926).	A. Comte: *Discours sur l'esprit positif.* Première ligne de télégraphe (Washington-Baltimore).

Créations scientifiques		Acteurs individuels et collectifs	Éléments pour un décor
Cayley: matrice. Télescope géant permettant de découvrir les nébuleuses spirales. **Adams** apporte les premiers éléments d'une hypothétique 8e planète (Neptune).	1845	**Cantor** († 1918), **Metschnikov** († 1916), **Röntgen** († 1923). *Scientific American.*	La crise agricole irlandaise provoque l'exode vers les É.U. de 2 millions d'Irlandais.
Le Verrier calcule la position de Neptune que **Galle** observera un mois plus tard. **Faraday** pressent la nature électromagnétique de la lumière.	1846	**Picard** († 1941), **Van Beneden** († 1910), **Tesla** († 1943).	Les É.U. s'étendent du Pacifique à l'Atlantique. Première anesthésie totale. Première machine à coudre.
Loi de **Kirchhoff.** Notion d'idéal en mathématique (**Kummer**). Analyse mathématique de la logique (**Boole**).	1847	**Le Bel** († 1930), **Edison** († 1931), **Bell** († 1922). *Die Fortschritte der Physik* (journal d'abstracts).	Loi du travail en Angleterre: femmes et enfants travaillent moins de 10 h/jour. Soumission d'Abd el-Kader (1807-1883).
Bates séjourne onze ans près de l'Amazone, étudie les insectes, en retire une théorie du mimétisme.	1848	**Eötvös** († 1919), **de Vries** († 1935), **Henry** († 1905), **Meyer** († 1897). Société de biologie (Paris), de géologie (Berlin) pour l'avancement des sciences (U.S.A.).	Marx (1818-1883)-Engels (1820-1895). *Manifeste du parti communiste.* Révolution en Europe. Constitution fédérale suisse. Abolition française de l'esclavage.
Évaluation de la différence de vitesse de la lumière dans l'eau et dans l'air (**Foucault** & **Fizeau**). **Weierstrass**: fonction continue nulle part dérivable.	1849	**Pavlov** († 1936), **J. A. Fleming** († 1945), **Klein** († 1925), **O. Hertwig** († 1922). *Naumannia* (Premier journal d'ornithologie).	Proclamation d'une République romaine (1 an). Fin de deux siècles du monopole britannique du commerce maritime entre ses îles.
Redéfinition du rendement défini par **Carnot.** Deuxième principe de la thermodynamique (**Kelvin** & **Clausius**). **Gerhardt**: théorie des types chimiques.	1850	**1,2 MILLARD D'ÊTRES HUMAINS.** **Richet** († 1935), **Goldstein** († 1930), **J. Milne** († 1913), **Le Chatellier** († 1936), **Kowalevskaïa** († 1891). Il existe environ 1 000 périodiques scientifiques et 200 universités.	Grande ruée vers l'or en Australie. 6 000 km de voies ferrées en Angleterre. Invention des jumelles à prisme. Dumas (1802-1870): *le Vicomte de Bragelonne.*
Riemann: fonction de variable complexe. Expérience du pendule de **Foucault.**	1851	**W. Reed** († 1902), **Balfour** († 1882). *Annales de maths et physique* (Rome).	Augmentation de 150 pour 100 l'an de la population australienne. Exil Victor Hugo à Jersey. Premier ascenseur hydraulique.
Bunsen découvre le magnésium.	1852	**H. Becquerel** († 1908), **Lindemann** († 1939), **Ramsay** († 1916), **Michelson** († 1931), **Van t' Hoff** († 1911), **Flahault** († 1935), **Kitasato** († 1931). *Cosmos,* rev. pour le progrès des sciences (Paris).	Second Empire. Beecher-Stowe (1811-1896): *la Case de l'oncle Tom.*
J. Thomsen: naissance de la thermochimie. **Gerhardt**: *Traité de chimie organique.*	1853	**H. A. Lorentz** († 1928), **W. Ostwald** († 1932), **Brillouin** († 1948), **G. Ricci** († 1925), **Roux** († 1933). Rapport de la Société philosophique d'Adélaïde (Austr.)	Haussmann (1809-1891) préfet de la Seine, début des grands travaux. Aspirine (Gerhardt). Guerre de Crimée (...1856).
Boole: *Les lois de la pensée.* **Helmoltz**: sur le rayonnement thermique du Soleil. **Riemann**: intégrale, géométrie non euclidienne.	1854	**H. Poincaré** († 1912), **Behring** († 1917). *Délibérations* de l'Acad. des sciences de Californie.	Préparation industrielle de l'aluminium. Mommsen (1817-1903): *Histoire romaine.*
Fabre: Première publication sur les insectes. **C. Bernard**: *Leçons de physiologie expérimentale.* **Berthelot** recherche la synthèse de l'alcool.	1855	**Mitchourine** († 1935), **Appel** († 1930).	Verdi (1813-1901): *les Vêpres siciliennes.* Exposition universelle à Paris. Premier colorant artificiel (Perkin).
Découverte de l'homme de Néanderthal. **Wallace** séjourne de 1854 à 1862 dans l'archipel malais et proposera une théorie de l'évolution. **Vilmorin**: création de la « méthode généalogique » de sélection des semences.	1856	**J. J. Thomson** († 1940), **Markoff** († 1922). *Revue de maths et physique* (Leipzig).	Liszt (1811-1886): *Rapsodies hongroises.* Ibsen (1828-1906): *la Fête à Solhaug.*
Pasteur: sur la fermentation lactique. **Riemann** travaille à ce qui deviendra la topologie. **Kirchhoff**: Spectrographie des astres. **Boncompagni** édite les œuvres de **Fibonacci.**	1857	**H. Hertz** († 1894), **Larmor** († 1942). Muséum de Londres.	Révolte des Cipayes. Baudelaire (1821-1867): *les Fleurs du mal.* Flaubert (1821-1880): *Madame Bovary.*
Kékulé: théorie de la valence en chimie. **Plücker**: rayonnement cathodique.	1858	**Planck** († 1947), **Peano** († 1932), **Diesel** († 1915), **E. Dubois** († 1940). *Le Géologue,* magazine populaire (Londres). *Bulletin* de la Société de chimie de Paris.	B. Juares (1806-1876) président du Mexique (1863). Lourdes: « Apparition de la Vierge ».
Darwin: *l'Origine des espèces.* **Cayley**: synthèse des géométries non euclidiennes.	1859	**P. Curie** († 1906), **Arrhenius** († 1927). Espèces connues: vertébrés: 18 660; mollusques: 11 600; arthropodes: 5 770.	E. Drake: (1819-1880) fore son premier puits de pétrole. V. Hugo: *Légende des siècles.*
Berthelot: chimie organique fondée sur la synthèse. Synthèse de l'acétylène.	1860	**Volterra** († 1940), **Lummer** († 1925). *Revue de géologie* (Paris).	Garibaldi (1807-1882), Cavour (1810-1861). Unité italienne. Premier réfrigérateur à ammoniaque.
Weierstrass: rapport continu et dérivés. **Pasteur**: étude sur les organismes qui vivent dans l'atmosphère. Querelle sur la génération spontanée avec **Pouchet.**	1861	**G. M. Hopkins** († 1947), **Whitehead** († 1947), **Zsigmondy** († 1885). Société d'entomologie de St-Pétersbourg. Création du Massachusetts Institute of Technology.	Dostoïevski (1821-1881): *Humiliés et Offensés.* Abolition du servage en Russie. Lincoln (1809-1865) président. Guerre de Sécession.
*Catalogue d'***Argelander** de 324 000 étoiles de l'hémisphère Nord.	1862	**Hilbert** († 1943).	Bismark (1815-1898). Premier ministre. Moteur à explosion. Hugo (1802-1885): *les Misérables.*
Solvay: procédé de fabrication de la soude.	1863	**Painlevé** († 1933), **Yersin** († 1943), **Correns** († 1933), **A. Lacroix** († 1948).	*Dictionnaire de la langue française* (...1872), Littré (1801-1881). Renan (1823-1892): *Vie de Jésus.*

Créations scientifiques		Acteurs individuels et collectifs	Éléments pour un décor
Lyell: *Ancienneté de l'homme prouvée par la géologie.*	1863	*Revue des cours scientifiques* de France et de l'étranger.	
Spencer: *Principes de biologie.* **Maxwell**: théorie dynamique des champs électromagnétiques. **Weierstrass**: fonction d'une variable complexe.	1864	**Minkowski** († 1909), **Wien** († 1928), **Hernst** († 1941). *Annales* de l'E.N.S. (fondées par **Pasteur**). Société mathématique de Moscou. Premier congrès international de botanique.	Première internationale ouvrière. Début des guerres indiennes. Métro de Londres.
Mendel: recherche sur l'hybridation des plantes. **Pasteur**: brevet sur la conservation des vins. **C. Bernard**: *Introduction à l'étude de la médecine expérimentale.*	1865	**Hadamard** († 1963), **Weiss** († 1940), **Zeeman** († 1943), **Steinmetz** († 1923). Société mathématique de Londres. *Répertoire de physique* (Munich).	Wagner (1813-1883): *Tristan.* Manet (1832-1883): *Olympia.* Le vélocipède. Guerre du Paraguay (finie en 1870). Il n'y restera plus qu'un homme pour 28 femmes!!! Lewis Carroll (1832-1898): *Alice au pays des merveilles.*
Nobel découvre la dynamite. **Haeckel** crée le terme d'écologie. Procédé **Solvay** de fabrication de la soude.	1866	**Morgan** († 1945), **E. W. Brown** († 1938), **La Vallée-Poussin** († 1962).	Larousse (1817-1875): *Grand dictionnaire universel du XXe siècle.* Premier câble transatlantique.
Livingstone découvre la source du Congo.	1867	**M. Curie (Sklodowska)** († 1934).	Marx: *le Capital.* Zola (1840-1902): *Thérèse Raquin.*
Découverte de l'alizarine permettant de remplacer la garance. **Kronecker**: théorie des nombres.	1868	**Landsteiner** († 1943), **Sommerfeld** († 1951), **Hausdorff** († 1942), **Wood** († 1955), **Millikan** († 1953). *Geological survey of India.* *Délibérations* de l'Institut de Nlle-Zélande.	Fabrication du celluloïd, première matière plastique. Chute du cabinet de Disraeli (1804-1881). Fin du shogunat au Japon.
Mendeleïev: table périodique des éléments chimiques.	1869	**C. T. R. Wilson** († 1959), **E. Cartan** († 1951), **C. Thomson** († 1959). *Nature*, hebdo. scientifique illustré (Londres).	Canal de Suez. Tolstoï (1828-1910): *Guerre et Paix.* Zola dresse le plan des *Rougon-Macquart.*
Jordan: groupes de substitution pour les équations algébriques.	1870	**J. Perrin** († 1942), **Harrison** († 1959). Premier journal de bactériologie moderne (Breslau).	Premier ministère de l'industrie au Japon. Dogme de l'infaillibilité papale.
Maxwell: théorie de la chaleur. **Pasteur**: brevet sur la conservation de la bière.	1871	**Borel** († 1956), **Zermelo** († 1953), **Tschermak** († 1962), **E. Rutherford** († 1937).	Commune de Paris. Schliemann (1823-1890) retrouve Troie. Proclamation de l'Empire allemand.
Klein: programme d'Erlangen pour la géométrie. **Dedekind**: sur les irrationnels. **Haeckel**: hypothèse du pithécanthrope.	1872	**B. Russell** († 1970), **P. Langevin** († 1946). *Popular science monthly* (New York). Soc. math. de France. Association pour l'avancement des sciences (France).	Première voiture automobile (5 t., 12 places, 40km/h.) Savoie rattachée à la France. Tchaïkovski (1840-1893): *Symphonie n° 2.*
Hermite: «e» est un nombre transcendant. Étude des fibres nerveuses par **Golgi**. **Kelvin** et **W. Thomson**: calculateur analogique pour équations différentielles.	1873	Station de zoologie marine de Naples. **W. D. Coolidge** († 1975), **A. Carrel** († 1944), **Levi-Civita** († 1941), **K. Schwarzschild** († 1916). Bureau International des poids et mesures.	Crise économique en Allemagne, Angleterre et É.-U. Charcot (1825-1893) à la Salpêtrière. Rimbaud (1854-1891): *Une saison en enfer.* Nietzsche (1844-1900): *Considérations inactuelles.*
Kirchhoff: analyse spectrale des éléments. Stéréochimie et chimie moléculaire (**Le Bel**, **Van 't Hoff**).	1874	**Marconi** († 1937), **A. Debierne** († 1949). Société française de physique.	J. Verne (1828-1905): *l'Ile mystérieuse.* Monet (1840-1926): *Impression, soleil levant.*
W. Flemming découvre les chromosomes. **O. Hertwig** établit un lien entre le noyau cellulaire et la fécondation. **Suess**: *la Formation des Alpes.*	1875	**M. De Broglie** († 1960), **Lebesgue** († 1941). Société de physique de Londres.	Bizet (1838-1875): *Carmen.* Constitution de la Troisième République.
Wallace: *Distribution géographique des animaux.* **Ramsay** étudie le mouvement brownien des molécules.	1876	**Noguchi** († 1928), **O. Diels** († 1954). Société chimique d'Amérique.	Bell invente le téléphone. Première *Tétralogie* à Bayreuth. Sitting Bull écrase Custer à Little Big Horn.
Gibbs: *Théorie de chimie-physique.* **Boltzmann**: théorie cinétique des gaz.	1877	**H. N. Russell** († 1957), **Soddy** († 1956). *Comptes rendus* de la Société philosophique d'Afrique du Sud.	Phonographe à cylindre d'Edison. Idée théorique d'une télévision.
Schiaparelli observe les «canaux» de Mars. **Pasteur**: *les Microbes*: théorie des germes et applications à la médecine et à la chirurgie. **Kuhne**: propose le terme «enzyme».	1878	**J. Becquerel** († 1953), **Fréchet**, **G. Bertrand** († 1953), **K. Schlumberger** († 1936). *Journal de maths pures et appliquées* (É.-U.) Société chimique de Tokyo. *Brain*, journal de neurologie (Londres).	Création de Kodak, pellicule au gélatino-bromure. 16 millions de visiteurs à l'Exposition universelle de Paris. Révolte nihiliste en Russie.
Baeyer: synthèse de l'Indigo. **Crookes**: tube cathodique (décharge électrique dans un gaz raréfié). **Berthelot**: *Essai de mécanique chimique.*	1879	**Einstein** († 1955), **O. Hahn** († 1968). *Mémoires scientifiques* de l'univ. de Tokyo. *Circulars* de l'université J. Hopkins.	Première convention internationale sur les brevets. Lampe électrique d'Edison. Locomotive électrique (Siemens).
Balfour: *Embryologie comparée.* **P. et J. Curie**: piézo-électricité du quartz. **Hermite**: fonction elliptique, théorie des nombres. **Charcot**: sur les maladies du système nerveux.	1880	**Wegener** († 1936), **Dautry** († 1951), **Freundlich** († 1941). *Ciel et Terre*, revue populaire d'astronomie.	Début du canal de Panama. Dostoïevski: *les Frères Karamazov.* Ascenseur électrique. C. Flammarion (1842-1915): *Astronomie populaire.*
Pasteur: vaccin contre le charbon des moutons. Définitions internationales des unités d'électricité. **Poincaré**: fonctions fushiennes. **Michelson**: résultats négatifs de l'expérience sur le «vent d'éther» (reprise avec **Morlay** en 1887).	1881	**A. Fleming** († 1955), **Teilhard de Chardin** († 1955), **H. Standinger** († 1965), **Langmuir** († 1957). Société de géologie d'Italie.	Ministère J. Ferry (1832-1893), puis Gambetta (1838-1882): Lois sur l'école obligatoire, la liberté de la presse, la liberté de réunion.
Lindemann démontre la transcendance de π.	1882	**Eddington** († 1944), **Geiger** († 1945).	Éclairage électrique des rues de New York.

Créations scientifiques		Acteurs individuels et collectifs	Éléments pour un décor
Koch reconnaît le bacille de la tuberculose.	1882	**Born** († 1970), **E. Noether** († 1935).	Fin des guerres indiennes. Bertillon (1853-1914): anthropométrie.
Telsa étudie le courant alternatif. **Koch**: bacille du choléra. **Cantor**: fondements de la théorie des ensembles. **Van Beneden**: constance du nombre de chromosomes.	1883	**V. F. Hess** († 1964), **Haworth** († 1949). *Science* (New York). *Archives d'hygiène* (Munich).	Brahms (1833-1897): *Symphonie n° 3.* La vague de l'éruption du Krakatoa fait le tour de la Terre. Mach: *la Mécanique.* Convention sur la protection industrielle.
Van 't Hoff: sur les équilibres chimiques. Distinguant le soma du germen **Weismann** se persuade de la non-transmission des caractères acquis.	1884	**C. Funk** († 1967), **A. Piccard** († 1962), **G. D. Birkoff** († 1944). Société math. de Tokyo. Premier congrès international d'ornithologie.	Mitrailleuse automatique. Soie artificielle. Premier rouleau de pellicule photographique. Loi sur les associations professionnelles.
Appel: sur les fonctions abéliennes. **Pasteur** soigne de la rage **J. Meister** (1876-1941).	1885	**N. Bohr** († 1962), **H. Weyl** († 1955).	Zsigmondy: *la Traversée des Alpes.* Chemin de fer en Afrique et Asie. Statue de la liberté. Charcot: centres fonctionnels du cerveau.
Hertz: premiers travaux sur les ondes électromagnétiques (radio). **Goldstein** découvre les rayons positifs.	1886	**E. D. Kendall** († 1972), **von Frisch** († 1982), **Trumpler** († 1956).	*Le Baiser* de Rodin (1840-1917). *Requiem* de Fauré (1845-1924). Le tonnage mondial des steamers dépasse celui des voiliers.
Volterra: analyse fonctionnelle. **Kronecker**: fondements de l'arithmétique. **Forbes**: étude écologique d'un lac. **Arrhenius**: théorie ionique des électrolytes. **Weismann**: études sur les chromosomes.	1887	**Moseley** († 1915), **Schrödinger** († 1961). Société française d'astronomie. *Mémoires* de l'Académie pontificale dei Nuovi Lincei. *Guide général* du Muséum de Londres. *Journal de bactériologie et parasitologie* (Iéna).	Debussy (1862-1918): *Le Printemps.* Début de la tour Eiffel (...1889). Première automobile avec moteur à essence à quatre temps. Krafft-Ebing (1840-1902): *Psychopathologie sexuelle.*
Dedekind: arithmétisation de l'analyse. **S. Lie**: théorie des groupes continus de transformations. **Berthelot** édite les alchimistes grecs.	1888	**Waksman** († 1973), **Tupolev** († 1988), **Baird** († 1946), **Zernike** († 1966). Institut Pasteur. Société mathématique de New York. *National geographic magazine* (New York).	Van Gogh (1853-1890): *Autoportrait à l'oreille coupée.* Cézanne: (1839-1906): *la Montagne Sainte-Victoire.* Marey découvre le principe du cinéma. Dunlop invente la chambre à air.
Behring: antitoxine. **Peano**: *Axiomatisation de l'arithmétique.* **Branly** invente le cohéreur nécessaire à la réception des ondes radio.	1889	**Hubble** († 1953), **Ramanujan** († 1920), **Brillouin** († 1969). Premier congrès international de physiologie. Société américaine de géologie.	Bergson (1859-1941): *Données immédiates de la conscience.* Fondation de la deuxième Internationale. Maupassant (1850-1893): *Fort comme la mort.*
Behring, Kitasato: sérum antitétanique. Courbe de **Peano** passant par tous les points d'un carré.	1890	**R. A. Fisher** († 1962), **Holmes** († 1965), **Nishina** († 1951). *Revue de mathématiques spéciales.* Département de l'agriculture (É.-U.).	Christophe: *le Sapeur Camember.* Premier vol de l'*Éole* de C. Ader (1841-1925). La tuberculine de Koch provoque des hécatombes. Premier sous-marin.
Dubois découvre à Java un pithécanthrope.	1891	**Chadwick** († 1974), **G. Banting**: († 1941).	Début de la construction du transsibérien.
H. Poincaré: *Nouvelles méthodes de la mécanique céleste* (...1895). **Frege** (1848-1925): *Logique mathématique.*	1892	**Banach** († 1945), **L. de Broglie** († 1987), **C.P. Thomson** († 1975).	Affaire du canal de Panama. Premier tracteur à essence.
Behring: sérum antidyphtérique. Invention de la cellule photoélectrique en Allemagne. **Poincaré**: cours sur les probabilités.	1893	**W. Baade** († 1960), **Urey**.	Premier moteur Diesel. Premier film d'Edison et des Lumière (Auguste 1862-1954 et Louis 1864-1948). Durkheim (1858-1919): *De la division du travail social.*
E. Cartan: thèse sur les algèbres de **Lie**. **Roux, Yersin**: sérum antipesteux.	1894	**J. Rostand** († 1977), **W. Weiner** († 1964). Premier congrès international de chimie.	Début de l'affaire Dreyfus (1859-1935). Nicolas II (1868-1918) devient tsar.
Lorentz: théorie électronique de la matière. Liquéfaction de l'air. **Röntgen** découvre les rayons X.	1895	**Domagk** († 1964), **Dam** († 1976), **P. P. Grassé**. *Comptes rendus* du congrès des sociétés savantes.	Création de l'Afrique occidentale française. Fondation de la Confédération générale des travailleurs.
H. Becquerel découvre la radioactivité. **Hadamard** et **La Vallée-Poussin**: travaux sur les nombres premiers. **Zeemann**: effet du champ magnétique sur la lumière.	1896	**Carothers** († 1937), **G.T. Cori** († 1957), **C. F. Cori** († 1984).	Reprise des jeux Olympiques (Athènes). Premier film de Méliès (1861-1938). Frères Lumière: Première séance publique de cinéma. Herzl (1860-1904) publie *l'État juif.* Holerith (1860-1929) crée TMC (future IBM).
Hilbert: sur les corps des nombres algébriques. **J. J. Thomson, Wein, Weichert**: mesure du rapport charge/masse de l'électron. **Larmor**: calcul du rayonnement de l'électron.	1897	**I. Joliot-Curie** († 1956), **P. M. Blackett.** Premier congrès international de mathématiques.	E. Rostand (1868-1918): *Cyrano de Bergerac.* Première T.S.F.; au-dessus de la Manche (15 km). Tchekhov (1860-1904): *Oncle Vania.*
P. et M. Curie découvrent le polonium et le radium. **Dewar** liquéfie l'hydrogène.	1898	**Lyssenko** († 1976), **I. I. Rabi.** *Archives de parasitologie* (Paris).	Guerre du Soudan (Fachoda). Zola: *J'accuse!* Ruée vers l'or en Alaska.
Hilbert: *Fondements de la géométrie.* Fécondation chimique (œuf d'oursin). **Rutherford**: rayonnements alpha et bêta.	1899	**C. H. Best** († 1978). Assoc. int. de géodésie. *Enseignement mathématique* (publié par la commission internationale de l'ens. math.) Près de 10 000 périodiques scientifiques ont été créés.	Premier sous-marin moderne. Industrialisation de la production d'aspirine (Bayer). Ravel (1875-1937): *Pavane pour une infante défunte.*
M. Planck: « Quantum d'action ». **De Vries, Tschermak, Correns** formulent les lois de l'hybridation. **Hilbert** propose vingt problèmes au Congrès mathématique de Paris.	1900	**W. Pauli** († 1958), **F. Joliot** († 1958), **H. Aiken** († 1973). Les *Comptes rendus* de l'Acad. des sciences sont cités plus de 2 000 fois/an.	Le Japon annexe la Mandchourie. Exp. univ. de Paris et première ligne de métro. Zeppelin (1838-1917), premier dirigeable. Freud (1856-1939): *la Science des rêves.* Insurrection des Boxers en Chine.
Levi-Civita, G. Ricci: recherche sur le calcul tensoriel.	1901	Première attribution des prix Nobel.	Premier concours Lépine (1846-1933).

Créations scientifiques		Acteurs individuels et collectifs	Éléments pour un décor
Découverte de la première hormone (adrénaline), des groupes sanguins (**Lansteiner**).	1901	**Heisenberg** († 1976), **Fermi** († 1954), **Schreier** († 1929), **G. G. Pincus** († 1967), **E. O. Lawrence** († 1958), **Huggins, Pauling.** Caisse des recherches scientifiques (France).	Première Mercedes. Loi sur les associations. Message T.S.F. au-dessus de l'Atlantique (Marconi). M. Weber (1864-1920): *Éthique protestante et capitalisme.*
H. Poincaré: *la Science et l'Hypothèse.* Intégrale de **Lebesque.** **De Vries**: mutation héréditaire. Loi de **Mendel** étendue au règne animal. Travail de **Rutherford** sur la radioactivité.	1902	**P. Dirac** († 1984), **A. Lwoff, Kastler** († 1984), **Barbara Mc Clintoc, L. Neel.** *Annalen der Physik*, première revue de physique, 200 à 300 références par an.	Ostwald: *Leçons sur la nature de la philosophie.* Méliès: *le Voyage dans la Lune.* Debussy: *Péléas et Mélisande.* Ministère Combes (1835-1921).
J.A. Fleming invente la diode. Les chromosomes sont reconnus comme supports de l'héridité. Électrocardiogramme.	1903	**Delsartes** († 1968), **K. Lorenz, G. E. Hutchinson, von Neumann** († 1957), **Kolmogorov.** *Bulletin de la Société allemande de chimie,* 700 à 800 réf./an. Association internationale de sismologie.	Rencontre Schönberg (1874-1951). Malher (1860-1911). Klimt (1862-1918). Philosophie, médecine, jurisprudence. J. Conrad (1857-1924): *Typhon.* Premier Tour de France. Les frères Wright (W. 1867-1912 et O. 1871-1948), premier avion à moteur.
Principe du radar. **Zermelo**: axiome du choix. **Lorentz**: groupe de transformation.	1904	Union solaire internationale. **H. Cartan, J. R. Oppenheimer** († 1967), **Cherenkov, Gamow** († 1965). *Revue de maths et physique,* 50 à 60 réf./an.	Hesse (1877-1962): *Peter Camenzind.* Reprise des travaux du canal de Panama. Guerre russo-japonaise.
Trois articles d'**Einstein** sur: *Probabilité et mouvement brownien; Lumière et photon; Relativité restreinte, relation masse-énergie* ($E=mc^2$).	1905	**C.D. Anderson, Kuiper** († 1973), **E. Segré, M. S. Livingstone, Frölich.**	Première révolution russe. Picasso (1881-1973), période rose jusqu'en 1907. Consécration du fauvisme en peinture. Séparation de l'Église et de l'État.
Hopkins découvre ce que l'on appellera des vitamines. **Fréchet**: espace abstrait, topologie générale.	1906	**Majorana** († 1938), **H. A. Bethe, Parenago, J. Dieudonné, K. Gödel** († 1978), **A. Weil, Tomonaga** († 1979), **Maria Gopper Mayer.**	Lagerlöf (1858-1940): *Nils Holgerson.* Invention d'une lampe à trois électrodes (la triode). Première turbine à gaz. Tremblement de terre à San Francisco.
Markow élabore le concept de probabilité en chaîne. **Harrison** réussit la première culture de tissus.	1907	**Yukawa** († 1981), **Tinbergen, Jensen** († 1973), **Kowarski, J. Bernard.**	Convention de La Haye sur les conflits internationaux. Exposition cubiste à Paris. Maerterlinck (1862-1949): *l'Intelligence des fleurs.*
Liquéfaction de l'hélium. Gigantesque explosion d'un probable noyau de comète en Sibérie.	1908	**Landau** († 1968), **Alfen, Ambartsumian.**	Puyi devient empereur de Chine à deux ans. Action française.
Geiger conçoit un détecteur de particules. **H. Baekeland** invente la bakélite. **Suess**: fin de *la Face de la Terre* commencée en 1883.	1909	**C. Chevalley** († 1984), **J. Herbrand** († 1931). Institut indien de science.	Peary (1856-1920) arrive au pôle Nord. Blériot (1872-1936) traverse la Manche en avion. Ballets russes à Paris.
B. Russell et **Whitehead**: *Principia mathematica* (fondements des maths). **M. Curie** et **A. Debierne** isolent le radium.	1910	**Chandrasekhar, J. Monod** († 1976), **Shockley.** Laboratoire de biologie marine (Massachusetts).	Essor de la peinture abstraite. TNT. Création de l'Union sud-africaine. Péguy (1873-1914): *Jeanne d'Arc.*
C.T.R. Wilson: chambre à ionisation pour détecter les trajectoires de particules. **Rutherford** prouve l'existence du noyau de l'atome. **C. Funk** découvre la vitamine B.	1911	**Leroi-Gourhan** († 1986), **Alvarez, P. Kutz.** Espèces connues: 34 400 vertébrés; 62 300 mollusques; 394 000 arthropodes. Premier conseil Solvay de physique.	M. Curie reçoit son second prix Nobel. Amundsen (1872-1928) et Scott (1868-1912) au pôle Sud. Sun Yat-Sen (1866-1925), premier président de la République chinoise. Kandinsky (1866-1944): *Composition.*
V. F. Hess observe des rayonnements cosmiques. **Brouwer** approfondit la topologie algébrique.	1912	**A. Turing** († 1952), **W. v. Braun** († 1977), **Weizsäcker.** Service géologique de Chine. Fondation de l'Institut Curie.	F. W. Taylor: *Principes du management scientifique.* Premier et dernier voyage du *Titanic.* C. G. Jung (1875-1961): *Métamorphoses et symboles de la libido.* Première passage du canal de Panama.
J. Perrin: *les Atomes.* **N. Bohr** et **Rutherford** proposent un modèle de structure planétaire de l'atome. **Pavlov**: sur les réflexes conditionnés. Formulation de la distinction génotype-phénotype. **Moseley**: spectre rayon X des éléments.	1913	**M. Duchesme, R. W. Sperry, W. E. Lamb, G. Haro.**	M. Proust (1871-1922) publie à son compte le début de *la Recherche du temps perdu.* Stravinski (1882-1971): *le Sacre du printemps.* P. Duhem (1861-1916): *le Système du monde* (...1959). Fin des guerres balkaniques. Rétablissement de trois ans de service militaire.
Soddy crée la notion d'isotope. **Hausdorff**: principes de topologie générale. **Kendall** isole l'hormone thyroïdienne.	1914	**Abragam, Salk, A. L. Hodgkin.** Commission supérieure des inventions intéressant la Défense nationale (août).	Les Britanniques occupent Bassorah, ville natale d'al-Haytam. Le dollar double par rapport au franc.
Wegener: *Dérive des continents.* **Sommerfeld**: théorie de l'atome.	1915	**S. F. Hoyle, L. Schwartz, C. H. Townes, Hofstadter.** National Research Council (É.U.). Conseil consultatif de la recherche (G.-B.). Direction des inventions intéressant la Défense (Fr.).	La France et l'Angleterre s'approprient les colonies allemandes. M. Curie: voitures radiologiques. *Naissance d'une nation,* film de D. W. Griffith (1875-1948). Premier emploi des gaz asphyxiants (Allemagne).
Von Frisch montre que les abeilles perçoivent certaines couleurs. **Einstein**: *Relativité générale.* **Borel**: sur le calcul des probabilités.	1916	**Crick, Wilkins, R. Lindeman, A. M. Prokhorov, Shannon.** Département de la recherche scientifique et industrielle (G.-B.).	Le pacifiste R. Rolland (1866-1944) reçoit le prix Nobel de littérature. Premier tank (anglais). Tzara (1896-1963): début du mouvement Dada.
Hardy et **Ramanujan**: théorie des nombres. **P. Langevin**: détecteur ultrasonore.	1917	**L. J. Rainwater, R. R. Porter, C. de Duve, A. Selberg, I. Prigogine.**	Révolutions de Février et d'Octobre en Russie. Nombreuses mutineries sur tous les fronts.

Créations scientifiques		Acteurs individuels et collectifs	Éléments pour un décor
	1917		Les États-Unis entrent en guerre. Déclaration *Balfour.*
Reconnaissance des gènes dans les chromosomes. **Rutherford**: première désintégration artificielle et hypothèse du neutron.	1918	**Ryle** († 1984), **R. Feynman, J. S. Schwinger.** Instituts de physique, d'aéronautique (Moscou); de physico-technique, d'optique (Leningrad). Research Information Service (É.-U.).	Paix. O. Spengler (1880-1936): *le Déclin de l'Occident.* Épidémie de grippe espagnole (1 000 000 de morts). Suffrage universel en G.-B. avec droit de vote aux femmes.
Observation de la courbure des rayons du Soleil. **Eccles** et **Jordan** conceptualisent le premier circuit électronique. **E. Noether**: *Théorie arithmétique des fonctions algébriques.*	1919	Conseil international des recherches. Union astronomique internationale. Bureau international de l'heure. Direction des recherches scientifiques et industrielles des inventions.	Réserves naturelles en Oural et en Astrakan. Mouvement spartakiste en Allemagne. Première traversée transatlantique en avion. Gropius (1883-1969): architecture Bauhaus.
H. Standinger fonde la chimie des macro-molécules. Catalogue du spectre de 250 000 étoiles.	1920	**Shatzmann, F. Jacob.** Le Throop Polytechnic Institute (fondé en 1891) devient le California Institute of Technology. Université de Rio de Janeiro.	Début de la radiodiffusion. Création de la SDN. Début de l'action de Gandhi (1869-1948). P. Valéry (1871-1945): *le Cimetière marin.*
Langmuir: modèle de la structure de l'hélium. L'influx nerveux est conçu comme un échange chimique. **F. Dahl**: *Fondements d'une géographie écologique.*	1921	**Herbig, G. Wilkinson, R. Yalow.** Institut physico-mathématique (Leningrad). Institut national de la recherche agronomique.	Husserl (1859-1938): sur la philosophie de l'intersubjectivité. Rorschach (1884-1922): *Psychodiagnostic.* La NEP en URSS. É.-U.: quotas d'immigration. Partition de l'Irlande. Premier vaccin antituberculeux.
E. Cartan: généralisation de la géométrie riemannienne (espaces relativistes), théorie des espaces généralisés. **Banting** et **Best** découvrent l'insuline.	1922	**A. Sakharov, C. Barnard, A. Bohr, N. G. Bassov.** Office national des recherches scientifiques et industrielles et des inventions. Union géographique et géologique internationale.	Indépendance de l'Égypte. Mussolini (1883-1945) au pouvoir en Italie. Pirandello (1867-1936): *Henri IV.* Joyce (1882-1941) publie *Ulysses.* Wittgenstein (1889-1951): *Tractacus logico-philosophicus.*
S. Banach: nouvelle théorie de la mesure. **Zworykin** (1889-1982) conçoit un tube cathodique pour produire des images (télévision-iconoscope). **P. M. Blacket**: première transmutation (azote-oxygène).	1923	**M. Scharzchild, H. Kahn, Ph. Anderson, R. Thom.** Conseil national de la recherche (Italie).	Ataturk (Mustapha Kemal) au pouvoir. Premier électrophone. Premier salon des Arts ménagers à Paris. 1 dollar vaut 18 milliards de marks.
Développement des méthodes en physique-mathématique (i.e. **Heisenberg** pour la mécanique quantique (matrices de **Cayley**). **Levene** et **Mori** identifient l'ADN. **L. de Broglie**: mécanique ondulatoire.	1924	**A. Hewish, R. Guillemin, A. Cormack.**	A. Breton (1896-1966): *Manifeste surréaliste.* M. Mauss (1873-1950): *Essai sur le don.* Puccini (1850-1924): *Turandot.* Berg (1885-1935): *Kammerkonzert.* Proclamation de la République grecque. La TMC (cf. 1896) devient IBM.
Morgan: *Génétique des drosophiles.* Apparition du concept de spin pour l'électron. **O. Schreier** travaille à la théorie des groupes topologiques généraux.	1925	**L. Esaki, J. Lederberg, S. Van der Eer.** Centre international de radioprotection. Institut arctique (URSS).	Eisenstein (1898-1948): *le Cuirassé Potemkine.* Kafka (1883-1924): *le Procès.* Hitler (1889-1945) écrit *Mein Kampf* en prison. Chaplin (1889-1977): *la Ruée vers l'or.*
Première fusée à combustible liquide. **Schrödinger** propose une synthèse des mécaniques quantique et ondulatoire. Fabrication de la première lentille électronique.	1926	**Glaser, Tsung Dao Lee, M. Walker, J. P. Serre, Abdus Salam, P. Berg.** Premier congrès de la Panpacific Science Association.	Salazar (1899-1970) ministre des finances du Portugal. Abel Gance (1889-1981) finit son *Napoléon.* Baird, première démonstration d'une télévision. F. Lang (1870-1976): *Metropolis.* J. Renoir (1894-1879): *Nana.*
Artin: théorie abstraite de l'algèbre. **Dirac** généralise la notion de spin et introduit la relativité restreinte en mécanique quantique. 5e conseil **Solvay** (électron et photon).	1927	**C. Milstein, J. R. Vane, M. Nisenberg, M. Eigen.**	Heidegger (1889-1976): *Être et Temps.* S. Zweig (1881-1942): *Volpone.* B. Traven: *le Trésor de la Sierra Madre.* *Le Chanteur de jazz:* premier film parlant. Exécution de Sacco et Vanzetti. Invention du caoutchouc synthétique.
Hubble observe l'effet **Doppler** du rayonnement des galaxies et en déduit la loi de la récession. Einstein propose une théorie du champ unitaire.	1928	**A. Grothendieck, D. Nathans.** Académie nationale de Pékin. Academia Sinica (science).	Alain (1868-1951): *Propos sur le bonheur.* Carnap (1891-1971): *Structure logique du Monde.* D. H. Lawrence (1885-1937): *l'Amant de Lady Chatterley.* Lovecraft (1890-1937): *l'Appel de Cthulhu.* Lois françaises sur les assurances maladie.
A. Fleming découvre la pénicilline. **Lyot** invente le coronographe pour observer la couronne solaire. **Herbrand**: travaux de logique mathématique.	1929	**Watson, M. Gell-Mann, I. Giaever, Mössbauer.** Académie des sciences agricoles (URSS).	Hergé (1907-1983): *Tintin au pays des soviets.* Liquidation des koulaks en URSS. Krach à Wall Street. Malinowski (1884-1942): *la Vie sexuelle des sauvages.*
Van der Waerden fait la synthèse de l'algèbre des structures. Découverte de Pluton. **Trumpler**: sur les amas d'étoiles.	1930	**L. N. Cooper, R. H. Mac Arthur** († 1972), **S. Smale.** Service national de la recherche. Caisse nationale de la recherche.	Haïlé Sélassié (1892-1975) devient négus d'Éthiopie. Musil (1880-1942): *l'Homme sans qualités.* Mermoz (1901-1936): ligne aéropostale Dakar-Recife. Von Sternberg (1894-1969): *l'Ange bleu.*
Premier radiotélescope. **Urey**: deutérium. Théorème d'incomplétude de **Gödel.** **W. Pauli** fait l'hypothèse du neutrino. **A. Piccard** atteint 16 000 m en ballon stratosphérique. **Carothers**: néoprène. **W. Bush**: analyseur différentiel.	1931	**R. Schieffer, J. W. Cronin, Hamilton Smith.** Conseil international des unions scientifiques.	H. Broch (1886-1951): *les Somnambules.* M. Planck: *Positivisme et monde réel.* Les Japonais occupent la Mandchourie. Formation du Commonwealth. Proclamation de la République espagnole.

Créations scientifiques		Acteurs individuels et collectifs	Éléments pour un décor
E. O. Lawrence et **M. S. Livingstone** construisent le premier cyclotron. **Anderson** fait l'hypothèse du positron (anti-électron de charge positive). **Chadwick** découvre les neutrons prévus. **Morgan**: première mutation expérimentale.	1932	**S. L. Glashow, W. Gilbert.**	Céline (1894-1961): *Voyage au bout de la nuit.* A. L. Huxley (1894-1963): *le Meilleur des mondes.* Fondation de l'Arabie Saoudite. Fin de la première tranche d'assèchement du Zuiderzee. Exposition coloniale de Vincennes. De Valera (1882-1975) Premier ministre d'Irlande.
Yukawa: hypothèse du méson. **Kolmogorov**: théorie abstraite des probabilités. Premier microscope électronique.	1933	**S. Weinberg, A. A. Penzias.** De 1933 à 1938, 1 800 scientifiques allemands seront exclus des universités. Science Advisor Board (É.-U.) Conseil supérieur de la recherche.	T. Mann (1875-1955): *Joseph et ses frères* (...1943). A. N. Whitehead: *Aventure des idées.* Première horloge astronomique à quartz. F. D. Roosevelt (1882-1945), président des É.-U. Hitler, chancelier d'Allemagne.
Dam: vitamine K. **I.** et **F. Joliot-Curie**: première radioactivité artificielle. **C. F. Cori** et **G. Cori** font la synthèse du glucogène.	1934	**P. J. Cohen, R. Rubbia,** N. Bourbaki.	Einstein: *Comment je vois le monde.* Citroën (1878-1935) produit la première traction avant. Longue marche en Chine (...1935). Nicaragua: Sandino (1895-1934) abattu par Somoza assassiné en 1956.
V. Volterra et **U. d'Anconna** proposent un modèle mathématique des rapports de population proie-prédateur. **G. Domagk** découvre les sulfamides.	1935	Caisse nationale de la recherche scientifique.	Hartmann (1882-1950): *Fondement de l'ontologie.* Lois de Nuremberg contre les juifs. Stakhanov «extrait» 14 fois plus de charbon que la norme imposée. Invasion italienne de l'Éthiopie.
Gentzen: recherche logique sur la cohérence de l'arithmétique. **G. Reber**: premier radiotélescope. L'expérience confirme l'existence des mésons de **Yukawa.** **Carothers** crée le polyamine 6-6 (nylon).	1936	**R. W. Wilson, S. Chao Chung Ting, K. G. Wilson.** Service national de la recherche scientifique. Création de la médaille Fields (1863-1932) (maths).	Hitchcock (1899-1980): *Sabotage.* Londres: premier émetteur de télévision. Purges staliniennes. Front populaire en France. Axe Rome-Berlin. Début de la guerre civile espagnole.
Shannon: rapport entre les logiques binaires et contacts électriques. **Turing** élabore le concept de machine universelle. **H. Aiken**: plan pour une calculatrice électronique.	1937	**D. Munford, R. Hoffmann.** Création d'un sous-secrétariat à la recherche scientifique.	Cassirer (1974-1945): *Déterminisme et indéterminisme en physique.* Catastrophe du dirigeable *Hindenburg* après un an d'utilisation. Indépendance totale de l'Irlande du Sud. Guerre sino-japonaise, alliance communiste et Kuomin-tang.
E. D. Kendall fabrique de la cortisone. **O. Hahn, L. Meitner, Stressmann**: fission de l'uranium. **H. A. Bethe**: l'énergie des étoiles est thermonucléaire. L'iode radioactif permet d'explorer les glandes (thyroïde). **K. Zuse**: «ordinateur» Z1.	1938	**S. Novikov.** Centre national de la recherche scientifique appliquée.	J.-P. Sartre (1905-1980): *la Nausée.* Disparition de Majorana. Invention du stylo à bille. Première traversée aérienne commerciale de l'Atlantique Nord. Anschluss (annexion de l'Autriche par l'Allemagne).
Rabi: méthode de résonance magnétique. N. Bourbaki: premier fascicule des éléments de mathématiques. **L. Brillouin**: diffraction de la lumière par ultrason. **G. G. Pincus** réussit la première parthénogénèse d'un mammifère. **G. Stibitz**: calculateur du Bell Laboratory.	1939	**J.-M. Lehn** Centre national de la recherche scientifique (CNRS).	E. Junger (1895): *Sur les falaises de marbre.* B. Bartok (1881-1945): *Quatuors à cordes.* Pacte germano-soviétique. Invasion de la Pologne. L'ancien nonce apostolique d'Allemagne devient pape (Pie XII). Production industrielle du nylon.
Lansteiner découvre le facteur Rhésus. L'équipe **Joliot-Halban-Kowarski** montre la possibilité d'une réaction en chaîne et de la production de neutrons. Le radar devient utilisable.	1940	**B. D. Josephson, D. Quillen.** De 1940 à 1942, les prix Nobel scientifiques ne sont pas décernés.	La Grèce résiste à l'agression italienne. Hélicoptère et télévision couleur expérimentale aux É.-U. Découverte des grottes de Lascaux. Vichy décrète l'«aryanisation» des biens des juifs.
Landau: analyse quantique de l'hélium liquide.	1941	Office de la recherche et du développement scientifique. Institut national d'hygiène.	Guerre mondiale et ses conséquences. L'utilisation de la pénécilline apparaît.
Grassé: étude sur l'essaimage des termites. **Fermi** fait fonctionner la première pile atomique à Chicago (uranium-graphite). **Aiken** met en service le *Mark 1* (calculateur automatique). **G. D. Birkoff**: théorie des treillis. Interprétation quantitative des échanges énergétiques à l'intérieur d'un écosystème.	1942		A. Camus (1913-1960: *l'Étranger.* Vercors (1902): *le Silence de la mer.* B. Brecht (1898-1956): *Galileo Galilei.* M. Ernst (1891-1976): *Antipapa.* Utilisation intensive du DDT. Et toujours la guerre...
L'Angleterre fabrique l'ordinateur *Colossus* sous l'impulsion des services du Chiffre (**A. Turing**).	1943	Académie des sciences pédagogiques (URSS).	J.-P. Sartre: *l'Être et le Néant.* M. Carné (1909): *les Enfants du paradis.* Ferhat Abbas (1899-1985) réclame l'autonomie de l'Algérie.
Waksman et **Schatz** inventent la streptomycine. Inauguration de *ASCO* (calculateur automatique). Une équipe du **Rockefeller** Institute reconnaît le rôle de l'ADN dans le génotype. **L. Schwartz**: *Théorie des distributions.*	1944	**P. Deligne.**	Libération de quelques pays d'Europe. Anouilh (1910-1987): *Antigone.* Mort de Kandinski (1866), Maillol (1861), Mondrian (1872), E. Munch (1863), Giraudoux (1882), Saint-Exupéry (1900), R. Rolland (1866).
La première bombe atomique explose à Alamogordo, elle aura coûté 2 milliards de dollars.	1945	Commissariat à l'énergie atomique.	R. Bresson (1907): *les Dames du Bois de Boulogne.* C. Levi (1902-1975): *le Christ s'est arrêté à Eboli.*

Créations scientifiques		Acteurs individuels et collectifs	Éléments pour un décor
McMillan et **Veksler**: principe du synchrotron.	1945		
L'ordinateur *ENIAC* est fonctionnel. Bikini: explosions expérimentales de bombes A. **Frenkel**: *Théorie cinétique des fluides.* **Von Frisch** découvre la signification de la danse des abeilles.	1946	**W. T. Thurston, G. A. Margoulis, G. Köhler.**	Bathyscaphe d'A. Piccard (1884-1962) qui atteindra – 10 600 m. Première session de l'ONU et création de l'UNESCO. Proclamation de la République italienne. En France: fermeture des maisons closes. Truman (1884-1972) déclare: « Un rideau de fer est tombé sur l'Europe. ».
Von Neumann et **Morgenstein**: *Théorie des jeux et du comportement économique.* Invention du tube à vide. Construction de l'*EDVAC.* Fabrication de l'*EDSAC,* première machine électronique à programme préenregistré. Découverte du transistor. **Shannon**: *Théorie de l'information.* **Gamow** pense que l'Univers a connu une explosion primordiale: BIG BANG!!!	1947	**2,5 MILLIARDS D'ÊTRES HUMAINS.** **A. Connes.** Près de 10 000 périodiques scientifiques dont environ 200 d'abstracts. Enquête de l'ONU sur les organismes internationaux de recherche scientifique.	A. Toynbee (1889-1975): *Étude de l'Histoire* (vol. 6). De Chirico (1888-1978): *Persée et Andromède.* H. Moore (1898-1986): *Groupe familial.* B. Britten (1813-1976): *Albert Herring.* Plan Marshall (1880-1959) pour relancer l'économie en Europe. Inventions: polaroïd, disque-microsillon. Première plate-forme de forage pétrolier en mer. C. Yager franchit le mur du son. Plus grand château-yquem du siècle.

ANNEXES

Bibliographie
Index

Bibliographie

BIBLIOGRAPHIE GÉNÉRALE

Bibliographies of the History of Science and Technology, R. Multhauf et E. Wells (dir.), New York, Garland publishing, 1984. (Bibliographie par discipline et annotée.)

Dictionary of Scientific Biography, C. C. Gillipsie (dir.), New York, Scribners & Sons, 1970-1980, 16 vol. (Ce dictionnaire contient des notices biographiques et bibliographiques sur la plupart des protagonistes de cet ouvrage.)

Élément de bibliographie de l'histoire des sciences et des techniques, F. Russo (dir.), Paris, Hermann, 1954, 2e éd. 1969.

Histoire des techniques, B. Gille (dir.), Paris, Gallimard, coll. « Bibl. de la Pléïade », 1978.

Histoire générale des sciences, R. Taton (dir.), Paris, PUF, 1re éd. 1957-1966, 2e éd. 1966-1981, 3 t., t. 1, *la Science antique et médiévale, des origines à 1450*; t. 2, *la Science moderne, de 1450 à 1800*; t. 3-1, *la Science contemporaine, le XIXe siècle*; t. 3-2, *la Science contemporaine, le XXe siècle*.

Histoire générale des techniques, M. Daumas (dir.), Paris, PUF, 1962-1979, 5 t., t. 1, *les Origines de la civilisation technique*; t. 2, *les Premières étapes du machinisme*; t. 3, *l'Expansion du machinisme*; t. 4, *les Techniques de la civilisation industrielle: énergie et matériaux*; t. 5, *les Techniques de la civilisation industrielle. Transformation, communication, facteur humain.*

Histoire mondiale des sciences, C. Ronan, trad. fr. par Cl. Bonnafont, Paris, Le Seuil, coll. « Science ouverte », 1988; 1re éd., *The Cambridge Illustrated History of the World's Science*, Twickenham, Middless, Newnes Books, 1983.

Isis Cumulative Bibliography, 1966-1975, J. Neu (dir.), History of Science Society of Mansell publishing, 1980.

BABYLONE — 1800

Citations:

Chap. Ninive: 1er texte d'après PARPOLA, S., *Letters from Assyrian Scholars...*, Neukirchen-Vluyn, Butzon & Bercker Kevaler, 1970, vol. 1, n° 2; - 2e texte in LEHMANN-HAUPT, C., *Šamaššumukin, König von Babylonien...*, Leipzig, Hinrichs, 1982, pl. 13: 10-18.

Chap. Les professionnels: 1er texte d'après OPPENHEIM, A. L., *Letters from Mesopotamia*, Chicago & Londres, University of Chicago, 1967, n° 84; - 2e texte in FINET, A., « les Médecins au royaume de Mâri », *Annuaire de l'Institut de philologie et d'histoire orientales et slaves*, univ. libre de Belgique, 1954-1957, vol. 14, p. 133; - 3e texte, *ibid.*, p. 135-136; - 4e texte d'après FINET, A., in DOSSIN, G. et *al.*, *Archives royales de Mâri*, Paris, Geuthner, 1964, vol. 13, n° 147; - 5e texte in JEAN, C.-F., *Archives royales de Mâri*, Paris, Geuthner, 1950, vol. 2, n° 15; - 6e texte d'après OPPENHEIM, A. L., *op. cit*, n° 23; - 7e texte in DOSSIN, G., *Archives royales de Mâri*, Paris, Geuthner, 1978, vol. 10, n° 20; - 8e texte, *ibid*, n° 94.

Chap. Éducation: 1er texte d'après SJÖBERG, A., « The Old Babylonian Eduba », *Sumerological Studies in Honor of Thorkild Jacobsen...*, Chicago & Londres, University of Chicago, coll. « Assyriological Studies », 1974, vol. 20, p. 159; - 2e texte in CIVIL, M., « Sur les "livres d'écolier" à l'époque paléobabylonienne », *Miscellanea Babylonica* (Mélanges Birot), J.-M. Durant et J.-R. Kupper (dir.), Paris, Recherches sur les Civilisations, 1985, p. 71-72.

Chap. Divination: 1er texte d'après PETTINATO, G., *Die Ölwahrsagung bei den Babyloniern*, Rome, Istituto di Studi del Vicino Oriente, 1966, vol. 2, p. 24-27: - 2e texte d'après KÖCHER, F. et OPPENHEIM, A. L., « The Old Babylonian Omen Text VAT 7 525 », *Archiv für Orientforschung*, 1957-1958, vol. 18, p. 65-66.

Chap. Médecine: 1er texte in VAN DIJK, J., *Tabulae cuneiformes a F. M. Th. de Liagre Bohl collectae*, Leyde, Nederlands Instituut voor het Nabije Oosten, 1957, vol. 2, n° 21: 15-21; - 2e texte in LABAT, R., *Traité akkadien de diagnostics et pronostics médicaux*, Leyde, Brill, 1951, p. 130-133; - 3e texte in KÖCHER, F., *Die babylonische-assyrische Medizin in Texten und Untersuchungen*, Berlin, Walter de Gruyter, 1971, vol. 4, n° 393: 1-26; - 4e texte d'après THOMPSON, R. C., « Assyrian Prescriptions for Treating Bruises or Swellings », *The American Journal of Semitic Languages and Literatures*, 1930, vol. 47, p. 5-6.

Chap. Mathématiques: texte de procédure Bm 13 901 in THUREAU-DANGIN, F., « L'équation de deuxième degré dans la mathématique babylonienne d'après une tablette inédite du British Museum », *Revue d'assyriologie*, 1936, vol. 33, p. 29-30. - table de multiplication AO 10 762 in GENOUILLAC, H. DE, *Premières recherches archéologiques à Kich*, Paris, Champion, 1925, vol. 2, n° D3.

Ouvrages et articles généraux:

BOTTÉRO, J., *Mésopotamie: l'Écriture, la Raison et les Dieux*, Paris, Gallimard, 1987. - NEUGEBAUER, O., *The Exact Sciences in Antiquity*, Providence, Brown University, 1957, trad. fr. de P. Souffrin, Arles, Actes Sud, à paraître en 1989. - OPPENHEIM, A.L., *la Mésopotamie*, Paris, Gallimard, 1970. - PIRES, C., « le cheminement rationnel en Babylonie: Divination, jurisprudence, mathématiques », mémoire de D.E.S.U. (maîtrise), univ. Paris-VIII, 1988. - RITTER, J., « Les pratiques de la raison en Mésopotamie » in J.-F. Mattei, *la Naissance de la raison en Grèce*, Paris, PUF., sous presse. - ROUX, G., *La Mésopotamie*, Paris, Le Seuil, 1985.

Ouvrages et articles spécialisés:

Divination: BOTTÉRO, J., « Symptômes, signes, écritures » in Vernant, J.-P. (dir.), *Divination et rationalité*, Paris, Le Seuil, 1974. - C.E.S.S., univ. de Strasbourg, *la Divination en Mésopotamie ancienne*, Paris, PUF., 1966.

Médecine: CONTENAU, G., *la Médecine en Assyrie et en Babylonie*, Paris, Maloine, 1938. - GOLTZ, D., *Studien zur altorientalischen und griechischen Heilkunde*, Wiesbaden, Franz Steiner, 1974. - HERRERO, P., *Thérapeutique mésopotamienne*, (éd. par M. Sigrist), Paris, Recherches sur les civilisations, 1984.

Mathématiques: BRUINS, E et RUTTEN, M., *Textes mathématiques de Suse*, Paris, Geuthner, 1961. (Textes mathématiques cunéiformes trouvés à Suse.) - NEUGEBAUER, O., *Mathematische Keilschrift-texte*, Berlin, Springer, 1935-1937, réimp. 1973, 3 v. - NEUGEBAUER, O. et SACHS, A., *Mathematical Cuneiform Texts*, New Haven, American Oriental Society, 1945. (Textes en provenance des collections américaines.) - THUREAU-DANGIN, F., *Textes mathématiques babyloniens*, Leyde, Brill, 1938. (Nombreux textes sans photos et autographes, mais traduits en français.) - VAIMAN, A., *Shumero - vavilonskaya Matematika*, Moscou, IVL, 1961. (Textes en provenance du musée de l'Hermitage, Leningrad.)

CHACUN SA VÉRITÉ: LES MATHÉMATIQUES EN ÉGYPTE ET EN MÉSOPOTAMIE

Citations:

« Hymne à Šulgi », traduit d'après SJÖBERG, A., « The Old Babylonian Eduba », *Sumerological Studies in Honor of Thorkild Jacobsen...*, Studies, 20, Chicago & Londres, University of Chicago, coll. « Assyriological Studies », 1974, p. 172-173; texte translitéré en hiéroglyphes de la « lettre satirique » in FISCHER-ELFERT, H.-W., *Die satirische Streitschrift des Papyrus Anastasi I*, Wiesbaden, Otto Harrassowitz, 1983, p. 106-111.
Tous les problèmes mathématiques égyptiens in papyrus Rhind BM 10 057 et

10 058 (cf. *infra*); les deux problèmes traitant d'un grenier: nos 41 et 42 respectivement; la «règle» pour calculer 2/3 d'un nombre: n° 61b; la table de 2/N in GRIFFITH, F. L., *Hieratic Papyri from Kahun and Gurob*, Londres, Bernard Quaritch, 1898, pl. 8, n° IV-2; la table des 2/3: papyrus Rhind, n° 61a.
Pour les problèmes babyloniens: les deux premiers problèmes, sur tablette Haddad 104 in AL-RAWI, F. et ROAF, M. «Ten Old Babylonian Problems from Tell Haddad, Hamrin», *Sumer*, 1987, vol. 43, p. 175-218, I, 1-9 et III, 2-9; la «division» de 1.10 par 7, tablette BM 85 200 et VAT 6 599 in NEUGEBAUER, O., *Mathematische Keilschrift-texte*, Berlin, Springer, 1935-1937, vol. 2, pl. 39-40; dernier problème, tablette YBC 6 967 in NEUGEBAUER, O. et SACHS, A., *Mathematical Cuneiform Texts*, New Haven, American Oriental Society, 1945, pl. 17, copie de la table de carrés HS 224 in HILPRECHT, H., *Mathematical, Metrological and Chronological Tablets from the Temple Library of Nippur*, Philadelphia, University of Pennsylvania, 1906, n° 26 et celle de la table des *igigubbû* IM 53 961 in EDZARD, D. O., *Texts in the Iraq Museum*, Wiesbaden, Harrassowitz, 1971, vol. 7, n° 236; table des inverses MLC 1 670 in CLAY, A.T., *Babylonian Records in the Library of J. Pierpont Morgan*, New Haven, 1923, vol. 4, n° 37.

Ouvrages et articles généraux:

Égypte: DRIOTON, E. et VANDIER, J., *l'Égypte*, Paris, PUF, 1962. - ERMAN, A. et RANKE, H., *la Civilisation égyptienne*, Paris, Payot, 1983. (Un classique, publié pour la première fois en 1923, en allemand, maintenant disponible en français, mais dépouillé de ses notes!)

Mésopotamie: (cf. bibliographie du chap. Babylone −1800: Ouvrages et articles généraux.)

Ouvrages et articles spécialisés:

Égypte: CHACE, A. et *al.*, *The Rhind Mathematical Papyrus*, Oberlin, Mathematical Association of America, 1927-1929, 2 vol.; rééd. abrégée, Reston (USA), National Council of Teachers of Mathematics, 1979. - COUCHOUD, S., «Recherches sur les connaissances mathématiques de l'Égypte pharaonique», thèse de doct. de 3e cycle, univ. de Lyon - II, 1983. - GILLINGS, R., *Mathematics in the Time of the Pharaohs*, Boston, MIT Press, 1972; rééd. en Livre de poche, 1987. - PARKER, R., *Demotic Mathematical Papyri* Londres, Lund Humphries, 1982. (Pour les fragments démotiques.) - PEET, T., *The Rhind Mathematical Papyrus*, Londres, Hodder & Stoughton, 1923; rééd. Liechenstein, Kraus, 1970. - STRUVE, W., *Mathematischer Papyrus des Staatlichen Museums der schönen Kunst in Moskau*, Berlin, Springer, 1930; rééd. Würzburg, JAL, 1973.

Mésopotamie (cf. bibliographie du chap. Babylone −1800: Mathématiques.)

GNOMON: LES DÉBUTS DE LA GÉOMÉTRIE EN GRÈCE

Sources et citations:

COHEN et DRABKIN, *A source book in Greek Science*, Harvard University Press, 1958. Et en langue française: PLATON, *Dialogues*, éd. bilingue de J. Souilhé, Paris, Les Belles-Lettres, 1960; *Les Présocratiques*, Paris, Gallimard, «Bibl. de la Pléiade», 1988. - VEREECKE, P., éd. et trad., Paris, Blanchard, de: Apollonius (1963), Archimède, Diophante et Euclide (1959), Pappus, Serenus (1969) et Théodose (1959).

Historiens et commentateurs:

CAVEING, M., *la Constitution du type mathématique de l'idéalité dans la pensée grecque*, univ. Lille-III, 1982, 3 vol. - FOWLER, D. H., *The Mathematics of Plato's Academy: a new reconstruction*, Oxford, Clarendon Press, 1987. - KNORR, W. R., *The Evolution of the Euclidean Elements*, Dordrecht, Reidel, 1975. - MUGLER, C., *Platon et la Recherche mathématique de son époque*, Strasbourg, 1948; *Dictionnaire de la terminologie géométrique des Grecs*, Paris, Klincksieck, 1964. - SZABO, A., *les Débuts des mathématiques grecques*, trad. M. Federspiel, Paris, Vrin, 1977; *les Débuts de l'astronomie, de la géographie et de la trigonométrie chez les Grecs*, trad. M. Federspiel, Paris, Vrin, 1986. - SERRES, M., *Hermès*, Paris, Minuit, 1969-1980, 5 t., t. 1, *la Communication*, Genèse intersubjective de l'abstraction, p. 39-46; t. 2, *l'Interférence*, Ce que Thalès a vu au pied des Pyramides, p. 161-181, t. 5, *le Passage du Nord-Ouest*, Origine de la géométrie, 3, 4, 5, p. 165-195; *le Parasite*, Paris, Grasset et Fasquelle, 1980, p. 235-243; *Rome, le Livre des fondations*, Paris, Grasset et Fasquelle, 1983, p. 254-263; *Détachement*, Paris, Flammarion, nouv. éd. rev. 1986, p. 97-116; *Statues*, Paris, F. Bourin, 1987.

ARCHIMÈDE: LE CANON DU SAVANT

Citations:

ARCHIMÈDE, *Œuvres complètes*: 1. trad. P. Ver Eecke, Bruxelles-Paris, Éd. Vaillant-Carmane, 1960, rééd. Paris, A. Blanchard, 1961, 2 t. (Belle introduction, nombreuses notes en langage mathémathique modernisé); 2. Éd. bilingue, trad. C. Mugler, Paris, Les Belles-Lettres, 1971-1972, 4 t. (Introduction, notes, index des noms), L'une comme l'autre contiennent en supplément les *Commentaires* d'Eutocius). - CICÉRON, *Tusculanes*, Paris, Les Belles-Lettres, 1970; *De la République*, trad. de C. Appuhu, Paris, Flammarion, 1985. - PLATON, *Lettres*, Paris, Garnier-Flammarion, 1987 - PLUTARQUE, *les Vies parallèles des hommes illustres*: 1. trad. Amyot, Paris, Gallimard, coll. «Bibl. de la Pléiade», 1937; 2. Édition bilingue, trad. Flacelière, Paris, Les Belles-Lettres, 1964-1979. - POLYBE, *Histoire*, Paris, Gallimard, coll. «Bibl. de la Pléiade», 1970. - TITE LIVE, *Histoire romaine*, livre XXIV, trad. Bourgery, Paris, Hatier, 1960.

Ouvrages et articles généraux:

DIJKSTERHUIS, E. J., *Archimedes*, Princeton, Princeton University Press, 1987. TATON, R. (dir.), *Histoire générale des sciences*, Paris, PUF, t. 1, 1966. - DAHAN-DALMEDICO, A., PEIFFER, J., *Une histoire des mathémathiques*, Paris, Le Seuil, 1986. - DEDRON, P. et ITARD, J., *Mathémathiques et Mathématiciens*, Paris, Magnard, 1959.

Ouvrages et articles spécialisés:

CARAMATIE, M. C. et DELBREIL, B., «Sur les pas d'Archimède», *Rigueur et calcul*, Éd. Cedic, 1982. - CLAGETT, M., «Archimède», *Dictionnary of Scientific Bibliography*, C. C. Gillipsie (dir.), New York, C. Scribner's & sons, 1973. - YOUSCHKEVITCH, A. P., «Remarques sur la méthode antique d'exhausion», *Mélanges A. Koyré, I: l'aventure de la science*, Paris, Hermann, 1964. - SIMMS, D. L., «Archimedes and the invention of artillery and gunpowder», *Technology and Culture*, vol. 28, n° 1, 1987. - THUILIER, J., «Une énigme: Archimède et les miroirs ardents», in *La Recherche en Histoire des sciences*, Paris, Le Seuil, 1983.

L'UN EST L'AUTRE: POUR UNE HISTOIRE DU CERCLE

Sources et citations:

APASTAMBA, *Šulba-Sūtra*, éd. de A. Bürk, trad. fr. G. Mazars, communication personnelle; III - 2,- 3, VIII - 7, - 8, - 9 et - 10, IX - 1, XII - 11. - CHUQUET, N., *la Géométrie*, éd. par H. L'Huillier, Paris, Vrin, 1979, p. 101, 102, 104, 105, 108, 328 et 329. - DESCARTES, «La géométrie», *Œuvres*, éd. par Adam et Tannery, Paris, Vrin, 1956, t. 6, Livre I, p. 296, 297, 302; Livre II, p. 319. - EUCLIDE, *les Éléments*, trad. fr. B. Vitrac, communication personnelle; Livre I, définitions 15 à 18, Demande 3, Proposition 1 et 2. (Une nouvelle traduction est en cours de parution à Paris, PUF.) - EUTOCIUS, *Sur la Mesure du Cercle d'Archimède*, in C. Mugler, *Archimède*, Paris, Les Belles-Lettres, 1972, vol. 4, p. 142 et *sq*. - GAUSS, K. F., *Recherches arithmétiques*, trad. fr. Poullet-Delisle, Paris, Coursier, 1807; rééd. Paris, Blanchard, 1979, Section 7, p. 336. - KLEIN, F., *le Programme d'Erlangen*, trad. fr. Padé, Paris, Gauthier-Villars, coll. «Discours de la Méthode». (Considérations comparatives sur les recherches géométriques modernes.) - MASCHERONI, L., *la Géométrie du compas*, Paris, Duprat, An VI; reproduit chez Monom, Coubron, 1980. - MONGE, G., *Géométrie descriptive*, Paris, Gauthier-Villars, 1799. - MONTUCLA, J. É., *Histoire des recherches sur la quadrature du cercle*, Paris, 1754. - SEN, S. N. et BAG, A. K., *The Sulvasutras of Baudhayane, Apastamba, Katyayana et and Manava with Text. English translation and commentary*, Indian nat. sc. Acad.

Ouvrages généraux:

BOYER, C. B., *A History of Mathematics*, Princeton, Princeton University Press, 1985. - DAHAN-DALMEDICO, A. et PEIFFER, J., *Histoire des mathématiques - Routes et dédales*, Paris, Le Seuil, coll. « Points Sciences», 1986. (une des meilleures histoires générales des mathématiques, accessible et en français.) - FAUVEL, J. et GRAY, J. (dir.), *The History of Mathematics - A reader*, Londres, McMillan Education, Open University, 1987. (Donne en anglais des extraits de textes historiques concernant les mathématiques, commentés et replacés dans leur contexte culturel, social, etc.) - *la Rigueur et le Calcul, documents historiques et épistémologiques*, Paris, Éd. du Cedic-Nathan, 1982. (Comprend plusieurs études intéressantes sur la géométrie, les équations, l'historicité des mathématiques.)

Ouvrages généraux sur des sujets spécialisés:

BAG, A. K., *Mathematics in Ancient and Medieval India*, Chaukhhambra orientalia. - LINDBERG, D. C. (dir.), *Sciences in the Middle Ages*, Chicago, Chicago University Press, 1978. - *le Matin des mathématiciens*, Paris, Belin-Radio France, 1985. - *Petit Archimède*, numéro spéc. sur «Pi», mai 1980. (Donne les nombreuses approches de ce nombre, très agréable à lire, pas toujours fiable du point de vue historique.)

L'INTERMÉDIAIRE ARABE?

Citations:

IBN HAYYAN, J., *le Livre des balances*, in M. Berthelot, *la Chimie au Moyen Age*, Paris, 1893, t. 3, p. 141 et 147. - ARISTOTE, *De la génération et de la corruption*, éd. et trad. de Ch. Mugler, Paris, 1966; II, 3, p. 49-50.
AL-SOUYOUTI, *Livre de la miséricode dans l'art de guérir les maladies*, trad. fr. de Pharaon, Paris, 1856, p. 11.

Ouvrages généraux:

BRILL, L.-J. (dir.), *Encyclopédie de l'Islam*, Leyde-Paris, Maisonneuve et Larose, depuis 1955. (Articles au nom des grands savants et des principales disciplines.) - CROMBIE, A. C., *Histoire des sciences de saint Augustin à Galilée (400-1650)*, Paris, PUF, 1959, 2 vol. - HASSAN, A.Y. AL-, «L'Islam et la science», *La Recherche*, n° 134, juin 1982. - MICHEAU, F., «L'âge d'or de la médecine arabe», *Les maladies ont une histoire*, numéro spéc. de *l'Histoire*, 1984. - NASR, S. H., *Science et Savoir en Islam*, Paris, Sindbad, 1979; avec de belles photos de R. Michaud, R., *Islamic Science, World of Islam Festival*, Paris, Sindbad, 1976. - RASHED, R., *Entre arithmétique et algèbre. Recherches sur l'histoire des mathématiques arabes*, Paris, Les Belles-Lettres, coll. «Science et philosophie arabes», 1984. - ROSENTHAL, F., *Das Fortleben der Antike im Islam*, Zürich, 1965; trad. angl.: *The Classical Heritage in Islam*, Londres, Routledge & Kegan Paul, 1980. - SAYILI, A., *The Observatory in Islam and its Place in the General History of the Observatory*, Ankara, 1960. - TATON, R. (dir.), *Histoire générale des sciences*, Paris, PUF, 1966, t. 1, *la Science antique et médiévale*, articles de: Arnaldez, R., Youschkevitch, A. P. et Massignon, L., «La science arabe»; Beaujouan, G., «La science dans l'Occident médiéval chrétien»; Filliozat, J., «La science indienne médiévale». - ULLMANN, M., *Islamic Medicine*, Édimbourg, coll. «Islamic Surveys», 1978. - VERNET, J., *Ce que la culture doit aux Arabes d'Espagne*, Paris, Sindbad, 1985. - WATT, M. M., *l'Influence de l'Islam sur l'Europe médiévale*, Paris, Geuthner, 1974.

LA THÉOLOGIE AU XIIIe SIÈCLE: UNE SCIENCE PAS COMME LES AUTRES

Citations:

Saint Thomas d'Aquin, *Somme théologique, la Théologie*, t. 1, trad. fr., notes et appendice de Gardell, H. D., O.P., Paris, Desclée et Cie, 1968, Prologue et Questions, p. 23, 24, 44, 109, 110. - DENIFLE, H. et CHATELAIN, E., *Chartularium Universitatis Parisiensis*, Paris, Delalain, 1889, t. 1, p. 136. - DROUIN, J.-M., «La théologie comme science chez saint Thomas d'Aquin et Guillaume d'Occan», mém. de maîtrise, univ. Paris-I, 1970. - RADELET-DE GRAVE, P. et SPEISER, D., *le De magnete de Pierre de Maricourt*, trad. fr. et commentaires, *Revue d'histoire des sciences*, 1975, p. 193-234.

Ouvrages généraux:

BEAUJOUAN, G., articles consacrés à l'Occident médiéval in *Histoire générale des sciences*, R. Taton (dir.), t. 1, *la Science antique et médiévale*, Paris, 1966. - CROMBIE, A. C., *Histoire des sciences de saint Augustin à Galilée*, Paris, PUF, 1958. - LE GOFF, *les Intellectuels au Moyen Age*, Paris, Le Seuil, 1985. - LINDBERG, D. C., *Science in the Middle Ages*, Chicago, University of Chicago Press, 1978. - PAUL, J., *Histoire intellectuelle de l'Occident médiéval*, Paris, A. Colin, 1973. - VERGER, J., *les Universités au Moyen Age*, Paris, PUF, 1973.

Ouvrages et articles spécialisés:

BENJAMIN, F. S. et TOOMER, G. J., *Campanus of Novara and Medieval Planetary Theory. Theorica planetarum*, Madison, University of Wisconsin Press, 1971. - BONNASSIE, P. et PRADALIE, G., *la Capitulation de Raymond VII et la fondation de l'université de Toulouse, 1229-1279*, Toulouse, Service des publications de l'université de Toulouse, 1979. - CHENU, M. D., *Introduction à l'étude de saint Thomas d'Aquin*, Montréal-Paris, Université de Montréal, Publications de l'Institut d'études médiévales, 1954; *Saint-Thomas d'Aquin*, Paris, Le Seuil, 1959. - CLAGETT, M., *The Science of Mechanics in the Middle Ages*, Madison, University of Wisconsin Press, 1959. - DUHEM, P., *Études sur Léonard de Vinci*, Paris, A. Hermann et Fils, 1913, rééd. Paris, Éd. des Archives contemporaines, 1984. - POULLE, É., «Astronomie théorique et astronomie pratique», in *Conférence du Palais de la Découverte*, n° 119, 1967. - VAN STEENBERGHEN, F., *La Philosophie au Moyen Age*, Louvain, Publications universitaires; Paris, Béatrice-Nauwelaerts; 1966.

Ce texte doit beaucoup à deux publications encore inédites de Guy Beaujouan: «L'émergence médiévale de l'idée de progrès», *rapport à la Commission d'histoire des sciences et philosophie au Moyen Age*, VIIIe Congrès international de philosophie médiévale, Helsinki, août 1987. Communication au colloque «Sciences et techniques au Moyen Age», Orléans-La Source, mai 1988.

CALCUL, ALGÈBRE ET MARCHANDISE

Citations:

BORGHI, P., *Nobel opera de arithmetica*, Venise, 1484. - CHUQUET, N., *la Géométrie*, éd. de H. L'HUILLIER, H., Paris, Vrin, 1979; *Manuscrit fr. 17346*, Paris, Bibl. nat., 1484, fol. 285, v°. - LIBRI, B., *Histoire des sciences mathémathiques en Italie*, Paris, 1838-1841. - *Manuscrits français 1339 et 2050*, Paris, Bibl. nat.; v. 1460. - *Manuscrit latin 7287, ibid.*, 1449. - MARRE, A., «Notice sur Nicolas Chuquet et son Triparty en la Science des nombres», *Bolletino di Bibliographia e di Storia delle Scienze Matematiche et Fisiche*, XIII, 1880, p. 555-804. - PACIOLI, L., *Summa de Aritmetica, geometria, proportioni et proportionalita*, Venise, 1494. - PELLOS, F., *Compendion de l'Abaco*, éd. et présenté par R. Lafont et G. Tournerie, Montpellier, Éd. de la Revue des langues romanes, 1967. - SALOMONE, L., «Me Benedetto da Firenze, *La Reghola de Algebra Almuchabale*», *Quaderni del Centro Studi della Matematica Medioevale*, Sienne, 2, 1982.

D'autres traités ont été publiés surtout en Italie mais aussi en Allemagne. Depuis un peu moins d'une dizaine d'années, les *Quaderni del Centro Studi della Mathematica Medioevale* de l'université de Sienne proposent des textes d'algèbre des XIVe et XVe siècles jusqu'alors à l'état de manuscrits.

Ouvrages et articles généraux et spécialisés:

ARRIGHI, G., «La matematica in Italia durante il Medioevo», *Actes du Congrès international d'histoire des sciences*, Varsovie, 1965, p. 165-168. - BAXANDALL, M., *l'Œil du Quattrocento*, Paris, Gallimard, 1985. - BEAUJOUAN, G., «Les arithmétiques en langue française de la fin du Moyen Age», *Actes du VIIIe Congrès international d'histoire des sciences*, Florence, 1959. p. 84-87. - BEC, C., *les Marchands-Écrivains, affaires et humanisme à Florence, 1375-1434*, Paris, Mouton, 1967. - BENOIT, P., «La formation mathématique des marchands français à la fin du Moyen Age, l'exemple du *Kadran aux marchans*, les entrées dans la vie», *Actes du XIIe Congrès des médiévistes de l'enseignement supérieur public*, Nancy, 1982, p. 209-224. - DJEBBAR, A., «Enseignement et recherche mathématiques dans le Maghreb des XIIIe et XIVe siècles (étude partielle)», Orsay, *Publications mathématiques d'Orsay*», n° 81-02. - FANFANI, A., «La préparation intellectuelle et professionnelle à l'activité économique en Italie aux XIVe et XVe siècles», Le Moyen Age, 1951, p. 327-346. - FLEGG, G., «Nicolas Chuquet - an introduction», *Mathematics from Manuscript to Print, 1300-1600*, Hay C. (dir.), Oxford, Clarendon Press, 1988, p. 59-72. - FRANCI, R. et TOTI RIGATELLI, L., *Introduzione all'Arithmetica mercantile del Medioevo e del Rinascimento*, Sienne, Quatro Venti, 1982. - HAY, C. (dir.), *Mathematics from Manuscript to Print, 1300-1600*, Oxford, Clarendon Press, 1988, p. 11-29, 59-88, 96-116, 127-144. - HEERS, J., «L'enseignement à Gênes et la formation culturelle des hommes d'affaires en Méditerranée à la fin du Moyen Age», *Revue des études islamiques*, XLIV, 1976, p. 229-244. - GOLDTWAITE, A., «Schools and Teachers of Commercial Arithmetic in Renaissance Florence», Journal of European Economic History, vol. 1, 1972-1973, p. 418-431. - LE GOFF, J., *Marchands et Banquiers au Moyen Age*, Paris, PUF, coll. «Que sais-je?», 1986, p. 31. - L'HUILLIER, H., «Éléments nouveaux pour la biographie de Nicolas Chuquet», *Revue d'histoire des sciences*, 1976, p. 347-350. - RENOUARD, Y., *les Hommes d'affaires italiens au Moyen Age*, Paris, Armand-Colin, 1968. - SESIANO, J., «Une arithmétique médiévale en langue provençale», *Centaurus*, vol. 27, 1984, p. 26-75. - SMITH, D. E., *Rara arithmetica*, Boston, 1908, p. 459; *History of Mathematics*, New York, 1925, rééd., New York, Dover, 1958. - VAN EGMOND, W., «Practical Mathematics in the Italian Renaissance: A catalogue of Italian Abbacus Manuscripts and Printed Books ti 1600», *Firenze Istituto e Museo di Storia della Scienza*, 1980; «New Light on Paolo dell'Abbaco», *Annali dell'Istituto e Museo di Storia della Scienza di Firenze*, 1977, p. 3-21.

LES AFFAIRES GALILÉE

Sources et citations:

Correspondance Leibniz-Clarke, éd. de A. Robinet, Paris, PUF, 1957, p. 200-203. - DRAKE, S., *Galileo at Work - His Scientific Biography*, Chicago, The University of Chicago Press, Phœnix Ed., 1981, p. 88-90, 97-104, 116. - DUHEM, P., *Études sur Léonard de Vinci - les Précurseurs parisiens de Galilée*, 1re éd. Paris, A. Hermann et Fils, 1913, rééd. Paris, Éd. des Archives contemporaines, 1984, p. XII-XIV, 398. - FEYERABEND, P., *Contre la méthode*, 1re éd. 1975, trad. Paris, Le Seuil, 1979, rééd. Le Seuil, coll. «Points Sciences», p. 348-349. - GALILÉE, *Dialogues et lettres choisies*, trad. de P.-H. Michel, Paris, Hermann, 1966, p. 387-388; *Discours concernant deux sciences nouvelles*, Paris, Armand-Colin, 1970, p. 131-133, 137, 139. - KOESTLER, A., *les Somnambules*, trad. fr. de G. Fradier, Calmann-Lévy, 1960, rééd. Paris, Presses-Pocket, 1985, p. 465-466. - KOYRÉ, A., *Études galiléennes*, Paris, Hermann, 1966, p. 79, 103-105, 154-155, chap. «La physique de Galilée». - PERRIN, J., *les Atomes*, 1re éd. 1912, rééd. Paris, Gallimard, coll. «Idées», 1970, p. 16-17. - WHITEHEAD, A. N., *Science and the Modern World*, 1re éd. 1925, rééd. New York, The Free Press, McMillan, 1967, p. 8.

Ouvrages et articles généraux:

CLAGETT, M., *The Science of Mechanics in the Middle Ages*, Madison, The University of Wisconsin Press, 1959, p. 344-345. DRAKE, S., *Galileo Studies*, The University of Michigan Press, Ann Arbour, 1970. - DRAKE, S. et MACLACHLAN, J., «Galileo's Discovery of the Parabolic Trajectory», *Scientific American*, vol. 232, 1975, p. 102-110. - GEYMONAT, L., *Galilée*, Paris, Robert Laffont, 1968. - GUÉROULT, M., *Dynamique et Métaphysique leibniziennes*, 2e éd. Paris, Aubier, 1967, p. 63-66, 111-113. - MAURY, J.-P., *Galilée, le messager des étoiles*, Paris, Gallimard, coll. «Découvertes/sciences», 1986.

Ouvrages et articles spécialisés:

COHEN, I. B., *The Newtonian Revolution*, Cambridge, Cambridge University Press, 1980. - DRAKE, S., «Galiléo's 1604 Fragment on Falling Bodies», *The British Journal for the History of Science*, vol. 4, 1969, p. 340-358. - ELKANA, Y., *The Discovery of the Conservation of Energy*, Londres, Hutchinson Educational, 1974. - FERRONE, V. et FIRPO, M., «From Inquisitors to Microhistorians: a Critique of Pietro Redondi's Galileo Eretico», *Journal of Modern History*, juin 1986, p. 485-524. - HANKINS, T., «The Reception of Newton's Second Law of Motion in the Eighteenth Century», *Arch. inter. d'histoire des sciences*, vol. XX, 1965, p. 42-65. *Jean d'Alembert*, Oxford, Clarendon Press, 1970. - LERNER, L.S. et GOSSELIN, E. A., «Galileo and the Specter of Bruno», *Scientific American*, vol. 255, 1986, p. 126-133. - REDONDI, P., *Galilée hérétique*, trad. fr., Paris, Gallimard, 1985.

LA RÉFRACTION ET L'«OUBLI» CARTÉSIEN

Citations:

ARISTOTE, *les Sens et le Sensible*, Petits traités d'Hist. nat., Paris, Les Belles-Lettres, 1953. - DESCARTES, *le Discours de la méthode et les essais*, Paris, Fayard, 1987. - EUCLIDE, *Optique et Catoptrique*, Paris, Blanchard, 1958. - IBN AL HAYTHAM, «Le discours de la lumière», trad. et intro. de R. Rashed, in *Revue d'histoire des sciences*, t. XXI, 1968. - KEPLER, *Paralipomènes à Vitellion*, intro. et notes de la traductrice C. Chevalley, Paris, Vrin, 1980. - LUCRÈCE, *De la nature*, Paris, Les Belles-Lettres, 1947 et 1962. - PLATON, *Œuvres*, Paris, Gallimard, coll. «Bibl. de la Pléiade», 1964.

Ouvrages et articles généraux:

DUGAS, R., *Histoire de la mécanique*, Neufchâtel, Éd. du Griffon, 1950. - DUHEM, P., *le Système du monde*, Paris, Hermann, 1913-1959. - MAITTE, B., *la Lumière*, Paris, Le Seuil, 1981. - RONCHI, V., *Histoire de la lumière*, Armand-Colin, 1956. - TATON, R. (dir.), *Histoire générale des sciences*, Paris, PUF, t. 1, 1966.

Ouvrages et articles spécialisés:

BRUHAT, G., *Optique*, Paris, Masson, 1954. - FEYNMAN, R., *Lumière et Matière*, Paris, Interéditions, 1987. - GILLIPSIE, C. C. (dir.), *Dictionnary of Scientific Bibliography*, articles de: A. I. Sabra, « Ibn al-Haytham »; J. Murdoch, « Euclide »; O. Gingerich, « Kepler », New York, C. Scribner's & Sons, 1973.

Ouvrages et articles spécialisés:

HABER, L. F., *The Chemical Industry during the Nineteenth Century*, Oxford, Clarendon Press, 1958. - HOLMES, F. L., « From Elective Affinities to Chemical Equilibrium: Berthollet's Law of Mass Action », *Chymia*, vol. 8, 1962, p. 105-145. - KAPOOR, S. C., « Berthollet, Proust and Proportions », *Chymia*, vol. 10, 1965, p. 53-110. - MORREL, J.-B., « The Chemist Breeders: the Research School of Liebig and Thomas Thomson », *Ambix*, vol. 19, 1972, p. 1-46. - WESTFALL, R. S., « Newton and the Hermetic Tradition », *Science, Medecine and Society*, Debus, A.G. (dir.), Londres, Heinemann, 1972; « The Role of Alchemy in Newton's Career », *Reason, Experiment and Mysticism*, M.-L. Righini Bonelli et W. R. Shea, (dir.), Londres, McMillan, 1975.

LE MÉTIER DES NOMBRES AUX XVIIe et XIXe SIÈCLES

Sources et citations:

DESCARTES, R., *Œuvres*, éd. par C. Adam et P. Tannery, Paris, Vrin, L. Cerf, 1897-1913, rééd. rev. et corr., vol. 1 à 5 pour *la Correspondance, 1969-1974*. - FERMAT, P. DE, *Œuvres complètes*, pub. par P. Tannery et C. Henry, Paris, Gauthier-Villars, 1891-1912; rééd. prévue par Blanchard. - FUSS, N. (dir.), *Correspondance mathématique et physique de quelques célèbres géomètres du XVIIIe siècle*, Saint-Pétersbourg, 1843; New York & Londres, Johnson Rep. Corp., 1968. - GAUSS, K. F., *Recherches arithmétiques*, trad. fr. Poullet-Delisle, Paris, Courier, 1803, rééd., Paris, Blanchard, 1979. - KLEIN, F., *Vorlesungen uber die Entwicklung der Mathematik im 19ten Jahrhundert*, Berlin, 1926-1927. - KUMMER, E. E., *Collected Papers*, André Weil éd., vol. 1, *Contributions to Number Theory*, Berlin-Heidelberg-New York, Springer Verlag, 1975. - MONTUCLA, J. E., *Histoire des mathématiques*, 1799-1802, rééd. Paris, Blanchard, 1960.

Ouvrages généraux:

BOS, H., MEHRTENS, H. et SCHNEIDER, I. (dir.), *Social History of Nineteenth Century Mathematics*, Birkhauer Boston Basel Stuttgart, 1981. - ITARD, J., *Arithmétique et Théorie des nombres*, Paris, PUF, coll. « Que sais-je ? », n° 1093, 1963. - MANDROU, R., *Des humanistes aux hommes de science*, Paris, Le Seuil, coll. « Points Histoire » H8, 1973.

Ouvrages et articles spécialisés:

BELHOSTE, B. et LUTZEN, J.; « Joseph Liouville et le Collège de France », Paris, *Revue d'histoire des sciences*, XXXVII 3/4, 1984, p. 253-304. - BEN-DAVID, J., *The scientist's role in society: a comparative study*, Prentice Hall, Englewood, NJ, 1970. - DICKSON, L. E., *History of the Theory of Numbers*, Carnegie Institute of Washington, 1919-1923; rééd. New York, Chelsea, 1971. - EDWARDS, H., « The background of Kummer's proof of Fermat's last theorem », *Archives for the History of Exact Sciences*, 14, 1975, p. 219-236. - EDWARDS, H., *Fermat's last theorem G.T.M. 50*, New York-Heidelberg-Berlin, Springer Verlag, 1977. - FOX, R. et WEISZ, G. (dir.), *The organization of science and technology in France in 1808-1914*, Cambridge et Paris, Cambridge University Press et Maison des Sciences de l'Homme, 1980. - MERTON, R. K., *Science, Technology and Society in XVIIth Century England*, New York, Harper Torch books, Harper, 1970. - PAUL, R., « German academic science and the mandarin ethos », *British Journal of History of science*, 17, 1984, p. 1-29. - OPOLKA, H. et SCHARLAU, W., *Von Fermat bis Minkowski*, Berlin-New York-Heidelberg, Springer Verlag, 1980. - SCHUBRING, G., « Mathematics and teacher training: plans for a polytechnic in Berlin », *Historical Studies in the physical Sciences*, 12, part 1, p. 61-94. - TAYLOR, E. G. R., *The mathematical practitioners of Tudor and Stuart England 1484-1714*, Cambridge, University Press Cambridge, 1954. - WEIL, A., *Number Theory: an approach through history*, Boston-Basel-Stuttgart, Birkhauser, 1983.

L'AFFINITÉ AMBIGUË: LE RÊVE NEWTONIEN DE LA CHIMIE DU XVIIIe SIÈCLE

Citations:

BACHELARD, G., *le Matérialisme rationnel*, Paris, PUF, 1953, p. 35. - DAUMAS, M., *l'Acte chimique. Essai sur l'histoire de la philosophie chimique*, Bruxelles, Éd. du Sablon, 1946, p. 61. - DIDEROT, D., *Pensée sur l'interprétation de la nature*, rééd. in Diderot, D-, *le Rêve de d'Alembert et autres écrits philosophiques*, Paris, LGF, 1984, p. 370-371. - DOBBS, B. J., *The Foundations of Newton's Alchemy*, Cambridge, Cambridge University Press, 1975, p. 209; trad. fr. de S. Girard, Paris, Maisnie-Tredaniel, 1981. - GOETHE, J. W. VON, *Affinités électives*, trad. fr. de T. Bergman, in *Romans*, Paris, Gallimard, coll. « Bibl. de la Pléiade », 1954. - METZGER, H., *Newton, Stahl, Boerhaave et la doctrine chimique*, Paris, Blanchard, 1930, p. 50. - THACKRAY, A., *Atoms and Power. An Essay on Newtonian Matter-Theory and the Development of Chemistry*, Cambridge (Mass.), Harvard University Press, 1970, chap. 5, 8, p. 204.

Ouvrages généraux:

BACHELARD, G., *l'Activité rationaliste de la physique contemporaine*, Paris, PUF, 1951. - BEN-DAVID, J., *The Scientist's Role in Society. A comparative study*, New Jersey, Prentice-Hall, Englewood Cliffs, 1971. - MCMULLIN, E., *Newton on Matter and Activity*, Indiana, Université de Notre-Dame Press, 1978. - OSTWALD, W., *l'Évolution d'une science. La chimie*, Paris, Flammarion, 1910.

DE LINNÉ A DARWIN: LES VOYAGEURS NATURALISTES

Sources et citations:

BOUGAINVILLE, L.-A., *Voyage autour du monde*, 1re éd. 1771, rééd. Paris, Gallimard, coll. « Folio », 1982, présentation de Jacques Proust - BUFFON, G. L. LECLERC, comte de, *De la manière d'étudier et de traiter l'histoire naturelle*, 1749, rééd. Paris, Bibl. nat., 1986, p. 45. - DARWIN, C., *Voyage d'un naturaliste autour du monde, 1831-1836*, 1re éd. Londres, 1845, trad. fr. d'É. Barbier, Paris, Reinwald, 1875, rééd. Paris, Maspéro, La Découverte, 1982; *l'Origine des espèces*, 1re éd. Londres, 1859, rééd. Harmondswath, Penguin Books Ltd, coll. « Penguin english Library », 1982, 6e éd. trad. fr. d'É. Barbier, Paris, Reinwald, 1876, rééd. Paris, Maspéro, 1980, chap. XII et XIII, p. 1, 428, 495; *Darwin. La vie d'un naturaliste à l'époque victorienne*, 1re éd. Londres, 1876, trad. fr. de J.-M. Goux, Paris, Belin, 1985, coll. « Un savant, une époque ». - *Dictionnaire des sciences naturelles*, Paris, Levrault, 1816-1830, 60 vol., v. XVIII, p. 392, 401, 404, 410, 417, 418; v. XXX, p. 426-468; v. CII, p. 353-436. - HUMBOLDT, A. VON, *Essai sur la géographie des plantes*, Paris, Levrault, 1807. - LAMARCK, J.-B., « Discours préliminaire », *Flore française*, Paris, 1778, p. Lii. (Constitue un exposé pédagogique en même temps qu'une discussion critique des problèmes de systématique en botanique.). - LINNÉ, C., *Species plantarum*, 3e éd., 1764, p. 304; *l'Équilibre de la nature*, Paris, Vrin, 1972, p. 40, (réunit plusieurs mémoires de Linné et de ses disciples, trad. de B. Jasmin et présent. de C. Limoges); *Voyage en Laponie*, présent. et trad. de P. A. Gette, Paris, Éd. de la Différence, coll. « Café », 1983. - ROUSSEAU, J.-J., « Fragments pour un dictionnaire des termes d'usage en botanique. Introduction. » *Œuvres complètes*, t. 4, Paris, Gallimard, coll. « Bibl. de la Pléiade », 1969, p. 1206, 1207, 1209. - TOURNEFORT, J.-P. de, *Voyage d'un botaniste*, Paris, Maspéro, La Découverte, 1982. (Éd. abrégée de *Relation d'un voyage au Levant*, Lyon, 1717, éd. posthume.)

Ouvrages généraux:

BROSSE, P., *les Tours du monde des explorateurs*, Paris, Bordas, 1983. - BROWNE, J., *The secular ark, Studies in the history of biogeography*, New Haven & Londres, Yale University Press, 1983. - DAGOGNET, F., *Une épistémologie de l'espace concret: néogéographie*, Paris, Vrin, 1977. - DAUDIN, H., *De Linné à Lamarck. Méthodes de la classification et idée de série en botanique et en zoologie (1740-1790)*, Paris, Alcan, 1926, rééd. EAC, 1983; *Cuvier et Lamarck. Les classes zoologiques et l'idée de série animale (1790-1830)*, Paris, Alcan, 1926, 2 vol., rééd. EAC, 1983. (Une thèse monumentale, d'une grande rigueur; très utile, souvent citée.) - DUVAL, M., *la Planète des fleurs*, 1re éd. Paris, Robert Laffont, 1977, rééd. Paris, Seghers, 1980. (Un livre de synthèse agréable à lire et assez riche d'informations mais sans références et sans bibliographie.) - LIMOGES, C., *la Sélection naturelle*, Paris, PUF, 1970. - TAILLEMITE, E., *Sur des mers inconnues*, Paris, Gallimard, coll. « Découvertes », 1987.

Ouvrages et articles spécialisés:

BLUNT, W., *Linné, 1707-1778. Le prince des botanistes*, 1re éd. anglaise 1971, rééd. Paris, Belin, trad. F. Robert, coll. « Un savant, une époque », 1986. (Préface et notes de G. G. Aymonin, suivies de W. T. Stearn, « Classification, nomenclature et méthode linnéenne ».) - BROC, N., « Voyages et géographie au XVIIIe siècle », *Revue d'histoire des sciences*, 1969, XXII, p. 137-154. - DAGOGNET, F., *le Catalogue de la vie*, Paris, PUF, 1970. - DEAN, J., « Controversy over classification: a case study from the history of botany », *Natural order: historical studies of scientific culture*, B. Barnes et S. Shapin (dir.), Beverly Hills, Sage, 1979, p. 211-230. - FOURNIER, R., *Voyages et Découvertes scientifiques des missionnaires naturalistes français*, Paris, Lechevalier, 1932. - GAZIELLO, C., *l'Expédition de La Pérouse, réplique au voyage de Cook*, Paris, CTHS, 1984. - LAISSUS, Y., « Les voyageurs naturalistes du Jardin du Roi et du Museum d'histoire naturelle: essai de portrait robot », *Revue d'histoire des sciences*, 1981, XXXIV, 3-4, p. 259-317. - RICHARD, H., *Une grande expédition scientifique au temps de la Révolution française: le voyage de d'Entrecasteaux à la recherche de La Pérouse*, Paris, CTHS, 1986.

PARIS 1800

Sources et citations:

CARNOT, L., *Réflexions sur la métaphysique du calcul infinitésimal*, 1797, Paris Gauthier-Villars, 1921, 2 vol. - CARNOT, S., *Réflexions sur la puissance motrice du feu et les machines propres à développer cette puissance*, 1824, Paris, Blanchard, 1953, Vrin, 1978. - COULOMB, C. A. de, *Recherches sur la meilleure manière de fabriquer des aiguilles aimantées*, 1777-1788, 5 mém.; *Construction et Usage d'une balance électrique*, 1785. - DEBRAY, R., *Critique de la raison politique*, Paris, Gallimard, 1980, p. 255-273. - FOURIER, J., *Théorie analytique de la chaleur*, 1822, Paris, Gauthier-Villars, 1888. - LACROIX, S.F., *Rapport historique sur les progrès des sciences mathématiques depuis 1789 et sur leur état actuel*, Paris, 1810. - LAGRANGE, J. L. DE, *Mécanique analytique*, 1788; *Théorie des fonctions analytiques*, 1797; *Traité de la résolution des équations numériques*, 1798; *Leçons sur le calcul des fonctions*, 1799, in *Œuvres*, Paris, Gauthier-Villars, 1867-1892, 14 vol. - LAMARCK, J.-B. DE, *Recherches sur l'organisation des corps vivants*, 1802, in *Corpus des œuvres de philosophie en langue française*, Paris, Fayard, 1986. - LAPLACE, P.S., *Exposition du système du monde*, 1796; *Mécanique céleste*, 1798-1825; *Essai philosophique sur les probabilités*, 1814, in *Œuvres complètes*, Paris, Gauthier-Villars, 1864-1893, et in *Corpus des œuvres de philosophie en langue française*, Paris, Fayard, 1984. - LAPLACE, P. S. et LAVOISIER, A. L. DE, *Mémoire sur la chaleur*, 1780, in *Œuvres complètes, ibid*. - LAVOISIER, A. L. DE, *Traité élémentaire de chimie présenté dans un ordre nouveau...*, Paris, 1789, 2 vol., in *Œuvres*, Paris, 1864-1893. - MONGE, G., *Géométrie descriptive. Leçons données aux Écoles normales*, Paris, Gauthier-Villars, 1799; *Application de l'analyse à la géométrie*, Paris, 1807. - POINSOT, L., *Éléments de statique*, Paris, Bachelier, 7e éd., 1837; *Théorie et détermination de l'équateur du Système solaire*, p. 385-425. - SERRES, M., *Hermès*, t. 3, *la Traduction*, Paris, Minuit, 1974, p. 180-182.

Historiens et commentateurs:

COMTE, A., *Cours de philosophie positive*, 1830-1842, 6 t., rééd. Paris, Hermann, 1975, 2 vol.; *Catéchisme positiviste*, 1852, rééd. Paris, G. F. Flammarion, 1966. - CONDORCET, J. A. N. CARITAT DE, *Esquisse d'un tableau historique des progrès de l'esprit humain*, in *Œuvres*, Paris, 1847-1849, 12 vol. et Paris, G. F. Flammarion, 1988. - HEGEL, G. W. F., *Phénoménologie de l'Esprit*, (Bamberg und Würzburg bei J. A. Goebhardt, 1807), Paris, Aubier, 1946, 2 vol.; *la Science de la logique*, 1812 et 1816, rééd. Paris, Aubier, 1947, 2 vol.; *Précis de l'encyclopédie des sciences philosophiques*, 1817, rééd., Paris, Vrin, 1952.

LAVOISIER: UNE RÉVOLUTION SCIENTIFIQUE

Sources et citations:

BERTHELOT, M., *la Révolution chimique, Lavoisier*, Paris, Alcan, 1890. - CONDILLAC, É. DE, *la Logique ou l'art de penser*, Paris, 1780. - DUHEM, P., *la chimie est-elle une science française?*, Paris, 1916. - DUMAS, J.-B., *Leçons sur la philosophie chimique professées au Collège de France en 1836*, Paris, 1837, cité dans l'éd. «Culture et civilisation», Bruxelles, 1972. - DUMAS, J.-B. et GRIMAUX, E. (dir.), *Œuvres de Lavoisier*, Paris, Imprimerie nat., 1862-1893, 6 vol. - DUVEEN, D. I. et KLICKSTEIN, H. S., *A bibliography of the works of Antoine Laurent Lavoisier, 1743-1794*, Londres, 1954; *Supplément*, par D. I. Duveen, Londres, 1965. - FRIC, R. (dir.), *Œuvres de Lavoisier. Correspondances*, Paris, 1955-1964, 3 fasc. - GUYTON DE MORVEAU, L. B., LAVOISIER, A.- L. DE, FOURCROY, A. F. et BERTHOLLET, C., *Méthode de nomenclature chimique, nouveau système de caractères chimiques, adaptés à cette nomenclature, par Hassenfratz et Adet*, Paris, 1787; rééd. Paris, CNRS, *Cahiers d'histoire et de philosophie des sciences*, n° 6, 1983. - LAVOISIER, A. L. DE, *Opuscules physiques et chimiques*, 1774; *Traité élémentaire de chimie*, Paris, 1789; *Mémoires de chimie*, recueil posthume édit. par Mme Lavoisier, 1803, 2 vol.; registres de laboratoire, manuscrits divers, archives de l'Académie des sciences (cartons et microfilms); lettres, coll. de Chazelles, Bibl. municipale de Clermont-Ferrand. - MACQUER, J., *Dictionnaire de chymie*, Paris, 1766, 2 vol. - WURTZ, A., *Dictionnaire de chimie pure et appliquée*, Paris, 1869-1878, 5 vol.

Ouvrages et articles généraux:

CROSLAND, M. P., «Lavoisier, le mal-aimé», *La Recherche*, 14, 1983, p. 785-791. - DAGOGNET, F., *Tableaux et Langages de la chimie*, Paris, Le Seuil, 1969. - DAUMAS, M., *Lavoisier, théoricien et expérimentateur*, Paris, PUF, 1955. - DONOVAN, A., (dir.), «The Chemical Revolution: Essays in Reinterpretation», *Osiris*, Second Series, vol. 4, 1988. (Cf. l'article «Lavoisier and the origins of modern chemistry».) - FAYET, J., *la Révolution française et la Science, 1789-1795*, Paris, Rivière, 1960. - FOX, R., *The Caloric Theory of Cases. From Lavoisier to Regnault*, Oxford, 1971. - GILLISPIE, C. C., *Science and Polity in France at the End of the Old Regime*, Princeton Univ. Press, 1980. - GRIMAUX, E., *Lavoisier, 1743-1795, d'après sa correspondance, ses manuscrits, ses papiers de famille et d'autres documents inédits*, Paris, 1888. - GUERLAC, H., «Lavoisier», *Dictionary of Scientific Biography*, C. C. Gillispie (dir.), New York, C. Scribner's & Sons, vol. 8, 1973, p. 66-91; *Antoine Laurent Lavoisier. Chemist and Revolutionary*, New York, 1973. - HAHN, R., *The Anatomy of a Scientific Institution: The Paris Academy of Science 1663-1803*, Berkeley, Univ. Cal. Press, 1971. - KAHANE, E., *Lavoisier, pages choisies*, Paris, Éd. Sociales, 1974. - KUHN, T., *la Structure des révolutions scientifiques*, Paris, Flammarion, 1972. - MCKIE, D., *Antoine Lavoisier, Scientist, Economist and Social Reformer*, Londres, 1952. - MACQUER, J., *Dictionnaire de chymie*, Paris, 1766, 2 vol. - METZGER, H., *les Doctrines chimiques en France du début du XVIIe à la fin du XVIIIe siècle*, Paris, Blanchard, 1923; *Newton, Stahl, Boerhaave et la doctrine chimique*, Paris, Blanchard, 1930. - MEYERSON, E., *De l'explication dans les sciences*, Paris, 1902. - POUCHET, G., *les Sciences pendant la Terreur*, Paris, 1896.

Ouvrages et articles spécialisés:

ANDERSON, W. C., *Between the Library and the Laboratory: The Language of Chemistry in Eighteenth Century*, Baltimore, John Hopkins University, 1984. - BERTHELOT, M., *la Révolution chimique, Lavoisier*, Paris, Alcan, 1890. - CROSLAND, M. P., *Historical Studies in the Language of Chemistry*, Dover Public., New York, 1re éd. 1962, 2e éd. 1978; «Lavoisier's theory of acidity», *Isis*, 64, 1973, p. 223. - DAUMAS, M., «Les appareils d'expérimentation de Lavoisier», *Chymia*, 3, 1950, p. 45-62; «Justification de l'attitude de Fourcroy pendant la Terreur», *Revue d'histoire des sciences et de leurs applications*, 11, 1958, p. 273-274. - DUHEM, R., *le Mixte et la Combinaison chimique*, Paris, 1802, rééd. Fayard, 1985. - DUVEEN, D. I. et KLICKSTEIN, H., «Some new facts relating to the arrest of Antoine Laurent Lavoisier», *Isis*, 49, 1958, p. 377-348. - DUVEEN, D. I., et VERGNAUD, M., «L'explication de la mort de Lavoisier», *Archives internationales d'histoire des sciences*, 9, 1956, p. 43-50. - GUERLAC, H., *Lavoisier. The Crucial Year. Background and Origin of his First Experiment on Combustion in 1722*, New York, Cornell University Press, 1961; «Chemistry as a branch of physics: Laplace's collaboration with Lavoisier», *Historical Studies in the Physical Sciences*, 7, 1976, p. 193-276. - GUILLAUME, J., «Un mot légendaire: la République n'a pas besoin de savants», in *Révolution française*, 38, 1900, p. 385-399, et *Études révolutionnaires*, 1re série, Paris, 1908, p. 136-155. - KERSAINT, G., «Fourcroy a-t-il fait des démarches pour sauver Lavoisier?», *Revue générale des sciences pures et appliquées*, 65, 1958, p. 151-152. - MELHADO, E. N., «Chemistry, Physics, and the Chemical Revolution», *Isis*, 76, 1985, p. 195-211. - METZGER, H., «Introduction à l'étude du rôle de Lavoisier dans l'histoire de la chimie», *Archeion*, 14, 1932, p. 21-50; *la Philosophie de la matière de Lavoisier*, Paris, Hermann, 1935.

LES ORIGINES DE L'UNIFORMITARISME DE LYELL: POUR UNE NOUVELLE GÉOLOGIE

Sources et citations:

BABBAGE, C., *The Ninth Bridgewater Treastise; a fragment*, Londres, 1837. - BUCKLAND, W., *Geology and Mineralogy considered with reference to Nature Theology*, Londres, 1836, 2 vol. - *Bulletin de la société géologique de France*, Paris, 1833, t. 5, p. 501. - DUFRÉNOY, P.A. et ÉLIE DE BEAUMONT, L., «Mémoires pour servir à une description géologique de la France; Pt. 1: Élie de Beaumont, Observations géologiques sur les différentes formations qui, dans le système des Vosges, séparent la formation houillère de celle du Lias; Pt. 2: Dufrénoy, Mémoire sur l'existence du gypse et de divers minerais métallifères dans la partie supérieure du Lias du sud-ouest de la France», Paris, 1830, t. 1. - *Écho du Monde Savant*, Paris, 1er avr. 1934, t. 1, p. 2; *ibid.*, 20 juin 1934, t. 1, p. 54. - ÉLIE DE BEAUMONT, L., *Papiers, boîte 1: Mécanique-chimie; boîte 7: Manuscrits divers, Analyse de Géologie; boîte 9: Collège de France, 1832-1843*, Paris, Archives de l'Institut de France. - LAPLACE, F. DE, *Exposition du Système du Monde*, 6e éd., Paris, 1836, t. 1. - LYELL, C., *Lectures on Geology, King's College, London, Royal Institution, 1833 etc.*, Lyell Man. 7/8, univ. d'Édimbourg; *Principles of Geology*, Londres, 1830-1832, 3 vol.; *Éléments de géologie*, Paris, 1839; *Life, Letters and Journals of Sir Charles Lyell*, Londres, 1881, vol. 2.

Ouvrages et articles généraux:

Sur la notion de temps: ATTALI, J., *Histoires du temps*, Paris, Fayard, 1982. - SOHN-RETHEL, A., «Science as Alienated Consciousness», *Radical Science Journal*, 1975. - THOMPSON, E. P., «Time, Work Discipline and Industrial Capitalism», *Past and Present*, vol. 36, 1967. - YOUNG, R., «The Historiographic and Ideological Contexts of the Ninenteenth Century Debate on Man's Place in Nature», *Changing Perspectives in the History of Science: Essays in Honour of Joseph Needham*, M. Teich et R. Young (dir.), Londres, 1973.

Sur la géologie: BURCHFIELD, J. D., *Lord Kelvin and the Age of the Earth*, Londres, 1975. - OLDROYD, D. R., «Historicism and the Rise of Historical Geology», *History of science*, vol. 17, 1979, p. 191-257. - PORTER, R., *The Making of Geology: earth science in Britain, 1660-1815*, Cambridge, Cambridge University Press, 1977. - ROSSI, P., *The Dark Abyss of Time: the history of the Earth and the History of Nations from Hooke to Vico*, Chicago, University of Chicago Press, 1984. - RUDWICK, M. J., «The Strategy of Lyell's *Principles of Geology*», *Isis*, vol. 61, 1970. - WILSON, L. G., *Charles Lyell: the years to 1841: the revolution in geology*, New Haven, 1972.

MENDEL CÔTÉ JARDIN

Sources et citations:

LECOQ, H., *De la fécondation naturelle et artificielle des végétaux et de l'hybridation*, 1re éd. 1845, trad. all. 1846, 2e éd. Paris, Librairie agricole de la Maison rustique, 1862, p. XII, 66. - MENDEL, G., «Recherches sur des hybrides végétaux» (mém. de 1865), trad. fr. d'A. Chappelier, *Bulletin scientifique de la France et de la Belgique*, n° 41, 1907, p. 371-373, 379, 384, 386, 390, 397, 408; «Sur quelques hybrides d'*Hieracium* obtenus par fécondation artificielle» (mém. de 1869), *ibid.*, p. 416 - Textes originaux des mémoires in *Verhandlungen des naturforschenden Vereines in Brünn*, v. IV, 1865 in (mém. de 1865), v. VIII, 1869 (mém. de 1869), trad. fr. rééd. et annotée in CIEEIST, 1984 (cf. *infra*); trad. des lettres à Carl Naegeli in annexe du livre de V. Orel et J. R. Armogathe (cf. *infra*). - NAUDIN, C., «Sur les plantes hybrides», *Revue horticole*, 1861, p. 397, 398; «Nouvelles recherches sur l'hybridité dans les végétaux», *Annales des sciences naturelles. Botanique*, v. XIX, 1863, p. 180-203. - *Revue horticole*, année 1852. - SAGERET, A., «Considérations sur la production des hybrides, des variantes, et des variétés en général, et sur celle de la famille des Cucurbitacées en particulier», *ibid.*, v. VIII, 1826, p. 302, 303, 306. - VILMORIN, L. DE, *Notices sur l'amélioration des plantes par semis*, Paris, Librairie agricole, p. 27, 28, 44. - VILMORIN, P. DE (dir.), *Comptes rendus et rapports*, IVe Conférence internationale de génétique, Paris, 1911; Paris, Masson, 1913, 570 p.

Ouvrages généraux:

CIEEIST (Centre interdisciplinaire d'étude de l'évolution des idées, des sciences et techniques), *le Cas Mendel*, Orsay, univ. Paris-XI, 1984, 126 p. (Contient la trad. fr. des mémoires de Mendel sur l'hybridation, cf. *supra*.) - OREL, V. et ARMOGATHE, J. R., *Mendel. Un inconnu célèbre*, Paris, Belin, 1985, coll. « Un savant, une époque », 191 p. (Trad. des lettres de Mendel à Carl Naegeli en annexe.)

Ouvrages et articles spécialisés:

BLANC, M., « Gregor Mendel: la légende du génie méconnu », *La Recherche*, 1984, n° 151, p. 46-59. - BRANNIGAN, A., « L'obscurcissement de Mendel », *les Scientifiques et leurs alliés*, M. Callon et B. Latour (dir.), Paris, Pandore, 1985, p. 53-87; 1re éd. in *Social Studies of science*, 1979, n° 9, p. 423-454. (Très intéressant par son analyse des stratégies des généticiens au début du XXe siècle mais décevant pour la comparaison entre Mendel et les hybrideurs.) - CALLENDER, L. A., « Gregor Mendel: An opponent of descent with modification », *History of science*, 1988, vol. 26, 1, n° 71, p. 41-75. - DAGOGNET, F., *Des révolutions vertes. Histoire et principes de l'agronomie*, Paris, Hermann, 1973, 182 p. - FISCHER, J.-L., « Contribution à l'histoire de la génétique en France (1900-1915): le monde des praticiens et l'abbé Germain Vieules (1846-1944) », *Histoire de la génétique, pratiques, techniques et théories*, Actes du colloque international, Paris, 1987, à paraître. - LENAY, C., « Le hasard chez Mendel », *le Hasard dans les théories biologiques de la seconde moitié du XIXe siècle*, thèse sous la dir. de J. Roger, Paris, univ. Paris-I, 1988. - L'HÉRITIER, P. et *al.*, *la Grande Aventure de la génétique*, Paris, Flammarion, 1984, 385 p. (Indispensable pour faire le lien entre Mendel et la génétique contemporaine.) - OLBY, R. C., *Origins of Mendelism*, Londres, Constable, 1966, 204 p. - PIQUEMAL, J., *Aspects de la pensée de Mendel*, Paris, Palais de la Découverte, 1965, 30 p. - ROBERTS, H.F., *Plant Hybridization before Mendel*, New York, Hafner, 1926, XVI, 374 p.; rééd. en fac similé; 1965. (C'est sans doute l'ouvrage fondamental sur le sujet; il est très largement utilisé par tous les autres auteurs.) - SERRE, J. L., « La genèse de l'œuvre de Mendel », *La Recherche*, 1984, n° 158, p. 1072-1080.

PASTEUR ET POUCHET: HÉTÉROGENÈSE DE L'HISTOIRE DES SCIENCES

Sources et citations:

PASTEUR, L., *Œuvres complètes*, Paris, Masson, 1922-1939; *Correspondance*, Paris, Grasset, 1940, rééd. Paris, Flammarion, 1951, 4 vol.

Ouvrages généraux:

BULLOCK, W., *The History of Bacteriology*, New York, Dover Books, 1960. - FEYERABEND, P., *Contre la méthode, esquisse d'une théorie anarchiste de la connaissance*, Paris, Le Seuil, 1979. - GEISON, G., « Pasteur », *Dictionary of Scientific Biography*, C. C. Gillipsie (dir.), New York, Scribners & Sons, 1974. - KUHN, T. S., *La Structure des révolutions scientifiques*, Paris, Flammarion, 1962, éd. de poche, 1970.

Ouvrages et articles spécialisés:

FARLEY, J. et GEISON, G., « Le débat entre Pasteur et Pouchet: science, politique et génération spontanée au XIXe siècle en France » in M. Callon et B. Latour, (dir.), *la Science telle qu'elle se fait*, Paris, Pandore, 1982. - CALLON, M. et LATOUR, B. (dir.), *les Scientifiques et leurs alliés, anthologie de la sociologie des sciences de langue anglaise*, Paris, Pandore, 1985. - LATOUR, B., *les Microbes, guerre et paix*, Paris, A.-M. Métaillié, 1984. - ROLL-HANSEN, N., « Experimental Method and Spontaneous Generation: the Controversy between Pasteur and Pouchet », *Journal of the history of medicine*, vol. XXXIV, p. 273-292. - SALOMON-BAYET, C. (dir.), *la Révolution pastorienne*, Paris, Payot, 1986.

MENDELEÏEV: HISTOIRE D'UNE DÉCOUVERTE

Citations:

AMPÈRE, L. M., *Annales de chimie*, 90, 1814, p. 43-86; *Annales de chimie*, 1, 1816, p. 195-373; 2, 1816, p. 5-105. - AVOGADRO, A., *Journal de physique*, 73, 1811, p. 58-76. - DALTON, J., *A New System of Chemical Philosophy*, Londres, 2 vol. 1808-1810. - DUMAS, J. B., *Leçons sur la philosophie chimique*, Paris, 1837, rééd. Bruxelles, 1972; « Sur les équivalents des corps simples », *Annales de chimie et de physique*, 55, 1859, p. 129-210. - GALISSARD DE MARIGNAC, « Sur les rapports réciproques des poids atomiques », *Bulletin de l'Académie de Belgique*, 10, 1860, n° 8, in *les Poids atomiques*, Paris, 1941, p. 100. - GERHARDT, C., *Traité de chimie organique*, Paris, 4 vol., 1853-1854.

Œuvres de Mendeleïev:

Les œuvres complètes publiées en russe sous le titre *Sochinenia (Œuvres)*, Leningrad, 1934-1952, 25 vol., un index, rassemblent les *Principes de chimie*, des articles de chimie, des études sur le pétrole en Amérique du Nord et en Russie, sur les ressources minières des rives du Donetz etc., et de nombreux articles d'encyclopédie; *Principes de chimie*, trad. fr. M.E. Aschkinasi et M. H. Carrion sur la 6e éd. russe, Paris, 1895, 2 vol.; « La loi périodique des éléments chimiques », tr. du mémoire de 1871 sur la version allemande par Ch. Boye, précédée d'une « lettre à M. le Dr Quesneville », *Le Moniteur scientifique*, 21, mars 1879, p. 691 *sq.* « Remarques à propos de la découverte du gallium », *Comptes rendus de l'Académie des sciences*, 81, 1875, p. 969-972; « Loi périodique des éléments chimiques », (Faraday, lecture du 4 juin 1889), *Le Moniteur scientifique*, 3, 1889, p. 888-904; « Comment j'ai trouvé le système périodique des éléments », *Revue générale de chimie pure et appliquée*, 1, 1899, p. 211-214 et 510-512; *Towards a Chemical Conception of Ether*, trad. angl. de l'éd. russe de 1902, Kamensky, Londres, 1904.

Ouvrages et articles généraux:

BACHELARD, G., *le Pluralisme cohérent de la chimie moderne*, Paris, Vrin, 1930, rééd. 1973. - KEDROV, B. M., article « Mendeleev » in *Dictionary of Scientific Biography*, C. G. Gillispie (dir.), C. Scribner's & Sons, 1973. - KOLODKINE, R., *D.I. Mendeleev et la loi périodique*, Paris, Seghers, 1963. - PARTINGTON, J. R., *A History of Chemistry*, vol. IV, Londres, McMillan, 1964. (Ouvrage de référence, documentation complète.) - VAN SPRONSEN, J. W., *The Periodic System of Elements. A history of the First Hundred Years*, Elsevier, Londres, Amsterdam, 1969. (Ouvrage de référence, documentation complète.)

Ouvrages et articles spécialisés:

BROCK, W. H., *From Protyle to the Proton, William Prout and the Nature of Matter*, 1785-1985, Boston, Adam Hilger Ltd., 1985. - BRUSH, S. G., « Should the History of Science be Rated X? », *Science*, 183, 1974, p. 1164-1172. - BUTTERFIELD, H., *The Whig Interpretation of History*, Bell and Sons, Londres, 1968. (C'est l'ouvrage qui a lancé l'expression « whig history » relative, dans son cadre d'origine, à l'histoire d'Angleterre fabriquée par certains parlementaires, les « Whigs ».) - CARDWELL, D. S. L., *John Dalton and the Progress of Science*, Manchester, Manchester University Press, 1968. - FARRAR, W. V., « Nineteenth century speculations on the complexity of chemical elements », *British Journal for the History of Science*, 2, 1965, p. 297-323. - HARRISSON, E., « Whigs, Prigs and Historians of Science », *Nature*, 329, 1987, 213-214. - KUHN, T., « The History of Science », *International Encyclopedia of Social Science*, vol. 14, New York, MacMillan, 1968, p. 74-83. - LEICESTER, H. M., « Factors which led Mendeleev to the Periodic Law », *Chymia*, 1, 1948, p. 67-74. - MENSCHUTKIN, B. N., « Early History of Mendeleev's Periodic Law », *Nature*, 133, 1934, p. 946. - RUSSEL, C., « Whigs and Professionals », *Nature*, 308, 1984, p. 777-778.

L'ESSOR DE LA RECHERCHE INDUSTRIELLE

Sources et citations:

L'ensemble des sources de ce chapitre provient des archives de la compagnie Schlumberger; ces archives sont consultables à l'École des mines de Paris.

Ouvrages et articles généraux:

BEER, J. J., « The Emergence of the German Dye Industry », *Illinois Studies in the Social Sciences*, vol. 44, 1959. - BIJKER, W. E., HUGHES, T. P. et PINCH, T. (dir.), *The Social Construction of Technological Systems: new directions in the Sociology and History of Technology*, Cambridge (Mass.), MIT, 1985. - CHANDLER, A. D., *The Visible Hand; The Managerial Revolution in American Business*, Cambridge (Mass.), Bellknap, 1977. - HUGHES, T. P., *Networks of Power: Electrification in Western Society, 1880-1930*, Baltimore, Johns Hopkins, 1983. - LANDES, D., *The Unbound Promotheus*, Cambridge, Cambridge University Press, 1970. - LOCKE, R., *The End of Practical Man: entrepreneurship and higher education in Germany, France and Great Britain, 1880-1940*, Londres, JQI Press, 1984. - MCNEILL, W. H., *The Pursuit of Power*, Chicago, University of Chicago, 1982. - NOBLE, D. F., *America by Design; Science, Technology and the Rise of Corporate Capitalism*, New York, Knopf, 1977. - PARTINGTON, J. R., *A History of Chemistry*, Londres, McMillan, 1969-1970. - REICH, L., *The Making of American Industrial Research: Science and Business at G.E. and Bell, 1876-1926*, Cambridge, Cambridge University Press, 1985. - SMITH, M., (dir.), *Military Enterprise and Technological Change: Perspectives in the American Experience*, Cambridge (Mass.), MIT, 1985. - THOMAS, Jr., D. E., *Diesel: Technology and Society in Industrial Germany*, Tucaloosa, University of Alabama Press, 1987.

JOLIOT: L'HISTOIRE ET LA PHYSIQUE MÊLÉES

Sources et citations:

WEART, S., *la Grande Aventure des atomistes français, les savants au pouvoir*, Paris, Fayard, 1980.

Ouvrages généraux:

KEVLES, D., *les Physiciens*, Paris, Économica, Anthropos, 1988. - ROUBAN, L., *l'État et la Science*, Paris, Éditions du CNRS, 1988. - SALOMON, J.-T., *Science et Politique*, Paris, Le Seuil, 1970. - DELASSUS, M. (réalisateur), *la Course à la Bombe*, série télédiffusée sur TF1, 1987.

Ouvrages spécialisés:

CALLON, M., LAW, J. et RIP, A., *Mapping the dynamics of Science and Technology*, Londres, MacMillan, 1986. - LATOUR, B., *Science in Action. How to Follow Scientists and Engineers through Society*, Cambridge (Mass.) Harvard University Press, 1987; trad. fr. Paris, La Découverte, 1988. - LATOUR, B. et POLANCO, X., *le Régime français des sciences et des techniques. Bibliographie raisonnée de la littérature secondaire de langues anglaise et française sur l'histoire sociale des sciences et des techniques françaises, de 1666 à nos jours*, Paris, ministère de la Recherche, CPE, 1987, et banque de données, École des mines de Paris, CSI, 1988. - SZILARD, L., *His Version of the Facts. Selected Recollections and Correspondence*, Cambridge, Mass, MIT Press, 1978.

L'INVENTION DE L'ORDINATEUR

Sources et citations :

HOWARD, A., « Proposed automatic calculating machine », 1937, mémoire non publié, reproduit in B. Randell, *The Origins of digital computer*, Berlin, Heidelberg, New York, Springer-Verlag, 1973, p. 191-198. - LIGONNIÈRE, R., *Préhistoire et Histoire des ordinateurs*, Paris, Robert Laffont, 1987, citation p. 7. - NEUMANN, J. VON, *First Draft of a report on EDVAC*, contrat n° W 670 ORD 4926, Philadelphie, Moore School of Electrical Engineering, université de Pennsylvanie, 30 juin 1945, reproduit in B. Randell, 1973. - ELGOT, C. et ROBINSON, A., « Random Access Stored Program Machines, an Approach to Programming Langages », *Journal of the association for Computing Machinery*, vol. 11, 1964, p. 365-399. - TURING, A. M., « On Computable Numbers, with an Application to the entscheidung Problem », *Proceedings of the London Mathematical Society*, (2), 1936, 42, p. 230-267.

Ouvrages généraux :

BRETON, Ph., *Histoire de l'informatique*, Paris, La Découverte, 1987. - GOLDSTINE, H., *The Computer from Pascal to von Neumann*, Princeton, New Jersey, Princeton University Press, 1972. - HODGES, A., *Alan Turing, the Enigma*, Londres, Burnett Book, 1984 et New York, Simon & Shuster, 1984. - LÉVY, P., *la Machine univers. Création, cognition et culture informatique*, Paris, La Découverte, 1987. - LIGONNIÈRE, R., *Préhistoire et Histoire des ordinateurs*, Paris, Robert Laffont, 1987. - MOREAU, R., *Ainsi naquit l'informatique*, Paris, Dunod, 1982. - RANDELL, B., *The Origins of Digital Computers. Selected Papers*, Berlin, Heidelberg, New York, Springer-Verlag, 1973.

Index

Les renvois aux chapitres sont indiqués en chiffres gras.
Un chiffre suivit de *sq* (abréviation de *sequentesque*) signifie « et (pages) suivantes ».

J

K

L

M

N

O

P

Q

R

S

T

U

V

W

X-Y-Z

Aubin Imprimeur
LIGUGÉ, POITIERS

Dépôt légal : janvier 1990
Dépôt légal de la 1re édition : 1er trimestre 1989
N° d'impression : L 33916
Imprimé en France